NICHTMETALLISCHE ANORGANISCHE ÜBERZÜGE

VON

WILLI MACHU

DIPL.-ING., DR. TECHN. HABIL., PROFESSOR AN DER
UNIVERSITÄT FOUAD I., CAIRO, ÄGYPTEN

MIT 153 TEXTABBILDUNGEN

WIEN

SPRINGER-VERLAG

1952

ISBN-13: 978-3-7091-5061-0   e-ISBN-13: 978-3-7091-5060-3
DOI: 10.1007/978-3-7091-5060-3

Vorwort.

Bereits bei der Abfassung meines Buches „Metallische Überzüge"[1]) faßte ich den Entschluß, in gleicher Weise wie dieses Gebiet auch die nichtmetallischen Überzüge auf Metallen zu behandeln. In diesem Entschluß wurde ich noch durch mehrere Besprechungen meines Buches „Metallische Überzüge" verstärkt, in denen direkt der Wunsch nach einem Werke über die „Nichtmetallischen Überzüge" aus meiner Feder geäußert wurde. Auch aus der Praxis wurde mir mehrfach dieses Verlangen zugetragen. Ich hoffe daher, mit dem vorliegenden Werke einem Wunsche der Praxis Rechnung getragen zu haben.

Die „Nichtmetallischen Überzüge" stellen ebenso wie die metallischen und organischen Überzüge ein sehr wirksames Mittel zur Erhöhung der Beständigkeit unserer metallischen Werkstoffe dar, die sich bereits eine sichere Position in der Oberflächentechnik errungen haben. Bei vielen nichtmetallischen Überzügen, wie z. B. bei den Metallfärbungen, handelt es sich auch um rein dekorative Wirkungen, die sich mit anderen Mitteln gar nicht erreichen lassen. Bei der Phosphatierung spielt neben dem Korrosionsschutz auch die Erleichterung der spanlosen Verformung und die Verminderung der gleitenden Reibung, bei der Eloxierung die leichte Anfärbbarkeit und Imprägnierbarkeit der erzeugten Oxydschicht eine große Rolle. Die anorganischen nichtmetallischen Überzüge haben daher in der Technik eine sehr ausgedehnte und vielseitige Anwendung gefunden, die für die Praxis von größter Wichtigkeit ist.

Bei den einzelnen Überzugsverfahren wurden möglichst umfassend alle technisch wertvollen Prozesse erörtert. Es wurden aber auch solche Methoden behandelt, die bisher nur in geringerem Umfange praktisch ausgeübt oder erst in der Fach- oder Patentliteratur vorgeschlagen wurden, wenn angenommen werden konnte, daß sie für eine zukünftige Entwicklung förderlich sein werden. Aus eigener Erfahrung ist mir nämlich gut bekannt, daß nicht nur die allgemein üblichen Verfahren auf einem Fachgebiet für den Praktiker und Forscher von Interesse sind, sondern insbesondere bei Forschungs- und Entwicklungsarbeiten die Kenntnis auch anderer, bisher nur seltener ausgeübter oder erst empfohlener Arbeitsmethoden von Bedeutung sind. Eine Übersicht auch über derartige Verfahren kann viel Zeit und Mühe ersparen oder wertvolle Anregungen geben.

Sämtliche Verfahren usw. wurden mit zahlreichen Zitaten des in- und ausländischen Fach- und Patentschrifttums belegt, um auch ein tieferes Eindringen in einzelne Fachgebiete zu erleichtern.

Die Darstellung der Vorbehandlung der Metalle vor dem Aufbringen der nichtmetallischen Überzüge konnte aus dem Grunde kürzer gefaßt werden, da über dieses Gebiet vom Verfasser eine eingehende Darstellung in einem Spezialwerke[2]) bereits vorliegt.

---

[1]) W. Machu, Metallische Überzüge, 3. Aufl., Leipzig: Akademische Verlagsges. 1948.

[2]) W. Machu, Oberflächenvorbehandlung von Eisen- und Nichteisenmetallen (Reinigen, Entfetten, Beizen, Brennen, Schleifen, Polieren usw.), Akademische Verlagsgesellschaft, Leipzig C 1.

Ich hoffe, daß das vorliegende Buch über die „Nichtmetallischen anorganischen Überzüge" die gleiche freundliche Aufnahme und Wertschätzung bei den Herren Fachkollegen finden möge wie meine „Metallischen Überzüge", deren Fortsetzung das vorliegende Werk eigentlich darstellt.

Es ist mir ein Bedürfnis, allen Kollegen und Firmen, die mich bei der Abfassung des Buches durch Überlassung von Zeichnungen, Photos, Prospekten, Separatas usw. unterstützt haben, auch an dieser Stelle meinen aufrichtigsten Dank auszusprechen. Auch meinem Verleger gebührt herzlichster Dank, da er mein Buch in bewährt vorzüglicher Ausstattung herausgebracht hat.

Schließlich möchte ich die unermüdliche Hilfe meiner lieben Frau erwähnen. Ihr widme ich in Dankbarkeit dieses Buch.

Cairo, April 1952.   **W. Machu**

Inhaltsverzeichnis.

Zweiter Abschnitt.

Metallfärbung.

Dritter Abschnitt.

Phosphatüberzüge.

Vierter Abschnitt.

Emailüberzüge.

Elektrochemische und chemische Oxydation der Leichtmetalle.

1. Die anodische Oxydation des Aluminiums.

a) Allgemeine Übersicht.

Die Bedeutung des Aluminiums. Das Aluminium, unser verbreitetstes Metall auf der Erde, hat sich im Laufe weniger Jahrzehnte als Konstruktionsmetall in der Fahrzeug- und Flugzeugfabrikation, im chemischen Apparatebau, in der Architektur, der Lebensmittelindustrie usw. eine ausgedehnte Verbreitung verschafft. Es verdankt seine großtechnische Bedeutung vor allem seinem geringen spezifischen Gewicht von 2,69, der leichten Verarbeitbarkeit und seiner großen chemischen Beständigkeit.

Chemisches Verhalten des Aluminiums. Man sollte eigentlich erwarten, daß das stark negative Leichtmetall Aluminium mit dem Normalpotential von $-1,28$ V schon von Wasser unter Wasserstoffentwicklung stark angegriffen und zerstört werden sollte. Tatsächlich weist das Aluminium aber gegen Wasser und die Atmosphärilien sowie gegen zahlreiche chemische Substanzen eine recht erhebliche Korrosionsbeständigkeit auf, so daß es z. B. sogar im chemischen Apparatebau und als Kochgeschirr im Haushalt mit Erfolg verwendet werden kann.

Wie genauere wissenschaftliche Untersuchungen ergaben, verdankt das Aluminium diese gute Beständigkeit seiner starken Affinität zum Sauerstoff, welche bewirkt, daß sich sofort bei Berührung des reinen Metalles mit Luft oder Sauerstoff immer wieder von neuem eine dünne Oxydhaut ausbildet. Es ist sogar sehr schwierig, eine metallisch reine, vollkommen oxydfreie Aluminiumoberfläche herzustellen, ein Umstand, der sich bei der Aufbringung galvanischer Überzüge auf Aluminium sehr störend bemerkbar macht und sehr leicht zu einer Verminderung der Haftfestigkeit der metallischen Niederschläge führt.

Die Oxydschicht auf dem Aluminium. Die Schichtdicke der an der Atmosphäre entstandenen natürlichen Oxydhaut auf dem Aluminium beträgt nur etwa 0,0001 bis 0,0004 mm. Trotz dieser geringen Schichtstärke vermag sie dennoch in sehr vielen Fällen einen ausgezeichneten Korrosionsschutz zu gewähren, da die Porosität der Deckschicht sehr gering ist. Die gesamte Porenfläche beträgt nur etwa 0,01 bis 0,001% der Metalloberfläche, sie ist demnach noch um eine Zehnerpotenz kleiner als für eine Sperrwirkung der Deckschicht erforderlich wäre. Da die Oxydhaut nicht nur sehr porenarm, haftfest und auch in der Atmosphäre und im Wasser beständig ist, versetzt sie das Aluminium in den Zustand der „Korrosionspassivität"; in diesem vermag das Metall wegen des großen mechanischen Reaktionswiderstandes an der Metalloberfläche nicht seinem natürlichen chemischen Reaktionsvermögen nachzukommen, es ist somit beständig (W. M a c h u[1]).

Normalerweise ist die natürliche Oxydschicht am Aluminium unsichtbar, doch macht sich ihre Ausbildung, z. B. auf polierten Aluminiumoberflächen, durch „Blindwerden" der Politur an der Luft bemerkbar. Dieser Vorgang ist zweifellos auf die Einwirkung der Bestandteile der Atmosphäre, wie Sauerstoff und Feuchtigkeit, auf das Metall zurückzuführen, stellt also eine Korrosionserscheinung dar. Dieser Korrosionsvorgang kommt jedoch bei Reinaluminium in nicht allzu aggressiven Medien bald zum Stillstande.

Mit steigendem Reinheitsgrade nimmt die Korrosionsbeständigkeit des Aluminiums zu, so daß die höchste Beständigkeit das reinste Aluminium mit 99,99% Al aufweist. Durch Zulegieren von Legierungsbestandteilen werden wohl die mechanischen Eigenschaften des Aluminiums verbessert, die Korrosionsbeständigkeit aber vermindert. Bei manchen, insbesondere kupferhaltigen Aluminiumlegierungen, bildet sich keine gleichmäßige Deckschicht aus und ist die Porosität der natürlichen Oxydschicht wesentlich größer als auf Reinaluminium, so daß die Korrosionsbeständigkeit erheblich herabgesetzt ist. Bei vielen, insbesondere schwermetallhaltigen Leichtmetalllegierungen tritt bei der Korrosion nicht nur ein rein flächenmäßiger Metallangriff, sondern auch die weit gefährlichere Form des Lochfraßes und der interkristallinen Korrosion auf, bei der die Festigkeit und Dehnung besonders stark herabgesetzt werden.

Schutzmöglichkeiten für Aluminium. Man versuchte daher schon sehr frühzeitig, ebenso wie beim Eisen auch beim Aluminium die Korrosionsbeständigkeit durch Aufbringung von Schutzüberzügen oder insbesondere einer Verstärkung der natürlichen Oxydschicht zu verbessern. Die metallischen Überzüge spielen beim Aluminium bei weitem nicht die gleiche Rolle wie beim Eisen oder anderen Metallen, da das sehr unedle Aluminium im Falle einer Undichtigkeit des Deckmetalles immer die Lösungselektrode des Lokalelementes darstellt und daher nur noch verstärkt angegriffen würde.

Die bei Berührung von Aluminium mit anderen Schwermetallen auftretenden Potentialdifferenzen können recht beträchtlich sein. Nach den Untersuchungen von G. Eißner besitzt die galvanische Kette: Aluminium, 99,7% Silber in 1 n Natriumchloridlösung eine elektromotorische Kraft von 0,710 V, mit Nickel 0,620 V, mit Kupfer 0,580 V und mit Messing 0,530 V. Zum Vergleiche sei angeführt, daß z. B. zwischen Eisen und Kupfer in einer 1 n Natriumchloridlösung eine Potentialdifferenz von nur 0,240 V besteht.

Die rasche Ausbildung einer Oxydschicht auf Aluminiumoberflächen bereitet bei der Aufbringung von metallischen Überzügen sehr große Schwierigkeiten, da selbst monomolekulare Schichten von Oxyden die Haftfestigkeit von Metallniederschlägen sehr stark herabsetzen. Von allen Metallüberzugsverfahren besitzt somit bloß die Plattierung von mechanisch hochwertigen Aluminiumlegierungen mit korrosionsbeständigen Aluminiumlegierungen, Rein- oder Reinstaluminium ein technisches Interesse (s. W. Machu[2]), da hier sehr dicke, etwa 5 bis 20% der Stärke des Grundmetalles betragende Überzüge durch Kalt- oder Heißwalzen aufplattiert werden.

Das Prinzip des Verfahrens zur Erhöhung der Widerstandsfähigkeit des Aluminiums und seiner Legierungen geht von der Erkenntnis aus, daß die Beständigkeit gegen die Atmosphäre und sehr viele Chemikalien nur durch die natürliche Oxydschicht bewirkt wird. Wenn es also gelingen sollte, diese hauchdünne Deckschicht zu verstärken, so sollte dadurch eine wesentliche Verbesserung der Eigenschaften der Schutzschicht und damit der Korrosionsbeständigkeit erzielt werden können. Tatsächlich beruhen alle Veredelungsverfahren des Aluminiums und seiner Legierungen auf der Verstärkung der natürlichen Oxydschicht durch chemische oder elektrochemische Oxydation. Bei diesen im Laufe der letzten drei Jahrzehnte ausgearbeiteten Verfahren hat sich ergeben, daß durch die Verstärkung der Oxydschicht nicht nur die Korrosionsbeständigkeit verbessert wird, sondern eine allgemeine, wesentliche Verbesserung der Oberflächenbeschaffenheit des Aluminiums und seiner Legierungen hinsichtlich Härte, Abreibfestigkeit, Anfärbbarkeit, elektrischer Durchschlagsfestigkeit usw. bewirkt wird. Dadurch ist eine beträchtliche Erweiterung der Anwendungsmöglichkeiten des Aluminiums und seiner Legierungen in Technik und Industrie ermöglicht worden. Dies gilt in besonderem Maße für die elektrochemische Oxydation, die die ältere chemische Behandlung an Bedeutung bei weitem übertroffen hat. Sie soll daher in erster Linie besprochen werden.

b) Die Grundzüge der elektrochemischen Oxydation des Aluminiums und seiner Legierungen.

Ventilwirkung. Die Bildung der Oxydschicht auf Aluminium unter dem Einfluß des elektrischen Stromes ist ein sehr komplizierter Vorgang, der eigentlich bis heute noch nicht restlos aufgeklärt ist. Die Oxydation kann nur an der Anode vor sich gehen, wobei das Grundmetall selbst an der Reaktion teilnimmt und unter Salzbildung primär aktiv in Lösung geht.

Die anodische Oxydation unterscheidet sich somit grundlegend von der Aufbringung eines metallischen Überzuges, da das Aluminium nicht als Kathode, sondern als Anode geschaltet wird. Ein weiterer wesentlicher Unterschied zwischen der Niederschlagung eines Metalles und der anodischen Oxydation liegt auch darin, daß nicht nur Gleichstrom, sondern auch Wechselstrom zur Schichtbildung verwendet werden kann. Auch nimmt das Grundmetall bei galvanischen Niederschlägen praktisch nie an der Überzugsbildung aktiv teil, während bei der anodischen Oxydation die Deckschicht unmittelbar aus dem Metall herauswächst.

Grundsätzlich sind alle Elektrolyte zur Schichtbildung auf Aluminium befähigt, in denen das Aluminium die sog. „Ventilwirkung" zeigt. Während des Stromdurchganges bildet sich nämlich auf der Aluminiumoberfläche in geeigneten Elektrolyten, wie z. B. Lösungen von Boraten, eine Oxydschicht aus, die bei Wechselstrom der anodischen Komponente den Stromdurchgang sperrt, die kathodische Halbwelle aber praktisch ungehindert durchläßt. Derartige Elektrolyte mit Ventilwirkung sind z. B. Natrium- und Ammoniumbikarbonat, Borate, Alkaliphosphate, Alkalibichromate, Silikate und zahlreiche andere saure und neutrale Salze, wie Sulfate. Oxydische Deckschichten ergeben aber auch anorganische und organische Säuren, wie insbesondere die Chromsäure, Schwefelsäure, Borsäure, Phosphorsäure, Oxalsäure usw. Hingegen wirken die Halogenwasserstoffsäuren und ihre Salze aktivierend und heben die Ventilwirkung auf. In diesen Lösungen ist daher keine normale Bildung der Oxydschicht möglich, weshalb Salzsäure, Chloride und andere Halogene aus den Elektrolyten für die anodische Oxydation des Aluminiums ferngehalten werden müssen.

Es sei noch bemerkt, daß solche elektrolytische Ventile in der Elektrotechnik vielfach als Gleichrichter für Wechselstrom verwendet werden, wie z. B. die G r a e t z sche Zelle.

Nicht alle Elektrolyte mit Ventilwirkung sind jedoch zur Herstellung von dickeren Oxydschichten, wie sie die Praxis erfordert, geeignet. So tritt z. B. bei Gleichstrom in Lösungen von Ammoniumbikarbonat oder Boraten primär wohl auch eine Oxydschicht auf, es macht sich jedoch die Sperrwirkung der Ventilelektrode in kurzer Zeit so stark bemerkbar, daß das Dickenwachstum sehr bald zum Stillstand kommt und viel zu dünne Schichten erhalten werden. Die Dicke derartiger Ventilfilme beträgt etwa 0,1 bis 0,6 Mikron.

Die technischen sauren Elektrolyte. Im Jahre 1923 wiesen erstmalig G. D. B e n g o u g h und J. Mc. A. S t u a r t[5] nach, daß für das Wachstum der

Oxydschicht ein stärkerer Angriff des Aluminiums die Voraussetzung ist. Eine stärkere Löslichkeit des Aluminiums ist aber in neutralen Salzlösungen kaum gegeben, da hier die Auflösung nach Ausbildung der dünnen Sperrschicht bald zum Stillstand kommt. Hingegen löst sich in sauren Elektrolyten das Aluminium auch an der Anode wesentlich stärker auf, so daß in diesen Lösungen auch stärkere Oxydschichten erhalten werden können. In den stark sauren technischen Elektrolyten entstehen demnach Oxydschichten von etwa 8 bis 30 Mikron Dicke.

c) Die Vorgänge bei der Bildung von Ventilfilmen.

Beim Wachstum der Oxydschichten auf Aluminium spielen sich eine Reihe von Vorgängen ab, die für Ventilfilme und technische Oxydschichten wohl ziemlich viele Parallelen aufweisen, aber doch auch wieder größere Unterschiede zeigen. In den neutralen oder schwach alkalischen Elektrolyten, wie z. B. Lösungen von Ammoniumborat oder von Borax mit einem Borsäurezusatz, ist die natürliche Oxydschicht auf dem Aluminium unlöslich. Sie übt daher schon vom Beginn der Elektrolyse an eine gewisse Sperrwirkung aus, so daß die Stromstärke nur die sehr geringen Werte von etwa 0,01 bis 0,001 Amp/qdm erreicht.

Vollkommen porenfrei ist aber die Ventilschicht entgegen den Annahmen von A. Güntherschulze und H. Betz[4] nicht, da ein immerhin noch feststellbarer Stromdurchgang vorhanden ist. W. J. Müller und K. Konopicky[5] sowie A. Simon und O. Jauch[6] nahmen daher eine Porenfläche von etwa 0,01 bis 0,001% der Gesamtoberfläche an.

Aktivität des Aluminiums. Bei der Gleichstrom- und Wechselstromelektrolyse bildet sich an der Anode durch aktives In-Lösung-Gehen in den Poren des Primärfilmes eine Aluminiumsalzlösung aus, aus welcher durch das Alkali des Elektrolyten Aluminiumhydroxyd ausgefällt wird. Die Ausbildung der wasserhaltigen Deckschicht von Aluminiumhydroxyd hat zur Folge, daß die ursprüngliche Porosität des Oxydfilms noch weiter verringert wird und der Widerstand bereits kurze Zeit nach Stromschluß erheblich ansteigt. Bei konstant gehaltener Badspannung sinkt die Stromstärke sehr stark ab, wobei nach W. E. Meserve[7] sowie Müller und Konopicky[5] das reziproke Quadrat der Stromstärke direkt proportional der Zeit ist.

Funkenentladungen. Unter dem Einfluß der hohen Feldstärke von mehreren Millionen V pro cm treten innerhalb der Schicht in den Poren und Sauerstoffblasen Ionisationen auf. Die elektrische Energie wird auch zum größten Teile in Wärme umgewandelt, welche in den Poren den Elektrolyt zum Sieden bringt und so zu einer starken Dampfentwicklung führt. Im Dunklen treten deutlich sichtbare Funkenentladungen auf (A. Güntherschulze[8]). Nach F. Pawelka[9] weisen die Leuchtdichte und die Formierungsspannung ein Maximum bei jener Konzentration der Ammoniumboratlösung auf, das mit einem Minimum der Porenfläche bei der gleichen Konzentration zusammenfällt. Bei der Leuchterscheinung sind nach Pawelka folgende Vorgänge maßgeblich beteiligt:

1. Oberflächenleitungserscheinungen infolge der Bindung und Adsorption von Ionen in den Poren,

2. der p_H-Wert der Lösung durch Beeinflussung des Aufbaues des Porengerüstes und

3. die Leitfähigkeit der Lösung durch Beeinflussung des Entladungsmechanismus in den Poren.

Bei der anodischen Oxydation des Aluminiums und seiner Legierungen, des Tantals, Siliciums, Magnesiums, Zinks und Cadmiums treten auch ultraviolette Strahlungen auf (R. Domansky[9a]).

d) Die Vorgänge beim Dickenwachstum der Oxydschicht in sauren Bädern.

Unterschiede zwischen Ventilfilmen und technischen Oxydschichten. Von den Ventilfilmen unterscheiden sich die technischen, erheblich dickeren, elektrolytisch erzeugten Oxydschichten in mancher Hinsicht. Nach H. F i s c h e r[10] betätigt sich das Aluminium in verdünnter Schwefelsäure und anderen sauren Elektrolyten als lösliche Anode, wobei es primär aktiv in Lösung geht. Das niedrige Anfangspotential von 1,7 V beweist dies (Abb. 1). Bei konstant gehaltener Stromstärke zeigt die Spannung bereits nach sehr kurzer Oxydationszeit von einigen Sekunden ein Maximum, das unabhängig von der Natur des Elektrolyten bei allen anodischen Oxydationsverfahren beobachtet werden kann. Nach H. F i s c h e r und F. K u r z[11] ändert sich die Spannung bzw. Stromstärke im weiteren Verlauf der Elektrolyse nur mehr wenig. In verdünnter Schwefelsäure (28%, 18° C, Stromstärke 0,86 Amp/qdm) wurde das Maximum der Spannung schon nach 5 Sekunden erreicht. Die Säure löst vor dem aktiven In-Lösung-Gehen vor Beginn des Stromeinschaltens die natürliche

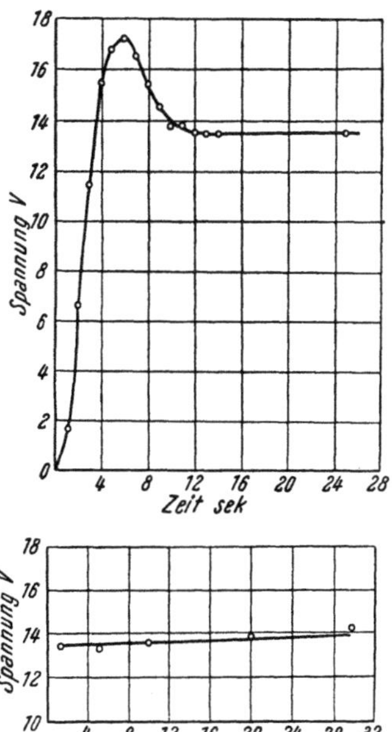

Abb. 1. Zeitliche Abhängigkeit der Badspannung bei der anodischen Oxydation von Aluminium (99,5%ig) in 28%iger Schwefelsäure; Stromdichte 0,86 Amp/qdm; 18° C (nach Oszillogrammen).

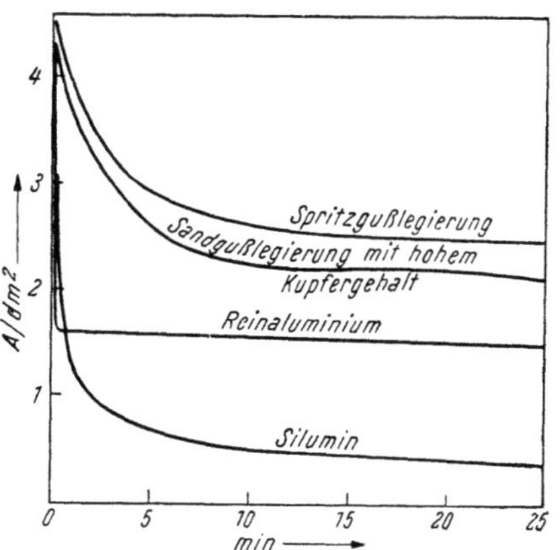

Abb. 2. Änderung der Stromdichte während der anodischen Behandlung bei Aluminium und Aluminiumlegierungen (G. Elßner).

Oxydschicht auf dem Aluminium auf, worauf sich unter der Einwirkung des Stromes eine größere Menge von Aluminiumionen bilden. Diese reichern sich im Anodenfilm an. Da durch Auswanderung von Wasserstoffionen aus der Grenzschicht Metall-Lösung sofort das p_H ansteigt, wird schließlich das Löslichkeitsprodukt des Aluminiumoxyds und Aluminiumsulfats erreicht. Das sich abscheidende Hydroxyd oder basische Sulfat bildet dann den sperrend wirkenden Primärfilm oder die Grundoxydschicht aus (W. B a u m a n n[12]), die von W. H e r m a n n[13] als dielektrische Schicht bezeichnet wurde.

Bei manchen Aluminiumlegierungen ändert sich die herrschende Stromstärke im Laufe der Elektrolyse noch etwas, wie aus der Abb. 2 nach G. E l ß n e r ersichtlich ist. In dieser ist bei konstant auf 13,5 V gehaltener Spannung die zeitliche Änderung der Stromdichte im Oxalsäurebad eingetragen. Wie ersichtlich ist, ist die Reststromstärke auch von der Zusammensetzung des Anodenmateriales abhängig, wobei be-

sonders kupferhaltige Legierungen nur einen verhältnismäßig geringen Schichtwiderstand und demzufolge eine hohe Reststromstärke aufweisen.

Durch die zufolge einer Deckschichtpolarisation auftretende Potentialerhöhung
wird bei der Elektrolyse das Sauerstoffpotential erreicht, wobei durch eine reine
Oxydationswirkung eine weitere Verringerung der Porenfläche des Aluminiums bewirkt wird. Schließlich wird ein Maximalwert der Spannung erreicht, bei welchem
ein Durchschlagen der Grundoxydschicht erfolgt. Diese Spannung liegt in verdünnter
Schwefelsäure für das Beispiel der Abb. 1 bei 17,3 V. Durch die Wärmeentwicklung
beim Funkendurchschlag, die Sauerstoffentwicklung und durch Einwirkung der
Säure erweitern sich die Poren, so daß durch Wärmediffusion und Rührung durch
Sauerstoffblasen die Zusammensetzung des Elektrolyten sich wieder jener der Aus-
gangslösung nähert. Das freiliegende Aluminium geht nun wieder aktiv anodisch
in Lösung, worauf es nach etwa einer Sekunde wieder passiv und dann neuerlich
durchschlagen wird usw. In den ausgebildeten Poren laufen somit ständig in
rhythmischem Wechsel die anodischen Prozesse ab, die aus mehreren Teilvorgängen
jeweils von der Auflösung des Aluminiums beginnend bis zum Durchschlagen eines
neugebildeten Grundoxydfilmes bestehen.

Das Wachstum des Oxydfilmes geht somit, wie bereits W. B a u m a n n[12] erkannt
hatte, nicht von der gesamten Metallfläche aus und verläuft auch nicht in einer
ununterbrochenen Front, sondern nimmt vom Grunde der einzelnen Poren aus
seinen Weg. B a u m a n n unterteilte die Oxydschichten in folgende drei Zonen
verschiedenen physikalischen Geschehens: 1. Über dem Aluminium eine kompakte,
unter höchsten Feldstärken stehende Schicht von γ-Al_2O_3 (nach Ansicht von
H. F i s c h e r von basischem Aluminiumsulfat), 2. über dieser eine Hochdruck-
gasschicht mit selbständiger Ionenentladung, wobei die Gasleitung sich in den Poren
befindet, die durch Durchschlagsvorgänge entstanden sind und 3. durch Lösungs-
vorgänge aufgeweitete Poren, die von Elektrolyt erfüllt sind.

Von J. W. C u t h b e r t s o n[14] wurde die dünne Grundschicht am Metall als
„aktive Schicht" bezeichnet, die sich zwischen dem Metall und der dickeren Oxydschicht befindet und deren Dicke während des Oxydationsprozesses konstant bleibt.
Nach A. M i g a t e[15] ist die Beständigkeit der aktiven Schicht im Elektrolyten für
die entstehende Porosität der Überzüge verantwortlich zu machen.

Allgemeines Aufbauprinzip von Oxydschichten. Für die aus verschiedenartigen
Elektrolyten hergestellten Aluminiumoxydschichten läßt sich demnach ein gemeinsames
Bauprinzip erkennen, indem den Kern aller Schichten eine aus γ-Al_2O_3 bei den Ventilfilmen, bzw. basischem Aluminiumsulfat oder Aluminiumoxalate bei den technischen
Oxydfilmen, bzw. eine Abart oder Vorstufe desselben, bestehende Grundoxydschicht
bildet. Durch diese Grundoxydschicht können Aluminiumionen bis zum Basismetall
über die stöchiometrisch bedingten Fehlstellen des Spinellgitters wandern, wobei die
Schicht durch Reaktion der Aluminiumionen mit Sauerstoff oder Anionen an der
äußeren Oberfläche weiterwächst. Bei anodischer Behandlung in wäßriger oder
alkoholischer Lösung von Borsäure und Boraten wächst die Grundoxydschicht
normalerweise nur bis zu einer Dicke von etwa 0,7 Mikron. Die aktive oder dielektrische Grundoxydschicht wächst jedoch nur, wenn die Feldstärke die Größenordnung von 10 MV/cm überschreitet. Man hat somit folgende Erscheinungen bei
der Schichtbildung und dem Schichtwachstum zu unterscheiden: 1. Auftreten eines
anodischen Reststromes nach Aufhören des Schichtwachstums bei Feldstärken kleiner
als 10 MV/cm, 2. Elektronenaustritt unter Funkenerscheinung bei Erreichung bestimmter Schichtdicken, wobei die Höhe der Funkenspannung vornehmlich von
der Ionenkonzentration und der Leitfähigkeit des Elektrolyten abhängt und
3. Bildung einer dicken porösen Schicht neben der dünnen dielektrischen Schicht
in Schwefelsäure, Oxalsäure, Chromsäure u. dgl. (W. H e r m a n n[16]).

Die zu Beginn des elektrolytischen Oxydationsvorganges gebildete sehr dünne Oxydschicht ist durchsichtig und konnte von H. M a h l[17] bei übermikroskopischen Untersuchungen von oxydiertem Aluminium tatsächlich nachgewiesen werden. Sie erscheint im Elektronenbild im Anfange des Vorganges strukturlos, ist also ursprünglich porenfrei (Abb. 3). Diese Aufnahme zeigt bei 40 000facher Vergrößerung den ersten Wachstumszustand der Schicht. Beim Dickerwerden der Schicht treten zuerst verstreut liegende, dann dichter gelagerte, runde, ringförmige, kleine Verdickungen auf, deren helleres Mittelbereich ungefähr die gleiche Helligkeit und damit auch die gleiche Dicke wie der dünne strukturlose Grundoxydfilm aufweist. Die linsenförmigen, ringartigen Verdickungen werden dann immer zahlreicher, bis schließlich die ganze Schicht ein körniges Aussehen annimmt. In Abb. 4 ist der Übergang vom strukturlosen zum körnigen Zustand einer Oxydschicht in einem Borax-Borsäure-Elektrolyten nach H. M a h l[17] wiedergegeben. Die hellen Mittelbereiche der Ringe stellen die Poren dar, die aber nicht bis zum Metalle reichen, sondern durch eine dünne, amorphe Grundschicht von diesem getrennt werden.

Porendurchmesser und Porenflächen. Der Durchmesser einer Einzelpore im Borax-Borsäure-Ventilfilm wurde von H. M a h l[17] zu 50 bis 100 Ångström, der Durchmesser des dicken Ringes zu 200 bis 300 Å und die Dicke der Grundschicht zu 50 bis 100 Å gefunden.

Von H. F i s c h e r und F. K u r z[11] wurde gleichfalls bei übermikroskopischen Aufnahmen von nur etwa 0,1 bis 1,0 Mikron dicken Oxydschichten aus Oxalsäure- (Abb. 5) und Schwefelsäurebädern (Abb. 6) die Zahl und Größe der Poren geschätzt. Auf einer Fläche von

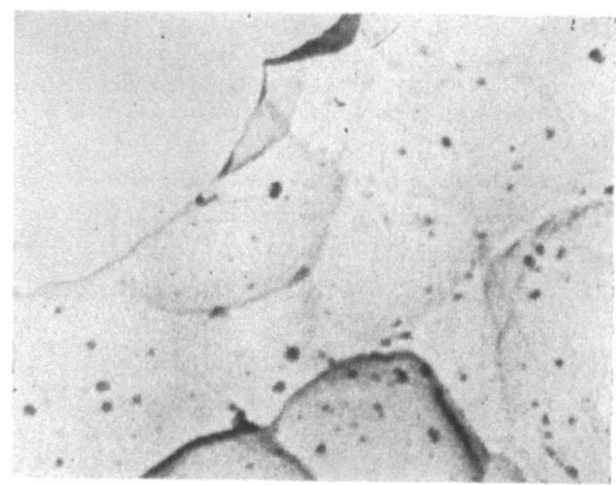

Abb. 3. Eloxalfilm, strukturlose Form; Vergrößerung 40 000 : 1 (H. Mahl).

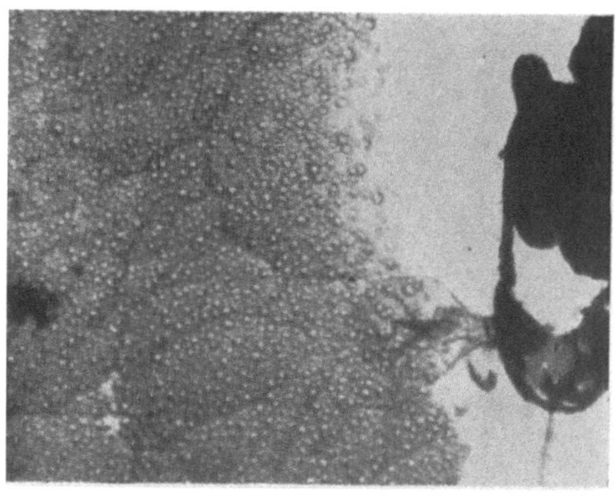

Abb. 4. Eloxalfilm, Übergang von der strukturlosen zur körnigen Form; Vergrößerung 40 000 : 1 (H. Mahl).

1 Quadratmikron wurden beim Wechselstrom-Oxalsäurefilm 60 Poren von je 0,04 Mikron Durchmesser mit einem Porenquerschnitt von etwa 0,00126 Quadratmikron gezählt. Das gesamte Porenvolumen betrug nur rund 12%. Bei der Oxydschicht aus dem Gleichstrom-Schwefelsäure-Elektrolyten kamen auf eine Fläche von 1 Quadratmikron etwa 800 Poren mit einem Durchmesser von je 0,015 Mikron, woraus sich ein Porenvolumen von etwa 14% errechnete. Die Oberflächenhärte wird durch die Porengröße scheinbar nicht wesentlich beeinflußt (G. E l ß n e r und A. B e y e r[16a]).

Der *Wachstumsvorgang der Oxydschicht* wird durch die Abb. 5 a bis c schematisch veranschaulicht (H. M a h l[17]). Zunächst entsteht auf dem Aluminium eine zusammenhängende, strukturlose, porenfreie und gleichmäßig dicke Grundoxydschicht.

Bei der Dicke d kommt das Wachstum durch Sperrwirkung zum Stillstand (Abb. 5 a), da wegen des hohen elektrischen Widerstandes des Aluminiumoxyds ein Transport von Sauerstoffionen zur Metalloberfläche verhindert wird. Nach Überschreiten der Durchschlagsspannung entstehen dann in der Grundschicht einzelne Poren, so daß in diesen der Elektrolyt wieder in Berührung mit der Aluminiumoberfläche treten kann (Abb. 5 b). Nunmehr kann vom Grunde der Poren ausgehend eine neuerliche Oxydation des Aluminiums erfolgen, wobei die ringförmigen Auswüchse entstehen,

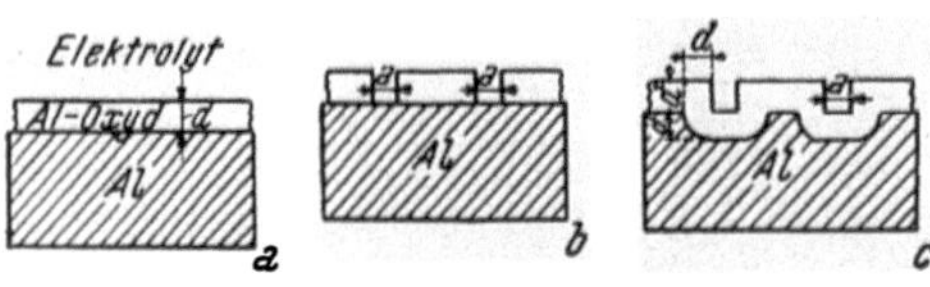

Abb. 5 a—c. Schema des Wachstumsvorganges der Eloxalschicht (H. Mahl).
a = Bildung einer kompakten Grundschicht
b = Bildung der Poren durch elektrische Durchschläge
c = Fortschreiten der Oxydation von den Fußpunkten der Poren

deren Dicke im Grenzfalle etwa der Dicke der primären Grundschicht entspricht (Abb. 5 c). Hierauf kommt das Wachstum in den Poren zum Stillstande, bis neuerliche Durchschläge entstehen usw.

Einfluß der Oberflächenbeschaffenheit. Wie H. F i s c h e r und F. K u r z[11] an Hand ihrer übermikroskopischen Aufnahmen von Oxydfilmen gezeigt haben,

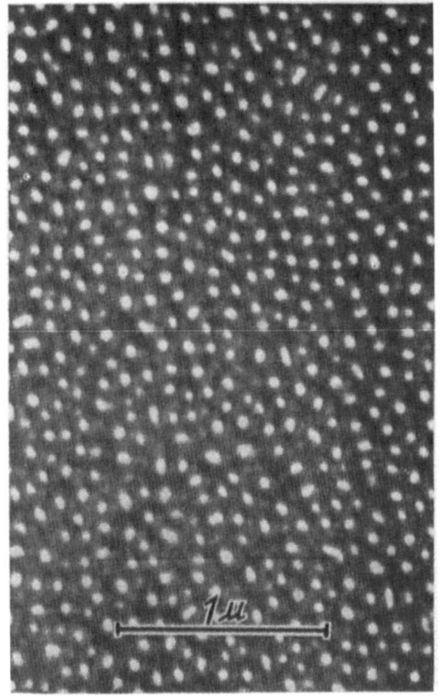

Abb. 6. Oxalsäurefilm, Vergrößerung elektronenoptisch 17 000 : 1, in der Abb. 30 000 : 1; Al = 99,99%; mechanisch poliert, elektrolytisch geglättet, 1 Min. in 7%iger Oxalsäure oxydiert; Wechselstrom, 32 V, 7—8 Amp/qdm, 30° C, mit ln HCl nachbehandelt.

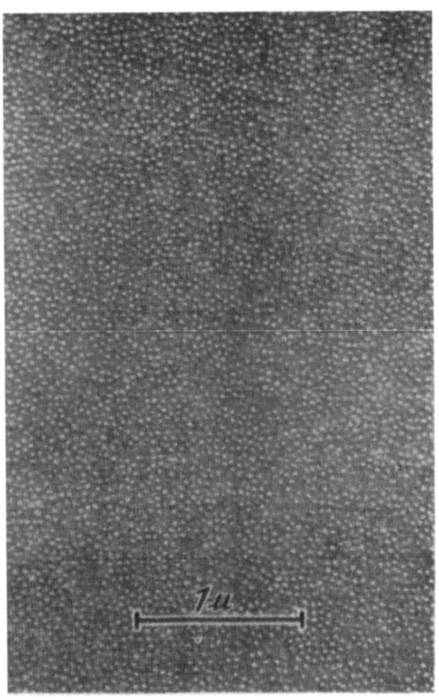

Abb. 7. Schwefelsäurefilm auf Aluminium 99,99%ig; Vergrößerung elektronenoptisch 21 000 : 1, in der Abb. 23 000 : 1; mechanisch poliert, elektrolytisch geglättet, 30 Sek. in 28%iger Schwefelsäure oxydiert; Gleichstrom, 12 V, rund 1,3 Amp/qdm, 18° C; mit ln HCl nachbehandelt.

weisen die aus Oxalsäurebädern auf elektrolytisch geglätteten Oberflächen erhaltenen Schichten größere und weniger zahlreiche Poren auf als die in Schwefelsäure erzeugten Filme (Abb. 6 und 7). Auch finden sich auf submikroskopischen Unebenheiten der Oberflächen zahlreichere Poren als auf ebenen Stellen. Die Oxydfilme auf elektrolytisch polierter Oberfläche sind auch fast eben, während Oxydschichten auf mechanisch polierter Oberfläche sehr uneben ausfallen.

Überzüge aus Borsäurelösungen sind nicht porös, undurchlässig und daher auch nicht absorbierend, während die Oxydschichten aus den anderen Elektrolyten porös und absorptionsfähig sind, welche Eigenschaft z. B. für das Färben sehr wichtig ist.

e) Die Rücklösung der Oxydschicht.

Der Hauptvorgang bei der anodischen Oxydation des Aluminiums besteht im Übergang des metallischen Aluminiums in Aluminiumhydroxyd und -oxyd. Da das Oxyd ein größeres Volumen als das Metall einnimmt, wird unter Aufzehrung von Aluminium der oxydierte Gegenstand durch den Aufbau der Schicht eine Dickenzunahme erfahren. Der Wachstumsvorgang macht sich durch eine Gewichtszunahme bemerkbar, wobei das Reinaluminium die größte und die Schwermetalle, insbesondere Kupfer, enthaltenden Legierungen die geringsten Gewichtszunahmen zeigen.

Verfolgt man die Gewichtszunahmen mit der Elektrolysendauer, so zeigt sich, daß die Gewichtsänderungen nur anfangs linear mit der Behandlungsdauer ansteigen, um dann immer kleiner und schließlich sogar negativ zu werden. Der behandelte Gegenstand ist somit durch die Einwirkung des Bades trotz seiner Überführung in das schwere Oxyd leichter geworden als das Ausgangsmetall. Diese Erscheinung kann nur so erklärt werden, daß der sauer reagierende Elektrolyt auf die Deckschichtsubstanz ein gewisses Rücklösungsvermögen besitzt.

Verfolgt man gleichzeitig die durch die Oxydation bewirkten Änderungen der Schichtdicke, z. B. bei einem Aluminiumblech, so zeigt sich, daß auch der zeitliche Verlauf des Wachstums durch ein Maximum geht. Die Dicke der durch elektrolytische Oxydation erzeugten Oxydschichten wächst somit nur anfangs gleichmäßig an, um dann nach Erreichung des Maximums wieder kleiner zu werden.

Außerdem konnte bei genaueren Untersuchungen des Schichtdickenwachstums eine mehr oder weniger deutlich ausgeprägte Abhängigkeit von der Zusammensetzung des Grundmetalles, der Badspannung, der aufgewandten Strommenge, der Temperatur und Konzentration des Bades festgestellt werden. Es liegen daher beim Wachstum der Oxydschichten sehr verwickelte Verhältnisse vor, die jedoch sehr weitgehend aufgeklärt sind und im folgenden einzeln behandelt werden sollen.

Veranschaulichung der Rücklösung. Besonders deutlich geht das Schichtwachstum und die materielle Veränderung aus einem Versuche von G. E l ß n e r (Langbein-Pfanhauser-Werke AG.) hervor, der in Abb. 8 veranschaulicht ist. In Abb. 8 sind auch für verschiedene Behandlungsdauern die Schichtstärken, Gewichtsänderungen und die gesamte Maßveränderung wiedergegeben.

G. E l ß n e r verfolgte die Dickenänderung einer 0,12 mm starken Folie aus Reinaluminium bei einer anodischen Oxydation mit Gleichstrom von 1,6 Amp/qdm in einem schwefelsauren Elektrolyten bei 20° C. Nach verschiedenen Elektrolysendauern wurden durch das oxydierte Metall mikroskopische Querschnitte gelegt, so daß ein umfassender Überblick über die Maßveränderungen bei der Oxydation erhalten wurde. Es konnte festgestellt werden, daß die Aluminiumfolie mit fortschreitender Elektrolysendauer immer dünner wurde, während die in der Abb. dunkel gehaltene Oxydschicht selbst bis zu einem Maximum anwuchs, um dann praktisch konstant zu bleiben. Dieses Maximum war nach einer Behandlungsdauer von 120 Minuten erreicht. Zu diesem Zeitpunkte trat ein Gleichgewichtszustand zwischen der Oxydbildung und der Rücklösung durch den sauren Elektrolyten ein. Es wird zwar auch noch während der weiteren Elektrolyse dauernd Aluminiumoxyd gebildet, aber gleichzeitig wird ebensoviel wieder aufgelöst, so daß die Schichtdicke bei diesem Versuche bei etwa 43 Mikron konstant blieb.

Grenzwert des Schichtwachstums. Es besteht demnach bei der elektrolytischen Oxydation ein Grenzwert des Schichtwachstums, und zwar insbesondere im Falle der Anwendung von Gleichstrom und Schwefelsäure als Elektrolyten (G. E l ß n e r[18]). In Oxalsäurelösungen ist das Rücklösungsvermögen des Elektrolyten geringer, so

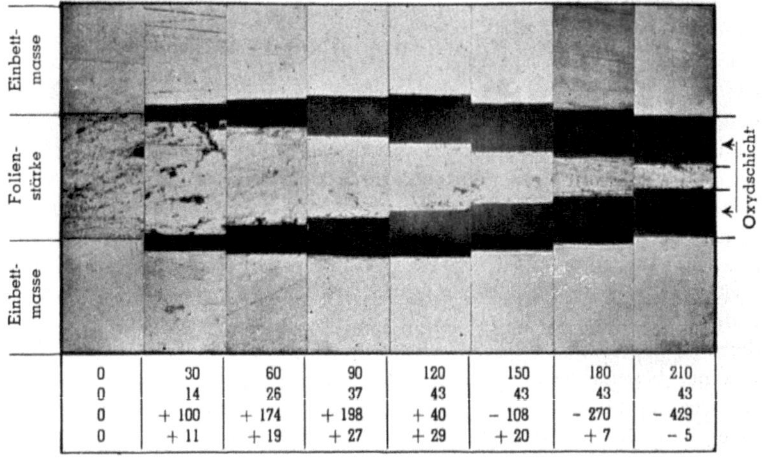

0	30	60	90	120	150	180	210
0	14	26	37	43	43	43	43
0	+ 100	+ 174	+ 198	+ 40	− 108	− 270	− 429
0	+ 11	+ 19	+ 27	+ 29	+ 20	+ 7	− 5

Abb. 8. Schichtwachstum und Materialveränderungen bei der GS-Eloxierung von reinen Aluminiumfolien, 0,12 mm Dicke, bei 20° C und 1,6 Amp/qdm (G. Elßner).

daß es in diesen Lösungen bei Einhaltung bestimmter Strombedingungen, vornehmlich bei primärer Anwendung von Wechselstrom, der dann durch Gleichstrom abgelöst wird, gelingt, stärkere Schichten als in Schwefelsäure herzustellen. Ja es ist hier sogar möglich, in Oxalsäure und mit Gleichstrom ein Aluminiumblech bis auf eine ganz dünne Metallseele vollständig durchzuoxydieren und Schichten von mehreren Zehntelmillimeter Stärke herzustellen.

Nach den Untersuchungen von S. S e t o h und A. M i y a t a[19] ist das Rücklösungsvermögen in Oxalsäurelösungen in stark verdünntem und konzentriertem Zustande sowie bei Anwendung von Wechselstrom am größten. Die auflösende Wirkung der Oxalsäure steigt mit der Temperatur des Bades an (G i n s b e r g[20]).

Mit Wechselstrom werden aber auch in Oxalsäurebädern nur verhältnismäßig dünne Schichten erhalten. In Schwefelsäurebädern werden mit Gleichstrom selbst unter günstigen Badbedingungen keine größeren Schichtstärken als etwa 0,07 mm erreicht.

Zu beachten ist ferner, daß in Elektrolyten auf Oxalsäuregrundlage bei falscher Stromregulierung oder beim Auftreten von Verunreinigungen auf der Metalloberfläche Anfressungserscheinungen auftreten können, die sehr rasch um sich greifen, während das Schichtwachstum selbst völlig zum Stillstand gekommen ist. Bemerkenswert ist, daß diese Erscheinung besonders häufig an gedrehten Teilen oder an Gußstücken auftritt (G. E l ß n e r).

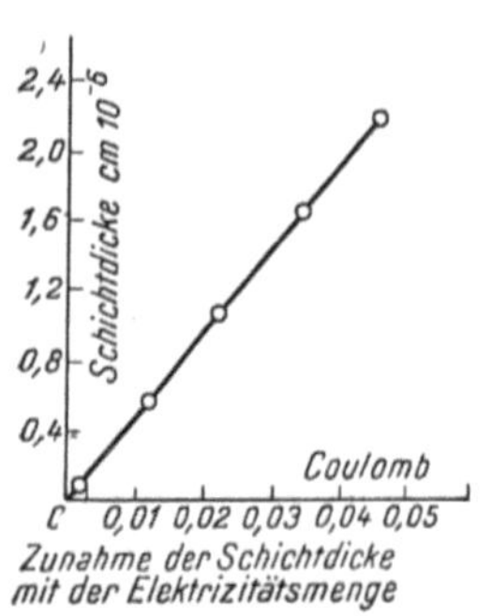

Abb. 9. Zunahme der Schichtdicke mit der Elektrizitätsmenge.

Zusammenhang zwischen Schichtstärke und Strommenge. Vergleicht man die Zunahme der Schichtdicke pro Zeiteinheit mit der bei der Oxydation aufgewendeten Strommenge, so zeigt sich, daß diese linear bis etwa 30 bis 40° C mit der Strommenge bis zu einem Grenzwert ansteigt, wie aus Abb. 9 von S. W e r n i c k[21] hervorgeht.

Mit weiter steigender Strommenge wird die Kurve für den zeitlichen Verlauf des Schichtwachstums immer flacher, woraus hervorgeht, daß das Gleichgewicht zwischen Aufbau und Rücklösung durch den Elektrolyten sich immer mehr nach der Seite der Auflösung der Schichtsubstanz verschiebt.

Die Rücklösung findet somit erst im späteren Verlaufe der Elektrolyse statt, so daß nur in den für die meisten Zwecke, insbesondere zur Verbesserung der Korrosionsbeständigkeit in Frage kommenden Elektrolysendauern von etwa 30 bis 40 Minuten die Schichtstärke proportional mit der aufgewandten Elektrizitätsmenge (Ampereminutenzahl) ansteigt. Trotzdem ist das Gesetz von F a r a d a y für das Schichtwachstum mit der Einschränkung anwendbar, daß mit konstanter Stromdichte gearbeitet wird. Diese Bedingung ist aber in der Praxis nur sehr schwer einzuhalten, da sich beim Betriebe der Bäder die Badzusammensetzung und damit das Leitvermögen des Bades dauernd ändert, das auch sehr stark temperaturabhängig ist. Auch ist eine Vorausberechnung der Stromdichte und Strommenge bei unregelmäßig geformten Gegenständen nicht möglich.

Einen gewissen Anhaltspunkt für die Bemessung der Oxydationsdauer bietet jedoch die Badspannung, wenn vorerst durch eine Probeoxydation mit einem Blech der gleichen Legierung die Arbeitsbadspannung ermittelt wurde, die für die Erzielung einer bestimmten Schichtdicke erforderlich ist. Die Berechnung der Stromausbeute bei der Oxydation auf Grund des F a r a d a y schen Gesetzes ist auch aus dem Grunde nicht verläßlich, weil die insgesamt aufgewandte Strommenge nicht zur Gänze zur Oxydation verbraucht wird, sondern auch Sauerstoffentwicklung und Bildung von Aluminiumsalzen stattfindet.

Bei sehr hohen Stromdichten und langen Elektrolysendauern tritt gelegentlich, und zwar häufiger im Oxal- als im Schwefelsäurebade, eine vollständige Absprengung der Oxydschicht auf. Da durch die Absprengung der Schicht die Aluminiumoberfläche vollständig wieder freigelegt wird, beginnt die Oxydation bei einer Fortdauer der Elektrolyse von neuem.

Die Auflösung des Aluminiumoxydes durch den sauren Elektrolyten bewirkt auch, daß eine Auflockerung der Außenschicht des Überzuges eintritt. Von sehr lange Zeit oxydierten Teilen läßt sich dann sogar die Oxydschicht als mehliger Belag wieder abwischen. Dieser Zeitpunkt fällt bei Verfolgung des Schichtdickenwachstums mit der Erreichung der maximalen Schichtstärke zusammen. Die Eigenschaft der Oxydschichten, abreibbar zu werden, nimmt im Schwefelsäurebade mit steigender Elektrolytkonzentration, höherer Stromdichte, steigender Badtemperatur und längerer Behandlungsdauer zu (J. W a l t e r jun.[22]). Es ergibt sich somit, daß man in der Praxis nicht beliebig lange Oxydationsdauern zur Erzielung dickerer Überzüge anwenden kann, da bei Überschreitung eines Grenzwertes der Behandlungszeit keine haftfesten Schichten mehr erhalten werden können.

Die Stromausbeuten in einem 20 vol.%igen Schwefelsäurebad für die reine Oxydbildung betragen nach Untersuchungen von W. N. B r a d s h a w und S. G. C l a r k e[22a] für Kupferlegierungen nur 28%, für Aluminium-Magnesium-Legierungen mit 7% Mg jedoch 66%. Die Stromausbeuten waren bei hohen Spannungen größer, bei hohen Temperaturen jedoch niedriger. Bei Änderungen der Spannung von 8 auf 15 Volt und der Temperatur von 16 auf 24° C wurden Schichtgewichte von 0,2 bis 0,8 g/qdm gefunden.

f) Einfluß der Zusammensetzung des Grundmetalles.

Einen wesentlichen Einfluß auf das Schichtdickenwachstum übt auch der Gehalt des Aluminiums an seinen Legierungskomponenten aus. Wie aus Abb. 10 nach G. E l ß n e r hervorgeht, in welcher das Schichtwachstum im Schwefelsäurebade und

Gleichstrom bei 20° C in Abhängigkeit von der aufgewendeten Strommenge wiedergegeben ist, steigt vorerst sowohl beim Reinaluminium als auch bei verschiedenen
Aluminiumlegierungen die Schichtdicke vollkommen linear mit der aufgewendeten
Strommenge an. Die dicksten Schichten werden demnach auf Reinaluminium erhalten, während alle Aluminiumlegierun-
gen schwieriger oxydiert werden können.
Die dünnsten Schichten erhält man auf
den schwermetallhaltigen Aluminiumlegierungen vom Typus Al-Cu-Mg (Duraluminium).

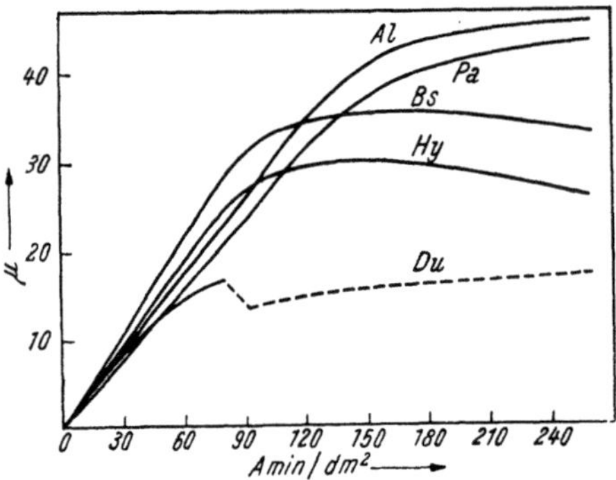

Abb. 10. Schichtwachstum im GS-Bade bei 20° C
(G. Elßner). Al = Reinaluminium, Pa = Pantal (Al-
Mg-Si). Bs = Bs-Seewasserlegierung (G Al-Mg),
Hy = Hydronalium (Al-Mg), Du = Duraluminium
(Al-Cu-Mg).

Ebenso werden auf der siliziumhaltigen Legierung Al-Si (Silumin) nur verhältnismäßig dünne Oxydschichten erhalten. J. Herenguel und R. Segond[23]
erzielten ebenso wie G. Elßner die
dünnsten Schichten auf einer Aluminiumlegierung mit 0,8% Mg und 4,1% Cu (Typ
Duraluminium), die dicksten aber auf
Legierungen mit 5,1% Mg (Typ Hydronalium). Herenguel und Segond
erklären die Unterschiede im Dickenwachstum der Oxydschicht auf Aluminiumlegierungen mit der verschiedenen Leitfähigkeit dieser Legierungen, weshalb diese bei der
gleichen Badspannung verschiedene Strommengen aufnehmen. Für die Schichtdicke
ist aber nur die aufgewandte Strommenge maßgeblich und nicht die Stromdichte,
da diese ja sehr stark mit der Zeit absinkt (Abb. 2).

Mit Nickel, Kupfer und Eisen legiertes Aluminium ergab nach Untersuchungen
von H. Röhrig und E. Käpernick[24] Schichtdicken von etwa 14 Mikron, während Silizium, Vanadin und Mangan die Entstehung stärkerer Schichten förderten.

Hingegen wurden auf mit Chrom legiertem Aluminium nur sehr dünne Schichten von 1 bis 2 Mikron
erhalten, was auf eine Lokalelementbildung zwischen
einem ausgeschiedenen Gefügebestandteil und dem
Grundmetall zurückgeführt wurde, da Anfressungen
solcher Schichten beobachtet werden konnten

g) Einfluß der Badspannung.

Mit steigender Badspannung verläuft das Schichtdickenwachstum in Elektrolyten mit Ventilwirkung
bis zum Beginn der Funkenentladung nahezu parallel
der Spannung, wie A. Güntherschulze[25] festgestellt hat. Nach Eintritt der Funkenentladungen
kann die Spannung nur mehr sehr wenig erhöht
werden und besteht keine Parallelität mehr zwischen
Spannung und Schichtstärke. Zwecks Herstellung
dickerer Schichten kann man die Badspannung nicht
beliebig hoch wählen, da ein vom p_H-Wert der
Lösung abhängiger Grenzwert der Spannung besteht,

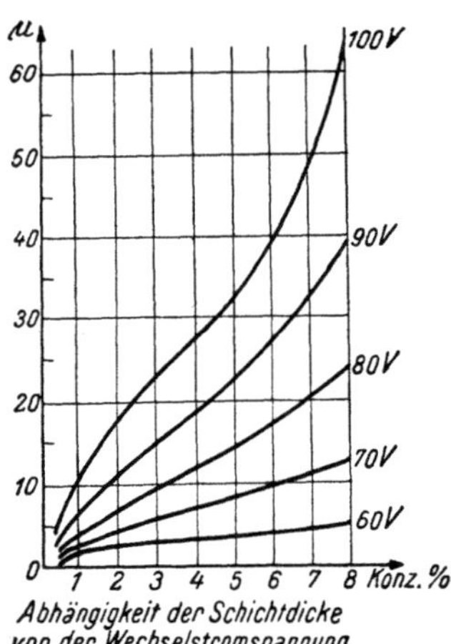

Abb. 11. Abhängigkeit der Schichtdicke von der Wechselstromspannung.

oberhalb welchem die Oxydschicht wieder zusammenbricht. In Schwefelsäure liegt
dieser Grenzwert bei einer Gleichstromspannung von etwa 10 bis 20 V, in verdünnter Oxalsäure hingegen bei bedeutend höheren Spannungen von über 80 V

(H. F i s c h e r[26]). Nach S. S e t o h und A. M i y a t a[27] tritt der Zusammenbruch der Schicht bei einer Wechselstrompolarisation nicht auf, da z. B. bei Reinaluminium in Lösungen von verdünnter Oxalsäure die Schichtdicke fast linear mit der Spannung ansteigt, wie aus der Abb. 11 hervorgeht.

In Schwefelsäure der Dichte 1,175 wurde von H. F i s c h e r[28] folgende Abhängigkeit zwischen der Gleichstromspannung und Schichtstärke an gekühlten Aluminiumanoden beobachtet:

Spannung in Volt	12	24	36	72
Dicke in Mikron	48	105	145	290

(s. a. A. G ü n t h e r s c h u l z e und H. B e t z[29]).

h) Einfluß der Stromart auf das Dickenwachstum.

Auch die Stromart beeinflußt die Dicke der Oxydschicht. Mit einem Stromaufwand von je 120 bzw. 240 bzw. 700 Ampmin/qdm erhält man z. B. auf Reinaluminium mit Gleichstrom in verdünnter Schwefelsäure eine Schichtdicke von 36 bzw. 76 bzw. 190 Mikron. Mit polarisiertem Hochfrequenzstrom ergaben sich Schichtstärken von 42 bzw. 72 bzw. 92 Mikron. Mit Wechselstrom sind die Filme aber nur 10 bzw. 32 Mikron dick. Die dicksten Filme erhält man somit mit Gleichstrom und polarisiertem Hochfrequenzstrom, während die Wechselstromschichten erheblich dünner sind (H. S c h m i d t[30]).

Die Frequenz des Wechselstromes selbst hat keinen Einfluß auf das Schichtdickenwachstum. So beträgt nach den Untersuchungen von F. W ö h r[31] die Schichtdicke auf Reinaluminium in 3%iger Oxalsäurelösung bei 16° C und einer Stromdichte von 1 Amp/qdm während einer Behandlungsdauer von 8 Stunden bei einer Periodenzahl des polarisierten Wechselstromes von 50 Hertz 109 Mikron, bei 1000 Hertz, 113,5 Mikron, bei 10 000 Hertz 125 Mikron und bei 100 000 Hertz 103 Mikron.

i) Einfluß der Temperatur auf das Dickenwachstum.

Einen bedeutend größeren Einfluß als die Badspannung auf die Schichtdicke hat die Temperatur des Bades. Mit steigender Temperatur wird nämlich das Rücklösungsvermögen des Elektrolyten auf die Oxydschicht wesentlich stärker erhöht als die Leitfähigkeit. Da die Schwefelsäure als stärkere Säure auch ein größeres Lösungsvermögen für Aluminiumoxyd besitzt als die Oxalsäure, macht sich der Temperatureinfluß auf das Rücklösungsvermögen besonders stark bei Schwefelsäurebädern bemerkbar. In der Praxis arbeitet man daher am vorteilhaftesten mit schwefelsauren Elektrolyten bei Temperaturen von etwa 20 bis 30° C, mit oxalsauren Bädern zur Erhöhung der Leitfähigkeit bei etwa 35 bis 40° C. Der Einfluß der Badtemperaturen auf das Schichtdickenwachstum in Schwefelsäurebädern wurde

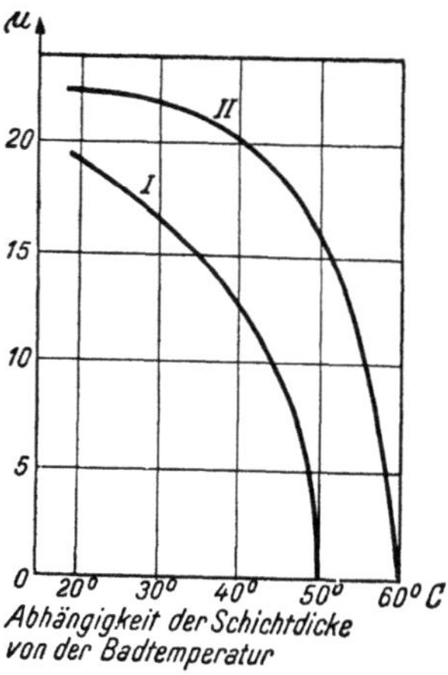

Abb. 12. Abhängigkeit der Schichtdicke von der Badtemperatur.

besonders von H. R ö h r i g[32], H. F i s c h e r[33] sowie G. E l ß n e r[34], in oxalsauren Elektrolyten von S. S e t o h und A. M i y a t a[35] näher untersucht. In Abb. 12 ist nach den beiden letztgenannten Forschern die Abhängigkeit der Schichtdicke von der Badtemperatur in einer 2%igen Oxalsäurelösung wiedergegeben. Die Kurve I bezieht sich auf die Arbeitsweise mit Gleichstrom von 1,2 Amp/qdm, Kurve II auf die Oxydation mit Wechselstrom und einer Stromdichte von 4 Amp/qdm. Bei beiden Untersuchungen betrug die Behandlung je 1 Stunde.

k) Beziehungen zwischen Stromaufnahme und Temperatur.

Die Temperatur des Oxydationsbades ist auch noch von wesentlicher Bedeutung für die Stromaufnahme des Elektrolyten. Will man eine einigermaßen genaue Vorausberechnung der Schichtstärke auf Grund der vorgeschriebenen Stromdichte und angelegten Badspannung durchführen, so ist dazu eine notwendige Voraussetzung, daß die Stromaufnahme während der Behandlung konstant bleibt. Die Stromaufnahme ist ihrerseits wieder vor allem von der Konzentration, Zusammensetzung und Leitfähigkeit des Elektrolyten abhängig. Wie groß der Einfluß der Badtemperatur auf die Stromaufnahme ist, kann z. B. daraus ersehen werden, daß bei 11 bzw. 15 V angelegter Gleichstromspannung im Schwefelsäurebade bei einer Temperatur von 15° C rund 0,8 bzw. 1,5 Amp/qdm, bei 18° C bei den gleichen Spannungen 1,1 bzw. 1,85 Amp/qdm und bei 21° C bereits 1,3 bzw. 2,3 Amp/qdm durch das Bad hindurchgehen (W. Pfanhauser[36]).

Eine wesentliche Voraussetzung für die Gleichmäßigkeit der Dicke der erhaltenen Oxydschichte ist daher die Aufrechterhaltung der Anfangskonzentration des Bades an freier Säure sowie die Konstanthaltung der Badtemperatur.

l) Einfluß der Konzentration des Elektrolyten.

Die Konzentration des Elektrolyten hat auf das Schichtwachstum im Oxalsäurebade nach den Untersuchungen von S. Setoh und A. Miyata[37] bei niedrigen Stromdichten praktisch keinen Einfluß. Bis zu einer Konzentration der Oxalsäure von etwa 8%, einer Behandlungsdauer von 1 Stunde und Stromdichten von 1 Amp/qdm bei Gleichstrom und 2 Amp/qdm bei Wechselstrom bleibt die Schichtdicke auf Reinaluminium nahezu konstant. Bei Gleichstrom tritt bei Stromdichten von etwa 1,5 bzw. 2 Amp/qdm ein Maximum der Schichtdicke bei 25 bzw. 32 Mikron auf, während bei Wechselstrom bei höheren Stromdichten die Schichtdicke mit wachsender Oxalsäurekonzentration sinkt.

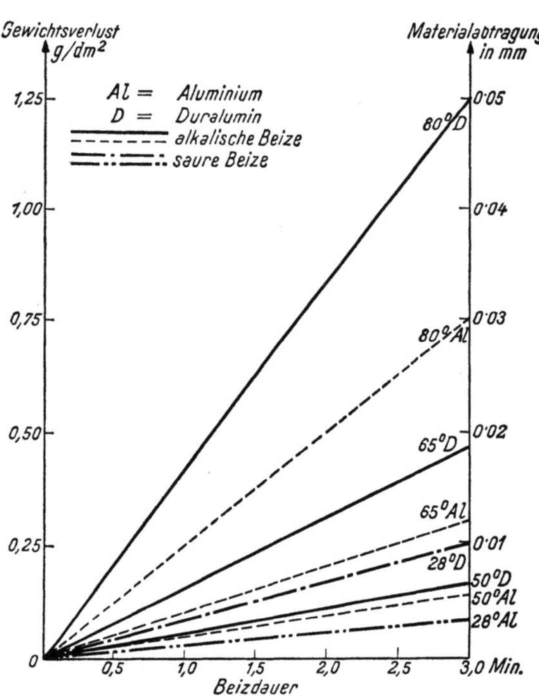

Abb. 13. Gewichtsverluste und Materialabtragung beim Beizen von Aluminium und Duraluminium in Abhängigkeit von der Beizdauer in Laugen und Säuren (W. Pfanhauser).

m) Die Maßhaltigkeit bei der Oxydation.

In jenen Fällen, in welchen die Maßhaltigkeit bei der Fabrikation eines Gegenstandes eine wesentliche Rolle spielt, sind die Verhältnisse des Schichtwachstums und der Rücklösung (s. S. 10) von besonderer Bedeutung. Während bei der Vorbehandlung für die Oxydation durch Reinigen und Beizen stets eine gewisse Materialabtragung und Dickenverminderung stattfindet, tritt bei der anodischen Oxydation des Aluminiums und seiner Legierungen eine Zunahme des Durchmessers, bei Bohrungen aber eine Verringerung der lichten Weite auf. Eine Oxydation auf eine bestimmte Schichtdicke allein auf Grund der Stromstärke und Zeit ist daher nur schwer möglich, da die Bildung der Aluminiumoxydschicht nicht dem Faraday schen Gesetz gehorcht.

Glücklicherweise ist jedoch die Materialabtragung beim Beizen (s. Abb. 13) fast von der gleichen Größenordnung wie die Maßzunahme beim Oxydieren. Zweckmäßig ermittelt man durch einen Vorversuch die günstigste Beizzeit. Es ist daher bei genauer Kenntnis der Schichtwachstumsverhältnisse für die einzelnen Verfahren und Legierungen unter Einhaltung bestimmter Vorbehandlungsmethoden und bei peinlicher Konstanthaltung aller Arbeitsbedingungen möglich, eine gute Maßhaltigkeit der fertigen Werkstücke zu erreichen. Dies gilt insbesondere für das erste Stadium des Oxydierens (K. Voß[38] und G. Elßner[39]).

Oxydschichten an Kanten u. dgl. Nach G. Elßner[39] bilden sich an scharfen Kanten in der Oxydschicht Spalten aus, deren Öffnungswinkel in erster Linie von dem Kantenwinkel abhängt. Die Spaltenbildung ist auch bei abgerundeten Kanten nicht ganz zu vermeiden, wenn auch an runden Kanten wesentlich feinere Spalten ausgebildet werden. Da durch die Spalten einem angreifenden Medium ein wesentlich leichterer Zutritt als durch die mikroskopisch feinen Poren ermöglicht ist, müssen diese durch porenfüllende Substanzen abgedichtet werden (s. S. 84). Diese Spaltenbildung ist auch der Grund dafür, daß sich auf gekrümmten Flächen, wie insbesondere bei Drähten, durch die anodische Oxydation nicht gleich hohe elektrische Durchschlagsfestigkeiten erreichen lassen als wie bei ebenen Flächen.

Literaturverzeichnis.

[1] W. Machu, Österr. Chem. Ztg. 36, 43—46, 51—54, 67—69, 1933. — [2] Derselbe, Metallische Überzüge, 3. Aufl., S. 377—95, Leipzig: Akadem. Verlagsges., 1948. — [3] G. D. Bengough und J. Mc. A. Stuart, EP. 223 994. — [4] A. Güntherschulze und H. Betz, Ztschr. Physik 73, 1932, 580, 586; 75, 143, 1932. — [5] W. J. Müller und K. Konopicky, Ztschr. physik. Chem. A 141, 343, 1931; Ztschr. Elektrochem. 42, 166, 1936. — [6] A. Simon und O. Jauch, ebenda 41, 739, 1937. — [7] W. E. Meserve, Physical. Rev. 30, 215, 1927. — [8] A. Güntherschulze, Ann. d. Phys. (4) 339, 657, 1911; Ztschr. Physik 9, 197, 1922. — [9] F. Pawelka, Koll. Z. 106, 206—209, 1944. — [9a] R. Domansky, Collection Czechoslov. Chem. Communs. 14, 1—9, 1949. — [10] H. Fischer, Ztschr. angew. Chem. 49, 493, 1936. — [11] H. Fischer und F. Kurz, Korrosion und Metallschutz 18, 43, 1942. — [12] W. Baumann, Ztschr. Physik 111, 708—36, 1931. — [13] W. Hermann, Wiss. Veröffentl. aus den Siemenswerken, Werkstoffsonderheft 1940, 188. — [14] J. W. Cuthbertson, J. Inst. Metals 65, Advance Copy, Paper Nr. 840, 24 S., 1939. — [15] A. Migate, Sci. Pap. Inst. phys. chem. Res. 37, 30—57, 147—76, 177—204, 1940. — [16] W. Hermann, Koll. Z. 102, 113—27; 1943. — [16a] A. Elßner und A. Beyer, Arch. f. Metallkunde 2, 120—30, 1948. — [17] H. Mahl, Korrosion und Metallschutz 17, 1—5, 1941. — [18] G. Elßner, Oberflächentechnik 12, 69, 1935; Chem. Ztg. 59, 236, 1935. — [19] S. Setoh und A. Miyata, Sci. Pap. Inst. phys. chem. Res. Tokio 19, 189—236, 1932. — [20] Ginsberg, Hauszeitschr. Aluminium 2, 82, 1930. — [21] S. Wernick, Met. Ind. London 45, 81, 1934; Ind. Chemist. Chem. Manufacturer 10, 182, 1934. — [22] J. Walter jun., Aluminium-Archiv, 1. Bd., S. 45. — [22a] W. N. Bradshaw und S. G. Clarke, J. Electrodepositors' Techn. Soc. 24, 147—170, 1949. — [23] J. Herenguel und R. Segond, Rev. Met. 42, 72—78, 1945. — [24] H. Röhrig und E. Käpernick, Metallwirtschaft 17, 665—68, 1938. — [25] A. Güntherschulze, Ztschr. Metallkunde 16, 177, 1924. — [26] H. Fischer, ebenda 27, 26, 1935. — [27] S. Setoh und A. Miyata, Sci. Pap. Inst. phys. chem. Res. Tokio 19, 210, 220, 1932. — [28] H. Fischer, Ztschr. Elektrochem. 10, 876, 1904. — [29] A. Güntherschulze und H. Betz, Ztschr. Physik 73, 584, 1932. — [30] H. Schmidt, Haus-

zeitschr. Aluminium **4**, 86, 1932. — [31] F. W ö h r, ebenda **4**, 97, 1932. — [32] H. R ö h r i g, Ztschr. Elektrochem. **37**, 723, 1931. — [33] H. F i s c h e r, Ztschr. Metallkunde **27**, 26, 1935. — [34] G. E l ß n e r, Oberflächentechnik **12**, 69, 1935. — [35] S. S e t o h und A. M i y a t a, Sci. Pap. Inst. phys. chem. Res. Tokio **19**, 229, 1932. — [36] W. P f a n h a u s e r, Galvanotechnik, 2. Aufl., S. 1010, Leipzig: Akadem. Verlagsges., 1941. — [37] S. S e t o h und A. M i y a t a, Sci. Pap. Inst. phys. chem. Res. Tokio **19**, 197, 203, 1932. — [38] K. V o ß, Metallwarenindustrie und Galvanotechnik **42** (25), 132—34, 1944. — [39] G. E l ß n e r, Aluminium **25**, 300—15, 1943.

2. Die Verfahren zur Durchführung der elektrolytischen Oxydation des Aluminiums und seiner Legierungen.

Obwohl die Tatsache der Ausbildung einer künstlichen Aluminiumoxydschicht unter der Einwirkung des elektrischen Stromes bereits fast 100 Jahre alt ist (H. B u f f[40]), entdeckten erst im Jahre 1923 die Engländer G. D. B e n g o u g h und J. M c S t u a r t[41] die Anwendbarkeit der künstlichen Oxydschichten zur Erhöhung der Korrosionsbeständigkeit des Aluminiums, ihre Anfärbbarkeit sowie Imprägnierbarkeit.

Eloxalarbeitsgemeinschaft. In der Folgezeit entstand ein sehr lebhaftes Interesse an der elektrolytischen Oxydation des Aluminiums und der Verwertbarkeit dieser Schichten für technische Zwecke. An diesen Forschungsarbeiten beteiligten sich vor allem deutsche, englische und amerikanische Forscher. Sie fanden ihren Niederschlag in zahlreichen Patenten des In- und Auslandes. Man kennt derzeit mehr als 500 Patentschriften nur auf dem Gebiete der anodischen Oxydation des Aluminiums und seiner Legierungen, die zu einer sehr starken Verflechtung und gegenseitigen Hemmung der Weiterentwicklung zu führen drohte. Es schlossen sich daher im Jahre 1934 die interessierten Firmen zur sogenannten „Eloxalarbeitsgemeinschaft" zusammen, die ihre Schutzrechte zusammenlegten sowie ihre Erfahrungen austauschten und gemeinsam auswerteten.

Der „Eloxal" kommt von der Abkürzung der Worte „*El*ektrolytische *Ox*ydation des *Al*uminiums", er ist den Vereinigten Aluminiumwerken AG., Lautawerk, gesetzlich geschützt. Er faßt daher sämtliche Verfahren zusammen, nach welchen auf elektrolytischem Wege auf Aluminium und seinen Legierungen eine Oxydschicht (Eloxalschicht) erzeugt werden kann.

Der Eloxalgesellschaft gehörten in Deutschland die Firmen Vereinigte Aluminiumwerke AG., Lautawerk, Langbein-Pfanhauser-Werke AG. in Leipzig, Siemens & Halske AG. in Berlin-Siemensstadt sowie Schering AG. in Berlin an. Dieser Arbeitsgemeinschaft schlossen sich die englischen Interessenten als Bengough-Gruppe und die amerikanischen Firmen als „Alumilite"-Gruppe an. Während sich in Deutschland für die elektrolytische Oxydation die Bezeichnung „Eloxalverfahren" allgemein einbürgerte, werden diese Verfahren in allen anderen europäischen und amerikanischen Ländern als „Alumilite-Verfahren" bezeichnet.

Die Schaffung der Eloxalgemeinschaft hatte den Vorteil, daß ohne Beschränkung auf einzelne Schutzrechte und Behinderung durch andere Patente der Teilhaber die Auswahl des betreffenden Oxydationsverfahrens sich nur mehr nach rein technischen Gesichtspunkten, und zwar vorwiegend nach dem zu oxydierenden Grundmaterial sowie dem Verwendungszweck des oxydierten Gegenstandes richten konnte.

a) Die wichtigsten Oxydationsverfahren.

Von den zahlreichen Vorschlägen zur Durchführung der elektrolytischen Oxydation des Aluminiums haben sich eigentlich bisher nur drei praktisch und in größerem Umfange durchsetzen können. Es sind dies:

1. der schwefelsaure Elektrolyt, der am häufigsten verwendet wird. Er ist vor allem in Amerika sehr verbreitet;

2. der chromsaure Elektrolyt, der hauptsächlich in England benutzt wird, und

3. der Oxalsäureelektrolyt, der vorwiegend in Deutschland und Japan verwendet wurde.

In der Tab. 1 ist eine allgemeine Übersicht über die Arbeitsbedingungen dieser Verfahren sowie die in der Praxis gebräuchlichen Abkürzungsbezeichnungen für den Elektrolyten und die Stromart angegeben. In Tab. 1 bedeuten S = Schwefelsäure, X = Oxalsäure, G = Gleichstrom, W = Wechselstrom, h = hell, F = Photo, a = besondere Ausführungsform.

Tabelle 1. *Zusammenstellung der Arbeitsbedingungen für die wichtigsten Oxydationsbäder für Aluminium und seine Legierungen.*

Bezeichnung	Elektrolyt	Stromart	Spannung in Volt	Strom-dichte Amp/qdm	Tem-peratur ^{0}C	Behand-lungszeit Minuten	Energie-aufwand in kWk-qm
Eloxal GS	10 bis 25% H_2SO_4	Gleichstrom	10 bis 30	0,5 bis 3	10 bis 25	20 bis 60	0,8 bis 2,0
Eloxal GX	3 bis 10% Oxalsäure, event. + 0,1% Chromsäure	Gleichstrom	10 bis 80	0,5 bis 4	20 bis 50	20 bis 60	5 bis 6
Eloxal GXh	Oxalsäure	Gleichstrom	30 bis 35	1,5	35 bis 40	20 bis 40	1,5 bis 3
Eloxal WX	Oxalsäure	Wechselstrom	40	2 bis 3	35	40	6 bis 8
Eloxal XS	Gemisch von Oxal- und Schwefelsäure	Wechselstrom, dann Gleichstrom	W: 25 G: 30 bis 40	1 bis 1,5	35 bis 40	W: 15 G: 40	3 bis 6
Eloxal WX-GX	Oxalsäure	Wechselstrom, dann Gleichstrom	30 bis 60	1 bis 2	20 bis 35	30 bis 60	
Eloxal Fa	Chromsäure	Gleichstrom	20 bis 30	2 bis 2,5	20 bis 25	60	4 bis 7
Bengough-Stuart	3% CrO_3		0 bis 50	0,5 bis 1	40 bis 43	30 bis 60	1 bis 2,3

Außer diesen Bädern gibt es natürlich noch eine ganze Reihe weiterer Vorschläge, die aber keine größere Bedeutung erlangt haben. Auf sie wird später (s. S. 37) näher eingegangen werden.

b) Auswahl und Verhalten der verschiedenen Aluminiumlegierungen bei der elektrolytischen Oxydation.

Für eine erfolgreiche Durchführung der anodischen Oxydation des Aluminiums und seiner Legierungen ist eine genaue Kenntnis darüber erforderlich, welche Legierung des Aluminiums vorliegt, da nicht nur für das Vorbehandlungsverfahren, sondern auch für das Oxydationsverfahren selbst die Zusammensetzung des Grundmateriales von wesentlicher Bedeutung ist. Neben dem Reinaluminium sind aber auch alle seine Legierungen oxydierbar. Dennoch wird die Qualität und das Aussehen der erhaltenen Überzüge unter Umständen beträchtlich von der Zusammensetzung des Grundmetalles beeinflußt.

Im allgemeinen ergeben die von Schwermetallen, insbesondere von Kupfer freien Legierungen bessere und auch härtere Deckschichten. Die Legierung Al-Mg-Si (Anticorrodal), die etwa 0,3 bis 2% Mg, 0,3 bis 1,5% Si und 0 bis 1,5% Mn, Rest Aluminium, enthält, ergibt beispielsweise wesentlich bessere Überzüge als die Legierung der Gattung Al-Cu-Mg (Duralumin), welche 3,5 bis 5,5% Kupfer enthält.

Unterschied zwischen Knet- und Gußlegierungen. Ein beträchtlicher Unterschied besteht in der Ausbildung der Oxydschicht auf Werkstücken aus Knet- oder Gußlegierungen. Die letzteren weisen nämlich ein weniger dichtes Oberflächengefüge als die durch Walzen oder Pressen hergestellten Gegenstände auf, weshalb die Oxydschichten auf Gußstücken weniger glatt sind. Aus dem gleichen Grunde sind die Oxydüberzüge auf Werkstücken aus Kokillenguß besser als auf Sandguß. Die Gußlegierungen weisen ja im allgemeinen größere Mengen von Legierungskomponenten, wie Kupfer, Silizium, Zink usw., als wie die Knetlegierungen auf, ein Umstand, der für die Ausbildung einer dichten und harten Oxydschicht nicht sehr günstig ist.

Anätzung des Grundmetalles. In vielen Fällen bewirkt die anodische Behandlung in den sauren Elektrolyten einen starken Angriff auf das Leichtmetall und führt zu einer Freilegung der kristallinischen Struktur des Metalles. Bisweilen können bei der Eloxierung sogar Materialfehler, wie Risse und Poren, entdeckt werden. Die Anätzung des Grundmetalles ist dann von besonderer Bedeutung, wenn auf eine fleckenlose und musterfreie Oberfläche Wert gelegt wird, wie z. B. bei solchen Gegenständen, die nachträglich möglichst gleichmäßig gefärbt werden sollen. Am günstigsten verhalten sich solche Legierungen, die keine festen Ausscheidungen oder solche Bestandteile enthalten, die nach der anodischen Behandlung als Relief auf der Metalloberfläche zurückbleiben. Aus diesem Grunde soll man z. B., wenn man fleckenlose Oxydschichten erhalten will, mit dem Mangangehalt nicht über 0,5% hinausgehen, da das Mangan in Form von dunkel gefärbten Punkten in der Oxydschicht aufscheint (E. H e r r m a n n[42]).

c) Einfluß der Legierungskomponenten und des Gefügezustandes auf die Gleichmäßigkeit und Eigenfarbe der Oxydschichten.

Während auf Reinaluminium oder schwermetallfreien und silizium- und manganarmen Aluminiumlegierungen fast immer gleichmäßige und glasklare Schichten entstehen (Abb. 14, nach G. E l ß n e r, Langbein-Pfanhauser-Werke AG.), wird diese Gleichmäßigkeit durch die Anwesenheit verschiedener anderer Legierungskomponenten beträchtlich gestört. Nun weisen aber gerade die Legierungen des Aluminiums bessere mechanische Festigkeiten, Dehnung usw. als das Reinaluminium auf, so daß aus konstruktiven Gründen im Apparate- und Maschinenbau usw. die Aluminiumlegierungen herangezogen werden müssen. Durch die Zulegierung verschiedener Metalle und Metalloide werden aber nicht nur die mechanischen Eigenschaften des Aluminiums verändert, sondern auch die Homogenität des Gefüges. Es treten dann im Kristallgefüge der Legierungen je nach seiner Zusammensetzung verschiedene Phasen auf, die sich durch ihre Löslichkeit in Säuren, ihre verschiedene Oxydierbarkeit, elektrische Leitfähigkeit, Stromaufnahme usw. unterscheiden können. Die Aluminiumlegierungen verhalten sich daher bei der elektrolytischen Oxydation anders als das Reinaluminium, wobei insbesondere die Härte, Farbe, Porosität und Korrosionsbeständigkeit der Oxydschichten beeinflußt wird.

Nach den Untersuchungen von H. F i s c h e r[43] werden bei der elektrolytischen Oxydation von Aluminiumlegierungen im Aluminium enthaltendes Magnesium, Mangan, Titan und Zink ebenso wie das Aluminium zum größten Teil in das Oxyd übergeführt. Mangan kann dabei in Mangandioxyd übergehen, das die Schichten mehr oder weniger grau färbt. Größere Mengen von Mangan bewirken daher eine Graufärbung der Schichten. Hingegen werden unter den Bedingungen der anodischen Oxydation des Aluminiums die Schwermetalle Chrom, Vanadin, Kupfer, Blei, Eisen und Nickel nur schwer passiv, sie gehen also zum größten Teile in Lösung. Teilweise erfahren aber auch die Aluminide dieser Schwermetalle eine Oxydation, was sich durch ihre Dunkelfärbung zu erkennen gibt.

Infolge der Herauslösung der Schwermetallbeimengungen entstehen Poren in der Oxydschicht, die deshalb bei höheren Schwermetallgehalten stark aufgelockert und weicher wird. Die Überzüge sind beim Vorhandensein von $CuAl_2$

Abb. 14. Glasartig durchsichtige Eloxalschicht auf Reinaluminium im Querschnitt (G. Elßner).

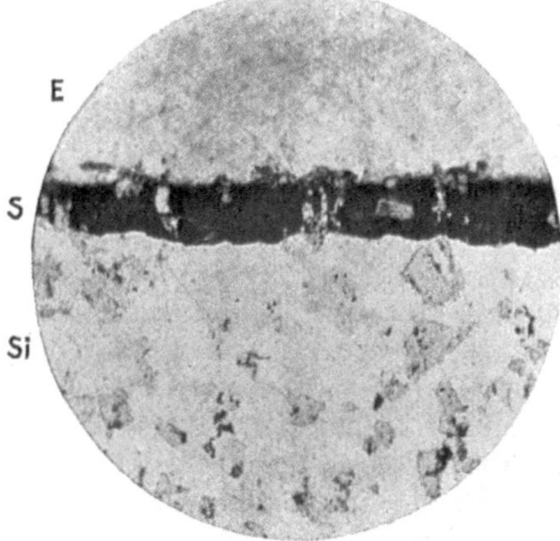

Abb. 15. Einlagerung von elementarem Silizium in einer grau gefärbten Oxydschicht. E = Einbettungsmetall, S = Oxydschicht, Si = Silumin (G. Elßner).

und β-Al-Mg, die entweder oxydiert oder viel schneller als die Grundsubstanz herausgelöst werden, dünner, rauher und etwas porös. $FeAl_3$, α-Al-Fe-Si und $MnAl_7$ werden im allgemeinen nur teilweise gelöst oder oxydiert und neigen dazu, im Oxydüberzug zu verbleiben (F. K e l l e r und J. D. E d w a r d s[44]).

In elementarer Form in der Al-Si-Legierung ausgeschiedenes Silizium bleibt bei der Oxydation unverändert, wovon die dunkle Farbe der Oxydschichten auf der G Al-Si-Legierung (Silumin) herrührt. In Abb. 15 sind nach G. E l ß n e r in einer durch Siliziumeinlagerung grau gefärbten Oxydschicht deutlich die unveränderten Siliziumkristalle erkenntlich. Eine besondere Eigenart der Oxydschicht auf der G Al-Si-Legierung ist das Auftreten von Dickenunterschieden und von Einschnürungen, wie aus Abb. 15 gleichfalls ersichtlich ist.

Liegt das Silizium in gelöster Form in der Legierung vor, so wird es oxydiert und man erhält hellere Schichten.

In den Al-Mg-Si-Legierungen kann man, je nach der Menge des ausgeschiedenen Mg_3Al_2, sehr verschieden gefärbte Schichten erhalten. Die Farbtiefe nimmt mit der Menge der Ausscheidungen ganz regelmäßig zu, was auch für vollkommen manganfreie Legierungen zutrifft. Auch die dunkle Färbung auf oxydierten Al-Mg-Legierungen wird durch den Siliziumgehalt im Handelsaluminium oder der Al-Mg-

Legierung verursacht. Sie rührt nach J. H e r e n g u e l und R. S e g o n d[45] davon her, daß die Löslichkeit des Siliziums im Aluminium durch die Gegenwart des Magnesiums vermindert wird. Diese Autoren schlagen daher zur Vermeidung des Dunkelwerdens des anodischen Filmes auf Al-Mg-Legierungen vor, entweder zur Herstellung der Legierung reines, siliziumfreies Aluminium zu verwenden, oder aber eine schnelle Verfestigung des Metalles herbeizuführen. Abb. 16 zeigt den Einfluß eines höheren Magnesiumgehaltes (9% Mg in der Al-Mg-Legierung Hy 9) auf das Aussehen der Oxydschicht (G. E l ß n e r). Die heterogene Struktur der Legierung macht sich in einer fleckigen, grau bis schwarz gefärbten Zeichnung auf dem Stangenmaterial bemerkbar.

Abb. 16. Gefügeabzeichnung bei eloxiertem Stangenmaterial aus der Legierung Hy 9 (G. Elßner).

Da auf heterogenen Werkstoffen im allgemeinen weichere Schichten als auf homogenen erhalten werden, ist es für die Qualität der Oxydschichten vorteilhaft, für die Oxydation homogene Werkstoffe zu verwenden. Die Kristallgröße oder ihre Gestalt scheint keinen Einfluß auf die Oxydation auszuüben, jedoch können bei allzugroßen Kristallen störende Zeichnungen auf den Oxydschichten auftreten.

F. K e l l e r, G. E. W i l c o x, M. T o s t e r u d und C. J. S l u n d e r[16] untersuchten gleichfalls das Verhalten der einzelnen Legierungsbestandteile des Aluminiums bei der anodischen Oxydation, wobei sie Sonderlegierungen mit der Zusammensetzung der einzelnen Phasen der Legierung verwendeten. Sie stellten dabei fest, daß die Bestandteile Al + 20% Si, Al-Mn mit 5% Mn, $CrAl_7$ mit 5% Cr, AlCrFe mit 4% Cr und 4% Fe sowie Aluminium mit je 2% Kupfer, Eisen und Mangan in Schwefelsäure gelöst oder oxydiert werden. Gleichartig verhalten sich die Legierungsbestandteile in Chromsäure.

Auch von H. F i s c h e r, N. B u d i l o f f und L. K o c h[47] wurde das anodische Verhalten der Gefügebestandteile von in Aluminiumlegierungen vorkommenden intermetallischen Verbindungen $MnAl_6$, $FeAl_3$, $CuAl_2$, Mg_2Si, Al_3Mg_2, $Al_2Mg_3Zn_3$, Al_3Zn_2 sowie von Silizium und Blei in Schwefelsäure (Gleichstrom) und Oxalsäure (Gleich- und Wechselstrom) untersucht. Eine deutlich nachweisbare Oxydschicht erhielt in jedem Falle $MnAl_6$, $FeAl_3$, $CuAl_2$ und Si. Praktisch vollständig gelöst wurden in jedem Falle Mg_2Si, Al_3Mg_2, $Al_2Mg_3Zn_3$. Teils oxydiert, teils gelöst wurde je nach dem angewendeten Verfahren $MgZn_2$, Al_3Zn_2 und Blei. Das in den untersuchten intermetallischen Verbindungen und Elementen festgestellte Verhalten ist bestimmend für die anodische Reaktion der Legierungen, in denen diese als Gefügebestandteile enthalten sind.

d) Einfluß der Verteilung der Legierungsbestandteile in der Legierung.

Neben der Reaktionsfähigkeit der einzelnen Legierungsbestandteile kann auch die Art ihrer Verteilung auf das anodische Verhalten der Legierung von Einfluß sein. So zeigt Abb. 17 den zeitlichen Verlauf der Spannung bei der Oxydation in Schwefelsäure (25%, 2 Amp/qdm, 20° C, 30 Minuten, Gleichstrom) der Legierung Al-Cu-Mg (Duralumin ZB) in verschieden warm behandeltem Zustande (H. F i s c h e r, N. B u d i l o f f und L. K o c h[48]). Kurve KA entspricht dem kalt ausgehärteten (homogenen) Zustand (2 Stunden bei 500° C erhitzt, in Wasser abgeschreckt und 8 Tage bei 20° lagern gelassen); WA ist warm ausgehärtet (schwach heterogen; 2 Stunden bei 500° C erhitzt, in Wasser abgeschreckt, 6 Tage bei 150° C angelassen) und in weich geglühtem (stark heterogenem) Zustande (2 Stunden bei 350° C erhitzt, in Luft abgekühlt). Vergleichsweise ist auch die Kurve für die Oxydation von Reinstaluminium 99,99% angegeben. Die geringste Spannung erfordert das kalt ausgehärtete Material.

Es wurde weiters festgestellt, daß die Inhomogenität des Gefüges eine Inhomogenität der anodischen Schichten zur Folge hat, die sich optisch durch eine Trübung der Schicht zu erkennen gibt. Am geringsten wird die Schichtdicke durch die Gefügeänderung beeinflußt.

Bemerkenswert ist, daß Ausscheidungen von Al₆Mn nur wenig auf das anodische Verhalten der Legierungen vom Typ Al-Mg-Si und Al-Mg einwirken. Silizium verursacht in Al-Si-Legierungen eine deutliche Spannungserhöhung. So hat die aushärtbare Legierung

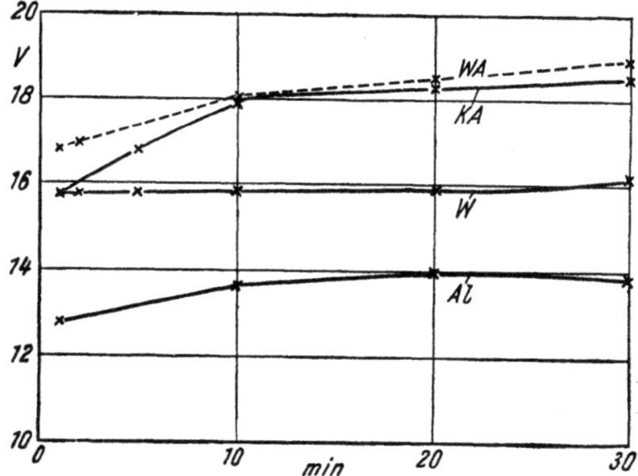

Abb. 17. Zeitlicher Spannungsverlauf bei der Oxydation von Duraluminium ZB (Schwefelsäure, 2 Amp/qdm) im kalt (KA), im warm (WA) ausgehärteten und im weichgeglühten (W) Zustande und Aluminium 99,99 (Al) H. Fischer, N. Budiloff und L. Koch).

vom Typ Al-Mg-Si und Al-Mg im grob heterogenen Zustande eine wesentlich höhere Oxydationsspannung und einen höheren Spannungsanstieg als im Zustande der übersättigten festen Lösung. Hingegen zeigt eine Al-Mg-Cu-Legierung und Al-Cu im grob heterogenen (weich geglühten) Zustande die niedrigste Oxydationsspannung.

Die Gefügebestandteile haben auch auf die Menge der in Lösung gehenden Metalle, das Aussehen und Reflexionsvermögen der Oxydschicht einen großen Einfluß. Ein Bleigehalt von Automatenlegierungen bewirkt eine Veränderung des Aussehens und der Verschleißfestigkeit des Oxydfilmes.

P. L a c o m b e und L. B e a u j a r d[49] haben an abgelösten, anodisch erzeugten Oxydfilmen bei genauen Dickenmessungen festgestellt, daß Überzüge auf Al-Mg-Legierungen (8% Mg), mit geringen Mengen von Gefügeausscheidungen, Unterschiede in der Dicke, ferner Diskontinuitäten und verschiedene Porositäten aufweisen, während dies bei vollkommen homogenen Legierungen nicht der Fall ist. Von P. L a c o m b e[50] wurde die anodische Oxydation sogar als Hilfsmittel zum Studium der Oberflächeneigenschaften von Aluminiumlegierungen ausgenützt.

Eloxalqualitäten von Aluminiumlegierungen. Da das Aussehen und die Güte der Oxydschichten sowohl von der angewandten Oxydationsvariante als auch der Zusammensetzung der Legierung und deren Gefügezustand abhängt (H. R ö h r i g[51], E. K ä p e r n i c k[52] sowie H. R ö h r i g und E. K ä p e r n i c k[53]), hat man versucht, die Beschaffenheit der Oxydschichten durch die Qualität der Oberfläche des Werkstückes zu beeinflussen. Man schuf für Gegenstände, die bei der anodischen Oxydation möglichst weiß bleiben sollen oder auf denen man bei der Färbung möglichst klare, leuchtende Farben erhalten will, eigene Legierung in „Eloxalqualität", mit denen die bei der Oxydation auftretenden Schwierigkeiten vermieden werden können. Nach G. L e u m e l[54] sind Reinaluminium sowie die Knetlegierungen der Gattung Al-Mg, Al-Mg-Si, Al-Mg-Mn oder Al-Mn sowie die Legierungen Al-Mg-Zn, Al-MgZn₃ und G 54 für die Eloxierung gut geeignet.

Am günstigsten hat sich ein homogenes Gefüge mit möglichst feinem Korn erwiesen, bei welchem sich bei der Oxydation keine Strukturungleichmäßigkeiten störend bemerkbar machen können. Vorteilhaft ist auch eine Verarbeitung der Legierungen im abgeschreckten Zustande. Bei Reinaluminiumblech gibt es auch eine Eloxalqualität, die frei von Walzstreifen ist.

Besonders störend macht sich das Gefüge mancher Gußlegierungen hinsichtlich ihrer Grobkörnigkeit und Porosität bemerkbar. Für polierte Teile ist eine möglichste Feinkörnigkeit der Struktur und vollkommene Porenfreiheit erforderlich. Während Legierungen mit strahlig-dendritischem Gefüge (Abb. 18 a) für die Eloxierung ungeeignet sind, ist eine feinkörnige Struktur der gleichen Legierung gut brauchbar (Abb. 18 b, G. E l ß n e r).

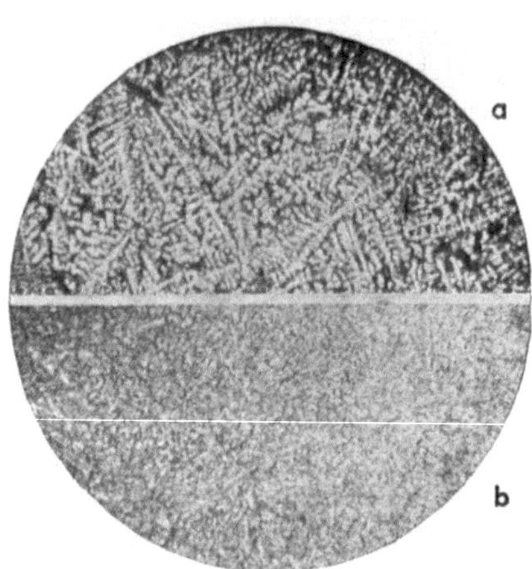

Abb. 18.   Gußverschiedenheiten;   a = ungeeignetes Material, b = gut geeignetes Material (G. Elßner).

Die Gußverhältnisse lassen sich am besten beherrschen, wenn zur Herstellung der Legierung nur besonders reine Ausgangsmaterialien und nicht umgeschmolzene Altmetalle verwendet werden. Dabei müssen aber auch noch alle gießtechnischen Vorsichtsmaßnahmen, wie Klärung und Abdeckung der Schmelze, richtige Verformung und Formsandart, Gießtemperatur, Abkühlungszeiten und Vergütungsprozesse, beachtet werden, damit der Guß ein gleichmäßiges Kristallgefüge erhält.

Ungeeignete Gießmethoden oder überhitzte Schmelzen ergeben beträchtliche Unterschiede im Aussehen der oxydierten Teile bezüglich Farbe, Glanz und Gleichmäßigkeit. Brauchbare Gußlegierungen des Aluminiums für das elektrolytische Oxydieren sind die Legierungen der Gattung G Al-Mg, G Al-Mg-Si, G Al-Mg-Mn und die Sonderlegierung G 54 (G. E l ß n e r).

Im allgemeinen kann man jedoch sagen, daß man heute fast alle Aluminiumlegierungen anodisch oxydieren kann, wobei der höchste Gehalt der Fremdmetalle bis zu 25% betragen kann, vorausgesetzt, daß die Reflexion, Färbung und Härte des Überzuges nicht in erster Linie berücksichtigt werden müssen. Das unterschiedliche *Stromaufnahmevermögen verschiedener Aluminiumlegierungen* bedingt aber auch, daß bei gleich großer angelegter Spannung es sehr schwierig ist, verschiedene Aluminiumlegierungen gleichzeitig in einer Charge zu oxydieren. Will man daher gleichmäßige und befriedigende Überzüge erhalten, darf man nur solche Legierungen gleichzeitig behandeln, die in ihrer Zusammensetzung und Struktur nicht allzusehr voneinander abweichen.

e) Einfluß der Wärmebehandlung, Schweißen.

Da sich bei der anodischen Oxydation von Aluminiumlegierungen Strukturunterschiede des Grundwerkstoffes sehr stark bemerkbar machen, verhalten sich Legierungen gleicher Zusammensetzung, die eine verschiedene Wärmebehandlung mit damit verbundener Strukturänderung erfahren haben, bei der Eloxierung verschiedenartig. Im Falle von Gefügeausscheidungen werden z. B. die Farben der Schichten infolge verstärkter Lichtabsorption dunkler (P. B r e n n e r und W. v. V o g e l[55]).

Man erhält daher auf thermisch behandelten Aluminiumlegierungen Schichten von anderem Aussehen als auf unbehandelten Legierungen. Dieses Verhalten kann aber dazu ausgenützt werden, das Aussehen von oxydierten Aluminiumlegierungen zu verbessern. Da auf Gegenständen, die im homogenen Zustande oxydiert wurden, stets gleichmäßige und helle Schichten, auf heterogenen Oberflächen aber verfärbte und um so dünklere Überzüge erhalten werden, je zahlreicher die Ausscheidungen von intermetallischen Verbindungen sind, nimmt man an heterogenen Legierungen häufig eine Homogenisierung vor. Diese besteht in einem Lösungsglühen und einem Abschrecken in Wasser (K. V o ß[56]) (s. a. vorhergehendes Kapitel).

Besonders stark machen sich örtliche Ausglühungen oder Abkühlungen an der Ungleichmäßigkeit der erzeugten Oxydschichten bemerkbar. Durch eine nachfolgende Färbung der Überzüge treten diese Inhomogenitäten nur noch in verstärktem Ausmaße hervor. Derartige örtliche Erwärmungen treten z. B. beim Schweißen oder bei plastischen Verformungen auf. Wird daher ein vollkommen gleichartiges Aussehen des behandelten Gegenstandes verlangt, so empfiehlt es sich, die betreffenden Gegenstände vor der Oxydation auszuglühen oder falls sie thermisch behandelt waren, neuerlich der Wärmebehandlung zu unterziehen. Die Wirkungen einer autogenen Schweißung sind aber durch eine bloße thermische Behandlung meist nicht zu beseitigen, da das Metall in der geschmolzenen Zone Gußstruktur angenommen hat (E. H e r r m a n n[57]).

Die Markierung der Schweißnaht und der Wärmeeinflußzonen tritt besonders stark bei solchen Aluminiumlegierungen zu Tage, bei welchen Ausscheidungsvorgänge in der Wärme auftreten. Soll daher die Schweißnaht und die anschließende Zone in der Oxydschicht sich nicht oder nur sehr wenig abzeichnen, muß entweder reines Aluminium oder eine Aluminiumlegierung mit bis zu 3% Magnesium verwendet werden (C. A u c h t e r[58]), da hier praktisch keine strukturellen Unterschiede auftreten.

Die Dicke der Oxydschicht auf Schweißnähten unterscheidet sich nicht von der Dicke der übrigen Stellen. Bei der Auswahl des Schweißdrahtes hat man auch darauf zu achten, daß keine neuen Legierungspartner in die Schweißnaht eingebracht werden (C. A u c h t e r[59]).

Die Gleichmäßigkeit der anodisch erzeugten Oxydschichten wird auch durch sonstige Werkstoffehler störend beeinflußt (E. K ä p e r n i c k und W. S c h n e i d e r[60]). Bei Preßgußstücken wurde als Ursache des fleckigen Aussehens der Oberfläche von oxydiertem Hydronalium (Al-Mg) festgestellt, daß diese Erscheinungen nur bei den mit dickflüssigem Metall verpreßten Gegenständen auftraten. Gleichmäßige und saubere Oberflächen wurden hingegen erhalten, wenn die Preßstücke aus einem dünnflüssigen Material gepreßt wurden (E. N i t z s c h[61]).

L i t e r a t u r v e r z e i c h n i s.

[40] H. B u f f, Liebigs Ann. Chem. **102**, 265—84, 1857. — [41] G. D. B e n g o u g h und J. M c S t u a r t, EP. 223 994, DRP. 413 875. — [42] E. H e r r m a n n, Hauszeitschr. Aluminium **1939**, 633—36. — [43] H. F i s c h e r, Ztschr. Metallkunde **29**, 319—22, 1937. — [44] F. K e l l e r und J. D. E d w a r d s, Iron Age **156**, Nr. 21, 75—78, 1945. — [45] J. H e r e n g u e l und R. S e g o n d, Métaux et Corrosion **21**, Nr. 252/253, 101—104, 1946. — [46] F. K e l l e r, G. E. W i l c o x, M. T o s t e r u d und C. J. S l u n d e r, Metals and Alloys **10**, 219—25, 1939. — [47] H. F i s c h e r, N. B u d i l o f f und L. K o c h, Korrosion und Metallschutz **16**, 236—46, 1940; Wiss. Veröffentl. aus den Siemenswerken, Werkstoffsonderheft **1940**, 169—87. — [48] Dieselben, ebenda **16**, 1940, H. 7/8. — [49] P. L a c o m b e und L. B e a u j a r d, Metal Treatment **12**, Nr. 44, 223—32, 1945/46. — [50] P. L a c o m b e, Chimie et Industrie **53**, 222—33, 1945. — [51] H. R ö h r i g, Gießerei **25** (N. F. 11), 190—93, 1938. — [52] E. K ä p e r n i c k, Aluminium **19**, 753—56, 1937. — [53] H. R ö h r i g und E. K ä p e r n i c k, Metallwirtschaft **17**, 665—68, 1938. — [54] G. L e u m e l, Aluminium **20**, 191—96, 1938. — [55] P. B r e n n e r und W. v. V o g e l, ebenda **19**, 696—99, 1937. — [56] K. V o ß, Z. Metallwarenindustrie,

Schmuckwaren, Verchromung MSV **23**, Nr. 11, 449—52, 1942. — [57] E. Herrmann, Schweiz. techn. Z. **1939**, 633—36. — [58] C. Auchter, Aluminium **22**, 569—75, 1940. — [59] Derselbe, Autogene Metallbearbeitung **35**, 33—38, 1942. — [60] E. Käpernick und W. Schneider, Aluminium **21**, 779—81, 1939. — [61] E. Nitzsch, ebenda **20**, 385—89, 1938.

3. Beschreibung der einzelnen Bäderarten.

a) Die anodischen Oxydationsverfahren mit Schwefelsäure.

Das Verfahren der Oxydation von Aluminium und seinen Legierungen mit schwefelsauren Elektrolyten wurde in Amerika entwickelt, wo es unter dem Namen „Alumilite-Verfahren" das verbreitetste Oxydationsverfahren geworden ist. Es ist für Schichten größerer Dicke mit gutem Korrosionsschutzvermögen und hoher Verschleißfestigkeit eines der geeignetsten und wirtschaftlichsten Arbeitsverfahren. Ebenso wie bei anderen Bädern üben die Konzentration des Elektrolyten und gewisse Zusätze von anorganischen und organischen Stoffen auf die Ausbildung und Eigenschaften der Oxydschicht einen großen Einfluß aus. Für die Wahl des Oxydationsverfahrens wird vorwiegend die möglichst vielseitige Ausnützbarkeit und die Wirtschaftlichkeit des Bades ausschlaggebend sein.

Die *Konzentration der Schwefelsäure* kann je nach den verschiedenen Anwendungszwecken der erzeugten Oxydschichten innerhalb sehr weiter Grenzen schwanken. Bereits in Lösungen von 5% Schwefelsäure aufwärts erhält man unter gewissen Bedingungen brauchbare Überzüge. Als obere Grenze der Schwefelsäurekonzentration für technische Betriebsverhältnisse kann eine solche von etwa 60% angesehen werden.

Es ist jedoch auch möglich, selbst in wasserfreier Schwefelsäure die anodische Oxydation vorzunehmen. Nach A. Güntherschulze[62] erhält man in reiner konzentrierter Schwefelsäure bei Kühlung besonders dicke, harte Oxydschichten, die jedoch bei größerer Dicke spröde sind und leicht abblättern.

Nach einem Vorschlage des Établissement Kuhlmann[63] soll man in 90- bis 100%iger Schwefelsäure bei 80 bis 90° C, einer Spannung von 90 V, die bis auf 500 V ansteigen gelassen wird und einer Stromdichte von 0,2 bis 6 Amp/qdm sehr dichte und korrosionsfeste Schichten von porzellanähnlichem Aussehen erhalten werden.

Allzusehr verdünnte Schwefelsäurelösungen eignen sich zur elektrolytischen Oxydation des Aluminiums nicht, da sich die Zusammensetzung der Lösung durch Auflösung von Aluminium und der damit verbundenen Anreicherung von Aluminiumsalzen zu rasch ändert. Auch ist die Leitfähigkeit der zu stark verdünnten Schwefelsäure zu gering, weshalb für die erforderlichen hohen Stromdichten zu hohe Spannungen aufgewendet werden müssen. Am günstigsten haben sich daher die mittleren Konzentrationen von etwa 10 bis 30% erwiesen, die bereits eine sehr gute elektrische Leitfähigkeit (Maximum der Leitfähigkeit bei 25% Schwefelsäure) aufweisen und auch gegen geringere Konzentrationsänderungen nicht mehr sehr empfindlich sind.

Die *Arbeitstemperatur* beträgt 10 bis 25° C, meist Zimmertemperatur von 18 bis 22° C, welche wegen der Erwärmung der Lösung durch die Stromwärme durch entsprechende Kühlung mit Kühlschlangen aus Blei oder Aluminium, welche von Leitungswasser durchflossen werden, aufrecht erhalten wird. Die Kühlung kann auch durch Einblasen von kalter Luft vorgenommen werden. Diese Art der Kühlung hat auch noch den Vorteil, daß durch gleichzeitige Rührung des Elektrolyten Konzentrationsunterschiede ausgeglichen und an den Werkstücken anhaftende Gasblasen entfernt werden.

In Schwefelsäurelösungen wird fast ausschließlich mit Gleichstrom bei einer *Spannung* von etwa 10 bis 25 V gearbeitet, welche von Niederspannungsgeneratoren geliefert wird. Für die meisten Aluminiumlegierungen kommt man mit Spannungen von 10 bis 15 V aus, nur für Silumin benötigt man höhere Spannungen bis zu 30 V. Die Spannung hängt außer von der Zusammensetzung des zu oxydierenden Metalles auch noch von der Konzentration und Temperatur des Elektrolyten ab. Die *Stromdichte* schwankt zwischen 0,5 bis 2 Amp/qdm entsprechend der Zusammensetzung des zu oxydierenden Metalles und den gewünschten Eigenschaften der Oxydschicht.

Die *Behandlungsdauer* beträgt bei Schichten für Korrosions- und Färbezwecke etwa 30 bis 45 Minuten, für stärkere Beanspruchungen 60 Minuten und noch länger. Nur für billigere Artikel geht man mit der Expositionszeit bis auf 10 bis 20 Minuten herunter.

Je nach den Bedingungen der Elektrolyse erhält man auf ein und derselben Legierung Oxydschichten mit sehr stark verschiedenen Eigenschaften. Beispielsweise erhält man auf Reinaluminium sehr harte Schichten in einer 10%igen Schwefelsäure bei 10 bis 12° C und einer Stromdichte von 2 Amp/qdm, während in 20- bis 25%iger Schwefelsäure, einer Temperatur von 20 bis 25° C und einer Stromdichte von 0,5 Amp/qdm weniger harte, biegsamere und absorptionsfähigere Überzüge erhalten werden (E. H e r r m a n n[64]).

Im allgemeinen stehen in der Technik zwei größere Gruppen von Schwefelsäurebädern in Anwendung, und zwar eine Gruppe für die Erzeugung harter, verschleißfester Deckschichten für Fertigerzeugnisse und eine andere zur Herstellung geschmeidiger, weicher Überzüge für Halbfabrikate, die noch einer weiteren Bearbeitung unterzogen werden sollen. Nach B e n g s t o n und P e t t i t[65] werden für harte Überzüge Stromdichten von 1,3 bis 1,5 Amp/qdm bei Behandlungsdauern von 30 bis 50 Minuten, für weichere Schichten von 0,86 bis 1,08 Amp/qdm und Expositionsdauern von 15 bis 25 Minuten angewendet.

Kathoden, Behälter. Zur Oxydation in Schwefelsäure verwendet man Bleikathoden. Meist sind dies die Auskleidungen der Badbehälter selbst. Diese bestehen meist aus mit Blei ausgekleidetem Holz oder aus doppelwandigen Eisenbehältern, von denen der innere, kleinere Behälter homogen mit Blei ausgekleidet ist. Der Zwischenraum zwischen den beiden Eisenwannen wird von Leitungswasser durchflossen. Falls bei größeren Anlagen oder sehr hoher Strombelastung die Temperatur des Kühlwassers nicht ausreichen sollte, kann mittels einer Kühlsole gekühlt werden, die von einer Kältemaschine auf die gewünschte Temperatur gebracht wurde. Es können aber auch Badbehälter aus Glas, Steinzeug, emailliertem Eisen oder Aluminium verwendet werden. Über die Aufhängung der Ware, Dämpfeabsaugung usw. wird später (S. 48) berichtet werden.

Die nach dem Schwefelsäureverfahren erhaltenen Überzüge sind im allgemeinen farblos transparent. Nur auf manganreichen Aluminiumlegierungen weist die Oxydschicht eine graubraune, auf Silumin eine tiefgraue Färbung auf.

Die nach dem GS-Verfahren oxydierten Gegenstände sind sehr vielseitig anwendbar. Die Oxydation in Schwefelsäure ist wegen ihres geringen Energiebedarfes sehr wirtschaftlich. Die Überzüge sind besonders gut färbbar, imprägnierbar und weisen eine große Härte, Schichtstärke und Verschleißfestigkeit auf. Die Korrosionsbeständigkeit der Schichten reicht für alle Zwecke des oxydierten Aluminiums aus, so daß nach dem GS-Verfahren oxydiertes Aluminium im Flugzeugbau, Schiffsbau, Apparatebau, für Feinmeß- und optische Geräte, in der Architektur, Elektroindustrie usw. erfolgreich eingesetzt werden kann.

Die im Schwefelsäurebad erhaltenen Oxydschichten werden vielfach den Überzügen aus Chromsäure, Oxalsäure und Zusätze enthaltenden Bädern vorgezogen

(D. S w a r u p und A. P. N a y a r[66]). Die Oxydschichten, die nach dem Schwefelsäureverfahren erhalten wurden, bilden nach den Versuchen von J. D. E d w a r d s und R. I. W r a y[67] auch einen guten Untergrund für Lacke und Anstriche.

b) Weitere Abarten des Schwefelsäureverfahrens.

Neben diesen einfachen GS-Verfahren sind noch eine ganze Reihe weiterer, mit Schwefelsäurelösungen arbeitende Verfahren bekanntgeworden, die wohl nicht die große Verbreitung wie das einfache Verfahren gefunden haben, die aber dennoch, z. B. für gewisse Sonderzwecke, ausgeführt werden.

Eines der bekannteren Oxydationsverfahren ist jenes mit glyzerinhaltiger Schwefelsäure („Sheppard-Verfahren")[68], wobei das Glyzerin, ebenso wie andere mehrwertige Alkohole, den Angriff der Schwefelsäure auf das Aluminium oder die Löslichkeit des Aluminiumhydroxyds verringern. Durch entsprechende Abänderungen der Arbeitsbedingungen können die Eigenschaften der Überzüge gleichfalls beeinflußt werden. So empfiehlt S h e p p a r d, für harte und weiche Schichten die folgenden Badzusammensetzungen zu verwenden.

	für harte Oxydschichten	für weiche Oxydschichten
Elektrolyt	5% H_2SO_4 + 5% Glyzerin	25% H_2SO_4 + 20% Glyzerin
Spannung	ca. 15 V	ca. 12 V
Temperatur	27° C	27° C
Expositionsdauer . .	20 bis 40 Minuten	30 bis 60 Minuten
Stromverbrauch . .	1 bis 2 kWh/qm	0,5 bis 1 kWh/qm

Durch Zusatz von Farbstoffen zum Elektrolyten können die Schichten gebildet und gleichzeitig gefärbt werden. Das Färben kann jedoch auch nachträglich in einem zweiten, 6% Glyzerin und 0,5% Farbstoff enthaltenden wäßrigen Bade bei 50° C und Schaltung des zu färbenden Gegenstandes als Anode vorgenommen werden[69].

Die Aluminium Colors Incorp.[70] arbeitet mit höheren Schwefelsäurekonzentrationen als S h e p p a r d, drängt aber den allzu starken Angriff der Schwefelsäure auf das Aluminium und die Oxydschicht gleichfalls durch einen Glyzerinzusatz zurück. Man erhält hitzebeständige, graue, stark absorptionsfähige Schichten, die sich als Grundlage für Lacke, Farben, Wachse, Öle usw. sehr gut eignen. Auf Siliziumlegierungen sind die Schichten schwarz, auf kupferhaltigen Legierungen gelb bis weiß gefärbt. Nach einer weiteren Arbeitsweise derselben Firma[71] soll eine 65%ige Schwefelsäure mit einem Zusatz von 1 Volumen Glyzerin auf 15 Volumina Badflüssigkeit verwendet werden, wobei bei 25° C, eine Spannung von etwa 12 V und rund 0,6 bis 1 Amp/qdm oxydiert wird. Die erhaltenen Überzüge sind gleichfalls farblos bis gelbweiß, absorptionsfähig, isolierend und korrosionsfest.

Ähnlich korrosionshemmend wie Glyzerin wirkt auch Phenol (Aluminium Colors Incorp.[72] sowie A. B o r e l l a und E. O l m a s t r o m[73]).

Als Elektrolyt für die anodische Oxydation von Aluminium-Silizium-Legierungen soll nach F. A. W a l e s[74] eine 13%ige Schwefelsäure bei 37° C geeignet sein. Man arbeitet mit Wechselstrom vorerst 3 Minuten lang bei 9 bis 12,5 V, und steigert während 20 Minuten die Spannung auf 24 V.

Sehr zahlreich sind die Vorschläge gewesen, durch Zusätze anorganischer oder organischer Stoffe die Eigenschaften der Oxydschichten hinsichtlich ihrer Härte, Farbe, Anfärbbarkeit, Korrosionsbeständigkeit usw. zu beeinflussen. So wird bei einem Verfahren von Ch. H. R. G o w e r, St. O' B r i e n and Partners Ltd.[75] versucht, die anodische Oxydation in 10%iger Schwefelsäure durch einen Zusatz von Kaliumbichromat, Kaliumrhodanid, Ammoniumhydroxyd, Ammoniumsalzen oder

Bleiazetat bei 6 V und 20° C durchzuführen. Auf Duralumin sollen nach diesem Verfahren Überzüge erhalten werden, deren Seewasserbeständigkeit verbessert ist. Diese reicht jedoch trotzdem nicht an die nach dem Chromsäureverfahren auf dieser Legierung erreichten Überzüge heran (B u s c h l i n g e r[76]).

Zur Beeinflussung der Härte der Oxydschichten setzen E. W i n d s o r - B o w e n und Ch. H. R. G o w e r[77] der Schwefelsäure Aluminiumsulfat, Natriumsulfat, Oxydationsmittel, wie Alkalibichromat, Alkalipersulfat, Perborat, ferner Kolloide, wie Dextrin, Gelatine, Agar-Agar, zu. Je nach der Zusammensetzung des Elektrolyten, der Konzentration und Temperatur erhält man härtere oder weichere Schichten.

Der Zusatz von neutralen Stoffen, wie Alkoholen, wie z. B. Äthyl-Amylalkohol, Glykol usw., wurde von S. R. S h e p p a r d[78], jener von Trihydroxymethylanthrachinon von P. J. W h i t e[79], von Naturharzen, wie Fichtenharz, von M. N e g w e r[80] (Arbeitsbedingungen: 6 bis 8 V, 2,5 Amp/qdm, Behandlungszeit 7 Minuten, auf 40 Liter 60- bis 65%ige Schwefelsäure kommt 1 Liter Schwefelsäure, der mit natürlichem Harz gesättigt ist) vorgeschlagen. In zuckerhaltiger Schwefelsäure (15 bis 25% Zucker, Schwefelsäure D 1,15, 10 V, 10 Minuten, 18° C) sollen nach J. W. S c h ü r m a n n[81] besonders feinkörnige Oxydschichten erhalten werden. Die Gasentwicklung an den Anoden soll nur gering sein.

C. D i t t m a n n & C o.[82] setzen der verdünnten Schwefelsäure Phosphorsäure, Salpetersäure, Oxalsäure oder Ameisensäure als Elektrolyten sowie Aldehyde in einer Menge von 1 bis 10% zu („Oxydalverfahren").

Von A. S a s s e t t i und C. S o n n i n o[83] wurde vorgeschlagen, der Schwefelsäure Methylalkohol zuzusetzen (Arbeitsbedingungen: 30 kg H_2SO_4 66° Bé, gelöst in 70 Liter Wasser, 120 bis 150 g Methylalkohol, 12 V, 18 bis 23° C, 0,8 Amp/qdm).

Die S. A. Officine Galileo[84] empfiehlt einen Zusatz von 12 bis 15% Fettalkoholsulfonaten zu einem Bade aus anorganischen oder organischen Säuren. Beispielsweise soll eine 25%ige Schwefelsäure einen Zusatz von 2,5% Octylalkoholsulfonat oder eine 4%ige Flußsäure einen solchen von 2% Capryalkoholsulfonat erhalten.

A. S a s s e t t i und C. S o n n i n o[85] setzen dem Schwefelsäurebade lösliches Lignin, das beim Sulfitzelluloseprozeß anfällt und unter dem Namen „Gulac" bekannt ist, zu. Beispielsweise wird eine 20- bis 22%ige Schwefelsäure, die 1 bis 1,5% Glukose und 1% Gulac enthält, bei 16 bis 23° C, 12 bis 15 V, 0,9 Amp/qdm bei Reinaluminium, gewalzten oder gezogenen Aluminiumlegierungen sowie von 1 bis 2 Amp/qdm bei Aluminium-Gußlegierungen verwendet.

Es gibt auch eine Reihe von kombinierten Verfahren, bei welchen die Oxydation in der Schwefelsäure mit einer Behandlung in einer anderen Säure kombiniert ist, oder der Schwefelsäure andere anorganische oder organische Säuren zugesetzt sind. Die erste Oxydation dient dabei vorwiegend dem sogenannten „Glänzen" (s. S. 41), da hierbei eine deutliche Verbesserung der Oberflächenbeschaffenheit erzielt werden kann.

Beim bekannten „Alzak-Verfahren" der Aluminium Comp. of America[86] zur Herstellung von hochreflektierenden Oberflächen mit einem Reflexionsvermögen von etwa 85% erfolgt vor der Schwefelsäurebehandlung eine 5 Minuten lange Voroxydation mit Gleichstrom in einer 2,5%igen Lösung von Borfluorwasserstoffsäure HBF_4 bei 10 bis 12 V, einer Stromdichte von 2 Amp/qdm und bei einer Temperatur von 31 bis 33° C. Mit Wechselstrom oxydiert man 20 Minuten lang in einer 0,8%igen Borfluorwasserstoffsäure bei 8 bis 11 V und 2 Amp/qdm und 30° C. Die sich bildende dünne, durchsichtige und glänzende Oxydschicht wird sodann in einer 7%igen Schwefelsäure bei 20 V, 1,2 Amp/qdm bei 25° C 10 Minuten lang verstärkt. Anstelle der Voroxydation in der Borfluorwasserstoffsäure kann auch eine flußsäurehaltige (0,2 bis 1,5% H_2F_2) 25%ige Schwefelsäure (50° C, 10 Minuten Behandlungsdauer, 1 bis 10 Amp/qdm bei Gleichstrom, über 10 Amp/qdm bei

Wechselstrom) verwendet werden, worauf sich eine weitere Oxydation in Schwefel-säure oder Oxalsäure anschließt (Aluminium Comp. of America[87]). Über das Alzak-Verfahren berichtete unter anderen J. D. E d w a r d s[88] (s. a. S. 28).

Eine salzfreie Lösung von 15%iger Schwefelsäure (66° Bé) und 10% Eisessig als Elektrolyt zur anodischen Oxydation von Aluminium und seinen Legierungen hat Ch. H. R. G o w e r und E. W i n d s o r - B o w e n[89] (Arbeitsbedingungen: 21 bis 23° C, 1 bis 4 Amp/qdm, 20 bis 50 Minuten) empfohlen. Der Gehalt der Lösung an Schwefelsäure verhindert eine Anreicherung der Lösung an Aluminium-sulfat.

Die Schering A. G.[90] verwendet als Elektrolyt anstelle von reiner Schwefelsäure eine schwefelsaure Lösung von Phenol-, Kresol- oder Thymolsulfosäure oder die entsprechenden Disulfosäuren. Auch eine 30%ige Lösung von aromatischen Oxydi-sulfosäuren, wie m-Kresoldisulfosäure, die gegebenenfalls noch etwas Schwefelsäure oder Sulfate, wie Magnesiumsulfat, in einer Menge von etwa 7,5% enthält, kann benutzt werden (Schering A. G.[91]). Die Oxydschichten sollen mit Disulfosäuren härter als mit Oxymonosulfosäuren ausfallen.

Die Schwefelsäure kann in der technischen Phenolsulfosäure aber überhaupt ganz fehlen (Schering A. G.[92]). Hingegen können Sulfate des Magnesiums an-wesend sein (Schering A. G.[93]). Mit phenol- oder kresolsulfosauren Elektrolyten, z. B. 5%iger technischer Kresolsulfosäure (Siemens & Halske A. G.[94]), erhält man auf Kupfer oder Mangan enthaltenden Aluminiumlegierungen sowie auf Al-Mg-Si-Legierungen messing- oder bronzeartige Überzüge.

R. P i o n t e l l i[95] verwendete als Elektrolyt Amidoschwefelsäure HSO_3NH_2, die eine starke einbasische Säure darstellt und die Anwendung von Gleich- oder Wechsel-strom gestattet. Während sich bei Gleichstrom auf dem Aluminium ein harter, zu-sammenhängender, graublauer Überzug bildet, ist die Oxydschicht bei Anwendung von Wechselstrom porös und hell.

Sehr zahlreich sind auch die Vorschläge, der Schwefelsäure Salze des Ammoniums oder der Alkalien zuzusetzen. So besteht beim Verfahren der Montecatini S. A.[96] der Elektrolyt aus 3 Teilen Wasser, 1 Teil Schwefelsäure und 0,1 Teil Ammonsulfat. G. Ch. J o n e s[97] setzt zu 100 Liter Schwefelsäure (D 1,224) 600 g Kalialaun und 1200 g Kaliumsulfat zu. Die Oxydation wird bei 8 bis 20 V, 0,5 bis 1,5 Amp/qdm und 18 bis 20° C betrieben. Man soll schon nach kurzer Zeit sehr harte Über-züge erhalten.

Die schwefelsaure Lösung eines einfachen oder Doppelsalzes des Aluminiums, wie z. B. Alaun, wird auch beim Verfahren der Soc. Anon. Rancati[98] als Elektrolyt verwendet.

E. H. C h a y b a n y[99] benützt eine gesättigte Lösung von saurem Natriumsulfat $NaHSO_4$, die außerdem noch festes Salz als Bodenkörper enthält. Die Stromdichte soll 0,5 bis 4 Amp/qdm betragen. Man erhält harte und dichte Überzüge.

Aluminium-Kupfer-Magnesium-Legierungen können nach einem Vorschlage von C. S o n n i n o und A. S a s s e t t i[100] in der Lösung von sauren Sulfaten oxydiert werden, wenn sie z. B. in Lösungen mit 1 bis 5% Magnesiumsulfat, 5 bis 10% Natriumhydrosulfat und 1 bis 3% Phosphorsäure bei 15 bis 30 V und bei 18 bis 20° C behandelt werden.

D. S w a r u p und A. P. N a y a r[101] stellten bei Messungen der Reflexion von Aluminiumreflektoren günstige Werte in Bädern fest, welche 25% Natriumhydro-sulfat enthielten.

Bei einem Verfahren von A. G. C h a y b a n y[102] dient als Elektrolyt eine ge-sättigte Lösung von einem oder mehreren Alkalisalzen der Schwefelsäure mit einem Überschuß der Salze als Bodenkörper, z. B. von Kaliumhydrosulfat, sauren Alkali-phosphaten, Ammoniumalaun des Aluminiums, Chroms oder Eisens. Der Elektrolyt kann auch Äthyl- oder Methylalkohol zur Verhinderung der Übersättigung der Lösung enthalten. Beispielsweise wird eine Lösung von 400 g Kaliumhydrosulfat in 1 Liter Wasser bei 10 bis 25° C und 0,05 bis 0,4 Amp/qdm verwendet. Beim Verfahren der Fiat Soc. An.[103] wird als Elektrolyt eine mit Schwefelsäure angesäuerte Lösung von Magnesiumsulfat benutzt.

Die Schering A. G.[104] verwendete Bäder aus Säuren oder sauren Salzen mit einem Zusatz solcher Metallverbindungen, die in mehreren Wertigkeitsstufen vorkommen, aber weder chemisch durch das Aluminium noch beim Stromdurchgang elektrolytisch als Metall niedergeschlagen werden können, wie Mangano-, Chromi- oder Kobaltsulfat. Im Ausführungsbeispiele ist eine Zusammensetzung von 60 g/l Schwefelsäure und 100 g kristallisiertem Mangansulfat genannt.

Von H. F u l l e r[105] wurden Schwefelsäure und Kaliumpermanganat bei niederen Spannungen, verdünnte Schwefelsäure und Eisen-II-sulfat bei 10 V von P. A. F. d e S a i n t - M a r t i n[106] empfohlen.

A. C e n c i a r e l l i, E. C a m b i n g g i o, G. G i l a r d i und A. d i M a t t e o[107] schlugen ein Bad, enthaltend 0,5 bis 10% Magnesiumsulfat, 0,5 bis 35 Kaliumhydrosulfat und 0,1 bis 0,5 Kaliumpermanganat, für die Gleich- und Wechselstromoxydation (10 bis 25 V, 10 bis 45° C) vor.

J. F r a s c h[108] benutzte einen Elektrolyten aus 10 bis 80% Schwefelsäure, der Nickel und Zinksalze zugesetzt wurden. Die Porigkeit der Überzüge kann durch eine stromlose Behandlung mit Salpetersäure, welche gleichfalls Zink- und Nickelsalze enthält, vermindert werden. Beispielsweise besteht die Vorbehandlungslösung aus 500 ccm Salpetersäure (36° Bé), 2 g Zinkoxyd, 5 g Nickeloxyd und 500 ccm Wasser. Die Tauchdauer beträgt einige Minuten. Der Elektrolyt besteht aus 200 ccm Schwefelsäure (66° Bé), 2 g Zinkoxyd, 5 g Nickeloxyd und 500 ccm Wasser; die Spannung beträgt 8 V, die Temperatur 20° C.

Zur Abkürzung der Elektrolysendauer um 30 bis 50% und Erzielung anodischer Schutzschichten gleichmäßiger Färbung hat die Firma Tréfileries et Laminoires du Havre[109] vorgeschlagen, die Gegenstände im Anschluß an eine Wärmebehandlung in einer Schwefelsäurelösung unter Zusatz von sauerstoffabgebenden Stoffen, wie Salpetersäure, Nitraten, Wasserstoffperoxyd, Persalzen oder insbesondere Kaliumpermanganat oder Mangansulfat, bei gleichzeitigem Einblasen von Luft zu behandeln.

c) Das Oxalsäurebad.

Die elektrolytische Oxydation von Aluminium und seinen Legierungen mit Oxalsäure ist besonders in Deutschland entwickelt worden, wo sie auch heute noch stark verbreitet ist. Die Bäder können sowohl mit Gleich- als auch Wechselstrom betrieben werden, wobei das Gleichstromverfahren häufiger anzutreffen ist. Wegen der beschränkten Löslichkeit der Oxalsäure weisen die Bäder meist Konzentrationen von 1 bis 10% auf, gewöhnlich von 7 bis 10%. Gearbeitet wird im allgemeinen bei einer Temperatur von 20 bis 50° C und einer Spannung von 10 bis 60 V mit Stromdichten von 0,5 bis 4 Amp/qdm bei Wechselstrom, bei Gleichstrom nicht über 1,5 Amp/qdm. Die Dauer der Exposition beträgt je nach dem Verwendungszweck des oxydierten Gegenstandes 20 bis 60 Minuten.

Bei der Oxydation beginnt man zuerst mit der niedrigsten Spannung und erhöht diese stufenweise auf den Höchstwert, da sonst zu Beginn der Behandlung ein zu großer Stromdurchgang auftreten würde. Bei einzelnen kleinen Werkstücken kann die Stromdichte bis 6 Amp/qdm betragen. Für Korrosionsschutzzwecke und für harte Schichten liegt die Badtemperatur bei 18 bis 22° C, während zur Erzielung weicherer, biegsamer Schichten, wie z. B. für Drähte, die Bäder bei 40 bis 45° C betrieben werden. Niedrigere Temperaturen bedingen höhere Spannungen, die bis zu 80 V gesteigert werden können. Bei höheren Spannungen treten selbstverständlich auch größere Stromdichten auf. Beim Gleichstromverfahren (GX-Verfahren) liegt die Badtemperatur meist bei 18 bis 25° C, nur selten und nur in Sonderfällen wird bei höheren Temperaturen gearbeitet.

Beim *Wechselstrom-Oxalsäure- (WX-) Verfahren* besteht die Leitungsarmatur nur aus zwei Teilen, die beide möglichst gleichmäßig mit Ware beschickt werden. Drähte und Bänder können kontinuierlich durch das Bad hindurchgezogen werden. Nur bei Drehstrom kann auch eine dreiteilige Leitungsarmatur verwendet werden.

Bei Wechselstrom wird nur selten mit inaktiven Kohlenelektroden gearbeitet, während bei Gleichstrom Blei, Graphit oder Aluminium als Kathodenmaterial dient. Die Badbehälter bestehen aus Steinzeug, Holz oder Eisen mit einem Email-, Gummi- oder Kunstharzüberzug.

Kühlung. Da die Bäder sehr hohe Strommengen aufnehmen und sich daher zu stark erwärmen würden, müssen sie mit Kühleinrichtungen ausgestattet werden. Diese bestehen entweder aus Kühlschlangen aus Glas oder Aluminium, das allerdings von der Badflüssigkeit angegriffen wird, oder aber aus doppelwandigen Eisenbehältern mit einer dünnen Auskleidung mit Isolierstoffen. Die Anlagen sind mit Absaugevorrichtungen zur Beseitigung der gesundheitsschädlichen Badnebel ausgestattet.

Spritzverfahren. Größere Gegenstände, die nach dem Tauchverfahren nicht oxydiert werden können, können nach dem Spritzverfahren mit einer Oxydschicht versehen werden. Der Elektrolyt wird mittels einer als Kathode geschalteten Spritzpistole auf das als Anode geschaltete Werkstück aufgespritzt. Der Elektrolyt besteht aus einer 10%igen Lösung von Oxalsäure mit einem Zusatz von 0,1% Chromsäure (Vereinigte Aluminiumwerke A. G.[110] und H. S c h m i t t[111]). Die angelegte Spannung beträgt 200 V, die Temperatur 15 bis 20° C. Die nach dem Spritzverfahren erzeugten Oxydschichten sind hart, dicht und feinkörnig, aber wegen der Schwierigkeiten einer gleichmäßigen Auftragung mit der Spritzpistole nicht sehr gleichmäßig (H. S c h m i t t[111]).

Mit Wechselstrom ist die Oxydationsgeschwindigkeit im Oxalsäurebad verhältnismäßig gering, so daß sich ein ziemlich hoher Energieverbrauch ergibt. Bei Gleichstrom treten bei ungünstiger Stromverteilung mitunter ziemlich starke Anfressungen an der Leichtmetallanode auf. Sind nämlich an der Aluminiumoberfläche Fremdmetalleinschlüsse, Seigerungen oder andere größere Unterschiede in der Zusammensetzung vorhanden, so bildet sich die Oxydschicht nur ungleichmäßig aus. An den schwächeren Stellen findet dann ein Durchbrechen der Schicht mit Funkenbildung statt. Der Strom konzentriert sich besonders stark auf die dünneren Stellen und führt in kurzer Zeit zu starken Anfressungen. Abb. 19 (Langbein-Pfanhauser-Werke A. G.) zeigt derartige Anfressungserscheinungen im Oxalsäurebad infolge unrichtiger Stromverteilungsverhältnisse. Da sich derartige Anfressungen häufiger an Guß- und Drehteilen zeigen, wendet man das GX-Verfahren vorwiegend nur bei gezogenen Gegenständen an.

Abb. 19. Anfressungserscheinungen infolge falscher Stromverhältnisse im Elektrolyten auf Oxalsäurebasis (G. Elßner).

Von K. V o ß[112] wurde festgestellt, daß der Lochfraß in Oxalsäurebädern durch die gleichzeitige Anwesenheit von dreiwertigen, komplex gebundenen Eisensalzen oder anderen Metallsalzen, wie solchen von Kobalt, Mangan, Chrom, Molybdän, Vanadin, Titan, Zinn, Cer und Chloriden oder Bromiden (mehr als 0,3 g/l Eisen und 30 mg/l Chlor) hervorgerufen wird. Beim GX-Verfahren darf daher der Chlorgehalt 35 mg/l, beim WX-Verfahren 100 bis 200 mg/l nicht überschreiten.

WX-GX-Verfahren. Die Nachteile sowohl des Wechsel- als auch des Gleichstromes für sich allein lassen sich durch eine Kombination beider Verfahren, nämlich eine kürzere Wechselstromvoroxydation und eine längere Fertigoxydation nach dem Gleichstromverfahren vermeiden, wie Z. H. R. Kenkyujo[113], S. Setoh und A. Miyata[114] sowie S. Setoh[115] festgestellt haben. Dieses kombinierte Wechselstrom-Gleichstrom-Oxalsäureverfahren (WX-GX-Verfahren) erfordert allerdings sowohl eine elektrische Anlage für das Arbeiten mit Wechselstrom (Transformator) als auch einen Gleichstromtransformator, ist somit mit größeren Anlage- und Betriebskosten verbunden.

Für die meisten Korrosionsbeanspruchungen genügt eine Wechselstromvoroxydation bei niederen Spannungen von etwa 30 bis 40 V durch etwa 20 Minuten hindurch. Nur für sehr harte Schichten erhöht man auch bei der Voroxydation die Wechselstromspannung auf etwa 50 bis 60 V und trachtet, bei der darauffolgenden Oxydation mit Gleichstrom die Stromdichte nicht über 1 Amp/qdm ansteigen zu lassen. Aus technischen Gründen ist das Bad noch mit Hilfskathoden ausgestattet, auf welche gegebenenfalls umgeschaltet werden kann.

Die nach dem WX-GX-Verfahren hergestellten Überzüge sind auf den meisten, insbesondere den schwermetallfreien Aluminiumlegierungen sehr hart. Sie weisen aber den Nachteil auf, daß sie sich nur sehr schwierig oder gar nicht mehr anfärben lassen. Bemerkenswert ist, daß die Eigenfarbe der WX-Schicht durch die darauffolgende GX-Oxydation praktisch nicht mehr geändert wird. Die Farbe der WX-Schicht geht, je nach der Zusammensetzung der Legierung von Gelb bis Tigerbraun oder Bläulichgrau. Das reine WX-Verfahren wird meist zur Erzeugung stärkerer Schichten mit bestimmten Eigenfärbungen, das kombinierte WX-GX-Verfahren vor allem zur Herstellung von Naturtönungen von Nickel und Silber auf Architekturprofilen angewendet.

XS-Verfahren. Das Oxalsäureverfahren kann auch mit dem Schwefelsäureverfahren kombiniert werden, wobei mit höchstens 25 V bei 20 bis 27° C gearbeitet wird (Schwefelsäure-Oxalsäure-Verfahren oder XS-Verfahren). Auf der für Leichtmetallkolben häufig angewendeten Aluminium-Silizium-Legierung werden Schichten mit besonders hohem Aufsaugevermögen für die Öle erhalten, so daß sich das XS-Verfahren besonders für die Kolbeneloxierung eignet. Auf Reinaluminium und Aluminium-Magnesium-Legierungen entstehen mit Gleichstrom bei 10 bis 15 V farblose, mit Wechselstrom bei 8 bis 15 V jedoch gelb gefärbte Schichten. Zur Verstärkung der nach dem reinen Wechselstromverfahren verhältnismäßig dünnen Schichten arbeitet man in einem zweistufigen Verfahren, wobei vorerst nach dem Wechselstromverfahren voroxydiert und dann nach dem Gleichstromverfahren zur Nachtönung fertigoxydiert wird.

Das Oxalsäureverfahren ist sowohl für Aluminiumlegierungen mit Silizium, Magnesium, Mangan, Blei, Nickel, Titan, Antimon (H. Schmitt[116]), als auch mit Kupfer anwendbar (N. D. Pullen[117], S. Setoh und A. Miyata[118]).

Zusammensetzung der Elektrolyte. In Deutschland und Europa wurde meist nach dem Verfahren der Vereinigten Aluminiumwerke A. G., Lautawerk[119] gearbeitet, gemäß welchem eine etwa 10%ige Oxalsäure mit einem Zusatz von 0,1% Chromsäure als Elektrolyt verwendet wurde. Die angelegte Spannung betrug 60 bis 100 V, die Stromdichte 1 bis 5 Amp/qdm, die Badtemperatur 15 bis 30° C (H. Schmitt[120]).

Für die Oxydation kann sowohl Gleich- als auch Wechselstrom, hochfrequent unterbrochener Gleichstrom oder polarisierter Hochfrequenzstrom angewandt werden. Ebenso wie beim Schwefelsäureverfahren können durch Veränderung der Zusammensetzung und Konzentration des Elektrolyten, der Stromart, Spannung, Stromdichte und Temperatur die Eigenschaften der Oxydschichten weitgehend variiert werden. Man kann sowohl sehr dünne als auch sehr dicke Schichten herstellen, beispielsweise eine 0,8 mm starke Aluminiumfolie vollkommen durchoxydieren. Ebenso ist es möglich, vorerst eine dichte und darauf eine poröse, sehr saugfähige und daher für eine Imprägnierung geeignete Oxydschicht auf einem und demselben Gegenstande zu erzeugen (H. S c h m i t t[121]).

Beim Verfahren der japanischen Firma H. R. K e n k y u j o[122] bildet eine nur 1- bis 3%ige Lösung von Oxalsäure oder Oxalaten den Elektrolyten. Die Bäder können sowohl bei Gleich- als auch Wechselstrom betrieben werden. Die Stromdichten betragen für Oxalsäure 5 bis 10 Amp/qdm, für Oxalate 10 bis 15 Amp/qdm oder nur 3 bis 5 Amp/qdm (60 bis 100 V, 20 bis 25° C)[123]. Bei einem kombinierten Verfahren wird erst bei 60 bis 120 V mit Wechselstrom voroxydiert und dann mit Gleichstrom von 60 bis 90 V und Stromdichten von 5 bis 20 Amp/qdm nachoxydiert[124]. Man erhält elektrisch isolierende, hitzebeständige, korrosionsfeste, gelbbraun bis grau gefärbte Oxydschichten.

Nach dem Vorschlage von E. W. K ü t t n e r[125] soll eine 3,5%ige Oxalsäure mit einem Zusatz von 0,1% Kaliumpermanganat, Salpetersäure, Phosphorsäure, Wasserstoffperoxyd, Bromsäure oder Kaliumchromat verwendet werden. Die Stromart ist Gleich- oder Wechselstrom, am besten geeignet aber der Dreiphasenstrom. Die Spannung beträgt bei 25° C 120 V. Man erhält dicke, elektrisch isolierende Schichten. Die Aluminium Comp. of America[126] verwendete eine 5- bis 9%ige Oxalsäurelösung bei einer Gleichstromspannung von 25 bis 45 V.

Die Firma I. G. Farbenindustrie A. G.[127] verwendete wasserfreie alkoholische Lösungen der für die Oxydation des Aluminiums und seiner Legierungen geeigneten Säuren und Salze, wie insbesondere Oxalsäure in Glykol. Beispielsweise diente als Elektrolyt eine Lösung von 300 g Oxalsäure in 1 l Äthylenglykol. Es wurde mit Gleichstrom bei 65 V und einer Anfangsstromdichte von 2 Amp/qdm bei 100° C gearbeitet. Die Expositionszeit betrug 25 Minuten. Das Verfahren war besonders zur Oxydation von Aluminium-Magnesium-Legierungen mit etwa 2,45% Magnesium geeignet. Nach einer Ausgestaltung dieses Verfahrens soll vor Beginn der Elektrolyse die Hauptmenge des Veresterungswassers, mindestens bis zu 50% entfernt werden (I. G. Farbenindustrie A. G.[128]).

Nach einem Vorschlage der Fides Ges. für die Verwaltung und Verwertung von gewerblichen Schutzrechten[129] können an Stelle oder neben Oxalsäure zur Herstellung undurchsichtiger, weißer oder opaker Oxydschichten auf Aluminium und seinen Legierungen unter Verwendung von Gleich- oder Wechselstrom auch andere, 2- oder mehrbasische organische Karbonsäuren, wie Milchsäure, Bernsteinsäure oder deren Salze, gegebenenfalls mit Zusätzen von schwachen Mineralsäuren oder deren Salzen, wie Phosphorsäure, Borsäure, Phosphaten, Boraten, ferner Kohlehydraten oder Polyalkoholen, verwendet werden. Die Spannung soll kleiner als 110 V, die Arbeitstemperatur 60 bis 85° C betragen.

Besonders durchschlagsfeste und verlustarme Oxydschichten können nach einem Verfahren der Siemens & Halske A. G.[130] in einem Elektrolyten, bestehend aus einem Gemisch von Oxalsäure und einer zweiten, 2- oder 3basischen Säure, wie z. B. Bernsteinsäure, Oxybernsteinsäure oder Zitronensäure, erhalten werden. Beispielsweise besteht der Elektrolyt aus einer Lösung von 3% Oxalsäure und 2,9% Bernsteinsäure (70 bis 80 V).

M. S c h e n k[131] verwendete als Elektrolyt komplexe Oxalate des Zirkons oder Titans, die auch noch organische oder anorganische Säuren, deren Salze, einen löslichen Polyalkohol sowie Kohlehydrate enthalten können. Der p_H-Wert der Elektrolyte soll zwischen 0,8 bis höchstens 4,0 liegen, aber frei von starken Mineralsäuren sein. Die Bäder können sowohl mit Gleich- als auch Wechselstrom betrieben werden. Beispielsweise besteht der Elektrolyt aus 16 kg $Zr(C_2O_4)_2 \cdot 3\ Na_2C_2O_4 \cdot H_2C_2O_4 \cdot 5\ H_2O$, 16 kg Borsäure, 16 kg Borax und 4 kg Dextrin in 800 l filtriertem

Kondenswasser. Es wird mit Gleichstrom bei 120 V, einer Stromdichte von 6 Amp/qdm und einer Temperatur von 72° C gearbeitet. Geeignet ist auch eine Lösung von 3,4% Titankaliumoxalat, 12% Borsäure, 0,02% Zitronensäure und 0,01% Oxalsäure, die bei 58 bis 64° C verwendet wird (M. S c h e n k[132]). Nach einer weiteren Abart dieses Verfahrens (M. S c h e n k[133]) wird an Stelle von Zirkonverbindungen ganz oder teilweise eine Thoriumverbindung verwendet. Als Beispiel eines solchen Elektrolyten sei eine Lösung von 12 kg $Th(C_2O_4)_5 \cdot (NH_4)_2 C_2O_4 \cdot 7 H_2O$, 15 kg Zitronensäure, 15 kg Borax, 20 kg Glyzerin und 800 l filtriertem Kondenswasser angeführt. Die Arbeitsbedingungen sind 120 V Gleichstrom, 68° C, 3,5 Amp/qdm. Die Schichten werden mit Farbstoffen, Fettsäureverbindungen, Lacken oder hydrolisierbaren Verbindungen des Titans oder Zirkons nachbehandelt, bei 100 bis 150° C getrocknet und gehärtet.

A. v. Z e e r l e d e r und W. H ü b n e r [133a] verwenden sehr ähnliche, verhältnismäßig stark saure Oxalsäurelösungen, welche Titansalze, eventuell auch Thorium- und Zirkonverbindungen enthalten. Das p_H der Lösung liegt bei 40° C unter 0,8, Zusätze von Borsäure oder Zitronensäure können als Puffer dienen. Die Dicke der erzeugten Oxydschicht ändert sich mit der Zeitdauer der anodischen Oxydation, der Temperatur und dem p_H-Werte der Lösung.

Eine Ähnlichkeit mit diesen Elektrolyten weist die Badflüssigkeit von P. K i c k e b e r[134] auf, der zur Erzeugung harter und verschleißfester Überzüge auf Aluminium der Oxalsäurelösung solche Metallsulfate dreiwertiger Metalle zusetzt, die mit Oxalsäure komplexe hydrolysierbare Verbindungen zu bilden vermögen, wie Chromisulfat, Ferrisulfat oder Aluminiumsulfat. Die Badspannung beträgt 10 bis 20 V Wechsel- oder Gleichstrom, die Stromdichte 1 bis 3 Amp/qdm, die Badtemperatur 20 bis 25° C.

Zu einem aus Oxalsäure bestehenden Elektrolyten setzen die Vereinigten Aluminiumwerke A. G.[135] Flußsäure oder Schwefelsäure zu, welche die Durchsichtigkeit und Farblosigkeit störende Verunreinigungen und Legierungsbestandteile aus der betreffenden Metalloberfläche herauslösen soll.

Von J. M. F e r n a n d e z - L a d r e d a[136] wurde als Oxydationsbad eine Lösung von 25 g/l Oxalsäure, 17 g/l Natriumbichromat und 3 g/l Natriumphosphat (20° C, 12 bis 15 V) empfohlen.

Die Thomson-Houston Co.[137] und die General Electric Co.[138] erzeugen nach einer Reinigung der Aluminiumoberfläche in einer etwa 3- bis 5%igen Ätznatronlösung und anschließend in Salpetersäure und Ammonrhodanidlösung elektrolytisch eine Oxydschicht in einer Lösung von Oxalsäure oder einer anderen zweibasischen organischen Säure, z. B. 3%igen Oxalsäure bei 70 V und 30° C. Das oxydierte Aluminium wird dann anodisch in einer 15- bis 25%igen Alkalisilikatlösung (Molarverhältnis $SiO_2 : Na_2O = 2,7 : 1$) bei 60 bis 250 V Gleichstromspannung 5 bis 15 Minuten lang nachbehandelt. Man erhält sehr harte Schichten, die im wesentlichen aus Aluminiumsilikat bestehen.

Der Zusatz von Alkalisilikaten zur verdünnten Oxalsäurelösung selbst ist weniger günstig, da dadurch die Härte und der Korrosionswiderstand der Schichten verringert sowie der Energieverbrauch erhöht wird (S. S e t o h und A. M i y a t a[139]).

d) Das Chromsäureverfahren (Bengough-Verfahren).

Dieses von den beiden Engländern G. D. B e n g o u g h und G. M. S t u a r t im Jahre 1923 erfundene Oxydationsverfahren[140] ist das historisch älteste der technisch brauchbaren Verfahren zur Erzeugung von anodischen Oxydschichten auf Aluminium und seiner Legierungen. Wegen der Umständlichkeit des Verfahrens hat es sich jedoch mit Ausnahme in England keine größere Verbreitung schaffen können. Die mit Chromsäurelösung erhaltenen Oxydschichten eignen sich nur für Zwecke des Korrosionsschutzes, aber nicht für dekorative Anwendungen.

Das Chromsäureverfahren ist nicht uneingeschränkt für alle Aluminiumlegierungen geeignet. Ebenso zeigen sich je nach der Zusammensetzung des Grundmetalles größere Unterschiede im Stromverbrauch. Im allgemeinen lassen sich jedoch sowohl Reinaluminium als auch dessen Legierungen mit Magnesium, Mangan, Eisen, Silizium, Nickel und niedrigeren Gehalten als etwa 5% Kupfer ohne weiteres oxydieren (G. D. B e n g o u g h und H. S u t t o n[141], M. H a a s und F. W e i t z[142] sowie H. S u t t o n und A. J. S i d e r y[143]).

Aluminium-Gußlegierungen mit mehr als 5% Kupfer können nach dem Chromsäureverfahren nicht mehr oxydiert werden, da zur Durchführung des Verfahrens Spannungen bis zu 50 V erforderlich sind, während auf diesen Legierungen die Oxydschicht bereits bei einer Spannung von etwa 30 V durchbrochen wird (G. D. B e n g o u g h und H. S u t t o n[141], H. S u t t o n[141], N. D. P u l l e n[145], G. O. T a y l o r[146] und E. R. H o l m a n[147]). Die Al-Cu-Mg-Legierung Duralumin (3,5% Cu, 0,5% Mg, 0,5% Mn, 0,3% Fe und 0,3% Si, Rest Al) kann nach H a a s und W e i t z[142] nach guter Dekapierung mit Erfolg oxydiert werden, wobei der Energieverbrauch 1 bis 2,3 kWh/qm beträgt. Ähnlich wie Duralumin verhält sich die Al-Legierung Lautal (4,5% Cu, 1% Si, 0,5% Mn). Die Gußlegierung mit 2% Ni, 1,3% Mg (Y-Legierung) läßt sich wohl oxydieren, verbraucht aber zur Oxydation mehr Strom als die Legierung Al-Cu-Mg. Im warmbehandelten Zustande wird aber die Y-Legierung durch die Chromsäure bei der Oxydation zerstört (N. D. P u l l e n[145]). Für die G Al-Si-Legierung Silumin (13% Si) ist das Verfahren wegen des zu hohen Stromverbrauches nach H a a s und W e i t z[142] nicht wirtschaftlich. Selbst für niedrigere Siliziumgehalte als etwa 1,3% Si ist für die Oxydation eine Spannung von etwa 80 V erforderlich. Der zulässige Höchstgehalt der Legierung an Zink wird von N. D. P u l l e n[145] mit etwa 8%, von G. O. T a y l o r[146] mit 12% angegeben. Gußlegierungen erfordern einen höheren Stromverbrauch als mechanisch bearbeitete Legierungen.

Die Stromausbeute, bezogen auf die Oxydbildung, beträgt in 3%iger Chromsäurelösung für 10%ige Kupferlegierungen nur 1% und für reines Aluminium 17% (W. N. B r a d s h a w und S. G. C l a r k[140a]).

e) Ausführungsarten des Chromsäureverfahrens.

Nach den Angaben von G. D. B e n g o u g h und J. M. S t u a r t[140] sowie G. D. B e n g o u g h und H. S u t t o n[141], S. W e r n i c k[148], C. L. M a n t e l l[149], Anonym[150] und O. F. T a r r, M. D a r r i n und L. G. T u b b s[151] u. a. werden die sorgfältig entfetteten Gegenstände nach dem Spülen in Wasser in einer 3%igen, schwefelsäure- und sulfatfreien Chromsäurelösung mit Gleichstrom bei 40 bis 43° C oxydiert. Während der ersten 15 Minuten steigert man die Spannung von 0 auf 40 V, hält während 35 Minuten auf dieser Spannung, erhöht sodann während 5 Minuten von 40 auf 50 V und hält schließlich 5 Minuten bei 50 V. Die gesamte Behandlungsdauer beträgt somit 1 Stunde. Die Stromdichte beträgt gewöhnlich 0,5 Amp/qdm, maximal aber 1 Amp/qdm, der Stromverbrauch etwa 2 kWh/qm.

Nach E. H e r r m a n n[152] ist es aber einfacher, die Spannung allmählich von 0 auf 50 V zu erhöhen und nur darauf zu achten, daß die Stromdichte nie über 1 Amp/qdm ansteigt. Auf dieser Spannung beläßt man dann bis zum Schlusse der Oxydation. H e r r m a n n gibt auch an, daß Aluminiumlegierungen mit mehr als 4% Cu zwar selten bei einer Spannung von 40 bis 50 V oxydiert werden können, daß man aber eine Schichtbildung auch noch bei Einhaltung einer Stromdichte von 1 Amp/qdm erreichen kann.

Als Kathodenmaterial verwendet man Graphit, Blei oder Aluminium. Die Kathodenfläche soll mindestens ebenso groß als die Oberfläche der zu oxydierenden

Werkstücke sein. Die Badbehälter können aus Steinzeug, emailliertem Eisen, gummiertem Eisen, ja selbst aus gewöhnlichem Eisen bestehen. Die Badtemperatur von 40 bis 43° C muß sehr genau eingehalten werden. Das Bad besitzt eine sehr gute Streufähigkeit, so daß z. B. auch Rohre ohne größere Schwierigkeiten innen und außen oxydiert werden können. Die grau gefärbten Oxydschichten sind undurchsichtig und besitzen nach einer Nachbehandlung mit Ölen, Fetten oder Lacken eine sehr gute Korrosionsbeständigkeit.

Die Giftigkeit der Chromsäure und die starke, mit der elektrolytischen Oxydation verbundene Gasentwicklung erfordern ebenso wie bei der galvanischen Verchromung eine gesonderte Absaugung und Beseitigung der Badnebel.

Die Dicke und das Gewicht des anodischen Filmes in Chromsäurebädern ist, wenn die Proben 30 Minuten bei 40 V und 40° C mit oder ohne Gehalten an 3wertigen Chromverbindungen oder Aluminiumverbindungen behandelt wurden, direkt proportional der Stromstärke, und zwar unabhängig von den normalen Veränderungen der Konzentration, des p_H-Wertes und der Badtemperatur. Die Schichtdicke ändert sich aber mit der Zusammensetzung der behandelten Legierung. Die Stromdichte wächst mit steigender Temperatur des Bades. Innerhalb der praktischen Grenzen hat die Größe der Kathodenfläche keinen Einfluß auf das Gewicht der Oxydschicht (O. F. T a r r, M. D a r r i n und L. G. T u b b s[151]).

f) Abänderungen des Bengough-Stuart-Verfahrens.

Das Verfahren von B e n g o u g h und S t u a r t hat in der Folgezeit zahlreiche Abänderungen und teilweise auch Verbesserungen erfahren. So sind Zusätze von geringen Mengen anorganischer und organischer Säuren zur Chromsäurelösung von der Z. R. H. K e n k y u j o[153] vorgeschlagen worden. Diese Bäder können bei Gleich- und Wechselstrom betrieben werden. S. K a n e k o und Ch. N e m o t o[154] arbeiteten mit einer 0,8 normalen Chromsäurelösung und einer Spannung von 100 V bei 25° C.

Größere Bedeutung hat das Verfahren der Siemens-Elektro-Osmose G. m. b. H.[155] erlangt. Als Elektrolyt dient eine 10- bis 25%ige Chromsäurelösung, mit welcher bei 50° C und von 0 bis 40 bis 50 V ansteigenden Spannung oxydiert wird. Zum Unterschiede vom B e n g o u g h - S t u a r t - Verfahren wird aber nicht mit Gleich-, sondern mit Wechselstrom gearbeitet. Besonders auf kupferhaltigen Aluminiumlegierungen tritt beim S i e m e n s - Verfahren mitunter bei der Wechselstrombehandlung die eigenartige Erscheinung auf, daß die eine der beiden Seiten grau, die andere aber weißlich gefärbt ist. Diese Verschiedenheiten der Eigenfarbe können aber vermieden werden, wenn die eine der beiden Elektroden vorher mit Wechselstrom in einer verdünnten Chromsäurelösung voroxydiert wurde (Siemens-Elektro-Osmose G. m. b. H.[156]). Die voroxydierte Elektrode kann beliebig oft wiederverwendet werden. Sie übt eine gewisse Ventilwirkung aus und läßt den Wechselstrom nur in einer Richtung durch das Bad hindurch.

Die Konzentration der Chromsäure kann sogar bis zur Sättigung betrieben werden, wobei bei einer Spannung von 40 bis 60 V und einer Temperatur von 40 bis 60° C innerhalb von 20 bis 30 Minuten dunkle, korrosionsbeständige, aber weiche und daher mechanisch wenig widerstandsfähige Oxydschichten erhalten werden (Siemens-Elektro-Osmose G. m. b. H.[157] und H. S i e b e n e i c h e r[158]). Das S i e m e n s - Verfahren ist für alle Aluminiumlegierungen und Reinaluminium mit Ausnahme solcher mit mehr als 4% Kupfer anwendbar.

R. W. B u z z a r d[159] schlug gemischte, Chromsäure und Chrom-III-Verbindungen enthaltende Elektrolyte zur Oxydation des Aluminiums vor. Das 3wertige Chrom wird durch Reduktion von Cr^{VI} durch Oxalsäure erhalten. Die Konzentration an Chrom kann zwischen 2 und 30% schwanken, der Anteil des Cr^{III} 5 bis 60%

des Gesamtchromgehaltes betragen. Die Spannung ist 10 bis 50 V, die Temperatur 20 bis 60° C. Vom gleichen Erfinder wurde ein Elektrolyt, bestehend aus einer Lösung von 5% Chromsäure und 5% Kaliumbichromat (30 bis 42 V, 35 bis 40° C) zur Oxydation empfohlen (R. W. Buzzard[160]).

Von R. M. Berthier[161] wurde als Elektrolyt eine stark konzentrierte (30° Bé) Lösung von grünem Chromsulfat oder Aluminiumsulfat verwendet, die 25 ccm konzentrierte Schwefelsäure enthielt (35° C, 1,5 Amp/qdm, 30 V).

Eine Beschleunigung der Bildung der Oxydschicht läßt sich auch durch eine Erhöhung der Konzentration der Chromsäure von 3 auf 10% erreichen, wie F. W. Koslenkow[162] und S. A. Hepushina[163] festgestellt haben. Die Stromdichte beträgt 0,3 bis 0,4 Amp/qdm, die Expositionszeit 30 Minuten. Das Bad hat einen p_H-Wert von 0,12 bis 0,70 und eine Leitfähigkeit von 0,14 bis 0,08 bei 37° C. Der Chromsäureverbrauch für 1 qm oxydierte Oberfläche beträgt 53 g. Die Entfettung der Teile vor der Behandlung wird mit Trinatriumphosphat durchgeführt.

Ein sehr guter Korrosionsschutz des Aluminiums gegen neutrale, Chloride enthaltende Salzlösungen kann nach L. Tronstad und B. W. Bommen[164] durch eine anodische Behandlung in einer 0,01-n-Lösung von Alkalichromaten bei 150 V und 50° C erzielt werden.

Alkalische Lösungen von Chromaten haben S. Kaneko und Ch. Nemoto[165] als Elektrolyten empfohlen.

Für die Herstellung saugfähiger Oxydschichten auf Reinaluminium (Seofotoverfahren) verwenden die Siemens & Halske A. G.[166] zur Erzielung verschiedener Durchsichtigkeitsgrade der Schichten Chromsäurebäder mit einem veränderlichen Gehalt von Schwefelsäure. Zur Erzielung einer mittleren Durchsichtigkeit werden Bäder aus technischer, mit Bariumkarbonat gereinigter Chromsäure angesetzt. Hochglänzende Schichten erhält man aus Elektrolyten aus Chromsäure mit 2% Schwefelsäure, bezogen auf die Chromsäure; zur Erzielung matter, milchiger Schichten wird ein Bad aus Chromsäure mit 0,1 bis 0,5% Schwefelsäure verwendet.

Das Aussehen des anodischen Filmes, der in einer 3%igen Chromsäurelösung auf Aluminium erzeugt wurde, hängt sehr stark vom Schwefelsäuregehalt der Lösung ab (D. Jackson[167]). Eine Schwefelsäurekonzentration unter 0,1 g/l ergibt gelbe, opake Filme. Bei Gehalten von 0,1 bis 0,3 g/l Schwefelsäure werden opake Filme erhalten, über 0,3 g/l transparente Filme. Zwischen diesen Filmen bestehen keine Unterschiede im Korrosionsverhalten. Die transparenten Schichten haben vielleicht eine etwas geringere Anfärbbarkeit gegenüber einigen Farben. Eine hohe Schwefelsäurekonzentration, z. B. 0,3 g/l verursacht eine starke Reduktion der Chromsäure und setzt daher die Lebensdauer der Bäder herab. Diese Reduktion kann aber durch ein kleines Kathoden- zu Anodenverhältnis (z. B. von 1 zu 20) herabgesetzt werden. Zur Verminderung der Schwefelsäurekonzentration des Bades kann diesem Bariumhydroxyd zugesetzt werden. 1 g Bariumhydroxyd erniedrigt den Schwefelsäuregehalt um etwa 0,2 g/l.

Verbrauchte Chromsäurebäder, die der Oxydation des Aluminiums gedient haben, können auf elektrochemischem Wege regeneriert werden (A. I. Utjanskya und S. I. Schuwajewa[168]). Man schickt durch diese Lösung 24 Stunden hindurch unter Anwendung von Blei als Anoden und Eisen als Kathoden einen Strom von 0,25 Amp/qdm hindurch, wobei die Anodenfläche etwa 1 bis 2 qdm/l Lösung, die Kathodenfläche $^1/_{40}$ der Anodenfläche betragen soll. Der p_H-Wert des Elektrolyten sinkt im Verlaufe der Regenerierung von etwa 1,5 des verbrauchten Bades auf etwa 0,2 im frischen Bade ab. Der Regenerierungsprozeß läßt sich mit dem Bade mehrfach wiederholen.

Zur Erzielung gleichmäßiger Oxydschichten ist eine Konstanthaltung des Chromsäuregehaltes der Lösung erforderlich. Zur Kontrolle des Bades wurde von M. S a n z[169] folgende Analysenmethode vorgeschlagen: In einem 250 ccm fassenden Becherglas werden 25 ccm der Lösung mit Wasser auf 100 ccm verdünnt. Unter ständigem Umrühren wird die Lösung durch Zugabe von n NaOH nacheinander auf einen p_H-Wert von 3,2, 4,8 und 9,0 gebracht. Wenn a die verbrauchten ccm NaOH zur Erzielung des p_H-Wertes 3,2, b jene zur Einstellung des p_H-Wertes 4,8 sind und N die Normalität der NaOH ist, ergeben sich die g CrO_3 je 100 ccm $= a \cdot N \cdot 0{,}4$, ferner die g Al_2O_3 je 100 cm $= b \cdot N \cdot 0{,}68 - a \cdot N \cdot 0{,}694$. Der Gesamtgehalt an 6wertigem Chrom pro 100 ccm ist $b \cdot N \cdot 0{,}4$. Dieses Untersuchungsverfahren ist auch für die CrO_3- oder CrO_4-Bestimmung in Chromatbädern zur stromlosen Oxydation von Aluminium verwendbar.

Die Alterung von Chromsäurebädern wird von R. W. B u z z a r d und H. H. W i l s o n[170] auf die Auflösung des Aluminiums und die dadurch bewirkte Neutralisation, wahrscheinlich unter Bildung von Aluminiumbichromat, $Al_2(Cr_2O_7)_3$ zurückgeführt. Die maßgebliche Konzentration an freier Chromsäure kann auch durch eine p_H-Messung mittels der Glaselektrode bestimmt werden. Die Lebensdauer des Bades kann erhöht werden, wenn fallweise dem Bade Chromsäure zugesetzt wird, um den gewünschten p_H-Wert aufrechtzuerhalten.

g) Weitere Verfahren zur elektrolytischen Oxydation des Aluminiums und von Aluminiumlegierungen.

Sehr mannigfaltig sind die Vorschläge zur Erzielung von Oxydschichten auf Aluminium und seinen Legierungen, die auch noch andere Bestandteile als Schwefelsäure, Oxalsäure und Chromsäure enthalten. Obwohl sie lange nicht die Bedeutung dieser Lösungen für die Praxis haben, mögen sie dennoch der Vollständigkeit halber besprochen werden.

Borate. Einer der ältesten Elektrolyte zur anodischen Oxydation von Aluminium besteht aus Boraten (s. Ventilfilme S. 4). Nach einem Verfahren der Westinghouse Electric & Manufacturing Co.[171] wurden mittels Boraten elektrisch isolierende Oxydschichten auf Drähten erzeugt. R. D. M e r s h o n[172] stellte mit Hilfe von konzentrierten Boraxlösungen hitzebeständige Überzüge auf Aluminium her. Von A. A. S a m u e l[173] wurde in einer wäßrigen Lösung oder Schmelze von Borsäure und Triäthanolamin bei 0,1 Amp/qdm und 20° C auf Aluminium eine Oxydschicht erzeugt.

Wäßrige Lösungen von Borsäure und Natriumhydroxyd wurden beim Verfahren von S. K a n e k o und Ch. N e m o t o[174] verwendet. Ein Zusatz geringer Mengen von Vanadinsalzen zu Ammoniumboratlösungen wirkt sich vorteilhaft aus (General Electric Co.[175]). Eine Borsäurelösung in Mischung mit Borax und Natriumhydroxyd wird von A. S. Z i t r i n o w i t s c h und W. D. I w a n o w[176] zur anodischen Oxydation von Aluminium-Kupfer und Aluminium-Kupfer-Legierungen bei 100 V und 55 bis 60° C empfohlen.

Oxydschichten aus Boratlösungen sind wohl sehr dünn (s. S. 3), aber sehr korrosionsbeständig und eignen sich daher als Untergrund für Lackierungen und Anstriche. Nach A. G ü n t h e r s c h u l z e[177] sind sie weder in Säuren noch in Laugen löslich.

Phosphate. Aus Natriumphosphatlösungen erzeugte W. R. M o t t[178] Schutzschichten auf Aluminium. Mit einer 0,8 n Phosphorsäurelösung oder einer wäßrigen Lösung von Natriumphosphat erhält man nach S. K a n e k o und Ch. N e m o t o[179] besonders gut anfärrbare Oxydschichten. Ammoniumphosphatbäder mit einem Zusatz von Vanadinsalzen schlug die General Electric Co.[180] vor. Phosphorsäure, gelöst in wasserfreiem Lösungsmittel, soll glänzende Aluminiumoberflächen ergeben (Le Matériel Téléphonique[181]).

Alkalische Lösungen von Di- oder Trinatriumphosphat mit einem p_H von 8 bis 12, eventuell mit einem Zusatz von Silikaten, werden von der Langbein-Pfanhauser-Werke A. G.[182] zur elektrolytischen Erzeugung eines Schutzüberzuges auf mit Aluminium plattiertem Eisen empfohlen. Die British Aluminium Co. Ltd.[183] bringt entfettete und eventuell polierte Aluminiumgegenstände in eine Lösung von 15% Soda, 6% Trinatriumphosphat und 1% Ammonkarbonat ein. Sobald ein gleichmäßiger Angriff auf das Aluminium zu beobachten ist, wird eine Spannung von 10 bis 14 V angelegt. Die Temperatur der Lösung beträgt 75 bis 80° C, die Behandlungsdauer 10 Minuten. Die Langbein-Pfanhauser-Werke A. G.[184] erzeugen glänzende Oxydüberzüge auf Aluminium durch eine anodische Behandlung in einem alkalischen Bade aus 150 g/l Trinatriumphosphat, das das Aluminium schwach angreift und eine hydrolysierbare Verbindung, wie Aluminiumsulfat (20 g/l), enthält.

Auch in anderen anorganischen Säuren, wie z. B. in 50%iger Salpetersäure, die eventuell einen Zusatz Chrom- oder Kupferverbindungen zur Veränderung der Farbe des Überzuges enthält (B. J i r o t k a[185]) oder in einer Lösung von Perchlorsäure in Eisessig entstehen Oxydschichten auf Aluminium (Le Matériel Téléphonique[186]). Elektrolyte aus geschmolzenem Alkalinitrat mit Gleich- oder Wechselstrom (The Minister of Navy, Japan[187]) oder in einer Mischung von gleichen Teilen Kalium- und Natriumnitrat mit Wechselstrom (M. T a s a k i[188]) ergeben bei der anodischen Behandlung auf Reinaluminium sehr korrosionsbeständige Schichten. Die Behandlung mit dem Gemisch der geschmolzenen Nitrate wird bei Reinaluminium bei 230° C und 100 V, 60 Minuten lang, für Duralumin bei 500° C, 65 V und 30 Minuten langer Oxydationsdauer ausgeführt. Nach der Behandlung werden die Proben in Wasser abgeschreckt.

Ebenso wie in Säuren können aber auch in alkalischen Elektrolyten bei der anodischen Oxydation des Aluminiums und seiner Legierungen Oxydschichten erzeugt werden. Schwach alkalisch gemachtes Wasser wird z. B. beim Verfahren der Maschinenfabrik Örlikon[189] als Elektrolyt bei der Erzeugung von Oxydschichten mittels Wechselstrom verwendet. Natriumkarbonat- oder Bikarbonatlösungen wurden von der Ges. für Elektrotechn. Industrie[190] und der Spezialfabrik für Aluminium-spulen und -leitungen[191] zur Herstellung dünner, elektrisch isolierender und hitze-beständiger Oxydschichten auf Aluminium benutzt. Die Drähte wurden mit einer Geschwindigkeit von etwa 3 m/Min. bei einer angelegten Spannung von 220 bis 440 V durch das Bad hindurchgezogen.

Ähnlich wie die Natriumsalze wirken auch die Ammoniumverbindungen der Kohlen-säure. In 1- bis 5%igen Ammonkarbonat- oder Ammonbikarbonatlösungen entstehen bei der anodischen Behandlung Oxydschichten (Platen-Munters Refrigerating System. Akt.[192]). Beim Verfahren von V. L i c h o f f[193] wird als Elektrolyt eine Lösung von Zitronensäure, Oxalsäure, Milchsäure oder Borsäure in Glyzerin oder Glykol ver-wendet. Die Anode wird über die Temperatur des Elektrolyten erhitzt.

Isolierende und korrosionsbeständige Oxydschichten können auch aus Lösungen von Wolframaten, Molybdaten, Uranaten oder Permanganaten nach einem Zusatz von geringen Mengen anorganischer oder organischer Säuren und deren Salzen unter Verwendung von Wechselstrom oder Gleichstrom erhalten werden (Z. H. R. K e n k y u j o[194]). In alkalischen Lösungen dieser Stoffe oder von Titanaten, Vana-daten und Niobaten wurden von Ch. B o u l a n g e r[195] bei Stromdichten von 2 bis 4 Amp/qdm Schutzschichten auf Aluminium und seinen Legierungen hergestellt. Die Firma Schering-Kahlbaum A. G.[196] verwendete als Elektrolyt zur Erzeugung von Oxydschichten Bäder, die Ozomolybdänsäure oder Ozowolframsäure enthielten. Durch mehrbasische organische Oxysäuren, wie Zitronensäure, wird die Feinkörnigkeit der Überzüge begünstigt. Man kann sowohl mit Gleich-, Wechsel- als auch pulsierendem Gleichstrom arbeiten. Der Elektrolyt wird beispielsweise durch Auflösung von 20 g Wolframsäure in 100 ccm Wasserstoffperoxyd, Zusatz von 20 g Zitronensäure und Verdünnen auf 1 l Wasser erhalten. Die Badspannung beträgt 24 V, die Temperatur nicht über 40° C. Dem Bade können auch noch 1,5 bis 2 g/l Phosphorsäure und 300 g/l Natriumsulfat zugesetzt werden (Schering-Kahlbaum A. G.[197]).

Die wirksamen Bestandteile des Bades von R. L e u t z[198] bilden kolloide Oxyde des Siliziums, Titans, Zirkons und Thoriums, wobei als Dispergierungsmittel ein- oder mehrwertige Alkohole verwendet werden. Die Bäder werden bei etwa 20 V und 10 bis 90° C betrieben. Die Expositionszeit beträgt nur einige Sekunden. Das Verfahren eignet sich besonders für Gegenstände, die starken Knickungen ausgesetzt sind, z. B. für Verpackungsmaterial, Folien, Tuben u. dgl.

Die S. A. Rancati Grauer & Weil[199] schlug vor, Aluminiumgegenstände mit Gleich- oder Wechselstrom mit einer Lösung eines Doppelsalzes des Aluminiums, die sauer gehalten wird, zu oxydieren.

Von der Firma Schering-Kahlbaum A. G.[200] wurde empfohlen, dem sauren Elektrolyten nicht zersetzliche Schwermetallverbindungen, wie Kobaltsulfat, Mangansulfat u. dgl., sowie Komplexverbindungen, wie Phosphor-Wolfram-Säure, Wolframsäure und Permangansäure, einzuverleiben. Beispielsweise besteht der Elektrolyt aus 25 g/l Wolframsäure 5 bis 8 g/l Phosphorsäure, 200 g/l Natriumsulfat, 50 g/l konzentrierter Schwefelsäure und 20 g/l Zitronensäure.

Die Firma I. G. Farbenindustrie A. G.[201] wird zur Erzeugung von Schutzschichten auf Aluminium und anderen Leichtmetallen als Elektrolyt verwendet, der aus einer Lösung von Säuren oder Salzen in ein- oder mehrwertigen Alkoholen besteht.

Nach dem Vorschlage von J. F r a s c h[202] hat der Elektrolyt für Oxydation folgende Zusammensetzung: 30 g/l Natriumaluminat, 10 g/l Metasilikat und 10 g/l Natriumhydroxyd. Die Oxydation erfolgt bei 15° C und einer Spannung von 110 V. Zur Nachbehandlung taucht man die oxydierten Gegenstände bei 95° C in eine Lösung von 20 g/l Natriumaluminat, 20 g/l Metasilikat und 2 g/l Natriumhydroxyd.

Die Fides Ges. für Verwaltung und Verwertung von gewerblichen Schutzrechten[203] verwendete Oxydationsbäder aus organischen Säuren, wie Milchsäure (15- bis 30%ig und konzentrierten Lösungen von Aluminiumsulfat, Ferrisulfat oder Chromisulfat.

Nach einem Verfahren der Siemens & Halske A. G.[204] zur Erhöhung des Rückstrahlungsvermögens der Oberflächen von Aluminium und Aluminiumlegierungen werden diese unterhalb 40° C einer anodischen Behandlung in einer tartrathaltigen, mindestens 1% Alkali enthaltenden Lösung, die überdies Aluminiumpulver oder eine Aluminiumverbindung enthält, unterworfen.

Eine wäßrige Lösung von Essigsäure und einem Alkohol bildete bei dem Verfahren von S. R. S h e p p a r d[205] den Elektrolyten. Vom gleichen Erfinder wurden auch wäßrige Lösungen von Alkoholen mit Aldehyden, Zucker oder Glukosiden, wie z. B. von 20 g/l NaOH und 75 ccm/l 4%iges Formaldehyd (15 bis 35° C), empfohlen (S. R. S h e p p a r d[206]).

Durch die Einlagerung von Metalloxyden von Schwermetallen, wie Nickel, Kobalt, Eisen und Kupfer, werden die Oxydschichten weicher und biegsamer. Diese Einlagerungen können entweder durch galvanische Abscheidung dieser Metalle auf der Aluminiumfläche vor dieser Oxydation oder durch Zusatz dieser Metallverbindungen zum Elektrolyten bewirkt werden (R. E. M ü l l e r[207]).

L i t e r a t u r v e r z e i c h n i s.

[62] A. G ü n t h e r s c h u l z e, Ztschr. Metallkunde **16**, 177, 1924. — [63] K u h l m a n n, FP. 783 166. — [64] E. H e r r m a n n, Schweiz, techn. Z. **1939**, 633—36. — [65] B e n g s t o n und P e t t i t, Machinists, Europ. Edit. **77**, 76. — [66] D. S w a r u p und A. P. N a y a r, Quart.

J. Geol., Mining Met. Soc. India 15, 119—25, 1943. — [67] J. D. E d w a r d s und R. I. W r a y, Ind. Eng. Chem. anal. Edit. 7, 5, 6, 1935. — [68] Sheppard-Verfahren, FP. 736 918, Schweiz. P. 166 800. — [69] EP. 359 495. — [70] Aluminium Colors Incorp., EP. 403 560, FP. 758 545. — [71] Dieselbe, AP. 1 869 041, 1 869 042, EP. 378 521, FP. 718 144. — [72] Dieselbe, EP. 403 560, FP. 758 545, — [73] A. B o r e l l a und E. O l m a s t r o m, It. P. 324 022. — [74] F. A. W a l e s, AP. 2 111 377, EP. 474 704. — [75] Ch. H. R. G o w e r, St. O' B r i e n and Partners Ltd., EP. 290 901, FP. 650 059, Schweiz. P. 136 660. — [76] B u s c h l i n g e r, Hauszeitschr. Aluminium I, 310, 1929/30. — [77] E. W i n d s o r - B o w e n und Ch. H. R. G o w e r, EP. 396 743, 395 390, FP. 748 514. — [78] S. R. S h e p p a r d, EP. 359 494, ÖP. 137 886, FP. 722 063. — [79] P. J. W h i t e, EP. 427 308. — [80] M. N e g w e r, DRP 683 289. — [81] J. W. S c h ü r m a n n, DRP.702 724. — [82] C. D i t t m a n n & Co., DRP. 699 239. — [83] A. S a s s e t t i und C. S o n n i n o, It. P. 384 268. — [84] S. A. Officine Galileo, It. P. 394 459. — [85] A. S a s s e t t i und C. S o n n i n o, Schweiz. P. 226 458. — [86] Aluminium Comp. of America, FP. 773 680. — [87] Dieselbe, FP. 778 018. — [88] J. D. E d w a r d s, Trans. Illuminating Engg. Soc. 29, 351, 1934; J. Soc. Motion Picture Eng. 24, 128, 1935. — [89] Ch. H. R. G o w e r und E. W i n d s o r - B o w e n, FP. 828 706. — [90] Schering A. G., FP. 814 798. — [91] Dieselbe, Dän. P. 57 075. — [92] Dieselbe, FP. 814 798. — [93] Dieselbe, DRP. 664 420. — [94] Siemens & Halske A. G., DRP. 677 501. — [95] R. P i o n t e l l i, Ric. sci. Progr. techn. 12, 1195—96, 1941. — [96] Montecatini S. A., It. P. 345 804. — [97] G. Ch. J o n e s, EP. 467 267. — [98] Soc. Anon. Rancati, FP. 863 366. — [99] E. H. C h a y b a n y, FP. 808 903. — [100] C. S o n n i n o und A. S a s s e t t i, It. P. 366 579. — [101] D. S w a r u p und A. P. N a y a r, Quart. J. Geol., Mining Met. Soc. India 15, 119—25, 1943. — [102] A. G. C h a y b a n y, EP. 482 563. — [103] Fiat Soc. An., It. P. 341 988. — [104] Schering A. G., DRP. 702 750. — [105] H. F u l l e r, AP. 1 323 236. — [106] P. A. F. de S a i n t - M a r t i n, FP. 440 516. — [107] A. C e n c i a r e l l i, E. C a m b i n g g i o, G. G i l a r d i und A. di M a t t e o, It. P. 381 480. — [108] J. F r a s c h, FP. 815 231. — [109] Tréfileries et Laminoires du Havre, FP. 884 151. — [110] Vereinigte Aluminiumwerke A. G., DRP. 585 728, EP. 386 201. — [111] H. S c h m i t t, Hauszeitschr. Aluminium 4, 89—90, 1932; Aluminio II, 28, 1933. — [112] K. V o ß, Z. Metallwarenindustrie, Schmuckwaren und Verchromung MSV 42 (25), Nr. 9—10, 261—62, 1944. — [113] Z. H. R. K e n k y u j o, AP. 1 735 509. — [114] S. S e t o h und A. M i y a t a, Sci. Pap. Inst. phys. chem. Res. Tokio 12, 268, 1928; World. Eng. Congress Tokio Paper N. 727, 1929; J. Inst. Metals 44, II, 552, 1930. — [115] S. S e t o h, I. Soc. Mech. Eng. Japan 34, 973, 1931. — [116] H. S c h m i t t, Oberflächentechnik 10, 200, 1933. — [117] N. D. P u l l e n, Met. Ind. London 42, 634, 1933; Chem. Age 29, 6, 1933; Foundry Trade J. 48, 423, 1933. — [118] S. S e t o h und A. M i y a t a, Bl. Inst. Phys. Chem. Res. 11, 1932. — [119] Vereinigte Aluminiumwerke A. G., Lautawerk, DRP. 607 476. — [120] H. S c h m i t t, Hauszeitschr. Aluminium 4, 79—81, 1932; Aluminio 2, 18, 1933. — [121] Derselbe, Metallwirtschaft 11, 680, 1932; Chem. Apparatur 20, Beilage Werkstoffe und Korrosion 8, 13, 1933. — [122] H. R. K e n k y u j o, EP. 226 536. — [123] AP. 1 735 286. — [124] AP. 1 735 509. — [125] E. W. K ü t t n e r, Schweiz. P. 137 219. — [126] Aluminium Comp. of America, AP. 1 965 684. — [127] I. G. Farbenindustrie A. G., DRP. 672 523, It. P. 351 717. — [128] Dieselbe, DRP. 682 736. — [129] Fides Ges. für die Verwaltung und Verwertung von gewerblichen Schutzrechten, FP. 875 716. — [130] Siemens & Halske A. G., DRP. 657 179. — [131] M. S c h e n k, Schweiz. P. 182 415, 188 228. — [132] Derselbe, Norweg. P. 62 357, Jug. P. 15 564, Dän. P. 57 243. — [133] M. S c h e n k, Schweiz. P. 188 229. — [133a] A. v. Z e e r l e d e r und W. H ü b n e r, Chimia (Schweiz) 3, 77—84, 1949. — [134] P. K i c k e b e r, DRP. 744 046. — [135] Vereinigte Aluminiumwerke A. G., DRP. 621 682/1938, Dän. P. 53 305. — [136] J. M. F e r n a n d e z - L a d r e d a, Ann. Espan. 31, 776, 778, 1933. — [137] Thomson-Houston Co., FP. 700 563, Zus. P. 48 900. — [138] General Electric Co., AP. 2 161 636. — [139] S. S e t o h und A. M i y a t a, Sci. Pap. Inst. phys. chem. Res. Tokio 15, Suppl. Nr. 12, 1, 1930. — [140] G. D. B e n g o u g h und G. M. S t u a r t, EP. 223 994, 223 995, Schweiz. P. 110 115, DRP. 413 875, AP. 1 771 910, FP. 583 844. — [140a] W. N. B r a d s h a w und S. G. C l a r k e, J. Electrodepositors' Techn. Soc. 24, 147—70, 1949. — [141] G. D. B e n g o u g h und H. S u t t o n, Engineering 122, 275—76, 1926. — [142] M. H a a s und E. W e i t z, Korrosion und Metallschutz 6, 121, 1930. — [143] H. S u t t o n, und A. J. S i d e r y, Engineering 124, 376, 1927; Aluminium 10, Nr. 3, 6, 1928. — [144] H. S u t t o n, Met. Ind. London 33, 418, 1928. — [145] N. D. P u l l e n, Met. Ind. London 42, 634, 1933; Chem. Age 29, 6, 1933; Foundry Trade J. 48, 423, 1933. — [146] G. O. T a y l o r, Metallurgia, Brit. J. Metals 10, 174, 1934. — [147] E. R. H o l m a n, Metal Finish. 39, 132—34, 136, 1941. — [148] S. W e r n i c k,

Met. Ind. London 45, 64, 79, 1934. — [149] C. L. M a n t e l l, Metal Cleaning Finishing 6, 12, 1934. — [150] Anonym, Met. Ind. London 41, 395, 1932; Aeroplane 61, 158—59, 1941. — [151] O. F. T a r r, M. D a r r i n und L. G. T u b b s, Ind. Eng. Chem. ind. Edit. 33, 1575—80, 1941. — [152] E. H e r r m a n n, Schweiz, Techn. Z. 1939, 633—36. — [153] Z. R. H. K e n k y u j o, FP. 590 800. — [154] S. K a n e k o und Ch. N e m o t o, J. Sci. chem. Ind. Japan Suppl. 36, 116 B, 1933. — [155] Siemens-Elektro-Osmose G. m. b. H., DRP. 600 046. — [156] Dieselbe, DRP. 562 615, Schweiz. P. 150 939, FP. 702 266, AP. 1 923 539, EP. 371 213. — [157] Dieselbe, EP. 390 110, FP. 42 676, AP. 1 936 058. — [158] H. S i e b e n e i c h e r, Chem. Ztg. 56, 149, 1932. — [159] R. W. B u z z a r d, AP. 1 977 622. — [160] Derselbe, AP. 2 085 002. — [161] R. M. B e r t h i e r, FP. 863 782/1940. — [162] F. W. K o s l e n k o w, Luftfahrtind. (russisch) 1939, Nr. 6, 32—38. — [163] S. A. H e p u s h i n a, ebenda 1939, Nr. 1, 35—40. — [164] L. T r o n s t a d und B. W. B o m m e n, Norske Vidensk. Selsk. Forhand. 5, 175, 1933. — [165] S. K a n e k o und Ch. N e m o t o, J. Sci. chem. Ind. Japan Suppl. 36, 116 B, 1933. — [166] Siemens & Halske A. G., DRP. 622 480, 631 886, ÖP. 148 709. — [167] D. J a c k s o n, J. Electro Depositor's Techn. Soc. 20, 177—84, 1945. — [168] A. I. U t j a n s k y a und S. I. S c h u w a j e w a, Luftfahrtind. (russisch) 1940, Nr. 10, 50—57. — [169] M. S a n z, Monthly Electro Platers Soc. 28, 709—17, 1941. — [170] R. W. B u z z a r d und H. H. W i l s o n, J. Res. Nat. Bur. Standards 18, 53—58, 1937. — [171] Westinghouse Electric & Manufacturing Co., AP. 999 749, 1 068 410, DRP. 229 301/1909. — [172] R. D. M e r s h o n, AP. 1 065 704/1911. — [173] A. A. S a m u e l, EP. 387 437/1931. — [174] S. K a n e k o und Ch. N e m o t o, J. Soc. Chem. Ind. Japan Suppl. 36, 116 B, 1933. — [175] General Electric Co., AP. 1 933 301/1932. — [176] A. S. Z i t r i n o w i t s c h und W. D. I w a n o w, Russ. P. 55 966/1939. — [177] A. G ü n t h e r s c h u l z e, Chem. Ztg. 48, 31, 1924. — [178] W. R. M o t t, Electro. Chem. Ind. 2, 129, 268, 1904. — [179] S. K a n e k o und Ch. N e m o t o, J. Soc. Chem. Ind. Japan Suppl. 36, 116 B, 1933. — [180] General Electric Co., AP. 1 933 301/1932. — [181] Le Matériel Téléphonique, FP. 707 526/1930. — [182] Langbein-Pfanhauser-Werke A. G., DRP. 663 910/1937. — [183] British Aluminium Co. Ltd. EP. 513 530/1945. — [184] Langbein-Pfanhauser-Werke A. G., It. P. 367 883/1938. — [185] B. J i r o t k a, DRP. 471 053/1926. — [186] Le Matériel Téléphonique, FP. 707 526/1930. — [187] The Minister of Navy, Japan, Jap. P. 100 100/1933. — [188] M. T a s a k i, J. Iron & Steel Ind. Japan 20, 42, 1934. — [189] Maschinenfabrik Örlikon, Schweiz. P. 83 686/1919. — [190] Ges. für Elektrotechn. Industrie, DRP. 263 603. — [191] Spezialfabrik für Aluminiumspulen und -leitungen, ÖP. 69 685/1911. — [192] Platen-Munters Refrigerating System. Act., Schwed. P. 70 057/1928, DRP. 569 622/1927. — [193] V. L i c h o f f, Belg. P. 418 399. — [194] Z. H. R. K e n k y u j o, FP. 598 800/1924. — [195] Ch. B o u l a n g e r, FP. 679 011/1928, EP. 342 256/1929. — [196] Schering-Kahlbaum A. G., DRP. 650 078/1937. — [197] Dieselbe, DRP. 661 824/1938. — [198] R. L e u t z, DRP. 743 062/1943. — [199] S. A. Rancati Grauer & Weil, It. P. 371 552/1940. — [200] Schering-Kahlbaum A. G., FP. 805 692/1938. — [201] I. G. Farbenindustrie A. G., Belg. P. 422 075/1938. — [202] J. F r a s c h, FP. 840 012/1940. — [203] Fides Ges. für Verwaltung und Verwertung von gewerblichen Schutzrechten, Schwed. P. 104 154/1943. — [204] Siemens & Halske A. G., DRP. 741 265/1944. — [205] S. R. S h e p p a r d, EP. 359 494/1930. — [206] Derselbe, EP. 429 344/1933. — [207] R. E. M ü l l e r, EP. 352 656/1930, Soc. Ann. pour le Chromage des Métaux, Schweiz. P. 172 742/1933.

4. Kombinierte Verfahren (Elektrolytisches Glänzen).

Zur Beeinflussung der Eigenschaften der Oxydschichten und Erzielung besonderer Effekte, wie z. B. eines schönen Glanzes oder hohen Reflexionsvermögens, wurde verschiedentlich vorgeschlagen, zwei verschieden zusammengesetzte Bäder anzuwenden. Während im ersten Bad nur eine Art Vorbehandlung (Aufglänzung) oder Bildung einer dünneren Oxydschicht angestrebt wird, erfolgt im zweiten Bade die Fertigoxydation bis zur Erreichung der gewünschten Schichteigenschaften.

Durch die elektrolytische Oxydation findet immer eine gewisse Anätzung der Oberfläche der Metalle statt. Es zeigen daher selbst auf Hochglanz polierte Gegenstände nach der Oxydation nur ein silberweißes mattglänzendes Aussehen. Da Aluminiumoberflächen in poliertem Zustande ein sehr hohes Reflexionsvermögen aufweisen, trachtet man, dieses auch nach der Eloxierung aufrechtzuerhalten. Vielfach stellt daher die Behandlung im ersten Bade ein elektrolytisches Glänzen ähnlich dem elektrolytischen Polieren dar. Obwohl die Oxydschicht auf Reinaluminium oder silizium- oder kupferfreien Aluminiumlegierungen in Schwefelsäure- und Oxalbade völlig durchsichtig ist, wird der Glanz vorpolierter Aluminiumgegenstände bereits durch eine elektrolytische Entfettung oder anodische Oxydation vermindert. Für dieses Verhalten sind verschiedene Faktoren, wie z. B. ein stärkeres Hervortreten eines Gefügebestandteils, örtliche Erhitzungen beim Polieren, Einlagerung gewisser Gefügebestandteile oder von Resten des Poliermittels in die Oxydschicht usw. verantwortlich zu machen.

Es wurde nun gefunden, daß bei einer elektrolytischen Vorbehandlung der zu oxydierenden Gegenstände nicht nur der bereits vorhandene Glanz bei der folgenden anodischen Oxydation erhalten bleiben kann, sondern daß auch sogar eine Glanzerhöhung erzielbar ist. Diese elektrolytischen Glänzverfahren haben für die Herstellung glänzender Apparateteile, wie Reflektoren, Verschlußkapseln, Knöpfe, Drähte, Aluminiumgespinste usw., eine größere Bedeutung erlangt.

Zum elektrolytischen Glänzen bedient man sich entweder saurer oder alkalischer Bäder. Diese Vorbereitung ist stets mit einer beabsichtigten, größeren Metallabtragung verbunden, wobei die Aluminiumoberfläche, wie H. S c h m i t t[208] festgestellt hat, tatsächlich geglättet und eingeebnet wird. Man kann sich diese Wirkung der Bäder so vorstellen, daß im Glänzbad sowohl eine Schichtbildung als auch eine Beizwirkung vorhanden ist. Diese Oxydschicht bildet sich bei der Glänzung zuerst in den Vertiefungen aus, während die aus der Oxydschicht herausragenden Spitzen, Kanten, Grate usw. stärker anodisch aufgelöst und daher abgetragen werden.

Nach der sauren und alkalischen Glänzung bleibt auf der Aluminiumoberfläche ein dünner Oxydfilm zurück, der durch eine Behandlung in einer alkalischen Lösung entfernt werden kann; dadurch wird die Reflexionswirkung der geglänzten Oberfläche um etwa 3 bis 4% erhöht. Dieser dünne Film ist aber auch leicht abwischbar und könnte daher bei der darauffolgenden elektrolytischen Oxydation das Aussehen der geglänzten Oberfläche durch Bildung blinder Flecken beeinträchtigen. Nach Ablösung in eine heißen, verdünnten Aluminatlösung taucht man noch kurz in eine verdünnte Lösung von Salpetersäure ein. Bei der auf die anodische Glänzung vorgenommenen anodischen Oxydation bleibt der im Glänzbade gebildete hauchdünne Oxydfilm, wenn keine Ablösung stattgefunden hat, unverändert erhalten und wächst die neue Oxydschicht unter ihr aus dem Metall heraus. Die zweite Oxydschicht wird meist nur etwa 3 bis 6 Mikron stark gemacht, wodurch aber bereits das Reflexionsvermögen um etwa 3 bis 7% vermindert wird (K. V o ß[209]). Nach der anodischen Oxydation wird mit heißem, destilliertem Wasser (90 bis 95° C, 20 bis 30 Minuten) nachgedichtet.

Beim elektrolytischen Polieren fällt das Maximum des elektrischen Widerstandes der anodischen Schicht mit den günstigsten Bedingungen für das elektrolytische Polieren zusammen (E. D a r m o i s, I. E p e l b o i m, D. A m i n e und C. C h a l i n[209a]). Durch Messung des Maximums des Widerstandes des Elektrolyten in der Anodenschicht kann man die optimalen Bedingungen des Bades für die Entwicklung der metallographischen Struktur des Metalles ohne Ätzen ermitteln. (Dieselben[209b]).

Eine einfache Herauslösung von Fremdbestandteilen, z. B. aus Gußhäuten, und eine damit verbundene Reinigung bezweckt das elektrolytische Reinigungsverfahren von Ch. H. R. G o w e r und E. W i n d s o r[210]. Das Reinigungsbad besteht aus einer verdünnten Lösung von Phosphorsäure, Schwefelsäure und Essigsäure. Eine bloße Vorbereitung des Untergrundes des Werkstückes für die folgende Oxydation stellt auch das Verfahren der Platen-Munters Refrigerating System. Act.[211] dar. Durch eine anodische Vorbehandlung in einer 1%igen Kaliumfluoridlösung, die 1 bis 5% Ammonkarbonat enthalten kann, wird eine matte, silberweiß gefärbte

Oberfläche erzeugt. Nach kurzem Waschen in heißem Wasser wird sodann in einer Ammonkarbonatlösung weiteroxydiert und die Schicht verstärkt. Auch beim Verfahren von Mr. Mc G l a s s e n und W. A. B i r d[212] werden die polierten und gereinigten Gegenstände 2 Minuten lang in einer 50° warmen Lösung von 3% Salpetersäure und 3% Flußsäure oder 15 Minuten in einer 20%igen Ferrichloridlösung bei 20° geätzt. Dann wird anodisch oxydiert, gefärbt und mit Lanolin nachgedichtet.

Bei dem Verfahren der Aluminium Colors Incorporated[213] wird als Elektrolyt entweder ein Gemisch von Schwefelsäure (0,5 bis 70%) und einer organischen zweibasischen Säure, wie Oxal-, Äpfel-, Malon-, Malein-, Bernsteinsäure oder deren Alkali- oder Ammoniumsalze, verwendet. Oder aber es wird zunächst in Schwefelsäure (2 bis 20%) unterhalb 40° C bei 6 bis 35 V weniger als 15 Minuten lang voroxydiert und dann in der Lösung der organischen Säure (2 bis 9%) unterhalb 45° C bei 30 bis 80 V mit Gleich- oder Wechselstrom fertigoxydiert. Die erhaltenen Oxydschichten sind weiß und sehr hart.

Ein ausgesprochenes Glänzverfahren ist das sogenannte „Alzak-Verfahren" der Firma Aluminium Comp. of America[214] zur Erzielung hochreflektierender Oberflächen (s. a. J. D. E d w a r d s[215]). Mit Gleichstrom wird eine 2,5%ige Borfluorwasserstoffsäure (10 bis 12 V, anfangs 2 Amp/qdm, dann 1 Amp/qdm, 31 bis 33° C, Behandlungsdauer 5 Minuten), mit Wechselstrom nur eine 0,8%ige Borfluorwasserstoffsäure verwendet (8 bis 11 V, 2 Amp/qdm, 30° C, 20 Minuten). Die mit diesen Elektrolyten erhaltenen dünnen, durchsichtigen und glänzenden Überzüge werden sodann durch anodische Oxydation in einer 7%igen Schwefelsäure (20 V, 1,2 Amp/qdm, 25° C, 10 Minuten) mit einer stärkeren Oxydschicht versehen, die das Reflexionsvermögen nicht wesentlich herabsetzt. Das Blindwerden der Reflektoren oder Spiegel wird durch diese Schutzschicht selbst bei hohen Temperaturen oder an der Außenatmosphäre verhindert. Die Schichten werden mit heißem Wasser nachgedichtet. Das erzielte Reflexionsvermögen beträgt etwa 85% eines Silberspiegels.

Als Badbehälter kommen wegen der starken Agressivität der Flußsäure nur mit Hartgummi oder Kunstharz ausgekleidete Eisenwannen in Betracht. Die Kathoden bestehen aus Kohle oder Graphit. Jede Bewegung des Elektrolyten muß vermieden werden, da sonst keine Glänzung, sondern im Gegenteil eine Mattierung eintritt. Aus diesem Grunde umhüllt man vielfach die Anoden mit Gewebehüllen, um ein Umrühren der Elektrolyten durch die Gasblasen zu vermeiden.

Nach einer Abart des „Alzak-Verfahrens" erfolgt die Bildung des dünnen, durchsichtigen Überzuges in einer 25%igen Schwefelsäure (Aluminium Comp. of America[216]) bzw. 5- bis 10%iger Chromsäurelösung (Dieselbe[217]), die 0,2 bis 1,5% Flußsäure enthalten (50° C, Stromdichte im Schwefelsäurebade 1 bis 10 Amp/qdm bei Gleichstrom, mit Wechselstrom etwas höher; bei Chromsäure 2 bis 14 Amp/qdm, Expositionszeit 10 Minuten). Hierauf wird in einer Oxal- oder Schwefelsäurelösung ein klarer, durchsichtiger und farbloser Schutzfilm abgeschieden.

Nach einem ähnlichen Verfahren zur Herstellung glänzender Aluminiumoberflächen werden die Teile vorerst einer anodischen Oxydation in einem Elektrolyten aus 0,5 bis 1% Borfluorwasserstoffsäure, Chromsäure und Flußsäure oder Schwefelsäure und Flußsäure mit einer glänzenden Oberfläche versehen. Die gebildete dünne Oxydschicht wird dann durch eine Behandlung mit einer 1- bis 8%igen Sodalösung mit 0,5 bis 3% Alkalichromat unterhalb des Kochpunktes entfernt. Danach wird in einer 15%igen Schwefelsäure bei 1,2 bis 1,4 Amp/qdm, 8 Minuten Expositionsdauer, eine durchsichtige Oxydschicht aufgebracht, die durch Behandlung mit heißem Wasser nachgedichtet wird (Aluminium Company of America[218]).

Die Flußsäure bewirkt in diesen Glänzbädern eine Reinigung der Oberfläche. Die Schichten können mit heißem Wasser nachgedichtet und auch poliert werden.

Das Alzak-Verfahren ist sowohl für das Glänzen von Aluminium als auch für Aluminiumlegierungen der Gattung Al-Mg, Al-Mg-Si sowie einzelner, nur geringe Mengen von Schwermetallen enthaltenden Aluminiumlegierungen geeignet.

Nach N. D. P u l l e n[219] ist zur Herstellung gut reflektierender Oberflächen auf Aluminium und insbesondere Reinstaluminium eine zweifache anodische Behandlung erforderlich. P u l l e n verwendete hiefür die beiden folgenden Elektrolyte: 1. eine Lösung von 15% Soda und 5% Trinatriumphosphat (zuerst 15 Sekunden stromlos anätzen bis zur deutlichen Wasserstoffentwicklung, dann erst Strom einschalten; 4 Amp/qdm, Eisenkathoden, 80 bis 82° C, 9 bis 12 V, Gleichstrom, 6 bis 9 Minuten); 2. eine 20%ige Lösung von Natriumhydrosulfat $NaHSO_4$ (35° C, 6 bis 12 V, Gleichstrom, 0,5 Amp/qdm, 12 bis 15 Minuten). Das erreichbare Reflexionsvermögen beträgt 86% eines Silber-Standard-Spiegels. Dieses Verfahren ist als „Brytal-Verfahren" (British Aluminium Co.[220]) vorwiegend zum Glänzen von Rein- oder Reinstaluminium (Knetlegierungen und Gußstücke) bekannt und in Anwendung. Als Vorbehandlung werden die Gegenstände mit Benzin od. dgl. entfettet und wenn nötig mechanisch poliert.

Über die günstigen Wirkungen einer anodischen Behandlung auf das Reflexionsvermögen für Wärmestrahlen haben eingehend A. G. C. G r o i e r und N. G. P u l l e n[221] berichtet.

Von P. J a c q u e t[222] (nach L. D. S y und H a e m e r s[222] sowie K. H a u f f e und R. T i l l i n g[223]) wurden zum anodischen Polieren von Aluminium-Kupfer-Legierungen ein Gemisch von Perchlorsäure und Essigsäureanhydrid angegeben. Diese Lösung entwickelt aber selbst bei sehr starker Kühlung Essigsäuredämpfe und erfordert eine lange Behandlungsdauer (B. W u l l h o r s t[224]). Für alle Aluminiumlegierungen mit Ausnahme von siliziumhaltigen sind Lösungen in Perchlorsäure mit etwas Glyzerin und Äther bei den außerordentlich hohen Stromdichten von etwa 20 bis 40 Amp/qdm brauchbar, ebenso ein Gemisch von einem Teil Perchlorsäure und 4 Teilen Äthylalkohol. Das Verfahren von P. J a c q u e t ist nicht ganz ungefährlich, da bereits Explosionen durch eingetrocknete Badreste vorgekommen sind. Es wird bisher nur zur elektrolytischen Polierung von Schliffstücken in metallographischen Laboratorien verwendet. Auf mit Perchlorsäure und Essigsäureanhydrid elektrolytisch poliertem Aluminium der Reinheit 99,995% war nach dem Polieren keine Oxydhaut mehr nachweisbar, wohl aber nach dem Polieren in einem Gemisch aus Phosphor- und Chromsäure (H. R a e t h e r[224a]).

Beim „Polectoverfahren" wird nach L. R i c h a r d[225] ein saurer Elektrolyt verwendet, der ein angreifendes Ion, ein Komplexion und ein Oxydationsmittel sowie nur 13% Wasser enthält. Die Oxydationskraft des Elektrolyten bleibt während der ganzen Dauer des Prozesses erhalten und kann durch Zusatz starker Oxydationsmittel, wie von Persulfaten, Permanganat u. dgl., unbegrenzt haltbar gemacht werden. Auch Sauerstoff kann in die Lösung eingeblasen werden. Der Katholyt wird vom Anolyten durch ein poröses Diaphragma getrennt. Die Gegenstände brauchen nicht vorbehandelt oder entfettet zu werden. Nur wenn sie stark verschmutzt und befettet sind, werden sie mit Trichloräthylen entfettet. Die Gegenstände werden bei 85 bis 100° C 3 bis 5 Minuten lang als Anoden bei 8 bis 12 V und 20 Amp/qdm behandelt. Der Beginn des Polierens tritt nach etwa 30 Sekunden ein und macht sich in einem starken Absinken der Stromdichte und einem Ansteigen der Spannung bemerkbar. Das Verfahren ist für Reinaluminium, aber weniger für Al-Mg-Legierungen und noch weniger für Al-Mg-Cu-Legierungen anwendbar.

U. R. E v a n s und D. W h i t e m a n[226] berichten über ein anderes erprobtes Verfahren zum Elektropolieren von Aluminiumlegierungen, bei welchem folgende Lösung verwendet wird: 144 ccm Äthylalkohol, 10 g Aluminiumchlorid, 45 g Zinkchlorid, 32 ccm Wasser und 16 ccm Buthylalkohol. Die Polierung findet bei 20 bis

24 V und einer Stromdichte von 10 Amp/qdm statt. Zur Beseitigung der Passivität der Proben werden diese mehrmals während der Behandlung aus der Lösung herausgehoben. Der anodisch gebildete Film wird sehr bald abgesprengt und fällt ab. Nach einigen Sekunden wird das Metall glänzend. Es ist aber noch zu wenig Metall abgetragen, um Kratzer beseitigen zu können. Durch das Herausheben, das etwa 6- bis 12mal in einer Minute wiederholt wird, wird die Metallabtragung und damit der Poliereffekt verstärkt. Die Proben werden am besten während des Polierens bewegt. Das Bad soll für das Polieren von Aluminium, Aluminiumlegierungen, Zink, Zinn, 18/8 Chrom-Nickel-Stahl, Nickel, Kobalt und Chrom geeignet sein. In den Aluminiumlegierungen wird am stärksten der Gefügebestandteil Mg_2Si und Silizium angegriffen.

In Tab. 2 sind die derzeit gebräuchlichsten Prozesse zum elektrolytischen Polieren und Glänzen von Aluminium und seinen Legierungen übersichtlich zusammengestellt. Diese Glänzverfahren werden insbesondere auch vor dem Färben durchgeführt. Als Entfettung vor dem Polieren eignet sich z. B. eine Lösung von 100 g/l Trinatriumphosphat (wasserfrei), 20 g/l Soda und 5 g/l Natriumsilikat.

Tabelle 2. *Elektrolyte und Arbeitsbedingungen für das Glänzen und Polieren von Aluminium und seinen Legierungen.*

Name des Verfahrens	Elektrolyt	Temperatur °C	Volt	Amp/qdm
Alzak	2,5 vol.% Flußsäure (48%)	30 bis 33	12	6
Alzak	20 Gew.% H_2SO_4, 1,5 vol.%. H_2F_2 (48%ig)	60	8	10
Alzak	10 Gew.% CrO_3, 1 vol.% H_2F_2	55	8 bis 20	10
Brytal	15% Soda, 5% Na_3PO_4, Rest H_2O	80 bis 90	9 bis 12	4
Jacquet	$HClO_4$ 345 ccm, Essigsäureanhydrid 655 ccm	20	26	1

Die besten Ergebnisse liefert wohl das Verfahren von J a c q u e t, insbesondere für Reinaluminium. Der Elektrolyt ist aber verhältnismäßig teuer und kommt für eine technische Anwendung größeren Ausmaßes kaum in Frage (J. O d i e r[227]).

Das Verfahren der Dubulier Condenser Comp. Ltd.[228] bezweckt die Herstellung elektrisch isolierender Schichten, wobei zunächst in einem schwefelsauren Elektrolyten mit Wechselstrom von 20 bis 30 V und anschließend in einer Boratlösung mit Wechselstrom von 750 bis 1000 V oxydiert wird.

Nach einem Verfahren der Vereinigten Aluminiumwerke AG.[229] wird die erste Oxydation in einem alkalischen, z. B. sodahaltigen Bade, die zweite in einem schwefelsäure- oder oxalsäurehaltigen Elektrolyten durchgeführt. Es kann aber auch die erste Oxydation in einem sauren Bade vorgenommen werden, dem dann Glyzerin zugesetzt wird. Bei der Arbeitsweise mit zwei sauren Bädern kann im ersten mit niedrigerer Spannung, hoher Badkonzentration und kurzer Oxydationszeit, im zweiten mit höherer Spannung, niedrigerer Badkonzentration und längerer Expositionszeit oxydiert werden. Man erhält nach diesem Verfahren harte und dennoch biegsame Oxydschichten.

Da Leichtmetallgegenstände mit engen Öffnungen oder schwer zugänglichen Teilen nur schwierig oxydierbar sind, hat die Firma I. G. Farbenindustrie AG.[230] vorgeschlagen, zunächst nur die leichter zugänglichen Teile der Werkstückoberflächen in der Lösung von Oxalsäure in wasserfreiem Alkohol, wie z. B. Glykol, zu behandeln. In einer zweiten Stufe des Verfahrens gelangen dann gesättigte Lösungen von Kaliumchlorid oder Ammoniumchlorid gemäß dem DRP. 660 409 und DRP. 661 937 zur

Anwendung. Mit diesen Lösungen kann auch auf engen, schwer zugänglichen Teilen des Werkstückes eine Schutzschicht aus Fluoriden erzeugt werden.

Die Haltevorrichtungen für die Gegenstände können in den alkoholischen Lösungen von Säuren und sauren Salzen aus Eisen oder Edelstählen bestehen (I. G. Farbenindustrie AG.[231]), wodurch die Abscheidung einer Schicht auf den in den Elektrolyten eintauchenden Teilen derselben praktisch unterbleibt. Die vorstehend angeführten Elektrolyte bilden nur auf Leichtmetallen Überzüge. Auf den eisernen Haltevorrichtungen treten auch keine Oxydationserscheinungen auf oder leidet der Stromübergang zu den zu behandelnden Werkstoffen.

Die anodische Oxydation des Aluminiums kann auch als Vorbereitung für die Aufbringung von galvanischen Metallniederschlägen dienen. Die Teile werden nach ihrer Reinigung beispielsweise in einer Lösung von 30 g/l Oxalsäure (Wechselstrom, 50 V, 0,54 Amp/qdm, 10 bis 20° C, 10 Minuten) oxydiert, in kaltem Wasser gespült und in eine Lösung von 60 g/l Natriumcyanid eingelegt (12 bis 14 Minuten). Nach gründlicher Spülung kommen die Teile dann in das galvanische Bad (W. J. T r a v e r s[232]). Die anodische Behandlung bewirkt nur eine Glättung und Aufrauhung der Aluminiumoberfläche. Ebenso kann die anodisch erzeugte Oxydschicht außer durch Laugen oder Sodalösung auch durch Tauchen in eine wäßrige Chromsäure- oder Salpetersäurelösung vor dem Galvanisieren oder Lackieren wieder entfernt werden (Aluminium Colors Inc.[233]).

L i t e r a t u r v e r z e i c h n i s.

[208] H. S c h m i t t, Aluminium **19**, 387–90, 1937. — [209] K. V o ß, Z. Metallwarenindustrie, Schmuckwaren und Verchromung MSV **23**, 453, 1942. — [209a] E. D a r m o i s, I. E p e l b o i m, D. A m i n e und C. C h a l i n, Rev. Mét. **47**, 183–186, 1950. — [209b] Dieselben, Comptes rend. Acad. Scienc. **230**, 386–88, 1950. — [210] Ch. H. R. G o w e r und E. W i n d s o r, DRP. 647 427/1935. — [241] Platen-Munter Refrigerating System. Act. DRP. 569 622/1927, EP. 294/237/1928. — [212] Mr. M c G l a s s e n und W. A. B i r d, EP. 536 938. — [213] Aluminium Colors Inc., AP. 1 965 682/1932, 1 965 683/1932, EP. 409 679/1932. — [214] Aluminium Comp. of America, DRP. 626 758, FP. 773 680/1934. — [215] J. D. E d w a r s, Trans. Illuminating Engg. Soc. **29**, 351, 1934; I. Soc. Motion Pictures **24**, 128, 1935. — [216] Aluminium Comp. of America, FP. 778 018/1934. — [217] Dieselbe, DRP. 635 322/1935, FP. 778 019/1934. — [218] Dieselbe, FP. 815 287. — [219] N. D. P u l l e n, Met. Ind. London **49**, 293–95, 1936. — [220] British Aluminium Co. Ltd., DRP. 661 266/1935, 676 379/1939. — [221] A. G. C. G r o i e r und N. G. P u l l e n, Met. Ind. London **56**, 7–10, 33–35, 1940. — [222] P. J a c q u e t (nach L. D. S y und H a e m e r s, Stahl und Eisen **61**, 16, 1941. — [223] K. H a u f f e und R. T i l l i n g, Metallwirtschaft **40**, 994, 1941. — [224] B. W u l l h o r s t, Z. Metallwarenindustrie, Schmuckwaren und Verchromung MSV **23**, 277–80, 1942. — [224a] H. R a e t h e r, Comptes rend. Acad. Sciences **227**, 1247–9, 1948. — [225] L. R i c h a r d, Rev. Aluminium **28**, 234–35, 1947. — [226] U. R. E v a n s und D. W h i t e m a n, J. Electro Depositor's Techn. Soc. **22**, 24–28, 1947. — [227] J. O d i e r, Rev. Aluminium **23**, 97–106, 1946. — [228] Dubulier Condenser Comp. Ltd., EP. 398 825/1932. — [229] Vereinigte Aluminiumwerke A. G., DRP. 597 224/1930. — [230] I. G. Farbenindustrie A. G., DRP. 729 447, FP. 875 889. — [231] Dieselbe, FP. 881 603. — [232] W. J. T r a v e r s, Met. Ind. London **54**, 591–92, 1931. — [233] Aluminium Colors Inc., EP. 528 748.

5. Vorbereitung der Werkstücke für die elektrolytische Oxydation.

Die elektrolytische Oxydation des Aluminiums und seiner Legierungen erfordert ebenso wie die Abscheidung galvanischer Metallniederschläge eine sorgfältige Reinigung der Metalloberfläche von Fettstoffen, Beseitigung aller Rückstände vom Schleifen und Polieren aus Vertiefungen usw. und ein gründliches Spülen zwischen den einzelnen Arbeitsgängen. Ebenso ist eine sorgfältige Entfernung von Badresten und Nachbehandlungsmitteln vor der Trocknung notwendig (R a b a t é[234]). Für dekorative Zwecke, Färbungen oder eine Erhöhung des Reflexionsvermögens für Wärme oder Lichtstrahlen ist auch eine sauberste Vorbearbeitung der Oberfläche durch Schleifen oder Polieren angezeigt, da Unebenheiten oder Rauhigkeiten der Oberfläche, Kratzer usw. durch die Oxydschicht nicht eingeebnet werden können. Wegen der großen Härte der Oxydschichten ist auch eine nachträgliche Polierung nur sehr selten möglich, meistens kann nach der Eloxierung nur mehr ein Aufglänzen durch Schwabbeln vorgenommen werden.

Die Vorbehandlung vor der elektrolytischen Oxydation ist jedoch, verglichen mit der Vorbereitung von Aluminiumoberflächen für die Abscheidung galvanischer Metallniederschläge, verhältnismäßig einfach. Für die meisten Verwendungszwecke des oxydierten Aluminiums, wie insbesondere für den Korrosionsschutz, oder als Vorbereitung für das Beizen bei stärkerer Befettung, genügt eine Vorentfettung der Werkstücke (G. O. T a y l o r[235]), die entweder in einer Behandlung

a) mit einer heißen Lösung von 50 bis 150 g/l Soda, 5 bis 10 g/l Wasserglas und 10 bis 50 g/l Trinatriumphosphat,

b) aus heißer, verdünnter Metasilikatlösung besteht,

c) auf elektrolytischem Wege oder

d) mit organischen Fettlösungsmitteln, wie den unbrennbaren Chlorkohlenwasserstoffen, Trichloräthylen, Perchloräthylen, oder den brennbaren, aber billigeren Stoffen, wie Benzin, Benzol oder Petroleum, vorgenommen werden kann (H. S u t t o n und A. J. S i d e r y[236]).

Beizen in Laugen. Das Beizen in Laugen bezweckt nicht nur die Beseitigung der Fettstoffe von der Werkstückoberfläche, sondern es müssen auch alle von der Bearbeitung herrührenden und die Gleichmäßigkeit der Oxydation störenden Fremdstoffe entfernt werden. Derartige Fremdkörper sind z. B. eingewalzte Metallflitter aus Eisen, Metalloxyde usw. Diese Beseitigung der Fremdstoffe kann nur durch Weglösung der obersten Aluminiumschicht durch Laugen oder Säuren erfolgen. Während bei der Beizung mit Säuren eine gesonderte Vorentfettung vorgenommen werden muß, kann mit Laugen die Entfettung und Entfernung der Fremdstoffe in einem einzigen Arbeitsgang gleichzeitig erfolgen. Polierte Metallteile dürfen bei der Entfettung nicht angeätzt werden, weshalb man solche Gegenstände nur elektrolytisch oder mit organischen Fettlösungsmitteln entfettet.

Bei der Entfettung mit Laugen erfolgt wegen der Löslichkeit des Aluminiums mit Laugen ein verhältnismäßig starker Angriff der Lösung auf das Metall, was an der starken Wasserstoffentwicklung kenntlich ist.

Die gewöhnliche Aluminiumbeize besteht für vollständig rohe und starkwandige Gegenstände aus 10- bis 20%iger Natronlauge, bei dünnwandigen oder bearbeiteten Werkstücken aus einer 5- bis 7%igen Ätznatronlösung. Gut bewährt hat sich auch die sogenannte Aluminiumweiß- oder Aluminiummattbeize, die aus einer mit Kochsalz gesättigten, 10%igen Ätznatronlösung besteht und bei etwa 50° C angewendet wird. Die Behandlungsdauer in den alkalischen Beizen beträgt nur einige Minuten. Der Endpunkt des Beizvorganges gibt sich durch eine gleichmäßige und starke Wasserstoffentwicklung an allen Stellen der Werkstückoberfläche zu erkennen.

Die starken heißen Laugen bewirken nicht nur eine Emulgierung und Verseifung der Werkstoffe, sondern auch eine gewisse mechanische Abstoßung der Fette von der Metalloberfläche durch die starke Wasserstoffentwicklung. Diese kann durch einen Zusatz von Alkalisilikaten vermindert oder ganz unterdrückt werden (etwa 1% Wasserglas), jedoch arbeitet man meistens ohne diesen Zusatz. Die an der Badoberfläche zerplatzenden Wasserstoffbläschen zerstäuben die stark alkalische Entfettungsflüssigkeit, welche auf die Schleimhäute stark reizend einwirkt und dadurch den Aufenthalt im Beizraum sehr ungesund macht. Zur Beseitigung dieser Badnebel sind die meisten Aluminiumbeizanlagen mit Absaugevorrichtungen ausgestattet. Diese bestehen aus eisernen Blechrahmen, welche die Badnebel mit Hilfe von Absaugekanälen ringsum am Behälterrand mittels Exhaustoren absaugen (Abb. 20, Langbein-Pfanhauser-Werke A. G.). Die Badbehälter für die alkalischen Beizbäder bestehen gleichfalls aus gewöhnlichem Eisen.

Im Beizbade scheiden sich an den Heizschlangen, Wänden usw. aus Natriumaluminat und Aluminiumsilikat bestehende steinartige Ablagerungen aus, die den Wärmeübergang beeinträchtigen. Ihre Abscheidung kann durch öfteres Erneuern der gebrauchten Beizlösung oder langsame Anwärmung der Bäder verhindert werden. Die Beseitigung der Steine ist wegen ihrer Schwerlöslichkeit in Säuren meist nur auf mechanischem Wege möglich.

Auf den schwermetallhaltigen Aluminiumlegierungen bilden sich meist aus Kupfer, Eisen usw. und deren Oxyden bestehende, braun bis schwarz gefärbte Überzüge aus, die vor der elektrolytischen Oxydation beseitigt werden müssen. Man spült die Gegenstände zur Beseitigung der Laugenreste in kaltem Wasser ab und behandelt sie dann meist mit einem Gemisch von einem Teil konzentrierter Salpetersäure und einem Teil Wasser oder in verdünnter Flußsäure (2,5 Volumteile 40%ige H_2F_2 auf 100 Teile Wasser.

Selbst wenn kein brauner oder schwarzer Belag auf den Aluminiumgegenständen nach dem Beizen in Laugen vorhanden ist, muß eine

Abb. 20. Eloxalbäder mit rahmenförmiger Absaugung (Langbein-Pfanhauser Werke A. G.).

Spülung in verdünnter, etwa 5%iger Salpetersäure zur Beseitigung der Laugenreste vorgenommen werden. Zur Erzielung besonders weißer Oberflächen beizt man manchmal noch in 2-volumprozentiger Flußsäure nach. Am besten beizt man in den Laugen eine halbe bis eine Minute, bürstet unter fließendem Wasser mit einer Wurzelbürste ab, beizt nochmals eine halbe bis eine Minute in der Lauge, spült gründlich ab, neutralisiert im Säurebad, spült abermals und trocknet, sofern die Teile nicht in andere Bäder wie in das Oxydationsbad eingetragen werden sollen. Während die Salpetersäure in der Konzentration von 1 : 1 das Aluminium nur wenig angreift, ist das Aluminium in verdünnter Flußsäure löslich. Während also in Salpetersäure auch eine längere Behandlung nicht schadet (meist taucht man die Werkstücke nur einige Sekunden in die Salpetersäure ein, bis sie vollständig blank geworden sind), nimmt man die Gegenstände aus der Flußsäurebeize erst heraus, wenn sie überall eine gleichmäßige schwache Wasserstoffentwicklung zeigen. Hierauf wird nochmals in kaltem Wasser gespült, eventuell noch locker aufsitzende Fremdstoffe stärker abgebraust oder abgebürstet und hierauf eloxiert.

Ein gutes Reinigungsbad für Aluminium kann auch aus einer 3- bis 6%igen Natriumzyanidlösung bei Raumtemperatur bestehen. Hoch siliziumhaltige Gußlegierungen, wie Silumin, werden nach der Reinigung mit schwarzer Oberfläche vorerst in eine Salpetersäure von 30° Bé, dann in Flußsäure (2 bis 5 g/l), hierauf wieder in die Salpetersäurelösung getaucht und schließlich in Wasser gespült (G. C. C l o s e[237]).

Wird bei der Eloxierung eine bestimmte *Maßhaltigkeit* der oxydierten Werkstücke gefordert, so ist es vorteilhaft, die Metallabtragung zu kennen. Diese ist am schwächsten am Reinaluminium und am stärksten bei den kupferhaltigen Aluminiumlegierungen des Typus Al-Cu-Mg (Duralumin). In der Abb. 13 sind die Metallabtragungen und Gewichtsverluste von Aluminium und Duralumin für Beiztemperaturen von 50, 65 und 80° C in Abhängigkeit von der Beizdauer eingetragen (W. P f a n - h a u s e r[238]) (s. a. Abb. 22), während die Abb. 21 die Abtragung in verdünnter Natronlauge für verschiedene Aluminiumlegierungen wiedergibt (W. P f a n -

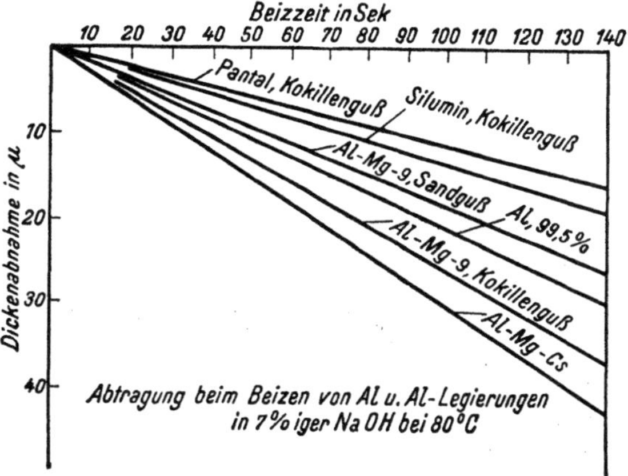

Abb. 21. Abtragung beim Beizen von Aluminium und Aluminiumlegierungen in 7%iger Natronlauge bei 80° C (W. Pfanhauser).

h a u s e r). Durch eine entsprechende Materialabtragung beim Beizen oder ein bestimmtes Untermaß bei der mechanischen Bearbeitung kann daher die Dickenzunahme bei der Oxydation ziemlich genau ausgeglichen werden, falls enge Maßtoleranzen gefordert werden.

Bei der elektrolytischen Entfettung verwendet man gleichfalls schwach alkalische, meist Zyanide enthaltende Entfettungsbäder. Ein brauchbares elektrolytisches Entfettungsbad für Aluminium hat z. B. die folgende Zusammensetzung: 45 g/l Kalium- oder Natriumsilikat, 35 Kaliumkarbonat, 15 Kaliumhydroxyd, 5 Kaliumzyanid, 0,01 bis 0,2 Netzmittel (4 bis 10 V, 1 bis 3 Minuten, bis 5 Amp/qdm, 20° C).

Als Badbehälter dienen bei der elektrolytischen Entfettung geschweißte Eisenwannen, die gleichzeitig auch als Anoden verwendet werden können. Das zu entfettende Gut wird als Kathode geschaltet.

Die Entfettung mit organischen Fettlösungsmitteln erfolgt entweder durch Tauchen der Werkstücke mit Körben in drei hintereinander

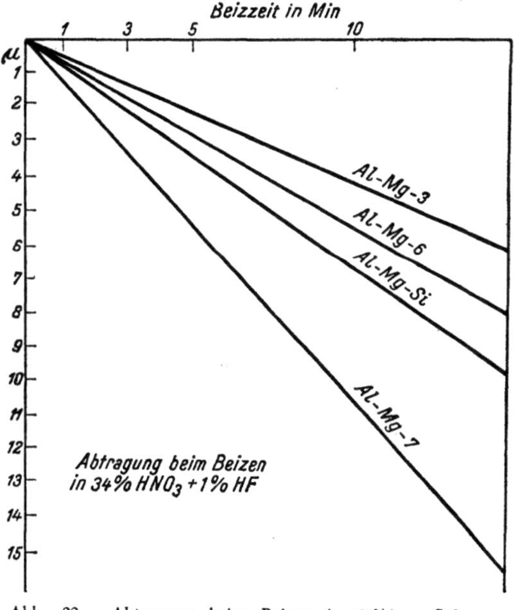

Abb. 22. Abtragung beim Beizen in 34%iger Salpetersäure + 1% Flußsäure (W. Pfanhauser).

geschaltete Behälter mit Fettlösungsmitteln steigenden Reinheitsgrades in eigenen Metallwaschmaschinen oder aber durch Behandlung mit den Dämpfen des Lösungsmittels. Dieses kondensiert an den kalten Metallgegenständen und spült den Schmutz und das Fett usw. weg. Staubförmige Verunreinigungen werden durch Bürsten und Wischen mit einem Tuch beseitigt.

An Stelle alkalischer Beizlösungen können auch saure Beizbäder für Aluminium und Aluminiumlegierungen verwendet werden, die entweder aus stark verdünnter (1 : 50) Salzsäure, Flußsäure (1 : 50) oder 10%iger Schwefelsäure mit einem Zusatz von 1% Natriumfluorid u. dgl. bestehen. Auch Gemische von Fluß- und Salpetersäure (50 Teile konz. HNO_3 und 2 bis 3 Teile 40%ige H_2F_2 oder 1 bis 2% Natriumfluorid mit 50 Teilen Wasser) werden verwendet (Abb. 22). Diese Beizbehandlung wird in einem Behälter aus Ebonit, Kunstharz oder damit oder Hartgummi ausgekleideten Eisenwannen vorgenommen. Für die Schwefelsäurebäder sind auch mit Blei ausgeschlagene Holz- oder Eisenbehälter brauchbar.

Da diese sauren Lösungen nicht entfettend wirken, muß vor der Säurebehandlung eine schonende alkalische Entfettung (5- bis 15% Soda mit 0,5 bis 1% Wasserglas oder 5% Trinatriumphosphat mit 0,5 bis 1% Wasserglas, 100° C) vorgenommen werden. Die salpetersäurehaltige Beize wird besonders gerne für kupferhaltige Aluminiumlegierungen angewendet. Bezüglich weiterer und ausführlicherer Angaben über das Entfetten und Beizen von Metallen wird auf das Spezialwerk von W. M a c h u[239] verwiesen.

Spülen. Nach der Behandlung mit den Reinigungs- oder Oxydationsbädern muß mit viel, öfters erneuertem oder fließendem Wasser gründlich gespült werden. Zur Intensivierung der Spülung kann das Wasser entweder aus Brausen aufgespritzt oder durch eingeblasene Druckluft bewegt werden. Länger gebrauchtes Spülwasser enthält verschleppte alkalische und saure Stoffe und kann daher bei längerer Einwirkung die Gegenstände angreifen. Um Flecke durch das Angreifen mit den Händen zu vermeiden, ist das Tragen von Gummihandschuhen zu empfehlen. Von R. S. H e r w i g[240] wurde besonders darauf hingewiesen, daß die Spülung am besten mit weichem Wasser von 0° dH vorgenommen wird. Das reine Wasser von 0° dH kann, frei von Eisen, Kupfer und Mangan, leicht durch einen Kationenaustauscher erhalten werden.

L i t e r a t u r v e r z e i c h n i s.

[234] R a b a t é, Rev. Aluminium **10**, 21—33, 1933. — [235] G. O. T a y l o r, Metallurgia, Brit. J. Metals **10**, 174, 1934. — [236] H. S u t t o n und A. J. S i d e r y, J. Inst. Metals **38**, 242, 1927. — [237] G. C. C l o s e, Light Metal Age **4**, Nr. 3, 8—9, 13—17, 1946. — [238] W. P f a n h a u s e r, Galvanotechnik, 8. Aufl., 2. Bd., S. 998, Leipzig: Akadem. Verlagsges., 1941. — [239] W. M a c h u, Oberflächenvorbehandlung von Eisen- und Nichteisenmetallen, Leipzig: Akadem. Verlags-Ges., 1951. — [240] R. S. H e r w i g, Iron Age **158**, Nr. 2, 58—59, 1946.

6. Die praktische Durchführung des elektrolytischen Oxydationsverfahrens.

Eine Anlage zur Durchführung der elektrolytischen Oxydation des Aluminiums usw. umfaßt die Stromquelle, die entweder aus einem Wechselstromtransformator oder einem Gleichstromgenerator mit den dazugehörigen Meßinstrumenten, dem Badstromregler, der Schalttafel usw. besteht. Weiters gehören zur Anlage die Entfettungs- und Beizeinrichtungen, die Spülgefäße, ferner das eigentliche Oxydationsbad mit den Färbe-, Imprägnier-, Lackier- und Trockeneinrichtungen. In der Abb. 20 wurde bereits eine Anlage zur elektrolytischen Oxydation des Aluminiums dargestellt.

Kontaktgebung. Sehr wesentlich für die Durchführung des Oxydationsprozesses ist die Art der Stromzuführung und die Kontaktgebung an den zu oxydierenden Werkstücken. Da die Oxydschicht den elektrischen Strom nicht leitet, muß jeder

Gegenstand einen festsitzenden Kontakt, z. B. mittels spitzer Klemmschrauben, besitzen, der während des ganzen Vorganges nicht gelockert oder verändert werden darf. Würde sich nämlich an der Aufhängestelle nur eine dünne Oxydschicht ausbilden, so würde der Stromdurchgang zum Werkstücke unterbrochen und dieses nicht mehr weiter oxydiert werden. Es ist daher auch bei kleinen Massengegenständen nicht wie bei der galvanischen Metallabscheidung möglich, die einzelnen Teile lose geschüttet in einer rotierenden Trommel oder Glocke zu behandeln, sondern diese müssen in der Trommel usw. fest verpackt und gepreßt der Oxydation unterworfen werden. An den Aufhängestellen unterbleibt natürlich die Ausbildung einer Oxydschicht, weshalb diese Stellen an möglichst unauffällige Teile verlegt werden.

Als Material für diese stromführenden Halte- und Einhängevorrichtungen kommen nur Aluminium und Aluminiumlegierungen in Betracht, da sich Schwermetalle in den sauren Elektrolyten unter den Bedingungen der Oxydation an der Anode glatt auflösen würden. Da sich aber das Aluminium der Gestelle usw. gleichfalls oxydiert, müssen vor jeder neuen Oxydation die Aufhängevorrichtungen zumindest an den Kontaktstellen durch Abbeizen in starker Lauge oxydfrei gemacht werden. Zur Schonung der übrigen Teile der Aufhängevorrichtung beim Abbeizen versieht man diese häufig mit Ausnahme der eigentlichen Kontaktstellen mit einem lauge- und säurebeständigen Lack.

Zum Abstreifen des Aluminiumoxyds von den Kontaktgestellen kann eine 10%ige Sodalösung, 5 bis 10%ige Ätznatronlösung oder nach einem Vorschlage der Diversy Corp.[241] eine wäßrige Lösung einer Mischung von 80% Heminatriumphosphat $Na_2HPO_4 \cdot H_3PO_4$ und 20% Chromsäure dienen, welche Lösung Aluminiumoxyd auflöst, das Aluminium aber nicht angreift.

Die Aufhängevorrichtungen bestehen aus Aufhängegestellen, Drähten oder Klammern, welche die zu oxydierenden Teile dauernd unter Spannung oder geklemmt halten müssen, damit keine Lockerung der Kontakte eintreten kann. Der Querschnitt der stromführenden Teile braucht selbst bei hohen Badspannungen nicht sehr groß zu sein, da durch die Badbewegung eine dauernde Kühlung der Stromzuführungen erfolgt. Ebenso wählt man nur kleine Aufhängestellen oder Kontaktstellen, ohne Überhitzungen oder Funkenbildungen bei festsitzenden Kontakten befürchten zu müssen. Das Eintauchen der Gegenstände in den Elektrolyten erfolgt unter Strom.

Die meisten Oxydationsbäder werden mit ruhender Ware betrieben. Diese wird nur auf die Aufhängegestelle aufgesetzt, an eine stromführende Warenstange angeschraubt, angeklemmt oder an Drähten festgespannt und in das Bad eingetaucht. In Abb. 23 (Langbein-Pfanhauser A. G.) ist eine Teilansicht einer Eloxal-Großanlage dargestellt, in der gerade das Einhängen der federnd eingeklemmten Gegenstände an Drähten in das Bad ersichtlich ist. Bei dieser Anlage

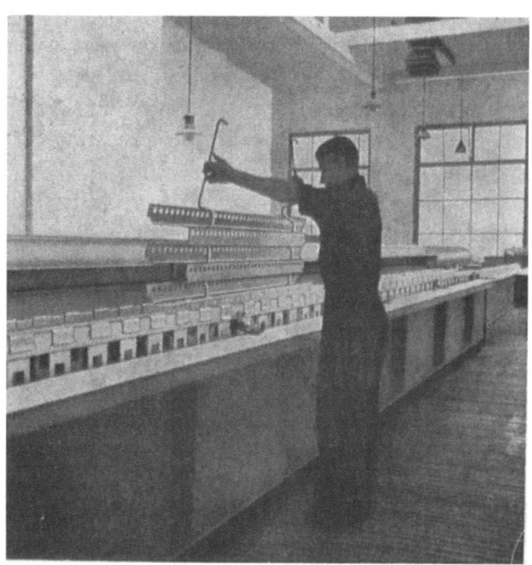

Abb. 23.   Teilansicht einer Eloxal-Großanlage
(W. Pfanhauser).

ist auch bemerkenswert, daß die Rohre für die Dunst- und Nebelabsaugung nach unten geführt ist.

Für die Oxydation größerer Stückzahlen von Gegenständen begrenzter Größe wurden auch automatisch arbeitende Eloxierungsanlagen gebaut, bei denen die Ware durch sämtliche Behandlungsbäder einschließlich des Oxydationsbades und der Trockenanlage vollkommen automatisch durch einen mechanischen Transportapparat hindurchgeführt wird. (Abb. 24, Langbein-Pfanhauser-Werke A. G.). Nur das Aufgeben und Abnehmen der fertig oxydierten und nachbehandelten Gegenstände in Aluminiumkörben erfolgt von Hand aus.

Abb. 24. Vollautomatische Eloxal-Großanlage (W. Pfanhauser).

Eine *vollautomatische elektrolytische Oxydationsanlage* möge im nachstehenden etwas ausführlicher beschrieben werden (nach C. H e n d e r s h o t t[242]). Durch die Reinigungsstufen des ganzen Zyklus werden die Gegenstände in Drahtkörben aus 18/8-Cr-Ni-Stählen befördert. Nach der Reinigung werden die Werkstücke sodann auf Gestelle aus der Aluminiumlegierung 17 ST aufgespannt, deren nichtkontaktgebende Teile mit einem Isolierlack Butanol Nr. 160 abgedeckt sind. Diese Maßnahme kürzt das Verfahren ab und hilft Material sparen, da die Lebensdauer der Gestelle verlängert wird. Nach dem Beizen in Lauge wird in Salpetersäure zur Beseitigung der Laugenreste und der Schwarzfärbung getaucht. Die Oxydationsbehälter sind aus Stahlblech hergestellt und mit reinem Blei ausgekleidet. Zur Kühlung wird an der Innenseite der Behälterwand eine 5 m lange und 30 mm im Durchmesser aufweisende Bleischlange angeordnet. Durch durchlöcherte Bleirohre wird auch noch Luft in das Bad eingeblasen, die entlang des Bodens des Behälters geführt werden, um eine gute Wärmeübertragung zu sichern. Der Behälter und die Bleirohre dienen als Kathode.

Der Färbetank ist aus Stahl mit einer Auskleidung von Monelmetall hergestellt. Er wird mit Dampf auf 55° C geheizt. Das p_H des Färbebades ist sehr kritisch, weshalb zur Pufferung Natriumazetat zugesetzt wird. Zur Nachdichtung der Poren und Verbesserung des Korrosionswiderstandes werden die gefärbten Teile sodann in einer verdünnten Lösung von Essigsäure in einem mit Monelmetall ausgekleideten Nickeltank in der Wärme behandelt. Sind die Teile aus dem letzten Heißspültank herausgenommen worden, werden sie mit Preßluft abgeblasen und auf eine mit Dampf geheizte Platte gelegt, bis sie ganz trocken sind. Sämtliche Einrichtungen und Apparate sind mit automatischen Temperatur- und Zeitkontrollen ausgestattet. Die Dampfleitungen sind mit Reduzierventilen versehen, deren Temperatur-kontrolle durch Messung der Dampfspannung erfolgt. Bei sorgfältiger Überwachung und Betriebsführung wurden in dieser Anlage nur 0,1% Ausschuß erhalten.

Bänder und Drähte können gleichfalls automatisch nach dem Durchzugsverfahren gereinigt und elektrolytisch oxydiert werden. Die Stromzuführung ist jedoch im Gegensatz zu einer galvanischen Metallabscheidung auf Drähten usw. mit Schwierig-keiten verbunden, da der oxydierte Teil ja nicht mehr mit einem Kontakt verbunden werden kann. Es können daher über die ganze Badlänge mehrere Kontaktstellen verteilt werden. Feindrähte können in einer oder mehreren Windungen auf ein walzenartiges Tragorgan oder Haspel aufgewickelt werden (Langbein-Pfanhauser-Werke A. G.[243]). Reißverschlußglieder können auf einem Bandwulst aufgesteckt (DRP 689 839) oder auf einer Bandkante befestigt werden (Riental S. A.[244]).

Kontakt mit Fremdmetallen. Weisen die zu oxydierenden Gegenstände Nieten, Nägel, Schrauben usw. aus Eisen, Kupfer, Messing, Neusilber u. dgl. auf, so müssen diese Fremdmetalle vor der Oxydation entfernt werden, weniger vorteilhaft mit einem Schutzlack aus Asphalt, Paraffin usw. abgedeckt werden. Diese Metalle würden sich im sauren Elektrolyten bei Gleichstrom an der Anode nur in verstärktem Maße auflösen, da sich die Aluminiumteile mit der isolierenden und passivierenden Oxydschicht bedecken, der ganze Strom daher durch die aktiv bleibenden Schwer-metalle fließen würde. Bei Wechselstrom findet wohl keine Verstärkung der Auf-lösung der Fremdmetalle beim Stromdurchgang statt, aber trotzdem bildet sich die Oxydschicht am Aluminium nur ungleichmäßig aus. Ähnlich wie Schrauben, Nieten usw. verhalten sich Lötstellen, da die verwendeten Lote fast immer Schwermetalle enthalten.

Da die Ausbildung der Oxydschichten auf den verschiedenen Aluminiumlegie-rungen nicht gleichartig erfolgt und auch die Bedingungen der Oxydation je nach der Zusammensetzung des Grundmetalles schwanken, wobei die verschiedenen Legie-rungen ungleiche Strommengen passieren lassen, ist es nicht empfehlenswert, in einem Bade gleichzeitig stark verschiedene Legierungen zu oxydieren. Dies gilt ins-besondere für kupferfreie und kupferhaltige Legierungen.

Nach der Oxydation werden die Gegenstände mit viel Wasser gespült. Waren die Gegenstände in verdünnter Schwefelsäure behandelt worden, so ist es vorteilhaft, zur Neutralisation der in den Poren verbliebenen Schwefelsäure in stark verdünnter Ammoniumhydroxydlösung und dann nochmals in Wasser zu waschen. Die Neutra-lisation kommt aber auch bei porösen Gußteilen kompliziert gebauter Werkstücke oder vor einer Färbung in Betracht. Schließlich wird getrocknet, falls die Gegen-stände nicht gefärbt werden sollen. In Tab. 3 sind die Arbeitsvorgänge bei der elektrolytischen Oxydation übersichtlich zusammengestellt (nach P f a n h a u s e r[245]).

Die Streukraft der Oxydationsbäder ist im allgemeinen eine sehr gute. Selbst bei stark profilierten Gegenständen wächst die Schicht parallel zur Oberfläche fort und ist die Schichtstärke auch an Kanten überall gleich groß. Nur bei langen engen Rohren oder enghalsigen Hohlkörpern verwendet man eingeführte Hilfskathoden, um auch im Inneren der Hohlkörper gleichmäßige Oxydschichten zu erzeugen. Nach H. R ö h r i g[246] erhalten Poren und Vertiefungen in der Oberfläche von Werk-stücken selbst dann noch einen hinreichend dicken Oxydbelag, wenn ihr Durch-messer größer ist als die den verschiedenen Elektrolyten zugänglichen Eintritts-öffnungen. Mit zunehmender Spalttiefe nimmt aber die Schichtdicke ab, wie an Versuchen mit Blechpaketen gezeigt wurde. Dem Wechselstrom kommt die geringste Streufähigkeit zu. Die Prüfung der Streukraft anodischer Bäder kann beispielsweise nach einem Verfahren von R. S. H e r w i g und A. L e i g h[247] erfolgen, wobei Löcher verschiedener Größe in Gußstücken aus Aluminium oder Aluminiumlegie-rungen gebohrt und durch einen Augenschein die Streukraft des Bades bestimmt wird.

Tabelle 3, *Arbeitsgänge bei der elektrolytischen Oxydation von Aluminium und seinen Legierungen.*

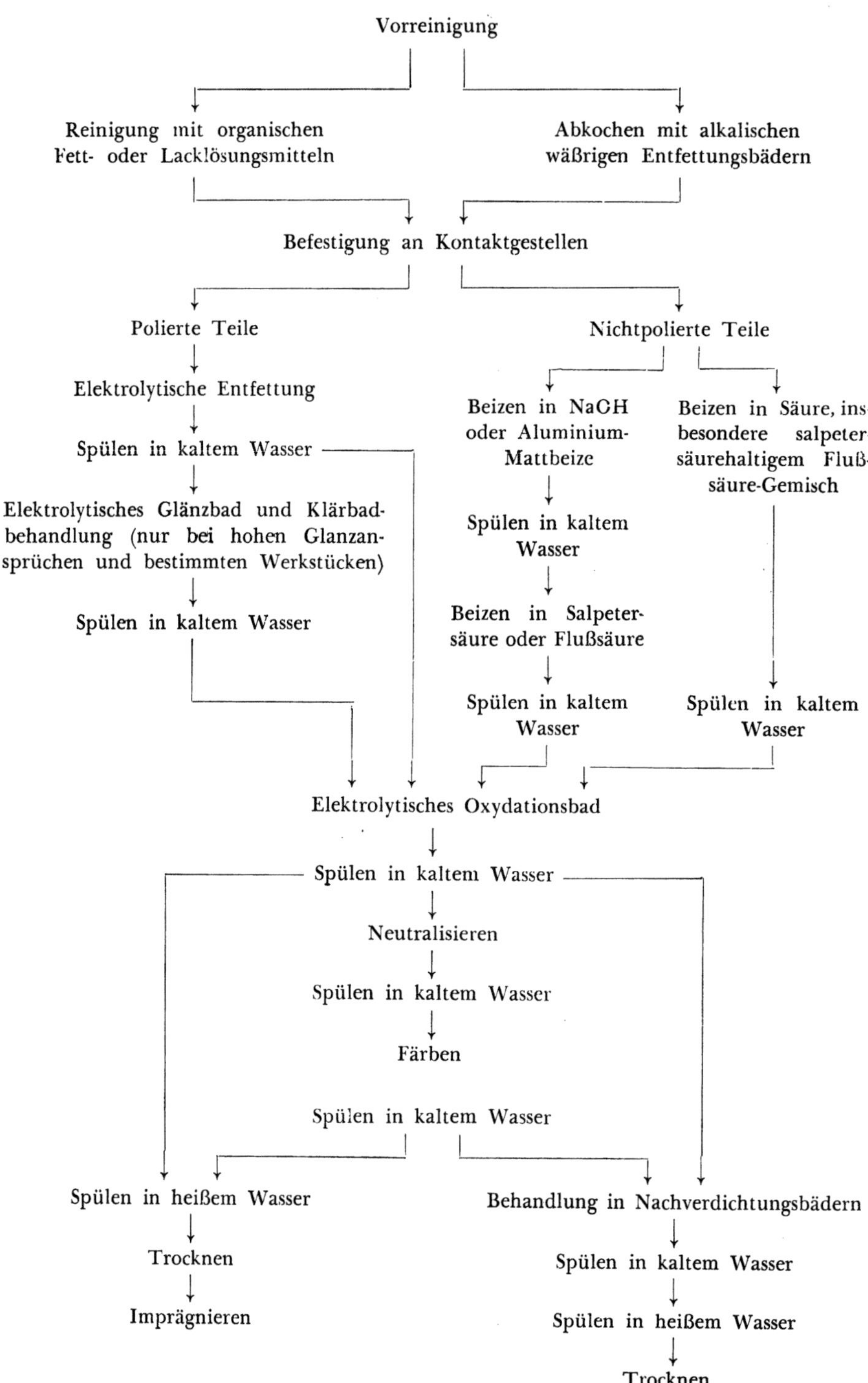

Nach der anodischen Oxydation treten vielfach an gezogenen, gewalzten oder gegossenen Werkstücken verschiedene Färbungen und Strukturen auf, die meist nicht auf das elektrolytische Oxydverfahren selbst, sondern auf eine unsachgemäße Vorbereitung des Werkstückes, die Oberflächenbeschaffenheit sowie mechanische und thermische Vorbehandlungen der Gegenstände zurückzuführen sind. Diese Erscheinungen können sogar als sehr empfindliche Reaktionen auf Strukturunterschiede usw. an Stelle von Ätzproben u. dgl. dienen (J. H e r e n g u e l[248]).

Fehlerquellen. Zu den schwersten Fehlern, die bei der anodischen Oxydation des Aluminiums und seiner Oxydation auftreten können, gehören die besonders im GX-Bade bisweilen vorkommenden starken Anfressungen. Während im Schwefelsäurebade Verunreinigungen der Metalloberfläche meist ohne wesentliche Betriebsstörungen herausgelöst werden, konzentrieren sich im Oxalsäurebade an solchen Stellen derartig hohe Stromdichten, daß innerhalb kurzer Zeiten schwere Anfressungen auftreten können. Derartige Anfressungen sollen durch mindestens 3 Sekunden lange Stromunterbrechungen oder zeitliche Stromschwächungen verhindert werden können (Metallisator Betrieb R. H o p f e l t[249]).

Eine ungenügende Badbewegung kann insbesondere bei abgedeckten Bädern zu Überhitzungen, Funkenbildungen, schließlich auch zu einem Metallangriff führen. Eine schlechte Kontaktgebung und zu kurze Expositionszeiten ergeben zu dünne Oxydschichten. Flecken und Wolken in den Überzügen können durch Verunreinigungen der Bäder durch Öle, Fettstoffe, Schlamm usw. entstehen. Zu hohe Stromdichten können grau gefärbte, matte Oxydschichten ergeben oder zu einem Metallangriff führen.

Während der Elektrolyse tritt in allen Elektrolyten eine Verarmung des Säuregehaltes durch Auflösung von Aluminium, Aluminiumoxyd und -hydroxyd ein, was gleichzeitig zu einer Anreicherung an Aluminiumsalzen führt. Diese Aluminiumverbindungen können schließlich, namentlich bei niedrigen Badtemperaturen, auskristallisieren. Gleichzeitig wird durch diese Verarmung an Säure die Leitfähigkeit des Bades herabgesetzt, so daß bei konstant gehaltener Badspannung die Stromdichte sinkt, wodurch dünnere, schlechter anfärbbare und weniger korrosionsfeste Schichten erhalten werden. Die Oxalsäure wird außerdem durch den elektrischen Strom an der Anode zu Kohlensäure oxydiert und an der Kathode zu Glyoxal, Glykolsäure usw. reduziert. Bei der Chromsäure findet an der Kathode eine Reduktion zu Chromisalzen statt. Zu diesen normalen Säureverlusten kommen noch solche durch Austrag mit der oxydierten Ware. Da für ein einwandfreies Arbeiten der Bäder und gleichbleibende Schichteneigenschaften aber eine der ersten Voraussetzungen die Konstanthaltung der Badzusammensetzung ist, müssen die Bäder von Zeit zu Zeit analysiert und entsprechend regeneriert werden.

Durch die Herauslösung von Gefügebestandteilen reichern sich im Bade allmählich Kupfer-, Magnesium-, Silizium- und Aluminiumverbindungen an. Während das Kupfer sich beim Gleichstromverfahren an den Kathoden in metallischer Form abscheidet und von diesem durch Abbeizen mit Salpetersäure entfernt werden kann, führt das Silizium, das im Bade als kolloide Kieselsäure in Suspension vorhanden ist, zu bräunlichen Trübungen der Elektrolyte, die am besten durch Dekantation nach einem Stehen über Nacht teilweise entfernt werden können. Bei höherem Siliziumgehalt der Bäder erhält man nur mehr graue Schichten und können Anfressungen an den Metallen auftreten. Eine zu starke Anreicherung an Aluminiumsalzen führt zu einer Ausscheidung derselben und zu einem Unbrauchbarwerden des Bades.

Ein hoher Chloridgehalt verhindert wegen der stark aktivierenden und die Passivität aufhebenden Wirkung der Chlorionen die Schichtbildung in Oxalsäurebädern vollkommen oder ergibt starke Anfressungen, weshalb diese Bäder nicht mehr als etwa 40 mg/l Chlor enthalten dürfen. Sie müssen daher mit destilliertem Wasser oder ölfreiem Kondensat angesetzt werden. In Schwefelsäurebädern kann der Chloridgehalt bis auf 3 g/l ansteigen, weshalb diese Bäder auch mit gewöhnlichem Leitungswasser hergestellt werden können.

Literaturverzeichnis.

[241] Diversy Corp., AP. 239 879. — [242] C. H e n d e r s h o t t, Die Casting, 4, Nr. 3, 70—76, 1947. — [243] Langbein-Pfanhauser-Werke A. G., DRP. 688 486, 674 232, 688 627, 713 718. — [244] Riental S. A., Schweiz. P. 208 733. — [245] W. P f a n h a u s e r, Galvanotechnik, 8. Aufl., 2. Bd., S. 995, 1941. — [246] H. R ö h r i g, Aluminium 19, 585—86, 1937. — [247] R. S. H e r w i g und A. L e i g h, Iron Age 156, Nr. 25, 51—53, 1945. — [248] J. H e r e n g u e l, Rev. Metallurg. 40, 284—88, 1943. — [249] Metallisator Betrieb R. Hopfelt, DRP. 636 665.

7. Chemische Eigenschaften der durch elektrolytische Oxydation erhaltenen Oxydschichten.

a) Chemische Zusammensetzung der Oxydschichten.

Bereits von W. B e e t z[250] ist der oxydische Charakter der beim anodischen Oxydieren des Aluminiums entstehenden Überzüge erkannt worden. Durch die analytische Untersuchung von Filmen, die durch eine Behandlung mit Salzsäuregas vom Aluminium isoliert worden waren, wurde durch verschiedene Autoren festgestellt, daß der Wassergehalt der nach verschiedenen Verfahren hergestellten Überzüge nur etwa 2 bis 6% beträgt (H. S u t t o n und J. W. W. W i l l s t r o p[251], L. C. B a n n i s t e r[252], W. G. B u r g e r s, A. C l a a s s e n und J. Z e r n i c k e[253] und N. D. P u l l e n[254]). Die Zusammensetzung entspricht daher nicht dem Aluminiumoxydhydrat Böhmit $Al_2O_3 \cdot H_2O$, sondern dem wasserfreien Aluminiumoxyd, eventuell im Gemisch mit etwas Böhmit oder zufällig eingeschlossenen Spuren des Elektrolyten (H. R ö h r i g[255]). Wie bereits gelegentlich der Besprechung des Schichtdickenwachstums (S. 9) näher ausgeführt wurde, geht sehr wahrscheinlich bei niedrigen Spannungen das primär gebildete Aluminiumhydroxyd (mit wechselndem Wassergehalt) bei höheren Spannungen durch örtliche Überhitzungen unter Entwässerung in das wasserfreie Oxyd über (H. F i s c h e r[256]).

Die Oxydschicht umschließt bei ihrem Wachstum nach innen einzelne, nicht oxydierbare Bestandteile des Grundmetalles, aber auch Reste des Elektrolyten. So bleibt nach Auflösen des Filmes von Aluminiumoxyd auf Al-Si-Legierungen in wäßriger Salzsäure elementares Silizium als braunes Pulver, auch eventuell vorhanden gewesener Kohlenstoff (0,01% C) als solcher zurück. (H. S u t t o n und J. W. W. W i l l s t r o p[257]).

Je nach der Zusammensetzung des Elektrolyten enthält die Oxydschicht etwa 0,04 g/qm Chromsäure (G. D. B e n g o u g h und H. S u t t o n[258]), bis 6% Phosphat (L. C. B a n n i s t e r[252]), bis 3% Oxalat, 13% Sulfat, die wahrscheinlich in Form von basischen Aluminiumverbindungen vorliegen. Die reinsten Oxydfilme werden demnach aus Oxalsäurebädern erhalten.

Wie *röntgenographische Untersuchungen* ergaben, unterscheiden sich die nach verschiedenen Oxydationsverfahren erhaltenen Oxydschichten nicht voneinander. Sie sind praktisch röntgen-amorph, d. h. die Überzüge sind äußerst feinkristallin. Im Röntgendiagramm tritt ein sehr stark verwaschener breiter Ring auf, dessen Lage mit der (440-)Interferenz des γ-Al_2O_3 zusammenfällt. Ein zweiter verwaschener Ring in der Nähe des Durchstoßpunktes kann der (220-)Interferenz des γ-Al$_2$O$_3$ zugeordnet werden (R. R o t h[259]). Die Oxydschichte besteht somit im wesentlichen aus γ-Al$_2$O$_3$.

Durch ein 48stündiges Erhitzen der Schichten auf 440° C tritt keine Veränderung in ihrer Struktur ein, was die Abwesenheit von Aluminiumhydroxyd beweist (E. S c h m i e d und G. W a s s e r m a n n[260]). Erst beim vierstündigen Erhitzen der Schichten auf Temperaturen über 700° C setzt der Übergang vom röntgenamorphen in den kristallinen Zustand ein, wobei das Kristallisationsprodukt γ-Al$_2$O$_3$ ist. Wie Elektronenbeugungsversuche an Aluminiumoxydfilmen gezeigt haben (J. J. T r i l l a t und R. T e r t i a n[260a]), sind $20\,\mu$ starke Schichten nur in den oberen Lagen kristallin, in den tieferen aber amorph.

Bei den Gleichstrom-Schwefelsäure-Schichten, nicht aber bei den WS-Filmen, konnten von R. R o t h[259] zum Unterschiede von den GX-Schichten das Auftreten einiger scharfer Interferenzen festgestellt werden, die wahrscheinlich einem basischen Aluminiumsulfat zukommen. Bei 900° C liegt aber auch bei den GS-Schichten nur mehr reines γ-Al$_2$O$_3$ vor. Bei 1000° C vollzieht sich der Übergang von γ-Al$_2$O$_3$ in α-Al$_2$O$_3$ (Korund).

Die natürliche, an der Luft sich bildende Oxydschicht weist im Gegensatze zur elektrolytisch erzeugten die Struktur eines bisher künstlich noch nicht dargestellten ε-Al$_2$O$_3$ auf (E. S t e i n h e i l[261]). Bei der rein thermischen Oxydation des Aluminiums beim Erhitzen an der Luft entsteht gleichfalls γ-Al$_2$O$_3$, das bisweilen auch kleine Kristalle von β-Al$_2$O$_3$ enthält.

Bemerkenswert ist, daß bereits ein kurzes Kochen, bei den Oxydfilmen aus Schwefelsäure erst nach längerem Kochen, genügt, daß sich das amorphe Aluminiumoxyd in ein kristallisiertes Monohydrat umwandelt (N. D. P u l l e n[262]). Dieser Übergang des wasserfreien Oxyds in Böhmit Al$_2$O$_3 \cdot$ H$_2$O findet auch bei der Nachbehandlung der Oxydschichten mit hochgespanntem Wasserdampf statt (E. S c h m i e d und G. W a s s e r m a n n[263]). Nach H. S c h m i t t[264] kann aber unter Umständen auch gleich bei der Elektrolyse Böhmit entstehen.

b) Korrosionsschutzvermögen.

Die Eloxalschicht weist eine ziemlich starke Porosität auf, die sich notwendigerweise auf Grund der Entstehungsgeschichte der Oxydschicht ergibt (s. S. 7, Abb. 4—6). Da das Maximum des Korrosionsschutzes nur mit Deckschichten mit möglichst geringer Porosität zu erzielen ist, werden die Eloxalfilme für Zwecke des Korrosionsschutzes stets mit einem die Porosität herabsetzenden, d. h. die Porenräume ausfüllenden Mittel nachbehandelt oder imprägniert (s. S. 84). Die unbehandelte Oxydschicht macht sich bei einem Korrosionsangriff als Schutzschicht kaum bemerkbar.

Wie bei allen korrosionsschützenden Überzügen steigt auch bei den Eloxalfilmen das Schutzvermögen mit der Dicke der Oxydschicht an. Für die Zwecke des Korrosionsschutzes sind daher jene Oxydationsverfahren, die möglichst dicke Schichten liefern, besonders geeignet, wie z. B. das GS-Verfahren. Die Mindestschichtdicke richtet sich nach der Schwere der Beanspruchung, der das Werkstück bei seiner Beanspruchung ausgesetzt ist. Nach E. K ö p e r n i c k[265] soll die Schichtdicke im allgemeinen betragen :

    1. Bei den Witterungseinflüssen nicht ausgesetzten Teile 3 Mikron,
    2. bei den Binnenklima ausgesetzten Teilen 6 Mikron, und
    3. bei Teilen, die stärkeren Angriffen ausgesetzt sind, 10 Mikron.

Für kupferhaltige Aluminiumlegierungen wird eine Mindestschichtdicke von etwa 12 bis 15 Mikron verlangt.

Harte Oxydschichten zeigen ein höheres Schutzvermögen als weiche Filme (S. W e r n i c k[266]). Ebenso sind die auf mechanisch bearbeiteten Oberflächen erzeugten Oxydfilme widerstandsfähiger als jene auf Gußstücken (W. H. M u t c h l e r[267]). Die primär ausgeschiedenen Gefügebestandteile üben auf das Schutzvermögen elektrolytisch oxydierter Aluminiumlegierungen einen beträchtlichen Einfluß aus. Wie H. R ö h r i g[268] festgestellt hat, setzt die Korrosion unmittelbar an den in die Oxydschicht eingebauten Umwandlungsprodukten der im Aluminium ausgeschieden gewesenen Gefügebestandteile ein. Dabei beeinträchtigen die grob ausgeschiedenen Beimengungen die Korrosionsbeständigkeit stärker als die in feiner Form ausgeschiedenen Gefügebestandteile. Ferner vermag im Falle einer plastischen Verformung des Werkstückes der Grad der Sprödigkeit der heterogenen Gefügebestandteile den Wert der Schutzschicht zu vermindern.

Da die Schwermetalle, wie Kupfer enthaltenden Legierungen, wegen ihrer ausgezeichneten mechanischen Eigenschaften besonders stark verwendet werden, diese aber wieder sehr korrosionsanfällig sind, wirkt sich das Schutzvermögen der Oxydschichten an diesen für die Technik besonders wichtigen Konstruktionsmaterialien am augenfälligsten aus.

Während Reinaluminiumbleche und solche aus der Al-Cu-Mg-Legierung im eloxierten Zustande selbst nach einer 140 Tage langen Beanspruchung im Salzsprühgerät noch nicht die geringsten Korrosionsspuren erkennen lassen, ist die ungeschützte Legierung von Typ Al-Cu-Mg bereits nach einer drei Tage langen Beanspruchung mit Korrosionsprodukten übersät (Abb. 25, G. E l ß n e r). Der die Widerstandsfähigkeit von Aluminiumlegierungen erhöhende Einfluß der Oxydschichten ist auch den Abb. 27 und 28 zu entnehmen.

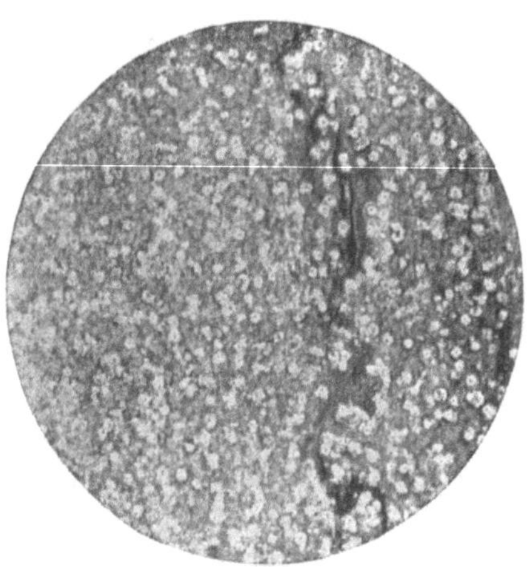

Abb. 25. Korrosion an ungeschütztem Dural nach 3 Tage langer Salzsprühprobe (G. Elßner).

Die anodisch, insbesondere in Chromsäurebädern oxydierten und mit Lanolin oder anderen Fetten nachbehandelten Werkstücke aus der Legierung Al-Cu-Mg sind gegen Seewasser und die Atmosphäre hinreichend beständig, wie G. D. B e n g o u g h und H. S u t t o n[269], H. S u t t o n und A. H. S i d e r y[270], B u s c h l i n g e r[271], P. B r e n n e r[272] und E. K. O. S c h m i t t[273] festgestellt haben.

Aus Tab. 4 ist die Schutzwirkung einer MBV-Schicht (s. S. 100) sowie der Oxydschichten, die in einem Chromsäure- und einem Boraxbade erzeugt wurden, nach Z u r b r ü g g[274] zu entnehmen. Tab. 4 enthält die Korrosionsdauer in Tagen, die bis zum Auftreten der ersten Korrosionsanzeichen in einer 1%igen Kochsalzlösung mit einem Zusatze von 3% Wasserstoffperoxyd verstreichen. Während das unbehandelte Aluminiumblech bereits nach einigen Minuten zu korrodieren beginnt und nach einem Tag je nach der Legierungsart einen Gewichtsverlust von 2 bis 50 g/qdm aufwies, bleibt die Chromsäure- und Boraxschicht einen Monat lang unverändert.

Selbst gegen stark angreifende Lösungen, wie z. B. in Salzsäure, sind die elektrolytisch oxydierten Aluminiumlegierungen wesentlich beständiger als im ungeschützten Zustande. Durch eine Nachbehandlung, z. B. mit Wasserdampf, wird die Beständigkeit noch weiter erhöht, wie z. B. S. S e t o h und A. M i y a t a[275] für aus Oxalsäurebädern erzeugte Oxydfilme festgestellt haben. In den Abb. 26 bis 28 ist die Wider-

Tabelle 4. *Korrosionsbeständigkeit von Aluminiumoxydschichten in wasserstoff-peroxydhaltiger Kochsalzlösung (Z u r b r ü g g).*

Legierung	MBV-Verfahren	CrO₃-Bad	Boraxbad
Reinaluminiumblech	9 Tage	30 Tage	30 Tage
Reinaluminium, hart	9 „	29 „	30 „
Aluman B	3 „	5 „	8 „
Aluman W	7 „	11 „	12 „
Antikorrodal B Spezial	2 „	12 „	12 „
Antikorrodal W Spezial	2 „	23 „	10 „
Avional B	2 „	4 „	3 „
Bariumlegierung, weich	4 „	12 „	6 „
Bariumlegierung, hart	6 „	27 „	8 „

standsfähigkeit von verschieden behandelten Eloxalfilmen gegen 1,5 n Salzsäure auf Reinaluminium, G-Al-Si (Silumin) und Al-Cu- (Lautal) nach Untersuchungen von H. S c h m i t t[276] wiedergegeben. Als Maß der Löslichkeit ist die Menge des entwickelten

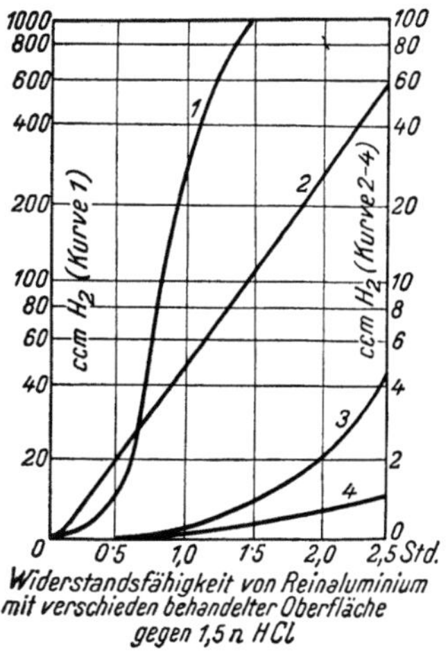

Abb. 26. Widerstandsfähigkeit von Aluminium mit verschieden behandelter Oberfläche gegen 1,5 n Salzsäure.

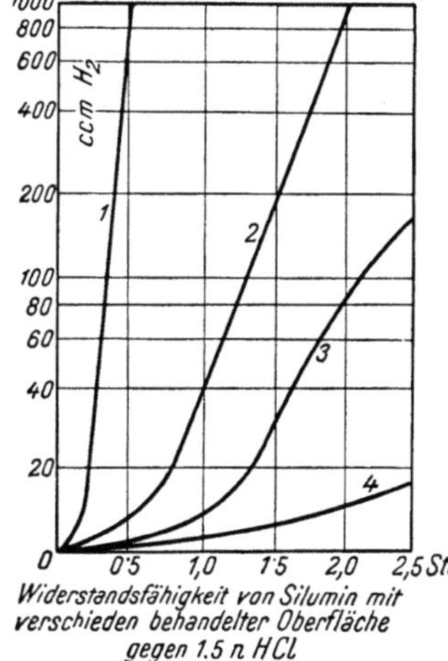

Abb. 27. Widerstandsfähigkeit von Silumin mit verschieden behandelter Oberfläche gegen 1,5 n Salzsäure.

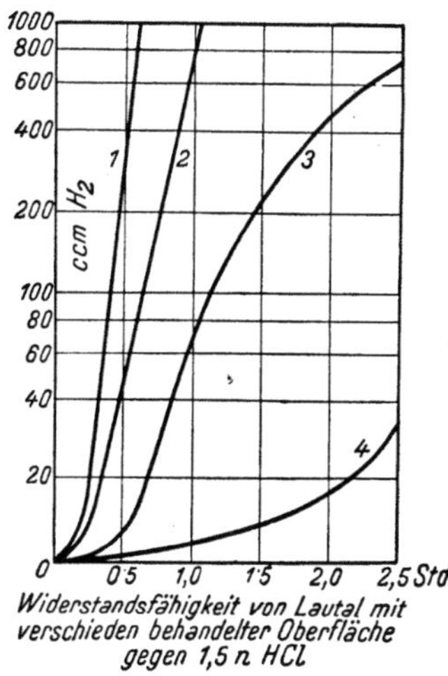

Abb. 28. Widerstandsfähigkeit von Lautal mit verschieden behandelter Oberfläche gegen 1,5 n Salzsäure.

Wasserstoffes auf der Ordinate aufgetragen. Die Kurven 1 beziehen sich auf nicht oxydiertes Metall, Kurven 2 auf oxydiertes, Kurven 3 auf oxydiertes und nachgedichtetes und Kurven 4 auf oxydiertes und imprägniertes Material. Die Proben waren mit dem Wechselstrom-Oxalsäure-Verfahren und einem Stromaufwand von 70 Amp/qdm oxydiert worden. Wie aus der Abb. 26 ersichtlich ist, ist Reinaluminium in jedem Falle erheblich beständiger als die Aluminiumlegierungen, insbesondere wenn man mit der Al-Cu-Legierung (Lautal) vergleicht (Abb. 28).

Bei den Aluminiumlegierungen macht sich ein Korrosionsangriff nicht nur rein äußerlich durch das Auftreten von Korrosionsprodukten bemerkbar, sondern es kann der Korrosionsverlauf auch an den Änderungen der mechanischen Eigenschaften, wie Zugfestigkeit und Bruchdehnung, verfolgt werden (H. F i s c h e r[277]). Der Angriff schreitet meist entlang den Korngrenzen fort, so daß trotz der nur geringen sichtbaren äußeren Veränderungen der Proben merkliche innere Zerstörungen vor sich gehen. Die Abnahme der Festigkeit ist aber technisch von wesentlich größerer Bedeutung als ein nur an der Oberfläche sich vollziehender gleichmäßiger, flächenmäßiger Angriff, da die Legierungen besonders häufig als Konstruktionsmaterialien verwendet werden. Durch die elektrolytisch erzeugten Oxydschichten kann nur eine wesentliche Verlangsamung des Abfalles der Zugfestigkeit und Bruchdehnung erzielt werden. In der Abb. 29 ist nach Versuchen von H. S c h m i t t, A. J e n n y und G. E l ß n e r[278] der Einfluß einer Eloxierung auf die Festigkeitseigenschaften der Al-Si-Legierungen Silumin (13% Silumin). GAl-Mg-Si (Pantal: 1,4% Mg, 0,9 Mn, 0,7 Si bis 0,3 Ti und G Al-Mg (a) (KS-Seewasser; 2% Mg, 1,4 Mn, 0,7 Si, 0,2 Sb) wiedergegeben. Die Verlangsamung des Abfalles der Zugfestigkeit σ (in kg pro qdm) und Bruchdehnung δ_{10} (in %) bei G Al-Si sowie die vollkommene Konstanz

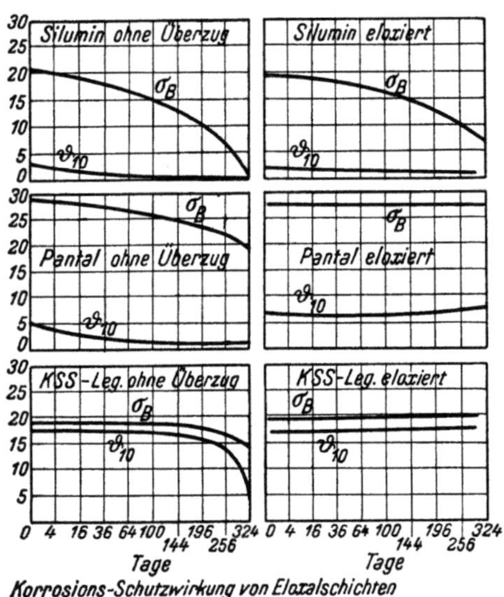

Abb. 29. Korrosionsschutzwirkung von Eloxalschichten auf verschiedenen Aluminiumlegierungen.

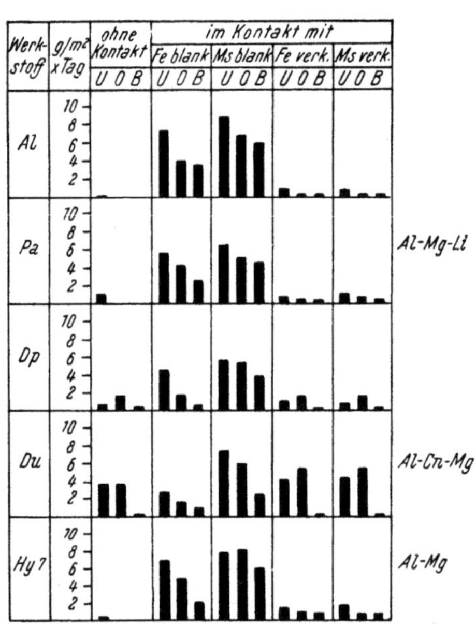

Abb. 30. Beeinträchtigung der Kontaktkorrosion durch die Eloxalschicht (Hühnlich).

bei G Al-Mg-Si und G Al-Mg (a) sind eindeutig ersichtlich. Die Bleche waren nicht nachbehandelt, sondern nur eloxiert. Die Korrosionsbeanspruchung erfolgte in 3%iger Kochsalzlösung mit einem Zusatz von 0,1% Wasserstoffperoxyd.

Die anodische Oxydation stellt auch einen sehr wirksamen Schutz vor Spannungskorrosionen bei Aluminiumlegierungen dar (H. F i s c h e r und L. K o c h[279]). Bei den Aluminiumlegierungen der Gattung Al-Mg und Al-Mg-Zn bringt die Eloxierung eine bedeutende Verlängerung der Aufreißzeit, auch wenn die Oxydation bereits vor dem Biegen zur Schlaufe erfolgt ist. Die beste Abschirmwirkung gegen Spannungskorrosion wird erreicht, wenn die Oxydation und das Nachdichten nach der plastischen und elastischen Verformung erfolgt ist.

Auch die Kontaktkorrosion von Aluminiumlegierungen, die beim Zusammenbau von Konstruktionsteilen mit anders zusammengesetzten, insbesondere schwermetallhaltigen Werkstoffen auftritt, wird durch die elektrolytische Oxydation stark eingeschränkt oder ganz verhindert. Die Abb. 30 zeigt nach H. H ü n l i c h[280] nicht nur die Verstärkung der Gewichtsverluste von Aluminium und Aluminiumlegierungen in Berührung mit Schwermetallen, sondern auch die Verminderung dieser Verluste nach einer Eloxierung des Aluminiums und der Aluminiumlegierungen einerseits und der Aufbringung eines Kadmiumüberzuges auf den Schwermetallen anderseits.

Eloxalschichten sind gegen Verletzungen, wie Kratzer, Eindrücken von Sandkörnern oder Eisenflittern in die Oxydschichten, nur wenig empfindlich. Hingegen wirken sich eingedrückte Kupferflitter in der Oxydschicht schädlich aus. Bei Oxydschichten auf Legierungen der Gattungen Al-Cu-Mg hat jedoch eine jede Verletzung der Oxydschicht schädliche Folgen, während bei Reinaluminium häufig eine verschiedenartiges Verhalten festgestellt werden konnte (H. R ö h r i g und E. K ä p e r n i c k[281]).

Es muß jedoch bemerkt werden, daß der wirksamste Korrosionsschutz der Legierungen vom Typ Al-Cu-Mg nur durch eine Plattierung mit Rein- oder Reinstaluminium erzielbar ist (s. diesbezüglich W. M a c h u[282]). Bei weniger scharfen Bedingungen kann aber auch die Oxydation, wie z. B. bei Treibstoffbehältern, Teilen in Innenräumen usw., mit Erfolg angewendet werden (A. J a c o b i n i[283]).

Entsprechend nachgedichtete oder mit Sorgfalt imprägnierte Eloxalschichten sind nach H. S c h m i t t, A. J e n n y und G. E l ß n e r[284] und anderen gegen die Einwirkung der Atmosphäre, von Sauerstoff, Rauchgasen, zahlreichen Lösungen anorganischer Stoffe und schwachen organischen Säuren, ferner See- und Salzwasser, Schwefel, schwefelige Säure, Wasserstoffperoxyd, Schwefelwasserstoff, Kaliumnitrat, Ammonnitrat, Ammonsulfat, Kalziumchlorid, Chromate, Bichromate, Alkohol-Wasser-Gemische, Benzin-Alkohol-Gemische, Glyzerin, Phenol, Formaldehyd, Essigsäure, Buttersäure, Valeriansäure, Milchsäure, höhere Fettsäuren, photographische Entwickler, Fixierbad, Spirituosen, Fruchtsäfte, Wein, Bier, Fette, Heringslake, Fabriksstaub, Schweiß, Schmutz usw. hinreichend widerstandsfähig.

Gelegentlich verhalten sich die nach verschiedenen Verfahren am gleichen Metall erhaltenen Oxydschichten im selben Medium verschiedenartig. So hat B. G. R e i f[285] festgestellt, daß sich gegen Bier die im Oxalsäurebade eloxierten Bleche äußerlich am wenigsten veränderten, während sich die im Schwefelsäurebade eloxierten Proben sogar noch schlechter als MBV-Schichten verhielten. Nach Beobachtungen von J. P h i l i p p i[286] wiesen eloxierte Bleche, insbesondere der Gattung Al-Cu-Mg bei einer Wärmebehandlung in Salzglühbädern je nach der Stärke der Eloxalschichten verschiedene Längenzunahmen auf, die auch nach dem Erkalten nicht mehr zurückgingen. Als Ursache wurde das Eindringen des Glühsalzes in die durch die Erhitzung aufgeweiteten Poren der Oxydschicht angesehen, wodurch auch eine Zusammenziehung der Überzüge beim Erkalten unmöglich gemacht wurde.

In starken Säuren oder Alkalien, wie z. B. wäßrigen Lösungen von Soda oder Ätznatron, ist die Oxydschicht glatt löslich.

L i t e r a t u r v e r z e i c h n i s.

[250] W. B e e t z, Pogg. Ann. Ch. **127**, 56, 1866; **156**, 465, 1875; Wied. An. **2**, 100, 1877. — [251] H. S u t t o n und J. W. W. W i l l s t r o p, J. Inst. Metals **38**, 259, 1927. — [252] L. C. B a n n i s t e r, J. chem. Soc. **1928**, 3163, 3166; Met. Ind. London **35**, 27, 28, 1929. — [253] W. G. B u r g e r s, A. C l a a s s e n und J. Z e r n i c k e, Ztschr. Physik **74**, 593, 1932. — [254] N. D. P u l l e n, Met. Ind. London **54**, 327—29, 1939. — [255] H. R ö h r i g, Ztschr. Elektrochem. **37**, 722, 1931. — [256] H. F i s c h e r, Ztschr. Metallkunde **27**, 26, 1935. — [257] H. S u t t o n und J. W. W. W i l l s t r o p, J. Inst. Metals **38**, 259, 1927. — [258] G. D. B e n g o u g h und H. S u t t o n, Engineering **122**, 274, 1926. — [259] R. R o t h, Z. anorgan. allg. Chem. **244**, 48—56, 1940. — [260] E. S c h m i e d und G. W a s s e r m a n n, Hauszeitschr. Aluminium **4**, 80, 1932. — [260a] J. J. T r i l l a t und R. T e r t i a n, Rev. Aluminium **26**, 315—19, 1949. — [261] E. S t e i n h e i l, Ann. Physik **19** (5), 465, 1934. — [262] N. D. P u l l e n, Chem. Age **41**, 15—16, 1939. — [263] E. S c h m i e d und G. W a s s e r m a n n, Hauszeitschr. Aluminium **4**, 105, 1932. — [264] H. S c h m i t t, ebenda **4**, 81, 1932. — [265] E. K ö p e r n i c k, Aluminium **19**, 753—56, 1937. — [266] S. W e r n i c k, Met. Ind. London **45**, 82, 1934; Ind.

Chemist. Manufacturer 10, 231, 1934; Metal. Clean. Finish. 6, 574, 1934. — [267] W. H. M u t c h - l e r, Metals and Alloys 2, 325, 1931. — [268] H. R ö h r i g, Korrosion und Metallschutz 15, 32—35, 1939. — [269] G. D. B e n g o u g h und H. S u t t o n, Engineering 122, 276, 1926. — [270] H. S u t t o n und A. H. S i d e r y, ebenda 124, 376, 1927. — [271] B u s c h l i n g e r, Hauszeitschr. Aluminium 1, 309, 1929/30. — [272] P. B r e n n e r, Ztschr. Metallkunde 22, 353, 1930. — [273] E. K. O. S c h m i t t, Korrosion und Metallschutz 7, 156, 1931. — [274] Z u r b r ü g g, J. W a l t e r jun., Aluminiumarchiv, 1. Bd., 1936, S. 31. — [275] S. S e t o h und A. M i y a t a, Bl. Inst. Phys. Chem. Res. 11, 1932; Sci. Pap. Inst. phys. chem. Res. Tokio 19, 225, 1932. — [276] H. S c h m i t t, Hauszeitschr. Aluminium 4, 91, 1932. — [277] H. F i s c h e r, Ztschr. Metallkunde 27, 30, 1935. — [278] H. S c h m i t t, A. J e n n y und G. E l ß n e r, Z. VDI 78, 1503, 1934. — [279] H. F i s c h e r und L. K o c h, Korrosion und Metallschutz 18, 62—67, 1942. — [280] H. H ü n l i c h, Aluminium 23, 389—402, 1941. — [281] H. R ö h r i g und E. K ä p e r - n i c k, Korrosion und Metallschutz 16, 284—90, 1940. — [282] W. M a c h u, Metallische Überzüge, 3. Aufl., Leipzig: Akadem. Verlagsges., 1951. — [283] A. J a c o b i n i, Attiguidonia 1941, 53—112. — [284] H. S c h m i t t, A. J e n n y und G. E l ß n e r, Z. VDI 78, 1504, 1934. — [285] B. G. R e i f, Z. Untersuchungen Lebensmittel 79, 191—98, 1940. — [286] J. P h i l i p p i, Aluminium 23, 595—99, 1941.

8. Physikalische Eigenschaften der Oxydschichten.

A. Die Eigenschaften der unbehandelten Schichten.

a) Spezifisches Gewicht.

Das spezifische Gewicht des reinen γ-Al_2O_3, das ja den Hauptbestandteil der durch elektrolytische Oxydation erhaltenen Oxydschicht darstellt (s. S. 56) beträgt 3,42, jenes von α-Al_2O_2 3,99 (G m e l i n[287]). Tatsächlich wurde aber das spezifische Gewicht von isolierten Eloxalfilmen stets wesentlich niedriger gefunden, was nicht nur auf den Gehalt von Aluminiumhydroxyd, sondern auch auf die Porosität der Schichten zurückzuführen ist. In 0,2%iger Boraxlösung bei 100° C und 500 V fanden W. G. B u r g e r s, A. C l a a s s e n und J. Z e r n i c k e[288] eine Dichte von 3,10 ± 0,05, in 3%iger Boraxlösung bei 400 V eine solche von 3,3. W. P f a n h a u s e r[289] führt Versuchsergebnisse von Dichtebestimmungen an Oxydschichten auf Reinaluminium bzw. der Legierung Al-Cu-Mg an, wonach mit steigender Oxydationsdauer das spezifische Gewicht sinkt, z. B. von 20 auf 45 Minuten Behandlungsdauer von 2,64 auf 2,54. Ebenso war das spezifische Gewicht in Elektrolyten mit organischen Zusätzen größer als ohne Zusätze (2,64 bzw. 2,57 nach 20 Minuten und 2,54 bzw. 2,43 nach 45 Minuten Oxydationsdauer). Auf der Aluminiumlegierung Al-Cu-Mg wurden durchgehends geringere Raumgewichte als auf Reinaluminium festgestellt (nach 20 Minuten 2,64 bzw. 2,40 und nach 45 Minuten Behandlungsdauer 2,54 bzw. 2,06). Diese niedrigen Raumgewichte sind durch die größere Porosität der Überzüge auf kupferhaltigen Aluminiumlegierungen zu erklären.

b) Porosität.

Das Schichtwachstum der elektrolytischen Oxydschichten ist nur durch das Vorhandensein von Poren überhaupt möglich, wie bereits auf S. 8 näher ausgeführt wurde. Die Porosität der Eloxalschicht kommt daher vorwiegend durch das Durchschlagen der aktiven Grundschicht durch elektrische Funken zustande (Abb. 3 bis 7). Mit zunehmendem Rücklösungsvermögen des Elektrolyten, also mit steigender Säurekonzentration und Temperatur, nimmt die Zahl und Größe der Poren gleichfalls zu.

Nach Schätzungen von Th. R u m m e l[290] sind auf 1 qmm Oxydoberfläche etwa 4.106 Poren vorhanden. Die Porenzahl ist demnach eine sehr große. Der Porendurchmesser wurde von R u m m e l auf etwa 1,5 bis $10 \cdot 10^{-5}$ mm geschätzt. Genaue Messungen der Porendurchmesser auf Grund von übermikroskopischen Untersuchungen von Aluminiumoxydfilmen durch H. M a h l[291] sowie H. F i s c h e r und F. K u r z [292] ergaben etwa die gleichen Größenordnungen der Porenflächen.

Auf Aluminiumlegierungen, insbesondere schwermetallhaltigen, entstehen porösere Schichten, die auch gröbere Poren aufweisen. Ebenso sind Filme, die bei hohen Badspannungen und verhältnismäßig kleinen Stromdichten erzeugt werden, porenärmer und auch feinporiger.

Die Porosität der Oxydschichten ist für die praktische Anwendung der oxydierten Gegenstände von größter Bedeutung. Da mit steigender Porosität das Widerstandsvermögen von Schutzschichten bei der Korrosion abnimmt, ist die starke Porosität für die Zwecke des Korrosionsschutzes sehr unerwünscht und nachteilig. Hier hilft man sich durch Nachdichten und Imprägnieren, also Ausfüllen der Porenräume mit anorganischen oder organischen Stoffen, wodurch eine wesentliche Verbesserung der Korrosionsbeständigkeit erzielt wird (Abb. 26 bis 28). Für oxydierte Gegenstände, die für Isolationszwecke verwendet werden sollen, gebraucht man als Imprägnierungsmittel Stoffe mit möglichst hohem Isolationsvermögen.

Die Porosität der Filme ist auch die Ursache dafür, daß die oxydierten Gegenstände nicht „griffest" sind, d. h. beim Angreifen mit den Händen entstehen durch Eindringen von Schweiß, Fett, Schmutz in die Poren Flecken. Auch dieser Nachteil kann durch Imprägnieren behoben werden (H. S c h m i t t, A. J e n n y und G. E l ß n e r[292]).

Anderseits kann die Porosität der Eloxalschichten außer für das Imprägnieren mit verschiedenen Imprägnierungsmitteln auch für das Färben der Schichten mit Vorteil ausgenützt werden. Die Poren können sowohl mit löslichen organischen Farbstoffen ausgefüllt oder in diesen durch doppelte chemische Umsetzung anorganische Pigmente ausgefällt werden (s. S. 85). Da diese Farbstoffe nicht nur an der Oberfläche der Oxydschichten sitzen, sondern diese ganz durchdringen, sind derartige Färbungen auf eloxiertem Aluminium usw. vollkommen reibfest und beständig.

Schließlich ist die Porosität auch noch für die Haltfestigkeit und Verbesserung der Korrosionsbeständigkeit von Anstrichen auf eloxierten Aluminiumoberflächen sehr vorteilhaft. Eloxalschichten bilden eine ausgezeichnete Grundlage für Farbanstriche (J. D. E d w a r d s und R. I. W r a y[294]).

c) Die Dicke der Oxydschichten.

Die Dicke der Eloxalschichten ist nicht nur vom Grundmaterial, sondern auch von der angewandten Strommenge (Expositionszeit), Badspannung, Stromart, Temperatur und Konzentration des Elektrolyten abhängig, wie bereits auf S. 18 ff. näher auseinandergesetzt wurde. Im allgemeinen schwankt die Schichtdicke auf Reinaluminium und von Schwermetallen und Silizium freien Aluminiumlegierungen zwischen 10 und 30 Mikron, auf Legierungen mit Kupfer, Zink oder anderen Schwermetallen sowie Silizium zwischen 3 und 15 Mikron (H. F i s c h e r[295] und G. E l ß n e r[296]).

Bei einer Expositionszeit von 45 Minuten erhält man mit Gleichstrom in Schwefelsäure etwa 15 bis 17 Mikron starke Überzüge. Die Schichtdicke kann im Schwefelsäurebade bis etwa 40 Mikron gesteigert werden (E. H e r r m a n n[297]). Nach dem Oxalsäureverfahren sind Schichten bis zu einer Dicke von 400 Mikron erzeugt worden (E. S c h m i t t[298]). Die dünnsten Schichten werden im Chromsäurebade nach B e n g o u g h und S t u a r t (S. 33) in einer Stärke von 0,033 bis 2,1 Mikron erhalten (H. S u t t o n und J. W. E. W i l l s t r o p[299]).

Zum Vergleich sei angeführt, daß die künstliche Oxydschicht nach dem MBV-Verfahren eine Dicke von 1 bis 2 Mikron, die natürliche, auf dem Aluminium bei normaler Temperatur entstehende Oxydschicht eine solche von etwa 0,01 bis 0,04 Mikron, nach 80stündigem Erhitzen von Aluminium im Sauerstoffstrom auf 600° C nur von 0,2 Mikron aufweist.

d) Farbe und Glanz.

Die Farbe der Oxydschichten wird durch die Art des Oxydationsbades, die Zusammensetzung des betreffenden Werkstückes, die Vorbehandlung und die Schichtdicke beeinflußt. Am wenigsten wird der Metallcharakter in den Schwefelsäurebäder und bei polierten Gegenständen verändert, da hier auf Reinaluminium und den meisten kupferfreien Legierungen farblose, glasige, durchsichtige Überzüge, auf kupferhaltigen Legierungen bläulichgraue, auf manganhaltigen milchig getrübte, auf siliziumreichen Legierungen hingegen dunkelgraue bis schwarze Filme erhalten werden. Magnesiumhaltige Aluminiumlegierungen mit mehr als 5% Magnesium liefern hellgraue Schichten, was auf das Vorhandensein einer heterogenen Metallstruktur infolge Ausscheidung von Kristallen der Verbindung $MgAl_3$ zurückzuführen ist. Erst auf thermisch homogenisierten Legierungen erhält man wieder rein farblose, durchsichtige Schichten.

Die gleiche Ursache für das Grauwerden der Überzüge im GS-Bade liegt bei den Aluminiumlegierungen der Gattung Al-Mg-Si vor, die infolge Ausscheiden der Verbindung Mg_2Si eine heterogene Struktur aufweisen und erst durch eine thermische Behandlung in einen für die Eloxierung günstigen Zustand gebracht werden müssen (H. F i s c h e r und F. K e l l e r und G. W. W i l c o x[300]).

Die bläulichgraue Farbe der Oxydschicht auf Aluminium-Knetlegierungen der Gattung Al-Cu-Mg kann durch einen geringen Zusatz von Zink (0,01 bis 3%) in einen milchweißen Farbton übergeführt werden (Kabel- und Metallwerke Neumeyer A. G.[301]).

Die mit Wechselstrom im Oxalsäurebad auf Reinaluminium und Legierungen der Gattung Al-Mg und teilweise auch Al-Mg-Si erzeugten Oxydfilme durchlaufen

je nach der Schichtdicke die Farbskala Strohgelb, Messinggelb, Goldgelb, Braun, Dunkelbraun und Graubraun (H. R ö h r i g[302]). Die stark siliziumhaltigen Legierungen sind mehr grau gefärbt, wobei gleichfalls der Gefügezustand und die Wärmebehandlung die Eigenfarbe der Eloxalschichten beeinflussen. Überzüge, die nach dem GX-Verfahren erhalten wurden, sind hellgelb, auf kupferhaltigen Legierungen bläulich, auf siliziumhaltigen grau gefärbt. Filme nach dem Chromsäureverfahren erscheinen immer grau und undurchsichtig.

Einen wesentlichen Einfluß auf die Eigenfarbe übt auch die Vorbehaltung des Grundmetalles aus. Je rauher die Oberfläche des Werkstückes ist, desto mattere und dunklere Überzüge werden erhalten. So entstehen auf sandstrahlmattiertem Untergrunde stumpfe, dunkelgraue Schichten (H. S c h m i t t[303]). Dir durch die mechanische Vorbehandlung oder Bearbeitung, wie Bohren, Drehen, Fräsen usw., vorhandenen Rauhigkeiten der Metalloberfläche können durch eine elektrolytische Glänzung oder Voreloxierung (s. S. 41), wobei diese primär erzeugte Oxydschicht durch Abbeizen oder Abwischen auch

Abb. 31. Einfluß mechanischer und elektrolytischer Oberflächenbehandlungen auf die Eigenfärbung von Eloxalschichten (G. Elßner).

wieder entfernt werden kann, beseitigt und ein für den Glanz und die Helligkeit der Filme günstiger Oberflächenzustand geschaffen werden. Besonders die elektrolytische Aufglänzung hat sich in der Technik der Vorbehandlung von gedrehten Werkstücken durch die einebnende Wirkung des elektrolytischen Glänzens eine größere Bedeutung verschafft. In Abb. 31 ist nach G. E l ß n e r der Einfluß einer mechanischen und elektrolytischen Oberflächenbehandlung auf die Eigenschaften von Eloxalschichten ersichtlich gemacht. Über den Einfluß des Gefügezustandes, der Wärmebehandlung, des Schweißens usw. auf die Eigenfarbe der Oxydschichten s. S. 18.

e) Härte, Verschleißfestigkeit und Sprödigkeit.

Die Härte der Oxydschicht ist sehr groß, da sie nach der M o h s schen Härteskala zwischen 7 und 9 liegt, also an jene von natürlichem, kristallisiertem Korund, Saphir und Rubin heranreicht (H. F i s c h e r[304] und G. E l ß n e r[305]). Sie wird von der Zusammensetzung des Grundmetalles und den Oxydationsbedingungen beeinflußt. Im allgemeinen werden die härtesten Schichten nach dem GS-Verfahren auf Reinaluminium erhalten. Die Härte der Oxydschicht ist jedoch nicht in allen Teilen gleich groß, sondern sie nimmt von innen nach außen zu ab. Nach G. E l ß n e r[205], E. H e r m a n n[306] und S. W e r n i c k[307] ist die unmittelbar am Metall anliegende sogenannte aktive Schicht (s. S. 8) am härtesten. Ihre Härte ist nach Untersuchungen von J. E. L i l i e n f e l d, L. W. A p p l e t o n und W. M. S m i t h[308] in der Nähe des Grundmetalles rund 30 bis 50mal so groß als an der Außenfläche. Das Verhältnis der Ritzbreiten beträgt bei den verschiedenen Schichten 5.000 an der untersten, 3.000 in der mittleren und 140 an der äußeren Schicht.

Wie C a m p[309], J. D. E d w a r d s[310] und E. H e r m a n n[311] feststellten, steigt der mit der Härte innig zusammenhängende Abnützungswert der Oxydschichten (ermittelt durch die Umdrehungszahl einer mit 500 g belasteten Eloxitschleifscheibe bis zum Durchschleifen der Oxydschicht) von Schichtdicken von etwa 10 Mikron an sehr stark an. Er erreicht aber ein von der Expositionszeit, Badtemperatur und -konzentration abhängiges Maximum. Mit Überschreitung dieses Maximums erhält man nur mehr lockere, weichere Schichten (H. S c h m i t t[312]). Die günstigsten Härtegrade, Abnutzungswiderstände, Korrosionsfestigkeiten usw. werden mit Schichten von etwa 15 bis 20 Mikron erreicht, die günstigste Oxydationsdauer ist nach 60 Minuten bereits überschritten.

Dieses Verhalten hängt mit dem Rücklösungsvermögen (s. S. 9) der Elektrolytlösungen bei hoher Temperatur und Konzentration zusammen. Auch aus praktischen Gründen trachtet man daher weder zu dünne Schichten, die einer mechanischen Abnützung nur einen geringen Widerstand entgegensetzen können, noch auch zu dicke, weiche Überzüge herzustellen. Schichten guter Härte von mäßiger Dicke erhält man mit Gleichstrom und hoher Elektrolytkonzentration in Schwefel- und Oxalsäurebädern bei niedrigen Temperaturen.

Die Angabe des Härtegrades der Oxydschichten erfolgt entweder in Vickers-Härten in kg/qmm oder in Ritzbreiten in Mikron oder mm. Die

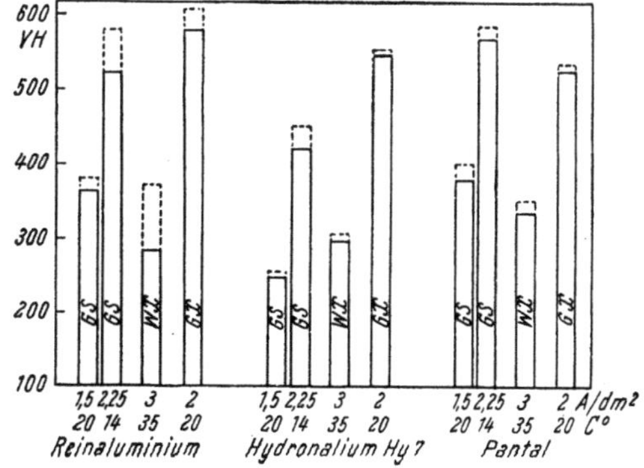

Abb. 32. Vickers-Härte VH in kg/mm² von Eloxalschichten in Abhängigkeit von Stromdichte, Temperatur und Verfahrensvariante (G. Elßner).

Kugeldruckprobe ist zur Härtebestimmung nicht anwendbar, da die Schichten nur sehr dünn sind und das Grundmetall im Verhältnis zum Schutzmaterial ziemlich weich ist. Die Schicht würde daher sofort in das Grundmetall eingedrückt werden.

Mit Hilfe des Mikrohärteprüfers von Zeiß wurden Vickers-Härten von Eloxal-schichten zwischen 240 kg/qmm und 775 kg/qmm, je nach der Verfahrensvariante und der Zusammensetzung des Grundmetalles, gefunden. In der Abb. 32 ist das Ergebnis verschiedener Vickers-Härtemessungen für Rein-aluminium, Al-Mg (Hydronalium 7), und eine Al-Mg-Si-Legie-rung in Abhängigkeit von der Stromdichte und Badtemperatur für Schwefelsäure- und Oxalsäurebäder zusammengestellt (nach

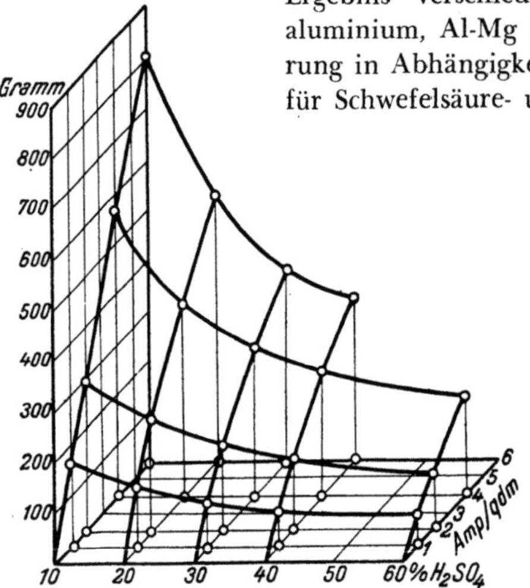

Abb. 33. Ritzhärte der Eloxalschicht in Abhängig-keit von der Stromdichte und Säurekonzentration, Behandlungsdauer 30 Minuten, 20° C.

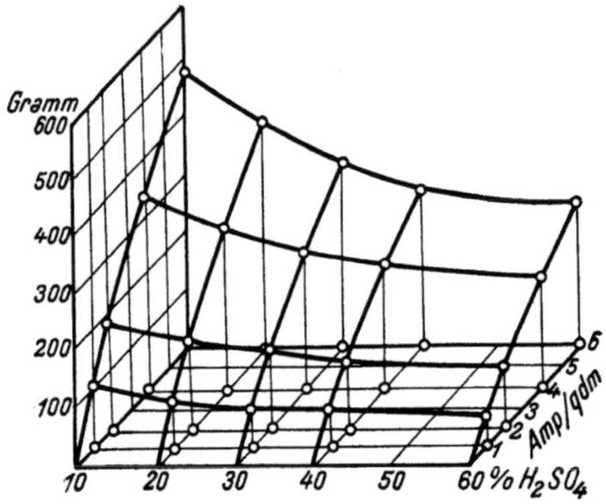

Abb. 34. Abhängigkeit der Ritzhärte von der Strom-dichte und Säurekonzentration, Behandlungsdauer 15 Minuten, Badtemperatur 30° C.

G. Elßner). Mit sinkender Badtemperatur und steigender Stromdichte werden im allgemeinen härtere Schichten erhalten. Ebenso sind die Oxydschichten auf Reinaluminium, mit Ausnahme der Al-Mg-Si-Legierungen, stets härter als auf Aluminiumlegierungen (H. Schmitt[313]).

Die weichsten Überzüge erhält man auf Legierungen, die reich an Schwer-metallen, z. B. Kupfer und Zink, sind (H. Röh-rig[314]). Auf Gußlegierungen weisen die Schichten eine geringere Härte auf als auf Knetlegierungen, gepreßtem oder gewalztem Material (H. Schmitt und L. Lux[315]).

In der Abb. 33 ist die Abhängigkeit der Ritzhärte von Aluminiumoxydschichten auf Reinaluminium von der angewandten Stromdichte und Schwefel-säurekonzentration für Gleichstrom nach Unter-suchungen von J. Walter jun.[316] wiedergegeben. Zur Bestimmung der Ritzhärte wurde die Probe unter einer Schneide aus Widiametall mit steigender Be-lastung derselben unter der feststehenden Schneide hinweggeführt und dabei ein Ritz erzeugt. Die Be-lastung ist auf der Ordinate aufgetragen. Im Augen-blicke der Durchbrechung der Schichte wurde ein elektrischer Stromkreis geschlossen.

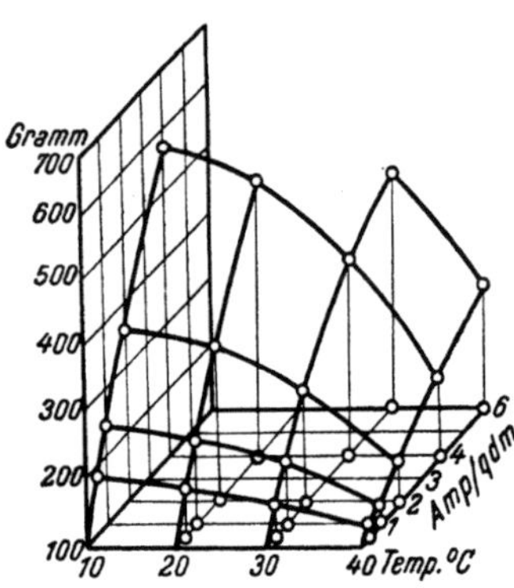

Abb. 35. Abhängigkeit der Ritz-härte von der Stromdichte und Bad-temperatur; Säurekonzentration 30%, Behandlungsdauer 30 Minuten.

Wie aus Abb. 34 ersichtlich ist, werden bei einer Oxydationsdauer von 15 Minuten und einer konstanten Badtemperatur von 30° C die härtesten Oxydschichten bei einer Schwefelsäurekonzentration von 10% erhalten. Mit zunehmender Stromdichte steigt auch die Härte der Überzüge an. Die Härte nimmt nach den Untersuchungen von J. Walter jun.[316] mit steigender Temperatur und sinkender Behandlungsdauer im Schwefelsäurebade ab (Abb. 35). Bei Anwendung von Wechselstrom an Stelle von

Gleichstrom erhält man gleichfalls bedeutend weichere Schichten als bei sonstigen unveränderten Bedingungen mit Gleichstrom (Abb. 36) (s. a. H. S c h m i t t[317] und H. R ö h r i g[318]).

Oxydiert man abwechselnd mit Gleich- und dann mit Wechselstrom oder umgekehrt, so kann man die Härtegrade der Oxydschichten beliebig abstufen. Das WX-GX-Verfahren· ergibt besonders harte Überzüge (J. T. R i c h a r d s[319]).

Die Abhängigkeit der Ritzhärte von der Verfahrensvariante sowie von der Belastung des Diamanten bei Oxydschichten auf der Legierung Al-Mg-Hy 7 ist in Abb. 37 (nach G. E l ß n e r) wiedergegeben. Zum gleichen Ergebnisse gelangte auch H. F is c h e r[320], der bei Verschleißfestigkeitsprüfungen die kleinste spezifische Verschleißfestigkeit auf WX-Schichten, und zwar bei allen Aluminiumlegierungen und Reinaluminium, die größte aber auf Reinaluminium und nach dem GS-Verfahren, beobachtete.

Allgemeingültige Gesetzmäßigkeiten über den Einfluß der Verfahrensvariante und der Zusammensetzung des Grundmetalles

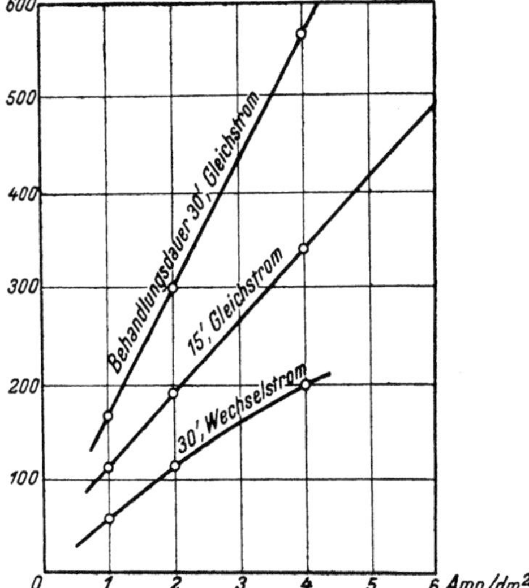

Abb. 36. Abhängigkeit der Ritzhärte von der Stromdichte; Elektrolyt 10%ige Schwefelsäure; Badtemperatur 30° C.

lassen sich jedoch nicht aufstellen, da z. B. die Al-Mg-Legierungen nach dem GS-Verfahren härtere Schichten als auf Reinaluminium ergeben.

Eloxalschichten sind härter als die meisten galvanischen Metallniederschläge und die härtesten Aluminiumlegierungen, nur Chromüberzüge sind härter als die Oxydschichten. Durch die anodische Oxydation wird somit die Härte der Aluminiumlegierungen und insbesondere jene des an sich sehr weichen Reinaluminiums erheblich gesteigert.

Die Härte der Eloxalschichten ist für die Verschleißfestigkeit der behandelten Aluminiumlegierungen und des Reinaluminiums von großer praktischer Bedeutung. Der Abnutzungswiderstand ist ja direkt der Härte proportional. Es ergibt sich daher bei der Verschleißprüfung dieselbe Reihenfolge mit dem höchsten Härtegrade bei Oxydschichten auf Reinaluminium nach GS-Verfahren, während die

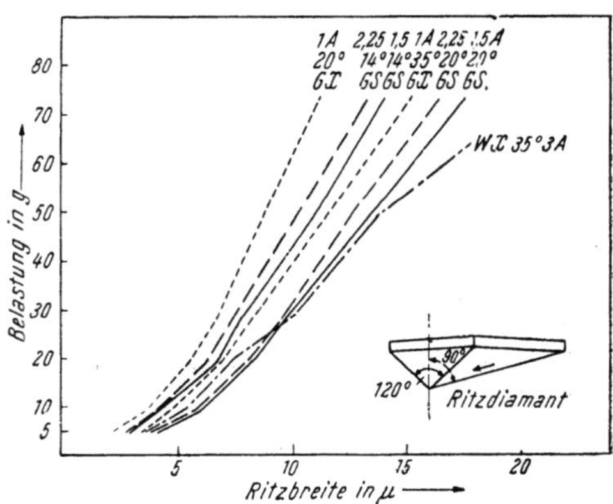

Abb. 37. Ritzhärte von Eloxalschichten auf Al-Mg, Hydronalium Hy 7; Abhängigkeit von der Stromdichte, Temperatur und Verfahrensvariante (G. Elßner).

Schichten mit dem geringsten Abnützungswiderstand auf der Al-Cu-Mg-Legierung nach dem WX-Verfahren erhalten wurden. In Abb. 38 ist nach Untersuchungen nach H. F i s c h e r[321] der spezifische Verschleißwiderstand von elektrolytisch erzeugten Oxydschichten auf Reinaluminium und einigen Aluminiumlegierungen in Abhängigkeit von Oxydationsverfahren wiedergegeben.

Im allgemeinen wird der Abnutzungswiderstand durch die Aufbringung harter Eloxalschichten etwa auf das Fünf- bis Achtfache erhöht. Die ungleich dünneren und weicheren, durch chemische Oxydation erhaltenen Überzüge erhöhen den Verschleißwiderstand von Leichtmetallen nicht. (H. S c h m i t t, A. J u n g und G. E l ß n e r[322]).

Mit zunehmender Schichtdicke steigt die Verschleißstetigkeit stark an (J. D. E d w a r d s, M. T o s t e r u d und H. K. W o r k[323], J. D. E d w a r d s[324]

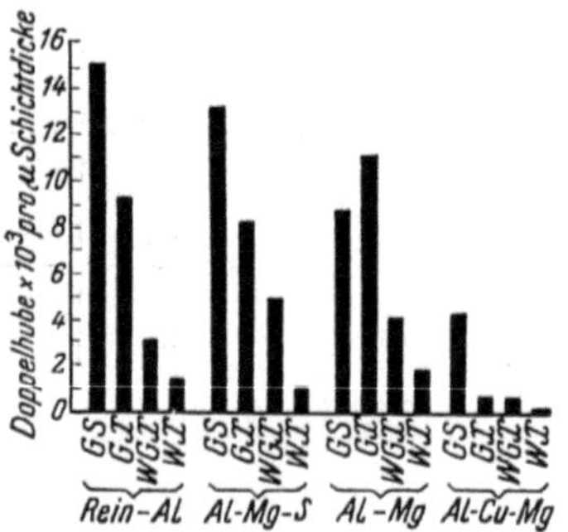

Abb. 38. Spezifischer Verschleißwiderstand von Eloxalschichten in Abhängigkeit von der Verfahrensvariante (H. Fischer).

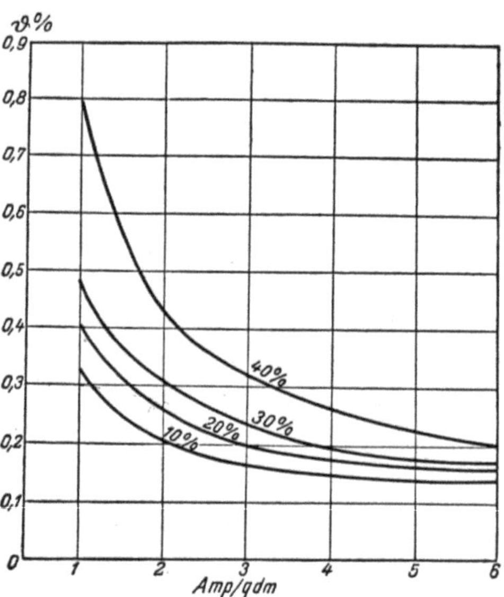

Abb. 39. Dehnbarkeit in Abhängigkeit von der Stromdichte; Schwefelsäurekonzentration 10, 20, 30 und 40%; Badtemperatur 30° C; Behandlungsdauer 30 Minuten (J. Walter jr.).

und H. K. W o r k[325]). Durch eine Nachbehandlung oxydierter Aluminiumlegierungen, z. B. mit gespanntem Dampf, wird der Abnutzungswiderstand nicht weiter erhöht (S. S e t o h und A. M i y a t a[326]), jedoch läßt sich durch eine geeignete Imprägnierung der Oxydschicht das Gleitvermögen erheblich steigern. Dadurch kann die zu einer starken Abnutzung führende trockene Reibung beim Aufeinandergleiten von Gewinden, Schrauben, Schwalbenschwanzführungen usw. erheblich vermindert werden.

Mit zunehmender Härte steigt die *Sprödigkeit* und sinkt die *Dehnbarkeit* der Oxydschicht. Die geringste Dehnbarkeit besitzen, wie die Abb. 39 nach Untersuchungen von J. W a l t e r jun.[327] zeigt, die härtesten Aluminiumoxydschichten, die in 10%iger Schwefelsäure mit Gleichstrom erhalten worden waren. Mit steigender Stromdichte wächst die Härte (Abb. 33) und nimmt die Dehnbarkeit ab.

Abb. 40. Verletzlichkeit scharfer, eloxierter Kanten (G. Elßner).

Beim Gebrauche von elektrolytisch oxydierten Werkstücken kann an scharfen Kanten, Ecken, Gewindegängen usw. durch Druck- oder Schubbeanspruchungen die Oxydschicht zum Abspringen gebracht oder verletzt werden. So zeigt Abb. 40 die

Verletzlichkeit der Eloxalschichten an scharfen Kanten (G. E l ß n e r). Es empfiehlt sich daher, solche Kanten und Spitzen vor der Eloxierung gut abzurunden, wodurch auch die Neigung zum Fressen der Gewinde u. dgl. vermindert wird (Abb. 41, Langbein-Pfanhauser-Werke A. G.). Die Sprödigkeit der Eloxalschichten macht sich beim Schneiden und Stanzen oxydierter Bleche bemerkbar, da dann an den Kanten

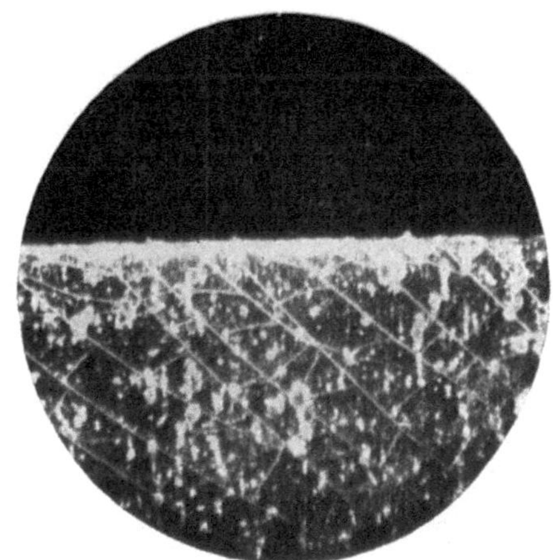

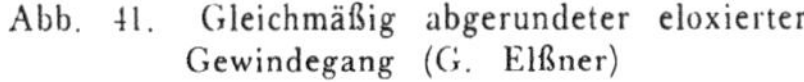

Abb. 41. Gleichmäßig abgerundeter eloxierter Gewindegang (G. Elßner)

Abb. 42. Rißbildung durch Beschneiden (G. Elßner).

eine Reißbildung der Zersplitterung der Schichten eintritt (Abb. 42, Langbein-Pfanhauser-Werke A. G.).

Durch Oxydschichten auf Aluminiumproben können Druckstellen bei Spannungsproben sehr gut sichtbar gemacht werden. Die Schichten brechen genau senkrecht zur Richtung der größten Dehnung, wobei die Schichten nach dem GS-Verfahren die besten Ergebnisse ergeben (K. E. M a n n[328]).

f) Haftfestigkeit.

Da die Oxydschichten durch allmähliche Umwandlung des Metalles in das Oxyd gebildet werden, also nicht wie ein galvanischer Metallniederschlag von außen her aufgetragen werden, ist die Oxydschicht innig mit der Metallunterlage verwachsen. Die Haftfestigkeit der Eloxalfilme ist derart groß, daß sie auch bei sehr starken Biege- oder Streckbeanspruchungen nicht abspringen. Die Schicht springt zwar in einzelne Teile auf, aber die Splitter platzen nicht von der Oberfläche ab. Beim Zurückbiegen schließt sich der Spalt zwar wieder, aber die Berührungspunkte sind im schräg einfallenden Licht sichtbar (Abb. 43, G. E l ß n e r, Langbein-Pfanhauser-Werke A. G.; s. a. H. S c h m i t t, A. J e n n y und G. E l ß n e r[329], H. R ö h r i g[330], G. E l ß n e r[331]).

Eine Trennung von Oxyd und Metall ist nur durch eine chemische Auflösung des Metalles durch Verflüchtigung mit trockenem Salzsäuregas als Aluminiumchlorid, durch Amalgamierung (G. E l ß n e r[332]) oder auf mechanischem Wege, z. B. durch Abfeilen, möglich (A. G ü n t h e r s c h u l z e[333]).

Unter besonders ungünstigen Bedingungen kann die Oxydschicht sehr weitgehend vom Grundmetall abspringen, beispielsweise bei stärkeren Erwärmungen des Werkstückes, da Aluminium und sein Oxyd sehr stark verschiedene thermische Ausdehnungskoeffizienten besitzen. Ebenso wurden beim WX-GX-Verfahren gelegentlich abplatzende Überzüge beim Überschreiten der Grenzstromdichte oder bei Anwendung zu hoher Stromdichten beobachtet.

g) Biegefähigkeit und Verformbarkeit.

Wie bereits im vorstehenden ausgeführt wurde (Abschnitt e, S. 65), können harte Oxydschichten beim Biegen über einen Dorn wegen ihrer geringen Elastizität in einzelnen Teilen abspringen, ohne aber abzuplatzen (Abb. 43). Dünne Schichten können nach H. R ö h r i g[334] noch um einen kleinen Biegeradius gebogen werden, ohne Sprünge zu bekommen, jedoch nimmt die Biegefähigkeit bei dickeren Schichten sehr rasch ab. Die Biegefähigkeit kann aber auch bei dickeren Überzügen durch eine Behandlung mit schwachen Alkalien, welche die Schicht angreifen, etwas gebessert werden. Es entsteht dann beim Biegen nur mehr ein feines Netz von Haarrissen, das nur mehr unter dem Mikroskop sichtbar ist.

Von N. D. P u l l e n[335] wurde der kleinste Biegeradius bestimmt, bei dem ein Reißen oder Absplittern der Oxydfilme gerade noch nicht eintritt. Die Biegefähigkeit kann durch folgende empirische Formel dargestellt werden:

$$\text{Biegsamkeitsindex} = R^{\log x},$$

Abb. 43. Rißbildung beim Biegen eines Bleches um einen Dorn (G. Elßner).

in welcher R = Biegeradius und x = Filmdicke bedeuten. Eine Untersuchung des Einflusses der Verfahrensvariante und der Herstellungsbedingungen ergab, daß durch Anwendung höherer Temperaturen des Bades und von Wechselstrom an Stelle von Gleichstrom biegsamere Filme erzielt werden können. Von den untersuchten Überzügen gleicher Dicke waren die mit Wechselstrom in Oxal- und Chromsäure erzeugten am biegsamsten, am wenigsten biegsam die harten, mit Gleichstrom in Schwefelsäure und Oxalsäure erhaltenen Schichten. In solchen Fällen, in denen die Biegsamkeit der Filme besonders gewünscht wird, wie z. B. bei Drähten oder bei dünnen Bändern, muß das Oxydationsverfahren entsprechend diesen Gesichtspunkten ausgewählt werden.

Durch die elektrolytische Oxydation erleiden insbesondere Drähte und dünne Bleche eine Beeinträchtigung ihrer Biegefestigkeit, die bis zu 30 % der unbehandelten Gegenstände betragen kann. Die Ursache dieser Verringerung der Biegefähigkeit ist darin zu erblicken, daß durch die harte Oxydschicht eine Scherwirkung beim Knicken der Drähte und Bleche ausgeübt wird. Die Biegefähigkeit oxydierter Drähte ist aber für ihre technische Anwendungen immer noch ausreichend (H. S c h m i t t und L. L u x[336]).

Legierungsbestandteile, welche die Härte der Eloxalschichten herabsetzen, wie z. B. höhere Gehalte von Kupfer, erhöhen die Biegefähigkeit. Das Silizium verhält sich indifferent, während Magnesium eine Verringerung der Biegefähigkeit bewirkt (H. S c h m i t t[337]).

Die Verformbarkeit der Eloxalschichten hängt innig mit der Härte und Elastizität der Überzüge zusammen. Sie nimmt mit steigender Dicke und Härte der Filme ab. Würden die oxydierten Gegenstände über das Maß der Dehnbarkeit des Oxydfilmes verformt werden, so würde die Schicht aufspringen und dadurch ihr Korrosionswiderstand verringert werden. Man nimmt daher alle Verformungsarbeiten am besten vor der elektrolytischen Oxydation vor. Ebenso weisen nur mit weicheren und dünnen Oxydschichten versehene Bleche eine gewisse Tiefziehfähigkeit ohne größere Beschädigungen der Filme auf.

Zur Verbesserung der Biegefähigkeit der Oxydschichten sind bereits mehrere Verfahren ausgearbeitet worden. Durch Anwendung von polarisiertem Wechselstrom von 50 Hertz an Stelle von Gleichstrom oder polarisiertem Hochfrequenzstrom wird z. B. die Sprödigkeit der Überzüge vermindert. Auch die Einlagerung von Schwermetalloxyden, die entweder im Oxydationsbade in Form von Schwermetallverbindungen vorhanden sind oder aus vor der Oxydation aufgebrachten dünnen Metallniederschlägen herrühren, führt zu einer Verbesserung der Biegefähigkeit[338].

Werden die Oxydschichten mit auf diese lösend und peptisierend wirkenden Lösungen behandelt (Vereinigte Aluminium-Werke A. G.[339]), so werden die Oxydschichten weicher. Biegsamer und aufnahmsfähiger für Füll- und Imprägnierungsmittel werden die Oxydschichten auch, wenn sie in einem kombinierten, zweistufigen Verfahren erzeugt werden (Dieselben[340]). Im ersten alkalischen Bade (5- bis 8%ige Sodalösung mit Glyzerin, Seife oder Fett als Weichmachungsmittel, 5 bis 10 V Wechselstrom) wird eine weiche biegsame, im zweiten wird in schwefelsauren Elektrolyten (8% H_2SO_4, 60 bis 80 V) eine harte Schicht erzeugt. Zur Erhöhung der Gleichmäßigkeit und Glätte können die Überzüge auch noch mit Talk eingerieben werden.

h) Hitzebeständigkeit.

Beim Erwärmen der Eloxalschichten tritt bis etwa 400° C überhaupt keine Veränderung der Überzüge ein. Erst bei Temperaturen über 700° C geht das feinkristalline, röntgenamorphe γ-Al_2O_3 in das gröber kristalline γ-Al_2O_3 über, während bei Temperaturen um 1000° C die Umwandlung des γ- in α-Al_2O_3 (Korund) vor sich geht (s. S. 56). Der Schmelzpunkt des Aluminiumoxyds (2050° C) liegt bereits weit über dem Schmelzpunkt des Aluminiums (658,8° C), so daß demnach die Oxydschichten als hitzebeständig zu bezeichnen sind. Nur bei sehr harten Schichten (WX- oder GX-Verfahren) können beim Erwärmen, z. B. schon beim Auskochen der Filme in Wasser, Haarrisse auftreten, die jedoch die technische Verwendbarkeit der oxydierten Gegenstände nur sehr wenig beeinträchtigen (H. S c h m i t t, A. J e n n y und G. E l ß n e r[341]). Die Durchschlagsfestigkeit der Schichten wird jedoch ebenso wie die Korrosionsbeständigkeit durch solche Haarrisse bereits vermindert.

Die Temperaturbeständigkeit von oxydierten Aluminium-Leit-Materialien, die zur Erhöhung der Isolationsfähigkeit mit Isoliermitteln nachbehandelt wurden, wird nur insoweit herabgesetzt, als diese Isolierstoffe, wie z. B. Bakelitlacke, selbst nur bis zu Temperaturen von etwa 200° C beständig sind. Diese Temperaturgrenze reicht jedoch vollkommen aus, da sie immer noch höher liegt als jene der anderen, in Motoren, Transformatoren, elektrischen Öfen usw. verwendeten Isoliermaterialien, in denen die oxydierten Aluminiumdrähte in Form von Wicklungen, Spulen usw. gebraucht werden sollen (H. S c h m i t t[342]).

i) Elektrisches Isoliervermögen.

Zufolge ihres nichtmetallischen, mineralischen Charakters leitet die elektrolytisch erzeugte Oxydschicht den elektrischen Strom nur sehr schlecht, sie besitzt daher eine hohe Isolationsfähigkeit. Dieses Isolationsvermögen gestattet eine Verwendung oxydierter Drähte, Bänder, Folien usw. in der Elektroindustrie für die Herstellung von Wicklungen, Spulen, Kondensatoren usw. für Motoren, Transformatoren, Lasthebemagnete usw. Die Voraussetzung für eine gute Isolierfähigkeit ist die möglichst vollständige Trocknung und Porenfreiheit der Überzüge.

Als Maß der Isolierfähigkeit wird die Durchschlagsfestigkeit der Schicht gegen höhere angelegte elektrische Spannungen angesehen. Die Durchschlagsfestigkeit hängt von der Zusammensetzung des Grundmetalles, der Härte, Schichtdicke, den Herstellungsbedingungen, dem Anpreßdruck, der Temperatur, Porosität oder Diskontinuitäten, dem Feuchtigkeitsgehalt usw. der Oxydschicht ab.

Der elektrische Widerstand des Oxydfilmes auf Aluminium wurde von L. H. Callendar und N. F. Mott[343] bestimmt. Unmittelbar nach dem Polieren unter einem Paraffinabschluß zur Vermeidung der Oxydation der frischen Aluminiumoberfläche durch den Luftsauerstoff wies das Aluminium einen Widerstand von 1651 Ohm auf. Nach einem achtstündigen Aufbewahren an feuchter Luft betrug der Widerstand 2501 Ohm, nach achtstündigem Erhitzen an der Luft auf 160° C 4511 Ohm und nach einem weiteren 65stündigen Erhitzen auf 300° C 8381 Ohm. Der durch anodische Oxydation erzeugte Film wies einen Widerstand von 26 300 Ohm auf. Der wesentlich höhere Widerstand der Eloxalschicht kommt vorwiegend durch engere Packung des amorphen, feinkristallinen Aluminiumoxyds zustande.

Die höchste Durchschlagsfestigkeit weisen die Überzüge auf Reinaluminium auf, während auf Aluminiumlegierungen das Isolationsvermögen von der Porosität und Inhomogenität der Überzüge weitgehend beeinflußt wird. Kupfer- und siliziumreiche Legierungen weisen eine erheblich verminderte Durchschlagsfestigkeit auf (G. Elßner[344]). Wie zu erwarten, steigt die Durchschlagsfestigkeit mit zunehmender Schichtdicke an.

Im Bereiche von 5 bis 30 Mikron wurde von E. Hermann[345], J. Walter jun.[346] und H. Beetz[347] ein nahezu linearer Anstieg des Isolationsvermögens mit der Schichtdicke festgestellt. Für noch dünnere Schichten als 5 Mikron gilt für die Abhängigkeit der elektrischen Leitfähigkeit eine exponentielle Beziehung (N. D. Pullen[348]).

Es kann daher auf Reinaluminium oder Aluminium-Knet-Legierungen die Durchschlagsfestigkeit zur Betriebskontrolle für die Schichtdickenbestimmung nicht allzu dünner Überzüge ausgewertet werden.

In Abb. 44 sind nach Untersuchungen von J. Walter jun.[349] die Durchschlagsspannungen in Abhängigkeit von der Stromdichte und der Säurekonzentration für das GS-Verfahren, eine Behandlungsdauer von 30 Minuten und 30° C eingetragen (Skizze der Prüfanordnung s. Abb. 49 S. 97). Die Durchschlagsspannung steigt fast linear mit der angewandten Stromdichte an, da mit größer werdender Stromdichte auch die Schichtdicke linear anwächst. Mit zunehmender Stromdichte nähert sich die Durchschlagsspannung einem Maximum, das aber kaum erreicht werden kann, da bei hohen Stromdichten auch die Erwärmung des Elektrolyten in den Poren und damit das Rücklösungsvermögen der Schwefelsäure für das Aluminiumoxyd und -hydroxyd erheblich ansteigt.

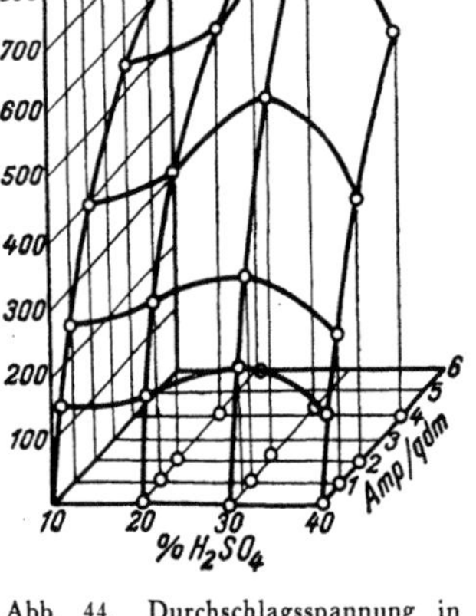

Abb. 44. Durchschlagsspannung in Abhängigkeit von der Stromdichte und Säurekonzentration; Behandlungsdauer 30 Minuten; Badtemperatur 30° C.

Das stärkste Isolationsvermögen besitzen nach Abb. 44 Überzüge, die in 30%iger Schwefelsäure erzeugt wurden, weil diese Säure die beste Leitfähigkeit besitzt und die größte Schichtbildungsgeschwindigkeit aufweist. Bei Badtemperaturen über 30° C oder Anwendung von Wechselstrom sinkt die Durchschlagsfestigkeit stark ab.

Bei Prüfung gebogener Schichten zeigt sich eine wesentliche Verminderung der Isolationsfähigkeit, wie Abb. 45 nach J. Walter jun. erkennen läßt.

Die perzentuelle Abnahme der Durchschlagsfestigkeit mit steigender Stromdichte ist auf die damit gleichzeitig zunehmende Sprödigkeit der Oxydschicht zurückzuführen.

Die Abhängigkeit der Durchschlagsspannung vom Oxydationsverfahren sowie die Verbesserung der Isolationsfähigkeit durch verschiedene Nachbehandlungsverfahren ist für eine Reihe von Aluminiumlegierungen und Reinaluminium nach einer Zusammenstellung von J. Walter jun.[350] in der Tab. 5 wiedergegeben. Die Nachbehandlung bezweckt einerseits die Erzielung höchster Korrosionsbeständigkeit und anderseits möglichst hohe Isolationsfähigkeit.

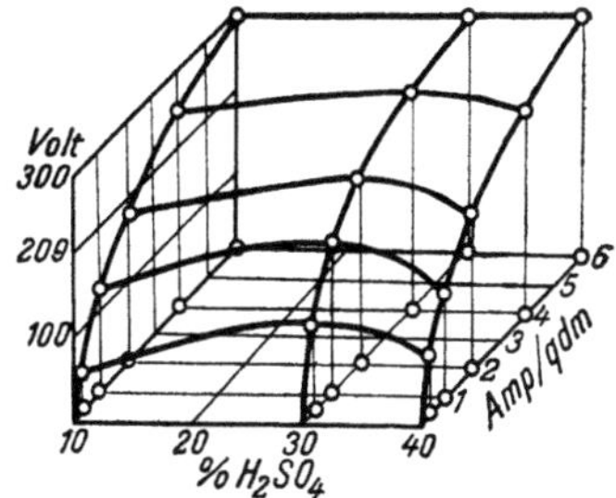

Abb. 45. Durchschlagsspannung gebogener Bleche in Abhängigkeit von der Stromdichte und Säurekonzentration; Behandlungsdauer 30 Minuten; Badtemperatur 30° C.

Wie aus Tab. 5 ersichtlich ist, werden die höchsten Durchschlagsfestigkeiten nach dem GS-Verfahren und bei geeigneter Nachbehandlung erhalten. Bemerkenswert hoch ist

Tabelle 5. *Durchschlagsspannungen in Volt für nach verschiedenen Oxydationsverfahren hergestellte Oxydschichten auf Reinaluminium und verschiedenen Aluminiumlegierungen.*

Oxydations-verfahren	Bemerkung	Avio-nal D	Anti-korro-dal A	Rein-Al 99,3%, hart	Rein-Al 99,7%, weich	Per-alu-man	Al-Si	Alu-man	Al + 5% Cu
Bengough	ohne Nachbehandlung . .	40	190	180	155	45	87	190	200
H₂SO₄ GS	ohne Nachbehandlung . .	45	140	230	175	175	45	130	155
H₂SO₄ WS	ohne Nachbehandlung . .	95	45	65	65	40	10	70	105
GS	nachbehandelt mit K₂Cr₂O₇	300	700	700	650	625	200	650	700
GS	nachbehandelt mit PbCrO₄	350	700	1050	950	600	200	1000	550
HS	nachbehandelt mit kochendem H₂O	230	1000	750	600	400	70	600	450
GS	nachbehandelt mit heißem Motorenöl	350	700	750	650	400	200	600	600
Sheppard	nachbehandelt auf Korrosionsschutz	280	500	550	400	500	200	450	600
GS+Glyzerin	nachbehandelt auf Isolation	280	450	330	465	480	240	290	800
GX	ohne Nachbehandlung .	190	100	550	380	510	155	300	600
WX	ohne Nachbehandlung .	210	210	260	220	350	200	230	400
WX	behandelt auf Korrosionsschutz	300	130	500	230	500			
WX	behandelt auf Isolation (flache Bleche)	320	500	600	320	600			
WX	behandelt auf Isolation (gebogene Bleche) . . .	260	260	220	220	300			
SeoX		190	250	600	550	550	215	550	600

die Isolationsfähigkeit der 5% Kupfer enthaltenden Aluminiumlegierung. Am schwächsten isolierte die Oxydschicht auf Silumin.

Je stärker die Biegebeanspruchung, also je kleiner der Biegeradius ist, um so größer ist die Verminderung der Durchschlagsfestigkeit. Biegungen um den etwa zehnfachen Biegeradius, bezogen auf den Drahtdurchmesser, müssen unbedingt vermieden werden. Je dicker und härter die Oxydschicht ist, desto geringer ist ihre Biegefähigkeit. Bei einer Nachbehandlung mit isolierenden Stoffen nimmt die Durchschlagsfestigkeit beim Biegen etwas langsamer ab als bei unbehandelten Schichten (H. S c h m i t t[251] und H. S c h m i t t und L. L u x[352]). Mit sinkender Härte nimmt die Isolationsfähigkeit ab.

Die Porosität der Überzüge ist für die Isolationsfähigkeit von wesentlicher Bedeutung. In den Poren weist die Oxydschicht die geringste Dicke, daher auch die niedrigste Durchschlagsfestigkeit auf. Da Wasser besser leitet als Luft, sinkt die Durchschlagsfestigkeit der Oxydschicht mit wachsendem Feuchtigkeitsgehalt. Nach H. S c h m i t t und L. L u x[353] wird durch ein 30 Minuten langes Tauchen einer oxydierten Aluminiumspule in Wasser die Durchschlagsfestigkeit auf etwa 20% des Wertes in trockenem Zustande der Schicht herabgesetzt. Die höchsten Durchschlagskräfte werden stets in vollkommen trockenem Zustande der Schichten gemessen.

Die Wasserstoffionenkonzentration des Elektrolyten hat auf die Durchschlagsspannung von Ventilfilmen einen wesentlichen Einfluß. Die höchsten Durchschlagsspannungen liefern Borsäurelösungen mit einem $p_H = 4$. In ammoniakalischer Borsäurelösung mit einem $p_H = 8,5$ wird zwar ein höherer Formierungsstrom und eine schnellere Formierung erreicht, die Durchschlagsspannung ist aber bedeutend niedriger (A. M i y a t a[351]). •

Für die Verwendung von anodisch oxydiertem Aluminium für elektrolytische Kondensatoren von guter Leistung und hoher Durchschlagsfestigkeit ist es notwendig, die von den Oxydfilmen zurückgehaltenen Reste des Oxydationsbades vollständig zu entfernen. Dies gelingt am besten durch Elektrodialyse mit nachfolgender Erhitzung (A. M i y a t a[355]).

Werden die Poren der Oxydschicht durch eine Imprägnierung mit isolierenden und wasserfesten Stoffen ausgefüllt, so kann die Isolationsfähigkeit beträchtlich erhöht werden (s. Tab. 5). Wie H. F i s c h e r[356] festgestellt hat, können bei einer Imprägnierung von Oxydschichten mit Kunstharzen (Bakelit), Lacken, Wachsen, Paraffin od. dgl. wesentlich höhere Durchschlagsspannungen erzielt werden als sie die Schicht und das Isoliermaterial für sich allein aufweisen. Es liegt demnach ein den Summeneffekt übersteigender Kombinationseffekt vor.

Auf starren Gegenständen, die keinen Biegebeanspruchungen unterworfen werden, wie dicken Blechen, können Durchschlagsfestigkeiten von 1000 bis 5000 Ohm erzielt werden, während die Schicht und die Isolationsstoffe meist Durchschlagsfestigkeiten von 150 bis 300 Ohm aufweisen. Als Imprägnierungsmittel ist besonders Bakelit geeignet, da dieser hinreichend temperaturbeständig ist und den gleichen Wärmeausdehnungskoeffizienten wie Aluminium aufweist (H. S c h m i t t und L. L u x[357]).

Die Durchschlagsfestigkeit nimmt bis zu Anpreßdrucken des Prüfkörpers von 200 kg/qcm nur sehr wenig ab, wie H. S c h m i t t und L. L u x[358] für Spannungen von 270 V für Aluminiumblech und von 184 V für Aluminiumband beobachtet haben. Ebenso gering ist der Einfluß einer steigenden Temperatur auf die Durchschlagsfestigkeiten. Meist wird die Temperaturgrenze der Anwendbarkeit oxydierter Gegenstände nur durch die Wärmebeständigkeit des Imprägnierungsmittels bestimmt, die bei etwa 350° C liegt.

Nach F. W ö h r[360] ist das Isolationsvermögen der nicht nachbehandelten

Schichten meistens von der Zeitdauer der Einwirkung der elektrischen Spannung unabhängig. Nur bei einem mit Bakalit imprägnierten Draht wurde das Isolationsvermögen innerhalb der ersten 6 Minuten um etwa 9% vermindert, um dann praktisch konstant zu bleiben.

Im allgemeinen beträgt die Durchschlagsspannung bei einer Schichtdicke von etwa 10 bis 15 Mikron etwa 300 bis 400 V. Bei Drähten, die nach dem Durchlaufverfahren oxydiert wurden, entstehen nicht nur weichere Überzüge, sondern weisen diese auch wegen der Biegebeanspruchung Risse auf, so daß die Durchschlagsfestigkeit nur etwa 180 bis 250 V beträgt (H. S c h m i t t, A. J e n n y und G. E l ß n e r[361]).

Infolge der begrenzten Durchschlagsfestigkeit der Eloxalschichten auf Aluminium ist die Anwendbarkeit elektrolytisch oxydierter Aluminiumdrähte auf das Gebiet niedriger Spannungen beschränkt, beispielsweise für Niederspannungsspulen bei Lasthebe- und Erzscheidemagneten, magnetischen Aufspannplatten, Hub- und Bremsmagneten sowie für Hochstromtransformatoren (K. S t e n d e r[362]). Die Durchschlagsfestigkeit muß für jeden Draht laufend nachgeprüft werden, und zwar nach dem Prüfverfahren der DIN VDE 6450. Bei den nach dem GS-Verfahren eloxierten Drähten soll die Durchschlagsfestigkeit 200 V betragen. Die Spannungen dürfen bei den Prüfungen auch um nicht mehr als 10% schwanken, da größere Ungleichmäßigkeiten unerwünscht sind. Die Zahl der Fehlstellen auf 15 m Draht darf nicht mehr als 15 betragen. Oxydierte und lackierte Aluminiumdrähte sind solchen Aluminium- oder Kupferdrähten, die nur mit Isolierlacken versehen sind, im Hinblick auf ihre Temperaturbeständigkeit überlegen.

Über die *Dielektrizitätskonstante* von elektrochemisch erzeugten Oxydschichten liegen in der Literatur etwas schwankende Angaben vor. Aus Kapazitätsmessungen sowie Dichtebestimmungen ergab sich für Schichten aus Borsäure-Borax-Lösungen bei 100° C und 500 V ein Wert von DE = 8,2 (W. G. B u r g e r s, A. C l a a s s e n und J. Z e r n i c k e[363]) und bei höherem Boraxgehalt von DE = 11. E. M. D u n h a m[364] berechnete eine DE von 7,7.

k) Reflexions- und Emissionsvermögen.

Polierte Obenflächen von Aluminium besitzen an sich ein sehr hohes Reflexionsvermögen für das sichtbare Spektrum und für ultraviolettes Licht, jedoch sinkt dieses sehr rasch durch die Einwirkung der Atmosphäre wegen des Blindwerdens der Aluminiumoberfläche stark ab. Wird das polierte Aluminium aber elektrolytisch geglänzt und hierauf elektrolytisch oxydiert, so bleibt durch die aufgebrachte Schutzschicht das Lichtreflexionsvermögen erhalten. Eloxierte Oberflächen von Rein- und Reinstaluminium können daher mit Erfolg in der Technik für Reflektoren anstelle von verchromten oder versilberten Messingspiegeln verwendet werden (G. E l ß n e r[365], H. F i s c h e r[366] und N. D. P u l l e n[367]). Da die Oxydschicht hart, fest und undurchlässig ist, sowie durch Reiben nicht entfernt werden kann, bleibt dieses Reflexionsvermögen auch nach längerem Gebrauch erhalten (Aluminium Ltd.[368]).

Das Reflexionsvermögen von polierten, elektrolytisch geglänzten und nach dem Schwefelsäureverfahren oxydierten Aluminiumoberflächen beträgt nach A. H. T a yl o r[369] für das Licht einer Wolframlampe (2000° Absol.) 85%, für UV-Licht je nach der Wellenlänge 79% (3663 A) bis 62% (2652 A) (A. H. T a y l o r und J. D. E d w a r d s[370]).

Auch das Rückstrahlungsvermögen für Wärmestrahlen des Aluminiums wird durch die Oxydschicht ganz wesentlich verbessert. Poliertes, gebeiztes und mattes Aluminium besitzt für alle Wellenlängen für Wärmestrahlen ein Strahlungsvermögen von etwa 10% des schwarzen Körpers (R. H a s e[371]). Der Oxydfilm weist hingegen fast das gleiche Emissionsvermögen wie ein schwarzer Körper auf, so daß diese

Eigenschaft sich technisch in Wärmeaustauschapparaten mit Erfolg verwenden läßt. Im Verein mit der guten Wärmeleitfähigkeit des Aluminiums läßt sich z. B. in Wärmeabgabeanlagen, wie bei Wasser- und Dampfheizkörpern, die Wärmeabgabe durch die Oxydierung des Aluminiums auf das etwa Fünffache erhöhen. Ebenso wird die bessere Wärmestrahlung oxydierter Aluminiumoberflächen bei Strahlungsöfen oder Zylinderköpfen von Verbrennungsmotoren mit Luftkühlung mit Erfolg benutzt.

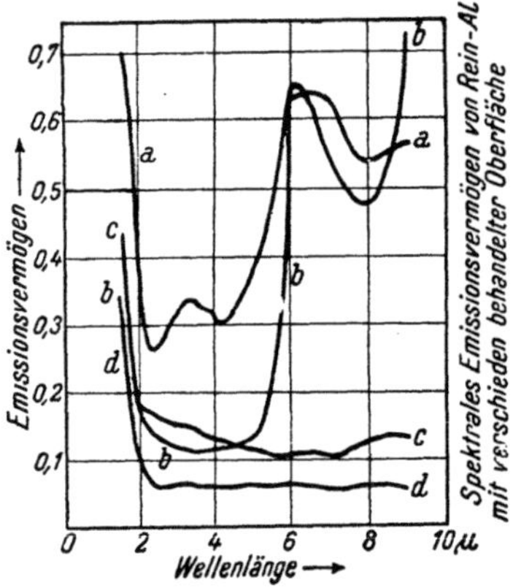

Abb. 46. Spektrales Emissionsvermögen von Reinaluminium mit verschieden behandelter Oberfläche.

Nach R. Hase[372] weist das Emissionsvermögen der eloxierten Aluminiumoberfläche ein deutliches Maximum bei einer Wellenlänge von 3,8 und 6 Mikron auf, wie aus der Abb. 46 hervorgeht. In dieser Abb. bedeuten a = 19 Mikron dicke Eloxalschicht, b = 8 Mikron dicke Eloxalschicht, c = polierte Oberfläche und d = gebeizt in 5%iger NaOH + 4% Na_2F_2 und sodann mit verdünnter Salpetersäure gebeizt. Abb. 46 gibt auf der Ordinate das spektrale Emissionsververmögen bei 400° C für verschieden vorbehandelte Reinaluminiumoberflächen in Prozenten des Strahlungsvermögens des schwarzen Körpers wieder.

Das Emissionsvermögen für Wärme kann durch eine Färbung der Oxydschicht mit einem temperaturbeständigen schwarzen Pigment noch weiter gesteigert werden.

Die Wärmestrahlung nicht oxydierter Aluminiumoberflächen ist stark von der Richtung abhängig, indem z. B. eine unter einem Winkel von 10° gegen die

Tabelle 6. *Strahlungszahlen von Aluminium.*

Material und Art der Oberfläche	Strahlungskonstanten in kcal/qm. h. (°abs)⁴ bei einer Temperatur in °C von				
	100°	200°	300°	400°	500°
Reinaluminium, hart normal, gewalztes Blech	0,308	0,340	0,372	0,404	0,436
Auf polierten Stahlwalzen gewalzt . . .	0,182	0,198	0,214	0,230	0,246
Hochglanzpoliert (mit Resten des Poliermittels)	0,213	0,242	0,271	0,300	0,328
Silumingußkokille	0,79	0,85	0,93	1,01	1,09
Normale Sandgußhaut	1,62	1,60	1,58	1,56	1,54
Hochglanzpoliert	0,78	0,94	1,09	1,25	
G, Al-Zn-Cu, normale Kokillengußhaut .	0,98	0,92	0,87	0,81	0,75
Normale Sandgußhaut, hochglanzpoliert	1,41	1,35	1,28	1,22	1,16
Al-Cu-Blech, veredelt	0,159	0,191	0,224	0,256	0,228
Walzmatt	0,42	0,49	0,56	0,62	0,69
Walzblank	0,200	0,231	0,262	0,292	
Hochglanzpoliert		0,372	0,388	0,404	0,420
Reinaluminium, normale Walzhaut, elektrolytisch stark oxydiert	4,38	3,62	3,15	2,78	2,43
Matt gebeizt mit Jirotkabad, schwarz gebeizt	2,53	2,53	2,53		
Siluminguß, aufgerauht, mit Graphit eingerieben	2,72	2,72			

Oberfläche austretende Strahlung eine fast 1,5mal so große Strahlungsintensität aufweist wie die in der senkrechten Richtung emittierten Strahlen. Durch die Oxydation verschwindet diese Asymmetrie, so daß die Strahlungsintensität vom Strahlungswinkel unabhängig wird.

In Tab. 6 sind die Strahlungskonstanten von Aluminiumblechen für die Strahlung in senkrechter Richtung für verschiedene Temperaturen nach E. S c h m i e d[373] zusammengestellt. Die Gesamtstrahlung ist für Oberflächen kleiner Strahlungszahlen nach allen Richtungen um etwa 20% größer.

In der Abb. 47 ist nach G. E l ß n e r das Wärmeausstrahlungsvermögen von anodisch oxydiertem Aluminium mit mattgebeiztem und unbehandeltem Aluminium verglichen. Die dargestellten Abkühlungskurven wurden mit gleichgroßen Aluminiumgefäßen aufgenommen, in denen gleichgroße Mengen Wasser von 90° C eingefüllt waren. Die Abkühlung des anodisch oxydierten schwarzen Aluminiums erfolgt ungleich rascher als bei unbehandeltem oder matt gebeiztem Aluminium. Auch beim Erwärmen von Aluminiumplatten bei gleichzeitiger freier Ausstrahlung treten gleiche Erscheinungen auf (L. L u x[374]).

Elektrolytisch oxydiertes Aluminium eignet sich auch als Material von Reflektoren für Infrarot-Strahlungsheizanlagen (Anonym[375]). Es besitzt für diese Strahlung ein ca. 90%iges Reflexionsvermögen und ist damit dem polierten Aluminium (80%) und verchromten Oberflächen (65%) überlegen.

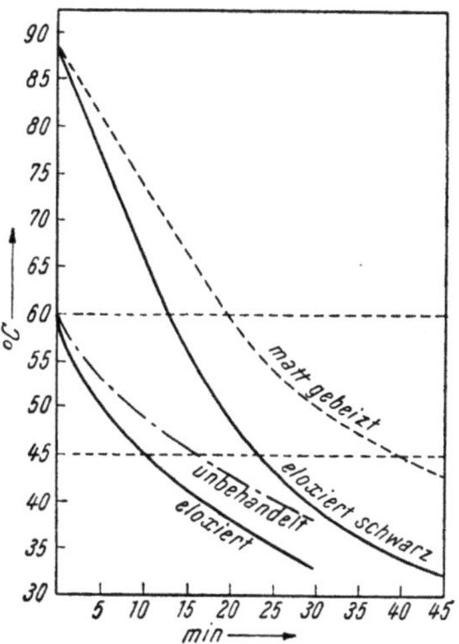

Abb. 47. Wärmeausstrahlung von eloxiertem und nichteloxiertem Aluminium (G. Elßner).

Nach dem Vorschlage der British Aluminium Co. und von N. D. P u l l e n[376] ist es vorteilhaft, bei elektrolytisch geglänzten und darauf anodisch oxydierten reflektierenden, glänzenden Aluminiumoberflächen den auf der Oberfläche befindlichen Oxydfilm durch Tauchen in eine wäßrige Lösung von 1% Ätznatron, 5% Soda und 0,5% Natriumsilikat (4 Minuten, 20° C) zu entfernen. Zur Verbesserung der Reflexion für Wärmestrahlen wurde von den gleichen Autoren vorgeschlagen[377] das oxydierte Aluminium in nicht mehr als 60° C warmem Wasser zu waschen und dann das von der Schicht absorbierte Wasser entweder durch heiße Luft (120 bis 250° C) oder mit absolutem Alkohol zu entfernen. Die Mittel zur Porenschließung sollen angewendet werden, solange das Aluminium noch warm ist.

l) Brechungsindex.

Der Brechungsindex von Oxydschichten der Dicke 0,075 bis 0,136 Mikron wurde von L. C. B a n n i s t e r[378] zu 1,73 bis 1,52, von R. N. F r i d l a n d und B. V. D e r y a g i n[379] zu 1,60 gefunden. Für das durch Erhitzen erzeugte Aluminiumoxyd fanden die letzteren Autoren einen Brechungsindex von 1,90. Die Doppelbrechung des Films hängt von ihrer dispersen Natur ab. Die Doppelbrechung ist, falls einzelne Kristalle gefunden wurden, positiv, weshalb der Film parallele Kristallstäbe oder parallele Poren enthalten muß (K. H u b e r[380]). Aufgedampfte Aluminiumspiegel können durch eine anodische Oxydation in einem Ammoniumtartratbade (120 Volt, 2 Minuten) mit einem harten und sehr dichten Oxydfilm versehen werden, der die optischen Eigenschaften des Spiegels kaum ändert, aber ihren Abnützungswiderstand beträchtlich erhöht (G. H a s s[380a]).

m) Einfluß der elektrolytischen Oxydation auf die mechanischen Eigenschaften des Aluminiums.

Eine Veränderung der mechanischen Eigenschaften des Grundmetalles durch die elektrolytische Oxydation ist vor allem für den Konstrukteur von Interesse, da derartige Veränderungen beim Apparate- und Maschinenbau berücksichtigt werden müssen. Im allgemeinen ist der Einfluß der Oxydation auf die mechanischen Eigenschaften nur unbedeutend. Er ist vorwiegend durch die geringen Querschnittsverminderungen beim Übergang des Metalles in das Oxyd verursacht. Die Zugfestigkeit und Dehnung erfahren nur unwesentliche Einbußen. Die Dauerbiegewechselfestigkeit von Aluminiumlegierungen wird teils erhöht, teils vermindert, wobei die Größe der Veränderungen von der Legierungsart, der Oberflächenbeschaffenheit und dem Oxydationsverfahren abhängen (W. M ü l l e r[381]).

Bei Legierungen der Gattung Al-Mg-Si und Al-Cu-Mg konnte W. M a u k s c h[382] bei der Oxydation nach dem GS- und WX-Verfahren in keinem Falle eine Erniedrigung der Biegewechselfestigkeit feststellen. Die Eloxierung wirkte sich besonders günstig bei flachen Stäben mit scharfen Kanten aus, während bei Proben mit abgerundeten Kanten kein Einfluß auf die Biegewechselfestigkeit festgestellt werden konnte.

H. F i s c h e r und L. K o c h[383] beobachteten eine wesentliche Verlängerung der Aufreißzeit bei der Spannungskorrosion von Aluminiumlegierungen als Folge einer Eloxierung. Die beste Abschirmwirkung der Spannungskorrosion wurde erreicht, wenn die Oxydation und Nachdichtung nach der letzten plastischen und elastischen Verformung erfolgte.

Einen sehr vorteilhaften Einfluß übt die elektrolytische Oxydation auf die mechanischen Eigenschaften des Grundmetalles insofern aus, als bei einer Korrosionsbeanspruchung durch die Verzögerung oder Verminderung des Angriffes das Absinken der Festigkeitswerte viel langsamer oder nur ganz unbedeutend erfolgt (s. Abb. 26 bis 28).

B. Die Nachbehandlung der Oxydschichten.

Die für die Bildung und das Dickenwachstum der Oxydschicht notwendigen Poren bleiben auch nach Beendigung des Oxydationsverfahrens erhalten. Der verhältnismäßig hohe Porositätsgrad von 8 bis 13% (s. S. 7) stellt in korrosionstechnischer Hinsicht einen großen Nachteil dar, beinhaltet aber wieder anderseits auch eine technisch wichtige Eigenschaft, nämlich ein großes Aufsaugevermögen für Farbstoffe, Imprägnierungsmittel, Lacke, Anstriche usw. und ermöglicht so das Färben der Oxydschicht, das Seophotoverfahren usw. Auch ist das Aufsaugevermögen für die Haftfestigkeit aufgebrachter Lack- und Farbanstriche sehr wertvoll, weshalb sich die Oxydschicht sehr gut als Vorbereitung von Aluminium und dessen Legierungen für Anstriche eignet.

a) Färben.

Das farblose Aluminium, dessen Oxydschicht gleichfalls ungefärbt ist, erhält durch die anodische Oxydation die Fähigkeit, sowohl mit organischen Farbstoffen als auch anorganischen Pigmenten in nahezu jedem beliebigen Farbtone gefärbt werden zu können. Dadurch können dem Aluminium und seinen Legierungen ganz neue Anwendungsgebiete erschlossen werden. Das Aluminiumoxyd bildet mit gewissen organischen Farbstoffen, wie z. B. Alizarin, schwerlösliche Farblacke. Es bindet den organischen Farbstoff nicht nur rein mechanisch, sondern ebenso wie Textilfasern, durch Adsorption und chemische Bindung. Da die Fähigkeit zur

Bindung der Farbstoffen durch Alterung des Aluminiumoxydgels und dessen Übergang in den kristalloiden Zustand mit der Zeit nachläßt, muß die Färbung möglichst unmittelbar im Anschluß an die elektrolytische Oxydation ohne Trocknung, also gleich im feuchten Zustande, vorgenommen werden. Drei Tage alte Oxydschichten haben ihr Anfärbevermögen bereits verloren (G. D. Bengough und J. McStuart[384] sowie G. D. Bengough und H. Sutton[385]).

Eine Dicke der Aluminiumoxydschicht von 5 bis 27 Mikron ist ausreichend (C. Th. Speiser[385a]).

Zur Färbung eignet sich besonders die nach dem Schwefelsäureverfahren erzeugte Oxydschicht, jedoch können auch die nach allen anderen Oxydationsverfahren erzeugten Überzüge gefärbt werden.

Die Reste des Elektrolyten müssen vor der Färbung mit kaltem Wasser gut ausgewaschen werden, da sie sonst durch „Ausschwitzen" die Färbung in ihrem schönen Aussehen beeinträchtigen. Durch Waschen mit heißem Wasser findet bereits eine Abdichtung der Poren statt, so daß die Farbstoffannahme erschwert oder gar verhindert ist. Um die Färbung möglichst voll zur Geltung kommen zu lassen, werden die Gegenstände vorteilhaft vor der elektrolytischen Oxydation elektrolytisch geglänzt.

Ungleichmäßigkeiten in der Oberfläche des Grundmetalles, wie größere Poren, stärkere Unterschiede in der Ausbildung des Gefüges, Griffstellen, Schmutzflecke usw., beeinflussen die Gleichmäßigkeit der Anfärbung sehr nachteilig. Enthält das Grundmetall z. B. Gefügebestandteile, die nicht oxydierbar sind, wie z. B. Nester von Silizumkristallen, so bleiben diese nach dem Färben ungefärbt zurück und verursachen fehlerhafte Färbungen (Abb. 48 nach G. Elßner).

Durch das Angreifen der oxydierten Gegenstände mit unsauberen Händen wird durch die Poren Schweiß und Fett angesaugt, so daß fleckige Färbungen erhalten werden. Fehlerhafte Färbungen entstehen bei partieller Austrocknung der Schichten, durch zurückgebliebene Reste des Poliermittels, un-

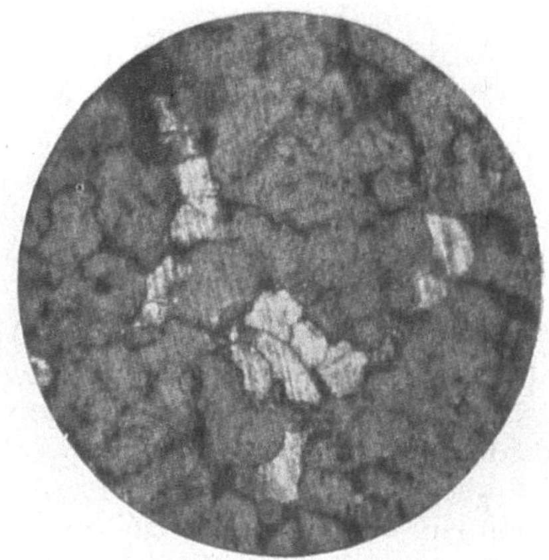

Abb. 48. Kristallnester in elektrolytisch oxydiertem Aluminiumguß, die beim Schwarzfärben weiß bleiben (G. Elßner).

genügendes oder durch zu langes Spülen in säure- oder alkalihaltigem Wasser, Schmutzteilchen in den Behandlungsflüssigkeiten usw. Nur durch eine Schwarzfärbung können Inhomogenitäten der Oxydschichten verdeckt werden.

Um den gefärbten Gegenständen eine gewisse Griffestigkeit und Wetterbeständigkeit gegen Wasser, Licht, Rauchgase usw. zu verleihen, ist es notwendig, sie einer Nachbehandlung mit organischen, die Farbstoffe nicht angreifbaren Porenverdichtungsmittel, wie Ölen, Wachsen usw., zu unterziehen. Da bei dauernd der Witterung ausgesetzten gefärbten Gegenständen die Beständigkeit oft nicht ausreicht, verwendet man häufig, z. B. in der Architektur, für dekorative Zwecke die auf Reinaluminium, Al-Mg- und Al-Mg-Si-Legierungen im WX-Bade auftretenden gelben bis goldgelben Naturfarben der Oxydschichten ohne zusätzliche Färbungen mit Farbstoffen.

b) Färben mit organischen Farbstoffen.

Zur Färbung der Oxydschichten eignen sich solche wasser-, öl- und fettlösliche, organische saure Farbstoffe, insbesondere der Alizarin- und Anthrachinonreihe, die vom Aluminiumoxyd derartig gebunden werden, daß die Färbung wasser- und lichtecht, also wetterfest ist. Die Farbstoffe durchdringen die ganze Oxydschicht, so daß die Färbung reibfest und auch korrosionsbeständig ist. Die Intensität der Färbung hängt einerseits von der Dicke des Oxydfilmes, anderseits von der Konzentration der Farbstofflösung, aber auch ihrer Temperatur, der Färbedauer, der Natur des Grundmetalles, der Oxydationsverfahren, dem Porositätsgrad des Oxydfilmes usw. ab. Sehr dünne Schichten können wegen ihres zu geringen Aufsaugevermögens nicht mehr intensiv gefärbt werden. Wenn die Poren des Oxydfilmes durch eine Nachbehandlung geschlossen wurden, so kann der Film entweder nur mehr ganz schwach oder gar nicht mehr gefärbt werden. Bloß mit Chromat nachbehandelte Oxydfilme haben ihre Aufnahmefähigkeit für Farbstoffe noch nicht verloren.

Die Färbeoperation ist dem Färben von Wolle oder Baumwolle sehr ähnlich. Die Farbstoffe können entweder in heißer, wäßriger Lösung oder aufgelöst in Schmelzen von Ölen, Paraffin, Wachs oder Stearin angewendet werden, wobei besonders haltbare Färbungen erhalten werden (Vereinigte Aluminiumwerke A. G.[386]. Diese Art der Färbung wird insbesondere dann angewendet, wenn gleichzeitig auch eine Imprägnierung der Oxydschichten gewünscht wird. Es ist aber auch möglich, den Farbstoff dem elektrolytischen Bade vor der Oxydation zuzusetzen, wenn das Oxydationsbad die Färbung nicht ungünstig beeinflußt (s. z. B. Aluminium Comp. of America[387]). Man erhält aber gleichmäßigere Färbungen, wenn die Oxydation und Färbung nacheinander vorgenommen werden (G. M. S e l l a[388]).

Bemerkenswert ist, daß der von der Oxydschicht aufgenommen Farbstoff höhere Temperaturen aushält als der Farbstoff für sich allein. Selbst bei Temperaturen von 200° C treten noch keine Veränderungen des Farbstoffes auf (Vereinigte Aluminiumwerke A. G.[389]).

Außer sauren Farbstoffen der Alizaringruppen können auch Azoverbindungen, komplexe Metallverbindungen des Eisens, Titans, Kupfers, Vanadins, Chroms, Nickels, Kobalts usw. von Azofarbstoffen, Anthrachinonderivaten, Triarylmethanfarbstoffen, Azinen, Oxazinen, sowie von natürlichen Farbstoffen, wie z. B. Blauholz, Cochenille, Gelbholz, Katechu usw. (Ciba[390]), Indigokarmin, komplexe Metallverbindungen von sauren, Beizen bindenden Gruppen enthaltende Farbstoffe (Ciba[391]), wasserlösliche Azylderivate schwerlöslicher Farbstoffe, die nach dem Färben dann wieder verseift werden (Ciba[392]), Nigrosinschwarz (De Havilland Aircraft Ltd., W. K. W i l s o n und F. M. T h o m a s[393]), substantive sulfonierte Farbstoffe der Reihe der Phthalozyanine oder der Oxazine (Ciba[394]), wasserlösliche Azofarbstoffe, die im Zweibadverfahren in den Poren der Schicht erzeugt wurden (British Anodising Ltd., S. R. S h e p p a r d und J. M c R a c Perfect[395]), Suspensionen von Ölfarben (10 bis 20%) in Benzol oder Alkohol (K. N a g a t a[396]) usw. verwendet werden.

Bei basischen organischen Farbstoffen müssen vor dem Färben die Oxydschichten mit Beizen aus Brechweinstein (5%), Natriumborat, -silikat, -phosphat, Kaliumbichromat, Oxalsäure, Weinsäure, Zitronensäure, Benzoesäure oder deren Salzen, Salyzilsäure, Gerbsäure, Pyrogallol, sulfuriertem Rizinusöl usw. vorbehandelt werden (R. S. D u r h a m[397]). Den Farbstoffen setzt man auch bisweilen geringe Mengen (1%) schwacher organischer Säuren, wie Phosphor-, Bor-, Ameisen-, Essig-, Wein-, Milchsäure, zu (The Atlas Tack Corp.[398] und Riken Arumaitokogyo Kabushiki Kaisha[399]).

Um die Anfärbbarkeit der Oxydschichten zu verbessern, können diese auch mit 2- bis 5%igen Lösungen von Alkalioxalat bei 48 bis 65° C ($p_H = 6{,}0$ bis $6{,}5$) 5 bis 10 Minuten lang vorbehandelt werden[400]. Die Beständigkeit der organisch gefärbten Oxydschichten gegen heiße Flüssigkeiten kann auch durch eine Behandlung mit einer 2%igen Lösung von Kobalt- oder Nickelnitrat bei 70 bis 100° C erhöht werden (British Anodising Ltd. und J. McRac Perfect[101]). Die Gleichmäßigkeit der Anfärbungen kann verbessert werden, wenn man den Farbstofflösungen etwas Kalziumkarbonat zusetzt, wodurch das p_H des Färbbades erhöht wird (Eastman Kodak Co.[102]).

Für optische Geräte muß das Aluminium neben einer tiefschwarzen Färbung auch eine gute Korrosionsbeständigkeit aufweisen. Diese Färbungen werden durch Oxydation des Aluminiums in 10%iger Schwefelsäure (15 bis 20 V, 2,5 bis 10 Amp/qdm, Temperatur unter 30° C, 15 bis 20 Minuten), sorgfältiges Spülen in fließendem Wasser und 10 bis 15 Minuten langes Einhängen in ein 2% Nigrosinschwarz enthaltendes Färbbad bei 70 bis 85° C ausgeführt. Nach dem Färben werden die Werkstücke in kaltem Wasser gespült und in Holzmehl getrocknet. (S. Chelimskaja und N. Kosternovi[103]). Wird die Oxydation auf mechanisch aufgerauhtem Aluminium ausgeführt und dann mit z. B. einer 0,5%igen Nigrosinschwarzlösung bei 80 bis 90° C, die 0,1% Schwefelsäure enthält, gefärbt, so erhält man stumpfe Oberflächen ohne jede Reflexionswirkung[104].

R. S. Herwig[105] färbt kleine Teile aus verschiedenen Aluminiumlegierungen nach der Oxydation im Schwefelsäurebade (13 bis 15% H_2SO_4, 21 bis 30° C, 1 Amp/qdm, 50 bis 70 Minuten) in einem Bade aus 12 g/l Nigrosin und 2 g/l Methenilgelb bei einem p_H von 4,5 bis 4,8.

Beim sog. „Ematal-Verfahren" wird in einem Arbeitsgang oxydiert und gefärbt, wobei die Färbung durch Titan-, Thorium- oder Zirkonsalze erzeugt wird, die dem Elektrolyten zugesetzt sind (E. Herrmann[106]).

Zusammenstellungen über zum Färben von oxydiertem Aluminium geeignete Farbstoffe brachten A. W. Weil[107] sowie S. Kaucko und Ch. Nemoto[108]. Ausführliche Darstellungen der Theorie und Praxis des Färbens finden sich bei A. Altmannsberger[109], V. F. Henley[110] und Anonym[111].

c) Färben mit anorganischen Farbstoffen.

Das Färben von Oxydschichten auf Aluminium, die entweder auf chemischem oder elektrochemischem Wege (GS-, Chromsäureverfahren, WX-Verfahren) erhalten wurden, mit anorganischen Stoffen geht in der Weise vor sich, daß gefärbte anorganische Pigmente im Zweibadverfahren in den Poren der Oxydschicht durch doppelte chemische Umsetzung zur Abscheidung gebracht werden. Die Behandlung ist daher etwas umständlicher als das Färbeverfahren mit organischen Farbstoffen und ergibt auch nicht so schöne Färbungen wie dieses. Auch die Farbtöne sind beschränkt, wobei aber durch geeignete Wahl der Komponenten auch Mischfarben erzeugt werden können.

Diesen Nachteilen der Färbeverfahren mit anorganischen Stoffen steht aber als Vorteil die Tatsache einer praktisch vollständigen Temperaturbeständigkeit der anorganischen Pigmente und eine Verbesserung der Korrosionsbeständigkeit der gefärbten Gegenstände gegenüber. Durch die Ablagerungen der Körperfarben in den Poren werden diese nämlich zum größten Teile verschlossen und damit eine Steigerung der Korrosionsbeständigkeit erzielt (s. Tab. 5). Die Einlagerungen der Pigmente bewirken ferner auch eine Mattierung selbst glasig durchsichtiger Oxydschichten.

Die Farbpigmente, die in den Poren der Oxydschicht zur Ausscheidung gebracht werden, bestehen meist aus den Oxyden, Hydroxyden, Chromaten, Arseniaten, Arseniten, Ferro- oder Ferrizyaniden, Sulfiden usw. des Eisens, Kobalts, Nickels, Bleis, Silbers, Antimons, Zinks, Kupfers, Urans usw. Die beiden Lösungen werden zur Erzielung einer möglichst großen Niederschlagsmenge in möglichst konzentrierter Form angewendet, wobei die Temperatur der Lösung nicht wesentlich ist (R. S. Durham[112]). Der frisch oxydierte, gut gespülte Aluminiumgegenstand wird zunächst in die Lösung des Metallsalzes und dann nach kurzem Spülen in die Lösung der zweiten Farbkomponente eingebracht, wobei sich die Pigmente nur in den Poren der Oxydschicht abscheiden sollen. Es ist jedoch einige Übung erforderlich, die Behandlungs- und Spüldauer derartig aufeinander abzustimmen, daß der unlösliche Farbstoff nicht zu rasch oder auch an der Oberfläche der Oxydschicht zur Abscheidung gelangt, da er sich dort leicht wegwischen läßt.

Es sind auch elektrolytische Färbeverfahren für Oxydschichten bekanntgeworden, bei welchen die oxydierten Gegenstände in Metallsalzlösungen mit Wechselstrom oder periodisch die Richtung änderndem Gleichstrom behandelt werden. Als zweite Elektrode wird eine solche aus dem gleichen Metall angewendet, welches als Metallsalz im Elektrolyten gelöst ist und das in der Aluminiumoxydschicht abgeschieden werden soll. Die oxydierten Aluminiumteile können gleich ohne Spülung in das elektrolytische Färbebad eingebracht werden, welches vorteilhaft die gleiche Säure enthält wie das vorher benutzte elektrolytische Oxydationsbad. Auf diese Weise lassen sich braune Farbtöne sowie ein tiefes licht- und hitzebeständiges Schwarz erzielen (Langbein-Pfanhauser-Werke A. G.[413]).

Tabelle 7. Farbkompositionen für anorganische Pigmente.

Farbe	Lösung 1	Lösung 2	Literatur
Weiß	3 g/l Weinsäure oder Gerbsäure, 50 bis 65° C	20- bis 25%ige Bariumsulfidlösung, 55 bis 80° C, dann 20%ige H_2SO_4	Ch. H. R. G o w e r und E. W i n d s o r - B o w e n, EP. 412 205/1932
Weiß	Bleiazetat	Natriumsulfat	
Weiß	Bleiazetat	Natriumarseniat	
Gelb	Bleiazetat	Kaliumbichromat, Kaliumchromat	Aluminium Colors Inc., EP. 378 521
Gelb	Zinkazetat	Kaliumchromat	
Gelb	Bariumazetat oder -nitrat	Alkalichromat, Alkalibichromat	
Orange	Brechweinstein	Schwefelwasserstoff	
Rot	Kaliumbichromat	Silbernitrat	
Rot	Uranazetat oder -nitrat	Kaliumferrozyanid	
Rotbraun	Kupfersulfat	Kaliumferrozyanid	
Goldgelb	Kaliumpermanganat		Siemens & Halske A. G., DRP. 622 585, 671 074
Weinrot	Gesättigte alkoholische Lösung von Ferrichlorid, 30° C, 60 Minuten.	In verdünntem Ammoniak kochen	Vereinigte Leichtmetallwerke A. G., DRP. 634 570
Blau	Kaliumferrozyanid	Ferrisulfat, Ferrichlorid	
Blau	Ferrochlorid, Ferrosulfat	Kaliumferrizyanid	
Grün	Bleiazetat und Kaliumferrizyanid	Kaliumbichromat	D. I. T e i t e l m a n n, Präzision Ind. (russisch) 11, Nr. 10, 20—21, 1940
Schwarz	Bleiazetat	Ammonsulfid oder Alkalisulfid	Aluminium Colors Ind., DRP. 622 821
Schwarz	Kobaltazetat, -chlorid oder -nitrat	Ammonsulfid	
Schwarz	Nickelazetat	Ammonsulfid	

Eine im WX-Verfahren erhaltene Oxydschicht wird durch eine anschließende elektrochemische Behandlung in einer schwachsauren 2%igen Kaliumpermanganatlösung bei 1 Amp/qdm grün gefärbt (A. M i y a t a und I. E b i h a r a[414]).

In Tab. 7 sind einige Farbkompositionen zum Färben von Aluminiumoxydschichten mit anorganischen Pigmentfarbstoffen zusammengestellt.

d) Stellenweise Färbungen.

Will man auf die Oxydschicht am Aluminium ein Muster, Bild oder eine Schrift usw. in einer bestimmten Farbe aufbringen, so müssen entweder bestimmte Teile der Oberfläche an der Farbstoffannahme durch teilweise Abdeckung behindert oder aber nach einheitlicher Färbung der Farbstoff an bestimmten Stellen mit Chemikalien, Säuren usw. wieder zerstört werden (s. z. B. L. Th. G m a c h[415]). Zum Abdecken der Oxydoberfläche eignen sich Fette, Deckfarben oder Decklackanstriche, da an fettigen Stellen kein Farbstoff von der Oxydschicht angenommen wird. Die Deckmittel werden z. B. durch Bedrucken, Bepinseln, Spritzen unter Anwendung von Schablonen oder Druckstempeln usw. in Form von Mustern, Schriftzeichen, Bildern usw. auf die Aluminiumoberfläche aufgebracht und nach dem Färben mit geeigneten organischen Lösungsmitteln wieder abgewaschen.

Beim Verfahren der Siemens Halske A. G.[416] wird z. B. der nichtbedruckte Teil der Aluminiumoberfläche mit wäßrigen Lösungen von Farbstoffen gefärbt, die in dem organischen Lösungsmittel der Druckfarbe unlöslich sind und hierauf der Druck wieder mittels eines organischen Lösungsmittels entfernt. Die Firma Riken, Arumaitokogyo Kabushiki Kaisha[417] verwendete eine fette Druckfarbe aus 40% Leinöl, 20% Chinakopal und 40% Metallseife, färbt die nicht abgedeckten Teile durch Tauchen in die Farblösung und entfernt schließlich die Abdeckfarbe mit verdünnter Natronlauge.

Ein wichtiges Anwendungsgebiet der teilweisen Anfärbung der Oxydschichten ist die Herstellung von Schildern, Wegweisern usw., wobei auch das Umdruckverfahren angewendet werden kann (G. B. C h r i s t e n s e n[418]).

e) Verschiedenfarbige Überzüge.

Verschiedenfarbige Überzüge können in der Weise erzeugt werden, daß ein Teil der organisch gefärbten Oberfläche mittels eines Oxydationsmittels entfärbt und die entfärbte Fläche schließlich mit einem anderen Farbstoff gefärbt wird (Aluminium Comp. of America[419]). Man kann auch vorerst einen Teil der Oberfläche mit einer Schutzschicht bedecken, darauf mit einer Farbstofflösung färben, nunmehr jenen Teil der gefärbten Fläche, der seine Farbe beibehalten soll, mit einer Schutzschicht versehen, die übrigen Teile entfärben und dann mit einer anderen Farbe färben (British Anodising Ltd.[420]). Die Siemens & Halske A. G.[421] trocknet, überzieht dann mit einem Deckmittel in Form des gewünschten Musters und taucht dann in Salpetersäure-, Chromsäure-, Wasserstoffperoxyd- oder auch in Ammoniakbäder, welche die vorher aufgebrachte und nicht durch das Deckmittel geschützte Farbe entfernen oder in ihrem Aussehen verändern. Dazu wird das Deckmittel entfernt, nachdem vorher eventuell neuerlich gefärbt worden ist.

Gesprenkelte Muster erhält man auf Eloxalschichten durch Bildung einer Niederschlagsmembran aus Nickelsulfid und Färbung der nicht mit Sulfid bedeckten Stellen. Die Fixierung erfolgt mit einer 20%igen Lösung von Nickelazetat oder durch eine Behandlung mit Wachs oder Öl.

Zweifarbeneffekte kann man auch durch eine doppelte anodische Behandlung, meist in Schwefelsäurebädern, nach Ablösen des ungeschützten Teiles der angefärbten ersten Schicht mit 5%iger Flußsäure oder 10%iger Sodalösung erhalten. Mehrfarbeneffekte kann man auch durch Abschirmen mit Offsetdruckfarben oder Seidenraster erreichen (V. F. H e n l e y[422]).

C. Porenschließung mit anorganischen Stoffen.

Zur Erhöhung der Korrosionsbeständigkeit der oxydierten Leichtmetalle ist es notwendig, die große Porosität der Oxydschichten durch eine Nachbehandlung herabzusetzen. Diese Verminderung der Porosität besteht darin, die im Grunde der Poren vorhandene sehr dünne aktive Grundoxydschicht (s. S. 8) durch chemische Einwirkungen zu verstärken oder aber den großen Porenraum durch Ausfüllung mit anorganischen oder organischen Stoffen zu verschließen. Man bezeichnet dieses Verfahren auch als „Ausheilen, Verschließen, Versiegeln oder Sealing". Wenn wasserabstoßende organische Stoffe zur Abdichtung der Poren verwendet werden, so spricht man auch von einer Imprägnierung.

a) Behandlung mit Wasser oder Wasserdampf.

Das einfachste Nachverdichtungsmittel für poröse Eloxalschichten auf Reinaluminium und schwermetallfreien Aluminiumlegierungen ist heißes Wasser. Durch diese Behandlung tritt eine Quellung der Schicht ein, wodurch die Poren geschlossen werden. Bereits bei einer nur 15 Minuten langen Einwirkung von 80 bis 100° C heißem Wasser geht die Farbaufnahmefähigkeit stark zurück und erfolgt eine deutliche Verbesserung der Korrosionsbeständigkeit (Aluminium Colors Inc.[423] und Vereinigte Aluminiumwerke A. G.[424]).

Nach N. D. P u l l e n[425] geht beim längeren Kochen die Struktur der Oxydschichten aus dem Oxalsäure- und Chromsäurebade von dem feinkristallinen, röntgenamorphen Zustand in den feinkristallinen über (s. S. 56). Alle diese Erscheinungen sprechen sowohl für eine künstliche Alterung des Aluminiumoxyd- oder -hydroxydgels als auch für eine Verstärkung der Oxydschicht, insbesondere am Grunde der Poren durch das heiße Wasser oder den Wasserdampf. Sehr wahrscheinlich beruht die Beständigkeitserhöhung auch auf einer besseren Entfernung der absorbierten Flüssigkeitsreste des sauren Oxydationsbades durch das lange Spülen in heißem, reinem Wasser.

Die Nachbehandlung mit kochendem Wasser kann auch zur Verankerung von organischen oder anorganischen Farbstoffen in der Oxydschicht an gefärbten Filmen vorgenommen werden (Aluminium Colors Inc.[426]). Wird der mit organischen sauren Farbstoffen, wie Alizarin, gefärbte Gegenstand nach dem Färben noch 15 bis 20 Minuten in der siedenden Farbstofflösung belassen, so erfolgt bereits eine Schließung der Poren (Electro-Metallurgical Research Co. Ltd., S. W e r n i c k und V. F. H e n l e y[427]).

Eine besondere Steigerung der Korrosionsbeständigkeit ergibt eine Behandlung mit gespanntem Wasserdampf von 4 bis 6 Atm. Die Reste des Elektrolyten werden vor der Dampfbehandlung durch kurzes Spülen mit heißem Wasser beseitigt. Vorteilhaft soll sich eine Vorbehandlung der oxydierten Gegenstände vor der Nachbehandlung mit Wasserdampf mit Lösungen stark reduzierender Stoffe, wie Titantrichlorid, Zinnchlorür oder Ferrosulfat, auswirken (S. S e t o h und A. M i y a t a[428]). Die Beständigkeit gegen Säuren soll nach H. H e n g o[429] erhöht werden, wenn die zu behandelnden Werkstücke vor der Dampfbehandlung einige Zeit der Einwirkung von Vakuum ausgesetzt werden. Die Wasserdampfbehandlung kann auch an bereits gefärbten Oxydschichten vorgenommen werden (R. S i r o z u k a[430] und R i k w a g a k u K e n k y u j o[431]).

b) Nachbehandlung mit anorganischen Verbindungen.

Behandlung mit hydrolysierbaren Salzen. Behandelt man die Oxydschichten mit heißen Lösungen der Metallsalze schwacher Säuren, so findet in den Poren durch Hydrolyse eine Abscheidung von unlöslichen Metallverbindungen statt, wodurch die Poren gedichtet werden und die Korrosionsbeständigkeit der Überzüge erhöht wird. Als derartige Salze eignen sich besonders die Sulfate und Azetate des Kobalts und Nickels (auch als Sealingbad A bekannt) in 1- bis 2%iger Lösung. Die Lösung soll bei 25° C ein p_H von 4,5 bis 7,5 aufweisen, das durch zeitweise Kontrolle auf diesen Wert eingestellt wird. Die Behandlung findet bei 80 bis 100° C während 10 bis 20 Minuten statt. Sie kann sowohl an gefärbten und ungefärbten Oxydschichten vorgenommen werden, ohne daß die Schichten oder die Färbung eine Änderung erfahren.

Neben den Azetaten des Kobalts und Nickels können auch die Nitrate, Fluoride, Chloride, Azetate, Sulfate, Oxalate, Tartrate, Zitrate des Zinks, Kadmiums, Aluminiums, Bleis, Nickels, Kobalts oder Kupfers verwendet werden. Bei Salzen stärkerer Säuren und schwacher Basen ist ein Zusatz von Weinsäure, Borsäure, Borax oder Azetaten vorteilhaft (Aluminium Colors Inc.[432]). Die Korrosionsbeständigkeit der mit Azetaten nachbehandelten Oxydschichten genügt sehr hohen Ansprüchen.

Weiße Oxydschichten erhält man durch eine 5 Minuten lange Nachbehandlung in einer siedenden 5%igen Lösung von Aluminiumnitrat (Aluminium Comp. of America[433]). Auch metallfreie Lösungen von Essigsäure oder Ammonazetat sind zur Nachdichtung geeignet (Siemens & Halske A. G.[434]). Die Riken Arumaitokogyo Kabushiki Kaisha[435] setzt beim Färben der Oxydschicht mit einer siedend heißen Lösung eines sauren Farbstoffes eine geringe Menge Essigsäure zu, wodurch die Bildung von Aluminiumhydroxyd in den Poren bewirkt wird. Hierauf wird 30 Minuten mit gespanntem Wasserdampf nachbehandelt.

M. S c h e n k[436] behandelt die Oxydschichten mit einer 90° C warmen, 12%igen Lösung von Natriumsulfat (15 bis 20 Minuten bei p_H 6,5 bis 8,2) nach. Die Nachbehandlungslösung kann auch aus einer siedend heißen Lösung von Monokaliumphosphat (2%, 15 Minuten) (Aluminium Comp. of America[437]), oder aus 75 bis 100° C warmen Lösungen von Alkaliphosphaten bei p_H 3 bis 8 (Dieselbe[438]) bestehen.

Durch eine Behandlung mit Lösungen von primären oder sekundären Phosphaten der Alkalien bei 80 bis 100° C vor oder während des Färbens kann auch die Absorptionsfähigkeit der Oxydschichten für organische Farbstoffe beeinflußt werden (British Aluminium Co. und N. D. P u l l e n[439]). Die in schwefelsäurehaltigen Bädern erzeugten Oxydschichten können auch durch bloßes Erhitzen auf 350° C nachgedichtet werden, da bei dieser Erhitzung Reste von Schwefelsäure zersetzt und die Poren verschlossen werden (Fides Ges. für Patentverwertung[440]).

Nachbehandlung mit Chromaten. Ein sehr wirksames Korrosionsschutzverfahren stellt auch eine Nachdichtung mit Alkalibichromaten oder -chromaten dar (R. S. D u r h a m[441] und Aluminium Colors Inc.[442]). An Stelle der Chromate können auch verdünnte (4%) Chromsäurelösungen verwendet werden (Aluminium Comp. of America[443]). Diese Firma führt auch die Nachbehandlung stark reflektierender Oberflächen in einer alkalischen Lösung von Chromaten, z. B. in einer wäßrigen Lösung von 2% Soda und 1,5% Natriumchromat durch (Aluminium Comp. of America[444]). Die Firma Siemens & Halske A. G.[445] verwendet zum Abdichten des Oxydfilmes einen durch Lichtstrahlen gehärteten Chromat-Gelatine- oder Chromat-Film, der beispielsweise durch Behandlung mit einer Lösung von 1 l Bichromatlösung mit 1 bis 10 g/l Gelatine und Leim erhalten wurde.

Nach N. D. T o m a s h o v und M. N. T y n k i n a[446] geht die Auffüllung der

Poren in Chromatlösungen bei verschiedenen p_H-Werten in zwei Stufen vor sich, nämlich einer ersten, die in einer Adsorption des Chromates mit nachfolgender Bindung von $(OAl)_2Cr_2O_4$ oder $OAlHCrO_4$ besteht und zweitens in einer Adsorption von Wasser mit daraus folgender Hydratation von Aluminiumoxyd. Die Chromatadsorption wird mit steigendem p_H erniedrigt, während der Hadratationsprozeß dadurch beschleunigt wird. Das Ausmaß der Porenfüllung der Schicht wächst mit dem p_H zufolge des Effektes in der zweiten Stufe der Reaktion. Die beste schützende Wirkung wird durch eine Behandlung bei $p_H = 6$ bis 7 erhalten, welches Verhalten mit der beständigsten Region des amphoteren Aluminimoxyds im Chromatbade zusammenhängt.

Die Chromatnachbehandlung mit heißen Lösungen von Dichromaten bewirkt eine Passivierung der Basis der Poren und gleichzeitig eine Imprägnierung des Filmes mit dem passivierenden Mittel. Die Poren werden durch die Chromatnachbehandlung aber nicht vollständig geschlossen, was daraus gefolgert werden kann, daß sie noch gefärbt werden können. (T. T y u c h i n a[447]). Bei der analogen Chromatbehandlung von Phosphatschichten hat W. M a c h u[448] nachgewiesen, daß die Poren der Phosphatschicht tatsächlich nur zu etwa 40% geschlossen werden, so daß also auch bei der Phosphatierung die Beständigkeitserhöhung sowohl auf eine chemische Passivierung als auch auf eine teilweise Porenverdichtung zurückzuführen ist. Sowohl bei den Phosphatüberzügen als auch bei den Oxydfilmen ist daher für höhere Anforderungen an die Korrosionsbeständigkeit noch eine Imprägnierung mit Lacklösungen erforderlich.

Die mit Bichromat nachbehandelten Oxydschichten zeigen an verletzten Stellen der Oberfläche eine ausheilende Wirkung. Sie hängt von der Breite der verletzten Stelle ab und ist bei einer Ritzbreite von 1 bis 2 mm noch sehr deutlich (H. F i s c h e r und N. B u d i l o f f[449]).

Die Nachbehandlung mit Chromatlösungen, auch Sealingbad II genannt, wird meist bei schwermetall- und hochsiliziumhaltigen Aluminiumlegierungen angewendet. Sie liefert grüngelbe Färbungen der Oxydschicht. Die Gleichmäßigkeit dieser Färbung dient gleichzeitg als Kontrolle für die ·einwandfreie Durchführung der Oxydation und Nachbehandlung. Da organische Farbstoffe durch das heiße Chromatbad zerstört werden, ist dieses Verfahren auf organisch gefärbte Filme nicht anwendbar.

Nachbehandlung mit Silikaten. Für technische Zwecke wird gelegentlich die Abdichtung der Poren der Oxydschicht mit verdünnten Wasserglaslösungen vorgenommen. Die Aluminium Comp. of America[450] verwendet beispielsweise eine 5%ige Alkalisilikatlösung bei Temperaturen von 80 bis 100° C. Nach einem Verfahren der Aluminium Colors Inc.[451] wird nach der Tränkung der Oxydschichten mit Wasserglaslösung die Kieselsäure in den Poren durch eine weitere Behandlung mit einer Natriumazetatlösung zur Ausfällung gebracht.

S. R. S h e p p a r d[452] badete die oxydierten Gegenstände vorerst mit Lösungen solcher Metallsalze, die unlösliche Silikate bilden, wie Bleiazetat, Bleichlorid, Zinkchlorid, Magnesiumchlorid oder Kobaltazetat, und dann mit der Lösung von Alkalisilikaten.

Wegen der Eigenart der Kieselsäure, gegen Säure vollkommen beständig zu sein, wird die Behandlung mit Alkalisilikaten insbesondere dann ausgeführt, wenn die betreffenden Gegenstände ·gegen einen Angriff schwachsaurer Lösungen oder Gase geschützt werden sollen.

c) Nachbehandlung mit organischen Stoffen.

Die Erhöhung der Korrosionsbeständigkeit der frischoxydierten Aluminiumgegenstände durch Abdichten und Ausfüllen der Poren kann mit besonderem Erfolge mit organischen, insbesondere wasserabstoßenden Stoffen, wie Paraffin,

Bakelit, Lacken, künstlichen oder natürlichen Harzen, Ölen, Wachsen, Teerpech, Kautschuk, Asphalt usw. vorgenommen werden. Bestehen die organischen Stoffe aus schlechten Leitern der Elektrizität, wie z. B. Bakelit, so wird durch die Imprägnierung auch eine wesentliche Verbesserung der elektrischen Durchschlagsfestigkeit erzielt (s. S. 72).

Sollen die Imprägnierungsmittel die Poren der Oxydschicht möglichst vollkommen ausfüllen, so ist eine vollkommene Trocknung der frischoxydierten Gegenstände vor der Nachbehandlung erforderlich. Eine unvollkommene Trocknung macht sich auch durch eine Fleckenbildung auf den Oxydschichten bemerkbar.

Nach älteren Angaben soll durch die Nachbehandlung mit Wachsen, Harzen, Pech, Gummi, Leinölfirnis usw. bei höherer Temperatur oder gelöst in Alkohol oder Benzin auch die mechanische Widerstandsfestigkeit von oxydierten Bändern oder Drähten erhöht werden (E. W. K ü t t n e r[453] und Spezialfabrik für Aluminiumspulen und Leitungen[154]).

Die Hitzebeständigkeit der Oxydschichten wird durch Bestreichen mit einer Paste aus Emaillack und Kaolin oder Asbestpulver sowie Erhitzen auf Temperaturen auf 400° C verbessert (Vereinigte Aluminiumwerke A. G.[455]).

Sehr gute Imprägnierungsmittel stellen die Wachse, wie z. B. Zeresin, Bienenwachs, sowie die synthetischen, chemisch sehr beständigen IG-Wachse Z, O und OP dar. Diese künstlichen Harze besitzen Schmelzpunkte bis zu 100° C, schmelzen daher selbst bei stärkster Sonnenbestrahlung nicht. Sie verleihen den oxydierten Gegenständen eine sehr hohe Korrosionsbeständigkeit (Vereinigte Aluminiumwerke A. G.[456]). Die zu behandelnden Gegenstände werden in das wenige Grade über seinen Schmelzpunkt erhitzte Wachs oder das Gemisch der Wachse eingetragen. Nach der Imprägnierung wird in der Wärme das überschüssige Wachs wieder abtropfen gelassen. Eventuell muß noch das überschüssige Wachs mit einem Werglappen od. dgl. abgewischt werden.

Ein sehr einfaches Imprägnierungsverfahren stellt das sog. *„Wommeln"* dar. Man versteht darunter das Einreiben der Oxydschichten mit Fetten, wie Vaselin, Lanolin, Leinöl u. dgl. Die Fettstoffe werden von den Poren des Oxydfilmes vollkommen aufgenommen, so daß sich die Oberfläche des behandelten Gegenstandes gar nicht fettig anfühlt. Dadurch unterscheidet sich das Wommeln wesentlich vom üblichen Fetten oder Ölen, wie es z. B. bei anodisch oxydierten Leichtmetallkolben für Auto- und Motorradmotoren der Fall ist.

Das Wommeln wird durch Einreiben der getrockneten oxydierten Aluminiumgegenstände mit Tüchern, welche mit Vaselin, Lanolin usw. imprägniert sind, und hierauf durch Reiben mit reinen Tüchern vorgenommen. Fast alle gefärbten Aluminiumgegenstände werden gewommelt, damit die Oxydschicht keine weiteren Stoffe mehr aufsaugen und dadurch fleckig werden kann. Auch die Aluminiumeisformen sämtlicher amerikanischer Eisfabriken und Kühlschränke sind zwecks Verhinderung des Anhaftens des Eises gewommelt (E. H e r r m a n n[457]). Für die Eiszellen aus oxydiertem Aluminium ist aber auch eine Imprägnierung mit Wachsen anwendbar (General Motors Corp.[458]).

Durch eine Behandlung der Oxydschichten mit einer 30%igen Natronlauge bei 30° C (Dauer eine halbe bis eine Minute) wird diese durch einen Angriff der Lauge aufgelockert und aufgeweicht, so daß sie für die Imprägnierungsmittel aufnahmefähiger gemacht werden. Nach dem Herausheben aus der Lauge wird mit Wasser gewaschen und mit Salpetersäure die Laugenreste neutralisiert. An Stelle der Natronlauge kann auch eine Lösung von Kaliumchlorat, Kaliumalaun, Kaliumbichromat, Soda oder organischer Aluminiumverbindungen verwendet werden (Vereinigte Aluminiumwerke A. G.[459]).

Die hohe Porosität der Oxydschichten ist auch die Ursache für die gute Haftfähigkeit von Anstrichen und Lacken auf eloxierten Aluminiumgegenständen (Buschlinger[460], W. H. Mutchler und W. R. Buzzard[461], W. Nicolini[462]). Zur Lackierung eignen sich sowohl Kunstharzlacke auf Bakelitgrundlage, Öllacke, harte und weiche Lacke usw.

Als besonders wirksame Grundierpigmente gelten Zinkchromat, und in geringerem Maße auch Zinkweiß, Bleichromat, Titandioxyd, Gasruß, Aluminiumbronze und gemahlene Aluminium-Silizium-Legierungen. Lithopone und Schwerspat stellen neutrale Schutzpigmente dar (R. T. Richards[463]).

Interessant ist ein Vorschlag der Firma Siemens & Halske A. G.[464], die Füllstoffe durch Elektrophorese in die Poren einzuführen. Als Füllstoffe können nach diesem Verfahren Elektronenleiter, wie Graphit oder Metallsole, Isolatoren, wie Kieselsäure oder Porzellan, sowie Öle eingebracht werden.

Von der Ciba[465] wurde empfohlen, das Dichtmachen der Oxydschichten mit kationenaktiven Textilhilfsmitteln, besonders solchen mit langen aliphatischen oder zykloaliphatischen Estern, wie quaternären Ammoniumverbindungen aus Dymethylsulfat und 4-Dimethylamino-1-stearylbenzimidazol usw. vorzunehmen. Diese Behandlung ist dann besonders wertvoll, wenn die Aluminiumoberflächen mit wasserlöslichen Farben überstrichen werden sollen, da hierdurch unnötige Farbverluste vermieden werden können.

Nach einem Vorschlage der Siemens & Halske A. G.[466] wird das Abdichten der elektrolytisch erzeugten Schichten mit wäßrigen Lösungen von Tannin oder Maltose vorgenommen. Diese Stoffe füllen nicht nur die Poren in der Oxydschicht aus, sondern sie haften auch auf den nicht mit der Deckschicht überzogenen Stellen der Metalloberfläche.

d) Das Seophotoverfahren.

Die Saugfähigkeit der Oxydschichten spielt eine wichtige Rolle beim sog. „Seophotoverfahren", einem von der Firma Siemens & Halske A. G. entwickelten Imprägnierungsverfahren der Oxydschicht mit lichtempfindlichen Stoffen. Für das Seophotoverfahren ist nur hartgewalztes Reinaluminium mit 99,5 bis 99,8% Al geeignet. Das Aluminiumblech muß außerdem homogen sein, also Eloxalqualität (s. S. 18) aufweisen, da zeilenförmige Streifenbildungen nach der Eloxierung stark hervortreten und die Bildwirkung stören würden (A. Jenny[467]).

Als Oxydationsverfahren kommt ausschließlich das elektrolytische in Frage. Die Oxydschichten müssen farblos sein und einen metallischen Glanz aufweisen. Die Oxydation wird mit Gleichstrom in Oxal- oder Chromsäurebädern vorgenommen, jedoch ergeben auch schwefelsaure Elektrolyte geeignete Oxydschichten mit hoher Saughäufigkeit, hellem Farbton, hoher Korrosionsbeständigkeit und Festigkeit (N. Budiloff und K. Hahn[468]). Ein brauchbares Oxydationsbad stellt z. B. eine 20%ige Chromsäurelösung bei 65° C dar (Gleichstrom, 20 V, 5 Amp/qdm, 30 Minuten). Nach dem Abspülen erfolgt eine nochmalige Oxydation in 3%iger Oxalsäure bei 35° C mit Gleichstrom von 48 V und 1,5 Amp/qdm, Dauer 30 Minuten (Siemens & Halske A. G.[469] sowie A. Jenny und N. Budiloff[470]).

Die Imprägnierung der Oxydschichten mit lichtempfindlichen Stoffen erfolgt entweder durch eine Tränkung mit der Lösung einer lichtempfindlichen Substanz oder durch aufeinanderfolgende Behandlung mit Lösungen, die miteinander unter Ausfällung von Silberhalogeniden innerhalb der Poren der Schicht reagieren. Für die erstere Arbeitsweise kommen als lichtempfindliche Stoffe Ammoniumeisen-III-zitrat, Eisen-III-tartrat oder eine Lösung von 25 g Eisenammonzitrat und 20 g Kaliumferrizyanid in 200 ccm Wasser in Betracht (Zyanotopiebilder, Eisengallusverfahren, Tintenkopierverfahren). Nach Tränkung wird unter dem Negativ belichtet und durch Waschen mit Wasser entwickelt und fixiert.

Beim Silberhalogenidverfahren (Siemens & Halske A. G.[471] sowie A. J e n n y und N. B u d i l o f f[472]) wird die erste Imprägnierung der Oxydschicht mit einer etwa 10%igen Lösung eines Gemisches von Ammonchlorid und Kaliumbromid, eventuell auch von 10% Natriumchlorid oder 10% Kaliumbromid oder von Natriumchlorid und Ammonjodid vorgenommen (Siemens & Halske A. G.[473]), als zweite Flüssigkeit wird eine 10%ige Silbernitratlösung verwendet.

Die lichtempfindlichen Schichten werden somit ohne Verwendung von organischen Trägermaterialien, wie Gelatine, Kollodium, Albumin usw., in der Oxydschicht verankert. Demzufolge sind die Aluminiumphotoplatten nach Belichtung und Entwicklung licht-, wasser- und wetterfest. Sie können sogar bis zum Schmelzpunkte des Aluminiums erhitzt werden, ohne daß das Bild zerstört wird. Dieses verändert bei der Erhitzung nur seine Farbe.

Die Entwicklung der mit lichtempfindlichen Silberhalogeniden imprägnierten Oxydschichten ist dieselbe wie bei den üblichen photographischen Verfahren (A. J e n n y und N. B u d i l o f f[474]). Bei Silberchromid enthaltenden Schichten lassen sich z. B. die folgenden Gemische verwenden: Lösung A: 10 g Metol und 50 g Zitronensäure, gelöst in 500 ccm Wasser; Lösung B: 2 g Silbernitrat in 20 ccm Wasser (A : B = 100 : 1). Auch ein Eisenentwickler aus A: 380 g Kaliumoxalat in 1 l Wasser und B: 100 g Eisenvitriol und 1 g Zitronensäure in 300 ccm Wasser A : B = 3 : 1) ist brauchbar (N. P. F e d o t j e w und S. Ja. G r i l i c h e s s[475]).

Silberbilder lassen sich mit einem Goldtoner in allen Farbabstufungen von Braun bis Tiefschwarz färben. Zum Brauntonen eignet sich eine 1%ige Goldchloridlösung mit 1 g Kreidepulver in 100 ccm Wasser. Das ursprünglich schwarze Bild (nach dem Goldtonen) kann durch darauffolgende Erhitzung auch schwarzbraun (300° C), ziegelrot und braunrot (450° C) gefärbt werden, da die ursprünglich kolloiden Goldteilchen sich durch das Erwärmen zusammenballen und die Farbe immer goldähnlicher wird.

Eine rotbraune Tönung läßt sich auch durch eine Nachbehandlung und Erhitzung der fixierten, getrockneten Silberbilder mit Uranylazetat, eine tiefschwarze mit Bleisalzen erzielen. Auf dem Silber lassen sich auf galvanischem Wege verschiedene Metalle, wie Kadmium, Kupfer, Messing, Gold, niederschlagen, wodurch auf der Bildoberfläche Reliefs entstehen. Sämtliche Seophotos werden noch mit Ölen, Paraffin, Wachslösungen eingerieben und mit einer Lackschicht überzogen.

Ein ähnliches Verfahren zum Auftragen von Zeichnungen auf Stahl, oxydiertem Aluminium, Ternemetall, Galvaneal, oxydiertem Messing und Bronze beschreibt S. H. B a r n i a s e l[476]. Die Metalloberfläche wird vorerst mit einem Anstrich versehen und dann bei Tageslicht eine weiße lichtempfindliche Schicht aufgespritzt. Die Belichtung mit der Zeichnung erfolgt durch einen Lichtbogen, eine Quecksilberdampflampe od. dgl. Hierauf wird mit einer 2%igen Ammoniaklösung gespült, um die belichteten Teile herauszulösen, mit warmem Wasser gewaschen und hierauf lackiert.

L i t e r a t u r v e r z e i c h n i s .

[287] G m e l i n, Handbuch der anorganischen Chemie, Band Aluminium B, S. 82. — [288] W. G. B u r g e r s, A. C l a a s s e n und J. Z e r n i c k e, Ztschr. Physik 74, 595, 1932. — [289] W. P f a n h a u s e r, Galvanotechnik, 8. Aufl., 2. Bd., S. 1011, Leipzig 1941. — [290] Th. R u m m e l, Ztschr. Physik 99, 518—51, 1936. — [291] H. M a h l, Korrosion und Metallschutz 17, 4, 1941. — [292] H. F i s c h e r und F. K u r z, ebenda 18, 43, 1942. — [293] H. S c h m i t t, A. J e n n y und G. E l ß n e r, Z. VDI 78, 1502, 1934. — [294] J. D. E d w a r d s und R. I. W r a y, Ind. Eng. Chem. Analyt. Edit. 7, 5, 1935. — [295] H. F i s c h e r, Ztschr. Metallkunde 27, 28, 1935. — [296] G. E l ß n e r, Oberflächentechnik 12, 68, 1935. — [297] E. H e r r m a n n, Schweiz. techn. Ztg. 1933, 694. — [298] E. S c h m i t t, Hauszeitschr. Aluminium 4, 80, 1932 — [299] H. S u t t o n und J. W. E. W i l l s t r o p, J. Inst. Metals 38, 261, 1927; Engineering 124,

442, 1927. — [300] H. F i s c h e r, Ztschr. Metallkunde 29, 319—22, 1937 und F. K e l l e r und G. W. W i l c o x, Metals and Alloys 10, 187—95, 1939. — [301] Kabel- und Metallwerke Neumayer A. G. DRP. 737 059. — [302] H. R ö h r i g, Ztschr. Elektrochem. 37, 722, 1931. — [303] H. S c h m i t t, Hauszeitschr. Aluminium 4, 92, 1932. — [304] H. F i s c h e r, Ztschr. Metallkunde 27, 28, 1935. — [305] G. E l ß n e r, Oberflächentechnik 12, 71, 1935; Chem. Z. 59, 237, 1935. — [306] E. H e r r m a n n, Schweiz. Techn. Z. 8, 285—90, 1933. — [307] S. W e r n i c k, Met. Ind. London 45, 131, 1934. — [308] J. E. L i l i e n f e l d, L. W. A p p l e t o n und W. M. S m i t h, Trans. Amer. Electrochem. Soc. 58, 273, 1930. — [309] C a m p, Ind. Eng. Chem. 20, 851, 1928. — [310] J. D. E d w a r d s, Ind. Eng. Chem., N. E. 11, 328, 1933. — [311] E. H e r r m a n n, Schweiz. Techn. Z. 88, 285—91, 1933. — [312] H. S c h m i t t, Hauszeitschr. Aluminium 4, 86, 1932. — [313] Derselbe, ebenda 4, 85, 1932. — [314] H. R ö h r i g, Ztschr. Elektrochem. 37, 724, 1931. — [315] H. S c h m i t t und L. L u x, Aluminium 17, 191, 1934. — [316] J. W a l t e r jun., Aluminium-Archiv, 1. Bd., 1936, S. 50. — [317] H. S c h m i t t, Hauszeitschr. Aluminium 4, 86, 1935. — [318] H. R ö h r i g, Ztschr. Elektrochem. 37, 489, 1931. — [319] J. T. R i c h a r d s, Canad. Metals metallurg. Ind. 2, 105—107, 1939. — [320] H. F i s c h e r, Aluminium 19, 358—66, 1937; Ztschr. Metallkunde 29, 320, 1937. — [321] Derselbe, Aluminium 19, 358—66, 1937; Ztschr. Metallkunde 29, 320, 1937. — [322] H. S c h m i t t, A. J u n g und G. E l ß n e r, Z. VDI 78, 1502, 1934. — [323] J. D. E d w a r d s, M. T o s t e r u d und H. K. W o r k, Electr. Engg. 51, 780, 1932. — [324] J. D. E d w a r d s, Ind. Eng. Chem. News Edit. 11, 336, 1933. — [325] H. K. W o r k, Monthly Rev. Amer. Electro-Platers, Soc. 22, Nr. 4, 35, 1935; Met. Ind. New York 33, 169, 1935. — [326] S. S e t o h und A. M i y a t a, Abstr. Rikwayaku-kenkyu-jo Iho 5, 48, 1932. — [327] J. W a l t e r jun., Aluminium-Archiv, 1. Bd., 1936, S. 73. — [328] K. E. M a n n, Aluminium 26, 176—77, 1944. — [329] H. S c h m i t t, A. J e n n y und G. E l ß n e r, Z. VDI 78, 1502, 1934. — [330] H. R ö h r i g, Ztschr. Metallkunde 22, 420, 1930. — [331] G. E l ß n e r, Oberflächentechnik 12, 68, 1935. — [332] G. E l ß n e r, Chem. Ztg. 59, 236, 1935. — [333] A. G ü n t h e r s c h u l z e, Ztschr. Metallkunde 16, 178, 1924. — [334] H. R ö h r i g, Ztschr. Elektrochem. 37, 722, 1931. — [335] N. D. P u l l e n, Chem. Age 41, Metallurg. Sect. 15—16, 1939. — [336] H. S c h m i t t und L. L u x, Hauszeitschr. Aluminium 2, 77, 1930. — [337] H. S c h m i t t, ebenda 4, 87, 1932. — [338] Schweiz. P. 149 435. — [339] Vereinigte Aluminiumwerke A. G., FP. 723 299. — [340] Dieselbe, DRP. 597 224. — [341] A. J e n n y und G. E l ß n e r, Z. VDI 78, 1502, 1934. — [342] H. S c h m i t t, Hauszeitschr. Aluminium 4, 83, 1932. — [343] L. H. C a l l e n d a r, Nature, London 146, 304, 1940 und N. F. M o t t, ebenda 145, 996—1000, 1940. — [344] G. E l ß n e r, Chem. Ztg. 59, 237, 1935; Oberflächentechnik 12, 72, 1935. — [345] E. H e r r m a n n, Schweiz. techn. Ztg. 8, 285—91, 1933. — [346] J. W a l t e r jun., Aluminium-Archiv, 1. Bd., 1936, S. 54. — [347] H. B e e t z, Hauszeitschr. Aluminium 4, 84, 1932. — [348] N. D. P u l l e n, Chem. Age 41, Metallurg. Sect. 15—16, 1939. — [349] J. W a l t e r jun., Aluminium-Archiv, 1. Bd., 1936, S. 54. — [350] Derselbe, ebenda, 1. Bd., 1936, S. 87. — [351] H. S c h m i t t, Hauszeitschr. Aluminium 4, 84, 1932. — [352] H. S c h m i t t und L. L u x, ebenda 2, 76, 1930. — [353] Dieselben, ebenda 2, 79, 1930. — [354] A. M i y a t a, Sci. Pap. Inst. phys. chem. Res. 37, 232—73, 1940 (englisch). — [355] Derselbe, ebenda 37, 367—94, 1940 (englisch). — [356] H. F i s c h e r, Ztschr. Metallkunde 27, 29, 1935. — [357] H. S c h m i t t und L. L u x, Aluminium 17, Nr. 9, 192, 1934. — [358] Dieselben, Hauszeitschr. Aluminium 2, 78, 1930. — [359] H. S c h m i t t, ebenda 4, 82, 1932. — [360] F. W ö h r, ebenda 4, 98, 1932. — [361] H. S c h m i t t, A. J e n n y und G. E l ß n e r, Z. VDI 78, 1504, 1934. — [362] K. S t e n d e r, Aluminium 24, 147—50, 1942. — [363] W. G. B u r g e r s, A. C l a a s s e n und J. Z e r n i c k e, Ztschr. Physik 74, 595, 1932. — [364] E. M. D u n h a m, Phys. Rev. 2, 33, 819, 822, 1929. — [365] G. E l ß n e r, Oberflächentechnik 12, 272, 1935. — [366] H. F i s c h e r, Ztschr. Metallkunde 27, 27, 1935. — [367] N. D. P u l l e n, Metal Clean. Finish. 9, 961—65, 1936. — [368] Aluminium Ltd., Can. P. 390 591. — [369] A. H. T a y l o r, J. Opt. Soc. Am. 24, 193, 1934. — [370] A. H. T a y l o r und J. D. E d w a r d s, Trans. Illuminating Engg. Soc. 29, 356, 1934. — [371] R. H a s e, Aluminium 17, Nr. 9, 20—25, 1934. — [372] Derselbe, Ztschr. Techn. Physik 13, Nr. 3, 145—55, 1932. — [373] E. S c h m i e d, Hauszeitschr. Aluminium 2, 94, 1930. — [374] L. L u x, Aluminium 19, 334, 1937. — [375] Anonym, Light Metals Ind. London 5, 492—96, 1942. — [376] British Aluminium Co. und N. D. P u l l e n, EP. 523 475/1939. — [377] Dieselben, EP. 522 214/1939. — [378] L. C. B a n n i s t e r, Met. Ind. London 35, 27, 1927. — [379] R. N. F r i d l y a n d und B. V. D e r y a g i n, J. Techn. Physik USSR. 16, 365—70, 1946. — [380] K. H u b e r, Helv. Chim. Acta 28, 1416—20, 1945. —

[380a] G. Hass, J. Optical Soc. am. **39**, 532—40, 1949. — [381] W. Müller, Korrosion und Metallschutz **18**, 56—62, 1942. — [382] W. Mauksch, Aluminium **23**, 285—88, 1941. — [383] H. Fischer und L. Koch, Korrosion und Metallschutz **18**, 363—67, 1942. — [384] G. D. Bengough und J. McStuart, EP. 223 995/1935. — [385] G. D. Bengough und H. Sutton, Engineering **122**, 275, 1926. — [385a] C. Th. Speiser, Rev. Aluminium No. 165, 143, 1950. — [386] Vereinigte Aluminiumwerke A. G., DRP. 563 921. — [387] Aluminium Comp. of Americo. AP. 1 526 127/1923. — [388] G. M. Sella, Alluminio **4**, 89, 1935. — [389] Vereinigte Aluminiumwerke A. G. DRP. 607 473/1931. — [390] Ciba, Schweiz. P. 166 507, FP. 767 778. — [391] Dieselbe, DRP. 677 595. — [392] Dieselbe, Schweiz. P. 204 863. — [393] W. K. Wilson und F. M. Thomas, EP. 477 286. — [394] Ciba, FP. 865 902. — [395] British Anodising Ltd., S. R. Sheppard und J. McRac Perfect, EP. 525 734. — [396] K. Nagata, EP. 502 957. — [397] R. S. Durham, FP. 731 994, EP. 387 806. — [398] The Atlas Tack Corp., Can. P. 322 642/1931. — [399] Riken Arumaitokogyo Kabushiki Kaisha, AP. 2 150 395. — [400] AP. 2 407 809. — [401] British Anodising Ltd. und J. McRac Perfect, EP. 528 314/1944. — [402] Eastman Kodak Co., AP. 1 929 486. — [403] S. Chelimskaja und N. Korsternovi, Opt. Mechan. Ind. (russisch) **7**, Nr. 12, 18—19, 1937. — [404] EP. 477 286, 483 988. — [405] R. S. Herwig Monthly Rev. Amer. Electro-Platers' Soc. **33**, 609—11, 1946. — [406] E. Herrmann, Light Metals Ind. London **2**, 324—25, 1939. — [407] A. W. Weil, Brit. Ind. Finishing **3**, 85, 1932. — [408] Ch. Nemoto, J. Soc. Chem. Ind. Japan Suppl. **36**, 117 B, 1933. — [409] A. Altmannsberger, Z. Metallwarenindustrie, Schmuckwaren und Verchromung MSV **18**, Nr. 7, 17—19, 1937. — [410] V. F. Henley, W. Soc. Dyers Colourists **54**, 100—104, 1938. — [411] Anonym, Light Metals Ind. London **3**, 87—89, 138—40, 1940. — [412] R. S. Durham, FP. 731 997/1931. — [413] Langbein-Pfanhauser-Werke A. G., FP. 880 095/1944. — [414] A. Miyata und J. Ebihara, J. Electrochem. Assoc. Japan **3**, 60, 1935. — [415] L. Th. Gmach, EP. 503 451. — [416] Siemens & Halske A. G., FP. 795 724. — [417] Riken Arumaitokogyo Kabushiki Kaisha, AP. 2 150 409. — [418] G. B. Christensen, Ingeniören **49**, Nr. 28 a, 86—88, 1940. — [419] Aluminium Comp. of America, Can. P. 373 334. — [420] British Anodising Ltd., Holl. P. 47 664. — [421] Siemens & Halske A. G., Norw. P. 62 015. — [422] V. F. Henley, Met. Ind. London **62**, 386—88, 1943. — [423] Aluminium Colors Inc., AP. 1 946 147. — [424] Vereinigte Aluminiumwerke A. G., Hauszeitschr. Aluminium **4**, 109, 1932. — [425] N. D. Pullen, Met. Ind. London **54**, 327—29, 1939. — [426] Aluminium Colors Inc., EP. 407 457/1932, 406 988. — [427] V. F. Henley, EP. 474 609. — [428] S. Setoh und A. Miyata, Sci. Pap. Inst. phys. chem. Res. Tokio **12**, 272, 1930. — [429] H. Hengo, FP. 837 112, EP. 496 436, DRP. 696 622. — [430] R. Sirozuka, Jap. P. 91 970. — [431] Rigwagaku Kenkyujo, Jap. P. 94 929/1932. — [432] Aluminium Colors Inc., EP. 413 814, DRP. 620 793/1933. — [433] Aluminium Comp. of America, AP. 2 107 318. — [434] Siemens & Halske A. G., DRP. 423 486. — [435] Riken Arumaitokogyo Kabushiki Kaisha, AP. 2 150 395. — [436] M. Schenk, It. P. 373 855, FP. 854 932. — [437] Aluminium Comp. of America, AP. 2 126 954. — [438] Dieselbe, Can. P. 382 861. — [439] British Aluminium Co. Ltd. und N. D. Pullen, EP. 468 685. — [440] Fides Ges. für Patentverwertung, FP. 884 937. — [441] R. S. Durham, EP. 393 996/1931. — [442] Aluminium Colors Inc., DRP. 633 320/1932. — [443] Aluminium Comp. of America, AP. 1 946 151/1933. — [444] Dieselbe, FP. 778 018, 778 019, AP. 2 045 286. — [445] Siemens & Halske A. G., DRP. 658 463. — [446] N. D. Tomashov und M. N. Tynkina, Bull. acad. sci. USSR, sci. Chim. **1944**, 325—36. — [447] T. Tyuchina, Light Metals Ind. London **9**, 1396, 2235, 1947. — [448] W. Machu, Korrosion und Metallschutz **19**, 269—74, 1943. — [449] H. Fischer und N. Budiloff, ebenda **20**, 129—31, 1944. — [450] Aluminium Comp. of America, AP. 1 946 153. — [451] Aluminium Colors Inc., EP. 497 648/1937. — [452] R. S. Sheppard, EP. 463 790. — [453] E. W. Küttner, AP. 1 137 986/1910. — [454] Spezialfabrik für Aluminiumspulen und Leitungen, EP. 20 634/1910, DRP. 246 700/1909. — [455] Vereinigte Aluminiumwerke A. G., FP. 715 909/1931. — [456] Dieselbe, EP. 385 763/1932. — [457] E. Herrmann, Neue Zürcherzeitung vom 25. Jänner 1939. — [458] General Motors Corp., Belg. P. 425 732. — [459] Vereinigte Aluminiumwerke A. G., EP. 388 787/1931. — [460] Buschlinger, Aluminium **1**, 309, 1929—30. — [461] W. H. Mutchler und W. R. Buzzard, J. Inst. Met. Metallurg. Abstr. **50**, 236, 1932. — [462] W. Nicolini, Aluminium **19**, 4—5, 1937. — [463] R. T. Richards, Can. Met. Metallurg. Ind. **2**, 105—107, 114, 1939. — [464] Siemens & Halske A. G. DRP. 656 566. — [465] Ciba, DRP. 740 434, Schwed. P. 10 640, It. P. 395 205. —

[466] Siemens & Halske A. G., DRP. 742 341/1943. — [467] A. Jenny, Feinmechanik und Präzision 45, 109—12, 1937. — [468] N. Budiloff und K. Hahn, Metallwirtschaft 20, 387—92, 1941. — [469] Siemens & Halske A. G., DRP. 608 270/1933, Zus. zu DRP. 607 012/1932. — [470] A. Jenny und N. Budiloff, Chem. Fabrik 8, 360, 1935. — [471] Siemens & Halske A. G., DRP. 607 012/1932. — [472] A. Jenny und N. Budiloff, Chem. Fabrik 8, 361, 1935. — [473] Siemens & Halske A. G., DRP. 615 692/1932, Zus. zu DRP. 607 012. — [474] A. Jenny und N. Budiloff, Chem. Fabrik 8, 361, 1935. — [475] N. P. Fedotjew und S. Ja. Grilichess, Arb. Leningrader chem.-technol. Rote Fahne-Inst. Leningrader Rates (russisch) 10, 9—19, 1941. — [476] S. H. Barniasel, Iron Age 158, Nr. 21, 62—64, 1946.

9. Anwendungen des elektrolytisch oxydierten Aluminiums.

Die anodische Oxydation hat dem Aluminium dank den vielseitigen Eigenschaften des Überzuges, die noch durch die verschiedenen Nachbehandlungsverfahren gesteigert werden können, eine große Anzahl von Verwendungsgebieten verschafft. Die Oxydschicht beim Aluminium spielt fast die gleiche Rolle wie die metallischen Überzüge, Anstriche und Lacke für das Eisen. Sehr vorteilhaft wirkt sich auch die gute chemische Beständigkeit insbesondere der imprägnierten oder gewommelten Gegenstände aus. Die oxydierten und nachbehandelten Gegenstände erfordern nur eine sehr geringe Pflege. Sie müssen ungleich seltener als blanke Metallteile geputzt werden. Meistens genügt ein Waschen mit heißem Wasser, erst bei stärkerer Verschmutzung mit Seifenwasser.

Eine ausgedehnte Verwendung hat das elektrolytisch oxydierte Aluminium und seine Legierungen in der Nahrungs- und Genußmittelindustrie, in der Architektur, Beschlagsindustrie, Metallwarenindustrie, im Maschinen- und Apparatebau, bei der Zellstofferzeugung, Bleicherei, Textilindustrie, Luftschiffahrt, Automobilbau, Feinmechanik, Instrumentenbau, optischen Industrie, Elektro- und Radioindustrie, medizinischen Instrumenten und Artikeln usw. gefunden.

10. Die Prüfung von nichtmetallischen Überzügen auf Metallen, insbesondere der anodisch erzeugten Aluminiumoxydschichten.

Die nachstehend geschilderten Prüfverfahren sind nicht nur für die Untersuchung bestimmter Eigenschaften des Oxydfilmes auf Aluminium und seinen Legierungen geeignet, sondern unter sinngemäßer Abänderung auch für die Untersuchung anderer nichtmetallischer Überzüge auf Metallen anwendbar.

Die Prüfungen der auf elektrolytischem Wege erzeugten Aluminiumoxydschichten erstreckt sich vornehmlich auf die Bestimmung der Schichtdicke, Härte, Verschleißfestigkeit, Porigkeit, Korrosionsbeständigkeit und elektrischen Durchschlagsfestigkeit.

a) Die Bestimmung der Schichtstärke.

Da mit steigender Schichtstärke die Korrosionsbeständigkeit und elektrische Durchschlagsfestigkeit ansteigt, hingegen die Porosität vermindert wird, ist die Kenntnis der Schichtstärke des Eloxalüberzuges vielfach sehr wertvoll. Zur Bestimmung der Schichtdicke gibt es optische und chemische Verfahren. Bei den optischen Verfahren wird genau senkrecht zur Schichtebene ein Querschliff hergestellt und unter dem Metallmikroskop die Schichtdicke ausgemessen (Anonym[477]). Die Herstellung des Querschliffes ist jedoch zeitraubend und als Betriebskontrolle wenig geeignet.

Man kann auch den Oxydbelag auf chemischem Wege ablösen und durch eine mikroskopische Dickenmessung oder Wägung vor und nach der Behandlung die Schichtstärke ermitteln. Von der American Society for Testing of Materials (= ASTM) (Anonym[177]) wurde für das Abziehen der Oxydschicht eine 7 bis 8 n Schwefelsäurelösung, die 2 g/l Antimontrioxyd zur Verhinderung des Angriffes der Schwefelsäure auf das Aluminium enthält, vorgeschlagen. Die Ablösung der Oxydschicht gibt sich durch eine graue bis schwarze Färbung, die auf einer Antimonabscheidung beruht, zu erkennen. Diese Methode liefert Ergebnisse, die mit der auf chemischem Wege gewonnenen gut übereinstimmen. Organische Nachdichtungsmittel müssen aber vor der Ätzung mit der Schwefelsäure beseitigt werden. Als weitere Mittel zur Ablösung der Oxydschicht sind noch folgende Lösungen geeignet: eine heiße konzentrierte Schwefelsäure, die 3 g/l Antimontrichlorid enthält; eine 5%ige Ätznatronlösung, die 1% gebundenes Zink als Zinkat enthält, wobei sich der Zeitpunkt der völligen Ablösung der Oxydschicht durch Graufärbung des Aluminiums infolge Abscheidung von Zink zu erkennen gibt (F. L o e p e l m a n n[178]); ein Gemisch von 160 g/l Chromsäure und 320 ccm/l Phosphorsäure (D = 1,7) bei 80° C (W. W i e d e r h o l t, V. D u f f e k und A. V o l l m e r[179]).

Man kann auch umgekehrt das unter der Oxydschicht liegende Metall durch Amalgamierung oder Erhitzen in einem Chlorstrom, Behandlung mit einem Gemisch von Methanol und Brom (W e r n e r[180]), wobei das Aluminium als Aluminiumchlorid verflüchtigt, bzw. Aluminiumbromid gelöst wird, von der Oxydschicht trennen. Ebenso kann das Aluminium in Äther durch Einleiten von trockener, gasförmiger Salzsäure gelöst werden, während das Aluminiumoxyd nicht angegriffen wird. Die Oxydschicht wird dann mikrometrisch gemessen (W. D. T r e a d w e l l und A. B. O b r i s t[181]).

Eine zerstörungsfreie Methode zur Schätzung der Schichtdicke besteht darin, den Überzug anzufärben und die Farbtiefe mit derjenigen von gefärbten Proben bekannter Dicke zu vergleichen. Als Farbstoff, der mit konzentrierter Salpetersäure wieder beseitigt werden kann, ohne daß die Schicht dabei leidet, wird Alizarin verwendet. Man kann jedoch nach diesem Verfahren nur Schichten, die nach der gleichen Arbeitsweise auf demselben Grundwerkstoff hergestellt wurden, miteinander vergleichen (H. F i s c h e r[182]).

Von den Dornier-Werken[483] wurde vorgeschlagen, die Tiefenwirkung der anodischen Behandlung von Aluminium durch eine kathodische Behandlung bei einer Stromdichte von 3,5 Amp/qdm in einer Lösung von 30 g/l Natriumchlorid und 5 g/l Zitronensäure zu bestimmen. Von 5 zu 5 Minuten wird das Probeblech gewogen, bis Gewichtskonstanz eingetreten ist. Aus dem erhaltenen Gewichtsverlust wird die erhaltene Oxydschicht berechnet.

Zur Beriebskontrolle der Schichtstärke wird vielfach die Messung der elektrischen Durchschlagsfestigkeit herangezogen. Dieses Verfahren liefert jedoch nur bei größerer Schichtdicke als 5 Mikron brauchbare Ergebnisse, während bei dünneren Überzügen stärkere Streuungen auftreten (H. F i s c h e r[182]). Bei eloxierten Drähten kann die Bestimmung der elektrischen Leitfähigkeit des Drahtes vor und nach der Oxydation einen Aufschluß über die Dicke geben.

b) Prüfung der Härte und Verschleißfestigkeit.

Die Härte des Oxydüberzuges ist nicht nur ein Maß für die Widerstandsfähigkeit bei mechanischer Abnützung, sondern auch für die Biegsamkeit und Geschmeidigkeit der Schichten. Die Härte der Oxydschichten kann nach den üblichen Methoden von B r i n e l l, R o c k e l l oder S h o r e nicht ermittelt werden, da nach diesen Verfahren wegen der Dünne der Oxydschicht fast nur die Härte des Grund-

materials gefunden wird. Bessere Ergebnisse liefert die Ritzhärteprüfung nach
M a r t e n s, bei welcher die Belastung eines Diamanten bestimmt wird, der einen
Strich von 0,01 mm Breite erzeugt. Aber auch diese Methode befriedigt nicht völlig.
Eine Nachprüfung des Kegelspitzverfahrens von H a c h e durch H. F i s c h e r[483]
hat ergeben, daß auch diese Methode zum überwiegenden Teile eine Härteprüfung
des Grundmateriales ist, aber immerhin mit einigen Einschränkungen als verhältnismäßig brauchbare Betriebsmethode angesehen werden kann.

  Nach W. M a u k s c h und N. B u d i l o f f[484] wird zur Prüfung der Verschleißfestigkeit die oxydierte Probe unter einem mit 300 g belasteten Reibstift aus Hart-
metall so lange hin und her bewegt, bis die Oxydschicht durchgerieben ist. In
diesem Zeitpunkte wird ein Relaisstrom geschlossen, der den Antriebsmotor stillsetzt. Die dickeren Schichten sind im allgemeinen auch die spezifisch verschleiß-
festeren. Die Überzüge auf den kupferhaltigen Legierungen Al-Cu und Al-Cu-Mg
weisen die niedrigsten Verschleißfestigkeiten auf. Die höchsten Werte der Verschleißfestigkeit besitzt die Oxydschicht auf Al 98/99, das nach dem GS-Verfahren oxydiert
wurde und auf Hydronalium Hy 7, das nach dem GX-Verfahren oxydiert wurde.

  ' Die ASTM[477] empfiehlt zur Bestimmung der Verschleißfestigkeit von Oxydschichten die Messung der bis zum Durchreiben des Überzuges notwendigen Menge
Carborundumpulver. Das Pulver wird auf die Oberfläche durch einen Preßluftstrahl
aufgeblasen. Weniger empfehlenswert ist die Prüfung der Verschleißfestigkeit mit
einer Schleifscheibe aus geschmolzener Tonerde in einer organischen Bindung, wobei
die bis zum Durchschleifen der Schicht erforderliche Umdrehungszahl der Schleifscheibe gemessen wird.

c) Bestimmung der Porosität.

  Zur Bestimmung der Porosität von Oxydschichten auf Aluminium wurden bisher
nur rein qualitative Methoden angewendet. Beim Verfahren von W. B a u m a n n[485]
wird die Stromdichte in Amp/qdm als Maß der Porigkeit angesehen, die beim
Stromdurchgang in einem elektrolytischen Element aus dem oxydierten Aluminiumgegenstand und einer Kohlenelektrode in verdünnter Salpetersäure gemessen wird.
Bei diesem Prüfverfahren besteht aber die Gefahr, daß bei der Prüfung die Schicht
durch die Salpetersäure geschädigt wird, z. B. dünne Stellen des Überzuges weg-
geätzt werden, so daß eine zu große Porenfläche gefunden wird.

  Die Poren können auch durch ein Abdruckverfahren sichtbar gemacht werden,
wobei ein mit einer Bariumchloridlösung und Phenolphthalein getränktes Filter-
papier auf die oxydierte Oberfläche aufgelegt wird (W. B a u m a n n[485]). Durch
Lokalelementwirkung entsteht an den kathodischen Stellen, also der Oxydschicht,
eine Rotfärbung, während die Porenstellen farblos bleiben.

  Beim Verfahren von V. D u f f e k[486] wird die oxydierte Probe in die Lösung
eines Alkalisalzes eines sauren Farbstoffes, z. B. von alizarinsulfosaurem Natron, eingetaucht und mit einer Spannung von 20 bis 30 V polarisiert. Nach wenigen
Sekunden werden die Poren durch Ausscheidung des Farbstoffes sichtbar. Die Stromstärke wird gleichfalls beobachtet. Die Methode ist äußerst empfindlich, ergibt aber
gleichfalls nur qualitative Befunde (W. W i e d e r h o l t[487]).

  Die Dicke von Aluminiumoxydschichten kann durch Auflösung der Schicht,
Wägen vor und nach der Auflösung und Berechnung der Dicke aus den physikalischen Abmessungen und der Dichte des Aluminiumoxydes von 2,55 bestimmt werden
(C. S o n n i o[478a]). Die Deckschicht wird in einer kochenden Lösung von 200 g Chromtrioxyd und 200 ccm Phosphorsäure (D = 1,7), mit Wasser auf 1 Liter aufgefüllt,
gelöst. Die Porosität wird durch Eintauchen der Probe als Anode in eine Lösung von
0,25% Natriumalizarinsulfonat und 10% Hexamethylentetramin mit Aluminium-

platten als Kathoden geprüft. Die angelegte Spannung beträgt 13,5 Volt, die Behandlungsdauer 40 sek. Wenn die Oxydschichten porenarm sind, dann fließt fast gar kein Strom, aber an Porenstellen fließt Strom und zersetzt den Elektrolyten, wobei ein leicht sichtbarer roter Niederschlag in den Poren entsteht.

d) Korrosionsprüfungsverfahren.

Bei den Korrosionsprüfungsverfahren hat man zwischen den Kurzprüfungsmethoden im Laboratorium und dem Langprüfverfahren unter den natürlichen Bedingungen an der Atmosphäre oder in natürlichem Fluß-, See- oder Meerwasser zu unterscheiden. Bei den Langzeitprüfverfahren wird die Probe meist in Blechform auf Holzrahmen unter einem Winkel von 45° gegen die Horizontale in genügender Höhe über dem Erdboden, nach Süden ausgerichtet und den Witterungseinflüssen frei zugänglich ausgesetzt. Die Nähe von Industrieanlagen, Bahnhöfen, Schornsteinen usw. kann zu vollkommen andersartigen Ergebnissen als in reiner Landluft führen. Auch die Jahreszeit, zu welcher die Proben ausgesetzt wurden, kann eine Rolle spielen. Am wenigstens greift reine Landluft an, dann folgt mit steigendem Angriffsvermögen Stadtluft, Industrieluft und Meeresluft.

Bei den Versuchen zur Ermittlung der Beständigkeit der Proben in Süß- oder Meerwasser werden die zu prüfenden Gegenstände in das Wasser eingetaucht oder so eingehängt, daß sie bei Ebbe und Flut abwechselnd eintauchen und dann wieder trocknen können. Bei dieser Wechseltauchkorrosion erfolgt im allgemeinen ein größerer Angriff.

Sowohl bei den Korrosionsversuchen an der Atmosphäre erhält man ebenso wie in Salz- oder Seewasser, Salz- oder Säurelösungen nur dann mit den Erfahrungen übereinstimmende Ergebnisse, wenn die Versuche über genügend lange Zeiträume, also über viele Monate oder Jahre, fortgesetzt werden.

Als Kurzprüfungsverfahren hat sich sehr gut das DVL-Rührgerät bewährt, das von der Deutschen Versuchsanstalt für Luftfahrt entwickelt worden ist. Die Proben haben die Form von Zerreißstäben, die an ihrem oberen und unteren Ende in Ausnehmungen von Porzellanringen stecken. Die Proben tauchen in die in einem Gefäß befindliche Prüflösung ein, welche meist aus 3%iger Kochsalzlösung besteht. Durch ein Rührwerk wird die Lösung in ständiger Bewegung gehalten.

Einfache Korrosionsversuche kann man durch Einhängen der Proben an Glashäkchen in Bechergläser, welche die angreifende Flüssigkeit enthalten, durchführen. Die Proben müssen vollkommen in die Flüssigkeit eintauchen. Wesentlich ist wegen der Konstanthaltung des Sauerstoffgehaltes stets gleich großer Abstand des oberen Proberandes vom Flüssigkeitsspiegel sowie ein genügend großer Flüssigkeitsüberschuß, damit keine Konzentrationsänderungen eintreten können. Sämtliche Proben müssen vor dem Versuche sorgfältig entfettet werden, da Fettschichten fehlerhafte Resultate verursachen können.

Beim Wechseltauchversuch werden die Proben für kurze Zeit (1 bis 5 Minuten) in einem bestimmten Geräte in die Prüflösung eingetaucht, dann aus der Lösung herausgehoben und etwa eine halbe Stunde lang trocknen gelassen. Dieser Rhythmus wird durch mehrere Wochen oder Monate durch eine von einem Uhrwerk gesteuerte Automatik fortgesetzt.

Im Salzsprühgerät werden die Proben in einem allseitig geschlossenen größeren Raum oder verschließbaren Prüfapparat einige Minuten lang einem Salzsprühnebel, bestehend aus einer 3%igen Kochsalzlösung, ausgesetzt. Beispielsweise wird jede Stunde auf die Dauer von fünf Minuten gesprüht und dann bestimmte Zeiten in dieser mit Kochsalz geschwängerten Atmosphäre lagern gelassen. Die Temperatur des Sprühraumes wird möglichst konstant gehalten. Sie kann auch zwecks Prüfung unter verschärften Bedingungen erhöht werden, z. B. auf 30 oder 50° C.

Zur Prüfung des Korrosionswiderstandes von oxydierten Aluminiumlegierungen wurde von A. M. T u m a n o w[488] vorgeschlagen, auf das zu prüfende Material einen Tropfen einer Lösung, bestehend aus gleichen Volumsteilen 6%iger Kaliumbichromatlösung und konzentrierter Salzsäure (d = 1,19), aufzutragen. An schlecht oxydierten Stellen zeigt sich eine Grünfärbung infolge der Reduktion des Kaliumbichromats durch den sich bildenden naszierenden Wasserstoff. Die Oxydschicht hat als gut zu gelten, wenn nach acht Minuten (Schichten aus einem Chromsäurebad) bzw. zehn Minuten (Überzüge aus Schwefelsäurebädern) keine Verfärbungen auftreten. Das Verfahren ist aber nicht für auf chemischem Wege erzeugte Oxydschichten auf Aluminium und seinen Legierungen anwendbar.

Bei Leichtmetallen tritt besonders bei den kupferhaltigen Legierungen leicht die sog. interkristalline Korrosion auf, wobei bei äußerlich nur wenig sichtbaren Veränderungen die Korrosion längs der Korngrenzen fortschreitet und zu einer starken Verringerung der Festigkeitseigenschaften führt. Zur Ermittlung dieser Korrosionsart werden die Proben während des Korrosionsversuches durch Belastung mit Gewichten oder unter entsprechender Einspannung in gebogenem Zustande dauernd unter Druck und Biegespannungen gehalten. Nach dem Korrosionsversuche werden entweder bleibende Veränderungen sowie die Verringerung der Zerreißfestigkeit und Dehnung geprüft.

Die Auswertung der Korrosionsversuche erfolgt vorerst durch eine rein äußerliche Beobachtung der Veränderungen der Oberfläche des geprüften Gegenstandes. Durch Einführung einer gewissen Notenskala entsprechend dem Grade der Veränderungen der Oberfläche kann eine gute Charakterisierung des Korrosionsangriffes erfolgen (s. diesbezüglich L. S c h u s t e r und R. K r a u s e[489]).

In vielen Fällen liefert die Bestimmung des Gewichtsverlustes bei der Korrosion, der am besten in g/qcm und Tag angegeben wird, ein quantitatives Maß des Angriffes. Selbstverständlich müssen die Korrosionsprodukte vor der Wägung auf chemischem oder mechanischem Wege (Lösen in Säuren mit Sparbeizzusatz, Bürsten mit Messingdrahtbürsten) entfernt werden. Beim Lochfraß, d. i. der mehr örtliche Angriff in Form von Ätzungen, Vertiefungen bis zur Durchlöcherung von Blechen, Rohren usw., kann auch der Grad der Korossion aus der Tiefe der Anätzung angegeben werden. Bei Leichtmetallen gibt wegen der großen Gefahr einer interkristallinen Korrosion die Untersuchung der Festigkeitswerte vor und nach der Korrosion einen wertvollen Hinweis auf die Beständigkeit. Wird bei der Korrosion, beispielsweise beim Angriff saurer Lösungen, Wasserstoff entwickelt, so kann die zeitliche Verfolgung der entwickelten Wasserstoffmengen ein Maß für die Korrosionsgeschwindigkeit und ihr Ausmaß abgeben.

e) Prüfung der elektrischen Durchschlagsfestigkeit.

Die Bestimmung der elektrischen Durchschlagsfestigkeit von anodisch oxydierten Drähten oder Blechen erfolgt nach DIN VDE 6450, aber mit einer Spannung von 30 V (K. S t e n d e r[490]). Bei Drähten darf die Zahl der Fehlstellen auf 15 m Länge nicht mehr als 15 betragen.

Eine Apparatur zur Bestimmung der elektrischen Durchschlagsfestigkeit von flachen Blechen hat J. W a l t e r jun.[491] näher beschrieben (Abb. 49). Die Sekundärspannung des Transformators MFO kann durch einen im Primärstromkreis eingeschalteten Schiebewiderstand bis zu etwa 2000 V gesteigert werden. Das zu prüfende Blech wird mittels eines Schieberheostaten mit dem einen Pol des Transformators leitend verbunden, während der andere Pol mit einer 1 qcm großen Kupfer blechelektrode in Verbindung steht. Diese wird auf das Aluminiumblech durch ein zylindrisches Bleigewicht von 500 g an die Oxydschicht angedrückt. Durch Regulierung mit dem Schieberwiderstand wird die an die Probe angelegte Spannung bis zum Durchschlagspunkte gesteigert, die am Voltmesser abgelesen wird. Zur Vermeidung von Streuungen ist der Mittelwert von mehreren Messungen zu nehmen.

f) Optische Prüfverfahren.

Bei der metallographischen Prüfung elektrolytisch oxydierter Aluminiumlegierungen im polarisierten Licht (F. K e l l e r und G. W. W i l c o x[492]) wird an Hand von Vergleichsproben ermittelt, ob die Oxydschichten in gleichen oder in einem verschiedenartigen Elektrolyten hergestellt waren. Sind Kupfer, Magnesium, Silizium und Zink als Legierungsbestandteile vorhanden und in fester Lösung gleichmäßig im Aluminium verteilt, so verhält sich die Oxydschicht ähnlich wie die auf Reinaluminium erzeugte Schicht. Sind aber Unregelmäßigkeiten im Gefüge vorhanden, wie z. B. bei Aluminiumgußlegierungen, so ist dies in der Struktur der Oxydschichten erkennbar.

Größere Poren oder die Ausbildung von Spalten und Rissen in der Oxydschicht können durch Untersuchung der in leicht schmelzenden Metallen eingebetteten und geschliffenen Probekörper nach den üblichen metallographischen Methoden erkannt werden (H. R ö h r i g und E. K ä p e r n i c k[493] sowie G. E l ß n e r[494]).

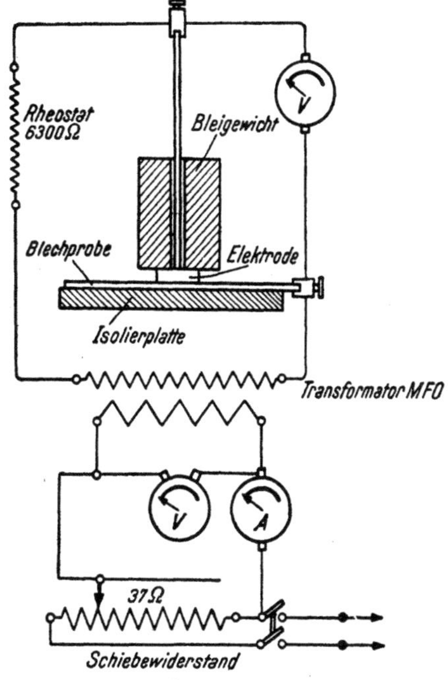

Abb. 49. Apparatur zur Bestimmung der Durchschlagsfestigkeit von Oxydschichten (J. Walter jr.).

Die elektronenmikroskopische Untersuchung von Metallproben liefert die besten Ergebnisse, wenn die Proben mit einer Lösung von Kollodium in Amylazetat bedeckt sind (J. B é n a r d[495]). Bei der Untersuchung von Aluminiumoxydfilmen ergibt sich das elektronenmikroskopische Bild aus Unterschieden in der Orientierung der Kristalltextur (s. Abb. 3 bis 6).

g) Prüfung mechanischer Eigenschaften der Überzüge.

Die Bestimmung der mechanischen Eigenschaften der Überzüge stößt auf erhebliche Schwierigkeiten, da bei den meisten gebräuchlichen Prüfverfahren zur Bestimmung der Härte, Dehnung, Verschleißfestigkeit, Biegefähigkeit, Sprödigkeit usw. stets auch die Eigenschaften des Grundmetalles mehr oder weniger in Erscheinung treten werden. Man muß daher bei der Auswahl des Prüfverfahrens so vorgehen, daß die Eigenschaften des Überzuges möglichst wenig durch das Grundmetall beeinflußt werden und eine getrennte Prüfung der Oxydschicht möglich ist.

Die Haftfestigkeit eines Überzuges wird am einfachsten durch die Biegeprobe ermittelt, bei welcher ein mit dem Überzug versehenes dünnes Blech mehrmals um einen Winkel von 180° hin- und hergezogen wird. Guthaftende Überzüge dürfen bei dieser Prüfung nicht abspringen oder Risse bekommen.

Einen wertvollen Aufschluß über die Haftfestigkeit liefert die Tiefziehprobe mit Hilfe des Erichson-Apparates. Schlechthaftende Überzüge werden beim Tiefziehen sofort abspringen, harte Überzüge Risse und Sprünge erhalten. Bei dickwandigen Prüfkörpern bestimmt man die Haftfestigkeit des Überzuges durch Feilen an einer freiliegenden Kante des Überzuges, wobei dieser nicht abplatzen darf. Auch durch Führen mehrerer Schläge mit einem Hammer, durch Walzen oder Schmieden kann die Haftfestigkeit eines Überzuges ermittelt werden.

Drähte, Seile, Bänder usw. werden entweder um einen Dorn, dessen Durchmesser dem Drahtdurchmesser entspricht, zu einer Spirale aufgewickelt oder bis zum Bruche öfters hin- und hergebogen.

Die Härte eines Überzuges wird am besten durch Bestimmung der Ritzbreite beim Ritzen mit einem geschliffenen Diamanten, der mit verschiedenen Gewichten belastet werden kann, ermittelt. Sehr gebräuchlich sind die Apparate nach A. Martens und der Diritest von K. Zeiß, Jena (K. Sporkert[196]). Bei letzterem ist die Ritzvorrichtung mit einem Mikroskop verbunden, wodurch die Untersuchung wesentlich erleichtert wird. Auch von der Firma Schopper, Leipzig, wurde ein Kleinhärteprüfer in Verbindung mit einem Mikroskop für die Bestimmung der Ritzbreite entwickelt. Der Mikrohärteprüfer der Firma Zeiß gestattet Härteprüfungen an einzelnen Gefügebestandteilen unter dem Mikroskop vorzunehmen (H. Hanemann und E. O. Bernhardt[197]). Es wird die Eindrucktiefe eines Prüfdiamanten aufgenommen.

Alle Härteprüfungen von Oxydschichten auf Aluminium nach der Ritz- und Eindruckmethode sind wegen der Durchsichtigkeit der Oxydüberzüge schwierig durchzuführen. Bei einer Dunkelfeldbeleuchtung oder Verwendung gefärbter Schichten ist jedoch die Ritzbreite oder Umrandung des Eindruckes besser zu erkennen.

Von A. Hache[498] wurde die Härte von anodisch erzeugten Oxydschichten auf Aluminiumlegierungen in der Weise bestimmt, daß eine Spitze aus Wolframkarbid, die mit einer Lampe zusammen in einem Stromkreis geschaltet ist, mit verschiedenen Belastungen auf die isolierende Oxydschicht gedrückt wurde. Diejenige Belastung, bei welcher das Durchbrechen der Schicht durch Aufleuchten der Lampe angezeigt wurde, wurde als Härtemaß gewertet. Sie betrug bei oxydiertem Aluminium etwa 12 kg, bei oxydierten Aluminium-Kupfer-Legierungen etwa 8,5 kg.

Bei der Untersuchung der *Verschleißfestigkeit* ist die Schichtstärke zu berücksichtigen. Man kann dann die Widerstandsfähigkeit auf die Schichtstärke von der Dicke 1 Mikron beziehen und dieses als spezifische Widerstandsfähigkeit bezeichnen. Von W. Mauksch und N. Budiloff[499] wurde für die Verschleißfestigkeit von nichtleitenden Deckschichten ein Verschleißprüfungsapparat entwickelt, bei welchem die Proben auf einen Schlitten aufgespannt unter einem mit 300 g belasteten Hartmetallstift hin- und herbewegt werden. Ist die Deckschicht durchgerieben, so wird ein Relaisstrom geschlossen, der den Antriebsmotor stillsetzt. Die Schneide des Reibstiftes ist sichelförmig ausgebildet. Ein Zählwerk erlaubt die Feststellung der Hin- und Hergänge, die um so größer sind, je dicker und härter das Deckschichtenmaterial ist.

Auch mit dem oben beschriebenen Apparat von Hache kann die Verschleißfestigkeit von Oxydschichten ermittelt werden. Die Wolframkarbidspitze wird mit einem Gewichte belastet, das zum Durchbrechen der Schicht nicht ausreicht, und 10mal auf der Schicht hin- und herbewegt. Der Weg in einer Richtung beträgt 5 cm, die Dauer der Hin- und Herbewegung 5 Sekunden.

Nach einem von der ASTM[500] vorgeschlagenen Verfahren kann man auch aus der zum Durchreiben der Oxydschicht erforderlichen Menge von Carborundumpulver, das durch einen Preßluftstrahl auf die Prüfstelle aufgeschleudert wird, auf die Verschleißfestigkeit schließen. Weniger empfehlenswert ist die Bestimmung der Umdrehungszahlen einer Schleifscheibe aus geschmolzener Tonerde in einem anorganischen Bindemittel, die bis zum Durchreiben der Schicht notwendig sind.

Ähnlich ist ein Verfahren von A. Winkler[501], bei welchem ein feiner Sandstrahl aus einer bestimmten Höhe auf die unter einem Winkel von 45° geneigt liegende Probenoberfläche auffallen gelassen wird. Die Menge des Sandes, der bis zum Durchscheuern der Schicht erforderlich ist, stellt ein Maß für den Abnützungswiderstand der Schicht dar.

Beim Verfahren von K. Sporkert[502] und W. Pfanhauser[503] werden die Prüfstücke unter einem bestimmten Druck an freischwingenden Hebelarmen in der Längsrichtung einer rotierenden gußeisernen Walze hin- und herbewegt. Bei isolierenden Deckschichten ist der Hebel mit der Probe und dem Walzenlager in einem Stromkreis eingeschaltet, wobei durch ein Relais im Augenblicke des Durchscheuerns der Schicht der auftretende Strom den Antriebsmotor der Walze stillsetzt.

Literaturverzeichnis.

[477] Anonym, Met. Ind. London 51, 91—93, 1937. — [478] F. Loepelmann, Metallwirtschaft 16, 777, 1937. — [479] W. Wiederholt, V. Duffek und A. Vollmer, Korrosion und Metallschutz 18, 37—41, 1942. — [480] Werner, Chem. Zentralbl. 1941, II, 1424. — [481] W. D. Treadwell und A. B. Obrist, Helv. Chim. Acta 24, 998—1005, 1941. — [482] H. Fischer, Aluminium 19, 358—66, 1937. — [483] Dornier-Werke, DRP. 704 785. — [484] W. Mauksch und N. Budiloff, Aluminium 19, 298—302, 1937. — [485] W. Baummann, Metallwirtschaft 17, 236—38, 1938. — [486] V. Duffek, Ztschr. Metallkunde 30, 265—67, 1938. — [487] W. Wiederholt, Chim. et Ind. 41, Sond.-Nr. 4, 332—35, 1938. — [487a] C. Sonnino, Rev. Aluminium No. 168, 283, 1950. — [488] A. M. Tumanow, Betriebslaboratorium (russisch) 6, 1237—40, 1937. — [489] L. Schuster und R. Krause, Korrosion und Metallschutz 18, 81—88, 1942. — [490] K. Stender, Aluminium 24, 147—50, 1942. — [491] J. Walter jun., Aluminium-Archiv, 1. Bd., 1936, S. 53. — [492] F. Keller und G. W. Wilcox, Metals and Alloys 10, 187—95, 1939. — [493] H. Röhrig und E. Käpernick, Aluminium 25, H. 11, 1913; MSV-Metallwarenindustrie und Galvanotechnik 42, (25), Nr. 6, 167—71, 1944. — [494] G. Elßner, Aluminium, 25, 310—16, 1943. — [495] J. Bénard, Met. Corrosion Usure 18 (19), 48—49, 1943. — [496] K. Sporkert, Metallwirtschaft 16, 854—59, 1937. — [497] H. Hanemann und E. O. Bernhardt, Ztschr. Metallkunde 32, 35—38, 1940. — [498] A. Hache, Bull. Ass. Techn. Fonderie 10, 448—51, 1936. — [499] W. Mauksch und N. Budiloff, Aluminium 19, 289—302, 1937. — [500] ASTM, Met. Ind. London 51, 91—93, 1937. — [501] A. Winkler, K. W. Fröhlich, Mitt. Forschungsinst. Schwäbisch-Gmünd 7, 37—44, 1933. — [502] K. Sporkert, Werkstatttechnik 30, 221—26, 1936. — [503] W. Pfanhauser, Galvanotechnik, 8. Aufl., 2. Bd., 1155—56, 1941.

11. Die chemische Oxydation des Aluminiums und seiner Legierungen.

Die natürliche Oxydschicht auf dem Aluminium läßt sich zum Zwecke der Erhöhung der Korrosionsbeständigkeit außer durch die elektrolytische Oxydation auch durch eine rein chemische Behandlung mit Oxydationsmitteln verstärken. Während die durch die anodische Oxydation erzeugte Oxydschicht mechanisch sehr widerstandsfähig, hart und bei entsprechender Imprägnierung äußerst korrosionsbeständig und durchschlagsicher ist, ist der chemisch hergestellte Oxydfilm weicher. Er weist auch eine kleinere Korrosionsbeständigkeit und geringeres elektrisches Isolationsvermögen auf. Auch die Möglichkeit zur Veränderung der Oberflächenbeschaffenheit, wie Anfärbbarkeit, sind nicht so groß wie bei der elektrolytischen Oxydation.

Die Korrosionsbeständigkeit der durch die chemische Oxydation erhaltenen Oxydschichten reicht aber in vielen Fällen aus, so daß man sich häufig mit der einfacheren chemischen Oxydation begnügt. Denn während die elektrolytische Behandlung ähnlich wie eine galvanische Anlage einen erheblichen Aufwand von Apparaturen, Meßinstrumenten, Generatoren, Transformatoren, Gleichrichtern usw. erfordert, benötigt man für die chemische Oxydation nur ganz einfache, heizbare Behälter sowie Spül- und Nachbehandlungsgefäße. Die gute Korrosionsbeständigkeit der Oxydschicht, die auf chemischem Wege erhalten wurde, sowie die weitere Steigerung durch die anodische Oxydation im Verhältnis zum unbehandelten Aluminium geht am besten aus dem Vergleich der Schichtdicken des Oxydfilmes hervor. Während die natürliche Oxydschicht eine Dicke von etwa 0,04 bis 0,2 Mikron aufweist, besitzt die chemisch erzeugte Schicht eine Dicke von 1 bis 2 Mikron und die elektrolytisch erhaltene eine solche von 15 bis 17 Mikron (G. Elßner[504] und H. Fischer[505]). Die chemischen Oxydationsverfahren haben eine erheblich geringere Bedeutung als die elektrolytischen.

Von den zahlreichen, in der Patentliteratur vorgeschlagenen Verfahren zur Verstärkung der natürlichen Oxydschicht auf dem Aluminium haben sich nur einige in der Technik eingebürgert, insbesondere sind hier das modifizierte Bauer-Vogel-Verfahren (MBV-Verfahren), das Jirotka-, EW-, LW-, Protal-, Alodising-verfahren usw. zu nennen.

a) Das MBV-Verfahren.

Im Jahre 1915 schlugen O. Bauer und O. Vogel[503] vor, zur Erzeugung einer verstärkten Oxydschicht auf dem Aluminium dieses in einer Lösung von 25 g/l Kaliumkarbonat, 25 g/l Natriumbikarbonat und 10 g/l Kaliumbichromat zu behandeln. Die Oxydation wurde bei 90 bis 95° C durchgeführt und dauerte 2 bis 4 Stunden. Um diese lange Behandlungsdauer abzukürzen, wurde der Zusatz einer geringen Menge von Alaun empfohlen (O. Bauer und O. Vogel[506] und Anonym[507]), jedoch erhält man selbst auf diese Weise immer noch allzulange Behandlungszeiten.

Von G. Eckert[508] und H. Schick[509] wurde das Bauer-Vogel-Verfahren durch eine Abänderung der Zusammensetzung des Elektrolyten derart verbessert, daß die Behandlungszeit auf 5 bis 10 Minuten herabgesetzt werden konnte. Das Oxydationsbad besteht nunmehr aus einer Lösung von 5% kalzinierter Soda und 1,5% Natriumchromat, die bei 90 bis 100° C angewendet wird. Man läßt die Gegenstände so lange in der Behandlungsflüssigkeit, bis sie mit einer graugefärbten Schicht bedeckt sind. Hierauf wird in fließendem Wasser gut gespült und getrocknet.

Das heiße alkalische Oxydationsbad hat selbst eine ausreichende Entfettungswirkung, so daß es nicht notwendig ist, die zu oxydierenden Aluminiumgegenstände vor der Oxydation gesondert zu entfetten (E. Herrmann[510]). Bei stark verschmutzten und befetteten Gegenständen wird jedoch die Soda des Oxydationsbades zu schnell verbraucht, so daß man, wenn das Bad nur mehr langsam arbeiten sollte, frische Soda zusetzen muß. Die entfernten Fettstoffe sammeln sich auf der Badoberfläche an, von wo sie leicht entfernt werden können. Nur bei eingebrannten Ölfilmen oder stark oxydierten Gegenständen ist eine vorbereitende Oberflächenreinigung durch Bürsten, Schleifen, eine chemische oder elektrolytische Entfettung oder ein Beizen vorzunehmen (s. S. 48).

Einfluß der Zusammensetzung des Grundmetalles. Im allgemeinen können alle Aluminiumlegierungen mit Ausnahme der kupferreichen Legierungen, wie Al-Cu, Al-Cu-Mg, nach dem MBV-Verfahren behandelt werden. Während die Oxydschicht auf Reinaluminium grau gefärbt ist, wird sie bei Aluminiumlegierungen mit 3 und mehr Prozent Magnesium mit steigendem Magnesiumgehalt immer heller; bei 7% Mg ist sie bereits farblos. Auch ein höherer Siliziumgehalt (G Al-Si) stört die Oxydation nicht (H. Schick[511]). Für die Behandlung magnesiumhaltiger Legierungen setzt man der Behandlungsflüssigkeit 10 g/l Ätznatron zu.

Einfluß der Oberflächenbeschaffenheit. MBV- und EW-Schichten fallen auf Reinaluminium und Aluminiumlegierungen, die noch mit einer Gußhaut versehen sind, fleckig aus. Das Korrosionsverhalten dieser Schichten ist dagegen genau so gut wie die Beständigkeit solcher Überzüge, die auf gedrehter, geschliffener oder gebeizter Metalloberfläche aufgezogen haben (H. N e u n z i g[512]). Ebenso ist die Korrosionsbeständigkeit der Oxydschichten auf Schweißraupen gleichmäßig gut. Es empfiehlt sich aber, die Schweißraupen vor der Oxydation mit Schmirgelpapier aufzurauhen.

Soll die MBV-Schicht nachträglich auf galvanischem Wege verkupfert werden, so soll die Gußhaut vor der Oxydation entfernt werden, da sonst die Kupferüberzüge porig ausfallen und demgemäß ihre Korrosionsbeständigkeit vermindert ist. Ebenso empfiehlt es sich, bei Färbungen der MBV-Schicht die Gußhaut vorher zu entfernen, da sonst keine gleichmäßigen Färbungen erzielt werden können. Auf Aluminiumproben mit grobem Gußgefüge fallen die MBV-Schichten meist fleckig aus. Die Verkupferung dieser Schichten zeigt dann ein schlechteres Verhalten bei der Korrosion als bei Oxydschichten auf feinkörnigem Gußgefüge.

Die Farbschichten auf der MBV-Grundlage lassen sich bei einem groben Gußgefüge auf polierter Fläche zum Unterschiede von gebürsteten Flächen bei 99,2 bis 99,5% Aluminium leicht abreiben. Bei einem Aluminium der Reinheit 99,8% Al lassen sich aber bei einem groben und feinem Gußgefüge der zu färbenden Fläche keine Unterschiede in der Gleichmäßigkeit der gefärbten Schichten mehr feststellen.

Einfluß der Behandlungszeiten im MBV-Bade. Eine Erhöhung der Badtemperatur auf 95 bis 100° C und eine Verlängerung der Kochdauer auf 20 Minuten verursacht porige Schichten, die für eine nachträgliche Lackierung eine gute Haftgrundlage bilden (H. S c h i c k[513]). Die Dicke der Schicht nimmt mit steigender Tauchzeit zu. Nach einer zweistündigen Behandlungsdauer beträgt sie bereits 6 Mikron. Die Oberfläche wird dabei rauher und poriger, wodurch auch ihre Aufnahmefähigkeit für Lacke und manche organische Farbstoffe zunimmt (W. H e l l i n g[514]). Eine Steigerung der Behandlungsdauer über 10 Minuten ist dann unzweckmäßig, wenn das zu schützende Werkstück mit Lösungen in Berührung kommt, die Ionen edlerer Metalle enthalten. Gegen oxydische Kochsalzlösung ist die Schicht aber um so beständiger, je dicker sie ist.

Da das alkalische Oxydationsbad das Aluminium stark angreift, muß die Behandlung dünnwandiger Gegenstände mit Vorsicht erfolgen. So darf nach H. N e u n z i g[515] die Behandlungsdauer von Aluminiumfolien der Dicke 0,030 mm eine Minute nicht überschreiten, während 0,050 mm starke Folien bereits 10 Minuten lang behandelt werden können. Dünnwandige Folien können bei längerer Behandlungsdauer leicht durchlöchert werden.

Zusammensetzung der MBV-Schicht. Nach Untersuchungen von H. H e l l i n g[514] besteht die auf walzhartem Reinaluminium durch eine 10 Minuten lange MBV-Behandlung gebildete Schicht aus 73% Aluminiumhydroxyd, 25% Chromhydroxyd, Rest Alkali und Silizium.

Durchführung des MBV-Verfahrens. Das MBV-Verfahren ist in seiner Durchführbarkeit ähnlich einfach wie z. B. das Beizen des Aluminiums mit Natronlauge. Die ganze Behandlung besteht nur in einem einfachen Eintauchen des Aluminiumgegenstandes in das heiße Oxydationsbad. Die Badbehälter können aus Holz, Eisen, emailliertem Eisenblech, Kupfer, Aluminium oder keramischen Stoffen bestehen. Die Beheizung des Behälters erfolgt am besten mittels Dampfschlangen, es kann aber auch direkter Dampf in die Lösung eingeleitet werden. Auf Kupfer, Messing und Eisen werden keine Oxydschichten erzeugt, sie stören bei nur geringen Oberflächenanteilen daher die Oxydation nicht. Bei großen, mit dem Aluminium in Verbindung stehenden Kupfer- oder Messingoberflächen kann jedoch die Bildung der Oxydschicht vollständig ausbleiben. Größere Kupferteile sind daher zu vermeiden, zu entfernen oder dürfen bei der Oxydation nicht in das Bad eintauchen.

Sollen größere Gefäße an der Innenwandung mit der MBV-Schicht versehen werden, so wäre es unzweckmäßig, die Lösung in das Gefäß einzufüllen und dieses dann von außen auf die Behandlungstemperatur zu erhitzen. Man würde in diesem Falle ungleichmäßige Oxydschichten erhalten. Um dies zu vermeiden, heizt man am besten die Flüssigkeit rasch mit Dampfschlangen oder mit direktem Dampf auf 90 bis 100° C auf. Fehlt eine Dampfheizung, so füllt man den Behälter entweder vorerst mit reinem Wasser, das dann von außen zum Sieden erhitzt wird. Hierauf werden die entsprechenden Mengen Soda und Chromat aufgelöst. Man kann aber auch die Behandlungsflüssigkeit in einem gesonderten Behälter erhitzen und sie dann im heißen Zustande in das zu behandelnde Gefäß einfließen lassen. Sollen die Innenwandungen von Aluminiumrohren oxydiert werden, so leitet man die 95 bis 100° C heiße MBV-Lösung unter Druck durch die Rohre hindurch (H. Neunzig[516]).

Kann das Oxydationsbad nur ein einziges Mal verwendet werden, wie z. B. für die Behandlung eines festmontierten größeren Apparates, oder wenn Behälter größerer Dimensionen, z. B. ein Trinkwasserbehälter aus Aluminium, oxydiert werden sollen, dann kann man die normal zusammengesetzte Behandlungsflüssigkeit bis auf das 40fache ihres Anfangsvolumens verdünnen und erhält trotzdem gleichgute Überzüge, natürlich bei wesentlich längerer Behandlungsdauer.

Kann die Behandlungsflüssigkeit nur schwierig auf eine Temperatur von 90 bis 100° C erhitzt werden, so kann man das Verfahren auch bei einer Temperatur von 30 bis 40° C durchführen, wenn man pro 1 kg MBV-Salz 150 bis 160 g festes Ätzkali zusetzt. Innerhalb einer Stunde erhält man sehr gut schützende Überzüge.

Um bei der Behandlung größerer Gegenstände allzugroße Flüssigkeitsvolumina zu vermeiden, kann man die einzelnen Teile des großen Apparates für sich oxydieren und dann den Apparat durch Schweißen oder Nieten zusammenbauen. Da durch das Schweißen usw. die Oxydhaut an der Bearbeitungsstelle zerstört wird, bringt man auf die Schweißnaht usw. mit einem Pinsel eine pastenförmige kristalline Masse, bestehend aus einer Mischung von 10 Teilen Natriumchromat, 4 Teilen wasserfreier Soda, 4 Teilen Ätzkali und 10 bis 15 Teilen Wasser auf. Nach Ausbildung der Oxydschicht wird die Paste entfernt und sorgfältigst, z. B. durch eine 10 bis 15 Minuten lange Einwirkung eines Wasserstrahles, gespült und gereinigt (E. Herrmann[510]). Dieses breiförmige Gemisch kann auch zur Behandlung größerer Oberflächen überhaupt verwendet werden.

Massenartikel können in einfacher Weise ohne Anwendung einer Trommel mit einer MBV-Lösung behandelt werden, da die starke, bei der Oxydation stets auftretende Gasentwicklung eine ständige Bewegung der Teile bewirkt. Ebenso können Metallgewebe ohne Rührung der Lösung behandelt werden (W. Helling und H. Neunzig[517]).

Der Verbrauch an Chemikalien ist bei der chemischen Oxydation nur gering. Man hat festgestellt, daß man mit 10 Litern einer 6,5%igen MBV-Lösung 32 qm Metalloberfläche oxydieren kann. Die Oxydschicht ist sehr fest mit der Metalloberfläche verankert. Sie wächst gleichsam aus der natürlichen Oxydschicht heraus. Beim Falzen und Biegen splittert die Schicht nicht ab. Sie darf weder mit Sand noch mit Metalldrahtbürsten, wohl aber mit Wurzelbürsten gereinigt werden. Ihre mechanische Widerstandsfähigkeit ist aber gering. Gleichwohl kann man sie mit einem Fingernagel nicht ritzen. Die Oxydschicht besitzt eine gewisse Fernschutzwirkung, so daß bei geringeren Verletzungen des Überzuges trotzdem keine Korrosion eintritt.

Nachbehandlung. Sowohl die Härte als auch die Korrosionsbeständigkeit der Oxydschichten können durch eine 15 bis 20 Minuten lange Nachbehandlung in einer Lösung von 3 bis 5% Alkalisilikat (löslichem Wasserglas) bei 90° C mit nachfolgender Spülung mit fließendem Wasser erheblich verbessert werden. Durch Trocknung der Schicht bei 150° C wächst ihr Verankerungsvermögen für Lacke. Dagegen wird mit zunehmender Entwässerung der Schicht weniger Wasserglas aufgenommen. Wird die mit Wasserglas imprägnierte Schicht in einer offenen Flamme ausgeglüht, so steigt ihr Schutzvermögen beträchtlich. Durch Alterung der MBV-Schicht an der Luft steigt ihr Widerstand gegen kalte 10%ige Natronlauge und verdünnte Salzsäure an (W. Helling[518]).

Die Oxydschicht (1,5 Minuten im MBV-Bad) kann in einer Lösung von 25 g/l Kupfernitrat, 10 g/l Kaliumpermanganat und 4 ccm Salpetersäure (65%) rotbraun gefärbt werden (80° C, 2 Minuten Tauchzeit, 5 Minuten lang wässern, 30 Minuten bei 150° C trocknen). Tombakähnlich wird die Schicht, wenn die Gegenstände statt bei 150° C getrocknet 15 Minuten in destilliertem Wasser ausgekocht und dann erst getrocknet werden. Eine schwarze Färbung kann man erzielen, wenn man wie für „Rotbraun" arbeitet, aber statt 2 Minuten 20 Minuten lang kocht.

Die MBV-Schicht kann durch einen Zusatz von 4 g/l Kaliumpermanganat zur MBV-Lösung (10 Minuten Behandlungsdauer, 90 bis 95° C) rötlich-braun bis gelbstichig gefärbt werden. Dunkelbraun wird die Farbe, wenn nach einer 10 Minuten langen MBV-Behandlung nur 2 Minuten lang in das permanganathaltige Bad eingetaucht wird.

Die MBV-Schicht kann auch mit organischen Farbstoffen gefärbt werden, wobei diese Behandlung am besten unmittelbar nach der Oxydation vorgenommen wird, da dann die Schicht am saugfähigsten ist. Zur Färbung eignen sich beispielsweise folgende Lösungen: für Gelb: 1 g Zaponechtgelb GG, 1 ccm konzentrierte Essigsäure, 1 l Wasser; für Blau: 1 g Fanalblau LR, 1 ccm konzentrierte Essigsäure, 1 l Wasser; für Grün: 1 g Fanalgrün LBB, 1 ccm konzentrierte Essigsäure, 1 l Wasser; für Rot: 1 g Zaponrot scharlach CG, 1 ccm konzentrierte Essigsäure, 1 l Wasser.

Die chemische Oxydation des Aluminiums und seiner Legierungen kann auch als eine Vorbehandlung vor dem galvanischen Aufbringen, z. B. von Kupferschichten aus sauren Kupferbädern, dienen (H. Schick[519]).

Die auf chemischem Wege erzeugte Oxydschicht stellt eine ausgezeichnete Grundlage für Lacke und Anstriche dar (H. Röhrig und W. Nicolini[520]). Das Lackaufnahmevermögen der Schicht wird um so größer, je länger die Tauchzeit ist und je stärker die Schicht getrocknet wurde. Die Ursache für die gute Haftung der Lacke ist ihre innige Verzahnung mit der Oxydschicht (H. Neunzig und W. Helling[521]). Nach dem MBV-Verfahren oxydierte Aluminiumrohre werden zweckmäßig sowohl außen als innen mit Lacken versehen. Um bei der Innenlackierung ein Zusammenlaufen des Lackes zu verhindern, empfiehlt es sich, nach dem Lackdurchlauf 15 Minuten durch das Rohr vorgewärmte Luft hindurchzuleiten (H. Neunzig[522]). Auch mit heißem, geschmolzenem Paraffin kann die Oxydschicht nachbehandelt werden.

Chemisches Verhalten der MBV-Schicht. Von anorganischen und organischen Säuren und Laugen, Chlorkalk u. dgl. wird die Oxydschicht leicht aufgelöst. Hingegen ist sie bereits gegen wasserglashaltige Alkalilaugen beständig (s. a. Tab. 4). Gegen kalten und heißen Alkohol, Mischungen von Alkohol mit Wasser, Spirituosen, verdünnte und konzentrierte Kochsalzlösungen, Meerwasser, Fruchtsäfte, Sirup, saure Milch, Heringslake, Sauerkraut, gesalzene Butter, Bier (auch saures), Milch, Öle, Fette, Margarin, Kohlenwasserstoffe, Urin, Jauche, Schmierseife, Kupfer-Kalk-Brühe, photographische Entwickler, Karbidschlamm, Mörtel, Odol, Kölnerwasser, Persil usw. ist die MBV-Schicht beständig. Sie kann daher für Wasserbehälter von Trinkwasserversorgungsanlagen, für Gefäße und Behälter für Lebensmittel und viele Chemikalien, für Schiffe, Warmwasseranlagen, Radiatoren, Heiz- und Kühlschlangen, Gefäße für die chemische Industrie, Konservenfabriken usw. angewendet werden.

Bei einer Verwendung im Freien neigen besonders die mit anorganischen Pigmenten gefärbten MBV-Schichten zu einem verstärkten Angriffe, während für einen Innengebrauch ihre Beständigkeit ausreicht (F. A. Allen[522a]).

b) Das EW- und LW-Verfahren.

Eine Abänderung des MBV-Verfahrens stellt das EW-Verfahren dar, bei welchem der MBV-Lösung pro Liter noch 0,06 bis 0,1 l/g lösliches Wasserglaspulver oder die entsprechende Menge von Wasserglaslösung (38° Bé) zugesetzt werden (Vereinigte Aluminiumwerke A. G.[523], H. Helling und H. Neunzig[524], H. Wolf[525], E. Raab, H. Roters und M. Engel[526]). Bei 95 bis 100° C bilden sich bei einer Tauchdauer von 8 bis 10 Minuten auf dem Aluminium helle, transparente Überzüge hoher Korrosionsbeständigkeit aus. Diese kann durch eine Nachbehandlung in kochender 2%iger Wasserglaslösung (Tauchdauer etwa 15 Minuten) noch erheblich gesteigert werden. Das Verfahren ist auch auf kupfer-, silizium- und magnesiumhaltige Aluminiumlegierungen bis zu 5% Magnesium anwendbar. Für die Oxydation von 10 qm Oberfläche werden 2,5 l Lösung verbraucht. Nach den Untersuchungen von H. Wolf und H. Tuxhorn[527] ergab die EW-Behandlung von Aluminiumlegierungen der Gattung Al-Cu-Mg mit einer Wasserglas-Nachbehandlung und anschließender Lackierung eine gute Korrosionsbeständigkeit. Anstelle der Wasserglaslösung kann auch ein Zusatz von 2,5 bis 3,5 g/l Natriumfluorid erfolgen.

Das LW-Bad besteht aus einer wäßrigen Lösung von 50 g/l Soda, 15 g/l Natriumchromat und 30 g/l Dinatriumphosphat (Vereinigte Aluminiumwerke A. G.[529]). Die Gegenstände aus Aluminium oder Aluminiumlegierungen werden 8 bis 10 Minuten bei Siedetemperatur behandelt, gründlich gespült und etwa 10 Minuten in einer Wasserglaslösung (1000 ccm Wasser, 30 ccm Wasserglaslösung von 40° Bé) gekocht, wieder gespült und 10 bis 15 Minuten bei 100 bis 120° C im Trockenschrank getrocknet.

Die EW- und LW-Schichten sind glatter, dichter und durchschlagsfester als die MBV-Überzüge (Anonym[529]). Außer mit einer Wasserglaslösung kann die Nachbehandlung auch mit heißem Paraffin, Anstrichen oder auf galvanischem Wege durch Abscheidung von Metallniederschlägen erfolgen.

c) Das Jirotka-Verfahren.

Beim Jirotka-Verfahren wird in oder auf einer Schicht aus Aluminiumoxyd oder einem Gemisch der Oxyde des Aluminiums, Chroms oder Mangans ein Metallüberzug eingelagert oder niedergeschlagen. Bei längerer Behandlungsdauer oxydieren sich die eingelagerten Schwermetalle mehr oder weniger stark, so daß dann neben dem Metall auch Schwermetalloxyd im Aluminiumoxyd eingelagert ist. Die Abscheidung der Metallniederschläge kann sowohl auf metallischem Aluminium als auch gemeinsam mit der Aufbringung von Oxydschichten des Aluminiums, Chroms und Mangans erfolgen (E. Rackwitz[530] und G. Elßner[531]). Das Jirotka-Verfahren ist auch für alle Aluminiumlegierungen, und zwar auch kupfer- und siliziumreiche, anwendbar.

Je nach dem sauren oder alkalischen Charakter der Behandlungsflüssigkeiten unterscheidet man saure, alkalische oder neutrale Bäder. Beim *sauren* Verfahren taucht man das Aluminium etwa 15 bis 60 Minuten lang in eine verdünnte Salpetersäure, die noch etwa 0,5% einer Verbindung des Zinks, Kobalts, Nickels, Chroms oder Kupfers enthält. Durch rein chemische Abscheidung des Schwermetalles lagert sich dieses in der gleichzeitig entstehenden Aluminiumoxydschicht ein. Durch die Eigenfärbung der in einem gewissen Grade mitgebildeten Metalloxyde wird die mitgebildete Schutzschicht z. B. bei einer Anwendung von Chromisulfat grün oder bei einem Zusatz von Kupfernitrat rotviolett gefärbt. Enthält das Bad auch noch Alkalichromate, so wird die Oxydationswirkung der Salpetersäure noch bedeutend verstärkt. Durch einen Zusatz von etwas Salz- oder Schwefelsäure kann eine starke Aufrauhung der Aluminiumoberfläche erzielt werden, wodurch das Haftvermögen von aufgebrachten Lacküberzügen erhöht wird (B. J i r o t k a[532]). Die erzeugte Oxydschicht eignet sich sowohl zur Aufbringung von starken galvanischen Metallüberzügen als auch Lacken und Anstrichen (G. K u t s c h e r[533]).

Läßt man auf das Aluminium bei Raumtemperatur eine etwa 5%ige Permanganatlösung einwirken, die noch rund 5% lösliche Chromate, 2% Schwefelsäure, Flußsäure oder Essigsäure sowie 0,5% einer Schwermetallverbindung enthält, so bildet sich auf dem Aluminium innerhalb von 10 bis 15 Minuten eine Schicht aus, die aus den 3 Oxyden des Aluminiums, des Chroms und Mangans besteht und Schwermetalloxyd eingelagert enthält. Die Zusammensetzung des Überzuges richtet sich nach den Gehalten der Behandlungsflüssigkeiten an den betreffenden Metallsalzen, Chromaten oder Permanganat. Die Farbe des Überzuges wird durch seine Zusammensetzung wesentlich beeinflußt und kann von gelb, rot, braun bis zu blauschwarz abgestuft sein. Durch einen Zusatz von Mangano- oder Manganisalzen wird die Einwirkungsdauer des Bades erheblich herabgesetzt. Anstelle der Schwefel-, Flußoder Essigsäure, welche die Abscheidung von Mangandioxyd auf der Aluminiumoberfläche bewirken, kann auch Wasserstoffperoxyd (1,2%) oder Natriumbichromat (2%) verwendet werden. Die elektrische Isolationsfähigkeit der zum überwiegenden Teile aus Mangandioxyd bestehenden Oxydschichten ist nur gering (B. J i r o t k a[531]).

Bei der Behandlung von Gegenständen aus Aluminium oder seinen Legierungen durch Tauchen oder Pinseln mit einer siedenden Lösung von Natrium-, Kaliumkarbonat oder Natriumbikarbonat, die eine geringe Menge eines Salzes eines gegenüber dem Aluminium elektropositiveren Metalles wie Mangan, Zink, Chrom, Eisen, Kobalt, Nickel, Zinn, Blei, Wismut, Kupfer, Silber oder Gold enthält, entsteht innerhalb weniger Minuten eine dunkel gefärbte Schicht. Diese besteht im wesentlichen aus den Oxyden der betreffenden Schwermetalle auf dem Aluminium oder einem Aluminiumoxydfilm. Durch einen Zusatz von Kaliumbichromat und Glyzerin zur Behandlungsflüssigkeit tritt eine beträchtliche Aufhellung der erzeugten Oxydschicht ein, die auch einen Glanz annimmt (B. J i r o t k a[535]).

An Stelle der löslichen Schwermetallsalze, die sich im Bade zum größten Teile in unlösliche Verbindungen umsetzen, können diese gleich von vornherein in dieser Form zugesetzt werden. Derartige Zusätze sind z. B. Silberchlorid, Bleisulfat und Nickelphosphat (B. J i r o t k a[536]).

Eine aus Zinkoxyd und Aluminiumoxyd bestehende Schicht wird aus einem alkalischen, Zinkat und Borax enthaltenden Bade erhalten, wobei der Anteil von Zinkoxyd im Überzug von der Alkalikonzentration abhängt (B. J i r o t k a[537]). Bei höherer Konzentration des Alkalis (10% Alkalikarbonat, 8% Natriumbikarbonat), von Natriumbichromat und des Schwermetallsalzes (1%) entstehen aus Gemischen von Schwermetallen und Aluminiumoxyd bestehende Überzüge. Kupferhaltige Filme sind rotgelb, nickel-, kobalt-, zinn- und silberhaltige Schichten hell- bis dunkelbraun und irisierend (O. S p r e n g e r[538]).

d) Das Protalverfahren.

Von Ch. B o u l a n g e r[539] wurde ein Verfahren zur Herstellung von fest haftenden und chemisch beständigen Schutzschichten auf Aluminium ausgearbeitet, bei welchen eine heiße alkalische Lösung von solchen Metalloxyden angewendet wird, die in mehreren Wertigkeiten auftreten. Die höhere Wertigkeitsstufe muß in Alkalien löslich, die niedrigere aber unlöslich sein. Als derartige Verbindungen kommen Alkalivanadat, -molybdat, -wolframat, -titanat, -uranat oder -manganat in Mengen von etwa 0,5% in Frage. Als Reduktionsmittel zur Abscheidung der unlöslichen Verbindung wirkt der bei der Einwirkung der alkalischen Flüssigkeit auf das Aluminium entwickelte naszierende Wasserstoff. Als Alkali kommen Ätznatron, Ätzkali, Soda oder Pottasche in Mengen von etwa 1% in Betracht. Die Tauchzeit beträgt bei 100° C etwa 40 Minuten. Vor dem Tauchen wird sorgfältig entfettet. Nach dem Spülen in Wasser wird getrocknet und hierauf die Schicht zur Verbesserung des Schutzvermögens gefettet. Das Protalverfahren ist für alle Aluminiumlegierungen, und zwar auch jene der Gattung Al-Cu und Al-Cu-Mg anwendbar (J. Journot und J. Bary[540], Ch. Boulanger[541] und J. Cournot[542]).

Die Schichtbildung ist von einer Wasserstoffentwicklung begleitet, welche aufhört, sobald die Bildung des Überzuges beendet ist. Die Überzüge sind grau gefärbt.

Abb. 50. Apparatur zur Durchführung des Protalverfahrens (Soc. Continentale Parker S. A.).

Die Einrichtungen zur Durchführung des Protalverfahrens sind sehr einfach, sie bestehen nur aus einem heizbaren Badbehälter und einer Spülwanne (Abb. 50, Soc. Continentale Parker). Neben den eigentlichen Badbehältern sind in dieser Abbildung die Einhängevorrichtungen sowie ein Glockenapparat zur Behandlung von Massenteilen ersichtlich.

Nach einer weiteren Ausgestaltung des Verfahrens können die Metallverbindungen auch in Form ihrer beständigen Komplexsalze, z. B. als Alkalithiomolybdat und Alkalichromsäurephosphat im Verhältnis 1 : 5 und einer Menge von 0,5% angewendet werden. Das Bad enthält auch noch etwa 1% Soda und geringe Mengen von Borax (Soc. Continentale Parker[543]). Die Abscheidung von schleimigem Aluminiumhydroxyd im Bade kann durch einen Zusatz von organischen Komplexbildnern, wie Zucker, Dextrin, Stärke, ferner von organischen hidroxylhaltigen Säuren, wie Zitronen-, Wein-, Malonsäure u. dgl. verhindert werden. Bei Anwesenheit von Alkaliphosphaten scheidet sich dann das Schwermetalloxyd frei von Aluminiumoxyd in weißer, dichter, kristallinischer und festhaftender Form als Phosphatüberzug auf der Aluminiumoberfläche ab (Soc. Continentale Parker[544], Ch. Boulanger[545] und P. Prier[546]).

Bei der Anwendung von Fluorsilikaten der Schwermetalle (Soc. Continentale Parker[547]) reagiert das Aluminium mit den komplexen Schwermetallsalzen bei praktisch neutraler Reaktion ($p_H = 6$) in der Weise, daß sich auf der Aluminiumoberfläche ein komplexes unlösliches Halogenid des Aluminiums neben den Schwermetalloxyden abscheidet. Besonders bewährt hat sich ein Bad, das Fluorsilikate des Titans neben Chromsäure enthält. Vorteilhaft wird die Entfettung nur mit einem organischen Fettlösungsmittel vorgenommen, um die natürliche Oxydhaut des Aluminiums zu erhalten, welche durch die chemische Oxydation nur verstärkt wird. Man kann aber auch in heißen Laugen mit nachfolgender Behandlung in 15%iger Salpetersäure beizen.

Die Behandlung ist sehr einfach und wird bei gewöhnlicher Temperatur durch Tauchen vorgenommen. Die Tauchzeit beträgt etwa 20 Minuten. In besonderen Fällen kann die Tauchbehandlung auch bei 50 bis 60° C vorgenommen werden. Nach dem Oxydieren wird gespült und getrocknet. Die Schicht besteht aus Aluminiumoxyd und komplexen Verbindungen des Chroms, Titans und Fluors. Sie ist in Wasser unlöslich und wird auch von starken Säuren nur langsam angegriffen. Mit einer Menge von 110 g des Salzes können etwa 0,5 qm behandelt werden. Als Badbehälter eignen sich emaillierte Gefäße oder mit rostsicherem Stahl ausgekleidete Behälter. Zur Nachbehandlung der Überzüge werden Fette, Wachse, Öle, Lacke und Anstriche verwendet. Die gelbgrün gefärbten Überzüge, welche nach 10 Minuten bei 20° C auf Aluminium-Magnesium-Legierungen erhalten werden, verhindern das Schweißen nicht (E. J a u d o n[547a]).

e) Weitere chemische Oxydationsverfahren für Aluminium und seine Legierungen.

Neben diesen bekannteren und auch technisch bereits bewährten Verfahren gibt es zahlreiche weitere Vorschläge namentlich in der Patentliteratur, die gleichfalls die Erzeugung von Schutzschichten auf Aluminium und seinen Legierungen zum Ziele haben. Obwohl ihre praktische Bedeutung erheblich geringer als jene der vorstehend geschilderten Verfahren ist, mögen sie der Vollständigkeit halber gleichfalls kurz besprochen werden.

Säuren. Konzentrierte Salpetersäure ergibt beim Eintauchen eine passivierende Schicht (D. J i r o t k a[548]). Nach dem Eintauchen in Salzsäure und Erhitzen auf 500 bis 600° C entsteht auf der Aluminiumoberfläche eine verstärkte Oxydschicht (A. L a n g[549]). Der Salzsäure können auch Alizarin oder Anilinfarbstoffe zugesetzt werden, wodurch die gebildete Oxydschicht gleichzeitig gefärbt wird (A. L a n g[550]). Eine zum Schweißen geeignete Oxydschicht soll durch Tauchen des Aluminiums in eine wäßrige Lösung von 20% Natriumsulfat und 10% Salpetersäure erhalten werden (N. G o l d o w s k i[551]). Als Oxydationsbad ist auch eine warme Lösung von Bichromat brauchbar (Akties. Norsk Aluminium Co.[552]).

Alkalien. Nach A. L a n g[553] wird der Aluminiumgegenstand in eine verdünnte Alkalilösung getaucht und dann auf 500 bis 600° C erhitzt. Wird der Alkalilösung ein Alizarin- oder Anilinfarbstoff zugesetzt, so entsteht durch Farblackbildung eine gefärbte Aluminiumoxydschicht (A. L a n g[554]). Beim Eintauchen in verdünnte Alkalihydroxyd- oder -karbonatlösungen bildet sich, ähnlich wie beim Beizen des Aluminiums, eine durch Eisen und Silizium grau gefärbte Oxydschicht (J. C z o c h r a l s k i[555]). Auch die bekannte Mattbeize für Aluminiumgegenstände, die aus verdünnter Alkalilauge mit einem Zusatz von Kochsalz besteht, wurde für die Herstellung von Oxydschichten auf Aluminium empfohlen (E. Z a n d e r[556]). Beim Abschrecken von auf 400° C erhitzten Aluminiumdrähten für elektrische Leitungen in einer 1,8%igen Sodalösung entstehen Oxydschichten (J. L i n d[557]). Schutzüberzüge auf Aluminium erhält man auch mit heißen, 0,4%igen Lösungen von Natriumaluminat und 1% Natriumoxalat (95° C, 30 Minuten) (Aluminium Comp. of America[558]). Anstelle von Natriumoxalat kann auch das Alkalisalz einer organischen Oxysäure, wie z. B. Glykol-, Milch-, Wein-, Zitronen-, Salizylsäure, verwendet werden (Dieselbe[559]). Zur Verhinderung der Zersetzung des Natriumaluminates kann auch 1 bis 2% Natriumsilikat (Dieselben[560]), Glyzerin oder Glukose (Dieselbe[561]) oder Tannin oder Ölsäure (Dieselbe[562]) zugesetzt werden.

Durch einen Zusatz eines Oxydationsmittels wird die schichtbildende Wirkung der Alkalilösungen verbessert. Als derartige Oxydationsmittel sind z. B. Salpeter (J. B. S o e l l n e r s Nachf.[563]), Lösungen von 0,2% Kalium- oder Natriumchromat und 2% Soda (A. P a c z[564]), 0,8% Natriumchromat, 12,5% Soda und etwas Ammoniumhydroxyd (J. M. F e r n a n d e z - L a d r e d a[565]) oder eine heiße Lösung von 3% Natriumbikarbonat mit 0,2% Kaliumbichromat (W. W. W e n t z[566]) geeignet.

Von O. W e b e r[567] wurde vorgeschlagen, die alkalischen, oxydierenden Lösungen in einem Autoklaven unter Druck anzuwenden. Glänzende Aluminiumoberflächen entstehen bei einer Behandlung des Aluminiums in alkalischen Ferrizyanidlösungen (180 g/l Kaliumferrizyanid, 180 g/l Natriumsulfat, 20 g/l Ätznatron, 80° C, 5 Minuten). Anstelle des Kaliumferrizyanids kann nach Perchlor-, Permangan-, Chrom-, Salpeter-, Pikrinsäure in sauren Bädern oder Peroxyde, Perborate in alkalischen Bädern verwendet werden[568].

Bei der Behandlung in verdünnten, 0,1%igen Alkalizyanidlösungen entsteht durch Hydrolyse eines Aluminiumsalzes eine Aluminiumoxydschicht (R. M. B e r t h i e r[569]). Nach R. Z u l e g e r[570] sollen schon bei Raumtemperatur festhaftende Schutzschichten in einem Bade erhalten werden, das aus 10 bis 40% eines Gemisches von Ätznatron und Chromsäure (1 : 1) besteht.

Die Oxydation in einer heißen Kaliumkarbonat-Bichromat-Lösung nach dem sog. Alrock-Verfahren hat sich bei einer 5jährigen Prüfung in Fluß- und Seewasser sowie bei atmosphärischer Bewitterung der anodischen Oxydation in Schwefelsäure als gleichwertig erwiesen (R. F. W r a y[571]).

Verdünnte Lösungen von Ammoniak (1 : 9) mit geringen Zusätzen von Ammoniumsalzen und Schwermetallfluoriden erzeugen in der Hitze auf eisenhaltigen Aluminiumlegierungen rote, auf Aluminium-Silizium-Legierungen schwarzgraue, auf Aluminium-Nickel-Legierungen braun gefärbte Oxydschichten (Aluminium Comp. of America[572]). Bereits durch eine mehrere Tage bis Wochen dauernde Einwirkung von Ammoniakdämpfen tritt eine Verstärkung der natürlichen Oxydschicht ein. (Erftwerk A. G.[573]). Glasklare, harte Aluminiumoxydüberzüge erhält man auf polierten und sorgfältig gereinigten Aluminiumgegenständen durch eine 40 Minuten lange Behandlung mit einer 70° C heißen, 3%igen Ammoniumhydroxydlösung, die 50 g/l Ammoniumpersulfat enthält. Emailähnliche Schutzschichten entstehen in heißen, wäßrigen Ammoniumhydroxydlösungen, die etwa 0,01% Alkalichromat enthalten (Dieselbe[575]).

Warme Lösungen von Alkalisilikaten, wie z. B. eine 65° C heiße Lösung der Dichte 1,1, ergeben mit nachfolgendem Erhitzen auf 150° C dichte, glänzende Überzüge (J. D a n i e l s, A. C. Z i m m e r m a n n und J. A. W a t s o n[576] sowie The British Thomson Houston Co.[577]). Eine Kieselsäure und Ammoniumoxyd enthaltende Schutzschicht entsteht auch beim Behandeln von Aluminiumflachdruckformen mit verdünnten Lösungen von Gummiarabikum, Aluminiumfluorsilikat, Ammoniumfluorsilikat, primärem Ammoniumphosphat, Ammonnitrat und Aluminiumnitrat (O. S t r e c k e r[578]).

Gefärbte Oxydschichten entstehen in Metallverbindungen enthaltenden Lösungen. Graue Überzüge erhält man in heißen Lösungen von Natriumstannat (Aluminium Comp. of America[579]), von Kaliumsulfid und Natriumwolframat, Kaliumpyroantimoniat oder Kobaltsulfat (K. V o l l r a t h und G. L a h r[580]), von 10 bis 20% Diammonphosphat und 5% Manganhydrat (H. K r a u s e[581]). Mangansalzhaltige, alkalische Bäder, die entweder Tartrate oder Ammoniumhydroxyd zur Bildung löslicher komplexer Kupferverbindungen enthalten, ergeben schwarz gefärbte Überzüge (Z. d'Amice[582], W. K o l k r a p p[583] und La Thermonité[584]).

Beim Eintauchen in Schmelzen anorganischer Verbindungen, wie z. B. von Natriumnitrat, Kaliumnitrat und etwas Kaliumbichromat, entstehen korrosionsbeständige Schutzschichten aus Aluminiumoxyd (I. W. K r o t o w und G. G. I w a n o w[585]).

Von A. P a c z[586] sind mehrere Verfahren zur Oxydation und gleichzeitigen Färbung vorgeschlagen worden, bei denen das Leichtmetall mit der Lösung eines Schwermetallsalzes sowie eines Oxydations- und Beizmittels behandelt wird. So entstehen bei der Behandlung mit 70 bis 100° C heißen Lösungen von 0,15% Natriumfluorsilikat, 0,2 bis 0,3% einer Nickel-, Kobalt- oder Molybdänverbindung sowie 0,3% eines Alkalinitrates dunkle, temperaturbeständige, korrosionsschützende und auch mechanisch widerstandsfähige Überzüge. Die dunkle Färbung geht auf die Abscheidung von Schwermetalloxyden sowie auf die Aufrauhung der Oberfläche durch das Natriumfluorsilikat zurück. Dieses kann auch durch Natriumoxalat, Natriumzirkonfluorid oder Natriumtitanfluorid ersetzt werden. Die Färbung wird dünkler, wenn mehrere Schwermetalloxyde gleichzeitig verwendet werden (A. P a c z[587]). Ihre Haftfestigkeit wird durch einen Zusatz von 0,2% Wolfram-, Molybdän- oder Borsäure, ihre chemische Widerstandsfähigkeit durch eine Nachbehandlung mit Chromatlösungen verbessert (A. P a c z[588]). Da der Färbevorgang sehr rasch verläuft, kann man zur leichteren Regulierung des Farbtones ein Hemmungsmittel, wie Zinkchlorid oder Zinksulfat zusetzen (A. P a c z[589]). Ein Zusatz von Antimonverbindungen verbessert, insbesondere bei Al-Si-Legierungen, die chemische und mechanische Widerstandsfähigkeit sowie die Lichtbeständigkeit des Überzuges (A. P a c z[590]).

Literaturverzeichnis.

[504] G. E l ß n e r, Oberflächentechnik 12, 68, 1935. — [505] H. F i s c h e r, Ztschr. Metallkunde 27, 26, 1935. — [506] O. B a u e r und O. V o g e l, DRP. 423 758. — [507] Anonym, Aluminium 8, Nr. 4, 8, 1926. — [508] G. E c k e r t, Hauszeitschr. Aluminium 3, 349, 1931: Metallwarenindustrie und Galvanotechnik 30, 81, 1932. — [509] H. S c h i c k, Z. Metallwarenindustrie, Schmuckwaren und Verchromung MSV 19, Nr. 8, 16—17, 1938. — [510] E. H e r r m a n n, Bulletin Technique de la Suisse Romande von 12. XI. 1932. — [511] H. S c h i c k, Korrosion und Metallschutz 15, 37—40, 1939. — [512] H. N e u n z i g, Aluminium 21, 510—16, 1939. — [513] H. S c h i c k, Korrosion und Metallschutz 15, 37—40, 1939. — [514] W. H e l l i n g, Aluminium 19, 375—81, 1937. — [515] H. N e u n z i g, Aluminium 19, 2—3, 1937. — [516] Derselbe, ebenda 19, 20—22, 1937. — [517] W. H e l l i n g und H. N e u n z i g, Chem. Fabrik 10, 431—33, 1937. — [518] W. H e l l i n g, Aluminium 19, 375—81, 1937. — [519] H. S c h i c k, Korrosion und Metallschutz 15, 37—40, 1939. — [520] H. R ö h r i g und W. N i c o l i n i, Maschinenbau, der Betrieb 13, 293, 1934. — [521] H. N e u n z i g und W. H e l l i n g, Chem. Fabrik 10, 431—33, 1937. — [522] H. N e u n z i g, Aluminium 19, 20—22, 1937. — [522a] F. A. A l l e n, Light Metals 11, 608—9, 1948. — [523] Vereinigte Aluminiumwerke A.G., DRP. 691 903. — [524] W. H e l l i n g und H. N e u n z i g, Aluminium 20, 536—38, 1938. — [525] H. W o l f, Metallwirtschaft 19, 1143—45, 1940. — [526] E. R a u b, H. R o t e r s und M. E n g e l, Mitt. Forschungsinst. Probieramt Edelmetalle, Staatl. Höhere Fachschule Schwäbisch-Gmünd 12, 1—9, 17—29, 1938. — [527] H. W o l f und H. T u x h o r n, Aluminium 21, 767—72, 1939. — [528] Vereinigte Aluminiumwerke A.G., DRP. 678 119. — [529] Anonym, Apparatebau 56, 34—36, 1944. — [530] E. R a c k w i t z, Metallbörse 18, 2109, 1928. — [531] G. E l ß n e r, Chem. Ztg. 59, 215, 1935. — [532] B. J i r o t k a, DRP. 469 534. — [533] G. K u t s c h e r, Farbe und Lack 1928, 313. — [534] B. J i r o t k a, DRP. 475 789, 488 554, 489 974, 494 262, 546 466. — [535] Derselbe, DRP. 442 766, 466 843. — [536] Derselbe, DRP. 463 752. — [537] Derselbe, DRP. 492 707, 456 770. — [538] O. S p r e n g e r, Patentverwertung Jirotka G. m. b. H., DRP. 462 507. — [539] Ch. Boulanger, FP. 679 011/1928; Met. Ind. London 38, 558, 1931; C. r. 191, 56, 1930. — [540] J. J o u r n o t und J. B a r y, Rev. Med. 27, 484, 1930. — [541] Ch. B o u l a n g e r, ebenda 28, 474, 1931; Assiers spéciaux 9, 501, 1934. — [542] J. C o u r n o t, J. Soc. Chem. Ind. 52, 891, 1933. — [543] Soc. Continentale Parker, AP. 1 811 298/1929. — [544] Dieselbe, FP. 710 042. — [545] Ch. B o u l a n g e r, C. r. 191, 56, 1930. — [546] P. P r i e r, AP. 1 923 502/1931. — [547] Soc. Continentale Parker, Revue de l'Aluminium Nr. 80, April 1936; FP. 732 230/1931, F. Zus.-P. 42 134/1932. — [547a] E. J a u d o n, Rev. Aluminium 24, 199, 1947. — [548] D. J i r o t k a, DRP. 469 534. — [549] A. L a n g, DRP. 182 421/1906. — [550] Derselbe, DRP. 186 910/1906. — [551] N. G o l d o w s k i, AP. 2 409 271. — [552] Akties. Norsk Aluminium Co., NP. 66 062. — [553] A. L a n g, DRP. 182 421/1906. — [554] Derselbe, DRP. 186 910/1906. — [555] J. C z o c h r a l s k i, Ztschr. Metallkunde 12, 430, 1920. — [556] E. Z a n d e r, Chem.-techn. Wochenschr. 1, 207, 1917. — [557] J. L i n d, AP. 1 429 441/1921. — [558] Aluminium Comp. of America, AP. 2 118 053. — [559] Dieselbe, AP. 2 118 055. — [560] Dieselbe, AP. 2 146 838. — [561] Dieselbe, AP. 2 146 833. — [562] Dieselbe, AP. 2 146 840. — [563] J. B. S o e l l n e r s Nachfg., Reißzeugfabrik, DRP. 421 020/1923. — [564] A. P a c z, DRP. 553 166. — [565] J. M. F e r n a n d e z - L a d r e d a, Ann. Espan. 31, 776, 1933. — [566] W. W. W e n t z, AP. 1 823 179/1929. — [567] O. W e b e r, Schweiz. P. 193 936. — [568] FP. 840 367. — [569] R. M. B e r t h i e r, Schweiz. P. 204 528. — [570] R. Z u l e g e r, FP. 883 393. — [571] R. F. W r a y, Aviation, New York 40, 83, 144, 146, 1941. — [572] Aluminium Comp. of America, AP. 1 551 613/1923. — [573] Erftwerk A.G., DRP. 550 285/1929. — [574] Vereinigte Aluminiumwerke A.G., DRP. 741 337. — [575] Dieselbe, DRP. 745 043/1943. — [576] J. D a n i e l s, A. C. Z i m m e r m a n n und J. A. W a t s o n, EP. 252 070/1925. — [577] The British Thomson Houston Co., EP. 361 364/1930. — [578] O. S t r e c k e r, DRP. 247 820. — [579] Aluminium Comp. of America, AP. 1 939 421/1932. — [580] K. V o l l r a t h und G. L a h r, Aluminium 17, Nr. 9, 91, 1934; Oberflächentechnik 12, 29, 1935. — [581] H. K r a u s e, Metallwarenindustrie und Galvanotechnik 33, 829, 1934/35. — [582] Z. d'Amico,

DRP. 248 857. — [583] W. K o l k r a p p, Z. Gesamte Gießereipraxis **50**, 137, 1929. — [584] La Thermonité, FP. 702 273/1929. — [585] J. W. K r o t o w und G. G. I w a n o w, Legkie Metally 3, Nr. 4, 36, 1934. — [586] A. P a c z, DRP. 480 720, AP. 1 614 684. — [587] Derselbe, AP. 1 710 743. — [588] Derselbe, DRP. 480 995, AP. 1 723 067. — [589] Derselbe, DRP. 508 207. — [590] Derselbe, DRP. 487 754.

12. Silikatschichten auf Aluminium und Aluminiumlegierungen.

Ähnlich wie bei der anodischen Oxydation von Aluminium und seinen Legierungen in sauren oder alkalischen Elektrolyten Oxydschichten entstehen, bilden sich in den Lösungen der Alkalisilikate bei der anodischen Behandlung dünne, isolierend wirkende und korrosionsbeständige, vorwiegend aus Aluminiumsilikat und Oxyd bestehende Schutzschichten aus. Ein derartiges Verfahren wurde beispielsweise von der Westinghouse Electric & Manufacturing Co.[591], von C. E. S k i n n e r und L. W. C h u b b[592], der British Thomson Houston[593], sowie der Kolster Brandes Ltd. M. St. H o b a n und F. R. W. S t r a f f o r d[594] zur Herstellung isolierender Überzüge auf Aluminiumdrähten angewendet. Die verhältnismäßig hohe Badspannung kann durch Zusätze von Natriumchlorid, wodurch die Sperrwirkung der Anode herabgesetzt wird, vermindert werden. Günstig wirkt sich auch ein Zusatz von Peroxyden und anderen Oxydationsmitteln aus, da hiedurch die Schichten oxydreicher und härter werden (Spezialfabrik für Aluminiumspulen und Leitungen[595]).

In Frankreich ist ein Verfahren zur Herstellung von Silikatschichten aus Alkalisilikatlösungen unter dem Namen „Procédé Cilum" bekanntgeworden (M. E. A. B a u l e und A. J. D u c a n[596] sowie M. P u b e l l i e r[597]). Nach M. E. A. B a u l e[598] werden die Aluminiumgegenstände oder die damit plattierten Werkstücke in einer Lösung von Ätznatron und Wasserstoffperoxyd gebeizt und sodann in einer Alkalisilikatlösung von 38 bis 42° Bé anodisch behandelt. Die Gegenstände werden sodann mit Ammoniumhydroxyd und hierauf mit Rizinusöl nachbehandelt, um die Überzüge unlöslicher und dichter zu machen.

Literaturverzeichnis.

[591] Westinghouse Electric & Manufacturing Co., AP. 999 749/1907, 1 068 410, 1 068 413/1910. — [592] C. E. S k i n n e r und L. W. C h u b b, Trans. Amer. Electro-chem. Soc. **26**, 137, 1914. — [593] British Thomson Houston Co., EP. 358 290/1930. — [594] Kolster Brandes Ltd. M. St. H o b a n und F. R. W. S t r a f f o r d, EP. 383 664/1931. — [595] Spezialfabrik für Aluminiumspulen und Leitungen, DRP. 283 110/1912. — [596] M. E. A. B a u l e und A. J. D u c a n, FP. 721 675/1930. — [597] M. P u b e l l i e r, Aciers Speciaux 6, 581, 1931. — [598] M. E. A. B a u l e, FP. 817 655/1933.

13. Die elektrolytische Oxydation des Magnesiums und seiner Legierungen.

Das Magnesium ist mit einem spezifischen Gewicht von nur 1,73 unser leichtestes, in der Technik als Bau- und Konstruktionsmaterial verwendetes Metall. Obwohl es ebenso wie das Aluminium zu der Gruppe der Leichtmetalle gerechnet wird, unterscheidet es sich in seinen Eigenschaften und besonders dem chemischen Verhalten bei der Korrosion grundlegend vom Aluminium. Dies geht eindeutig aus der folgenden Gegenüberstellung der Beständigkeit und Löslichkeit von Magnesium- und Aluminiummetall sowie ihrer Oxyde und Hydroxyde gegenüber Alkalien, Salzen und Säuren hervor (Tab. 8 nach G. E l ß n e r).

Tabelle 8. *Gegenüberstellung der chemischen Eigenschaften von Aluminium, Magnesium, deren Oxyden und Hydroxyden.*

Zustand	Angreifender Stoff	Aluminium	Magnesium
das Metall	Alkalien	löslich	praktisch unlöslich
„ „	Salze der anorganischen Säuren mit Ausnahme der Flußsäure	kaum sichtbarer Angriff	Auflösung unter sichtbarer H_2-Entwicklung
„ „	Flußsäure	löslich	praktisch unlöslich
„ „	konzentrierte Schwefelsäure	praktisch unlöslich	leicht löslich
„ „	Salzsäure	leicht löslich	leicht löslich
„ „	konzentrierte Salpetersäure	praktisch unlöslich	leicht löslich
das Oxyd bzw. Hydroxyd	Alkalien	leicht löslich	unlöslich

Eine der wesentlichsten Ursachen für dieses unterschiedliche Verhalten liegt darin, daß sich auf dem Aluminium an der Luft eine praktisch porenfreie, chemisch sehr beständige und festhaftende Oxydschicht ausbildet, während die unter den gleichen Bedingungen an der Atmosphäre auf Magnesium und seinen Legierungen gebildete Oxydschicht sehr stark porös ist. Diese Oxydschicht schützt zwar das Magnesium an der Luft vor einer weiteren Oxydation, jedoch kann sie stärkere Angriffe, wie von Meeresluft, Rauchgasen usw., auf die Dauer nicht verhindern.

Dazu kommt noch, daß das Magnesium mit einem Normalpotential von −2,39 V gegenüber −1,28 V beim Aluminium noch bedeutend unedler als das Aluminium ist. Dieses stark negative Potential kann sich wegen des Fehlens einer guten Schutzschicht nahezu ungehindert auswirken, so daß die meisten Salzlösungen das Magnesium unter deutlicher Wasserstoffentwicklung leicht auflösen können. Kein anderes technologisch verwendetes Metall ist derart korrosionsempfindlich, insbesondere gegen Meerwasser, als das Magnesium und seine Legierungen, so daß gerade beim Magnesium der Korrosionsschutz eine Hauptrolle für die Verwendbarkeit des Metalles in der Technik spielt.

Ein weiteres schwieriges Problem stellt beim Magnesium die geringe Haftfestigkeit von Lacken oder Anstrichen auf der unbehandelten Metalloberfläche dar (C. H. S. T u p h o l i n e[599]).

Die geringe Beständigkeit des Magnesiums wird durch Zulegierung verschiedener Metalle, insbesondere von Aluminium und Mangan, wohl etwas verbessert, aber für die technische Anwendbarkeit des Magnesiums unter ungünstigen Korrosionsbedingungen ist ein zusätzlicher Oberflächenschutz unbedingt erforderlich. Am stärksten wird die Korrosionsbeständigkeit des Magnesiums durch einen Zusatz von Mangan erhöht, weshalb fast alle in der Technik verwendeten Mg-Legierungen einen Mangangehalt von etwa 0,3 bis 0,5% Mn aufweisen. Ziemlich indifferent verhält sich das Silizium, während das Zink die Korrosionsbeständigkeit herabsetzt, aber die mechanischen Eigenschaften des Metalles verbessert. Meist beträgt die Summe aller Legierungsbestandteile nur bis zu 10%.

Ein Schutz des Magnesiums durch metallische Überzüge hat bisher zu keinem Erfolge geführt, da es bisher noch nicht gelungen ist, porenfreie und festhaftende Metallüberzüge auf Magnesium aufzubringen. Wegen des großen Potentialunterschiedes zwischen Magnesium und Überzugsmetall wirken sich aber Poren sehr gefährlich aus, da das Magnesium wegen seines negativen Potentiales stets im Lokalelement: Grundmetall-Deckschichtmetall, die Lösungsanode darstellt und daher nur um so stärker angegriffen werden wird.

Zur Verbesserung der chemischen Widerstandsfähigkeit und der Haftung von Lacken und Anstrichen auf Magnesium und seinen Legierungen stehen ebenso wie beim Aluminium sowohl elektrochemische als auch chemische Schutzverfahren zur Verfügung. Im allgemeinen ist der Schutz, der durch die chemischen Deckschichtbildungsverfahren erzielt werden kann, in vielen Fällen wohl ausreichend, wird aber von den elektrochemischen Verfahren wesentlich übertroffen. Aus diesem Grunde haben die anodischen Schutzverfahren eine größere Bedeutung als die rein chemischen Verfahren erlangt.

Zur Oxydation des Magnesiums eignen sich vor allem alkalische Lösungen von Fluoriden, Chromaten, Permanganaten, Boraten, Silikaten, Aluminaten, Phosphaten u. dgl. Von den Säuren sind die Chromsäure, Flußsäure und Permangansäure zur Schutzschichtbildung befähigt. Dennoch, kommen für die Praxis vor allem die alkalischen oder neutralen Bäder in Betracht, da in den sauren Bädern das Magnesium zu stark angegriffen wird. Eine Ausnahme machen die Braunstein-Chromsäure-Bäder. Auch in neutralen Lösungen von Salzen können an der Anode starke Anfressungen auftreten, weshalb diese Elektrolyte nur mit Vorsicht angewendet werden können. Außerdem sind die in neutralen Elektrolyten auf Magnesium gebildeten Deckschichten zufolge ihrer Sperrwirkung nur sehr dünn und lassen sich durch eine weitere Einwirkung des elektrischen Stromes nicht wesentlich verstärken. In den Lösungen von einfachen Alkalisalzen, wie Zyaniden, Chromaten, Boraten usw., werden daher nur sehr dünne Filme gebildet.

Wesentlich für die Technik der Oberflächenbehandlung der Magnesiumlegierungen ist auch der Umstand, daß der Konstrukteur alles vermeidet, was Ursache örtlicher Korrosionen sein könnte, wie z. B. Überlappungen und Falze, in denen sich Feuchtigkeit ansammeln könnte (E. E. H a l l s[600]).

a) Die Bildung von anodischen Deckschichten auf Magnesium und seinen Legierungen.

Bei der anodischen Behandlung von Magnesium in alkalischen Lösungen oder solchen Elektrolyten, die ein Anion enthalten, das mit dem Magnesium eine unlösliche Verbindung einzugehen vermag, entstehen auch auf Magnesium, ähnlich wie beim Aluminium unlösliche Deckschichten. Diese leiten den elektrischen Strom praktisch nicht und wirken daher als Sperrschichten. Besonders deutlich ausgeprägt ist die Ausbildung sperrend wirkender Überzüge auf Magnesium in konzentrierten Kaliumkarbonat- und ammoniakalischen Natriumphosphatlösungen. Gleichwohl sind diese und ähnliche Lösungen mit einer besonders hohen Sperrschichtwirkung zur Erzeugung von Schutzschichten nicht brauchbar, da in ihnen das Schichtdickenwachstum zu früh zum Stillstand kommt. Für die Ausbildung dickerer Schichten, die aus dem Metall herauswachsen, ist vielmehr eine, wenn auch geringe, so dennoch merkliche Löslichkeit des Metalles bei der anodischen Behandlung die Voraussetzung.

Der *Vorgang bei der Deckschichtbildung* auf dem Magnesium bei anodischer Behandlung besteht wahrscheinlich in einer unmittelbaren Oxydation des Metalles durch den an der Anode entwickelten Sauerstoff. Denn die bei der elektrolytischen Behandlung an der Anode entwickelte Sauerstoffmenge ist nur sehr gering. In alkalischen Lösungen ist auch eine Ausfällung von unlöslichem Magnesiumoxyd oder -hydroxyd aus primär durch anodische Auflösung des Magnesiums entstandenen Magnesiumsalzen durch Hydrolyse und freies Alkali möglich. Die eigentlichen Vorgänge der Schichtbildung am Magnesium sind noch bedeutend weniger durchforscht als beim Aluminium. Es steht nur so viel fest, daß auch beim Magnesium die Deckschicht von innen aus dem Metall heraus und nicht auf dieses aufwächst. Die Stärke des Metalles nimmt daher unter Zunahme des Gewichtes des behandelten Gegenstandes zu. Diese Dickenzunahme beträgt in den meisten Fällen jedoch nur einige Mikron.

Zum Unterschiede von den sauren Oxydationsbädern beim Aluminium, in denen das Aluminiumoxyd und -hydroxyd löslich sind, tritt bei der elektrolytischen Oxydation des Magnesiums in den alkalischen Bädern keine Rücklösung (s. S. 9) des Magnesiumoxyds und -hydroxyds ein, da diese Stoffe in Laugen unlöslich sind. Aus diesem Grunde wirkt sich auch eine Temperaturerhöhung für die Geschwindigkeit der Schichtbildung in den Oxydationsbädern für Magnesium günstig aus. Vielfach wird überhaupt erst bei höheren Temperaturen auf Magnesium eine brauchbare Oxydschicht erhalten.

Beim Magnesium besitzt das Oxyd ein kleineres Atom- und Molekularvolumen als das Metall. Infolgedessen können in den aus dem Metall herauswachsenden Oxydschichten leicht Spannungen auftreten, die zu einer starken Neigung zur Rißbildung und größeren Poren führen. Die Härte des Magnesiumoxyds ist auch bedeutend geringer als jene des Aluminiums. Während die Härte der Eloxalschicht Korundhärte erreicht (s. S. 65), weisen die Oxydschichten bei Magnesium meist Härten von 2 bis 3, in seltenen Fällen von 5 bis 6 nach M o h s auf. Die Verschleißfestigkeit von Oxydschichten auf Magnesiumlegierungen ist daher bedeutend geringer als auf Aluminium. Die größte Oberflächenhärte ist auf den aluminiumhaltigen Magnesiumlegierungen zu erzielen.

Diese Nachteile der Magnesiumoxydschichten haben auch dazu geführt, daß man Überzugsverfahren ausgearbeitet hat, die weniger auf die Erzielung einer Deckschicht aus Magnesiumoxyd, sondern aus anderen Magnesiumverbindungen, wie Fluorid oder Silikat, hinarbeiten. Magnesiumfluoridschichten und Magnesiumoxydfilme sind weicher als jene Überzüge, bei denen in das Oxyd oder Fluorid auch noch andere Verbindungen eingelagert sind.

Ein derartiges Verfahren ist z. B. das Flussal-Verfahren der I. G. Farbenindustrie A. G. und das Seomag-W-Verfahren der Siemens & Halske A. G.

Bei entsprechender Nachbehandlung ist es jedoch möglich, auch durch reine Magnesiumoxydschichten am Magnesium einen brauchbaren Korrosionsschutz zu erzielen.

Sämtliche auf elektrolytischem Wege durch anodische Oxydation in alkalischen oder sauren Lösungen erzeugten Schutzschichten aus Magnesiumoxyd, -hydroxyd, -fluorid, -silikaten oder Oxyden anderer Metalle bieten für sich allein keinen hinreichenden Korrosionsschutz, da sie mehr oder weniger stark porös sind. Erst durch eine Nachbehandlung mit Ölen, Wachsen, Lacken usw. wird eine ausreichende Korrosionsbeständigkeit erreicht. Da bei Verletzungen der Überzüge das Metall stark angegriffen wird und auch aufgebrachte Lacküberzüge abblättern, können nur fertig bearbeitete Gegenstände oxydiert werden. Die Überzüge sind verhältnismäßig spröde, so daß nach der Oxydation keine Bearbeitung, die mit einer Verformung verbunden wäre, vorgenommen werden kann.

Bei der elektrolytischen Oxydation des Magnesiums dürfen keine Fremdmetalle, auch nicht Aluminium, mit dem Magnesium in leitender Verbindung sein, da sonst die Schichtbildung gestört würde.

b) Das Elomag-Verfahren.

Beim Elomag-Verfahren der Langbein-Pfanhauser-Werke A. G. besteht der Elektrolyt aus einer stark alkalischen Lösung mit einem höheren p_H als 12, beispielsweise aus einer Lösung von 150 g/l NaOH[301]. Es wird mit Gleichstrom von

3 bis 4 V bei Badtemperaturen von 70 bis 80° C mit einer Stromdichte von 1 Amp/qdm gearbeitet. Die Behandlungsdauer beträgt im Durchschnitt 20 bis 45 Minuten, nur Sand- und Spritzgußteile werden länger oxydiert, da bei diesen dickwandigeren Gegenständen die Gefahr des Abspringens der dickeren Magnesiumoxydschicht geringer ist.

Die zu oxydierenden Gegenstände müssen vorerst eine Behandlung in Entfettungs- und Reinigungsbädern durchmachen, da nur auf gründlich von Schmutz und Fettstoffen befreiten Magnesiumoberflächen einwandfreie Schutzschichten erzeugt werden können (G. E l ß n e r[202], M. B r e u e r[603], G. E l ß n e r und H. H ü n l i ch[604]). Zur Entfettung eignet sich sowohl das Abkochen mit wäßrigen alkalischen Reinigungsbädern als auch eine Tauch- oder Spritzbehandlung in Tetrachlorkohlenstoff oder Perchloräthylen. Trichloräthylen ist zur Reinigung von Magnesiumlegierungen weniger geeignet, da es vom Magnesium zersetzt werden kann.

Abb. 51. Elomag-Anlage (W. Pfanhauser).

Die Entfettung bezweckt die Beseitigung der von der Bearbeitung oder Lagerung herrührenden Schmutz- oder Fettstoffe, um die Oberfläche für das spätere Beizen vorzubereiten und eine möglichst gleichmäßige Oberfläche für die Oxydation zu schaffen. Ist vor der elektrolytischen Oxydation eine auf chemischem Wege aufgebrachte Bichromatschicht abzubeizen, so erfolgt dies durch eine heiße, 4%ige Natronlauge.

Die Kontaktgebung bei der elektrolytischen Oxydation ist für den Erfolg des Verfahrens von wesentlicher Bedeutung, da die Oyxdschicht isolierend wirkt und daher den Stromdurchgang hemmen würde. Man muß daher durch Klemmschrauben oder festes Einklemmen für einen verläßlichen Stromdurchgang sorgen. Die Kontaktgestelle bestehen aus hart gezogenem Magnesiumdraht oder -blech. Vor jeder neuerlichen Benützung müssen sie von der natürlichen oder künstlichen Oxydschicht durch Beizen in Säuren, beispielsweise in einer 10%igen Salpetersäure oder in einem Gemisch von Schwefelsäure und Chromsäure befreit werden.

Nach dem Aufhängen und Befestigen in den Kontaktgestellen erfolgt eine nochmalige Entfettung durch kurzes Abkochen im alkalischen Entfettungsbade oder aber es wird elektrolytisch entfettet. Durch diese zweite Entfettung sollen alle Fettspuren restlos beseitigt werden. Hierauf wird, in kaltem Wasser gespült oder abgespritzt und in verdünnten Säuren kurz gebeizt. Sodann wird neuerlich gründlich mit Wasser durch Spritzen oder starke Bewegung des Wassers im Spülbehälter, z. B. durch Einblasen von Luft, die Säure restlos beseitigt.

Nach der elektrolytischen Oxydation wird mit verdünnten Säuren neutralisiert. Diese Neutralisation ist besonders bei porösem Material oder Gußteilen unbedingt erforderlich. In Tab. 9 sind die beim Elomag-Verfahren erforderlichen Arbeitsgänge übersichtlich zusammengestellt (nach P f a n h a u s e r[605]). Diese Arbeitsgänge sind bei allen alkalischen Oxydationsverfahren für Magnesiumlegierungen praktisch gleich, so daß sie sinngemäß auf diese übertragen werden können. Eine Anlage zur elektrolytischen Oxydation des Magnesiums zeigt Abb. 51 (Langbein-Pfanhauser-Werke A. G.).

Die Badspannung ist sowohl von der Art der zu behandelnden Magnesiumlegierung, der Badtemperatur als auch dem Verhältnis zwischen Anoden- und Kathoden-

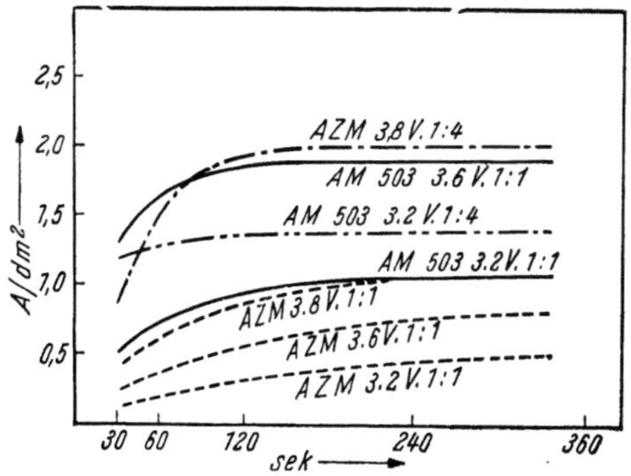

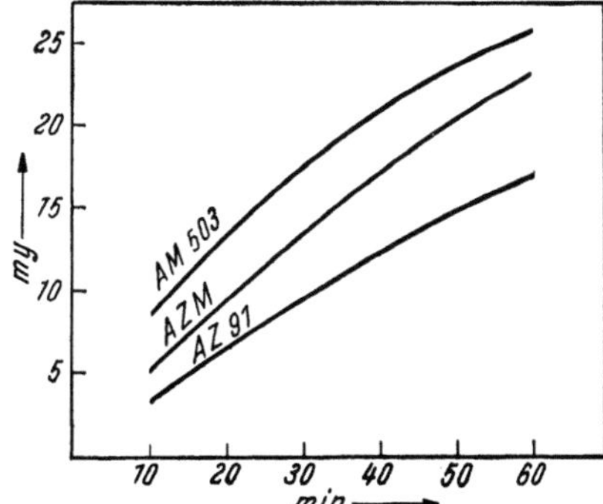

Abb. 52. Abhängigkeit der Stromdichte von Badspannung, Einhängezeit und Elektrodenverhältnis beim Elomag-Verfahren (G. Elßner).

Abb. 53. Abhängigkeit des Schichtwachstums von der Ampereminutenzahl und der Legierungsart (G. Elßner).

fläche abhängig. So zeigt Abb. 52 die Abhängigkeit der Stromdichte von der Badspannung, Einhängezeit und dem Elektrodenverhältnis im Elomagbade (nach G. E l ß n e r) für die beiden Magnesiumlegierungen Mg-Al-6 (AZM) und G Mg-Mn (AM 503).

Die Schichtdicke nimmt ebenso wie beim elektrolytischen Oxydieren des Aluminiums nahezu proportional der Stromstärke zu. In Abb. 53 ist die Abhängigkeit des Schichtdickenwachstums von der Ampereminutenzahl nach G. E l ß n e r wiedergegeben. Im allgemeinen beträgt die Schichtstärke, wenn nachträglich lackiert werden soll, etwa 10 Mikron.

Die Oxydbildung ist mit einer Gewichtszunahme verbunden, die etwa 100 bis 250 mg/qdm bei einer Stromdichte von 1 Amp/qdm und 30 Minuten langer Behandlungsdauer beträgt (G. E l ß n e r). Sie ändert sich sowohl mit der Badspannung, der Badtemperatur, Stromdichte und Zusammensetzung der Magnesiumlegierung. Die Schicht wächst zum größeren Teile in das Metall hinein, die Zunahme der Dimensionen der Werkstücke beträgt aber immerhin einige Mikron. Diese Änderungen in den Endmaßen der Werkstücke kann aber auf Grund der Abhängigkeit des Schichtdickenwachstums von der Stromdichte (s. Abb. 53) vorausberechnet werden. Wird die Materialabtragung beim Beizen des Magnesiums mit einbezogen, so kann die Umwandlung der Magnesiumoberfläche in das Oxyd auch ohne wesentliche Zunahme der Gesamtabmessungen vorgenommen werden.

Tabelle 9. *Arbeitsgänge beim elektrolytischen Oxydieren von Magnesium und Magnesiumlegierungen.*

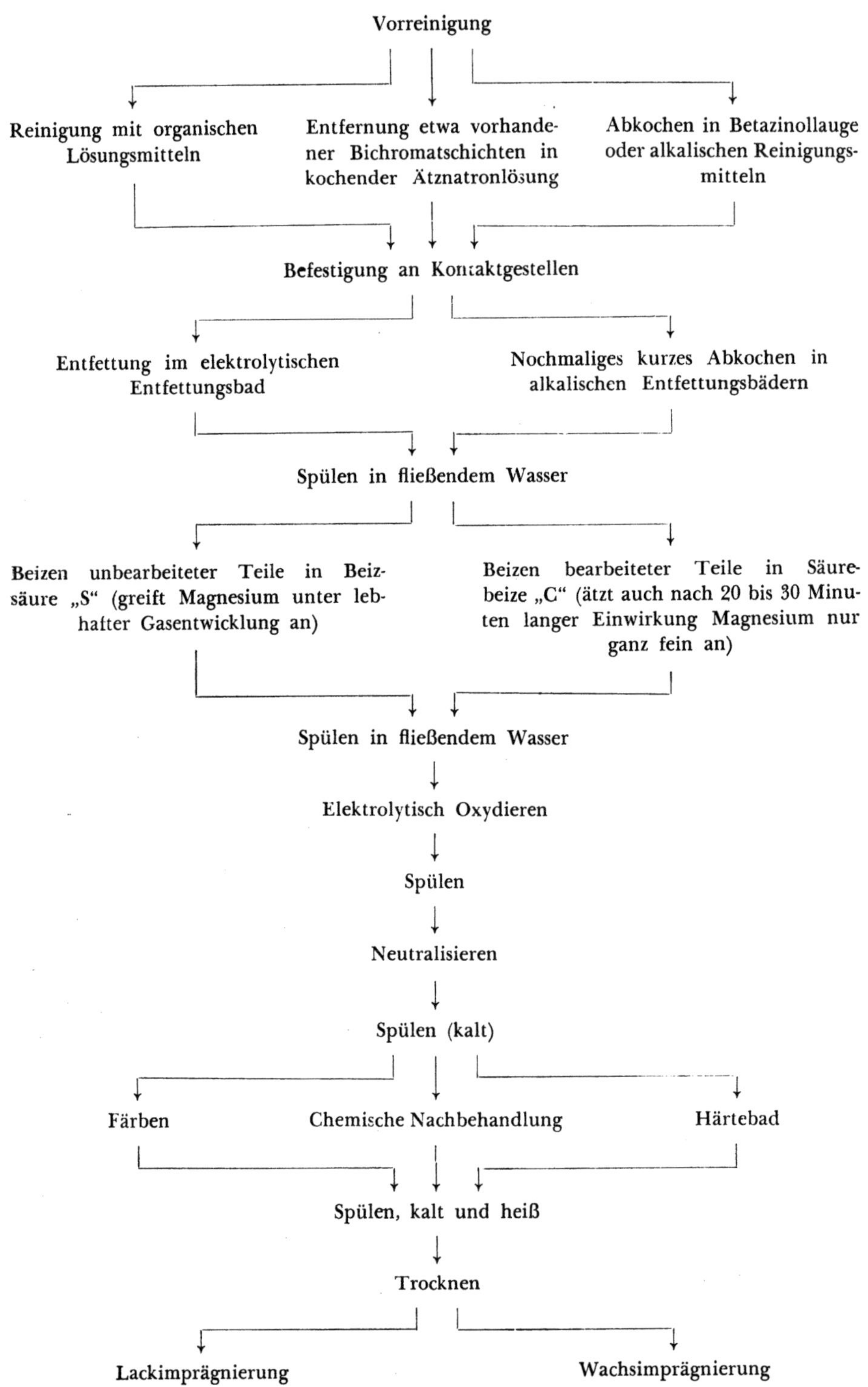

Da stärkere Überzüge im allgemeinen auch einen besseren Korrosionsschutz gewähren, trachtet man möglichst dicke Schichten herzustellen. Aus wirtschaftlichen Gründen kann man aber die Expositionszeiten nicht allzulange ausdehnen. Bei höheren Stromdichten könnten zwar in kürzeren Zeiten auch dickere Überzüge erhalten werden, aber bei dickeren Oxydschichten machen sich die inneren Spannungen immer stärker bemerkbar, so daß bei übermäßig starken Schichten Rißbildung auftreten kann (Abb. 54 nach G. E l ß n e r). In der Praxis geht man mit den Magnesiumoxydschichten nicht über eine Dicke von etwa 30 Mikron hinaus.

Korrosions- und abriebfeste Oxydschichten auf Magnesium können in einer gesättigten Sodalösung bei 98 bis 100° C (115 V, Gleichstrom) nach G. C. C l o s e[605a] erhalten werden. Die Stromdichte sinkt von 10 Amp/qdm bis auf 0,015 Amp/qdm ab, was auf eine sehr weitgehende Abdeckung der Metalloberfläche durch passivierend wirkende Deckschichten zurückzuführen ist. Durch Aufbringung von Überzügen von Zinkchromat und eines Glanzlackes kann die Korrosionsbeständigkeit noch weiter verbessert werden.

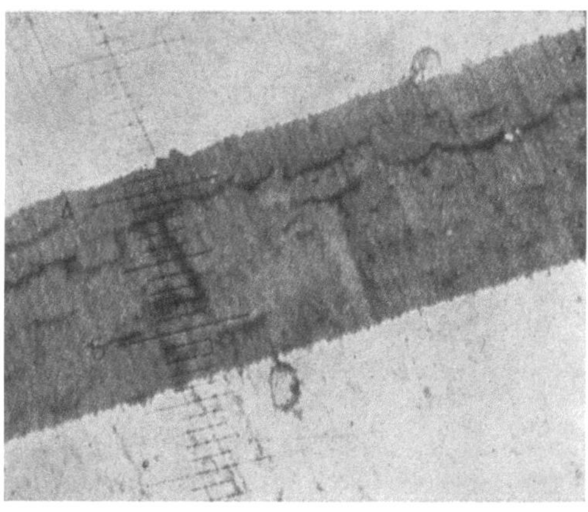

Abb. 54. Rißbildung bei übermäßig starken Magnesiumoxyd-Schichten (G. Elßner).

Auf Magnesium-Zink-Legierungen können durch anodische Behandlung in einer Schmelze, bestehend aus einer äquimolekularen Mischung von Kaliumnitrat und Natriumnitrat mit 6% Kaliumbichromat bei Stromdichten von 140 bis 170 Amp/qdm und Spannungen von 20 bis 30 Volt korrosionsbeständige Schutzschichten erzeugt werden (F. S a u e r w a l d[605b]).

Durch die Umwandlung der Magnesiumoberfläche in das Oxyd geht das metallische Aussehen der behandelten Werkstücke verloren. Die Oberfläche wird matt und grau. Zum Unterschiede von den Oxydschichten auf Aluminium sind die Überzüge auf Magnesiumlegierungen stets undurchsichtig und opak. Die Eigenfärbung der Oxydschichten hängt von der Legierungszusammensetzung ab, wobei die Filme um so heller sind, je weniger Aluminium

Abb. 55. Gefügeabzeichnung bei elektrolytisch oxydierten Magnesiumblechen der Gattung Mg-Al-6 (G. Elßner).

sie enthalten. Schichten auf einer Mg-Al-Legierung mit 2% Aluminium sind hellgrau, mit 9% Aluminium dunkelgrau. Ein Zinkgehalt bis zu 3% hat auf die Eigenfärbung keinen Einfluß. Bei höheren Zinkgehalten werden die Überzüge jedoch unansehnlich. Je länger die Einwirkungszeit des elektrolytischen Bades ist, um so dunkler werden die Schichten. Manganreiche Legierungen liefern hellgraue bis hellgelbe Oxydschichten.

Von besonderem Einfluß auf die Härte der Schichten ist ein Zusatz von Zink und Aluminium (M. Bräuer [606]).

Die Oxydschicht läßt Strukturunterschiede und Inhomogenitaten des Grundmetalles deutlich erkennen, daß sich diese durch verschiedene Färbung der Überzüge abzeichnen. So treten nach G. Elßner auf Legierungen der Gattung Mg-Al-6 in der Oxydschicht abwechselnd dunkle und helle, parallel verlaufende Streifen auf, die in der Walzrichtung liegen (Abb. 55, V = 5 x). Auf Spritzgußteilen bilden sich, sofern die Oberflächen nicht abgebeizt oder mechanisch bearbeitet wurden, nach der elektrolytischen Oxydation hellere Zeichnungen aus, welche den Fließfiguren entsprechen. Wahrscheinlich spielen hiebei gewisse Seigerungs- und Abkühlungserscheinungen eine Rolle (Abb. 56 nach G. Elßner, V = 6 x).

Nach einem Vorschlage der Langbein-Pfanhauser-Werke A.G.[607] können die in starken alkalischen Bädern mit einem p_H-Werte über 12 erzeugten Oxydschichten auf Magnesium durch eine Behandlung in noch stärker alkalischen Bädern, und zwar mit oder ohne Anwendung von elektrischem Strom

Abb. 56. Abzeichnung von Fließfiguren bei elomagiertem Magnesiumspritzguß, Vergrößerung sechsmal (G. Elßner).

verbessert werden. Auf aluminiumfreien Magnesiumlegierungen mit 1,5 bis 2,2% Mangan, bis 0,1% Zink und bis 0,3% Silizium kann man nach einem Verfahren der Siemens & Halske A. G.[608] und Telefongesellschaft[609] mit einem Elektrolyten aus 20% Ätznatron und 1% Natriumchlorid oxydische Überzüge erhalten (Arbeitsbedingungen: 20° C, 2 Amp/qdm, 4 V).

c) Das Seomag-Verfahren.

Von der Firma Siemens & Halske A. G. wurde ein unter dem Namen „Seomag-Verfahren" bekanntgewordenes Oxydationsverfahren für Magnesium und seine Legierungen entwickelt, bei welchem gleichfalls ein stark alkalischer Elektrolyt verwendet wird (N. Budiloff und W. Schnabel[610] sowie K. Voß[611]). Die Elektrolyte bestehen aus einem Gemisch dreier verschiedener Stoffgruppen, und zwar 1. Alkalihydroxyden, 2. Boraten, Karbonaten oder Silikaten, und 3. wasserlöslichen Zyaniden, Rhodaniden oder Zyanaten (Siemens & Halske A. G.[612]). Beispielsweise wird ein Elektrolyt aus 5% Ätznatron, 5% Soda, 2% Kaliumzyanid und 0,1% Natriumwolframat verwendet.

Beim Seomag-Verfahren unterscheidet man sowohl eine Wechselstrom (W)- als auch eine Gleichstrom (G)-Variante. Beim *Wechselstromverfahren* arbeitet man mit alkalischen Elektrolyten bei 60 bis 75 V, einer Stromdichte von etwa 1,5 Amp/qdm während etwa 30 Minuten bei 15 bis 35° C. Die zu behandelnden Werkstücke bilden beide Pole des Wechselstromes. Teile aus Fremdmetallen dürfen in das Bad nicht eingebracht werden. Sind solche auf den zu oxydierenden Magnesiumlegierungen vorhanden, so sind sie mit Abdecklacken gut abzudecken. Auch bei stärker profilierten Gegenständen mit Bohrungen, Gängen und Vertiefungen, wie Motorengehäusen, genügt die Streufähigkeit des Bades vollauf, so daß keine Hilfselektroden benötigt werden.

Die Seomagschicht wächst beim Wechselstromverfahren zu etwa $^1/_5$ ihrer Dicke in das Grundmetall hinein, während $^4/_5$ nach außen auftragen. Diese besondere Art des Schichtwachstums weicht von der Oxydation des Magnesiums durch Gleichstrom ab. Ihre Gesamtdicke beträgt normal 20 bis 30 Mikron. Sie kann aber durch eine längere Behandlungszeit bis 60 Mikron erreichen. Sollte eine größere Maßhaltigkeit der Gegenstände auch nach dem Seomagieren gefordert werden, so ist vor der Behandlung durch Beizen mit Säuren ein dem Dickenzuwachs entsprechender Anteil des Werkstückes wegzubeizen. Durch elektrophoretische Wirkungen werden in die Oxydschicht auch andere Verbindungen, wie Silikate und Oxyde, eingelagert.

Zur Durchführung des Seomag-W-Verfahrens werden die Gegenstände fest und unverrückbar auf Kontaktgestellen aus Magnesium befestigt. Da die auch auf den Kontaktgestellen sich ausbildende Oxydschicht isolierend wirkt, müssen die Gestelle vor jeder neuen Elektrolyse mit Säuren abgebeizt werden. Diese Behandlung kann aber bei Gestellen aus Al-Mg-Legierungen (7% Mg, 93% Al) unterbleiben, da die dünne Oxydschicht in heißer konzentrierter Natronlauge leicht abgebeizt werden kann (Siemens & Halske A. G.[613]).

Die meist übliche Entfettung in alkalischen Entfettungsmitteln braucht nicht so sorgfältig wie für andere Veredelungsarbeiten durchgeführt zu werden oder kann bei geringerer Verschmutzung ganz unterbleiben, da bei der Wechselstrombehandlung im alkalischen Elektrolyten eine sehr weitgehende Beseitigung aller Verunreinigungen erfolgt. Nur sehr stark verschmutzte Gegenstände werden, damit das Bad selbst rein bleibt, entfettet. Auch jene dünnen Chromatüberzüge, die auf Magnesiumteilen nach dem Beizen in Gemischen von Bichromat und Salpetersäure zurückbleiben, stören beim Seomag-W-Verfahren nicht. Nur, wenn besonders helle Schichten gewünscht werden, müssen diese Chromatschichten nach vorheriger Entfettung in wäßrigen Alkalien durch Beizen mit verdünnter Salpetersäure oder Schwefelsäure entfernt werden. Dem Verfahren können ohne Abänderung der Arbeitsbedingungen alle Magnesiumlegierungen unterworfen werden.

Die Eigenschaften der Seomag-W-Schichten werden durch die Beschaffenheit der metallischen Oberfläche beeinflußt. Geschliffene und polierte Oberflächen weisen gegenüber mechanisch nicht vorbehandelten Oberflächen nach dem Seomagieren im Aussehen aber keine Unterschiede auf.

Die erhaltenen Überzüge sind weiß und undurchsichtig, auf manganreicheren Legierungen schwach rosa gefärbt, welche Färbung wahrscheinlich von einer Permanganatbildung herrührt. Die Gegenstände haben ein stumpfes und mattes Aussehen wie ein keramischer Werkstoff und fühlen sich rauh an. Die Deformierbarkeit der Schichte ist gering, weshalb alle mit Formveränderungen verbundenen Arbeiten bereits vor der anodischen Behandlung der Werkstücke vorgenommen werden müssen.

Zufolge der großen Porosität der erhaltenen Schichten ist die Saugfähigkeit für Imprägnierungsmittel und Farbstoffe gut, die Korrosionsbeständigkeit der unbehandelten Schichten aber gering. Zur Nachdichtung von Poren werden Fette, Wachse, Paraffin und insbesondere Lacke verwendet. Die Lacke müssen möglichst säurefrei sein. Ofentrocknende Lacke ergeben einen besseren Korrosionsschutz. Für die Wirksamkeit der Lackierung ist die restlose Austrocknung der Überzüge eine wesentliche Voraussetzung.

Die Haftfestigkeit der Lacke auf den Überzügen ist sehr gut. Eine einmalige Lackierung auf der Seomagschicht ergibt den gleichen Korrosionsschutz als drei Lackschichten auf nicht behandelten Gegenständen. Bei einer Verletzung der Lack- und

Seomagschicht kann die Schicht das Unterrosten des Lacküberzuges nicht verhindern, im Gegensatz z. B. zu einer Phosphatschicht auf Eisen. Die Härte der Seomag-W-Schicht beträgt etwa 6 bis 7 nach M o h s. Die Abriebfestigkeit der Überzüge ist demnach bei einer Verschleißprüfung bedeutend größer als für die erheblich weicheren, reinen Magnesiumoxydschichten.

Die starke Porosität der Überzüge ist auch die Ursache für die gute Anfärbbarkeit der Schichten. Die Farben wirken aber immer matt und gedeckt, da die Deckschicht selbst nicht glänzend ist. Eine elektrische Schweißung ist nach der Seomagierung nicht möglich, da die Deckschicht den elektrischen Strom nicht leitet. Am besten werden alle erforderlichen Schweißarbeiten vor der elektrolytischen Oxydation durchgeführt.

Beim *Seomag-G-Verfahren* wird mit Gleichstrom oxydiert. Der Elektrolyt ist gleichfalls stark alkalisch, liefert jedoch Überzüge, die aus reinem Magnesiumoxyd und -hydroxyd bestehen. Die Oxydation erfolgt bei einer Spannung von 4 bis 7 V, einer Stromdichte von 2 Amp/qdm, einer Temperatur von etwa 60° C und rund 30 Minuten lang. Im Gegensatz zum Wechselstromverfahren muß hier die Vorbereitung und Entfettung mit großer Sorgfalt erfolgen. Unebenheiten der Werkstücke müssen durch Schleifen und Polieren beseitigt werden, wenn man glatte und ansehnliche Schichten erhalten will. Die Ausbildung der Deckschichten erfolgt auch nur auf vollkommen fettfreien Oberflächen mit hinreichender Gleichmäßigkeit. Ebenso muß die vom Beizen des Magnesiums herrührende gelbe Chromatschicht durch Beizen mit Säuren beseitigt werden.

Die Schichten sind undurchsichtig, matt, auf aluminiumreichen Legierungen dunkelgrau, auf aluminiumfreien Legierungen hellgrau gefärbt. Sie sind wesentlich weicher als die bei der Wechselstromoxydation erhaltenen Überzüge. Ihre Dicke beträgt normalerweise etwa 15 bis 20 Mikron, wovon etwa ein Drittel nach innen und zwei Drittel nach außen gewachsen sind. Es muß daher mit einem Auftrag von 5 bis 6 Mikron gerechnet werden. Das Übermaß kann durch eine entsprechend geführte Vorbeize des Metalles ausgeglichen werden.

Zur Verbesserung der Korrosionsbeständigkeit müssen die Schichten ebenso wie die Wechselstromüberzüge mit Fetten, Wachsen, Lacken usw. nachbehandelt werden. Die Korrosionsfestigkeit der G-Schichten ist etwa ebenso groß als wie jene der W-Filme, nur tritt bei einer stärkeren mechanischen Beanspruchung die größere Härte der W-Schichten stärker in Erscheinung. Sie bewirkt auch eine geringere Anfälligkeit gegen mechanische Verletzungen. Wegen der größeren Glätte der G-Schichten nehmen diese nach dem Fetten und Schwabbeln einen lackähnlichen Glanz an. Die Oxydschichten können mit organischen Farbstoffen gefärbt werden. Wie bei allen Färbungen von Oxydschichten auf Magnesiumlegierungen mit organischen Farbstoffen weisen diese Färbungen nur eine geringe Lichtbeständigkeit auf. Im direkten Sonnenlicht blassen sie stark aus.

d) Das Flussal-Verfahren.

Das Flussal-Verfahren der I. G. Farbenindustrie A. G. beruht darauf, daß in Fluoride enthaltenden alkalischen Bädern bei einer anodischen oder Wechselstrombehandlung auf Magnesium und seinen Legierungen unsichtbare, isolierende Schichten erzeugt werden. Die Überzugsbildung geht in der Weise vor sich, daß sich das an der Anode auflösende Metall mit den Fluoriden und Alkaliverbindungen zu unlöslichen gemischten Fluoriden umsetzt. Da diese Verbindungen in unmittelbarer Nähe der Metalloberfläche entstehen, wachsen sie gleichsam an der Magnesiumoberfläche an und aus dieser heraus, so daß sie sehr fest haften. Geeignete Bäder enthalten die Fluoride des Kaliums, Natriums, Ammonium oder deren Gemische.

Noch dichtere Überzüge werden aber in einem Elektrolyten, der aus einem Fluorid, gemischt mit Soda, Borax, Ammonkarbonat, Ätzkali und Ätznatron, besteht, erhalten (J. P o m e y, E. F o u r q u i n und X. H a r d y[514]).

Tatsächlich besteht der Elektrolyt des Flussalbades aus einer Lösung von Kaliumfluorid, Ammoniumfluorid und sekundären Phosphaten des Kaliums oder Ammoniums (I. G. Farbenindustrie A. G.[515] und Soc. Générale du Magnesium[516]). Das Bad hat beispielsweise folgende Zusammensetzung: 300 Teile neutrales Kaliumfluorid, 50 Teile sekundäres Ammonphosphat und 400 Teile Wasser. Es wird bei 20° C betrieben. Die Spannung steigt während der Deckschichtbildung allmählich bis auf etwa 120 V an, wobei maximal Stromdichten von etwa 5 Amp/qdm erreicht werden. Die Kontaktgestelle können aus Aluminium oder Aluminiumlegierungen bestehen (I. G. Farbenindustrie A. G.[517]). Durch Deckschichtbildung findet in den ersten Minuten der Behandlung ein Absinken der Stromdichte auf rund $^1/_{10}$ des Anfangswertes statt. Die gesamte Expositionsdauer beträgt 3 Minuten.

Zwischen der Behandlung mit Gleich- und Wechselstrom besteht ein wesentlicher Unterschied, wobei im allgemeinen mit Wechselstrom bessere Ergebnisse erhalten werden. Dieses Verfahren ist auch das wirtschaftlichere. So stellte z. B. B. W u l l h o r s t[518] fest, daß bei der anodischen Behandlung mit Gleichstrom in einer Kaliumfluoridlösung bei 20° C weder bei niedrigen noch bei höheren Spannungen (bis über 100 V) eine brauchbare Schutzschicht erhalten wurde. Hingegen lieferte die Wechselstrombehandlung in Fluoridlösungen auf allen untersuchten Magnesiumlegierungen einheitliche, das Metall gut abdeckende Überzüge. Bei Spannungen von mehr als 50 V bildeten sich sehr starke Deckschichten aus. Eine Erhöhung der Badtemperatur fördert die Auflösung der gebildeten Schichten, weshalb eine Kühlung der Bäder erforderlich ist.

Das Dickenwachstum der Fluoridschichten erfolgt fast auf die gleiche Weise wie die Bildung der Aluminiumoxydschichten (s. S. 7), durch die Poren des Überzuges. Bei der vorstehend geschilderten Arbeitsweise erhält man dichte grauweiße Schutzschichten, die im wesentlichen aus Magnesiumfluorid und -oxyd bestehen. Sie haben eine Dicke von etwa 8 bis 10 Mikron, wobei 2 bis 3 Mikron über das Ausmaß der ursprünglichen Oberfläche hinauswachsen.

Jene Schichten, die im Fluoride und Phosphate enthaltenden Bade erzeugt wurden[517], sind wesentlich beständiger als die nur in reinen Phosphaten erhaltenen Überzüge. So wurde bei einer Korrosionsprüfung im Eudiometer in verdünnter Kochsalzlösung innerhalb von 20 Tagen an unbehandelten Magnesiumoberflächen 246 ccm H_2/qdm, an Blechen, die in Kalium- oder Ammoniumfluorid enthaltenen Bädern behandelt worden waren, 84 ccm H_2/qdm und nach der Flussalierung in Elektrolyten aus Fluoriden und Phosphaten nur 14 ccm H_2/qdm entwickelt.

Eine weitere Verbesserung kann mit den üblichen Nachdichtungsmitteln, wie Lacken, Ölen, Paraffin u. dgl., erzielt werden. Auch eine Färbung der Flussalschichten mit organischen Farbstoffen, bzw. anorganischen Pigmenten (s. S. 81) ist möglich.

Andere Fluoridbäder. Von J. P o m e y, E. F o u r q u i n und X. H a r d y[519] wurden eine ganze Reihe von Elektrolyten, bestehend aus Mischungen aus Fluoriden und Alkalikarbonaten, -oxalaten, -boraten und -azetaten untersucht. In allen diesen Mischungen erhält man Überzüge, die dichter sind als die in reinen Fluoridbädern erhaltenen Filme. Diese Überzüge sind jedoch nur sehr dünn und gegen mechanische Einwirkungen nicht ausreichend widerstandsfähig.

Schutzüberzüge aus Magnesiumfluorid können auch aus gesättigten Lösungen des Ammoniumfluorids auf Magnesiumlegierungen hergestellt werden (J. M i c h e l[520]). Die Löslichkeit von Ammoniumfluorid in Wasser ist sehr hoch, so daß z. B. eine Lösung von 475 g/l NH_4F bei 20 bis 25° C als Elektrolyt verwendet werden kann

(I. G. Farbenindustrie A. G.[621]). Das Verfahren eignet sich für Legierungen mit bis zu 2,5% Mangan oder 9% Aluminium, 1,5% Zink und 0,8% Mangan. Die Spannung beträgt zu Beginn der Behandlung 50 V, sie steigt innerhalb der Behandlungsdauer von 3 Minuten bis auf 140 V an. Die Stromdichte beträgt anfangs etwa 2 Amp/qdm, sie sinkt dann auf einen Bruchteil dieses Betrages ab.

Nach einer weiteren Ausbildung dieses Verfahrenns (I. G. Farbenindustrie A. G.[622]) können auch Gemische von mehreren Fluoriden, deren Löslichkeit gemeinsam mindestens 30% beträgt, verwendet werden. Beispielsweise wird eine Legierung von Magnesium mit 2 bis 3% Zink und 5 bis 6% Aluminium in einer wäßrigen Lösung von 25% Kaliumfluorid und 30% Ammoniumfluorid anodisch bei 60 bis 80 V, 20 bis 25° C und einer Stromdichte von 2 Amp/qdm behandelt. Die Expositionsdauer beträgt rund 4 Minuten. Die Fluoridlösungen weisen ein hohes Streuungsvermögen auf. Als Badbehälter können Eisenbehälter angewendet werden. Die Zusammensetzung hat auf die Porosität der Überzüge einen Einfluß, wobei besonders auf Legierungen mit Aluminium und Zink porösere Filme erhalten werden. Die Poren werden mit Wachs, Lacken oder Selen, abgeschieden aus einer Lösung von Selensäure, gedichtet, wodurch eine erhebliche Verbesserung der Korrosionsbeständigkeit erzielt wird.

Anstelle wäßriger Lösungen von Fluoriden können auch alkoholische Lösungen von neutralen Fluoriden wie z. B. Kaliumfluorid, verwendet werden (20° C, p_H bis 11) (I. G. Farbenindustrie A. G.[623]). Als Lösungsmittel können mehrwertige Alkohole, wie Glykol, gegebenenfalls in Mischungen mit einwertigen Alkoholen und Wasser, dienen. Beispielsweise kann der Elektrolyt aus einer Lösung von 100 g Kaliumfluorid in 1 l Äthylenglykol bestehen. Die Arbeitsbedingungen sind: 100 V, 20 bis 25° C, 1 Amp/qdm.

Auch Schmelzen von Polyfluoriden können als Elektrolyt verwendet werden (I. G. Farbenindustrie A. G.[624]). Beispielsweise schmilzt die Verbindung $NH_4F \cdot 2 HF$ bei so niedriger Temperatur, daß sie bei 40 bis 50° C als Elektrolyt verwendet werden kann (50 bis 135 V, 1 Amp/qdm, 5 Minuten). Ebenso sind die Verbindungen $KF \cdot 2 HF$ bis $KF \cdot 4 HF$ brauchbar. Ein Zusatz von Borsäureanhydrid erniedrigt den Schmelzpunkt des Gemisches und erhöht seine Stabilität.

Ein anderer schmelzflüssiger Elektrolyt besteht nach J. F r a s c h[625] aus 49,5% Ammoniumfluorid, 49,5% Harnstoff und bis 1% Beizmitteln, und zwar aus dem hydrierten Fluorid von Diphenylamin (100° C, Kathoden aus Monelmetall oder Nickel, bis 220 V, Wechselstrom oder Gleichstrom mit überlagertem Wechselstrom).

e) Das Manodising-Verfahren.

Schutzschichten mit vorzüglicher Korrosionsbeständigkeit und großer Härte lassen sich bei der anodischen Behandlung von Magnesium und seinen Legierungen in alkalischen Silikatlösungen herstellen. Bei dem in der Technik unter dem Namen „Manodising-Verfahren" (P. R. C u t t e r[626] und D. G a r d n e r[627]) bekannten Verfahren werden die Magnesiumlegierungen vor der Oxydation einer Entfettung in wäßrigen alkalischen Reinigungslösungen sowie einer sauren Reinigung in einer Lösung von Chromsäure und Kalziumnitrat unterworfen. Hierauf wird gespült und in einer Lösung von $24 \pm 1\%$ Ätznatron, $3 \pm 0,5\%$ Natriumsilikat sowie $0,3 \pm 0,05\%$ Phenol bei einer Temperatur von 85° C für Bleche und 77° C für Gußstücke mit Wechselstrom von 2,5 Amp/qdm behandelt. Während einer Tauchzeit von 25 Minuten erhält man eine Schicht von 10 Mikron Dicke. Bei der Verwendung von Gleichstrom beträgt die Stromdichte 1,5 Amp/qdm, wobei innerhalb von 25 Minuten Schichten von 20 Mikron Stärke erzeugt werden. Die Streukraft der Bäder ist sehr gut. Nach dem Spülen wird in einer verdünnten Chromsäurelösung mit einem p_H von 2,1 bis

2,5 neutralisiert, gespült und an der Luft getrocknet. Die Nachbehandlung mit Chromsäure unterbleibt, wenn gefärbt werden soll.

Die Schichten weisen eine gute Korrosionsbeständigkeit gegen wäßrige Lösungen von Chloriden, Alkalien und reines Wasser auf. Der Korrosionswiderstand wird zum Teile auch durch den hohen elektrischen Widerstand, oder, was gleichbedeutend ist, geringe Porosität der Deckschicht bedingt. Die Überzüge geben einen guten Untergrund für Anstriche ab. Ihr Widerstand gegen Abnützung und Verschleiß ist bedeutend. Zum Zwecke der Verbesserung des Korrosionsschutzes wird auch eine Nachbehandlung mit Lacken, Anstrichen, trockenen Ölen oder Wachsen vorgenommen. Zur Erzielung eines möglichst großen Schutzvermögens des Überzuges werden die Gegenstände zur Herstellung einer Imprägnierung mit Zinkchromat mit Lösungen von Zink- und Chromatverbindungen einmal getaucht und darauf einmal gespritzt, getrocknet und mit einem Aluminiumlack versehen.

Die nach dem Gleichstromverfahren an der Anode erhaltene Schicht ist glänzend und besitzt eine Härte von 6 nach M o h s, die Wechselstromschicht hat eine Härte von 7. Trotz dieser großen Härte verträgt die Wechselstromschicht ein Hin- und Herbiegen um einen Winkel von 90°. Bei dickeren Schichten treten jedoch beim Biegen Risse und Sprünge auf. Sowohl die Gleich- als auch die Wechselstromschichten widerstehen einem Hammerschlag. Durch Erhitzen auf 370° C für 30 Minuten erleidet der Salzsprühwiderstand keine Veränderung. Die Eigenschaften des Magnesiumsilikatfilmes sind jenen von Aluminiumoxyd auf Aluminium sehr ähnlich.

Nach Untersuchungen von J. F r a s c h[628] muß man, um gut schützende Silikatschichten auf Magnesium zu erhalten, bei Spannungen über 50 V, am besten von 100 V oxydieren. Der Elektrolyt kann auch aus Alkalisilikatlösungen der Zusammensetzung x $Na_2O \cdot y\ SiO_2$ bestehen, wobei x kleiner als y ist. Beim Arbeiten mit Spannungen zwischen 20 und 50 V erhält man in Alkalisilikatlösungen mit Gleich- und Wechselstrom eine gut haftende, weiße Oxydschicht. Sie bedarf aber, um schützend zu wirken, der Nachbehandlung mit heißer Natriumsilikatlösung. Oxydiert man mit Spannungen unter 20 V, so erhält man Schichten, die auch bei der nachfolgenden Behandlung mit Natriumsilikatlösungen keine gute Schutzwirkung besitzen.

Von J. F r a s c h[629] wurde vorgeschlagen, die anodische Behandlung des Magnesiums in einer Lösung von Natriumsilikat und Aluminat vorzunehmen. Nach einer Vorbehandlung der Magnesiumteile durch Sandstrahlen oder in Salpetersäure und Chromsäure, Ätznatron oder Entfettung durch Trichloräthylen werden die Teile mit einer Lösung von 30 g/l Natriumaluminat, 50 g/l Natriumsilikat und 15 g/l Ätznatron mit Gleich- oder Wechselstrom behandelt. Die Spannung beträgt 10 V, die Badtemperatur 15° C. Durch Nachbehandlung in einer kochenden Lösung von 40 g/l Natriumsilikat, 10 g/l Natriumaluminat und 5 g/l Ätznatron kann die Korrosionsbeständigkeit der Überzüge verbessert werden. Die Oxydation und Nachbehandlung mit Natriumsilikatlösungen kann auch in einer Lösung von 5 bis 20% Ätznatron, 2 bis 3% Natriumsilikat, 2 bis 3% Ammoniumsilikat und 0,1 bis 0,2% Kaliumpermanganat vorgenommen werden (40 bis 60° C, 8 V, 5 Amp/qdm) (J. F r a s c h[630]). Die Spannung bei der Oxydation kann bis auf 10 bis 20 V erniedrigt werden (J. F r a s c h[631]).

f) Chromate enthaltende Bäder.

Zur Erzeugung von Schutzschichten auf Magnesiumlegierungen können auch Bäder verwendet werden, welche Oxydationsmittel enthalten. Als solche kommen insbesondere Chromsäure, Chromate und Permanganate in Betracht. Während die bisher betrachteten Elektrolyte mehr oder weniger stark alkalisch oder höchstens neutral waren, können die chromathaltigen Lösungen sogar schwach sauer sein.

Das Chromation bildet mit dem Magnesium unlösliches Magnesiumchromat oder scheidet sich als sauerstoffreiche Chromverbindung, wie z. B. Chromichromat, ab, wodurch Schutzschichten entstehen.

In reinen, 1- bis 4%igen Chromsäurelösungen bilden sich nach den Untersuchungen von J. F r a s c h[632] und [628] bei Verwendung von Gleichstrom von 4 bis 8 V graue, braune, schwarze und dunkelviolette Überzüge aus, die aus verschiedenen Gemischen von Chromoxyden, wie Cr_4O_9 (graubraun), CrO_2 (schwarzbraun), Cr_5O_9 (dunkelviolett), bestehen. Die besten Ergebnisse wurden in 12%iger Chromsäurelösung bei 5 V erhalten. Durch kleine Zusätze von Chromsulfat oder Mangankarbonat wird die Wirkung der Bäder wesentlich verbessert.

Auch die Wechselstromelektrolyse liefert auf dem Magnesium eine Schicht von Chromoxyden, die sehr fest haftet und eine gute Schutzwirkung besitzt. Der Sauerstoffgehalt dieser Schichte ist geringer als bei CrO_3 und höher als bei Cr_2O_3. Bemerkenswert ist, daß bei der Schichtbildung keine Gewichtszunahme des oxydierten Werkstückes festzustellen ist. Die Korrosionsbeständigkeit der im Chromsäurebad behandelten Magnesiumlegierungen ist, insbesondere nach einer Nachbehandlung mit heißem Paraffin oder Natriumsilikat, sehr gut. In unbehandeltem Zustande stellen sie auch eine gut brauchbare Grundschicht für Farbanstriche dar.

Eine geeignete Lösung besteht z. B. aus 10% Chromsäure und 0,1% Chromisulfat (J. F r a s c h[633]). Die Badspannung beträgt 5 V, die Anfangsstromdichte 12 Amp/qdm. Der p_H-Wert des Bades liegt unter 2. Der gebildete Überzug wirkt im Gegensatz von Aluminiumoxyd und Magnesiumoxyd nicht isolierend, sondern leitet den elektrischen Strom.

Von B. W u l l h o r s t[634] wurde festgestellt daß bei der Wechselstrombehandlung in 5%iger Chromsäurelösung mit Zusätzen von 3wertiger Chromverbindung die Magnesiumlegierung AM 503 bei 8 V und die Legierung AZN bei 10 V eine gleichmäßige Schicht erhält, die aber an den Rändern locker ist. Bei Magnewin 3501 wurden bei Spannungen von 5 V schwarzblaue, festhaftende Schichten erhalten. Bei Magnewin 3510 war aber auch bei höheren Spannungen keine Schichtbildung zu beobachten. Auf reinem Magnesium wurden bei Spannungen zwischen 6 und 12 V innerhalb 5 Minuten festhaftende schwarze Schichten erzeugt. Höher konzentrierte Chromsäure ergab nach W u l l h o r s t schlechtere Ergebnisse. Ebenso wirkte in allen Fällen eine Temperaturerhöhung auf die Schichtbildung schädlich ein. Die anodische Behandlung mit Gleichstrom und Chromsäurelösungen mit und ohne Zusätzen liefert auf Magnesiumlegierungen keine schützende Überzüge. Als Nachbehandlung der bei der Wechselstromelektrolyse erzeugten Schutzschichten bewährte sich eine heiße, alkalische oder zyankalische Chromatlösung sowie eine siedende 10%ige Wasserglaslösung mit anschließender Trocknung bei 100 bis 150° C. Eine Nachbehandlung mit Wasserdampf, Kohlendioxyd oder siedender Natronlauge hatte hingegen keine verbessernde Wirkung.

Von R. W. B u z z a r d und J. H. W i l s o n[635] wurden befriedigende Überzüge bei der anodischen Oxydation von Magnesiumlegierungen in einem Bade aus 10% Natriumbichromat $Na_2Cr_2O_7 \cdot 2 H_2O$ und 2 bis 5% Dinatriumphosphat $Na_2HPO_4 \cdot H_2O$ erhalten. Die Kathoden bestanden aus Stahl. Die anodische Stromdichte betrug 0,5 bis 1 Amp/qdm, die Badtemperatur 50° C, die Behandlungszeit 50 bis 60 Minuten. Auf einer Magnesiumlegierung mit 4% Aluminium und 0,3% Mangan wurden gute Ergebnisse bei Stromdichten von 0,5 bis 10 Amp/qdm bei 30 bis 80° C erzielt. Eine Legierung mit 1,5% Mangan erforderte eine niedrigere Stromdichte. Die Überzüge waren glatt und hafteten auch nach dem Biegen um einen Winkel von 90°. Die Farbe der Filme wechselte mit der Zusammensetzung der behandelten Magnesiumlegierung. Der p_H-Wert der Bäder soll 4,0 bis 4,8 betragen und fallweise mit einem Zusatz von Phosphorsäure auf diesen Wert eingestellt werden. Die Korrosionsbeständigkeit der Schichten, geprüft mit dem Salzsprühgerät, ist befriedigend. Die Überzüge eignen sich auch als Untergrund für Anstriche. Durch die anodische Behandlung traten keine nennenswerten Veränderungen in den Maßen der Gegenstände ein.

Auch K. O. K r o e n i g und B. I. R y b a k[636] stellten einen guten Korrosionsschutz bei der anodischen Oxydation von Elektronlegierungen mit einem fast gleich zusammengesetzten Bade aus 10% Kaliumbichromat und 5% Dinatriumphosphat bei 2 Amp/qdm, 50° C und einer Expositionszeit von 30 Minuten fest. In diesen Bädern bildeten sich schwere Überzüge, die aus Magnesiumoxyd und Chromverbindungen bestanden. Das Bad verbrauchte sich aber rasch und mußte öfters korrigiert werden, da sonst schuppenförmige, ungleichförmige und schlecht haftende Filme entstanden. Die Korrosionsbeständigkeit der Überzüge nahm mit Verringerung der Elektrolysendauer unter einer Stunde erheblich ab, so daß bei kurzer Elektrolyse die Beständigkeit des behandelten Materiales sogar geringer als von unbehandeltem Elektron waren (B. I. R y b a k[637]). J. D. E d v a r s[638] stellte fest, daß sich am besten von allen von ihm untersuchten Bädern zur Erzeugung von Schutzschichten auf Magnesium eine saure Lösung ($p_H = 0{,}4$ bis 0,8) von Bichromat und Alkaliphosphat erwiesen hat.

Nach einem weiteren Verfahren von R. W. B u z z a r d[639] werden die Magnesiumteile anodisch in einer Lösung von 10% Natriumbichromat und 2% Chromsulfat behandelt. Die Stromdichte kann 0,1 bis 10 Amp/qdm, die Behandlungsdauer 20 bis 80 Minuten betragen. Auch eine Lösung von 1% Chromsäure und 5% Dinatriumphosphat kann bei beliebiger Temperatur verwendet werden (R. W. B u z z a r d[640]).

Von H. S u t t o n, L. F. L e B r o c q u und E. G. S a v a g e[641] wird zur Erzeugung von Schutzschichten auf Magnesiumlegierungen ein Elektrolyt von 20% Ammoniumbichromat und 0,3% kristallisiertem Natriumsulfat verwendet. Die Oxydation wird mit Wechselstrom von 50 Perioden bei einer Stromdichte von 5,4 Amp/qdm, oder mit Gleichstrom mit 0,5 Amp/qdm durchgeführt. Die Behandlungsdauer beträgt 20 Minuten. Auch eine Lösung von 15% Ammonbichromat und 5% Kaliumpermanganat (Gleichstrom, 0,54 Amp/qdm, 20° C, 20 Minuten) ist brauchbar.

Von der I. G. Farbenindustrie A. G.[642] wurde ein elektrolytisches Verfahren zur Erzeugung harter, verschleißfester Schutzschichten auf Magnesium vorgeschlagen, nach welchem ein Bad aus 10 bis 15% Ätznatron, mehr als 10% Alkalifluorid und 1 bis 4% Alkalichromat, Alkalialuminat oder 1% Alkalisilikat benützt wird. Die Überzüge sind dick, saugfähig und anfärbbar.

g) Weitere elektrolytische Verfahren zur Erzeugung von Schutzschichten auf Magnesium und Magnesiumlegierungen.

In vielen Oxydationsbädern ist als Oxydationsmittel Kaliumpermanganat vorhanden. Von R. W. B u z z a r d[643] wurde vorgeschlagen, einem Bade aus Soda oder Ätznatron eine Verbindung zuzusetzen, die durch Umsetzung mit dem Magnesium eine Schutzschicht bilden kann, wie z. B. Kaliumpermanganat, Natriumchromat, Fluoride, Phosphate oder Silikate. Beispielsweise besteht das Oxydationsbad aus 10% Soda und 1% Kaliumpermanganat (0,1 bis 10 Amp/qdm, 5 bis 100 V, bis 80° C, $p_H = 9$ bis 14). Der von L. R e n a u l t[644] empfohlene Elektrolyt besteht aus 4% Natriumfluorid, 0,5% Ätznatron und 0,5% Kaliumpermanganat. Es wird mit einer Gleichstromspannung von 4 V gearbeitet, der von Wechselstrom von 50 Perioden, von 0 bis 18 V ansteigend, überlagert ist. Die Stromdichte beträgt 2 Amp/qdm. Diesem Elektrolyten können auch nach einer weiteren Ausgestaltung dieses Verfahrens noch Borate, Vanadate, Karbonate, Wolframate, Molybdate oder Silikate zugesetzt werden. Beispielsweise wird die elektrolytische Oxydation mit einer wäßrigen Lösung von 4% Natriumfluorid, 1% Borsäure, 1,5% Ätznatron und 1% Kaliumpermanganat bei 25 V durchgeführt (L. R e n a u l t[615]).

Von L. R e n a u l t[646] wurde auch ein elektrolytisches dreistufiges Oxydationsverfahren für Magnesiumlegierungen vorgeschlagen, bei welchem folgende Operationen ausgeführt werden sollen: 1. Chemische Niederschlagung von Manganoxyden in einem Bade von 5% Kaliumpermanganat (70° C, 10 bis 30 Minuten), worauf mit Wasser gespült wird; 2. Oxydation in einem Bade aus 4% Natriumfluorid, 4% Kristallborax (0,5 bis 1,5 Amp/qdm, Wechselstrom, 4 bis 40 V ansteigend, 20 Minuten auf 40 V halten, hierauf den Wechselstrom unterbrechen, die Gegenstände leitend miteinander verbinden und parallel schalten), und 3. wird hierauf mit Gleichstrom anodisch behandelt. Die Kathode besteht aus Graphit oder Magnesium (0,1 Amp/qdm; die Spannung steigt in 15 Sekunden bis zu einer Minute auf 40 V, wobei die Stromdichte bis auf 0,0005 Amp/qdm absinkt). Dieses Verfahren erfordert in der Praxis zwei elektrische Anlagen für Gleich- und Wechselstrom, ist also ziemlich umständlich. Der Korrosionsschutz der Überzüge ist befriedigend.

Nach einer Abänderung dieses Verfahrens soll der Elektrolyt für die Gleich- und Wechselstrombehandlung neben Ammoniumfluorid noch Aminosäuren, Karbonate und Borate enthalten (L. R e n a u l t[647]). Diese Stoffe bewirken eine Pufferung des Bades auf einen bestimmten p_H-Wert, besitzen eine geringe elektrische Leitfähigkeit und ergeben schwach lösliche Magnesiumsalze. Als Kathodenmaterial wird eine porige Kohle verwendet, um frei werdendes Ammoniak zu absorbieren.

Die chemische Aufbringung des Mangandioxydüberzuges in der ersten Stufe des Verfahrens kann auch durch eine Behandlung der Magnesiumoberfläche mit einer siedenden 0,5%igen Manganphosphatlösung oder in einer Lösung von 3% Kaliumbichromat, 3% Ammonsulfat und 0,5% Ammonhydroxyd ersetzt werden. An Stelle der elektrolytischen Behandlung mit Wechsel- und Gleichstrom tritt dann eine längere anodische Behandlung in einer Lösung von 1% Kaliumkarbonat und 10% Kaliumfluorid (40 V, 50° C, 14 Stunden) (L. R e n a u l t[648]).

Ein Verfahren, bei welchem ohne äußere Stromquelle das zu behandelnde Magnesium in einem kurzgeschlossenen Element als Kathode geschaltet ist, hat J. F r a s c h[649] beschrieben, wobei als Anode Eisen, Aluminium oder Kohle verwendet wird. Die Dekapierung des Magnesiums erfolgt am besten in einer Lösung von 13% Chromsäure und 2,5% Manganbichromat, welche die Magnesiumoxydhaut in 3 bis 5 Sekunden auflöst. Für die Erzeugung der Schutzschichten sind die folgenden Gesichtspunkte zu beachten: 1. Der innere Widerstand des aus Magnesium bzw. Aluminium, Eisen oder Kohle bestehenden kurzgeschlossenen Elementes muß möglichst groß sein, um eine zu schnelle und daher unregelmäßige Ausbildung der Schicht zu vermeiden; 2. muß die Reaktionsgeschwindigkeit so geleitet werden, daß das Metall sich unter der Einwirkung des elektrischen Stromes nicht löst, und 3. müssen die Polarisation der Anode und die Überspannung des Wasserstoffes berücksichtigt werden, die einen großen Einfluß auf den inneren Widerstand des Elementes haben. Die besten Ergebnisse wurden erzielt, wenn die Überspannung des Wasserstoffes ein Maximum erreichte, bevor das Element kurzgeschlossen wurde. Dieser Zustand der Elektrode kann durch ein 1 bis 4 Minuten langes Eintauchen in den Elektrolyten erreicht werden. Wichtig ist auch die Erhöhung des äußeren Widerstandes des Elementes.

Die Stromdichte soll bei Anwendung von Lösungen aus Mangankarbonat und Chromsäure 0,05 bis 0,1 Amp/qdm (Behandlungsdauer 1 Stunde), bei Lösungen von Kaliumpermanganat und Chromsäure 0,025 bis 0,05 Amp/qdm (Behandlungsdauer 2 Stunden) betragen. Der erhaltene Überzug hat eine Dicke von ungefähr 4 bis 5 Mikron.

Als günstig hat sich eine Desoxydation und Dehydratation der Schicht durch Behandlung in strömendem Wasserstoff von 230° C und Nachdichten der Schicht in 130° C heißem Paraffin erwiesen. Die erhaltenen Überzüge weisen eine genügende Korrosionsbeständigkeit auf und stellen außerdem einen guten Haftgrund für Lacke und Anstriche dar.

Nach J. B l u m e n f e l d und Protective Metal Processing Co. Inc.[650] werden die Magnesiumgegenstände und die Kohle-, Eisen- oder Aluminiumelektroden vor der Behandlung in dem Chromsäure-Mangan-Bad in eine wäßrige Lösung von 2 bis 6% Chromsäure eingetaucht, bis sie ein milchig weißes Aussehen angenommen haben. Der Elektrolyt soll ein pH von etwa 6 bis 7 haben, der Strom, der durch die kurzgeschlossene Zelle fließt, soll so lange fließen gelassen werden bis die Stromdichte auf etwa einige Hundertstel Amp/qdm abgesunken ist und wenigstens 350 Amp/sek. durch die Lösung hindurchgegangen sind.

B. I. R y b a k[651] untersuchte gleichfalls die Eigenschaften der Überzüge, die in Bädern mit 17% Chromsäure und 8% Mangankarbonat bei 20° C, 1 V und 0,3 bis 0,5 Amp/qdm oder 2% Chromsäure und 6% Kaliumpermanganat (20° C, 1 V, 40 Minuten, 0,4 bis 0,6 Amp/qdm) entstehen, und erhielt mit beiden Lösungen, insbesondere der letzteren, sehr gute Ergebnisse. Eine Verlängerung der Elektrolysendauer über 40 Minuten verschlechterte, eine Nachbehandlung mit flüssigem Paraffin von 200° C verbesserte die Schutzeigenschaften der Überzüge. Der Paraffinüberschuß kann mit Schwefelkohlenstoff oder kochendem Wasser entfernt werden.

Von J. F r a s c h[652] wurde auch ein elektrolytisches Verfahren zur Erzeugung einer oxydischen Schutzschicht auf Magnesium und seinen Legierungen angegeben, bei welchem der Elektrolyt gleichfalls nur Mangan- und Chromionen, am besten im Verhältnis 1 : 3 bis 1 : 2 enthält. Beispielsweise besteht der Elektrolyt aus einer sauren Lösung von 10% Chromsäure und 6 bis 10% Mangankarbonat bzw. 4 bis 7,5% Braunstein. Die Wechselstromspannung steigt von 4 auf 40 V an. Die Stromdichte beträgt 2 bis 12 Amp/qdm. Die braun gefärbte Schutzschicht besteht im wesentlichen aus Manganoxyd mit einem geringen Anteile von Chromioxyd, dessen Menge sich entsprechend dem Gehalte des Bades an freier Chromsäure ändert. Die Widerstandsfähigkeit des Überzuges kann durch Nachbehandlung mit kochendem Wasser, besonders aber mit einer heißen Sublimatlösung erhöht werden.

In einem Chromate und Sulfate enthaltenden Bade, dessen p_H zwischen 3,5 bis 6 liegt, kann auf Magnesium und seine Legierungen in einem kurzgeschlossenen Elemente aus Magnesium und Stahl eine Schutzschicht erzeugt werden. Beispielsweise enthält die Lösung 100 g/l Alkalibichromat und 0,5 bis 150 g/l Alkalibisulfat. Auch bei der Behandlung von Werkstücken aus Magnesiumlegierungen in wäßrigen Lösungen von Alkalisalzen der Metallsäuren des Vanadins, Molybdäns, Tantals, Wolframs, Niobs, Urans (J. F r a s c h[653]) kann die Bildung der Schutzschichten durch die Wirkung einer elektromotorischen Kraft gefördert werden. Die die Kathoden bildenden Werkstücke werden gegen eine edlere Anode, wie z. B. Graphit, kurzgeschlossen. Der p_H-Wert der Bäder liegt zwischen 4 und 7. Zur Nachbehandlung werden solche Lösungen organischer Verbindungen gewählt, welche Metalle aus Lösungen auszufällen vermögen, wie Gerbsäure, 8-Oxychinolin, Anthranilsäure, Kupferron.

H. S c h w a b e[654] setzt den alkalischen Elektrolyten zur Oxydation des Magnesiums Methyl- oder Alkalizellulosen bzw. Zelluloseäther zu. Als geeignete Lösung wird eine 0,5 n NaOH, welche 1% Methylzellulose enthält, bezeichnet, in welcher mit wachsendem Strom bei einer Stromdichte von 2 bis 5 Amp/qdm die Werkstücke 20 bis 30 Minuten lang behandelt werden. Die Stromdichte sinkt während der Schutzschichtbildung auf etwa $^1/_{50}$ bis $^1/_{100}$ des Anfangswertes ab. Auch in einer Lösung, die $^1/_5$ n Na_2CO_3 und $^1/_{10}$ n an NaCN ist und welche 0,5% Alkalizellulose enthält, erhält man bei einer Anfangsstromdichte von 1 bis 5 Amp/qdm sehr dichte Überzüge, die auch ohne Nachbehandlung bereits eine gute Korrosionsbeständigkeit aufweisen. Diese kann aber durch Dichtung der Poren mit Lacken oder Wachsen noch verbessert werden.

Von den Langbein-Panhauser-Werken[655] wurde vorgeschlagen, zur anodischen Behandlung des Magnesiums und seiner Legierungen alkalisch reagierende Lösungen von Salzen solcher Metalloxyde zu verwenden, die amphoteren Charakter besitzen, wie z. B. von Alkalialuminaten, -arsenaten oder -zinkaten. Das p_H der Lösungen soll 10 bis 13, die Stromdichte 1 bis 3 Amp/qdm, die Badtemperatur 40° C betragen. Die Oxydationswirkung der Lösung wird durch einen Zusatz von Oxydationsmitteln, wie Cerisulfat, Wolframaten oder Chromaten, erhöht. Beispielsweise besteht der Elektrolyt aus 200 g/l Natriumaluminat, 3 g/l Ceriumsulfat, Rest Wasser. Das Bad kann auch als Elektrolyt zur Nachbehandlung für andere anodische Magnesiumoxydschichten dienen.

Sehr ähnlich ist das Verfahren der Fides Gesellschaft für die Verwaltung und Erweiterung von gewerblichen Schutzrechten m. b. H.[656], wonach die Magnesiumgegenstände in einer alkalischen oder erdalkalischen Lösung von Salzen des Aluminiums mit solchen Säuren, die mit dem Magnesium unlösliche oder schwerlösliche Verbindungen ergeben, wie Phosphate, Arseniate oder Fluoride, elektrolytisch behandelt werden. Ein geeigneter Elektrolyt besteht z. B. aus einer Lösung, die etwa 5% Natriumaluminat, 3% Natriumfluorid und 5% Trinatriumphosphat enthält. Die Magnesiumteile werden der etwa 20 Minuten langen Einwirkung von Wechselstrom bei einer Stromdichte von 1,5 Amp/qdm und bis zu 150 V ansteigenden Spannungen ausgesetzt.

G. H. A. C h a y b a n y[657] behandelt die Gegenstände aus Magnesium mit oder ohne Strom in einer Lösung von z. B. 10% Natronlauge und 5% Natriumzyanat. Das Bad kann auch noch Metallsalze, die mit CN-Ionen Komplexsalze bilden, sowie leitende Salze, wie Alkalisulfat, enthalten. Die erzeugten Schutzschichten werden mit Alkalisilicofluoridlösungen sowie mit Ölen nachbehandelt.

N. O. K r o e n i g und B. I. R y b a k[658] berichten über gute Ergebnisse bei der anodischen Oxydation von Elektron mit Lösungen von 5% NaOH und 5% Soda bei 3 Amp/qdm, 45 bis 50° C und 30 Minuten langer Behandlungsdauer. Die Lösungen ergeben weiße Überzüge von 0,0002 bis 0,0004 g Gewichtszunahme pro 0,1 qdm. deren Dichte und Haftfestigkeit der Stromdichte proportional war. Bei Spannungen über 50 V tritt aber eine Zerstörung des Metalles ein (B. I. R y b a k[659]).

Von T. S c h n e i d e r[660] wurde ein Verfahren zur Erzeugung oxydischer Überzüge auf Magnesiumlegierungen vorgeschlagen, nach welchem ein aus Kaliumtitanat, KF, H_3BO_3 und NaOH bestehender Elektrolyt verwendet werden soll, der alle Legierungsbestandteile zu oxydieren vermag. Bei der Oxydation mit Wechselstrom soll die Behandlung mehrere Stunden bei Stromdichten bis zu 32 Amp/qdm durchgeführt werden, eine für die Praxis kaum erfüllbare Forderung.

Eine Oxydschicht mit hohem elektrolytischen Widerstand und guter Korrosionsfestigkeit erhält man nach R. B. M a s o n[661] durch Oxydation in Wechselstrom in einer 5%igen Ätznatronlösung, die nach einem sorgfältigen Waschen in Wasser einer Nachbehandlung mit einer Chromatlösung unterworfen wird. Die Stromdichte soll 1,2 bis 1,8 Amp/qdm betragen. Die Nachbehandlung wird 30 Minuten bei 75 bis 85° C mit einer Natriumchromatlösung vorgenommen. Die Überzüge sind ziemlich hart, glatt und von gleichmäßiger Dicke.

Überzüge auf Magnesiumlegierungen mit hohem Schutzwert werden nach H. F i s c h e r[662] auch in einfachen alkalischen Bädern erhalten, wofern sie nur genügend hoch während der Oxydation erhitzt werden. Geeignete Elektrolyte haben z. B. folgende Zusammensetzungen: a) 20% NaOH, 80° C, 2 Amp/qdm, 4 V; b) 30% Soda, 80° C, 2 Amp/qdm, 15 V; c) 10% wäßrige Lösung von Tetraäthylamoniumhydroxyd, 70° C, 2 Amp/qdm, 5 V; d) 5% Soda, 5% Ätznatron, 10% Trinatriumphosphat, 80° C, 5 V.

Literaturverzeichnis.

[599] C. H. S. T u p h o l i n e, Light Metals London 1, 129—30, 1938. — [600] E. E. H a l l s, Machinist 84, Nr. 50, 486 E, 1941. — [601] It. P. 371 533/1940. — [602] G. E l ß n e r, Metallwarenindustrie und Galvanotechnik 40, 301—302, 1942; Techn. Z. Bl. Prakt. Metallbearbeitung 52, 62—64, 1942; Korrosion und Metallschutz 16, 228—35, 1940. — [603] M. B r e u e r, Z. Metallwarenindustrie, Schmuckwaren und Verchromung MSV 22, 231—33, 1941. — [604] G. E l ß n e r und H. H ü n l i c h, Korrosion und Metallschutz 19, 169—74, 1943. — [205] W. P f a n h a u s e r, Galvanotechnik, 8. Aufl., 2. Bd., S. 1043, Leipzig: Akadem. Verlagsges., 1941. — [605a] G. C l o s e, Products Finishing 14, 32—40, 1950. — [605b] F. S a u e r w a l d, Z. anorgan. allg. Chem. 262, 69—78, 1950. — [606] M. B r ä u e r, Z. Metallwarenindustrie, Schmuckwaren und Verchromung MSV 22, 392—93, 1941. — [607] Langbein-Pfanhauser-Werke A. G., FP. 842 872. — [608] Siemens & Halske A. G., FP. 831 593. — [609] Telefongesellschaft, Schweiz P. 201 631. — [610] N. B u d i l o f f und W. S c h n a b e l, Korrosion und Metallschutz 18, 50—56, 1942. — [611] K. V o ß, Z. Metallwarenindustrie, Schmuckwaren und Verchromung MSV 23, Nr. 10, 405—408, 1942. — [612] Siemens & Halske A. G., DRP. 635 720/1936. — [613] Dieselbe, DRP. 669 757/1939. — [614] J. P o m e y, E. F o u r q u i n und X. H a r d y, Chim. et Ind. 41, Sonder-Nr. 4 bis, 298—312, 1938.— [615] I. G. Farbenindustrie A. G., DRP. 743 527/1944. — [616] Soc. Générale du Magnesium, EP. 834 050. — [617] I. G. Farbenindustrie A. G., Belg. P. 446 076/1944. — [618] B. W u l l h o r s t, Mitt. Forschungsinst. Probieramt Edelmetalle, Staatl. Höhere Fachschule Schwäbisch-Gmünd 1940, 1—13. — [619] J. P o m e y, E. F o u r q u i n und X. H a r d y, Chim. et Ind. 41, Sonder-Nr. 4 bis, 298—312, 1938. — [620] J. M i c h e l, Reichsamt für Wirtschaftsausbau, Chem. Ber. Prüf-Nr. 093 (PB. 52 019), 973—91, 1942. — [621] I. G. Farbenindustrie A. G., DRP. 660 409. — [622] Dieselbe, DRP. 661 937, Zus.-P. zu DRP. 660 409; Schweiz. P. 207 208. — [623] Dieselbe, DRP. 654 473, EP. 463 024, Schwed. P. 90 316. — [624] Dieselbe, EP. 463 024. — [625] J. F r a s c h, Galvano, Paris, März 1939, 17—20. — [626] P. R. C u t t e r, Proc. Amer. Electroplaters' Soc. 1946, 257—84. — [627] D. G a r d n e r, Modern Metals 3, Nr. 1, 22—24, 1947. — [628] J. F r a s c h, Métaux et Corrosion (2) 13 (14), 91—94, 115—20, 132—37, 209—12; 14 (15), 9—10, 1939. — [629] Derselbe, FP. 840 058. — [630] Derselbe, FP. 48 802, Zus.-P. zu FP. 802 421. — [631] Derselbe, FP. 50 029, Zus.-P. zu FP. 802 421. — [632] Derselbe, Galvano, Paris, März 1939, 17—20. — [633] Derselbe, FP. 50 432, 843 027. — [634] B. W u l l h o r s t, Mitt. Forschungsinst. Probieramt Edelmetalle, Staatl. Höhere Fachschule Schwäbisch-Gmünd 1940, 1—13. — [635] R. W. B u z z a r d und J. H. W i l s o n, J-Res. Nat. Bur. Standards 18, 83—87, 1937; Kan. P. 389 232. — [636] W. O. K r o e n i g und B. I. R y b a k, Luftfahrtind. (russisch) 1940, Nr. 3, 18—26. — [637] B. I. R y b a k, Neuheiten Techn. (russisch) 10, Nr. 6, 24—26, 1941. — [638] J. D. E d v a r s, Met. Ind. London 61, 119—20, 1942. — [639] R. W. B u z z a r d, FP. 826 600. — [640] Derselbe, AP. 2 114 734. — [641] H. S u t t o n, L. F. Le B r o c q u und E. G. S a v a g e, FP. 832 002, EP. 493 935. — [642] I. G. Farbenindustrie A. G., FP. 884 427. — [643] R. W. B u z z a r d, FP. 824 750. — [644] L. R e n a u l t, FP. 815 155. — [645] Derselbe, FP. 48 581, Zus.-P. zu FP. 815 155. — [646] Derselbe, FP. 836 207, DRP. 742 973/1943. — [647] Derselbe, FP. 49 544, Zus.-P. zu FP. 836 207. — [648] Derselbe, FP. 49 870, Zus.-P. zu FP. 836 207. — [649] J. F r a s c h, Métaux et Corrosion 14 (15), 83—96, 1939. — [650] J. B l u m e n f e l d und Protective Metal Processing Co. Inc., Kan. P. 434 506/1946. — [651] B. I. R y b a k, Neuheiten Techn. (russisch) 10, Nr. 6, 24—36, 1941. — [652] J. F r a s c h, DRP. 749 368/1944, Schweiz. P. 221 022/1944. — [653] Derselbe, DRP. 757 722. — [654] H. S c h w a b e, DRP. 696 901/1940. — [655] Langbein-Pfanhauser-Werke, DRP. 729 837/1943, FP. 844 066. — [656] Fides Gesellschaft für die Verwaltung und Erweiterung von gewerblichen Schutzrechten m. b. H., FP. 845 549, It. P. 367 155. — [657] G. H. A. C h a y b a n y, FP. 848 273. — [658] N. O. K r o e n i g und B. I. R y b a k, Luftfahrtind. (russisch) 1940, Nr. 3, 18—26. — [659] B. I. R y b a k, Neuigkeiten Techn. (russisch) 10, Nr. 6, 24—26, 1941. — [660] T. S c h n e i d e r, DRP. 718 976, Zus.-P. zu DRP. 716 286. — [661] R. B. M a s o n, Aluminium Research Lbs., Iron Age 157, Nr. 12, 48—52, 1946. — [662] H. F i s c h e r, Siemens & Halske A. G., DRP. 747 731/1944.

14. Die Eigenschaften der auf elektrolytischem Wege auf Magnesium und seinen Legierungen erzeugten Schutzschichten.

a) Chemische Zusammensetzung und Struktur.

Die Zusammensetzung der Schutzschichten auf Magnesium und seinen Legierungen wechselt sehr. Sie ist stark von der Natur des verwendeten Elektrolyten abhängig. Im allgemeinen bestehen die Überzüge aus Magnesiumoxyd, -hydroxyd, -silikat oder Oxyden und Silikaten anderer Metalle, wie Chrom, Mangan usw. Nach röntgenographischen Untersuchungen von elektrolytisch erzeugten Überzügen auf reinem Magnesium durch B. W u l l h o r s t und A. v. P o l a c z e k - W i t t e k[663] entsteht in Alkalihydroxydlösungen bei anodischer Behandlung bei 4 bis 8 V eine Schicht von Magnesiumhydroxyd mit einem Bruzitgitter. Diese Schicht geht nach einem 22-stündigen Erhitzen bei 400° C im Vakuum in eine aktive Periklasform über.

Bei der Wechsel- und Gleichstrombehandlung in alkalischen Fluoridlösungen bildet sich auf Reinmagnesium eine Schicht von Magnesiumfluorid (Sellait) aus, in welches Magnesiumhydroxyd und -oxyd eingelagert ist[663]. Aus Phosphat-, Borat- und Karbonatlösungen erhielt J. F r a s c h[664] bei der anodischen Behandlung von Magnesium keine Überzüge dieser Salze, sondern nur eine Oxydschicht, welche schlecht schützte. Ebenso verhielten sich die Lösungen von Zyaniden, Zyanaten u. dgl. Hingegen entstehen in Lösungen von Alkalisilikaten bzw. -aluminaten Schichten aus Magnesiumsilikaten bzw. -aluminaten, die unlöslich und auch widerstandsfähig sind.

In Lösungen, die überwiegend aus Chromsäure bestehen, erhält man bei der Behandlung mit Wechselstrom eine Schicht aus Chromoxyden, deren Sauerstoffgehalt geringer als bei CrO_3, aber höher als bei Cr_2O_3 ist und die ungefähr der Formel CrO_2 entspricht (J. F r a s c h[664]). Aus einer chromsauren Lösung von Manganbichromat (s. S. 127) erhält man braun gefärbte Überzüge, die aus Manganoxyd mit einem geringen Anteile von Cr_2O_3 bestehen. Dessen Größe schwankt je nach dem Gehalte des Bades an freier Chromsäure.

b) Schichtdicke, Maßhaltigkeit und Eigenfarbe.

Die Dicke der Schutzschichten wechselt mit der Zusammensetzung des Grundmetalles und ist von der Badzusammensetzung, Badtemperatur, Stromdichte und Strommenge abhängig (s. z. B. Abb. 53). In Tab. 10 sind die ungefähren Schichtdicken für die gebräuchlichsten Badtypen zusammengestellt, wobei auch der Auftrag der Schicht über die ursprüngliche Metalloberfläche sowie ihre Eigenfarbe angegeben sind.

Wie ersichtlich, sind die Dickenzunahmen oder der Auftrag der Schichten nur gering. Nur beim Seomag-Verfahren mit Wechselstrom ist die Größenordnung von rund 0,01 mm. Da diese Dickenzunahme wegen der praktisch linearen Proportionalität zwischen Schichtstärke und Strommenge (Abb. 53) vorher berechnet werden kann, kann ihr durch eine entsprechend geleitete Materialabtragung beim Beizen entgegengearbeitet werden. Unter diesen Bedingungen sind die Oxydationsverfahren für Magnesium und seine Legierungen als maßhaltig zu bezeichnen.

Während die schwermetallfreien, alkalischen oder neutralen Elektrolyte weiße bis hellgraue oder dunkelgrau gefärbte Überzüge ergeben, weisen die in Lösungen von Chromaten, Chromsäure, Permanganaten u. dgl. erhaltenen Überzüge eine dunkelbraune bis schwarze Farbe auf.

Tabelle 10. *Schichtdicke, Auftrag und Farbe verschiedener Oxydschichten auf Magnesiumlegierungen.*

Elektrolyt bzw. Oxydationsverfahren	Ungefähre Schichtdicke in Mikron	Wachstum nach innen in Mikron	Dickenzunahme nach außen in Mikron	Farbe
Elomag (20% NaOH)	10	6 bis 8	2 bis 4	Hellgrau, auf manganreichen Legierungen gelblich
Flussal (KF + Ammonphosphat) .	8 bis 10	6 bis 7	2 bis 3	Grauweiß
Seomag, Wechselstrom	40 „ 60	32 „ 48	8 „ 12	Mattrosa bis Weiß
Seomag, Gleichstrom	15 „ 20	10 „ 14	5 „ 6	Mattrosa bis Weiß
Manodising, Wechselstrom .... (24% NaOH, 3% Na_2SiO_3, 0,5% Phenol)	10			Hellgrau
Manodising, Gleichstrom ..... (24% NaOH, 3% Na_2SiO_3, 0,5% Phenol)	20			Hellgrau
$Na_2Cr_2O_7$+Na_2HPO_4, kurz geschlossen	4 bis 5			Dunkelbraun bis Schwarz
H_2CrO_4 + $Mn_2Cr_2O_7$, kurz geschlossen	4 „ 5			Braunschwarz

c) Härte, Verschleißfestigkeit, Haftfestigkeit, Biegefähigkeit und Durchschlagsfestigkeit.

Die Härte der auf elektrolytischem Wege auf Magnesium erzeugten Überzüge reicht nicht an jene auf Aluminium heran. Während reine Oxydschichten ziemlich weich sind und nur eine Härte von 2 bis 3 nach M o h s erreichen, ist es möglich, Filme aus Magnesiumsilikat mit einer Härte von 6 bis 7 herzustellen. Die Zusammensetzung des Grundmetalles hat auf die Härte gleichfalls einen Einfluß, wobei ein höherer Aluminium- und Zinkgehalt die Härte des Überzuges herabsetzt, Mangan sie erhöht. Die Filme auf der Legierung Mg-Mn erreichen fast die Verschleißfestigkeit von Aluminiumoxydüberzügen auf Duralumin (M. B r ä u e r[665]).

Der Gefügezustand beeinflußt die Härte der Schichten in der Weise, daß auf homogenen Grundmetallen die heller gefärbten Stellen des Überzuges weicher als die dunkleren sind. Diese helleren Stellen weisen auch eine geringere Verschleißfestigkeit auf.

Die Biegefähigkeit der Oxydschichten auf Magnesium ist wegen ihrer größeren Weichheit besser als bei Aluminiumoxydüberzügen. Viele Filme, wie z. B. die Manodisingschichten vertragen ein Biegen um einen Winkel von 90°. Da aber an der gestauchten Seite des Überzuges sehr häufig Risse auftreten, sind auch beim Magnesium erforderliche Verformungsarbeiten unbedingt vor der elektrolytischen Oxydation vorzunehmen.

Da weder Magnesiumoxyd, -hydroxyd, -silikat, -fluorid usw. Leiter des elektrischen Stromes sind, besitzen die aus diesen Stoffen bestehenden Überzüge ein gutes Isolationsvermögen. Von M. B r ä u e r[665] wurde bei der Legierung AZM für eine Oxydschicht von 15 Mikron Stärke eine Durchschlagsfestigkeit von 290 V gefunden. Die Durchschlagsfestigkeit steigt nicht wie beim Aluminium linear mit der Schichtdicke an, sondern nimmt mit steigender Schichtdicke ab. Man kann daher die Dicke der

Überzüge nicht mit Hilfe der Durchschlagsspannung (s. S. 96) messen. Die zum überwiegenden Teile aus Chromoxyd bestehenden Schichten leiten aber den Strom gut (J. Frasch[664]).

d) Porosität und Korrosionswiderstand.

Alle auf chemischem und elektrochemischem Wege in alkalischen und sauren Bädern erzeugten Schutzschichten aus Oxyden, Hydroxyden des Magnesiums, Chroms, Mangans, Silikaten und Fluoriden des Magnesiums usw. bieten für sich noch keinen ausreichenden Korrosionsschutz, da sie mehr oder weniger stark porös sind. Zur Erlangung einer befriedigenden Beständigkeit müssen die Schichten einer Nachbehandlung unterworfen werden, um die Poren abzudichten. Zur Verstopfung der Poren bedient man sich vorwiegend organischer Stoffe, wie von Wachs, Paraffin, Fetten, Ölen, Lacken u. dgl., wobei sich besonders ofentrocknende Kunstharzlacke bewährt haben. Wesentlich für den Erfolg der Nachbehandlung ist eine vollständige Austrocknung der Überzüge vor der Imprägnierung, da sonst die wasserabstoßenden Imprägnierungsmittel nicht in die Poren eindringen können. Die Imprägnierung mit porenverstopfenden Stoffen ist auch aus dem Grunde notwendig, weil sonst beim Gebrauche durch Schmutz, Schweiß usw. die oxydierten Gegenstände fleckig und unansehnlich werden würden.

Durch eine Nachbehandlung mit Dämpfen von Kohlenwasserstoffen bei Temperaturen über 1000° C soll die Oxydschicht aufgehellt und schwerer löslich gemacht werden (R. W. Buzzard[666]).

Der Korrosionswiderstand wird erhöht durch eine Nachbehandlung der Oxydschichten in heißen alkalischen und zyanalkalischen Lösungen von Chromaten und Boraten (R. W. Buzzard[667]) sowie in siedender 10%iger Wasserglaslösung mit anschließender Trocknung bei 100 bis 150° C. Eine Behandlung mit Wasserdampf. Kohlensäure oder siedender Natronlauge hat keinen Einfluß auf die Korrosionsbeständigkeit (B. Wullhorst[668]). Von R. W. Buzzard[669] wurde auch eine heiße wäßrige Lösung von 10% Natriumbichromat und 1% Chromtrifluorid sowie von 1% Zinkchromat, 1% Mangansulfat und 1% Chromtrifluorid zur Nachbehandlung der Oxydschichten auf Magnesium empfohlen.

Durch doppelte Umsetzung zweier Salze können in den Poren der Überzüge auch unlösliche anorganische Stoffe, wie z. B. Bleichromat, Bleisulfat, Zinkchromat oder Bariumsulfat niedergeschlagen werden, jedoch reichen diese Nachbehandlungsverfahren in ihrer Bedeutung nicht an jene mit organischen Mitteln heran.

Auf oxydiertem Magnesium sind auch Färbungen möglich, da die stark poröse Schicht ein großes Absorptionsvermögen für Farbstoffe besitzt. Da die Schicht aber selbst eine geringe Eigenfärbung aufweist (s. Tab. 10), eignen sich vor allem dunkle oder schwarze Farbstoffe zum Färben des Magnesiums. Da die Oxydschicht selbst nur matt und nicht glänzend erhalten wird, kann man nur nach mechanischem Polieren mittels Tuch- oder Schwabbelscheiben mattglänzende Oberflächen erhalten. Nach dem Färben müssen die Überzüge noch gefettet oder mit heißem Wachs oder Paraffin nachbehandelt werden, um die Farbstoffe in den Poren zu fixieren und ein Fleckigwerden der Schichten zu verhindern.

Durch Anwendung von Schablonen, Abdecken durch Aufdrucken usw. von Lacken, Paraffin u. dgl. können auch Muster, Schriftzeichen, Bilder usw. auf die Überzüge in Farben aufgebracht werden (s. S. 83).

Die elektrolytische Oxydation in Verbindung mit einer Nachbehandlung bedeutet eine wesentliche Verbesserung der Korrosionsbeständigkeit des Magnesiums und seiner Legierungen. In der Abb. 57 ist nach G. Elßner das Verhalten verschiedener Magnesiumlegierungen bei der Standkorrosion in 0,5%iger Kochsalzlösung wiedergegeben, die nach dem Elomag-Verfahren oder mit der Bichromatbeize oxydiert und

nach einem anorganischen Nachbeizverfahren sowie mit einem Einbrennlack nachbehandelt worden waren. Die Bewertung des Verhaltens der Proben erfolgte durch Angabe in Punkten, wobei vollkommen unangegriffen mit 10 Punkten und vollständiger Zerfall mit 0 Punkten bewertet
wurde. Wie ersichtlich ist, ist nicht nur die
elektrochemische Oxydation der chemischen,
sondern auch der Einbrennlack der anorganischen Imprägnierung überlegen.

Nach der Imprägnierung mit Lacken
usw. widerstehen die oxydierten Magnesiumgegenstände der Feuchtigkeit, Rauchgasen,
der Atmosphäre, Seewasser, Schweiß, Schmutz
sowie einer größeren Anzahl von Chemikalien. Die Oxydschichten ersparen eine
Grundierung vor der eigentlichen Lackierung, so daß im allgemeinen eine einmalige
Tauch- oder Spritzlackierung für einen befriedigenden Korrosionsschutz ausreicht. Falls
keine Nachlackierung durch Spritzen erfolgt,
ist die Schutzwirkung der imprägnierten
Schichten von ihrer Dicke abhängig.

Kosten. Die Kosten des Elomag-Verfahrens
wurden (1941) mit 1 bis 3 RM/qm behandelter Oberfläche, je nach der Schichtstärke angegeben. Der Chemikalienverbrauch ist gering, da er sich nur durch Austrag, Spülverluste, Farbstoffe beim Färben usw. ergibt.

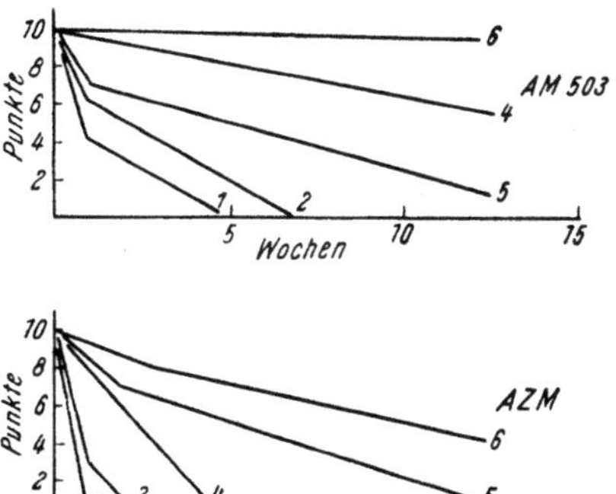

Abb. 57. Korrosionsbeständigkeit von verschiedenen Magnesiumlegierungen in 0,5%iger Kochsalzlösung (G. Elßner).

Anwendung. Die elektrolytische Oxydation des Magnesiums findet überall dort
Anwendung, wo es auch bei der Atmosphäre oder unter stärkeren Korrosionsbedingungen verwendet werden soll und die durch rein chemische Oxydation erzeugte
Schutzschicht den stärkeren Anforderungen nicht mehr genügt. Besonders in der
Industrie des Flugzeug- und Schiffbaues, der Kraftwagen-, Motorrad- und Fahrradindustrie-, im Maschinen-, Apparate- und Instrumentenbau, in der feinmechanischen,
Uhren- und optischen Industrie, der Elektro-, Radio-, Beschlag-, Metallwaren- und
Schreibmaschinenindustrie ist sie sehr verbreitet.

Literaturverzeichnis.

[663] B. Wullhorst und A. v. Polaczek-Wittek, Mitt. Forschungsinst. Probieramt
Edelmetalle, Staatl. Höhere Fachschule Schwäbisch-Gmünd 6, 22—24, 1941. — [664] J. Frasch,
Métaux et Corrosion (2) 13 (14), 91—94, 115—20, 132—37, 209—12, 1938; 14 (15) 9—10, 1939.
— [665] M. Bräuer, Z. Metallwarenindustrie, Schmuckwaren und Verchromung MSV 22,
392—93, 1941. — [666] R. W. Buzzard, AP. 2 138 023. — [667] Derselbe, AP. 2 248 063. —
[668] B. Wullhorst, Mitt. Forschungsinst. Probieramt Edelmetalle, Staatl. Höhere Fachschule Schwäbisch-Gmünd 1940, 1—13. — [669] R. W. Buzzard, EP. 506 466.

15. Die chemische Oxydation des Magnesiums und seiner Legierungen.

Für viele Zwecke, beispielsweise für die Lagerung von Halb- oder Fertigfabrikaten
aus Magnesium oder Magnesiumlegierungen, für den Transport oder als Grundlage
für eine Lackierung ist die elektrolytische Aufbringung einer Schutzschicht vielfach

zu kostspielig. Sie erfordert auch größere elektrotechnische Einrichtungen. Es hat sich nun gezeigt, daß es für die angeführten Zwecke genügt, eine einfachere, dünnere Oxydschicht durch chemische Oxydation aufzubringen. In allen diesen Oxydationsbädern ist ein das Magnesium angreifender Stoff (z. B. eine Säure) oder ein mit dem Magnesium eine unlösliche Verbindung ergebendes Mittel (Phosphat, Fluorid) sowie ein chemisches Oxydationsmittel, wie insbesondere ein Chromat oder Bichromat, enthalten.

Nur mehr selten weisen die Bäder auch einen Gehalt von Bestandteilen auf, die gleichzeitig auch noch eine gewisse Färbung bewirken, wie z. B. Verbindungen des Kupfers, Molybdäns, Vanadins oder Wolframs, wodurch schwarze Schichten erhalten werden. Im allgemeinen kann man saure und schwach alkalische Oxydationsbäder unterscheiden.

a) Chromathaltige Beizbäder.

Eines der gebräuchlichsten Oxydationsverfahren ist die salpetersaure Bichromatbeize, auch kurz BS-Beize genannt. Für die mengenmäßige Zusammensetzung des Bades wurden die verschiedensten Vorschläge gemacht, die oft ziemlich weitgehend voneinander abweichen. Da die Beizdauer sehr kurz ist und nur einige Sekunden bis höchstens einige Minuten beträgt, spielen Fett- und Schutzreste für den Beizeffekt und für die Gleichmäßigkeit der Oxydationswirkung eine wesentliche Rolle. Die Entfettung wird vorteilhaft durch Kochen mit wäßrigen, Trinatriumphosphat und Soda enthaltenden alkalischen Reinigungsmitteln vorgenommen.

Sehr gut bewährt hat sich nach Untersuchungen von W. O. Kroenig und G. A. Kostilev[670] eine Mischung von 4 Gewichtsteilen Kaliumbichromat, 18 Teilen Salpetersäure und 100 Teilen Wasser, die bei 80° C angewendet wird. Diese Mischung, welche durch einen weiteren Zusatz von Nitraten noch verbessert werden kann, ist in ihrer Beizwirkung einem Gemisch von a) Phosphorsäure und Permanganat, b) Borsäure und Kaliumpermanganat, c) Natriumfluorid, d) Kaliumpermanganat und Salpetersäure sowie e) Phosphorsäure und Bichromat überlegen. Die Beize von Salpetersäure und Kaliumbichromat verliert jedoch beim Gebrauche sehr bald an Wirksamkeit, so daß man mit 100 l der Badlösung nur 10 qm Metalloberfläche gut beizen kann.

H. Schmidt[671] verwendete eine stark salpetersaure Beize von 10%igem Kaliumbichromat, die I. G. Farbenindustrie A. G. eine wäßrige Lösung von 15% Kalium- oder Natriumbichromat mit 20% konzentrierter reiner Salpetersäure. Je nach der Größe des Gegenstandes wurde 15 Sekunden bis 3 Minuten lang gebeizt.

W. Pfanhauser[672] empfiehlt eine Lösung von 18 kg Kaliumbichromat, 30 l reiner, konzentrierter Salpetersäure (D = 1,4 = 42° Bé) und 70 l Wasser. Die Beizdauer richtet sich nach dem Alter des Bades und soll stets so lange währen, bis Gasblasen aufsteigen. Die Temperatur der Beize soll 25° C nicht überschreiten, weshalb bei größeren gebeizten Mengen entweder ein größeres Volumen der Beizlösung oder eine Kühlung anzuwenden ist. Die erzeugten Überzüge sind nur etwa 1 bis 2 Mikron dick und goldgelb bis braun, auf Spritzgußteilen aber grau gefärbt. Die besten Ergebnisse werden mit Zink und Aluminium enthaltenden Magnesiumlegierungen erzielt.

Für größere Gegenstände, z. B. für Behälter mit mehreren Kubikmetern Inhalt, ist eine Beize mit 20% Salpetersäure und 15% Kaliumbichromat (I. G.-Beize), die sich für kleinere Werkstücke sehr gut eignet, weniger brauchbar, da sie die Behandlung nicht in angemessen kurzer Zeit bewerkstelligen kann, so daß zu viel Magnesium in Lösung geht. Diese Schwierigkeiten können überwunden werden, wenn statt 20% nur 7,5% Salpetersäure verwendet werden. Die mit dieser Lösung erhaltenen Überzüge haben eine bessere Schutzwirkung als die mit 20% Salpetersäure erzeugten Schichten (Anonym[673]).

Die salpetersäurehaltigen Chromatbeizen greifen das Magnesium sehr stark an. So wurde von A. T. B u d i n[674] in einer Lösung von 5% Kaliumbichromat, 11% Salpetersäure (D = 1,4) und 0,1% Ammonchlorid eine Abtragung des Magnesiums von 0,025 bis 0,035 mm/Minute festgestellt. Sollten daher Gegenstände mit einer Schutzschicht versehen werden, die bereits fertig bearbeitet sind und maßhaltig bleiben sollen, wie z. B. Gewinde, so müssen bedeutend weniger angreifende Mittel benützt werden. Man hat für diese Zwecke auch Oxydationsbäder geschaffen, die praktisch neutral oder nur ganz schwach sauer sind.

Eines der gebräuchlichsten dieser Bäder, in welchen das Magnesium praktisch kaum angegriffen wird[675], besteht aus einem Gemisch von 1,5% Kaliumbichromat, 1,5% Ammonbichromat, 3,0% Ammonsulfat und 0,35% Ammoniumhydroxyd (D = 0,880). Diese Lösung hat ein p_H von 6,0 bis 6,5. Nach dem Eintauchen in die siedend heiß angewandte Lösung wird in heißem Wasser gewaschen, getrocknet und gewöhnlich lackiert. Die Eintauchzeit beträgt mindestens 10 Minuten, kann aber auch bis zu 30 Minuten erhöht werden. Die zu behandelnden Gegenstände sollen nicht mehr als 15 cm von der Wärmequelle entfernt sein, da sonst ungleichmäßig oxydierte und schlechter schützende Überzüge erhalten werden (S. G. H o w - d o n - S i m p s o n[676]).

Reines Magnesium, Legierungen mit Mangan und mehr als 9% Aluminium sollen mit Bädern mit einem p_H von 6,25 bis 6,35, die anderen Magnesiumlegierungen mit einem p_H von 6,1 behandelt werden.

Das Ablösen der Chromatschichten von Magnesiumoberflächen erfolgt in einer Lösung von 1 Volumen Salpetersäure (D = 1,42), 1 Vol. rauchende Salpetersäure (D = 1,5), 9 Vol. Nitrobenzol und 1 Vol. Tetrachlorkohlenstoff bei einer Tauchzeit von 30 Minuten (E. G. S a v a g e[677]).

Nach einem von der I. G. Farbenindustrie A. G. herrührenden Verfahren[678] werden die gründlich entfetteten Gegenstände aus Magnesium oder hochprozentigem Magnesium 1 bis 2 Stunden in kalte, wäßrige Lösungen von 40 g/l Alkalibichromat und 60 g/l Magnesiumsulfat getaucht. Wird bei 80 bis 90° C gearbeitet, so genügt eine Behandlungsdauer von etwa 30 Minuten. Ebenso läßt sich die Schutzschichtbildung auch durch Kurzschließen mit eingehängten Eisen- oder Zinkplatten beschleunigen. Das Verfahren ist in der Technik unter der Bezeichnung „BM-Beize" bekannt. Die Schutzschicht ist etwa 3 bis 5 Mikron stark und dunkelbraun bis schwarz gefärbt. Ändert sich die Farbe der Schutzschicht, so hat die Wirkung des Bades nachgelassen. Es kann durch einen Zusatz von etwas Schwefelsäure und Bichromat nachgeschärft werden.

Ein weiteres, von dem Royal Aircraft Establishement benutztes Chrombad zum Schutze von Magnesiumlegierungen besteht aus einer heißen Lösung von 1,5% Kaliumbichromat, 1% Kalialaun und 0,5% Ätznatron. Die Behandlungstemperatur beträgt 95 bis 100° C, die Tauchzeit 6 Stunden. Der p_H-Wert der Bäder soll 6,6 bis 7,2 betragen, er wird durch einen Zusatz einer Lösung von 10% Schwefelsäure (D = 1,84) und 25% Chromsäure konstant gehalten.

Die Firma Tréfileries et Laminoirs du Havre[679] erzeugt in einer sauren Lösung von Alkaliphosphaten unter Zusatz von Borsäure und einem Chromsalz Schutzüberzüge auf Magnesium. Das Bad besteht z. B. aus 1000 ccm Wasser, 100 g Dinatriumphosphat, 40 g Kaliumbichromat, 30 g Soda, 25 g Borsäure und 30 ccm Phosphorsäure (36° Bé) und wird bei 90 bis 100° C 1,5 Stunden einwirken gelassen.

Nach einem Verfahren der High Duty Alloys Ltd.[680] werden nach dem Beizen in 10%iger Salpetersäure (30 Sekunden) und in 10%iger Natronlauge (10 Minuten) die Magnesiumteile in einer heißen Lösung von 20% Natriumbichromat und 3% Chromsulfat behandelt.

Ähnlich ist die Arbeitsweise der Dow Chemical Co.[681], wonach eine siedende Lösung von 1,7% Kaliumchromsulfat und 9% Natriumbichromat durch Tauchen angewandt wird.

Gutschützende Überzüge auf Magnesium werden durch Ätzen in einer Lösung von 1 kg Aluminiumpulver, 10 kg Chromsäure, 5 kg Magnesiumsulfat und 1 kg Ätznatron in 100 l Wasser und Behandlung der Werkstücke bei 95° C erhalten (Anonym[682]). R. W. Buzzard[683] taucht die Magnesiumteile in eine 100° C heiße Lösung von 90 g/l Chromsäure und 80 g/l Phosphorsäure, deren p_H-Wert von 1,5 mit Ammoniumhydroxyd eingestellt wurde.

Eine nickelhaltige heiße Chromatlösung wurde von der High Duty Alloys Ltd.[684] vorgeschlagen, die z. B. aus 3,4 kg Chromisulfat, 6,8 kg Kaliumbichromat, 1,42 kg Essigsäure zur Ansäuerung, 1,814 kg Ammonazetat und 22 l Wasser besteht. Das p_H des Bades soll einen Wert von 4,4 bis 3,4 besitzen. Eventuell werden die Magnesiumteile in einer 8%igen Chromsäure mit 5% Salpetersäure oder einer 5%igen Schwefelsäure durch Beizen vorbehandelt.

Von der Magnesium Developement Corp.[685] werden die Magnesiumoberflächen mit einer siedenden wäßrigen Lösung von Kaliumbichromat (100 g/l) und 50 g/l Zinksulfat oder Kadmiumsulfat 30 Minuten lang behandelt. Bei 20° C dauert die Behandlung 24 Stunden.

Ein säurefreies Chromatbad zur Behandlung von Magnesiumlegierungen haben H. Mäder und F. Bauer[686] vorgeschlagen. Dieses besteht aus einer Lösung von 3% Kaliumbichromat, 3 bis 4% Chromalaun und 0,5% weinsaures Salz (20 bis 25° C, 3 bis 4 Minuten).

Lösungen von Sulfosäuren, wie Sulfosalizylsäure, Alkalichromat und Chromalaun, hat die I. G. Farbenindustrie A. G.[687] (Behandlungsdauer bei 20° C 5 Minuten, bei 70 bis 100° C 0,5 bis 1 Minute) verwendet.

Eine Lösung von Magnesiumchromat, die durch Auflösen von Magnesiumhydroxyd in 5- bis 10prozentiger Chromsäure bis zur Sättigung erhalten wurde (20° C, 30 Minuten), hat A. Haybany[688] empfohlen.

H. Sutton und L. F. Le Brocqu[689] setzen der Bichromatlösung noch aktivierende Salze zu und verwenden z. B. eine Lösung von 10% Kaliumbichromat, 10% Kalialaun und 5% Kaliumpermanganat. Der p_H-Wert der Lösung soll zwischen 3 bis 3,9 liegen. Beim Tauchen (5—30 Minuten) von Magnesiumlegierungen in eine Lösung von 7,5% Natriumbichromat und 3% Selendioxyd erhält man schwarze Schichten, die im wesentlichen aus Selen und Chromateinschlüssen bestehen. Die Überzüge sind besser korrosionsbeständig als solche aus Selen oder Bichromat allein.

Für die Bildung der Chromatüberzüge auf Magnesium hat R. Delavault[690] nachgewiesen, daß die beim Beizen vor sich gehende Reaktion elektrochemischer Natur ist. Beim Aufspritzen einer 6%igen Kaliumbichromatlösung bei 70° C auf polierte Magnesiumoberflächen geht Magnesium in Lösung und wird Chromoxyd niedergeschlagen. Die Geschwindigkeit der Abscheidung in Kaliumbichromatbädern wird um so größer, je mehr Sauerstoff an der Anode entsteht, da dadurch eine größere Durchmischung der Flüssigkeit an der Metalloberfläche hervorgerufen wird. In dieser Hinsicht wirken Sulfationen, wie sie in technischen Kaliumbichromatlösungen vorliegen, katalytisch. Im gleichen Sinne, aber noch wesentlich stärker wirken Persulfate, die schon in einer Menge von 0,1% in kalten Bichromatlösungen eine Chromoxydabscheidung auf Magnesium herbeiführen. Derselbe Effekt des Rührens mit Gasblasen läßt sich durch vorher in die Lösung eingepreßtes Kohlendioxyd erreichen.

Bemerkenswert ist, daß die Färbung der in Alkalichromatlösungen erzeugten Schichten nur durch die Anwesenheit geringer Verunreinigungen des Chromates bedingt ist und bei Anwendung reiner Salze überhaupt ausbleibt (W. Eckardt[691]).

Erst ein Zusatz geringer Mengen von Chromsäure, die in technischen Salzen meist vorhanden sind, bewirkt in Lösungen reiner Salze die Ausbildung schwarzer Überzüge. Ein Glanz kann durch einen weiteren Zusatz von Spuren von Silbersalzen erzielt werden. Diese sind im technischen Alkalibichromat meistens anwesend, da zum Eindampfen von Kaliumbichromat bei der Herstellung meist Silberschalen verwendet werden.

Die Färbung der Oxydhaut selbst wird durch Adsorption verschiedenwertiger Chromsalze bedingt, wobei die Neigung zur Adsorption bei rauhen Oberflächen erhöht ist. Eine rauhe Oberfläche läßt sich künstlich erzeugen, wenn dem Chromatbade Ammonchlorid zugesetzt wird (K. I. O c h s i n[692]).

b) Chromatfreie Beizbäder.

Ein brauchbarer Oberflächenschutz auf Magnesium läßt sich durch Oxydation des Metalles mit Wasserdampf und Sauerstoff erzielen (Anonym[693]). Die Korrosionsbeständigkeit der nach ein- bis zweistündiger Behandlung bei 135 bis 280° C erhaltenen Überzüge war beim Wechseltauchversuch und bei Sprühnebelkorrosion in Natriumchloridlösungen etwas geringer als bei dem nach dem RAE-Verfahren[694] (Alkalibichromat $p_H = 6$) in sechs Stunden oxydierten Oberflächen, jedoch größer, wenn die oxydierten Oberflächen mit einem Zinkchromatgrundanstrich und zwei Schichten Zelluloseemaildeckschicht nachbehandelt und im Dauertauchversuch in Salzlösungen geprüft wurden. Reine Magnesiumlegierungen mit erhöhter Korrosionsbeständigkeit können schon nach ½- bis 30stündiger Behandlung mit Wasser von 85 bis 100° C widerstandsfähiger gemacht werden. Der gebildete Oxydfilm läßt sich anfärben.

Sehr gut bewährt haben sich Selenüberzüge auf Magnesium, die nach einem von B e n g o u g h und W h i t b y[695] vorgeschlagenen Verfahren nach einem Beizen in 30%iger Salpetersäure durch 5 bis 15 Minuten langes Tauchen bei 20° C in eine 10%ige Lösung von seleniger Säure und 0,1 bis 0,5% Natriumchlorid erhalten werden. Das abgeschiedene Selen haftet sehr gut an der Magnesiumoberfläche. Die glatten Überzüge weisen eine sehr gute Korrosionsbeständigkeit auf (s. z. B. H. S a w a m o t o[696]), die durch eine länger dauernde Behandlung noch verbessert werden kann. Auch bei Magnesium-Gußlegierungen, die vorher mit Sandpapier abgeschmirgelt und anschließend zwei Minuten lang mit einer Lösung von 15% Chromsäure und 1 g/l Schwefelsäure gebeizt worden waren, erhielt L. H a l m[697] mit den Selensäurelösungen den besten Korrosionsschutz.

Maßhaltige Schutzschichten auf Magnesiumlegierungen können auch aus Lösungen von Arsenverbindungen erhalten werden (Wintershall A. G.[698]). Für reines Magnesium wird bei gewöhnlicher Temperatur eine gesättigte Lösung von arseniger Säure (Tauchdauer einige Stunden), für Magnesiumlegierungen eine heiße Lösung von Arsentrichlorid, hergestellt aus Arsentrioxyd und wäßriger Salzsäure, empfohlen (Tauchdauer 10 Minuten). Nach A. D. B u d i n g[699] bewährte sich zur Oxydation von Gewinden in Magnesiumlegierungen ein Bad aus 10 bis 25 g/l arseniger Säure und 5 g/l Kochsalz. Die Korrosionsbeständigkeit der Arsenüberzüge soll größer als jene der Selenfilme sein.

Von der Dow Chemical Co.[700] wurde vorgeschlagen, vor der Behandlung mit der wäßrigen Lösung einer Arsenverbindung das Magnesium mit der Lösung eines Salzes der Fluß-, Kieselfluorwasserstoff- oder Borfluorwasserstoffsäure und neutralen Fluoriden zu beizen. An Stelle dieser fluorhaltigen Lösungen können auch Lösungen von Chromaten, Bichromaten, Molybdaten, Phosphaten, Titanaten, Wolframaten und Vanadaten angewandt werden (The Dow Chemical Co.[701]). Nach einem weiteren Verfahren derselben Firma[702] sollen die Gegenstände in eine wäßrige Lösung von

10 bis 35% Kieselfluorwasserstoffsäure bei einer Temperatur unter 40° C eingetaucht werden, bis sich ein Überzug bildet. Hierauf wird dann das Magnesium weiter oxydiert.

Die Robert Bosch G. m. b. H.[703] taucht die Gegenstände aus Mg-Legierungen oder Mg in eine Lösung von 250 g Magnesiumfluorsilikat, 30 g Kaliumpermanganat und 150 ccm Kieselfluorwasserstoffsäure (D = 1,3) in 1000 ccm Wasser, wobei eine schwarz gefärbte Schutzschicht entsteht. Eine kathodische Schaltung der Werkstücke begünstigt die Ausbildung der Schicht. Die Lösungen von einfachen oder komplexen Fluoriden hat die Soc. Continentale Parker[704] empfohlen; sie behandelt die Magnesiumgegenstände fünf Minuten lang in einem Autoklaven in einer 10%igen Lösung von Soda bei 200° C und einem Druck von etwa 15 Atm. Die erzeugte Schutzschicht wird sodann in einer siedenden Lösung von 0,1 bis 0,5% Farbstoff gefärbt.

Eine Schutzschicht erhält man auch durch Behandlung der kalt entfetteten Gegenstände in einer Lösung von 12 g/l Aluminiumsulfat und 2 g/l Natriumazetat (p_H = 3 bis 7) (Soc. Continentale Parker[705]).

Von der I. G. Farbenindustrie A. G.[706] wurde empfohlen, die Gegenstände aus Magnesium oder Magnesiumlegierungen mit organischen Verbindungen in Gegenwart von Wasser zu erhitzen, die mit Magnesium schwerlösliche bzw. unlösliche Verbindungen ergeben, wie insbesondere Karbonsäuren oder Alkoholaten. Beispielsweise wird eine Magnesiumlegierung im Autoklaven in einer 3%igen wäßrigen Lösung von Kaliumpalmitat 15 Minuten lang auf etwa 170° C erhitzt. Durch Zusatz von 1% Natriumsulfat läßt sich die Behandlungsdauer auf fünf Minuten abkürzen.

Dunkel gefärbte Schichten auf Magnesiumlegierungen erhält man nach einem Verfahren der Soc. Générale du Magnesium[707] durch Tauchen in eine wäßrige Alkalisalzlösung von Metallsäuren des Vanadins, Molybdäns, Wolframs, Niobs, Tantals und Urans, deren p_H-Wert zwischen 4 und 7 liegt. Man kann auch die Gegenstände in diesen Lösungen gegen ein edleres Metall, wie Eisen oder Graphit, kurz schließen oder eine Spannung von 4 V anlegen. In einer 6%igen Lösung von Kaliummolybdat mit einem p_H von 6 entsteht z. B. innerhalb von drei Minuten eine blau-schwarze Schicht, die noch in einer 5%igen Tanninsäurelösung bei 80° C nachbehandelt wird.

J. P o m e y , E. F o u r q u i n und X. H a r d y[708] erhielten in 5%iger Kaliumpermanganatlösung unter Zusatz von 1% Essigsäure oder 5% Borsäure sehr gleichmäßige Schutzschichten auf Magnesiumlegierungen. In 0,5%igen basischen Manganphosphatlösungen wurde ebenfalls eine Schicht erzeugt, die aber einer anodischen Nachbehandlung in einer Lösung von Alkalifluoriden und Alkalihydroxyden bedurfte.

Literaturverzeichnis.

[670] W. O. K r o e n i g und G. A. K o s t i l e v, Korrosion und Metallschutz 8, 147—51, 1932. — [671] H. S c h m i d t, ebenda 9, 242, 1932. — [672] W. P f a n h a u s e r, Galvanotechnik, 8. Aufl., 2. Bd., S. 1053, Leipzig 1941. — [673] Anonym, Met. Ind. London 63, 8, 1943. — [674] A. T. B u d i n, Luftfahrtind. (russisch) 1939, Nr. 9, 49—59. — [675] EP. 331 853, 353 415. — [676] S. G. H o w d o n - S i m p s o n, Met. Ind. London 67, 258—61, 1945. — [677] E. G. S a v a g e, ebenda 54, 447—49, 1939; Chem. Age 40, Metallurg. Sect. 23—24, 1939. — [678] I. G. Farbenindustrie A. G., EP. 450 589. — [679] Tréfileries et Laminoirs du Havre, FP. 830 839. — [680] High Duty Alloys Ltd., EP. 482 689. — [681] Dow Chemical Co., AP. 2 138 794. — [682] Anonym, Chim et Ind. 41, Sonder-Nr. 4 bis, 320—24, 1938. — [683] R. W. B u z z a r d, AP. 2 163 583. — [684] High Duty Alloys Ltd., AP. 2 224 245, FP. 848 117. — [685] Magnesium Development Corp., AP. 2 178 977. — [686] H. M ä d e r und F. B a u e r, OKH., DRP. 740 325/1943. — [687] I. G. Farbenindustrie A. G., FP. 875 991. — [688] A. H a y b a n y, FP. 865 946. — [689] H. S u t t o n und L. F. L e B r o c q u, EP. 510 353. — [690] R. D e l a v a u l t, Bull. Soc. chim. France (5) 5, 1522—23, 1938. — [691] E c k a r d t, Oberflächentechnik, 19, 25—26, 1942. — [692] K. I. O c h s i n, Luftfahrtind. (russisch) Nr. 5, 59—61. — [693] Anonym,

Light Metals London 6, 169–71, 1943. — [694] RAE-Verfahren, EP. 353 415. — [695] B e n g o u g h und W h i t b y, Chem. Zbl. 1934 I, 1705, 1933 I, 1002. — [696] H. S a w a m o t o, Suiyokwai-Shi 9, 459–66, 1938. — [697] L. H a l m, C. r. 204, 1941–43, 1937. — [698] Wintershall A. G., DRP. 636 913/1936. — [699] A. D. B u d i n g, Luftfahrtind. (russisch) 1939, Nr. 9, 49–59. — [700] Dow Chemical Co., AP. 2 313 753. — [701] Dieselbe, EP. 535 695, AP. 2 313 755. — [702] Dieselbe, AP. 2 313 754. — [703] Robert Bosch G. m. b. H., FP. 868 380. — [704] Soc. Continentale Parker, EP. 532 809, AP. 2 228 259. — [705] Dieselbe, FP. 794 904. — [706] I. G. Farbenindustrie A. G., DRP. 692 311. — [707] Soc. Générale du Magnesium, FP. 849 714. — [708] J. P o m e y, E. F o u q u i n und X. H a r d y, Chim. et Ind. 41, Sonder-Nr. 4 bis, 298–312, 1938.

16. Nachbehandlung von Schutzschichten auf Magnesium und seinen Legierungen.

Sowohl die elektrochemisch als auch in noch größerem Ausmaße die auf chemischem Wege erzeugten Schutzschichten auf Magnesium und seinen Legierungen sind sehr stark porös, so daß sie das äußerst reaktionsfähige Metall nur unvollständig abschirmen. Zur Verbesserung der Beständigkeit müssen daher die Überzüge mit anorganischen oder organischen Porenverdichtungsmitteln oder Imprägnierungsmitteln nachbehandelt werden. Die anorganischen Nachbehandlungsverfahren allein werden seltener angewandt als die organischen Mittel, nämlich die Lacke oder Anstriche.

Von den Langbein-Pfanhauser-Werken A. G.[709] ist die Nachbehandlung der Schutzschichten mit solchen alkalisch reagierenden Lösungen empfohlen worden, die bei der anodischen Oxydation eine starke Sperrwirkung hervorbringen können, wie z. B. die alkalischen Lösungen von amphoteren Metallen, wie von Aluminaten, Zinkaten, Plumbaten, Arseniaten oder solchen Lösungen, die schwerlösliche Magnesiumsalze bilden, wie z. B. von Boraten, Silikaten, Phosphaten, Fluoriden oder komplexen Fluoriden. Gut bewährt hat sich eine Nachbehandlung in einer siedenden 10%igen Wasserglaslösung mit anschließender Trocknung bei 100 bis 150° C. Auch heiße alkalische oder zyanalkalische Chromatlösungen ergeben eine gute Schutzwirkung. Wasserdampf ist nur bei erhöhtem Druck (3 bis 5 Atm.) wirksam.

Von praktischer Bedeutung ist die Auftragung eines Zinkchromat-Grundanstriches, auf den entweder mit besonderem Erfolge Einbrennlacke oder zwei Lagen von Zelluloselacken aufgebracht werden (E. E. H a l l s[710]). Ofentrocknende Lacke sind den lufttrocknenden vorzuziehen (E. E. H a l l s[711]). Werden lufttrocknende Lacke angewandt, so haben sich solche auf Glyptalharzbasis bewährt (Anonym[712]). Nach einem Vorschlage der Langbein-Pfanhauser-Werke A. G.[713] sind für die Nachbehandlung von Schichten, die durch Eintauchen in Bichromatlösungen erzeugt worden sind, solche Lacke oder Anstriche zu verwenden, deren p_H-Wert über 6 liegt. Die Schichten sollen dann porenfrei werden. Auch Wachs und Paraffin können zur Porendichtung verwendet werden.

Korrosionsbeständigkeit. Bei vergleichenden Korrosionsversuchen von mit Schutzüberzügen versehenen verschiedenen Magnesiumlegierungen, die einer gleichartigen Vorbehandlung unterworfen und dann nach verschiedenen Oxydationsverfahren behandelt worden waren, hat L. H a l m[714] die beste Korrosionsbeständigkeit für die nach dem Verfahren von F o u r n i e r[715] mit einer Chromsäurelösung bzw. nach B e n g o u g h und W h i t b y[716] mit einer 10%igen Lösung von seleniger Säure behandelten Proben erhalten. Hingegen wurden nach der Behandlung der betreffenden Magnesiumlegierungen mit alkalischer Bichromatlösung nach S u t t o n und L e B r o c q u[717] sowie die mit Zinksulfatlösungen nach L e w i s und E v a n s[718] behandelten Proben stark angegriffen.

H. S a w a m o t o[719] stellte eine bessere Beständigkeit der Selenüberzüge, verglichen mit Schutzschichten aus den Salpetersäure-Kaliumbichromat-Beizbädern fest. Von H. W i n t e r h a g e r und P. R ö n t g e n[720] wurde gefunden, daß das einfache Tauchverfahren in Salpetersäure-Bichromatlösungen auf den Legierungen AM 503, AZM und AZ 316 gutschützende Überzüge ergab. Bei der Legierung AZ 31 übertraf das Tauchverfahren sogar alle untersuchten elektrochemischen Verfahren hinsichtlich des Schutzwertes der erzeugten Überzüge, während bei den Legierungen AM 503 und AZM das Verfahren der anodischen Fluorierung in wäßriger Ammonfluorid-lösung die besten Ergebnisse lieferte.

Es ist somit der Schutzwert der verschiedenen Oxydationsverfahren nicht nur untereinander ungleich, sondern er schwankt auch je nach der behandelten Legierung.

Bei der Elektron-Gußlegierung A 9 V stellten G. E l ß n e r und U. H ü h n l i c h[721] bei vergleichenden Korrosionsversuchen im Schwitzwasser- und Wechseltauchgerät fest, daß zwischen einer Elomag- und einer Bichromat-Salpetersäure-Behandlung um so größere Unterschiede bestehen, je stärker die Korrosionsbeanspruchung ist. Die elektrolytisch erzeugten Schutzschichten widerstehen im allgemeinen besser als die durch rein mechanische Beizung und Oxydation erzeugten Überzüge. Auch Lacke schützen auf elektrolytisch aufgebrachten Überzügen wirkungsvoller als auf chemisch behandelten Oberflächen.

L i t e r a t u r v e r z e i c h n i s.

[709] Langbein-Pfanhauser-Werke A. G., It. P. 388 821. — [710] E. E. H a l l s, Machinist 84, Nr. 47, 456 E—457 E, 1941. — [711] Derselbe, ebenda 84, Nr. 50, 486 E, 1941. — [712] Machinery, London 51, 77—79, 1937. — [713] Langbein-Pfanhauser-Werke A. G., FP. 852 152. — [714] L. H a l m, C. r. 204, 1941—43, 1937. — [715] F o u r n i e r, Chem. Zbl. 1935 I, 3473. — [716] B e n g o u g h und W h i t b y, ebenda 1934, I, 1705, 1933, I, 1002. — [717] S u t t o n und L e B r o q u, ebenda 1936 II, 2989. — [718] L e w i s und E v a n s, ebenda 1936 II, 2989. — [719] H. S a w a m o t o, Suiyokwai-Shi 9, 459—66, 1938. — [720] H. W i n t e r h a g e r und P. R ö n t g e n, Aluminium 24, 12—16, 1942. — [721] G. E l ß n e r und U. H ü n l i c h, Korrosion und Metallschutz 19, 169—74, 1943.

Metallfärbung.

17. Rostschutz und Färbung von Eisen und Stahl durch Oxydschichten (Brünierverfahren).

Allgemeines. Das Eisen ist unser technisch wichtigster Werkstoff, da es nicht nur hervorragend physikalische Eigenschaften aufweist, sondern auch sehr billig ist und in großen Mengen technisch erzeugt werden kann. Sein wesentlichster Nachteil ist die geringe chemische Widerstandsfähigkeit und das unscheinbare, graue Aussehen. Es besitzt ein Normalpotential von $-0,44$ V, ist daher ein unedles Metall mit dem Bestreben, in Berührung mit Wasser, Kohlensäure, den Halogenen, schwefeliger Säure, SO_3 usw. freiwillig den metallischen Zustand aufzugeben und unter Abgabe von Energie in Eisenverbindungen überzugehen, also zu korrodieren.

Bereits reines Wasser kann das Eisen unter sichtbarer Wasserstoffentwicklung wie eine Säure angreifen. In feuchter Atmosphäre überzieht es sich mit Rost, einem überwiegend aus Eisen-III-hydroxyd und -oxyd bestehenden Zerfallsprodukt des metallischen Eisens. Die Rostschicht ist nicht nur ungleichmäßig dick, sondern sie ist auch nicht dicht und haftet an der Eisenoberfläche nur schlecht an. Nach Untersuchungen von W. M a c h u[722] bewirkt selbst eine oberflächliche Verrostung des Eisens in Wasser oder Salzlösungen bei lockerer, voluminöser Ausbildung des Rostes nur eine Abdeckung der metallischen Oberfläche von einigen Prozent, bei trockenem, dichterem Rost von rund 30%. Da die Rostschicht auch sehr stark porös ist, sie ferner ein kolloides Gel mit ziemlich großer Absorptionsfähigkeit darstellt, saugt sie die Luftfeuchtigkeit, saure Gase, Salze usw. auf und begünstigt so weitere Korrosion.

Unter bestimmten Bedingungen bildet sich jedoch auf der Eisenoberfläche keine schädliche Hydroxyd-, sondern eine schützende Oxydschicht aus. Von F r e u n d l i c h, P a t s c h e k e und Z o c h e r[723] wurde festgestellt, daß sich auf Eisenspiegeln, die durch thermische Zersetzung von Eisenpentakarbonyl auf Glas im Hochvakuum erzeugt worden waren, selbst bei nur sehr kurzdauernder Belüftung zwar unsichtbare, aber optisch und gravimetrisch nachweisbare dünne Eisenoxydschichten ausbilden. Obwohl diese Oxydschicht nur eine Dicke von $0,87 \cdot 10^{-7}$ cm aufwies, also ein monomolekularer Film war, konnte sie bereits die Löslichkeit des Eisens in konzentrierter Salpetersäure deutlich verringern.

Es hat sich nun gezeigt, daß durch eine künstliche Oxydation eine wesentliche Verstärkung dieser dünnsten Oxydschichten und damit eine erhebliche Verbesserung der chemischen Widerstandsfähigkeit des Eisens herbeigeführt werden kann. Es liegt hier ein Beispiel für eine rein mechanische sogenannte Bedeckungspassivität eines Metalls vor. (W. M a c h u[724]).

Dickere Oxydschichten treten auf Eisengegenständen nach dem Walzen oder Glühen auf, die bereits, wenn sie lückenlos und unzerstört sind, eine erhebliche Korrosionsbeständigkeit aufweisen. Da sich diese Überzüge aber nur sehr unregelmäßig ausbilden, sie aber auch sehr spröde sind und daher leicht abspringen, werden sie nicht als endgültiger Schutzschicht gewertet und daher fast immer vor allen weiteren Veredelungsarbeiten durch Beizen, Sandstrahlen usw. entfernt.

Gleichmäßige Oxydschichten mit einem für viele Zwecke ausreichenden Schutzvermögen erhält man, wenn man das Eisen oder den Stahl einer künstlichen Oxydation unterwirft. Zur Erreichung dieses Zieles stehen der Technik vier verschiedene Arbeitsweisen zur Verfügung, und zwar:

a) die Inoxydation, das ist die Oxydation des Eisens mittels Wasserdampf u. dgl. bei Temperaturen von 700 bis 1000° C in geschlossenen Retorten,

b) Einbrennverfahren, die in einem Erhitzen nach dem Auftragen von Schwärzungsmitteln bestehen,

c) die anodische Oxydation in heißen Elektrolyten, und

d) die Behandlung der zu schützenden Werkstücke in oxydierend wirkenden Salzschmelzen oder Salzlösungen.

Diese Verfahren werden auch als sogenannte „Brünierungsverfahren" zusammengefaßt. Besonders die unter d genannte Gruppe hat in der Technik eine stärkere Verbreitung gefunden. Die Brünierverfahren liefern nur hauchdünne Überzüge aus rötlichbraunem Eisenoxyd oder schwarzem oder blauschwarz gefärbtem Ferriferrooxyd Fe_3O_4, deren Rostschutzvermögen aber nur ziemlich gering ist. Da aber die brünierten Gegenstände ein sehr schönes Aussehen aufweisen, sie also auch für dekorative Zwecke geeignet sind, haben sich die Brünierungsverfahren zum Schutze und zur gleichzeitigen Färbung oder Verzierung von Uhrenteilen, Schnallen, Knöpfen, photographischen Apparaten, Gewehrläufen, Pistolen usw. eine gewisse Verbreitung unter den Oberflächenveredelungsverfahren für Eisen erobert.

Wegen ihrer dekorativen Wirkung werden die Brünierverfahren vielfach bereits zu den Metallfärbungsverfahren gerechnet. Tatsächlich sind die Effekte, die man mit den Metallfärbungsverfahren erzielt, sehr ähnlich dem Brünierungsverfahren. Nur sind die durch Metallfärbung erzeugten Schichten noch dünner als bei den Brünierungsverfahren und demzufolge ihr Schutzvermögen noch kleiner. Bei den Metallfärbungsverfahren wird das Hauptgewicht auf die Verbesserung des Aussehens der Metalle und Verleihung einer bestimmten Farbe gelegt, der Korrosionswiderstand hingegen spielt nur eine ziemlich untergeordnete Rolle. Wegen ihrer besseren Korrosionsbeständigkeit und größeren Dicke werden im vorliegenden Abschnitte die Brünierverfahren getrennt von den eigentlichen Metallfärbungsverfahren behandelt werden (s. S. 159).

a) Das Inoxydieren.

Das Inoxydieren ist schon ein verhältnismäßig altes Verfahren zum Schutze des Eisens vor Korrosion, das aber heute nur mehr selten angewendet wird. Schon im Jahre 1877 wurde ein Verfahren zur Herstellung von Schutzschichten aus Fe_3O_4 auf Eisen ausgeübt, bei welchem die Oxydation durch Erhitzen in Wasserdampf und darauffolgendes Abkühlen vorgenommen wurde (F. S. B a r f f[725] und G. B o w e r[726]). Eine Apparatur zur Herstellung der Schutzschicht in Wasserdampf wurde ebenfalls schon 1879 von F. S. B a r f f[727] beschrieben.

Die Oxydation des Eisens wurde auch durch Erhitzung in Luft (G. B o w e r[728]) und in CO_2 bei höherer Temperatur (G. B o w e r und A. S. B o w e r[729]) durchgeführt. Wichtiger jedoch wurde das Verfahren des abwechselnd oxydierenden und reduzierenden Glühens des Eisens in einem Regenerativverfahren (G. B o w e r[730]).

Nach E. B e c k e r[731] werden bei diesem Oxydationsverfahren die sorgfältig gereinigten Eisengegenstände in gasgefeuerten Öfen auf 700 bis 850° C vorsichtig erhitzt, dann abwechselnd der Einwirkung oxydierender und reduzierender Feuergase in Gegenwart von Dämpfen von Kohlenwasserstoff unterworfen und abschließend in ruhiger Luft abgekühlt. Der Reinigung kommt eine besondere Bedeutung zu, da nur auf vollkommen fett- und oxydfreien Eisenoberflächen gleichmäßig gefärbte und reine Eisenoxydschichten erhalten werden. Zweckmäßig werden die zu oxydierenden Gegenstände vorerst mit scharfem Quarzsand abgestrahlt, dann in verdünnter (1 : 20) Schwefelsäure abgebeizt, mit Sand oder Schmirgelsteinen gescheuert und schließlich mit Sand abgeblasen. Nach dieser etwas umständlichen und daher teuren Vorbehandlung werden die Gegenstände sofort in den Inoxydationsofen gebracht.

Ebenso wichtig ist auch die Vermeidung einer Staub- und Rußbildung im Ofenraum, da sonst an Stelle einer schönen blauen Farbe nur eine grau oder rötlich gefärbte Schicht erhalten wird. Der sich absetzende Staub und Ruß wird in die Oxydschicht eingelagert, wobei rauhe Überzüge und matte Oberflächen entstehen. Es werden daher Öfen verwendet, welche das Eindringen von Staub und Ruß in den Glühraum verhindern und auch eine ausreichende Dichtheit besitzen, um den Zutritt von Außenluft zu verhindern.

Die Zusammensetzung der Ofengase hat auf die Ausbildung der Oxydulschicht einen großen Einfluß. Die besten Ergebnisse werden erzielt, wenn die Ofengase ein möglichst großes Reduktionsvermögen besitzen und frei von molekularem Sauerstoff sind. Auch der Gehalt an Kohlendioxyd darf einen bestimmten, verhältnismäßig niedrigen Höchstwert nicht überschreiten. Der Gehalt an Kohlenoxyd CO darf auch nicht unter einen ziemlich hohen Mindestgehalt absinken. Während des Reduktionsvorganges muß stets ein ausreichender Überschuß an Kohlenwasserstoffen in der Ofenatmosphäre vorhanden sein.

Die Bildung der Magnetitschicht beginnt bei einer Glühtemperatur von etwa 560° C und ist am größen bei Temperaturen von 850 bis 900° C. Bei diesen Temperaturen weisen die erzeugten Schichten auch den größten Glanz und das reinste Blau auf. Bei einer höheren Temperatur als 900° C wird der Überzug leicht blasig und blättert dann ab.

Nach Erhitzen der gut gereinigten Gegenstände auf 700 bis 850° C wird die Oxydation durch abwechselndes oxydierendes Glühen (mit einem Luftüberschuß) und reduzierendes Glühen bei 850 bis 900° C ausgeführt. Zur Erzielung dickerer Schutzschichten wird 15 bis 20 Minuten oxydierend und 20 bis 30 Minuten reduzierend geglüht. Sind die Ofengase richtig zusammengesetzt, so findet sowohl bei der Reduktion als auch bei der Oxydation ein Dickenwachstum der Schicht statt. Die abwechselnde reduzierende und oxydierende Ofenführung ist auch aus dem Grunde notwendig, weil bei alleinigem reduzierendem Arbeiten die Ofentemperatur bald zu stark absinken würde. Der Übergang von der Reduktion zur Oxydation ist langsam, der umgekehrte Vorgang jedoch rasch zu führen. Würde zu rasch mit der Oxydationsperiode begonnen werden, so könnte durch Eindringen von Sauerstoff ein Aufflammen der Kohlenwasserstoffdämpfe im Ofenraum eintreten, wodurch die Schicht abplatzen und blasig werden würde. Der Gasdruck im Ofenraum soll möglichst niedrig gehalten werden, da die Geschwindigkeit der Oxydbildung um so größer ist, je kleiner der Gasdruck ist. Die gesamte Glühbehandlung dauert etwa vier Stunden. Zur genauen Kontrolle der Glühtemperatur sind Kontrollgeräte im Ofenraum angebracht, welche ein einwandfreies Arbeiten ermöglichen.

Das Inoxydationsverfahren liefert verhältnismäßig dicke und harte Oxydschichten, aus Fe_3O_4, die 1 bis 2 mm dick werden können. Im allgemeinen beträgt aber die Überzugsdicke nur rund 0,02 mm, da dickere Schichten zur Rißbildung neigen und daher eine geringere Schutzwirkung aufweisen. Die Schichten können mit der Stahldrahtbürste behandelt und mit Fetten eingefettet werden. Die Filme sind mit der

Unterlage innig verwachsen und mechanisch derart widerstandsfähig, daß sie mit der Feile bearbeitet werden können. Die Farbe ist ein mattglänzendes Blau. Die Überzüge sind gegen Wasser und feuchte Luft beständig. Da auch die Zähigkeit und Reibungsfestigkeit der Überzüge ziemlich groß und beispielsweise größer als von Email ist, ist das Korrosionsschutzvermögen der Magnetitschichten befriedigend. Das Verfahren wird vorzugsweise zur Herstellung von Kochgeschirren benutzt, die innen emailliert und außen inoxydiert werden. Es eignet sich aber auch für technische Anwendungsgebiete. Das Verfahren ist verhältnismäßig teuer und nur dann wirtschaftlich, wenn es für eine größere Produktion ausgeübt werden kann, so daß die Öfen im Tag- und Nachtbetrieb ausgenützt werden können.

b) Das Bläuen von Eisen durch Anlauffarben.

Schon seit altersher ist die Kunst bekannt, Eisenteile durch Erhitzen an der Luft blau zu färben. Durch die Einwirkung des Luftsauerstoffes entstehen dünne Oxydfilme, die durch Interferenzerscheinungen des weißen Lichtes an den dünnen Oxydschichten die bekannten schillernden Farben dünner Blättchen zeigen. Mit zunehmender Temperatur des Eisengegenstandes wächst die Schichtdicke und ändert sich damit auch die Farbe der Oxydschichten. Sind die Überzüge noch so dünn, daß sie die Wellenlänge des Lichtes merklich unterschreiten, so verschwindet die Interferenzerscheinung und die Farbe der dünnen Blättchen überhaupt, so daß sie unsichtbar sind. Mit zunehmender Schichtdicke treten dann Anlauffarben in der Reihenfolge Blaßgelb, Hochgelb, Orange, Rosenrot, Violett, Purpur, Hellblau und Dunkelblau auf, die sich mehrmals in der gleichen Reihenfolge wiederholen. Man spricht dann von Interferenzfarben 1., 2., 3. usw. Ordnung, je nachdem ob z. B. das Gelb, Orange usw. 1mal, 2mal, 3mal usw. aufgetreten ist. Die Unterscheidung der Farben höherer Ordnung wird jedoch immer schwieriger, so daß bereits Farben 2. oder 3. Ordnung nur mehr sehr schwer erkennbar sind. Bei größerer Schichtdicke erscheinen alle Filme grau oder schwarz gefärbt.

Jeder Temperatur entspricht eine bestimmte Schichtdicke und damit Anlauffarbe, gleiche Behandlungsdauern vorausgesetzt, so daß die für die Erzielung einer bestimmten Farbe erforderliche Temperatur genau eingehalten werden muß. Die den verschiedenen Temperaturen entsprechenden Anlauffarben sind in Tab. 11 zusammengestellt.

Tabelle 11. *Beziehung zwischen Temperatur und Anlauffarbe.*

Temperatur °C	Farbe	Temperatur °C	Farbe
220	Blaßgelb	277	Purpur
232	Hellgelb	288	Hellblau
243	Strohgelb	293	Dunkel-Kornblumenblau
255	Braungelb	316	Grauschwarz bis Blauschwarz
265	Braun		

Die Geschwindigkeit, mit der die Schichtdicke x wächst, nimmt nach einem parabolischen Zeitgesetz $y^2 = 2x$ zu. Dieses Gesetz gilt auch für andere Metalle als Eisen, wie insbesondere Kupfer, Nickel, Mangan, Chrom, Antimon, Wismuth, Zinn, Blei, Zink, Kadmium, und auch für Schichten aus Chloriden, Bromiden, Jodiden, Sulfiden usw. Die Dicke der Oxydfilme auf Eisen in Ångström ist in Tab. 12 nach Untersuchungen von F. H. Constable[732] sowie H. A. Miley und U. R. Evans[733] zusammengestellt.

Tabelle 12. *Dicke von Oxydfilmen auf Eisen in Angström-Einheiten.*

Strohfarben	460	Purpur	630
Rötlichgelb	520	Violett	680
Rotbraun	580	Blau	720

Die Oxydbildung auf Metallen und Legierungen in sauerstoffabgebender Atmosphäre ist ein sehr komplizierter Vorgang, dessen Kinetik von folgenden Faktoren abhängig ist (E. A. Gulbransen[734]): 1. Zeit, 2. Temperatur, 3. Druck, 4. Oberflächen- und Passivierungsbehandlung, 5. Gase im Metallgitter, 6. Oberflächengröße, 7. Kristallorientierung, 8. Gasfluß, 9. Zyklus der Oxydation, 10. Vakuumeffekt, 11. Beständigkeit des Oxydfilmes. Aluminium, Magnesium, Wolfram, Molybdän, Eisen und 18/8-Chrom-Nickel-Stahl folgen dem parabolischen Anlaufgesetz für eine gewisse Zeit und Temperatur, Abweichungen treten jedoch bei höheren Temperaturen auf. Diese Abweichungen sind unabhängig von der Filmdicke, Oberflächenbehandlung und Druck. Die Aktivierungsenergien betragen bei Eisen 22 600 cal/Mol, für Wolfram 45 650 cal/Mol; die Entropien der Aktivierung schwanken von − 28,7 für den 18/8-Stahl und − 11,2 für Wolfram.

Die Oxydation geht in der Weise vor sich, daß der Sauerstoff der Oxydschicht zum Metall und die Metallionen in der Hitze dem Sauerstoff durch die Schicht entgegendiffundieren. Eisen und Chrom diffundieren dabei leichter als andere Ionen (J. W. Hickmann und E. A. Gulbransen[735]). Hingegen tritt Nickeloxyd niemals an der Filmoberfläche auf, und zwar auch nicht bei sehr hohen Nickelgehalten (Nichrom V und Inconel 5). Kobaltoxyd erscheint nur bei niedrigen Temperaturen an der Filmoberfläche. Mit Ausnahme von Eisen und Chrom treten Metalle, die nicht in größeren Mengen als 5% in der Legierung vorhanden sind, nicht im Oxydfilm auf. Zwischen der Oxydation der ferritischen und austenitischen Stähle scheint kein gleichartiger Reaktionsmechanismus vorhanden zu sein (Dieselben[736]).

Bei Kohlenstoffstählen scheint die Verzunderung mit zunehmendem Kohlenstoffgehalt beschleunigt zu werden. Eine verhütende Wirkung besitzt Chrom, Aluminium, Silizium und Molybdän, bei 18/8-Stählen Niob und Tantal (M. J. Day und G. V. Smith[737]).

Zur Durchführung des Färbens mittels Anlauffarben müssen die Eisengegenstände vollständig blank und fettfrei gemacht werden, da auf nichtmetallisch reinen Oberflächen fleckige Überzüge entstehen. Die Entfettung kann durch Abkochen mit 10%iger Natronlauge, 5%iger Lösung von Natriummeta- oder -orthosilikat, mit Mischungen von Ätznatron, Trinatriumphosphat, Wasserglas und Benetzungsmiteln u. dgl. erfolgen.

Die Erhitzung der zu färbenden Gegenstände kann auf verschiedene Weise, z. B. in Luftbädern, sogenannten Anlaufkästen, auf eisernen Platten, in heißem Sand, in Metallbädern, rotierenden Trommeln oder Glocken vor sich gehen.

Das Erhitzen im Sandbad wird in einem Blechkasten, der mit Gas- oder Koksfeuerung ausgestattet ist, bei Temperaturen bis fast zur Glühhitze vorgenommen, wobei zwecks gleichmäßiger Wärmeverteilung der Sand öfters umgewendet wird. Ist der Sand gleichmäßig heiß, werden die anzulassenden blanken Gegenstände so hineingelegt, daß wenigstens ein Teil der Eisenoberfläche zur Kontrolle der Anlauffarben sichtbar bleibt.

Die Anlauffarben können auch nach einer Erhitzung in Metallschmelzen erzeugt werden. Zu diesem Zwecke wurden verschiedene Legierungen von Blei und Zinn entwickelt, welche Metalle sich mit dem Eisen nicht legieren und daher an den oxydierten Eisenteilen nicht haften bleiben. Da diese Legierungen einen ganz bestimmten Schmelzpunkt aufweisen, kann die Erhitzungstemperatur des Eisens ganz genau eingehalten werden. In Tab. 13 sind die gewünschten Anlauffarben des Eisens, die Zusammensetzungen der betreffenden Legierungen sowie ihr Schmelzpunkt angegeben (O. K r ä m e r[373]). Die zu erhitzenden Eisengegenstände werden auf die Schmelze gelegt, wobei sie sich an der Oberseite oxydieren.

Tabelle 13. *Anlauffarben und Schmelzpunkte von Blei-Zinn-Legierungen.*

Anlauffarbe	Zusammensetzung der Metallschmelze	Schmelzpunkt °C
Gelb	2 Teile Blei und 1 Teil Zinn	228
Braun	3,5 Teile Blei und 1 Teil Zinn	254
Purpurrot	5 Teile Blei und 1 Teil Zinn	265
Hellblau	12 Teile Blei und 1 Teil Zinn	284
Dunkelblau	25 Teile Blei und 1 Teil Zinn	293

Massenartikel aus Eisen, wie z. B. Schließen, Hosenknöpfe, Uhrfedern usw., lassen sich ohne einen Zusatz eines Färbemittels durch Erhitzen an der Luft in einer rotierenden Eisenblechtrommel oder Glocke blau färben. Bei den Trommelapparaten rotiert innerhalb einer feststehenden Außen- oder Heizglocke ein perforierter oder auch geschlossener Einsatz. Als Heizquelle dient entweder ein Gasbrenner, ein Herdfeuer mit einer Abzugsesse oder elektrischer Strom. Die Temperatur in der Trommel wird auf etwa 330° C ansteigen gelassen. Nach Erreichung dieser Temperatur ist die Bläuung als beendet anzusehen. Bei 320° C werden die Eisenteile hellblau, bei 330° C dunkelblau bis blauschwarz gefärbt.

Das Arbeiten mit Glockenapparaten ist dem Bläuen in Trommeln vorzuziehen, da der Färbevorgang sehr rasch vor sich geht und daher in den offenen Glocken leichter überwacht werden kann. Die Färbung hängt nämlich nicht nur von der Temperatur der Eisenteile allein, sondern auch von der Erwärmungsdauer ab. Die Eisenteile müssen daher nach der Erreichung des gewünschten Farbtones möglichst rasch abgekühlt werden, da sonst dunklere Farbtöne erhalten werden.

Die Cooper Inc.[739] färben Stahl durch Erhitzen in einer Muffel, durch die mit Alkoholdämpfen gesättigte Luft geleitet wird. Die Luft und der Alkohol müssen frei von Wasser sein. Gehärtete und gefärbte Stahlbänder werden nach einem Verfahren der Windsor Mfg. Co.[740] durch eine langgestreckte Kammer geleitet und dort auf 800° C durch eine Kohlenoxyd-Preßluft-Flamme erhitzt. Darnach wird abgeschreckt und angelassen. Das Bläuen von Blechen kann auch während des Walzprozesses oder nach demselben durch eine anschließende Wärmebehandlung erfolgen (C. M a r e n s k y[741]).

Stahlbänder werden bei 650 bis 700° C geglüht und dann durch Walzen mit rauher Oberfläche aufgerauht, zu einer Spule aufgewickelt und bei 450 bis 600° C mit Dampf durch Oxydation blau gefärbt. Die Aufrauhung der Blechoberfläche gewährleistet eine gleichmäßige Oxydation. Anschließend wird die Oberfläche durch polierte Walzen wieder geglättet (Wheeling Steel Corp.[742]).

Eine oxydische Korrosionsschicht auf Eisen und Stahl kann auch durch eine induktive Heizung der Werkstücke erzeugt werden. Zur Nachbehandlung wird die Oxydschicht mit einem Lacküberzug versehen, der ebenfalls durch induktive Beheizung getrocknet werden kann (D. Z. Blechwarenfabriks G. m. b. H.[743]).

Um Eisenanoden vor dem Angriff von Chlor oder von Sauerstoff zu schützen, brachten N. K a m e y a m a und A. N a k a[744] auf die Anodenoberfläche eine Schutzschicht von Fe_3O_4 durch Erhitzen in Braunstein auf. Diese Überzüge zeichneten sich gegenüber den durch Oxydation in sauerstoffhaltiger Atmosphäre erhaltenen Oxydschichten durch eine wesentlich bessere Haftfestigkeit und Korrosionsbeständigkeit bei der Verwendung als Anode aus (Dieselben[745]).

Die Erhitzung von Eisengegenständen in Wasserdampf kann auch zur Erzeugung einer Schutzschicht auf Werkstücken aus porig gesintertem Eisenpulver angewandt werden. So erhitzt die General Motors Corp.[746] die Gegenstände etwa 20 Minuten lang in Wasserdampf von 440° C, wobei eine Schutzschicht von Fe_3O_4 entsteht. Gleichzeitig wird die Härte der Gegenstände erhöht und ihre Porigkeit herabgesetzt. Beim sogenannten Thermoxydverfahren der Siemens-Halske A. G. werden die Werkstücke nach der Reinigung vorerst in ein Bad zur Erzeugung einer Grundschicht eingetaucht und dann 1 Stunde auf 750° C erhitzt. Durch die thermische Verzunderung ergibt sich besonders auf Gußeisen ein guter Korrosionsschutz, der sich noch durch Tauchen in Öl zur Schließung von feinen Poren erhöhen läßt (E. F e n n e r und L. K o c h[746a]).

c) Aufbau und Zusammensetzung der Oxydschichten.

Die Oxydation des Eisens im Bereiche zwischen 100° und 400° C wurde eingehend von U. R. E v a n s[746b] untersucht. Der Oxydfilm auf Eisen mit einer Farbe 1. Ordnung besteht im wesentlichen aus Eisen-III-oxyd mit gelegentlichen Einlagerungen von Magnetit. Im Bereiche der 2. Ordnung erscheint eine zusammenhängende Magnetitschicht unter der äußeren Eisen-III-schicht. In der 3. Ordnung wird die Magnetitschicht immer stärker.

Unterhalb von 200° C geht die Oxydation nur durch die Diffusion von Sauerstoff nach innen, oberhalb von 200° C von Eisen nach außen vor sich (W. H. J. V e r n o n, T. J. N u r s e, C. J. B. C l e w s und E. A. C a l n a n[746c]).

Wie röntgenographische Untersuchungen von R. M. B o z o r t h[747] ergeben haben, besteht die durch Einwirkung von Wasserdampf auf Eisen erhaltene Oxydschicht aus folgenden übereinanderliegenden Schichten: einer 10^{-2} cm starken FeO-Schicht unmittelbar über dem Eisen, darüber einer $2{,}10^{-4}$ cm dicke Schicht von Fe_3O_4, während den Übergang zur Atmosphäre ein $2{,}10^{-5}$ cm starker Film von Fe_2O_3 bewirkt.

Die durch abwechselndes Oxydieren und Reduzieren erhaltenen Überzüge werden aus magnetischem Eisen-II, III-oxyd Fe_3O_4, dem Magnetit, gebildet. Fe_3O_4 wird weder durch siedendes Wasser noch durch Wasserdampf oder Kohlendioxyd bei Kirschrotglut verändert. Das Schutzvermögen der Überzüge ist jedoch wegen der Dünne und Sprödigkeit keine allzu große.

d) Einbrennverfahren (Fettbrünierungsverfahren).

Erhitzt man mit Sand, Bimsstein, Schmirgel od. dgl. blank gescheuerte Eisenteile, die im angewärmten Zustande mit einer dünnen Fettschichte durch Einreiben oder Eintauchen versehen worden sind, langsam, beispielsweise über einem nichtrußenden Feuer auf 200 bis 400° C, so findet bei dieser Temperatur eine thermische Zersetzung der organischen Stoffe statt. Die Erhitzung darf nicht zu rasch erfolgen, da sonst die Öle entflammen würden. Das Fett soll vielmehr nur langsam verkohlen. Dabei lagert sich an der Eisenoberfläche eine festhaftende, anfangs braune, dann schwarz gefärbte Schicht von Kohlenstoff ab. Als Fettstoffe werden Leinöl (am besten geeignet), Talg, Baumwollsamenöl, Rüböl, Nußöl, Ozokerit, Kienöl, Wachs usw. in sehr dünner Schicht mittels Tüchern oder getränkten Sägespänen aufgetragen. Hat die Behandlung nicht zur Ausbildung des gewünschten Farbtones geführt, so muß das Auftragen und Einbrennen des Öles noch einmal wiederholt werden.

Das Einbrennverfahren von kleinen Eisenteilen, wie Nägeln, Schrauben, Beschlägen usw. erfolgt am besten in einer rotierenden Trommel aus etwa 2,5 mm starken Eisenblech, die an der konisch geformten Stirnseite ein Abzugsloch für die sich entwickelnden Dämpfe aufweisen. Die Glocke wird zu ein Viertel mit den Kleineisenteilen, zu einem weiteren Viertel mit den ölgetränkten Sägespänen gefüllt und über direktem Feuer unter ständiger Kontrolle des Farbtones erhitzt. Auf 1 kg Weichholzspäne verwendet man rund 0,125 bis 0,25 kg Fett. Eine Nachbehandlung der geschwärzten Teile ist nicht mehr erforderlich, während gebläute Ware meist noch einen Lacküberzug erhält. Dunkle Farbtöne erhält man, wenn man dem Fett Schwefel zumischt, beispielsweise eine Mischung von 20 Teilen Talg und 1 Teil Schwefelblumen verreibt. Die Erhitzung ist so zu leiten, daß der Talg nur raucht und der Schwefel nicht mit blauer Flamme verbrennt. Bei der Verkohlung bilden sich neben der fetten Kohle auch schwarzgefärbtes Eisensulfid, das fest an der Eisenoberfläche haftet. Zum Einfetten kann man auch eine durch Erwärmen hergestellte gesättigte Lösung von Schwefel in Terpentin oder von Schwefelbalsam des Handels zum Bestreichen des angewärmten Eisengegenstandes vor dem Erhitzen verwenden. Man erwärmt vorerst nur langsam, wobei vorerst das Terpentinöl verdunstet, dann stärker, ohne jedoch den Schwefel entflammen zu lassen. Es entsteht eine glänzende, schwarze Schichte von Eisensulfid.

Nach einer weiteren Arbeitsweise fettet man polierte Eisenteile durch Abwischen mit einem mit Leinöl getränkten Lappen schwach ein, staubt mit feinster weißer Holzkohlenasche gleichmäßig ein und legt die so vorbereiteten Teile in einem Blechkasten auf das Feuer oder in einen Härteofen. Beim Erhitzen zieht sich das Öl in die Asche hinein, welche dadurch etwas gelb gefärbt erscheint. Nach einer gewissen Erhitzungsdauer wird die Asche durch Verdampfung usw. des Öles wieder rein weiß, was den Endpunkt des Oxydationsprozesses anzeigt. Bei zu langer Wärmebehandlung schlägt die schwarze Farbe in Grau um. Man staubt die Asche z. B. mit einem Pinsel ab und fettet die Oxydschicht mit einem Mineralöl leicht ein.

Die Ausführung des alten Einbrennverfahrens ist sehr einfach, sie bedarf keiner besonderen Hilfsmittel und ergibt dennoch dekorativ wirkende Überzüge. Der metallische Charakter des Eisens bleibt gewahrt.

e) Schwarzfärbung von Eisenteilen in Salzschmelzen.

Salzschmelzen, die Oxydationsmittel enthalten, sind befähigt, an Metalle Sauerstoff abzugeben und diese zu oxydieren. Die erhaltenen Oxydschichten sind schwarz gefärbt. Ihr Rostschutzvermögen ist verhältnismäßig gering, so daß sie vorwiegend für dekorative Zwecke erzeugt werden. Da die verwendete Salzschmelze erst bei verhältnismäßig hohen Temperaturen schmilzt, findet bei diesem Schwärzungsverfahren eine starke Erhitzung (meist über 300° C) der Eisenteile statt. Das Verfahren eignet sich daher nicht für gehärtete Eisenteile, da durch die Behandlung in den Salzschmelzen ein Anlassen, verbunden mit einer Härteverminderung, eintritt. Die Schmelzen enthalten als Oxydationsmittel Nitrate, Nitrite, Na_2O_2, MnO_2 neben Alkalien, wie Soda usw. Der Schmelzpunkt von Natriumnitrat liegt bei 313° C, von Kaliumnitrat bei 336° C, von Natriumnitrit bei 277° C, von Kaliumnitrit bei 297,5° C, von Ätznatron bei 460° C. Durch Mischungen zweier oder mehrerer Salze kann man aber den Schmelzpunkt wesentlich herabsetzen. So schmilzt z. B. das eutektische Gemisch von 55% KNO_3 und 45% $NaNO_3$ bei 218° C. Nitrite wirken stärker oxydierend als Nitrate, nur sind sie bei höheren Temperaturen leicht zersetzlich, so daß das zersetzte Nitrit von Zeit zu Zeit ergänzt werden muß.

Von Ch. S. A. T a t l o c h[748] stammt das Verfahren der Schwarzfärbung von Eisengegenständen mit geschmolzenem Natriumnitrat, Kaliumnitrat oder einem Gemisch dieser Stoffe. Der Schmelze kann auch Ätznatron und als Beschleuniger Natriumnitrit zugesetzt werden. Bei 320° C erhält man eine lichtblaue, bei Temperaturen über 320° C blauschwarze Färbungen (E. B l a s e t t jun.[749]). Nach Untersuchungen von H. K r a u s e[750] soll in der Salpeterschmelze nicht mehr als 25% Ätznatron enthalten sein. Mit Salpeter allein erhält man dunkelblau bis blauschwarz gefärbte Schichten. Wird die Schmelze überhitzt, entsteht eine grauschwarze Färbung, bei einem Zusatz von 5% Natriumsuperoxyd zur Schmelze von Natriumnitrat eine tiefschwarze Oxydschicht.

Ein gebräuchliches Schmelzbad zur Schwarzfärbung von Eisenteilen besteht z. B. aus 1 Teil Natriumnitrat und 2 Teilen Ätzkali, das bei 500 bis 800° C zur Verwendung gelangt. Man taucht die entfetteten und oxydfreien Gegenstände 4 bis 6 Sekunden in die Schmelze ein und wäscht nach dem Abkühlen in heißem Wasser aus. Weitere Mischungen bestehen aus 4 Teilen Ätznatron und 1 Teil Salpeter oder 4 Teilen Ätznatron, ½ Teil Natriumnitrat, ½ Teil Natriumnitrit. Die nitrithaltigen Schmelzen oxydieren besonders kräftig, so daß sie schon bei verhältnismäßig niedrigen Temperaturen tiefschwarze Färbungen ergeben. Die Rust Proofing Co. of Canada[751] stellt auf Eisen, Mangan oder deren Legierungen korrosionsbeständige Überzüge in einem Bade von 5 Teilen Natriumnitrat, 1 Teil Kaliumnitrat und 1 bis 2% Braunstein bei Temperaturen von etwa 800° C her. Die Gegenstände werden nach der Oxydation der Einwirkung eines nachdichtenden oder färbend wirkenden Mittels, wie Hämatoxylin, wasserlöslichen Nigrosin, Gerbsäure oder Ferrosulfat, unterworfen. Das Bad entfernt auch bereits vorhandene Überzüge aus Email, Lack u. dgl. unter gleichzeitiger Bildung einer Schutzschicht.

Ein nur bei 150° C schmelzendes Oxydationsbad besteht aus 23% Natriumnitrit, 33% Natriumnitrat, 33% Ätznatron und 1% Soda (E. R i v o c h e[752]). Zur Regenerierung dient ein Gemisch von 9% Natriumnitrit, 9% Natriumnitrat, 2% Soda und 80% Ätznatron. Die Behandlungsdauer beträgt 10 bis 20 Minuten.

Größere Gegenstände müssen vor dem Eintauchen in Schmelzbäder vorgewärmt werden, da sonst eine zu starke Abkühlung der Schmelze eintreten würde. Als Badgefäße eignen sich eiserne Wannen, in welchen die Gegenstände an Drähten aufgehängt oder auf einem Stab eingetragen werden. Günstig ist ein Bewegen der Gegenstände während der Behandlung, die meist nur 15 Sekunden bis 2 Minuten dauert. Je nach dem Oberflächenzustand (hochglanzpoliert, blank geätzt oder mit dem Sandstrahlgebläse mattiert) erhält man ein glänzendes, halbmattes oder mattes Aussehen der Färbungen.

Beim Ätzen mit den Salzschmelzen muß man darauf achten, daß die Gegenstände beim Eintauchen in die Schmelzen vollkommen trocken sind, da sonst durch das abdampfende Wasser Teile der Schmelze verspritzt würden und Verletzungen entstehen könnten.

Beim sog. Orthomann-Verfahren[753] taucht man die Eisengegenstände 1 bis 30 Minuten lang in ein bei 300° C schmelzendes Gemisch von Alkalinitrat, -nitrit und -persalzen, die außerdem noch weitere Oxydationsmittel, wie Alkalichromat oder -bichromat, enthalten können. Das Verfahren kann wegen der niedrigen Schmelztemperatur auch für gehärtete Stahlteile angewandt werden. Ein Nachteil der Salzbäder ist der große Verlust von Salzen durch Austragen mit den oxydierten Gegenständen in das Spülwasser. Beim Wiedererhitzen der erkalteten Schmelze kann ein Verspritzen der Schmelze erfolgen, was aber vermieden werden kann, wenn man vor dem Erstarren der Schmelze einen kegelförmigen Dorn bis zum Boden des Gefäßes einführt, der dann vor dem Wiedererhitzen entfernt wird. Die Schmelze kann sich dann ungehindert ausdehnen. Die erforderliche Fettfreiheit und vollkommene Trockenheit der Gegenstände komplizieren das Schwarzfärbeverfahren in Salzschmelzen gleichfalls. Aus diesen Gründen zieht man die Verwendung hochkonzentrierter alkalischer Lösungen von Oxydationsmitteln der Verwendung von Salzschmelzen vor.

f) Tauchbrünierung in alkalischen Lösungen.

Die Tauchbrünierungsverfahren bezwecken die Herstellung einer ausreichend dicken schwarzen Oxydschicht auf Eisenoberflächen bei verhältnismäßig niedrigen Temperaturen von 130 bis 150° C, bei denen also noch keine schädliche Anlaßwirkung auf Stähle zu befürchten ist. Da auch die Behandlungsdauern kürzer als 30 Minuten sind, können auch gehärtete Stahlgegenstände ohne Nachteil nach dem Tauchbrünierungsverfahren behandelt werden. Das Verfahren ist sehr einfach durchführbar und erlaubt daher die Brünierung von Massenwaren. Da die Oxydschicht sehr dünn ist, wird auch die Maßhaltigkeit der Gegenstände nicht verändert.

Die Tauchbrünierung wird meist in stark alkalischen Lösungen von Natronlauge mit einem Zusatz von Oxydationsmitteln, wie Natriumnitrat, Natriumnitrit, Bichromat, Kaliumpermanganat und Chlorat, ausgeführt. Zwischen der Wirkung der verschiedenen Oxydationsmittel bestehen jedoch hinsichtlich des Aussehens der Überzüge, der Behandlungstemperatur und -dauer nur sehr geringe Unterschiede. Eine Brünierungsanlage besteht aus einem Vorwärmebehälter mit heißem Wasser, dem Brünierbad und einem Spülgefäß, die alle aus geschweißtem Eisenblech hergestellt sein können. Als Heizquelle kann Kohle, Gas oder der elektrische Strom dienen. Die Vorwärmung kann bei kleineren Gegenständen unterbleiben, dagegen sind größere, schwere Werkstücke vorzuwärmen, da sonst das Brünierbad zu sehr abgekühlt werden würde. Das gründliche Nachspülen mit heißem Wasser ist zwecks restloser Entfernung der Badsalze unbedingt erforderlich.

Wie bei allen Färbverfahren muß auch vor dem Brünieren eine einwandfreie metallisch reine Oberfläche geschaffen werden. Diese Vorbehandlung kann durch Entfetten, Beizen in Salz- oder Schwefelsäure, Bürsten, Scheuern od. dgl. erfolgen. Nach dem Beizen ist gut zu spülen, damit keine Beizbadreste in das Brünierbad eingeschleppt werden. Nicht nur Eisen und Stahl können tiefschwarz und haltbar brüniert werden, sondern auch Temperguß. Grauguß ist nur dann zur Brünierung geeignet, wenn er besonders rein ist. Sintermetalle lassen sich nicht genügend gut auswaschen, weshalb nach einigen Tagen stets Ausblühungen auf den Gegenständen auftreten. Diese sollen sich aber durch sehr langes Auskochen mit Wasser oder Einölen verhindern lassen. Eisenlegierungen sind nach den meisten Brünierungsverfahren nur dann färbbar, wenn sie nicht zuviel Chrom und Nickel enthalten. Durch Polieren und Mattieren vor dem Brünieren kann der Glanz der Färbungen beeinflußt werden. Die Korrosionsbeständigkeit der Eisenoxydschichten ist in vielen Fällen ausreichend, sie wird noch durch Ölen und Imprägnieren mit Wachsen u. dgl. erhöht. Stärkeren mechanischen und chemischen Einflüssen kann die Brünierschicht jedoch nicht standhalten. Ihre Beständigkeit wird z. B. bereits von der Phosphatschicht ganz wesentlich übertroffen (V. P. S a c c h i[754]). Es ist dies einer der Gründe dafür, daß die Brünierungsverfahren immer mehr durch die Phosphatierung verdrängt werden. Der Bewitterung durch eine Außenatmosphäre halten Brünierungsschichten nicht länger als einige Wochen stand.

Ein brauchbares Brünierungsbad besteht z. B. aus einer Lösung von 400 g NaOH in 600 ccm Wasser, dem 10 g Natriumnitrat und 10 g Natriumnitrit zugesetzt wurden. Der Siedebeginn dieser Lösung liegt bei etwa 120° C, er kann aber durch Verdunstung des Wassers bis auf 180 bis 200° C ansteigen. Ein sehr verbreitetes anderes Brünierungsbad besteht nur aus Lösungen eines Gemisches (80%) von Natronlauge und Natriumnitrat (20%), wobei bei 135 bis 145° C gearbeitet wird. Der Siedebeginn liegt bei 135° C, die Arbeitstemperatur zwischen 135 bis 148° C, je nach dem zu behandelnden Material. Die Behandlungsdauer beträgt 20 bis 60 Minuten, wobei für dickere Überzüge längere Oxydationsdauern gewählt werden, für eine einfache Schwarzfärbung genügt bereits eine Expositionszeit von 10 Minuten. Das zu behandelnde

Gut wird an Draht befestigt oder an Stäben in das Bad eingebracht und zweckmäßig während der Oxydation bewegt. Durch mehrfaches Unterbrechen des Brüniervorganges und Abschrecken der Teile in kaltem Wasser kann die Bildung der Oxydschicht gefördert werden (G. Z a p f[755]).

Das Brünierbad wird während des ganzen Färbevorganges in leichtem Sieden erhalten. Da ständig Wasser verdampft, steigt der Siedepunkt des Bades langsam an. Da bei zu hoher Badtemperatur sich die Eisenteile nicht mit einer schwarzen, sondern einer gelbgrünen bis rostbraunen Schicht überziehen oder schlechthaftende schwarze Schichten erzeugt werden, muß das Bad von Zeit zu Zeit mit Wasser verdünnt werden, um die Konzentration der Lösung konstant zu halten.

In Abb. 58 ist das Schema einer Brünieranlage mit Einrichtungen zur Absaugung der sich entwickelnden Dämpfe aus den heiß arbeitenden Bädern wiedergegeben (Fa. Galvapol, Wien). Die Anlage besteht aus einer Wanne zur alkalischen Tauchentfettung, einem Kaltspülbad mit fließendem Wasser, einer Beizwanne mit Kalt- und

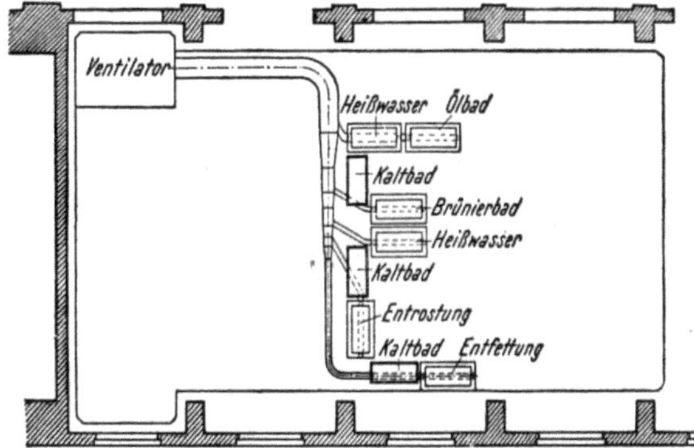

Abb. 58. Schema einer Brünierungsanlage (Fa. Galvapol, Wien).

Heißspülbad, dem eigentlichen Brünierungsbad mit anschließendem Kalt- und Heißspülbad. Zur Stabilisierung der Brünierschicht wird schließlich noch geölt. Sämtliche bei Siedehitze oder erhöhter Temperatur arbeitenden Bäder (dickere Wandstärke der Behälter wegen der Wärmeisolation) sind mit einer Einrichtung zur Absaugung der Dämpfe ausgestattet. Derartige Anlagen sind sowohl für die Vor- als auch Nachbehandlung auch bei anderen Metallfärbeverfahren geeignet; die Färbelösung befindet sich in dem Behälter für das Brünierbad.

Während der Benutzung verbraucht sich das Bad, weshalb von Zeit zu Zeit eine Mischung von erstem Spülwasser und frischem Brüniersalz zugesetzt werden müssen. Da ein längeres Ruhen des Bades in stark konzentriertem Zustande seine Wirkungsweise beeinträchtigt, ist es vorteilhaft, auch vor längeren Ruhepausen das Bad so weit zu verdünnen, daß der Siedepunkt nur 130° C beträgt.

Unterhalb einer Temperatur von 140° C geht die Färbung langsamer als bei hohen Temperaturen vor sich. Man läßt daher bei zu langsamer Überzugsbildung entweder Wasser verdunsten oder gibt frisches Salz zu. Ebenso ist ein Nachlassen der Wirkung des Bades nach einigen Stunden einwandfreien Arbeitens meistens auf eine zu niedrige Temperatur des Bades, verursacht durch zu starkes Ergänzen des verdunsteten Wassers, zurückzuführen. Bei legierten Stählen mit Chrom und Nickel erhält man häufig nur gelbe bis blaue Anlauffarben. Durch Erhöhung der Badtemperatur auf 145 bis 150° C lassen sich aber auch auf diesen Stählen schützende Oxydschichten erzeugen. Zyangehärtete Teile oder Werkstücke mit einer dünnen, aber unsichtbaren Walzhaut nehmen meist erst nach einem chemischen Beizen oder nach mechanischer Reinigung der Metalloberfläche eine Färbung an. Auf Mangan-Silizium-Stahl entsteht nur eine rote Färbung oder ein durch die schwarze Schicht durchscheinender roter Untergrund. Mit den Eisengegenständen gleichzeitig behandelte Teile aus Kupfer, Zink, Messing und Zinn nehmen im Brünierungsbad keine Färbung an, sondern werden aufgelöst und verunreinigen das Bad. So werden hart- und weichgelötete Stellen beim Brünieren aufgelöst.

Die Brünierung eignet sich als Rostschutz- und Färbeverfahren insbesondere kleinerer Eisenteile, deren Behandlung einfach und billig sein muß. Massenware aus Eisen kann mit Vorteil in Trommelapparaten behandelt werden (s. Abb. 59, Trommel zum Brünieren von Massenware. Reinhold Schüler A. G.[756]).

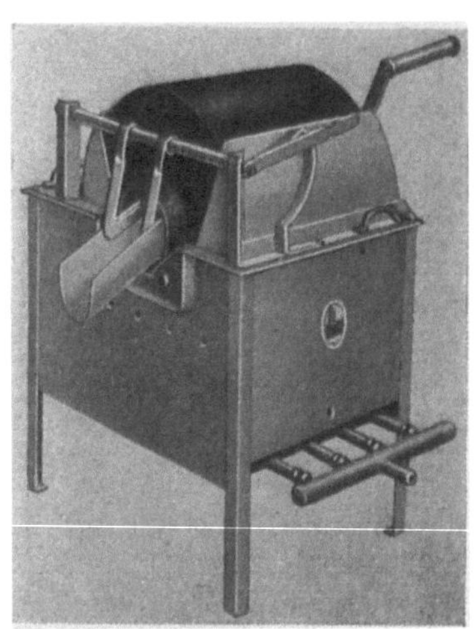

Abb. 59. Trommelapparat zum Brünieren von Massenware (Reinhold Schüler A. G.).

Nach dem Brünieren wird stets mit kaltem Wasser gespült und dann mit heißem, kochendem Wasser die letzten Reste des Brüniersalzes entfernt. An Stelle der heißen Spülung kann auch eine Neutralisation mit einer ganz verdünnten Schwefelsäurelösung (1 ccm auf 10 l Wasser) treten, worauf aber nochmals mit Wasser vor dem Trocknen gespült werden muß. Nach dem Trocknen wird durch Tauchen in heißes Öl, Anstreichen mit farblosen Nitrolacken usw. nachbehandelt. Das Öl verhindert auch ein Ausblühen von in Poren des Werkstückes oder Nieten, Falzen, Schweißstellen u. dgl. zurückgebliebenen Badresten.

Für die Brünierung sind auch stufenweise arbeitende Verfahren bekanntgeworden, wie z. B. das „Jetal-Verfahren" (Anonym[757]), nach welchen schwarze, rostschützende Schutzschichten auf Eisen und Stählen sowie niederlegierten Stählen in zwei getrennten Bädern erzeugt werden. Das erste Bad arbeitet bei 138 bis 140, das zweite bei 154 bis 156° C. Die erste Lösung besteht aus 3,5 kg eines Gemisches von Natriumnitrat und Natronlauge (1 : 2) in 3,8 l Wasser, die zweite aus der Lösung von 4,2 kg des Salzgemisches in 3,8 l Wasser (Heaboth Corp.[758] sowie E. A. W a l e n und F. W. W i l b a r[759]).

Von B. B e r g h a u s[760] wurde ein dreistufiges Brünierverfahren vorgeschlagen, bei welchem in der ersten Stufe bei 125 bis 135° C mit einer Lösung eines Gemisches von 75% Natronlauge, 16,5% kristallisiertem Dinatriumphosphat $Na_2HPO_4 \cdot 12\ H_2O$, 6,5% $NaNO_2$ und 0,5% Natriumsulfit, in der zweiten Stufe bei 130 bis 138° C mit einer Lösung eines Gemisches von 60% Natronlauge, 39,5% Natriumnitrit und 2,5% Kaliumjodid, in der dritten Stufe bei 145 bis 150° C mit der Lösung eines Gemisches von 60% Natronlauge, 10% kristallisiertem Dinatriumphosphat $Na_2HPO_4 \cdot 12\ H_2O$, 3% Natriumnitrit, 4% Soda und 0,5% Natriumjodat oxydiert wird. Auf 60 Gewichtsteile Mischung kommen beim Ansetzen der Bäder 40 Teile Wasser. Nach einem Vorschlage der Alrose Chemical Co.[761] wird eine Lösung von 210 g Natronlauge und 70 g Natriumnitrit in 280 g Wasser bei 140 bis 155° C verwendet. Die Behandlungsdauer beträgt nur fünf Minuten. Durch Veränderung der Konzentration und der Anteile der Komponenten können verschiedenartige Farbtöne erzeugt werden. Für die Schwarzfärbung von rostfreien Stählen muß eine Vorbehandlung mit 10%iger Flußsäure vorgenommen werden.

Von R. S. T h o r n h i l l und U. R. E v a n s[762] wurde ein Verfahren zum Schutze von Schraubengewinden und Bolzen aus Stahl durch oxydierende Überzüge entwickelt, um eine möglichst lange Beweglichkeit der Schrauben und Walzen zu gewährleisten. Die besten Ergebnisse wurden mit einem Bade, bestehend aus 3,3% Bleinitrat, 3,0% Zinknitrat, 8% Ammonnitrat und 0,53% Ammonchlorid erzielt. Die Bolzen und Muttern wurden nach sorgfältiger Entfettung vier Stunden in diesem Bade behandelt, dann gewaschen und getrocknet sowie mit einer Lösung von Lanolin in Toluol oder mit Olivenöl, das mit Toluol verdickt war, bespritzt. Derartig

behandelte Walzen waren noch nach 75 Wochen, in manchen Fällen sogar bis zwei-
einhalb Jahre langer Einwirkung der Außenatmosphäre frei beweglich, während bei
unbehandelten Stahlbolzen die Beweglichkeit meist schon nach acht Wochen aufhört. Dieses Überzugsverfahren kann auch angewendet werden, um eine höhere
Lebensdauer von Anstrichen auf Stählen zu erzielen, die vor dem Anstrich kurze
Zeit der Bewitterung ausgesetzt waren.

Ein in der Technik verwendetes Oxydationsbad für Eisen- und Stahlproben
besteht aus einer Lösung von 1000 g trockenem Ätznatron und 0,2 kg Bleiglätte in
1000 g Wasser. Die Eisengegenstände werden in dieser Lösung etwa 20 Minuten
bei der Siedetemperatur von 145° C behandelt.

Nach einem alten Verfahren von M a u e r m e y e r werden in eine 35- bis 40%ige
Natronlauge auf 100 ccm Lösung 5 bis 10 g Natriumsuperoxyd eingetragen und die
Eisen- und Stahlgegenstände in die siedende Lösung eingebracht. Die Schwarzfärbung
geht wegen der Zersetzung des Peroxydes in der heißen alkalischen Lösung unter
starker Sauerstoffentwicklung vor sich. Der gebildete Sauerstoff wirkt im status
nascendi gleichfalls stärker oxydierend auf das Eisen ein. Die Schutzschicht haftet fest
und ist verhältnismäßig gut beständig. Weitere neuere vorgeschlagene Brünierungs-
bäder bestehen z. B. aus 48% Wasser, 42% Bleioxyd und 10% Kaliumzyanid bei einer
Temperatur von etwa 200° C (30 Minuten Behandlungsdauer) (L. F a r i n i[763]); 1,5 kg
Natronlauge, 75 g Kaliumzyanid, 0,8 kg Bleioxyd (90 bis 130° C, 5 bis 40 Minuten)
(G. B. G u a l c o[764]); einer wäßrigen Lösung von Natronlauge, Kaliumprussid, Bleisulfat und Chromsäure (E. D e l v a u x[765]); aus 100 Teilen Wasser, 70 Teilen Natronlauge, 3 Teilen Natriumnitrit, 8 Teilen Natriumnitrat, 0,4 Teilen Blei oder die
entsprechenden Mengen eines Oxydes und 0,2 Teilen Trinitrotoluol (siedend, einige
Minuten bis eine Stunde) (G. S o l d i und G. G u e r i n i[766]).

g) Saure Brünierungs- und Anrostverfahren (Brünierverfahren).

Diese alten Verfahren haben durch die Tauchbrünierung in heißen, alkalischen
Bädern viel von ihrer früheren Bedeutung als Schwarzfärbeverfahren für Eisen- und
Stahlgegenstände verloren. Diese Verfahren gebrauchten meist Metallchloride, wie
Antimonchlorid, Ferrichlorid, Ferrochlorid, Quecksilberchlorid usw., welche die
Korrosion des Eisens sehr stark beschleunigen können. Die Gegenstände werden mit
den Lösungen der Metallchloride bestrichen und dann einige Stunden lang rosten
gelassen, worauf sie mit feinen Metalldrahtbürsten durchgekratzt werden. Dieser
Prozeß wird bis zur Erzeugung des gewünschten dunklen Farbtones mehrere Male
wiederholt. Die fertig brünierten Gegenstände werden sodann eingeölt.

Sehr bekannt ist das sog. „Schweizerschwarz", das zur Schwarzfärbung von Waffen,
Uhrfedern, Stockgriffen oder Zigarettenetuis vielfach angewendet wurde. Die zu
färbenden Gegenstände werden äußerst sorgfältig entrostet, entfettet und geschmir-
gelt oder poliert, eventuell auch mit dem Sandstrahlgebläse gereinigt. Die so vorbereiteten Gegenstände werden sodann mit einer Lösung von 70 g kristallisiertem
Ferrochlorid, 10 g Ferrichlorid sowie 2 g Quecksilberchlorid in 1 l Wasser, dem einige
Tropfen Kaliumchlorid zugesetzt wurden, in dünner, gleichmäßiger Schicht durch
Bestreichen behandelt. Dabei dürfen keine zusammenlaufenden Flüssigkeitsinseln
entstehen, was auf eine unzureichende Entfettung zurückzuführen ist. Hierauf wird,
am besten in einem Trockenschrank bei etwa 100° C, 20 bis 30 Minuten lang
getrocknet. Sodann wird ebensolange mit Wasserdampf behandelt, indem man die
Teile auf ein Draht- oder Stabnetz legt, das in einen Topf mit siedendem Wasser
eingehängt ist. Man kann aber auch unmittelbar und 20 Minuten in kochendes
Wasser einlegen, dem häufig zu Verbesserung des Farbtones Blauholzextrakt oder
Tinte zugesetzt wird. Die Wasserdampfbehandlung ergibt jedoch die fleckenloseren
Färbungen. Nach dem leichten Abbürsten mit feinen Stahldrahtbürsten in noch

feuchtem Zustande wird abermals mit der Brünierungslösung dünn bestrichen und der ganze Prozeß in gleicher Weise wiederholt. Nach dem letzten starken Kratzen mit Zirkularbürsten erhält man schwarze, festhaftende und glänzende Färbungen, die zur Erhöhung der Korrosionsbeständigkeit noch mit heißem Leinöl nachbehandelt werden. Der Überschuß des Leinöls wird durch Waschen mit Seifenwasser und Abtrocknen in feinen, angewärmten Sägespänen beseitigt.

Ein mattes Schwarz erhält man mit dem folgenden Färbebad: 70 g Ferrochlorid, 2 g Quecksilberchlorid und 5 ccm konzentrierte Salzsäure auf 1 l Wasser. Die Behandlung durch Entfetten, Anstreichen, Trocknen, Einwirkung von Wasserdampf und Tauchen in siedendes Wasser gleicht vollkommen dem vorstehenden beschriebenen Schweizerverfahren. Das Kratzen muß aber solange fortgesetzt werden, bis die Schwarzfärbung einen samtartigen matten Glanz angenommen hat.

Ein weiteres, früher viel gebrauchtes Brünierungsbad besteht aus einer Lösung von 15 g Eisenchlorid $FeCl_3$, 30 g $FeSO_4 \cdot 7\,H_2O$, 12 g $CuSO_4 \cdot 5\,H_2O$ und 50 g 96%igen Alkohol in 1 l Wasser. Der Alkohol dient zur besseren Benetzung der Eisenoberflächen. Durch die Einlagerung von Kupferoxyd weist die Färbung einen rötlichen Ton auf. Von zahlreichen derartigen Vorschriften seien hier noch die folgenden angeführt: 700 ccm Wasser, 70 g Eisenchlorat, 15 g Kuprichlorid, 7,5 g Antimontrichlorid, 60 g Salpetersäure. Rotbraune Färbungen auf Eisen werden mit einer Lösung von 14 Teilen Salpetersäure, 28 Teilen Alkohol, 56 Teilen Kupfervitriol, 2 Teilen Eisenfeilspänen und 200 Teilen Wasser erhalten. Die Lösung ist erst zwei bis drei Tage nach dem Ansetzen gebrauchsfertig. Nach dem Bestreichen der vorgereinigten Eisengegenstände werden diese 24 Stunden liegen (anrosten) gelassen, dann gebürstet, welche Operation ein- bis zweimal bis zur Erzielung des gewünschten Farbtones wiederholt wird. Hierauf wird der Gegenstand abgerieben und abgewischt und in ganz schwach mit Soda alkalisch gemachtes Wasser zur Entfernung der anhaftenden Säurereste eingelegt. Nach dem Polieren mit dem Polierholz wird mit Schellacklösung lackiert.

Eine grünlichbraune bis rötlichbraune Brünierung kann man durch Bestreichen der Metallteile mit einer Lösung von 10 g Antimontrichlorid in 100 g Olivenöl erzielen. Dieses Gemisch wird auch als englische Ölsalbe bezeichnet. Sie wird mittels Wattebauschen oder Schwämmchen od. dgl. auf die blank gescheuerten Eisenteile aufgetragen. Nach einer Einwirkungsdauer von einigen Stunden wird die Behandlung wiederholt, wobei der Überzug von Zeit zu Zeit mit leichten Stahldrahtbürsten abgekratzt wird. Schließlich wird mit Wasser gewaschen, getrocknet und mit Leinöl eingerieben.

Wird an Stelle von Antimontrichlorid eine Auflösung von 2% Eisenchlorid in Olivenöl verwendet, so erhält man einen rotbraun gefärbten Überzug auf Eisen- und Stahlgegenständen. Wird Eisenchlorid in einer Menge von etwa 15 g/l in Wasser aufgelöst, so erhält man die Rostbeize, welche eine rotbraune Färbung auf Eisen ergibt. Die Rostschicht wird gleichfalls mit Olivenöl eingerieben. Die wäßrige Lösung des Eisenchlorides wirkt am heftigsten, gibt aber ungleichmäßigere Färbungen als die Ölsalben. Zur Herabsetzung der Wirkung des Eisenchlorides kann dieses auch in denaturiertem Spiritus, z. B. 20 g Eisenchlorid pro Liter Spiritus aufgelöst werden. Das oxydierte Eisen kann auch mit organischen Farbstoffen gefärbt werden.

Die mit Hilfe der sauren Anlauf- oder Rostverfahren erzeugten Überzüge sind nur sehr dünn und weisen daher nur eine geringe Haltbarkeit auf.

h) Die anodische Oxydation des Eisens.

Während die anodische Oxydation beim Aluminium das beste Oberflächenschutzverfahren darstellt und dieses Verfahren auch beim Magnesium eine wesentliche Steigerung der Beständigkeit des Metalles herbeiführt, ist beim Eisen die Herstellung gutschützender Oberflächenschichten aus Nichtmetallen auf elektrolytischem Wege bisher noch nicht von vollem Erfolge begleitet gewesen. Die elektrochemischen Oxydationsverfahren des Eisens bezwecken die Herstellung von korrosionsschützenden und gleichzeitig dekorativ wirkenden braunen bis schwarzen Oxydschichten. In sauren und auch neutralen Lösungen geht das Eisen an der Anode vorwiegend aktiv unter Bildung eines löslichen Eisensalzes in Lösung und wird erst bei sehr hohen Stromdichten passiv. Die die Passivität herbeiführende Deckschicht besteht aber ebenfalls nur aus einem löslichen Eisensalz, welches sich bei Aufhören der passivierenden Deckschicht rasch wieder auflöst.

Als Elektrolyte zur Brünierung des Eisens kommen daher nur alkalische Lösungen in Betracht, in welchen bei einer anodischen Polarisierung das Eisen sofort passiv wird. Die primär gebildeten Eisenionen bilden sofort mit den Hydroxylionen der Lösung Eisenhydroxyd, welches sperrend wirkt und das Eisen in einen Zustand der Bedeckungspassivität überführt (W. M a c h u[767]). Der im passivierenden Zustand entwickelte Sauerstoff bewirkt dann eine weitere Oxydation des Eisens und eine Verstärkung der Oxydschicht. Zur Erhöhung der Oxydationswirkung des Elektrolyten kann dieser auch noch weitere Oxydationsmittel, wie Chlorat, Nitrat, Chromat, Bichromat, Perchlorat, ferner geringere Mengen von deckschichtbildenden Substanzen, wie Borate, Ammonmolybdate, Azetate, Oxalate, Thiosulfat, Aluminiumazetat usw., enthalten. Als Kathodenmaterial wird Eisen, Stahl, Kohle oder Graphit verwendet.

In heißen, alkalischen Lösungen ist das Eisen bei höherer Laugenkonzentration etwas löslicher als bei niedrigen Konzentrationen und niedrigen Temperaturen, da das Eisen mit dem Alkali lösliches Alkaliferrat bildet. Durch Temperaturerhöhung kann dem Eintritt des passiven Zustandes gleichfalls entgegengearbeitet werden, weil dadurch die Löslichkeit der Deckschichtsubstanz ansteigt. Da für einen verläßlichen Korrosionsschutz die Deckschichten eine gewisse Mindestschichtdicke aufweisen müssen, trachtet man möglichst dicke Überzüge herzustellen. Für die elektrolytische Erzeugung dickerer Oxydfilme muß die Schicht aber ebenso wie beim Aluminium (s. S. 63) und Magnesium (s. S. 130) eine gewisse Porosität aufweisen, da nur in den Poren ein Schichtdickenwachstum möglich ist. Beim Eisen ist die Porosität des primären Oxydfilmes aber nicht ausreichend groß, um ein stärkeres Dickenwachstum zu ermöglichen. Man erhält aus diesen Gründen auf Eisen bei der anodischen Oxydation nur etwa 6 bis 8 Mikron starke Oxydschichten, deren Porosität einerseits so groß ist, daß die Beständigkeit der Deckschicht für einen Korrosionsschutz noch nicht ausreichend ist, während andererseits die Imprägnierbarkeit mit Nachdichtungsmitteln zu gering ist.

Als Vorteil der elektrolytischen Erzeugung von Oxydschichten auf Eisen ist die kurze Behandlungsdauer und die Möglichkeit anzuführen, bei Temperaturen unter 100° C die Oxydation vornehmen zu können, als Nachteil die verhältnismäßig geringe Korrosionsbeständigkeit und ungenügende Saugfähigkeit der Überzüge für Imprägniermittel, sowie die bei manchen Verfahren außerordentlich hohen Stromdichten von 50 bis 100 Amp/qdm.

Nach dem ältesten bekannten elektrolytischen Oxydationsverfahren von A. d e M é r i t e u r s[768] bildet sich auf Stahl als Anode bereits in destilliertem Wasser bei 70 bis 80° C eine Oxydschicht. Weiches Eisen soll zwecks besserer Haftung der Schutzschicht nach erfolgter Oxydation auch der Einwirkung des negativen elektrischen Stromes ausgesetzt werden. Das Bräunen von Eisen gelingt auch in einer 30%igen Natronlauge bei einer Spannung von 1,4 V, 70° C, aber sehr hohen Stromdichten von 200 Amp/qdm (60 Minuten).

Gemäß einem weiteren Vorschlage zur anodischen Oxydation des Eisens von T. R o n d e l l i und A. S e s t i n i[769] werden Eisengegenstände in einer nahezu gesättigten Ätznatronlösung bei 145 bis 150° C und einer Stromdichte von etwa

10 Amp/qdm behandelt. Auch die Kathoden bestehen aus Eisen. Auf kleineren Werkstücken bildet sich zunächst bei Stromdichten von wenigen Amp/qdm eine violett bis blau gefärbte Anlaufschichte aus, die nach dem Waschen und Trocknen bei 150° C in Olivenöl oder einer Mischung von Mineralöl und Leinöl imprägniert wird. An der Kathode scheidet sich aus der Lösung des Eisenoxyds in der konzentrierten Alkalilauge Eisen ab, das dann bei Stromumkehr zu Fe_3O_4 oxydiert wird (T. R o n d e l l i und A. S e s t i n i[770]). An Stelle der Ätznatronlösung kann auch eine gesättigte Lösung einer Kupferverbindung in Natronlauge der Dichte 1,3 bis 1,5 verwendet werden. Die Badtemperatur beträgt 90 bis 130° C, die Stromdichte 5 Amp/qdm, die Behandlungsdauer 5 bis 20 Minuten[771].

Die günstigsten Bedingungen zur elektrolytischen Brünierung von Eisen und Stahl liegen nach G. S. W o s d w i s h e n s k i[772] bei einer Natronlaugenkonzentration von 40%, einer anodischen Stromdichte von 5 bis 10 Amp/qdm, einer Temperatur von 132° C und einer Behandlungsdauer von 15 bis 30 Minuten. Unter diesen Bedingungen erhält man verhältnismäßig dicke, porenarme und ziemlich beständige Überzüge. Es ist jedoch erforderlich, die Oberfläche der zu brünierenden Gegenstände vor der elektrolytischen Oxydation tadellos zu schleifen und zu polieren, da andernfalls keine dichten Überzüge aus Fe_3O_4 erzielt werden.

Die Langbein-Pfanhauser-Werke A. G.[773] erzeugen oxydische Schutzschichten auf Eisen und Stahl durch anodische Behandlung in einem alkalischen Bade von regenerierfähigen organischen Nitroverbindungen und alkalilöslichen Kupferverbindungen. Beispielsweise kann der Elektrolyt aus einer wäßrigen Lösung von 34 g/l Nitrobenzoesäure, 30 g/l Ätznatron und 25 g/l Kaliumzyanid bestehen. Die Behandlung wird bei 60° C, einer Stromdichte von 0,5 bis 1 Amp/qdm, einer Spannung von 1 V und einer Behandlungsdauer von 2 bis 5 Minuten durchgeführt.

Von B. B e r g h a u s[774] wurde zur anodischen Erzeugung von Schutzschichten auf Eisen ein Elektrolyt empfohlen, der aus einer 10- bis 35%igen und 50 bis 100° C warmen Alkalihydroxydlösung besteht, die etwa 0,75% Borsäure und weniger als 5% Puffersubstanzen, wie Alkaliborat, -phosphat, -arsenat, -azetat, -aluminat, -oxalat oder -carbonat, enthält. Die Oxydation soll bei Spannungen von etwa 2,2 V und Stromdichten von 1 bis 25 Amp/qdm erfolgen.

Nach einem weiteren Vorschlage von B. B e r g h a u s[775] werden wäßrige Lösungen von Gemischen von Kali- und Natronlauge und mit einem bis zu 5% betragenden Gehalt der vorstehend angeführten Puffersubstanzen, ferner geringen Mengen von Farbsubstanzen, ferner geringen Mengen von Farbstoffen, wie Alizarin, und Glanzmitteln, wie phenolsulfosaurem Natrium, verwendet. Die bei Spannungen von 3 V, Stromdichten von 4 Amp/qdm und 90° C erzeugten, verhältnismäßig dicken Oxydschichten sollen eine gute Haftfähigkeit aufweisen.

Auf Eisen, Kupfer oder Messing können nach einem Verfahren der Siemens & Halske A. G.[776] in einer 3%igen Natriumaluminatlösung bei Spannungen von 15 bis 20 V und Stromdichten von 3 Amp/qdm innerhalb von 15 bis 30 Minuten stärkere oxydische Schichten erzeugt werden. Es kann Gleich- oder Wechselstrom verwendet werden.

Das Verfahren von K. S c h w a b e[777] besteht in der anodischen Abscheidung einer Korrosionsschutzschicht aus einem wasserunlöslichen Zelluloseäther. Die Zelluloseäther, z. B. Methylzellulose, sind alkalilöslich, in neutralen, wäßrigen Lösungen aber unlöslich. Beispielsweise wird eine 1%ige Lösung von Methylzellulose in einer 2%igen Natronlauge verwendet. Die Behandlung der Eisengegenstände erfolgt bei Stromdichten von 1 bis 5 Amp/qdm bei Temperaturen von 50 bis 80° C.

Auch die Lösungen von Erdalkalihydroxyden eignen sich zur elektrolytischen Oxydation von Eisen und Stahl (Langbein-Pfanhauser-Werke A. G.[778]). So kann man in einer in der Hitze gesättigten Lösung von Strontiumhydroxyd, der 20 g/l Ätznatron und 3 g/l Borsäure zugesetzt sind, bei einer Temperatur von 95° C und einer Stromdichte von 5 bis 10 Amp/qdm bei einer Behandlungsdauer von 60 Minuten rotgefärbte Oxydschichten erzeugen.

Schwarze, korrosionsbeständige Überzüge aus Bleidioxyd bilden sich bei der anodischen Behandlung von Eisen in einer alkalischen Bleioxydlösung. Nach S. G. C l a r k e[779] erhält man die besten Überzüge mit einer Lösung von 120 g Ätznatron und 40 g Bleioxyd in 1 l Wasser bei 40 bis 50° C, einer Stromdichte von mehr als 0,3 Amp/qdm und einer Behandlungsdauer von einer bis eineinhalb Stunden. Die Schichtdicke beträgt bei einer Stromdichte von 0,1 Amp/qdm und einer Stunde Behandlungszeit 0,005 mm. Mit steigender Temperatur kann auch die Stromdichte erhöht werden, so daß sie z. B. bei 60° C 0,8 Amp/qdm und bei 100° C 1,8 Amp/qdm beträgt. Die Überzüge werden aber um so spröder, je höher die Temperatur ist. Die Überzüge sind aber in jedem Falle hart und spröde. Leicht eingeölt, weisen sie eine gute Korrosionsbeständigkeit gegen die Atmosphäre, Wasser und Salzwasser auf. Die schwarzen Bleidioxydniederschläge eignen sich zum Schwärzen und Schützen von Radioteilen, elektrischen Armaturen, Nähmaschinenteilen, Werkzeugen u. dgl. (Anonym[780]).

Ein ähnlich zusammengesetztes Bad zur Erzeugung schwarzer Bleidioxydschichten haben N. I s g a r i s c h e r und A. K u z n e z o w[781] empfohlen. Das Bad besteht aus einer Lösung von 40 g/l Ätznatron, 22,5 g/l Bleiazetat und 0,001% Resorzin (i = 0,3 Amp/qdm, 60° C, Spannung = 1,2 V, Stromausbeute 68 bis 85%). Rostfreier Stahl mit mindestens 7% Chrom kann braun, blau, bronzen, rotbraun, purpur oder grün durch eine anodische Behandlung in einer 25 vol% Schwefelsäure, welche 60 g/l Natriumbichromat enthält, gefärbt werden (C. F. T a y l o r[781a]). Die Badtemperatur beträgt 70—95° C, die anodische Stromdichte 0,06 Amp/qdm. Ein anodisches Ätzen bei 8 Amp/qdm gibt eine gute Grundlage für eine gleichförmige Färbung.

L i t e r a t u r v e r z e i c h n i s.

[722] W. M a c h u, Österr. Chem. Ztg. 37, 46—50, 64—67, 1934. — [723] F r e u n d l i c h, P a t s c h e k e und Z o c h e r, Z. Physikal. Chem. A. 1927, 130. Bd., S. 293 ff. — [724] W. M a c h u, Österr. Chem. Ztg. 36, 43—46, 51—54, 67—69, 1933. — [725] F. S. B a r f f, I. Iron Inst. 1877, 267, 574; Dingl. I. 224, 551, 1877. — [726] G. B o w e r, Trans. Soc. Eng. 239, 1883. — [727] F. S. B a r f f, Engineering 28, 441, 1879; Dingl. I. 236, 301, 1880; Chem. Ztg. 4, 174, 1880. — [728] G. B o w e r, Dingl. I. 230, 508, 1878. — [729] G. B o w e r und A. S. B o w e r, DRP. 5239/1878; Dingl. I. 233, 83, 1879. — [730] G. B o w e r, Wochenzeitschr. Vereines DI. 1880, 239; Dingl. I. 237, 332, 1882. — [731] E. B e c k e r, Z. MSV-Verchromung 17, Nr. 4, 10—11, 1936. — [732] F. H. C o n s t a b l e, Proc. Rev. Soc. A 117, 376, 385, 1927/28. — [733] H. A. M i l e y und U. R. E v a n s, Nature 139, 283, 1937; J. chem. Soc. 1937, 1925. — [734] E. A. G u l b r a n s e n, Trans. Electrochem. Soc. 91, 31 S., 1947. — [735] J. W. H i c k m a n n und E. A. G u l b r a n s e n, Amer. Inst. Mining Met. Engrs. Inst. Metals Div. Metals Techn. 13, Nr. 7; Techn. Publ. Nr. 2069, 27 S., 1946. — [736] Dieselben, Trans. Electrochem. Soc. 91, Preprint, 17 S., 1947. — [737] M. J. D a y und G. V. S m i t h, Metallurgia Manchester 29, 285—86. — [738] O. K r ä m e r, Z. MSV-Verchromung 23, 324, 1942. — [739] Cooper Inc., AP. 2 158 278. — [740] Windsor Mfg. Co., AP. 2 137 817. — [741] C. M a r e n s k y, Kaltwalzwelt 1939, 85—86. — [742] Wheeling Steel Corp., AP. 2 213 759. — [743] D. Z. Blechwarenfabriks G. m. b. H., DRP. 722 485. — [744] N. K a m e y a m a und A. N a k a, J. Soc. chem. Ind. Japan, Suppl. Bind. 42, 245 B—246 B, 1939. — [745] Dieselben, ebenda 42, 427 B, 1939. — [746] General Motors Corp., AP. 2 187 589. — [746a] E. F e n n e r und L. K o c h, Arch. f. Metallkunde 2, 53—6, 1948. — [746b] U. R. E v a n s, Nature 164, 909—10, 1949. — [746c] W. H. J. V e r n o n, T. J. N u r s e, C. J. B. C l e w s und E. A. C a l n a n, Nature 164, 910—11, 1949. — [747] R. M. B o z o r t h, J. Amer. Soc. 49, 969, 1927. — [748] Ch. S. A. T a t l o c h, DRP. 193 643/1906. — [749] E. B l a s e t t jun., Chem. Eng. 19, 79, 1916. — [750] H. K r a u s e, Mitt. Forschungsinst. Schwäbisch-

Gmünd **1933**, Nr. 8, 11. — [751] Rust Proofing Co. of Canada, ÖP. 154 889/1940. — [752] E. R i v o c h e, Poln. P. 23 695, EP. 464 656. — [753] Orthomann-Verfahren, DRP. 298 207. — [754] V. P. S a c c h i, Korrosion und Metallschutz **17**, 236—41, 1941. — [755] G. Z a p f, Maschinenbau, Der Betrieb **17**, 367—70, 1938. — [756] Reinhold Schüler A. G., MW **13**, 396, 1940. — [757] Anonym, Iron Age **146**, Nr. 5, 54, 1940; Sheet Metal Ind. **14**, 1861, 1940. — [758] Heaboth Corp. FP. 866 610. — [759] E. A. W a l e n und F. W. W i l b a r, AP. 2 192 280. — [760] B. B e r g h a u s, It. P. 374 045. — [761] Alrose Chemical Co., AP. 2 148 331. — [762] R. S. T h o r n h i l l und U. R. E v a n s, Iron Steel Inst. preprint rep. Nr. 21, 381—95, 1938. — [763] L. F a r i n i, It. P. 380 193. — [764] G. B. G u a l c o, It. P. 389 017. — [765] E. D e l v a u x, Belg. P. 443 087. — [766] G. S o l d i und G. G u e r i n i, It. P. 391 837. — [767] W. M a c h u, Österr. Chem. Ztg. **37**, 46—50, 64—67, 1934. — [768] A. d e M é r i t e u r s, Bl. Soc. internat. Electriciens 3, 230, 1886; DRP. 375 961/1886. — [769] T. R o n d e l l i und A. S e s t i n i, DRP. 349 228. — [770] Dieselben, nach L. R e v i l l o n, Rev. Met. **16**, 258, 1919. — [771] DRP. 356 079. — [772] G. S. W o s d w i s h e n s k i, C 1937 II 3660. — [773] Langbein-Pfanhauser-Werke A. G., DRP. 669 414. — [774] B. B e r g h a u s, DRP. 674 786. — [775] Derselbe, FP. 871 017. — [776] Siemens & Halske A. G., DRP. 676 959. — [777] K. S c h w a b e, DRP. 685 631. — [778] Langbein-Pfanhauser-Werke A. G., DRP. 692 124. — [779] S. G. C l a r k e, J. Electrodepositors techn. Soc. **12**, 26—32, 1936—37. — [780] Anonym, Metallwarenindustrie und Galvanotechnik **35**, 156—57, 1937. — [781] N. I s g a r i s c h e r und A. K u s n e z o w bei G. B u c h n e r, Oberflächentechnik **1932**, Nr. 3. — [781a] C. F. T a y l o r, Plating **37**, 153—60, 1905.

18. Überziehen von Eisen mit Nichteisenverbindungen (ausgenommen Phosphatschichten).

Bei den bisher beschriebenen Oxydationsverfahren (s. S. 141 ff.) wurde die Schutz- oder Färbeschicht auf der Eisenoberfläche stets durch Umwandlung des metallischen Eisens in eine festhaftende Eisenverbindung erzeugt. Es ist aber auch möglich, auf der Eisenoberfläche ähnlich wie bei den metallischen Überzugsverfahren oder bei der Phosphatierung (s. S. 196) fremdartige Metallsalze oder Nichtmetallverbindungen in Form dünner Schichten aufzubringen, welche die Korrosionsbeständigkeit des Eisens erhöhen können. Damit die betreffenden Stoffe eine gewisse Schutzwirkung ausüben können, müssen sie möglichst wenig löslich sein und eine bestimmte Haftfestigkeit auf Metalloberflächen besitzen. In Betracht kommen Oxyde des Chroms, Mangans, Aluminiums, Siliziums, ferner Oxalate, Tartrate usw. Die praktische Bedeutung dieser Verfahren ist verhältnismäßig gering.

Erhitzt man kolloidale Lösungen auf 100 bis 250° C, so zeigen sie die Erscheinung der sekundären chemischen Solvatation (Thermosolvatation) und endlich an der oberen Temperaturgrenze die vollständige Dehydratation. Die dehydratatisierten und thermosolvatatisierten Sole sind in starken Säuren entweder schlecht oder gar nicht löslich. Man kann daher mit den bei hoher Temperatur gebildeten kathodischen Hydroxylionen von Eisen, Chrom, Aluminium, Siliziumdioxyd und Wolframtrioxyd im dialysierten oder nichtdialysierten Zustande Metalle zum Schutze gegen Korrosion überziehen. Zu diesem Zwecke behandelt man die kathodischen Hydroxylionen etwa 30 Minuten lang im Autoklaven bei 220 bis 250° C (S. D j a t s c h k o w s k i[782]). Für das Überziehen taucht man die entsprechend vorbehandelten Eisen- oder Stahlproben 10 bis 15 Minuten lang in diese Sole ein und trocknet sie dann bis zur Gewichtskonstanz bei 100° C. Die so behandelten Eisengegenstände waren gegen verdünnte Schwefelsäure gut beständig.

Schutzüberzüge auf Eisenlegierungen können nach einem Vorschlage der Westinghouse Electric und Manufacturing Co.[783] mit einer wäßrigen Suspension von kolloidalem Aluminiumsilikat (Bentonit) (17,2 Teile), Weinsäure (5,75 Teile), 0,43 Teilen Magnesiumoxyd und 100 Teilen Wasser hergestellt werden.

Eine Aluminiumhydroxydschicht auf Metallen soll man auch durch eine anodische Behandlung anderer Metalle in einer Lösung von Natriumaluminat erhalten können[784].

In oxalsäurehaltigen Bädern erhält man ähnlich wie in Phosphatlösungen durch Wechselwirkung der Oxalsäure mit der Eisenoberfläche Oxalatschichten, die sich durch eine gute Haftfestigkeit auszeichnen und auch eine Unterlage für Farbanstriche darstellen. Die Oxalsäure bildet mit dem Eisen eine feinkörnige Schicht von Ferrooxalat $FeC_2O_4 \cdot 2\,H_2O$, die aber gegenüber den billigeren Phosphatschichten keine Vorzüge besitzt. Die verwendeten Oxalsäurelösungen enthalten etwa 0,02 bis 3% Oxalsäure und werden zur Beschleunigung des Deckschichtbildungsvorganges bei Temperaturen von 50 bis 90° C angewendet. Die Behandlungszeiten betragen bis zu mehreren Stunden. Zur Beschleunigung der Ausbildung der Oxalatschicht setzt man den Bädern Oxydationsmittel, Metallsalze usw., zu. Die Curtin Howe Corp.[785] empfiehlt eine Lösung von Vanadinoxalat, die durch Auflösen von 166 Teilen Vanadintetroxyd V_2O_4 und 260 Teilen Oxalsäure in 10000 Teilen Wasser erhalten wird. Das p_H der Lösung beträgt etwa 1 bis 3, die Arbeitstemperatur 50 bis 90° C, die Tauchzeit kann etwa 4 bis 5 Minuten bis zu mehreren Stunden betragen.

Zur Auflösung etwa gebildeten Schlammes kann man dem Bade Wasserstoffperoxyd zusetzen. Zur Vorbehandlung von Eisen und Stahl vor dem Aufbringen von Anstrichen können auch Oxalsäurelösungen verwendet werden, die geringe Mengen von Salpetersäure oder Nitraten enthalten. Geeignet ist z. B. eine Lösung von 14 g Oxalsäure, 4 ccm Salpetersäure und 1 l Wasser (Ch. B. C o o k[786]). Eine Oxalatschicht auf Eisen wird auch durch eine Behandlung der Eisenteile mit einer 0,2- bis 1%igen Oxalsäurelösung erzeugt, welche Oxydationsmittel, wie Eisentrichlorid, Ferrinitrat, Wasserstoffperoxyd, Braunstein usw., enthält (Parker Rust Proof Co.[787]). Günstig soll sich auch ein Zusatz von Benetzungsmitteln oder eine anodische Oxydation auf die Bildung der Eisenoxalatschicht auswirken (H. L u c k m a n n[788]).

Die Oxalsäurelösung kann auch durch mechanisches Aufspritzen der Behandlungsflüssigkeit auf die Werkstücke in einer geschlossenen Kammer (General Motors Corp.[789]) oder in Form eines starken Strahles auf die Metalloberfläche zur Einwirkung gebracht werden (Amer. Chemical Paint Co.[790]). Dadurch wird die Überzugsbildung wesentlich beschleunigt.

Literaturverzeichnis.

[782] S. D j a t s c h k o w s k i, Colloid J. (russisch) 3, 169—79, 1937. — [783] Westinghouse Electric und Manufacturing Co., FP. 824 888, AP. 2 121 606. — [784] Croose & Blackwell Ltd., C. G. S u m e r, R. T. J o h n s o n und W. C l a y t o n. — [785] Curtin Howe Corp., AP. 2 046 061. — [786] Ch. B. C o o k, AP. 2 081 449. — [787] Parker Rust Proof Co., AP. 2 213 968. — [788] H. L u c k m a n n, DRP. 734 859. — [789] General Motors Corp., AP. 2 208 836. — [790] Amer. Chemical Paint Co., FP. 817 993.

19. Die Metallfärbung.

Unter Metallfärbung versteht man die künstliche oder natürliche Veränderung der Farbe von Metalloberflächen, um diesen ein schöneres Aussehen, unter Umständen auch eine größere Beständigkeit gegen atmosphärische Einflüsse zu verleihen. Es handelt sich somit nicht um eine durchgehende Färbung des Metalles selbst, sondern nur um eine färberische Veränderung der Oberfläche.

Die Kunst, Metallen eine andere, neuartige und gefälligere Farbe zu verleihen, ist fast ebenso alt als die Verwendung der Metalle selbst. Bereits die Ägypter verstanden es, Kupfer und Silber mit Hilfe von Schwefel schwarz zu färben (Niello). Ägypter, später Griechen, Römer und die Byzantiner, Chinesen und Japaner erzeugten auf Kunst- und Schmuckgegenständen sowie Waffen aus Bronze und Eisen natürliche und künstliche Patinierungen, Oxydierungen, Email-, Gold- und Silberüberzüge verschiedener Färbung und Tönung. Im Mittelalter wurde die Kunst der Metallfärbungen vorwiegend vom Handwerk der Büchsenmacher, Waffenschmiede, Gold-, Silber- und Kupferschmiede gepflegt und zu hoher Blüte gebracht. In der Mitte des 19. Jahrhunderts brachte die starke Entwicklung der Galvanotechnik auch die Möglichkeit, auf der Oberfläche eines sich schlechtfärbenden Metalles ein anderes, leichter färbbares Metall niederzuschlagen (indirekte Metallfärbung). Auch wurden neue chemische Färbungen nach gründlichem wissenschaftlichem Studium ausgearbeitet, die gleichfalls zu einem außerordentlichen Reichtum und einer großen Mannigfaltigkeit der Anfärbbarkeit in nahezu jeder gewünschten Farbe auf Metallen führten.

Je nach der Art des Metallfärbeverfahrens unterscheidet man chemische, elektrolytische und mechanische Verfahren. Bei den *chemischen* Färbeverfahren handelt es sich um stoffliche Veränderungen der Oberflächen dadurch, daß die an der Oberfläche liegenden Metallteilchen durch chemische Reaktionen mit Gasen, Dämpfen oder Lösungen in Metallverbindungen von anderer Farbe übergeführt werden. Es kann aber auch an der Metalloberfläche ein anderes, leicht färbbares Metall niedergeschlagen werden, das dann im gewünschten Sinne gefärbt wird (indirektes Färbeverfahren). Auch die chemische Behandlung durch Gelbbrennen, Ätzen und Mattieren kann in gewissem Sinne als Färbeverfahren angesprochen werden, da durch diese Behandlungen auch eine geringe Änderung in der Farbe und im Aussehen der Metalle bewirkt wird.

Bei der elektrolytischen Metallfärbung werden die Metalloberflächen auf galvanischem Wege oder durch Tauch-, Ansiede- oder Kontaktverfahren mit einem dünnen Überzuge eines anderen Metalles, wie Silber, Kupfer, Messing, Nickel, Chrom, Gold usw., versehen. Ebenso zählen die anodischen Oxydationsverfahren zu den elektrolytischen Färbeverfahren.

Die *mechanischen* Färbeverfahren bestehen im Auftragen von Lack- und Farbanstrichen, die zwar die Farbe des Metalles verändern, aber den metallischen Charakter des gefärbten Metalles nicht beeinträchtigen. Es können daher auf diese Art der Metallfärbung nur durchscheinende, helle Lacke und Zapone, die durch organische gelöste Farbstoffe gefärbt sind (Lasurfarben), verwendet werden. Deckende Farbanstriche, die das darunterliegende Metall vollständig unsichtbar machen, sind für die Zwecke der Metallfärbung unbrauchbar. Ein mechanisches Färbeverfahren stellt das sog. Auftreiben oder Aufhämmern von verschiedenen Bronzepulvern auf einem Firnisgrund, das Mattieren durch ein Sandstrahlgebläse, das Auslegen von durch Ätzen vertieften Stellen mit anderen Stoffen (Inkrustieren), beispielsweise mit Metallsulfiden (Niello) oder leicht schmelzenden Glasflüssen (Emaillen) dar. Im Rahmen des vorliegenden Buches werden aber nur die mit Metallverbindungen hervorgerufenen Färbungen behandelt werden.

a) Vorbereiten der Werkstücke für das Färben.

Auch für die Metallfärbung ist wie für jedes andere Metallveredelungsverfahren eine sorgfältige Reinigung und Vorbereitung der Metalloberfläche die Vorbedingung für den Erfolg der Färbung. Reine, fleckenlose und gleichmäßige Färbungen guter Haftfestigkeit werden nur auf vollkommen fett- und oxydfreien Oberflächen erhalten. Durch die Färbeverfahren werden die Oberflächenfehler, wie Risse, Poren, Rauhigkeiten usw., nicht verdeckt, sondern im Gegenteile meist nur noch stärker hervorgehoben. Da die gefärbte Metalloberfläche mechanisch nicht nachbehandelt werden kann, muß das gewünschte Aussehen, wie glänzend, strichmatt, kornmatt usw., bereits vor der Färbung herausgearbeitet werden.

Das Vorbehandlungsverfahren ist dem Bearbeitungs- und Oberflächenzustande des Werkstückes entsprechend anzupassen, wobei man zwischen mechanischen und chemischen Vorbereitungsverfahren unterscheidet. Eine ausführliche Darstellung sämtlicher Reinigungsverfahren, wie Entfetten, Sandstrahlen, Beizen, Brennen, Putzen, Schleifen, Polieren usw. für alle Eisen- und Nichteisenmetalle brachte W. M a c h u mit seinem Buche „Oberflächenvorbehandlung von Eisen- und Nichteisenmetallen"[691]. Zur Vermeidung unnötiger Wiederholungen wird im nachstehenden nur ein kurzer Überblick über die Reinigungsmethoden gegeben und im übrigen auf das Spezialwerk des Verfassers über die Vorbehandlungsverfahren verwiesen.

Die *mechanische* Vorbereitung besteht im Schleifen, Polieren, Kratzen mit rotierenden Drahtbürsten verschiedener Härte und Drahtstärke, Sandstrahlen zur Beseitigung von Gußkrusten, Glühzunder usw. oder zur Erzielung eines gröberen oder feinkörnigen, matten Aussehens durch Strichmattieren, Mattschlagen und Grainieren.

Beim *Strichmattieren* werden die Metallgegenstände mit Fiberbürsten bearbeitet, auf welche ein Gemisch von Öl und Schmirgel aufgetragen wurde. Beim *Mattschlagen* wird mit schnellrotierenden Metallbürsten, deren Drähte härter als das zu bearbeitende Metall sind, bei 300 bis 600 Umdrehungen der Bürste/Minute für Feinkorn und 1000 und darüber für Grobkorn ein feineres oder gröberes Matt erzielt.

Das *Grainieren* bezweckt die Herstellung eines sehr feinen Matt, das mit Absatzdrahtbürsten mit nur 0,15 bis 0,2 mm Stärke, aber einer Länge bis 12 cm durch mehrmaliges, kurzes Vorbeibewegen der zu behandelnden Metallgegenstände vor der Bürste erzeugt wird. Während des Grainierens wird zur Kühlung der Metallfläche ein Wasserstrahl von der Seite her auf das Werkstück geleitet. Bei der Bearbeitung mit Bürsten kann ferner Sand, Bimsstein, Schmirgel, Kalk u. dgl. zur Unterstützung der Scheuerwirkung mitverwendet werden. Größere Gegenstände werden von Hand aus, Massenware in Scheuertrommeln behandelt.

Die *chemische Vorbehandlung* besteht im Entfetten, Beizen und Brennen. Die Entfettung kann sowohl mit alkalischen Mitteln, auf elektrolytischem Wege oder mit organischen Fettlösungsmitteln erfolgen. Bei Eisen und Stahl, die gegen Alkalien unempfindlich sind, kann Entfettung mit starken wäßrigen Lösungen von 10 bis 20% Ätznatron oder Ätzkali in der Siedehitze vorgenommen werden. Das Ätzkali entfettet wirksamer als das Ätznatron, ist aber teurer. Soda und Pottasche entfetten milder, aber weniger wirksam als die Ätzalkalien.

Sehr gut bewährt hat sich auch eine 5- bis 10%ige wäßrige Lösung von Natriummeta- oder Natriumorthosilikat. Auch Lösungen mit 3 bis 7% Trinatriumphosphat und einigen Prozenten Wasserglas haben sich insbesondere für die empfindlicheren Metalle Kupfer, Messing, Aluminium, Zink usw. bewährt. Die Entfettungswirkung wird durch einen Zusatz von Benetzungsmitteln, wie Seifen, Fettalkoholsulfonaten, sulfurierten Mineralölen usw., noch erhöht. Insbesondere bei gepreßten und gezogenen Werkstücken, bei denen das Fett sehr stark in die Poren der Metalloberfläche eingepreßt ist, sind Netzmittel enthaltende Reinigungsmittel vorzuziehen.

Alle *alkalischen Reinigungsbäder* werden am besten bei Siedetemperatur und unter kräftiger Bewegung (Umfluten, Aufspritzen usw.) verwendet, da die Beseitigung der Fettstoffe durch eine mechanische Bewegung der Reinigungsflotte erheblich erleichtert wird.

Das wirksamste Entfettungsverfahren ist die elektrolytische Entfettung. Sie hat gegenüber der Tauchentfettung in heißen, wäßrigen Alkalilösungen den Vorteil, daß sie bei Raumtemperatur angewendet werden kann, verläßlich vollkommen fettfreie Oberflächen liefert und die Behandlungsdauer nur 1 bis 2 Minuten beträgt. Sie erfordert aber elektrische Einrichtungen ähnlich wie eine galvanische Metallabscheidung. Das zu reinigende Werkstück wird an Drähten aufgehängt oder in Sieben, Körben u. dgl. meist als Kathode geschaltet, in einer alkalischen Lösung elektrolytisch bei Spannungen von 4 bis 10 V behandelt. Die starke Wasserstoffentwicklung fördert rein mechanisch die Entfettungswirkung, außerdem ist das an der Kathode in naszierendem Zustande gebildete Ätznatron besonders kräftig wirksam. Die Bäder bestehen im wesentlichen aus einer etwa 10%igen Lösung von Soda oder besser Pottasche mit Zusätzen von Kaliumzyanid, Natriumzyanid, Trinatriumphosphat u. dgl. Die Anoden bestehen aus Nickel oder stark vernickeltem Eisenblech. Als sehr günstig hat sich die gleichzeitige Abscheidung eines hauchdünnen Kupferfilmes erwiesen, da dadurch eine leicht sichtbare Kontrollmöglichkeit für die vollständige Entfettung der Oberfläche des Metalls gegeben ist. In Tab. 14 sind einige typische Beispiele für elektrolytische Entfettungsbäder, darunter auch solche mit gleichzeitiger Verkupferung, welches Verfahren auch Kuprodekapierung genannt wird, angeführt.

Tabelle 14. Elektrolytische Entfettungsbäder.

10 kg Ätznatron
1 kg Pottasche
3 kg Natriumzyanid
100 l Wasser
    (für Kupfer, Messing,
    Bronze)
	15 kg Ätznatron
	5 kg Kaliumkarbonat
	5 kg Kaliumzyanid
	100 l Wasser
	    (für Eisen, Stahl, Nickel
	    und deren Legierungen)
		5 bis 7 kg Trinatrium-
		    phosphat
		4 bis 2 kg Soda
		1 kg Ätznatron
		    evtl. 0,1 bis 0,4 kg Seife
		100 l Wasser
		    (für alle Metalle)

5 kg Ätznatron
5 kg Soda
5 kg Natriumzyanid
1,25 kg Kupfer-I-Zyanid
0,65 kg Natriumsilikat
100 l Wasser
    (für weiche Metalle,
    wie Zinn, Blei, Zink)
	8 kg Ätznatron
	4 kg Soda
	1,5 kg Natriumsulfit
	0,5 bis 0,75 kg Kalium-
	    zyanid
	1,5 kg Kupferzyanid
	3 bis 3,5 kg Kalium-
	    Kupferzyanid
	    (für alle Metalle)	

Die auf der Badoberfläche schwimmende Fettschicht wird am besten ständig abgezogen, um ein Verschmutzen der Ware beim Herausnehmen aus dem Bade zu verhindern. Die Spannung beträgt 4 bis 8 V, die Stromdichte 3 bis 10 Amp/qdm. Eine Wasserstoffaufnahme der Gegenstände ist bei der kurzen Behandlungsdauer von 1 bis 2 Minuten nicht zu befürchten. Die Tiefenstreuung der Bäder ist nicht allzu groß, weshalb am besten glattwandige Gegenstände behandelt werden. Bei stärker profilierten Werkstücken empfiehlt sich eine Nachentfettung der Vertiefungen und Ecken mit Kalkbrei.

Für größere Fettmengen auf Metallgegenständen hat sich die Entfettung mit organischen Fettlösungsmitteln gut bewährt. Diese bestehen entweder aus den brennbaren Körpern Benzin, Benzol, Petroleum, Spiritus oder vorteilhafter aus den unbrennbaren, aber teuren Chlorkohlenwasserstoffen, insbesondere Trichloräthylen oder Perchloräthylen, die meist kurz „Tri" oder „Per" genannt werden. Diese Stoffe werden entweder durch Tauchen oder der zu reinigenden Gegenstände in das kalte Fettlösungsmittel angewandt oder man entfettet, insbesondere größere Werkstücke, durch Behandlung nur mit den Dämpfen der Reinigungsmittel.

Vielfach bedient man sich zur Reinigung mit organischen Entfettungsmitteln automatisch arbeitender Apparate mit meist drei Tauchkammern, wobei in der ersten Kammer mit der am stärksten mit Fettstoffen angereicherten Lösung und in der letzten mit der reinsten die endgültige Reinigung erfolgt. Mit der Zeit rücken dann die Lösungen auf und wird in der ersten Kammer mit der frischen Lösung entfettet.

Bei der Entfettung mit Lösungsmitteldämpfen können nur größere Werkstücke behandelt werden. Auf diesen schlagen sich durch Kondensation die Lösemitteldämpfe nieder, lösen in der Wärme das Fett und spülen dieses in den Siederaum zurück. Da hier eine mechanische Unterstützung des Reinigungsvorganges fehlt, auch der Polier- und Schleifstaub hartnäckig an der Oberfläche festhaften, wird die Entfettung mit organischen Fettlösungsmitteln meist nur als Vorentfettung angewendet. Vorteilhaft ist auch eine mechanische Nachbehandlung mit Bürsten, Tüchern usw. Zur endgültigen Entfettung werden die Werkstücke meist noch in einem alkalischen Tauchbade, elektrolytisch oder durch Abreiben mit Wienerkalk (auf freien Ätzkalk gebrannter Dolomit) von Hand aus oder maschinell mit rotierenden Bürsten od. dgl. gereinigt.

Nach der Entfettung werden die gereinigten Gegenstände gründlich in fließendem Wasser abgespült. Geschliffene, polierte, gedrehte, gefräste usw. Gegenstände mit metallisch reiner Oberfläche können nach dem Entfetten und Spülen bereits in das Färbebad eingebracht werden. Mit Rost oder Zunderschichten behaftete Werkstücke müssen aber noch durch Beizen von diesen Oxydbelägen befreit werden.

Das *Beizen*, die am meisten gewählte Art der Entzunderung und Entrostung, besteht in einer chemischen Auflösung oder Ablösung der Rost- und Zunderschichten durch starke Mineralsäuren, wie Salzsäure, Schwefelsäure, Phosphorsäure, in besonderen Fällen durch Salpetersäure oder Flußsäure. Das am leichtesten lösliche Oxyd des Eisens ist das Eisen-II-oxyd, das demnach aus dem Gemisch der Eisenoxyde in der Zunderschicht am schnellsten gelöst wird.

Mit der *Salzsäure* beizt man bei Temperaturen von 20 bis 35° C und Konzentrationen von 1 Teil konzentrierte Salzsäure (D = 1,19 = 38% HCl) auf 1 bis 3 Teile Wasser. Die Salzsäure löst den Zunder rein chemisch auf und liefert glatte, glänzendere Oberflächen als die Schwefelsäure. Die Salzsäure wird namentlich dann angewandt, wenn keine billigere Heizquelle zur Verfügung steht. Zur Beschleunigung des Beizvorganges mit der Salzsäure wird die Konzentration der Säure erhöht. Man kann das Beizbad so lange unter öfterem Nachschärfen mit frischer Säure verwenden, bis der Gehalt an Eisenchlorid auf etwa 40 bis 60 g/l Eisen angestiegen ist. Eine Regenerierung des aufgebrauchten Beizbades ist nicht üblich. Es wird entweder auf Eisenoxyd und Salzsäure aufgearbeitet oder nach Neutralisation mit Kalk in den Vorfluter abgelassen.

Das *Beizen mit Schwefelsäure* erfolgt mit einer 6- bis 20%igen Säure bei 50 bis 80° C, meist etwa 60° C. Die Beizgeschwindigkeit weist bei der Schwefelsäure ein Maximum bei einer Konzentration von 25% auf. Sinkt die Konzentration der Schwefelsäure, muß zur Einhaltung einer geforderten maximalen Beizzeit die Temperatur des Beizbades erhöht werden. Während beim Beizen mit Salzsäure die sich im Bade anreichernden Eisensalze die Beizgeschwindigkeit erhöhen, verlängert bei der Schwefelsäure ein steigernder Gehalt an Eisensulfat mit gleichzeitig sinkender Säurekonzentration die Beizdauer. Mit der Schwefelsäure kann man bis zu einer Anreicherung von 500 g/l Eisenvitriol beizen, dann muß das Bad entweder erneuert oder aber regeneriert werden. Die Regenerierung erfolgt durch Abkühlung und gleichzeitigen Zusatz von konzentrierter Schwefelsäure, wobei sich unlösliches Eisensulfat in kristallisiertem Zustande abscheidet. Die Mutterlauge kann, eventuell nach Zusatz von Wasser, unmittelbar wieder zum Beizen verwendet werden.

Die Schwefelsäure wird in rund ⁴/₅ aller Beizbetriebe zum Beizen verwendet, da sie am billigsten arbeitet. Der Säureverbrauch beträgt bei der Salzsäure etwa 6% des Gewichtes des Beizgutes, bei der Schwefelsäure nur etwa 3 bis 5%. Im Gegensatz zur Salzsäure wirkt die Schwefelsäure vorwiegend mechanisch zunderentfernend, da die Säure durch Risse und Sprünge in der Zunderschicht zur Eisenoberfläche vordringt oder nach Auflösung des leichter löslichen FeO durch Wasserstoffentwicklung oder Unterhöhlung der Zunderschicht diese absprengt. Die Beizzeit muß unbedingt so lange ausgedehnt werden, bis der Zunder restlos beseitigt ist. Meist beträgt die Beizdauer 20 bis 30 Minuten.

Mit *Phosphorsäure* beizt man nur dann, wenn die Werkstücke mit Anstrichen versehen werden sollen. Das Beizverfahren ist meist zweistufig, indem man vorerst mit einer etwa 15%igen Phosphorsäure (106 l konzentrierte H_3PO_4, $D = 1,7$ auf 1000 l Beizbad) bei 40 bis 50° C oder einer 10%igen Schwefelsäure vorbeizt und dann mit einer 2%igen Phosphorsäure bei 80° C fertigbeizt. Nach dem Beizen wird ohne zu spülen getrocknet, wobei das sich bildende Eisenphosphat einen schwachschützenden Überzug bildet, der das Anrosten verhindert und eine gute Grundlage für Lacke und Anstriche bildet.

Flußsäurebäder dienen zur Entfernung von Gußsandresten von Gußstücken (2 bis 5% H_2F_2, 20° C, Beizdauer bis 24 Stunden). Die Flußsäure verursacht auf der Haut sehr schmerzhafte und schwer heilende Wunden. Außerdem greift sie die Atemorgane stark an, weshalb beim Beizen mit Flußsäure größte Vorsicht am Platze ist. Die mit Blei ausgekleideten Eisenwannen müssen mit einer Absaugevorrichtung für die Beizdämpfe ausgestattet sein.

Sparbeizen. Beim Beizen mit Säuren werden nicht nur der Rost und Zunder aufgelöst, sondern es findet auch ein ziemlich starker Angriff der Säure auf das blanke Eisen selbst statt. Die mit dieser Metallauflösung einhergehende Wasserstoffentwicklung ist mit mehreren Nachteilen verbunden, da der Wasserstoff vom Eisen in atomarer Form im Eisengitter aufgenommen wird und dieses in einen Spannungszustand versetzt. Dieser wirkt sich in einer erheblichen Verminderung der Reißfestigkeit, Einschnürung und Bruchdehnung aus (Beizsprödigkeit). Ebenso können Beizblasen im Eisen, gesundheitliche Störungen und Zerstörungen der Eisenkonstruktionen auftreten.

Zur Beseitigung dieser Nachteile setzt man den Beizsäuren vielfach organische Stoffe, insbesondere Stickstoff und Schwefel enthaltende hochmolekulare Verbindungen zu, welche die Löslichkeit des Eisens, nicht aber der Eisenoxyde stark herabsetzen. Da auf diese Weise an Metall gespart wird, werden diese Stoffe als „Sparbeizen" bezeichnet. Die Wirkungsweise dieser Sparbeizen beruht nach den Untersuchungen von W. M a c h u[792] darauf, daß primär durch einen Adsorptionsvorgang Sparbeizstoff am reinen metallischen Eisen, nicht aber auch am Eisenoxyd adsorbiert wird. Zufolge der Enge der intermizellaren Kapillarräume zwischen den Mizellen und den Molekülketten der adsorbierten Sparbeizstoffe wird die Diffusion der für die Metallauflösung erforderlichen Säureionen, insbesondere der H_3O-Ionen, sehr erschwert und schließlich ganz zum Stillstand gebracht.

Spülen. Nach der Entfettung, dem Beizen und anderen Zwischenoperationen sind die Reste des betreffenden Behandlungsbades sorgfältig durch längeres Spülen in kaltem, am besten fließendem Wasser, und stehendem heißen Wasser zu entfernen. Denn durch verschleppte Reste verschiedener Behandlungsflüssigkeiten werden nicht nur die Bäder verunreinigt, sondern kann auch der Erfolg der ganzen Behandlung durch Fleckenbildung, schlechthaftende Überzüge, Farbunterschiede usw. ganz in Frage gestellt werden. Bei größeren Mengen der zu behandelnden Gegenstände bezweckt das Heißspülbad auch eine Anwärmung der Werkstücke auf die Temperatur des heißen Färbebades, da sonst eine zu starke Abkühlung desselben eintreten würde. Stellte das Heißspülbad die letzte Flüssigkeitsbehandlung dar, so nehmen größere Gegenstände meist so viel Wärme auf, daß sie an der Luft von selbst trocknen.

b) Einfluß der Zusammensetzung des Werkstückes auf die Färbbarkeit.

Die Zusammensetzung des Grundmetalles beeinflußt die Färbung ganz außerordentlich, wobei mit wechselnder Zusammensetzung nicht nur der Farbton, sondern auch die Haftfestigkeit geändert wird oder überhaupt größere Schwierigkeiten in der Anfärbbarkeit auftreten können. Ebenso ist keine gleichmäßige Färbung zu erzielen, wenn der zu färbende Gegenstand nicht aus einem einheitlichen Werkstoff besteht. So machen sich z. B. Lötstellen, Schweißnähte usw. störend bei der Färbung bemerkbar. Sind aus verschiedenen Legierungen bestehende Werkstücke zu färben, so sind entweder die einzelnen Teile gesondert, nach gleichartiger Zusammensetzung geordnet, zu färben, oder man überzieht den Gegenstand auf galvanischem Wege mit einer einheitlichen, dünnen Schicht eines sich gut färbenden Metalles und nimmt erst dann die Färbung vor.

Auch eine mechanische Bearbeitung, wie eine Kaltverformung, eine Guß- oder Walzstruktur usw., kann die Färbung beeinflussen, so daß sich derart bearbeitete Gegenstände nach der Färbung durch einen verschiedenen Farbton auszeichnen. Für die Erzielung einer gleichmäßigen Färbung ist daher auch eine möglichst große Gleichartigkeit der Oberfläche des zu färbenden Gegenstandes erforderlich.

c) Allgemeines über die Ausführung von Metallfärbungen.

Meist wird der Färbevorgang durch Tauchen in ein Färbebad vorgenommen, insbesondere bei Massenartikeln. Sehr vorteilhaft ist eine Bewegung der Gegenstände beim Färben, da dadurch Konzentrations- und Temperaturunterschiede, die sich auf die Gleichmäßigkeit der Färbungen ungünstig auswirken, ausgeglichen werden können. Besteht der zu färbende Gegenstand aus dünnen und dickeren Stellen, so können Unterschiede in der Färbung dadurch auftreten, daß die dickeren Stellen die Temperatur des Färbebades nur langsamer annehmen. In diesem Falle empfiehlt sich die Verwendung einer Vorspülwanne mit heißem Wasser, in welchem Temperaturunterschiede ausgeglichen werden können. In dieser Wanne werden die Gegenstände auch nach dem Färben wieder abgespült.

Fehlerhafte Färbungen können auch durch Berührung mit Fremdmetallen, wie z. B. Aufhängehaken, entstehen.

Größere Gegenstände werden meist nicht durch Tauchen, sondern durch Aufbürsten, Aufspritzen, Aufpinseln usw. der Farblösung gefärbt. Für eine möglichst gleichmäßige Verteilung der Flüssigkeit auf der Metalloberfläche ist Sorge zu tragen.

Literaturverzeichnis.

[701] W. M a c h u, Leipzig: Akadem. Verlagsges., 1952. — [702] Derselbe, Korrosion und Metallschutz 10, 277—88, 1934; 13, 1—19, 20—34, 1937; 14, 324—37, 1938.

20. Die Färbungen von Eisen.

Das wesentlichste Färbeverfahren für Eisen, das Brünieren, Blaufärben, Schwärzen usw., wurde bereits bei der Besprechung der Oxydation des Eisens erörtert (s. S. 141). Es sind daher bloß jene Färbeverfahren nachzutragen, bei welchen nichtoxydische Schichten auf dem Eisen erzeugt werden. Vielfach betehen diese Eisenfärbungen nicht aus anorganischen, nichtmetallischen Stoffen, sondern aus Metallen oder Metalloiden, wie Kupfer, Antimon, Arsen, Selen u. dgl.

a) Färbungen durch Verkupferung oder mit Hilfe von Kupferverbindungen.

Sehr verbreitet ist das Färben des Eisens durch eine hauchdünne Kupferschicht, die ohne äußere Stromquelle entweder durch Streichen oder durch Tauchen aufgebracht wird. Die gutgereinigten und dekapierten Eisen- oder Stahlgegenstände werden in eine Lösung von 10 g/l Kupfersulfat und 10 g/l konzentrierte Schwefelsäure kurze Zeit (5 bis 15 Sekunden) eingetaucht, wobei sich ein dünner Kupferüberzug bildet. Bei zu langer Tauchzeit oder wenn nicht ausreichend durch eine kurze Behandlung in ganz schwacher Säure (z. B. 1%ige Schwefelsäure, 1 bis 5%ige Weinsäure) dekapiert wurde, fällt der Kupferüberzug abwischbar aus. Kleinere Massenartikel, wie Nägel, Schrauben, Federn usw., können in einer Drehtrommel durch Kollern mit Sägespänen verkupfert werden, welche eine wäßrige Lösung von 2 bis 3 g/l Kupfersulfat und 2 bis 3 g/l Schwefelsäure aufgesaugt haben.

Man kann die Tauchverkupferung auch in einem zyankalischen, 85 bis 90° C heißen Bade aus 10 g/l Kupfersulfat, 15 g/l Ätznatron und 12 g/l Kaliumzyanid vornehmen (W. E c k a r t). Zur Beschleunigung und Verstärkung der Kupferabscheidung stellt man mit den Eisengegenständen Kontakte mit Aluminiumdrähten, -spänen, -sieben, Zinkgranalien usw. her.

Der Kupferüberzug kann auch durch Streichen aufgebracht werden (Streichverkupferung), wobei eine Lösung von 60 g/l Kupfersulfat, 60 g/l Ammoniumhydroxyd (D = 0,91) und 60 g/l Weinsäure verwendet werden kann. Die Lösung wird durch Pinseln, Bürsten, Reiben mit Lappen, Schwämmen u. dgl. auf die blanken Eisenteile, wie Bauteile, Geländer usw., aufgestrichen. Nach kurzer Zeit bildet sich bereits der Kupferüberzug aus. Nach der Verkupferung wird mit viel Wasser gründlich gespült. Sehr ausführlich ist die Tauch-, Streich-, Ansiede- und Kontaktverkupferung im Buche von W. M a c h u[783] beschrieben worden.

Da sich das Kupfer sehr leicht in den mannigfaltigsten Farbtönen färben läßt, kann man sich beim Eisen auch der indirekten Färbemethode bedienen, wobei zuerst verkupfert und dann erst die dünne Kupferschicht gefärbt wird (E. W e r n e r[794]).

Werden Eisengegenstände mit einer Lösung von 70% Kupfernitrat und 30% Alkohol bestrichen und dann erwärmt, so bildet sich durch Zersetzung des Kupfernitrates eine schwarze Schicht von Kupferoxyd, die nach dem Abreiben einen grauen Überzug auf der Eisenoberfläche hinterläßt. Bei öfterer Wiederholung des Streich-, Erhitzungs- und Reibverfahrens erhält man schließlich eine schwarz gefärbte Eisenoberfläche. Bei Verwendung von alkoholischen Mangannitratlösungen an Stelle der Kupfernitratlösung ist der Überzug bronzeähnlich gefärbt.

An Stelle einer Kupferschicht kann natürlich auf galvanischem Wege ein dünner Überzug aus einer Kupferlegierung, wie insbesondere aus Messing (Cu-Zn), Tombak, Bronze (CuSn), Neusilber (CuNi) od. dgl., abgeschieden werden.

Zahlreiche Metalle können auch durch Abscheidung von Kupferverbindungen auf elektrolytischem Wege gefärbt werden. So erhält man nach einem Verfahren von J. E. S t a r e c k und R. T a f t[795] aus alkalischen Lösungen von Kupferlaktat bei sehr niedrigen Stromdichten (0,05 Amp/qdm) an der Kathode stark gefärbte Niederschläge. Das Verfahren ist unter dem Namen „Electrocolorverfahren" bekanntgeworden. Die Farbe des Überzuges ist der Dicke und Elektrolysendauer proportional und geht von Violett, Blau, Grün, Gelb, Orange nach Rot. Die irisierenden Niederschläge bestehen aus Kupfer-I-oxyd Cu_2O. Sie sind mechanisch und chemisch recht gut beständig (Anonym[796]).

Auch aus Lösungen von Kupferformiat und -zitrat kann man auf elektrolytischem Wege Metallfärbungen erzielen (S. N. G o t z und W. D. W a r g a n o w[797]). Das Kansas City Testing Laboratory[798] schlägt an der Kathode einen dünnen färbenden

Film aus Kupfer-I-oxyd aus einer Lösung von 70 g/l Kupfersulfat, 150 ccm Milchsäure (85%ig) und 112 g/l Ätznatron nieder (0,15 Amp/qdm, Kupferanoden, 0,25 V, 22 bis 25° C).

b) Grau- und Schwarzfärben von Eisen durch Selen-, Arsen- und Antimonniederschläge.

Eine Schwarzfärbung auf Eisen erhält man durch entsprechend langes Tauchen in eine Lösung von 20 g kristallisiertes Kupfersulfat, 10 g selenige Säure und 40 bis 60 g konzentrierte Salpetersäure in 1 l Wasser. Nach dem Spülen und Trocknen wird mit einem durchsichtigen Zaponlack überzogen. Das Verfahren wird insbesondere zum Schwarzfärben von Skalen, Maßstäben usw. angewandt.

Werden Gegenstände aus Silber, Kupfer, Messing oder Eisen in eine stark salzsaure Lösung von Arsenchlorid eingetaucht, so scheidet sich auf diesen Metallen ein grau gefärbter, festhaftender Film von Arsen ab. Auf matten Werkstücken fällt die Färbung samtartig weich, auf polierten hochglänzend aus. Die Arsenbeize, auch Graubeize genannt, findet zum Graufärben („Grauen") von wissenschaftlichen Instrumenten, Kunstgegenständen, Schmuckwaren usw. Verwendung. Sie kann auch zu Ornamentierungen verwendet werden, da sie an Decklacken nicht anhaftet.

Die Arsenbeize wird, wie folgt, bereitet: in 1 l konzentrierter Salzsäure (D = 1,19) werden 80 g Arsentrioxyd und 90 g Ferrichlorid oder Ferrosulfat in einem Steinzeuggefäß vollständig gelöst. Von der Physikalisch-technischen Reichsanstalt sind für das Schwarzgraufärben Lösungen von 60 g Arsentrioxyd, 30 g Antimontrichlorid, 150 g Eisenhammerschlag (Fe_3O_4) in 1 l konzentrierter technischer Salzsäure sowie für das Hellgraufärben Lösungen von 83 g Arsentrioxyd und 83 g Eisenvitriol in 1 l konzentrierter Salzsäure empfohlen worden.

An Stelle der konzentrierten Salzsäure kann auch eine Lösung von 20 g Arsentrioxyd in 40 g konzentrierter Salzsäure und 800 ccm Wasser angewendet werden, die aber dann auf 50 bis 60° C angewärmt werden muß (G. B u c h n e r[799]). Von G. G r o ß[800] wurde eine Arsenbeize der folgenden Zusammensetzung vorgeschlagen: 103 g Arsentrioxyd, 112 g Eisenvitriol oder Ferrisulfat und 1000 g rohe, konzentrierte Salzsäure. Diese Beize liefert auf Messing bereits in 10 Sekunden glänzende, stahlgraue Arsenüberzüge.

Eine Lösung von 56 g Arsentrioxyd, 28 g Kupfersulfat und 5,6 g Ammonchlorid in 450 ccm konzentrierter Salzsäure gibt auf zahlreichen Metallen eine schwarze Färbung. Für Zinn, Zink und Kadmium wird sie auf das 15fache Volumen mit Wasser verdünnt. Die schöne schwarze Farbe auf Kadmium vermindert die Korrosionsbeständigkeit des Metalles nicht. Die gereinigten Gegenstände müssen vor dem Einbringen in die Arsenbeize vollkommen gut getrocknet werden, da feuchte Gegenstände die Graubeize verdünnen und dadurch in ihrer Wirksamkeit beeinträchtigen würden. Bereits nach etwa einer halben Minute bildet sich bei Raumtemperatur auf den eingetauchten Metallgegenständen eine gleichmäßige grau gefärbte Schicht von Arsen aus. Will man diese verstärken, so werden die Gegenstände aus der Lösung herausgenommen, gespült, getrocknet und neuerlich in die Arsenbeize getaucht.

Größere Gegenstände, die nicht getaucht werden können, können auch mit einem Pinsel oder Lappen, der mit der Beize getränkt ist, durch Streichen grau oder grauschwarz gefärbt werden. Nach dem Färben muß die Salzsäure vollkommen ausgewaschen werden, da zurückbleibende Salzsäurereste zu Korrosionserscheinungen Anlaß geben. Vorteilhaft spült man nach dem Waschen noch mit einer verdünnten, etwa 1- bis 2%igen Sodalösung zur Neutralisation der Säurereste nach und wäscht noch einmal. Nach dem Trocknen wird mit einem neutralen Lack lackiert. Die Arsenfärbung ist gut haltbar und haftfest. Der galvanische Arsenüberzug ist aber dem durch Tauchen erhaltenen vorzuziehen.

Hell- bis dunkelgrau gefärbte Antimonüberzüge erhält man durch Tauchen in eine erwärmte Lösung, die mit Salzsäure angesäuert worden sein kann oder in eine 70° C warme Lösung von 5% Schlippeschem Salz (Natriumsulfantimoniat).

Arsen- und Antimonüberzüge können auch auf galvanischem Wege auf Eisen oder anderen Metallen niedergeschlagen werden (s. z. B. W. M a c h u[801]).

Einen galvanischen Arsenüberzug kann man beispielsweise aus folgendem Bade abscheiden: 100 g Arsentrioxyd, 30 g wasserfreie Soda, 10 g Kaliumzyanid, 1 l Wasser, 0,4 Amp/qdm, 2,5 bis 3 V, Eisenkathoden.

Einen schönen grauen Überzug von Arsen auf Stahl usw. kann man auch aus folgendem Bade abscheiden: 340 g Ätznatron, 340 g Arsentrioxyd, 28 g Kupferzyanid, 28 g Natriumzyanid, 4,5 l Wasser, Spannung 1 V.

Ein Bad zur Herstellung von sog. Oxydfärbungen auf Silber, Kupfer und Messing besteht beispielsweise aus 50 g/l Schlippschem Salz und 10 g/l kalzinierter Soda (15 bis 20° C, Badspannung für Kupfer und Messing 2,4 V, für Eisen 3,2 V, für Zink 3,7 V, Stromdichte 0,35 Amp/qdm).

c) Färben von legierten Stählen und rostfreiem Stahl.

Eine wesentliche Vorbedingung für das Färben von Metallen besteht in einer gewissen Reaktionsfähigkeit des Grundmetalles, um dieses in eine anders gefärbte Metallverbindung überführen zu können. Mit steigenden Legierungszusätzen chemisch beständiger Metalle, wie Chrom, Nickel, Silizium usw., nimmt jedoch die Reaktionsfähigkeit von Sonderstählen immer mehr ab, so daß schließlich beim rostfreien und säurebeständigen Stahl eine kaum mehr angreifbare Metalloberfläche vorliegt. Hochlegierte rostfreie und säurebeständige Stähle sind daher derartig reaktionsträge, daß eine Umwandlung der Metalloberfläche in gefärbte Verbindungen nur sehr schwierig ist. Viele Färbeverfahren, die für Eisen und Stahl noch ohne weiteres anwendbar sind, versagen hier bereits vollkommen.

Zur Behebung dieser Schwierigkeiten wurde bereits vorgeschlagen, rostfreie Stähle auf galvanischem Wege mit einer dünnen Eisenschicht zu überziehen, welche dann dem Färbeverfahren unterworfen werden soll[802]. Die dünne Schicht des oxydierbaren Metalles kann auch nach dem Schoopschen Metallspritzverfahren aufgebracht werden (H. H. H a r r i s[803]). An Stelle eines Eisenüberzuges kann auch eine dünne Kobalt- und Nickelschicht galvanisch abgeschieden werden (Kansas City Testing Laboratory[804]). Verhältnismäßig leicht ist eine Brünierung oder sonstige Färbung auf einem galvanisch erzeugten Kupfer- oder Messingüberzug aufzubringen. Alle diese indirekten Färbeverfahren, die eine vorherige Aufbringung einer Fremdmetallschicht erfordern, weisen den Nachteil höherer Kosten gegenüber den direkten Färbeverfahren auf.

Wegen der höheren Beständigkeit der rostfreien Stähle gegenüber Alkalien unterscheiden sich die direkten Färbebäder für die Sonderstähle von den gewöhnlichen Brünierungslösungen vor allem darin, daß sie nicht alkalisch, sondern zwecks Erzielung eines Metallangriffes mehr oder weniger stark sauer sind. So besteht z. B. ein Bad zum Patinieren von Bestecken oder Tafelgeräten aus rostbeständigem Chrom-Mangan-Stahl aus einer wäßrigen, siedend heißen Lösung von 20% Oxalsäure, 10% Zitronensäure und 2,5% Natriumchlorid (Stahlwerke Röchling-Buderus A. G.[805]). Bei einem anderen Verfahren[806] werden die polierten und entfetteten Gegenstände in 10%iger Oxalsäurelösung behandelt, wodurch ein gleichmäßiger Angriff des rostfreien Stahles erfolgt. Nach dem Spülen und Abwischen mit einem Tuch wird mit einer 1%igen Natriumsulfidlösung der rostfreie Stahl schwarz gefärbt, sodann gespült und getrocknet.

Eine schöne schwarze Färbung auf rostfreiem Stahl kann man auch durch eine Behandlung in 5%iger Kaliumpermanganatlösung erhalten.

Von der Alleghany Ludlum Steel Corp.[807] wurde für das Schwärzverfahren von nichtrostendem Stahl mit 7 und mehr Prozent Chrom eine Lösung von 36 bis 50% Schwefelsäure (D = 1,84), 10 bis 14 Gewichtsprozent eines Oxydationsmittels, als welches Vanadin- und Metavanadinsäure dienen, und 40 bis 50% Wasser empfohlen. Das Färbebad wird bei 103 bis 108° C etwa 1 Stunde einwirken gelassen. Als Oxydationsmittel kann auch ein Zusatz von 3 bis 15% eines Manganates oder Permanganates der Alkali- oder Erdalkalimetalle verwendet werden (Dieselbe[808]).

Beim sog. „Bachite-Verfahren" zum Färben von nichtrostendem Stahl wird durch die färbende Schicht gleichzeitig der Korrosionswiderstand und der Widerstand gegen Abnützung erhöht. Die erzeugte Farbschicht verhindert auch eine Kontaktkorrosion und das Festfressen zweier aufeinanderliegender Metallflächen (T. W. Lippert[809]).

Eine Brünierung von nichtrostendem Stahl ist auch in einem alkalischen, hochkonzentrierten Bade aus Natriumnitrit und Ätznatron möglich, dem Natriumsulfid zugesetzt wurde. Das Verfahren wird bei 145° C betrieben. Da sich aber das Sulfid ziemlich rasch verbraucht, ist dieser Zusatz etwa alle halbe Stunden zu wiederholen.

Literaturverzeichnis.

[793] W. Machu, Metallische Überzüge, 3. Aufl., Leipzig: Akadem. Verlagsges., 1948. — [794] E. Werner, Werkstatt u. Betrieb 71, 207—11, 1938. — [795] J. E. Stareck und R. Taft, Trans. electrochem. Soc. 69, Preprint 7, 6 S., 1936. — [796] Anonym, Metal Ind. New York 10, 503—04, 1937. — [797] S. N. Gotz und W. D. Warganow, Russ. P. 52 400. — [798] Kansas City Testing Laboratory, EP. 452 462. AP. 2 081 121. — [799] G. Buchner, Metallfärbung, 2. Aufl., 1923, S. 51. — [800] G. Groß, Oberflächentechnik 1933, H. 23. — [801] W. Machu, Metallische Überzüge, 617—19, Leipzig: Akadem. Verlagsges., 1948. — [802] DRP. 452 763. — [803] H. H. Harris, AP. 2 105 352. — [804] Kansas City Testing Laboratory, EP. 452 462. — [805] Stahlwerke Röchling-Buderus A. G., DRP. 688 628. — [806] DRP. 554 280. — [807] Alleghany Ludlum Steel Corp., AP. 2 172 353. — [808] Dieselbe, AP. 2 219 554. — [809] T. W. Lippert, Iron Age 143, Nr. 14, 39—45, 79—80, 1939.

21. Färben von Kupfer und Kupferlegierungen.

Das Kupfer und seine Legierungen wurden schon seit altersher zur Herstellung der mannigfaltigsten Gegenstände der Technik, des täglichen Gebrauches und des Kunstgewerbes verwendet. Obwohl Kupfer, Messing und Bronze, Tombak usw. bereits an sich ein sehr schönes und gefälliges Aussehen und Farbe aufweisen, besteht doch vielfach das Bedürfnis, andersartige Farbtöne als die natürlichen Farben auf diesen Metallen zu überzeugen. Dazu kommt noch, daß das Kupfer und seine Legierungen unter dem Einflusse der Atmosphärilien oder bei höherer Temperatur ihr Aussehen verändern, wodurch sie häufig fleckig und unansehnlich werden. Man trachtet daher vielfach, gleich von vornherein dem Kupfer usw. durch Aufbringung von gefärbten Oxyd- und Salzschichten eine beständige Oberfläche zu verleihen.

a) Vorbehandlung von Kupfer und Kupferlegierungen für das Färben.

Die Entfettung von Kupfer und Legierungen desselben kann grundsätzlich nach den für Eisen und Stahl beschriebenen Verfahren erfolgen (s. S. 161). Das Abkochen mit Lösungen von Ätznatron (100 g/l) darf bei Messing aber nicht zu lange dauern, da dieses von der Lauge verhältnimäßig stark angegriffen wird. Sowohl die organischen Fettlösungsmittel als auch die elektrolytische Entfettung sind ohne weiteres anwendbar. Sollte sich bei der Entfettung eine Oxydschicht auf den Metallen gebildet haben, so wird diese durch eine Behandlung mit einer Lösung von 5 g/l Natrium- oder Kaliumzyanid entfernt. Nach dem Entfetten wird gründlich gespült, bevor man die Gegenstände in das Färbebad einbringt.

Sollten die zu färbenden Gegenstände Oxyd- oder Zunderschichten, Gußhäute, Lötschlacken usw. aufweisen, so müssen diese Verunreinigungen durch Beizen entfernt werden. Zum Beizen von Kupfer und Kupferlegierungen wird meist eine Lösung von 1 Volumen konzentrierter Schwefelsäure (D = 1,84) in 9 Raumteilen Wasser in der Kälte oder bei Temperaturen bis 90° C angewendet. Messing darf nur in der Kälte gebeizt werden, da es sonst rot anläuft. Die Beizdauer beträgt, namentlich bei Arbeiten mit Raumtemperatur, bis zu vielen Stunden. Als Endpunkt des Beizens wird das Verschwinden der schwarzen Farbe der Zunderschicht und das Auftreten einer braunen Oxydschicht angesehen. Hierauf wird abgebürstet und gespült.

Zunderfreie oder entzunderte, wie vorstehend beschrieben, vorbehandelte Metallteile werden vor dem Färben noch mit konzentrierten Säuregemischen, den Brennen, behandelt, um ihnen ein schönes und glänzendes Aussehen zu verleihen. Beim Brennen taucht man die zu glänzenden Gegenstände unter Schütteln in Aluminiumsieben, Körben usw. vorerst in die Vorbrenne, das ist entweder konzentrierte Salpetersäure (D = 1,38) mit 10 ccm konzentrierter Salzsäure (D = 1,19) oder konzentrierter Salpetersäure mit 10 g/l Natriumfluorid und 10 g/l Glanzruß (zur Bildung der eigentlich beizend wirkenden salpetrigen Säure), spült kurz in heißem Wasser und taucht dann einige Sekunden lang in die sog. „Glanzbrenne". Diese besteht meist aus einem Gemisch von gleichen Teilen konzentrierter Salpetersäure (D = 1,38) und konzentrierter Schwefelsäure (D = 1,84) mit 10 ccm/l konzentrierter Salzsäure (D = 1,19) oder 10 g/l Natriumchlorid und 5 bis 10 g/l Glanzruß. Bei zu langer Behandlung in der Glanzbrenne tritt keine stärkere Glanzbildung ein, sondern die Gegenstände zeigen im Gegenteil ein lehmfarbiges, mattes Aussehen, sie sind „verbrannt". Nach dem Brennen spült man rasch und gründlich in fließendem kalten Wasser ab. Für Drehteile aus MS 58 erhöht man den Anteil der Schwefelsäure in der Glanzbrenne vorteilhaft auf etwa 66%, für Blechteile aus MS 63 verwendet man umgekehrt mehr Salpetersäure als Schwefelsäure. Die Temperatur darf beim Brennen nicht über 50° C ansteigen, weshalb die Gefäße (aus Steinzeug) am besten in einen größeren Steinzeugtrog mit fließendem Wasser gestellt werden. Im Winter muß andererseits das Absinken der Temperatur unter 6° C durch Erwärmen der Brenne verhindert werden, da sie sonst zu träge arbeitet. Da die sich entwickelnden nitrosen Gase äußerst giftig sind, ist das Brennen entweder im Freien an der dem Winde abgekehrten Seite oder aber unter einem gutziehenden Abzug auszuführen.

Arbeitet die Brenne bereits zu langsam oder zu schwach, so ist dies meist auf einen zu starken Verbrauch an Salpetersäure und Anreicherung von Kupfernitrat zurückzuführen. Man kann dann die Brenne durch einen Zusatz von konzentrierter Schwefelsäure oder etwas konzentrierter Salzsäure wieder auffrischen.

Einzelne lehmige Flecken oder Streifen können durch einen Zusatz von konzentrierter Salpetersäure zur Brenne beseitigt werden. Dunkle Überzüge deuten andererseits wieder auf einen zu hohen Salpetersäure- oder Salzsäuregehalt der Brenne hin. Man setzt der Brenne in diesem Falle konzentrierte Schwefelsäure zu. Ist die Glanzbrenne auch durch Zusätze nicht mehr zum richtigen Arbeiten zu bringen, so kann man sie eine Zeitlang noch als Vorbrenne verwenden. Fehlerhafte Oberflächen (weißes, milchiges, mattes, dunkles, grünes, fleckiges Aussehen) können durch zu hohe Temperatur, zu lange Tauchdauer, verbrauchte alte Brenne,

Verunreinigungen durch Quecksilber, Arsen, Eisen, schlechtes Entfetten, Schlamm, Verwendung harziger Sägespäne beim Trocknen usw. verursacht sein.

Für bestimmte Sonderzwecke kann auch ein gewisser matter Glanz erwünscht sein. Diesen kann man durch Anwendung der sog. Mattbrennen erhalten, die z. B. aus gleichen Teilen konzentrierter Salpetersäure und Schwefelsäure und 50 g/l Zink oder 2 kg Schwefelsäure (D = 1,84), 3 kg Salpetersäure (D = 1,38), 10 bis 20 g Kochsalz und 10 g Zinksulfat oder 200 g Kaliumchromat, 60 g Schwefelsäure (D = 1,84), 1 g Kochsalz und 1 l Wasser (50° C) bestehen kann.

Geglühte, nickelreiche Kupferlegierungen bringt man in eine Lösung von 72 g Natriumnitrat, 84 g Natriumchlorid, 204 g Schwefelsäure (D = 1,84) in 1 l Wasser bei 70 bis 80° C, ungeglühte in eine Lösung von 60 g Natriumnitrat, 90 g Kochsalz, 8 g konzentrierte Salpetersäure und 140 g konzentrierte Schwefelsäure ein.

b) Schwarzfärben von Kupfer und Kupferlegierungen.

Schwarzbrenne. Eine sehr wirkungsvolle, haltbare, biegefähige und tiefschwarze Färbung, wie sie z. B. für optische Geräte und kunstgewerbliche Gegenstände vielfach benötigt wird, kann durch eine Behandlung mit einer Kupfernitratlösung und Erhitzen erzeugt werden. Voraussetzung für die Anwendbarkeit des Verfahrens ist die Beständigkeit der zu färbenden Gegenstände bei höheren Temperaturen, d. h. es dürfen keine weichgelöteten Stellen vorhanden sein oder Härteverminderungen bei kalt verarbeitetem Material eintreten. Zur Ausführung der Färbung trägt man auf größere, entfettete und eventuell in Salzsäure 1 : 1 oder Schwefelsäure 1 : 4 gebeizte Gegenstände eine Lösung von 120 g schwefelsäurefreiem, kristallisiertem Kupfernitrat $Cu(NO_3)_2 \cdot 4 H_2O$ und 40 ccm Wasser auf. Die Lösung kann nach einem Vorschlage der Physikalisch-technischen Reichsanstalt[810] auch noch einen Zusatz von 0,5 g Silbernitrat, gelöst in wenig Wasser, enthalten.

Zur besseren Benetzung der Metallteile setzt man der Lösung auch noch etwas Methylalkohol oder Spiritus zu. Bei zu großen Gegenständen wird die gesättigte Kupfernitratlösung mit dem gleichen Volumen von Methylalkohol verdünnt und durch Aufstreichen oder Bürsten aufgebracht. Kleinere Gegenstände werden in die zweckmäßig verdünnte, etwa 10%ige Lösung bei 40 bis 50° C getaucht. Die Gegenstände werden nach dem Trocknen an der Luft in einem Trockenofen, über einer Flamme, glühenden Kohlen oder aber über einer heißen Platte langsam und gleichmäßig erhitzt, wobei sich das Nitrat zersetzt und schwarzes Kupferoxyd bildet. Das überschüssige, pulverförmige und nicht anhaftende Oxyd wird abgebürstet. Falls die Farbe noch nicht tief genug schwarz erscheint oder Flecke vorhanden sind, kann die Färbung wiederholt werden.

Durch bloße Behandlung der Gegenstände in heißen gesättigten Lösungen von Kupfernitrat entstehen verschieden getönte Braunfärbungen guter Haltbarkeit. An Stelle des Kupfernitrats können auch Lösungen der Nitrate von Wismut, Kobalt oder Mangan verwendet werden. Geeignet ist z. B. eine Lösung von 10 g Wismutnitrat, 60 g Wasser und 30 g Salpetersäure (35%ig).

Die Schwarzbrenne ist sowohl für Kupfer, Messing, Rotguß, verschiedene Bronzen, Neusilber und Eisen in gleicher Weise anwendbar. Ein mattes Schwarz wird auf rauhen, gesandeten Oberflächen erzielt. Die Oxydschichten lassen sich auch polieren, wachsen und mit Leinöl oder Olivenöl einreiben.

Die gefärbten Gegenstände weisen ein sehr altes Aussehen auf, so daß man diese Färbungen auch als Antikpatina bezeichnete. Durch Nachbehandlung mit einer 1%igen Lösung von Kaliumsulfid (Schwefelleber) kann der schwarze Farbton noch vertieft werden. Läßt man nach der zweiten Färbebehandlung die verdünnte Kupfernitratlösung nur mehr eintrocknen, so erhält man grüne, patinaartige Färbungen.

c) Schwarzfärben durch die Persulfatbeize.

Kupfer und Kupferlegierungen, wie Messing, Rotguß, Tombak, Bronzen, Manganin, nicht aber auch Neusilber und Hartlote können auch ohne stärkere Erhitzung der Gegenstände wie mit der Schwarzbrenne in einer siedend heißen alkalischen Lösung von Persulfat tiefschwarz mit einem matten Glanz gefärbt werden. Während für Kupfer und die meisten Kupferlegierungen eine 5%ige, siedend heiße Lösung von Ätznatron mit 10 g/l Kaliumpersulfat verwendet wird, dient zum Schwarzfärben von Messing und Aluminiumbronze eine heiße, 10%ige Lösung von Ätznatron mit gleichfalls 10 g/l Kaliumpersulfat (E. G r o s c h u f f[811]). Die Oxydation des Kupfers zum Oxyd geht unter Sauerstoffentwicklung bereits langsam in der Kälte, wesentlich rascher aber in der Hitze vor sich. Wird die Sauerstoffentwicklung während des Färbevorganges langsamer, so ist das Persulfat verbraucht und zu ersetzen.

Zur Durchführung des Färbevorganges werden die entfetteten und eventuell in Schwefelsäure gebeizten Werkstücke etwa 5 bis 10 Minuten lang in der siedend heißen Persulfatlösung hin- und herbewegt, bis sie sich mit einer gleichmäßigen, schwarzen Oxydschicht überzogen haben. Als Badbehälter dienen Gefäße aus Steinzeug, Glas oder emailliertem Eisen. Nach dem Färben wird mit Wasser gut gespült, getrocknet, gewachst oder mit einem Überzug aus Zaponlack versehen. Bei niedriger Badtemperatur oder kurzer Behandlungsdauer, ebenso bei Verwendung verdünnter, aber auch z. B. 20%iger Ätznatronlösung entstehen nur dunkelbraun gefärbte Überzüge, die auch manchmal abwischbar ausfallen.

Durch Aufnahme von Kohlendioxyd aus der Luft oder stärkere Anreicherung des Bades mit Kaliumsulfat wird das Bad unwirksam. Verunreinigungen des Ätznatrons beschleunigen katalytisch die Zersetzung des Persulfats, weshalb ein möglichst reines technisches Ätznatron zum Ansetzen des Bades verwendet werden soll. Die Oxydschichten sind an der Luft gut haltbar und in geringem Maße polier- und biegefähig. Wegen der geringen Haltbarkeit des Bades und der leichten Zersetzlichkeit des Persulfates ist das Verfahren etwas teurer als das Schwarzbrennen mit Kupfersulfatlösungen, ergibt aber ein sehr wirkungsvolles mattes Schwarz.

d) Schwarzfärben von Kupfer und Kupferlegierungen mit Natriumchlorit.

Eine alkalische Lösung von Natriumchlorit vermag Kupfer an seiner Oberfläche gleichmäßig zu oxydieren, wodurch schwarz gefärbte Schichten entstehen. Nach W. R. M e y e r und G. P. V i n z e n t[812] werden die Kupfergegenstände vorerst alkalisch gereinigt, dann in einer Lösung von 2% Natriumzyanid dekapiert, in einer Glanzbrenne aus zwei Teilen konzentrierter Schwefelsäure, ein Teil Salpetersäure, etwas Wasser und Salzsäure behandelt und in das siedend heiße Färbebad (105 bis 107° C) eingebracht. Dieses besteht aus einer Lösung von Natriumchlorit und Ätznatron (180 g/l), die sich in einem Behälter aus geschweißtem Eisen mit niedrigem Kohlenstoffgehalt oder aus rostfreiem Stahl befindet. Die Tauchzeit hängt vom Kupfergehalt des zu färbenden Gegenstandes ab. Reines Kupfer und hochprozentige Kupferlegierungen haben eine Färbezeit von 3 bis 10 Minuten. Bei niedrigen Kupfergehalten sind Behandlungszeiten von etwa 15 Minuten erforderlich. Die entstehenden Überzüge sind samtschwarz gefärbt. Nach der Färbung wird in fließendem kalten und stehendem heißen Wasser gespült und getrocknet. Wenn die Überzüge mit organischen Deckschichten versehen werden sollen, braucht nicht mehr getrocknet zu werden. Kupferplattierte Gegenstände können mit Natriumchlorit gleichfalls gefärbt werden, nur muß die Kupferschicht mindestens 0,0025 mm stark sein, da beim

Tauchen etwa 0,00125 mm abgetragen werden. Die Überzüge weisen eine gute Korrosionsbeständigkeit auf. Messing kann nach dem Verfahren in den Farben Goldgelb, Blau, Blaugrün, Erbsengrün, Grünbraun und Braun gefärbt werden.

e) Schwarzbeize für Messing.

Ein sehr bekanntes Schwarzfärbeverfahren für Messing stellt das sog. Schwarzbeizen dar. Die Beize besteht aus einer gesättigten Lösung von basischem Kupferkarbonat in konzentriertem Ammoniak. In 1 l 25%igem Ammoniak (D = 0,90) werden etwa 200 g basisches Kupferkarbonat aufgelöst und in dieser Lösung Messinggegenstände mit normalem Kupfergehalt (etwa 55 bis 65% Cu) 1 bis 5 Minuten lang bei Raumtemperatur hin- und hergeschwenkt. Man erhält glänzende tiefschwarze Oberflächen. In der Wärme (bei 50 bis 70° C) entsteht die Färbung zwar schneller, aber die Haltbarkeit der Beize ist wegen der größeren Ammoniakverluste geringer.

Eine ammoniakalische Schwarzkupferbeize kann auch aus Kupfersulfat (2,5 kg in 100 kg Wasser) hergestellt werden. Man gibt zu der wäßrigen Lösung so lange und allmählich Ammoniak zu, bis der zuerst gebildete grüne Niederschlag sich wieder aufgelöst hat. Die Lösung wird bei 50 bis 60° C angewendet und wirkt meist schon nach einigen Sekunden. Die Beize ist aber schwieriger zu handhaben als die aus Kupferkarbonat hergestellte Lösung.

Die Färbung ist haltbar und billig herzustellen. Die Dicke der gefärbten Schicht beträgt etwa 2 Mikron, die Messingschicht wird bis zu einer Tiefe von etwa 10 Mikron angegriffen. Das Färbebad ist bei Aufbewahrung in geschlossenen Gefäßen unbeschränkt haltbar.

Die färbende Schicht besteht aus schwarzem Kupferoxyd. Legierungen mit über 65 oder weniger als 55% Kupfer werden nicht tiefschwarz, sondern braun gefärbt. Reines Kupfer wird nicht angegriffen. Bei Bronzen entstehen nur gelbe Schichten. Bei Zink bildet sich nur eine abwischbare schwammige Schicht von Kupferoxyd. Das Schwenken der Gegenstände beim Färben ist zwecks Zufuhr von Sauerstoff zur Metalloberfläche und Verarmung von Ammoniak am Metall erforderlich.

Es wurde zwar auch schon eine verdünnte Schwarzbeize mit nur 100 g/l basischem Kupferkarbonat, gelöst in 8%igem Ammoniak empfohlen, jedoch erschöpft sich diese Beize schneller und ergibt auch nicht ein so schönes und tiefes Schwarz als die konzentrierte Schwarzbeize. Man kann aber alte und verdünntere Schwarzbeizen zum Braunfärben von Messinggegenständen verwenden. Ein Zusatz von Leim zur Schwarzbeize verzögert die Beizgeschwindigkeit und führt zur Ausbildung eines matten, schwarzen Farbtones.

Eine Nachbehandlung mit 10%iger schwach ammoniakalischer oder schwefelsaurer Kaliumbichromatlösung bewirkt eine Vertiefung des schwarzen Farbtones.

f) Elektrolytisches Schwarzfärbeverfahren.

Für alle Metalle, auch für Kupfer und seine Legierungen anwendbar, ist die Aufbringung eines elektrolytischen schwarzen oder grau gefärbten Metallüberzuges, z. B. aus Schwarznickel, Molybdänoxyd oder Arsen. Die Abscheidung des Schwarznickelüberzuges erfolgt nach den üblichen galvanischen Methoden aus einem zinksulfathaltigen Elektrolyten, der beispielsweise folgende Zusammensetzung aufweist: 80 g Nickelsulfat, 28 g Zinksulfat, 20 g kalziniertes Natriumsulfat, 15 g Ammonrhodanid, 5 g Zitronensäure, 2 g arsenige Säure, 1 l Wasser (Nickelanoden, mit Ammoniak neutralisieren, 1 V Spannung), oder 252 g Nickelammonsulfat, 35 g Zinksulfat, 35 g Ammonrhodanid, 4,5 l Wasser, 1 V, 0,1 Amp/qdm; von Zeit zu Zeit ist Zinksulfat und Ammonrhodanid zu ergänzen.

Über die Arsenniederschläge wurde bereits auf S. 167 berichtet.

g) Blaufärbung von Kupfer und seinen Legierungen (Blausud, Lüstersud).

Zum Blaufärben von fast allen Metallen, auch Eisen und Kupfer, ist der sog. Blau- oder Lüstersud geeignet. Dieser besteht aus einer Lösung von 124 g/l Natriumthiosulfat (Fixiernatron) und 38 g/l Bleiazetat. Der Gehalt an Natriumthiosulfat kann ohne Beeinträchtigung des Ergebnisses fast verdoppelt, jener von Bleiazetat verringert werden. Die vollständig oxyd- und fettfreien, zweckmäßig polierten Metallgegenstände werden unter ständiger Bewegung, an Drähten aufgehängt, in den heißen Blausud eingetaucht. Bei Messing und Tombak entsteht in der siedend heißen Lösung bereits nach einigen Sekunden eine tief goldgelbe Färbung, die auch als französische oder falsche Vergoldung bezeichnet wird. Soll dieser Farbton erreicht werden, wird der Gegenstand rasch aus der Lösung herausgenommen, gespült, getrocknet und zaponiert. Nach 15 Sekunden langer Tauchdauer bei 100° C wird Messing und Tombak hellrot, nach 25 Sekunden tief dunkelblau, nach 30 Sekunden hell stahlblau und nach einer Minute grau mit einem Stich ins Rotviolette oder blau gefärbt. Leichter sind die richtigen Farbtöne nach E. B e u t e l[813] zu erzielen, wenn man die Temperatur des Färbebades nur auf 60 bis 70° C hält. Auf Kupfer treten nur rotviolette, blaue und graue Farbtöne, auf Silber und Gold gleichfalls nur rotviolette und blaue Überzüge auf. Auf matten, gesandeten Oberflächen erhält man matte und stumpfe, auf Hochglanz polierten feurige und glänzende Färbungen.

Das Arbeiten bei Siedetemperatur hat den Nachteil, daß die ersten Anlauffarben nur sehr schwierig oder gar nicht festgehalten werden können und daß auch das Bad sich verhältnismäßig schnell unter Abscheidung eines grauen Schlammes von Bleisulfid zersetzt. Vorteilhaft arbeitet man daher bei etwa 50° C mit Bädern aus 240 g Natriumthiosulfat und 15 bis 25 g Bleiazetat in 1 l destilliertem Wasser. Von G. G r o ß[814] wurde eine Badzusammensetzung ermittelt, die aus 240 g Natriumthiosulfat, 25 g Bleiazetat und 30 g Weinstein in 1 l Wasser besteht. Mit diesem Bade können nach einer vier Stunden langen Alterung bei 80° C auf Messing auch schon bei Raumtemperatur innerhalb 5 Sekunden Blaufärbungen erhalten werden. Auf Messing Ms 63 sind kräftig leuchtende Farbtöne in Goldgelb, Kupferfarben, Violett, Dunkelblau, Chromfarben, Nickelfarben und Rotgrau zu erzielen. Auch auf Kupfer, Nickel, Neusilber, Gold und Platin kann man bereits bei einer niedrigen Temperatur verschieden gefärbte Überzüge aufbringen. Die Farbgebung mit dem Lüstersud beruht auf der Abscheidung von dünnen Schichten aus Bleisulfid, welche die irisierenden Farben dünnster Blättchen ähnlich den Anlaufschichten auf Eisen (s. S. 144) zeigen. Wie G. B u ß[815] festgestellt hat, weist der Färbevorgang mit dem Lüstersud einen elektrochemischen Charakter auf. Dies zeigt sich darin, daß z. B. Gold und Platin im Lüstersud beim Berühren mit Zinkblech schnell gefärbt werden, während ohne Zinkkontakt die Färbung nur sehr langsam anläuft oder überhaupt ausbleibt. In gleicher Weise wirkt auch eine schwache kathodische Polarisierung beschleunigend auf die Färbung im Lüstersud ein.

Die Überzüge sind nur sehr dünn (etwa 1,5 Mikron) und chemisch wenig beständig, so daß sie vor Veränderungen beim Liegen an feuchter Luft durch Zaponieren geschützt werden müssen. Nur die bei niedrigen Temperaturen erhaltenen Bleioxydschichten sind feinkörniger, dichter und haftfester als Färbungen aus dem heißen Bad. G. G r o ß[816] erhielt auf Messing sogar Schichten von 3,5 Mikron Stärke, wenn im Bade der Farbton über das Blau 1. Ordnung zum Blau 2. Ordnung durchlaufen gelassen wurde.

h) Braun- und Rotfärbung von Kupfer und Kupferlegierungen.

Mit den meisten Braunfärbebädern für Kupfer- und Eisenlegierungen können mit einem und demselben Bade verschiedene Farbtöne von Hell- bis Dunkelbraun erhalten werden. Die tiefere Tönung richtet sich meist nur nach der Eintauchzeit und Badtemperatur. Es ist vorteilhafter, auch für dunklere Töne die Farben sich nicht zu rasch ansetzen zu lassen, da dadurch die Haltbarkeit der Farben leidet. Besser färbt man auch dunklere Töne usw. in mehrmaligen Färbeoperationen.

α) Chloratbeize.

Zum Färben von Kupfer, Messing, Bronze, Tombak, verkupferten Gegenständen aus Zink, Eisen, Schwarzfärben von Zinkwaren und Kadmiumüberzügen eignet sich eine kalium- oder natriumchlorathaltige Beize. Auf Kupfer und kupferreichem Messing entsteht eine oliv- bis goldbraune, auf Zinnbronze barbadiennebraune oder olivbraune Farbe. Aluminiumbronze oder andere Bronzen können vielfach nur schlecht oder gar nicht gefärbt werden, ebenso werden vermessingte Gegenstände nicht braun, sondern meist nur schwarz. Matte Oberflächen ergeben grünlichbraune bis grünschwarze Töne, die aber auch in älteren Bädern und bei zinkreichen Legierungen erhalten werden.

Die gebräuchliche Chloratbeize hat nach Angaben des Deutschen Kupferinstitutes[317] folgende Zusammensetzungen:

1. 100 g Natriumchlorat, 100 g Ammoniumnitrat, 10 g Kupfernitrat, 1 l Wasser (für hellgelbbraune bis olivgrünlichbraune Tönungen), 5 bis 10 Minuten, 100° C (E. G r o s c h u f f[318]). 2. 50 bis 60 g Natriumchlorat, 100 bis 125 g Kupfersulfat, 1 l Wasser (für orangebraune bis orangerote Färbungen).

Diese Beizen werden meist bei Siedetemperatur angewendet, wobei die sorgfältig gereinigten und entfetteten Gegenstände unter Umschwenken einige Minuten eingetaucht werden. Die Beizen färben aber auch in der Kälte, nur beträgt dann die Behandlungsdauer bis zu einigen Stunden. Die Beizen können auf größeren Gegenständen auch durch Anbürsten oder Aufstreichen mit weichen Fiber- oder Drahtbürsten aufgetragen werden, wobei sich die mechanische Bearbeitung durch die Bürsten für die Gleichmäßigkeit der Färbung günstig auswirkt. Größere Gegenstände können auch durch Eintauchen gefärbt werden, wobei man auch bis auf etwa das Vierfache verdünnte Beizlösungen verwenden kann. In verdünnten Lösungen sind aber längere Beizzeiten erforderlich.

Das Kupfersulfat in Beize Nr. 2 kann teilweise durch Kupfernitrat, Nickel- oder Eisensulfat ersetzt werden, wobei die nickelhaltigen Bäder weniger rötliche und mehr gelbbraune, die eisensulfathaltigen aber gelbstichigere Färbungen ergeben. Kupfernitrat verschiebt den Farbton mehr nach tieferem Rötlichbraun. Ein zu hoher Eisengehalt beeinträchtigt aber die Lichtbeständigkeit der Färbungen, insbesondere auf Messing, und verursacht auch häufig Fleckenbildung.

Während des Färbevorganges entsteht durch Oxydation der kupferhaltigen Metalloberfläche schwarzbraunes Kupferoxydul Cu_2O.

Das Chlorat bewirkt auch eine geringere Ausbildung von Kupferchlorid, das nicht lichtbeständig ist und unter Dunkelfärbung bei nachträglicher Belichtung der Schicht zersetzt wird. Tatsächlich dunkeln die mit der Chloratbeize gefärbten Gegenstände bei Belichtung noch nach. Das Nachdunkeln kann aber durch kräftiges Spülen mit reinem heißem Wasser oder Behandlung mit einer 1- bis 2%igen Natriumthiosulfatlösung nach dem ersten Heißspülen und neuerlichem Spülen wesentlich vermindert werden. Die Färbungen sind an der Luft, insbesondere nach dem Wachsen oder Lackieren, gut beständig und auch mechanisch widerstandsfähig. Durch kräftigeres Abreiben, eventuell unter Mitwirkung von Wiener Kalk oder Bimsen können dunklere Stellen aufgehellt werden. Die Beizen sind unbeschränkt haltbar.

β) Permanganatbeize (Universalbeize).

Eine kaliumpermanganathaltige Kupfersulfatlösung ergibt je nach der Zusammensetzung der Kupferlösungen, dem Oberflächenzustande, der Badtemperatur, Tauchzeit usw. die verschiedenartigsten hellen und dunkelbraunen Färbungen, weshalb sie auch Universalbeize genannt wird. Kupfer wird braun, Messing grünlichbraun, Tombak tiefbraun, Zinnbronze hellbraun gefärbt. Durch Erhöhung des Kupfersulfat- und Permanganatgehaltes erhält man dunklere bis schwarze Farbtöne. Die Beizen haben etwa folgende Zusammensetzung:

1. Für braune Färbungen: 2,5 bis 7,5, im Mittel 5 g Kaliumpermanganat, 50 g Kupfersulfat $CuSO_4 \cdot 5 H_2O$, 1 l Wasser (2 bis 5 Minuten) (Normalbeize, nach G. Groschuff[819]). 2. Für Schwarzfärbungen nach Groschuff: 15 g Kaliumpermanganat, 120 g Kupfersulfat, 1 l Wasser (100° C). 3. 25 g Kupfersulfat, 25 g Nickelsulfat, 12 g Kaliumchlorat, 7 g Kaliumpermanganat, 1 l Wasser (nach E. Beutel[820]).

Dieses letztere Bad ergibt besonders auf Messing gut haltbare, grünstichige Braunfärbungen. Wird ein Teil des Kupfersulfates (5 g) in Lösung 1 durch Kupfernitrat ersetzt, erhält man wieder rein braune Farbtöne. Ein Zusatz bis zu 5 g Ferrosulfat $FeSO_4 \cdot 7 H_2O$ führt zu grünlichen oder helleren gelben bis braunen Tönen. Durch Verwendung von Nickelsulfat (25 g) neben der gleichen Kupfersulfatmenge in Lösung 1 erhält man eine sehr haltbare grünstichige Braunfärbung.

Die Beizen werden am besten in Steinzeuggefäßen bei Temperaturen von etwa 100° C angewendet. Die Beizdauer beträgt 2 bis 5 Minuten. Größere Gegenstände können mit der Beize bestrichen werden. Da häufig bei einer nur einmaligen Tauchbehandlung irisierende und ungleichmäßige Überzüge erhalten werden, kann man den Färbevorgang nach dem Durchkreuzen mit einer weichen Fiber- oder Drahtbürste mehrmals wiederholen. Die färbende Schicht besteht aus Kupfer-I-oxyd mit Einlagerungen von Braunstein, das bei zu reichlicher Einlagerung aber wieder abgewischt werden kann. In der chlorathaltigen Beize 3 bildet sich auch etwas Kupfer-I-chlorid CuCl, das durch seine Zersetzung die Lichtbeständigkeit des Überzuges beeinträchtigt und zu einem Nachdunkeln der Färbung führt. Die Beizbäder sind sehr lange haltbar und können durch Ergänzung des Kupfersulfates und Permanganates wieder aufgefrischt werden.

γ) Braunfärbungen durch Kupfer-I-sulfid-Bildung.

Auf kupferhaltigen Metalloberflächen entsteht bei der Einwirkung von gasförmigem Schwefelwasserstoff oder gelösten Sulfiden eine braun bis braunschwarz gefärbte Schicht von Kupfersulfid. Zur Braunfärbung von Kupfer und Kupferlegierungen werden daher Lösungen von Schwefelleber (Kaliumpolysulfid, namentlich K_2S_3 mit Kaliumthiosulfat, Kaliumsulfat und Ätzkali), Schlippeschem Salz (Natriumsulfantimoniat), Ammoniumsulfantimoniat, Ammoniumsulfid, Kalziumsulfid, Bariumsulfid u. dgl. sowie gasförmiger Schwefelwasserstoff verwendet. Die gebräuchlichsten Bäder haben die folgenden Zusammensetzungen:

1. 10 bis 20 g Schwefelleber, eventuell noch 2 bis 3 g/l Ammoniak, oder 2 bis 20 g/l Ammonkarbonat oder 2 bis 20 g/l Ammonchlorid in 1 l Wasser. 2. 50 g Schlippesches Salz in 1 l Wasser. 3. Ein Brei von 3 Teilen Goldschwefel (Sb_2S_5) oder Auripigment Sb_2S_3 oder frisch gefälltem Arsen-3-sulfid und 1 Teil Ferrioxyd Fe_2O_3 mit Ammoniumhydroxyd oder Ammonsulfidlösung. 4. 1,2 g Kalziumsulfid, 4 g Ammonchlorid, 1 l Wasser. 5. Eine 1,2%ige Lösung von Bariumsulfid bei 50° C. Mit der sog. „Schwefellauge" (Lösung 1) wird Kupfer und Zinnbronze hell bis tiefbraunschwarz, Messing grünlichbraun, gelbbraun oder rötlichbraun gefärbt. Sie wird vorwiegend zum Eintauchen kleinerer Gegenstände bei etwa 30° C angewendet. Man

kann aber auch bei Raumtemperatur arbeiten. Nach einer Vorbeize in einer Lösung von 5 g Kupfersulfat und 0,5 g Schwefelsäure in 1 l Wasser (20° C) und Spülen entsteht nach einer Tauchzeit von etwa 2 Minuten ein schokoladebrauner, nach etwa 4 Minuten ein blauschwarzer Farbton.

Größere Gegenstände bürstet man besser mit der geruchlosen, kalten Lösung 2 mit einer Messingdrahtbürste ab. Mit dieser Lösung treten auch die störend wirkenden Ränder nicht auf. Man kann aber auch die Lösung 1 zum Aufbürsten auf größeren Werkstücken verwenden, nur ist dann die Bindung von freiem Schwefelwasserstoff durch abwechselndes Tauchen der Bürste in mit alter Gelbbrenne angesäuertes Wasser oder verdünnte Schwefelsäure erfoderlich. Diese Arbeitsweise ist auch bei Lösungen mit geringem Kupfergehalt, wie Tombak und Messing, notwendig. Die Färbung ist auf diesen Legierungen heller braun als auf Kupfer.

Vorteilhaft ist die Bearbeitung der Färbungen mit Messingdrahtbürsten, wodurch die Färbungen glänzender werden, oder eine mehrmalige Wiederholung des Färbevorganges.

Für „Altfärbungen" wird die braune Schicht an den Erhöhungen durch Abreiben mit nassem Bimsmehl oder dem weicher arbeitenden Kalksteinpulver, Wiener Kalk oder Schlemmkreide (naß oder trocken) gelichtet.

Die breiförmige Komposition 5 wird vorwiegend zum Färben von Bronzegegenständen verwendet. Der Brei wird in dünner Schicht aufgetragen, über Nacht trocknen gelassen, dann schwach erwärmt und abgebürstet.

Die Lösung 4 eignet sich besonders zum Aufbürsten auf elektrolytische Kupferüberzüge. Sie wird nach dem Auftragen ½ bis 1 Stunde einwirken gelassen, dann mit weichen Messingdrahtbürsten gebürstet und diese Behandlung mehrmals wiederholt. Je nach der Zahl der Färbeoperationen erhält man goldgelbe, bronzeartige, gelbbraune bis dunkelbraune, haftfeste und glänzende Färbungen, die aber wegen des Gehaltes an Kupfer-I-chlorid etwas nachdunkeln.

Auf Messing greifen die Sulfidlösungen häufig nur schwer an. Selbst in der Hitze und bei gleichzeitiger mechanischer Bearbeitung entstehen nur dünne Farbüberzüge. Hingegen besitzt Schwefelwasserstoff im status nascendi ein stärkeres Färbevermögen für Messing. Man verfährt daher beim Braunfärben von Messing oder Vermessingungen vielfach in der Weise, daß man die Messinggegenstände zuerst in der Sulfidlösung unter mechanischer Bearbeitung mit einer Messingdrahtbürste behandelt und dann nach guter Spülung in ein saures Bad eintaucht, wo sie zur Erzielung gleichmäßiger Färbungen gut hin- und herbewegt werden. Derartige Lösungspaare haben z. B. folgende Zusammensetzungen: 5 a. 4 g Natriumsulfantimoniat, 4 g Schwefelleber, 1 l Wasser, und 5 b. 9 g Kupfersulfat, 1,5 ccm Schwefelsäure, 1 l Wasser; 6 a. 7 g Kaliumpolysulfid, 1 l Wasser; 6 b. 13 g Kupferazetat, 3,5 ccm Schwefelsäure, 1 l Wasser; 7 a. 30 g Kaliumammonsulfid, 60 g/l Ätznatron (90 bis 95° C, einige Sekunden); 7 b. 15 g/l Schwefelsäure; 8 a. 30 g Kupfersulfat, 60 g Kaliumchlorat, 1 l Wasser; 8 b. 10 g/l Kaliumpolysulfid (60 Sekunden in Lösung 8 a tauchen und ohne zu spülen in Lösung 8 b einbringen); hierauf wird gründlich gespült, getrocknet, mit weichen Messingdrahtbürsten gleichmäßig überkratzt und zur Erhöhung der Haltbarkeit mit einem Zaponlack überzogen.

Zur Braunfärbung mittels gasförmigem Schwefelwasserstoff werden die Gegenstände neben offenen, Ammonsulfidlösungen enthaltenden Gefäßen in einen geschlossenen Behälter, Kasten od. dgl. gestellt. Die Behandlung darf jedoch nicht zu lange fortgesetzt werden, da sich sonst das Kupfersulfid in Schuppen von den Metalloberflächen ablöst. Durch nachträgliche Behandlung mit einem feuchten Kohlendioxydstrom, der etwas Essigsäuredämpfe enthält (durch Darüberstreichen des Kohlendioxydstromes über Schälchen mit Essigsäure und Wasser), erhält man die tiefblauen bis grünschwarzen Töne pompejanischer Bronzen (B e u t e l[821]).

Die Schwarzfärbungen auf Kupfer und Kupferlegierungen sind an der Luft sehr gut haltbar, sehr billig und daher sehr häufig angewendet. Die Lösungen 1 und 3 sind unter Luftabschluß aufzubewahren, aber nicht unbegrenzt haltbar, Lösung 2 ist praktisch beliebig lange beständig.

δ) Weitere Braunfärbungen für Kupfer und seine Legierungen.

Neben den unter 1 bis 3 beschriebenen Verfahren gibt es noch eine ganze Reihe weiterer Verfahren zum Braunfärben des Kupfers und seiner Legierungen, von denen noch einige weitere, zur Erzielung bestimmter Farbnuancen geeignete Bäder besprochen werden sollen.

1. *Das japanische Verfahren.* Die sorgfältig gereinigten, entfetteten und gespülten Gegenstände werden 5 bis 10 Minuten bei 100° C in einer siedend heißen, wäßrigen Lösung von je 20 g/l Kupfersulfat oder Kupfernitrat, basischem Kupferazetat (Grünspan) und Alaun (kristallisiertes Kaliumaluminiumsulfat) behandelt. Die kupfernitrathaltigen Bäder ergeben dunklere und rotviolette, aber schlechter haftende Färbungen. Das Bad muß sich etwas einarbeiten, was durch Abstumpfen der freien Säure des Bades durch einen geringen Zusatz von Kupferkarbonat beschleunigt werden kann. Die Überzüge weisen nach dem Trocknen meist einen grünlichen Stich auf, der aber beim Wachsen, Lackieren oder Einfetten verschwindet. Störend wirkt die starke Schlammbildung der Bäder.

2. Mit einer Lösung von 40 g Kupfersulfat, 70 g/l basischem Kupferazetat (Grünspan) und 20 g/l Alaun kann auf Messing eine schokoladebraune, auf Kupfer eine grünstichig karmoisinrote Färbung, nach dem Ansäuern mit verdünnter Schwefelsäure auf Messing eine braungrüne, auf Kupfer eine messinggelbe und Bronze eine rote Farbe erzeugt werden. Die Färbung wird am besten unmittelbar im Anschluß an das Beizen und Spülen vorgenommen.

3. Kochende, etwa 13%ige Kupfersulfatlösung ergibt nach einer einige Minuten langen Einwirkung auf sorgfältig gereinigten und entfetteten Kupfergegenständen matte, violettgraue Schichten von Kuprooxyd Cu_2O und basischem, grünlichweißem Kupfersulfat, die aber nach dem Wachsen oder Zaponieren einen rotbraunen bis schokoladebraunen Farbton annimmt. Auf Messing erhält man grünbraune, auf Zinnbronze gelbrote Färbungen. Durch Ersatz eines Teiles des Kupfersulfates durch Kupfernitrat erhält man dunklere, besonders bei 5 Minuten übersteigender Beizdauer aber schlechthaftendete Überzüge.

4. Eine Lösung von je 100 bis 125 g/l Kupfersulfat und Ferrosulfat, die mit 5 bis 30 g Essigsäure angesäuert war, ergibt bei Siedehitze nach dem Einarbeiten des Bades schöne, kastanienbraune Färbungen.

5. Nach P r i w o z n i k werden Medaillen aus Kupfer durch ein Bad aus 17 g Kupferoxychlorid CuOCl, das in 110 ccm 80%iger reiner, mineralsäurefreier Essigsäure unter Erwärmung gelöst wurde, nach dem Verdünnen mit 4,3 l Wasser und Zusatz von 12,7 g Ammonchlorid gefärbt. Bei Siedehitze erhält man auf Kupfer, Tombak und Zinnbronze bronzefarbige, schöne Überzüge.

6. Je eine 1,5%ige Lösung von Eisennitrat oder von 1,5% Eisen-III-chlorid oder eine Lösung von 5% Kupfernitrat und 5% Oxalsäure ergeben, je nach der Badtemperatur und Eintauchdauer, braune oder schwarze Färbungen.

7. Zum Aufhellen von Messingoberflächen wird eine Lösung von 4 bis 8 kg Kaliumbichromat, 6 bis 10 l konzentrierter Schwefelsäure und 100 l Wasser empfohlen.

8. Um die durch die verschiedenen Oberflächenoxyde erzielten Braun- oder Schwarzfärbungen haltbar zu machen, werden die Teile in eine Lösung von 1,25 kg Ätznatron in 100 l Wasser getaucht.

ε) Braunfärben von Kupfer und seinen Legierungen auf trockenem Wege.

Wird Kupfer an der Luft oder in Sauerstoff abgebenden Gasen auf höhere Temperaturen erhitzt, so entstehen zuerst durch Oxydbildung dünne Schichten, welche die Farbe dünner Blättchen aufweisen (Anlauffarben), bei Dickerwerden der Schicht rotbraune Schichten von Kupferoxydul Cu_2O. Die dicksten, schwarzen Überzüge weisen, namentlich wenn sie durch zu rasche Erhitzung gebildet wurden, größere innere Spannungen auf und neigen daher zum Abblättern (Kupferhammerschlag). Ähnlich wie beim Eisen (s. S. 144) kann man auch beim Kupfer eine sauerstoffreichere Kupferoxydschicht (CuO-Schicht) und eine kupferreiche Kupferoxydulschicht (Cu_2O-Schicht) im Oxydbelag unterscheiden. Die Anlauffarben durch Erhitzen durchlaufen gleichfalls verschiedene Farbtöne, wie Orange, Hellbraun, Bronzefarben, Rotbraun, Violett, Hellblau, Dunkelblau bis Schwarz. Diese Farbtöne können bei langsamer, vorsichtiger Erhitzung und bestimmter Erhitzungsdauer bei bestimmten Temperaturgrenzen erreicht werden.

Bei langsamer Erwärmung bilden sich fester haftende Überzüge als bei rascher Erhitzung. Die Kupferoberflächen müssen vollständig blank und fettfrei sein, um schöne, gleichmäßige Färbungen zu erhalten. Das Verfahren kann beispielsweise in einem Luftbad durchgeführt werden. Die Färbung haftet sehr fest und ist innig und tief mit dem metallischen Kupfer verwachsen. Bei Temperaturen von 150 bis 200° C erhält man beim Luft- oder Sandbad eine Orangefärbung, beim Erhitzen auf 300° C gelbe Überzüge.

Auf Kupfer-Zinn-Legierungen entsteht bei Erhitzung auf etwa 125° C eine satte, braune Farbe mit durchschillerndem Grün, Blau und Rot. Dieses Färbeverfahren ergibt besonders dauerhafte Schichten und erfordert nur ein Abreiben mit Wachs oder Öl als Nachbehandlung. Die Feuerbronzierung kann auch auf Messing und anderen Legierungen ausgeführt werden, wenn auf diese Metalle auf elektrolytischem Wege ein Bronzeniederschlag aufgebracht wurde, der dann der Feuerbronzierung unterworfen wird.

Werden Kupfergegenstände stärker erhitzt, so verschwinden durch Bildung stärkerer Oxydschichten die Interferenzfarben dünner Blättchen und tritt die rote Farbe des Kupfer-I-oxyds auf. Je nach den Erhitzungsbedingungen erhält man hellrote, dunkelrote bis braune Farbtöne. Dieses Verfahren ist schon seit sehr langer Zeit als sog. Röten oder Brünieren der Kupferschmiede bekannt. Bei beginnender Dunkelrotglut (etwa 600° C) entsteht schwarzes Kupferoxyd CuO, welche Schicht bei langsamer Erhitzung eine sehr festhaftende, und·ebenso wie alle Oxydationsfärbungen mit Sauerstoff sehr haltbare, abreibfeste und schöne Färbung abgibt. Durch Einreiben von Kupfergegenständen mit Fett oder Wachs vor dem Erhitzen erhält man kastanienbraune bis rote Färbungen, die aber namentlich bei größeren Gegenständen nur schwierig mit hinreichender Gleichmäßigkeit hergestellt werden können.

Die Erzeugung von Oxydschichten durch Erhitzen kann durch Verwendung sauerstoffabgebender Stoffe, wie Eisenoxyd, Natriumnitrit usw., wesentlich beschleunigt werden. Trägt man beispielsweise auf Kupfer einen Brei aus 1 und 2 Teilen Eisenoxyd (Polierrot) und 1 Teil Graphit in Wasser oder Spiritus mit einem Pinsel auf blanke Kupfergegenstände auf und erhitzt in einem Trockenschrank oder Trockenofen, so entstehen je nach der angewendeten Temperatur und Erhitzungsdauer hellere bis dunklere bronzefarbige Töne. Je dicker die Schichte des aufgetragenen Breies war, desto stärker ist die Oxydationswirkung. Nach einer gewissen Zeit der Einwirkung wird die trockene Eisenoxydschicht mit einer Bürste entfernt und die Nachbehandlung bis zur gewünschten Farbtiefe ein oder mehrmals wiederholt. Nach Abwischen der Farbschicht mit einem mit Spiritus getränkten Lappen wird diese mit einer mit Wachs eingeriebenen Bürste behandelt.

Beim Oxydieren mit Natriumnitrat (fälschlich auch Nitrit genannt) werden die blanken und vollkommen trockenen, am besten polierten Kupfergegenstände in eine auf etwa 350° C erhitzte Schmelze von Natriumnitrat eingetaucht, die sich in einer Eisenschale befindet. Je nach der Behandlungsdauer (etwa ½ Minute) und Temperatur erhält man auf Kupfer einen leuchtend roten, emailartigen, purpur bis blau gefärbten Überzug aus Kuprooxyd Cu_2O.

Auch kupferreiche Legierungen können nach dem Nitritschmelzverfahren gefärbt werden, jedoch werden die Färbungen immer unansehnlicher und stumpfer, je größer die Menge der Legierungskomponenten des Kupfers ist. Größere Metallgegenstände können nach dem Erhitzen durch Bestreuen mit gepulvertem Natriumnitrit und Verteilung desselben mit einer Stahldrahtbürste gefärbt werden, jedoch ist dieses Verfahren nicht leicht zu handhaben. Aus der Salzschmelze bringt man die gefärbten, kleineren Gegenstände in kaltes Wasser ein, wodurch das leichtlösliche Nitrit entfernt werden kann. Die erhaltene Rotfärbung ist haftfest, an der Luft beständig, reibfest, glänzend, polierfähig und lichtecht. Der rote Farbton kann durch Nachbehandlung, z. B. mit der Schwefellauge (s. S. 176), vertieft werden.

i) Rot- und Violettfärbung von Messing.

Zum Rotfärben von Messing oder Vermessingungen sind folgende Bäder geeignet: a) 260 g Kaliumchlorat, 100 g Nickelkarbonat, 260 g Nickelsulfat, 1 l Wasser (Siedetemperatur, ziemlich lange Tauchdauer, zuerst gelbbraune, schließlich feuerrote Färbung); b) 30 g Kupfersulfat, 240 g Natriumchlorid, 1 l Wasser (50° C); c) 45 g Eisennitrat, 45 g Natriumthiosulfat, 1 l Wasser (75 bis 80° C).

Zur Violettfärbung ist der bereits beschriebene Lüstersud zu verwenden: (Lösung a: 135 g Natriumthiosulfat, 1 l Wasser; Lösung b: 45 g Bleiazetat, 2 bis 3 Stunden vorerst stehen lassen, 1 l Wasser); 70° C. Man kann auch die Messingteile mit einer Lösung von 100 bis 150 g Antimonchlorid in 1 l Wasser bestreichen oder durch Tauchen behandeln, trocknen und sodann auf 60 bis 70° C anwärmen. Nach dem Reiben mit Baumwolle od. dgl. entsteht eine violette Färbung (E. R. T h e w s[822]). Kupfer und Messing werden in einer Lösung, welche langsam Schwefel, Selen oder Tellur in Freiheit setzt, goldähnlich, rot, blau, grün oder grau gefärbt (M. C. N. H o l t und A. M. W a r d[822a]). Beispielsweise kann eine Lösung von 240 g Natriumthiosulfat, 25 g Bleiacetat und eine organische Säure oder 3–30 g/L eines Aldehydes verwendet werden. Lösungen von Kupferacetat und Natriumthiosulfat, seleniger Säure H_2SeO_3 oder telluriger Säure H_2TeO_3 ergeben ähnliche Ergebnisse.

k) Grünfärben (Patinieren) von Kupfer und seinen Legierungen.

Auf Kupfer und Zinnbronze bildet sich unter dem Einfluß von Atmosphärilien, des Meerwassers, des Erdbodens usw. innerhalb längerer Zeiträume ein mattglänzender, durchscheinender, malachitgrüner Überzug, welcher als Patina bezeichnet wird. Diese natürliche Patina besteht je nach der Zusammensetzung des anwesenden Mediums entweder aus basischem Kupferkarbonat, das in seinem Aufbau dem Mineral Malachit sehr ähnlich ist, oder aus basischen Kupferchloriden, welche dem Mineral Atakamit gleichen. In der viel Schwefeldi- und Schwefeltrioxyd enthaltenden Großstadtatmosphäre entstehen aber auch mehr blaugrün gefärbte Schichten aus basischen Kupfersulfaten (Sulfatpatina). In Moorböden, Torf usw. bilden sich durch Schwefelwasserstoff braune Sulfidbeläge, in Wasser kalziumkarbonathaltige Überzüge, in feuchtem Erdboden oder im Meerwasser Überzüge aus basischem Kupferchlorid $(CuOCl)$.

Im ersten Stadium der Patinabildung treten nur dünne, braunrote, durchscheinende Schichten von Kupfer-I-oxyd Cu_2O auf. Später nimmt beim Dicker-werden des Überzuges die Transparenz dieser Schicht immer mehr ab und wird der Oxydfilm auch dunkler. Erst bei weiterer Einwirkung des betreffenden Mediums entsteht dann im Laufe der Zeit die grüne Schicht.

Der Zweck der künstlichen Patinierung ist die Verleihung eines alten Aussehens bei Gegenständen aus Kupfer oder Bronze und die Nachahmung der natürlichen Patina kupferärmerer Legierungen, wie Messing. Zink und Eisen können nach einer stärkeren Verkupferung gleichfalls patiniert werden. Die Bildung der künstlichen grünen Patina beruht auf den gleichen oder ähnlichen chemischen Reaktionen, wie bei der natürlichen, echten oder alten Patina.

Bei der künstlichen Patinierung erzeugt man meist durch Braunfärben mit der Schwefellauge, der Universalbeize, der Schwarzbrenne usw. eine schöne, antike, aber nur braune Grundierung, und behandelt dann mit der Patinierungsflüssigkeit. Zu dick darf die Kupfersulfidschicht aber nicht sein, da sich dickere Sulfide nicht mehr grün färben lassen (s. S. 176). Enthält die Lösung vorwiegend basisches Kupfer-karbonat, so erhält man eine blaugrüne, in chlorionenreicheren Lösungen aber eine gelbgrüne Patina; durch Abmischung beider Flüssigkeiten können die ver-schiedensten Zwischentönungen erzielt werden. Wird durch zu starke Konzentration der Patinaflüssigkeit die Schichtbildung zu sehr beschleunigt, so entstehen poröse, abwischbare, lockere oder schuppige Überzüge. Man arbeitet daher vorteilhafter mit verdünnteren Lösungen, die auch nur sehr dünn auf die zu behandelnden Gegenstände aufgetragen werden dürfen.

Sehr viele der vorgeschlagenen Patinierungsflüssigkeiten scheiden aus dem Grunde aus, da sie zu schlecht haftende Schichten ergeben oder zu langsam wirken. Von den Säuren kommen nur die Essigsäure als kleinerer Zusatz zu anderen Lösungen in Frage, von den Kupfersalzen vor allem das Nitrat, das, sofern eine Erhitzung mög-lich ist, eines der besten Patinierungsmittel darstellt. Ammoniumsalze, die, nament-lich wenn sie einen kleinen Zusatz von Ammoniumhydroxyd enthalten, auch sehr gut benetzen, wirken auch vorzüglich patinierend, die Natrium- oder Kaliumsalze aber ganz erheblich weniger gut.

Die blaugrüne Patina kann beispielsweise durch mehrmaliges Bestreichen und Antrocknenlassen einer Lösung von 250 g/l Ammonkarbonat und 250 g/l Ammon-chlorid oder Befeuchten mit verdünnter Salpetersäure erhalten werden. Die Lösung kann auch von Kieselgur aufgesaugt werden, in welche die zu behandelnden Gegen-stände eingetaucht werden. Wird der Anteil von Ammonchlorid in der Patinierungs-flüssigkeit erhöht, erhält man sehr gelbgrüne Überzüge. Letztere entstehen auch beim wiederholten Aufpinseln folgender Lösungen auf die eventuell mit der Schwefel-leberlösung vorbehandelten Kupfer- oder Bronzegegenstände: a) eine Lösung von 20 g Ammonchlorid in 1 l 5%iger Essigsäure, die eventuell noch 10 g/l Kupferazetat enthalten kann; b) eine Lösung von 60 g Kupfersulfat, 30 g Ammonchlorid, 30 g Natriumchlorid, 7,5 g Zinkchlorid, 15 g Essigsäure (konzentriert), 1000 g Wasser, eventuell 7,5 g Glyzerin (für Tiffanygrün); c) gleiche Teile einer je 10%igen Lösung von Kupfernitrat, Ammonchlorid, Kalziumchlorid (G. B u c h n e r); d) 1 l Essig, 220 g Ammonchlorid, 80 g Natriumchlorid, 80 g Weinstein, 80 g essigsaures Kupfer, 250 ccm Wasser (besonders für Messing geeignet); e) 1 l Wasser, 200 g Kupfer-2-chlorid $(CuCl_2)$, 100 g Kaliumchlorat (besonders für Messing); f) 20 g Ammonsulfat, 20 g Natriumsalz des Cetylschwefelsäureesters, 1 l Wasser; g) 30 g Kupferazetat, 30 g Kupfernitrat, 30 g Ammonchlorid, 1 l Wasser (zum Auftupfen); h) 30 g Arsentrioxyd, 125 ccm Salzsäure (D = 1,19), 125 g Kupferazetat, 30 g Kupferkarbonat, 125 g Ammon-chlorid, 1 l Wasser (zum Auftupfen, zum Tauchen mit 1 bis 1,5 l Wasser verdünnen), besonders für Messing anwendbar; i) 120 g Natriumchlorid, 120 g Ammonchlorid, 100 g konzentriertes Ammoniak, 1 l Wasser (für äpfelgrüne Färbungen); j) 50 g

Kupfersulfat, 12 g Ammonchlorid, 1 l Wasser (für altgrüne Tönungen); k) 20 g Kupfernitrat, 20 g Ammonchlorid, 20 g Kalziumchlorid, 1 l Wasser (für Antikgrün).

Die Gegenstände können auch unter mehrmaligem Benetzen in ganz verdünnten schwachen Säuren (20 g Essigsäure, $D = 1,04$, in 1 l Wasser) in einem Raum mit hohem Kohlensäuregehalt 8 bis 10 Tage eingestellt werden. Auch der abwechselnden Einwirkung von Ammoniakdämpfen können die Gegenstände ausgesetzt werden. Eine guthaftende, hellblaugrüne Patina erhält man auch mit Lösungen von Diammonphosphaten. Zur Abtönung der Färbungen nach Blaugrün bis Blau können verdünnte Lösungen von Soda, Ätznatron oder Chromaten verwendet werden. Netzmittel, wie z. B. Nekal, Amine mit wenigstens 10 C-Atomen, das Natriumsalz der Cetylschwefelsäure usw., wirken sich auf den Färbevorgang günstig aus. Am leichtesten läßt sich Tombak patinieren, wobei die Patina auch sehr gut haftet. Auch Messing kann patiniert werden, die Patina haftet aber schlecht. Vorteilhaft wird Messing vor dem Patinieren verkupfert. Das Gefüge der Kupferkarbonat- und -chloridpatina ist körnig, jenes der Sulfatpatina nadelig. Eine Grundierung von basischem Kupfernitrat besitzt blättriges Gefüge und deckt daher gut.

Nach der Patinierung werden die Gegenstände mit einer Lösung von Bienenwachs in Benzin angespritzt und mit einem Lappen abgerieben. Dabei werden in den Erhöhungen der Metalloberfläche die Töne lichter, glänzender, während in den Vertiefungen ein stumpfes, mattes Grün stehenbleibt. Durch Tauchen in geschmolzenes Wachs wird die Patina gegen weitere Veränderungen durch die Luft und Feuchtigkeit beständig gemacht.

l) Elektrochemische Färbungen.

Die grüne Patina kann auch auf elektrochemischem Wege auf Kupfer erzeugt werden. Nach einem älteren Verfahren von A. Lismann[823] werden die Kupfergegenstände in gewöhnlichem, mittelhartem Wasser bei Raumtemperatur bei Stromdichten von etwa 0,5 Amp/qdm und 3 V behandelt. Als Kathode kann ein Kupferblech dienen. Durch Einwirkung des Anodensauerstoffes und des elektrolytisch abgeschiedenen Kohlendioxyds bildet sich an der Anode allmählich ein dünner, dichter, festhaftender grüner Überzug von basischen Kupferkarbonaten aus, der in Innenräumen ausreichend luftbeständig ist. Nach einem anderen Verfahren werden die Kupfergegenstände in einem Elektrolyten, der aus einer wäßrigen, 2%igen Lösung von Magnesiumhydroxyd und 2%igem Kaliumbromat besteht, anodisch behandelt. Die Badtemperatur beträgt 95° C. Die Widerstandsfähigkeit dieser künstlichen Patina ist gut.

Literaturverzeichnis.

[810] Physikalisch-technische Reichsanstalt, Z. F. Instrumentenkunde X, Mai 1890. — [811] E. Groschuff, Deutsche Mechanikerzeitung **1910**, H. 14/15. — [812] W. R. Meyer und G. P. Vinzent, Metal finishing **45**, Nr. 3, 61—63, 71, 1947. — [813] E. Beutel, Bewährte Arbeitsweisen der Metallfärbung, Wien: W. Braumüller, 1939, 50. — [814] G. Groß, DRP. 612 728, 623 043. — [815] G. Buß, Mitt. Forschungsinst. Probieramt Edelmetalle, Staatl. Höhere Fachschule Schwäbisch-Gmünd **11**, 78—84, 93—100, 1938. — [816] G. Groß, Metallwarenindustrie und Galvanotechnik **1932**, Nr. 21, T. Ztschr. praktische Metallbearbeitung **1934**, 116—117; Ztschr. Metallkunde **27**, 238—41, 1935 — [817] Deutsches Kupferinstitut, Chem. Färbungen von Kupfer und Kupferlegierungen Berlin, **1936**, 35. — [818] E. Groschuff, Ztschr. Instrumentenkunde, 32. Bd., 145. — [819] Derselbe, Deutsche Mechanikerzeitung **1913**, 223—39. — [820] E. Beutel, Bewährte Arbeitsweisen der Metallfärbung, 3. Aufl., S. 13. — [821] Derselbe, ebenda, S. 29. — [822] E. R. Thews, Schleif-, Polier- und Oberflächentechnik **20**, 61—65, 1943. — [822a] M. C. N. Holt und A. M. Ward, J. Electrodepositors' Techn. Soc. **24**, 33—39, 1949. — [823] A. Lismann, DRP. 93 543.

22. Färbungen von Zink und Zinklegierungen.

Das Zink überzieht sich an der Luft sehr bald mit einer dünnen, weiß gefärbten Oxydschicht, wodurch es seinen metallischen Glanz verliert und ein unschönes, weißgraues Aussehen annimmt. Soll daher das Zink bei seiner Verwendung auch eine dekorative Wirkung ausüben, so muß seine Oberfläche mit einer andersfärbigen Schicht versehen werden. Zur Färbung des Zinks stehen sowohl chemische als auch elektrochemische Färbungen zur Verfügung.

Die rein chemischen Färbungen sind zur Färbung des Zinks weniger geeignet, da sie nicht nur sehr dünn sind, sondern auch weiche, mechanisch wenig widerstandsfähige Filme ergeben. Die Filme besitzen nur eine geringe Haftfestigkeit und wirken in korrosionstechnischer Hinsicht meist ausgesprochen ungünstig. Man muß daher die chemischen Färbungen unmittelbar nach ihrer Herstellung mit einem Schutzlack oder einem anderen schützenden Überzug versehen, der nicht nur die Korrosionsbeständigkeit, sondern auch die Haftfestigkeit des Filmes erhöht (M. H e r r - m a n n[824]). Da auch das Aussehen der chemischen Färbungen auf Zink nicht immer strengeren künstlerischen Anforderungen entspricht, haben diese gegenüber den elektrolytisch-chemischen Färbungen nur eine geringe Bedeutung.

Dem Färbeverfahren können sowohl Gußstücke als auch solche Gegenstände unterworfen werden, die durch Walzen, Pressen, Ziehen, Drücken usw. hergestellt wurden. Die Färbung des Zinks kommt insbesondere für Zinkblechdächer, Wasserrinnen, Bauornamente, Massenartikel, Schilder usw. in Betracht. Zinklegierungen können in gleicher Weise wie das Zink oder Verzinkungen gefärbt werden.

A. Die chemischen Färbungen des Zinks.

Da die meisten Verbindungen des Zinks ungefärbt sind (das Oxyd, Karbonat und Sulfid sind weiß, das Chromat gelb gefärbt), muß man zur Färbung dieser Metalle die Verbindungen anderer Metalle heranziehen. Da das Zink ein sehr unedles Metall ist (Normalpotential ist $-0,76$ V), vermag es aus wäßrigen Lösungen alle in der Spannungsreihe ober ihm stehenden Metalle durch Ladungsaustausch als Reinmetalle niederzuschlagen. Praktisch verwendet man zum Färben des Zinks Lösungen der Verbindungen des Kupfers, Selens, Antimons, Kobalts und Molybdäns. Diese Metalle werden nach ihrer elektrochemischen Ausscheidung an der Zinkoberfläche entweder in metallischer Form belassen oder aber durch andere Badbestandteile während der Färbung oder durch weitere Behandlung in gefärbte Metallverbindungen überführt.

Man kann auch auf Zink, Kupfer oder Aluminium durch saure oder alkalische Flüssigkeiten, z. B. durch Einwirkung von Phosphatierungslösungen, konzentrierter Schwefelsäure, Oxalsäure, Zitronensäure, schwefeliger Säure, auf der Zinkoberfläche eine unlösliche, farblose oder weiße Zinkverbindung sich ausbilden lassen, die dann durch eine organische Farbstofflösung gefärbt wird (Metallgesellschaft[825] und Parker Rust Proof Co.[826]).

a) Schwarzfärbung von Zink und Zinklegierungen.

Zum Schwarzfärben des Zinks und seiner Legierungen kann die bereits zum Braunfärben des Kupfers beschriebene *Chloratbeize* (s. S. 175) verwendet werden, die auf Zink ein tiefes Schwarz ergibt. Außer den dort angeführten Beizen kann auch folgende Lösung verwendet werden: 160 g Kupfersulfat, 80 g Kaliumchlorat, 1 l Wasser. Die Beize wird auf die gut entfetteten und zur Aufrauhung der Oberfläche mit Salzsäure und Sand gescheuerten Zinkgegenstände mit einem Wattebausch,

Schwamm oder der Bürste aufgetragen und bis zum Auftreten eines deutlichen schwarzen Tones stehengelassen. Vorerst scheidet sich ein roter Überzug von Kupfer ab, der aber bald durch Oxydation des Kupfers durch das Chlorat zu Kupfer-I-oxyd Cu_2O und Kupferoxyd CuO in Schwarz übergeht. Möglicherweise entsteht als Zwischenprodukt bei der Oxydation auch Kupferchlorid $CuCl$. Erst nach dem Schwarzwerden wird die Beize mit Wasser abgespült. Kleinere Gegenstände können auch durch ganz kurzes Tauchen nach dem Entfetten und Spülen mit der Chloratbeize behandelt oder aber im Ölfaß mit einer Mischung von Beize und Sägespänen geölt werden.

Auch mit der Permanganat enthaltenden Universalbeize kann das Zink schwarz gefärbt werden (s. S. 176). Die Arsenbeize (s. S. 167) ergibt auf Zinkoberflächen einen grauen Überzug. Ebenso ergeben verschieden konzentrierte Ferrichloridlösungen ($FeCl_3$-Lösungen), die möglichst wenig freie Säure enhalten sollen, beim Tauchen und Spülen graue Überzüge. Beispielsweise ergibt eine 20%ige Ferrichloridlösung nach einer Tauchzeit von 20 Minuten einen grauschwarzen Belag auf Zink.

Eine Schwarzfärbung ergibt auch eine Lösung von 50 bis 60 g Mangannitrat in 1 l Wasser, die durch Tauchen oder Aufpinseln aufgebracht wird. Nach dem Trocknenlassen wird langsam über einer Spiritus-, Gas- oder Kohlenflamme erhitzt, bis ein gleichmäßiger, schwarzer Überzug erhalten ist. Dieser wird gewaschen und abgebürstet, worauf die gleiche Färbeoperation bis zur Erzielung des gewünschten tiefschwarzen Farbtones wiederholt wird. Gelegentlich sind bis zu 7 bis 8 Färbeoperationen erforderlich. Die Farbschicht besteht aus Manganoxyden. Nach dem Einreiben mit Leinöl, Wachs usw. erhält man eine sehr haftfeste, gegen die Atmosphäre widerstandsfähige schwarze Farbschicht, welche auch biegefähig und mechanisch bearbeitbar ist.

b) Grün-, Gelb-, Braun-, Blau- und Rotfärben von Zink und seinen Legierungen.

Zur Erzielung von billigen Massenartikeln aus Zink in verschiedenen bunten Farben kann man diese mit dem sog. Irisbad behandeln, das aus einer Lösung von 36 g Kupfervitriol, 30 g Weinstein, und 150 g Ätznatron besteht. Nach dem Tauchen oder Streichen der vollkommen fettfreien, gereinigten Gegenstände in bzw. mit dem Irisbad entsteht vorerst eine dünne Kupferschicht, welche alsbald in verschiedenen Farben, wie Grün, Rot, Veil und Braun, infolge Bildung dünner Schichten von Kupferoxyden anläuft. Da diese Farben gleichzeitig an verschiedenen Stellen des Zinkgegenstandes entstehen, erhält dieser eine sehr buntes, aber grelles Aussehen. Je glatter die Oberfläche war, desto bessere Ergebnisse werden erzielt. Die Färbungen sind an der Luft nicht unverändert haltbar, ebenso werden die Farbtöne mehr nach Braun verschoben, wenn nach dem Waschen und Trocknen mit einem durchsichtigen Zaponlack gestrichen wurde.

Eine grüne Patina auf Zink kann entweder auf direktem Wege nach vorheriger galvanischer Verkupferung oder Vermessingung und Patinierung dieser Schichten oder aber direkt durch hintereinander folgendes Überstreichen mit einer verdünnten Lösung von Kupfernitrat und Ammonkarbonat erzielt werden.

Aus salzsauren Lösungen von seleniger Säure scheidet sich das Selen auf dem Zink als brauner bis roter Überzug ab, während aus warmen Salzsäure-Selen-Lösungen, z. B. von 6,5 g Selensäure H_2SeO_3, 12,5 g Kupfersulfat, 2 g Salpetersäure in 1 l Wasser, schwarze Färbungen erhalten werden.

Zinkoberflächen können auch in Lösungen von Molybdaten mit Erfolg in verschiedenen Farbtönen gefärbt werden. So erhält man nach E. B e u t e l und K u t z e l n i g g aus Lösungen, welche 5 bis 20 g/l Ammonmolybdat und 2,5 bis

10 g/l Natriumthiosulfat enthalten, beim Tauchen oder Bestreichen je nach der Dauer der Behandlung, festhaftende, gelbrote, braune bis tiefschwarze Färbungen. Nach A. P a c z[827] werden die Färbungen mit Molybdän-3-oxyd MoO_3 durch einen Zusatz von Ammonsulfat (5 bis 15 g/l) noch verbessert. Eine weitere Verbesserung ergibt eine Warmbehandlung der Molybdänoxydüberzüge durch Erhitzen auf 90 bis 150° C (D u p o n t[828]). Das Molybdän scheidet sich in Form eines Überzuges von Molybdän-3-oxyd MoO_3 ab, wodurch die Korrosionsbeständigkeit der Zinkoberfläche verbessert wird. Das Molybdän-3-oxyd kann sowohl durch Tauchen als auch auf elektrolytischem Wege abgeschieden werden (H. K r a u s e[829]). Molybdänhaltige Farbfilme auf Zink können seine Korrosionsgeschwindigkeit bedeutend verringern (W. B e c k und Th. V o l k e r[830]). Eine braune Färbung auf Zink erzielt man auch durch die sog. Kupferstreiche, die nur eine Anstrichverkupferung darstellt. Man streicht mit einem Schwamm oder bürstet eine Alkalilösung von 60 g Kupfervitriol und 60 g Ammoniumhydroxyd (10%ig) auf die gutgereinigten und gescheuerten Gegenstände auf, worauf sofort abgespült wird. Läßt man die Streiche einige Zeit auf der Kupferoberfläche stehen, so wird die Metalloberfläche braun gefärbt. Will man mit dieser Lösung auch Eisen verkupfern, so setzt man dem Bade bis zur schwachsauren Reaktion Weinsäure (etwa 60 g/l) zu. Die gefärbte Schicht wird mit Sägespänen getrocknet und sodann gewachst oder zaponiert. Die Beständigkeit der Färbung ist jedoch keine allzu große.

Ähnlich wie mit der Kupferstreiche erhält man auch aus einer ammonchloridhaltigen komplexen Kupferoxydammoniumlösung eine Braunfärbung auf Zink. Diese Färbung tritt unmittelbar auf, ohne daß die rote Kupferschicht als Zwischenstadium entsteht. Eine geeignete Lösung besteht z. B. aus 1 l Wasser, 60 g Kupfervitriol, 60 g stärkstes Ammoniumhydroxyd, 27 g Ammoniumchlorid. Das Ammonchlorid bewirkt die Bildung von Kupferchlorür $CuCl$, das sich unter dem Einfluß des Lichtes unter Bildung von Kupferoxydul Cu_2O zersetzt. Die Färbung dunkelt daher mit der Zeit immer nach.

B. Indirekte Färbungen von Zink und Zinklegierungen.

Da die chemischen Färbungen nicht nur vielfach korrosionstechnisch ungünstig sind, sondern auch häufig nur dekorativ wenig effektvolle Farbtöne ergeben, hat es sich als vorteilhaft erwiesen, die zu färbenden Zinkteile vorerst galvanisch zu plattieren und diese edleren Metalle dann zweckentsprechend zu färben.

In erster Linie kommt dafür eine starke Verkupferung und Vermessingung in Frage. Dabei kann die Vermessingung leichter als die Verkupferung auch in dickeren Schichten schön glänzend erhalten werden. Diese Gegenstände lassen sich dann in den mannigfaltigsten und effektvollsten Farbtönungen nach den für Kupfer und Kupferlegierungen bekannten Verfahren (s. S. 169) färben. (Siehe auch E. S c h l e r i t[831], E. R. T h e w s[832] und H. P o s e i c h[833]). Sehr wesentlich ist auch, daß durch diese Behandlung die Korrosionsbeständigkeit des Zinks und seiner Legierungen, im Gegensatz zu zahlreichen chemischen Färbungen, erheblich erhöht wird. Eine weitere Verbesserung des Korrosionswiderstandes kann durch eine nachträgliche Lackierung mit Zaponlack, Ölen oder Wachs usw. erzielt werden, wodurch gleichzeitig auch die Lebensdauer der Färbung verlängert wird.

Die Färbung des Zinks kann auch durch die Farbe des galvanischen Metallniederschlages selbst bewirkt werden (direkte Färbung). Durch einen metallischen Überzug von Silber, Nickel, Zinn oder Kadmium wird Zink weiß, durch Gold oder Messing goldgelb, durch Kupfer rot, durch Bronze bronzefarben usw. gefärbt. Hinsichtlich der Herstellung dieser Metallniederschläge sei auf mein Buch „Metallische Überzüge"[834] verwiesen.

Literaturverzeichnis.

[824] M. H e r r m a n n, Schleif-, Polier- und Oberflächentechnik **20**, 29—31, 1943. — [825] Metallgesellschaft, DRP. 679 698. — [826] Parker Rust Proof Co., AP. 2 236 549. — [827] A. P a c z, DRP. 480 995. — [828] D u p o n t, AP. 2 417 133. — [829] H. K r a u s e, Drahtwelt **30**, 211—13, 1937. — [830] W. B e c k und Th. V o l k e r, Sheet Metall Ind. **10**, 291, 1938. — [831] E. S c h l e r i t, Metallwirtschaft **18**, 549—50, 1939. — [832] E. R. T h e w s, Schleif-, Polier- und Oberflächentechnik **20**, 61—65, 1943. — [833] H. P o s e i c h, Metallwirtschaft **18**, 550—51, 1939. — [834] W. M a c h u, Metallische Überzüge, 3. Aufl., Leipzig: Akadem. Verlagsges., 1948.

23. Färben von Kadmium.

Kadmium ist ein dem Zink sehr ähnliches Metall mit silberweißem Glanz. Seine Korrosionsbeständigkeit übertrifft jene des Zinks beträchtlich. Über die Färbungen des Kadmiums berichtet eingehend H. K r a u s e[835] und W. J. E r s k i n e[836]. Zum Schwarzfärben des Kadmiums eignen sich wäßrige Lösungen von Kaliumchlorat und Kupfer-II-chlorid bei Temperaturen von 120° C. Nach K r a u s e (l. c.) kann man auch Lösungen mit 20 bis 35 g Kupfersulfat und 60 g Kaliumchlorat in 1 l Wasser bei 80° C oder 5,8 g Kupfer-II-chlorid und 60 g Kaliumchlorat in 1 l Wasser verwenden. Ein sattes Schwarz ergibt eine Lösung von 60 g/l Kaliumchlorat und 40 g/l Kupfernitrat (20° C). Die nitrathaltigen Farbbäder sind zuverlässiger als die sulfathaltigen. Die Lösungen werden durch Tauchen oder Bürsten aufgebracht; hierauf wird gründlich gespült, getrocknet und mit einer weichen Roßhaarbürste gewachst.

Zur Grau- oder Schwarzfärbung des Kadmiums, Zinns oder Zinks eignet sich eine Lösung von 80 g Arsentrioxyd, 45 g Kupfersulfat, 8 g Ammonchlorid, 65 ccm Salzsäure (D = 1,19) und 1 l Wasser. Besonders auf Kadmium erhält man mit diesem Färbebad eine schöne Schwarzfärbung, ohne daß die Korrosionsfestigkeit des Kadmiums leidet.

Zur Oxydation des Kadmiums unter gleichzeitiger Braunfärbung können auch Lösungen von Kaliumpermanganat mit einem Zusatz von Kadmiumnitrat, Kaliumchlorat und Kupfernitrat benützt werden. Beispielsweise besteht das Bad aus 160 g Kaliumpermanganat, 225 bis 250 g Kadmiumnitrat, 5 bis 10 g Ferrichlorid (20° C). Eine braunrote Färbung erhält man mit einer Beize aus 320 g/l Kaliumpermanganat, 100 g Kaliumnitrat und 10 g Ferrichlorid. Ein Zusatz von Ammoniumpersulfat beschleunigt den Färbeprozeß merklich. Eine Messingtönung ergibt ein Bad aus 1 l Wasser, 150 g Kaliumpermanganat und 80 bis 100 g Kadmiumnitrat (Siedehitze).

Die erhaltenen Färbungen besitzen eine hohe Haltbarkeit und chemische Beständigkeit. Goldgelbe bis tiefbraune Farbtöne erreicht man auch mit Lösungen von Kaliumpermanganat, Kadmiumnitrat und Eisensulfat.

Von E. R. T h e w s[837] wurde zur Braunfärbung von Oberflächen aus Kadmium folgende Lösung angegeben: 7,5 g/l Kaliumbichromat und 3,8 ccm Salpetersäure (36° Bé) in 1 l Wasser. Die Behandlungstemperatur beträgt 60 bis 75° C, die Tauchdauer je nach dem gewünschten Farbton 2 bis 8 Minuten. (Über eine Schwarzfärbung mit Arsen s. S. 167.)

Nach dem Spülen und Trocknen ist es zweckmäßig, die Färbungen auf Kadmiumoberflächen durch einen Überzug aus einem farblosen Schutzlack, wie Zaponlack usw., vor Veränderungen an der Atmosphäre zu schützen.

Kadmium kann auch an der Kathode in einem 50 bis 60° C warmen Elektrolyten (Stahlanoden), der aus einer Lösung aus Ammonmolybdat besteht, in verschiedenen Farbtönen gefärbt werden.

Kadmium kann ebenso wie Zink mit Vorteil vorerst auf galvanischem Wege mit einem Kupfer- oder Messingüberzug versehen werden, der dann nach einem für diese

Metalle bekannten Verfahren (s. S. 169) in einem beliebigen Farbtone gefärbt werden kann.

Literaturverzeichnis.

[835] H. K r a u s e, Chem. Ztg. 31, Nr. 88 und 90, 1931. — [836] W. J. E r s k i n e, Met. Ind. London 53, 185—86, 1938; Monthly Rev. Am. Electroplaters Soc. 25, 91—94, 1938. — [837] E. R. T h e w s, Oberflächentechnik 19, 85, 1942.

24. Färben von Zinn.

Zinn besitzt an sich ein sehr schönes, glänzendes Aussehen, das auch durch die Einwirkung der Atmosphäre nur ganz unbedeutend verändert wird. Das Färben von Zinngegenständen hat demnach nur eine geringere Bedeutung. Auch für Zinn hat es sich als vorteilhaft erwiesen, indirekte Färbemethoden anzuwenden, wobei das Metall vorerst auf galvanischem Wege stärker verkupfert oder vermessingt und dann erst wie diese Metalle gefärbt wird (s. Kupfer, Messing usw.). Auf diese Weise lassen sich beliebige Farbtöne auf Zinn oder Weißblech erzielen. Bei der direkten Färbung durch galvanische Überzüge von Kupfer, Messing, Bronze, Gold usw. erhält man die Farben dieser Metalle.

Die chemischen Färbungen liefern vor allem dunklere Farbtöne, wie Braun, Schwarz oder Blau. Zur Braunfärbung sind beispielsweise folgende Farbbäder geeignet: 1. 10%ige Platin-IV-chlorid-Lösung (bestreichen, trocknen lassen und abreiben), sepiabraune Tönung, ist auch zur Herstellung von Altzinn geeignet; 2. Abreiben mit einer Mischung von 25 Teilen Ammonchlorid, 6 Teile Kaliumbioxalat, 1 Teil 5%ige Essigsäure; kupfer- oder braunfarbige Töne erhält man entweder beim Abreiben mit Weinsteinpulver, das mit verdünnter Kupfersulfatlösung zu einem Brei angemacht wurde oder durch aufeinanderfolgende Behandlung mit einer wäßrigen Lösung von 5% Kupfersulfat und 5% Ferrosulfat, trocknen lassen, bürsten und dann Streichen mit einer 25%igen Lösung von Kupferazetat in 5%iger Essigsäure (Essig). Darauf wird wieder trocknen gelassen, gebürstet und gewachst.

Das Altmachen von Zinngegenständen (Altzinn) kann außer mit der verdünnten Platin-IV-chlorid-Lösung auch noch mit einer salzsauren Lösung von Antimon-III-chlorid bewirkt werden. Die Lösungen werden auf die gut entfetteten Gegenstände aufgepinselt, getrocknet und gebürstet oder abgerieben.

Eine grauschwarze Färbung ergibt eine Lösung von Ferrichlorid. Blauschwarz färbt eine verdünnte Lösung von Palladiumchlorid, nur wird ebenso wie die Braunfärbung mit Platinchlorid der Preis dieser Edelmetall-Lösungen nur eine beschränkte Anwendung dieser Färbemethoden erlauben. Bei vorsichtiger Anwendung färbt auch eine verdünnte Chromsäurelösung das Zinn schwarz. Eine stahlgraue Tönung erzielt man nach S t o c k m e i e r mit einer Lösung von 3 g Wismutsubnitrat in 100 ccm Salpetersäure (D = 1,4), der noch 10 g Weinsäure, 40 ccm Salzsäure und 1 l Wasser zugesetzt wurden. Wird nach der Entfernung des überschüssigen Wismuts durch Reiben mit Hilfe einer Anreibeversilberung eine hauchdünne Silberschicht an den höher liegenden Teilen der Metalloberfläche aufgetragen, so erhält man eine schöne, silbergraue Färbung auf stahlgrauem Grunde.

Mit Hilfe eines Elektrolyten aus 37 g Natriumphosphat und 70 g Phosphorsäure (D = 1,75), in 4,5 l Wasser (60 bis 90° C, 4 Amp/qdm) erhält man auf Zinn, Weißblech und Zinnlegierungen einen Überzug aus schwarzem Zinnoxyd. Der Niederschlag ist glänzend, läßt sich gut glätten und besitzt eine gute Haltbarkeit und Widerstandsfähigkeit gegen Abnützung. Farblose Filme, welche aber Farbstoffe absorbieren können, werden mit dem Bade bei niedrigen Stromdichten erhalten.

25. Färben von Nickel, Kobalt, Blei oder Chrom.

Alle diese Metalle, außer Chrom, können nach einer Verkupferung oder Vermessingung wie Kupfer oder Messing gefärbt werden. Auch die direkten Färbungen durch galvanische Überzüge von Kupfer, Messing, Gold, Silber, Arsen, Antimon, schwarzem Nickel usw. sind anwendbar. Nickel und Kobalt und ihre Legierungen können auf chemischem Wege mit der Arsenbeize (s. S. 167) grau, mit der bei Kupfer beschriebenen Schwarzbeize (Behandlung mit Kupfernitratlösung und thermische Zersetzung desselben zu Kupfer-I-oxyd und Kupferoxyd) schwarz, mit dem Lüstersude (s. S. 171) blau gefärbt werden. Ein Schwarzfärbebad der International Nickel Co. Inc.[838] besteht aus einer wäßrigen Lösung von 0,5 g/l Kaliumrhodanid KCNS, 5 ccm konzentrierter Schwefelsäure, 25 ccm Wasserstoffperoxyd (30%) und 1 l Wasser. Der p_H-Wert der Lösung beträgt 1,2, die Badtemperatur 15° C, die Behandlungsdauer 15 Minuten.

Schwarze Oxydschichten auf Nickellegierungen mit 70 bis 80% Nickel, 11 bis 15% Chrom und 5 bis 10% Eisen werden erhalten, wenn die gereinigten Gegenstände in einer oxydierenden Atmosphäre auf Temperaturen zwischen 1030 und 1220° C erhitzt werden. Blauschwarze Oxydschichten erhält man auf Legierungen mit 68% Nickel, 30% Kupfer, 1% Mangan und 1% Eisen beim Erhitzen in oxydierender Atmosphäre auf 860 bis 1100° C, braunschwarze auf Nickel von 98% oder noch größerer Reinheit und einem Mangangehalt bis 1% durch Erhitzen auf 830 bis 1000° C. Die Dauer der Erhitzung ist von der gewählten Temperatur, der Zusammensetzung der Legierung und der Dicke der Werkstücke abhängig (International Nickel Co. Inc.[839] und Mond Nickel Co. Ltd.[840]).

Blei läßt sich mit einer sulfidhaltigen Lösung (s. Kupfer, S. 176) braun bis schwarz, durch Aufbürsten des heißen Universalbades (25 g Kupfersulfat, 25 g Nickelsulfat, 12 g Kaliumchlorat, 7 g Kaliumpermanganat in 1 l Wasser) schwarz färben. Die Arsenbeize oder galvanisches Arsen und Antimonbäder ergeben schwarzgraue Überzüge auf Blei.

Auf Chrom haften sowohl galvanische als auch nichtmetallische Überzüge sehr schlecht. Ist daher eine dunkle oder matte, nicht reflektierende chromierte Oberfläche, z. B. bei optischen Instrumenten, erwünscht, so empfiehlt es sich, den Chromüberzug durch Verwendung eines Schwarzchrombades in schwarzer Färbung abzuscheiden. Ein geeignetes Bad hat z. B. folgende Zusammensetzung: 250 g/l Chrom-III-oxyd, 0,5 bis 0,8 ccm Essigsäure, 10 bis 20 Amp/qdm, 8 bis 10 V, Temperatur unterhalb 28° C.

Chrom kann durch Erhitzen in einer Schmelze, bestehend aus 45% Natriumzyanid, 35% Soda und 20% Natriumchlorid schwarz gefärbt werden. Ein schöner grüner Überzug aus Chrom-III-oxyd Cr_2O_3 bildet sich beim Erhitzen von Chrom in einer oxydierenden Atmosphäre auf 850 bis 900° C.

Literaturverzeichnis.

[838] International Nickel Co. Inc., AP. 2 221 641. — [839] Dieselbe, AP. 2 206 392. — [840] Mond Nickel Co. Ltd., EP. 523 751.

26. Färben von Silber und seinen Legierungen.

Das im Zustande einer reinen Oberfläche weiße und stark glänzende Silber wird an der Luft durch die Einwirkung von Spuren von Schwefelwasserstoff allmählich dunkler und bekommt ein mattes, gelbbraunes bis braunschwarzes Aussehen (Altsilber). Legierungen des Silbers mit Kupfer, aus denen die meisten Silberwaren des

Handels bestehen, sind nicht rein weiß und hell, sondern je nach der Höhe des Gehaltes rötlich gefärbt. In der Technik herrscht somit das Bestreben, entweder Silbergegenständen das Aussehen von Altsilber oder aber Gegenständen aus Silberlegierungen die Oberflächenbeschaffenheit von Reinsilber zu verleihen.

Bei der Herstellung von Altsilberfärbungen werden auf künstlichem Wege grau gefärbte Überzüge erzeugt, welche aus feinverteiltem Platin, Palladium, Silber, Kohle, Arsen oder Silbersulfid bestehen. Diese Überzüge lassen sich in größerer Gleichmäßigkeit herstellen als die mitunter Flecken aufweisenden, durch natürliche Alterung von selber erhaltenen Schichten. Falscherweise bezeichnet man das künstliche Altsilber als oxydiertes Silber, obwohl das Silber mit dem Luftsauerstoff oder mit den Farbbädern gar kein Oxyd bildet. Altsilber erhält man beim Aufbürsten einer verdünnten, alkoholischen oder wäßrigen Lösung von Platinchlorid oder 5 bis 30 Sekunden langes Tauchen in eine 60 bis 70° C heiße Lösung eines Palladiumsalzes, z. B. eine Lösung von 10 g/l NaCl. $PdCl_2$ (W. C. Heräus G. m. b. H,[841]). Grauschwarze Tönungen erhält man mit der Arsenbeize (s. S. 167), Bromwasser oder einer verdünnten Fe-III-chlorid-Lösung. Auch das Auftragen einer Paste aus 12 Teilen Graphit, 2 Teilen Terpentinöl und 2 Teilen gepulvertem Blutstein, Abbürsten nach dem Trocknen und Blankreiben mit einem in Spiritus getauchten Lappen ergibt ein dem Altsilber ähnliches Aussehen der Silberwaren.

Überzüge aus Schwefelsilber (Silbersulfid) erhält man durch Behandlung mit einer wäßrigen Lösung von 25 bis 50 g/l Ammonsulfid oder von 5 g/l Ammonsulfid oder von 5 g/l Kaliumpolysulfid K_2S_4 (Schwefelleber) und 10 g Ammonkarbonat (80° C). Die Tauchdauer richtet sich nach dem gewünschten Schwärzungsgrad. Durch Kratzen und Bürsten wird die Färbung glänzend, durch Behandlung mit einer verdünnten Kaliumzyanidlösung (10 g Kaliumzyanid/l) aufgehellt.

Die Farbe von Silber-Kadmium-Legierungen kann durch galvanische Abscheidung von Reinsilber verbessert werden. Enthält das Zyanidbad etwas Silbersulfid, so ist der Silberniederschlag gelblichweiß gefärbt. Will man eine elektrochemische Abscheidung von Silber vermeiden, so kann man das Kupfer der Legierung durch Glühen an der Luft in Kupferoxyd überführen und dieses aus der Metalloberfläche herauslösen. Zur Lösung des Kupferoxydes werden entweder eine siedend heiße Lösung von 30 g/l Weinstein und 60 g/l Natriumchlorid (Kochdauer etwa 10 Minuten), 20 g/l Schwefelsäure oder 50 g/l Kaliumbisulfat verwendet. Da durch das Herauslösen des Kupferoxydes die Farbe der Lösung rein weiß wird, nennt man diese Behandlung auch „Weißsieden". Wenn durch ein einmaliges Weißsieden der gewünschte weiße Ton noch nicht erhalten sein sollte, reibt man mit Messingdrahtbürsten oder Sand ab, glüht nochmals und wiederholt das Weißsieden und Glühen noch ein- bis zweimal.

Literaturverzeichnis.

[841] W. C. Heräus G. m. B. H., DRP. 634 458.

27. Färben von Gold.

Bei Gold spielt die Frage der Färbung nur insofern eine Rolle, als es sich darum handelt, die schöne goldgelbe Farbe dieses teuren Edelmetalles bei Bijouteriewaren u. dgl. deutlicher zu machen und billigeren Goldlegierungen das Aussehen von Feingold zu verleihen. In geringerem Grade kommt auch eine Farbtönung des hellgelben Goldes nach Grünlichgelb oder Rötlichgelb in Betracht. Für den letzteren Zweck eignet sich vor allem die galvanische Vergoldung, da sich die Farbe galvanischer Goldniederschläge durch einen geringen Zusatz von Kupfer-, Zink-, Nickelsalz usw. nach Rot (Kupfer), Grün (Kupfer und Silber, Natriumarseniat, Plumbit), Weiß (Silber,

Nickel, Chrom, Zinn, Zink, Kadmium) abstimmen läßt (s. W. M a c h u[842]). Bei allen diesen Bädern handelt es sich um die Abscheidung verschieden gefärbter galvanischer Niederschläge aus Goldlösungen. Die Legierungsniederschläge bestimmter Zusammensetzung und Farbe können auch durch hintereinander erfolgendes galvanisches Niederschlagen der verschiedenen Metalle in bestimmter Reihenfolge und Dicke auf dem Grundmetall erzeugt werden, worauf durch ein Blankglühen die einzelnen Metallschichten ineinander diffundieren und legiert werden. Hellgelbe, dünne Goldüberzüge können auch aus Lösungen durch Tauch- oder Kontaktvergoldung abgeschieden werden.

Da bei der Herstellung von Gegenständen aus Goldlegierungen durch Oxydation des Kupfers bei hohen Temperaturen die Werkstücke vielfach eine bräunliche oder gelbbraune Farbe aufweisen, muß die Farbe dieser Gegenstände durch Herauslösen des Kupferoxyds wieder aufgehellt werden. Ähnlich wie beim Silber geschieht dies durch das sog. Gelbsieden der Goldlegierungen in einer heißen Lösung von a) gleichen Teilen von konzentrierter Schwefelsäure und Wasser, oder b) gleichen Teilen konzentrierter Salpetersäure und Wasser. Bei kürzerer Einwirkung dieser Lösung wird in der verdünnten Salpetersäure nur das Kupfer gelöst, so daß bei Kupfer und Silber enthaltenden Goldlegierungen wegen der Anreicherung des Silbers in der obersten Metallschicht die Legierung hell und weißlich gefärbt erscheint. Bei längerer Einwirkungsdauer gehen sowohl Kupfer als auch Gold in Lösung und das Werkstück nimmt ein hellgelbes Aussehen an.

Die Farbe von Gegenständen aus Goldlegierungen oder von Vergoldungen läßt sich durch Behandlung mit ClO_2 (Chlordioxyd) entwickelnden Lösungen verbessern, welche eine geringe Menge Gold aus der Metalloberfläche herauslösen und dieses dann durch elektrochemische Wechselwirkung mit dem Grundmetall als feines, hellgoldgelbes Metallhäutchen auf dem Werkstück wieder abscheiden. Derartige Lösungen haben beispielsweise folgende Zusammensetzung:

a) 30 g Salzsäure (konzentriert), 10 g Salpetersäure (konzentriert), 20 g Natriumchlorid und 400 ccm Wasser; b) 11,5 g Natriumchlorid, 23 g Natriumnitrat, 17 g Salzsäure (konzentriert, D = 1,19) und 15 ccm Wasser. Sie werden in erwärmtem Zustande verwendet. Die Gegenstände taucht man, an Platindrähten aufgehängt, unter Bewegung zwei bis drei Minuten lang in die heiße Lösung ein.

Rötliche Färbungen von Goldgegenständen können auch durch Glühen der mit dem sog. Vergolderwachs bestrichenen Gegenstände erzeugt werden. Das Wachs enthält Kupferverbindungen, welche sich durch ihre Reduktion zu Kupfer oberflächlich mit dem Gold unter Rotfärbung desselben legieren. Ein Vergolderwachs hat z. B. folgende Zusammensetzung: 32 Teile gelbes Wachs, 3 Teile Eisenoxyd (roter Bolus), 2 Teile Grünspan, 2 Teile Alaun. Eine Aufhellung des goldgelben Tones kann durch oberflächliche Legierung mit Zink erreicht werden, wobei gleichfalls das Abbrennen von zinkhaltigen Wachskompositionen erreicht werden kann, beispielsweise von Mischungen aus 96 Teilen gelbem Wachs, 48 Teilen Zinkvitriol und 15 Teilen Borax. Nach dem Abbrennen des Wachses wird mit einer in stark verdünnte Salpetersäure getauchten Kratzbürste gebürstet, mit Wasser abgespült, poliert und getrocknet.

Literaturverzeichnis.

[842] W. M a c h u, Metallische Überzüge, 3. Aufl., 589—97, 1948.

28. Färben von Aluminium.

Die Färbung von Aluminium kann sowohl nach direkten als auch indirekten Verfahren vorgenommen werden. Die direkten chemischen Methoden, nach welchen man das Metall meist nur schwarz, braun oder grau färben kann, haben im Vergleich zu den unmittelbaren nur eine untergeordnete Bedeutung. In gewissem Sinne ist auch die elektrolytische Oxydation selbst als direktes Färbeverfahren anzusprechen, da ja durch die Legierungsbestandteile des Aluminiums und durch das Bad selbst bereits eine gewisse Farbgebung erfolgt. So kann man durch Wahl hoch silizium- und kupferhaltiger Legierungen graue Färbungen, durch Verwendung oxalsaurer Bäder gelbe, goldgelbe bis braune Oxydschichten erzeugen.

Das wichtigste Färbeverfahren für Aluminium besteht in der elektrochemischen Oxydation des Leichtmetalles (s. S. 1), worauf die poröse und saugfähige Oxydschicht mit den Lösungen organischer Farbstoffe oder durch doppelte Umsetzung mit anorganischen Pigmenten in den verschiedensten Farben imprägniert werden kann. Über diese wichtigen Färbeverfahren wurde bereits auf S. 78 eingehend berichtet. Ebenso läßt sich die durch rein chemische Oxydationsverfahren erzeugte MBV-Schicht mit organischen Farbstoffen oder anorganischen Stoffen färben (S. 102).

Eine weitere Färbemethode besteht im galvanischen Starkverkupfern oder Vermessingen von Aluminium, worauf dann der Gegenstand bereits endgültig rot oder gelb gefärbt erscheint oder aber die Überzugsschichte, wie Kupfer oder Messing (s. S. 166) in beliebigen Farbtönen gefärbt wird. Am vorteilhaftesten wird die Färbung unmittelbar nach der Verkupferung oder Vermessingung vorgenommen.

Bei der galvanischen Verkupferung oder Vermessingung, Verzinnung usw. stören die sich auf dem Aluminium besonders leicht ausbildenden Oxyd- und Hydroxydschichten sehr stark, weshalb das Aluminium mit starken Säuren, Metallsalzen, wie Eisen- oder Kupferchlorid, enthaltenden Beizen vorbehandelt werden muß. Hinsichtlich der Galvanisierung von Aluminium, die nicht in den Rahmen des vorliegenden Buches fällt, wird wieder auf das Buch von W. M a c h u[843] verwiesen.

Die Vorbehandlung des Aluminiums für die Galvanisierung besteht in einer alkalischen Beizung zur Entfernung der Oxydhaut (s. S. 46) (W. M a c h u[844]), an welche sich bei eisen- und kupferreicheren Legierungen eine Behandlung in Salpetersäure 1 : 1 anschließt. Hierauf wird eine die Haftfestigkeit der Metallniederschläge auf Aluminium verbessernde Zwischenschicht aus einem Beizbade aufgebracht, als welches sich die Eisen- und Zinkatbeizen bewährt haben. Die erstere besteht aus einer Lösung von 1 l Wasser, 25 ccm gesättigter Ferrichloridlösung (45° Bé) und 25 ccm konzentrierter Salzsäure (D = 1,19). Man beläßt die zu galvanisierenden Gegenstände unter Bewegung so lange in der 90 bis 100° C heißen Beizlösung, bis sie einen gleichmäßig grauen Überzug von Eisen aufweisen. Hierauf wird gespült und sofort galvanisiert. Die Zinkatbeize wird durch Eingießen einer 10%igen Zinksulfatlösung in starke Natronlauge hergestellt. Die gereinigten, in Lauge gebeizten Aluminiumgegenstände werden 30 Sekunden in die 40° C heiße Zinkatbeize eingetaucht, bis sie einen gleichmäßigen Belag von Zink aufweisen, dann gespült und sogleich unter Strom in das galvanische Bad eingebracht.

a) Direkte chemische Färbeverfahren für Aluminium und seine Legierungen.

Von den zahlreichen Vorschlägen für die direkte chemische Färbung von Aluminium und seinen Legierungen in der Fach- und Patentliteratur haben sich nur wenige wirklich bewährt. Sie sind den durch elektrolytisches Oxydieren erzielten Färbungen nicht gleichwertig, weniger beständig und erfordern stets eine nachfolgende Fixierung durch einen Lack- oder Wachsüberzug. Nach den Untersuchungen von H. K r a u s e[845] lassen sich braune bis schwarze Färbungen auf Aluminium mit folgender Beize erzielen: 1 l Wasser, 5 bis 10 g Kaliumpermanganat, 2 bis 4 ccm Salpetersäure (D = 1,35 = 38° Bé) und 20 bis 25 g Kupfernitrat für Schwarzfärbung oder 5 g

Kupfernitrat für Braunfärbung (Temperatur 80 bis 100° C, Tauchdauer für Hellbraun 5 Minuten, für Dunkelbraun 15 Minuten, für Tiefschwarz 20 bis 30 Minuten). Bei Zimmertemperatur benötigt man für eine Braunfärbung eine Behandlungszeit von einigen Stunden. Wird das Kupfernitrat durch Kobaltnitrat ersetzt, so erhält man ein noch tieferes Schwarz.

Messinggelbe bis dunkelgelbe Färbungen werden nach L a h r und V o l l r a t h[846] mit Lösungen von 20 g/l Kaliumpermanganat und 5 g/l Mangansulfat erhalten. Eine tief braunschwarze Färbung ergibt nach B e u t e l eine Lösung von 10 g/l Ammonmolybdat und 5 g/l Natriumthiosulfat (Siedetemperatur). Die Lösung von 10 bis 20 g/l Ammonmolybdat und 5 bis 20 g/l Natriumazetat färbt außer Aluminium auch Zink und Eisen braunschwarz. Ein Zusatz von 5 bis 10 g/l Ammonchlorid verkürzt die Färbedauer mit den Molybdatbädern auf einige Minuten. Die Färbungen sind haft- und biegefest. Auf mechanisch durch Kratzen, Sanden, Abbimsen usw. gereinigten Aluminiumoberflächen erhält man leichter fleckenlose Färbungen als auf gebeizten Gegenständen. Eine Beigefarbe auf Aluminium oder Braunfarbe auf Zink ergibt die folgende Lösung: 21 g Natriummolybdat, 14 g Natriumfluorid, 42 g Zinksulfat, 4,5 l Wasser, 62° C.

Eine mattgraue Färbung mit samtähnlichem Glanze erhält H. K r a u s e[847] mit siedenden Lösungen von 100 g/l Diammonphosphat und 1 bis 5 g/l Mangannitrat. Die salzsaure Arsenbeize ist für Aluminium nicht brauchbar, wohl aber eine Lösung von 100 g/l Arsentrioxyd und 100 bis 200 g/l wasserfreie Soda (Siedehitze).

Zur Schwarzfärbung von Aluminiumeßgeschirr eignet sich eine wäßrige oder alkoholische Lösung von 100 g/l Antimonchlorid, 50 g Manganoxyd und 200 g konzentrierter Salzsäure. Die entfetteten Gegenstände durchlaufen zuerst ein Bad mit 80%iger Schwefelsäure, bevor sie in das Färbebad eingetaucht werden. Zur Entfernung der Salzsäurereste muß gründlich gespült werden, worauf getrocknet und mit einem Lacküberzug versehen wird. Ohne Lackierung ist die Färbung nicht haltbar und bilden sich weiße Ausblühungen von Aluminiumsalzen.

Besser haltbar als die mit wäßrigen Lösungen erhaltenen Färbungen sind die nach dem Abbrennverfahren erzeugten grauen bis schwarzen Färbungen. Die gereinigten Aluminiumteile werden mit Eiweißlösungen, fetten Ölen (Leinöl), Harzen, Wachsen, Teer oder Gerbstofflösungen bestrichen, im Trockenschrank getrocknet und auf 200 bis 300° C erhitzt. Die aufgetragenen organischen Schichten verbrennen und hinterlassen einen sehr fest haftenden Überzug von feinverteiltem Kohlenstoff.

Zur Braunfärbung des auf galvanischem Wege vermessingten Aluminiums haben sich folgende Färbungen bewährt: Lösung I: 2 g/l Schwefelleber, 2 g Schlippesches Salz. Lösung II: 2 g/l Kupfersulfat, 2,5 ccm konzentrierte Schwefelsäure.

Die Messingniederschläge werden oft nach dem Herausnehmen aus dem Messingbade mit weichen Messingzirkularbürsten unter Zuhilfenahme von Seifenwurzelwasser gekratzt und dann unmittelbar in die Lösung I eingetaucht. In dieser Lösung werden die Teile unter Hin- und Herbewegen 10 bis 15 Sekunden behandelt, in fließendem Wasser gespült und sofort in Lösung II getaucht. Die Behandlung in Lösung I und II wird 2- bis 3mal wiederholt. Nach dem Aufhellen durch Bürsten mit Messingdrahtbürsten oder trockenem Bimsmehl wird in harzfreien Sägespänen getrocknet.

Eine bronzeartige Färbung von vermessingtem Aluminium kann mit folgenden Lösungen erzielt werden: Lösung I: 40 g/l Kupfersulfat, 40 g/l Ammonchlorid; Lösung II: 4 g/l Schwefelleber, beide Lösungen werden kalt verwendet. Die Behandlung ist ähnlich dem vorstehenden Verfahren. Durch Reiben mit einem Tuche oder mit weichen Zirkularkratzbürsten können die Teile geglänzt werden.

Eine sehr gebräuchliche Schwarzbeize für Messing auf Aluminium besteht aus einer Lösung von 100 g Kupferkarbonat in 750 ccm Ammoniak (10%ig), die nach der

Auflösung des Kupferkarbonates mit 150 ccm Wasser verdünnt wurde. Man taucht die vermessingten Gegenstände 2 bis 3 Minuten unter mäßigem Hin- und Herbewegen in die Beize, spült gründlich ab und trocknet in harzfreien Sägespänen. Die Beize kann sowohl kalt als auch warm verwendet werden, wobei in der Kälte eine wesentlich geringere Geruchsbelästigung auftritt.

Verkupferte Teile oder Kupfer werden in einer kalten Lösung von 8 g/l Schwefelleber braun gefärbt. Eine Lösung mit nur 1½ g/l Schwefelleber färbt Kupfer mahagonibraun.

Zur Schwarzfärbung von Kupfer oder Verkupferungen kann eine kalte Lösung von 12 g/l Schwefelleber und 15 ccm Ammoniak (10%ig) in 1 l Wasser verwendet werden. Nach dem Spülen und Trocknen kann man durch Kratzen mit Wachsbürsten einen schwarzen Glanz erzielen.

b) Färben von Aluminium oder Aluminiumlegierungen nach oder während der chemischen Oxydation.

Aluminium und seine Legierungen lassen sich nicht nur im elektrolytisch, sondern auch im chemisch oxydierten Zustande mit Metallsalzlösungen färben. Diese Metallsalze, als welche namentlich Kupfer-, Kobalt-, Nickel-, Eisen-, Manganverbindungen in Betracht kommen, können entweder bereits dem chemischen Oxydationsbade zugesetzt werden, oder aber sie kommen nach Ausbildung der MBV-, Jirotkaschicht usw. in gesonderten Farbbädern zur Anwendung.

Auf der MBV- usw. Grundlage kann mit anorganischen Stoffen das Aluminium und seine Legierungen in verschiedenen Tönen einfach und sicher gefärbt werden. Nach W. H e l l i n g und H. N e u n z i g[848] erhält man mit einer MBV-Lösung (s. S. 100), welche außerdem 4 g/l Kaliumpermanganat enthält, bei 95° C einen hellgelben bis braunroten Farbton, der wohl nicht vollkommen lichtecht, aber gegen Wasserdampf, Schwitzwasser, Natriumchloridlösung und, durch einen farblosen Lack geschützt, auch gegen Witterungseinflüsse beständig ist. Mangal wird tief braunrot, Silumin kupferviolett gefärbt. Die Teile werden 10 Minuten in der normalen MBV-Lösung behandelt und dann gleichfalls 10 Minuten lang in die vorstehend angeführte Farblösung getaucht, gespült und getrocknet. Wird nach 10 Minuten langer Behandlung im MBV-Bade nur 2 Minuten ins Farbbad getaucht, so erhält man an Stelle einer gelbstichig rotbraunen Farbe eine dunkelbraune Färbung.

Nach einer anderen Vorschrift oxydiert man in der MBV-Lösung nur 1,5 Minuten lang und taucht dann 2 Minuten in eine Lösung von 25 g/l Kupfernitrat, 10 g/l Kaliumpermanganat und 4 ccm 65%iger Salpetersäure. Die gefärbten Gegenstände werden sodann 5 Minuten lang gewässert und 30 Minuten bei 150° C getrocknet. Je nach der Tauchdauer erhält man gelbbraune, rotbraune oder schwarzbraune Töne. Diese Schichten sind lichtecht, aber nicht wetterbeständig. Eine Schwarzfärbung wird durch Verlängerung der Einwirkungsdauer des Farbbades von 2 auf 20 Minuten erzielt. Ebenso ergibt sich eine tiefschwarze Färbung, die sowohl lichtecht als auch wetterbeständig ist, wenn man das Kupfernitrat durch 25 g Kobaltnitrat ersetzt. Tombakbraun wird die Färbung, wenn die Gegenstände nicht, wie bei der Färbung für Rotbraun angegeben wurde, bei 150° C getrocknet werden, sondern wenn man sie 15 Minuten in destilliertem Wasser auskocht und dann erst trocknet.

Eine dunkelblaue Färbung erzielt man durch aufeinanderfolgende Behandlung mit Lösungen von Kaliumferrizyanid und Ferrichlorid. Diese Färbung ist lichtecht, gegen Natriumchlorid und Wettereinflüsse beständig, wird aber von Schwitzwasser zerstört.

Die Beständigkeit sämtlicher Färbungen wird durch eine Imprägnierung mit einem Gemisch von IG-Wachs und Paraffin oder einem farblosen Lack nach dem Trocknen bei 100 bis 150° C in ihrer Beständigkeit wesentlich verbessert.

Aluminium kann auch an der Kathode in einer schwach schwefelsauren Lösung von Nigrosinschwarz unter Verwendung von Graphitanoden geschwärzt werden. Die Spannung beträgt 2 V, die Stromdichte 0,03 Amp/qdm.

Die Färbung von Aluminiumoxydschichten kann durch Behandeln mit einer Kaliumpermanganatlösung ohne Zerstörung der Oxydschicht (s. S. 191) beseitigt werden.

Literaturverzeichnis.

[843] W. M a c h u, Metallische Überzüge, 3. Aufl., 430, 1948. — [844] Derselbe, Oberflächenbehandlung von Eisen- und Nichteisenmetallen, Leipzig: Akadem. Verlagsges., 1952. — [845] H. K r a u s e, Z. Metallwarenindustrie, Schmuckwaren und Verchromung MSV **16**, Nr. 10, 7—8, 1935. — [846] L a h r und V o l l r a t h, Aluminium **1934**, H. 10, 12. — [847] H. K r a u s e, Mitt. des Forschungsinst. Schwäbisch-Gmünd, 1934/35, H. 6, 9, 12; Aluminium **1935**, H. 2. — [848] W. H e l l i n g und H. N e u n z i g, Aluminium **18**, 608—16, 1937.

29. Beizen und Färben von Magnesiumlegierungen.

In ungeschütztem Zustande sind die Magnesiumlegierungen nur wenig korrosionsbeständig, weshalb sie zwecks Aufbringung korrosionsschützender Überzüge einer chemischen oder elektrochemischen Behandlung unterworfen werden. Über die elektrochemische oder chemische Oxydation des Magnesiums, die mit einer wesentlichen Erhöhung der Korrosionsbeständigkeit der Magnesiumlegierungen verbunden sind, wurde bereits eingehend auf S. 110 berichtet. Die hiebei erzeugten porösen Schichten aus Magnesiumoxyd und Magnesiumsilikaten weisen auch eine gewisse Saugfähigkeit für organische Farbstofflösungen auf, weshalb sie ebenso wie das oxydierte Aluminium mit Farbstoffen gefärbt werden können (s. S. 78).

Ein gewisser Korrosionsschutz von Magnesiumlegierungen läßt sich auch durch Beizen erzielen, wobei fast immer auch gleichzeitig eine Färbung verbunden ist. Die sich bei der Beizung ausbildenden Oxydschichten stellen gleichzeitig eine guthaftende Grundlage für Lackierungen dar. Über die Beizverfahren s. S. 133.

Eine der bekanntesten Beizen für Magnesiumlegierungen ist die sog. Chromatbeize (s. S. 134), in welcher die Werkstücke eine goldgelbe Färbung annehmen.

Eine grauschwarze Färbung von Magnesiumlegierungen kann in den folgenden Beizbädern erzeugt werden: 350 g Natriumbichromat, 60 ccm konzentrierte Salzsäure und 1 l Wasser. Die entfetteten Gegenstände werden 3 bis 5 Sekunden in die Farblösung eingetaucht und sofort in fließendem kaltem Wasser gespült. Sollte die Farbwirkung der Beize nachlassen, so kann diese durch Zusatz von konzentrierter Salzsäure wieder aufgefrischt werden. Um Zerstörungen der Magnesiumgegenstände oder Fleckenbildung an der gefärbten Schicht durch Säurereste zu vermeiden, ist es vorteilhaft, die Gegenstände nach dem Spülen 1 bis 2 Minuten in eine 10%ige Natronlauge- oder Sodalösung zur Neutralisation der Säurereste zu tauchen, worauf neuerlich gespült wird.

Zur Braunfärbung von Magnesiumlegierungen löst man 100 g Natriumbichromat und 9,4 g Kupfernitrat in 1 l Wasser und setzt zu dieser Lösung 10 ccm eisen- und chlorfreier Salpetersäure (D = 1,36) zu. Die Werkstücke werden bei 85 bis 90° C in der Beize unter starker Bewegung zur Vermeidung einer Fleckenbildung behandelt. Die Tauchzeit beträgt etwa ½ bis 1 Minute. Nach der Beize wird gründlich gespült und in einem Trockenschrank bei etwa 100° C getrocknet. Durch Reiben erhalten die Gegenstände einen schönen Glanz; beim stärkeren Erhitzen (300 bis 400° C) geht das Braun in Braunschwarz über. Werden die braungefärbten Werkstücke 3 bis 5 Sekunden lang in siedende, verdünnte Kalilauge getaucht, so erhält man feldgraue Farbtöne.

Hat das Braunfärbebad in seiner Wirkung nachgelassen, so kann es durch Zusatz einer Lösung von 137 ccm Salpetersäure (D = 1,36), 795 g Natriumbichromat, 18,8 g Kupfernitrat und 1 l Wasser wieder aufgefrischt werden. Für je 1 qm gefärbte Oberfläche sind einem Bade von 50 bis 100 l Inhalt 100 ccm Verstärkungslösung zuzusetzen.

Zur Färbung von Magnesiumlegierungen in einem messinggelben Farbtone eignet sich eine Lösung von 36 g Natriumbichromat, 7 g Ferrinitrat und 0,5 ccm Salpetersäure (D = 1,36) in 1 l Wasser (Temperatur = 20° C, Tauchzeit 1 Minute). Das schnelle und vollkommene Spülen und Trocknen ist für eine gleichmäßige Färbung sehr wesentlich. Die Trocknung kann entweder in einem Trockenschrank oder mit einem Tuch vorgenommen werden. Ein nachträglicher Überzug mit einem Einbrennlack (Bakelite) erhöht die Widerstandsfähigkeit der gefärbten Gegenstände auch gegen mechanische Beanspruchungen. Zum Auffrischen des Farbbades verwendet man eine Lösung von 17 ccm Salpetersäure, 143 g Natriumbichromat, 28 g Ferrinitrat in 1 l Wasser, von welcher 100 ccm auf 100 l des Farbbades zugesetzt werden.

Phosphatüberzüge.

30. Das Wesen der Phosphatüberzüge und geschichtliche Entwicklung der Phosphatierungstechnik*.

Die Phosphatierungsüberzüge bestehen im allgemeinen aus den sekundären, in Wasser meist schwerlöslichen und tertiären, in Wasser praktisch unlöslichen Metallphosphaten des Zinks, Mangans und Eisens, die fast stets aus wäßriger Lösung auf den zu schützenden Oberflächen abgeschieden werden. Sie bilden auf dem zu schützenden Metall einen dünnen, feinkristallinen Überzug, der einen ausgezeichneten Haftgrund für Öl- und insbesondere Lackanstriche abgibt. Die Korrosionsbeständigkeit der Lackfilme wird durch eine Phosphatierung ganz wesentlich erhöht. Fast ebenso wichtig als der Rostschutz durch Phosphatierung haben sich aber auch in den letzten Jahren die Eigenschaften der Phosphatierungsschichten erwiesen, bei Gleitvorgängen die Reibung zwischen zwei Metallen erheblich herabzusetzen und eine außerordentliche Erleichterung des Ziehvorganges von Eisenrohren zu ergeben.

Die gute Schutzwirkung von Phosphatüberzügen ist am eindeutigsten durch Funde im Römerkastell Saalburg bei Hohenburg an der Saale (L. J a k o b i[849]) erwiesen, wo an besonders guterhaltenen Eisengegenständen die gute Beständigkeit der etwa 1700 Jahre alten Fundgegenstände auf eine Phosphatschicht zurückgeführt werden mußte. Diese wies eine Zusammensetzung auf, die dem in der Natur vorkommenden Mineral Vivianit (Eisenphosphat) entspricht. Sehr wahrscheinlich hat sich diese Eisenphosphatschicht auf natürliche Weise aus Knochenasche gebildet, in der diese Gegenstände eingebettet lagen (W. M a c h u[850]).

Die heute gebräuchlichen Phosphatierungsverfahren gehen auf einen Vorschlag von T. W. C o s l e t t[851] zurück, der im Jahre 1906 ein Patent auf die Behandlung von Eisengegenständen mit heißer, verdünnter, wäßriger Phosphorsäure zum Zwecke des Korrosionsschutzes nahm. Die heftige Einwirkung der Phosphorsäure auf das Eisen sollte durch Zusatz von Eisenspänen zur Säure, also Bildung von Eisenphosphat, gemildert werden. Von H. L. H e a t h c o t e[852] wurde dann unmittelbar eine phosphorsaure Lösung von Eisenphosphat zur Behandlung der Eisengegenstände vorgeschlagen. Die Eisenphosphatüberzüge wiesen jedoch nur eine geringe Beständigkeit auf und haben sich nicht behaupten können, obwohl sie sich schon nach kurzer Zeit unter dem Namen „Coslettieren" zum Brünieren von Gewehrläufen Eingang in die Technik zu verschaffen wußten (T. M u r r a y[853] und A. S. C u h s m a n[854]).

Einen wesentlichen Fortschritt erbrachte die gleichfalls auf einen Vorschlag von T. W. C o s l e t t[855] zurückgehende Verwendung von verdünnten, phosphorsauren Zinkphosphatlösungen an Stelle solcher von Eisenphosphat. Die meisten der heute

---

* Eine ausführliche Monographie über „Phosphatierung" veröffentlichte W. M a c h u im Verlage Chemie, Berlin 1950.

in der Technik in Verwendung stehenden Phosphatbäder sind auf Zinkphosphat aufgebaut. Das Zinkphosphatbad von C o s l e t t hat sich derart bewährt, daß es selbst heute noch in veränderter Form gelegentlich angewendet wird.

Das zweite, heute in Verwendung stehende Phosphatierungssystem ist auf Manganphosphat aufgebaut. Das Manganphosphatbad wurde im Jahre 1911 von R. G. R i c h a r d s[856] erfunden. Diese Patente und die weiteren zur Herstellung primärer Manganphosphate aus Mangankarbonat und Phosphorsäure (R. G. R i c h a r d s und H. A. A d a m[857]) oder Mangansulfat und Manganchlorid (W. H. A l l e n[858]) wurden von der Parker Rust Proof Co. in Detroit übernommen, welche dem Manganphosphatbad unter dem Namen „Parkerbad" in Amerika eine ausgedehnte Verbreitung errang (E. S. W h i t t i e r[859], L. E. E c k e l m a n n[860] und T. W. W u n s c h[861]). Das erste Phosphatierungsbad, das in Europa von der I. G. Farbenindustrie A. G.[862] etwa vom Jahre 1929 ab hergestellt und unter dem Namen „Atramentol A" in den Handel gebracht wurde, bestand gleichfalls aus Manganphosphat. Etwa um die gleiche Zeit wurde das Manganphosphatbad auch in Rußland fabrikmäßig hergestellt (P. T. P r j a n n i s c h n i k o w[863] und E. I. D y r m o n d[864]) und unter dem Namen „Digofat" vertrieben.

Von größter Bedeutung für die ganze technische Entwicklung der Phosphatierungstechnik erwies sich die Auffindung der sog. „Beschleunigungsmittel" des Phosphatierungsvorganges, durch die es erst möglich wurde, die Behandlungsdauer im Phosphatierungsbad von 30 bis 60 Minuten auf 1 bis 5 Minuten bei 98° C herabzusetzen. Das erste Bad dieser Art war das „Bonderite-Bad" der Parker Rust Proof Co., bei welchem als Beschleunigungsmittel Nitrate und Kupferverbindungen verwendet wurden. In Europa wurde das „Bonderverfahren" namentlich von der Metallgesellschaft A. G. in Frankfurt a. Main weiter entwickelt, wobei die Schaffung einer dauernden Regenerierungsmöglichkeit des Bades für die große Verbreitung des Bades, das das vorherrschende in Deutschland geworden ist, in besonderem Ausmaße beigetragen hat.

Von ähnlich guter Wirkung wie die Nitrate erwiesen sich die Nitrate (Granodineverfahren) und die Chlorate (Atrament-Ci-Verfahren der I. G. Farbenindustrie A. G.). Die starke Herabsetzung der Phosphatierungsdauer bis auf weniger als 1 Minute ermöglichte auch die Verwendung des Phosphatierungsverfahrens im Fließbetrieb, wobei die Behandlungsflüssigkeit ständig auf die zu phosphatierenden, meist größeren und daher im Tauchbetrieb nur schwer zu behandelnden Massengegenstände aufgesprüht wird (Spritzverfahren).

Als weiteres, auch technisch brauchbares Beschleunigungsmittel des Phosphatierungsvorganges erwies sich die bereits von W. E. B u l l o c k und I. C a l c o t t[865] im Jahre 1909 erkannte Wirkung des elektrischen Stromes. Bemerkenswert ist, daß nur an der Kathode eine Beschleunigung eintritt. Bei einer Wechselstrompolarisierung, die von der American Chemical Paint Co.[866] als elektrolytisches Phosphatierungsverfahren empfohlen wurde, wirkt, wie W. M a c h u[867] nachwies, gleichfalls nur der kathodische Stromstoß beschleunigend.

Der Metallgesellschaft[868] ist es auch gelungen, durch Einhaltung bestimmter p_H-Werte die Phosphatierung selbst bei Raumtemperatur in 5 bis 10 Minuten durchzuführen. Diese „Kaltphosphatierung" hat sich bereits vielfach bewährt und führt zu den gleichen Ergebnissen hinsichtlich Aufbau und Zusammensetzung der Phosphatschicht.

Die Phosphatierung ließ sich auch nicht nur beim Eisen und Stahl, sondern auch beim Zink und seinen Legierungen mit Erfolg zur Erhöhung der Korrosionsbeständigkeit und der Haftfestigkeit aufgebrachter Lackschichten verwenden.

Von F. S i n g e r[869] wurde später ein vollkommen neues Anwendungsgebiet der Phosphatierung gefunden, da sich zeigte, daß durch Phosphatierungsschichten die gleitende Reibung zwischen Metallteilen ganz wesentlich herabgesetzt werden kann. Die Phosphatierung erwies sich insbesondere beim Kaltziehen von Stangen, Rohren, Hülsen usw., ferner aber auch bei gleitenden Maschinenteilen, wie z. B. Kolbenringen, als wertvolles Hilfsmittel. Mit diesem neuen Anwendungsgebiet, dessen technische Bedeutung schon nahezu an jene des Rostschutzes heranreicht, läßt sich eine Reihe von technischen Vorteilen erzielen, die mit keinem anderen Oberflächenbehandlungsverfahren erreicht werden kann.

Literaturverzeichnis.

[849] L. Jakobi, Das Römerkastell Saalburg bei Hohenburg vor der Höhe, Hamburg 1947, S. 150. — [850] W. Machu, Die Phosphatierung, Verlag Chemie, 1950, S. 2. — [851] T. W. Coslett, EP. 8 667/1906, FP. 376 536, AP. 870 937, DRP. 209 805. — [852] H. L. Heathcote EP. 490/1908. — [853] T. Murray, Engineering 85, 870, 1908. — [854] A. S. Cuhsman, Engineering 87, 710—13, 1909; I. Iron Steel Inst. 79, 33—68, 1909. — [855] T. W. Coslett, EP. 28 131/1909, DRP. 248 856, FP. 423 241, AP. 1 007 069. — [856] R. G. Richards, EP. 17 563/1911, DRP. 265 249, FP. 466 701, AP. 1 069 903. — [857] H. A. Adam, EP. 45 134/1913. — [858] W. H. Allen, AP. 1 206 075. — [859] E. S. Whittier, Met. Ind. New York 16, 509—10, 1918; 17, 71, 1919. — [860] L. E. Eckelmann, Chem. Metallurg. Engineering 21, 787—89, 1919. — [861] T. W. Wunsch, Machinengineering New York 24, 310—11, 1917. — [862] I. G. Farbenindustrie A. G., EP. 365 569, FP. 698 878. — [863] P. T. Prjannischnikow, Trud. Inst. Prikladn. mineralogii (russisch) 57, 1930; J. angew. Chem. (russisch) 3, 269—75, 1930. — [864] E. J. Dyrmond, Rep. Centr. Inst. Met. Leningrad 13, 90—95, 1933. — [865] W. E. Bullock und I. Calcott, EP. 16 300/1909. — [866] American Chemical Paint Co., FP. 783 250. — [867] W. Machu, Korrosion und Metallschutz 17, 170, 1941. — [868] Metallgesellschaft A.G., DRP. 741 937/1943. — [869] F. Singer, Metallgesellschaft A.G., DRP. 673 405.

31. Die Eigenschaften der Metallphosphate.

Um die Vorgänge bei der Bildung der Phosphatschichten leichter verstehen zu können, ist es vorerst notwendig, die allgemeinen Eigenschaften der Lösungen der wichtigsten Phosphate kennenzulernen. Die Metallphosphate sind Salze der Orthophosphorsäure H_3PO_4, die drei Reihen von Salzen zu bilden vermag, nämlich 1. primäre oder saure Phosphate (Monophosphate), die durch Ersatz nur eines Wasserstoffatoms der Phosphorsäure durch Metalle entstanden sind, ferner sekundäre oder Diphosphate, die durch Ersatz von zwei Wasserstoffatomen der Phosphorsäure durch Metalle entstanden sind, und 3. tertiäre oder neutrale Phosphate, bei denen alle Wasserstoffatome der Phosphorsäure durch Metall besetzt sind. Während alle drei Arten von Phosphaten der Alkalimetalle, wie z. B. NaH_2PO_4, Na_2HPO_4 und Na_3PO_4, in Wasser leicht löslich sind, sind von den Schwermetallphosphaten nur die primären Salze, wie z. B. $Mn(H_2PO_4)_2$, in Wasser leicht löslich, die sekundären, wie z. B. $ZnHPO_4$, bereits schwer und die tertiären, wie $Zn_3(PO_4)_2$, in Wasser bereits praktisch unlöslich.

Die Löslichkeitsverhältnisse der Metallphosphate werden nun durch die Anwesenheit von freier Phosphorsäure, durch die Konzentrationen der Einzelbestandteile sowie die Badtemperaturen wesentlich beeinflußt. Mit sinkender Wasserstoffionenkonzentration nimmt die Löslichkeit der primären Schwermetallphosphate ab und fallen immer stärker basische Produkte aus. Nach den Untersuchungen von S. R. Carter und N. H. Hartshornes[870] sind z. B. bei 70° C folgende Lösungen von Phosphorsäure mit Eisen-I-oxyd und Wasser im Gleichgewicht: a) sekundäres Eisen-I-phosphat-Dihydrat $FeHPO_4 \cdot 2 H_2O$ mit Lösungen von etwa 2,76% FeO und 7,38% P_2O_5 und bis über 5,54% FeO und 15,1% P_2O_5; b) sekundäres Ferrophosphatmonohydrat $FeHPO_4 \cdot H_2O$ mit Lösungen von etwa 7,71% FeO und

21,6% P_2O_5 bis etwa 11,29% FeO und 37,21% P_2O_5; c) primäres Ferrophosphat-Dihydrat $Fe(H_2PO_4)_2 \cdot 2\,H_2O$ mit Lösungen von etwa 10,5% FeO und 38,86% P_2O_5 bis etwa 3,15% FeO und 57,51% P_2O_5. Eisen-III-phosphate sind, wie S. R. Carter und N. H. Hartshornes[871] zeigten, bedeutend schwerer löslich als die Eisen-II-phosphate.

Die Gleichgewichtsverhältnisse im System $ZnO\text{-}P_2O_5\text{-}H_2O$ wurden von Eberly, Cross und Crowell[872] untersucht. Bei 37° C bildete z. B. das kristallisierte Salz $ZnHPO_4 \cdot 3\,H_2O$ bei Konzentrationen zwischen 20,3% P_2O_5 und 10,1% ZnO und 34,6% P_2O_5 und 17,6% ZnO den Bodenkörper, während ein wasserärmeres sekundäres Phosphat der Formel $ZnHPO_4 \cdot H_2O$ bei 37° C in Lösungen von 34,6% P_2O_5 und 17,6% ZnO bis 45,7% P_2O_5 und 18,5% ZnO als Bodenkörper mit der Lösung und dem Dampf im Gleichgewicht steht. In Lösungen mit höheren P_2O_5-Gehalten als 45,7% P_2O_5 und 18,5% ZnO bildet das primäre Zinkphosphat $Zn(H_2PO_4)_2 \cdot 2\,H_2O$ den Bodenkörper, während in Lösungen mit niedrigeren Gehalten als 15,2% P_2O_5 und 7,5% ZnO nur das tertiäre Zinkphosphat der Formel $Zn_3(PO_4)_2 \cdot H_2O$ ausfällt.

In Zinkphosphatschichten liegt nach röntgenographischen Untersuchungen von A. Durer und E. Schmid[873] stets das tertiäre Zinkphosphat der Formel $Zn_3(PO_4)_2 \cdot 4\,H_2O$ in der rhombischen, dem Mineral Hopeit entsprechenden Modifikation vor. Dieser Befund steht mit früheren Ergebnissen von W. Rathje[874] im Einklang, wobei bei der Fällung des Zinks aus schwach phosphorsaurer Lösung stets ein basisches Phosphat, und zwar in der dem Hydroxylapatit entsprechenden Zusammensetzung $3\,Zn_3(PO_4)_2 \cdot Zn(OH)_2$ entsteht. Ähnlich wie das Zink verhält sich das dreiwertige Eisen und Blei, während Kadmium, zweiwertiges Eisen, Mangan, Kupfer, Kobalt, Nickel, Magnesium und Barium aus ihren Salzlösungen durch langsamen Zusatz von Phosphorsäure als neutrales Triphosphat $Me_3(PO_4)_2$ ausgefällt werden.

Im ternären System $MnO\text{-}P_2O_5\text{-}H_2O$ existieren nach J. Grube und M. Staesche[875] zwischen 25 und 55° C als stabile Bodenkörper neben Phosphorsäuren verschiedener Konzentration die Verbindungen $Mn_3(PO_4)_2$, $MnHPO_4$ und $Mn(H_2PO_4)_2 \cdot 3\,H_2O$. Das nach verschiedenen Phosphatierungsverfahren in der Phosphatschicht ausgefällte Manganphosphat stellt nach den röntgenographischen Untersuchungen von Durer und Schmid[873] ein Ditrimanganphosphat der Formel $Mn_3(PO_4)_2 \cdot 2\,MnHPO_4 \cdot 5\tfrac{1}{2}\,H_2O$ dar (s. Abb. 71, S. 215).

Literaturverzeichnis.

[870] S. R. Carter und N. H. Hartshornes, J. Chem. Soc. 1926, 363. — [871] Dieselben, ebenda 123, 2225—30, 1923. — [872] Eberly, Cross und Crowell, J. Amer. Soc. 42, 1433, 1920. — [873] A. Durer und E. Schmid, Korrosion und Metallschutz 20, 161—64, 1944. — [874] W. Rathje, Berichte Dtsch. Chem. Ges. 74, 357—62, 1941. — [875] J. Grube und M. Staesche, Ztschr. physikal. Chem. 130, 572—83, 1927.

32. Die Vorgänge bei der Schichtbildung.

Wirkt eine Lösung von verdünnter Phosphorsäure oder sauren Phosphaten auf eine Eisenoberfläche ein, so besteht die primäre Reaktion nur in einer Auflösung des Eisens durch die Säure nach der Gleichung $Fe + 2\,H_3PO_4 = Fe(H_2PO_4)_2 + H_2$.

Diese Lösungen wirken daher zunächst nur so wie jede andere Säure rein beizend auf die Eisenoberfläche ein. Dabei geht in stärkeren Säuren nur das Eisen in Lösung, während praktisch keine Schichtbildung erfolgt.

Mit zunehmender Einwirkungsdauer nimmt nicht nur die Säurekonzentration ab, sondern reichert sich auch das Eisen in der Lösung an. Von einer bestimmten

Konzentration beider Badbestandteile an erfolgt dann eine Abscheidung eines dünnen, mit freiem Auge anfangs kaum sichtbaren Eisenphosphatüberzuges. Unter günstigen Reaktionsbedingungen entsteht aus sauren Eisenphosphatlösungen eine etwa 0,01 mm dicke Phosphatschicht, die zwar nur einen sehr geringen Korrosionsschutz verleiht, aber doch einen brauchbaren Haftgrund für aufgebrachte Lacküberzüge darstellt.

Die Schichtbildung selbst kann durch das Verhalten der Lösungen von primären Metallphosphaten bei höheren Temperaturen und verminderter Säurekonzentration erklärt werden. Die Lösungen von Eisen-, Zink- und Manganphosphat sind nämlich nicht temperaturbeständig, sondern sie dissoziieren mit zunehmender Temperatur, steigender Verdünnung sowie sinkender Wasserstoffionenkonzentration in immer stärkerem Maße zu schwerer löslichen sekundären, bzw. unlöslichen tertiären Phosphaten. Die bei der Dissoziation vor sich gehenden Reaktionen können durch folgende Formeln dargestellt werden:

$$\mathrm{Zn(H_2PO_4)_2} \rightleftharpoons \mathrm{ZnHPO_4\ (fest) + H_3PO_4}$$
$$\mathrm{3\,ZnHPO_4} \rightleftharpoons \mathrm{Zn_3(PO_4)_2 + H_3PO_4}$$
$$\mathrm{3\,Zn(H_2PO_4)_2} \rightleftharpoons \mathrm{Zn_3(PO_4)_2 + 4\,H_3PO_4.}$$

Ähnlich wie das Zink können natürlich auch das zweiwertige Eisen- und Manganion die gleichen Reaktionen eingehen.

Zur Verhinderung der Dissoziation der Lösungen der primären Metallphosphate bei höheren Temperaturen ist es daher notwendig, daß die Phosphatierungsbäder stets einen Gehalt an freier Phosphorsäure aufweisen. Denn aus reinen Lösungen der primären Phosphate würden bereits beim Erwärmen große Teile der Phosphate als unlöslicher Niederschlag ausfallen. Der Gehalt des Bades an freier Phosphorsäure muß aber in einem ganz bestimmten Verhältnis zur Konzentration der Schwermetallphosphate stehen, wie bereits H. Allen[876] erkannt hat. Ist nämlich zu viel freie Säure vorhanden, so wirkt das Bad vorwiegend nur beizend und lösend auf das Eisen, während die Dissoziationsreaktion im Sinne der Pfeile von links nach rechts erschwert oder verzögert ist. Bei zu geringem Gehalt an freier Phosphorsäure geht die Dissoziation in unerwünschter Weise bei der Erwärmung des Bades bereits in der Lösung und nicht erst in der Grenzschicht Metall — Lösung vor sich. Dadurch entsteht eine zu starke Schlammbildung und zu hoher Chemikalienverbrauch. Ein richtig zusammengesetztes Phosphatierungsbad hat daher einen solchen Gehalt an Schwermetallen, Wasserstoff-, $\mathrm{H_2PO_4}'$- und $\mathrm{HPO_4}''$-Ionen, daß die Löslichkeitsprodukte der sekundären und tertiären Phosphate auch bei der Siedetemperatur des Bades gerade noch nicht überschritten werden. Der Praktiker bezeichnet solche Bäder als „im Gleichgewicht befindlich".

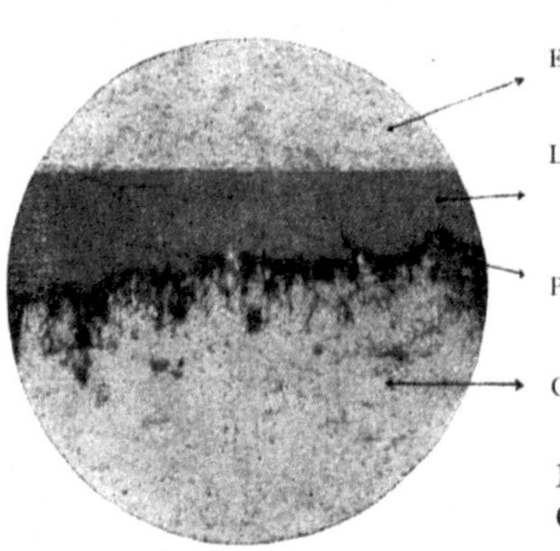

Abb. 60. Mikrophotographie einer Phosphatschicht, V = 210 x (Soc. Continentale Parker S. A.).

Wird mit einer Phosphatierungslösung, die sich im Gleichgewichte befindet, nun ein Eisengegenstand behandelt, so entsteht durch die eingangs erwähnte Beizreaktion primäres Eisen-II-Phosphat und gleichzeitig wird Phosphorsäure verbraucht. Die Abstumpfung der freien Phosphorsäure bewirkt nun eine Verschiebung des Dissoziationsgleichgewichtes im Sinne der Pfeile von links nach rechts, so daß also die schwer- bzw. unlöslichen sekundären und tertiären Metallphosphate ausfallen. Weil sich das Phosphatierungsbad bei der

Behandlungstemperatur im Gleichgewicht befand, genügt schon ein verhältnismäßig geringer Verbrauch von freier Säure, um die Löslichkeitsprodukte der Schwarzmetallphosphate zu überschreiten. Da diese Reaktionen an der Eisenoberfläche selbst ausgelöst werden und auch mit sehr großer Geschwindigkeit verlaufen, verankert sich die Phosphatschicht an der Eisenoberfläche und haftet an ihr fest. Die bei der Dissoziation freiwerdende Phosphorsäure macht das Bad langsam immer stärker sauer. Die innige Verankerung und starke Verzahnung der Phosphatschicht mit der Eisenoberfläche ist an dem mikroskopischen Querschnitt der Abb. 60 (Soc. Continentale Parker) deutlich erkennbar (V = 210 ×).

Die für die Abscheidung der Schwermetallphosphate charakteristischen Dissoziationskonstanten besitzen für Eisen, Zink und Mangan usw. verschiedene Werte, die sowohl von der Konzentration der Metallionen, der Wasserstoffionen und der Temperatur abhängen. Von G. R o e s n e r, L. S c h u s t e r und R. K r a u s e[877] wurden die Dissoziationskonstanten der Gleichgewichtsreaktionen zwischen Metalloxyd, Phosphorsäure und Wasser bei der für die Phosphatierung wichtigsten Temperatur von 98° C bestimmt und dabei die folgenden Werte für die Reaktionen der Abscheidung von tertiären und sekundären Phosphaten gefunden:

K für tertiäres Ferriphosphat bei 98° C = 290,0,
K für tertiäres Zinkphosphat bei 98° C = 0,71,
K für sekundäres Manganphosphat bei 98° C = 0,67,
K für sekundäres Ferrosulfat bei 98° C = 0,39,
K für tertiäres Manganphosphat bei 98° C = 0,040,
K für tertiäres Ferrosulfat bei 98° C = 0,0013.

Am leichtesten scheidet sich demnach das tertiäre Ferriphosphat, am schwersten das tertiäre Ferrophosphat ab.

Auch die gesamte Konzentration der Badbestandteile ist für dessen richtige Arbeitsweise sehr wesentlich. Würde z. B. ein richtig arbeitendes Bad auf ein mehrfaches seines Volumens verdünnt werden, so würde zwar das Verhältnis zwischen freier und gebundener Phosphorsäure nur wenig geändert werden, das Bad aber unbrauchbar werden. Denn die Abstumpfung der freien Phosphorsäure beim primären Beizangriff auf das Eisen geht bei niedriger Wasserstoffionenkonzentration derartig rasch vor sich, daß die Dissoziationsgleichgewichte nicht nur in der Grenzschicht, sondern in noch größerem Ausmaße in der Lösung verschoben werden. Die Folge ist dann eine verstärkte Abscheidung der schwerlöslichen Phosphate in der Lösung, geringere Schichtbildung, größerer Schlammbildung und höherer Chemikalienverbrauch.

In einem zu stark sauren Phosphatbade erfolgt andererseits wegen des zu großen Vorrates an Wasserstoffionen die Abstumpfung der freien Phosphorsäure so langsam, daß die Dissoziationsgleichgewichte erst in erheblich längeren Zeiträumen verschoben werden. Die Schichtbildung ist daher nicht nur stark verzögert, sondern es bilden sich auch nur sehr dünne Phosphatschichten aus.

Aus der Größe der Dissoziationskonstanten ergibt sich bereits, daß Zinkphosphatbäder mehr freie Säure als Mangan- und Eisenphosphatlösungen enthalten müssen, um die Dissoziation des Zinkphosphates in der Lösung zu verhindern. Das tertiäre Zinkphosphat kommt daher bei einem niedrigeren p_H-Werte zur Abscheidung als Mangan- und Eisen-II-phosphat. Wegen der stärkeren Beizwirkung der stärker sauren Zinkphosphatlösungen geht auch die Überzugsbildung in diesen Lösungen schneller vor sich. Dazu kommt noch, daß wegen der größeren Dissoziationskonstanten das Gleichgewicht früher überschritten wird. Zinkphosphatlösungen greifen wegen ihrer größeren Wasserstoffionenkonzentration auch schwerer angreifbare Eisenoberflächen noch kräftig und ausreichend an. Hingegen können z. B. legierte Stähle von der schwächer sauren Manganphosphatlösung nur mehr schwierig oder unvollständig phosphatiert werden.

Literaturverzeichnis.

[876] H. Allen, AP. 1 167 966. — [877] G. Roesner, L. Schuster und R. Krause, Korrosion und Metallschutz 17, 174—79, 1941.

33. Die Zusammensetzung der Phosphatschicht und der Phosphatierungslösung.

a) Phosphatschicht und Lösung in oxydationsmittelfreien Bädern.

Zu Beginn des Phosphatierungsganges und in frischen Bädern scheiden sich aus Zinkphosphatlösungen Überzüge aus dem tertiären Zinkphosphat bzw. Ditrimanganphosphat ab (s. S. 199). Durch den Angriff der Phosphorsäure auf das Eisen wird aber dauernd primäres Eisenphosphat gebildet, das sich immer mehr in der Lösung anreichert. Mit zunehmendem Eisengehalt im Bade tritt neben den Zink- bzw. Manganphosphaten auch sekundäres und tertiäres Eisen-II-phosphat sowohl im Überzuge als auch im Bodenkörper auf. Die Verarmung des Bades an Phosphorsäure während des Betriebes bewirkt auch, daß das Bad immer schwächer sauer wird und dadurch die Dissoziationsgleichgewichte schneller und leichter überschritten werden. Die Veränderung

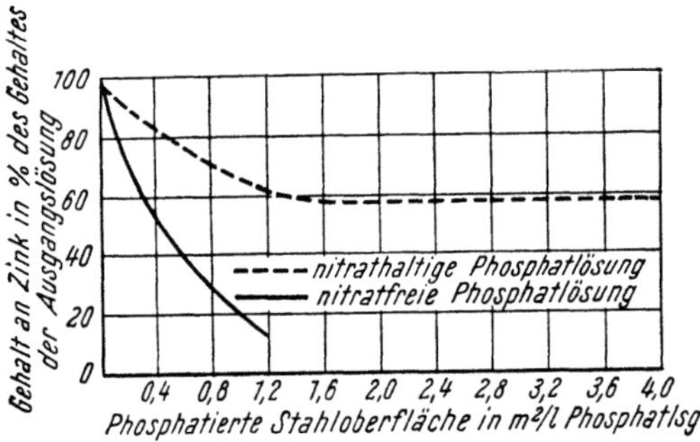

Abb. 61. Abfall des Zinkgehaltes in Phosphatierungsbädern ohne und mit einem Nitratgehalt mit steigender Ausnutzung des Bades.

der Zusammensetzung der Badelösung und der Phosphatschicht in einem nitratfreien Zink- bzw. Manganphosphatbade in Abhängigkeit von der durchgesetzten Eisenoberfläche sind in den Abb. 61 und 62 von G. Roesner, L. Schuster und K. Krause[877] wiedergegeben (vollausgezogene Kurven). Wie ersichtlich, sinkt die Zink- bzw. Mankonzentration schon nach einem verhältnismäßig geringen Durchsatz von Eisenoberfläche sehr rasch ab. Nach einem Durchsatz von nur 1,2 qm Eisenoberfläche pro Liter Badlösung sind nur mehr etwa 15 bis 25 % des ursprünglich vorhandenen Zinks oder Mangans vorhanden, während der restliche Anteil dieser Metalle durch Eisen ersetzt wurde. Technisch ist die Eisenanreicherung

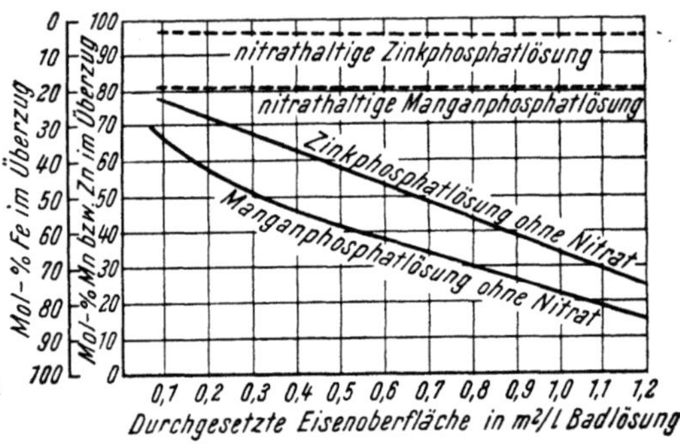

Abb. 62. Abhängigkeit der Schichtzusammensetzung in Phosphatierungsbädern von der durchgesetzten Eisenoberfläche.

von großer Bedeutung, da derartige eisenreiche Schichten keinen befriedigenden Korrosionsschutz mehr gewähren (s. S. 206).

Die Eisenaufnahme durch Zinkphosphatschichten erfolgt, wie A. D u r e r, E. S c h m i d und H. D. Graf von S c h w e i n i t z[878] nachwiesen, durch Bildung der Mischkristalle der beiden Phosphate.

Die während des Dauerbetriebes des Bades sich bildenden Schlammengen sind verhältnismäßig groß. In Tab. 15 sind nach R o e s n e r, S c h u s t e r und K r a u s e[877] die Menge und Zusammensetzung des Schlammes nach einem Durchsatze von 1,2 qm Eisenoberfläche pro Liter Badlösung wiedergegeben. Wie zu ersehen ist, steigt auch der Anteil des durch Ergänzung zugeführten Schwermetalles im Badschlamm mit steigender durchgesetzter Eisenoberfläche an. Das dreiwertige Eisen im Badschlamm ist durch Oxydation durch den Luft- bzw. Nitratsauerstoff entstanden.

Tabelle 15. *Menge und Zusammensetzung des Badschlammes.*

Phosphatlösung	g Schlamm je 5 l Bad	g Schlamm je qm Eisenoberfläche	Zusammensetzung des Bodenkörpers				Zugeführtes P_2O_5 im Schlamm %	Zugeführtes Metall im Schlamm
			Me %	Fe II %	Fe III %	P_2O_5%		
Manganphosphat .	390	65	Mn 14,4	17,6	5,9	32,9	59,2	Mn 88,5
Zinkphosphat . .	245	41	Zn 10,0	19,8	9,4	35,0	56,1	Zn 57,7
Nitrathaltiges Zinkphosphatbad . .	60	10	Zn 12,3	0,4	20,9	35,7	24,8	Zn 16,1

b) Zusammensetzung des Bades und der Schicht in Gegenwart von Oxydationsmitteln.

Die normalen, oxydationsmittelfreien Zink- und Manganphosphatlösungen (Langzeitbäder) weisen folgende Nachteile auf: 1. Die Korrosionsbeständigkeit der Phosphatüberzüge nimmt nach Überschreitung eines bestimmten Eisengehaltes der Schicht derartig schnell ab, daß die Bäder erneuert werden müssen. 2. Wegen der rascheren Eisenanreicherung ist die Lebensdauer der Bäder nur gering. 3. Der Chemikalienverbrauch und die Menge des abgeschiedenen Schlammes sind verhältnismäßig hoch. 4. Die Phosphatierungsdauer, die für das Zinkphosphatbad bei 98° C etwa 30 Minuten und für das Manganphosphatbad etwa 60 Minuten beträgt, ist für viele technische Zwecke, insbesondere für den Fließbetrieb, zu lang.

Es bedeutete daher einen wesentlichen Fortschritt, als man Beschleunigungsmittel für den Phosphatierungsvorgang fand, welche die Phosphatierungsdauer auf 1 bis 10 Minuten heraufzusetzen gestatteten. Als technisch wichtig haben sich besonders die Oxydationsmittel Nitrate, Nitrite und Chlorate erwiesen. Diese Stoffe besitzen die Fähigkeit, sowohl den während der Phosphatierung entwickelten Wasserstoff als auch das entstandene Ferophosphat zu Ferriphosphat zu oxydieren. Wie R o e s n e r, S c h u s t e r und K r a u s e[877] gezeigt haben, überschreitet der Eisengehalt des Bades mit Oxydationsmitteln eine bestimmte Grenze nicht, so daß es zu keiner stärkeren Eisenanreicherung im Bade kommen kann. Der Zink- oder Mangangehalt des Bades wird nur ungleich weniger vermindert als im oxydationsmittelfreien Bade (Abb. 61 und 62, gestrichelte Kurve). Aus diesem Grunde bleibt auch der Eisengehalt der Phosphatschicht in nitrathaltigen Bädern selbst bei sehr großen Durchsätzen auf erheblich geringeren Werten und wird bereits für kleinere Durchsätze konstant (Abb. 62). Dieser Umstand ist von allergrößter Bedeutung für die praktische Verwendung des Bades, da nicht nur die für die Korrosionsbeständigkeit sehr nachteilige Eisenanreicherung in der Phosphatschicht vermieden, sondern auch ein Dauerbetrieb des Bades mit konstant bleibender Zusammensetzung des

Bades und der Schicht ermöglicht wird. Wie aus der Tab. 15 zu entnehmen ist, besteht der Schlamm in nitrathaltigen Bädern vornehmlich aus Ferriphosphat. Es ist daher die Ausnützung der Chemikalien und ihr Verbrauch günstiger als in oxydationsmittelfreien Lösungen.

c) Quantitative Untersuchungen der Porosität von Phosphatschichten.

Eine der wesentlichsten Eigenschaften einer Schutzschicht ist neben ihrer Haftfestigkeit und chemischen Beständigkeit ihre Porosität. Ein unedles Metall besitzt stets das Bestreben, den metallischen Zustand aufzugeben und mit dem angreifenden Mittel Verbindungen einzugehen. Diese Verbindungen, wie Hydroxyde, Oxyde, Karbonate usw., stellen beim Eisen den Rost dar. Ist das Metall vollständig lückenfrei mit einer unlöslichen Schutzschicht versehen, so bleibt es rostfrei. Es ist dann „korrosionspassiv" (W. M a c h u[879]). Da es aber porenfreie Schutzschichten überhaupt nicht gibt, hängt die Reaktionsfähigkeit des unedlen Metalles in erster Linie von der Porosität des Überzuges ab, da nur in dessen Poren das Grundmetall aktiv in Lösung gehen kann. Die Größe der Summe der Porenfläche einer Schutzschicht gibt daher ein quantitatives Maß ihres Schutzvermögens wieder. Der Wert der freien, das heißt ungeschützten Porenfläche ist daher eine charakteristische Eigenschaft von Schutzschichten.

Von W. J. M ü l l e r und W. M a c h u[880] wurde eine quantitative elektrochemische Methode zur Untersuchung der Porosität von Schutzschichten ausgearbeitet, die W. M a c h u[881] erstmalig zur Untersuchung von nach verschiedenen Verfahren hergestellten Phosphatschichten anwendete. Das Verfahren, über welches W. M a c h u[882] ausführlich berichtete, besteht darin, daß eine zylindrische Elektrolyteisenelektrode, auf welche eine Phosphatschicht aufgebracht wurde, in einer neutralen, 1 n Natriumsulfatlösung als Elektrolyt anodisch passiviert wird. Die Spannung beträgt etwa 2 V. Aus der beim Passivierungsversuch gemessenen Passivierungszeit t_p und Anfangsstromdichte i in Amp/cm² kann dann auf Grund der

Beziehung $t_p = B \left(\dfrac{i_0}{F_0 - F}\right)^{-n}$ (B = 3,50, n = 1,57) die freie Porenfläche $F_0 - F$ in jedem Zeitpunkt des Bedeckungsvorganges auf Grund der Formel

$$\log (F_0 - F) = \frac{\log t_p - \log B + n \log i_0}{n}$$

berechnet werden.

Verfolgt man nun z. B. mit Hilfe des Porenprüfverfahrens von M ü l l e r - M a c h u den Schichtbildungsvorgang während des Phosphatierungsvorganges, so zeigt sich, daß z. B. in einem Manganphosphatbad an geschliffenen Elektrolyteisenelektroden die Porosität des Phosphatierungsvorganges immer kleiner wird. Nach etwa 60 Minuten wird die freie Porenfläche praktisch konstant (Abb. 63). Im Zinkphosphatbad wird die Porenfläche bereits nach etwa 30 Minuten konstant. Die Phosphatierungsdauer von 60 bzw. 30 Minuten im technischen Betrieb fällt daher mit dem Konstantwerden der freien Porenfläche der

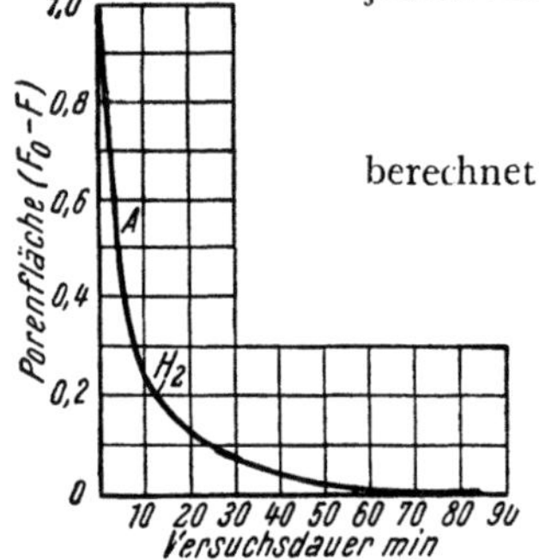

Abb. 63. Freie Porenfläche während des Bedeckungsvorganges im Manganphosphatbade in Abhängigkeit von der Phosphatierungsdauer.

Phosphatierungsschicht zusammen. In der Praxis wird in den oxydationsmittelfreien Langzeitbädern oft das Aufhören der Wasserstoffentwicklung als Endpunkt des Phosphatierungsvorganges angesehen. Tatsächlich ist dieses Merkmal jedoch kein verläßliches Kennzeichen für den Endpunkt der Deckschichtbildung, da, wie sich aus dem Pfeil in der Abb. 63 ergibt, die Wasserstoffentwicklung bereits bei einer Porosität der Schicht von etwa 20% aufhört. Die Schichtbildung und Verminderung der Porosität geht aber auch nach dem sichtbaren Aufhören der Wasserstoffentwicklung noch weiter.

Ein ausgezeichnetes Hilfsmittel für die Untersuchung des Schichtbildungsvorganges stellt auch die Beobachtung des zeitlichen Verlaufes des Metallpotentiales während des Phosphatierungsvorganges dar. Tritt an einem Metall nämlich eine Deckschicht, wie z. B. eine Phosphatschicht, auf, so tritt zu dem reinen Nernstschen Metallpotential ε_{Me} noch eine Deckschichtpolarisation hinzu (W. J. M ü l l e r und K. K o n o p i c k y[883]), die durch das Produkt von Porenstrom mal Porenwiderstand gegeben ist : $e' = \varepsilon_{Me} + iw_p$. Das gemessene Potential e' ist daher edler als das wahre Metallpotential ε_{Me}. Das Auftreten einer Deckschicht und der Endpunkt des Phosphatierungsvorganges macht sich nun gleichfalls deutlich am Verlaufe der Potentialkurve bemerkbar, wie z. B. die Abb. 64 für den Phosphatierungsvorgang im Manganphosphatbade und Abb. 65 für mehrere Phosphatierungsversuche an geschliffenen Elektrolyteisenproben in einem nitrathaltigen Zink-

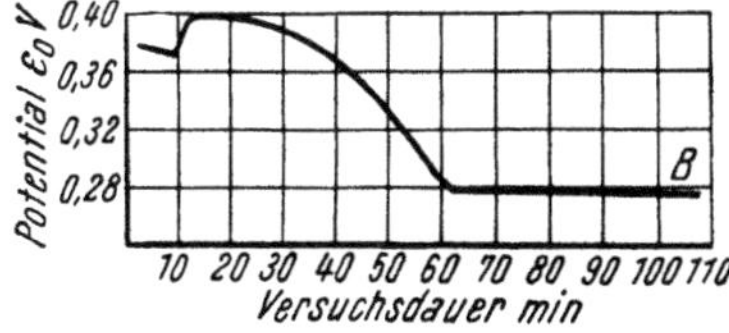

Abb. 64. Potentialverlauf während des Bedeckungsvorganges im Manganphosphatbade in Abhängigkeit von der Phosphatierungsdauer.

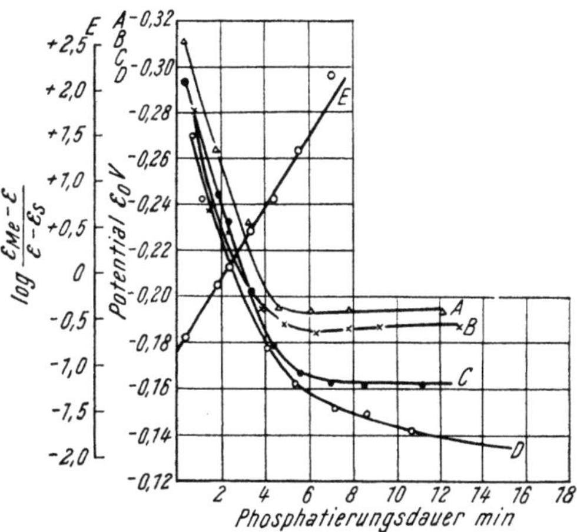

Abb. 65. Potentialkurven (A, B, C, D) und Selbstpassivierungsgesetz (E) im nitrathaltigen Zinkphosphatbade (Bonder II).

phosphatbade (Bonder 2) nach W. M a c h u[884] erkennen läßt. Dieser Bedeckungsvorgang stellt eine Selbstpassivierung dar, wie aus der Auswertung der Kurve C nach dem Selbstpassivierungsgesetz von W. J. M ü l l e r und K. K o n o p i c k y[885] hervorgeht. In Oxydationsmittel enthaltenden Kurzzeitbädern ist die Wasserstoffentwicklung praktisch nicht sichtbar, da der Wasserstoff im status nascendi sofort zu Wasser oxydiert wird. In diesen Fällen stellen die quantitativen Untersuchungsmethoden von W. M a c h u besonders wertvolle Hilfsmittel zur Untersuchung des Phosphatierungsvorganges und der Schichteigenschaften dar.

d) Die Einarbeitung und Alterung der Phosphatierungsbäder.

Die Brauchbarkeit der elektrochemischen Porenprüfmethode (§ 5) möge gleich an Hand der für die Praxis wichtigen Fragen der Einarbeitung und Alterung der Phosphatierungsbäder dargelegt werden. Durch Erfahrung ist es bekannt, daß der beste Korrosionsschutz der Phosphatüberzüge nicht in frisch angesetzten, sondern bereits etwas mit Eisenphosphaten versehenen Bädern erhalten wird.

Wie W. M a c h u[886] nachwies, wird durch das Einarbeiten die Porosität der Phosphatschichten von rund 0,5% auf etwa 0,1% herabgesetzt. Die Einlagerung geringer Mengen von sekundärem und tertiärem Eisenphosphat, die nach R o e sn e r, S c h u s t e r und K r a u s e etwa 4 Molprozente beim Zinkphosphat und etwa 18 Molprozente beim Manganphosphat beträgt, wirkt sich daher (Abb. 66) anfangs günstig auf die Korrosionsbeständigkeit aus.

Schreitet die Einlagerung von Eisenphosphat in die Phosphatschichte zufolge stärkerer Eisenanreicherung bei größerem Durchsatz von Eisenoberfläche weiter fort, so tritt bereits nach einem Durchsatz von etwa 0,4 bis 0,6 qm Eisenoberfläche pro Liter Badlösung eine deutliche Verschlechterung des Schutzwertes der Überzüge ein. Gleichzeitig ist auf röntgenographischem Wege neben dem Zinkphosphat das Eisenphosphatgitter nachweisbar (L. S c h u s t e r und R. K r a u s e[887]). Bei der Korrosion wird durch den Luftsauerstoff das Ferroeisen zu Ferrieisen oxydiert, wodurch eine Gitteränderung auftritt, die zu einem Zusammenbruch des Phosphatgitters und Unbrauchbarwerden der Deckschichte führt. Tatsächlich besitzt nach W. R a t h j e[888] das tertiäre Ferrophosphat die Struktur des normalen Phosphates $Fe_3(PO_4)_2$, während das Ferriphosphat nach Art des Hydroxylapatites $3\ FePO_4 \cdot Fe(OH)_3$ kristallisiert.

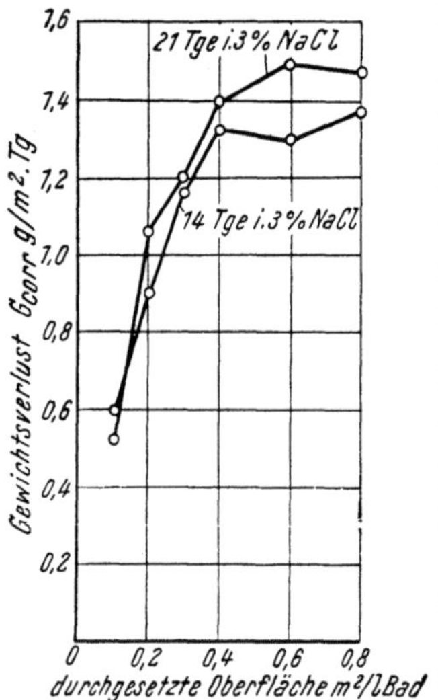

Abb. 66. Gewichtsverluste von Zinkphosphatschichten aus dem nitratfreien Zinkphosphatbade in Abhängigkeit von der durchgesetzten Eisenoberfläche.

Enthält die Phosphatierungslösung ein Oxydationsmittel, wie z. B. Nitrat, Nitrit, Chlorat usw., so wird eine stärkere Eisenanreicherung sowohl im Bade als auch in der Phosphatschicht verhindert (Abb. 61 und 62). Es bleibt nicht nur die Zusammensetzung der Lösung und Phosphatschicht, sondern auch der Schutzwert konstant (Abb. 67). Diese Unterschiede zwischen oxydationsmittelfreien Langzeit- und oxydationsmittelhaltigen Kurzzeitbädern machen sich auch in der Porosität der Überzüge bemerkbar. In der Abb. 68 ist nach W. M a c h u[889] die Porosität von Zinkphosphatschichten aus Lang- und Kurzzeitbädern in Abhängigkeit von der durchgesetzten Eisenoberfläche wiedergegeben. Während im Langzeitbad die Porosität der Phosphatschicht von 0,5 bis auf etwa 60% nach 20 Einsätzen ansteigt, bleibt sie im nitrathaltigen Bade (Kurve K) konstant.

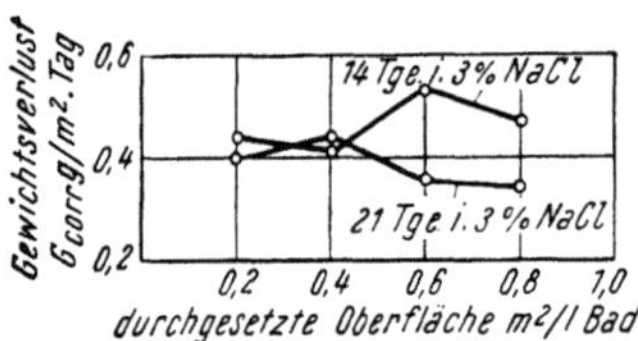

Abb. 67. Gewichtsverluste von Zinkphosphatschichten aus dem nitrathaltigen Zinkphosphatbade in 3%iger NaCl-Lösung in Abhängigkeit von der durchgesetzten Eisenoberfläche.

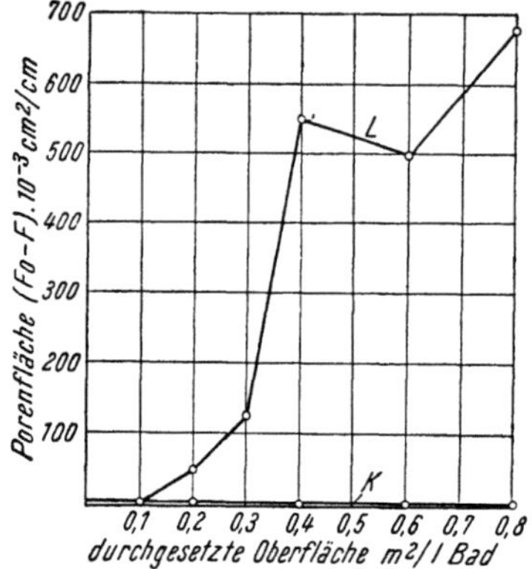

Abb. 68. Abhängigkeit der freien Porenfläche im nitratfreien (Kurve L) Langzeitbade und nitrathaltigen Kurzzeitbade (Kurve K) (Zinkphosphatschichten) von der durchgesetzten Eisenoberfläche.

Vollkommen gleichartig verhalten sich die Proben bei der Korrosionsbeanspruchung. Durch das Einarbeiten nehmen zunächst die Gewichtsverluste wegen Verminderung der Porosität ab. Während im nitratfreien Langzeitbade mit steigender Durchsatzzahl eine zunehmende Verminderung der Beständigkeit der Schichten feststellbar ist (Abb. 66), bleibt diese im nitrathaltigen Bade auch über große Durchsätze gleich groß.

Wie M. M a c h u (l. c.) mit künstlich hergestellten Lösungen von Zinkphosphat mit wechselnden Mengen von Eisenphosphat zeigen konnte, steigt die Porosität der Überzüge mit zunehmendem Eisengehalte linear an.

Bei Manganphosphatschichten steigt die Porosität mit zunehmender Einsatzzahl weniger stark an als bei Zinkphosphatüberzügen. Die geringere Rostbeständigkeit eisenreicher Manganphosphatüberzüge aus Langzeitbädern beruht jedoch auch hier auf einem Größerwerden der Porenfläche, die durch den Zusammenbruch des Phosphatgitters durch die Oxydation des Ferro- zum Ferriphosphat hervorgerufen wird (W. M a c h u[890]).

Zum völlig gleichen Ergebnisse über den Einfluß des Eisengehaltes der Phosphatschichten auf ihre Korrosionsbeständigkeit waren bereits früher L. S c h u s t e r und R. K r a u s e[891] durch Bestimmung der Gewichtsänderung der Bleche bei der Korrosion gelangt.

L i t e r a t u r v e r z e i c h n i s.

[878] A. D u r e r, E. S c h m i d und H. D. Graf von S c h w e i n i t z, Z. VDI **86**, 15—18, 1942. — [879] W. M a c h u, Österr. Chem. Ztg. **36**, 43—46, 51—54, 67—69, 1933. — [880] W. J. M ü l l e r und W. M a c h u, Monatshefte f. Chemie **60**, 359—85, 1932. — [881] W. M a c h u, Chem. Fabrik **13**, 461—70, 1940. — [882] Derselbe, Korrosion und Metallschutz **20**, H. 1, 1944. — [883] W. J. M ü l l e r und K. K o n o p i c k y, Monatshefte f. Chemie **52**, 463, 1929. — [884] W. M a c h u, Korrosion und Metallschutz **17**, 157—64, 1941. — [885] W. J. M ü l l e r und K. K o n o p i c k y, Monatshefte f. Chemie **52**, 463, 1929. — [886] W. M a c h u, Korrosion und Metallschutz **18**, 89—103, 1942. — [887] L. S c h u s t e r und R. K r a u s e, ebenda **17**, 174—81, 1941. — [888] W. R a t h j e, Berichte Dtsch. Chem. Ges. **174**, 57—62, 1941. — [889] W. M a c h u, Korrosion und Metallschutz **18**, 89—103, 1942. — [890] Derselbe, ebenda **19**, 274—79, 1943. — [891] L. S c h u s t e r und R. K r a u s e, ebenda **17**, 1942, Sammelheft, Phosphatrostschutz III, Fortschritte auf dem Gebiete des Phosphatrostschutzes I, 81—107.

34. Die Eigenschaften der Phosphatschichten.

a) Unterschied zwischen metallischen Überzügen und Phosphatschichten.

Die Phosphatüberzüge weisen eine ganze Reihe von Vorteilen auf, die in vielen Fällen ausreichen, um selbst an Stelle von metallischen Überzügen mit Erfolg eingesetzt werden zu können. In Tab. 16 ist in übersichtlicher Form ein Vergleich der Eigenschaften metallischer und Phosphatüberzüge durchgeführt, aus der die wesentlichen Eigenschaften entnommen werden können.

b) Der Schutzwert der Phosphatüberzüge.

Wie bereits erwähnt, besteht die Phosphatschicht aus kristallisierten anorganischen Verbindungen, deren Einzelkristalle nicht vollkommen dicht aneinander gelagert sind, sondern eine Porosität von etwa 0,5% aufweisen. Diese Porosität ist vergleichsweise ziemlich groß, da z. B. die Schutzschichten auf Aluminium und Chrom eine kleinere Porenfläche als etwa 0,1% aufweisen. Dadurch sind dann das Aluminium und Chrom in den Zustand der Korrosionspassivität versetzt (W. M a c h u[892]). Die größere Porosität der Phosphatschichten ist die Ursache dafür, daß bereits feuchte Luft in Tagen bis Wochen unbehandelte phosphatierte Gegenstände unter Rostbildung angreifen. Besonders stark ist dieser Angriff in der Nähe von Beizräumen, also in

Tabelle 16. *Gegenüberstellung der allgemeinen Eigenschaften von Phosphatschichten und metallischen Überzügen.*

Eigenschaft	Phosphatschicht	Metallüberzug
Allgemeines Verhalten:	a) Die Behandlung ist einfach und ohne besondere fachtechnische Kenntnisse durchführbar;	a) Die Behandlung erfordert in vielen Fällen, z. B. bei manchen elektrolytischen Überzugsverfahren, größere Fachkenntnisse und Geschicklichkeit;
	b) niedriger Preis bei großen Herstellungsmengen;	b) höherer Preis;
	c) gute Tiefenwirkung der Bäder, gutes Eindringen in die Poren der Metalloberfläche;	c) bei den schmelzflüssigen Überzugsverfahren gleichfalls gute und gleichmäßige Überzugsbildung. Bei galvanischen Niederschlägen vielfach schlechtere Tiefenwirkung, so daß profilierte Gegenstände oder Hohlkörper nur schwierig oder gar nicht behandelt werden können;
Allgemeines Verhalten:	d) eine Überschreitung der Phosphatierungsdauer schadet nicht.	d) eine Überschreitung der Behandlungsdauer führt z. B. bei der thermischen Verzinkung zur Ausbildung spröder und zu dicker Überzüge; bei elektrolytischen Überzügen ist Knospenbildung möglich.
Veränderung der physikalischen Eigenschaften des Grundmetalles:	a) Die Dickenzunahme beträgt nur etwa 1 bis 15 Mikron;	a) Die Dickenzunahme kann mehrere Zehntel mm betragen, also zu einer stärkeren Veränderung der Abmessungen führen;
	b) praktisch keine Gewichtsänderung, da auch etwas Eisen bei der Phosphatierung gelöst wird;	b) Gewichtszunahme, entsprechend der Dicke der Überzüge;
	c) keine Veränderung der metallischen Eigenschaften des behandelten Gegenstandes;	c) bei den thermischen Metallüberzugsverfahren treten Veränderungen der Festigkeits- und Dehnungswerte auf;
	d) keine Veränderung der magnetischen Eigenschaften;	d) eine Veränderung der magnetischen Eigenschaften ist feststellbar;
	e) Verformungen treten nicht auf.	e) Verformungen sind bei den thermischen Verfahren möglich.

Fortsetzung.

Tabelle 16. *Gegenüberstellung der allgemeinen Eigenschaften von Phosphatschichten und metallischen Überzügen.*

Eigenschaft	Phosphatschicht	Metallüberzug
Elektrisches Verhalten:	Der Überzug besitzt hohen Isolationswiderstand und gutes Isolationsvermögen.	Der Metallüberzug leitet den elektrischen Strom und besitzt daher kein Isolationsvermögen.
Haftvermögen für Öle und Lacke:	Phosphatüberzüge erhöhen die Haftfähigkeit von Öl- und Lackschichten und bilden eine ausgezeichnete Grundlage für Imprägnierstoffe.	Öl- und Lackschichten zeigen auf Metallen eine geringere Haftfähigkeit und haften häufig erst nach einer besonderen Vorbehandlung der Metalloberfläche.
Rostausbreitung:	Bei einer teilweisen Zerstörung der Phosphatschicht findet keine Ausbreitung des Rostes und Unterrostung statt.	Bei einer Verletzung des Metallüberzuges findet meist weitere Ausbreitung des Rostes und Unterrostung statt.
Verhalten gegen Wärme:	Phosphatüberzüge widerstehen Temperaturen bis etwa 500° C, der Schutzwert nimmt aber bereits von 200° C an merklich ab.	Metallüberzüge sind im allgemeinen bis zum Schmelzpunkt des Überzugsmetalles widerstandsfähig, werden aber an der Luft oxydiert.
Instandsetzung schadhafter Stellen:	Fehlerhafte Stellen können durch eine Nachbehandlung oder Nachphosphatierung beseitigt werden.	Schadhafte Stellen erfordern ein Abziehen oder vollständige Erneuerung des metallischen Überzuges.
Gesundheitsschädlichkeit:	Phosphatierungsbäder sind im allgemeinen vollkommen unschädlich.	Die Dämpfe bei der thermischen Metallüberzugsbehandlung sind gesundheitsschädlich. Galvanische Chrom- oder Zyanbäder sind giftig oder gesundheitsschädlich.
Anlagekosten:	Gering.	Höher.
Schutzwert:	Im nichtnachbehandelten Zustande gering, nach einem Lackieren jedoch gut.	Bereits in unbehandeltem Zustande gut, bei sehr geringen Schichtdicken kleiner, sonst meist höher als bei nachbehandelten Phosphatschichten.
Säurebeständigkeit:	Auch nachbehandelt schlecht.	Je nach der Art des Schutzmetalles, z. B. bei Cr, Ni, Cu, gut.
Aussehen:	Matt, unansehnlich, taubengrau bis schwarzgrau, der Metallglanz wird verdeckt.	Matt bis hochglänzend, dekorativ.

Fortsetzung.

Tabelle 16. *Gegenüberstellung der allgemeinen Eigenschaften von Phosphatschichten und metallischen Überzügen.*

Eigenschaft	Phosphatschicht	Metallüberzug
Mechanische Widerstandsfähigkeit:	Sehr gering.	Gut, Härte je nach dem verwendeten Überzugsmetall größer, besonders bei Cr und Ni.
Biegsamkeit:	Gering, nur bei sehr dünnen Schichten besser.	Sehr gut.
Dehnbarkeit:	Gering, nur bei sehr dünnen Schichten besser.	Sehr gut.
Plastische Verformbarkeit:	Gering.	Gut.
Reibung:	Geringer Widerstand bei gleitender Reibung und hohem spezifischen Druck; die Phosphatschicht trägt erheblich zur Verminderung der gleitenden Reibung bei.	Hoher Widerstand bei gleitender Reibung und hohem spezifischen Druck; Metalle vermindern die gleitende Reibung nicht.

säurehaltiger Luft. Aus diesem Grunde sollen phosphatierte Gegenstände möglichst im Anschlusse an die Phosphatierung und Trocknung geölt und lackiert werden und ist die Phosphatierungsanlage vom Beizraum örtlich zu trennen.

Der Schutzwert unbehandelter Phosphatüberzüge ist geringer als z. B. selbst nur einer dünnen Verzinkung oder Verstickung (A. B u r c k h a r d t und G. S a c h s[893], sowie E. R a c k w i t z[894] und A. J ü n g e r[895]).

Nach einer Nachbehandlung von Phosphatschichten mit Ölen oder Lacken tritt jedoch ihr Schutzwert deutlich in Erscheinung. So zeigten mit Lacken oder Ölen nachbehandelte Manganphosphatüberzüge im Salzsprühnebel nach Versuchen von N. A p e s e k l o o f[896] eine größere Korrosionsbeständigkeit als dünne Zink- oder Nickelüberzüge. Zum selben Ergebnisse gelangte K. M. D o m n i t s c h[897] beim Vergleiche mit Kupferüberzügen. Dickere Überzüge aus Zink oder Aluminium wiesen aber nach D. G. S o p w i c h und H. G. G o u c h[898] eine bessere Korrosionsbeständigkeit als phosphatierte oder mit einem Emaillack versehene Eisenproben auf. Der Korrosionswiderstand phosphatierter Proben ist aber stets größer als jener oxydierter Eisengegenstände (V. P. S a c c h i[899]).

Einen außerordentlich großen Einfluß auf die Beständigkeit der Phosphatschichten übt der Eisengehalt der Überzüge aus, wie bereits auf S. 206 ausgeführt wurde. Während geringe Eisengehalte zu einer Verringerung der Porosität und damit zu einer Erhöhung des Schutzwertes in eingearbeiteten Bädern führen, nimmt mit steigendem Eisengehalt die Beständigkeit der Überzüge ab. Nur die nach den Kurzzeitverfahren und mit Oxydationsmitteln hergestellten Phosphatschichten weisen eine gute und von der Größe der durchgesetzten Eisenoberfläche unabhängige Korrosionsbeständigkeit auf.

Reine Eisenphosphatüberzüge sind als Schutzschichten gänzlich unbrauchbar, wie z. B. schon J. C a u r n o t und J. B a r y[900] feststellten.

Der Schutzwert der Manganphosphatüberzüge ist im allgemeinen etwas größer als jener von Zinkphosphatschichten, jedoch weisen die Manganphosphatbäder gegenüber Zinkphosphatschichten auch Nachteile auf, da sie nicht nur die doppelt so lange Phosphatierungdauer erfordern (60 Minuten gegenüber 30 Minuten), sondern auch wegen ihrer schwächeren Angreifbarkeit bei bestimmten, insbesondere legierten Stählen oder schwer zu phosphatierenden Oberflächenzuständen keine einwandfreien Schutzschichten mehr gebildet werden.

Schwach alkalische bzw. bereits sehr schwach saure Lösungen verändern die Deckschichtsubstanz, wodurch ihre Beständigkeit vermindert wird. Nach einer Einwirkung von stark alkalischen Lösungen kann die Phosphatschicht bereits nach kurzer Zeit weggewischt werden, in stärkeren Säuren ist sie nach einigen Sekunden weggebeizt. Zum Abbeizen von Phosphatschichten benützt man vielfach eine konzentrierte Ammoniaklösung, die einige Prozente Wasserstoffsuperoxyd enthält oder eine sparbeizhaltige, 5- bis 10%ige, etwa 60° C warme Schwefelsäurelösung. Die Säurebeständigkeit säurefester Lacke wird durch eine Phosphatierung wegen der leichten Löslichkeit der Phosphate in Säuren herabgesetzt (Tr. Kolke[801]). Die Angaben über die Beständigkeit von Phosphatüberzügen in heißem Wasser sind nicht einheitlich, da z. B. L. W. Laase und G. Gaad[902] eine Erhöhung des Korrosionswiderstandes von Kesselsiederohren durch eine Phosphatierung feststellten, während W. O. Kroenig und S. E. Popow[903] keine größere Widerstandsfähigkeit phosphatierter Eisengegenstände in heißem Wasser fanden.

Eine sehr wertvolle und technisch

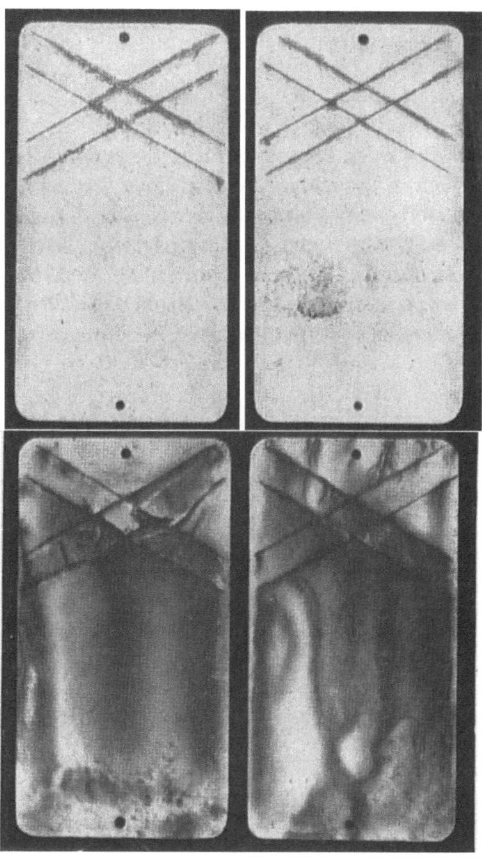

Abb. 69. Korrosions-Kurz-Prüfung in 3%igem Salzsprühnebel. Oben: gebondert und mit Nitrolack lackiert; unten: entfettet und mit Nitrolack lackiert (Metallgesellschaft A. G.).

bedeutsame Eigenschaft der Phosphatüberzüge besteht darin, daß sie bei einer eventuellen Verletzung von aufgebrachten Lackanstrichen das sehr gefährliche Unterrosten und eine weitere Ausbreitung des Rostes verhindern können, so daß der Angriff im wesentlichen nur auf die verletzte Stelle selbst beschränkt bleibt. So zeigt Abb. 69 (Metallgesellschaft) unten entfettete und mit Nitrolack überzogene, oben phosphatierte und mit dem gleichen Nitrolack gestrichene Proben im geritzten Zustande nach einer 72 Stunden langen Kurzprüfung im 3%igen Kochsalzsprühnebel. Während beim entfetteten und lackierten Blech das Rosten sich über die verletzten Stellen wesentlich hinaus ausgebreitet hat, sowie eine Unterrostung und Ablösung der Lackschicht eingetreten ist, ist die Verrostung bei der phosphatierten und lackierten Probe nur auf die verletzten Stellen selbst beschränkt geblieben.

Der Grund für dieses günstige Verhalten der Phosphatüberzüge ist darin zu erblicken, daß nach Freilegung des Grundmetalles die die Korrosion bedingenden
Lokalelemente nur an der verletzten Stelle wirksam sein können, eine weitere seitliche Ausbreitung der Lokalströme auf die unverletzte Metalloberfläche durch die
den Strom nicht leitende Phosphatschicht aber verhindert wird.

c) Isolationsvermögen der Phosphatschichten.

Die Phosphatschicht, die ja aus Mikrokristallen eines anorganischen Metallphosphates besteht, besitzt wie jedes anorganische feste Salz nur eine sehr geringe
elektrolytische Leitfähigkeit. Trotz ihrer geringen Dicke von nur etwa 1 bis 15 Mikron
wirken daher die Phosphatschichten auf Metalle isolierend (O. J. S h e l l e n -
b e r g e r[904] sowie U. A. E v a n s und T. M. H a i n e s[905]). Die verhältnismäßig starke
Porosität der Phosphatschichten ergibt jedoch beim Abtasten der Überzüge mit einer
feinen Metallnadel, die mit einer Stromanzeigevorrichtung verbunden ist, sehr stark
schwankende Widerstandswerte. Die Durchschlagsspannung von Eisen- und Manganphosphatüberzügen wird durch eine Nachbehandlung mit Ölen oder Lacken ganz
wesentlich erhöht (J. C o u r n o t[906]). Wie Tab. 17 erkennen läßt, sind bei phosphatierten und lackierten Proben die Durchschlags- und Isolationsspannungen besonders im feuchten Zustande bedeutend höher als bei Verwendung von Isolierpapier.

Tabelle 17. *Elektrisches Verhalten von phosphatierten und nachbehandelten
Stahlblechen* (nach J. C o u r n o t, l. c).

Art der		Durchschlagsspannung V		Isolationswiderstand Ω	
Vorbehandlung	Nachbehandlung				
des Versuchsbleches		trocken	feucht	trocken	feucht
Phosphatiert in sauren Eisen-Manganphosphat-Lösungen	Öllacküberzug 0,3 mm	675	750	50 000	3 000
Phosphatiert in sauren Eisen-Manganphosphat-Lösungen	Lacküberzug 0,3 mm	880	675	400 000	10 000
Phosphatiert in sauren Eisen-Manganphosphat-Lösungen	Bakelitüberzug 0,15 mm	1 380	1 350	500 000	500 000
Phosphatiert in sauren Eisen-Manganphosphat-Lösungen	Bakelitüberzug 0,2 mm	975	1 375	500 000	500 000
Lacküberzug (0,1, 0,15 mm) und Isolierpapier (2 mm stark)		5 950	2 620	5 000	3,5

Die Abschirmung der Eisenoberfläche durch die isolierende Phosphatschicht macht
sich auch bei der Messung des Potentiales des Eisens bemerkbar (S. 205). Von
G. B ü t t n e r[907] wurde beobachtet, daß während der Phosphatierung zwischen einer
Platin- und Eisenelektrode ein dauernder Spannungsabfall auftritt, der auf den
Anstieg des elektrolytischen Widerstandes im Element Platin - Manganphosphat -
Lösung - Eisen durch die auftretende Manganphosphatschicht zurückgeführt wurde.
W. M a c h u[908] benutzte die auftretenden Potentialveränderungen zur Verfolgung
des Phosphatierungsvorganges, zur Bestimmung des Endpunktes der Schichtbildung
sowie des Einflusses des Beizens usw. auf die Ausbildung der Phosphatschicht. Der

Schichtwiderstand der Phosphatschicht in situ wurde von W. M a c h u für Phosphatierungsüberzüge, die nach verschiedenen Verfahren hergestellt wurden, durchwegs in der gleichen Größenordnung von etwa 2000 Ohm gefunden. Aus dem größeren Widerstandswert der Bleisulfatschicht auf Blei in Akkumulatorensäure, der rund 16 000 Ohm beträgt, kann nicht nur die geringere Porosität der Bleisulfatschicht, sondern auch ihr größeres Schutzvermögen ersehen werden.

Der Wärmeübergang wird durch eine Phosphatierungsschicht selbst im lackierten Zustande nur um einen sehr geringen Betrag vermindert (K. B a e r[909]).

d) Löten der Phosphatschichten.

Gewöhnliche Phosphatüberzüge mit einer Auflage von mehr als 20 mg/qdm können nur mit Schwierigkeiten gelötet werden. Hingegen kann man Überzüge mit weniger als 12 mg Phosphat/qdm mit einem sauren Flußmittel, etwas weniger gut mit einem neutralen Flußmittel löten. Da diese dünnen Phosphatschichten mit den normalen Phosphatierungsmitteln nur schwierig hergestellt werden können, hat die Parker Rust Proof Co.[910] folgende Bäder vorgeschlagen: 2 ccm freie Phosphatsäure, gesamte Säure 18 bis 20 ccm, 0,25 bis 1,5% NO_3, 0,45 bis 0,55% Zink, 2,0% Chlorat, 0,6 bis 1,0% Phosphat und 0,0005 bis 0,002% Kupfer bei 80° C, Tauchzeit 10 Sekunden. Die Bleche werden dann an jenen Stellen, an welchen nicht gelötet werden soll, lackiert.

e) Porosität und Schichtstärke der Phosphatschichten.

Zwischen dem Schutzwert der Phosphatierungsschicht sowie ihrer Porosität und Schichtstärke besteht ein inniger Zusammenhang. Je geringer die freie, ungeschützte Porenfläche ist, desto weniger kommt das zu schützende Metall mit der angreifenden Lösung in Berührung. Da die Wahrscheinlichkeit, daß eine Pore bis zur Metalloberfläche durchgeht, mit steigender Schichtstärke abnimmt, nimmt die Porosität im allgemeinen mit zunehmender Schichtstärke ab und gleichzeitig ihr Schutzwert zu. Die Porosität der Phosphatschicht ist nach den Untersuchungen von W. M a c h u[911] unabhängig vom Herstellungsverfahren und der Zusammensetzung der Schicht praktisch gleich groß. Sie beträgt für frische Zinkphosphatschichten etwa 5.10^{-3} qcm/qcm, für frische Manganphosphatbäder etwa 16.10^{-3} qcm/qcm und für alle Bäder im eingearbeiteten Zustande etwa 1.10^{-3} qcm/qcm. Nur überalterte Zinkphosphatschichten können bis zu einer Porenfläche von 600.10^{-3} qcm/qcm ansteigen. Auch nach dem Kaltphosphatierungsverfahren hergestellte Überzüge weisen die gleiche Porosität wie die in heißen Bädern erzeugten Schichten auf. Dies geht aus Untersuchungen von L. S c h u s t e r und R. K r a u s e über den Zusammenhang von Porosität und Schichtdicke von kaltphosphatierten Schichten nach dem elektrochemischen Porenprüfverfahren von M ü l l e r - M a c h u (Tab. 18) hervor. Mit steigender Schichtdicke sinkt die Porosität des Überzuges.

Tabelle 18. *Porosität und Schichtstärke von verschiedenen Zinkphosphatschichten* (S c h u s t e r - K r a u s e).

Phosphatierungstemperatur	Phosphatierungsdauer	Porosität	Schichtstärke
98° C	5 Minuten	$5,64 \cdot 10^{-3}$ cm²/cm²	10 Mikron
20° C	5 Minuten	$8,61 \cdot 10^{-3}$ cm²/cm²	4 Mikron
20° C	10 Minuten	$6,70 \cdot 10^{-3}$ cm²/cm²	6 Mikron
20° C	15 Minuten	$4,92 \cdot 10^{-3}$ cm²/cm²	7 Mikron

Dickere Phosphatschichten mit geringerer Porosität besitzen auch, wie S c h u s t e r und K r a u s e[912] zeigten, einen größeren Schutzwert. Schrauben mit einer Phosphatauflage von 3.10^{-4} cm wiesen im geölten Zustande den geringsten, mit einer Schichtdicke von 6.10^{-4} cm einen besseren und den größten Schutzwert mit einer Stärke von 10.10^{-4} cm auf.

Die Dicke der Phosphatschichten hängt von der Behandlungsdauer, Badtemperatur, Badzusammensetzung, Vorbehandlung usw. ab. Das Dickenwachstum einer Phosphatschicht im Bonder-II-Bad ist in Tab. 19 nach H. B a e r[913] dargestellt.

Tabelle 19. *Dickenwachstum einer Phosphatschicht im Bonder-II-Bad* (H. B a e r).

Behandlungszeit in Minuten . .	1	2	3	4	5	6	7
Auftrag in Mikron	6,8	8,2	8,6	8,8	9,4	9,8	11,5

Die Schichtstärke wird am besten mit Hilfe eines Optimeters, das auf dem Grundsatz des Fühlhebels beruht, gemessen. Bei der Bestimmung der Schichtdicke aus der Gewichtszunahme beim Phosphatieren muß die in Lösung gegangene Menge Eisen berücksichtigt werden. Diese Methode versagt jedoch vielfach, da in manchen Bädern nach dem Phosphatieren sogar Gewichtsabnahmen feststellbar sind (W. M a c h u[914] sowie W e r, L o g i n o w und A g e j e w[915]).

Die Ebenmäßigkeit von Phosphatüberzügen ist am schlechtesten bei grobkristallinen Überzügen und bei einer alkalischen Entfettung mit Beizen in Säuren (N. A. T o p e[916]). Wird daher vom Konstrukteur eine gute Maßhaltigkeit auch beim Phosphatieren gefordert, so ist eine Entfettung mit Trichloräthylen und ein 20 Minuten langes Tauchen in kochendes Wasser, dem bis 1,2% eines Netzmittels zugesetzt wurden, zu empfehlen. Außerdem muß das Aufrühren des Badschlammes und überhaupt jede starke Schlammbildung sorgfältig vermieden werden. Die besten und gleichförmigsten Überzüge werden im Trommelverfahren erhalten, wobei die Trommel in der Lösung aber so hoch gelagert werden muß, daß der Schlamm nicht aufgerührt wird.

f) Struktur der Phosphatschichten.

Die Struktur der kristallinen Phosphatschichten wird durch die Entstehungsbedingungen, Temperatur und Oberflächenbeschaffenheit des Eisenuntergrundes weitgehendst beeinflußt, welche die Keimzahl und Wachstumsgeschwindigkeit regeln. Eine wichtige Eigenschaft der Überzüge ist eine große Gleichmäßigkeit und für viele Zwecke auch ein möglichst feines Kristallkorn. Die Kristalle können in Form von Plättchen, Nadeln oder Körnern auftreten. Eine bestimmte kristallographische Orientierung in Beziehung zum Eisenuntergrund konnte bisher nicht nachgewiesen werden (A. D u r e r, E. S c h m i d und H. D. Graf von S c h w e i n i t z[917]). Die Größe der Kristallkörner unterliegt sehr großen Schwankungen. Während in feinst kristallinen Schichten die Einzelkörner eine Größe von etwa einigen Mikrons besitzen, weisen die größten Kristalle in grobkristallinen Überzügen eine Ausdehnung bis etwa 100 Mikron auf. Im allgemeinen steigt die Kristallgröße mit zunehmender Schichtdicke an.

Je nach dem Anwendungszwecke trachtet man feinere oder gröbere Kristalle herzustellen. Während für die Nachbehandlung gröbere oder mittlere Körner, Platten oder Nadeln geeigneter sind, sind für eine nachträgliche Lackierung oder für die Erleichterung des Ziehvorganges feinkristalline Schichten günstiger. So zeigt z. B. Abb. 70 bei 20facher Vergrößerung in der Mitte eine nach dem Bonder-II-Verfahren erzeugte dicke Schichte mit gröberen Kristallen für das Ölen, rechts eine dünne, feinkörnige Bonder-V-Schicht, die für eine nachträgliche Lackierung

Abb. 70. Blankes (links) und nach dem Bonder-II-Verfahren (Mitte) sowie Bonder-V-Verfahren (rechts) phosphatiertes Stahlblech (Metallgesellschaft A. G.).

in Betracht kommt. Die linke Abb. stellt das blanke Eisenblech vor der Phosphatierung dar.

In Abb. 71 ist nach E. Jaudon[918] bei 365facher Vergrößerung eine Manganphosphatschicht, in der Abb. 72 bei 400facher Vergrößerung eine Zinkphosphatschicht aus einem nitrathaltigen Bade wiedergegeben. Während die Manganphosphatschicht aus würfelförmigen kleinen Kristallen besteht, auf welchen Knötchen vor-

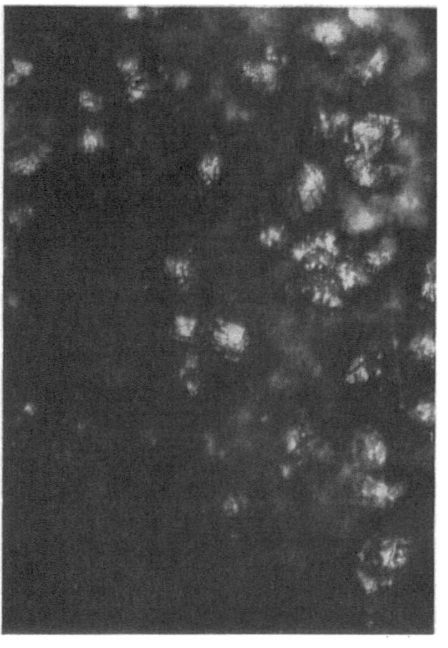
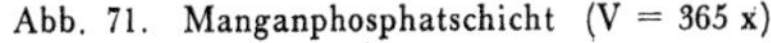

Abb. 71. Manganphosphatschicht (V = 365 x).   Abb. 72. Zinkphosphatschicht (V = 400 x).

handen sind, besteht die Zinkphosphatschicht mehr aus größeren nadelförmigen Kristallen.

Überzüge mit groben und feinen Kristallen bereiten beim Lackieren Schwierigkeiten, da die gröberen Kristalle bei nur ein- bis zweimaliger Lackierung nicht völlig abgedeckt werden, den Lack vielmehr durchstoßen und dieser daher porös wird. Auch leidet der Glanz des Lackfilmes.

Nach Untersuchungen von A. D u r e r und E. S c h m i d[919] werden in den nitrathaltigen Kurzzeitbädern im allgemeinen dünnere und feinkörnigere Schichten als im nitratfreien Parkerbad erzeugt. Manganphosphatüberzüge zeigen im allgemeinen das gleiche Aussehen wie Zinkphosphatschichten. Überzüge, die bei Raumtemperatur erzeugt wurden, weisen eine geringere Kristallgröße als bei der heißen Phosphatierung auf. Aus chlorathaltigen Bädern erhält man keine Kristallkörner, sondern flächenförmige, eng aneinanderliegende Nädelchen (F. R o s s t e u t s c h e r[920]). Nach Untersuchungen von K. M. D o m n i t s c h und A. M. D u b r o w s k i[921] wird die Struktur der Phosphatschichten um so feinkörniger, je sorgfältiger die Oberfläche entfettet und geglänzt (poliert), je konzentrierter die Lösung und je geringer das Verhältnis von freier zu gebundener Phosphorsäure wird.

g) Das Ölaufsaugevermögen der Phosphatschichten.

Die feinkristalline, schwach poröse Struktur der Phosphatschicht bedingt ein gewisses Aufsaugevermögen für Öl, Emulsionen von Ölen in Wasser, Seifenlösungen, Farbstoffen usw., die auch mit der Oberflächenvergrößerung durch die Posphatschicht zusammenhängt. Das Absorptionsvermögen der Phosphatschicht für Öle oder Farbstoffe ist technisch von großer Bedeutung, da dadurch und durch die Dicke der Überzüge auch die Zusammensetzung des Anstriches bestimmt wird. Dickere Schichten erfordern einen schwereren Farbkörper als dünnere, von denen unter Umständen mehrere Überzüge aufgetragen werden müssen. Nur auf dünnen, gleichmäßigen Phosphatschichten genügt unter Umständen ein einzelner Farbüberzug für eine hinreichende Feuchtigkeitsbeständigkeit. Durch dicke Phosphatschichten kann auch der Glanz von Farbschichten ungünstig beeinflußt werden, da die Spitzen der Kristallkörner durch den Lack hindurchstechen können. Die Menge des aufgenommenen Öles wird durch die Temperatur, Druck, Viskosität und Zeitdauer der Einwirkung beeinflußt. Nach Untersuchungen von R. D u r e r, E. S c h m i d und H. D. Graf von S c h w e i n i t z[922] nimmt eine phosphatierte Eisenoberfläche etwa die doppelte Ölmenge (0,23 mg/cm²) als die blanke (0,10 mg/cm²) auf.

Bei dickeren Ölen, die nur schwach in die Poren der Phosphatschicht eindringen können, nimmt das Ölaufsaugevermögen nur sehr wenig mit der Dickenzunahme der Schicht zu (D u r e r, S c h m i d und S c h w e i n i t z[922]). Trotz vierfacher Zunahme der Schichtdicke stieg die Ölaufnahme nur um 20%. Nach Feststellungen von V. M. D a r s e y[923] wird jedoch bei dickeren Ölen, wie sie meist zur Imprägnierung der Phosphatschichten zum Zwecke des Korrosionsschutzes verwendet werden, von der dicksten Schicht auch das meiste Öl aufgenommen. Durch Aufbringen des Öles nicht bloß durch Tauchen, sondern durch Einreiben mit einem Lappen wird das Aufnahmevermögen für Öl erhöht (K. M. D o m n i t s c h und A. F. M i c h e l s o n[924]. Eine mehrfache Wiederholung des Einreibens führt jedoch nach M. W. B o r o d u lin und M. N. N e m t s c h i n o w a[925] nur zu einer unwesentlichen Erhöhung der Ölaufnahme.

h) Das Haftvermögen der Phosphatschicht am Eisen und von Lacküberzügen auf der Phosphatschicht.

Sehr wahrscheinlich beruht das Haftvermögen der Phosphatschicht am Eisenuntergrund auf der Bildung einer dünnen Eisenphosphatschicht, die sich in den ersten Phasen des Phosphatierungsvorganges gebildet hat. Erst später scheiden sich auch allmählich Zink- bzw. Manganphosphate ab. Wesentlich für ein gutes Verwachsen der verschiedenen Phosphate ist die leichte Bildung von Mischkristallen zwischen Eisen- und Zink- bzw. Manganphosphat. Tatsächlich wurde von L. S c h u s t e r[926] bei einer schichtweisen Untersuchung der Phosphatschicht der stärkste Eisengehalt in unmittelbarer Nähe der Eisenoberfläche gefunden. Da auch in reinen, frischen und daher noch eisenfreien Bädern schlechter haftende Schichten als in bereits schwach eisenhaltigen Lösungen erhalten werden, ist die Annahme gerechtfertigt, daß eine solche eisenreiche Phosphatschicht die Ursache der guten Haftfähigkeit von Phosphatschichten ist.

Von größter Bedeutung für die Haftfähigkeit von Phosphatüberzügen ist die Reinheit der zu phosphatierenden Metalloberfläche. Bei einer ungenügend gereinigten Oberfläche erhält man nicht nur lückenhafte, sondern auch schlecht miteinander und dem Eisenuntergrund verwachsene Schichten. Erfolgt die Zinkabscheidung zu rasch, so können sich auch schlecht verwachsene, schwammige und z. B. für den Ziehvorgang ungeeignete Schichten ausbilden.

Auf den Phosphatüberzügen weisen aufgebrachte Lacküberzüge eine verbesserte Haftfähigkeit auf (T. K a p p l e r[927], und U. R. E v a n s[928]). Während z. B. auf einer bloß gereinigten Eisenoberfläche ein Lacküberzug nach 3383 Biegungen abplatzte, bröckelte er auf einem phosphatierten Eisenuntergrund erst nach 10 947 Biegungen ab (E. R a c k w i t z[929]). Wegen dieser besseren Haftfestigkeit besitzen auf Phosphatschichten aufgebrachte Öl-, Lack- oder Farbenanstriche eine wesentlich erhöhte Korrosionsbeständigkeit (K. O. S c h m i d t[930]). Besonders deutlich tritt dieser Umstand bei den Verletzungen der Lack- und Phosphatschicht in Erscheinung.

Die gute Haftfähigkeit von Lackanstrichen auf phosphatierten Oberflächen ist jedoch nicht allein auf die Aufrauhung des Eisenuntergrundes zurückzuführen, da z. B. gesandstrahlte Metalloberflächen eine größere Oberflächenentwicklung als phosphatierte aufweisen (V. M. D a r s e y[931]). Nach dem Langzeitverfahren hergestellte Phosphatschichten sind rauher als nach dem Kurzzeitverfahren hergestellte Überzüge. Die größte Gleichmäßigkeit und glatteste Oberfläche besitzen nach dem Kaltphosphatierungsverfahren hergestellte Schichten (L. S c h u s t e r und R. K r a u s e[932]).

Trotz der geringeren Oberflächenrauhigkeit der phosphatierten Oberfläche weist diese aber eine größere Korrosionsbeständigkeit als eine gesandete Fläche auf. Wahrscheinlich erhöht das Isolationsvermögen der Phosphatschicht (s. S. 212) die Beständigkeit der Lacküberzüge, da dadurch das so gefährliche Unterrosten und Abheben der Lackschichten verhindert werden kann. Eine gute Oberflächenrauhigkeit ist für das Haftvermögen von Lacküberzügen vorteilhaft, da die beste Beständigkeit überhaupt phosphatierte und gesandstrahlte Metalloberflächen aufweisen.

i) Verformbarkeit, Biegsamkeit und Wärmeleitfähigkeit von Phosphatschichten.

Die Frage der Verformbarkeit der Phosphatschicht spielt bei der Erörterung der Ursache der Erleichterung des Ziehvorganges durch die Phosphatierung eine große Rolle. Wie später (43. Kapitel) noch gezeigt werden wird, hat sich die ursprüngliche Annahme einer ausreichenden Verformbarkeit der Phosphatschichten unter den hohen Drücken und Temperaturen in der Ziehdüse nicht bestätigen lassen. Die Verbesserung des Ziehvorganges erfolgt vielmehr durch eine Ausbildung einer zusammenhängenden Schichte der zertrümmerten Phosphatkristalle mit dem Schmiermittel und eventuell noch mit Metalloxyden, die selbst während des Ziehvorganges ihre Verbindung mit der Eisenoberfläche beibehalten.

Die Verformbarkeit der Phosphatschichten, die ja aus zahllosen Einzelkristallen besteht, ist, wie für ein anorganisches Salz zu erwarten ist, nur sehr gering. Verformungsarbeiten, wie z. B. Falzen, müssen daher bereits vor der Phosphatierung vorgenommen werden. Die Biegsamkeit ist um so besser, je dünner und feinkristalliner die Phosphatschichten sind. Bei Überdehnungen, wie z. B. beim Zerreißversuch, reißt die Phosphatschicht an vielen Stellen auf. Dünne Phosphatschichten haften beim Wechselbiegeversuch gut, während bei dickeren eine Splitterung entlang der Biegestellen festgestellt wurde (M. R. Simons[933]).

Das Wärmeleitvermögen und die Wärmedurchgangszahl von Eisengegenständen wird durch die nur wenige Mikron dünnen Phosphatschichten nur sehr wenig beeinflußt. Selbst bei innen und außen phosphatierten Gegenständen konnte im Vergleich zu blanken, nicht lackierten Oberflächen nur ein geringer Abfall der Wärmeleitfähigkeit beobachtet werden (H. Baer[934]).

k) Beeinflussung der mechanischen Eigenschaften des Stahluntergrundes durch die Phosphatierung.

Die Behandlungstemperaturen in den Phosphatierungsbädern betragen nie mehr als etwa 98 bis 100° C. Da diese Temperatur auch nie länger als etwa eine Stunde auf die Eisengegenstände einwirkt, ist von vornherein keine Anlaßwirkung oder schädliche Beeinflussung der Stahleigenschaften durch die Phosphatierung zu erwarten. Tatsächlich konnten J. Cournot[935] und J. W. Gutmann[936] feststellen, daß innerhalb der Fehlergrenzen der Untersuchungsmethoden sämtliche Stahleigenschaften unverändert blieben. Da die Heißphosphatierung auch bei nahe an 100° C liegenden Temperaturen durchgeführt wird, tritt auch keine Beizsprödigkeit durch den entwickelten Wasserstoff auf. In den mit Oxydationsmitteln arbeitenden Kurzzeitbädern wird noch dazu der Wasserstoff im status nascendi zu Wasser oxydiert. Daher kann sich in den modernen Bädern keine Beizsprödigkeit bemerkbar machen.

l) Beeinflussung der Ausbildung der Phosphatschicht durch äußerliche Bedingungen.

Die Phosphatierung stellt einen typischen Grenzflächen- und Kristallisationsvorgang dar. Die Geschwindigkeit eines Kristallisationsprozesses hängt vornehmlich von der Keimbildungszahl und der Kristallisationsgeschwindigkeit ab. Nach L. Schuster[937] werden diese Größen durch die Zusammensetzung des Stahles, die physikalischen Eigenschaften der Eisenoberfläche, die Art der Vorbehandlung, die Zusammensetzung des Phosphatierungsbades und die Art der Durchführung des Phosphatierungsvorganges wesentlich beeinflußt. Die Keimbildungsgeschwindigkeit und Angriffsfreudigkeit ist in den Bädern, die Oxydationsmittel enthalten, am größten. Manche Sonderstähle, die sich gegen oxydationsmittelfreie Zink- und Manganphosphatbäder sogar passiv verhalten, können in Kurzzeitbädern, und zwar auch Kaltphosphatierungsbädern ohne weiteres phosphatiert werden. Auch der Bearbeitungszustand der Eisenoberfläche führt gelegentlich in normalen Heißphosphatierungsbädern zu Schichten mit verschieden großen Kristallen, während in Kaltphosphatierungsbädern gleichmäßige und feinkristalline Überzüge erhalten werden können (L. Schuster und R. Krause[938]).

Der Einfluß der Zusammensetzung des Stahles wurde bereits S. 214 besprochen. Da die Abscheidung der Phosphatschicht nach den Untersuchungen von W. Machu[939] eine topochemische Reaktion darstellt, die nur an den Lokalkathoden vor sich geht, die ihrerseits wieder von der Zusammensetzung des Stahles und seiner mechanischen Bearbeitung usw. abhängen, übt auch die Zusammensetzung des Eisens einen gewissen Einfluß auf die Phosphatierungsgeschwindigkeit aus.

Am leichtesten ist das reine Eisen, nämlich Elektrolyteisen zu phosphatieren. Die Parker Rust Proof Co.[940] hat daher für schwer zu phosphatierende Gegenstände empfohlen, diese zur Erleichterung der Phosphatierung auf elektrolytischem Wege mit einer reinen Eisenschicht zu überziehen. Mit steigendem Gehalt an Legierungskomponenten geht die Neigung zur Schichtbildung immer mehr zurück.

Mit steigendem Kohlenstoffgehalt wächst in den schwach angreifenden Manganphosphatbädern die Korngröße der Phosphatkristalle an (V. S a c c h i und O. M a c c h i a[941]). Die Porosität der Überzüge bleibt aber konstant, wie W. M a c h u[942] feststellte. Ähnlich verhalten sich andere Legierungsbestandteile, wie Si, Ni, W, V, Mn usw. In Langzeitbädern kann bei höheren Gehalten der Legierungsbestandteile die Schichtbildung überhaupt in Frage gestellt werden, zumindest kann sie sehr stark verzögert werden (A. B u r c k h a r d t und G. S a c h s[943] sowie S. R o t e r s[944] und J. W. G u t m a n[945]).

In Oxydationsmittel enthaltenden Kurzzeitbädern sind jedoch diese Unterschiede wegen der größeren Angriffsfreudigkeit nicht mehr zu beobachten, wie W. M a c h u[946] feststellte. Stähle bis 1,7% Kohlenstoff, 3% Nickel, bis 12% Chrom, 1,2% Wolfram, 4% Silizium, einzeln oder kombiniert, die in Langzeitbädern bereits ungleichmäßige, grobkristalline oder gar keine Schichten mehr ergeben, können z. B. in den nitrathaltigen Bonderbädern ohne weiteres phosphatiert werden (W. M a c h u[946] und L. S c h u s t e r[947]). Nur die säurebeständigen Stähle sind in der verdünnten Phosphorsäure so wenig reaktionsfähig, daß sie auch in den Kurzzeitbädern nicht mehr phosphatiert werden können.

Besonders groß ist der Einfluß des Rauhigkeitsgrades der Oberfläche auf die Phosphatierungsgeschwindigkeit. Den günstigsten Untergund für die Phosphatierung stellen gesandstrahlte Metalloberflächen dar (L. D. G o l d e n b e r g[948] sowie K. M. D o m n i t s c h und A. M. D u b r o w s k i[949]). Nach W. M a c h u[950] beruht die Beschleunigung der Phosphatierungsgeschwindigkeit und die feinkörnige Ausbildung der Phosphatschicht auf aufgerauhten, gesandeten Oberflächen auf der Schaffung zahlreicher aktiver Zentren, die für die topochemische Reaktion der Schichtbildung sehr günstig sind. Durch das Beizen werden diese aktiven Zentren größtenteils aufgelöst und zerstört, so daß an gebeizten Oberflächen meistens grobkörnige, schlechter deckende Überzüge bei gleichzeitiger Verlängerung der Phosphatierungsdauer als an geschmirgelten oder gesandeten Oberflächen erhalten werden.

Günstig wirkt sich auch ein Bürsten, Kratzen oder Frottieren der Metalloberflächen vor ihrer Einführung in das Phosphatierungsbad aus (J. H. G r a v e l l[951] und G. C. K ö n i g[952]). Man erhält dann weichere, besser deckende Überzüge als auf unbehandelten Oberflächen. Die günstige Wirkung dieser Vorbehandlung kann jedoch durch eine kurze Behandlung mit Säuren, Salzlösungen, Basen, ja selbst mit Wasser wieder aufgehoben werden. Andererseits kann der ungünstige Effekt einer Beizbehandlung durch Bürsten, Kratzen od. dgl. wieder rückgängig gemacht werden.

Mechanisch durch Schleifen, Drehen, Fräsen usw. bearbeitete Oberflächen sollen vor der Phosphatierung noch mit Bimssteinpulver oder feinem Sandbrei gescheuert werden. Bei gebeiztem und gezogenem Eisen muß die Walzhaut durch Beizen entfernt werden, da sonst die Phosphatschicht nur schwierig gebildet wird. Auf einsatzgehärtetem Eisen bilden sich besonders feinkörnige Überzüge aus.

Eine thermische Behandlung von Stählen kann sich sehr verschiedenartig auswirken. Die besten Schichten werden mit solchen Gegenständen erhalten, die eine zweite Glühung unter Schutzgas erfahren haben (L. S c h u s t e r[953]).

Da nur auf vollkommen fett-, rost- und zunderfreien Oberflächen einwandfreie Phosphatschichten erhalten werden können, ist eine Beizbehandlung vor dem Phosphatieren meist nicht zu umgehen. Diese ist auch billiger als die zu besseren Überzügen führende Sandstrahlbehandlung. Walz- und Ziehhäute können gleichfalls am einfachsten durch Beizen entfernt werden. In vielen Fällen bewirkt eine Beizbehandlung eine Verschlechterung der Phosphatschichten und die Ausbildung ungleichmäßiger, grobkristalliner und daher schlecht schützender Überzüge. Aus allerdings noch ungeklärten Gründen beeinflußt jedoch der Beizprozeß manchmal auch günstig die Kristallstruktur und Beständigkeit der Phosphatschicht. K. M. D o m n i t s c h

und A. M. D u b r o w s k i[949] sowie L. S c h u s t e r[953] führen diesen günstigen Einfluß auf einen nach dem Beizen auf der Eisenoberfläche bisweilen zurückbleibenden
„Verunreinigungsfilm" von Kohlenstoff usw. zurück, dessen physikalische und
chemische Beschaffenheit manchmal eine günstige, ein anderes Mal aber eine nachteilige Wirkung auf die Eigenschaften der Phosphatschichten ausüben. E. J. D y r-
m o n d und L. D. G u l d e n b e r g[954] macht für das unterschiedliche Verhalten der
gebeizten Eisengegenstände eine auch nach dem Beizen zurückbleibende unsichtbare
Oxydschicht verantwortlich. Alle diese Hypothesen sind jedoch bis heute noch
unbewiesen. Im Gegenteil, wurde von B. Z s c h o k k e[955] gefunden, daß dünne unsichtbare Oxydschichten, wie sie durch eine 30tägige Lagerung in 3-, 5- und
10%iger Kaliumchromat- und Kaliumbichromatlösung erhalten werden, die gleichen
Überzüge als die unbehandelten Oberflächen ergeben.

Der Einfluß der Vorbehandlung auf den Schutzwert des Phosphatüberzuges
geht z. B. aus einer von K. M. D o m n i t s c h und A. M. D u b r o w s k i[956]
stammenden Tabelle (Tab. 20) hervor. Der günstige Einfluß des Sandstrahlens und
Schmirgelns sowie auch des Bürstens nach dem Beizen ist eindeutig ersichtlich.

Tabelle 20. *Einfluß der Vorbehandlung auf den Schutzwert des Phosphatüberzuges.*

Vorbehandlung der Probekörper	Gefüge des Phosphatüberzuges	Zeitdauer bis zum Auftreten der 1. Korrosion in 3% NaCl Stunden
Abgestrahlt	im einfallenden Licht sichtbare Kristalle	60 bis 90
Geschmirgelt mit Schmirgel- papier 00	im einfallenden Licht sichtbare und im zerstreuten Licht kaum sichtbare Kristalle	50 bis 60
Gebeizt in 5% H_2SO_4, Oberfläche mit Schweineborstenbürste ge- bürstet	im zerstreuten Licht sichtbare Kristalle	20 bis 40
Entfettet, gebeizt in 5% H_2SO_4, Oberfläche nur gespült	deutlich sichtbare Kristalle	3 bis 12

Die bereits erwähnte Tatsache, daß eine chemische Vorbehandlung nicht immer
einen ungünstigen Einfluß auf die Korrosionsbeständigkeit des Phosphatüberzuges
ausübt, geht aus Tab. 21 nach J. W. G u t m a n[957] hervor. Aus dieser Tabelle kann
auch der unterschiedliche Schutzwert von Phosphatüberzügen, die aus einem Langzeitbade auf verschiedenen Eisenlegierungen erhalten wurden, sowie die Erhöhung
der Korrosionsbeständigkeit durch die Phosphatierung im Vergleich zur unbehandelten Legierung entnommen werden.

In ungünstigen Fällen bewirkt eine Beizbehandlung nicht nur eine Verlängerung
der Phosphatierungsdauer und Verringerung der Korrosionsbeständigkeit (W.
M a c h u[958]), sondern auch eine Erhöhung des Phosphatauftrages und Verbrauches
an Phosphatierungsmitteln (W. I. W u l f s o n[959]). Andererseits hat L. S c h u s t e r[960]
in der Praxis zahlreiche Fälle beobachtet, bei welchen bei Anwendung von Bädern
mit Beschleunigungsmitteln durch das Beizen sogar ein feinkristallinischeres Gefüge
erzielt werden konnte. Dies tritt besonders dann ein, wenn der Beizschlamm von
der Eisenoberfläche entfernt werden kann. Es läßt sich daher eine allgemeine Regel
für den Einfluß des Beizens auf die Ausbildung und Eigenschaften der Phosphatschicht nicht geben. Wahrscheinlich überlagern sich hierbei mehrere, noch nicht
erfaßbare Einflüsse in unkontrollierbarer Weise.

Tabelle 21. *Korrosionsbeständigkeit chemisch bzw. mechanisch gereinigter und phosphatierter Proben in 3%iger Natriumchloridlösung.*

Legierung	Zeitdauer bis zum Auftreten der ersten Korrosionsspuren in Stunden		
	nicht phosphatierte Proben	phosphatierte Proben	
		chemisch vorbehandelt	mechanisch vorbehandelt
Kohlenstoffstahl	1	19	20
Manganstahl	1	12	12
Siliziumstahl	1,5	4,5	8,5
Nickelstahl	1,3	10,5	14
Nickel-Chrom-Stahl	1,75	3,5	3,5
Chrom-Vanadin-Wolfram-Stahl	2,25	3,5	3,5
Vanadinstahl	1,5	6	8
Chrom-Mangan-Stahl	2	3,5	3,5
Nickel-Molybdän-Stahl	1,5	14	16
Nickel-Wolfram-Stahl	2	6	6,5

Dieses Verhalten und der große Einfluß der Vorbehandlung und Oberflächenbeschaffenheit auf die Ausbildung der Phosphatschicht sind dadurch erklärlich, daß die Phosphatierung nach W. Machu[961] eine topochemische Reaktion ist. Sie ist im wesentlichen dadurch bestimmt, daß die chemische Reaktion durch die Eigenschaften der festen Ausgangsprodukte und dem Oberflächenzustand des zu phosphatierenden Metalles gegeben ist. Der starke Einfluß der Vorbehandlung der Eisenoberfläche auf die Feinkörnigkeit, Oberflächenausbildung, Farb-, Ölaufnahmevermögen und Adsorptionsfähigkeit usw. sowie der Umfang und die Art der an der Phosphatschicht vorliegenden Gitterstörungen sind dadurch verständlich.

Im Einklang und in Bestätigung dieser Feststellungen von W. Machu[961] fand A. Wüstenfeld[962] eine eindeutige Abhängigkeit der Härte von Einbrennlacken auf Phosphatüberzügen, die auf verschieden vorbehandelten Eisenoberflächen aufgebracht worden waren. Die härtesten Schichten wurden nach dem Beizen erhalten.

Auch bei der Entfettung, die für eine einwandfreie Phosphatierung fast immer vorgenommen werden muß, ergeben sich größere Unterschiede, je nachdem, ob mit wäßrigen alkalischen Lösungen oder organischen Fettlösungsmitteln entfettet wurde. Im allgemeinen bewirkt eine Entfettung mit wäßrigen Lösungen von Alkalien ein gröberes Korn. Die nach dem Entfetten noch auf der Metalloberfläche verbleibenden alkalischen Rückstände stören vielfach die Deckschichtbildung und müssen daher vor der Phosphatierung entfernt werden (L. Schuster[963]). Die Art der Entfettung hat auch auf das Gewicht und die Dicke der Phosphatschichten einen Einfluß. Die dünnsten und feinkörnigsten Schichten werden bei der Entfettung mit Dämpfen von Chlorkohlenwasserstoffen und Sandfaßreinigung erhalten (V. M. Darsey[964]). Tab. 22 gibt diesen Einfluß der Entfettungsart auf Stahl und Gußeisen wieder. Die Behandlungsdauer im Phosphatierungsbad betrug 15 Minuten.

Sehr dünne Fettschichten, wie sie durch Abwischen der gereinigten Gegenstände mit einem fetthaltigen Tuch entstehen, haben unter Umständen einen günstigen Einfluß auf die Ausbildung der Phosphatschicht. Nach K. M. Domnitsch[965] und E. I. Dyrmont[966] können derartige Schichten aus Vaseline, Mineralöl, Benzin, Toluol, pflanzlichen Ölen, wie Rizinusöl u. dgl., bestehen.

In der Patentliteratur finden sich zahlreiche Vorschläge zur Verbesserung der Kornfeinheit der Phosphatüberzüge durch verschiedene Vorbehandlungen. Die Parker

Tabelle 22. *Einfluß der Entfettungsart auf die Dicke und das Gewicht von Phosphatierungsschichten.* (Nach V. M. D a r s e y.)

Grundmetall	Entfettungsverfahren	Dicke der Schicht in mm	Gewicht in g/dm²
Stahl	Entfettung mit Dämpfen von Kohlenwasserstoffen	0,026	0,275
Stahl	Entfettung mit KW-Dämpfen, Säurebeizung, Spritzung mit in Wasser emulgiertem Petroleum	0,027	0,228
Stahl	Spritzung mit in Wasser emulgiertem Petroleum	0,014	0,218
Stahl	Entfettung mit Kohlenwasserstoffdämpfen und Sandfaßreinigung	0,007	0,109
Gußeisen	Wäßrige Alkalilösung	—	0,307
Gußeisen	Spritzung mit in Wasser emulgiertem Petroleum	0,007	0,143
Gußeisen	Entfettung mit KW-Dämpfen	0,006	0,122
Gußeisen	Oleum spirits-Wischtuch	0,006	0,119

Rust Proof Co.[967] schlägt z. B. eine Vorbehandlung mit einer Reinigungsemulsion, die I. G. Farbenindustrie A. G.[968] mit einer benzolischen Lösung der Ester des Palmitins oder der Stearinsäure vor. Kornverfeinernd wirkt auch eine Bewegung der Phosphatierungslösung (K. M. D o m n i t s c h[969]).

Besonders häufig erfolgt die Vorbehandlung mit verschiedenen Lösungen von Alkali- und Schwermetallsalzen. Bei einer Behandlung von alkalisch entfetteten Blechen mit einer Lösung von $1\,g/l$ $Cu(NO_3)_2 \cdot 3\,H_2O$ und $25\,ccm$ $1/1\,n$ Salpetersäure und $1\,l$ Wasser (Dauer 15 bis 20 Sekunden) schlagen sich etwa 40 bis 70 mgl Kupfer/qm Eisenoberfläche nieder (Metallgesellschaft A. G.[970]), wodurch eine außerordentliche Verfeinerung der Phosphatschicht bewirkt wird (L. S c h u s t e r[971]). Ähnlich wirken Lösungen von Kupfersulfat oder Nickelsulfat (H. T. D a v i e s[972]), ferner schwach salpetersaure Lösungen von Salzen des Wismut, Arsens, Antimons, Blei oder Zinns (Metallgesellschaft A. G.[973]), welche Metalle auch elektrolytisch auf der Eisenoberfläche niedergeschlagen werden können (Metallurgical Treatment Syndicate[974]). Eine Vorbehandlung mit einer Lösung von 1 bis 5 g/l Natriumnitrat bewirkt eine Beschleunigung der Schichtbildung (Pyrene Co. Ltd.[975]) und Verfeinerung der Schichten (Metallgesellschaft A. G.[976]) und L. S c h u s t e r[977]).

Nach anderen Vorschlägen soll die nach der Reinigung auf der Eisenoberfläche verbliebene Oxydschicht durch Reduktionsmittel, wie Sulfite, Glukose, Wein- oder Oxalsäure (0,25 bis 1%, 5 bis 10 Minuten) (R. J. K a h n und M. J. K a h n[978]), verdünnte Phosphorsäure (American Chemical Paint Co.[979]), Dinatriumphosphat (1 bis 2%) und 0,01 bis 0,02% einer löslichen Titanverbindung (G. J e r n s t e d t[980]), entfernt werden, wodurch die Schichtbildung beschleunigt und ein feines kristallines Korn erzielt werden kann.

m) Einfluß der Konzentration auf die Schichtbildung.

Nach L. S c h u s t e r und R. K r a u s e[981] ist die Gleichgewichtskonstante K für die für die Schichtbildung maßgebliche Reaktion $3\,Me^{\cdot\cdot} + 2\,H_2PO_4{}' \rightleftharpoons Me_3(PO_4)_2$

$+ 4\,H^{\cdot}$ gegeben durch $K = \dfrac{[H^{\cdot}]^4}{[Me^{\cdot\cdot}]^3[H_2PO_4']^2}$. Den stärksten Einfluß auf die Schichtbildungsgeschwindigkeit hat die Konzentration der Wasserstoffionen. Dieser wird erst später bei der Phosphatierung bei Raumtemperatur erörtert werden (s. S. 240).

Aber auch die Konzentration des Schwermetallions und der Phosphationen sind von wesentlicher Bedeutung. So wurde von A. Burckhardt und G. Sachs[982] und O. Macchia[983] festgestellt, daß bei zu hohem Phosphorsäuregehalt oder zu niedrigem Metallsäuregehalt der Schutzwert des Phosphatüberzuges rasch abnimmt. Bei zu niedriger Metallsalzkonzentration erhält man nur unzusammenhängende Schichten. Ebenso ist der Gehalt des Bades an Beschleunigungsmitteln sehr wesentlich. Während z. B. ein zu geringer Nitratgehalt zu ungleichmäßiger Schichtbildung führt, kann sich bei einem zu hohen Chlorat- oder Chromatgehalt eine Passivierung der Eisenoberfläche und damit eine Verringerung der Schichtstärke oder ein vollständiges Ausbleiben der Deckschicht ergeben.

n) Einfluß der Zusammensetzung der Phosphatierungslösung.

Wie bereits auf S. 206 erwähnt wurde, verringert ein geringer Eisengehalt die freie Porenfläche, wodurch sich eine geringe Erhöhung der Korrosionsfestigkeit ergibt (W. Machu[984]). Ein größerer Eisengehalt in der Lösung und Phosphatschicht führt jedoch zu porösen, chemisch nicht ausreichend beständigen Überzügen. Setzt man dem Bade von Haus aus Eisenphosphat zu, um die Einarbeitungszeit zu verkürzen, so verbraucht sich die Phosphatierungslösung zu schnell, so daß der Schutzwert der Schichten zu schnell nachläßt.

Nach den Untersuchungen von J. Cournot[985] und J. Bary hat sich ein Gemenge von Zink- und Manganphosphat am günstigsten erwiesen, jedoch sind derartige Bäder für den kontinuierlichen Betrieb nicht geeignet. Den besten Korrosionsschutz gewährt eine Manganphosphatlösung, nur benötigt dieses Bad eine zu lange Phosphatierungsdauer von rund 60 Minuten beim Langzeit- und 15 Minuten beim Kurzzeitbade. Außerdem ist das Angriffsvermögen des Bades auf schwer phosphatierbare Gegenstände geringer.

Zinkphosphatlösungen vereinigen in sich sowohl ein gutes Angriffsvermögen als auch eine genügende Korrosionsbeständigkeit. Von O. Macchia und G. Boggio[986] wurde gleichfalls ein guter Korrosionsschutz bei 4%igen Zink-Mangan-Phosphat-Lösungen mit hohem Mangangehalt festgestellt, aber die Eigenschaften des Überzuges änderten sich zu stark mit der Verschiebung der Mengenverhältnisse der beiden Schwermetallphosphate in der Lösung.

o) Einfluß der Temperatur auf die Schichtbildung.

Die schnellste Schichtbildung geht bei möglichst hoher Badtemperatur vor sich. Wird die Temperatur der Lösung bei gleichbleibender Zusammensetzung herabgesetzt, so wird nicht nur die Schichtbildungsgeschwindigkeit, sondern auch der Schutzwert des Überzuges stark herabgesetzt. Dies ist auch erklärlich, da mit sinkender Temperatur sowohl die Reaktion der Phosphorsäure auf das Eisen als auch die Hydrolyse der primären Phosphate zu den sekundären und tertiären verlangsamt wird (s. S. 200). Ein aus Zinkphosphaten bestehendes Phosphatierungsbad, das bei 98° C innerhalb von 30 Minuten eine einwandfreie Schicht mit nur 0,5% Porenfläche ergibt, liefert bei 20° C erst nach 70 Stunden eine hauchdünne, durchsichtige Phosphatschicht, die nach den Untersuchungen von W. Machu[987] noch 8% Poren aufweist. Bereits bei 80° C wird die Phosphatierungsdauer in einem Manganphosphatbade mehr als verdoppelt und weist der erhaltene Überzug eine wesentlich geringere Korrosionsbeständigkeit als bei 98° C auf (O. Macchia[988]).

Trotz des günstigen Einflusses einer möglichst hohen Temperatur auf die Phosphatierung steigert man die Badtemperatur nicht bis zum Siedepunkt der Lösung, da durch das starke Kochen ein heftiges Aufwirbeln des Badschlammes bewirkt wird, wodurch mißfärbige, schlecht schützende Überzüge erhalten werden.

Literaturverzeichnis.

[892] W. Machu, Österr. Chem. Ztg. 36, 43—46, 51—54, 67—69, 1933. — [893] A. Burckhardt und G. Sachs, Bericht über die Korrosionstagung 1932, Korrosion II, VDI-Verlag, Berlin, S. 54. — [894] E. Rackwitz, Korrosion und Metallschutz, Jahrestagung 1929, S. 30. — [895] A. Jünger, Mitt. Forschungsanstalt Gute-Hoffnungs-Hütte 5, H. 1, 1—12, 1937. — [896] N. Apesekloof, Nihon Paharaiyngu Kabushiki Shakai, Tokio, 1932, S. 3. — [897] K. M. Domnitsch, Neuheiten techn. (russisch) 5, H. 51/52, 28, 1936; H. 12, 19—21. — [898] D. G. Sopwich und H. G. Gouch, Iron Steel Inst. 13, 315—39, 1937; 10, 417—21, 1937. — [899] V. P. Sacchi, Korrosion und Metallschutz 17, 234—43, 1941. — [900] J. Cournot und J. Bary, Comp. rend. 190, 1426—28, 1930. — [901] Tr. Kolke, Farbenzeitung 36, 2235—38, 1931. — [902] L. W. Laase und G. Gad, Gesundheits-Ing. 58, 526—29, 1935. — [903] W. O. Kroenig und S. E. Popow, Techn. d. Luftflotte, Moskau 3, 90, 1933. — [904] O. J. Shellenberger, Metal Clean Finish 8, 271—75, 1936. — [905] U. A. Evans und T. M. Haines, J. Soc. chem. Ind. London 46, 313, 1927. — [906] J. Cournot, C. r. 190, 134—36, 1930. — [907] G. Büttner, Korrosion und Metallschutz 12, 208—11, 1936. — [908] W. Machu, Chem. Fabrik 13, 461—70, 1940; Korrosion und Metallschutz 17, 157—74, 1941. — [909] K. Baer, Fortschritte auf dem Gebiete der Phosphatierung II, Verlag Chemie 1945, 201—13. — [910] Parker Rust Proof Co., AP. 2 391 656/1944. — [911] W. Machu, Korrosion und Metallschutz 17, 164, 1941; Chem. Fabrik 13, 465, 1940. — [912] L. Schuster und R. Krause, Korrosion und Metallschutz 30, 155, 1944. — [913] H. Baer, Fortschritte auf dem Gebiete der Phosphatierung, II. Bd., 161, 1945. — [914] W. Machu, Korrosion und Metallschutz 17, 165, 1941. — [915] Wer, Loginow und Agejew, Rep. Centr. Inst. Metall, Leningrad (russisch) 5, 4, 1930. — [916] N. A. Tope, Proc. Amer. Electroplaters' Soc. 1946, 293—304. — [917] A. Durer, E. Schmid und H. D. Graf von Schweinitz, Z. VDI 86, Nr. 1/2, 15—18, 1942. — [918] J. Jaudon, Métaux et Corrosion 22, Nr. 263, 121—24, 1947. — [919] A. Durer und E. Schmid, Korrosion und Metallschutz 20, Nr. 5, 161—64, 1944. — [920] F. Roßteutscher, ebenda 20, 166, 1944. — [921] K. M. Domnitsch und A. M. Dubrowski, Chem. I. Sci. B. J. angew. Chem. (russisch) 8, 439—44, 1935. — [922] R. Durer, E. Schmid und H. D. Graf von Schweinitz, Metallwirtschaft 86, 15—18, 1942. — [923] V. M. Darsey, Automotive Ind. 1941, 37—40. — [924] K. M. Domnitsch und A. F. Michelson, Rosten und Schutz des Eisens durch Phosphatierung, Leningrad-Moskau 1932, 99. — [925] M. W. Borodulin und M. N. Nemtschinowa, Trans. Sci. Inst. People's Commissar (russisch) 21, 76, 1934. — [926] L. Schuster, Korrosion und Metallschutz 19, 265, 1943. — [927] T. Kappler, Z. VDI 80, 781—84, 1936. — [928] U. R. Evans, Korrosion, Passivität und Oberflächenschutz von Metallen, Springer-Verlag 1939. — [929] E. Rackwitz, Oberflächentechnik 8, 53—56, 1936. — [930] K. O. Schmidt, Korrosion II, VDI-Verlag 1933, S. 9. — [931] V. M. Darsey, Ind. Chem. 27, 1144, 1935. — [932] L. Schuster und R. Krause, Korrosion und Metallschutz 20, 159, 1944. — [933] M. R. Simons, Iron Age 138, 16, 1936; 147, 52—57, 2—35. — [934] H. Beaer, Fortschritte auf dem Gebiete der Phosphatierung II, Verlag Chemie 1945, 153—61. — [935] J. Cournot, C. r. 185, 1041—43, 1937. — [936] J. W. Gutman, Die Phosphatierung von Sonderbaustählen, Leningrad-Moskau 1935, 59. — [937] L. Schuster, Korrosion und Metallschutz 19, 265—68, 1943. — [938] L. Schuster und R. Krause, ebenda 20, 159, 1944. — [939] W. Machu, ebenda 17, 157—74, 1941. — [940] Parker Rust Proof Co., AP. 1 860 505, DRP. 562 561, FP. 683 486, Kan. P. 314 035. — [941] V. Sacchi und O. Macchia, Der Phosphatrostschutz 1940, Verlag Chemie, Berlin, S. 10—12. — [942] W. Machu, Korrosion und Metallschutz 19, 265—69, 1943. — [943] A. Burckhardt und G. Sachs, Korrosion II, Berlin 1933, VDI-Verlag, 54. — [944] S. Roters, Mitt. Forschungsinst. Probieramt Edelmetalle, Staatl. Höhere Fachschule Schwäbisch-Gmünd 10, 73—84, 1936. — [945] J. W. Gutman, Metallurgist (russisch) 9, 29—46, 1934. — [946] W. Machu, Korrosion und Metallschutz 19, 271, 1943. — [947] L. Schuster, ebenda 19,

265—69, 1943. — [948] L. D. G o l d e n b e r g, Rep. Centr. Inst. Metall, Leningrad **16**, 158—64, Anhang K, 1934. — [949] K. M. D o m n i t s c h und A. M. D u b r o w s k i, Chem. I. Sci. B. J. angew. Chem. (russisch) **8**, 439—44, 1935. — [950] W. M a c h u, Chem. Fabrik 13, 468, 1940. — [951] J. H. G r a v e l l, FP. 783 250. — [952] G. C. K ö n i g, AP. 2 164 042. — [953] L. S c h u s t e r, Korrosion und Metallschutz 19, 268, 1943. — [954] E. J. D y r m o n d und L. D. G u l d e n b e r g, Rep. Centr. Inst. Metall, Leningrad (russisch) 16, 158—64, Anhang K, 1934. — [955] B. Z s c h o k k e, Rev. Metallurg. 20, 167, 1923. — [956] K. M. D o m n i t s c h und A. M. D u b r o w s k i, Chem. I. Sci. B. J. angew. Chem. (russisch) 8, 445, 1935. — [957] J. W. G u t m a n, Die Phosphatierung von Sonderbaustählen, Leningrad-Moskau 1935, 190. — [958] W. M a c h u, Chem. Fabrik 13, 468, 1940. — [959] W. J. W u l f s o n, Korrosion und Bekämpfung (russisch) 1, 160—79, 1935. — [960] L. S c h u s t e r, Korrosion und Metallschutz 19, 267, 1943. — [961] W. M a c h u, ebenda 17, 157—64, 1941. — [962] A. W ü s t e n f e l d, Fortschritt auf dem Gebiete der Phosphatierung II, 66—73, 1945. — [963] L. S c h u s t e r, Korrosion und Metallschutz 19, 267, 1943. — [964] V. M. D a r s e y, Automotive Ind. 85, 37—40, 1941. — [965] K. M. D o m n i t s c h, Russ. P. 39 508/1933. — [966] E. I. D y r m o n t, Chem. I. Sci. B. J. angew. Chem. (russisch) 971—85, 1936. — [967] Parker Rust Proof Co., AP. 2 208 524/1940. — [968] I. G. Farbenindustrie A. G., DRP. 741 100/1943. — [969] K. M. D o m n i t s c h, Neuigkeiten Techn. (russisch) 5, Tab. 12, 19—21, 1936. — [970] Metallgesellschaft A. G., DRP. 692 667/1937. — [971] L. S c h u s t e r, Korrosion und Metallschutz 19, 268, 1943. — [972] H. T. D a v i e s, EP. 438 816/1936. — [973] Metallgesellschaft A. G., DRP. 719 549/1942. — [974] Metallurgical Treatment Syndicate Ltd., FP. 793 729/1936. — [975] Pyrene Co. Ltd., EP. 519 823/1940. — [976] Metallgesellschaft A. G., DRP. 685 471/1939, 685 447/1939. — [977] L. S c h u s t e r, Korrosion und Metallschutz 19, 268, 1943. — [978] R. J. K a h n und M. J. K a h n, FP. 865 444. — [979] American Chemical Paint Co., AP. 2 186 117. — [980] G. J e r n s t e d t, Chem. Trade J. chem. Engr. 113, 33—34, 1943; AP. 2 456 947. — [981] L. S c h u s t e r und R. K r a u s e, Korrosion und Metallschutz 20, 156, 1944. — [982] A. B u r c k h a r d t und G. S a c h s, Korrosion II, Berlin 1933, VDI-Verlag, 47—58. — [983] O. M a c c h i a, Korrosion und Metallschutz 12, 215, 1936. — [984] W. M a c h u, ebenda 18, 89—103, 1942. — [985] J. C o u r n o t und J. B a r y, C. r. 190, 1427, 1930. — [986] O. M a c c h i a und G. B o g g i o, Ind. meccano 17, 907, 1935. — [987] W. M a c h u, Chem. Fabrik 13, 461—70, 1940. — [988] O. M a c c h i a, Korrosion und Metallschutz 12, 217, 1936.

35. Phosphatierungsmittel ohne beschleunigend wirkende Zusätze.

Die technisch wichtigsten Phosphatierungsbäder bestehen aus den sauren Phosphaten des Zinks oder Mangans, welche auch noch Beschleunigungsmittel enthalten können. Es sind aber auch geschmolzene oder dampfförmige Phosphorverbindungen sowie organische Phosphorverbindungen empfohlen worden. Eine *reine verdünnte Phosphorsäure* kommt als Phosphatierungsmittel nicht in Betracht, weil sie nur fast ausschließlich beizend, aber nicht schichtbildend wirkt. Die Hydrolysengleichgewichte (s. S. 200) sind hier ganz auf die Seite der primären Phosphate verschoben. Erst bei sehr starker Eisenanreicherung und Abstumpfung der Säure kann sich eine dünne Schicht von Eisen-II-phosphaten ausbilden, welche aber nur eine sehr unbedeutende Schutzwirkung besitzt. Läßt man eine Lösung von verdünnter Phosphorsäure auf einer Eisenoberfläche eintrocknen, so bildet sich hierbei eine dünne Eisenphosphatschicht. Da diese Schicht die Haftfestigkeit von Anstrichen und Lacken etwas verbessert und die Säurereste praktisch nicht stören, ist das Beizen mit verdünnter Phosphatsäure besonders vor dem Aufbringen von Anstrichen und Lacken am Platze.

Zur Verminderung der starken Beizwirkung der verdünnten Phosphorsäure wurden bereits verschiedene Zusätze, wie z. B. Eisenspäne (T. W. C o s l e t t[989]), Alkalikarbonate (Rudge Withworth Co.[990]), dreiwertige Eisenverbindungen (A. L i b e s k i[991]), Oxalsäure (J. H. G r a v e l l[992]), Alkalichromat, Permanganat,

Wasserstoffperoxyd (W. S c h m i d d i n g[993] und H a l l[994]), Alkohol, Glukose usw., empfohlen, die sich aber alle praktisch nicht bewährt haben. Bloß in Entrostungsmitteln wird n'eben fettlösenden und benetzend wirkenden Stoffen, wie Alkohol, Nekal, Fettalkoholsulfonaten usw., die reine verdünnte Phosphorsäure ohne wesentliche Zusätze von Schwermetallphosphaten verwendet.

Dampfförmige Phosphatierungsmittel, die vielfach in der Patentliteratur vorgeschlagen wurden, haben sich gleichfalls praktisch noch nicht eingeführt, weil sie einen zu hohen Wärmeaufwand erfordern und die notwendige hohe Arbeitstemperatur zu einer ungünstigen Beeinflussung der mechanischen Eigenschaften der behandelten Gegenstände führen kann.

Geschmolzene Phosphide des Zinns, Kupfers, Eisens, Nickels (B. M c C a u l e y[995]), des Bleis, Wismuth, Kadmiums, Quecksilbers, Arsens, Antimons, Aluminiums, Zinks, Chroms, Mangans, Kobalts usw. führen wohl zu einer Phosphidschicht auf dem Eisen, haben jedoch keine praktische Bedeutung.

Ebensowenig kommen *organische Phosphorverbindungen,* wie alifatische oder oder zykloalifatische Phosphorsäureester (D u p o n t[996]), Phosphate von Alkylolaminverbindungen (D u p o n t[997]) von primären, sekundären und tertiären alifatischen Aminen (D u p o n t[998]), von glyzerinphosphorsauren Lösungen von Eisen, Kadmium, Mangan, Titan, Zink, Antimon usw. (A. A. P o u l v e r e l[999]), wegen ihres hohen Kostenaufwandes für eine ausgedehntere technische Anwendung nicht in Betracht. Auch ist der erzielbare Korrosionsschutz nur gering.

Reine *Eisen-II-phosphat-Lösungen* besitzen nur mehr historisches Interesse. Sie ergeben in einem Bade mit 40 Punkten nach einer Phosphatierungsdauer von etwa 50 Minuten wohl gut deckende Schichten, ihre Korrosionsbeständigkeit ist aber nur gering (W. M a c h u[1000]). Die Phosphatierungslösung wird durch Lösen von mit Wasserstoff reduziertem Eisenpulver, Eisenspänen, Eisenphosphid (Metallgesellschaft A. G.[1001]) in stärkerer Phosphorsäure hergestellt. Nach einem früher sehr verbreiteten Verfahren der Parker Rust Proof Co.[1002] wurden zur Herstellung der sauren Metallphosphate des Eisens, Zinks, Mangans oder Kadmiums diese Metalle in heißer, ziemlich starker Phosphorsäure aufgelöst und die Lösungen abkühlen gelassen, wobei die primären Metallphosphate auskristallisierten. Diese wurden dann in fester Form als „Parkersalze" verkauft.

Ein auch heute noch stark verbreitetes Phosphatbad besteht aus dem von C o s l e t t[1003] vorgeschlagenen *sauren Zinkphosphat.* Es wurde von C o s l e t t durch Auflösen von 17 g granuliertem Zink in 0,28 l konzentrierter Phosphorsäure und 0,28 l Wasser in der Wärme hergestellt. Das nach einer mehrstündigen Einwirkungsdauer erhaltene teigige Produkt war unter der Bezeichnung „Coslett-Teig" im Handel. Bedeutend wichtiger wurde das bereits erwähnte „Parkersalz". Es kann außer aus Zink auch aus Zinkoxyd, Zinkkarbonat oder tertiärem Zinkphosphat (Zinkbadschlamm) mit der theoretisch erforderlichen Menge Phosphorsäure hergestellt werden (W. D e m e l[1004] sowie M. T r a v e r s und M. P e r r o n[1005]).

Im allgemeinen haben die Zinkphosphatbäder eine Konzentration von etwa 3% primärem Zinkphosphat und soviel freier Phosphorsäure, als einer Gesamtazidität von 40 Punkten entspricht. Unter der „Punktezahl" versteht man die Anzahl ccm n/10 Natronlauge, die zur Titration von 10 ccm gekühlter, klarer Badlösung unter Verwendung von Phenolphthalein als Indikator verbraucht werden. Wird Methylorange als Indikator benützt,, so erhält man nur die freie Phosphorsäure, während mit Phenolphthalein die gesamte, freie und gebundene Phosphorsäure ermittelt wird. Auch heute noch sind Zinkphosphatbäder unter dem Namen „Parker-I-Bad", „Coslett-Bad" usw. im Handel.

Mit *Manganphosphatbädern* (R. G. R i c h a r d s[1006]) lassen sich zwar sehr korrosionsbeständige Überzüge erzeugen, aber die Bäder erfordern nicht nur Phosphatierungszeiten von etwa 60 Minuten bei 98° C, sondern sie besitzen auch ein verhältnismäßig geringes Angriffsvermögen, so daß schwer phosphatierbare Oberflächen Schwierigkeiten bereiten. Sie werden auch heute noch gelegentlich als Atrament-A-Lösung, Parker-II-Bad usw. in den Handel gebracht. Das Manganphosphatbad wird entweder durch Auflösung von Mangankarbonat in verdünnter Phosphorsäure (R. G. R i c h a r d s und Q. A. A d a m[1007] sowie W. H. A l l e n[1008]) oder technisch aus Ferromangan in heißer, überschüssiger, verdünnter Phosphorsäure hergestellt (Parker Rust Proof Co.[1009]). Die heiße Lösung wird filtriert, das primäre Eisen- und Manganphosphat auskristallisieren gelassen und die Kristalle in einer nicht oxydierenden Atmosphäre getrocknet. Das früher in den USA fast ausschließlich zur Phosphatierung benützte feste „Parkersalz" war nach diesem Verfahren hergestellt. Es bestand aus einer gepulverten, körnigen Mischung von saurem Manganphosphat (80%ig) und Eisenphosphat (20%ig). Es besaß eine hellgraue Farbe und enthielt etwa 49,2% P_2O_5, 14,6% Magnan, 2,7% Eisen sowie Spuren von Kalzium- und Sulfation. Da beim Lagern an der Luft nach mehreren Wochen durch Wasserabgabe und chemische Veränderungen eine gewisse Erhärtung des Salzes auftrat, wurden diesem 3 bis 5% Weinsäure zugesetzt, wodurch die Erhärtung bei der Lagerung verhindert werden konnte.

In Europa war das von der I. G. Farbenindustrie A. G. vertriebene „Atrament-A-Bad", das gleichfalls aus Manganphosphat bestand, das erste hier eingeführte Phosphatbad (A. K a r s t e n[1010] und G. B ü t t n e r[1011]). Das fertige Bad besteht aus einer 3- bis 4%igen Lösung von primärem Mangan-II-phosphat, welches durch Mangan-III-phosphat der Formel $MnH_3(PO_4)_2$ schwach violett gefärbt ist. Diese höhere Oxydationsstufe des Mangans wird durch einen Zusatz einer geringen Menge von Wasserstoffperoxyd erhalten (I. G. Farbenindustrie A. G.[1012], T. M e y e r und J. M a r e k[1013]). Das Manganphosphat selbst wird durch Auflösen von 12 Teilen Mangankarbonat in 22 Teilen konzentrierter reiner Phosphorsäure hergestellt. Man kann auch eine 80- bis 90%ige reine Phosphorsäure mit dem 2½fachen ihres Volumens mit Wasser verdünnen, die Lösung erhitzen und so viel Mangankarbonat eintragen, als sich löst. 25 bis 35 ccm dieser Lösung werden auf 1 l mit Wasser verdünnt und die zu schützenden Gegenstände 1 bis 1½ Stunden in ihr bei 98° C behandelt (I. G. Farbenindustrie A. G.[1014]). Der Schutzwert der Manganphosphatschichten ist, solange sie nicht allzuviel Eisenphosphat enthalten (W. M a c h u[1015] sowie L. S c h u s t e r und G. R o e s n e r[1016]), sogar besser als der von Zinkphosphatschichten. Manganphosphatüberzüge mit einem geringen Gehalt von Eisenphosphat weisen den besten Korrosionsschutz unter allen Phosphatschichten auf.

Ähnlich wie das Parkersalz wurde in Rußland ein „Digosphat" bezeichnetes Produkt verwendet. das nach K. M. D o m n i t s c h und A. E. M i c h e l s o n[1017] nach einem Verfahren von P. I. P j a r n i s c h n i k o w aus Braunstein durch Reduktion mit Kohle bei 900° C, Behandlung mit konzentrierter Phosphorsäure, Zusatz von etwas Wasser, um die Masse filtrierbar zu machen und Kristallisation gewonnen wurde. Es bestand aus 49,6% P_2O_5, 15,5% Mn, 0,57% Fe, 1,28% SO_4, 0,17% F, Rest Wasser. Vom festen Parkersalz unterschied es sich nur durch einen höheren Gehalt von Verunreinigungen.

Das russische Phosphatierungsmittel „Mashef" wird nach den Angaben von I. I. C h a i n[1018] auf nassem Wege erzeugt. Bei 60 bis 70° C werden aus Lösungen von Trinatriumphosphat, Mangansulfat und Eisen-II-sulfat die tertiären Phosphate gefällt, der Niederschlag gewaschen (35 bis 40° C), die überschüssige Flüssigkeit abgepreßt, bei 300° C getrocknet und mit 156 kg Phosphorsäure auf 100 kg Phosphat zur Bildung der sauren Phosphate umgesetzt. Das trockene Produkt enthält 48 bis 51% P_2O_5, 17 bis 18% Mn, 1,2 bis 2,5% Fe, 7,5 bis 8,5% freie Phosphorsäure, 3 bis 9% Wasser, Spuren SO_3 (I. A. L o o k i n[1019]).

Andere Phosphatierungsmittel, wie Lösungen von Kobalt-, Nickel- und Blei-phosphat (W. S c h m i d d i n g[1020]), primären Kalziumphosphaten (S. F i e l d und S. R. B o n n e y[1021]), Barium-, Strontium-, Chrom-, Aluminium-, Alkaliphosphaten, Ammonphosphat, eventuell gemeinsam mit Sulfaten von Zink, Mangan, Kupfer usw., haben nur literarisches Interesse.

Ebenso gering ist die praktische Bedeutung von anderen Zusätzen zu Zink- oder Manganphosphatbädern, wie z. B. Zinkstaub, Molybdänverbindungen, Glas, Glyzerin, Chromsäure, Eiweißstoffe, Tragantgummi, Oxychinolin, Salpetersäure, Schwefelsäure u. dgl. Hingegen erhöht ein Zusatz von Sand oder einem anderen kieselsäurehaltigen Stoff (Parker Rust Proof Co.[1022]) oder 0,5 bis 5,0 g/l Kieselfluorwasserstoffsäure (Metall-gesellschaft A. G.[1022]) die Korrosionsbeständigkeit der Phosphatüberzüge. Borsäure und Netzmittel verbessern die Eigenschaften des Phosphatbades im praktischen Betriebe.

Literaturverzeichnis.

[989] T. W. C o s l e t t, DRP. 209 805/1917. — [990] Rudge Withworth Co., EP. 29 504/1910. — [991] A. L i b e s k i, DRP. 229 173/1909. — [992] J. H. G r a v e l l, AP. 1 315 001. — [993] W. S c h m i d d i n g, AP. 1 448 009. — [994] H a l l, EP. 398 180. — [995] B. M c C a u l e y, AP. 2 007 978. — [996] D u p o n t, AP. 2 080 299. — [997] Dieselbe, AP. 1 936 534. — [998] Dieselbe, EP. 562 586/1944. — [999] A. A. P o u l v e r e l, FP. 745 668. — [1000] W. M a c h u, Korrosion und Metallschutz 18, 89—103, 1942. — [1001] Metallgesellschaft A. G., DRP. 518 315/1931. — [1002] Parker Rust Proof Co., EP. 270 820/1927. — [1003] T. W. C o s l e t t, DRP. 248 856. — [1004] W. D e m e l, Berichte 12, 1, 1171, 1879. — [1005] M. T r a v e r s und M. P e r r o n, ebenda 1, 10, 298, 1924. — [1006] R. G. R i c h a r d s, EP. 17 583/1911, DRP. 265 249, FP. 446 701. — [1007] R. G. R i c h a r d s und Q. A. A d a m, EP. 25 134/1913. — [1008] W. H. A l l e n, AP. 1 167 966. — [1009] Parker Rust Proof Co., Kan. P. 291 600/1932, FP. 621 428, 632 340, 632 341, 632 342, 632 891. — [1010] A. K a r s t e n, Chem. Apparatur 19, Nr. 2, Korrosion 7, 1, 1932. — [1011] G. B ü t t n e r, Korrosion und Metallschutz 12, 208—11, 1936. — [1012] I. G. Farbenindustrie A. G., FP. 781 978. — [1013] T. M e y e r und J. M a r e k, Ztschr. anorg. allgem. Chem. 133, 328, 1934. — [1014] I. G. Farbenindustrie A. G., FP. 698 878. — [1015] W. M a c h u, Korrosion und Metallschutz 18, 96, 1942. — [1016] L. S c h u s t e r und G. R o e s n e r, Fortschr. a. d. Gebiete d. Phosphatierung I, 81—107, 1943. — [1017] K. M. D o m n i t s c h und A. E. M i c h e l s o n, Rostung und Schutz von Eisen durch Phosphatierung, Leningrad-Moskau 1932, 107. — [1018] I. I. C h a i n, Korrosion und Metallschutz 17, 216—18, 1941; Korrosionsbekämpfung (russisch) 5, 72—84, 1939. — [1019] I. A. L o o k i n, Korrosion und Korrosionsbekämpfung (russisch) 5, 62—71, 1939. — [1020] W. S c h m i d d i n g, DRP. 448 009. — [1021] S. F i e l d und S. R. B o n n e y, FP. 857 798/1940. — [1022] Parker Rust Proof Co., AP. 1 750 270. — [1023] Metallgesellschaft A. G., DRP. 606 109.

36. Phosphatierungsbäder mit Beschleunigungsmitteln.

Die lange Phosphatierungsdauer von etwa 30 bis 45 Minuten im Zinkphosphat-bade sowie von rund 60 Minuten im Manganphosphatbade bei 95 bis 98° C hat sich besonders bei der Eingliederung des Phosphatierungsverfahrens in den Fließbetrieb und bei größeren Massenanfertigungen als sehr störend erwiesen. Etwa seit 1930 tauchten aber auch die sog. „Kurzzeitverfahren" auf, bei welchen die Überzugs-bildung bei gleicher oder sogar niedrigerer Betriebstemperatur bis auf 3 bis 10 Minuten, in manchen Fällen sogar auf rund ½ Minute herabgesetzt war. Diese starke Beschleu-nigung des Phosphatierungsvorganges hat es mit sich gebracht, daß derzeit nur mehr etwa $^1/_{10}$ der gesamten phosphatierten Oberflächen im beschleunigungsmittelfreien Langzeitbade hergestellt werden.

Zur Beschleunigung des Phosphatierungsverfahrens stehen sowohl

a) chemische,

b) elektrochemische,

c) mechanische Mittel

in Anwendung. Am häufigsten werden rein chemisch wirkende Stoffe den Bädern zugesetzt, die meist aus Oxydationsmitteln, wie Nitraten, Nitriten oder Chloraten, bestehen. Beschleunigend wirken auch noch Schwermetallverbindungen edlerer Metalle als Eisen, wie z. B. solchen von Kupfer, Silber, Quecksilber usw., deren Bedeutung jedoch vollkommen zurückgegangen ist, da sie die Korrosionsbeständigkeit der Phosphatüberzüge beeinträchtigen. Beschleunigend wirken ferner noch Reduktionsmittel und organische Verbindungen.

Da für einen Dauerbetrieb die Regenerierbarkeit des Bades eine wesentliche Rolle spielt, kommen für den Fließbetrieb praktisch nur die Oxydationsmittel als Beschleuniger in Frage, da sie genügend beständig und auch nicht flüchtig sind. Bei den Nitriten muß wegen der rascheren Zersetzlichkeit bei niedrigen Temperaturen gearbeitet werden. Ein großer Vorteil der Oxydationsmittel ist ihre Fähigkeit, daß sie Eisen-II-Verbindungen in die dreiwertige Stufe überführen können. Da das primäre Eisen-II-phosphat in Wasser löslich, das entsprechende saure Eisen-III-phosphat aber schwerlöslich ist, kann bei Anwesenheit von Oxydationsmitteln der Eisengehalt des Bades auf so niedrigen Werten gehalten werden, daß weder in der Phosphatschicht noch auch im Bade selbst eine stärkere Eisenanreicherung auftreten kann. Auch die Angriffsfähigkeit der Phosphatierungsbäder ist bei Gegenwart von Oxydationsmitteln am größten.

a) Nitrate als Beschleunigungsmittel.

Die wichtigsten Beschleunigungsmittel stellen die Nitrate dar, welche die Phosphatierungsdauer im Zinkphosphatbade von etwa 30 Minuten auf 5, im Manganphosphatbade von 60 Minuten auf etwa 15 Minuten herabsetzen. Die starke Oxydationswirkung der Nitrate macht sich bereits rein äußerlich bemerkbar, da während des Phosphatierungsvorganges die Gasentwicklung sehr stark zurückgeht.

Das Nitrat wird dem Bade am besten in Form von Alkalinitrat und Zink- bzw. Mangannitrat einverleibt. Ein zu hoher Gehalt an Alkalinitrat (Parker Rust Proof Co.[1024]) ist jedoch besonders für einen Dauerbetrieb des Bades nicht günstig, da die Regenerierung des Bades in allen für die Schichtbildung erforderlichen Bestandteilen nur schwer durchführbar ist.

Die Nitrate bewirken auch eine sehr weitgehende Oxydation des primären Eisen-II-phosphates zu unlöslichem Eisen-III-phosphat, das in den Badschlamm geht, wodurch eine Anreicherung der Bäder mit dem für die Korrosionsbeständigkeit der Überzüge schädlichen Eisenphosphat vermieden wird.

Von der Metallgesellschaft A. G.[1025] wurde eine Auffüllösung zur Regenerierung von heruntergearbeiteten Phosphatierungsbädern entwickelt, welche aus sauren Phosphaten des Zinks und Salpetersäure oder Phosphorsäure und Zinknitrat, ferner geringen Mengen von Kupferkarbonat sowie Wasser besteht. Die freie Salpeter- bzw. Phosphorsäure löst die im Badschlamm vorhandenen sekundären und tertiären Phosphate des Zinks und Mangans wieder auf, welche somit wieder für die Phosphatierung nutzbar gemacht werden. Beispielsweise besteht die Regenerierungsflüssigkeit für ein Zinkphosphatbad aus 175 Gewichtsteilen primärem Zinkphosphat, 30 Teilen Salpetersäure (42° Bé), 1,5 Teilen Kupferkarbonat, 295 Teilen Wasser oder aus 175 Teilen primärem Zinkphosphat, 29 Teilen Phosphorsäure (75%ig), 1,5 Teilen Kupferkarbonat, 30 Teilen Zinknitrat, 265 Teilen Wasser. Das Zinkphosphat bzw. -nitrat wird aus Zink oder Zinkoxyd durch Lösen in Phosphorsäure (50- bis 55%ig) bzw. Salpetersäure hergestellt.

Nach einem weiteren, in der Praxis sehr stark verbreiteten Verfahren der Metallgesellschaft A. G.[1026], werden für die Herstellung der bekannten Bonderbäder zur

Erzielung feinkristalliner Niederschläge Ansatzlösungen verwendet (Bonderlösung A), in denen das Verhältnis von Zink : P_2O_5 : NO_3 = (1 bis 2,5) : 1 : (2 bis 4) herrscht. Um die Regenerierbarkeit zu gewährleisten, ist das Bad fast alkalifrei. Die Ergänzung wird mit einer sog. „Ergänzungslösung" (Bonderlösung E) vorgenommen, in welcher zur Konstanthaltung des P_2O_5 und Zinks das Verhältnis von Zink : P_2O_5 : NO_3 = 1 : : (1 bis 1,8) : (1 bis 1,5) ist. Wird mit diesen Lösungen ein Phosphatierungssystem aufgebaut, so sinkt zwar anfänglich der Zinkgehalt des Bades etwas ab, bei längerer Betriebsdauer läßt sich jedoch die Eisen-, Zink- und Phosphatkonzentration in der Lösung praktisch konstant halten (Abb. 61). Die Lebensdauer der Bäder ist daher praktisch sehr hoch, sie kann 1 bis 2 Jahre betragen und wird im allgemeinen durch Verunreinigungen von außen her, insbesondere durch das Einschleppen von Resten der Reinigungs- und Beizbäder bestimmt. Ein betriebsfertiges Bad enthält z. B. 6,12 g/l Zink, 4,82 g/l P_2O_5, 10,3 g/l NO_3, die Ergänzungslösung 93 g/l Zink, 142,8 g/l P_2O_5, 97 g/l NO_3, 0,65 g/l Kupfer.

Von der Pyrene Co. Ltd.[1027] werden zur Oxydation des zweiwertigen Eisens dem Phosphatierungsbade von Zeit zu Zeit Zusätze von Kaliumpermanganat (12 bis 18 g in 24 Stunden auf 100 l für das Manganphosphatbad) oder Wasserstoffperoxyd (9 bis 12 g auf 100 l für das Zinkphosphatbad) gegeben.

Das Kation, an welches das Nitration gebunden ist, hat sowohl auf die freie als auch gesamte Azidität, die Gasentwicklung, Struktur, Farbe und Schutzwirkung des Überzuges beim Dauerbetrieb einen merklichen Einfluß (I. I. K h a i m[1028]). Natrium, Kalium und Silber haben keinen Einfluß auf den Säuregehalt, Lithium erniedrigt die freie Azidität, Ammonium erhöht die totale und vermindert die freie Azidität, Quecksilber erhöht beide Arten der Azidität. Die Nitrate von Silber, Lithium und Ammonium erhöhen die Reaktionsgeschwindigkeit stärker als jene von Kalium und Natrium, Quecksilber setzt sie merklich herab. Silber und Quecksilber führen mit zunehmender Konzentration zu unregelmäßigen, schwammigen und unvollständigen Überzügen.

b) Nitrite als Beschleunigungsmittel.

Neben den Nitraten haben sich auch die Nitrite im praktischen Phosphatierungsbetriebe als Beschleunigungsmittel bewährt. Ein derartiges Bad ist z. B. in Deutschland und Amerika unter dem Namen „Granodinebad" im Handel (American Chemical Paint Co.[1029]). Nach J. H. G r a v e l l[1030] wird das Bad durch Lösen von 8 ccm einer Stammlösung von 15 g Zinkoxyd in 68,7 g Phosphorsäure (D = 1,60) und 41,7 g Wasser in 90 ccm Wasser bereitet. Dieser verdünnten Lösung werden pro Liter 2 ccm einer 20%igen Natriumnitritlösung, welche auch „Toner" genannt wird, zugesetzt. Das Bad liefert bereits bei 60° C innerhalb weniger Minuten sehr feinkörnige, dünne und verformbare Phosphatüberzüge. Eine weitere Beschleunigung kann durch eine gleichzeitige Wechselstrompolarisation erreicht werden (W. M a c h u[1030a]).

Eine Lösung von 745 g Zinkoxyd, 225 g Phosphorsäure und 225 ccm Wasser, welche mit Wasser auf einen p_H-Wert von 2,5 verdünnt wurde, ergibt beim Aufspritzen bei 82° C auf Eisenoberflächen innerhalb ½ bis 1 Minute einen Phosphatüberzug (American Chemical Paint Co.[1031]).

Nachteilig bei der Verwendung von Nitriten als Beschleunigungsmittel ist ihre leichte Zersetzlichkeit. Nach Untersuchungen von L. S c h u s t e r und R. K r a u s e geht schon bei der Badtemperatur von 60° C ein erheblicher Teil des Nitrites durch Zersetzung verloren. Die Geschwindigkeitskonstante des Zerfalls der salpetrigen Säure HNO_2 beträgt bei 0° C 0,602, bei 60° C jedoch schon 5130 (G m e l i n[1033]). Die Zerfallsgeschwindigkeit ist daher in sehr hohem Maße temperaturabhängig.

c) Chlorate als Beschleunigungsmittel.

Das Chlorat wurde als Beschleunigungsmittel des Deckschichtbildungsvorganges für reine Phosphorsäure von W. S c h m i d d i n g[1034], zu Mangan- und Zinkphosphatlösungen von der Metal Finishing Research Corp.[1035] vorgeschlagen. In diesen normalen Bädern stört jedoch, wie F. R o ß t e u t s c h e r[1036] zeigen konnte, die starke Schlammbildung sehr. Diese wird durch eine kolloide Abscheidung von tertiärem Zinkphosphat hervorgerufen, läßt sich aber durch einen geringen Zusatz von Schwefelsäure oder Borsäure verhindern.

Die I. G. Farbenindustrie A. G. brachte Zinkchlorat enthaltende Zinkphosphatbäder unter dem Namen „Atrament Zi" als Kurzzeitbad in den Handel. Die Chlorate vermögen nicht nur den naszierenden Wasserstoff, sondern auch das zweiwertige Eisen in dreiwertiges überzuführen und dadurch eine schädliche Eisenanreicherung im Bade zu vermeiden. Der Eisengehalt des Bades bleibt konstant unter einem Gehalt von weniger als 0,1 g/Fe pro Liter. In der Lösung geht folgende Reaktion vor sich: $4 Fe\cdot\cdot + 4 H_3PO_4 + Zn(ClO_3)_2 \rightarrow 4 FePO_4 + ZnCl_2 + 6 H_2O$. Durch öftere Zugabe kleinerer Mengen der verbrauchten Salze läßt sich auch dieses Bad immer wieder regenerieren und im Dauerbetrieb verwenden.

Die Zinkchloratbäder liefern gleichmäßige, äußerst feinkörnige Überzüge in einer Dicke von etwa 1,5 bis 5 Mikron. Die Kristalle bestehen aus feinen Nädelchen. Die Phosphatierung kann sowohl durch Tauchen als auch durch Spritzen vorgenommen werden. Die chlorathaltigen Phosphatierungsbäder zeichnen sich durch eine besonders große Aggressivität aus, was sich bei der Phosphatierung von schwer angreifbaren Oberflächen sehr günstig auswirkt.

Ein zu hoher Chloratgehalt, z. B. von 24 g ClO_3/l, ist schädlich, da dann infolge teilweiser Passivierung der Eisenoberfläche nur unvollständige Überzüge erhalten werden (L. S c h u s t e r und R. K r au s e[1037]). Es ist daher vorteilhaft, den Chloratgehalt nicht über 12 g/l ansteigen zu lassen und ein Verhältnis von $Zn : P_2O_5 : ClO_3$ in den Grenzen von 1 : (3,8 bis 4,0) : (0,3 bis 3,2) aufrechtzuerhalten (Metallgesellschaft A. G.[1028]). Dies läßt sich beispielsweise durch Einbringen des Chlorates in das Bad in Form von Alkalichlorat erreichen.

Eine Stammlösung zur Anfertigung eines Chloratbades besteht z. B. aus einer Lösung von 165 g/l Zink und 610 g/l P_2O_5, von welcher 30 ccm in 1 l Wasser gelöst werden, und 6 ccm einer Lösung mit 96 g/l Natrium und 349 g/l ClO_3 zugesetzt werden (40 Punkte, 60 bis 97° C, 10 bzw. 1 Minute). Dieselbe Lösung wird auch zum Regenerieren gebrauchter Bäder verwendet, wobei auf 1 l Bad mindestens 1,5 g/l ClO_3 kommen sollen.

d) Chromate, Sulfite, Schwermetallverbindungen, organische Stoffe usw. als Beschleunigungsmittel.

Chromate und Chromsäure wurden von W. H. C o l e[1039] sowie von der Soc. Continentale Parker[1040] als Beschleunigungsmittel empfohlen. Sie beschleunigen die Überzugsbildung sehr stark, reichern sich aber nach ihrer Reduktion zu Chrom-III-Verbindungen im Bade an, so daß sie für einen Dauerbetrieb nicht geeignet sind.

Eine chromsäurehaltige Phosphatlösung, welche durch Auftrocknen einen Phosphatfilm erzeugt, enthält z. B. nach einem Vorschlage der Metallgesellschaft A. G.[1041] 10% Phosphorsäure, 1,5% CrO_3 und 0,5% Netzmittel (Dupanol-WA-Paste). Die entfetteten Gegenstände werden nach dem Bestreichen mit der Lösung 3 Minuten in einem Ofen bei 150° C getrocknet und können dann mit einem Anstrich versehen werden.

Weitere Oxydationsmittel zur Beschleunigung des Phosphatierungsvorganges und Beseitigung des zweiwertigen Eisens sind Kaliumpersulfat (G. G a r r e und B. X.

K a s p r a s[1012]), oder der Luftsauerstoff (Pyrene Co. Ltd.[1043]), der auf versprühte Lösungen einwirken gelassen wird. Beide Mittel stehen hinter den Nitraten, Nitriten und Chloraten in ihrer Bedeutung weit zurück.

Es ist einigermaßen überraschend, daß außer den Oxydationsmitteln auch Reduktionsmittel eine Beschleunigungswirkung auf den Phosphatierungsvorgang auszuüben vermögen. So verkürzt ein Zusatz von 1 g/l Natriumbisulfit in einem Manganphosphatbade die Phosphatierungsdauer von 60 Minuten bei 98° C auf 10 Minuten bei nur 60° C (I. G. Farbenindustrie A. G.[1044]). Die gute Beschleunigungswirkung der Sulfite ist aber in der Praxis nur schwer verwertbar, da diese bei höherer Temperatur zu leicht Schwefeldioxyd abgeben und daher öfters Zusätze des Beschleunigungsmittels notwendig sind.

Auch andere Reduktionsmittel, wie hydroschwefelige Säure $H_2S_2O_4$ (R. J. K a h n[1045]), Formaldehyd, Benzaldehyd, Hydroxylamin (Soc. Continentale Parker[1046]), Phosphite (Dieselbe[1047]), stellen Beschleunigungsmittel dar. Alle Reduktionsmittel haben den Nachteil, daß sie die Anreicherung des Eisens im Bade nur begünstigen, da sie die Oxydation des Fe-II zu Fe-III, wodurch unlösliches primäres Ferriphosphat in den Badschlamm geht, verhindern.

Auch alle Schwermetallverbindungen, deren Metall edler als das Eisen ist, wirken als Beschleunigungsmittel. Derartige Salze sind z. B. Kupferverbindungen (Metal Finishing Research Corp.[1048]), das z. B. in einer Menge von nur $^1/_5$ des Phosphatgehaltes innerhalb weniger Minuten bei 20° C Phosphatüberzüge liefert. Die stärkste Beschleunigungswirkung übt eine Konzentration von 1,5 g/l Kupfer aus (I. I. C h a i m[1049]). Die Farbe der Überzüge wird auf Grund des mitabgeschiedenen Kupfers zuerst schwarz und dann gelblichrot. Bei höheren Kupferkonzentrationen sind die Überzüge schwammig und leicht abwischbar.

Die stark kupferhaltigen Phosphatschichten weisen jedoch nur eine sehr geringe Korrosionsbeständigkeit auf. Kupferverbindungen neben Nitraten verwendet die Parker Rust Proof Co.[1050], neben Nitriten oder Sulfiten die Metal Finishing Research Corp.[1051], in Alkaliphosphatbädern die Pyrene Co. Ltd.[1052].

Ähnlich wie das Kupfer wirken die Salze des Nickels, Kobalts, Silbers, Wolframs, Poloniums (S. Th. R o b e r t s und F. T a y l o r[1053]), Molybdän, Uran, Quecksilber (Parker Rust Proof Co.[1054]).

Alle diese Schwermetallverbindungen setzen die Korrosionsbeständigkeit der Phosphatüberzüge erheblich herab, da sie in metallischer Form auf der Eisenoberfläche abgeschieden und zufolge Lokalelementwirkung die Zerstörung der Deckschicht beschleunigen.

Sehr interessant ist auch die Tatsache, daß auch organische Verbindungen den Phosphatierungsvorgang zu beschleunigen imstande sind. Derartige Beschleunigungsmittel sind z. B. Anilin, o- oder p-Toluidin, Pyridin, Chinaldin, Benzoinoxim (0,25 g/l; I. G. Farbenindustrie A. G.[1055]), Hydroxylamin (optimale Dosis 0,3%), Nitrobenzol (0,1%), Pikrinsäure (0,1%), o-Nitroanilin (0,05%), Nitrophenol (0,1%), Nitromethan (0,1%), Nitroresorzin, m-Nitrobenzoesäure (0,12%), Harnstoff (0,4%), Nitrourethan (0,2%), Nitroguanidin (0,1%), p-Formaldehyd (0,2%), Benzaldehyd (0,2%), p-Nitrosophenol (0,4%), p-Nitrosodimemethylanilin (0,04%), Nitroso-N-methylurethan (0,2%), Chloressigsäure (0,05%), deren Ester usw. (Pyrene Co. Ltd.[1056]), ferner Saccharate, Glukonate, Glyzerate usw. (J. G l a y m a n n und B. C o a n[1057]).

Diese organischen Beschleunigungsmittel können gemeinsam mit Nitraten, Nitriten, Kupferverbindungen usw. verwendet werden. Eines der stärksten Beschleunigungsmittel überhaupt stellt das Nitroguanidin dar, das z. B. in Manganphosphatlösungen ($^1/_5$ n) mit $^1/_{100}$ n freier Phosphorsäure bei einer Konzentration von 0,3% bei 20° C in 10 Minuten brauchbare Phosphatschichten liefert.

e) Elektrochemische Beschleunigung des Phosphatierungsvorganges.

Eine Behandlung der Werkstücke während des Phosphatierungsvorganges mit elektrischem Strom übt eine starke Wirkung auf die Schichtbildung aus. Schon von Th. W. C o s l e t t[1058] sowie W. E. B u l l o c k und I. C a l c o c k[1059] war der beschleunigende Einfluß einer kathodischen Behandlung, von der American Chemical Paint Co.[1060] jener einer Polarisierung mit Wechselstrom gefunden worden (Elektrogranodineverfahren, s. S. 258). Von W. M a c h u[1061] wurde gezeigt, daß bei der Wechselstrombehandlung nur der kathodische Stromstoß wirksam ist, da eine anodische Polarisierung direkt verzögernd auf die Schichtbildung einwirkt.

Beim Elektrogranodineverfahren (J. H. G r a v e l l[1062] und American Chemical Paint Co.[1063]) wird der Gegenstand in einer Lösung, welche 0,9 bis 1,9 kg Zink, 3,9 bis 7,9 kg Phosphorsäure (75%ig), 0,1 bis 0,5 kg Natriumnitrit und 75,1 bis 89,8 l Wasser enthält, einer Wechselstrombehandlung (60 Perioden pro Sekunde) bei einer Stromdichte von 250 bis 550 Amp/qm unterworfen. Die Konzentration an Eisenionen wird unter 0,6% gehalten, der Gehalt an salpetriger Säure soll 4 g/l nicht übersteigen (Temperatur 50° C). Die Behandlungsdauer beträgt 2 bis 4 Minuten oder 70 bis 140 Amp/min.

An Stelle von Wechselstrom kann auch periodisch, in der Sekunde wenigstens einmal, umgeschalteter Gleichstrom verwendet werden (American Chemical Paint Co.[1064]). Selbstverständlich können beide Elektroden von den zu phosphatierenden Gegenständen gebildet werden (Ford Motor Comp.[1065]).

Elektrophosphatschichten sind im allgemeinen mit einer Dicke von 1 bis 5 Mikron etwas dünner als die nach den üblichen Verfahren hergestellten Phosphatüberzüge. Sie sind sehr feinkristallin und besitzen eine gewisse Biege- und Verformbarkeit. Im allgemeinen sind die nach den Tauchverfahren erzeugten Überzüge den Elektroschichten als gleichwertig anzusehen (W. M a c h u[1030a]).

f) Mechanische Beschleunigung der Schichtbildung.

Wird eine Phosphatierungslösung auf den zu überziehenden Gegenstand unter kräftigem Druck aufgespritzt, so kann die Phosphatierungsdauer auf etwa eine halbe bis 2 Minuten herabgesetzt werden. Durch das Aufspritzen wird die Angriffsfreudigkeit der Bäder wesentlich gesteigert, so daß sogar Kaltphosphatierungslösungen im kontinuierlichen Fließbetrieb verwendet werden können. Bei einer Temperatur von 80° C ergibt eine 3%ige Zinkphosphatlösung unter einem Spritzdruck von 0,5 atü (5 m/sek) innerhalb einer Minute eine brauchbare Phosphatschicht (American Chemical Paint Co.[1066]). Das Spritzverfahren eignet sich besonders für den kontinuierlichen Betrieb und für die Behandlung größerer Gegenstände, wie Kotflügeln, Konservendosen usw. (s. S. 257).

Nach einem in Amerika stark verbreiteten Spritzverfahren der American Chemical Paint Co.[1067] wird eine ständig umlaufende Zinkphosphatlösung bei 71 bis 88° C verwendet. Sie wird durch periodische Zusätze von Zinkphosphat und Alkalinitrat auf einem bestimmten Zinkgehalt und p_H-Werte gehalten. Durch die beim Spritzen gleichzeitig auftretende starke Belüftung der Phosphatierungslösung wird die Oxydation des zweiwertigen Eisens unterstützt und dieses als Ferriphosphat ausgefällt. (Über Spritzanlagen s. S. 255.)

g) Erklärung der Wirkungsweise der Beschleunigungsmittel.

Die Wirkungsweise der chemisch derartig verschiedenen Beschleunigungsmittel, wie Oxydationsmittel, Reduktionsmittel, edlere Schwermetallverbindungen als Eisen, organische Stoffe sowie des kathodischen Stromes, wurde von W. M a c h u[1068] wie folgt erklärt: Der Phosphatierungsvorgang beginnt mit der Abstumpfung der freien Phosphorsäure (s. S. 200), wodurch dann die Hydrolyse der löslichen primären zu den unlöslichen sekundären und tertiären Metallphosphaten eintreten kann. Dieser Angriff der Phosphorsäure auf das Eisen ist, wie jeder Korrosionsvorgang, elektrochemischer Natur. An der Lokalanode spielt sich die Auflösung des Eisens, an der Lokalkathode die Entwicklung der Wasserstoffionen unter gleichzeitiger Hydrolyse und Abscheidung der Metallphosphate ab.

Der eigentliche Phosphatierungsvorgang geht somit nur an den Lokalkathoden vor sich. Es wirken daher alle Maßnahmen, welche den Kathodenvorgang begünstigen oder die Kathodenfläche vergrößern, begünstigend und beschleunigend. Der Phosphatierungsvorgang stellt somit eine topochemische und elektrochemische Reaktion an der Lokalkathode dar.

Die Oxydationsmittel wirken dadurch beschleunigend, daß sie durch Depolarisation des Wasserstoffes an der Deckschicht die Stromdichte des Lokalstromes so stark erhöhen, daß die Geschwindigkeit der deckschichtbildenden Reaktionen vergrößert und teilweise eine Passivierung und Inaktivierung der Lokalanoden eintritt, wodurch das Verhältnis der wirksamen und aktiven Lokalkathoden zu den Lokalanoden vergrößert wird.

Die schwefelige Säure und andere Reduktionsmittel laden anodische Bezirke zu kathodischen um. Kupfer und andere edlere Schwermetalle werden auf der Eisenoberfläche elektrochemisch niedergeschlagen und wirken im Lokalelement Eisen : Kupfer, da sie edler als Eisen sind, als Lokalkathoden. Bei den organischen Stoffen besteht die beschleunigende Wirkung gleichfalls in einer Unterdrückung des anodischen Lösevorganges, da sie ähnlich wie Sparbeizstoffe einer kathodischen Polarisierung gleichzusetzen sind (W. M a c h u[1069]). Die anodische Behandlung verzögert die Schichtbildung, da sie nur den Vorgang an der Lokalanode, also die Auflösung des Eisens, begünstigt, hingegen die Kathodenfläche verkleinert und den Kathodenvorgang, also die Schichtbildung, unterdrückt. Eine kathodische Polarisierung beschleunigt umgekehrt sehr stark.

h) Kinetik des Phosphatierungsvorganges.

Verfolgt man die Geschwindigkeit des Bedeckungsvorganges in Phosphatierungsbädern entweder durch gravimetrische Bestimmung der Gewichtsänderungen der Proben (W. M a c h u[1070]) oder durch elektrochemische Bestimmung der noch nicht bedeckten, freien Eisenoberfläche (W. M a c h u) oder durch Bestimmung der Schichtstärke (Tab. 19), so zeigt sich, daß die Phosphatierungsgeschwindigkeit zu Beginn des Bedeckungsvorganges am größten ist. Da auch anfangs in der sauren Phosphatierungslösung die freie, ungeschützte Anodenfläche am größten ist, ergibt sich, daß die Geschwindigkeit des Phosphatierungsvorganges der Anodenfläche F_A proportional ist (W. M a c h u[1071]): $\dfrac{- d\, F_A}{F_A} = k \cdot dt$. Durch Intergration erhält man $- \ln F_A = kt + \text{Const}$. Da zur Zeit $t = 0$, $F_A = F_{A_0}$ ist, ist die Integrationskonstante $\text{Const} = - \ln F_{A_0}$. Die Geschwindigkeitskonstante K des Phosphatierungsvorganges ist somit durch die Gleichung $K = \dfrac{1}{t} \ln \dfrac{F_{A_0}}{F_A}$ gegeben. Der geschwindigkeitsbestimmende Faktor des Phosphatierungsvorganges ist somit dem Verhältnis der ursprünglichen freien Anodenfläche zur jeweils vorhandenen Anodenfläche F proportional. Von W. M a c h u konnte die Gültigkeit dieser Gesetzmäßigkeit an Hand zahlreicher Phosphatierungsbeispiele einwandfrei bestätigt werden.

In Kurzzeitbädern mit Zusätzen von Nitraten, Nitriten, Sulfiten, Chromaten, Kupferverbindungen weist der Geschwindigkeitskoeffizient K bisweilen ein Maximum auf oder zeigt einen deutlichen Gang. Dies beweist, daß die Beschleunigungsmittel derartig weitgehend in den Reaktionsmechanismus des Bedeckungsvorganges eingreifen, vielleicht in Form von Zwischenreaktionen, daß es zu einer Verschiebung der Reaktionsordnung kommt. In diesen Lösungen ist die Reaktionsgeschwindigkeit nicht mehr einfach der jeweils vorhandenen Anodenfläche proportional, sondern es liegt eine komplizierte Abhängigkeit der Reaktionsgeschwindigkeit von den Reaktionsbedingungen vor. Wahrscheinlich dürfte es sich um Vorgänge handeln, die sich zusätzlich an den Lokalkathoden abspielen, wie z. B. die Depolarisation des Wasserstoffes.

Die angeführte Beziehung kann nicht nur die Geschwindigkeit von Phosphatierungsvorgängen zahlenmäßig wiedergeben, sondern ergibt auch einen Einblick in den Reaktionsmechanismus. In Tab. 23 sind für einige Phosphatierungsvorgänge die Behandlungsdauern in Minuten und die Geschwindigkeitskoeffizienten, berechnet nach der Beziehung von W. M a c h u, zusammengestellt. Zwischen der Phosphatierungsdauer (Zeit bis zum Konstantwerden von F_A) und K besteht ein ursächlicher Zusammenhang, da einer kurzen Phosphatierungsdauer ein hoher Wert von K entspricht und umgekehrt.

Tabelle 23. *Zusammenhang zwischen der Phosphatierungsdauer und der Geschwindigkeitskonstante K für verschiedene Phosphatierungsvorgänge.*

Phosphatierungslösung	Phosphatierungsdauer in Minuten	K
Granodinebad (Zinkphosphat + Nitrit, 75° C)	4	1,36
Bonderbad (Zinkphosphat + Nitrat, 98° C)	5	1,15
Parkerlösung (Zinkphosphat + 0,05 g $CuCO_3$)	10	0,58
Parkerlösung (Zinkphosphat + 0,25 g/l Chinolin, 98° C)	15	· 0,27
Parkerlösung (Zinkphosphat + 1 g/l $NaHSO_3$, 65° C)	20	0,17
Parkerlösung (Zinkphosphat + 0,05 g/l $K_2Cr_2O_7$, 98° C)	40	0,10
Parkerlösung (Zinkphosphat, ohne Zusatz, 98° C) . .	60	0,10
Parkerlösung (Zinkphosphat, 20° C)	4200	0,0010

L i t e r a t u r v e r z e i c h n i s.

[1024] Parker Rust Proof Co., EP. 473 285. — [1025] Metallgesellschaft A. G., DRP. 697 506/1940. — [1026] Dieselbe, DRP. 727 194/1942. — [1027] Pyrene Co. Ltd., EP. 477 910/1938. — [1028] I. I. K h a i m, Ztschr. angew. Chem. USSR. (russisch) 19, 527—34, 1946. — [1029] American Chemical Paint Co., EP. 495 190, AP. 2 132 439/1938. — [1030] J. H. G r a v e l l, Öst. P. 144 900. — [1030a] W. M a c h u, Archiv für Metallkunde 3, 278—82, 1949. — [1031] American Chemical Paint Co., AP. 2 132 833. — [1032] L. S c h u s t e r und R. K r a u s e, Korrosion und Metallschutz 17, 174—79, 1941. — [1033] G m e l i n, Handbuch d. anorgan. Chem., Bd. Stickstoff, 1936, 905. — [1034] W. S c h m i d d i n g, DRP. 448 009. — [1035] Metal Finishing Research Corp., FP. 724 422. — [1036] F. R o ß t e u t s c h e r, Korrosion und Metallschutz 20, 165—66, 1944. — [1037] L. S c h u s t e r und R. K r a u s e, ebenda 20, 157, 1944. — [1038] Metallgesellschaft A. G., FP. 879 545/1943. — [1039] W. H. C o k, EP. 289 908, 350 420. — [1040] Soc. Continentale Parker, FP. 855 924, EP. 530 006. — [1041] Metallgesellschaft A. G., DRP. 718 317, 718 157. — [1042] G. G a r r e und B. X. K a s p r a s, DRP. 683 087. — [1043] Pyrene Co. Ltd., EP. 484 726. — [1044] I. G. Farbenindustrie A. G., FP. 801 033. — [1045] R. J. K a h n, EP. 507 355/1939. — [1046] Soc. Continentale Parker, FP. 849 856/1939. — [1047] Dieselbe, Belg. P. 433 128. — [1048] Metal Finishing Research Corp., AP. 1 949 090/1930. — [1049] I. I. C h a i m, Ztschr. angew. Chem. USSR. (russisch) 18, 264—70, 1945. — [1050] Parker Rust Proof Co., EP. 350 560, DRP. 641 750, FP. 680 946, 724 121. — [1051] Metal Finishing Research Corp., FP. 724 422. — [1052] Pyrene Co. Ltd., EP. 517 047/1940. — [1053] S. Th. R o b e r t s und F. T a y l o r, EP. 526 815/1940. — [1054] Parker Rust Proof Co., AP. 1 887 967, 1 888 199. — [1055] I. G. Farbenindustrie A. G., FP. 776 042. — [1056] Pyrene Co. Ltd., EP. 510 684, FP. 849 856/1939. — [1057] J. G l a y m a n n und B. C o a n, FP. 865 727/1941. — [1058] Th. W. C o s l e t t, DRP. 248 856. — [1059] W. E. B u l l o c k und I. C a l c o c k, EP. 16 300/1909. — [1060] American Chemical Paint Co., EP. 495 190, AP. 2 132 439/1938. — [1061] W. M a c h u, Korrosion und Metallschutz 17, 157—64, 1941. — [1062] J. H. G r a v e l l, FP. 783 250, Öst. P. 144 900. — [1063] American Chemical Paint Co., FP. 783 250, EP. 495 190, AP. 2 132 439/1939. — [1064] Dieselbe, AP. 2 132 438. — [1065] Ford Motor Comp., FP. 819 256. — [1066] American Chemical Paint Co., EP. 495 098. — [1067] Dieselbe, AP. 2 132 883. — [1068] W. M a c h u, Korrosion und Metallschutz 17, 157—74, 1941. — [1069] Derselbe, ebenda 10, 277, 1934; 13, 1—20, 20—37, 1937; 14, 324—37, 1938. — [1070] Derselbe, Chem. Fabrik 13, 461—70, 1940; Korrosion und Metallschutz 17, 157—74, 1941. — [1071] Derselbe, Archiv für Metallkunde 3, Heft 3, 1949.

37. Die Phosphatierung von Zink und seinen Legierungen.

Beim Zink und seinen Legierungen ist das Auftreten der weiß gefärbten Korrosionsprodukte in manchen Fällen sehr störend. Lacke oder Anstriche haften auf metallisch blanken Zinkoberflächen sehr schlecht, so daß sie nicht ohne weiteres zum Oberflächenschutze des Zinks herangezogen werden können. Es hat sich nun gezeigt, daß ebenso wie beim Eisen auch beim Zink und seinen Legierungen durch die Aufbringung einer Phosphatschicht ein ausgezeichneter Haftgrund für Lacke und Anstriche geschaffen werden kann, der zu einer wesentlichen Verbesserung der Korrosionsbeständigkeit der Zinkgegenstände führt. Ebenso wird auch beim Zink durch eine Phosphatschicht die gleitende Reibung erheblich vermindert und der Verschleiß von sich reibenden Armaturenteilen verkleinert (R. K r a u s e[1072] sowie S. W. K. M o r g a n und L. A. I. L o d d e r[1073]).

Die Phosphatierung des Zinks wurde zuerst von der Parker Rust Proof Co. in Amerika als „Bonderit-Z-Verfahren" in die Technik eingeführt (Anonym[1074]). Die hauptsächlichste Wirkung der Phosphatschicht aus Zink ist neben der Verbesserung der Haftfestigkeit der Anstriche auch die Verhinderung der natürlichen Alterung der Anstrichmassen, wodurch das vorzeitige Abblättern der Anstriche vermieden wird (E. E. H a l l s[1075]). Bei elektrolytischen oder Feuerverzinkungen erhält man verschiedene Ergebnisse bei der Phosphatierung. Gleichwohl sind beide Überzüge für das Phosphatieren bei hinreichender Dicke der Zinkschicht gut geeignet. Am besten sind Zinkgußstücke für die Phosphatierung verwendbar.

Für die Phosphatierung des Zinks können im allgemeinen die für die Behandlung des Eisens üblichen Zink- und Manganphosphatbäder verwendet werden. Hinsichtlich der Phosphatierung von Reinzink, Rohzink und verzinktem Eisen einerseits und zwischen Zinklegierungen andererseits bestehen aber wesentliche Unterschiede, da die Legierungsbestandteile des Zinks die Ausbildung und Korrosionsbeständigkeit der Phosphatschicht erheblich beeinflussen.

Auch beim Zink besteht der primäre Vorgang der Schichtbildung in einer Beizwirkung der verdünnten Phosphorsäure und der damit verbundenen Abstumpfung der freien Säure (s. S. 200). Da das Zink in Säuren erheblich leichter löslich ist als das Eisen, weisen die für Eisen normalen Phosphatierungsbäder für das Zink eine zu starke Azidität auf. Die Bäder zur Phosphatierung des Zinks verbrauchen sich selbst bei niedriger Wasserstoffionenkonzentration der Lösungen schneller als in Berührung mit Eisen, so daß mit der gleichen Badmenge eine erheblich kleinere Zinkoberfläche im Vergleich zum Eisen geschützt werden kann. Die Wasserstoffentwicklung hört auch nach beendeter Schichtbildung wegen weiterer Einwirkung der Säure auf das Zink nicht auf.

Es hat sich als sehr zweckmäßig erwiesen, das Zink nicht mit reinen Zinkphosphatlösungen, sondern mit Lösungen von Zink- mit Mangan- oder Eisenphosphaten zu behandeln (Parker Rust Proof Co.[1076]). Der Eisengehalt der Zinkphosphatlösungen soll etwa ⅓ bis ½ des Zinkgehaltes betragen, bei Manganphosphatbädern soll mindestens doppelt soviel Eisen als Mangan vorhanden sein.

Nach dem Verfahren der I. G. Farbenindustrie A. G.[1077] ist zur Phosphatierung von Gegenständen aus Feinzink ein Bad geeignet, das pro Liter 15 ccm (24 g) einer Lösung von primärem Zinkphosphat und Phosphorsäure mit 37,6% Gesamt-P_2O_5, 15,6% freiem P_2O_5 und 12,5% ZnO sowie 15 ccm (21 g) einer Lösung von Manganphosphat mit 21,8% Gesamt-P_2O_5, 3,8% freiem P_2O_5 und 9,1% MnO enthält. Das Bad liefert bei 96 bis 98° C in 2 bis 10 Minuten gutschützende Überzüge.

In den Bädern können auch Beschleunigungsmittel, wie Nitrate, Nitrite, Chlorate, Kupferverbindungen, Nickel-, Kobaltsalze usw., enthalten sein. Sie führen aber zu einem starken Angriff auf das Zink (Pyrene Co.[1078] und Soc. Continentale Parker[1079]).

Bei der Phosphatierung des Zinks ist ein gewisser Eisengehalt der Lösung günstig. Die Metallgesellschaft A. G.[1080] führt das Eisen in das Bad, welches aus 19 g/l Zink, 24 g/l P_2O_5 und 25 g/l NO_3 besteht, durch gleichzeitiges Phosphatieren von Zink- und Eisenblechen ein. Auf 0,8 qm Zinkblech werden 0,2 qm Eisenblech in das Bad eingesetzt.

Nickel- und Kobaltverbindungen bewirken eine hohe Gleichmäßigkeit der Überzüge auf Zink (American Chemical Paint[1081]) oder Kadmium (S. Th. Roberts und F. Taylor[1082]). Derartige Bäder haben z. B. folgende Zusammensetzung: 675 g ZnO, 125 g $NiCO_3$, 2,25 l Phosphorsäure (75%ig), 225 ccm Salpetersäure (38° Bé), 2,5 l Wasser; 8 ccm dieser Lösung ergeben mit 92 ccm Wasser das fertige Bad (71° C).

Auch bei Zink führt eine Vorbehandlung der Metalloberfläche mit Metallverbindungen, wie Cu, As, Sb, Bi, ferner von 1 bis 2% Dinatriumphosphat und 0,01% einer löslichen Titanverbindung (G. Jernstedt[1083]) zu einer Verkürzung der Phosphatierungsdauer. Auf Aluminium, Magnesium, Zink oder deren Legierungen können nach einem Vorschlage der Soc. Continentale Parker[1084] schützende Überzüge in siedenden Lösungen von Alkaliphosphaten, Alkalisulfomolybdaten und einer organischen Oxysäure, wie Malon-, Wein-, Zitronensäure oder Zucker, Stärke u. dgl., erhalten werden.

a) Die Phosphatierung von Zinklegierungen.

Besonders störend wirkt sich der Aluminiumgehalt von Feinzinklegierungen aus, da das Aluminium in Lösung geht und das Bad vergiftet. Nach R. Krause[1085] verschlechtern bereits 0,2 g/l Aluminium die Phosphatschichten ganz beträchtlich, bei 0,3 g/l bildet sich auf Zink in Zinkphosphatschichten überhaupt keine Schicht mehr aus. Legierungen mit wenig Aluminium, wie Zn-Al-1 können zwar noch mit den für Feinzink üblichen Zinkphosphatbädern behandelt werden, Legierungen mit höheren Aluminiumgehalten, wie Zn-Al-4 oder Zn-Al-10 liefern nur mehr in Manganphosphatlösungen brauchbare Überzüge.

Die Haftfestigkeit von Phosphatüberzügen auf aluminiumreichen Zinklegierungen kann entweder durch Ausfällung des Aluminiums durch einen Zusatz von 1,5 g/l $NaHF_2$ (saurem Natriumfluorid) und 0,05 g/l Wasserstoffperoxyd (Metallgesellschaft A. G.[1086]) zum nitrathaltigen Zinkphosphatbade oder durch Herauslösen des Aluminiums aus der Metalloberfläche durch Beizen in 10- bis 40%iger Natronlauge bewirkt werden (Metallgesellschaft A. G.[1087]). Der bei kupferhaltigen Zinklegierungen nach dem Beizen verbleibende dunkle Kupferbelag kann durch Abwischen oder Abbürsten beseitigt werden (A. K u f f e r a t h[1088]). Auf den in Alkalilaugen gebeizten Zinklegierungen erhält man samtartige, feinkristalline und dichte Überzüge.

Zink und Zinklegierungen können auch nach dem Kaltphosphatierungsverfahren behandelt werden, wobei sich die niedrigere Temperatur der Bäder wegen des geringeren Angriffes auf das Zink nur günstig auswirkt. Man kann in solchen Lösungen sogar verzinktes Eisen mit nur dünnen Zinkauflagen phosphatieren. Da auch das Aluminium bei Raumtemperatur kaum angegriffen wird, kann man sich das Vorbeizen des Zinks zur Beseitigung des Aluminiums beim Kaltphosphatieren ersparen.

b) Eigenschaften der Überzüge auf Zink und seinen Legierungen.

Phosphatschichten auf Zink haben das Aussehen von Phosphatüberzügen auf Eisen. Auf aluminiumreicheren Legierungen werden die Deckschichten immer heller, während manganreichere Legierungen dünklere Schichten ergeben. Die Vorbehandlung beeinflußt das Aussehen im Gegensatz zum Eisen (s. S. 218) nicht. Die gelegentlich beim Heißphosphatieren von Zink auftretenden Ausblühungen können durch eine Vorbehandlung mit heißer verdünnter Phosphorsäure vermieden werden. Die Ursache ihres Entstehens ist noch nicht eindeutig aufgeklärt worden.

Die Phosphatierung verbessert die Haftfestigkeit von Lacken und Anstrichen auf Zink, die auf dem unbehandelten Metalle nur schlecht haften, beträchtlich (H. A. N e l s o n[1089] und H. J. W i n g[1090]). Nach H. E. S i c l e n[1091] weisen insbesondere Einbrennlacke auf phosphatierten Oberflächen eine vorzügliche Haftfestigkeit auf.

Die Korrosionsbeständigkeit von Zink und Zinklegierungen wird durch die Phosphatierung gleichfalls erheblich verbessert, wobei sich Mangan-Eisen-Phosphat-Überzüge am wirksamsten erweisen. Die Steigerung der Korrosionsfestigkeit von Armaturen aus Feinzinklegierungen nach einer Lackierung mit durch Aluminium pigmentierten Kunstharzlacken im phosphatierten Zustande zeigt Abb. 73 (Metall-

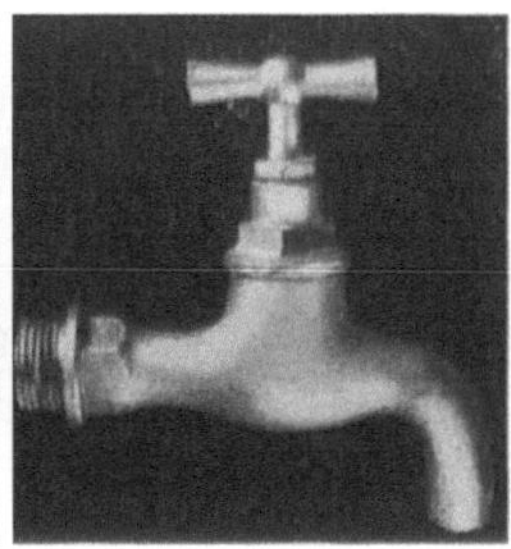

Abb. 73. Wasserleitungshähne aus Feinzinklegierung nach 7 Tage langer Dampfkorrosion; links mit Kunstharzlack lackiert, rechts phosphatiert und mit Kunstharzlack lackiert.

gesellschaft A. G.). Die beiden Hähne wurden einer sieben Tage langen Wasserdampfkorrosion ausgesetzt. Bei der Dampfkorrosion, bei welcher sich besonders die Neigung des Zinks zur interkristallinen Korrosion zeigt, hat sich die Phosphatierung in Verbindung mit einer Lackierung als wirksamster Korrosionsschutz erwiesen. Eine Phosphatierung auf einer Verzinkung mit nachträglicher Lackierung stellt vielleicht unser bestes Korrosionsschutzverfahren für Eisen, abgesehen von dickeren Plattierungen mit Edelmetallen oder rost- und säurebeständigen Stählen, dar.

Die Dicke der Phosphatschichten auf Zink beträgt je nach dem Phosphatierungsverfahren und der Behandlungsdauer 1 bis 10 Mikron. Phosphatierte Zinkgegenstände können mit sauren Lötmitteln ohne weiteres gelötet werden. Eine Entfettung von phosphatierten Zinkgegenständen darf nicht durch Alkalien erfolgen, welche die Phosphatschicht zerstören, sondern kann nur mit organischen Entfettungsmitteln, wie Benzin, Tri, Per usw. vorgenommen werden.

Literaturverzeichnis.

[1072] R. K r a u s e, Korrosion und Metallschutz **17**, 214, 1941; **20**, 167—69, 1944. — [1073] S. W. K. M o r g a n und L. A. I. L o d d e r, Monthly Rev. Amer. Electro Platers' Soc. **23**, Nr. 7, 5—20, 1936. — [1074] Anonym, Metal Clean. Finish. **1936**, 577—80. — [1075] E. E. H a l l s, Metallurgia **35**, 69—70, 1946. — [1076] Parker Rust Proof Co., AP. 2 082 950, EP. 394 211/1937. — [1077] I. G. Farbenindustrie A. G., FP. 879 219/1943. — [1078] Pyrene Co. Ltd., EP. 397 179/1933. — [1079] Soc. Continentale Parker, FP. 680 946/1930. — [1080] Metallgesellschaft A. G., Schwed. P. 107 920, It. P. 393 278. — [1081] American Chemical Paint Co., AP. 2 191 574. — [1082] S. Th. R o b e r t s und F. T a y l o r, EP. 526 816/1940. — [1083] G. J e r n s t e d t, Chem. Trade J. chem. Engr. **113**, 333—34, 1943. — [1084] Soc. Continentale Parker, FP. 710 042/1931. — [1085] R. K r a u s e, Korrosion und Metallschutz **20**, 168, 1944. — [1086] Metallgesellschaft A. G., DRP. 719 550/1940. — [1087] Dieselbe, DRP. 741 442/1943. — [1088] A. K u f f e r a t h, Oberflächentechnik **19**, 53—55, 1942. — [1089] H. A. N e l s o n, Ind. Eng. Chem. **27**, 1149, 1935. — [1090] H. J. W i n g, ebenda **28**, 242, 1936. — [1091] H. E. S i c l e n, Steel **105**, Nr. 21, 66—69, 1939.

38. Phosphatierung von Magnesium, Aluminium, Kupfer usw.

Neben der Phosphatierung des Eisens und in gewissem Abstande auch von Zink und Aluminium hat der Korrosionsschutz durch Phosphatüberzüge auf anderen Metallen nur eine untergeordnete Bedeutung. Für Magnesium wurden z. B. saure Lösungen von Dianatriumphosphat und Bichromaten[1092], eine 0,75%ige Phosphorsäure mit etwa 5 g Braunstein pro Liter[1093], nitrit- und kupferhaltige Zinkphosphatlösungen (Patents Corp.), Lösungen von phosphorchromsaurem Alkali und Alkalisulfomolybdat (Soc. Continentale Parker [1094]) usw. oder auch elektrolytische Behandlungsverfahren (W. B u g g a a r d[1095] und American Chemical Paint Co.[1096]) empfohlen.

Aluminium wirkt auf Phosphatierungsbäder direkt vergiftend ein (s. S. 237). Es ist daher sehr bemerkenswert, daß auf Aluminium trotzdem Phosphatüberzüge aufgebracht werden können. H. C. H a l l[1097] verwendet dazu Lösungen von Phosphorsäure in heißen organischen Flüssigkeiten, wie Äthylenglykol, Glyzerin oder Trimethylenglykol, welche bis zu 10% Wasser enthalten können. Nach der Phosphatierung wird in verdünnten Sodalösungen gewaschen und mit Öl oder Luft einige Stunden bei 100 bis 200° C behandelt. Manganphosphatschichten können nach einem Verfahren der Metal Finishing Research Corp.[1098] mit einer Lösung von 8 g primären Manganphosphat, 50 g Manganfluorsilikat $MnSiF_6 \cdot 6 H_2O$ und 4 g Kaliumfluorid und 100 ccm Wasser, gemeinsam mit einem inerten Material, wie Ton, und einem Netzmittel, wie Stärke, durch Aufstreichen der Mischung erzeugt werden. Auch saure Zinkphosphatlösungen (2,8%; Pyrene Co.[1099]) mit 2,5% einer 25%igen Phosphorsäure, welche noch Chromsäure und Netzmittel enthalten, ergeben auf Aluminium-, Kupfer- und Messingoberflächen Phosphatüberzüge.

Verdünnte wäßrige Lösungen von Zinkphosphat (1%), Nitrat (0,5%) und Fluorborat erzeugen Überzüge auf Aluminium, Eisen, Stahl, Zink und Kadmium, die leicht mit organischen Überzügen und einer großen Anzahl von Anstrichen versehen werden können (H. C. G i b s o n und W. S. R u s s e l[1110]). Dieses Verfahren wird in den USA und England besonders für Aluminium und seine Legierungen technisch ausgeübt.

Auf Messing kann nach einem Vorschlage von H. J. L o d u s e m[1101] die Haftfestigkeit von Lacken und Anstrichen in einem sauren Bade von Manganphosphat, welcher als Beschleunigungsmittel Natriumborat enthalten, verbessert werden. Für Kupfer wird eine Natriumchlorat oder Zinknitrat enthaltende Zinkphosphatlösung verwendet.

Auf Kadmium, Nickel, Kobalt und Zinn kann nach dem Elektrogranodineverfahren (s. S. 233) der American Chemical Paint Co.[1102] in einem sauren Zinkphosphatbade ein Phosphatüberzug erzeugt werden.

Literaturverzeichnis.

[1092] FP. 830 839/1938. — [1093] AP. 1 677 687/1928. — [1094] Soc. Continentale Parker, AP. 1 949 090. — [1095] W. B u g g a r d, AP. 2 114 734. — [1096] American Chemical Paint Co., AP. 2 132 438. — [1097] H. C. H a l l, EP. 396 746/1933. — [1098] Metal Finishing Research Corp., AP. 2 234 206/1941. — [1099] Pyrene Co. Ltd., EP. 530 006/1942. — [1100] H. C. G i b s o n und W. S. R u s s e l l, Ind. Eng. Chem. 38, 1223—27, 1946. — [1101] H. J. L o d u s e m, AP. 2 233 422/1941. — [1102] American Chemical Paint Co., AP. 2 132 438.

39. Die Phosphatierung bei Raumtemperatur.

a) Die praktische Bedeutung und die Vorteile der Kaltphosphatierung.

Bei den bisher beschriebenen Heißphosphatierungsverfahren, welche zur Beschleunigung der Schichtbildung bei möglichst hohen Temperaturen (95 bis 98° C) und nur ausnahmsweise bei gewissen Beschleunigungsmitteln, wie Nitrit oder Natriumbisulfit, wegen deren Zersetzlichkeit oder Flüchtigkeit bei 60 bis 75° arbeiten, ist ein verhältnismäßig großer Wärmeaufwand erforderlich. Insbesondere bei größeren Gegenständen, also auch großen Bädern, die bis zu 40 cbm Inhalt haben können und zu denen noch die ebenso großen Heißspülbäder kommen, benötigt man eine hohe Wärmemenge. Bei den Kaltphosphatierungsbädern, die bei 20 bis 35° C arbeiten, ist außer zum Entfetten und eventuell im Winter zum Anwärmen des Phosphatierungsbades auf etwa 20° C kein weiterer Wärmeaufwand erforderlich. Als weitere Vorteile der Kaltphosphatierung sind der geringere Angriff des Bades auf die Gefäßwände, Gestelle, Transportschienen usw., die aus gewöhnlichem Schmiedeeisen hergestellt werden können, ferner das Fehlen einer Dampfentwicklung (ein Heißphosphatierungsbad von 1000 l verdunstet innerhalb von 8 Stunden 200 l Wasser!) und von Verkrustungen der Wände und Heizkörper, also die größere Haltbarkeit und Lebensdauer der Anlage anzuführen. Die Energieeinsparung bei der Kaltphosphatierung beträgt gegenüber der Heißphosphatierung rund 50%.

Die Kaltphosphatierungsbäder liefern innerhalb weniger Minuten dichte, feinkristalline und haftfeste Überzüge, welche in ihrer Korrosionsbeständigkeit den Heißphosphatschichten nicht nachstehen (L. S c h u s t e r und R. K r a u s e[1103] sowie H. B l u m e[1104]). Die Bäder bestehen meist aus Zinkphosphat mit starken Beschleunigungsmitteln, eventuell Mischungen von Zinkphosphat und Manganphosphat, aber nicht aus Manganphosphat allein, mit welchen bisher keine brauchbaren, regenerierfähigen, im Dauerbetriebe stets gleiche Ergebnisse liefernde Kaltphosphatierungsbäder aufgebaut werden konnten.

b) Der p_H-Wert der Phosphatierungsbäder.

Wie bereits auf S. 200 ausgeführt wurde, findet zu Beginn des Phosphatierungsvorganges eine Auflösung von Eisen durch die Phosphorsäure statt, wodurch der p_H-Wert der Lösung in der Grenzschicht ansteigt, so daß das Hydrolysengleichgewicht $3\ Zn(H_2PO_4)_2 \rightleftharpoons Zn_3(PO_4)_2 + 4\ H_3PO_4$ von links nach rechts verschoben wird und das tertiäre Metallphosphat in unlöslicher Form ausfällt. Dieses Gleichgewicht ist, wie E b e r l e, C r o s s und C r o w e l l[1105] sowie L. S c h u s t e r und

R. K r a u s e[1106] festgestellt haben, sehr stark temperaturabhängig. Dies geht eindeutig aus der Kurve für die Solidus-Liquidus-Kurve des Systems $ZnO\text{-}P_2O_5\text{-}H_2O$ (Abb. 74) hervor. Bei 25° C ist die Menge von freier Phosphorsäure, die zur Ausfällung des tertiären Zinkphosphates zu primärem löslichem Zinkphosphat erforderlich ist, kleiner als bei 98° C.

Bei 25° C hat die Reaktionsgeschwindigkeitskonstante $K = \dfrac{(H_3PO_4)^4}{[Zn(H_2PO_4)_2]^3}$ den Wert von 0,013, bei 98° C aber von 0,71. Ein Mol Zinkphosphat steht daher bei 98° C mit 0,988 Molen Phosphorsäure, bei 25° C dagegen nur mit 0,338 Molen Phosphorsäure im Gleichgewicht. Bei 25° C kann sich daher nur dann eine Phosphatschicht ausbilden, wenn der Gehalt an aktueller Azidität wesentlich kleiner als bei Siedetemperatur ist.

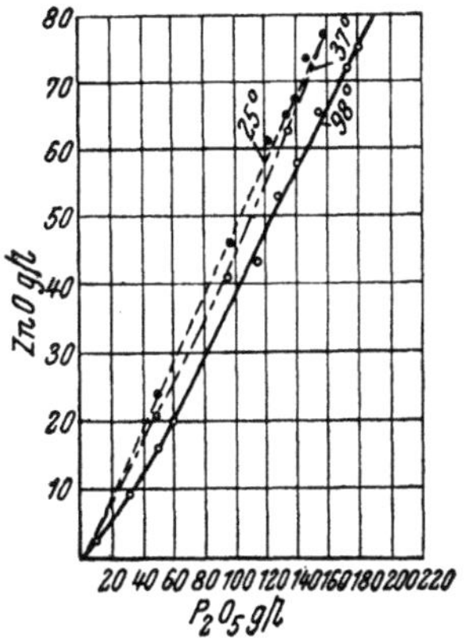

Der Metallgesellschaft A.G.[1107] wurde erstmalig die allgemeine

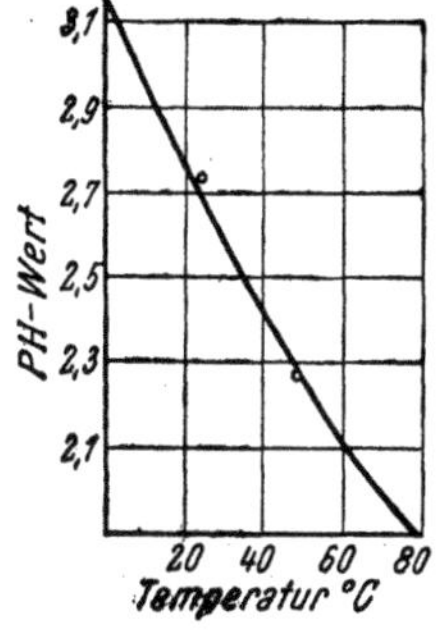

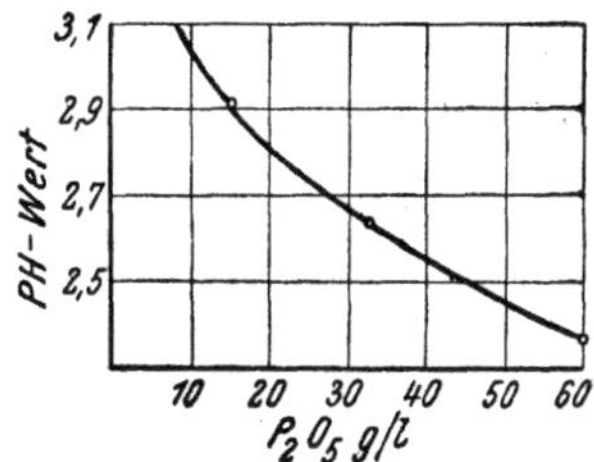

Abb. 74. Verschiebung der Solidus-Liquidus-Kurve mit der Temperatur beim System $ZnO\text{-}P_2O_5\text{-}H_2O$.

Abb. 75. Abhängigkeit des pH-Wertes einer Zinkphosphatlösung von der Temperatur.

Abb. 76. Abhängigkeit des pH-Wertes einer Zinkphosphatlösung von der Konzentration.

Regel patentrechtlich geschützt, daß für eine Phosphatierung bei einer gegenüber einer Arbeitstemperatur von 80 bis 90° C herabgesetzten Temperatur eine Schichtbildung nur dann möglich ist, wenn gleichzeitig der pH-Wert des Bades eine Verschiebung zum neutralen Gebiet hin erfährt.

Nach L. S c h u s t e r und R. K r a u s e[1108] hängt das Ausmaß der erforderlichen pH-Verschiebung beim Arbeiten bei niedrigeren Temperaturen von folgenden Faktoren ab:

a) von der Temperatur der Phosphatierungslösung,
b) von der Konzentration der Lösung,
c) von der Art des gewählten Metallphosphates,
d) vom Beschleunigungsmittel und dessen Konzentration.

Der Einfluß der Temperatur auf den pH-Wert einer Zinkphosphatlösung ist nach S c h u s t e r und K r a u s e[1108] in der Abb. 75 wiedergegeben. Die Abhängigkeit des pH-Wertes einer Zinkphosphatlösung von der Konzentration ist nach den gleichen Autoren in der Abb. 76 dargestellt. Während z. B. Bäder mit 3 g/l Zink keine brauchbaren Überzüge ergeben, erhält man in Lösungen mit 22 g/l Zink befriedigende, dichte und fest mit der Unterlage verwachsene Phosphatschichten, wie die Abb. 77 zeigt.

Ermittelt man den pH-Wert bei 20° und 98° C, bei der gerade Schichtbildung eintritt, so zeigt sich, daß am stärksten sauer die Kadmium- und Zinkphosphatlösung ist (Tab. 24). Aus dieser Übersicht geht auch hervor, daß die notwendige pH-Verschiebung, welche in Bädern, die keine Beschleunigungsmittel enthalten, zur Phosphatierung bei Raumtemperatur erforderlich ist, mindestens eine pH-Einheit beträgt.

Tabelle 24. *Abhängigkeit des* p_H-*Wertes vom Metallphosphat und der Badtemperatur*
(S c h u s t e r und K r a u s e[1108]).

Metallphosphat	Punktezahl	Behandlungs-dauer Minuten	p_H bei 98° C	p_H bei 20° C	$\triangle$ p_H
Manganphosphat .	30	60	2,20	3,60	1,4
Eisenphosphat . .	30	60	2,70	3,90	1,2
Kadmiumphosphat	60	60	1,70	3,60	1,9
Kalziumphosphat .	50	60	2,60	3,60	1,0
Zinkphosphat . .	40	30	1,92	3,12	1,2

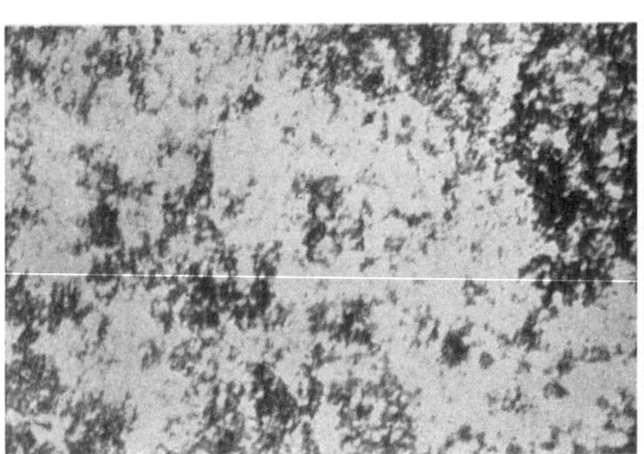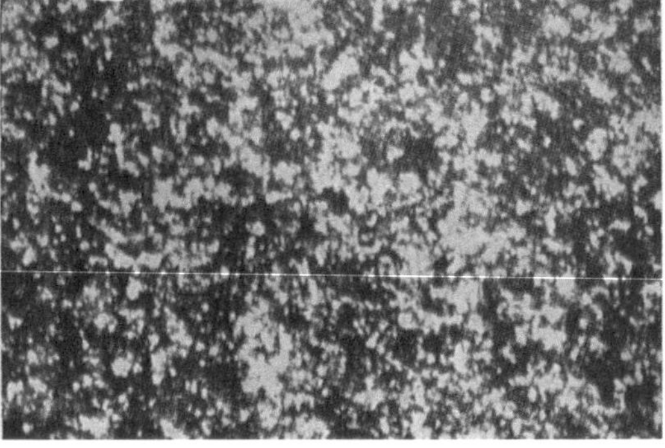

Abb. 77. Einfluß der Konzentration an schichtbildendem Metall; nitrathaltiges Zinkphosphatbad; 2 Minuten
Behandlungszeit; links 3 g Zn/L, rechts 22 g Zn/L; V = 180 x.

Die Abhängigkeit des p_H-Wertes vom angewandten Beschleunigungsmittel in
Zinkphosphatlösungen zeigt Tab. 25 (S c h u s t e r und K r a u s e[1108]).

Tabelle 25. *Beziehung zwischen* p_H *und Beschleunigungsmittel.*

Beschleunigungsmittel	p_H bei ° C		p_H bei 20° C	$\triangle$ p_H
Natriumnitrit	2,06	80°	2,75	0,69
Natriumnitrat	1,82	98°	2,64	0,82
Natriumchlorat	1,90	97°	2,79	0,89
Nitroguanidin	2,10	98°	3,10	1,00

Mit zunehmendem p_H-Wert steigt bei 20° C auch das Schichtgewicht an, wie
aus Tab. 26 nach W. P f a n h a u s e r hervorgeht. Dieses Zinkphosphatbad enthält
einen konstant gehaltenen Nitritgehalt von 1 g/l.

Tabelle 26. *Einfluß des* p_H-*Wertes auf das Schichtgewicht bei 20° C*
(W. P f a n h a u s e r).

p_H-Wert	2,7	2,5	2,3	2,1
Schichtgewicht in mg/qdm	115,0	33,0	2,0	0

Es bewirken daher bereits geringe Verschiebungen des p_H-Wertes in einem
Kaltphosphatierungsbad wesentliche Änderungen in den Schichteigenschaften. Die

Einstellung des pH-Wertes des Bades, die in der Technik durch Zusatz von NaOH oder Zinkoxyd bewirkt wird, hat daher vorsichtig zu erfolgen, da jedes Überschreiten des dem Gleichgewicht entsprechenden pH-Wertes zu einem Materialverlust durch Ausfällen von Metallphosphat, beim Unterschreiten aber zu einem geringeren Schichtgewicht führt.

Wie sich die Konzentration des Beschleunigungsmittels auf den pH-Wert des Bades auswirkt, zeigt nach Versuchen von S c h u s t e r und K r a u s e Tab. 27. Es ergibt sich daraus, daß bei einer Erhöhung des Nitratgehaltes die Phosphatierung bereits bei niedrigeren pH-Werten möglich ist.

Tabelle 27. *Einfluß der Konzentration von Nitrat auf den* pH-*Wert des Zinkphosphatbades* (S c h u s t e r *und* K r a u s e).

Verhältnis $P_2O_5 : NO_3$	pH-Wert bei 18° C	pH-Wert bei 20° C	pH-Verschiebung $\triangle$ pH
1 : 1	1,75	2,53	0,78
1 : 3	1,58	2,24	0,66
1 : 5	1,40	1,95	0,55

Es genügt somit in Bädern mit Nitraten als Beschleunigungsmittel eine pH-Verschiebung nur um etwa ½ Einheit, um auch bei 20° C brauchbare Phosphatschichten zu erhalten.

Es ist bemerkenswert, daß Natriumfluorid in heißen Phosphatbädern wie eine Puffersubstanz wirkt, und bei 20 bis 25° C den optimalen pH-Bereich eines nitrithaltigen Zinkphosphatbades von selbst auf 2,6 bis 2,8 einstellt (A. F ö l d e s[1109]). Derartige Kaltphosphatierungsbäder haben sich als Kaltferrophosphatlösungen bereits in der Praxis bewährt.

Als Beschleunigungsmittel kommen für Kaltphosphatierungsbäder nur Oxydationsmittel, wie Nitrate, Nitrite, Chlorate, Wasserstoffperoxyd, Nitroguanidin u. dgl. in Betracht, die außer der Beschleunigung auch noch eine Oxydation des Fe^{II} zu Fe^{III} bewirken, so daß die Bäder weitgehend eisenfrei gehalten werden können.

Die Konzentration des Beschleunigers ist auch für die Eigenschaften der Phosphatschicht sehr wesentlich, da z. B. durch den Nitritgehalt nicht nur die Dicke, sondern auch die Gleichmäßigkeit der Phosphatschichten beeinflußt werden kann. Bei nitrithaltigen Zinkphosphatbädern erhält man das Maximum des Schichtgewichtes ·nach Versuchen von W. P f a n h a u s e r bei einem Nitritgehalt von etwa 0,13 g/l $NaNO_2$ bei 98° C (etwa 300 mg/dm²), bei 20° C hingegen bei 1,02 g Nitrit und einem Schichtgewicht von 103 mg/dm². Man muß daher in Kaltphosphatierungsbädern mit ganz anderen Nitritgehalten als in den heißen Bädern arbeiten. Nitrite werden in Kaltphosphatierungsbädern bereits mit Erfolg verwendet.

Auch Zinkchlorat kann für Kaltphosphatierungsbäder als Beschleunigungsmittel verwendet werden. Es muß aber der Gehalt an freier Phosphorsäure auf die Hälfte des Heißphosphatierungsbades durch Neutralisation mit Zinkoxyd herabgesetzt und der Gehalt an Chlorat erhöht werden (F. R o ß t e u t s c h e r[1110]). Da im chlorathaltigen Bade die Hydrolyse bereits bei verhältnismäßig niedrigen pH-Werten (s Tab. 25, S. 242) eintritt, bildet sich im chlorathaltigen Kaltphosphatierungsbad stets mehr Schlamm als bei 98° C. Da dieser Schlamm aber sehr fein verteilt ist, stört er bei der Phosphatierung nicht. Die Schichtdicke beträgt im chlorathaltigen Bade bei 20° C nur 1 bis 2 Mikron.

Günstig wirkt sich die Verwendung zweier verschiedener Beschleunigungsmittel im Kaltphosphatierungsbade aus, wodurch die Angriffsfreudigkeit des Bades erhöht, die Verwachsung der Phosphatschicht mit der Eisenoberfläche verbessert und ein dichter Überzug erzielt wird (Metallgesellschaft A. G.[1111]).

c) Der Betrieb der Kaltphosphatierungsbäder.

Da beim Kaltphosphatierungsbade der richtige p_H-Wert besonders genau eingehalten werden muß, ist eine öftere Badkontrolle unbedingt erforderlich. Der p_H-Wert wird entweder auf kolorimetrischem Wege mittels p_H-Prüfpapieren oder durch Vergleich mittels Standardlösungen und Vergleichsfarben überprüft. Da während der Schichtbildung ständig Phosphorsäure frei wird, nimmt der p_H-Wert des Bades immer stärker ab. Da außerdem mit den Ergänzungslösungen dauernd weitere freie Phosphorsäure zugeführt wird, muß von Zeit zu Zeit ein Teil der überschüssigen Säureanteile durch Zusatz von Natronlauge, Zinkoxyd oder Zinkkarbonat abgestumpft werden. Da die Kaltphosphatierungslösung kaum die hauchdünnen Flugrostschichten aufzulösen vermag, welche im heißen Phosphatierungsbade ohne weiteres entfernt werden, ist sowohl auf die Entfettung als auch auf die Entzunderung eine größere Sorgfalt als bei der Heißphosphatierung zu legen. Die Entfettung und Beizung wird jedoch in der üblichen Weise entweder mit heißen Alkalilösungen oder organischen Fettlösungsmitteln und Beizen in verdünnter heißer Schwefelsäure oder verdünnter kalter Salzsäure vorgenommen (s. S. 249).

Da das Vorwärmen der zu phosphatierenden Gegenstände auf die Badtemperatur nicht notwendig ist, entfällt das heiße Spülbad vor der Phosphatierung, wodurch ein Heißspülbad erspart wird. Im allgemeinen werden folgende Verfahrensschritte eingehalten: Entfettung mittels heißer Alkalilösung, Heiß- und Kaltspülen, Beizen in verdünnter Schwefelsäure oder Salzsäure, Heiß- und Kaltspülen, Kaltphosphatierungsbad (2 bis 10 Minuten Behandlungsdauer, 20 bis 35° C). Die Zusammensetzung einiger Kaltphosphatierungsbäder ist nach einem Vorschlage der Metallgesellschaft in Tab. 28 wiedergegeben. Der Verbrauch an Phosphatierungsmitteln beträgt etwa 4 bis 6 mg/cm² behandelter Stahloberfläche, er schwankt etwas je nach der Schichtdicke, dem gewünschten Verwendungszwecke und dem Phosphatierungsverfahren. Der Eisengehalt der Phosphatierungsbäder ist in natrium-

Tabelle 28. *Badzusammensetzung in g/l von Kaltphosphatierungsbädern*
(Metallgesellschaft A. G.).

p_H-Wert bei 20° C	Zn	P_2O_5	Na	NO_3	$NaNO_2$	ClO_3	Bemerkungen
2,24	19,5	23,3	19,3	69,8	—	—	Eventuell noch
2,62	10	37	—	—	—	—	1 g/l Kupfernitrat,
2,92	8,7	10	4,4	—	—	3,9	Nitroguanidin 2 g/l.
3,38	13,4	22,3	—	20,3	1	—	Mn 2,9 g/l für Eisen, Zink und Zinklegierungen, dünnere, aber dichtere Überzüge.
2,34	19,5	23,2	—	86,6	1	—	
2,64	13,6	41,8	1,46	—	2,94	—	
2,16	26,7	36,6	8,5	30,0	—	15	Auch für schwer angreifbare Gegenstände und Elektrophosphatierung.
2,32	20	36,6	4,5	7,3	—	15	6,0 Cl als $ZnCl_2$, für schwerer angreifbare Gegenstände und Elektrophosphatierung.

haltigen Bädern geringer als in natriumfreien, was auf den höheren NO_2-Gehalt von etwa 1 g/l in den natriumhaltigen Bädern zurückzuführen sein dürfte.

Schwer angreifbare Oberflächen bereiten bei der Kaltphosphatierung derzeit noch Schwierigkeiten, da die Bäder weniger angriffsfreudig als die entsprechenden Heißphosphatierungslösungen sind. Dieser Nachteil kann jedoch durch eine geeignete Vorbehandlung der Eisenoberfläche und entsprechende Badführung wieder beseitigt werden (L. S c h u s t e r und R. K r a u s e [1112]).

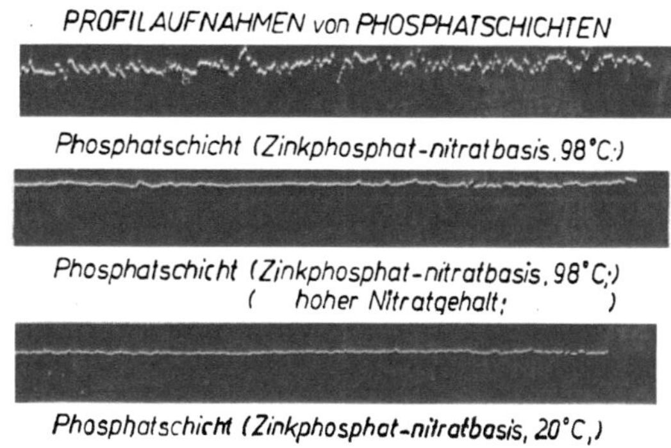

Abb. 78

d) Die Eigenschaften von Kaltphosphatierungsschichten.

Kaltphosphatierungsschichten sind im allgemeinen heller und auch feinkörniger als Heißphosphatierungsüberzüge. Dies geht aus der Abb. 78 hervor, welche Profilschaubilder von Phosphatierungsschichten verschiedenen Ursprungs nach L. S c h u s t e r und R. K r a u s e [1112] wiedergibt. Die gleichmäßigste und glatteste Oberfläche ergeben eindeutig die Kaltphosphatierungsbäder.

In der chemischen Zusammensetzung bestehen zwischen Kalt- und Heißphosphatschichten keinerlei Unterschiede (Abb. 79, S c h u s t e r und K r a u s e [1112]). Wie die Strukturaufnahme nach D e b y e - S c h e r r e r solcher Zinkphosphatschichten und von gefälltem tertiärem Zinkphosphat $Zn_3(PO_4)_2 \cdot 4 H_2O$ beweisen, bestehen die Zinkphosphatschichten und das gefällte Zinkphosphat aus der gleichen Substanz.

Je nach der Oberflächenbeschaffenheit, der Behandlungszeit, dem p_H-Wert und der Art und Menge des Hilfsbeschleunigers schwankt die Dicke der Kaltphosphatierungsschichten. Bei einer Behandlungszeit von 3 Minuten wurden Schichtdicken von 3 Mikron, bei einer solchen von 10 Minuten von 6 Mikron gefunden.

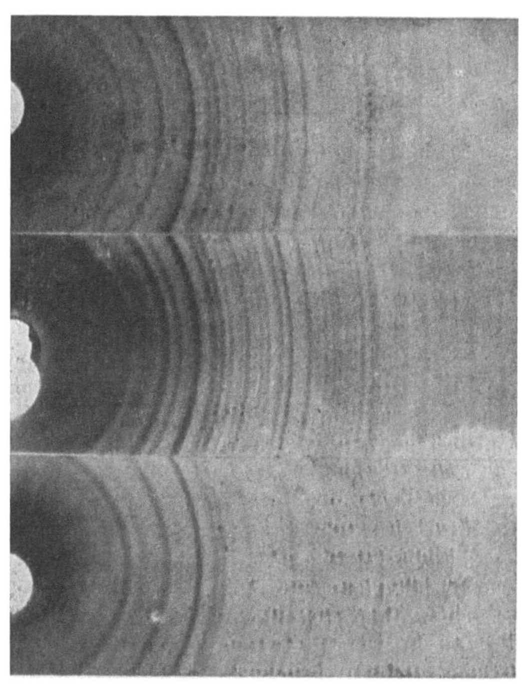

Abb. 79. Heiß- und Kaltbonderschicht, struktureller Aufbau; oben tertiäres Zinkphosphat $Zn_3(PO_4)_2 \cdot 4 H_2O$, Mitte Heißbonder (nitrathaltig), unten Kaltbonder.

Die Porosität der Kaltphosphatschichten wurde von L. S c h u s t e r und R. K r a u s e [1112] nach der Methode von M ü l l e r und M a c h u (S. 213) ermittelt. Es wurde für Kaltbonderschichten und eine Behandlungszeit von 5 Minuten eine Porenfläche von rund 4%, für 10 Minuten Tauchdauer von rund 0,670% und für 15 Minuten Behandlungszeit von 0,492% gefunden. Die Porenfläche von Kaltphosphatschichten ist bei einer 10 Minuten langen Tauchzeit daher etwa gleich groß wie im Heißphosphatierungsbad (Porenfläche etwa 0,56%).

Dementsprechend verhalten sich Kaltphosphatierungsschichten beim Korrosionsversuch vollkommen gleichartig wie jene von Heißphosphatschichten nach dem Kurzzeitverfahren (Tab. 29).

Tabelle 29. *Korrosionsverhalten von nach dem Heiß- und Kaltverfahren phosphatierten Werkstücken* (Schuster und Krause[1112]).

Verfahren	Beim Phosphatieren in Lösung gegangenes Eisen g/m²	Phosphatschicht g/m²	Bei der Korrosion in Lösung gegangenes Eisen g/m²
Heißphosphatierung (Schichtdicke rund $10 \cdot 10^{-4}$ cm)	0,9	17,8	2,9
Heißphosphatierung (Schichtdicke rund $3 \cdot 10^{-4}$ cm)	1,4	4,7	8,3
Kaltphosphatierung (Schichtdicke rund $5 \cdot 10^{-4}$ cm)	1,1	6,0	5,0

Die Biegefestigkeit, elektrische und Wärmeleitfähigkeit sind gleichfalls bei Überzügen aus Kalt- oder Heißphosphatierungsbädern praktisch gleich groß.

e) Anwendungsmöglichkeiten der Kaltphosphatierung.

Die Kaltphosphatierungsbäder können grundsätzlich überall dort eingesetzt werden, wo bisher Heißphosphatierungslösungen verwendet wurden. Die Bäder können sowohl nach dem Tauch- als auch nach dem Spritzverfahren benützt werden. Während beim Tauchverfahren die Lösungen stark sauer sind und auch eine höhere Konzentration aufweisen (60 Punkte), können bei der Spritzphosphatierung wegen der Erhöhung der Angriffsfähigkeit der Bäder durch die mechanische Unterstützung des Schichtbildungsvorganges mit Lösungen von nur 22 bis 30 Punkten innerhalb 1 bis 2 Minuten befriedigende feinkristalline Schichten erzeugt werden. Diese eignen sich sowohl als Untergrund für eine Lackierung, wobei wegen der großen Regelmäßigkeit der Überzüge (s. Abb. 78) eine strenge Maßhaltigkeit der Lackschichten erreichbar ist.

Da die Beheizung der Bäder entfällt, können auch ohne weiteres feste Gegenstände, wie Brücken, größere Eisenkonstruktionen usw., phosphatiert werden. Die nach der Spülung erforderliche Trocknung kann mit heißer Luft vorgenommen werden. Die Kaltphosphatierung kann das Heißphosphatierungsverfahren aber noch nicht bei sehr schwer angreifbaren Blechen oder zwecks Erzeugung stärkerer Schichten als etwa 6 Mikron ersetzen. Hingegen kann auch Zink nach dem Kaltphosphatierungsverfahren behandelt werden. Die Kaltphosphatierungsschichten können auch zur Erleichterung für die spanlose Verformung beim Ziehen dienen.

Literaturverzeichnis.

[1103] L. Schuster und R. Krause, Korrosion und Metallschutz **20**, 153—61, 1943. — [1104] H. Blume, Eisen, Industrie, Handel **25**, 34—35, 1943; Schleif-, Polier- und Oberflächentechnik **20**, 66—67, 1943. — [1105] Eberly, Cross und Crowell, J. Amer. Soc. **42**,

1433, 1920. — [1106] L. S c h u s t e r und R. K r a u s e, Korrosion und Metallschutz **20**, 155, 1944. — [1107] Metallgesellschaft A. G., DRP. 741 937/1941. — [1108] L. S c h u s t e r und R. K r a u s e, Korrosion und Metallschutz **20**, 154, 1944. — [1109] A. F ö l d e s, ebenda **19**, 281, 1943. — [1110] F. R o ß t e u t s c h e r, ebenda **20**, 165—67, 1944. — [1111] Metallgesellschaft A. G., DRP. 711 937/1941. — [1112] L. S c h u s t e r und R. K r a u s e, Korrosion und Metallschutz **20**, 158, 1944.   ·

40. Die praktische Durchführung der Phosphatierung.

Die Güte und Gleichmäßigkeit der Phosphatschicht hängen von der bei der vorbereitenden Reinigung aufgewandten Sorgfalt ab. Nur auf vollkommen fett- und oxydfreien Metalloberflächen sind gleichmäßige, fleckenlose Schichten erzielbar. Dies gilt insbesondere für die Kaltphosphatierung, da diese Bäder weder stärkere Oxydschichten noch auch Fette zu entfernen vermögen. Die sauren heißen Phosphatierungsbäder können zwar Flugrostschichten auflösen, aber stärkere Oxydbeläge können wegen der nur geringen Säurekonzentration und kurzen Behandlungszeit nicht beseitigt werden.

Im allgemeinen gliedert sich der Phosphatierungsvorgang in folgende Behandlungen:

a) Entfettung mit heißen Alkalien oder organischen Fettlösungsmitteln,
b) Beseitigung des Rostes, Zunders u. dgl. auf mechanischem Wege (Sandstrahlen, Sandfaß) oder chemischem Wege (Beizen mit Salz- oder Schwefelsäure),
c) Kalt- und Heißspülung,
d) Heiß- oder Kaltphosphatierung,
e) Kalt- und Heißspülung, oder eventuell Kaltspülen und Warmspülen mit Chromatlösung,
f) Trocknen an der Luft oder im Trockenofen,
g) Färben, Ölen oder Lackieren.

Eine eingehende Schilderung aller Vorbereitungsmaßnahmen für die Veredlung von Metalloberflächen aller Art wurde von W. M a c h u[1113] gebracht. Eine kurze Beschreibung der vorbereitenden Reinigungsverfahren wurde bereits auf S. 219 gegeben.

Die am meisten in der Phosphatierungstechnik gebräuchliche Entfettungsart besteht in der Behandlung der zu reinigenden Gegenstände mit heißen, verdünnten, wäßrigen, alkalischen Lösungen von Reinigungsmitteln, deren Hauptbestandteile Soda, Ätznatron, Trinatriumphosphat, Natriummetasilikat oder Natriumorthosilikat, Netzmittel usw. bilden. Auch eine Entfettung mit gewöhnlichem Wiener Kalk (Entfettungsbrei) von Hand aus oder maschinell ist sehr wirkungsvoll.

Das geeignetste Entzunderungsverfahren als Vorbereitung für die Phosphatierung wäre zweifellos die Behandlung mit dem Sandstrahlgebläse oder dem Sandfunker, da auf gesandeten Oberflächen die feinkörnigsten und korrosionsbeständigsten Überzüge erhalten werden (s. S. 220). Das Sandstrahlen ist jedoch auch teurer und umständlicher als das Beizen, so daß trotz mancher Nachteile die Entrostung und Entzunderung vor dem Phosphatieren in der Technik fast ausschließlich durch Beizen in Salzsäure oder Schwefelsäure erfolgt.

Die Sandstrahlbehandlung kleinerer Gegenstände kann entweder von Hand aus in kleineren Apparaten oder aber auf vollkommen automatisch arbeitenden Drehtischen vorgenommen werden. Die Arbeitsweise mit dem Drehtisch (Abb. 80, Firma Gutmann, Hamburg) kommt insbesondere für solche Gegenstände in Betracht, die sich wegen der Gefahr einer Beschädigung in der Trommel nicht behandeln lassen und andererseits zu groß sind, um sie in Putz- oder Gebläsehäusern mit dem Freistrahlgebläse behandeln zu können (Abb. 81, Soc. Continentale Parker). Kleinere Massenteile werden am wirtschaftlichsten in langsam umlaufenden Drehtrommeln mit dem Sandstrahlgebläse gereinigt, wobei der Sandstrahl durch die offene Stirnseite der Trommel eingeführt wird. Die Trommel macht etwa alle Minuten eine Umdrehung.

Der nach dem Sandstrahlen auf den Metalloberflächen zurückbleibende Sandstaub, welcher bei der Phosphatierung stören würde, wird durch Bürsten, Druckluft oder einen Wasserstrahl beseitigt. Dann wird unmittelbar anschließend phosphatiert. Falls dies nicht möglich ist, werden die Gegenstände unter Wasser, dem etwas Kaliumbichromat zur Verhinderung des Rostens zugesetzt wurde, aufbewahrt (B. Z s c h o k k e[1114]).

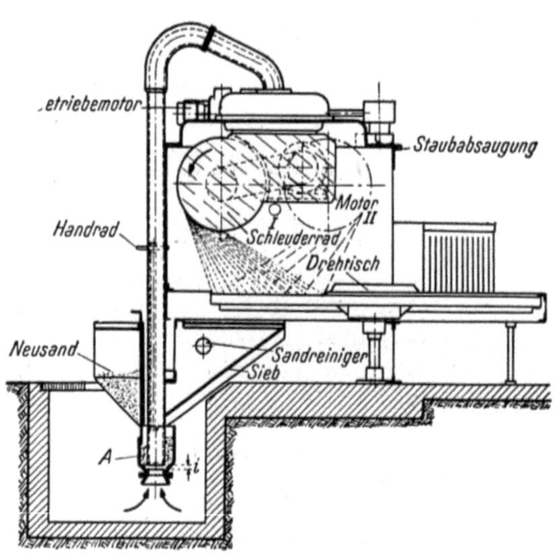

Abb. 80. Sandreinigung mit Drehtisch.

a) Reinigung im Sandfaß.

Weniger wirksam als die Behandlung mit dem Sandstrahlgebläse ist die Reinigung von kleineren Massengegenständen mit Scheuersand im Rollfaß oder in der Scheuertrommel. Es wird fast stets naß, nach der Entfernung der gröberen Zunder- oder Oxydhäute durch Beizen und nur zur Erzeugung einer für die Phosphatierung günstigen leichten Oberflächenrauhigkeit mit Sand getrommelt. Auf etwa 10 kg Metall werden 1 bis 2 kg Sand und soviel Wasser gegeben, daß ein zähflüssiger Brei erhalten wird. Die kleinere Sandmenge wird bei der Behandlung kleinerer Gegenstände verwendet. Die Glocke ist während der Reinigung mit einem Eisendeckel versehen, der nach der Reinigung durch eine gelochte Eisenplatte ersetzt wird. Durch die etwa 3 cm große Öffnung in der Mitte des Deckels wird sodann ein Schlauch eingeführt und durch einen Wasserstrahl der Sand von den Eisengegenständen abge-

Abb. 81. Sandreinigung mit dem Freistrahlgebläse.

spritzt. Die letzten Sandreste werden mit Hilfe eines durchlochten Blechkorbes, in welchem die Gegenstände vor der Phosphatierung noch einmal mit Wasser gespült werden, oder in eigenen Spülfässern, die sehr ähnlich den Reinigungsfässern gebaut sind, beseitigt. Der heruntergespülte Sand kann nochmals verwendet werden.

b) Beizen.

Aus wirtschaftlichen Gründen wird in der Mehrzahl der Betriebe zur Beseitigung der Eisenoxyde aber nicht gesandet, sondern mit Säuren gebeizt (s. a. S. 219).

Gebeizt wird entweder 1. mit 4- bis 7%iger Schwefelsäure bei 60 bis 85° C und Nachschärfen der verbrauchten Säure durch Zusatz konzentrierter Säure, oder 2. man beginnt mit 15- bis 20%iger Schwefelsäure bei 40° C zu beizen und steigert in dem Maße, als die Säure verbraucht wird und die Beizwirkung nachläßt, die Temperatur allmählich bis auf 70° C. Diese Arbeitsweise ist inbesondere bei Anwendung von Sparbeizen zu empfehlen, oder 3. man beizt mit aufbereiteter Schwefelsäure, wobei die Säure nach Erreichung eines Eisensulfatgehaltes von etwa 500 g/l $FeSO_4 \cdot 7 H_2O$ nach Zusatz von konzentrierter Schwefelsäure abgekühlt und das Eisenvitriol auskristallisieren gelassen wird (Sulfrianverfahren; A. S u l f r i a n[1115]), oder 4. man beizt mit Salzsäure bei einer Konzentration von 5 bis 25% HCl entsprechend 10 bis 75 Raumteilen handelsüblicher konzentrierter Salzsäure (D = 1,19) bei 25 bis maximal 40° C. Am wirtschaftlichsten arbeitet man bei einer Anfangskonzentration von 15% HCl (1 Raumteil HCl zu 2 Teilen Wasser) bei 30 bis 35° C. Zur Regelung der Beizgeschwindigkeit zieht man bei der Schwefelsäure die Temperatur, bei der Salzsäure die Konzentration heran.

Mit verdünnter Phosphorsäure beizt man zweistufig, nämlich zuerst mit einer 15%igen Säure bei 40 bis 50° C, spült mit Wasser und beizt dann erst mit 0,5- bis 2%iger Phosphorsäure nach. An Stelle der Vorbeizung kann auch eine Schwefelsäurebeize verwendet werden. Mit Phosphorsäure beizt man meist vor dem Lackieren oder Anstreichen, da im Gegensatz zur Salz- und Schwefelsäure Phosphorsäurereste hier nicht stören.

Flußsäurebeizbäder werden zur Entfernung von Sandresten von Gußstücken verwendet. Sie enthalten 2 bis 5% Flußsäure und werden bei Raumtemperatur verwendet. Da die Flußsäure sehr giftig ist, muß über den Beizbehältern eine Absaugeanlage vorgesehen sein. Die Beizdauer kann bis zu vielen Stunden betragen. Die Beizgefäße müssen mit Blei ausgeschlagen sein.

Mit Schwefel- und Salzsäure beizt man meist in Gefäßen aus Steinzeug, Holz, Sandstein, Granit, mit Gummi oder Kunstharzen ausgeschlagenen Eisenwannen oder in mit säurefesten Klinkern ausgelegten Betonwannen. Zur Verhinderung eines zu starken Säureangriffes auf das Eisen mit den damit verbundenen Nachteilen (Beizsprödigkeit, Beizblasen, Korrosionen, Gesundheitsschädlichkeit) setzt man den Beizbädern meist organische Stoffe, die sog. Sparbeizstoffe, zu. Die Wirkungsweise der Sparbeizstoffe wurde von W. M a c h u[1116] aufgeklärt.

Zum Transporte und zur Handhabung des Beizgutes dienen Beizkörbe aus Monelmetall, Aluminium, Aluminiumbronze, mit Hartgummi überzogener Stahl, für Bleche größere Beizgestelle. Zur Herabsetzung der Beizzeit verwendet man häufig Beizmaschinen, bei welchen das Beizgut in eine schaukelnde Bewegung versetzt oder abwechselnd gehoben und gesenkt wird.

Zink und seine Legierungen werden meist in einer 10%igen Natronlauge bei 80 bis 90° C gebeizt (10 bis 15 Minuten Beizdauer). Nach dem gründlichen Spülen in Heißspülbädern darf nicht mehr gewischt oder gebürstet werden.

c) Phosphatierungsanlagen.

Die Aufbringung der Phosphatschichten auf Metalloberflächen kann nach folgenden Verfahren erfolgen:

a) Tauchverfahren, wobei die Gegenstände in das Phosphatierungsbad eingetaucht werden,

16a

b) Spritzverfahren, bei welchen die Gegenstände mit der Lösung unter Druck aus Düsen angespritzt werden, und

c) Elektroverfahren, bei welchen die Gegenstände in der Phosphatierungslösung gleichzeitig der Einwirkung des Wechselstromes ausgesetzt, seltener auch kathodisch geschaltet werden.

Auf die Bauart der Phosphatierungsanlage hat die Art der Werkstücke und ihre Größe, Menge, Gewicht, die zu phosphatierende Oberfläche, ob es sich um einen Korrosionsschutz oder eine Vorbereitung für das Ziehen handelt, der Oberflächenzustand, die Stoßempfindlichkeit, die Behandlungszeit, der zur Verfügung stehende Dampfdruck, die Stromart und Spannung einen Einfluß. Der Größe nach gibt es kleine Anlagen mit Handbeschickung bis zur vollautomatischen Großanlage. Die Einrichtungen zum Sandstrahlen und Beizen werden vielfach in einem eigenen Raum untergebracht, da die Säuredämpfe die Beständigkeit von Phosphatschichten ungünstig beeinflussen.

Die Reihenfolge der Arbeitsgänge ist bei allen Phosphatierungsverfahren grundsätzlich die gleiche, da stets eine oxyd- und fettfreie Oberfläche hergestellt werden muß. Das Heißspülbad hat eine Temperatur von 90 bis 98° C und dient vorwiegend zum Anwärmen der Gegenstände auf die Phosphatierungstemperatur, da beim Einbringen einer größeren Menge kalter Gegenstände das Bad zu sehr abkühlen und dadurch die Schichtbildungsgeschwindigkeit herabgesetzt würde. In manchen Betrieben dient das Heißspülbad vor dem Phosphatierungsbehälter auch gleichzeitig für das erste Spülen nach der Phosphatierung. Der erste Heißspülbehälter fällt bei der Kaltphosphatierung weg. Dem zweiten Heißspülbad kann auch zur Erhöhung der Korrosionsbeständigkeit der Überzüge 1 g/l Kaliumchromat oder Chrom-VI-oxyd (Chromsäure) zugesetzt werden. An die normale Phosphatierung schließen sich noch eine Trockenanlage sowie Einrichtungen zur Nachbehandlung durch Schwärzen, Ölen und Lackieren an.

Die Anordnung der Behälter einer Phosphatierungsanlage ist in der Abb. 82 wiedergegeben (Fa. Schießer, Nürnberg), die gesamte Ansicht einer Anlage mit Dämpfeabsaugung in Abb. 83 (Parker S. A.). Die Tauchbehälter bestehen aus etwa 5 bis 6 mm starken, geschweißten Stahlblechen. Behälter für die Kaltphosphatierung können auch aus Steinen oder gutabgelagertem Holz verfertigt werden. Da die Bäder das Eisen, besonders im abgekühlten Zustande (s. S. 241 Phos-

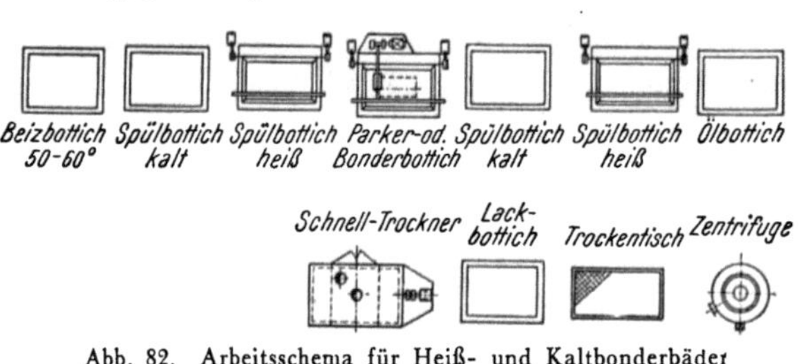

Abb. 82. Arbeitsschema für Heiß- und Kaltbonderbäder (Fa. Schießer, Nürnberg).

phatierung bei Raumtemperatur, Abb. 75, stark angreifen, sind diese entweder mit Edelstahl oder einer Hartgummi-, seltener auch keramischen Auskleidung zu versehen. Diese Auskleidung kann bei Kaltphosphatierungsbädern unterbleiben, da diese Lösungen nach einer anfänglichen Phosphatschichtbildung nicht mehr angreifend wirken.

Die Beheizung der Bäder erfolgt entweder durch Gas, Dampf oder Elektrizität. Zur Zuführung der Wärme bei Dampf- und Elektrizitätsheizung werden meist Tauchheizkörper verwendet, die an einer oder zwei Seiten des Behälters auswechselbar angeordnet sind. Durch die Anordnung der Heizkörper nicht am Boden des Badbehälters wird verhindert, daß der Schlamm aufgewirbelt wird und sich an den phosphatierten Gegenständen absetzen kann. Bei zu starker Schlammbildung können dann schlecht verwachsene „schwammige" Schichten oder rauhe Oberflächen entstehen. Manchmal wird der „Staub" (Schlamm) nach dem Trocknen der Gegenstände durch ein Tuch, eine Bürste u. dgl. abgewischt. Nach einem Vorschlage der Parker Rust Proof Co.[1117] wird der Heizkörper wenigstens 10 bis 15 cm über dem Boden

Abb. 83. Gesamtansicht einer Phosphatierungsanlage mit Dampfabsaugung (Soc. Continentale Parker S. A.).

des Badbehälters, bei den Anlagen der Metallgesellschaft A. G.[1118] an die Rückwand des Behälters verlegt. Dadurch wird eine natürliche Badzirkulation erreicht, und der schwere Schlamm in dem schräg abfallenden Schlammsack abgeschieden. Die Abb. 84

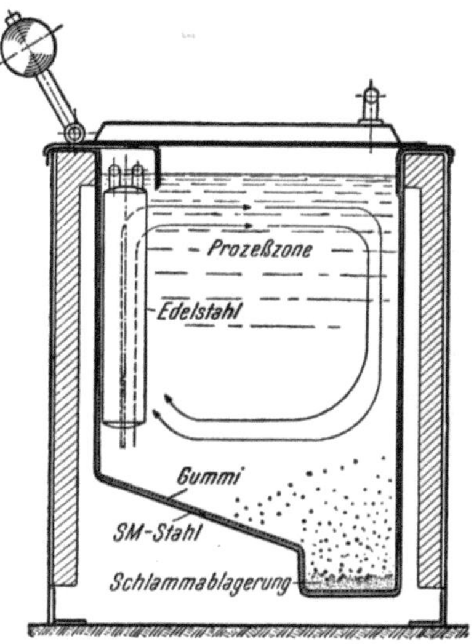

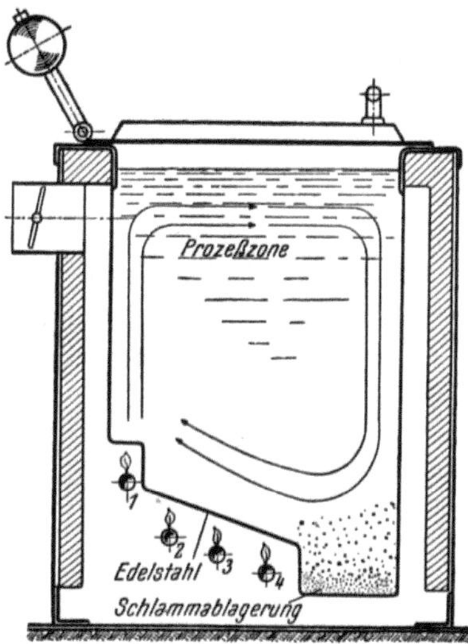

Abb. 84. Dampfbeheizter Bonderbottich (Fa. Schießer, Nürnberg).

Abb. 85. Gasbeheizter Bonderbottich (Fa. Schießer, Nürnberg).

zeigt einen dampfbeheizten, die Abb. 85 einen gasbeheizten Bonderbottich (Bauart Schießer, Nürnberg). Die Dampfspannung muß wenigstens 1 Atm., die Heißwassertemperatur 125 bis 130° C betragen.

d) **Einhängen der Ware.**

Größere Gegenstände werden an Eisenhaken, kleinere oder Massenware in drehbaren Stahltrommeln mit durchlochtem Mantel (Abb. 86, Fa. Schießer, Nürnberg) in das Bad eingebracht. Die Trommeln werden in mit Deckeln versehenen Bottichen eingesetzt (Abb. 87; Fa. Schießer, Nürnberg), wobei die Trommelfüllung bei Hand-

Abb. 86. Phosphatierungstrommel
(Fa. Schießer, Nürnberg).

Abb 87. Verschließbarer Phosphatierungs-
bottich (Fa. Schießer, Nürnberg).

antrieb von Zeit zu Zeit mit einer Handkurbel bewegt wird. Sollen die Teile ständig während der Phosphatierung bewegt werden, so läßt man durch einen Motor und ein Schaltwerk Klinken betätigen, die an einem Zahnkranz eingreifen (Abb. 86) und die Trommel ruckweise in langsame Umdrehung (1 Umdrehung pro Minute)

Abb. 88 Großphosphatierungsanlage (Metallgesellschaft A. G.).

versetzen. Große Anlagen haben bis zu 30 000 l Inhalt (R. Just[1119]). Die Abb. 88 zeigt eine Großphosphatierungsanlage nach dem Tauchverfahren samt zugehörigen Entfettungs- und Spülbädern für große Gegenstände (Metallgesellschaft A. G.).

Hohlkörper, Hülsen usw. werden in Schwenkkörben behandelt, wobei die Teile vor dem Ausheben gekippt werden, so daß die Flüssigkeit auslaufen kann.

e) Fließanlagen.

Bandanlagen. Da der kontinuierliche Betrieb am wirtschaftlichsten ist, hat man auch für die Phosphatierung Anlagen geschaffen, die eine Eingliederung in den

Abb. 89. Phosphatierungsanlage mit Kettenantrieb (E. Jaudon).

Fließbetrieb ermöglichen. Bei diesen werden die Körbe, Horden, Gestelle, Trommeln usw. entweder durch Transportketten oder Schwenkarme vollkommen auto-

Abb. 90. Automatische Phosphatierungsanlage für Karosserieteile
(Soc. Continentale Parker S. A.).

matisch durch die Entfettungs- und Wascheinrichtungen, die Phosphatierungsanlagen, Nachspülzonen und Trockeneinrichtungen geführt. Die einzelnen Behandlungszeiten sind aufeinander abgestimmt. Abb. 89 zeigt eine derartige mit Kettenantrieb versehene automatische Phosphatierungsanlage (Photo Jaudon). Eine automatische, mit Laufschienen und hebe- und senkbaren Aufhängegestellen ausgestattete große Phosphatierungsanlage für Karosserieteile ist in Abb. 90 (Soc. Continentale Parker) dargestellt.

Nach Art der in der Galvanotechnik üblichen Rundautomatik arbeitet die Sternkrananlage der Firma Dr. Karnbach, Weinberger und Blume (J. H o f m a n n[1120]).

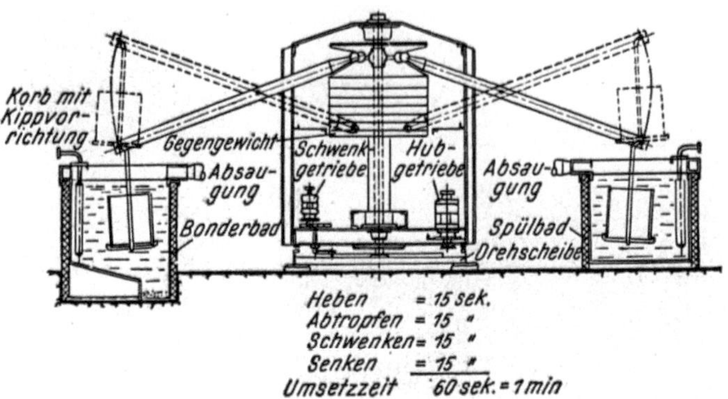

Abb. 91.   Schwinghebel-Phosphatierungsanlage.

Mittels eines zentral angeordneten Hubstempels werden die Auf- und Abwärtsbewegungen in den einzelnen Bädern und durch Schwenken der Hebel die Rundumbewegungen vermittelt. Die Rundanlagen können bis zu 14 Stationen umfassen (Abb. 91). Bei den Schwenkarmanlagen werden durch paarweise zwischen den Behältern angeordnete Schwenkarme mit Hilfe von Greifern die mit Ware gefüllten Körbe oder Einsatzgestelle erfaßt und unter Einhaltung der erforderlichen Einsatzzeit durch die einzelnen Bäder befördert. In einem bestimmten Arbeits-

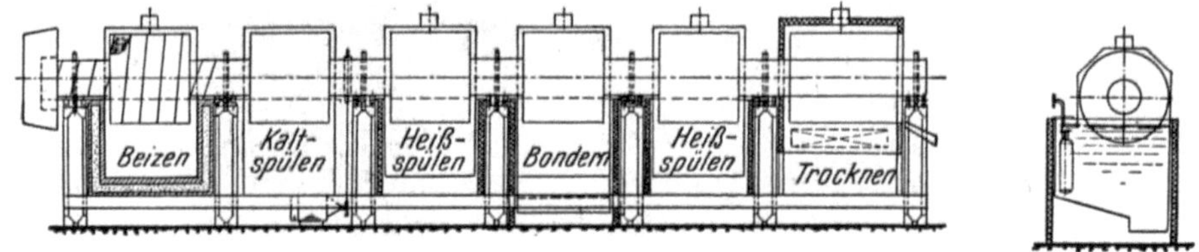

Abb. 92.   Schema einer automatischen Trommelphosphatierungsanlage (Fa. Schießer, Nürnberg).

rhythmus werden die Einsätze gleichzeitig von einem Bade in das andere umgesetzt. Es ist daher die Einhaltung bestimmter gleicher Behandlungsdauern die Voraussetzung für das Arbeiten mit der Schwenkarmanlage. Bei längeren Behandlungen, wie z. B. beim Entfetten, sind mehrere Behälter mit Vor- und Fertigentfettung mit alter bzw. frischer Reinigungslösung vorgesehen.

f) Trommelautomaten.

Kleinere Eisenteile, wie Schrauben, Muttern, Hülsen, Form- und Drehteile aller Art, werden bei größeren Massenzahlen am vorteilhaftesten im Fließverfahren in automatischen Trommelanlagen phosphatiert. Die Phosphatierung kann dabei mit einer vorgeschalteten Entfettungs- und Beizanlage kombiniert werden. Zur Nachbehandlung kann das Arbeitsschema durch Schwärzen, Einölen usw. bedarfmäßig erweitert werden. Die künstliche Trocknung wird immer dann vorgenommen, wenn die von kleinen Teilen aufgenommene Eigenwärme für eine rasche Auftrocknung des Lösungsmittels zu gering ist. Die in den einzelnen Bädern erforderliche Eintauchdauer wird durch die Umlaufgeschwindigkeit und Baulänge der Förderschnecke geregelt. Eine derartige automatische Trommelanlage des Beizens, Phosphatierens und Trocknens zeigen die Abb. 92 und 93 in schematischer Zeichnung und Ansicht

Abb. 93. Automatische Trommelphosphatierungsanlage (Fa. Schießer, Nürnberg).

(Fa. Schießer, Nürnberg). Die Füllung erfolgt durch eine Aufgabetrommel, worauf der Transport des Gutes durch Drehung mit Hilfe eingebauter Schnecken (Abb. 94, Inneres einer Trommel mit Antriebsmechanismus) erfolgt. Die Anlagen haben Stundenleistungen von 500 bis 1500 kg. Die Beheizung der Bäder erfolgt durch Dampf oder Elektrotauchsieder. Das Bonderbad ist mit einer Haube abgedeckt, durch welche alle Dämpfe abgesaugt werden können.

Von R. M i n g o l i und B. T a f i[1121] wurde eine Trommel- oder Glocken-Phosphatierungsanlage beschrieben, bei der das in einem umlaufenden Behälter befindliche Arbeitsgut nacheinander mit den verschiedenen, im Kreislauf befindlichen Reinigungs-, Spül- und Phosphatierungslösungen behandelt wird. Die Trommeln sind innen mit Siliziumgußstücken oder säurefestem Stahl plattiert.

Abb. 94. Trommelinneres mit Schnecke.

g) Spritzverfahren.

Wie bereits auf Seite 233 ausgeführt wurde, kann die Schichtbildung durch ein kräftiges Aufspritzen der Phosphatierungslösung besonders beschleunigt werden. Bei den neueren Spritzverfahren wird die Phosphatierungslösung mit einer Düsenanordnung auf die meist großflächigen Gegenstände aufgespritzt, wobei die Badflüssigkeit nach dem Filtrieren dauernd umgepumpt wird. Das zu phosphatierende Gut bewegt sich an der Düsenanordnung mittels einer Transportkette oder eines Transportbandes vorbei. Die Phosphatierungslösung wird wieder in den Vorratsbehälter zurückgepumpt. Zum Unterschied von der Spritzlackierung handelt es sich im vorliegenden Falle somit mehr um ein Fluten von 1 bis 2 Minuten Dauer.

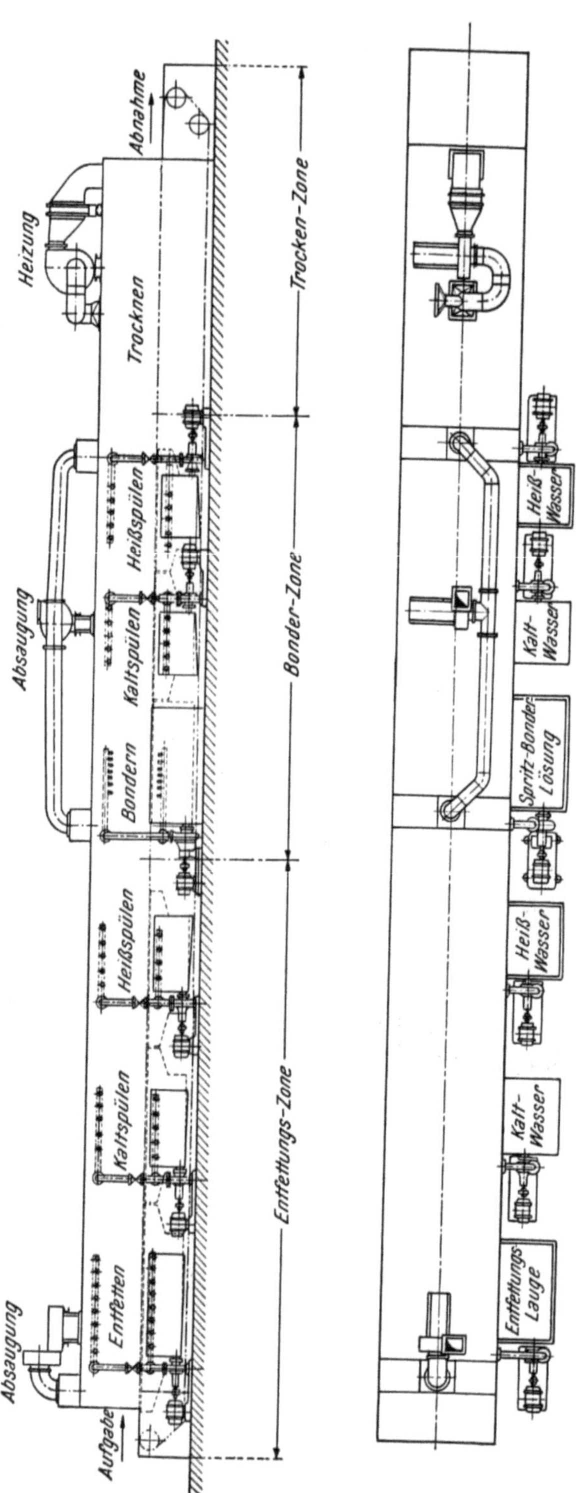

Abb. 95. Schema einer vollautomatischen Reinigungs- und Spritzbonderanlage.

Die Spritzanlagen sind verhältnismäßig einfach, da man nur kleinere Badebehälter benötigt. In verhältnismäßig kleinen Einheiten können große Mengen großflächiger Gegenstände, wie sie in der Automobil-, Fahrrad-, Motorrad- und Kühlschrankindustrie anfallen, wirtschaftlicher als im Tauchverfahren behandelt werden (L. Schuster und R. Krause[1124]). Die erhaltenen Überzüge sind gleichmäßig, dünn und feinkristallin. Die nach dem Spritzverfahren erhaltenen dünnen Phosphatüberzüge eignen sich besonders gut für die Lakkierung, z. B. für die Herstellung von Konservendosen (L. Schuster[1123], W. Overath und L. Schuster[1124]).

Bei der Spritzanlage hat man vier Behandlungszonen zu unterscheiden. Die Entfettungs-, Bonder-, Spül- und Trokkenzone (Abb. 95, Schema einer vollautomatischen Entfettungs- und Spritzbonderanlage, Bauart Göhring und Hebenstreit, Radebeul-Dresden). Nur bei starker Verrostung ist ein Entrosten vor dem Einbringen in die Anlage erforderlich. In der ersten Kammer werden die Gegenstände durch Aufspritzen von alkalischen, Alkalisilikate und -phosphate enthaltenden Entfettungsmitteln gereinigt (Overath und Schuster[1124]). Sodann durchwandern die Gegenstände eine Spülkammer zur Entfettung der Rückstände des alkalischen Entfettungsbades und gelangen in die Bonderzone. In dieser wird je nach der gewünschten Stärke der Phosphatschicht die heiße Bonderlösung 40 Sekunden bis 2 Minuten lang auf die Gegenstände aufgespritzt. Die Reste des Phosphatierungsbades werden in einer Kalt- und Heißspülkammer beseitigt, worauf unmittelbar in einem Trockenkanal getrocknet wird. Anschließend daran kann gleichfalls in einer automatischen Anlage lackiert werden. Die Verweilzeiten und Temperaturen sind in den einzelnen Kammern etwa folgende:

Entfettung	60 bis 120 Sekunden	70 bis 80° C
Ablauf	45 Sekunden	.
Nachspülen	60 Sekunden	70 bis 80° C
Bondern	45 bis 120 Sekunden	70 bis 80° C
Ablauf	30 bis 45 Sekunden	
1. Nachspülen	30 bis 45 Sekunden	ca. 20° C
Ablauf	30 bis 45 Sekunden	
2. Nachspülen	45 Sekunden	65 bis 70° C
Ablauf	30 Sekunden	
Trocknen	6 bis 10 Minuten	150 bis 300° C

Die Abb. 96 zeigt eine vollautomatische Anlage eines Automobilwerkes zur Bonderung von Kotflügeln im Spritzverfahren (Metallgesellschaft A. G.). Unmittelbar

Abb. 96. Vollautomatische Phosphatierungsanlage zur Bonderung von Kotflügeln im Spritzverfahren mit anschließender Lackierung (Metallgesellschaft A. G.).

aus der Trockenzone der Phosphatierungsanlage gelangen die gebonderten Kotflügel in die Lackierungszone. Auch andere Fahrrad- und Motorradzubehörteile, wie Rahmen, Felgen, Schutzbleche, Brennstofftanks, Werkzeugbüchsen, Naben, Speichen usw., können im Spritzverfahren gereinigt und gebondert werden.

Zur Phosphatierung nach dem Spritzverfahren eignen sich sehr wohl nitrat-, nitrit- und chlorathaltige Bäder.

Literaturverzeichnis.

[1113] W. M a c h u, Oberflächenvorbehandlung von Eisen- und Nichteisenmetallen, Leipzig: Akadem. Verlagsges., 1952. — [1114] B. Z o c h o k k e, Rev. Meatllurg **20**, 167, 1923. —

[1115] A. S u l f r i a n, Stahl und Eisen **57**, 813, 1937; DRP. 703 589. — [1116] W. M a c h u, Korrosion und Metallschutz **10**, 277, 1934; **13**, 1—20, 20—37, 1937; **14**, 324, 1938. — [1117] Parker Rust Proof Co., AP. 1 246 991/1917. — [1118] Metallgesellschaft A. G., DRP. 689 446. — [1119] R. J u s t, Korrosion und Metallschutz **12**, 202—08, 1936. — [1120] J. H o f m a n n, MSV Metallwarenindustrie, Galvanotechnik **42**, (25), 259—60, 1944. — [1121] R. M i n g o l i und B. T a f i, Fortschritte der Phosphatierung II, Verlag Chemie, 213—17, 1945. — [1122] L. S c h u s t e r und R. K r a u s e, Korrosion und Metallschutz **20**, 160, 1944. — [1123] L. S c h u s t e r, Stahl und Eisen **62**, 685—94, 1942. — [1124] W. O v e r a t h und L. S c h u s t e r, Korrosion und Metallschutz **17**, 209—11, 1941.

41. Die Elektrophosphatierung.

Zur Beschleunigung des Phosphatierungsverfahrens durch den elektrischen Strom (s. S. 233) wird in der Praxis fast ausschließlich der Wechselstrom verwendet. Beim Elektrogranodineverfahren (American Chemical Paint Co.[1125]) bilden die zu behandelnden Gegenstände die eine Elektrode, während die zweite aus der eisernen Gefäßwand oder einer großen Kupferplatte besteht. Die Behandlung findet in einer schwach phosphorsauren Zinkphosphatlösung, welche Natriumnitrit als Beschleunigungsmittel enthält, bei 50° C und einer Stromdichte von etwa 3,5 Amp/qdm statt. Der Wechselstrom hat eine Frequenz von 50 bis 60 Perioden/sek.

Nach einem Verfahren der Ford Motor Co.[1126] werden beide Elektroden des Wechselstromes von dem zu phosphatierenden Metall gebildet. Die zu behandelnden Gegenstände sind an einer Transportkette befestigt, wobei zwei aufeinanderfolgenden Werkstücken der Strom durch einen Gleitkontakt, der mit je einem Pole der Wechselstrommaschine verbunden ist, zugeführt wird. Nach Verlassen des Phosphatierungsbades werden die Gegenstände mit kaltem Wasser abgespritzt, in ein Heißwasserbad eingetaucht und durch ihre Eigenwärme getrocknet.

L i t e r a t u r v e r z e i c h n i s.

[1125] American Chemical Paint Co., AP. 2 132 488, EP. 435 773, 495 190. — [1126] Ford Motor Co. Ltd., FP. 819 256.

42. Die Nachbehandlung der Phosphatschichten.

a) Schwärzen.

Die Farbe der Phosphatschicht ist je nach ihrer Zusammensetzung verschieden, sie variiert von Tauben- oder Mausgrau bis zum Dunkelblaugrau. Je eisenreicher die Schicht ist, desto dünkler gefärbt erscheint sie, so daß Eisenphosphatüberzüge fast schwarz gefärbt sind. Manganphosphatüberzüge sind dunkler gefärbt als Zinkphosphatschichten. Man hat bereits vielfach versucht, diese unscheinbaren Farbtöne zu verschönern. Während bisher alle Versuche der unmittelbaren Erzeugung anderer Farben durch Zusatz von Kupfersalzen, Aluminiumnitrat, $(Mn)_2S_2O_3$, Erhöhung des Säuregehaltes usw. fehlgeschlagen sind, ist die nachträgliche Färbung in beliebigen Farbtönen möglich. Besonders die Schwärzung durch eine Nachbehandlung mit Farbbädern wird häufig angewandt. Die Schwärzung kann durch Tauchen, Spritzen, Pinseln, heiß oder kalt, sowie durch gewisse Zusätze auch glänzend erhalten werden. Der Farbstoff soll sich nicht abreiben lassen und eine gewisse Wasser-, Öl- und Temperaturbeständigkeit aufweisen. Ein diesen Forderungen entsprechendes Schwarz besteht z. B. aus 82,6% Trichloräthylen, 3,7% Polyvinylazetat, 3% spritlöslichem Nigrosinschwarz, 9,2% Sprit und 1,5% Kunstschellack KR. Die alkohollöslichen Farbstoffe haben sich besser als die wasserlöslichen bewährt (Metallgesell-schaft A. G.[1127]). Auch eine Suspension von 30 g Graphit in 4 l Öl, durch welche die Poren der Phosphatschicht gleichzeitig von Graphit ausgefüllt werden sollen, hat sich bewährt (J. H. Tucker und Co. Ltd. A. I. N. R. Hannam[1128]).

An die Schwärzung schließt sich fast immer eine weitere Nachbehandlung mit Ölen oder Lacken an. Durch die Schwärzung allein wird die Korrosionsbeständigkeit der Phosphatüberzüge nur dann erhöht, wenn die Farblösung geringe Mengen von schichtbildenden Stoffen enthält, wie z. B. die obenerwähnte kunstharzhaltige Mischung.

Die Schwärzung wird im allgemeinen durch Eintauchen der vollkommen trockenen Gegenstände in die Nigrosinlösung vorgenommen, wobei die Tauch-dauer bei 60 bis 80° C rund 1 bis 3 Minuten beträgt. Kleinere Gegenstände werden in Drahtkörben in den Heißspülwannen ähnlichen Behälter eingetaucht, größere Mengen von Massenteilen in Trommelapparaten gefärbt.

b) Die Nachbehandlung der Phosphatschichten zum Zwecke der Erhöhung des Korrosionsschutzes.

Der maximale Schutzwert einer Phosphatschicht wird erst durch eine entspre-chende Nachbehandlung erreicht, die in einer Tränkung mit Ölen, Ölemulsionen oder Lacken und Anstrichen besteht. Die Phosphatschicht allein weist ja eine Porosität von etwa 0,5% der Oberfläche auf, die wohl für die Imprägnierbarkeit günstig, für die Korrosionsbeständigkeit aber ungünstig ist. Der verläßlichste Korrosionsschutz wird durch die passivierende Wirkung beständiger, sperrender Schichten mit einer Porenfläche von etwa 0,01% erreicht.

α) Nachbehandlung mit anorganischen Stoffen.

Ein sehr häufig durchgeführtes Verfahren zur Verbesserung der Korrosions-beständigkeit der Phosphatschichten besteht in der Spülung mit heißen Chrom-VI-oxyd oder Chromate enthaltenden Lösungen. Am besten setzt man dem heißen Spülbade 0,5 bis 1 g/l Chrom-VI-oxyd, Kaliumbichromat oder Natriumchromat zu (80° C, 40 bis 60 Sekunden), worauf ohne zu spülen getrocknet wird (Metallgesell-schaft A. G.[1129] und Parker Rust Proof[1130]).

Nach einer Untersuchung von W. Wiederholt, V. Duffek und J. Sonntag[1131] wird durch die Chromatnachbehandlung der Schutzwert des Phosphatüberzuges um etwa das Vierfache erhöht, wobei dieser günstige Einfluß auch in Verbindung mit einer weiteren Nachbehandlung mit Ölen od. dgl. bestehen bleibt. Wie W. Machu[1132] festgestellt hat, wird durch die Spülung mit Chromat die Porosität von Bonder-II-Schichten von 0,55% auf rund 0,30% herabgesetzt. Da diese Porosität für eine Sperrschichtwirkung noch viel zu groß ist, ist nach W. Machu die beständigkeitserhöhende Wirkung einer Chromatnachbehandlung sowohl auf die Verminderung der freien Porenfläche als auch auf eine zusätzliche elektrochemische Passivierung der Eisenoberfläche durch das Chromat zurückzuführen.

Sehr günstig erwies sich auch eine Nachbehandlung bei 80 bis 90° C mit einer 8- bis 10%igen Lösung von Kaliumbichromat bei einer Tauchzeit von 20 Minuten. Durch eine zusätzliche Imprägnierung mit Lösungen von Lanolin oder Mineralöl in Gasolin oder Trichloräthylen wurde der Schutzwert der Überzüge noch weiter verbessert (G. V. Akimoo und A. G. Ulyanoo[1133]).

An Stelle der verdünnten Chromsäurelösungen können auch Lösungen von (1 g/l) Chromsäure, Phosphorsäure und Oxalsäure verwendet werden (Parker Rust Proof Co.[1134] und Patents Corp.[1135]).

Eine Ausfüllung und Dichtung der Poren der Phosphatschichte, insbesondere für Ölbehälter, kann auch durch eine Behandlung mit konzentrierten, 95° C heißen Lösungen von Alkalisilikat (Adam Opel A. G.[1136]) in siedend heißen Lösungen hydrolysierbarer Aluminiumsalze, wie Aluminiumsulfat (4,32 kg/100 l Wasser; Metallgesellschaft A. G.[1137]), sehr stark verdünnten Phosphatierungslösungen (1,7 g/l Zink, 6,7 g/l Phosphorpentoxyd bei 90° C, 10 Minuten) (Akt. Ges. für Rostschutz[1138]), durch eine kathodische Behandlung in schwach saurer Zinkphosphatlösung, wodurch in den Poren metallisches Zink abgeschieden wird (J. N. Birmann, P. P. Beljajew und S. N. Ignattschenko[1139]), mit Lösungen von Kalzium- und Magnesiumbikarbonaten (I. G. Farbenindustrie A. G.[1140] und W. Wesly[1141]) usw. erfolgen.

Eine *mechanische Nachbehandlung* von Phosphatschichten, insbesondere solchen aus Langzeitbädern, stellt das in der Praxis übliche Kratzbürsten oder „wiping" dar. Dieses bezweckt die Beseitigung des feinkörnigen, lose anhaftenden Badschlammes, da dieser bei einer Lackierung stören würde.

β) Die Nachbehandlung mit Ölen

Sollen die phosphatierten Gegenstände nur geringeren Korrosionsbeanspruchungen ausgesetzt werden, so genügt in den meisten Fällen die Nachbehandlung mit Ölen. Für diesen Verwendungszweck nimmt man nur die dickeren, grobkörnigen Phosphatschichten, während die dünneren, feinkörnigen für die nachträgliche Lackierung in Betracht kommen.

Im allgemeinen reichen für die Nachbehandlung verhältnismäßig dünne Ölfilme aus, so daß man entweder mit organischen Lösungsmitteln, wie Benzin, Trichloräthylen, oder Perchloräthylen im Verhältnis 1 : 5 bis 1 : 10 verdünnte Öle verwendet oder den Überschuß des Öles durch Zentrifugieren abschleudert. Kleinere Teile können außer durch Tauchen auch durch Einreiben mit einem Lappen geölt werden.

Die Verbesserung des Korrosionswiderstandes von Phosphatschichten durch Ölen kommt insbesondere dann gut zur Geltung, wenn die Phosphatschichten mit Chromatlösung nachbehandelt wurden (s. S. 259) oder den Ölen weitere Korrosionsschutzmittel, wie Paraffin (20%), Aluminiumstearat (20%) oder Lanolin (5%) zugesetzt wurden (W. Wiederholt, V. Duffek und J. Sonntag[1142]).

Die Widerstandsfähigkeit von geölten Proben reicht an jene von lackierten bei weitem nicht heran (R. F. Passano[1143]). Nach vergleichenden Untersuchungen von I. W. Gutmann[1144] beträgt die Schutzwirkung phosphatierter und geölter Bleche nur $^1/_{20}$ bis $^1/_{50}$ jener von lackierten und phosphatierten Proben. Pflanzliche, insbesondere trocknende Öle haben sich als geeigneter erwiesen als Mineralöle (J. Bary[1145] und F. Kolke[1146]). Günstig sollen sich kleine Zusätze von quellend wirkenden Stoffen, wie Leim zum Öl, auswirken (Parker Rust Proof Co.[1147]).

γ) Die Nachbehandlung durch Lackieren und Anstreichen.

Den besten Korrosionsschutz verleihen die Phosphatschichten in Kombination mit Lacken und Anstrichen. Die Phosphatschicht gibt zufolge ihrer Rauhigkeit und Porosität einen ausgezeichneten Haftgrund für Lacke und Anstrichfilme ab, da sich diese Filme gut in der Phosphatschicht verankern können. Die isolierend wirkende Phosphatschicht beeinträchtigt auch das Fließen der Lokalströme sehr stark, so daß das sehr gefährliche Unterrosten der Filme bei einer Verletzung des Lackes oder Anstriches vermieden wird (Abb. 69).

Eine dünne, feinkörnige und gleichmäßig ausgebildete Lackschicht beeinträchtigt auch den Glanz und die Gleichmäßigkeit von Lacken und Anstrichen nicht.

Selbst bei dünner Einschichtlackierung, wie sie bei den moderen Kunstharzlacken üblich ist, werden die chemischen und physikalischen Eigenschaften des Lackfilmes durch den Phosphatuntergrund nicht beeinträchtigt. Wie vergleichende Untersuchungen von L. S c h u s t e r[1148] ergeben haben, haben sich für die Lackierung mit Kunstharzlacken dünne Phosphatschichten von 0,003 mm Dicke besser bewährt als solche von 0,010 mm. Die Tatsache, daß die Oberflächenrauhigkeit allein noch nicht für die Verbesserung der Widerstandsfähigkeit der lackierten Gegenstände ausschlaggebend ist, geht daraus hervor, daß die schlechteste Beständigkeit auf gesandstrahlter Oberfläche erhalten wurde. Auch die Verformbarkeit und Schlagfestigkeit der Lackschichten ist bei dünner Phosphatschicht besser als bei dicker. Dies geht z. B. aus der Stromstärke hervor, die bei 8 V an einer Oberfläche von je 112,5 qcm hindurchgeht (Porenprüfverfahren von V. D u f f e k) (Tab. 30).

Tabelle 30. *Einfluß der Vorbehandlung von Bandstahl auf die Porosität aufgebrachter Einbrennlacke* (L. S c h u s t e r).

Vorbehandlung der Bleche	Lackauflage in g/qm			Stromdichte in mA bei Lacküberzügen		
	A	B	C	A	B	C
Blank	5,11	4,55	4,20	60	30	140
Gesandet	5,24	5,03	4,68	500	480	780
Bonder II (10 Mikron) .	4,61	4,98	4,56	2,5	7,5	10
Bonder V (3 Mikron) . .	5,15	4,75	4,27	10	17,5	20

Die Porigkeit der Lacküberzüge wird demnach durch die Phosphatierung ganz erheblich herabgesetzt. Die größere Stromdichte bei gesandeten Oberflächen kommt dadurch zustande, daß die elektrisch leitenden, metallischen Spitzen der Eisenoberfläche durch den Lack hindurchragen. Sollte selbst bei grobkörniger Phosphatschicht (Bonder II) die Lackschicht von Kristallkörnern durchbrochen werden, so haben diese auf den Stromdurchgang und damit auf die Korrosion keinen Einfluß, da sie den Strom nicht leiten. Auch die Korrosionsbeständigkeit von Anstrichen ist am besten auf einem Phosphatuntergrund.

δ) Auswahl der Lacke und Anstriche.

Die Auswahl des Lackes ist für die physikalischen Eigenschaften und die Korrosionsbeständigkeit der Lackfilme von entscheidender Bedeutung (L. S c h u s t e r, l. c., und H. W e i s e[1149]). Neben ölhaltigen Lacken und Anstrichen eignen sich mindestens ebensogut ölfreie Bindemittel auf der Grundlage der Zellulose oder von Kunstharzen. Besonders bewährt haben sich ofentrocknende Einbrennlacke auf Kunstharzbasis, welche die Herstellung besonders korrosionsfähiger Überzüge ermöglichen.

Die Einbrenntemperaturen liegen bei 150 bis 180° C, seltener bei Temperaturen bis 230° C. Am gebräuchlichsten sind die Phthalsäureharze, ferner die Durophen- und Dorophthalkunstharze (plastifizierte Phenol-Formaldehyd-Kondensationsprodukte mit Phthalsäureharzen), die alle geschmacklos, aber wasser- und kochfest sind.

ε) Auftragung der Lacke.

Die Auftragung der Lacke erfolgt durch Streichen mit dem Pinsel, Tauchen, Zentrifugieren, Durchstoßen durch ein Rohr, Fluten und Spritzen. Das Streichen wird nur mehr bei besonders sperrigen Gegenständen und kleinerer Stückzahl ausgeführt, da es zu Ungleichmäßigkeiten führen kann. Vorteilhafter und sparsamer ist das Aufspritzen der Lacke, wobei auch halb- oder vollautomatische Anlagen verwendet werden können. Die Spritzkabinen müssen mit einer Absaugevorrichtung für die Lösungsmitteldämpfe und -nebel ausgestattet sein.

Das einfachste Lackierverfahren besteht im Tauchen, wobei für dünne Lackschichten die Viskosität der Lacke ziemlich niedrig sein muß. Am besten geeignet für das Tauchverfahren sind glatte Werkstücke, die ein gutes Ablaufen des Lackes ermöglichen. Je langsamer das Werkstück aus dem Lack herausgehoben wird, desto schönere und gleichmäßigere Überzüge werden erhalten (H. F o r t m a n n[1159]).

Zur Durchführung der Tauchlackierung werden auch mechanische Einrichtungen verwendet, die aus einem Tauchgefäß, einem Vorrichtungsaufnahmeraum und einem Tauchgestell bestehen. Eine Großanlage zur Herstellung lakkierter, phosphatierter Konservendosen, die im Kriege in größtem Ausmaße in Deutschland mangels an Zinn verwendet wurden, ist in den Abb. 97 und 98 dargestellt (Metallgesellschaft A. G.[1151] und L. S c h u s t e r[1152]). Die unter den Namen „Lema-", „Osta-" oder Bonderdose bekannte Dose wurde aus kaltgewalztem Bandstahl hergestellt, aus dem vorerst die Zargen herausgeschnitten wurden. Hierauf wurde durch viele automatisch arbeitende elektrische Schweißapparate der

Abb. 97. Stirnansicht einer Großanlage zur Phosphatierung von Konservendosen (Metallgesellschaft A. G.).

Rumpf der Dose geschweißt und zuletzt durch Einlegen einer Dichtung der Boden wie üblich aufgewalzt. Die Phosphatierungsanlage besteht aus einer Entfettungs-, Kaltspül-, Heißspül-, Bonder-, Kalt-, Heißspül- und Trockenzone. Hierauf durchlaufen die Rümpfe und Deckel getrennt die Lackieranlage, welche aus einer Tauch-, Trocken- und Einbrennzone für den Lacküberzug und schließlich einer längeren Abkühlstrecke besteht. Die dargestellte Anlage leistet 5000 bis 6000 Dosen pro Stunde.

Kleine Teile, wie Nadeln, Schrauben, Knöpfe, Nägel usw., können nach dem Phosphatieren in Trommelapparaten lackiert werden. Man verwendet dazu eine verschließbare, eventuell heizbare Trommel, die bis zur Hälfte mit der Ware und mit etwa 250 bis 300 g Lack auf rund 10 kg kleine Eisenteile beschickt wird. Nach dem Trommeln wird der Inhalt ausgeleert und an der Luft oder in einem Ofen getrocknet. Nach dem Trommelverfahren lassen sich Aluminiumbronzelack auf Phosphatschichten aufbringen. Beim Spritztrommelverfahren werden die Lacke während der Umdrehung der Trommel durch eine Stirnseite eingespritzt, wobei in kürzester Zeit sehr dünne Lackschichten aufgebracht werden können.

Die Phosphatierung verbessert auch die Haftung von Gummi, Ebonit u. dgl. auf Eisenoberflächen ganz wesentlich (W. A. M a g o s o v[1153]).

Literaturverzeichnis.

1127 Metallgesellschaft A. G., DRP. 729 723. — 1128 J. H. Tucker und Co. Ltd. A. I. N. R. Hamann, EP. 420 401. — 1129 Metallgesellschaft A. G., DRP. 690 477, AP. 2 067 214, 2 067 215. — 1130 Parker Rust Proof Co., DRP. 583 349. — 1131 W. Wiederholt, V. Duffek und J. Sonntag, Korrosion und Metallschutz 17, 193—203, 1941. — 1132 W. Machu, ebenda 20, H. 1, 1944. — 1133 G. V. Akimoo und A. G. Ulyanoo, Cr. Acad. Sci. URSS 49, 497—99, 1945. — 1134 Parker Rust Proof Co., FP. 835 312/1939. — 1135 Patents Corp., AP. 2 067 214, 2 067 216. — 1136 Adam Opel A. G., FP. 884 452. — 1137 Metallgesellschaft A. G., DRP. 597 365. — 1138 Akt. Ges. für Rostschutz, DRP. 705 067. — 1139 J. N. Birmann, P. P. Beljajew und S. N. Ignattschenko, Russ. P. 57 172. — 1140 I. G. Farbenindustrie A. G., FP. 857 394. — 1141 W. Wesly, Korrosion und Metallschutz 17, 188—90, 1941. — 1142 W. Wiederholt, V. Duffek und J. Sonntag, ebenda 17, 193—203, 1941. — 1143 R. F. Passano, Proc. Amer. Soc. Test. Mater. 33, 149—65, 1933. — 1144 I. W. Gutmann, Die Phosphatierung von Baustählen, Leningrad-Moskau 1935, S. 194. — 1145 J. Bary, I. Congrês Intern. Rév. Paris 1930, S. 5. — 1146 F. Kolke, Farbe und Lack 14, 159—60, 1936. — 1147 Parker Rust Proof Co., DRP. 564 369. — 1148 L. Schuster, Stahl und Eisen 62, 685—94, 1942. — 1149 H. Weise, Korrosion und Metallschutz 17, 363—65, 1941. — 1150 H. Fortmann, MSV Metallwarenindustrie, Galvanotechnik 41 (24) 146, 229—30, 1943. — 1151 Metallgesellschaft A. G., Die Bonderpost Nr. 3, Jänner 1940, S. 2, 3. — 1152 L. Schuster, Stahl und Eisen 62, 685—94, 1942. — 1153 W. A. Magosow, Russ. P. 64 128/1945.

Abb. 98. Tauchlackier- und Trockenanlage für phosphatierte Konservendosen (Metallgesellschaft A. G.).

43. Die Phosphatierung in der spanlosen Kaltverformung.

Bei der spanlosen Kaltverformung hat sich gezeigt, daß eine dicht zusammenhängende Kristallhaut, deren Kristalle mit der Metallunterlage fest verwachsen sind, von besonderem Vorteile ist (F. Singer[1154]). Die Phosphatschicht bildet nämlich auf dem Werkstück einen fast lückenlosen Überzug, der auch bei der Verformung des Werkstückes und dem dabei erfolgenden Gleiten im Ziehwerkzeug in zusammenhängender Form bestehen bleibt. Die Phosphatschicht bewirkt dabei eine dauernde Trennung des Ziehgutes vom Werkzeug, so daß ein Fressen nicht eintreten kann. Außerdem besitzt sie zufolge ihrer Porosität die Fähigkeit, Schmiermittel, wie Öle, aufzunehmen und festzuhalten.

Die Art und das Verfahren der Aufbringung der Phosphatschicht sind für das Ziehen von ganz untergeordneter Bedeutung. Die Erzeugung der Schicht entspricht im allgemeinen dem Arbeitsverfahren bei der Ausbildung von Rostschutzüberzügen. Die Behandlungsdauer im Phosphatbad richtet sich nach der Stärke der gewünschten Phosphatschicht und diese wieder nach dem Verformungsverfahren. Ein Beurteilungsverfahren der Eignung von Phosphatschichten für den Ziehvorgang gibt es derzeit noch nicht. Man kann nur so viel mit Sicherheit sagen, daß die Schichte größte Haftfestigkeit aufweisen muß.

Beim Ziehbondern können an Stelle hochviskoser Schmiermittel oder Seife auch fettarme Emulsionen, wie Bohrölemulsionen verwendet werden. Als sehr wirksam hat sich eine Nachbehandlung der phosphatierten Teile vor dem Ziehen mit einer Aufschwemmung von Kalziumhydroxyd oder Kalziumkarbonat mit anschließender Trocknung, Eintauchen in 3%ige Schmierseifenlösung und Trocknung oder Verwendung beider Maßnahmen gleichzeitig erwiesen.

Durch die Phosphatierung und das Ölen vor dem Ziehvorgang ergeben sich einige wesentliche Vorteile. So kann der Verformungsgrad und die Verformungs-

Abb. 99. Phosphatierung von Röhren als Vorbereitung für das Kaltziehen
(Metallgesellschaft A. G.).

geschwindigkeit gesteigert werden. Die Anzahl der Züge vergrößert sich. Besonders bemerkenswert ist, daß auf Zwischenglühungen und Beizungen verzichtet werden kann, beim Rohrziehen oft so weit, daß diese Arbeitsoperationen ganz wegfallen können. Die Werkzeuge werden geschont und ihre Standzeiten erhöht, da der Verformungsvorgang sich reibungsloser und elastischer abwickelt. Glühungen sind nur bei mehr als 5 Zügen erforderlich, ebenso wenn das Rohr infolge der bei der Kaltverformung aufgetretenen Versprödung zum Reißen neigen sollte.

Wird das Glühen nach erfolgter Kaltverformung zur Wiederherstellung des normalen Gefüges und zur Beseitigung der beim Kaltverformungsvorgang aufgetretenen Verfestigung nach einer Entfettung mit Benzin oder Tridämpfen inerter oder schwach reduzierender Atmosphäre vorgenommen, so bleibt die Phosphatschicht selbst bei hohen Temperaturen von 600 bis 700° C so weit erhalten, daß eine neue Phosphatierung bei weiteren Kaltverformungsvorgängen nicht mehr erforderlich ist (Mannesmannröhrenwerke und Metallgesellschaft A. G.[1155]).

Abb. 99 zeigt eine Anlage zur Phosphatierung vor dem Ziehen von Rohren (Soc. Continentale Parker). In der Abb. 100 (Metallgesellschaft A. G.) ist die Kaltziehfähigkeit nahtlos kaltgezogener Präzisionsstahlrohre aus Chrom-Nickel-

Stahl ohne Zwischenglühungen und Beizungen durch einmaliges Bondern dargestellt. Die Luppe von 50 mm Durchmesser und 3 mm Bandstärke erfuhr in 6 Zügen eine gesamte Querschnittsabnahme von 80%. Auch Profile können nach dem Phosphatieren ohne Zwischenglühungen und Beizungen 2 bis 3 Züge erfahren. So zeigt die Abb. 101 die beiden Züge am gleichen Werkstück, die Abb. 102 die Änderung des Querschnittes nach dem 2. Zug (Soc. Continentale Parker).

Die Ersparnisse durch die Phosphatierung erstrecken sich auf die Verminderung der Arbeitskosten, Arbeitszeit, 1 bis 3% Eisengewicht durch Verzicht auf das Beizen, Wärme zum Beheizen der Glühöfen, Schonung der Ziehwerkzeuge usw. Es sind schon 20fache Standzeiten der Ziehstempel, -ringe und auch -matrizen beobachtet worden (H. Faber und H. Kopp[1156]). Der Verformungsgrad kann erhöht und die Verformungsgeschwindigkeit gesteigert werden, wodurch die Maschine besser ausgenützt werden kann. Bei Glühkörpern und Rohren können beispielsweise in manchen Fällen die sonst erforderlichen 5 Züge auf 3 Züge herabgesetzt werden. Die Verwendung der Phosphatüberzüge zur Erleichterung des Ziehvorganges hat fast schon denselben Umfang wie die Verbesserung der Korrosionsbeständigkeit vor dem Lackieren angenommen.

Die Oberfläche der phosphatierten, kaltgezogenen Gegenstände bleibt riefenfrei, die Oberflächenhaut kaltgezogener Rohre wird sogar verbessert (A. Durer und E. Schmid[1157]). Nach diesen Autoren ersetzt eine Phosphatierung eine Kupferplattierung, welche die Zieharbeit gleichfalls erleichtert, vollkommen. Die Zieharbeit steigt mit der Dicke der Phosphatschicht stark an. Die geringste Dicke ist nicht

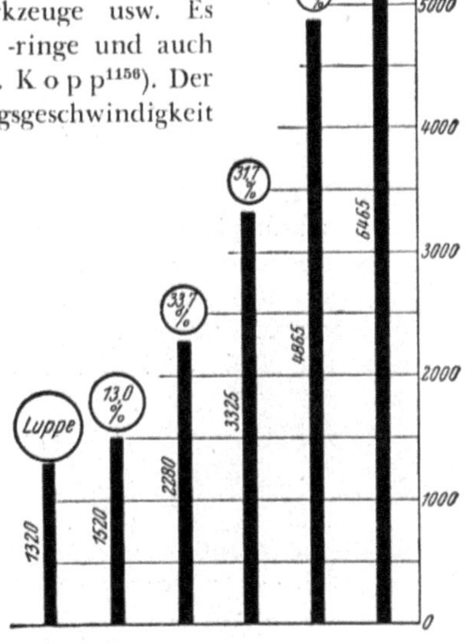

Abb. 100. Nahtlos gezogene Präzisionsstahlrohre (Metallgesellschaft A. G.).

immer die günstigste, vielmehr sind für die Wahl der geeigneten Dicke die Abmessungen der zu verformenden Gegenstände und der Umstand, ob ein oder mehrere Züge ohne Zwischenglühungen und Erneuerung der Schicht durchgeführt werden sollen, in Betracht zu ziehen. Am zweckmäßigsten wird die Schichtdicke so gewählt, daß bei einem Vorversuch weder ein Fressen von Ziehgut und Werkzeug noch ein Verziehen der Werkstücke auftritt.

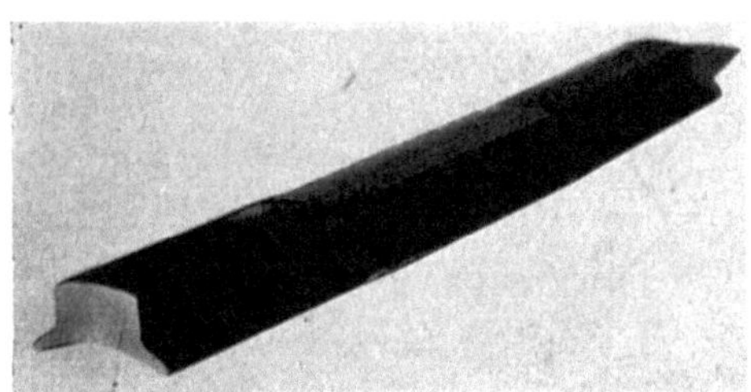

Abb. 101. Ziehen von phosphatiertem Profil, 2 Züge am gleichen Werkstück dargestellt (Soc. Continentale Parker).

Abb. 102. Querschnitt von phosphatierten, gezogenen Profilen vor und nach dem 2. Zug (Soc. Continentale Parker S. A.).

Die Zieherleichterung durch Phosphatieren soll sich auch auf das Ziehen verzinkter Drähte erstrecken (Westfälische Union für Eisen- und Drahtindustrie[1158]).

Ursache der zieherleichternden Wirkung von Phosphatschichten.

Nach A. Wüstefeld und L. Leurion[1159]; besteht die zieherleichternde Wirkung von Phosphatschichten darin, daß die Phosphatkristalle beim Ziehen zu einem feinen Pulver zerrieben werden, das mit dem Schmiermittel eine infolge der Rauhigkeit der Oberfläche guthaftende Paste bildet. Diese Ansicht wurde von A. Durer und E. Schmid[1160] bestätigt. Es treten somit keine plastischen Verformungen und Gleitvorgänge in den Phosphatkristallen auf, wie ursprünglich von A. Durer, E. Schmid und H. D. Graf von Schweinitz[1161] angenommen worden war. Es konnte gezeigt werden, daß die ursprüngliche Korngröße der Phosphatkristalle beim Ziehvorgang nicht erhalten bleibt. Durch das Ziehen werden die größeren Phosphatkristalle zertrümmert, sie verlieren aber ihren Zusammenhalt in sich und mit der Eisenoberfläche nicht. Bereits bei einem Ziehgrad von 15% sind die größeren Phosphatkristalle in den feinkörnigen, völlig regellos orientierten Zustand übergegangen. Die Anwesenheit des Schmiermittels ist für das Ziehen gar nicht unbedingt erforderlich, da auch trockene, phosphatierte Rohre die gleiche Oberflächengüte als phosphatierte und mit Ölemulsionen gezogene Werkstücke ergeben. Die Ziehspannung ist aber bei den ölphosphatierten Rohren etwas geringer. Am größten ist sie bei gebeizten, geölten, aber nichtphosphatierten Rohren. Die Trümmer der Phosphatschicht besitzen somit die Fähigkeit, auch ohne Vermittlung eines Bindemittels, wie Öl, unter der Einwirkung des hohen Druckes der Ziehwerkzeuge zusammenhängende Schichten zu bilden.

Literaturverzeichnis.

[1154] F. Singer, Metallgesellschaft A. G., DRP. 673 405. — [1155] Mannesmannröhrenwerke und Metallgesellschaft A. G., DRP. 697 556. — [1156] H. Faber und H. Kopp, Korrosion und Metallschutz 17, 211—14, 1941. — [1157] A. Durer und E. Schmid, ebenda 20, 162, 1944. — [1158] Westfälische Union für Eisen- und Drahtindustrie, Belg. P. 446 615, 446 616, 446 617. — [1159] A. Wüstefeld und L. Leurion, Metallwirtschaft 21, 7, 1942; Koll. Z. 101, 82, 1942. — [1160] A. Durer und E. Schmid, Korrosion und Metallschutz 20, 161—65, 1944. — [1161] A. Durer, E. Schmid und H. D. Graf von Schweinitz, Z. VDI 86, 15—18, 1942.

44. Verminderung des Gleitwiderstandes bei Maschinenteilen durch Phosphatschichten.

Die Phosphatschichten sind nicht nur bei der spanlosen Kaltverformung zur Verminderung des Gleit- und Reibwiderstandes befähigt, sondern sie können auch den Gleitvorgang an sich reibenden Maschinenteilen günstig beeinflussen. Die Phosphatschicht ist nämlich befähigt, als Trennschicht das besonders häufig beim Einlaufen neuer Maschinenteile auftretende Anfressen oder Verschweißen zu vermeiden. Sie unterstützt auch dank ihres guten Ölaufsaugevermögens und ihrer nichtmetallischen Natur die Schmierung, besonders wenn die Maschinenteile in kaltem Zustande in Bewegung versetzt werden.

Die früher zur Verminderung der gleitenden Reibung bewegter Maschinenteile verwendeten Überzüge aus Kupfer, Zinn oder Kadmium auf verschleißfesten Werkstoffen konnten sich aus wirtschaftlichen Gründen nicht in die Technik einführen. Hingegen hat es sich gezeigt, daß Laufflächen mit Phosphatüberzügen gut geeignet sind (Parker Rust Proof Co.[1162]). Als Einlaufflächen sind dabei sowohl Mangan- als auch Zinkphosphatschichten geeignet, die aus gröberen und vor allem gleichmäßigeren Kristallen bestehen sollen. Feinkristalline oder ungleichmäßige Überzüge mit feinen und gröberen Kristallen begünstigen den Einlauf weniger oder beeinträchtigen ihn manchmal sogar (F. B r e u e r[1163]). Die Phosphatschichten ergeben bereits nach kurzer Einlaufzeit einen guttragenden Einlaufspiegel des verschleißfesten Grundwerkstoffes, so daß wegen der auftretenden verschleißfesten, glatten Oberfläche die Lauffläche sich bereits in kürzerer Zeit der Zylinderlaufbahn (bei Kolben) anpaßt.

Die Phosphatschichten ergeben auch eine gute Abdichtung ohne Beschädigung der Lauffläche, so daß bereits vor dem vollkommenen Einlaufen normale Betriebsverhältnisse geschaffen werden. Der Verschleiß ist nach dem Einlaufen geringer als bei nicht phosphatierten Kolbenringlaufflächen. Wegen des guten Ölaufsaugevermögens der Phosphatschichten treten selbst bei längerem Notlauf keine Trockenreibungen oder Freßstellen auf. Durch Aufbringen von Graphit auf die Phosphatschichten werden die Laufeigenschaften der Kolbenringe noch weiter verbessert. Außer dem Automobilbau kann die Reibung auch noch bei vielen anderen Maschinenteilen, wie bei Radzahnschäften, Türflügelangeln, Pumpenteilen, Scharnierbändern, Greifern, Propellern usw., erheblich vermindert werden (M. D a r s e y[1164], W. H. S p e m e r[1165] sowie C. B e r l i n[1166]). Auch bei Verschraubungen kann die Phosphatschicht, insbesondere in Verbindung mit einem Öl, ein Zusammenschweißen oder Fressen sowie ein Zusammenrosten verhindern.

Die Phosphatschicht bleibt nur während des Anfanges des Einlaufvorganges als solche bestehen. Insbesondere bei hohen Drücken und großer Lebensdauer der betreffenden Gegenstände werden sie jedoch zerrieben. Bei geringer Lagerbelastung, kleineren Geschwindigkeiten oder nur gelegentlicher Beanspruchung kann die Phosphatschicht auch die ganze Lebensdauer des Lagers oder der Welle erhalten bleiben. Dies gilt auch für Spannstellen mit hohen Drücken, aber verhältnismäßig kurzem Weg.

L i t e r a t u r v e r z e i c h n i s.

[1162] Parker Rust Proof Co., EP. 512 594. — [1163] F. B r e u e r, Korrosion und Metallschutz **17**, 208—09, 1941. — [1164] M. D a r s e y, Automotive Ind. **85**, 37—40, 1941. — [1165] W. H. S p e m e r, Steel **103**, Nr. 23, 60—62, 1938. — [1166] C. B e r l i n, Maschinenschaden **20**, 79—81, 1943.

45. Weitere Anwendungsgebiete der Phosphatierung.

Außer zur Verbesserung der Korrosionsbeständigkeit, insbesondere in Verbindung mit einem Öl, Lack oder Anstrich, der Verminderung der gleitenden Reibung und Erleichterung des Kaltverformungsvorganges können die Phosphatüberzüge auch noch auf zahlreichen anderen Gebieten mit Erfolg angewendet werden. Die wesentlichen Anwendungsgebiete sind die Automobil-, Fahrrad-, Erdöl-, Kälte-, Elektro-, Photoindustrie, der Flugzeug-, Schiffbau, das Eisenbahnwesen, die Waffen- und Munitionstechnik, Schreibmaschinen, Lichtmaste, Schlossereiartikel, Eisenwaren und verschiedene Eisengeräte aller Art. In der Lebensmittelindustrie sind im Kriege die phosphatierten und lackierten Konservenbüchsen sehr stark verwendet worden. In der Metallurgie werden Phosphatschichten vorwiegend als Trennungsschichten benutzt, z. B. für einsatzgehärtete Stähle. Das Aufziehen von Metallüberzügen aus Blei, Zinn usw. kann bereits durch dünne Phosphatschichten verhindert werden. Dieses Verfahren kann auch zur örtlichen Nitrierung verwendet werden, da die Phosphatschichte eine normale Stickstoffaufnahme nicht verhindert. Die Phosphatierung verhindert auch eine Verzunderung von Stahlgegenständen während einer Wärmebehandlung usw.

46. Fehler der Phosphatüberzüge.

Die meisten Fehler der Phosphatschichten beruhen auf einer nicht genügend reinen Metalloberfläche, also auf Fehlern bei der Vorbereitung der Metalloberfläche für die Phosphatierung. War die Eisenoberfläche stellenweise noch mit Rost oder Fetten behaftet, so ist an diesen Stellen die Ausbildung der Phosphatschicht unterblieben. Der behandelte Gegenstand erhält nicht nur ein fleckiges Aussehen, sondern auch die Korrosionsbeständigkeit des Überzuges ist stark vermindert. Ebenso wird die Haftfestigkeit und Widerstandsfähigkeit aufgebrachter Lacküberzüge auf unregelmäßig aufgebrachten Phosphatschichten herabgesetzt. Es treten dann schon nach kurzer Zeit im Lack Blasen usw. auf. Schlecht verwachsene oder glasige Phosphatschichten haben ihre Fehlerursache gleichfalls in einer ungenügenden Entfettung, Entrostung oder Entzunderung.

Einen ungünstigen Einfluß auf die Ausbildung der Phosphatschichten kann auch der Beizschlamm ausüben, da er die Keimbildungsgeschwindigkeit der Phosphatkristalle nachteilig beeinflußt und zum Entstehen gröberer Kristalle Anlaß geben kann. Beizfehler treten vor allem durch zu geringe Säurekonzentration, zu kurze Beizdauer, zu dichte Lagerung in der Beizsäure, ungenügende Bewegung des Beizgutes, zu niedrige Beiztemperatur, eine nicht ausreichende Entfettung vor dem Beizen usw. auf.

Kann der Sandstrahl nicht in alle Vertiefungen oder verdeckte Stellen hinreichend gelangen, ergeben sich auch hier Zunderreste, welche bei der Phosphatierung stören.

Eine besondere Sorgfalt ist der Reinerhaltung des Phosphatierungsbades zuzuwenden. Auf der Badoberfläche schwimmende Öl- oder Schmutzteilchen können sowohl beim Einbringen als auch Herausgeben der Gegenstände an diesen haften bleiben. Sehr wesentlich ist auch, daß die richtige Punktzahl des Bades möglichst genau eingestellt und auch eingehalten wird, da sowohl bei stark konzentriertem, also zu saurem Bade als auch zu großer Verdünnung keine oder nur schwach ausgebildete Überzüge erhalten werden. Am günstigsten arbeitet jedes Phosphatierungsbad hinsichtlich der Phosphatierungsdauer, Schichtstärke, Schlammbildung, Korngröße, Gleichmäßigkeit, Chemikalienverbrauch, p_H-Wert usw. nur beim oder in unmittelbarer Nähe des ermittelten optimalen Punktewert des Bades. Es ist daher vorteilhaft, die Badkorrektur nicht nur vor Beginn der Phosphatierungsarbeiten, also einmal am Morgen, sondern mehrmals und mit geringeren Mengen vorzunehmen. Nach dem Zusatz der Ergänzungslösung muß gut, z. B. durch Einblasen von Preßluft, gerührt werden, um Konzentrationsunterschiede der Lösung auszugleichen. Eine gute Rührung ist insbesondere im Kaltphosphatierungsbade erforderlich, da hier die Wärmezirkulation fehlt.

Sehr wesentlich ist auch die Einhaltung der optimalen Arbeitstemperatur, da beim Unterschreiten der vorgeschriebenen Badtemperatur beim Phosphatierungsvorgang nicht nur eine verzögerte Schichtbildung auftritt, sondern auch porösere und schlechter verwachsene Überzüge erhalten werden.

Bei der Phosphatierung in der Trommel kann eine zu geringe Beschickung Fehler durch zu starkes Durcheinanderfallen der Teile, eine zu starke Bewegung infolge der heftigeren Reibung zu einer Beschädigung der Phosphatschichten führen. Derartige Fehler machen sich bereits äußerlich durch Kratzer oder Riefen in den Überzügen bemerkbar.

Badschlamm.

In jedem Phosphatierungsbad bildet sich während des Betriebes durch Ausfällung des gelösten Eisens als Ferriphosphat, der Härtebildner des Wassers als

Kalzium- und Magnesiumphosphat, von Zink- und Manganphosphaten durch Hydrolyse usw. stets mehr oder weniger Schlamm, der sich am Boden des Badbehälters ansammelt (s. Abb. 84 und 85, Tab. 15). Steigt die Badtemperatur bis zur Siedetemperatur an, daß der Badschlamm durch die sich entwickelnden Dampfblasen aufgewirbelt werden kann, oder wird die Lösung beim Einbringen der Gegenstände zu stark gerührt und steigt bei längeren Pausen im Entschlammungsprozeß der Schlamm bis zu den eingehängten Gegenständen an, so kann sich an der Ware der Badschlamm ablagern. Die Schlammteilchen verhindern eine innige Verwachsung der Kristallkörner, so daß lockere, nicht besonders haftfeste Schichten entstehen. Außerdem bildet der Schlamm auf den Phosphatüberzügen einen dünnen, weißen bis grauen Belag, der sich nicht immer abwischen oder abbürsten läßt. Der Schlamm verhindert auch das Eindringen des Lackes in die Poren der Phosphatschicht und beeinträchtigt dadurch die Verankerung des Lackfilmes im Überzug.

Verunreinigungen des Bades. Sehr schädlich wirkt sich eine Verunreinigung der Phosphatierungslösung durch Aluminium-, Arsen-, Antimon- und Zinnverbindungen aus. Bei einem Gehalt von 0,3 g/l Aluminium oder 0,05 g/l Arsen hört eine normale Schichtbildung überhaupt auf. Zur Herstellung der Phosphatbäder darf daher nur reine, aluminium-, antimon- und arsenfreie Phosphorsäure, welche auf thermischem Wege durch Verbrennung von Phosphor erhalten wurde, verwendet werden, Arsen, Antimon und Zinn können aus technischer Phosphorsäure durch Schwefelwasserstoff bzw. Natriumsulfit ausgeschieden werden (IG-Verfahren). Sulfate und Chromate, die insbesondere durch Beizbadreste in das Phosphatbad eingeschleppt werden, stören in geringen Mengen noch nicht, üben jedoch bei größeren Gehalten einen ungünstigen Einfluß auf die Schichtbildung aus.

47. Untersuchungen der Phosphatierungsmittel und Phosphatüberzüge.

Für das richtige Arbeiten des Phosphatierungsbades ist die Einhaltung der genauen Konzentration an Phosphaten und freier Säure sehr wesentlich. Es muß daher wenigstens einmal täglich vor Arbeitsbeginn die Stärke des Bades durch Titration ermittelt werden. Die Punktezahl wird durch Titration von 10 ccm abgekühlter, schlammfreier Phosphatierungslösung nach Versetzen mit 6 bis 8 Tropfen 1%iger Phenolphthaleinlösung mit genau 0,1000 n Natronlaugenlösung ermittelt. Die Anzahl der verbrauchten ccm n/10 Natronlauge gibt die Punktezahl oder Gradzahl des Bades an. Sie entspricht der Gesamtkonzentration oder Summe von freier Phosphorsäure und gelösten primären Metallphosphaten. Wird an Stelle von Phenolphthalein Methylorange oder Bromphenolblau als Indikator bei der Titration mit der n/10 Natronlauge verwendet, so erhält man die Menge der freien Phosphorsäure. 1 ccm n/10 Natronlauge (mit Phenolphthalein titriert) = 0,0098 g gesamte freie P_2O_5 oder 0,0049 g freie Phosphorsäure (mit Methylorange titriert).

Die analytische Bestimmung der übrigen Badbestandteile erfolgt nach den üblichen analytischen Methoden. P_2O_5 wird meist maßanalytisch nach Auflösung des gelben Niederschlages von Phosphor-Ammonmolybdat in einer bekannten Menge Natronlauge und Rücktitration mit 1n Schwefelsäure ermittelt. Zink wird meist elektrolytisch abgeschieden, Mangan nach Oxydation des zweiwertigen Eisens mit Kaliumpermanganatlösung titriert. Nitrat wird in alkalischer Lösung mit Devardascher Legierung zu Ammoniak reduziert, dieses abdestilliert, in einer bekannten Menge Schwefelsäure absorbiert und diese Lösung mit n/10 Natronlauge zurücktitriert. Nitrit kann man sowohl oxydimetrisch mit Kaliumpermanganat, jodometrisch als auch kolorimetrisch bestimmen.

Sämtliche Bestandteile können auch nach einem Vorschlage von L. S c h u s t e r und R. K r a u s e[1167] durch Titration allein oder auf polarographischem Wege nach einem Verfahren von D. B r i g a l l i und G. C i n q u e r i n a[1168] ermittelt werden.

Bestimmung der Korrosionsbeständigkeit und Auftragsstärke von Phosphatüberzügen.

Zur Bestimmung der Korrosionsbeständigkeit werden die Proben entweder in destilliertem Wasser, Leitungswasser oder 3%iger Natriumchloridlösung im Tauchversuch, Wechseltauchversuch, im Salzsprühgerät, der Bewitterung im Kurz- oder Langzeitversuch ausgesetzt und entweder der Zeitpunkt des ersten Rostauftrittes, der Grad der Verrostung, der Gewichtsverlust der Proben in g/qm/Tag oder die in Lösung gegangene Eisenmenge ermittelt (C o u r n o t[1169] und W. M a c h u[1170]).

Nach einem Korrosionsprüfungsverfahren von L. S c h u s t e r und R. K r a u s e[1171] kann gleichzeitig das Schichtgewicht, die Eisenabtragung bei der Phosphatierung, die Schichtdicke und der Metallverlust bei der Korrosion ermittelt werden.

Wenn a = Gewicht des unbehandelten Eisenbleches von bekannter Größe, n = die beim primären Beizangriff während der Phosphatierung gelöste Eisenmenge, b = Gewicht der gebildeten Phosphatschicht, m = Gewichtsabnahme beim Rostvorgang zufolge des Eisenverlustes usw. r = Gewichtszunahme zufolge der gebildeten Korrosionsprodukte bedeuten, so können durch fünf Wägungen vor und nach der Phosphatierung, nach der Korrosion, nach Abbeizen der unbehandelten Phosphatschicht sowie nach dem Abbeizen der korrodierten Phosphatschicht die fünf Unbekannten ermittelt werden.

1. Wägung (blankes Blech): $A = a$.
2. Wägung (phosphatiertes Blech): $B = a - n + b$.
3. Wägung (korrodiertes Blech): $R = (A - n + b) - m + r$.
4. Wägung (nach der Korrosion abgebeiztes Blech): $C = a - n - m$.
5. Wägung (Blechgewicht nach dem Abbeizen des Phosphatüberzuges): $D = a - n$.

Aus diesen Gleichungen erhält man:

Das beim Phosphatieren in Lösung gegangene Eisen: $n = A - D$.
Das beim Rosten in Lösung gegangene Eisen: $m = D - C$.
Das Gewicht der Phosphatschicht: $b = B - D$.
Das Gewicht der Rostmenge: $r = R - B + D - C$.

Gute Durchschnittswerte erhält man bei der gleichzeitigen Untersuchung von 10 Blechproben. Das Abbeizen der Phosphatschicht kann in 10%iger Natronlauge bei 20° C und Abwischen der Reste des Überzuges erfolgen. Zum Abbeizen der korrodierten, phosphatierten Probe wird am besten 10%ige Schwefelsäure bei 60° C mit einem etwa 0,05- bis 0,1%igen Zusatz einer guten Sparbeize verwendet (5 bis 10 Minuten).

Zur Bewertung von Korrosionsversuchen wurde von der American Society for Testing Materials[1172] vorgeschlagen, den Korrosionsangriff (verrosteter Teil der Oberfläche) in Prozenten der gesamten der Korrosion ausgesetzten Oberfläche auszudrücken, die nach einer bestimmten Zeit noch rostfrei geblieben ist. Nach dieser Methode wird aber leichter Flugrost ebenso bewertet wie eine starke Verrostung, was z. B. dazu führen würde, daß eine vollständig mit Flugrost bedeckte Oberfläche ungünstiger beurteilt würde als eine nur an einigen Stellen vollkommen verrostete Oberfläche. Der Flugrost stellt aber nur den Beginn des Korrosionsvorganges, die Verrostung aber bereits ihren Endpunkt unter weitgehender Zerstörung des Überzuges dar. Eine sehr zweckmäßige Bewertung wurde von W. W i e d e r - h o l t[1173], V. D u f f e k und J. S o n n t a g angegeben, wobei der Grad der Korrosion durch Flugrost, Anrostung oder Verrostung unterschieden wird. Der gesamte Außeneindruck der korrodierten Probe wird durch die Zahlen 0 bis 15 wiedergegeben, die wie folgt (Tab. 31), ermittelt werden.

Es wird also Flugrost nicht mehr bewertet, sobald eine Anrostung aufgetreten ist, und auch diese nicht mehr, wenn eine Verrostung festgestellt wurde.

Ein sehr häufig angewandtes Kurzprüfungsverfahren für Phosphatüberzüge besteht darin, daß man die phosphatierte Probe 15 Minuten in eine 3%ige Natriumchloridlösung eintaucht und dann 15 Minuten in feuchter Luft lagern läßt. Die feuchte Luft wird durch Durchperlenlassen der Luft durch eine 1 m hohe Wassersäule erhalten. Bei der Feuchthaltung darf bei einwandfreier Phosphatierung innerhalb von 15 Minuten keine Flugrostbildung (Braunfärbung) auftreten.

Tabelle 31. *Bewertung von Korrosionsproben.*

0	ohne Rost			
1	Flugrost	mit etwa	20%	Flächenbedeckung
2	„	„	„ 40%	„
3	„	„	„ 60%	„
4	„	„	„ 80%	„
5	„	„	„ 100%	„
6	Anrostung	„	„ 20%	„
7	„	„	„ 40%	„
8	„	„	„ 60%	„
9	„	„	„ 100%	„
11	Verrostung	„	„ 20%	„
12	„	„	„ 40%	„
13	„	„	„ 60%	„
14	„	„	„ 80%	„
15	„	„	„ 100%	„

Beim Korrosionsvorgang erleidet die Phosphatschicht einen Abbau, der sich in einem Ansteigen der Porosität bemerkbar macht. Von W. M a c h u[1174] wurde der Korrosionsvorgang an phosphatierten Proben daher mit Hilfe der elektrochemischen Porenprüfmethode verfolgt und dabei der Einfluß einer Chromatnachbehandlung, Eisenanreicherung im Überzug usw. eindeutig nachgewiesen.

Die Prüfung auf Porosität kann am besten nach der quantitativen, elektrochemischen Porenprüfmethode von W. M a c h u (s. S. 213) vorgenommen werden. Rein qualitativ ist auch das Verfahren von V. D u f f e k anwendbar, bei welchem die Gegenstände anodisch bei höherer Spannung kurze Zeit in der Lösung eines organischen Farbstoffes behandelt werden. In den Poren scheidet sich der Farbstoff ab und läßt einen Schluß auf die Anordnung und Menge der Poren, aber nur qualitativ, ziehen. Auch durch Tauchen der Proben in eine wäßrige Lösung von 3% Kochsalz und 1% Kaliumferrizyanid, die eventuell auch noch Phenolphthalein enthalten kann (10 bis 30 Sekunden Tauchdauer), können Undichtigkeiten im Überzuge durch Blaufärbung sichtbar gemacht werden.

L i t e r a t u r v e r z e i c h n i s.

[1167] L. S c h u s t e r und R. K r a u s e, Korrosion und Metallschutz **21, 19,** 282—84, 1943. — [1168] D. B r i g a l l i und G. C i n q u e r i n a, ebenda **19,** 282—84, 1943. — [1169] C o u r n o t, C. R. **135,** 1043, 1927. — [1170] W. M a c h u, Korrosion und Metallschutz **18,** 89—103, 1942. — [1171] L. S c h u s t e r und R. K r a u s e, ebenda **18,** 81—88, 1942. — [1172] American Society for Testing Materials, Met. Ind. New York **31,** 58, 1933. — [1173] W. W i e d e r h o l t, V. D u f f e k und J. S o n n t a g, Korrosion und Metallschutz **17,** 193—203, 1941. — [1174] W. M a c h u, ebenda **19,** 294—79, 1943.

Emailüberzüge.

48. Historische Entwicklung der Emailindustrie und Überblick.

Unter Email versteht man eine auf einem Metall zum Zwecke der Verzierung oder des Korrosionsschutzes aufgeschmolzene oder aufzuschmelzende, getrübte oder gefärbte, glasig erstarrte Masse mit anorganischen, vorzugsweise oxydischer Zusammensetzung. Die Ursprünge der Emaillierung gehen bis ins Altertum zurück. Im alten Griechenland, Ägypten, China, Persien, Indien, Rom usw. stand die Kunst des Emaillierens ähnlich wie die Glasindustrie schon vor einigen Jahrtausenden in hoher Blüte, wie wir aus Gräberfunden wissen. In Deutschland stammen die ersten Funde emaillierter Schmuckgegenstände aus dem ersten Jahrhundert nach Christi Geburt. Das Email diente damals vorwiegend zur Verzierung von Bronze- oder Kupfergegenständen sowie von Goldschmuck, wobei es meist zur Ausfüllung von Vertiefungen, die aus dem Gold herausgestochen waren, (Grubenschmelzverfahren) verwendet oder zwischen aufgelöteten oder aufgenieteten Metalleisten eingegossen wurde (Zellenschmelzverfahren). Im Mittelalter wurden auch Kupfer-, Silber- und Bronzegegenstände mit Email verziert, während die Kunst des Emaillierens von Gußeisen im 18. Jahrhundert, jene von Blechwaren erst im 19. Jahrhundert aufkam.

Allgemeines über die Herstellung von Emailen.

Die bei der Emaillierung auftretenden Schwierigkeiten konnten anfangs durch Sammlung von Erfahrungen auf rein empirischem Wege, später dann viel rascher durch Anwendung wissenschaftlicher Untersuchungs- und Forschungsmethoden zum größten Teile behoben werden. Heute ist es möglich, Emailüberzüge mit den verschiedenartigsten Eigenschaften, Färbungen usw. für die mannigfaltigsten Verwendungsgebiete herzustellen. Derzeit ist die Emailindustrie ein wirtschaftlich sehr bedeutender Faktor geworden, da es z. B. im Jahre 1929 in Deutschland allein 250 Emailwarenfabriken mit 30.000 Arbeitern und einem Umsatze von 150 Millionen RM gab. In den USA werden die jährlich hergestellten Mengen von Emailfritten auf über 225 Millionen kg geschätzt.

Um das Verständnis der nachstehenden Ausführungen zu erleichtern, möge ein kurzer Überblick über die Emailfabrikation gegeben werden. Zur Emaillierung verwendet man Eisenblech von besonderer Tiefziehfähigkeit, das ein- bis zweimal dekapiert wurde. Vor der Emaillierung müssen die Bleche oder die daraus durch Tiefziehen, Punktschweißen usw. hergestellten Gegenstände von Fett durch Entfettungsglühen (Zundern bei 700° C) oder heiße, kochende Alkalilösungen, von Rost und Zunder durch Beizen in verdünnter Salzsäure oder Schwefelsäure befreit werden.

Zur Herstellung des Emails werden Quarz, Feldspat, Kaolin, Soda, Flußspat, Salpeter, Braunstein, Kalkspat u. dgl. bei etwa 1100 bis 1200° C geschmolzen. Die Schmelze, welche alle typischen Eigenschaften des Glases zeigt, wird zur Granulation in kaltes Wasser einlaufen gelassen. Die so erhaltenen „Fritten" werden mit Ton, Farbkörpern, Trübungsmitteln usw. naß in Kugelmühlen zu homogenen, auftragfertigen Massen, dem sog. „Emailschlicker" vermahlen, wobei der Ton die Aufgabe hat, die feinvermahlenen Fritteteilchen in Schwebe zu halten.

Beim Emaillieren unterscheidet man eine Grund- und eine Deckglasur. Die Grundglasur hat die Aufgabe, die Bindung zwischen der Deckglasur und der Blechoberfläche herbeizuführen. Als wesentlichen Bestandteil enthalten die Grundglasuren die sog. Haftoxyde, vorzugsweise Kobaltoxyd und Nickeloxyd, welche die Haftung der Grundglasur am Eisen bewirken. Auf das dunklere Grundemail werden eine oder mehrere Deckemailschichten aufgetragen, die ähnlich wie das Grundemail zusammengesetzt sind, aber einen niedrigeren Schmelzpunkt aufweisen. Sie enthalten keine Haftoxyde, sondern trübende oder färbende Zusätze.

Bei der Aufbringung der gemahlenen Emailglasuren im Naßverfahren werden die zu emaillierenden Gegenstände von Hand aus in den dünnen, in Schüsseln befindlichen Glasurbrei getaucht und dieser dann gleichmäßig verteilt oder aber die Glasuren werden namentlich bei größeren Gegenständen mechanisch auf die Eisengegenstände aufgespritzt. Nach dem Trocknen wird das Email in eigenen Muffelöfen bei 800 bis 900° C eingebrannt.

Gußeisen wird durch Sandstrahlen mechanisch aufgerauht. Auf diese Oberfläche haftet das Grundemail auch ohne Haftoxyde. Die Auftragung des Emails erfolgt gleichfalls im Naßverfahren oder aber, bei größeren Gegenständen, wie Badewannen usw., durch mehrmaliges Aufpudern des trocken gemahlenen, gepulverten Emails auf die vorgewärmten und mit einem Schmelzgrund versehenen Eisengegenstände.

Ein gutes Email läßt sich nur durch sorgfältigste Auswahl der Rohstoffe, eine richtige, den gewünschten Verwendungszwecken angepaßte Zusammensetzung der Mischung, eine sorgfältige Mischung und Schmelzung sowie ein mindestens einige Tage langes Ausruhenlassen des gemahlenen Schlickers vor dem Auftragen herstellen.

Zur Verarbeitung soll nur einwandfreies und genau bekanntes Rohmaterial gelangen. Die Mischung erfolgt am besten in nicht zu großen Portionen, da sich gezeigt hat, daß mit besserer Gleichmäßigkeit beim Mischen auch bessere Emails erhalten werden.

49. Die Rohstoffe für die Emailfabrikation.

Zum besseren Verständnis der einzelnen Vorgänge beim Emaillieren ist die genaue Kenntnis über die Emailrohmaterialien, ihren Ursprung und ihre Eigenschaften unerläßlich. Auf Grund der empirischen Erfahrungen hat sich die Einteilung der Rohstoffe in a) feuerfeste Stoffe, b) Flußmittel, c) Hilfsstoffe und d) Trübungsmittel eingebürgert, die aber einer strengen wissenschaftlichen Überprüfung nicht standhalten kann. Richtiger und auch wissenschaftlichen Grundsätzen entspricht eine Einteilung in 1. glasbildende Rohstoffe und 2. Hilfsstoffe. Zu den ersteren gehören alle Rohstoffe, welche zur Einführung saurer (Quarz, Borsäure) oder basischer Oxyde (Soda, Kaliumkarbonat, Kalziumoxyd, Magnesiumoxyd, Bariumoxyd, Zinkoxyd, Bleioxyd) sowie saurer und basischer Oxyde gleichzeitig (Borax, Feldspat, Kaolin, Ton) befähigt sind (nach L. S t u c k e r t[1175]). Als Hilfsstoffe sind a) die Oxydationsmittel (Salpeter, Antimonoxyd, Braunstein), b) Haftoxyde (Nickeloxyd, Kobaltoxyd, Braunstein), sowie c) die Trübungsmittel (Zinnoxyd, Fluoride, Phosphate usw.) und Färbemittel zu bezeichnen. Strengen Anforderungen entspricht aber auch diese Einteilung nicht, da z. B. das Oxydationsmittel Salpeter, das glasbildende Bleisuperoxyd oder der Braunstein gleichzeitig als Oxydationsmittel, glasbildender Stoff und Färbemittel dienen kann usw. Gleichartige Abfälle von Email können in bestimmten Mengen wieder in die entsprechenden Ansätze eingeschnitten werden und stellen daher gleichfalls eine Art Emailrohstoff dar. Gemischte Abfallemails können ihrer Zusammensetzung entsprechend gleichfalls als Rohstoff in einen neuen Ansatz eingeführt werden (H. H a d w i g e r[1176]).

Die Aufbereitung der Rohstoffe für die Industrie der Steine und Erden erfolgt meist durch Zerkleinerung in Trockenbrechern mit anschließender Klassierung mit Schüttel- oder Schwimmsieben. Sand und Kiese werden meist naß gesiebt. Für Tongestein, wie Kaolin usw., kommt vorwiegend die Herdaufbereitung und die Behandlung in Düsenzentrifugen in Betracht. Feldspatgesteine werden hauptsächlich der Schwimmaufbereitung (Flotation) unterworfen, unter besonderen Bedingungen auch der Magnetscheidung. Auch für Quarz, Quarzit, Glimmer, Schwerspat, Phosphate, Kryolith, Talk, Zirkon u. dgl. kommt die Schwimmaufbereitung in Frage. Die Aufbereitungsmöglichkeiten für Flußspat sind dem mineralischen Charakter und dem Anwendungszweck anzupassen. Neben Hand- und Herdaufbereitungsverfahren ist hier gleichfalls, besonders zur Trennung von Quarz, Kalkspat und Eisenmineralien, eine selektive Flotation anwendbar (G. G e r t h[1177] und W. P e t e r s e n[1178]).

A. Glasbildende Stoffe.

a) Rohstoffe zur Einführung saurer Oxyde.

Der Quarz stellt fast reine Kieselsäure dar, welche der stärkste Glasbildner überhaupt ist und in jedem Email und Glas in Form von Silikaten vorhanden ist. Sie wird in das Email als möglichst eisenfreier Quarzit oder Sand in Form von Silikaten, wie Feldspat usw., eingeführt. Der Quarz muß möglichst wenig Eisen enthalten. Der zulässige Eisengehalt für Deckemail beträgt etwa 0,3%, für Grundemails kann er höher sein.

Der Quarz ist meist farblos, er kann aber auch gelb oder braun gefärbt sein. Die braunrote Farbe rührt vielfach von organischen Verunreinigungen her und verschwindet beim Brennen vollkommen. Quarz wird häufig als Ersatz für Feldspat im Email eingesetzt, nur ist dann das fehlende Alkali und die Tonerde in anderer Form ins Email einzuführen. Günstig ist es, den Quarz in nicht allzufeiner Vermahlung (bis 0,5 mm Korn) zu verwenden. Sein Reinheitsgrad soll mindestens 98% SiO_2 betragen. An Stelle von Quarz kann auch Flint oder rein weißer, möglichst eisenarmer (weniger als 0,5% Ferrioxyd) Sand, Tripoli, Infusorienerde (Kieselgur) u. dgl. verwendet werden.

Ein Ersatzstoff für Quarz und Feldspat ist der sog. „Gaspari", ein Nebenprodukt der Glasindustrie. Dieser besteht aus 85% feingemahlenem Quarz und 15% Glasteilchen (Teilchengröße 15 Mikron) (G. J. B a i r[1179]).

Glasmehl kann gleichfalls zur Einführung von Kieselsäure in Email dienen, jedoch ist wegen der Ungewißheit der Zusammensetzung des käuflichen Glasmehles nur durch laufende Untersuchung eine Unsicherheit im Emailprozeß zu vermeiden (V i e l h a b e r[1180]).

Die Kieselsäure bewirkt im Email eine Erhöhung der Druckfestigkeit und der Feuerbeständigkeit, bei zu hohem Gehalt aber neigt das dann sehr schwer schmelzbare Email zum Reißen. Der thermische Ausdehnungskoeffizient und die Elastizität des Emails werden durch die Kieselsäure günstig beeinflußt.

Borsäure, Borax, Borate. Borsäure (H_3BO_3) ist nach der Kieselsäure der stärkste Glasbildner. Sie kommt in freier Form in einigen vulkanischen Gegenden (Toskana und Sasso) vor, wo sie mit Wasserdämpfen, welche Borsäure verflüchtigen können, aus Erdspalten entweicht. Sie bildet weiße, sich fettig anfühlende Schuppen, die in heißem Wasser leicht, in kaltem aber schwer löslich sind. Beim Erhitzen verliert die Borsäure 3 Moleküle Wasser (Gewichtsverlust ca. 43%) und geht in das Borsäureanhydrid B_2O_3 über ($D = 1,8$), das bei hoher Glühtemperatur gleichfalls etwas flüchtig ist. Die meisten Metalloxyde mit Ausnahme der Oxyde von Beryllium, Aluminium, Chrom, Yttrium, Erbium, Silizium, Zirkon, Thorium, Zinn, Molybdän, Uran sind in geschmolzener Borsäure löslich. Die höheren Oxyde von Uran, Chrom, Mangan, Zerium und den Erdmetallen werden in der Borsäureschmelze zu niedrigeren Wertigkeiten reduziert, wodurch Farbänderungen auftreten können.

Borsäure wird in der Metallindustrie nur mehr seltener für Majolika- und Quarzemails verwendet, die möglichst wenig Alkali enthalten sollen.

Borsäure bewirkt in Emails in Mengen bis zu 15% eine Erhöhung der Viskosität, setzt diese aber bei größeren Mengen wieder herab (English[1181]). Ebenso vermindert es in der Nähe der Entglasungstemperatur die Gefahr einer Entglasung.

Ungleich wichtiger als die Borsäure ist das borsaure Natrium $Na_2B_4O_7 \cdot 10\,H_2O$, das in keinem Email fehlen sollte. Mit dem Borax wird neben der Borsäure auch das basenbildende Natriumoxyd in das Email eingeführt. Beim Erhitzen verliert Borax Wasser und schmilzt wasserfrei bei 878° C. Wasserfreier Borax bereitet wegen seines geringeren Volumens, seines gleichmäßigeren, rascheren und vollständigeren Abschmelzens gegenüber dem wasserhältigen gewisse Vorteile (H. D. Curter[1182]). Borax enthaltende Emails sind leichtflüssiger und glänzender, jedoch auch chemisch weniger widerstandsfähig als borsäurefreie Emails. Borax wirkt ebenso wie Borsäure der Entglasung entgegen. Normale Emails enthalten für Blechgrundemails 35 bis 39% und für säurefeste Emails etwa 13 bis 23% Borsäure.

Ersatzstoffe für Borax. An Stelle des teuren und aus dem Auslande eingeführten Borax hat man schon vielfach auch andere Borate, wie künstlich erzeugtes reines Kalziumborat $CaO \cdot B_2O_3 \cdot 2\,H_2O$ (Degussa[1183]), Magnesiumborosilikate oder Magnesiumborofluorsilikat (C. Oberländer und F. H. Zschacke[1184], sowie Sioto G. m. b. H.[1185]) mit 30 bis 50% SiO_2, 10 bis 30% B_2O_3, 4 bis 35% MgO, 10 bis 20% Alkaliverbindungen, 0 bis 10% CaO, 1 bis 7% F; ferner Strontium-Kalzium-Magnesium-Borosilikat mit 30 bis 60% SiO_2, 3 bis 12% Kalziumoxyd, 3 bis 12% Magnesiumoxyd, 3 bis 12% Strontiumoxyd, 3 bis 25% B_2O_3 (K. Nölling[1186] und W. Obst[1187]), weiters ein niedrig schmelzendes, borhaltiges Glas („Sioglur"; R. Aldinger[1188]) usw., zu verwenden versucht.

In Deutschland versuchte man aus Devisenmangel überhaupt borfreie Emails (s. S. 314) herzustellen, da die wesentliche Rolle der Borsäure als Flußmittel im Email zu einem gewissen Grade durch andere Stoffe oder Flußmittel ersetzbar ist. Dies gilt besonders für das Deckemail. Eine Verringerung des Boratgehaltes läßt sich z. B. durch Verwendung von Glasmehl, durch das die Kieselsäure in einer leicht schmelzbaren Form eingeführt wird, an Stelle von Quarz erzielen (H. Kirst[1189], und R. Aldinger[1190]). An Stelle der feuerfesten Stoffe Quarz und Feldspat können auch andere, leichter schmelzbare, natürliche oder künstliche Silikate oder Silikatgemische, wie Phonolith, festes Wasserglas, Emaillierglasmehl, verwendet werden. Auch Soda, Mischungen von Natriumphosphat, Soda und Flußspat (H. Lang[1191]), die Verwendung größerer Mengen von Fluor als Flußmittel insbesondere in Mischung mit Soda, ferner die Aufteilung eines Versatzes in zwei Schmelzen, bestehend aus einer borhaltigen und borfreien Schmelze, wobei das Mischungsverhältnis allmählich so geändert wird, daß der Boratgehalt des auftragsfertigen Emails immer geringer wird, usw. sind anwendbar (Anonym[1192] und R. Aldinger[1193]). Auch ein Kalkzusatz ist als Flußmittel brauchbar, nur muß dann der Tonerdegehalt des Emails entsprechend vermindert werden (Vielhaber[1194]). Gute Erfolge sind auch mit Flußmitteln auf Titangrundlage erzielt worden (H. Lang[1195] und H. Bollenbach[1196]).

Ein guter Austauschstoff für Borax ist das von der I. G. Farbenindustrie A. G.[1197] empfohlene Natriumtitansilikat, das gut schmelzbare, glänzende und säurebeständige Emails ergibt (Heimsoeth[1198]).

Weitere vorgeschlagene Austauschstoffe für Borax sind kollodialer Schwefel (Degussa[1199]), Schwefel oder Schwefelverbindungen (Schultheis & Söhne[1200]), Borfluorwasserstoffsäure und ihre Salze in Mengen von 0,3% zur Mühle oder zum Schlicker (Dr. Rickmann und Rappe[1201]) usw.

Bei der Herstellung von borsäurearmen Emails braucht man nicht mehr als 2 bis 10% Borsäure, bezogen auf die auftragsfähige Grundmasse. Nach Vielhaber[1202] muß bei der Einsparung von Borax berücksichtigt werden, daß im Grundemail bis zu 10% Borax vorhanden sein soll, da die Borsäure das einzige Lösungsmittel für Eisenverunreinigungen ist. Für Blechdeckemails wird als untere Grenze des Borsäuregehaltes 7 bis 8% angegeben (Vielhaber[1203]), wobei die Ausdehnungsverhältnisse genau beobachtet werden müssen.

Am besten haben sich von diesen Austausch- und Ersatzmitteln für Borax Emaillierglasmehl, Mischungen von Soda, Flußspat und Natriumphosphat sowie Gemische von leichtschmelzendem Glasmehl, Soda und Flußspat bewährt.

b) Basische Oxyde als Glasbildner.

Soda. Die Soda dient zur Einführung des basischen Oxyds Natriumoxyd. Sie wird in Form der im Handel befindlichen sehr reinen kalzinierten Solvaysoda mit 41,4% Kohlendioxyd und 58,6% Natriumoxyd, Schmelzpunkt 850° C, verwendet. Die geringe Hygroskopizität der Soda ist bei längerer Lagerung zu berücksichtigen. Die Soda schließt die schwer oder unschmelzbaren Silikate des Emailversatzes, wie Ton, Quarz, Feldspat usw., auf, wobei sie Alkalisilikate bzw. -aluminate bildet und Kohlensäure abgibt.

Die Soda erhöht den Glanz des Emails und wirkt als Flußmittel, setzt aber bei höheren Gehalten die Widerstandsfähigkeit gegen Säuren herab. Da auch der Wärmeausdehnungskoeffizient durch die Soda erhöht wird, leidet bei höheren Alkaligehalten auch die thermische Widerstandsfähigkeit. Ungünstig ist auch der Einfluß der Soda auf die Elastizität des Emails. Man kann also den Sodagehalt nur in ziemlich engen Grenzen halten. Im allgemeinen beträgt der Sodagehalt in der Rohmischung von Grundemail oder für Deckweiß 3 bis 4%, bei dunkelblauen Emails wird er vielfach ganz weggelassen.

Das *Kaliumkarbonat (Pottasche)* wird heute nur mehr seltener und für spezielle Zwecke, wie Majolika- und Bleiemails oder Granitemail für die Emailherstellung verwendet. Beim Kaliumkarbonat sind stärkere Verunreinigungen durch Natriumverbindungen je nach dem Herstellungsverfahren sowie größere Feuchtigkeitsgehalte möglich. Die Wirkungen des Kaliumkarbonats sind ähnlich jenen des Natriumkarbonats, jedoch wird das Email weicher und glänzender. Die Elastizität wird aber weniger stark vermindert und auch der Wärmeausdehnungskoeffizient nur geringfügig erhöht. 77 Teile Kaliumkarbonat können 100 Teile Soda im Email ersetzen.

Lithiumkarbonat an Stelle von Soda (1 Mol für 1 Mol) verwendet ergibt Fritten mit verbesserter Schmelzbarkeit und größerem Widerstandsvermögen gegen Säuren. Bei Versatz nach Gewicht wurde zwar auch die Schmelzbarkeit des Emails verbessert, dagegen die Säurebeständigkeit und das Reflexionsvermögen verschlechtert (M. O. L e w i s[1204]). Lithium wird in einigen Spezialemails verwendet. Es hat sich gezeigt, daß Lithiumverbindungen, ausgenommen Lithiumsilicat Li_2SiO_3, auch als Mühlenzusätze nützlich sind (W. M. F e n t o n[1204a]).

Von den Erdalkalioxyden Kalziumoxyd, Magnesiumoxyd und Bariumoxyd werden Kalziumoxyd und Magnesiumoxyd vorwiegend in Gußpuderemails, seltener in Blechemails verwendet. Als Rohstoff für *Kalziumoxyd* dient ausschließlich reines Kreide- oder Marmorpulver, für Magnesiumoxyd Magnesit, gebrannte Magnesia, Dolomit oder vorteilhafter wegen ihrer größeren Dichte kohlensaure Magnesia, für Bariumoxyd das Bariumkarbonat. Der Partialdruck der Kohlensäure erreicht beim Erhitzen von Kreide bei einer Temperatur von 908° C 760 mm. Im Emailfluß wird aber die Kohlensäure durch die Kieselsäure bereits bei niedrigeren Temperaturen ausgetrieben. Das Kreidepulver wird am besten in einer Mahlfeinheit unter 200 Maschen/qcm verwendet. Mit Kalziumoxyd lassen sich unschwer zu verarbeitende Fritten für säurebeständige Emails aufbauen (bis 10% Kalziumoxyd) (G. S i r o v y und E. C z o l g o s[1205]). Kalkspat wird auch in borfreien Emails als Flußmittel verwendet (V i e l h a b e r[1206]).

Magnesiumoxyd wird als Emailbestandteil vorwiegend als Stellmittel auf der Mühle, seltener beim Einschmelzen verwendet. Es macht das Email ähnlich wie der Kalk schwerflüssiger, verleiht ihm aber günstige chemische und thermische Eigenschaften. In Mengen von 1 bis 4% als Mühlenzusatz eingeführt, begünstigt die Magnesia die Trübung. Der Ausdehnungskoeffizient des Emails wird erhöht, weshalb eine Überschreitung der zulässigen Grenzen des Magnesiagehaltes zur Haarrißbildung im Email führen kann (R. A l d i n g e r[1207]).

Bariumoxyd weist wohl eine Reihe günstiger physikalischer Eigenschaften auf, darf aber wegen seiner Giftigkeit nur für solche Emails verwendet werden, die nicht mit menschlichen Nahrungs- oder Genußmitteln in Berührung kommen, so z. B. in bleihaltigen Emails. Bariumoxyd wird in erster Linie als Bariumkarbonat in das Email eingeführt. Es ist ein gutes Flußmittel und besitzt den Vorzug, erniedrigend auf die Wärmeausdehnung zu wirken (V i e l h a b e r[1208]). Seine Verwendung erscheint besonders in Grundemails wertvoll (F. B e n e s c h o v s k y[1209]). Es erhöht den Glanz und die Elastizität, nicht aber den Ausdehnungskoeffizienten des Emails.

Strontiumoxyd findet in borsäurefreien Emails Verwendung. Es beeinflußt die Emaileigenschaften in ähnlicher Weise wie Kalziumoxyd.

Bleioxyd PbO ist ein ausgezeichnetes Flußmittel, das selbst in größeren Mengen noch ohne Schaden dem Email zugesetzt werden kann. Es ergibt höchstglänzende Emails und beeinflußt die Trübung, Ausdehnungseigenschaften und Elastizität günstig. Nachteilig ist seine starke Giftigkeit, welche die Verwendung in Emails für Kochgeschirre usw. ausschließt, und auch bei der Verarbeitung größere Vorsichtsmaßnahmen erfordert, ebenso seine leichte Reduzierbarkeit bei höheren Temperaturen. Es wird meist in Form der Bleimennige Pb_3O_4, seltener des Bleioxyds PbO in die Emails eingeführt. Seine Anwendbarkeit ist fast nur mehr auf Gußpuderemails, Majolikaemails für Öfen, Schmuckemails usw. beschränkt.

Zinkoxyd ZnO wird in der Emailindustrie vorwiegend als Flußmittel für die Glasuren, z. B. für gußeiserne Badewannen, verwendet. Es erhöht die Zug- und Druckfestigkeit, besitzt nur einen niedrigen Ausdehnungskoeffizienten, aber ungünstige Elastizitätseigenschaften. Es bewirkt aber eine verbesserte Vortrübung und erhöht die chemische Widerstandsfähigkeit (A. F o u l o n[1210], L. D. F e t t e r o l f[1211] und F. H. Z s c h a c k e[1212]). Zinkoxyd wird als solches, Marke Grünsiegel oder Rotsiegel, angewendet. Für Kochgeschirre benützt man nur selten ZnO als basenbildendes Flußmittel.

c) Rohstoffe mit basischen und sauren Oxyden.

Zu den wichtigsten Rohstoffen der Emailindustrie gehören die Feldspate, von denen man in chemischer Hinsicht folgende drei größere Gruppen unterscheidet: 1. Kalifeldspat $K_2O \cdot A_2O_3 \cdot 6 SiO_2$ oder Orthoklase, rein mit 65%ig Kieselsäure, 18% Al_2O_3, 16,5% K_2O, Adular mikroklin, Sanidin triklin auftretend. 2. Natronfeldspat oder Plagioklase, $Na_2O \cdot Al_2O_3 \cdot 6 SiO_2$, als Mineral Albit, Anorthoklas, Oligoklas vorkommend; meist ist ein Teil des Natriums durch Kalium ersetzt. 3. Kalkfeldspat $CaO \cdot Al_2O_3 \cdot 6 SiO_2$, in der Natur als Anorthit auftretend. Die tatsächlich in der Natur vorkommenden Feldspate sind aber nie sehr rein, so daß in ihrer Zusammensetzung je nach dem Fundorte größere Schwankungen auftreten. Mit Quarz bildet der Feldspat ein Gemenge, den Pegmatit. Dieser wird wohl auch zur Emailfabrikation herangezogen, aber nur unter entsprechender Verminderung des Quarzanteiles des Emails. Schädliche Beimengungen des Feldspates sind vor allem Eisenoxyd, das in einer Menge von über 0,6% die Verwendung für weiße und lichte Deckemails unmöglich macht, ferner Quarz, Glimmer und Ton. Die Farbe des Feldspates spielt keine Rolle, sofern sie von organischen Beimengungen herrührt. Feldspat wirkt im Email ausgleichend auf Unregelmäßigkeiten in der Schmelztemperatur, die durch den Quarz verursacht wird, sowie vergrößernd auf das Schmelzintervall. Der Anteil des Feldspates am Email soll 50% nicht überschreiten.

Die Feldspate bringen in das Email Alkali (Na_2O und K_2O), Kieselsäure und Tonerde hinein. Die Tonerde verstärkt im Email die Wirkung vieler Trübungs- und Vortrübungsmittel.

Bei höheren Gehalten von Al_2O_3 neigen solche Emails aber zum Mattwerden. Mit steigendem Tonerdegehalt werden auch mehrere andere Emailbestandteile, wie z. B. Trübungsmittel, früher unlöslich. Als hochschmelzendes Oxyd (Schmelzpunkt 2050° C) erhöht die Tonerde auch den Schmelzpunkt des Emails. Die Unlöslichkeit des geglühten Aluminiumoxyds in Wasser und Säure erhöht die chemische Widerstandsfähigkeit des Emails. Es setzt aber die elastischen Eigenschaften herab und erhöht den thermischen Ausdehnungskoeffizienten, so daß sein Anteil in temperaturbeständigen Emails nur gering sein darf. Die Oberflächenspannung und Viskosität des Emails wird durch die Tonerde erhöht.

An Stelle von Feldspat kann als Rohmaterial für die Herstellung von Glas, Email usw. auch Nephalinsyenit verwendet werden (C. M. N i c h o l s o n[1213] und Anonym[1214]), als Ersatzmaterialien sind ferner noch Lepidolith[1215], Pechstein, Bimsstein, Traß usw. empfohlen worden, die jedoch alle nur eine örtliche, beschränkte Bedeutung besitzen und nur unter ständiger Kontrolle verwendet werden können, da ihre Zusammensetzung ziemlich stark schwankt, Mineralspat der Zusammensetzung 72,2 bis 74,25% Siliziumdioxyd, 12,37 bis 13,54% Aluminiumoxyd, 1,57 bis 2,39% Ferrioxyd, kann für Grundemails an Stelle von Feldspat usw. verwendet werden (A. D i e t z l[1216]).

Ein wichtiger Rohstoff der Emailindustrie ist der *Ton*, der eine kieselsaure Tonerde darstellt. Er ist durch Verwitterung des Feldspates entstanden und hat in seiner reinsten Form, dem Kaolin, etwa die der Formel $Al_2O_3 \cdot 2 SiO_2 \cdot 2 H_2O$ (40% Tonerde, 46% Kieselsäure, 14% chemisch gebundenes Wasser) entsprechende Zusammensetzung. Ist die eigentliche Tonsubstanz $Al_2O_3 \cdot 2 SiO_2 \cdot 2 H_2O$ durch Quarz, Feldspat, Kalkstein, Magnesia, Eisenoxyd, Alkalien usw. verunreinigt, so erhält man die verschiedenen Arten der Tone. Man unterscheidet, nach sinkendem Reinheitsgrad und Schmelzpunkt angeordnet, folgende Tone: Kaolin, feuerfeste Tone, Schieferton oder Tonschiefer, Töpferton, Mörtel, Löß und Lehm.

Im Emailversatz wird nur der Kaolin, der tonerdereichste und am schwersten schmelzende weiße Ton, in geringen Mengen zur Erhöhung des Tonerdegehaltes zugesetzt. Hingegen wird beim Emaillieren bei jedem nassen Emailauftrag beim Mahlen auf der Mühle mit Wasser Ton verwendet, da der plastische Ton auf Grund seiner kolloiden Eigenschaften die Fähigkeit besitzt, das gemahlene Emailpulver in eine breiförmige Suspension, den Emailschlicker (s. S. 336) überzuführen und die Emailteilchen am Absetzen zu verhindern. Er ermöglicht zusammen mit den Stellmitteln die notwendige rahmartige Konsistenz des Emails und dessen Auftragen auf die Ware. Der Ton verhindert auch das Abfließen des auf die Eisengegenstände aufgetragenen Schlickers. Seine Menge als Mühlenzusatz kann bis zu 10%, bei billigen Deckemails bis 15% des gesamten Emails betragen.

Als Emailliertone eignen sich im allgemeinen mittelfette Tone mit kleinerer Trockenschwindung (B. M. S c h o l z[1217]). Das Kieselsäureverhältnis (1,13 bis 1,57) ist zur Beurteilung eines Tones nach B o c k e r[1218]) ebensowenig maßgeblich wie Schlemmversuche, weil nach V i e l h a b e r[1219] z. B. der gute Ton von Vallendar ein Kieselsäureverhältnis von 1,84 aufweist, und beim Schwemmversuch die herausgelaugten Salze unberücksichtigt bleiben. Schädliche Verunreinigungen sind Eisenoxyd (mehr als 1%), Pyrit, Gips, Kalkstein oder größere Mengen von organischen Stoffen. Der Ton kann auch dazu dienen, beim Zusatz auf der Mühle noch den Schmelzpunkt der Emailschmelze zu erhöhen. Nach J. G r ü n w a l d[1220] sind Tone mit 51 bis 55% Siliziumdioxyd, 31 bis 34% Aluminiumdioxyd, weniger als 1% Ferrioxyd und möglichst wenig Kalziumkarbonat als Emaillierton gut brauchbar.

Die basischen und sauren Oxyde können in den in das Email einzuführenden Rohstoffen, wie Feldspat, Kaolin und Ton nach einem Vorschlage der Büderusschen Eisenwerken[1221] ganz oder teilweise durch Bauxit ersetzt werden.

B. Die Hilfsstoffe für die Emailherstellung.
a) Die Oxydationsmittel.

Sie bezwecken die Oxydation des aus den organischen Verunreinigungen der Rohstoffe herrührenden Kohlenstoffes zu Kohlendioxyd, die sonst bei lichten Farben oder weißen Emails zu einer gelblichweißen Färbung Anlaß geben könnten. Außerdem ist das zweiwertige Eisen in die weniger stark färbende dreiwertige Form überzuführen. Als Sauerstoff abgebende Oxydationsmittel werden in den Emails vorwiegend Salpeter und Braunstein verwendet. Mennige Pb_3O_4 gibt seinen Sauerstoff bei der Erhitzung etwas zu früh ab, so daß die Oxydationswirkung nur eine verhältnismäßig geringe ist. Handelt es sich um die Erzeugung gefärbten Emails, so werden die Oxydationsmittel ganz weggelassen.

Beim Kalium- oder Natriumsalpeter wirkt das nach der Zersetzung des NO_3 zurückbleibende Alkalioxyd gleichzeitig als Flußmittel. Die Oxydationswirkung mit Salpeter tritt sehr rasch nach dem Schmelzen (Fp für Kaliumnitrat = 340° C, für Natriumnitrat = 318° C) ein. Sie führt zunächst unter Sauerstoffabgabe zu Nitrit, das sich dann bei höherer Temperatur weiterzersetzt. Die enstehenden Gasbläschen bewirken zum Teile eine Durchmischung und Rührung des geschmolzenen Emails, teils verursachten sie eine Art Gastrübung. Für Grundemail verwendet man meist 2 bis 4%, für Weißemail 1 bis 2% und für Blauemail 0 bis 3% Salpeter.

Braunstein MnO_2 gibt beim Erhitzen, insbesondere in Gegenwart von SiO_2, Sauerstoff ab, wobei sich das Mn-II-III-Oxyd Mn_2O_3 und schließlich das Mn-II-Oxyd MnO bilden. Die letztere Oxydationsstufe ist ungefärbt. Da die Sauerstoffentwicklung ziemlich langsam erfolgt, wirkt Braunstein selbst beim Aufschmelzen des Emails noch als Oxydationsmittel nach, wobei das Email durch kleinste Sauerstoffbläschen etwas getrübt wird.

Braunstein verleiht der Emailschmelze eine rosaviolette bis schwarzviolette Farbe, wenn keine reduzierenden Stoffe vorhanden sind. Soll diese Farbe im Email entwickelt werden oder bestehen bleiben, so muß neben Braunstein auch noch Salpeter verwendet werden. Geringe Mengen Braunstein können auch zum Verdecken von durch Eisenoxyd hervorgerufenen gelbbraunen Farbtönen verwendet werden, da sich Gelb und Violett optisch als Komplementärfarben zu Weiß aufheben. Braunstein gemischt mit Kobaltoxyd und Kupferoxyd ergibt ein schwarzes Email.

Braunstein bewirkt im Grundemail auch eine Erhöhung der Haftfestigkeit, was wahrscheinlich mit der Bildung von Eisenoxyd durch den Sauerstoff zusammenhängen dürfte, sowie eine Verbesserung der Elastizitätseigenschaften.

Für Grundemails verwendet man 1 bis 2,5% Braunstein, für Blauemail 1% Kobaltoxyd und 1 bis 5% Braunstein, für violette Emails 4 bis 7% Braunstein nebst etwas Salpeter und eventuell auch Smalte. Braunstein wird mit etwa 75 bis 85% MnO_2, aber auch wesentlich niedrigeren Mangandioxydgehalten verwendet. Während man meist den hochprozentigen reineren Braunstein vorzieht, ist aber auch das niedriger prozentige Produkt in der Glas- und Emailindustrie anwendbar. Es ist ohne weiteres möglich, mit den niedriger prozentigen Braunsteinsorten einwandfreies Schwarzemail und schwarze Kunstglasuren herzustellen (L. S t u c k e r t[1222]).

b) Haftoxyde.

Wie die Praxis gezeigt hat, sind im großtechnischen Betrieb guthaftende Emails auf Blechen nur dann zu erzielen, wenn eine gewisse Mindestmenge von sog. Haftoxyden im Email vorhanden ist. Als derartige Oxyde kommen in erster Linie jene des Kobalts, in zweiter des Nickels, ferner des Mangans, Kupfers, Molybdäns, Zirkons, Zers, Arsens usw. in Betracht. Die Oxyde jener Elemente, welche die Haftfestigkeit des Emails günstig beeinflussen, gehören der Eisengruppe sowie der 5. und 6. Gruppe des periodischen Systems der Elemente an. Die gleiche Haftwirkung als wie mit Kobaltoxyd läßt sich durch kein anderes Element, wohl aber durch Kombination mehrerer Stoffe, deren Wirkungen sich ergänzen, erreichen. Dadurch wird es möglich, ein Grundemail mit besonderen Eigenschaften, wie z. B. von weißer Farbe, zu erzeugen (K i r s t[1223]).

Das wichtigste Haftoxyd, das Kobaltoxyd, kommt im Handel in mehreren Oxydationsstufen und Reinheitsgraden vor, die folgende Bezeichnungen haben:

FFKO, Kobaltoxyd reinst, Superioroxyd CoO, 77% Co;
GKO, graues Kobaltoxyd Ia, Co_3O_4, 75% Co;
FKO, graues Kobaltoxyd Co_3O_4, 72% Co;
RKO, schwarzes Kobaltoxyd Ia, Co_2O_3, 68% Co;
SKO, schwarzes Kobaltoxyd Co_3O_4, 70% Co;
AKO, arsenikgraues Kobaltoxyd $Co_3As_2O_8 \cdot 8 H_2O$, 29% Co. Am häufigsten wird in der Emailindustrie die Marke RKO verwendet. Die Menge des Zusatzes beträgt im Grundmetall etwa 0,2 bis 0,6% CoO, meist 0,4 bis 0,5%. Die Vorgänge bei der Haftung des Emails am Eisen sind auf S. 309 erklärt.

Neben dem Kobaltoxyd ist das wichtigste Haftoxyd das *Nickeloxyd,* das als „Schwarznickeloxyd" (Ni_2O_3) und graugrünes Nickeloxyd (NiO) im Handel ist. Nickeloxyd kann das Kobaltoxyd in seiner Wirkung als Haftoxyd teilweise, aber nicht vollständig ersetzen, wenn auf eine wirklich gute Widerstandsfähigkeit des Grundemails Wert gelegt wird. Da es weniger ausgiebig als das Kobaltoxyd ist, muß man beim Einschmelzen etwa die 3- bis 4fache Menge NiO statt 1 Teil Kobaltoxyd verwenden.

Außer durch Einschmelzen der Haftoxyde in den Versatz des Grundemails kann die Vorbereitung der Eisenoberfläche für eine gute Haftung des Emails mit einer Kobalt- oder Nickelverbindung auch noch auf andere Art und Weise erfolgen.

Beispielsweise kann man die Verbindungen in Form eines Wasserglasanstriches aufbringen oder aber das Kobalt- oder Nickelmetall auf der Eisenoberfläche durch
Galvanisieren, Eintauchen, nach dem Kontaktverfahren, während des Beizens usw.
aufbringen (Vielhaber[1224]). In Beiz- oder Tauchbädern verwendet man zur
Erzeugung einer Grundmasse auf Eisenmaterialien kristallisiertes Nickelsulfat
$NiSO_4 \cdot 6 H_2O$ oder das Doppelsalz Nickelammonsulfat $NiSO_4 \cdot (NH_4)_2SO_4 \cdot 6 H_2O$,
wobei sich nach Untersuchungen von K. Kautz[1225] eine bessere Haftung des
Emails bei der Verwendung von einfachen Nickelsalzen als von Doppelsalzen
ergeben hat (s. a. S. 310).

c) Trübungsmittel.

Trübungsverfahren. Zur Herstellung von weißgetrübten Emails gibt es grund-
sätzlich vier verschiedene Arbeitsweisen: a) Man setzt dem Email Stoffe mit höherem
Lichtbrechungsexponenten zu, die rein mechanisch dem Emailgefüge eingegliedert
sind. Die eigentliche Trübung ist am häufigsten anzutreffen. Sie tritt dann auf,
wenn, wie dies in der Blechemaillierung üblich ist, das Trübungsmittel erst zur
Mühle zugesetzt wird. Derartige Trübungsmittel sind z. B. Zinnoxyd, Zeroxyd,
Titanoxyd, Arsenoxyd, Antimoniate, Zirkonverbindungen, kalzinierte Spinelle, wie
Zinkspinell, Zinkoxyd, Aluminiumoxyd oder Magnesiumspinell $MgO \cdot Al_2O_3$ usw.
Das Email soll eine niedrige Viskosität und geringes Lösungsvermögen für das
Trübungsmittel besitzen.

b) Die Trübung kann auch durch Ausscheidung einzelner Stoffe aus dem Emailfluß verursacht werden, also durch Entglasungserscheinungen bedingt sein. Man
erhält diese Art der Trübung, wenn man wie bei den Naßemails Fluorverbindungen
einschmilzt. Diese Trübung wird auch als „Vortrübung" bezeichnet. Im Schmelzfluß
sind diese Verbindungen ganz oder teilweise im Emailfluß gelöst, scheiden sich
aber beim Granulieren der Schmelze bzw. beim Abkühlen der gebrannten Gegenstände wieder aus.

c) Die Trübung kann auch auf Entmischungserscheinungen beruhen, indem bei
erhöhter Temperatur eine unbegrenzte Mischbarkeit zweier Emails, bei tieferer
Temperatur dagegen nur eine beschränkte gegenseitige Löslichkeit besteht. Ein
Beispiel für eine derartige Entmischung liegt bei der Trübung mit Kalziumphosphat
(Knochenasche) vor.

d) Enthält der Emailfluß Gasbläschen in feinster Verteilung, so wirken diese
durch Lichtbrechung trübend. Diese Trübung besteht bei allen technischen Emails
aus den feinsten Bläschen des entweichenden Hydratwassers von dem Mühlenton,
von Stickstoff und Sauerstoff aus dem Salpeter und Braunstein, von Siliziumfluorid
aus den Fluoriden usw. Vielfach werden aber auch absichtlich wasserlösliche Salze
der Ameisensäure, Oxalate, Citrate, Hydrate, Karbonate, organische Salze usw. zur
Bildung einer Gastrübung zugesetzt (Anonym[1226]).

Das Trübungsmittel kann sogar durchsichtig sein (F. Haber[1227]). Sehr wesentlich
für die in erster Linie in Betracht kommenden Oxyde des Zinns, Antimons, Titans,
Arsens, Zeriums usw. ist ihre Eigenschaft, daß sie chemisch ziemlich träge sind und
einen ziemlich hohen Schmelzpunkt aufweisen. Sie verbleiben daher auch bei der
Schmelztemperatur des Emails zum größten Teil in festem Zustande bestehen.

Die auf der Mühle zugesetzten Trübungsmittel verbleiben beim Brennen zwischen
den Fritteteilchen, ohne gleichmäßig in die glasige Grundmasse überzugehen. Deshalb
sind auf der Mühle zugesetzte Trübungsmittel nicht so wirksam wie solche, die mit
eingefrittet wurden. Ist die Fritte nicht opak, so ist es unmöglich, Trübungsmittel
auf der Mühle zuzugeben und hiebei so hohe Reflexionswerte zu erhalten wie
bei der Verwendung von opaken Fritten. Bei nicht opaken Fritten und nicht sehr
feiner Mahlung der Fritte wird ein fleckig aussehendes Email erhalten. Wird eine

weiße Fritte mit unlöslichen Farboxyden angewendet, so nimmt das Email bei nicht sehr feiner Mahlung der Fritte ein gesprenkeltes Aussehen an, da die Farbkörper auf den Raum zwischen den Fritteteilchen beschränkt bleiben. Die Färbeintensität wird durch die Mahlfeinheit beeinflußt, ebenso wie dies bei der durch den Zusatz von Trübungsmitteln auf der Mühle verursachten Trübung der Fall ist (A. I. A n d r e w s und B. W. K i n g jun.[1228]). Der Reflexionswert ist bei feingemahlenen Anteilen größer als bei gröberen (C. H. Z w e r m a n n und A. I. A n d r e w s[1229]).

Zwischen der zerstreuten Rückstrahlung H_0, der Schichtdicke x des Emails, den Streuungs- und Absorptionskoeffizienten bestehen Beziehungen, die auch formelmäßig ausgedrückt wurden (D. B. J u d d, W. N. H a r r i s o n und B. I. S w e o[1230]).

$$H_0 = \frac{e^{rx\left(\frac{1}{H\infty} - H\infty\right)} - 1}{\frac{1}{H\infty} \cdot e^{xr\left(\frac{1}{H\infty} - H\infty\right)} - H\infty}$$

(e ist die Basis des natürlichen Logarithmus, $H\infty$ die Rückstrahlung einer unendlich dicken Schicht, r = Remissionskonstante oder jene Lichtmenge, die von einer unendlich dünnen Schicht zurückgestrahlt wird).

Das Remissionsvermögen nimmt mit größerer Mahlfeinheit zu, wobei auch die Art des Trübungsmittels einen Einfluß hat. Die Wirksamkeit des Trübungsmittels steigt mit feiner Mahlung, hängt aber auch von der Art der Fritte ab, der es zugesetzt wurde (Cl. H u t c h i n s o n und F. W. N e l s o n[1231]). Die Kurven, welche den Zusammenhang zwischen Rückstrahlung (Trübungswirkung) und Gehalt an Trübungsmitteln darstellen, zeigen parabolische und logarithmische Form. Dies bedeutet, daß geringe Zusätze von Trübungsmitteln anfänglich sehr stark wirken und daß bei weiterem Zusatz der Trübungsmittel ihre Wirkung immer kleiner wird (Abb. 103, Ferro Enamel Corp.). Es ist daher unwirtschaftlich, über eine gewisse maximale Menge des Trübungsstoffes hinauszugehen. Dieses Maximum liegt bei den meisten Stoffen bei etwa 8 bis 10%. Ebenso steigt die Trübungswirkung mit zunehmender Schichtdicke des Emails anfangs viel rascher als später an (Abb. 104, Ferro Enamel Corp.). Besteht das Trübungsmittel aus einem farbigen Körper, der eine selektive Absorption des Lichtes bewirkt, so erscheint das Email sowohl getrübt als auch gefärbt. Für die Farbkörper gelten im allgemeinen dieselben Gesetzmäßigkeiten wie bei den Trübungsmitteln. Maßgeblich für die Deckfähigkeit des Farbstoffes ist wieder die Differenz der Brechungsexponenten von glasiger Emailmasse und des Farbkörpers, die Teilchengröße und der Grad der Verteilung.

Die Messung der Trübung oder Deckkraft erfolgt am besten auf photochemischem Wege. Man vergleicht die Rückstrahlung einer vollkommen weißen Platte von Bariumsulfat (98% Rückstrahlung) oder Magnesiumoxyd (98% Rückstrahlung) mit der Emailplatte, die beide unter einem Winkel von 45° beleuchtet und senkrecht von oben beobachtet werden. Die Helligkeit der beiden nebeneinanderliegenden Platten wird durch Abblenden auf gleiche Lichtdichte eingestellt. Für die Bestimmung der Trübung oder Deckkraft bei Emails hat sich das Zeiß-Pulfrich-Stufenphotometer und das Oswald-Halbschatten-Meßgerät bewährt. Bei einem Neigungswinkel von 22,5° zur Waagrechten kann mit diesen Apparaten auch der Glanz des Emails gemessen werden. Neben diesen Meßgeräten sind aber auch Trübungsmesser mit Selenphotozellen (s. z. B. V i e l h a b e r[1232], sowie K. P. A s a r o w und N. S. C h a r t s c h e n k o w a[1233]) in Gebrauch, bei welchen unmittelbar der Photostrom gemessen wird. Bei Verwendung von entsprechenden Farbfiltern können auch farbige Trübungsgrade ermittelt werden. Die Trübung ist als ausreichend zu bezeichnen, wenn sie mindestens 80% bei Naßemails und 88% bei Puderemails beträgt. Der Glanz des Emails soll etwa 90 bis 110%, bezogen auf eine polierte Schwarzglasplatte, betragen.

Das Zinndioxyd SnO_2 ist das wichtigste Trübungsmittel der Emailwarenindustrie. Von der früher geübten Arbeitsweise des Zusatzes des Zinndioxyds zur Rohmischung des Emails, wobei es beim Schmelzen des Emails auch zum Teil in das nicht trübende Zinnsilikat umgewandelt wurde, ist man heute ganz abgekommen und

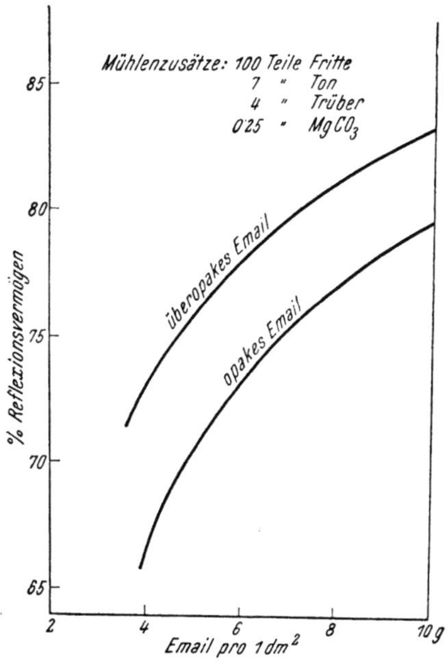

<table>
<tr><td>Abb. 103. Zusammenhang zwischen Trübungswirkung und Konzentration des Trübungsmittels (Ferro Enamel Corp.).</td><td>Abb. 104. Zusammenhang zwischen Trübungswirkung und Schichtdicke (Ferro Enamel Corp.).</td></tr>
</table>

setzt das Zinndioxyd erst beim Vermahlen des Emails auf der Mühle zu. Bei dieser Art des Zumischens bleibt das Zinndioxyd zum größten Teil im Email ungelöst und fein suspendiert, so daß seine Trübungswirkung gut zur Geltung kommen kann. Nur bei zu hoher Schmelz- und Brenntemperatur kann sich auch im Emailfluß durchsichtiges Zinnsilikat bilden. Diese Gegenstände verlieren dann an Weiße und Opazität, die Ware wird als „verbrannt" bezeichnet. Interessant ist auch die Tatsache, daß auf der Kugelmühle mit dem Email naßgemahlenes Zinndioxyd weniger wirksam ist als beim Mahlen in der kleineren Naßsteinmühle. Der Zinndioxydzusatz zur Mühle beträgt im allgemeinen bis zu 5% bei Blechemails und bis zu 8% bei Gußemails, bezogen auf das geschmolzene Email.

Die geringen, beim Einbrennen des Emails als Zinnsilikat gelösten Zinndioxydmengen gehen wohl für die optische Wirkung verloren, verbessern aber die Säurewiderstandsfähigkeit, Warmfestigkeit und die Schlagfestigkeit des Emails. In optischer Beziehung ist das Zinndioxyd anderen Trübungsmitteln überlegen. Wenn auch gelegentlich die Trübungswirkung von Zeriumdioxyd etwas größer ist, so wird dies durch die stärkere Beständigkeit der Zinndioxydtrübung beim Einbrennen voll ausgeglichen. Zinndioxyd verträgt längeres Überbrennen, ohne zu schäumen oder aufzukochen (L. S t u c k e r t[1234]).

Die mechanische Zerkleinerung von technischem Zinndioxyd liefert ein Maximum der Trübung bei kurzer Mahlung, wobei nur die gröbsten Aggregate verteilt werden. Teilchen der Korngröße bis 1 Mikron zeigen ein Maximum der Trübung, mit fallender Korngröße nimmt die Trübungskraft aber wegen stärkerer Löslichkeit und Verglasung des Zinndioxyds wieder ab (L. S t u c k e r t[1225]). Die spezifische Trübung mit Zinndioxyd hängt auch von dem $SiO_2 : B_2O_3$-Verhältnis ab, wobei man bei Naßemails nicht über einen Gehalt von 13% B_2O_3 hinausgehen soll. Bei hohen SiO_2- und B_2O_3-Gehalten der Schmelzen nimmt die Löslichkeit des Zinndioxyds zu, höhere Kalziumoxd- und Al_2O_3-Gehalten setzen sie wieder herab.

Zinndioxyd wirkt katalytisch und aktiviert die Trübung durch Kryolith, wobei der günstigste Kryolithgehalt bei 12% liegt. Ein Zinndioxydzusatz über 3% ergibt beim Brennen eine größere Stabilität (L. S t u c k e r t[1236]). In den meisten Emails steigt die Besserung der mechanischen und chemischen Eigenschaften sowie der Trübung mit der Menge des Zinndioxydzusatzes, in manchen Fällen scheint bei 6% Zinndioxyd ein Maximum der günstigsten Wirkung zu liegen. Über 20% Zinndioxyd haben keinen Einfluß mehr auf die Deckkraft, hingegen nimmt der Glanz ab und werden die physikalischen Eigenschaften des Emails ungünstig beeinflußt.

Die für die Trübung mit Zinndioxyd und wahrscheinlich auch anderen korpuskularen Trübungsmitteln am besten geeigneten Emails liegen bezüglich ihres Gehaltes an Aluminiumoxyd, Flußspat und Kryolith fast symetrisch um einen Fluß mit 9,1% Aluminiumoxyd, 7,4% Kalziumfluorid und 11,0% Kryolith (L. S t u c k e r t[1237]).

Als Ersatzmittel für das verhältnismäßig teure Zinndioxyd kommen Antimon- und Zeroxyd sowie Fluoride in Betracht (Anonym[1238] und H. L a n g[1239]).

Zirkonoxyd ZrO_2 wird als Oxyd mit bis 95% Zirkonoxyd in Brasilien als Mineral Baddeleyit gefunden, ist aber sehr stark mit Eisenoxyd verunreinigt, so daß es in dieser Form nicht als Trübungsmittel verwendet werden kann. Auch das weitere bedeutende Zirkonmineral, der Zirkon (Zirkonsilikat), wird sehr selten als reiner Zirkonsand (64 bis 66% Zirkondioxyd ZrO_2, 32 bis 34% Siliziumdioxyd und Fe_2O_3 und Titandioxyd TiO_2) usw., eventuell nach vorheriger Enteisenung durch Erhitzen mit verdünnter Schwefelsäure bei $200° C$[1240], in Mischung mit Fluor oder Silikofluoriden (s. z. B. Ph. E y e r[1242]), verwendet. Das als Trübungsmittel in der Emailindustrie verwendete Zirkondioxyd wird fast stets auf künstlichem Wege aus zirkonhaltigen Materialien durch einen alkalischen Aufschluß und Hydrolyse oder Ausfällung des Zirkons mit Säuren dargestellt.

Beim Aufschluß mit Alkalien wurde vorgeschlagen, etwa 3 bis 5% Alkalizirkonate mit den Säuren unzersetzt zu lassen[1242] oder das Zirkonoxyd unvollständig zu trocknen, damit das restliche Wasser eine Art Gastrübung verursacht[1243], Erdalkalizirkonate zu verwenden[1244], Zirkonsilikat im elektrischen Widerstandsofen mit kohlenstoffhaltigen Verbindungen zu erhitzen (Titanium Alloy Mfg. Co.[1245]), mit Alkalien und Reduktionsmitteln auf 800 bis $950° C$ zu erhitzen und dann mit konzentrierter Schwefelsäure auszulaugen (Dieselbe[1246]), Zirkonsilikat mit Aluminiumhydroxyd und Zinkoxyd naß zu mahlen, auf $1370° C$ zu erhitzen, wieder zu mahlen und dann Eisen-, Mangan- und Kupferspuren mit 35%iger Salzsäure herauslösen (Dieselbe[1247]) usw. Empfohlene Trübungsmittel stellen auch Bleizirkoniumsilikat $PbZrSiO_5$, das durch Erhitzen einer feingemahlenen Mischung von Zirkonsilikat und Bleioxyd auf $800° C$ erhalten wird (Titanium Alloy Mfg. Co.[1248]) oder Zinkzirkoniumsilikat (Dieselbe[1249]), Bleizirkonat $PbZrO_3$, Natriumzirkonsilikat Na_2ZrSiO_5 (Auer-Ges. A. G.[1250]), dar.

Wie sich in der Praxis gezeigt hat, hängt die Trübungswirkung der Zirkonoxyde nicht mit der Reinheit oder dem Gehalt an Zirkondioxyd zusammen. Ausschlaggebend sind vielmehr die physikalischen Eigenschaften der im Email schwebenden

Zirkondioxydteilchen (W. S c h u l z[1251] und D e n e u v i l l e[1252]). Je feiner und gleichmäßiger verteilt diese Teilchen und je schwerer sie im schmelzenden Email löslich sind, um so größer ist die Trübungswirkung.

Nach Untersuchungen von W. B. K i n g jun.[1253] steigt das Reflexionsvermögen von Zirkoniumdioxyd oder anderen Trübungsmitteln im umgekehrten Sinne zum Teilchendurchmesser an und beträgt für Teilchen von 0,5 Mikron Durchmesser 65%. Einer Zunahme des Teilchendurchmessers von 0,5 auf 37,5 Mikron entspricht eine Abnahme des Reflexionsvermögens von 65% auf 5,3%.

Die Löslichkeit des Zirkondioxyds in Emails ist bei Abwesenheit von Aluminiumoxyd und Zinkoxyd ziemlich groß. Nach A. I. A n d r e w s und R. W. G a t e s[1254] lösen sich bis zu 17% Zirkonoxyd ohne Kristallisationserscheinungen auf. Beim Vorhandensein dieser Oxyde nimmt die Löslichkeit bis auf 2% Zirkonoxyd ab, bei 1040° C beträgt sie 3%. Tonerde, Zinkoxyd und Kalk setzen in dieser Reihenfolge die Löslichkeit des Zirkonoxyds herab. Mit steigendem Gehalt an Zirkondioxyd nimmt die Feuerfestigkeit des Emails zu. Von normal zusammengesetzten Emails wird somit Zirkondioxyd von der Schmelze nur schwer gelöst (F. H. Z s c h a c k e[1255]). Tritt in Glasmassen oder Emails infolge zu großer Löslichkeit des Zirkondioxyds oder zu großer Zähigkeit desselben eine nicht genügende Trübungswirkung auf, so kann man durch teilweisen Ersatz von Borsäure und Siliziumdioxyd durch Aluminiumoxyd und Zinkoxyd abhelfen (W. B. K i n g und A. I. A n d r e w s[1256]).

Zirkondioxyd als Trübungsmittel macht das Email schwerer schmelzbar, viskoser, insbesondere wenn es im Email eingeschmolzen und nicht nur heterogen verteilt vorliegt. Überhaupt bestehen größere Unterschiede in der Beeinflussung der Emaileigenschaften durch die Art des Zirkonzusatzes, ob dieser bereits beim Schmelzen, der Emailfritte oder erst auf der Mühle gegeben wurde. Der Ausdehnungskoeffizient im eingeschmolzenen Zustande ist nach M a y e r und H a v a s[1257] $2,1 \cdot 10^{-7}$, für auf der Mühle zugesetztes Zirkondioxyd $0,8 \cdot 10^{-7}$ CGS-Einheiten. Mit Zirkon getrübte Emails sind stoßfester, wenn das Zirkondioxyd eingeschmolzen wurde, was insbesondere für Grundemails von Bedeutung ist. Auf der Mühle zugesetzt, wird wird die Stoßfestigkeit durch Zirkondioxyd beeinflußt. Zirkonhaltige Emails sind gegen plötzliche Temperaturwechsel weniger empfindlich. Die Wärmefestigkeit wird durch auf der Mühle zugesetztes Zirkondioxyd erhöht.

Um die Trübungswirkung zu sichern und ein Ausbrennen des Emails zu verhindern, wird das Zirkondioxyd häufig mit anderen, seine Löslichkeit im Email herabsetzenden Stoffen verwendet. Beispielsweise setzt man gleichzeitig Kaolin oder Feldspat[1258], Erdalkalisilikate[1259], eisenärmeren Dolomit (Vereinigte Chem. Fabriken Kreidl, Heller & Co. Nfg.[1260]). SiO_2, MgO und Al_2O_3, eventuell auch Zinkoxyd, Kalziumoxyd oder Bariumoxyd (Soc. de Produits Chimiques des Terres Rares[1261]) zu oder verwendet Emailkompositionen, die reich an Tonerde, Magnesiumoxyd und Zinkoxyd und arm an Siliziumdioxyd, Borsäure und Alkali oder arm an Kalziumoxyd und Bariumoxyd, aber praktisch frei von Fluorionen sind (Auer-Ges.[1262]).

Obwohl das Zirkondioxyd einen höheren Brechungsexponenten als das Zinndioxyd aufweist ($n_D = 2,40$ für Zirkondioxyd und $n_D = 2,00$ für Zinndioxyd), erreicht das Zirkonoxyd die Trübungswirkung des Zinndioxyds im Email nicht. Nach Untersuchungen von J. L ö f f l e r[1263] vermögen zwar in Kachelglasuren 8 bis 10% Zirkonoxyd die gleiche Trübungswirkung wie mit 10 bis 11% Zinndioxyd zu ergeben. Da aber die meisten Glasuren und Emaillen siliziumdioxydreicher sind, als sie es für die Verwendung von Zirkonoxyd sein dürfen, werden sie schwächer getrübt. Nach F. H. Z s c h a c k e[1264] ist die Trübungswirkung des Zirkondioxyds jener von Zinndioxyd unterlegen. Ein Vorteil des Zirkondioxyds ist aber, daß es ungiftig und unter den Bedingungen der Emailfabrikation nicht reduzierbar ist.

Wichtige weiße Färbemittel sind die *Antimonoxyde* und das Natriummetaantimoniat. Antimon bildet die Oxyde Di-Antimon-pent-oxyd Sb_2O_5 und Diantimontrioxyd Sb_2O_3 mit fünf- und dreiwertigem Antimon, aber auch ein Antimontetroxyd Sb_2O_4, das beim Glühen beider Oxyde an der Luft entsteht und auch als antimonsaures Antimonoxyd $SbO_3 \cdot SbO$ aufgefaßt werden kann. Von den Antimonverbindungen ist nachgewiesen worden, daß die fünfwertigen Antimonverbindungen gesundheitlich ungefährlich, die Verbindungen des dreiwertigen Antimons aber sehr giftig sind. Beim Schmelzen der Metallfritte und Einbrennen des Emails sind jedoch Reduktionsvorgänge und Zerfallserscheinungen des Diantimonpentoxyds möglich, die stets einen Teil des fünfwertigen Antimons in die giftige AntimonIII-Stufe überführen. Besonders beim Schmelzen der Fritte treten diese Erscheinungen in starkem Ausmaße hervor, während nach einem Zusatze auf der Mühle und beim Einbrennen nur eine sehr geringe Reduktion zu beobachten ist (P i c k[1265], sowie P o p p und H a u p t[1266]). Nach Untersuchungen von B e c k und S c h m i d t[1267] nimmt mit steigender Temperatur und Einschmelzdauer beim Fritten durch thermische Dissoziation von fünfwertigen Antimonverbindungen der Anteil an AntimonIII immer stärker zu. Es ist daher beim praktischen Emaillierbetrieb selbst bei der Verbindung von AntimonV-Verbindungen eine gewisse Reduktion zur dreiwertigen Stufe nicht zu vermeiden. Aus diesem Grunde ist daher wegen der Giftigkeit der dreiwertigen Antimonverbindungen von einer Verwendung des Antimonoxyds als Trübungsmittel für Geschirr, das mit Nahrungs- und Genußmitteln in Berührung kommen kann, abzuraten. Hingegen scheint die Verwendung von fünfwertigen Antimonverbindungen als Mühlenzusatz unbedenklich zu sein.

In der Emailindustrie wird entweder das Antimontrioxyd, seltener auch das Antimontetroxyd, sowie das Natrium-metaantimoniat als Trübungsmittel verwendet. Das Antimontrioxyd ist ein gelblich-weißes amorphes Pulver, $n_D = 2,60$, das bei 1560° C zu sublimieren beginnt. Da es ebenso wie das Antimontetroxyd beim Zusatz auf der Mühle nur matte, glanzlose Emails ergibt und die Schmelzbarkeit derartig erhöht, daß die Emails nicht glattbrennen, kommt nur ein Einfritten der Antimonoxyde in Frage. Durch den Antimonzusatz wird die Emailschmelze sehr stark viskos und schwerschmelzend, so daß man sie von Haus aus möglichst leichtschmelzend einstellen muß. Es erhöht auch die Sprödigkeit. Die zugesetzten Mengen betragen etwa 8 bis 9% des Emailansatzes. Trotz des höheren Brechungsexponenten ist die Trübungswirkung des Antimontrioxyds geringer als jene des Zinndioxyds; 1,25 bis 1,5 Teile Di-Antimontrioxyd vermögen erst einen Teil Zinndioxyd mit gleicher Trübungswirkung zu ersetzen.

Der geringe Glanz antimonhaltiger Fritten kann durch einen hohen Zusatz von Flußspat ausgeglichen werden. Blei muß in der Fritte für weißes Email fehlen, da sonst gelb gefärbte Emails erhalten werden. Vorteilhaft ist es, möglichst viel Siliziumdioxyd und möglichst wenig Flußspat in das Email einzuführen. Wegen des Zerfalles des Diantimonpentoxyds bei hohen Temperaturen kann dieses unter Sauerstoffabgabe auch als Oxydationsmittel wirken und so die Eisenoberfläche oxydieren. Antimon kann die Haftoxyde Nickel und Kobalt aber nicht ersetzen, da beim Fehlen dieser Metalloxyde das Grundemail abblättert. Die geringe Trübungswirkung der Fluorionen wird durch Antimonoxyde überdeckt.

Das gleichfalls als Trübungsmittel verwendete *Natriummetaantimoniat* $NaSbO_3$ mit fünfwertigem Antimon wird durch Erhitzen von Diantimontetroxyd mit Ätznatron, Soda und Salpeter als Auslaugerückstand der Reaktionsmasse erhalten (R i c k m a n n und R a p p e[1268]). Die Soda dient als Auflockerungsmittel, damit das Antimoniat in lockerer, nicht gesinterter Form erhalten wird. Es muß frei von Salz- oder Schwefelsäure sein, die auch in Spuren ein Mattwerden des Emails verursachen würden. Natriummetaantimoniat kann sowohl in die Fritte eingeschmolzen als auch als Mühlzusatz gegeben werden (6 bis 8%). Da alle Antimonverbindungen durch Reduktionsmittel bis zum Metall reduziert werden können, welches dem Email ein schmutziggraues Aussehen verleiht, dürfen antimonhaltige Emails nicht reduzierend verschmolzen werden.

Nach röntgenographischen Untersuchungen von B. W. King jun. und A. I. Andrews[1269] mit einer Fritte für sehr opakes Email von der Zusammensetzung: 17,60% Feldspat, 23,47% Quarz, 22,28% Borax, 6,70% Soda, 2,93% Natriumnitrat, 2,51% Flußspat, 8,38% Natriumsilikofluorid, 2,93% Zinkoxyd und 12,58% Antimontrioxyd erfolgt bei einer Temperatur von 720 bis 830° C eine Oxydation zu Antimonpentoxyd, die durch den Salpeter beschleunigt wird. Mit steigender Temperatur (1100 bis 1200° C) verringert sich die Dispersität der die Trübung bedingenden Antimonverbindung, die aus den Elementen Kalzium, Antimon, Sauerstoff und Fluor besteht und die gleiche Kristallstruktur wie Antimonpentoxyd besitzt.

Beim Fehlen von Kalzium sind die im Röntgenogramm vorhandenen Linien des Antimonpentoxyds sehr schwach. Bei genügend vorhandenem Kalzium ist die während des Schmelzens gelöste oder verflüchtigte Menge des Antimonpentoxyds nur gering. Das Reflexionsvermögen steigt bei richtig durchgeschmolzenem Email mit steigender Glühdauer auf einen Maximalwert von 75 bis 76% und nimmt bei längerer Glühdauer wieder ab.

Natriummetaantimoniat hat als Mühlenzusatz für Blechemail sowohl auf die Biegefestigkeit als auch besonders stark auf die Auslaugbarkeit der Emailfritte einen günstigen Einfluß. Die mit 3%iger Weinsäure aus den Emails auslaugbaren Mengen an drei- bis fünfwertigem Antimon sind in allen Fällen gering und liegen fast durchwegs unterhalb der als normal vorgeschriebenen Menge von 6 mg/l Auslaugeflüssigkeit. Besonders gering ist die Menge des ausgelaugten dreiwertigen Antimons, die daher als gesundheitlich unbedenklich angesehen werden kann. Auch mit alkalischen Auslaugeflüssigkeiten werden an drei- bis fünfwertigem Antimon nur Mengen extrahiert, die unter den vorstehend genannten Normalen liegen (L. Stuckert[1270]).

Die Trübungswirkung des Antimontrioxyds ist auch von der Art des Glases oder Emailes abhängig. So fanden F. H. Zschacke[1271] die stärkste Trübungswirkung in einem Grundglas und Tonerdeglas, während es in borsäurehaltigen Glasuren die geringste Trübung aufwies. Tonerde-Borsäure- und Tonerde-Borsäure-Bariumoxyd-Glasuren bilden mit Antimontrioxyd keine getrübte Fritte und keine getrübten aufgebrannten Überzüge, während bleihaltige Glasuren beim Aufbrennen eine schöne, tiefe Trübung zeigen (F. H. Zschacke[1272]).

Bemerkenswert ist, daß bei gleichzeitigem Einführen von Zerdioxyd und Antimontetroxyd in die Fritte ihre Trübungswirkung gesenkt wird, es sei denn, daß eine niedrige Konzentration an Zerdioxyd einer höheren Konzentration von Antimontrioxyd gegenübersteht. Der Zusatz von Zerdioxyd zu hoch antimonhaltigen Fritten bewirkt aber die gleiche Trübung wie Zinndioxyd und Zirkontrübungsmittel (R. L. Newton[1273]).

Ein etwa dem Zirkondioxyd gleichwertiges Trübungsmittel stellt das *Zerdioxyd* dar. Es liefert die höchste Trübungswirkung, wenn es in der Mühle zugesetzt wird. In niedrigen Konzentrationen ist es dem Antimontrioxyd als Trübungsmittel unterlegen. Erreicht es Konzentrationen von etwa 10%, so sind beide Trübungsmittel gleichwertig. Zerdioxyd bedingt dann aber eine bessere weiße Farbe (s. auch vorherigen Absatz). Zerdioxyd kann als Ersatz für Zinndioxyd sowohl in borhaltigen als auch in borfreien Emails verwendet werden (A. Krafft[1274]).

Während beim Weglassen der Haftoxyde Kobaltoxyd und Nickeloxyd und Verwendung von Antimonoxyd zur Herstellung eines weißen Blechgrundes das Email

nach dem Grundbrand abblättert, ist dies bei Verwendung von Zerdioxyd als Weißtrübungsmittel nicht der Fall. Die Feuerbeständigkeit und Färbekraft des Zerdioxyds
sind ausreichend. Man kann aber den bisher bewährten Kobalt- oder Nickelgrund
beibehalten und diesen mit einem Mühlenzusatz von 3 bis 3,5% Zerdioxyd aufhellen. Man kann also ohne jede Veränderung des Versatzes oder der fertigen
Grundmasse das Zerdioxyd einfach zusetzen. Das Zerdioxyd wirkt um so ausgiebiger,
je feiner es in der Emailmasse verteilt ist (H. M e l z e r[1275]). Vorteilhaft soll der
Rückstand auf dem 325-Sieb höchstens 1% betragen (Soc. des Produits Chimiques
des Terres Rares[1276]).

An Stelle des Zerdioxyds wurden von der Degussa als Weißtrübungsmittel
basische Zersulfate (4 CeO$_2$ · 1 SO$_3$ bis 4 CeO$_2$ · 3 SO$_3$[1277]) vorgeschlagen, die beim
Erhitzen auf 800 bis 1000° C in Zerdioxyd übergeführt werden können
(Degussa[1278]). Die Soc. des Produits Chimiques des Terres Rares[1279] hat als
Mühlenzusatz eine Mischung von Zerdioxyd mit Magnesiumoxyd[1280], die Degussa
von Zerdioxyd mit alkalisch behandeltem Ton[1281] empfohlen. Das beim Zerdioxyd
stärker in Erscheinung tretende Auskochen des Emails soll durch einen Zusatz von
Kaolin oder anderen aluminiumoxydhaltigen Stoffen verhindert werden[1282].

Die mit Zeroxyd getrübten Emails werden je nach der Art der Emailzusammensetzung und nach der Einbrenndauer und Einbrenntemperatur der Emails auch eine
mehr oder weniger große Gastrübung aufweisen. Dadurch können die Emails porös
und beim Gebrauch sowie beim Transport gegen Schlag und Stoß empfindlich
werden. Die Trübungswirkung des Zerdioxyds ist also bedingt durch eine echte
Eigentrübung, deren Wirkung von der physikalischen Beschaffenheit der Zerdioxyd-
teilchen abhängt und durch eine starke „Scheintrübung", die auf der Abspaltung
von Sauerstoff beruht. Diese unter Umständen störende Gasentwicklung kann durch
Veränderung der Emailzusammensetzung, durch Verminderung des Zerdioxydgehaltes
und durch Mühlenzusätze, wie Kaolin, Feldspat, Kieselsäure usw., vermindert werden
(W. S c h u l z[1283]).

Ein weiteres anorganisches Pigment mit sehr hohem Brechungsvermögen ist das
Titandioxyd (n_D = 2,5 bis 2,7). Als Weißtrübungsmittel für Emails hat sich aber
das Titandioxyd wegen seiner zu großen Löslichkeit und der Neigung, mit den
kleinen, meist vorhandenen Mengen von FeO gelbe bis braune Färbungen zu ergeben, bisher noch nicht nennenswert einbürgern können. Das Titandioxyd erhöht
den Glanz und die chemische Beständigkeit des Emails, besonders der leicht angreifbaren. Bei einem borfreien Email bewirkt nur das eingeschmolzene, nicht aber
das zur Mühle gegebene Titandioxyd eine Haltbarkeitsverbesserung. In den borhaltigen Emails, in denen der größte Teil des eingeführten Titandioxyds (5 bis 15%)
gelöst ist, ergeben sich aber keine größeren Unterschiede in den Auslaugeverhältnissen
bei Proben, bei denen das Titandioxyd eingeschmolzen oder zur Mühle zugesetzt
wurde (R. B o n c k e, A. D i e t z e l und W. P r a l o w[1284]). Das der Mühle zugesetzte
Titandioxyd bewirkt eine starke Vertiefung des Schlickers. Das Titandioxyd wirkt
als Flußmittel. Die erzeugte Trübung ist nicht immer ausreichend und stets gelbstichig (Dieselben[1285]).

Nach Untersuchungen von A. D i e t z e l und R. B o n c k e[1286] läßt sich die
Löslichkeit des Titandioxyds in borhaltigen Emails durch Verwendung tonerden-
reicherer Vorsätze erniedrigen. Da aber oft dadurch das Email zu zähflüssig wird, ist es
zweckmäßiger, sich gesondert ein besonders hochtonerdehaltiges Titanglas herzustellen, dieses zwecks Ausscheidung von Titandioxyd zu tempern und das gepulverte
Produkt als Trübkörper zu verwenden. Mit einem derartigen Trübkörper der
Zusammensetzung 70 bis 80% Siliziumdioxyd (+ Boroxyd), 10 bis 20% Tonerde
(+ Zinkoxyd) und 12 bis 20% Natriumoxyd der optimalen Korngröße 0,08 bis 0,1 mm
können Weißgrade von 75 bis 80% erreicht werden.

Trotz der hohen Löslichkeit von Titandioxyd im borfreien Email trübt Titandioxyd oft wegen geänderter Oberflächenspannungsverhältnisse stärker als im borhaltigen (80 bis 85% mit 6- bis 8%igem Titandioxyd bei Blech- oder Gußnaßemail), wenn es zur Mühle gegeben und nicht eingeschmolzen wird. Infolge der geringen tatsächlich gelösten Titandioxydmenge ist auch hier die gelbstichige Farbe praktisch nicht störend, wenn zu stark eisenhaltige Rohmaterialien, wie z. B. gewöhnlicher Ton, vermieden werden. Borfreies, mit Titandioxyd getrübtes Email verträgt bis zu einem gewissen Grade auch ein Überbrennen, darüber hinaus nimmt die Trübung infolge Erniedrigung der Oberflächenspannung durch allmählich in Lösung gegangenes Titandioxyd ab. Nach Röntgenstrahlenuntersuchungen durch A. L. Friedberg, F. A. Petersen und A. I. Andrews[1287] wird in Titanemails die Opazität durch Rutilkristalle bewirkt.

Zur Verhinderung der Gelbfärbung der mit Titandioxyd getrübten Emails wurde von der Harshaw Chemical Co.[1288] der Zusatz von 5 bis 30% Fluoriden, wie Flußspat, und die gleichzeitige Verwendung von Antimontrioxyd (45%) und Zinkoxyd (22%) neben 33% Titandioxyd empfohlen. 6% dieses Gemisches werden der Emailfritte auf der Mühle zugegeben. Weitere Vorschläge zur Verhinderung der Gelbfärbung betreffen die gleichzeitige Verwendung von geringen Mengen von Kobaltoxyd[1289] oder größeren Anteilen (75%) von Zinndioxyd oder Zirkondioxyd[1290]. Von der I. G. Farbenindustrie A. G.[1291] wurde zur Einführung des Titans leichtlösliches Natriumtitansilikat, Alkalititanfluorid oder Titanat vorgeschlagen. Das Natriumtitansilikat stellt ein gut brauchbares Ersatzmittel für Borax dar. Wie sich gezeigt hat, können bei der Verwendung von Titanemails Störungen in der Qualität der Emails vermieden werden, wenn jeder Bestandteil der Emailmischung gut gegen die anderen ausgeglichen ist. Richtig ausgeglichene Titanemails haben einen erhöhten Widerstand gegen thermische Schocks, Biegungen und chemische Angriffe sowie eine ausgezeichnete Trübung, Bearbeitbarkeit und Farbe. Der wesentlichste Nachteil liegt im niedrigen Ausdehnungskoeffizienten, was die Aufbringung nur geringer Schichtdicken erfordert (D. G. Goetchius[1291a]). Titanemails verlangen wegen ihres engeren Brennbereiches und der Empfindlichkeit gegen Verunreinigungen eine erheblich größere Sorgfalt. Vor der Aufbringung des Titanemails ist eine Nickeltauchung unbedingt erforderlich (J. C. Swartz[1291b]).

Ein wegen seiner Giftigkeit nur mehr selten verwendetes Trübungsmittel ist das *Arsentrioxyd* As_2O_3 *und Arsenpentoxyd* As_2O_5. Obwohl der Brechungsexponent des Arsentrioxyds nicht sehr groß ist ($n_D = 1,75$), kann man mit ihm eine vollkommen ausreichende Trübungswirkung erzielen. Das Arsentrioxyd besitzt die stärkste Trübungskraft in bleihaltigen Gläsern oder Emails, da sich dann das schwerlösliche Bleiarseniat mit $n_D = 2,14$ ausscheidet. Diese Trübungswirkung wird durch Borsäure und noch mehr durch Aluminiumoxyd verstärkt. Arsentrioxyd wird nicht nur für Geschirr, sondern auch für alle anderen im Haushalt verwendeten Gegenstände als Emailtrübungsmittel abgelehnt, da eine Vergiftung der Wohnräume unter gewissen Umständen möglich ist (M. Dechigi[1292]). Grundemails guter Haftfestigkeit sollen sich bei Verwendung von Gemischen von Arsentrisulfid As_2S_3 und Antimonverbindungen im Verhältnis 1 : 1 bis 1 : 2, in Mengen von 1% des Emails oder als Mühlzusatz ergeben (Degussa[1293]).

Zinksulfid ZnS ($n_D = 2,37$) besitzt gleichfalls eine gute Trübungswirkung, färbt aber, namentlich bei Gegenwart von Eisen- oder Kupferverbindungen, das Email gelb. Die Trübungswirkung ist bei niedriger Einbrenntemperatur größer, wie Schäfer[1294] festgestellt hat. Da Zinksulfid auch als Luminophor wirken kann, kann man mit Zinksulfid getrübte Emails auch als Leuchtemails verwenden. Durch einen Zusatz von Zinkoxyd soll die Trübungswirkung des Zinksulfids verbessert werden (R. W. Hannayer[1295]).

Eine von den bisher beschriebenen festen Trübungsmitteln vollkommen abweichende Klasse von Weißtrübungsmitteln stellen die sog. *Gastrübungsmittel* dar. Diese bestehen aus Gemischen von organischen Stoffen oder deren Adsorptionsverbindungen mit Emailrohstoffen, wie Ton. Sie wirken dadurch trübend, daß sie beim Einbrennen des Emails durch die hohe Temperatur eine pyrogene Zersetzung erfahren. Die entstehenden Gase und Dämpfe, wie Wasserdampf, Kohlenoxyd, Kohlendioxyd, Methan usw., werden in sehr feinverteilter Form in der schmelzflüssigen Emailmasse abgeschieden. Weist diese eine bestimmte Viskosität auf, so können sich die Gasbläschen nicht zu größeren Blasen vereinigen, so daß also nur eine feine Gastrübung, nicht aber ein Schäumen des Emails auftritt. Die Gastrübungsmittel werden immer nur auf der Mühle zugesetzt. Bei der Gastrübung sollen Stellmittel grundsätzlich nicht verwendet und der Schlicker so dick wie nur möglich gehalten werden (V. V y s t a b e l[1296]).

Die Gastrübungsmittel haben sich den besten Festtrübungsmitteln, wie dem Zinndioxyd, Antimonpentoxyd oder Zirkondioxyd, auch in der Praxis als vollkommen gleichwertig erwiesen (H. H a d w i g e r[1297]). Die gasgetrübten Emails unterscheiden sich weder durch ihre Schmelzbarkeit, Auftragsfähigkeit des Schlickers, noch durch Einbrenntemperatur, Glanz, Schlag- und Biegefestigkeit von den festgetrübten Emails. Auch den borfreien Weißemails mit festen Trübungsmitteln sind sie hinsichtlich der Trübung, des Glanzes, der Brennbeständigkeit, Härte und Elastizität gleichwertig (L. S t u c k e r t[1298]). Die Wärmeschockempfindlichkeit ist ähnlich wie bei allen anderen Weißemails wegen der größeren Schichtdicke geringer als bei den dünneren Färbeemails. Die chemische Beständigkeit des gasgetrübten Emails gegenüber Schwefelsäure übertrifft das harte, ganz besonders aber das weichere Braunemail.

Auch verschmolzene Puderemails können mit Gastrübungsmitteln weißgetrübt werden. Die Gastrübungsmittel werden beim Mahlen des Trockenemails mit Adsorptionsmitteln, wie Ton, dem Email zugesetzt (I. K r e i d l[1299]). Derartige Puderemails unterscheiden sich hinsichtlich ihrer Elastizität und in den Brenneigenschaften gegenüber den Puderemails mit festen Trübungsmitteln in keiner Weise. Die erzielte Gesamttrübung ist eine außerordentlich hohe und kommt der mit Festtrübungsmitteln erzielten zum mindesten gleich. Auch der Glanz der gasgetrübten Puderemails steht jenem, der bei Emails mit festen Trübern erreicht wird, nicht nach.

Eine hohe Feinmahlung erleichtert und steigert die Gastrübung. Soll die Gastrübung durch organische Zusätze, wie z. B. Ameisensäure, bewirkt werden, so genügen sehr geringe Zusätze von 0,3 bis 1,0% (Anonym[1300]). Die Auftragsfähigkeit borfreier, gasgetrübter Emails wird nach Untersuchungen von L. S t u c k e r t[1301] durch die Mahlbedingungen erheblich beeinflußt. Änderungen in den Auftragseigenschaften des Schlickers lassen sich durch Regulierung des Wasserzusatzes und Veränderungen der Auftragstemperatur erzielen.

Als Gastrübungsmittel kommen z. B. Benzidin (0,25 Teile auf 1000 Teile Fritte, 400 bis 450 Teile Wasser, 60 Teile Ton (J. K r e i d l[1302]), Natriumazetat, Natriumformiat, Naphthol, Asphalt (Degussa[1303]), Öle oder Fette (Vereinigte Chem. Fabriken Kreidl, Heller & Co.[1304]), Mineralöle mit einem K_p von 240 bis 400°, pflanzliche oder tierische Öle (Dieselben[1305]), Nitrate, Nitrite, Karbonate, Natriumsiliziumfluorid, Vinyl- oder Akrylverbindungen, natürlicher oder künstlicher Kautschuk, Guttapercha, Balata in organischen Lösungsmitteln gelöst oder in Form wäßriger Emulsionen (Degussa[1306]) usw. in Betracht.

Die Gastrübungsmittel ergeben bei einem Zusatz von etwa 4% in borfreien Emails eine Trübung von rund 80% Weißgehalt (N. G r o t h[1307]). Durch Reste von Kohlenstoff, der aus den eingebrachten organischen Trübungsmitteln stammt, können Verfärbungen der Emailmasse auftreten. Diese können durch den Zusatz von weniger als 1% von oxydierend wirkenden Verbindungen des Eisens, Urans, Kobalts, Arsens oder Antimons (Kreidl, Heller & Co.[1308]) beseitigt werden. Selbstverständlich ist es auch ohne weiteres möglich, das Gastrübungsmittel neben festem Trübungsmittel (Zinkoxyd, Zinndioxyd, Zirkondioxyd, Arsentrioxyd, Antimonpentoxyd usw.) zu verwenden.

Die Gastrübungsmittel stellen unsere billigsten Trübungsmittel dar. Geordnet nach sinkendem Preis des Trübungsstoffes ergibt sich folgende Reihe: Zinndioxyd, Antimonpentoxyd, Zerdioxyd, Zirkondioxyd, Gastrübungsmittel.

Eine gesonderte Stellung unter den Trübungsmitteln nehmen die *Fluorverbindungen* ein. Sie wirken nämlich nicht nur als Trübstoffe, sondern auch als Flußmittel, indem sie den Schmelzpunkt des Emails durch Bildung niedrig schmelzender Eutektika mit Natriumfluorid, Aluminiumfluorid, Tonerde usw. herabsetzen. Da die Fluorverbindungen bereits beim Schmelzprozeß des Emails verwendet werden, bezeichnet man sie auch als Vortrübungsmittel. In der Emailindustrie verwendet man als fluorhaltige Materialien Flußspat, Kryolith, Chiolith, Natriumsiliziumfluorid, Aluminiumfluorid, Bariumfluorid usw.

Der *Flußspat* CaF_2 wird in der Emailindustrie in Grundemails vorwiegend als Flußmittel verwendet. Flußspat wird in der Natur in Kristallen, als körniges Gangmaterial oder erdiger Fluorit gefunden. Als Verunreinigungen treten Kalziumkarbonat, Siliziumdioxyd, Tonerde, Zinndioxyd usw. auf. Je nach der Reinheit schwankt der Gehalt zwischen 98 und 85% Kalziumfluorid. Flußspat schmilzt rein bei 1230° C, bildet aber mit Aluminiumfluorid und Natriumfluorid bei 675°, 705° und 780° C, mit Tonerde bei 868° C schmelzende Eutektika, worauf seine Wirkung als Flußmittel beruht. Der Brechungsexponent n_D von Kalziumfluorid ist 1,43. Die Höhe des Flußspatzusatzes soll nach I. G r ü n w a l d[1309] 5 bis 6% im Grundemail und 2 bis 4% in anderen Emails wegen des mit dem Flußspat gleichzeitig eingeführten, schädlichen Kalziumgehaltes nicht überschreiten. Nach H. L a n g[1310] können jedoch ohne größere Nachteile bis zu 15% Flußspat im Email verwendet werden.

Flußspat kann im Email durch Kalziumsulfat, Soda, Entschwefelungsschlacke und Kalziumsilikat und ein Fluorideutektikum ersetzt werden, wobei diese Stoffe einen günstigen Einfluß auf die Haftfestigkeit ausüben (L. S t u c k e r t, F. J. R a u t e r und J. K ä s t n e r[1311]). Ebenso können die im Handel befindlichen Flotationsrückstände mit Kalziumfluoridgehalten von 40 bis 80% bei geringer Umstellung der Emailversätze zum Ausgleich einer höheren Zähigkeit des Emails und durch Anwendung von Netzmitteln zur Verminderung der höheren Oberflächenspannung ohne Schwierigkeiten als Austauschstoffe für Kalziumfluorid verwendet werden (L. S t u c k e r t[1312]).

Bemerkenswert bei allen Fluorverbindungen ist die Erscheinung des sog. „Abbrandes". Man versteht darunter einen Verlust an Fluor durch Verdampfung in Form von Siliziumtetrafluorid, Aluminiumtrifluorid, Natriumfluorid usw. Der Verlust durch Abbrand hängt nicht nur von der Einbrenntemperatur und -dauer, sondern auch von der Zusammensetzung des Emailversatzes ab. Er schwankt auch stark mit der Art der verwendeten Fluorverbindung. Er ist am stärksten bei Aluminiumfluorid und nimmt in der Reihenfolge Aluminiumfluorid, Natriumfluorsilikat, Kalziumfluorid, Natriumaluminiumfluorid, Natriumfluorid ab. Kieselsäure und Borsäure erhöhen, basische Bestandteile, wie Tonerde, Zinkoxyd, Bariumoxyd, Bleioxyd, Antimontetroxyd, (F. H. Z s c h a c k e[1313]) vermindern den Abbrand. Im allgemeinen beträgt dieser bei Kryolith etwa 10 bis 15%, bei Natriumfluorsilikat bei borsäurefreiem Versatz etwa 20%, bei borsäurehaltigem bis 54% (V i e l h a b e r[1314]). Als Flußmittel, das die Ausdehnung des Emails wieder zum Ausgleich bringen kann, kommt in erster Linie Borsäure in Frage. Die Abbrandverluste beruhen bei Natriumfluorsilikat hauptsächlich auf dem Entweichen von gasför-

migem Siliziumtetrafluorid, bei den übrigen Fluorionen auf der Bildung von Flußsäure, welche durch Einwirkung von Wasserdampf auf Fluorionen entsteht, sowie
einer Sublimation von Natriumfluorid und Aluminiumfluorid. Beim stärkeren Überbrennen neigen Fluorverbindungen daher zum Ausbrennen.

Die Ursache der Fluortrübung beruht auf der Ausscheidung feiner Kriställchen
fester Fluoride. Von B. W. K i n g jun. und A. I. A n d r e w s wurden bei röntgenographischen Untersuchungen im aufgebrannten Email Kristalle von Natriumaluminiumfluorid und Natriumfluorid gefunden[1315]. Am stärksten trübt Natriumaluminiumfluorid Na_3AlF_6, was auf seinen hohen Verteilungsgrad und seine niedrige
Lichtbrechung (1,34) zurückgeführt wurde. Kalziumfluorid mit $n_D = 1,43$ kommt
teilweise in großen und sehr kleinen Kristallen vor. Kryolith scheidet sich in genügender Menge ab, wenn ausreichend Kryolith oder Natriumfluorsilikat zum
Versatz gegeben wurde.

Ein weiteres fluorhaltiges Vortrübungsmittel ist der *Kryolith* $3\,NaF \cdot AlF_3$, der
sowohl in der Natur in Grönland als Mineral gefunden als auch künstlich erzeugt
wird. Der künstlich hergestellte Kryolith zeichnet sich wie alle Kunstprodukte durch
die gleichmäßigere Zusammensetzung und größere Reinheit vor dem Naturprodukte
aus, verhält sich aber im Email vollkommen gleichartig wie natürlicher Kryolith,
falls er nicht verfälscht ist. Kryolith ist bis zu etwa 9% im Email löslich, wobei
er wieder als Flußmittel wirkt. Erst die weiteren Kryolithmengen wirken auch
trübend. Im allgemeinen beträgt der Kryolithzusatz in weißen Deckemails etwa
12%. Der gelöste Kryolithanteil verursacht eine Verschlechterung der Elastizität
und Erhöhung des Ausdehnungskoeffizienten. Wegen dieser Nachteile wird Kryolith nur in weißgetrübten Deckmetails, nicht aber auch im Grundemail verwendet.

Ein dem Kryolith ähnliches künstliches Trübungsmittel ist der *Chiolith*
$3\,NaF \cdot 2\,AlF_3$, der sich im Email ähnlich wie der Kryolith verhält (H. K r i s t[1316]).

Als Nebenerzeugnis der Superphosphatindustrie gewinnt man Natriumfluorsilikat,
das sich als Vortrübungsmittel für alle Arten von Email sehr gut als Ersatz für
Kryolith eignet. Natriumfluorsilikat zersetzt sich sehr leicht beim Erhitzen, wobei
es bei Rotglut vollständig in Natriumfluorid und Siliziumfluorid zerfällt. In Wasser
ist das Salz nahezu unlöslich. Die stärkste Trübungswirkung wird bei niedrig
schmelzenden, alkalireichen Emails erzielt, weil bei diesen noch ein erheblicher
Teil des entstehenden Siliziumfluorids zur Trübung beiträgt. Bei stark sauren
und hochschmelzenden Emails ist mit einem hohen Abbrand von Siliziumfluorid
zu rechnen, der beim Versatz zu berücksichtigen ist. Natriumfluorsilikat wirkt
weniger trübend als Kryolith. Es erhöht stark den Glanz, weshalb man es auch
gerne für gefärbte Emails verwendet (R. A l d i n g e r[1317]). Für weißgetrübte borfreie Blech- und Gußemails wird von H. L a n g[1318] als Haupttrübungsmittel
Natriumfluorsilikat empfohlen.

Soll Kryolith durch Natriumfluorsilikat ersetzt werden, so kann dies nach
V i e l h a b e r[1319] ohne Änderung des Gesamtversatzes durch 0,67 Natriumfluorsilikat auf 1 Teil Kryolith erfolgen.

Wird Natriumsiliziumfluorid an Stelle von Natriumfluorid verwendet, so sollen
7,35 Teile Natriumsiliziumfluorid statt 6 Teile Natriumfluorid verwendet und die
Sodaanteile um 3,7 Teile erhöht werden. Man erhält dann gleiche Schmelzbarkeit
und gleichstarke Trübung. Das Email bleibt auch frei von Haarrissen (V i e l-
h a b e r[1320]). Mit Natriumfluorid und Kryolith entwickelt sich die Trübung erst
bei Anwesenheit von Kalziumoxyd. Natriumfluorid wird als Vortrübungsmittel in
einer Menge bis zu 2% empfohlen. Daneben kann reichlich Flußspat zugegeben
werden. Die Trübung läßt sich auch mit Antimontrioxyd (2 bis 8%) regeln, ohne
daß man ein Mattwerden des Emails zu befürchten braucht (Anonym[1321]).

Eines der ältesten Trübungsmittel stellen die *Phosphate* dar, die als Knochenasche bereits im Altertum zur Herstellung opaker Gläser verwendet wurden. Die Phosphate werden entweder als Trikalziumphosphat $Ca_3(PO_4)_2$ oder Dinatriumphosphat meist beim Fritten zugesetzt. Wie die Untersuchung von F. H. Z s c h a c k e[1322] ergeben hat, kommt die beste Trübungswirkung mit reinweißer Farbe dann zustande, wenn das Verhältnis P_2O_5 : CaO im Email dem Monokalziumphosphat entspricht. Mit zunehmendem Kalkgehalt wird die Trübung immer stärker zurückgedrängt. Tiefe Trübungen werden auch durch Bariumphosphat erhalten. Es hat sich ferner gezeigt, daß durch die Einführung der Phosphate über den Umweg über das Dinatriumphosphat stärker weißgetrübte Emails und Glasuren erhalten werden als beim unmittelbaren Zusatz von Kalziumphosphaten. Die fehlende Menge an Kalziumoxyd wird dann als Kalziumkarbonat zugesetzt. Das Dinatriumphosphat ist bei Borat- und Bleiboratglasuren erst von 6% an gut wirksam, während die Bariumborat- und Bleikalkglasuren schon ab 3% gut getrübt werden (F. H. Z s c h a c k e[1323]). Von der Monsanto Chemical Co.[1324] wurden an Stelle oder neben Zinndioxyd Aluminiummetaphosphat als Trübungsmittel empfohlen.

Die Phosphate beeinflussen bei höheren Zusätzen die Elastizität, die thermischen Eigenschaften und die Schmelzbarkeit ungünstig. Als Ursache der Trübung durch Phosphate wird die Entmischung zweier verschieden zusammengesetzter Gläser beim Erstarren der Schmelze angesehen, wodurch die Gläser, Emails usw. optisch inhomogen werden.

d) Emailfarbkörper.

Die Emailfarben sind fast durchwegs anorganische Farbenpigmentkörper. Damit diese im Email eine möglichst große Wirksamkeit aufweisen, müssen sie sowohl einen hohen Brechungsexponenten aufweisen als auch im Emailfluß feinst verteilt sein. Ferner dürfen sie durch die hohe Temperatur beim Einbrennen nicht verändert werden. Auch sollen sie im Emailfluß möglichst wenig gelöst sein.

Die Herstellung der Farbkörper gliedert sich in die Aufbereitung, das Brennen, Waschen, Trocknen und Mahlen. Jede Änderung an Fabrikationsphasen wirkt sich in einer Änderung des Farbtones des fertigen Erzeugnisses aus. Sollen gleiche Farbtöne der Pigmente erhalten werden, so müssen auch reinste Rohstoffe als Ausgangsmaterial verwendet werden. Auch Unterschiede im spezifischen Gewicht der Farben ergeben Unterschiede im Farbton. Vorteilhaft kontrolliert man die Erzeugung an Hand von Standardfarben (O. O. K e n w o r t h y[1325]). Einen sehr großen Einfluß auf die Emailfärbung hat jedoch auch die Zusammensetzung des Emails, die für fehlerhafte Färbungen mehr verantwortlich ist als die Art des gewählten Farboxydes (H. M. B r o n n e r[1326]).

Die Farbkörper sind um so ausgiebiger, je feiner verteilt sie im Email vorliegen. Man muß daher für eine möglichst feine Mahlung sorgen und auch trachten, daß nicht womöglich durch eine zu lange Einwirkung höherer Temperaturen der Aggregatzustand vergröbert wird. Nach Untersuchungen von A. I. A n d r e w s und A. L. C o o t e[1327] werden die besten Emailfärbungen dann erhalten, wenn sich Fritteilchen einer Größe von 45 bis 75 Mikron mit Farbteilchen einer Größe von weniger als 5 Mikron vereinigen, während Pigmentteilchen über 5 Mikron die Färbung ungünstig beeinflussen.

Das Deckvermögen der einzelnen Farbkörper ist verschieden. Kadmiumsulfid färbt z. B. bereits in Mengen von etwa 1 bis 2% sehr ausgiebig, während andere Pigmente in Mengen von bis zu 8% zugesetzt werden müssen. Ebenso verschieden ist die Widerstandsfähigkeit gegen die lösende Wirkung des Emailflusses. Hier hat es sich gezeigt, daß die Auflösbarkeit eines Fremdkörpers um so geringer ist, je stärker die chemischen Bindungen im Molekül des Pigmentes sind. So haben sich

z. B. die salzartigen Verbindungen, wie das Bleiantimoniat und -arseniat, sowie Körper mit spinellartiger Struktur als besonders stabil erwiesen.

Meist werden die Farbkörper auf der Mühle zugesetzt, nur bei dunkelblauen und schwarzen Emails sowie bei den sog. Majolikaemails für Gußeisen ist es üblich, den Farbkörper dem Versatz beizugeben und ihn in das Emailglas einzuschmelzen. Sehr sattgefärbte Emails erhält man, wenn man ungetrübte oder nur wenig getrübte Emailsätze als Farbträger wählt (R. A l d i n g e r[1328]). Je getrübter das Email ist, um so stumpfer fällt die Farbe aus.

Zur *Gelbfärbung* von Emails verwendet man *Neapelgelb* (Bleiantimoniat $Pb_2Sb_4O_7$ und $Pb_3(SbO_4)_3$), das mit Zinndioxyd stabilisiert wird. Es wird auf der Mühle zugesetzt (6 bis 8%). Für Kochgeschirre ist es wegen seiner Giftigkeit unverwendbar. Es wird vorwiegend für dekorative Zwecke bei Schmuck- und Ziergegenständen usw. verwendet.

Kadmiumgelb (CdS) kann sowohl auf der Mühle als auch beim Emailschmelzen zugegeben werden (1 bis 2%). Beim Einschmelzen kommt die gelbe Farbe erst nach dem Mahlen, Auftragen und Einbrennen zum Vorschein. Kadmiumsulfid wird in der Emailindustrie als „Postgelb" verwendet (H. W e l t e[1329]). Kadmiumsulfid ist nicht säurebeständig. Wegen der Giftigkeit der Kadmiumverbindungen darf es zur Innenemaillierung von Kochgeschirren nicht verwendet werden.

Seltener angewendete Farbpigmente sind *Bariumchromat und Bleichromat*. Bleichromat färbt in Bleiflüssen korallenrot. Die Einbrenntemperatur darf nicht über 800° C ansteigen, da sonst Bleichromat zersetzt wird.

Rosafärbungen kann man mit den als *Pink* bezeichneten Farbkörpern erzielen. Die Pinkfarben werden durch Fritten von Mischungen aus Kreide, Quarz, Zinndioxyd, etwas Kaliumbichromat und Borsäure erhalten. Ihrer Konstitution nach sind sie Adsorptionsverbindungen von höheren Chromoxyden an Zinndioxyd. Die Pinkfarben können hellrot, hochrot, blaurot, bräunlich, ziegelrot, rosa usw. gefärbt erscheinen, je nach ihrer Zusammensetzung. In den Vanadiumpinks nach L. S t u c k e r t[1330] ist das Chromoxyd durch Vanadinoxyd ersetzt. Die Farbkraft der Pinkfarben ist nicht sehr groß, so daß man von ihnen etwa 7 bis 10% zusetzen muß.

Nur mehr selten, für Schmuckemail, Schilder usw., wird mit *kollodialem Gold* eine Purpurfärbung des Emails herbeigeführt. Das Gold wird als Goldchlorid $(AuCl_3)$ (etwa 0,02 bis 0,03% Gold) in den Versatz eingeführt. Die rote Farbe wird erst durch Anlaufenlassen entwickelt. Als färbende Komponente wirkt kolloidales Gold. Besonders geeignet zur Goldpurpurfärbung sind Kalibleigläser.

Ein sehr schönes und feuriges Rot erzielt man mit den festen Lösungen von Kadmiumsulfid in Selensulfid (*Kadmiumrot, Feuerrot, Signalrot*). Zusatz von 2 bis 3% zur Mühle bewirken eine sehr intensive, leuchtende Rotfärbung. Die Einbrenntemperatur beträgt am besten 850 bis 870° C, wobei sich kieselsäurereiche Emailflüsse wegen der dann besonders feurigen Färbung als am günstigsten erwiesen haben.

Ein billigeres mineralisches Pigment zur Rot- und Braunfärbung von Emails ist das *Eisenoxyd*. Das reinste Eisenoxyd wird aus Eisenhydroxyd oder -oxalat durch Glühen erhalten, jedoch wird zur Geschirremaillierung meist das durch Glühen von Ferrosufat erzeugte Oxyd (caput mortuum) verwendet, das aber möglichst frei von Schwefelsäure sein soll. Das Eisenoxyd weist je nach der Glühdauer und -temperatur eine hellrote bis dunkelbraune Farbe mit einem Stich ins Violette auf. Der Emailversatz soll keinen Salpeter als Oxydationsmittel enthalten, ebenso sollen keine Stellmittel gegeben werden. Von I. G r ü n w a l d[1331] werden folgende geeignete Rohmischungen für die weißen Emaillierungen von Küchengeschirren angegeben: Borax 42 kg, Quarz 91, Kryolith 31, Soda 6,3, Ton 3, Magnesiumoxyd 2, Flußspat 1, Zinndioxyd 6. Auf der Mühle werden 4% Ton und 8 bis 10% Eisenoxyd zugesetzt. Die Einbrenntemperatur liegt bei rund 820° C.

Dunkelgrüne Emails stellt man mit Dichromtrioxyd als Färbemittel her. Es wird aus Kaliumbichromat durch Erhitzen mit Reduktionsmitteln, wie Schwefel, Kohle, auch Ammonchlorid oder Kalziumsulfat, und Auslaugen des Reaktionsproduktes mit verdünnter Schwefelsäure erhalten. Je niedriger die Zersetzungstemperatur und je reiner das Bichromat war, desto feuriger ist das Grün. Das auf nassem Wege durch Fällung von Chromlaugen mit Soda und durch Glühen gewonnene schmutziggrüne Dichromtrioxyd besitzt eine geringere Färbekraft als das aus Bichromat hergestellte Oxyd. Chromoxyd wird zur Mühle in einer Menge von 2 bis 5% zugesetzt. Es ist sehr gut temperaturbeständig, löst sich aber etwas im Emailfluß als Silikat auf.

Blau wird entweder durch *Thenardsblau,* eine Anlagerungsverbindung von Kobaltoxyd an Tonerde mit Spinellstruktur, oder Mischungen von Kobaltoxyd, Dichromtrioxyd und Tonerde erzeugt. Die Farbkörper werden durch Erhitzen der Mischungen der Oxyde oder Sulfate der betreffenden Metalle erhalten. Je höher der Kobaltoxyd- und Dichromtrioxydgehalt ist, desto grünstichiger werden die Pigmente. Ihre Ausgiebigkeit und Beständigkeit ist sehr groß, meist genügen 1 bis 1,5%, auf der Mühle zugesetzt. Da die Haftfestigkeit der kobaltoxydhaltigen Emails auch ohne Grundemails sehr gut ist, können diese für billigere Emaillierungen ohne Grund auf Blech aufgebrannt werden.

Blau gefärbte Emails sollen sich auch beim Einbrennen einer Natriumzirkonsilikatlösung und Titandioxyd enthaltenden Fritte ergeben (Titanium Alloy Mfg. Co.[1332]).

Schwarze Emails erhält man am besten durch Zusammenmischung mehrerer färbender Metalloxyde in höheren Konzentrationen, z. B. von Kupferoxyd, Dichromtrioxyd, Kobaltoxyd, Ferrooxyd, Nickeloxyd, Manganoxyd, Ferrioxyd, Dimangantrioxyd. Je feiner verteilt die Pigmente sind und je geringer die Opazität des Emailflusses ist, um so tiefer schwarz wird der Gegenstand erscheinen. Ein höherer Boraxgehalt begünstigt die Schwarzfärbung, da durch einen Angriff der Schmelze auf die Pigmente ein schwarzes Glas entsteht, wodurch die Lichtabsorption verstärkt wird. Die Menge der schwarzen Körper beträgt etwa 0,2 bis 8% als Mühlenzusatz, sie können aber auch ohne Nachteile mit dem Email eingeschmolzen werden. Kobalthaltige schwarze Emails können ohne Grundemails direkt auf Eisen aufgebrannt werden.

Schwarz gefärbte Emails können auch durch Zusatz von Eisensulfid hergestellt werden, wobei aber Wasser enthaltende Verbindungen und Kieselsäure fehlen müssen (Degussa[1333]). Durch Mischung verschiedener Mineralpigmente können beliebige Farbnuancen hergestellt werden, z. B. Lichtgrün durch Mischen von Grün und Gelb, Orange durch Rot und Gelb, Violett aus Blau und Rot usw.

Literaturverzeichnis.

[1175] L. Stuckert, Die Emailfabrikation, Verlag Springer, 2. Aufl., 1941. — [1176] H. Hadwiger, Glashütte **66**, 841—44, 1936. — [1177] G. Gerth, Sprechsaal, Keram., Glas, Email **76**, 100—02, 123—27, 1943. — [1178] W. Petersen, ebenda **74**, 407, 26 S. bis 482, 1941. — [1179] G. J. Bair, Ceram. Ind. **32**, 68, 1939. — [1180] Vielhaber, Emailwarenind. **15**, 329—30, 1938. — [1181] English, J. Soc. Glass Technol. **8**, 205, 1924. — [1182] H. D. Curter, Ceram. Ind. **32**, 53—54, 1939. — [1183] Degussa, Ber. d. Deutschen keram. Gesellschaft **9**, 496, 1928. — [1184] C. Oberländer und F. H. Zschacke, Kan. P. 365 909. — [1185] Sioto G. m. b. H., EP. 456 714. — [1186] K. Nölling, DRP. 653 230. — [1187] W. Obst, Emailwarenind. **14**, 337—38, 1937. — [1188] R. Aldinger, Glashütte **67**, 157—59, 1937. — [1189] H. Kirst, ebenda **68**, 340—42, 1938. — [1190] R. Aldinger, ebenda **67**, 76—78, 1937. — [1191] H. Lang, Keram.

Rundsch., Kunstkeram. **47**, 525—27, 1939; **48**, 290—91, 1940; Glashütte **69**, 194—96, 1939. — [1192] Anonym, Keram. Rundsch., Kunstkeram. **48**, 20—22, 1940. — [1193] R. A l d i n g e r, Glashütte **69**, 797—99, 1939; **70**, 65—67, 1940. — [1194] V i e l h a b e r, Emailwarenind. **17**, 47, 1940. — [1195] H. L a n g, Glashütte **71**, 456—57, 1941. — [1196] H. B o l l e n b a c h, Emailwarenind. **17**, 95—96, 1940. — [1197] I. G. Farbenindustrie A. G., It. P. 383 916. — [1198] H e i m s o e t h, Sprechsaal **73**, 129, 1940. — [1199] Degussa, Belg. P. 448 343. — [1200] S c h u l t h e i s & Söhne, Belg. P. 444 886. — [1201] Dr. R i c k m a n n und R a p p e, DRP. 722 023. — [1202] V i e l h a b e r, Emailwarenind. **15**, 38, 1938. — [1203] Derselbe, ebenda **15**, 279—80, 296—97, 1938. — [1204] M. O. L e w i s, Ceram. Ind. **34**, Nr. 5, 39—40, 1940. — [1204a] W. M. F e n t o n, Amer. Ceram. Soc. Bull. **27**, 492—5, 1948. — [1205] G. S i r o v y und E. C z o l g o s, Ceram. Ind. **34**, Nr. 5, 40, 1940. — [1206] V i e l h a b e r, Emailwarenind. **17**, 47, 1940. — [1207] R. A l d i n g e r, Keram. Rundsch., Kunstkeram. **46**, 93—95, 1938. — [1208] V i e l h a b e r, Emailwarenind. **17**, 87—90, 93—95, 1940. — [1209] F. B e n e s c h o v s k y, Keram. Rundsch., Kunstkeram. **49**, 5—7, 1941. — [1210] A. F o u l o n, Glashütte, **70**, 461—62, 1940. — [1211] L. D. F e t t e r o l f, Ceram. Ind. **28**, 424—25, 1937. — [1212] F. H. Z s c h a c k e, Glashütte **68**, 50—51, 1938. — [1213] V. M. N i c h o l s o n, Canad. Chem. Process. Ind. **32**, 33—35, 1938. — [1214] Anonym, Chem. Ztg. **62**, 347, 1938. — [1215] AP. 1 443 813. — [1216] A. D i e t z l, Ber. **18**, 137—49, 1937. — [1217] B. M. S c h o l z, Glashütte **71**, 558—60, 1941. — [1218] B o c k e r, J. Amer. ceram. Soc. **9**, 399, 1926; Keram. Rundsch. **35**, 456, 1927. — [1219] V i e l h a b e r, ebenda **34**, 833, 1926. — [1220] J. G r ü n w a l d, Die Emailrohstoffe, S. 59, Verlag Springer, 1923. — [1221] Büderussche Eisenwerke, DRP. 672 636. — [1222] L. S t u c k e r t, Sprechsaal, Keram., Glas, Email **73**, 265—67, 1940. — [1223] K i r s t, Glashütte **71**, 592—93, 1941. — [1224] V i e l h a b e r, Emailwarenind. **15**, 163—64, 1938. — [1225] K. K a u t z, Enamelist **15**, Nr. 4, 13—15, 60—63, 1938. — [1226] Anonym, Glashütte **66**, 40—43, 66, 1936. — [1227] F. H a b e r, J. Soc. Chem. Ind. **33**, 491, 1914. — [1228] A. I. A n d r e w s und B. W. K i n g jun., J. Amer. ceram. Soc. **22**, 173—76, 1939; **24**, 360—67, 1941. — [1229] C. H. Z w e r m a n n und A. I. A n d r e w s, ebenda **23**, 93—102, 1940. — [1230] D. B. J u d d, W. N. H a r r i s o n und B. J. S w e o, ebenda **21**, 16—23, 1938. — [1231] Cl. H u t c h i n s o n und F. W. N e l s o n, ebenda **24**, 92—96, 1941. — [1232] V i e l h a b e r, Emailwarenind. **15**, 49—50, 1938. — [1233] K. P. A s a r o w und N. S. C h a r t s c h e n k o w a, Betriebslabor. (russisch) **7**, 237—39, 1938. — [1234] L. S t u c k e r t, Intern. Tin Res. Developm. Council Techn. Publ. Soc. A., Nr. 42, 30 S., 1936; Nr. 65, 1—81, 1937. — [1235] Derselbe, Emailwarenind. **15**, 63—65, 1938. — [1236] Derselbe, Foundry Trade J. **57**, 359—64, 1937. — [1237] Derselbe, Sprechsaal, Keram., Glas, Email **71**, 267—71, 281—85, 296—301, 308—10, 1938. — [1238] Anonym, Steel Metal Ind. **15**, 354, 356, 1941. — [1239] H. L a n g, Glashütte **69**, 194—96, 1939. — [1240] AP. 1 502 241. — [1241] Ph. E y e r, DRP. 638 710. — [1242] DRP. 283 792, 294 202. — [1243] DRP. 286 038. — [1244] DRP. 314 710. — [1245] Titanium Alloy Mfg. Co., AP. 2 100 337. — [1246] Dieselbe, AP. 1 342 084, 2 102 627. — [1247] Dieselbe, AP. 2 083 024. — [1248] Dieselbe, AP. 2 215 737. — [1249] Dieselbe AP. 2 102 720. — [1250] Auer-Ges. A. G., EP. 507 823. — [1251] W. S c h u l z, Keram. Rundsch., Kunstkeram. **46**, 277—79, 1938. — [1252] D e n e u v i l l e, Céram., Verrerie, Emaillerie **7**, 118, 1939. — [1253] B. W. K i n g jun., J. Amer. ceram. Soc. **23**, 225—35, 1940. — [1254] A. I. A n d r e w s und R. W. G a t e s, ebenda **23**, 288—90, 1940. — [1255] F. H. Z s c h a k e, Keram. Rundsch. **49**, 231—32, 351—53, 1941. — [1256] B. W. K i n g und A. I. A n d r e w s, Ceram. Ind., **36**, Nr. 5, 46—47, 1941. — [1257] M a y e r und H a v a s, Sprechsaal **44**, 188, 1911. — [1258] DRP. 392 213. — [1259] Holl. P. 5790. — [1260] Vereinigte Chem. Fabriken Kreidl, Heller & Co. Nfg., ÖP. 156 822. — [1261] Soc. des Produits Chimiques des Terres Rares, EP. 865 581. — [1262] Auer-Ges. A. G., FP. 868 052. — [1263] J. L ö f f l e r, Ber. Deutsche Chem. Ges. **19**, 228—35, 1938. — [1264] F. H. Z s c h a c k e, Keram. Rundsch., Kunstkeram. **49**, 197—201, 1941. — [1265] P i c k, Ill. Ztg. f. d. Blech-Ind. **56**, 803, 1927. — [1266] P o p p und H a u p t, Ztschr. angew. Chem. **40**, 218, 1927. — [1267] B e c k und S c h m i d t, Ztschr. Unters. Lebensmittel **55**, H. 1, 1928. — [1268] R i c k m a n n und R a p p e, DRP. 134 774/1901. — [1269] B. W. K i n g jun. und A. I. A n d r e w s, J. Amer. ceram. Soc. **23**, 225—28, 228—32, 1940. — [1270] L. S t u c k e r t, Emailwarenind. **17**, 23—25, 1940. — [1271] F. H. Z s c h a c k e, Keram. Rundsch., Kunstkeram. **49**, 197—201, 1941. — [1272] Derselbe, ebenda **49**, 331—32, 351—53, 1941. — [1273] R. L. N e w t o n, Ceram. Ind. **36**, Nr. 2, 57—58, 1941. — [1274] A. K r a f f t, Keram. Rundsch., Kunstkeram. **50**, 113—15, 1942. — [1275] H. M e l z e r, Glashütte **67**, 300—01, 1937. — [1276] Soc. des Produits Chimiques des Terres Rares, FP. 865 771. — [1277] EP. 490 986, FP. 830 568. — [1278] Degussa, EP. 488 008. —

[1279] Soc. des Produits Chimiques des Terres Rares, FP. 836 651. — [1280] Belg. P. 433 857, 434 040. — [1281] Degussa, It. P. 381 392. — [1282] DRP. 392 213, 421 995. — [1283] W. S c h u l z, Keram. Rundsch., Kunstkeram. 46, 277—79, 1938. — [1284] R. B o n c k e, A. D i e t z e l und W. P r a l o w, Sprechsaal, Keram., Glas, Email 74, 453—55, 463—65, 477—79, 1941. — [1285] Dieselben, ebenda 74, 295—97, 303—04, 311—12, 372—76, 1941. — [1286] A. D i e t z e l und R. B o n c k e, Sprechsaal, Keram., Glas, Email 75, 342—46, 365—68, 1942. — [1287] A. L. F r i e d b e r g, F. A. P e t e r s e n und A. I. A n d r e w s, J. Amer. ceram. Soc. 30, 261—77, 1947. — [1288] Harshaw Chemical Co., AP. 2 200 170, DRP. 693 757. — [1289] DRP. 207 011. — [1290] ÖP. 67 687. — [1291] I. G. Farbenindustrie A. G., Dän. P. 59 433, It. P. 383 916. — [1291a] D. R. G o e t c h i u s, Proc. Porcelain Enamel Inst. Forum, 10th Forum 1948, 7—11, 15—21; J. Amer. Ceram. Soc. 32, No 9, Ceram. Abstracts Sect. 204, 1949. — [1291b] J. C. S w a r t z, Proc. Porcelain Enamel Inst. Forum, 10th Forum 1948, 32—37, 46—51; J. ceram Soc. 32, No. 9, Ceram. Abstracts Sect. 204, 1949. — [1292] M. D e c h i g i, Arch. Gewerbepathologie, Gewerbehygiene 7, 468—76, 1936. — [1293] Degussa, Belg. P. 448 622. — [1294] S c h ä f e r, Keram. Rundsch. 25, 75, 1917. — [1295] R. W. H a n n a y e r, EP. 455 980. — [1296] V. V y s t a b e l, Emailwarenind. 18, 109—11, 115—17, 1941. — [1297] H. H a d w i g e r, Glashütte 67, 151—53, 1937. — [1298] L. S t u c k e r t, Emailwarenind. 18, 80—84, 85—87, 89—91, 1941. — [1299] I. K r e i d l, Norw. P. 62 453. — [1300] Anonym, Verre Silicates ind. 10, 145—46, 158—59, 181—82, 1931. — [1301] L. S t u c k e r t, Sprechsaal, Keram., Glas, Email 75, 7—11, 1942. — [1302] J. K r e i d l, AP. 2 102 630. — [1303] Degussa, FP. 855 285. — [1304] Vereinigte Chem. Fabriken Kreidl, Heller & Co. Nfg., Belg. P. 433 602. — [1305] Dieselben, Holl. P. 55 891, 55 892. — [1306] Degussa, It. P. 382 380, 374 044, 386 301. — [1307] N. G r o t h, Emailwarenind. 20, 67—69, 1943. — [1308] Kreidl, Heller & Co., ÖP. 155 239, 160 163, 155 240, EP. 455 771, Holl. P. 48 356. — [1309] I. G r ü n w a l d, Emailrohmaterialien 1922, 2. Aufl., S. 29. — [1310] H. L a n g, Keram. Rundsch., Kunstkeram. 39, 263, 1931. — [1311] L. S t u c k e r t, F. J. R a u t e r und J. K ä s t n e r, Emailwarenind. 21, 39—41, 1944. — [1312] L. S t u c k e r t, ebenda 21, 49—50, 1944. — [1313] F. H. Z s c h a c k e, Sprechsaal, Keram., Glas, Email 72, 583, 591, 1939. — [1314] V i e l h a b e r, Emailwarenind. 15, 247—49, 1938. — [1315] B. W. K i n g jun. und A. I. A n d r e w s, J. Amer. ceram. Soc. 22, 123—32, 1939. — [1316] H. K r i s t, Glashütte 68, 199—201, 1938; 70, 17—18, 30—32, 1940. — [1317] R. A l d i n g e r, ebenda 67, 675—77, 1937. — [1318] H. L a n g, ebenda 70, 509—11, 1940. — [1319] V i e l h a b e r, Emailwarenind. 9, 198, 1932. — [1320] Derselbe, ebenda 17, 25, 1940. — [1321] Anonym, ebenda 19, 87—88, 1942. — [1322] F. H. Z s c h a c k e, Keram. Rundsch., Kunstkeram. 49, 143—45, 265—68, 1941. — [1323] Derselbe, ebenda 49, 331—32, 351—53, 1941. — [1324] Monsanto Chemical Co., AP. 2 423 971/1947. — [1325] O. O. K e n w o r t h y, Ceram. Ind. 30, 90—92, 1938. — [1326] H. M. B r o n n e r, Enamelist 15, Nr. 5, 5—8, 59—62, 1938. — [1327] A. I. A n d r e w s und A. L. C o o t e, J. Amer. ceram. Soc. 24, 298—310, 1941. — [1328] R. A l d i n g e r, Glashütte 68, 438—39, 1938. — [1329] H. W e l t e, Emailwarenind. 14, 277—80, 1927. — [1330] L. S t u c k e r t, Degussa, DRP. 554 607. — [1331] I. G r ü n w a l d, Emailrohstoffe 1921, 2. Aufl., S. 239. — [1332] Titanium Alloy Mfg. Co., AP. 2 063 252. — [1333] Degussa, Belg. P. 443 395.

50. Die physikalischen Eigenschaften des Emails.

Ähnlich wie beim Glas hat man auch beim Email versucht, die physikalischen Eigenschaften durch Addition von Zahlenfaktoren unter Berücksichtigung der Prozentzahlen zu berechnen, die den das Email aufbauenden Oxyden zukommen. In diesem Zusammenhange sind insbesondere die Versuche von W i n k e l m a n n und S c h o t t[1334] für Glas, von M a y e r und H a v a s[1335] sowie G e h l h o f f und T h o m a s[1336] zu erwähnen. Die Übereinstimmung zwischen den tatsächlich gefundenen Werten und der Beobachtung ist jedoch keine sehr gute, so daß die Ergebnisse der Berechnung nicht sehr zuverlässig sind. Am besten stimmt die Berechnung noch bei der Dichte, jedoch treten bei hohen Borsäure- und Bleioxydgehalten auch hier erhebliche Abweichungen auf.

Die *Dichte* des Emails liegt bei etwa 2,5, von gasgetrübten Emails bei 2,3, bei bleihaltigen Emails ist sie etwas höher.

Die *Zugfestigkeit* von Email wird in der Zerreißmaschine an Stäben oder Fäden aus dem Email bestimmt. Während Glas Zugfestigkeiten von 7 bis 9 kg besitzt, soll nach A. I. A n d r e w s und W. W. C o f f e e n[1337] Email Zugfestigkeit von rund 30 kg/qmm aufweisen. Bemerkenswert ist, daß in trockener Luft die Bruchfestigkeit von Emails größer ist als in feuchter Luft (D. G. M o o r e und W. N. H a r r i s o n[1338]).

Der Bruchmodul von Frittefäden aus Eisenblechdeckemails ist merklich größer als der von Blechgrundemails und Gußgrundemails. Bleifreie Gußemailfritten weisen die niedrigsten Festigkeiten auf.

Günstig auf die Zugfestigkeit der Emails wirken in abnehmender Reihenfolge Kalziumoxyd, Dibortrioxyd (in Mengen bis 15%, darüber hinaus tritt wieder eine Verschlechterung ein), Bariumoxyd, Tonerde, Bleioxyd, Kaliumoxyd, Natriumoxyd (Kieselsäure, Magnesiumoxyd, Zinkoxyd, Ferrioxyd) ein.

Die *Druckfestigkeit* der Emails und Gläser ist wesentlich größer als die Zugfestigkeit und schwankt etwa zwischen 70 und 120 kg/qmm. Sie werden durch Tonerde (Siliziumdioxyd, Magnesiumoxyd, Zinkoxyd), Dibortrioxyd, Ferrioxyd (Bariumoxyd, Kalziumoxyd, Bleioxyd), Natriumoxyd und Kaliumoxyd in immer geringer werdendem Ausmaße begünstigt. Dünne Deckschichten und hohe Temperaturen steigern die Emailfestigkeit.

Die *Elastizität* der Emails schwankt im allgemeinen zwischen etwa 8000 und 9000 kg/qmm. Mit steigendem Bleigehalt nimmt die Elastizität, ebenso in der Reihenfolge Tonerde, Natriumoxyd, Bariumoxyd, Kaliumoxyd, Siliziumdioxyd, Bleioxyd, Dibortrioxyd und Zinkoxyd ab. Bei der Prüfung der Absplitterungsfähigkeit unter Torsionsbeanspruchung ergibt sich für säurebeständige Emails eine Steigerung um 15% mit Abnahme des Feuchtigkeitsgehaltes von 98% auf 35% (D. G. H a r r i s o n und W. N. H a r r i s o n[1340]).

Die Elastizität des Grundemails ist für die Haftfestigkeit des Emails von besonderer Bedeutung. Sie muß nicht nur hinreichend groß sein, um Wärmeschwankungen und Differenzen in den Ausdehnungskoeffizienten zwischen Eisen und Email auszugleichen, sondern auch mechanische Beanspruchungen ohne Beschädigung des Emails unschädlich machen können. Die beste Elastizität wird bei Grundemails bei längerer Einbrenndauer erreicht. Dünner Auftrag liefert eine hohe Stoßfestigkeit und verbessert die Elastizitätswerte (E. W. D i e t t e r l e[1341]).

Die Widerstandsfähigkeit des Emails gegen Stoß und Schlag wird durch die Zugfestigkeit, Haftfestigkeit, Elastizität und Härte bedingt (P. E. S m i t h[1342]). Die Schlag- und Stoßfestigkeit wird entweder durch die Wucht eines Einzelschlages oder die Anzahl mehrerer kleinerer Schläge sowie die Art des Abspringens des Emails in größeren oder kleineren Stücken bewertet. Zur Prüfung dient der Kugelfallapparat von L e m n e, S a l m a n g und B r i n k[1343] sowie V i e l h a b e r[1344] oder L. S t u c k e r t[1345]. Bei diesen Apparaten wird entweder eine polierte Stahlkugel von 40 mm Durchmesser auf das Email von verschiedener Höhe fallen gelassen (L e m n e usw.) oder aber verschieden schwere Fallbären fallen auf eine 6 mm große Stahlkugel auf das Email auf (S t u c k e r t). Beurteilt wird entweder das teilweise Absplittern des Emails oder die Größe der kreisförmigen, zerstörten Emailfläche. Die Blechstärke soll nach V i e l h a b e r[1346] unter 0,5 oder über 2,0 mm betragen.

Die *Schlagfestigkeit* wird durch einen Mühlenzusatz von Zinndioxyd (L. S t u c k e r t[1347]) und noch stärker beim Ersatz des Zinndioxyds als Trübungsmittel durch Zirkonsilikat erhöht (G. G a l b i a t i[1348]).

Die *Stoßfestigkeit* von Emails ist an Rändern und Wülsten größer als in der Mitte von größeren Flächen (L e m n e l. c., S t u c k e r t l. c.). Die Schlagfestigkeit soll so groß sein, daß bei einem Schlag von etwa 0,5 mkg noch keine Haarrisse, bei 1 mkg noch keine Absplitterungen eintreten. Das Absplittern von Email wird sowohl durch die Eigenschaften der Masse als auch außerhalb liegende Faktoren bedingt

(R. L. Fellows und P. M. Wheeler[1349]). Bei sonst gleichen Umständen erhöht sich der Widerstand gegen Abspringen, wenn der thermische Ausdehnungskoeffizient des Grundemails sinkt und letzteres eine dichte, möglichst blasenfreie Struktur besitzt. Für das Deckemail gelten diese Feststellungen nicht im gleichen Ausmaße.

Zwischen der *Haftfestigkeit* des Grundemails sowie der Dicke und Streckgrenze des Stahlbleches besteht ein Zusammenhang. Bei Zugbeanspruchungen tritt das Absplittern unmittelbar nach dem Überschreiten der Streckgrenze des Stahles ein. Die durch gleichgroße Schlagbeanspruchungen hervorgerufenen Emailbrüche sind für alle Stahlblechdicken etwa gleich groß, wenn eine Deformation des Bleches verhindert wird. Die Ausdehnung der Emailbrüche nimmt dagegen mit wachsender Blechdicke ab, wenn eine Deformation des Bleches zugelassen wird (G. Sirovy und E. P. Czolgos[1350]).

Die *Biegefestigkeit* der Emailschicht hängt vorwiegend von der Zusammensetzung des Emails ab (Kingie und Plunkett[1351]). Sie besitzt bei größeren Gegenständen, wie Herdplatten, Schildern usw., die auf Biegung beansprucht werden können, größere Bedeutung. Sie wurde an derartigen Gegenständen von Danielson und Lindermann[1352] durch steigende Belastung der einseitig eingesetzten Proben untersucht. Je dünner die Emailschicht ist, desto größer ist die Biegefestigkeit. Bei Untersuchungen von D. G. Moore und W. N. Harrison[1353] wurde die höchste Festigkeit von etwa 8000 kg/qmm bei einem säurebeständigen Blechdeckemail und einem harten Blechgrundemail beobachtet. Mit zunehmendem Feuchtigkeitsgehalt der Luft nimmt die Biegefestigkeit ab.

Das *Durchbiegen* der Emaildeckschicht tritt nach Versuchen von L. C. Athy[1354] um so stärker in Erscheinung, je weicher das Grundemail ist. Das Durchbiegen verstärkt sich auch bei erhöhter Temperatur während des Auftragens von Grund- und Deckemail. Die Biegefestigkeit der Emails wird nach Untersuchungen von L. Stuckert[1355] durch Zinndioxyd, weniger stark durch Zeroxyd und Antimoniate begünstigt.

Die *Härte* des Emails beträgt etwa 5 bis 7 nach der Skala von Mohs. Sie wird entweder als Vickers-Härte (Heimsoeth und Weinig[1356]) durch Eindrücken einer vierseitigen Diamantspitze in das Email oder mit Hilfe der Ritzbreite mit dem Apparate von Martens ermittelt (Vielhaber[1357]). Die Vickers-Härte beträgt etwa 500 bis 600 kg/qmm. Sie wird durch Quarz und Ton im Fluß sowie die Mühlenzusätze Zirkondioxyd und Natriummetaantimoniat beträchtlich erhöht. Bezüglich der Ritzhärte tritt bei Dibortrioxyd ein Maximum der Härtesteigerung bei Zusatz von 15%, bei Tonerde bei 11% und bei Flußspat bei 9% auf. Mit fallendem Kieselsäure- bzw. steigendem Alkaligehalt zeigt sich ein deutlicher Abfall der Ritzhärte.

Bei Trübungsmitteln ist die Härtesteigerung beim Einschmelzen weit größer als beim Zusetzen auf der Mühle. Am größten ist die Wirkung mit Natriummeta-antimoniat (mit Maximum), sie nimmt in der Reihenfolge Titandioxyd, Zeroxyd und Zinnoxyd ab. Inhomogenitäten der Schmelze oder der Mischung machen sich in größeren Schwankungen der Oberflächenhärte an verschiedenen Prüfstellen bemerkbar.

In enger Beziehung zur Härte steht die Widerstandsfähigkeit des Emails gegen *Abnützung und Abrieb*. Die Widerstandsfähigkeit der Emailoberfläche gegen Abrieb hängt in erster Linie von der Zusammensetzung bzw. von der Höhe des Siliziumdioxyd- und Tonerdegehaltes ab. Ferner ist auch die Behandlung der Oberfläche beim und nach dem Brennen von Bedeutung (R. Aldinger[1359]). Auch der Ton- und Wassergehalt sowie die Brennbedingungen sind auf den Abschleifwiderstand von Emails von Einfluß. Hingegen sind die Mahlfeinheit und die aufgetragenen Mengen nicht ausschlaggebend (C. Hutchinson[1360]). Die Menge und Art der Trübungsmittel beeinflußt den Abschleifwiderstand. So wird z. B. durch einen Zusatz von 10% Zirkopax (65,6% ZrO_2, 33,4% Siliziumdioxyd) der Abreibwiderstand wesentlich erhöht (C. H. C o m m o n s jun.[1361]). Zwischen dem Widerstand gegen Abrasion, der chemischen Beständigkeit und Reflexion besteht keine Beziehung. Hingegen scheint eine Blasenstruktur der Emailschicht einen großen Einfluß auf den Widerstand gegen Abrieb zu haben (F. A. P e t e r s e n[1362]).

Die Ermittlung des Abreibwiderstandes erfolgt entweder durch Rütteln mit Schleifmitteln, wie feinem Feldspatmehl und Kugeln aus Porzellan u. dgl. (K i n z i e[1363] sowie S h a r t s i s und H a r r i s o n[1364]), oder Abschmirgeln von ebenen Platten mit Sinterkorund und Glyzerin (K i e f e r und W i t t i g[1365]). Bei beiden Verfahren wird der Abriebwiderstand entweder auf dem Gewichtsverlust oder aber nach dem Glanzverlust bewertet.

Die *spezifische Wärme* von Emails kann additiv an Hand der Zusammensetzung berechnet werden. Für Email selbst wurde sie noch nicht bestimmt. Man kann aber mit einem ungefähren Wert von 0,3 zwischen 0 und 1400° C rechnen.

Für die Abkühlung der eingebrannten Emailschichten, für die Verwendbarkeit emaillierter Apparaturen usw. spielt die *Wärmeleitfähigkeit* eine wesentliche Rolle. Diese hängt, wie Untersuchungen von D a w i h l[1366] gezeigt haben, viel weniger von der chemischen Zusammensetzung des Emails als vielmehr vom Gehalt der Emailmasse an Gasbläschen ab. Während z. B. bei einem Volumsgewicht des Emails von 2,48 die Wärmeleitfähigkeiten bei 40° C für normales Email 0,0028 cal. $cm^{-1} \cdot sec.^{-1} \cdot {}^{\circ}C^{-1}$ beträgt, war sie beim Vorhandensein vieler kleiner Bläschen auf 0,0025 cal. $cm^{-1} \cdot sec.^{-1} {}^{\circ}C$ abgesunken. Im Vergleich zu den Metallen leitet z. B. das Eisen 55mal, das Aluminium 171mal und das Kupfer 320mal so gut die Wärme als das Email. Trotzdem ist der Energieverbrauch und die Erwärmungszeit in emaillierten Kochgeschirren gegenüber solchen aus Kupfer, Aluminium, Nickel usw. nicht größer, da auch die Abstrahlungsverluste im emaillierten Geschirr entsprechend kleiner sind (G. H. M c. I n t y r e[1367]).

Die Wärmeausdehnung ist vor allem für die Haftfestigkeit des Emails beim Erwärmen und Abkühlen emaillierter Gegenstände von Wichtigkeit. Eine Berechnung der mittleren kubischen Ausdehnung auf Grund von bestimmten Faktoren ist bis zu Temperaturen von etwa 100° C möglich, eine Extrapolation auch auf höhere Temperaturen hingegen nicht ohne weiteres durchführbar. In Tab. 31 sind die vom Amer. Bureau of Standards[1368] sowie von M a y e r und H a v a s[1369] für Email gefundenen Ausdehnungsfaktoren wiedergegeben, mit deren Hilfe auf Grund der Annahme einer Additivität die Wärmeausdehnung berechnet werden kann. Die Zahlen gelten nur für Temperaturen bis 100° C und sind für die Ausdehnung bis 200° C mit 1,04, bis 300° C mit 1,09 und bis 400° C mit 1,15 zu multiplizieren.

Bei Borsäure tritt ein Minimum in der Ausdehnungskurve ein. Bemerkenswert ist auch, daß beim Ersatz von Natriumoxyd durch Dibortrioxyd der Ausdehnungs-

Tabelle 31. *Wirkungsfaktoren zur Berechnung der kubischen Wärmeausdehnung von Email.*

Oxyd	Bur. Stand.	Oxyd	Mayer und Havas	Fluoride	Mayer und Havas
Na_2O	9,0	CoO	4,4	NaF	7,4
K_2O	7,6	PbO	4,2	AlF_3	4,4
Al_2O_3	3,3	TiO_2	4,1	CaF_2	2,5
SiO_2	1,1	Fe_2O_3	4,0		
B_2O_3	1,0	NiO	4,0		
Diese Faktoren sind mit den		Sb_2O_5	3,6		
%-Gehalten zu multiplizieren, die		ZrO_2	2,1		
Produkte werden addiert.		SnO_2	2,0		

koeffizient sinkt, die kritische Temperatur aber ungleichmäßig ansteigt. W. N. Harrison, As. I. Sweo und St. M. Shelton[1370] haben festgestellt, daß die ersten 3% des Borsäureanteiles eine 4mal so große Änderung des Ausdehnungskoeffizienten verursachen wie ein weiterer 3%iger Ersatz des Natriumoxyds durch Dibortrioxyd. Gerade bei der Borsäure liegt somit keinesfalls eine strenge Additivität vor.

Zwischen dem kubischen Ausdehnungskoeffizienten und der Stoßfestigkeit besteht ein deutlicher Zusammenhang. Die Stoßfestigkeit nimmt im allgemeinen zu, wenn der Ausdehnungskoeffizient des Grundemails sich verringert (R. S. Fellows und P. M. Wheeler[1371]). Ebenso sinkt auch die Biegefestigkeit mit steigender Wärmeausdehnung (Gautsch[1372]).

Zur Bestimmung der Wärmeausdehnung sind mehrere Verfahren in praktischer Anwendung. Mittels des Dilatometers wird die Ausdehnung eines Quarzstabes oder einer Legierung mit jener eines Stabes aus Email während der Erwärmung auf eine Schreibtrommel oder eines photographischen Papiers aufgezeichnet (Chevenard[1373]). Bei der Interferenzmethode von Fizeau-Pulfrich (Lehmann und Schulze[1374] oder Merrit[1375]) wird aus der Anzahl n der in einem Autokollimationsfernrohr während der Erwärmung vorbeiwandernder Interferenzstreifen, der Höhe h der Emailkegel und der Wellenlänge λ des monochromatischen Lichtes der Ausdehnungskoeffizient zwischen den Temperaturen t_1 und t_2 berechnet:

$$\alpha = \frac{n\lambda}{2h(t_2 - t_1)}.$$

Die Widerstandsfähigkeit des Emails gegen plötzliche Temperaturschwankungen, die auch *Wärmefestigkeit* genannt wird, wird durch einen kleinen Ausdehnungskoeffizienten, eine hohe Elastizität, einen großen Torsionsmodul und eine geringe Dicke der Emailschicht begünstigt.

Die Wärmefestigkeit ist insbesondere für den praktischen Gebrauch der Emaillierung von großer Bedeutung, da plötzliche Erhitzungen durch Aufstellung kalter Gefäße auf heiße Flammen oder jähe Abschreckungen heißer emaillierter Gefäße durch Eingießen kalter Flüssigkeiten öfters vorkommen.

Die Prüfung der thermischen Widerstandsfähigkeit (Kochfestigkeit) von emaillierten Gegenständen erfolgt z. B. durch Auftropfen von Wasser in Abständen von 20 Sekunden auf eine auf 360° C erhitzte Probeplatte (Kinzie[1376]) oder durch dreimaliges Eingießen von 50 ccm Wasser in das auf 300° C erhitzte Kochgefäß (H. Kohl und W. Kerstan[1377]). Man legt auf eine elektrische Kochplatte eine etwa 1 cm hohe Schicht von Aluminiumgrieß, wodurch eine gleichmäßige Wärmeübertragung an das Emailgeschirr gesichert ist. Aus einem geeichten Glasgefäß (Bürette) läßt man innerhalb von vier Sekunden 50 ccm Wasser ausfließen. Der Topf wird von der Kochplatte abgehoben, das Wasser ausgeschüttet und das Prüfgefäß sofort wieder auf die heiße Platte aufgesetzt. Das Verfahren ergibt reproduzierbare Werte. Bei der ersten Methode dürfen nach dem Einreiben mit Ruß keine Sprünge, sondern nur eine Mattierung auftreten, während kochfestes Email nach der zweiten Prüfungsmethode bei dreimaligem Erhitzen und Eingießen des Wassers nicht absplittern darf.

Als Silikat besitzt das Email keinen scharfen *Schmelzpunkt,* sondern es geht beim Erhitzen allmählich über ein *Erweichungsintervall* vom starren in den zähflüssigen Zustand über. Die Schmelztemperatur eines Emails ist daher jene Temperatur, bei der ein kegelförmiger Emailkörper sich beim Erhitzen wie eine Segerkegelmasse verhält. Das Erweichungsintervall beträgt im allgemeinen 40 bis 70°.

Die Mischung, aus welcher das Email erschmolzen wird, besteht aus feuerfesten Stoffen, wie Siliziumdioxyd, Tonerde, Feldspat usw., sowie Flußmitteln, wie Alkalien, Borsäure, Fluoriden. Der Schmelzpunkt des Gemisches sinkt keineswegs immer mit steigendem Gehalt des Flußmittels und zunehmendem Anteil der feuerfesten Stoffe, sondern es kommt auf die Einhaltung eines bestimmten Verhältnisses beider Stoffe zueinander an. Die Flußwirkung eines Flußmittels hängt auch nicht nur von seinem Schmelzpunkt ab. Da sich bei der Schmelze eutektische Mischungen bilden, kann der Schmelzpunkt des Gemisches unter den einzelnen Schmelzpunkten der feuerfesten Stoffe und auch der Flußmittel liegen (V i e l h a b e r[1378]). Den stärksten erhöhenden Einfluß auf die Schmelzbarkeit hat Tonerde, dann folgen mit abnehmender Wirkung Kalziumoxyd, Magnesiumoxyd und Siliziumdioxyd. Dibortrioxyd, Bleioxyd und Natriumoxyd setzen die Schmelztemperatur herab.

Die Schmelzbarkeit des Emails wird in der Weise ermittelt, daß man aus der geschmolzenen und wieder erstarrten Emailmasse Segerkegel formt und diese bei genau eingehaltener Temperatur, Erhitzungsgeschwindigkeit und Zeitdauer bis zur beginnenden Erweichung erhitzt (Kegelfallmethode; Z s c h i m m e r und L e o n h a r d t[1379]).

Für die Praxis hat neben der Schmelzbarkeit auch die *Viskosität* der Emailschmelze eine wesentliche Bedeutung, da man daraus Schlüsse auf die Fließbarkeit und Benetzungsfähigkeit des Emails ziehen kann. Die Viskosität ist sehr stark von der Temperatur abhängig. So steigt sie nach den Untersuchungen von W. N. H a r r i s o n, A. E. S t e p h e n s und St. M. S h e l t o n[1380] bei einer Erniedrigung der Temperatur von 950 auf 750° auf das 100fache an. Aber auch die Zusammensetzung des Emails hat einen Einfluß auf die Viskosität. So zeigt ein hartes Grundemail (29,2% Siliziumdioxyd, 7,7% Tonerde, 17,4% Dibortrioxyd, 2,9% Bariumoxyd, 0,7% Nickeloxyd, 0,6% Kobaltoxyd, 1,4% Braunstein, 4,5% Kaliumoxyd, 15,2% Natriumoxyd und 0,4% Fluoride) bei gleicher Temperatur eine dreimal so große Zähigkeit als wie ein weiches Grundmetall (40,9% Siliziumdioxyd, 7,7% Tonerde, 17,5% Dibortrioxyd, 8,4% Kalziumoxyd, 0,5% Nickeloxyd, 0,6% Kobaltoxyd, 1,2% Braunstein, 4,5% Kaliumoxyd, 15,3% Natriumoxyd, 3,5% Fluoride).

Ebenso kann z. B. die Zähigkeit eines borfreien mit der eines borhaltigen Emails fast übereinstimmen (W. K e r s t a n[1381]). Im Mittel beträgt die Viskosität normaler Emails bei der Einbrenntemperatur etwa 4000 Poisen. Es wurden aber auch Extremwerte von über 60 000 und rund 160 Poisen festgestellt.

Zur Ermittlung der Schmelzbarkeit kann man entweder das Rotationsviskosimeter (H a r r i s o n, S t e p h e n s und S h e l t o n, l. c.), den Schmelzblock oder die Rinnplatte (R i c k e und T a n n e[1382] sowie L a m p m a n[1383]) oder das Schmelzbarkeitsverfahren von K i n z i e[1384] anwenden.

Die Viskosität verschiedener Emails kann man auf eine einfache Weise miteinander vergleichen, wenn man aus den Emailmassen Pastillen preßt, die auf schräger Unterlage (Rinnplatte) der gewünschten Temperatur ausgesetzt werden. Durch Vergleich der Fließstrecken erhält man ein Maß für den Unterschied in den Viskositäten. Die Viskosität kann leichter durch Verminderung des Siliziumdioxydgehaltes als durch Zugabe von Borsäure herabgesetzt werden. Die Borsäure besitzt bei einem Gehalt von 4 bis 6% einen besonderen Einfluß auf die Viskosität (Anonym[1285]).

Ein einfaches Verfahren zur Bestimmung des Erweichungspunktes hat auch G. S c h m i d t[1386] beschrieben. Der vergleichende Erweichungspunkt wird als jene Temperatur definiert, bei der ein Zylinder von 1 cm Durchmesser und 75 g Gewicht um 1 mm in die mit einer Geschwindigkeit von 5 bis 12°/Minute zu erwärmende Emailmasse eingedrungen ist. Die Grenze der Erwärmungsbeständigkeit soll um 100° tiefer, die günstigste Brenntemperatur um 300° höher als der gemessene Erweichungspunkt liegen.

Für die Benetzung der Emails am Eisen ist die *Oberflächenspannung* von Wichtigkeit. Von W. N. H a r r i s o n und D. G. M o o r e[1387] wurde die Oberflächenspannung

von Emails bei und in der Nähe des Schmelzpunktes in der Weise bestimmt, daß
die Menge des Emails, die an einem Platinzylinder hängenbleibt, dessen unteres Ende
gerade die Oberfläche des flüssigen Emails berührt, gewogen wird. Die meisten Emails
hatten eine Oberflächenspannung von 250 dyn/cm, solche mit hohen Bleigehalten von
200 dyn/cm. Die Oberflächenspannung wächst mit sinkender Temperatur. Mühlenzusätze beeinflussen die Oberflächenspannung nicht. Zur Erzielung glatter Oberflächen
der Emailüberzüge scheint aber die Oberflächenspannung eine wichtige Rolle zu
spielen.

Von R. D i t z e l[1388] wurden zur Berechnung der Oberflächenspannungen von
Gläsern, Glasuren und Emails bei 900° C für alle in Frage kommenden Oxyde
Faktoren angegeben und an zahlreichen Beispielen bestätigt. Für höhere Temperaturen sind entsprechende Korrekturen anzubringen. Die Oberflächenspannung besitzt
als einzige Eigenschaft keine Anomalie des Borsäuregehaltes.

Hinsichtlich der *elektrischen Leitfähigkeit* verhält sich das Email sehr ähnlich
wie das Glas. Während es bei niedrigen Temperaturen wie ein Isolator wirkt, setzt
in der Nähe des Erweichungspunktes und beim Schmelzen auch die Ionenleitfähigkeit
ein, so daß der Widerstand ganz beträchtlich absinkt. Nach Untersuchungen von
S a l m a n g und H o l l e r[1389] besitzt z. B. bei 330° C ein hochsäurefestes Email
einen Widerstand von 25 Millionen Ohm, bei 400° C von 4 Millionen Ohm und
bei 500° C von rund 1 Million Ohm. Auch die Zusammensetzung des Emails ergibt
Unterschiede in der elektrischen Leitfähigkeit. So zeigt ein mittelsäurefestes Email bei
340° C einen Widerstand von rund 20 Millionen Ohm, ein Küchenemail aber nur
von etwa 10 Millionen Ohm. Der spezifische Widerstand von Emails bei 400° C.
liegt etwa zwischen den Grenzen von 1 bis 5 Millionen Ohm.

Erhöhend auf den elektrischen Widerstand wirken Zinkoxyd, Titandioxyd,
Bariumoxyd, Kaliumoxyd, Bleioxyd, Boroxyd, erniedrigend Natriumoxyd, Kalziumoxyd und Tonerde (B a d g e r und W h i t e[1390]).

Der *Brechungsexponent* der im Email vorhandenen glasigen Stoffe liegt bei
etwa 1,50 bis 1,55. Er wird durch Borsäure bis zu einer Menge von 15% erhöht,
größere Mengen setzen ihn wieder herab. Der Brechungsindex ist für die Trübung
des Emails von Bedeutung, da der Grad der Weißtrübung mit der Differenz
zwischen den Brechungsexponenten des Grundglases und den eingelagerten Teilchen zunimmt. Die stärkste Trübungswirkung üben daher einerseits Stoffe mit
wesentlich höherem (z. B. Antimontrioxyd, $n_D = 2,6$) und andererseits mit erheblich niedrigerem Brechungsexponenten wie feinst verteilte Gase ($n_D = 1,0$) aus.

Die *Dicke der Emailschicht* kann auf magnetischem Wege ermittelt werden.
Das Verfahren beruht auf der durch die Emailstärke bedingten Änderung des
magnetischen Feldes zwischen den beiden Polen eines permanenten Magnetes, sofern die emaillierte Platte als magnetischer Nebenschluß verwendet wird (J. H.
B a r t o w und R. H. W h i l l o c k[1391] sowie Anonym[1392] und K. A s a r o w und
N. C h a r t s c h e n k o w a[1393]). Grundemail weist eine Schichtdicke von etwa
0,15 mm, fertiges Email von 0,55 bis 0,6 mm auf. Jedoch werden bei Grundemail
auch Schichtdicken zwischen 0,08 und 0,25, bei fertigen Emails zwischen 0,15 und
1 mm gefunden.

Die Dicke der säurefesten Schicht auf Emails kann durch Freilegen eines schrägen
Schnittes von etwa 1 mm Breite durch Schleifen ermittelt werden. Die Grenzen des
Schnittes werden markiert und der freigelegten Fläche durch einen nochmaligen
Brand eine Feuerpolitur erteilt. Die Oberfläche wird dann der Wirkung einer
Säure ausgesetzt, worauf sie mit färbigem Wachs bedeckt wird. Durch Reiben gelingt
es, das Wachs von dem säurefesten Email zu entfernen, während es auf dem an-
geätzten Teile der schrägen Fläche zurückbleibt. Nun wird der von säurefestem
Email eingenommene Bruchteil der schrägen Fläche bestimmt und mit der gesamten

Dicke des Emails, die auf magnetischem Wege gemessen wurde, multipliziert. Das Produkt ergibt die Dicke der säurefesten Schicht (L. H a r t s i s und W. N. H a r r i - s o n[1394]).

Literaturverzeichnis.

[1334] W i n k e l m a n n und S c h o t t, Ann. Physik 49, 401, 1893. — [1335] M a y e r und H a v a s, Sprechsaal 44, 188, 1911. — [1336] G e h l h o f f und T h o m a s, Ztschr. techn. Physik 7, 105, 1926. — [1337] A. I. A n d r e w s und W. W. C o f f e e n, J. Amer. chem. Soc. 22, 11—15, 1939; Emailwarenind. 16, 117, 1939. — [1338] D. G. M o o r e und W. N. H a r r i s o n, Enamelist 16, Nr. 1, 42—44, 1939; Sheet Metal Ind. 13, 1165, 116, 1939; Better Enamel 10, Nr. 8, 11—12, 1939. — [1340] D. G. H a r r i s o n und W. N. H a r r i s o n, Ceram. Age 34, 37—38, 1939. — [1341] E. W. D i e t t e r l e, ebenda 36, Nr. 6, 62, 1941. — [1342] P. E. S m i t h, Prod. Finishing 3, Nr. 4, 20—27, 1939. — [1343] L e m n e, S a l m a n g und B r i n k, Sprechsaal, 66, 250, 1930; Dissert. Aachen 1933. — [1344] V i e l h a b e r, Emailwarenind. 6, 419, 431, 1929. — [1345] L. S t u c k e r t, ebenda 14, 81, 1937. — [1346] V i e l h a b e r, Emailwarenind. 6, 420, 431, 1949. — [1347] L. S t u c k e r t, Techn. Publ. Int. Tin Res. und Developm. Co. A/65. — [1348] G. G a l b i a t i, Emaillerie 6, Nr. 6, 7—12, 1939. — [1349] R. L. F e l l o w s und P. M. W h e e l e r, Ceram. Ind. 36, Nr. 5, 47, 1941; J. Amer. ceram. Soc. 24, 356—60, 1941. — [1350] G. S i r o v y und E. P. C z o l g o s, Bull. amer. ceram. Soc. 17, 168—70, 1938. — [1351] K i n g i e und P l u n k e t t, J. amer. ceram. Soc. 13, 664, 1920; Emailwarenind. 7, 389. 1930. — [1352] D a n i e l s o n und L i n d e r m a n n, J. Amer. ceram. Soc. 8, 795, 1925. — [1353] D. G. M o o r e und W. N. H a r r i s o n, J. Res. nat. Bur. Standards 23, 329—43, 1939. — [1354] L. C. A t h y, Ceram. Ind. 34, Nr. 5, 39, 1940. — [1355] L. S t u c k e r t, Trübungsmittel in Naßemaillierungspuder, München 1936, S. 12. — [1356] H e i m s o e t h und W e i n i g, Emailwarenind. 16, 163—66, 1939. — [1357] V i e l h a b e r, Emailwarenind. 15, 65, 116, 1938. — [1358] A. G. K ö n i g e r, Sprechsaal 71, 257, 1938; Glashütte 69, 465—68, 484—86, 499—501, 515—18, 531—33, 1939. — [1359] R. A l d i n g e r, Glashütte 68, 184—86, 1938. — [1360] C. H u t - c h i n s o n, Amer. ceram. Soc. 18, 202—05, 1939. — [1361] C. H. C o m m o n s jun., Ceram. Ind. 36, Nr. 5, 54, 1941. — [1362] F. A. P e t e r s e n, J. Amer. ceram. Soc. 30, 94—104, 1947. — [1363] K i n z i e, ebenda 12, 188, 1929. — [1364] S h a r t s i s und H a r r i s o n, Keram. Rundsch. 45, 593, 1937. — [1365] K i e f e r und W i t t i g, Ber. Deutsche Keram. Ges. 17, 317, 1936. — [1366] D a w i h l, Chem. Fabrik 8, 327, 1935. — [1367] G. H. M c. I n t y r e, Enamelist 16, Nr. 4, 11—15, 1939; Sheet Metal Ind. 13, 527—28, 1939. — [1368] J. Franklin Inst. 215, 607, 1933. — [1369] M a y e r und H a v a s, Sprechsaal 44, 188, 1911. — [1370] W. N. H a r r i s o n, As. I. S w e o und St. M. S h e l t o n, J. Res. nat. Standards 22, 127—36, 1939. — [1371] R. S. F e l l o w s und P. M. W h e e l e r, J. Amer. ceram. Soc. 24, 356—60, 1941. — [1372] G a u t s c h, J. Amer. ceram. Soc. 15, 8, 1932. — [1373] C h e v e n a r d, Stahl und Eisen 43, 242, 1923. — [1374] L e h m a n n und S c h u l z e, Ber. Deutsche Chem. Ges. 16, 1, 1935. — [1375] M e r r i t, Scient. Paper amer. Bur. Standards Nr. 285, 1924; Keram. Rundsch. 32, 686, 1924. — [1376] K i n z i e, J. Amer. ceram. Soc. 12, 189, 1929; 15, 112, 1932; Sprechsaal 65, 712, 1932. — [1377] H. K o h l und W. K e r s t a n, Emailwarenind. 20, 31—34, 1943. — [1378] V i e l h a b e r, Emailwarenind. 16, 252—54, 1939. — [1379] Z s c h i m m e r und L e o n h a r d t, Ztschr. techn. Physik 7, 287, 1926; s. a. D e u r v o r s t, Sprechsaal 61, 561, 1928. — [1380] W. N. H a r r i s o n, A. E. S t e p h e n s und St. M. S h e l t o n, Foundry Trade J. 59, 258—60; 60, 14—16, 20, 1939. — [1381] W. K e r - s t a n, Emailwarenind. 18, 65—67, 69—72, 75—78, 1941. — [1382] R i c k e und T a n n e, Ber. Deutsche Keram. Ges. 16, 156, 1935. — [1383] L a m p m a n, Bull. amer. ceram. Soc. 17, 12, 1938. — [1384] K i n z i e, J. amer. ceram. Soc. 15, 357, 1932. — [1385] Anonym, Emailwarenind. 15, 255—57, 1938. — [1386] G. S c h m i d t, Sprechsaal, Keram., Glas, Email 71, 53—56, 1938. — [1387] W. N. H a r r i s o n und D. G. M o o r e, J. Res. nat. Bur. Standards 21, 337—46, 1938. — [1388] R. D i t z e l, Sprechsaal, Keram., Glas, Email 75, 82—85, 1942. — [1389] S a l m a n g und H o l l e r, ebenda 66, 474, 1933. — [1390] B a d g e r und W h i t e, J. amer. ceram. Soc. 25, 271—74, 1940. — [1391] J. H. B a r t o w und R. H. W h i l l o c k, J. Soc. chem. Ind. 56, Trans. 403—05, 1937. — [1392] Anonym, Emaillerie 7, Nr. 7, 7—10, 1939. — [1393] K. A s a r o w und N. C h a r t s c h e n k o w a, Betriebslabor. (russisch) 8, 508—12, 1939. — [1394] L. H a r t s i s und W. N. H a r r i s o n, Keram. Rundsch., Kunstkeram. 48, 254—56, 1940; Enamelist 17, Nr. 10, 30—31, 57—58, 1940.

51. Chemische Eigenschaften des Emails.

Die Zusammensetzung des Emails hat auf seine chemischen Eigenschaften, insbesondere die Säurebeständigkeit, einen ganz erheblichen Einfluß. So zeigen Emails mit höherem Borgehalt eine höhere Löslichkeit für Ferrioxyd und eine geringere Abhängigkeit der Schmelzbarkeit mit steigendem Ferrioxydgehalt, sie haben also bessere Eigenschaften als borfreie Emails. Ungefähr 3% Dibortrioxyd sind zur Erreichung der Säurebeständigkeit am besten geeignet. Teilweiser Ersatz von Natriumoxyd durch Kalziumoxyd verbessert die Säurebeständigkeit, aber erhöht die Temperatur der relativen Schmelzbarkeit (B. K. N i k l e w s k i[1395]).

Für die Güte des aufgebrannten Emails ist eine Beständigkeit gegen Wasser, wäßrige Lösungen von Alkalien und Säuren sowie gegen die Atmosphäre von Bedeutung.

Beim Angriff *durch Wasser*, der beim Email am wenigsten wichtig ist, erfährt die oberste Emailschicht ähnlich wie beim Glas eine teilweise Zersetzung, indem ein alkalireiches Silikat gelöst, ein kieselsäurereicheres aber zurückbleibt. Da dieses im Wasser schwer löslich ist, sind ältere Emails wasserbeständiger als neue und kommt die Auslaugbarkeit des Emails durch Wasser bald zum Stillstand. Die Widerstandsfähigkeit der Emails wird mit steigendem Gehalt von Kalziumoxyd, Siliziumdioxyd und Tonerde erhöht, durch Dibortrioxyd und Natriumfluorid verschlechtert. Die am leichtesten löslichen Bestandteile des Emails sind Natron, Kaliumoxyd usw. und Borax. Gutgekühlte Emails, bei denen das Auftreten metastabiler, energiereicherer Zustände vermieden ist, besitzen eine geringere Auslaugbarkeit als schlecht gekühlte.

In *verdünnten Alkalien* ist der Angriff auf das Email erheblich größer als in Wasser, da außer den bereits an sich wasserlöslichen Verbindungen auch die Kieselsäure in Alkalien peptisierbar und löslich ist. Durch den Vorgang der Verarmung der Oberflächenschicht an Kieselsäure werden immer tiefer liegende Schichten der Einwirkung der Alkalien ausgesetzt. Da die Konzentration des Alkalis immer stärker wird, steigt auch die Auslaugbarkeit des Emails mit der Zeit an. Die Auslaugbarkeit von Emails ist ebenso wie bei den Gläsern durch Alkalien meist erheblich größer als der Angriff durch Säuren.

Nach Beobachtungen von G e f f k e n und B e r g e r[1396] ist die Angriffstiefe der Einwirkungszeit der Lauge proportional. Der Laugenangriff folgt, da ein Adsorptionsgleichgewicht zwischen der Glasoberfläche und der Hydroxylionenkonzentration besteht, der Adsorptionsisotherme von F r e u n d l i c h oder L a n g m u i r, während die Abhängigkeit der Geschwindigkeit der Auflösung des Emails von der Temperatur durch die Beziehung

$$\log V = \frac{l\,(a-b)}{T}$$

gegeben ist.

Die *Beständigkeit* des Emails *gegen Säuren* ist sehr stark von der Zusammensetzung des Emails abhängig. Nach K a r m a u s kann man folgende drei Emailgruppen, unterteilt nach dem Grad ihrer Beständigkeit, unterscheiden:

a) Gegen die im Haushalt verwendeten Säuren beständige Emails (Geschirremails, hergestellt im Naßverfahren auf Blech oder Gußeisen).

b) Säurefeste Emails, die im Puderverfahren oder ausnahmsweise durch Einstreuen von Pudermasse in eine Naßmasse hergestellt wurden.

c) Hochsäurefeste Emails der chemischen Industrie und des Apparatebaues.

Beurteilt wird heute die Säurebeständigkeit eines Emails fast ausschließlich durch die Glanzverminderung der emaillierten Oberfläche und den Auslaugeverlust des emaillierten Gegenstandes. Durch eingehende Untersuchungen hat sich gezeigt, daß die Säurebeständigkeit im allgemeinen um so geringer ist, je konzentrierter die Säure und je stärker sie dissoziiert ist. Sie ist auch von der Mahlfeinheit, dem Ton, den Mühlentrübungsmitteln, Stellmitteln, der Brenndauer, Brenntemperatur, der Muffelatmosphäre usw. abhängig.

Wie R i c k m a n n[1397] und L. S t u c k e r t[1398] festgestellt haben, verursachen reine organische Säuren meist einen größeren *Auslaugeverlust* als die gleiche Säurekonzentration in den Nahrungsmitteln, Früchten usw. Auch besteht keine Parallelität zwischen der Glanzverminderung und dem Auslaugeverlust. Nach S c h m i d t[1399] soll sich der Auslaugeverlust x (in mg/qcm) in der Zeit t von säurebeständigen Emails aus der Auslaugegeschwindigkeit c mit Hilfe des Zeitgesetzes x = a ln (1 + ct) berechnen lassen. a und c sind Konstante, von denen die erste eine Art Lösungsdruck, die zweite eine reziproke Widerstandsgröße gegen die Säureauslaugung darstellt. Ein Email soll gegenüber einer Säure beständig sein, wenn man aus Gewichtsverlustbestimmungen bei Behandlung mit der betreffenden Säure einen a-Wert errechnet, der kleiner ist als 0,4 mg/qcm. Für hochsäurebeständige Emails soll a für 20% in Salzsäure kleiner als 0,4 mg/qcm sein. Es liegen jedoch noch nicht genügend umfangreiche und längere Vergleichsversuche über die praktische Anwendbarkeit dieser Bestimmungen vor.

Die *Säurebeständigkeit* des Emails wird mit steigendem Gehalt von Siliziumdioxyd Tonerde, eingeschmolzenem Zirkondioxyd, Titandioxyd, ferner durch die Mühlenzusätze Zerdioxyd, Zinndioxyd, Korund, Sillimannit, Natriumantimoniat günstig beeinflußt. Bei anderen Emailbestandteilen, wie Natriumoxyd, Dibortrioxyd, Bleioxyd usw., hängt eine Wirkung auf die Säurebeständigkeit von ihrem gegenseitigen Verhältnis im Email ab (A. I. A n d r e w s[1400]).

Der *Auslaugeverlust* von Emails wird nach einem Vorschlage des Vereines deutscher Emailfachleute durch zweimal hintereinander vorgenommenes Behandeln mit 5volumprozentiger Milchsäure und 10gewichtsprozentiger Sodalösung vorgenommen, und zwar a) 30 Minuten mit 5%iger Milchsäure bei Siedetemperatur; b) 15 Minuten mit 10%iger Sodalösung bei 60° C; c) wie a), d) wie b). Als Probekörper dient eine halbkugelige, innen emaillierte eiserne Löffelschale, über welche mit einer Gummiringdichtung ein Glastrichter aufgesetzt wird, an dem oben ein Rückflußkühler angeschlossen ist. Die zu prüfende Emailoberfläche soll mindestens 80 qcm groß sein. Vor und nach der Auslaugung wird mit destilliertem Wasser mehrfach ausgespült und bei 150° C zwischen den einzelnen Auslaugungen mit destilliertem Wasser gut gespült. Der schließliche Gewichtsverlust wird in g/qcm angegeben, wobei die ausgelaugte Oberfläche zu

$$O = \left[\left(\frac{a}{2} \right)^2 + \left(\frac{d}{2} - h \right)^2 \right] \pi$$

berechnet wird (d = Schalendurchmesser der Schale im Flüssigkeitsspiegel).

Die *Glanzmessung* kann auf ähnliche Weise vorgenommen werden, wobei auf emaillierten, mit dem Plätteisen völlig eben gerichteten Blechen an zehn verschiedenen Stellen mit dem Glanzmesser der Glanz bestimmt wird. Dann erfolgen folgende Behandlungen: a) 30 Minuten bei 25° C in Entwicklerschalen unter Schaukeln in 5%iger Milchsäure, spülen in destilliertem Wasser, 1 Stunde lang trocknen bei 150° C, Glanzmessung; b) 15 Minuten in 10%iger Sodalösung bei 25° C, spülen mit destilliertem Wasser, waschen mit 0,5%iger Essigsäure, spülen mit destilliertem Wasser, 1 Stunde trocknen bei 150° C; c) = a), d) = b). Der Glanzverlust wird in Prozenten des ursprünglichen Glanzes nach a) und d) angegeben. Dieses Verfahren liefert mit den Erfahrungen der Praxis übereinstimmende Ergebnisse.

Die Beständigkeit verschiedener Emails in Berührung mit Leitungswasser, destilliertem Wasser, Lösungen von Soda (bis 0,15%), Schwefelsäure (bis 0,15%) und Borax (bis 0,15%) bei Temperaturen von 128 bis 216° C und Drucken von 2,5 bis 21 Atm. wurde von G. H. Spencer-Strong und P. C. Stufft[1401] in einem Autoklaven untersucht. Grundemails zeigten nach 24 Stunden eine bessere Beständigkeit als Deckemails, und zwar harte Grundemails eine bessere als weiche. Porzellanemails widerstanden der Druckbehandlung gut. Die beste Widerstandsfähigkeit zeigten die säurefesten Emails.

Nach einer Abänderung dieses Autoklaventestes durch D. G. Moore und W. N. Harrison[1402] wird der Verlust der Dicke nach einer verlängerten Behandlung in kreisendem, belüftetem Wasser bei 71 bis 100° C bestimmt. Die Ergebnisse sollen einen Heißwasserwiderstand ergeben, der besser mit der Praxis übereinstimmt. Der Säurewiderstand des Emails gibt nur ungefähre Anhaltspunkte für den Heißwasserwiderstand.

Für Schilderemails, Architekturemails und Baueinheiten aus emailliertem Eisen ist auch die *Witterungsbeständigkeit* von Bedeutung. In mehrjährigen Bewitterungsversuchen wurde von B. J. Sweo[1403] eine befriedigende Wetterbeständigkeit für architektonische Zwecke nur bei säurebeständigen Emails festgestellt. Auch W. N. Harrison und D. G. Moore[1404] fanden nur bei guten, säurebeständigen Emails eine gute Witterungsbeständigkeit auch in einer Industrieatmosphäre mit sauren Gasen. Mattemails erwiesen sich für architektonische Zwecke als unbrauchbar, weil sie unbleichbar und schwer zu reinigen sind.

Literaturverzeichnis.

[1395] B. K. Niklewski, J. Amer. ceram. Soc. 29, 316—31, 1946. — [1396] Geffken und Berger, Glastechn. Ber. 16, 296, 1938. — [1397] Rickmann, Emailwarenind. 13, 51, 1936. — [1398] L. Stuckert, Sprechsaal 73, 117, 1940. — [1399] Schmidt, Chem. Fabrik 13, 49—54, 1940. — [1400] A. I. Andrews, J. Amer. ceram. Soc. 12, 390, 1929. — [1401] G. H. Spencer-Strong und P. C. Stufft, Bull. Amer. ceram. Soc. 17, 170—73, 1938. — [1402] D. G. Moore und W. N. Harrison, J. Amer. ceram. Soc. 30, 220—26, 1947. — [1403] B. J. Sweo, Enamelist 18, Nr. 3, 13—14, 57—58, 1940. — [1404] W. N. Harrison und D. G. Moore, Sheet Metal Ind. 17, 305—10, 477—78, 485—92, 496, 1943.

52. Die verschiedenen Emailarten und ihr Aufbau.

Die Emails bauen sich aus Silikaten, Boraten und Fluoriden, glasbildenden Elementen der Alkalien, des Bleies, Aluminiums, Kalziums, Zinks usw. auf, wobei durch Variation der Komponenten und ihrer Mengenanteile zahlreiche Zusammensetzungen möglich sind, die brauchbare Emails ergeben. Die Trübung ist nur eine stationäre Erscheinung. Eine einfache Systematik der Emails wurde von A. I. Andrews[1405] sowie Andrews und Benneth[1406] gegeben. Sie fanden, daß bei Grundemails die Summe der Prozentgehalte von Feldspat + Quarz + Borax stets etwa 82%, bei Deckemails etwa 75 bis 76% ausmachen.

Die Emailzusammensetzungen lassen sich in einem Gibbsschen Dreiecksdiagramm darstellen, wobei die brauchbaren Emails nur in einem bestimmten Felde des Dreiecks liegen. Eine derartige Systematik gestattet es, den Einfluß neuer Gemengebestandteile auf die Eigenschaften des Emails zu untersuchen, die möglichen Mischungsverhältnisse flächenartig abgrenzen und bei neuen Mengen von vornherein anzugeben, ob diese noch Emails mit den von der Praxis geforderten Eigenschaften aufweisen werden oder nicht.

Die wesentlichste Eigenschaft eines Emails ist seine *Schmelzbarkeit*, wobei vor allem die Höhe des Schmelzpunktes sowie die Größe des Schmelz- und Erweichungsintervalles von Bedeutung sind. Besonders das letztere ist für die Haltfestigkeit von

Wichtigkeit, da das Deckemail nur dann innig mit dem Grundemail verbunden wird und bei mechanischen Beanspruchungen nicht in größeren Schollen abspringt, wenn die Einbrenntemperatur des Deckemails innerhalb des Erweichungsintervalles des Grundemails liegt. Die Schmelztemperaturen (Übergang in den leichtflüssigen Zustand) verschiedener Emails sind verschieden groß. In Tab. 32 sind die höchsten und niedrigsten Schmelztemperaturen mehrerer gebräuchlicher Emailsorten eingetragen.

Tabelle 32. *Schmelztemperaturen verschiedener Emailsorten.*

Emailmassen	Schmelztemperatur zwischen
Bleiglas	600 und 700° C
Gußpuderemail für Badewannen .	750 „ 850° „
Gußdeckemail	800 „ 900° „
Gußgrundemail	900 „ 1000° „
Blechdeckemail	750 „ 850° „
Blechgrundemail	800 „ 900° „

Bemerkenswert ist, daß man mit ein und demselben Emailversatz ganz verschiedene Schmelzzustände erhalten kann, je nachdem man den Schmelzvorgang früher oder später unterbricht. Mit dem Schmelzzustand des Emails ändern sich aber auch die meisten anderen Eigenschaften, wie z. B. die Ausdehnungszahl, die Trübung, der Glanz und die chemische Widerstandsfähigkeit (R. A l d i n g e r[1407]). Eine genaue Kontrolle des Schmelzzustandes durch Einbau von Pyrometern in den Schmelzofen ist daher zu empfehlen.

Das *Erweichungsintervall* wird durch die Mengenverhältnisse der Emailbestandteile stark beeinflußt. Besonders günstig für die Elastizität von Grundemails ist ein Verhältnis von Feldspat : Quarz kleiner als 1, während es bei dickeren Blechen günstiger bis zu 2 : 1 und darüber gewählt wird. Auch durch einen Zusatz von Titandioxyd, Zirkondioxyd usw. kann das Erweichungsintervall vergrößert werden.

Die Vorschriften über die Herstellung der Emails schwanken nach den Angaben der Fachliteratur sehr stark. Nach J. B. S h a w[1408] und J. G r ü n w a l d[1409] können folgende Molekularformeln als ungefähre Richtlinien angesehen werden:

a) Grenzwerte für Grundemails:

0,15 bis 0,75 K_2O	0,1 bis 0,5	1,1 bis 1,7 SiO_2
0,00 „ 0,60 Na_2O	Al_2O_3	0,2 „ 0,5 B_2O_3
0,14 „ 0,64 CaO		
0,00 „ 0,06 CoO		

b) Deckweiß für Küchengeräte:

0,195 K_2O	0,34 Al_2O_3	0,571 B_2O_3
0,683 Na_2O		0,315 SiO_2
0,122 CaO		1,390 Fluoride
		0,235 Zinndioxyd

c) Deckweiß für Gußeisen:

0,19 K_2O	0,36 Al_2O_3	0,420 B_2O_3
0,80 Na_2O		0,516 SiO_2
0,01 MgO		0,160 Zinndioxyd
		0,990 Fluoride

d) Bleifreie Puderemails auf Gußeisen:

0,012 MgO	0,273 Al_2O_3	1,040 SiO_2
0,156 K_2O		0,572 Dibortrioxyd
0,832 Na_2O		0,322 Zinndioxyd
		0,819 Fluoride

Literaturverzeichnis.

[1405] A. I. A n d r e w s, J. Amer. ceram. Soc. 13, 489, 1930. — [1406] A n d r e w s und B e n n e t h, ebenda 14, 590, 1931. — [1407] R. A l d i n g e r, Glashütte 69, 749—51, 1939. — [1408] J. B. S h a w, Trans. Amer. ceram. Soc. 11, 102—52, 1909. — [1409] J. G r ü n w a l d, Chem. Technol. d. Emailrohmaterial., 2. Aufl., Verlag Springer 1922, S. 252.

53. Das Grundemail.

a) Die Haftwirkung.

Die wesentlichste Aufgabe des Grundemails ist die Sicherung der Haftung des Emails auf der Eisenoberfläche. Außerdem muß es sich an die Schmelzbarkeit des Deckemails anpassen und darf keinen großen Schmelz- oder Einbrennbereich aufweisen. Nach A. D i e t z e l[1410] und K. M e u r e s wird die *Haftung* durch folgende Vorgänge bewirkt: Der Sauerstoff der Ofenatmosphäre, der für die Erzielung eines haftfesten Emails unbedingt vorhanden sein muß, bewirkt bereits vor dem Schmelzen des Emails eine Oxydation des Eisens zu Fe_3O_4. Durch das Schmelzen des Emails wird das weitere Eindringen von Sauerstoff zur Eisenoberfläche gehemmt, wobei sich der gebildete Hammerschlag im Email löst und durch metallisches Eisen zu FeO reduziert wird. Dieses Stadium ist an der Bildung eines schmutziggrünen Fe-II-oxyd-Glases kenntlich. Dieses Glas wird sodann durch eindiffundierenden Sauerstoff zu Fe-II-III-oxyd Fe_3O_4 oxydiert, das sich oberhalb einer Sättigungskonzentration von 25% im Email unter Schwarzfärbung desselben abscheidet. Die entstehende Fe_3O_4-Zone wandert auf die Blechoberfläche zu und bildet auf der Eisenoberfläche bei richtigem Brenngrad eine 2. Hammerschlagschicht, die eigentliche Haftschicht. Wird das Brennen noch weiter fortgesetzt, so findet eine weitere Oxydation des Fe_3O_4 zu Fe_2O_3 statt, das Email ist verbrannt. Die Oxydhaut zwischen aufgebranntem Grundemail und Eisen wurde z. B. auch von K. K a u t z[1411] nachgewiesen.

Die eben beschriebenen Oxydationsvorgänge führen nur zu einer Stärke der Haftung, wie sie durch die Bindung von Fe_3O_4 an der Eisenoberfläche gegeben ist. Diese ist aber verhältnismäßig gering.

Wichtig ist die Eigenschaft des Eisenoxyds, im Emailfluß sich zu lösen, und eine wesentliche Erhöhung des Ausdehnungskoeffizienten des Grundemails von etwa $260 \cdot 10^{-7}$ auf rund $385 \cdot 10^{-7}$ herbeizuführen, wobei sich die Ausdehnung des Eisens (etwa $400 \cdot 10^{-7}$ Einheiten) und eine des Deckemails (rund $350 \cdot 10^{-7}$ Einheiten) sehr weit einander nähern. Ähnlich wie Eisen wirken Chrom, Zer, Titan, Vanadin, Uran, Niob, besser die Oxydationsmittel Braunstein, Nitrate und Nitrite, da sie die Oxydationswirkung des Luftsauerstoffs verstärken.

Die eigentlichen Haftoxyde sind jedoch Kobaltoxyd und Nickeloxyd (s. S. 280), welche Metalle edler als das Eisen sind. Wie sich durch mikroskopische und elektrochemische Untersuchungen ergeben hat, führen diese Oxyde an der Eisenoberfläche zu einer Abscheidung von metallischem Kobalt bzw. Nickel auf Grund folgender elektrochemischer Austauschreaktionen:

$$Fe + CoO \rightleftarrows FeO + Co \quad \text{und} \quad Fe + NiO \rightleftarrows FeO + Ni$$

(A. D i e t z e l[1411] und H e i m e s[1412]). Durch die auftretenden Lokalströme findet eine sehr starke elektrolytische Aufrauhung und Anätzung der Eisenoberfläche statt, die z. B. von S c h a a r s c h u h[1413] auf mikroskopischem Wege nachgewiesen wurde. In der aufgerauhten Oberfläche kann sich das Email gut verankern und fest haften. Das Kobaltoxyd fördert auch die Bildung stärkerer Eisenoxydfilme an der Eisenoberfläche und beschleunigt den Durchtritt des Luftsauerstoffes durch die geschmolzene Emailschicht (K. K a u t z[1414]). Nickeloxyd wirkt ähnlich, aber wesentlich schwächer als Kobaltoxyd (s. a. G. C. P r i d d e y und F o u n d r y[1415]).

Die Abscheidung des metallischen Kobalts bzw. Nickels gibt sich auch in einer Farbänderung des Grundemails beim Brennen zu erkennen, wobei die ursprüngliche blaue Farbe in Grün übergeht (bei 0,5 bis 2% Haftoxyd). Beim Überbrennen bildet sich eine zu dicke, schwarz gefärbte Schicht des Haftoxydes. Bei zu hoher Konzentration des Haftoxydes oder zu starker, edler Natur des Haftoxydes kann sich die Haftschicht zu schnell ausbilden, so daß es zu Spannungen zwischen dem Grundemail und dem Eisen und einer Absplitterung des Emails kommen kann.

Die bei der Haftung und beim Einbrennen des Grundemails auftretenden Verfärbungen wurden von L. S t u c k e r t, S. G. F e n g und J. K ä s t n e r[1416] sogar zur Bestimmung der Haftfestigkeit von Grundemails auf photometrischem Wege ausgewertet, da die gemessene Flächenhelligkeit ein Maß für die Haftfestigkeit darstellt. Es besteht eine eindeutige Beziehung zwischen Haftkraft und der Konzentration des Kobaltoxyds.

Die Haftoxyde Kobaltoxyd und Nickeloxyd werden meist in Form der Oxyde selbst dem Emailgemenge zugesetzt, wobei von Kobaltoxyd etwa 0,4 bis 0,5%, von Nickeloxyd die 3- bis 4fache Menge verwendet werden. Man kann aber auch die Nickel- und Kobaltverbindungen so auftragen, daß der Überzug später nicht mehr löslich ist, z. B. in Form einer Lösung in Wasserglas. Es ist aber auch möglich, auf der Eisenoberfläche einen hauchdünnen Kobalt- oder Nickelüberzug durch Galvanisieren, Eintauchen oder nach dem Kontaktverfahren aufzubringen und dann erst das Grundemail aufzubrennen. Da das Grundemail dann frei von färbenden Schwermetalloxyden ist, fällt das Grundemail nicht grün oder schwarz, sondern farblos oder weiß an.

Besonders in den USA hat sich die Aufbringung von dünnen Nickelüberzügen in *Nickeltauchbädern* praktisch bewährt. Das Nickeltauchbad wird nach dem Beizen und vor dem Spülen oder Neutralisieren eingeschaltet. Die Bäder bestehen entweder aus Lösungen von Nickelsulfat $NiSO_4 \cdot 6 H_2O$ oder weniger gut aus Nickelammonsulfat $NiSO_4 \cdot (NH_4)_2SO_4 \cdot 6 H_2O$. Die Badtemperatur beträgt etwa 70° C, die Tauchzeit rund 5 Minuten, das p_H 5,2 bis 6,8 (K. K a u t z[1417]). Am besten sind Lösungen mittlerer Konzentration geeignet (J. M. Z a n d e r[1418]). Stärker saure Bäder bewirken eine bessere Haftfestigkeit als schwachsaure oder neutrale Lösungen. Die Behandlung mit den Nickeltauchbädern bietet nach H. L. C o d z[1419] und J. P e t t y j o h n[1420] den Vorteil, daß die aufgebrachte Nickelschicht die Oxydation des Eisens auf dem Grundmetall verzögert. Auch die Bildung von Kupferköpfen und Fischschuppenbildung wird verhindert, gleichgültig welche Zusammensetzung das Email und das Metall aufweisen. Durch das Aufrauhen der Metalloberfläche mit den sauren Beizbädern ist ein besseres Haften zwischen der Eisenschicht und dem Grundmetall gewährleistet. Die Einbrenntemperatur muß genau eingehalten und die Nickelsalzkonzentration dauernd, z. B. durch Titration, mit Kaliumzyanid kontrolliert werden (Anonym[1421]).

Durch eine Nickelvorbehandlung wird eine gute Qualität des Emails auf allen Stahlsorten gesichert (G. H. M a c I n t y r e[1422]).

b) Molybdänoxyd in Emails als Haftoxyd.

Ein Gemisch von Molybdänverbindungen mit Diantimontrioxyd, z. B. von 35% Molybdän- und 65% Diantimontrioxyd in Mengen von 3 bis 4% zum Frittegewicht zugesetzt, ergibt nach K. K a u t z[1423] in einem farblosen Grundemail die gleiche Haftwirkung wie ein typisches Kobaltgrundemail. Molybdänverbindungen allein ergeben keine oder nur eine geringe Haftwirkung. Die Antimonverbindungen können sowohl auf der Mühle zugesetzt als auch eingeschmolzen werden. Die Molybdänverbindungen wirken aber im allgemeinen besser, wenn sie als Mühlenzusatz verwendet werden. Beispielsweise hat nach K a u t z ein brauchbarer Grund-emailversatz mit Molybdänoxyd MoO_3 als Haftoxyd folgende Zusammensetzung: 45,80% Borax, 16,70% Feldspat, 16,20% Quarz, 4,70% Soda 2,50 $NaNO_3$, 5,90% Bariumkarbonat, 4,70% Fluorit, 3,50% Diantimontrioxyd. Als Mühlenzusatz dienen auf 1000 Teile Fritte 70 Teile Vallendarton, 5 Teile Borax, 550 Teile Wasser, 22,5 Teile Diantimontrioxyd und 12,5 Teile Molybdänoxyd. Auch andere Molybdän-verbindungen, wie Natrium-, Ammonium-, Kalzium-, Beryllium- und Bleimolybdat, in Mengen über 5% oder bei kleineren Gehalten in Verbindung mit Antimon-verbindungen, Arsentrioxyd, Natriumphosphat, sowie Antimonylmolybdat oder Bariumantimonylmolybdat ergeben eine gute Haftwirkung (K. K a u t z[1424]).

Molybdäntrioxyd, Ammonium- oder Natriummolybdat stellen lösliche Verbin-dungen dar und können beim Naßauftrag durch Tauchen manchmal zur Ausbildung von shore lines (Strandlinien) führen. Beim Spritzen oder durch Verwendung gewisser Mühlenzusätze lassen sich diese Emailfehler aber vermeiden. Ausgezeichnete Mühlenzusätze stellen aber die unlöslichen Molybdate von Kalzium, Barium oder Blei dar. Bariummolybdat wirkt am besten in Tauchgrundemails. Natriummeta-antimoniat ist gegenüber Antimontrioxyd als Mühlenzusatz bei farblosen Grund-emails vorzuziehen, während in opaken Emails bei eingeschmolzenen Antimon-verbindungen auf der Mühle keine weiteren Antimonverbindungen zugesetzt werden müssen.

Gefärbte Einschicht-Emails zum Spritzen scheinen mit Antimontrioxyd und Blei-molybdat oder Ammoniummolybdat bessere Ergebnisse zu liefern. Bleimolybdat wirkt am günstigsten in weißen Grundemails und bei weißen Einschicht-Emails.

Messungen der Oberflächenspannung durch C. R. A m b e r y[1425] und Exolan Comp.[1426] haben ergeben, daß Molybdäntrioxyd MoO_3 im Vergleich zu anderen Metalloxyden die Oberflächenspannung von Gläsern, Glasuren und Emails ganz besonders stark herabsetzt. Molybdän wirkt direkt als Benetzungsmittel für diese Stoffe. Da Antimon- und Nickeloxyd die Oberflächenspannung von Emails usw. etwas herabsetzen, während Kobaltoxyd Co_3O_4 und Braunstein MnO_2 sie erhöhen, alle diese Verbindungen aber in gleicher Weise Haftoxyde darstellen, scheint die Oberflächenspannung nichts mit der Haftfähigkeit zu tun zu haben.

In Tab. 33 sind nach Angaben der Climax Molybdenum Comp., New York und K. K a u t z[1427] eine Reihe von typischen Molybdänemails zusammengestellt worden.

Von A. D i e t z e l[1428] und V i e l h a b e r[1429] wurde die gute Haftwirkung der Molybdänverbindungen bei gemeinsamer Verwendung mit Diantimontrioxyd be-stätigt. Nach K. K a u t z[1430] bedingt die Verwendung von Molybdäns in Grund-emails den Vorteil niedriger Kosten, einer besseren Deckung mit weniger Weiß-email, geringeres Wiederaufkochen, Auftragung des Grundemails bei niedriger Tem-peratur und eine leichtere Einstellung des Grundemails in der Mühle.

Sehr alt ist die Forderung nach einem weißen Grundemail, da dann die Her-stellung von Emailüberzügen wesentlich verbilligt werden könnte, weil man ja das oder die weißgetrübten oder färbigen Deckemails ersparen könnte. Die bisherigen Vorschläge, die auf den Ersatz der Kobalt- oder Nickeloxyde durch Zeroxyd, Zirkon-oxyd, Diantimontrioxyd hinausliefen, sind bisher noch nicht von praktischen Erfolgen gekrönt gewesen. Hingegen haben sich weiße, molybdänhaltige Emails mit nur einer Schicht bereits praktisch bewährt. Leichtgefärbte Einschicht-Molybdänemails[1431] können durch Zusatz der Farbkörper auf der Mühle erhalten werden. Der Tempe-raturbereich des Einbrennens kann in ziemlich weiten Grenzen durch Verwendung bestimmter Versätze herabgesetzt werden (B. J. S w e o[1432]).

Erwähnenswert sind auch die Versuche, auf Schildern, Herdplatten usw. mit ungebranntem, also nicht gefrittetem Email ein Grundemail aufzubrennen. Am geeignetsten hat sich nach H a d w i g e r[1433] noch die Verwendung von Mischungen

Tabelle 33. *Molybdänemails* (K. K a u t z[1427]

Bezeichnung	1 Opakes Grundemail	2 Klares Grundemail, Tauchverfahren	3 Gefärbtes Einschicht-Email, Spritzen	4 Weißes Grundemail	5 Einschicht-Email, weiß	6 Grund- o. Deckemail für Stahl o. Gußeisen
1. Einbrenntemperatur	870⁰ C	820⁰ C	820⁰ C	840⁰ C	845⁰ C	770⁰ C
2. Borax	34,4	47,4	45,8	29,0	27,6	24,5
3. Feldspat	25,0	17,3	16,7	25,4	24,2	23,7
4. Quarz	19,8	16,8	16,2	20,0	19,1	11,5
5. Soda	6,4	4,9	4,7	3,2	—	4,6
6. Natriumnitrat	5,1	2,7	2,5	2,6	2,4	7,3
7. Flußspat	5,8	4,8	4,7	3,5	3,4	11,6
8. Diantimontrioxyd	3,5	—	3,5	—	—	—
9. Bariumkarbonat		6,1	5,9	2,9	—	16,8
10. Natriumantimoniat				5,9	11,2	
11. Kryolith				6,3	12,1	
12. Zinkoxyd				1,2		
13. Lithiumkarbonat						
14. Dibortriooxyd						
15. Mahlung	10 g auf dem 200-Maschen-Sieb	8 g auf dem 200-Maschen-Sieb	8 g auf dem 200-Maschen-Sieb	4 g auf dem 200-Maschen-Sieb	4 g auf dem 200-Maschen-Sieb	
16. Auftrag	3 bis 4 g/ qdm	3 bis 4 g/ qdm	3 bis 4 g/ qdm			
17. Mühlenzusatz						
18. Fritte	1000	1000	1000	1000	1000	
19. Ton	60	60	60	60	60	40
20. Borax	7,5	7,5				
21. Natriumnitrit				2,5	3,5	
22. Diantimontrioxyd		,	10			
23. Wasser	500	500	500	500	450	450
24. Pigment			20 bis 40 g			
25. Molybdäna)	(0,6%) a)	(0,6%) a)	(0,6%) a)	(0,6%) a)	(0,6%) a)	
26. a) als 0,6% Molybdän						
27. Bleimolybdat	15,3	15,3	—	15,3	15,3	
28. Bariummolybdat	12,4	12,4	—	—	—	
29. Natriummolybdat	8,6	8,6	—	8,6	8,6	
30. Ammonmolybdat	8,2	8,2	8,2	8,2	8,2	
31. Kalziummolybdat						60 bis 100
32. Antimonylmolybdat						

eines geschmolzenen und ungeschmolzenen Grundemails erwiesen. Praktisch scheint aber dieses Verfahren sich noch nicht eingeführt zu haben.

c) Weitere Eigenschaften des Grundemails.

Zur Erhöhung der Elastizität des Grundemails verwendet man am besten Gemische, die möglichst viele, die Elastizität verbessernde Bestandteile enthalten, wie Feldspat, Kaliumoxyd, Dibortrioxyd, hingegen deren Gehalt an Tonerde, Ton, Kryolith und anderen Fluoriden möglichst niedrig gehalten ist. Das Verhältnis und Climax Molybdenum Comp.).

	7	8	9	10	11	12
	Bleihältiges Grundemail oder Deckemail auf Stahl, Gußeisen oder Kupfer	Säurebeständiges Kalkemail	Weiches, weißes Grundemail	Hartes, weißes Grundemail	Weißes Deckemail	Säurefestes, weißes Deckemail
1.	540 bis 700° C				800°C	770 bis 820°C
2.	PbO 75,8	13,2	19,0	24,5	26,5	21,3
3.			16,6	17,7	19,3	
4.	7,2	52,0	13,2	17,3	12,6	31,8
5.		7,3	5,2	3,4	$CaCO_3$ 3,5	2,9
6.		14,0	3,4	2,7	3,0	KNO_3 5,5
7.	1,54	13,5	3,1	Na_2SiF_6 6,0	4,1	2,2
8.	4 bis 8 MoO_3		1,2	1,2	2,0	TiO_2 4,5
9.			23,5	15,7	17.2	8,3
10.					TiO_2 1,4	10,8
11.			4,2		4,9	
12.	1,6		$BaCO_3$ 4,0	$CaCO_3$ 6,4	1,4	3,4
13.	1,46		MoO_3, rein 4,6	MoO_3 rein 5,1	MoO_3 4,1	MoO_3 4,0
14.	12,4					
15.					für Spritzen 1g/200-Maschen-Sieb	für Spritzen 1g/200-Maschen-Sieb
16.					4g/qdm	1,5 bis 3 g/qdm
17.		Bentonit 3			ZrO_2 40	Sb_2O_3 40
18.	1000	1000			1000	1000
19.	30	15				$NaNO_2$ 40
20.	33	$(NH_4)_2CO_3$ 2,5			$NaNO_2$ 0,25	$NaNO_2$ 5
21.						
22.						
23.	400	450			450	400
24.						
25.						
26.						
27.		Sb_2O_3 15				
28.						
29.		15				
30.						
31.						
32.						

Feldspat zu Quarz soll 1 : 2 oder weniger als 2 : 1 betragen, wobei der Feldspat ausgleichend auf die Unregelmäßigkeit in der Schmelztemperatur, die durch den Quarz verursacht wird, sowie vergrößernd auf das Schmelzintervall einwirkt (V i e lh a b e r[1434]). Grundemails mit wenig Quarz brennen leicht durch. Auch das Erweichungsintervall ist an das Feldspat : Quarz-Verhältnis gebunden, wobei es bei Anwendung von Feldspat etwa 100° C, von Ton aber nur 60° C beträgt. Vorteilhaft auf das Erweichungsintervall wirkt sich ein Zusatz von Gemischen von Rohquarz und Feldspat zur Mühle oder die Verwendung zweier oder mehrerer Grundemailgemische aus. So haben K r ü g e r[1435] und A. D i e t z e l[1436] gute Erfahrungen

mit der Aufteilung des Grundemails in zwei Fritten mit verschiedenen Schmelz-
intervallen gemacht, deren Summe die Zusammensetzung des gewünschten Emails
entspricht. Ein einwandfreies Grundemail kann man auch durch Vermischen einer
härteren mit einer weichen Grundfritte, besonders bei kontinuierlichem Ofenbetrieb, erreichen (I. E. R o s e n b e r g[1437]).

Nach Untersuchungen von J. L e w e r t h und A. D i e t z e l[1438] hat die Mahlfeinheit des Grundemails einen wesentlichen Einfluß auf seine Eigenschaften. Eine
verschiedene Mahlfeinheit macht sich beim Auftragen des Emailschlickers durch eine
verschiedene Auftragsstärke bemerkbar. Zur Erzielung eines brauchbaren und gleichmäßigen Emailüberzuges muß daher das Arbeitsverfahren der Mahlfeinheit angepaßt
werden. Je feiner das Email gemahlen ist, um so früher bzw. bei um so niedrigeren
Temperaturen beginnt es zu erweichen. Dies beruht auf einer gröberen Reaktionsgeschwindigkeit des feineren Emails mit den durch das Mühlenwasser gelösten
Salzen. Durch das verfrühte Zerfließen des feingemahlenen Emails wird die Oxydation
der Eisenoberfläche durch den durch die Poren eindringenden Luftsauerstoff vor-
zeitig unterbunden. Die Menge der im Email gelösten Eisenoxyde ist beim feingemahlenen Email größer als beim groben. Die Hafteigenschaften (s. S. 309) und
die Anpassung des Ausdehnungskoeffizienten sind also beim feingemahlenen Email
schlechter als beim grobgemahlenen, was sich besonders deutlich bei den empfindlichen, von Haftoxyden freien Emails auswirkt.

Nicht nur hinsichtlich des Erweichungsbeginnes, sondern auch in bezug auf
einen zu lang dauernden Brand unterscheiden sich Emails verschiedener Mahlfeinheit bei sonst gleichbleibender Zusammensetzung. Ein feingemahlenes Email läßt
sich viel länger im Ofen halten, ohne zu „verbrennen", d. h. schwarze Punkte von
Eisenoxyden zu zeigen. Das feingemahlene Email besitzt ein auffallend größeres
Brennintervall als das entsprechend gröbere Email. Das gilt jedoch nur unter der
Voraussetzung gleicher Auftragsstärke. Als Erweichungsintervall wird nach
L e w e r t h und D i e t z e l[1438] die Differenz der normalen Ausbrenntemperatur und
jener Temperatur verstanden, bei welcher das Email in der Zeit gerade ausbrennt,
in welcher es bei normalem Ausbrennen verbrennt. Die Schlag- und Biegefestigkeit
wird durch die Mahlfeinheit nicht merklich beeinflußt. Eine Verschlechterung der
mechanischen Eigenschaften ist dann zu erwarten, wenn bei zu feinem Mahlen
das Haftvermögen durch irgend welche Umstände verringert ist. Dann besteht die
Gefahr, daß das Email „ausspitzt" oder keine größeren Temperaturschwankungen
aushält.

d) Borfreie Grundemails.

In den letzten Jahren bildete besonders in Deutschland die Frage der Herstellung eines borsäurearmen oder borfreien Grundemails ein wichtiges Problem.
Normalerweise beträgt der Borsäuregehalt im Grundemail etwa 10 bis 16%. Eine
wesentliche Aufgabe der Borsäure ist die Auflösung der Verunreinigungen des Grundes. Fehlt die Borsäure als Lösungsstoff, so wird das Grundemail oberhalb einer
bestimmten Eisenkonzentration übersättigt und es bilden sich dann „Fliegenstippen".
Eine Abnahme der Löslichkeit der Eisenoxyde in den borarmen Emails allein kann
aber für diese Erscheinung nicht mit Sicherheit verantwortlich gemacht werden,
da nach den Untersuchungen von W. K e r s t a n[1439] borarme, sodahaltige Grundemails genau so viel Eisenoxyd zu lösen vermögen als die stark borhaltigen.

Der Einfluß der Verunreinigungen kann durch das Blankbeizverfahren und das
Nickeltauchverfahren vermindert werden. Eine weitere Möglichkeit der Einsparung
von Borsäure ergibt sich durch die Auftragung von zwei Grundemails, von denen
das erste borhaltig, das zweite borfrei ist (V i e l h a b e r[1440]). Borfreie Grundemails
können auch durch einen Zusatz von Sodaentschwefelungsschlacke hergestellt werden

(M. P a s c h k e und H. K o h l[1441]). Der Schlackezusatz bewirkt eine Verminderung der Oberflächenspannung des schmelzflüssigen Emails auf der Blechoberfläche und erteilt dem Email dieselbe Netzfähigkeit, wie sie die borhaltigen Grundemails aufweisen. Wichtig für die Haftfähigkeit ist aber, daß der Sulfidschwefel der Sodaschlacke ausgebrannt wurde (A. D i e t z e l[1442]).

Durch den Zusatz von Sodaentschwefelungsschlacke können auch die Aufkocherscheinungen in einem borfreien Grundemail während des Grundeinbrennprozesses unterbunden werden (W. K e r s t a n[1443]). Bewährt hat sich auch ein Zusatz von Soda und Flußspat, dem noch etwas Bariumkarbonat zugefügt wurde (H. L a n g[1444]).

Über weitere Austausch- oder Ersatzstoffe für Borax in Emailversätzen wurde bereits auf S. 275 näher berichtet.

Die Hauptschwierigkeit der Verarbeitung borfreier Grundemails liegt nach R i c k m a n n in der hohen Schmelzviskosität und einer zu geringen Benetzungsfähigkeit des Emails am Eisen. Dadurch kann das Eisen zu stark verzundert werden, wobei wegen der geringeren Löslichkeit der Eisenoxyde in den borarmen Emailflüssen diese Eisenoxyde nur schwer oder gar nicht beseitigt werden können. Durch Zusatz von „Netzmitteln" gelingt es aber, die Benetzungsfähigkeit des Emailflusses zu verbessern und damit die Verzunderung des Eisengrundes zu vermindern. Man erhält dann auch mit borfreien Emails glattbrennende Flüsse.

Bei borfreien Puder- und Glasemails hat es sich als vorteilhaft erwiesen, diese weniger fein zu verarbeiten, damit sie bei dem durch den Bormangel bedingten, länger dauernden Brennvorgang im ursprünglichen Zustand erhalten bleiben. Damit ist gleichzeitig den räumlich wirkenden Wärmebeanspruchungen (Ausdehnung und Schwindung) eine Ausgleichsmöglichkeit gelassen, so daß Haarrisse und ein Abplatzen verhindert werden können.

Bei borfreien Naßemails darf die Menge an Mühlenton zugunsten anderer, weniger kolloidaler Körper, wie Feldspat, Quarz usw., erheblich herabgesetzt werden. Weiters darf das Email nicht so lange wie sonst üblich gemahlen werden, oder das Mühlenwasser soll erst nach dem Mahlen der Granalien zugesetzt werden. Die Trocknung dieser Emails muß mit großer Vorsicht geschehen. Die Lagerung und Verarbeitung der borfreien Schlicker hat stets bei der gleichen Temperatur zu erfolgen. Stellmittel sind möglichst nicht auf der Mühle, sondern erst in der Auftragsschüssel zu verwenden.

Vorzuziehen ist die Oberflächen- oder noch besser die Vakuumtrocknung. Wenn es nicht möglich ist, die Auftragsstärke herabzusetzen oder mit weniger Auftrag auszukommen, wird sich zwecks Vermeidung von Haarrissen eine zusätzliche Wärmespeicherung nicht völlig umgehen lassen (Anonym[1445]).

Durch den Boraustausch erfahren die technischen Eigenschaften des Emails gewisse Veränderungen. Nach A. D i e t z e l und L. A r n o l d[1446] steigt die chemische Widerstandsfähigkeit. Das Stehvermögen des Schlickers wird geringer. Es macht sich eine deutliche Thixotropie bemerkbar. Das Brennintervall wird merklich verkürzt, dem aber durch Anwendung von Mischemails oder Erhöhung der Mühlenzusätze abgeholfen werden kann. Die Oberflächenspannung und damit die Neigung zur Bildung von Poren und „schwarzer Punkte" am Grunde, Haarlinien in der Decke nimmt beim Übergang zu borfreien Emails zu. Die Oberflächenspannung läßt sich außer durch Anwendung von „Netzmitteln" auch durch geeignete Änderungen der Zusammensetzung senken. Wegen Änderungen in der Löslichkeit von Oxyden und Farbkörpern kann es auch zu gewissen Farbverschiebungen kommen. Auf die Haftfestigkeit borfreier Emails hat die Beschaffenheit der Blechoberfläche keinen großen Einfluß. Auf rauhen Flächen haftet das Email besser als auf glatten. Durch einen Zusatz von über 0,35% Arsenik oder Schwefelarsen zur Mühle wird die Haftung gesteigert (O. K r ü g e r[1447]).

Beim Schmelzen borfreier Emailversätze treten auch eine größere Zähigkeit und eine gewisse Sprödigkeit des Schmelzgutes sowie sehr kleine Zeit- und Temperaturbereiche zwischen dem Erweichungs- und Schmelzpunkt (H. L a n g[1448]) auf. Verarbeitungsschwierigkeiten ergaben sich weiters in Form von Schlieren, Streifen, Wolken, Nachlaufen der ganzen Emailschicht oder auch nur an gewissen Stellen, Abrutschen kleinerer oder oft auch größerer Flächen, schlechtes Verteilungsvermögen und schwierig zu erzielende Gleichmäßigkeit in der Emailschichtstärke, schwierige Führung des Trocknens usw. (H. L a n g[1449]).

Schwierigkeiten bei der Verarbeitung borfreier Emails beruhen auch auf schnellen Veränderungen insbesondere der Mahlfeinheit und Viskosität durch das Lagern der Emails. Als Vorsichtsmaßnahme gegen diese Veränderungen empfiehlt A. K r a f f t[1450] das Schmelzgut trocken aufzufangen. Außerdem ist die Rückkehr zum alten Emaillierton empfehlenswert. Der Lagerung der Emailgranalien und des Schlickers ist eine besondere Aufmerksamkeit zu schenken.

Der Glanz borfreier Weißemails kann durch vollständigen Ersatz des Feldspates durch Glasemail und Einführung von Zerdioxyd (3,5%) neben 1,5% Diantimontrioxyd sowie Zusatz von Zinnoxyd, die Leichtflüssigkeit durch Erhöhung des Sodaanteiles verbessert werden (H. L a n g[1451]).

Gewisse Besonderheiten ergeben sich auch bei *borfreien Farbemails* für Blech und Gußeisen. Nach H. L a n g[1452] erhält man grau gewolkte Emails, wenn ein gutes Email ohne Ton vermahlen, dann im Tauchverfahren aufgetragen wurde und durch verschieden ausgeführte Schwenkbewegungen in der Emailschicht Wolken verschiedener Größe und Tiefe hervorgerufen werden. Bei anderen Farben soll der Zusatz der Farboxyde möglichst nicht zur Emailschmelze gegeben, sondern erst in der Mühle zugesetzt werden. Ein matter Glanz läßt sich durch Zusatz von 1 bis 3% $(NH_4)_2CO_3$ vermindern.

H. L a n g beschrieb auch die Herstellung von borfreien Neublauemails, Blau- und Violettemails sowie Schwarzemails. Dieses kann nach V i e l h a b e r[1453] auch durch einen Zusatz von 1% Braunstein zur Mühle unter gleichzeitiger Zugabe von Schwarzkörpern erhalten werden. Auch sulfidhaltige Schwarzemails, in welchen die Kieselsäure in Form von Glas, Feldspat, Phonolith oder Zement eingeführt wurde, sind vorgeschlagen worden (Dr. R i c k m a n n und R a p p e[1454]). Schwarzes Grundemail kann auch in der Weise erhalten werden, daß man gewöhnliches Grundemail in üblicher Stärke aufträgt. Nach dem Trocknen wird in noch warmem Zustande das fertige Email aufgesetzt und jetzt erst eingebrannt (H. L a n g[1455]). Eine Fleckenbildung läßt sich dadurch erzielen, daß man dem Schlicker eine gewisse Menge von Kobaltsulfat zusetzt, worauf auf den emaillierten Gegenstand Spritzer von warmer, ziemlich konzentrierter Sodalösung aufgebracht werden. Eine gewisse Vortrübung durch Kryolith, Diantimontrioxyd oder Zerdioxyd ist aber notwendig.

Bei borfreien Schmelzemails können trübe Schleier oder Beschläge besonders an jenen Stellen auftreten, an denen das Email angefeuchtet war oder in feuchter Atmosphäre abgekühlt wurde. Auch Glanzverminderungen, weiße Niederschläge, Farbzersetzungen und Irisieren wurden beobachtet, was auf die Anwendung schwefelhaltiger Farbkörper, Anwesenheit von Sulfaten, Einfluß von Soda, zu weiche Einstellung der Emailkomposition, Bildung gewisser wasserlöslicher Verbindungen im Emailschlicker oder ungünstige Einbrennatmosphäre zurückzuführen sein dürfte (A. K r a f f t[1456]).

e) Zusammensetzung von Grundemails.

In Tab. 34 sind eine Reihe von Rezepten für Grundemails wiedergegeben, die jedoch nur eine kleine Auswahl unter den brauchbaren Vorschriften darstellen

(Nr. 1 bis 5 nach R. G r ü n w a l d und Nr. 6 bis 7, borfreie Grundemails, nach H. L a n g[1158]).

Erwähnt seien noch die Versuche mit Lithiumverbindungen enthaltenden Grundemails in USA, die sich durch eine hohe thermische Widerstandsfähigkeit und gute Säurebeständigkeit auszeichnen. Sie können auch für Einschichtemails Verwendung finden (P. A. H u p p e r t[1159]).

Tabelle 34. *Zusammensetzung einiger Grundemails für Stahlblech.*

	1	2	3	4	5	6	7
Borax	32,2	36,5	30,8	28,0	46		
Feldspat . . .	24,8	28,2	23,8	17,3	30	30	
Quarz	15,2	4,2	19,7	21,0	17	14	16
Flußspat . . .	8,3	9,4	7,9	7,2	—	15	8
Kryolith . . .	5,6	5,9	4,5	6,5	$3\,Na_2SiF_6$	10	10
Soda	10,4	11,8	9,9	15,9	2	10	10
KNO_3	2,8	2,1	2,6	3,2			3
Kalkspat . . .							3
$BaCO_3$						5	
Co_2O_3	0,45	0,50	0,50	0,39	0,18 CoO 0,42 NiO 0,03 CuO		
Borsäure . . .			11,4				
MnO_2	0,15	0,16	0,15	0,14			
Ton			3,93				
Glasmehl . . .						26	52
Kobalt-Blauemail mit 8% CoO .							8
Mühlenton . .						wie üblich	6
MgO (Mühle) .							0,5

f) Gußgrundemail.

Das Grundemail für Gußeisen hat die Aufgabe, sowohl die reduzierbaren Bestandteile des Deckemails von den reduzierbar wirkenden Bestandteilen des Gußeisens zu trennen, als auch durch seine Elastizität die Unterschiede in den Ausdehnungskoeffizienten des Gußeisens und des Deckemails auszugleichen. Da die Haftung des Grundemails am Gußeisen vorwiegend rein mechanisch erfolgt, können im Grundemail die Haftoxyde fehlen.

Je nach dem Emaillierverfahren (naß oder trocken) unterscheidet man zwei verschiedene Arten von Gußgrundemail. Während für die nasse Aufbringung des Deckemails nur ein ungeschmolzener, bloß gefritteter Grund („Frittegrund") benötigt wird, wird für die Trockenaufbringung des Emails (Puderverfahren) ein dünner, geschmolzener „Schmelzgrund" verlangt. Die gute Haftung des Grundes am Eisen wird durch die Rauhigkeit der Eisenunterlage am Deckemail durch ein ausreichend großes Erweichungsintervall hervorgerufen.

Für den Schmelzgrund beim Puderverfahren gleichen die Emailzusammensetzungen den Blechgrundemails, nur werden die Haftoxyde ganz oder zum Teil weggelassen. Der Frittegrund muß möglichst hoch schmelzend sein und enthält daher wenigstens 75% Siliziumdioxyd neben Borax und eventuell einigen Prozenten Flußspat. Er wird meist weniger fein als für andere Emails gemahlen (rund 40% Rückstand auf dem Sieb mit 3600 Maschen/qcm). Um das Schmelzen des Frittegrundes

mit Sicherheit zu vermeiden, setzt man der Fritte auf der Mühle, im Gegensatz zu
den Blechgrundemails, nahezu die gleiche Menge von hochschmelzenden Stoffen,
wie Sand, Quarz, Flint, auch Feldspat, Ton, etwas Flußspat, seltener Mennige
und Borax zur Herbeiführung einer geringen Verschmelzung, zu. So kann man
z. B. zu hundert Teilen Fritte auf der Mühle 40 Teile Sand, 35 Teile Ton, 10 Teile
Flußspat und 2 Teile Natriumphosphat zusetzen.

Der Brennvorgang hat auf die Eigenschaften des Frittegrundemails einen großen
Einfluß. Jedes Frittegrundemail besitzt eine besonders günstige Brennzeit und
Temperaturoptimum, so daß es nicht gleichgültig ist, ob in heiß oder kalt
gehenden Öfen gearbeitet wird. Der Brennbereich — sowohl temperatur- als
auch zeitmäßig — ist für ein jedes Email ein ganz bestimmter und ist nach Möglichkeit einzuhalten. Als die brauchbarsten Emails sind jene zu bezeichnen, die ein
möglichst großes Brennintervall aufweisen, da sie am wenigsten Schwierigkeiten
bereiten und keinen Ausschuß aufkommen lassen (Anonym[1460]).

Ein borfreier Frittegrund für die Gußeisenemaillierung läßt sich unter Berücksichtigung der Schmelztemperaturkurve von Sodaschmelzen durch Austausch von
Borax gegen Soda herstellen. Schon geringe Zusätze von Flußspat erhöhen die Stoß-
und Schlagfestigkeit eines borfreien Frittegrundes merklich. Auch Emaillierglasmehl
kann als Boraxaustauschstoff im Frittegrund dienen (H. L a n g[1461]).

Der Frittegrund auf Gußeisen zeigt bei der Schlagfestigkeitsprüfung eine geringere Haftkraft als der Schmelzgrund. In den Lücken, die der Graphit nach dem
Glühen der Gußstücke hinterläßt, verankert sich das Email, ebenso durch Umwandlung von Eisen und Silizium beim Glühen in Siliziumdioxyd und Ferrooxyd, da
sich diese Stoffe beim Aufschmelzvorgang im Email auflösen. Durch diese Vorgänge
beim Glühen findet gleichzeitig eine Aufrauhung der Oberfläche des Gußeisens
statt (V i e l h a b e r[1462]).

Borfreie Emails haften auf Gußeisen wesentlich schlechter als boraxhaltige. Durch
Zusatz von Natriumtitansilikat und durch verringerten Quarzgehalt zur Mühle konnte
die Haftfestigkeit von Emails auf Gußeisen verbessert werden, wobei die borsäurehaltigen Emails sogar übertroffen werden (O. K r ü g e r[1463]).

Die erfolgreiche Emailaufbringung auf Gußeisen wird durch die Art der Herstellung und der Formgebung des Gußeisens sowie durch den Gießereisand beeinflußt (R. B. S c h a a l[1464]). Bereits beim Formen und Vorbehandeln der Gußstücke
sind gewisse Regeln und Bedingungen einzuhalten. Die Kanten und Ecken des
Gußstückes müssen ganz bestimmte Formen aufweisen, damit Haarrisse und das
Abplatzen des Emails vermieden werden (R. B. S c h a a l[1465]). Auch die chemische
Zusammensetzung, das Gefüge, insbesondere die Graphitbindung, die Oberflächen-
bearbeitung, Oberflächenfehler usw. des Gußeisens üben auf seine Emaillierfähig-
keit einen wesentlichen Einfluß aus. Als besonders gut geeignet wird eine Gußeisen-
zusammensetzung mit 2,7 bis 3,5% Gesamtkohlenstoff, von dem 0,3 bis 0,6% in
gebundener Form vorliegt, ferner mit 1,9 bis 3,5% Silizium, 0,45 bis 1,7% Mangan,
0,04 bis 0,14% Schwefel, 0,3 bis 1,65% Phosphor, bis 1,5% Nickel und bis 1% Chrom
empfohlen (A. S. H a w t i n[1466]).

Für bleifreies Gußeisenemail für Naßauftrag haben B. N i k l e w s k i jun.
und A. I. A n d r e w s[1467] festgestellt, daß Dibortrioxyd solchen Fritten einen weiteren Brennbereich verleiht und das Auskristallisieren einiger Bestandteile verhindert.
Ein zu hoher Dibortrioxydanteil gibt aber dem Email ein billiges Aussehen. Ein
steigender Gehalt an Natriumsuperoxyd verengert das Brenngebiet. Das Verhältnis
Dibortrioxyd : Natriumoxyd soll möglichst groß sein, was sich durch größere Anteile
von Bariumoxyd, Zinkoxyd und Kalziumoxyd erreichen läßt. Die Fritte wies folgende Zusammensetzung auf: 26,8% Siliziumdioxyd, 24,5% Dibortrioxyd, 11,0%
Natriumoxyd, 16,2% Bariumoxyd, 5,2% Zinkoxyd, 4,2% Kalziumoxyd, 11,8% Kal-

ziumfluorid. Nach Zugabe von Quarz und Feldspat im Verhältnis 3 : 4, Trübungsmitteln und Ton wurde ein gutes Grundemail erhalten.

In Tab. 35 sind einige Zusammensetzungen für Schmelzgrund- und Frittegrundemails für Gußeisengrundemails angeführt.

Tabelle 35. *Schmelz- und Frittegrundemails.*

	1	2	3	4
	Frittegrundemail, 15 bis 20 Min.	800° bis 850°		Schwarzemail für Gußeisen
Quarzsand	68	—	53,9	10
Quarzmehl	—	60		Glasmehl 25
Feldspat				
Tonerde			1,8	
Borax	30	40		40
Borsäure			12,8	
Flußspat	2	—		2
Natriumoxyd			7,2	
Kaliumoxyd			0,6	
Kalziumoxyd			0,4	
Zinkoxyd			3,5	
Bleioxyd				
Diantimontrioxyd			0,2	
Titandioxyd			11,7	
Natriumfluorid			4,8	$2\,Na_2SiF_6$
Aluminiumfluorid			3,1	
Bariumkarbonat				14
Bariumnitrat				5
Kobaltoxyd				1
Braunstein	Zusatz zur Naßmühle			Braunstein 1
Fritte	100	100		100
Quarzmehl	20	90		
Quarzsand	—	90		
Kryolith	—	5		
Borax	1	5		
Magnesiumoxyd	1	—		
Ton	02	34		2 bis 5
Dinatriumphosphat	2	—		
Schwarzkörper				4 bis 8

Die Eigenschaften von Gußgrundemails werden auch durch die Verarbeitung und nicht nur durch die Mühlenversätze beeinflußt. So wirkt sich die Mahlung und Trocknung sowohl auf die Eigenschaften und das Verhalten des Grund- als auch des Deckemails entsprechend aus. Bei der Verarbeitung kann außerdem der Wasserzusatz zur Mühle, das Mahlvolumen, die Größe der Mühle, die Mahldauer, die Zähigkeit des Emailschlickers, dessen Stehvermögen, die Abstehzeiten, die Brenndauer und Brenntemperatur, die Abkühlverhältnisse nach dem Brennen sowie die Art und Wirkung des Dekapiervorganges die Ergebnisse des Emaillierens sehr stark verändern (Anonym[1468]).

Literaturverzeichnis.

[1410] A. Dietzel und K. Meures, Sprechsaal 66, 647, 746, 1933. — [1411] K. Kautz, J. Amer. ceram. Soc. 21, 307—11, 1938; 22, 247—50, 1939. — [1412] Heimes, Sprechsaal 67, 720, 1934. — [1413] Schaarschuh, Glashütte 63, 811, 1933. — [1414] K. Kautz, J. Amer. ceram. Soc. 22, 250—55, 1939. — [1415] G. C. Priddey, Foundry Trade J. 80, 263—68, 271, 1946. — [1416] L. Stuckert, S. G. Feng und J. Kästner, Emailwarenind. 21, 43—46, 1944. — [1417] K. Kautz, Enamelist 15, Nr. 4, 13—15, 60—63, 1938. — [1418] J. M. Zander, Better Enamel 9, Nr. 6, 5—8, 25—26, 1938. — [1419] H. L. Codz, Enamelist 15, Nr. 7, 5—7, 1938. — [1420] J. Pettyjohn, Metal Clean Finish. 9, 995—98, 1012, 1937. — [1421] Anonym, Ceram. Ind. 34, Nr. 6, 52—54, 1940. — [1422] G. H. MacIntyre, Steel 121, Nr. 3, 102, 112—20, 1947. — [1423] K. Kautz, J. Amer. ceram. Soc. 23, 283—87, 1940; 25, 160—63, 1942; Foundry Trade J. 64, 208—32, 1941; Ceram. Ind. 36, Nr. 5, 44—45, 1941; AP. 2 293 146. — [1424] Derselbe, J. Amer. ceram. Soc. 25, Nr. 6, 15. März 1942. — [1425] C. R. Ambery, ebenda 29, Nr. 4, April 1946. — [1426] Exolan Comp., AP. 2 422 215. — [1427] K. Kautz, J. Amer. ceram. Soc. 28 (3), 76—89, 1945. — [1428] A. Dietzel, Emailwarenind. 18, 30—31, 1941. — [1429] Vielhaber, ebenda 18, 1—2, 5, 1941. — [1430] K. Kautz, Ceram. Ind. 34, Nr. 5, 39, 1940. — [1431] AP. 2 396 856. — [1432] B. J. Sweo, Enamelist 24, 4—6, Febr. 1947. — [1433] Hadwiger, Glashütte 85, 738, 1935. — [1434] Vielhaber, Emailwarenind. 14, 337—38, 1937; 17, 77—78, 1940. — [1435] Krüger, Modernes Emaillieren, Halberstadt, 1937, Jänner 1939. — [1436] A. Dietzel, Emailwarenind. 16, 155, 1939. — [1437] I. E. Rosenberg, Ceram. Ind. 24, Nr. 3, 44, 46, 47, 1940. — [1438] A. Dietzel, Sprechsaal, Keram., Glas, Email 74, 4—6, 11—13, 19—21, 1941. — [1439] W. Kerstan, Sprechsaal 77, 55—59, 72—76, 1944. — [1440] Vielhaber, Emailwarenind. 16, 259—60, 1939. — [1441] M. Paschke und H. Kohl, Stahl und Eisen 63, 476—78, 1943. — [1442] A. Dietzel, Sprechsaal 76, 155—58, 1943. — [1443] W. Kerstan, Sprechsaal 77, 55—59, 72—76, 1944. — [1444] H. Lang, Keram. Rundsch. 48, 401—03, 1940. — [1445] Anonym, Glashütte 72, 26—27, 1942; Sprechsaal 74, 130—31, 1941. — [1446] A. Dietzel und L. Arnold, Sprechsaal 75, 168—71, 1942. — [1447] O. Krüger, Emailwarenind. 21, 69—73, 1944. — [1448] H. Lang, Glashütte 71, 195—96, 1941. — [1449] Derselbe, ebenda 71, 229—31, 1941. — [1450] A. Krafft, Keram. Rundsch. 50, 223—25, 1942. — [1451] H. Lang, Glashütte 71, 334—36, 1941. — [1452] Derselbe, Keram. Rundsch., Kunstkeram. 48, 305—06, 322—24, 1940. — [1453] Vielhaber, Emailwarenind. 17, 113—14, 1940. — [1454] Dr. Rickmann und Rappe, FP. 871 052. — [1455] H. Lang, Glashütte 70, 119—20, 1940. — [1456] A. Krafft, Keram. Rundsch., Kunstkeram. 50, 64—65, 1942. — [1457] R. Grünwald, Die Rohstoffe der Emailfabrikat., 2. Aufl., 1912. — [1458] H. Lang, Keram. Rundsch., Kunstkeram. 49, 58—60, 1941; 48, 401—03, 1940. — [1459] P. A. Huppert, Finish. 4, Nr. 7, 21—22, 52, 1947. — [1460] Anonym, Glashütte 73, 49—50, 1943. — [1461] H. Lang, Keram. Rundsch., Kunstkeram. 48, 334—35, 356—57, 376—77, 1940. — [1462] Vielhaber, Emailwarenind. 15, 319—20, 1938. — [1463] O. Krüger, ebenda 21, 59—61, 1944. — [1464] R. B. Schaal, Emaillerie 7, Nr. 3, 7—13, 1939; Foundrymen's Ass. 46, 769—82, 1939. — [1465] Derselbe, Enamelist 15, Nr. 8, 23—26, 1938. — [1466] A. S. Hawtin, ebenda 16, Nr. 9, 11—17, 1939. — [1467] B. Niklewski jun. und A. I. Andrews, J. Amer. ceram. Soc. 23, 178—85, 1940. — [1468] Anonym, Glashütte 74, 64—66, 1944.

54. Deckemails für das Naßauftragsverfahren.

a) Deckemails für Stahlblech.

Das Deckemail hat die Aufgabe, durch seine Opazität oder Farbe das die Haftung bewirkende, dunkel gefärbte Grundemail zu überdecken und dem Email eine weiße Farbe (Weißemail) oder bestimmte Farbtönung (Farbemail) sowie Glanz und Widerstandsfähigkeit zu verleihen. Das Deckemail muß leichter schmelzbar als das Grundemail sein, wobei sein Brennintervall im Erweichungsintervall des Grundemails liegen muß, um eine gute Bindung zwischen Grund und Decke zu erzielen. Wird ein höherer Ausdehnungskoeffizient gefordert, so verwendet man Versätze mit einem hohen Verhältnis von Feldspat zu Quarz (bis 2 : 1), während bei Kochgeschirren mit höherer Wärmefestigkeit und niedrigem Ausdehnungskoeffizienten ein geringerer Feldspatgehalt gewählt wird.

Die Undurchsichtigkeit der Deckemails wird teils durch Verwendung von Kryolith oder anderen Fluoriden als eingeschmolzene Vortrübungsmittel (s. S. 281) oder Zusatz eigentlicher Trübungsmittel, wie Zinndioxyd, Diantimontrioxyd, Zerdioxyd, Zirkondioxyd usw., herbeigeführt.

Gefärbte Emails werden meist durch Zusatz von Farboxyden (s. S. 293) zur Mühle unter Verwendung von Weißemails hergestellt. Sollen die Farben nicht durch das Weiß des Weißemails aufgehellt erscheinen, so werden besondere Emails verwendet, bei denen an Stelle von Kryolith als Vortrübungsmittel Natriumfluorsilikat benutzt wird, das eine geringere Vortrübung, aber einen höheren Glanz ergibt. Die Vortrübungsmittel können aber auch gänzlich weggelassen werden. Derartig durchscheinende Emails sind schon fast als Glasuren anzusprechen. Werden im Emailfluß die Farboxyde ganz oder teilweise aufgelöst, so beruht die Färbewirkung nicht auf diffuser Reflexion des Lichtes, sondern auf selektiver Lichtabsorption (beim Schwarzemail). Titandioxyd bewirkt im feinverteilten Zustande eine Gelbfärbung, in einem Emailfluß mit erniedrigtem Tonerdegehalt aber infolge Bildung von löslichem, dunkel gefärbtem Eisentitanat eine Schwarzfärbung (A. D i e t z e l[1469]).

Tabelle 36. *Deckemails für Naßauftrag für Stahlblech.*

	1	2	3	4	5	6
	Weiß-email			Für gas-getrübte Emails		Email-glasmehl
Borax	27,1	22,48%	22	22	20	
Feldspat	30,0	17,60%	44	15	30	
Quarz	8,1	23,47%	4	40	11,3	78,13
Kryolith	1,3		1,5	12		14,16
Flußspat	9,5	2,51	10,5		4	
Soda	6,8	6,70	10	4	15	4,69
Zinkoxyd		2,93				
Natriumnitrat	4,1	2,93	2 NaNO$_2$	3	1,7	3,12 KNO$_3$
Kalziumkarbonat						
Magnesiumoxyd						
Kobaltoxyd					0,36	
Nickeloxyd		12,58 Sb$_2$O$_3$ für sehr opakes Email			17 Magnesiumborosilikat	
Zirkondioxyd			4			
Kaolin			9			
Na$_2$SiF$_6$		8,38	6	4		
zur Mühle:						
Fritte			100			
Ton			5			6
Soda						1
Trübungsmittel			1,8 bis 3,5 CeO$_2$			6
Wasser						

Die gelösten Farboxyde verändern auch die Eigenschaften des Emails, worauf Rücksicht genommen werden muß. So wird beispielsweise durch gelöste Farboxyde mit Ausnahme von Chromtrioxyd die Schmelzbarkeit erhöht. Farbemails werden entweder auf Grund- oder Weißemails aufgetragen.

Blau oder violett gefärbte Emails werden durch Einschmelzen von etwas größeren Mengen von Kobaltoxyd, als es für Grundemail üblich ist, in das Email erhalten. Da sie selbst das Haftoxyd Kobaltoxyd enthalten, können sie ohne Grundemail unmittelbar auf Eisenblech aufgebrannt werden. Die Schmelzfarben enthalten reichliche Mengen von sowohl eingeschmolzenen als auch gelösten Farbpigmenten, eingebettet in Blei, Kali oder Natronborosilikaten. Ihre chemische Widerstandsfähigkeit ist aber nur gering, ausgenommen die säurefesten Schmelzfarben. Einige Beispiele von Zusammensetzungen von Deckemails und Farbemails für das Naßemailverfahren auf Stahlblech sind in Tab. 36 und 37 wiedergegeben.

Tabelle 37. *Farbemails für Stahlblech.*

	1	2	3	4	5
		Blaues Rohemail	Blaues Email	Schwarz	Schwarz
Borax	B_2O_3 8,7	24,2	32,5	62	20
Feldspat	Al_2O_3 3,8	32,8	9,2	120	18
Quarz	40,6	17,1	20,4		16
Kryolith	12,5	1,0	3,44		
Flußspat	4,0	4,0	5,41	8	5
Soda	KNaO 13,9	5,0		14	6
Zinkoxyd	8,5		12,07		3 MnO_2
$NaNO_3$		4,0	3,5	16 MnO_2	3
$CaCO_3$		5,0		16	
MgO		MnO_2 0,28		8 Fe_2O_3	
Kobaltoxyd		1,15		2	1,5
Nickeloxyd			10		
			TiO_2 Natr. Zirkonsilikat		
Zirkonoxyd	$NaSbO_3$ 8,0		26		
Kaolin			$Al(OH)_3$ 8,06		
Na_2SiF_6					
zur Mühle:					
Fritte			100		
Ton			6		
Soda					
Trübungsmittel					
Wasser			35		

b) Deckemails für Gußeisen.

Deckemails für Gußeisen weisen vielfach die gleiche Zusammensetzung wie die Deckemails für Stahlblech auf. Die Ausdehnungskoeffizienten der Emails sind etwas kleiner (etwa $300 \cdot 10^{-7}$ CGS-Einheiten), als jene des Gußeisens (rund $340 \cdot 10^{-7}$ CGS-Einheiten), um thermischen Beanspruchungen besser widerstehen zu können (H. J. Karmaus[1470]). Wenn nur eine größere mechanische Widerstandsfähigkeit gewünscht wird, wie z. B. bei Gußeisen-Poterie, Waschkesseln, Sanitätsware usw., so wählt man ein Email, dessen Ausdehnungskoeffizient möglichst ebenso groß als jener des Gußeisens ist. Für beide Verwendungszwecke hat H. J. Karmaus[1471] eine

Tabelle 38. *Deckemails für Gußeisen im Naßemaillierverfahren nach* H. J. Karmaus[1473].

	Herdemail	Herdemail		Bleihältige Gußeisen-naßemails
	1	2	3	4
Siliziumdioxyd	16	18	18	24,6
Tonerde				2,8
Knochenasche		3	3	
Dibortrioxyd				9,3
Kryolith	9	8	6	10,4
Kalziumfluorid	1			3,2
Sb_2O_3			4	
$NaSbO_3$				5,2
$Na_2HPO_4 \cdot 12\,H_2O$ . . .		8	6	
ZnO				8,2
Bleimennige	30	35	35	19,8
BaO				8,0
Kaliumnitrat			2	
Borsäure		9		
KNaO				8,5
Kalifeldspat	31	16	16	
Borax	24	18	18	
Soda	2		2	
		auf Frittegrund		
Mühlenzusatz:				
Zinndioxyd		8	6	
Ton		6	6	

Tabelle 39. *Farb- und Schwarzemails für Gußeisen im Naßemaillierverfahren nach* H. J. Karmaus[1474].

			„Falsche" Majolikaemails (ohne Grundemail direkt auf Gußeisen)		
	1	2	3	4	5
Kalifeldspat	57,0	27,5	16,0	12,6	14,0
Quarz	28,0	27,5	20,0	9,0	10,0
Borax	65,0	50,0	20,0	—	—
Borsäure	12,0	9,0	20,0	18,0	20,0
Soda	8,0	8,0	6,3	3,6	4,0
Kalisalpeter	8,0	8.0	4,0	4,0	4,5
Flußspat	8,0	5,0	—	—	—
Kobaltoxyd	0,3	0,2	1,2	0,27	0,8
Kryolith			10,0	1,8	20,0
Dichromtrioxyd			—	0,27	0,8
Kupferoxyd			—	0,27	0,8
Braunstein			1,0	—	—
Mühlenzusätze auf 100 Teile Granalien:					
Ton	7,5	7,5	8,5	5,0	5,0
Borax	7,5	7,5			
Schwarzoxyd	2,0	2,0	3,5	2,0	2,0
Rostex	0,1	0,1			
Grünoxyd				15,0	1,5

Reihe von Emailversätzen angegeben, aus welchen in nachstehender Tab. 38 einige charakteristische ausgewählt sind.

Zur Färbung können diesen Emails auch (2 bis 4%) Farboxyde, am besten auf der Mühle, zugesetzt werden. Bestehen die Emailflüsse aus Bleigläsern, in welche die Farbkörper als solche eingelagert sind, so erhält man dem Majolikaemail (s. S. 325) ähnlich gefärbte, ungetrübte Emails. In Tab. 39 sind nach H. J. Karmaus[1472] einige gefärbte und Schwarzemails für direkten Auftrag auf Gußeisen wiedergegeben.

Literaturverzeichnis.

[1469] A. Dietzel, Keram. Rundsch. 47, 184, 1939. — [1470] H. J. Karmaus, Sprechsaal 67, 688, 1934. — [1471] Derselbe, ebenda 67, 577, 1934. — [1472] Derselbe, ebenda 68, 241, 1935; 67, 419, 1934. — [1473] Derselbe, ebenda 67, 577—79, 688, 1934. — [1474] Derselbe, ebenda 67, 419, 1934; 68, 241, 259, 1935.

55. Puderemails für Gußeisen.

Die Puderemails werden auf die Bleche oder Gußeisengegenstände in der Glühhitze aufgepudert und dann bei etwa 800° C im Ofen eingebrannt. Der Ausdehnungskoeffizient des Emails muß jenem des Bleches weitestgehend angeglichen sein und daher ziemlich hoch sein (etwa $350 \cdot 10^{-7}$ CGS-Einheiten). Sollen die Emails färbig sein, so müssen hitzebeständige Farbkörper verwendet werden, da häufig mehrere Brände hintereinander vorgenommen werden. Es gibt bleifreie Puderemails, die als Trübungsmittel meist Zinndioxyd und Diantimontrioxyd enthalten sowie bleihältige Puderemails, vornehmlich zum Emaillieren von Schildern, in welchen Diarsentrioxyd als Trübungsmittel dient.

Das Puderverfahren wird insbesondere zur Emaillierung größerer Gegenstände aus Gußeisen verwendet, wie z. B. von Badewannen, Ausgußbecken, Konsolen usw., die nach dem Tauchverfahren nur schwierig emailliert werden können. An das Puderemail für Gußeisen wird die Forderung gestellt, daß es bei der Auftragung auf die im glühenden Zustande aus dem Ofen herausgenommenen Gegenstände beim Aufstäuben auch noch bei Dunkelrotglut (600 bis 700° C) haften bleibt. Der Erweichungspunkt der Puderemails muß daher ziemlich tief liegen, ihr Schmelzpunkt liegt bei etwa 800° C. Dieser niedrige Schmelzpunkt wird durch einen verhältnismäßig geringen Siliziumdioxydgehalt von etwa 20 bis 25% und einen höheren Borsäuregehalt von 10 bis 15%, außerdem durch Zugabe von Zinkoxyd zu erreichen versucht. Eine größere Wasser- und Säurebeständigkeit der Puderemails kann durch Erhöhung des Kieselsäureanteiles auf etwa 45%, Ersatz der Alkalien durch Erdalkalien und Magnesiumoxyd, Zugabe von Titandioxyd usw. erzielt werden. Als Trübungsmittel verwendet man meist Zinndioxyd, Natriummetaantimoniat, Diantimontrioxyd u. dgl., die in die Fritte eingeschmolzen werden.

Eine besondere Gruppe von Puderemails stellen die sog. *Tauchpuderemails* dar, die einen ziemlich niedrigen Schmelzpunkt bzw. Erweichungspunkt (550 bis 650° C) aufweisen und meist bleihaltig sind. Sie dienen vorwiegend zur Emaillierung kleinerer und kleinster Gegenstände. Die auf Rotglut erhitzten Gußstücke werden in den Puder getaucht und hin und her bewegt. Dabei muß soviel Email haften bleiben, daß sich eine Schicht von genügender Stärke bildet. Nach dem Entfernen der Gegenstände aus dem Puder schmilzt das Email durch die Wärme des Gußeisens glatt aus, ohne daß die Stücke nochmals in den Ofen eingesetzt zu werden brauchen. Da nur eine einmalige Auftragung erfolgt, muß das Email stark getrübt sein (H. Kirst[1475]). In Tab. 40 sind einige Zusammensetzungen von Puderemails zusammengestellt.

Tabelle 40. *Puderemails für Gußeisen.*

	Bleifreies Puder-email	Bleihäl-tiges Puder-email	Blech-puder-email	Guß-puder-email	Guß-puder-email	Rand-puder	Boden-puder	Bleifreies Puder-email für elektr. Röhren-wider-stände
	1	2	3	4	5	6	7	8
B_2O_3						16,8	14,8	31,2
Borax	200	14,22	3,6	29	14,5			
Feldspat	120	30,48	0,5	19	19	12,9	12,9	18,9
SnO_2	68	11,15						
SiO_2			36,1	4	4	42,5	42,6	
Ton	20							1,20
Soda	8	4,47		6	6	24,7	24,8	5,65
Salpeter	2	2,96	2,9	3,5	3,5	2,0	2,0	
Kryolith	40		1,5	3	5-7,5	4,4	5,5	
$(NH_4)_2 CO_3$ . . .	3							
Flußspat	2					2,5	2,5	6,30
Magnesiumoxyd .	2			4	4			
Bleioxyd		20,72	54,1					
Zinkoxyd		1,49		13				14,4
Bariumkarbonat .		11,75						
Kalziumkarbonat .		3,35		6	1-5			
As_2O_3			3,2					
Kaliumkarbonat .			4,2					
Natriummeta-antimoniat . .				11		12,9	12,9	
$Na_2HPO_4 \cdot 12 H_2O$					27			
Manganerz . . .								5,0
Kobaltoxyd . . .								1,5
Dichromtrioxyd .								0,5

Nach dem Puderverfahren läßt sich auch ein sog. Spezialglimmergrund auf Guß-eisen aufbringen. Dieses Grundemail ist nichts anderes als ein sehr harter Schmelz-grund für Gußeisen, dem aber beim Vermahlen größere Mengen von Glimmer zu-gesetzt wurden. Am besten eignet sich Kaliglimmer (Anonym[1476]).

Man kann auch für Gußstücke einen Pudergrund verwenden, wobei auf ein dünnes Grundemail sofort das Puderemail aufgestreut wird. Das Grundemail dient dann hauptsächlich nur dazu, das Oxydieren des Eisens zu verhindern. Borax kann in diesem Falle durch Soda ersetzt werden. Auch Wasserglas ist im Grundemail an-wendbar (V i e l h a b e r[1477]).

Das Puderverfahren für Gußeisenemaillierung stellt im Vergleich zum Naß-verfahren die billigere und vielfach auch bessere Arbeitsweise dar (H. L a n g[1478]).

L i t e r a t u r v e r z e i c h n i s.

[1475] H. K i r s t, Glashütte **67**, 153—57, 1937. — [1476] Anonym, Sprechsaal **73**, 147—48, 1940. — [1477] V i e l h a b e r, Emailwarenind. **17**, 8—9, 1940. — [1478] H. L a n g, Keram. Rundsch., Kunstkeram. **49**, 426—29, 1941.

56. Majolikaemails.

Die Majolikaemails stellen bleihaltige, durchsichtige Glasflüsse dar, die auf weiß-getrübte Emails aufgetragen werden. Beispielsweise hat ein Majolikaemail folgende

Zusammensetzung: 33 PbO, 33 Borax, 25 Bariumkarbonat, 11 Quarz, 11 Feldspat, 3 Soda, 2 Kaliumnitrat, 5 Kalziumfluorid, 1,2 Farboxyde. Um Bleioxyd, dessen Anteil bis etwa 56% betragen kann, zu sparen und die Beständigkeit des Majolikaemails, die bereits von Wasser unter Fleckenbildung angegriffen werden, zu erhöhen, hat man auch bleifreie Majolikaemails entwickelt, welche nach V i e l h a b e r[1479] etwa folgende Grenzzusammensetzungen haben: SiO_2 36,6 bis 27,4%, Al_2O_3 5,4 bis 1,0%, B_2O_3 9,9 bis 6,2%, K_2O 8,8 bis 1,3%, CaF_2 0 bis 3,9%, BaO 30,5 bis 15,6%, ZnO bis 23,2%, Kryolith bis 9,3%, Kalziumoxyd bis 13,0%. Die bleifreien Majolikaemails, bei denen der Gehalt an Bleioxyd teilweise durch Zinkoxyd und Bariumoxyd ersetzt ist, haben den Vorteil der Bleifreiheit, die Möglichkeit der Ersparnis eines Brandes sowie eine geringere Dichte (H. K i r s t[1480]). Blei- und borfreie Majolikaemails lassen sich mit Zinkoxyd, Soda und Flußspat als Austauschstoffe herstellen. Vorteilhaft ist auch die Verwendung von Glasmehl (H. L a n g[1481]).

Tabelle 41. Majolikaemails (K a r m a u s[1483]).

Bezeichnung	Bleiarmes Majolikaemail auf Frittegrund	Majolikaemail auf dunklem Schmelzgrund	Blaues, bleifreies Majolikapuderemail	Bleifreier, weißer Schmelzgrund	Bleihältiger, weißer Schmelzgrund
	1	2	3	4	5
Bleimennige . . .	33,0				24,0
Bariumkarbonat .	25,0				
Quarz	11,0	17,2	40	18,0	25,0
Kalifeldspat . . .	11,0	26,3		18,0	10,5
Borax	33,0	42,6	75	50,0	22,0
Soda	3,0	5,0	8		5,5
Borsäure				23,0	
Kaliumnitrat . . .	2,0	3,0	4		2,5
Flußspat	5,0	5,0		5,0	5,0
Farboxyde	1,2				
Antimonoxyde . .				5,5	2,5
Kobaltoxyd . . .		0,5	1		
Braunstein		0,4			
Bariumkarbonat . .			18	8,0	
Kalziumkarbonat .				10	
Magnesiumoxyd . .					2
Mühlenzusatz:				Zusatz zur Pudermühle: keine. Zusätze zur Naßmühle:	
Ultra-Sil	0,4		0,3 bis 0,6		
Quarz					100 Fritte 20 (aus 68 Quarzsand + 30 Borax + 2 Flußspat)
Ton		2,0		10	12
Leukonin				5	Pentaman 8
Borax				5	
Quarzsand					10

Zur Färbung der Majolikaemails werden Metalloxyde verwendet, wobei auf 100 kg Fritte nach H. J. K a r m a u s[1482] folgende Farboxyde verwendet werden:

Für Dunkelgrün: 0,54 Dichromtrioxyd, 0,39 Kuprioxyd, 0,60 Dikobalttrioxyd, 0,20 Braunstein,

Braunrot: 0,40 Kuprioxyd + 1,50 Braunstein,

Blau: 0,37 Kuprioxyd + 0,22 Dikobalttrioxyd + 0,15 Braunstein,

Braun: 2,0 Ferrioxyd + 1,0 Dimangantrioxyd + 0,1 Dichromtrioxyd.

In Tab. 41 sind nach H. J. K a r m a u s die Zusammensetzungen einiger Majolikaemails zusammengestellt.

L i t e r a t u r v e r z e i c h n i s .

[1479] V i e l h a b e r, Emailwarenind. **12**, 380, 1934; **14**, 27—28, 1937. — [1480] H. K i r s t, Glashütte **66**, 828—30, 1936. — [1481] H. L a n g, ebenda **70**, 669—70, 1940. — [1482] H. J. K a r m a u s, Sprechsaal **68**, 242, 1935. — [1483] Derselbe, ebenda **68**, 241—43, 257—59, 1935.

57. Säurefeste und hochsäurefeste Emails.

In dem Bestreben, der Industrie möglichst beständige Emailsorten zur Verfügung zu stellen, wurden die säurefesten und hochsäurefesten Emails entwickelt, die sich vor allem durch eine Erhöhung des Siliziumdioxyds und Verminderung des Borsäureanteiles gegenüber den Küchenemails unterscheiden. Die Beständigkeit eines Emails gegen kochende 10%ige Schwefelsäure nimmt um so mehr ab, je kleiner das Verhältnis *Feldspat : Quarz* ist, also je mehr Borax im Email enthalten ist (V i e l h a b e r[1484]). In der Technik unterscheidet man säurefeste und hochsäurefeste Emails, zwischen denen aber keine scharfe Grenze besteht. Sie können sowohl für Stahlblech als auch für Gußeisenaufträge verwendet werden.

Bei der Auswahl der Zusammensetzungen für zuverlässige, hochsäurefeste Emails ist diese nach A. M. T r a c h t e n b e r g[1485], wie folgt, zu begrenzen: Siliziumdioxyd 56 bis 67%, Natriumoxyd 15 bis 22%, Kaliumoxyd 0 bis 8%, Kalziumoxyd 0 bis 6%, Titandioxyd 0 bis 8%, Tonerde 2 bis 4%, Kalziumfluorid 0 bis 3%, Magnesiumoxyd 0 bis 3%, Dibortrioxyd 0 bis 4%, Zinkondioxyd 0 bis 4%, Zinkoxyd 0 bis 4%. Diese Emails sind gegen Salzsäure, Salpetersäure, Schwefelsäure, eine Reihe organischer Säuren und Gemische von organischen und Mineralsäuren vollkommen beständig. Der Koeffizient der kubischen Ausdehnung entspricht dem von Walzstahl, wodurch ein zuverlässiger Säureschutz für Stahlapparaturen gewährleistet ist.

Die Haftung der säurefesten Emails am Stahlblech wird durch einen Zusatz von etwa 0,8 bis 1,2% Kobaltoxyd herbeigerufen. Verbessernd auf die Säurebeständigkeit wirken auch Zusätze von Zirkondioxyd und Titandioxyd[1486] (A. D i e t z e l). Nach L. S t u c k e r t[1487] erhält man auch hochsäurefeste Emails, wenn man 10 bis 15% des Alkalioxydes durch Li_2O ersetzt. Während der Säureangriff bei etwa 14% Lithiumoxyd fast auf 0 zurückgeht, werden lithiumhaltige Emails von Laugen stärker als lithiumfreie angegriffen.

Der Glanz, das Deckvermögen und die Reinheit des Emails gehen bei der Erzeugung der Säurebeständigkeit von Emails nicht zurück. Die Einbrenntemperatur auf säurefestem Blechgrund beträgt etwa 800° C, auf Gußeisen 750° C. Als Vortrübung werden Antimon- oder Zerdioxyd, als Mühlenzusatz 5 bis 6% Ton und 1 bis 3% Ammonkarbonat empfohlen (H. L a n g[1488]).

Das Widerstandsvermögen der Emails gegen Säuren bei gewöhnlichem Druck ist mit jenem bei erhöhtem Druck nicht identisch. Bei Drucksteigerung nimmt die Korrosion (in verdünnter Schwefelsäure) im allgemeinen bis 5 Atm. schnell und langsam von 5 bis 10 Atm. zu (K. P a z a r o f f und V. I. S a o t s c h e n k o[1489]).

Zur Prüfung der Säurebeständigkeit von Emails (s. S. 305) kann auch folgendes einfaches Verfahren empfohlen werden. Eine halbkugelförmige Schale, deren innere Oberfläche genau ausgemessen und mit dem zu prüfenden Email überzogen ist, wird

mit einer Lösung von 30 g/l Oxalsäure gefüllt und eine Stunde erhitzt. Aus dem
Gewichtsverlust der Schale nach der Entfernung der Lösung und aus dem Trocken-
rückstand der Lösung (Erhitzen bis zur Rotglut) läßt sich die Säurebeständigkeit
zahlenmäßig angeben (Anonym[1490]). Nach dem Tropfentest von J. T. R o b e r t s[1490a]
werden mit einer Pipette 6 Tropfen 20%ige Salzsäure auf das Email aufgebracht und
mit einem 2,5 cm großen Uhrglas bedeckt. Das Ganze wird unter eine Glasglocke
gestellt und dort bei konstanter Temperatur 30 Minuten bis 48 Stunden, je nach
dem zu prüfenden Email, stehen gelassen. Die Probe wird dann gewaschen und die
Farbe des Emails unter einem Beobachtungswinkel von 45° bestimmt.

   In Tab. 42 sind die Zusammensetzungen einiger säurefester Emails wiedergegeben.

Tabelle 42. *Zusammensetzungen von säurefesten Emails.*

	1	2	3
Siliziumdioxyd	43	65,1	67 bis 60
Soda	15		
Borax	17		
Natriumnitrat	+		
Natriumsilikofluorid	8		
Titandioxyd	7		
$Na_4 Sb_2 O_7$	6		
Dibortrioxyd		2,0	
Tonerde		3,5	2,8 bis 3,0
Kaliumoxyd		2,6	2,7
Natriumoxyd		19,1	20 bis 16
Kalziumoxyd		7,7	7,2
Zinkoxyd		1,0	
Lithiumoxyd		1,0 bis 3,0	

   Für hochwertige Ware wird ein stark trübendes säurefestes Email in dünner
Schicht auf eine starke Schicht hochgetrübtes, nicht säurefestes Email eingebrannt
(J. T. I r w i n[1491] und P. W i e ß n e r[1492]). Die gesamte Schichtstärke von säure-
beständigen Emails ist größer als jene normaler Emails (G. H. S p e n c e r -
S t r o n g[1493]). Zwischen der Säurefestigkeit und der Wetterbeständigkeit haben
Wm. N. N o r r i s o n und D. G. M o o r e[1493a] eine gute Übereinstimmung fest-
gestellt. Bei guter Auftragung des Emails und dichter Abdeckung des Eisens wurde
das Eisen auch nach einer 7 Jahre lang dauernden Bewitterung nicht angegriffen.

Emails für Sonderzwecke.

   a) Leuchtemails. Bei diesen Emails ist im Deckemail entweder eine luminophore
oder radioaktive Substanz enthalten. Die erstgenannten Leuchtkörper, wie Erdalkali-
sulfid, Kadmiumsulfid oder Zinksulfid, leuchten nur nach vorheriger Bestrahlung
mit ultraviolettem Licht und für kürzere Zeit, die letzteren jedoch dauernd. Es ist
aber darauf zu achten, daß weder durch zu hohe Brenntemperatur noch auch zu
starkes Mahlen die Kristallstruktur der Leuchtsubstanzen zerstört wird, da dann die
Leuchtwirkung verschwindet. Nach G. D. S k i n n e r werden leuchtende Porzellanemails für Markierungen, Ladenfassaden usw. z. B. durch Einbrennen einer Mischung
von 30 bis 50% fluoreszierender Körper mit 50 bis 70% Glasur auf Eisenblech aufgebracht und bei 840 bis 860° C eingebrannt[1494].

   Nach den Erfahrungen der Auer-Ges.[1495] sollen die Emailversätze für Leuchtemails auf Sulfidbasis frei von Schwermetallverbindungen, wie Eisen, Nickel, Kobalt
und Blei, sein und einen Schmelzpunkt zwischen 575 bis 700° C aufweisen. Als Bei-

spiel einer geeigneten Fritte sei folgende Zusammensetzung angeführt: 0,3 bis 0,5 Mole Alkalioxyd, darunter 0,1 bis 0,25 Lithiumoxyd, 0,05 bis 0,25 Mole Erdalkalioxyd, 0,35 bis 0,6 Zinkoxyd, 0 bis 0,1 Tonerde, 0,25 bis 1 Siliziumdioxyd, 0 bis 0,2 Fluorid als Aluminiumfluorid und 0,15 bis 1,2 Dibortrioxyd. Der gemahlenen Fritte werden 25 bis 50% Leuchtfarben beigemischt.

Mit Zinksulfid hergestellte Leuchtemails sollen nach Ph. E k e r[1496] ihre Leuchtkraft an der Atmosphäre nicht verlieren.

b) Mattemails. Falls es gewünscht wird, ein Mattemail zu erhalten, so kann man dieses Email durch verstärkte Ausscheidung von im Emailfluß unlöslichen Stoffen herstellen. Man versetzt ein leichtschmelzendes Email auf der Mühle mit größeren Mengen von Feldspat, Quarz, gebranntem Kaolin, Ton, Schamottepulver oder anderen schwerschmelzenden Stoffen. Besonders bewährt hat sich feingemahlenes Porzellan. Je feiner die Mahlung ist, um so feiner ist auch die Mattierung (Anonym[1497]). Da Emails mit solchen erhöhten Mühlenzusätzen schwerer verarbeitbar sind, kann man im Email auch den Borsäureanteil vermindern oder diesen ganz fortlassen. Für 1 Teil Borax kann man 0,41 Teile Zinkoxyd und 0,14 Teile Soda in den Versatz geben (V i e l h a b e r[1498]). Eine Mattierung durch eine Sandstrahlbehandlung oder Ätzen mit Säuren ist weniger gebräuchlich.

c) Granitemail. Unter Granitemail kann man verschiedene Ausführungsarten von Email verstehen. Bei der besonders in USA üblichen Emailsorte wird auf ein reines Eisenblech, das eventuell nach dem Beizen nicht gewaschen wurde, das Email im Naßverfahren aufgetragen. Beim Trocknen bilden sich gelb gefärbte Roststellen, die nach dem Brennen als dunkelgefärbte Adern auftreten. Ein geeignetes Email hat z. B. folgende Zusammensetzung: 40% Feldspat, 30,5% Borax, 10% Quarz, 6,5% Soda, 5,5% Salpeter, 1,5% Flußspat, 5,4% Knochenasche, 1,5% Diantimontrioxyd. Die Haftfestigkeit des Emails ist sehr gut.

Dem Aussehen nach ist auch das graue, gespritzte Email als Granitemail anzusprechen. Auch sehr dünne Emailüberzüge und solche Emails, die Granit im Versatz enthalten, können zur Gruppe der Granitemails gerechnet werden.

d) Eine marmorierte Grauemailware kann auch durch eine Reaktion zwischen dem Grauemail und lokal für die Reaktion besonders empfindlichen Teilen des zu emaillierenden Eisens erhalten werden. Während z. B. chemisch reines Eisen, das keine inneren Spannungen aufweist, beim Auftragen von Grauemail nur geringe Marmorierungseffekte zeigt, wird gezogenes Eisen gute Wirkungen ermöglichen (E. C. D e x h e i m e r - B e t t e r[1499]). Auch das Beizen, Neutralisieren, die Zusammensetzung, der Ton, der Zusatz von Sulfaten, die Art des Trocknens und Brennens haben einen Einfluß.

e) Verzierungen auf Email können durch das sog. „Ausbürstverfahren" erhalten werden. Dieses Verfahren besteht darin, daß auf die Deckemailschicht eine andersfärbige Emailschicht durch Tauchen oder Spritzen aufgetragen wird. Nach dem Trocknen wird eine Zinnfolienschablone aufgelegt und die von der Schablone nichtbedeckten Teile ausgebürstet. Hierauf wird eingebrannt. Nach einem weiteren Verfahren kann man auf die aufgetragene rohe Deckemailschicht durch Aufspritzen ein andersfärbiges Email aufbringen. Endlich kann man auch Metallsalzlösungen, insbesondere der Nitrate von Kupfer, Kobalt, Nickel, Mangan, Chrom und Eisen auf die Deckemailschicht einwirken lassen (R. A l d i n g e r[1500]). Dekorationen auf Email können auch durch Auftragung von Abziehmassen hergestellt werden (C. J o h n - s o n[1501]).

L i t e r a t u r v e r z e i c h n i s.

[1484] V i e l h a b e r, Emailwarenind. 14, 99—100, 1937. — [1485] A. M. T r a c h t e n b e r g, Chem. Apparatebau (russisch) 9, Nr. 7, 18—21, 1940. — [1486] A. D i e t z e l, Chem. Apparatur 24, 233—34, 1937. — [1487] L. S t u c k e r t, Glashütte 69, 172—74, 1939; DRP. 746 237, FP.

842 881. — [1488] H. L a n g, ebenda 68, 186—88, 1938. — [1489] K. P a z a r o f f und V. I. S a o t s c h e n k o, Céram. Verrerie, Emaillerie 6, 41—55, 1938. — [1490] Anonym, Foundry Trade J. 61, 395—97, 1939. — [1490a] J. T. R o b e r t s, J. Amer. Ceram. Soc. 32, 243—45, 1949. — [1491] J. T. I r v i n, Enamelist 15, Nr. 7, 10—12, 1938. — [1492] P. W i e ß n e r, Chem. Ztg. 63, 617, 1939. — [1493] G. H. S p e n c e r - S t r o n g, Ceram. Ind. 34, Nr. 5, 40, 1940; J. amer. ceram. Ind. 21, 1—8, 1938; 24, 235—40, 1941. — [1493a] Wm. N. N o r r i s o n und D. G. M o o r e, J. Amer. Ceram. Soc. 22, 15—25, 1949. — [1494] Enamelist 17, Nr. 11, 6—8, 1940. — [1495] Auer-Ges., EP. 500 171. — [1496] Ph. E h e r, Emailwarenind. 19, 7—8, 1942. — [1497] Anonym, Glashütte 69, 634—35, 1939. — [1498] V i e l h a b e r, Email-warenind. 16, 228—29, 1939. — [1499] E. C. D e x h e i m e r - B e t t e r, Enamel 8, Nr. 8, 5—9, Nr. 9, 11—14, 1937. — [1500] R. A l d i n g e r, Keram. Rundsch., Kunstkeram. 47, 217—18, 1939. — [1501] C. J o h n s o n, Enamelist 14, Nr. 12, 12—13, 1937.

58. Emailschichten auf anderen Metallen als Eisen und Stahl.

Im Verhältnis zur Emaillierung von Stahlblech und Gußeisen besitzt die Emaillierung von anderen Metallen nur eine ganz untergeordnete Bedeutung. Bloß für die Herstellung von Schmuckgegenständen und für künstlerische Zwecke werden gelegentlich Kupfer, Silber, Gold und deren Legierungen mit einem Emailüberzug versehen. Wegen des höheren kubischen Ausdehnungskoeffizienten und des verhältnismäßig niedrigen Schmelzpunktes dieser Metalle müssen auch die Emails zwecks Erzielung einer guten Haftwirkung dem Grundmetall angepaßt werden. Dies kann teils durch Erhöhung des Gehaltes an Kaliumoxyd und Natriumoxyd, teils durch Verwendung von Bleiborosilikaten als Emailmassen erfolgen. Die Haftung von Emails wird nicht nur durch Haftoxyde, sondern auch durch mechanische Aufrauhung der Metalloberflächen bewirkt. Nach V o n d r a č e k können z. B. Emails aus 13,9 bis 41,7% Kaliumoxyd, 50,5 bis 11,0% Bleioxyd, 11,1 bis 14,8% Zinndioxyd und 24,5 bis 32,5% Siliziumdioxyd verwendet werden.

Gefärbte Emails für Kupfer, Silber, Gold usw. sind ähnlich den weißgetrübten Blechemails zusammengesetzt, enthalten aber an Stelle der Trübungsmittel die entsprechenden Farbkörper (s. a. S. 293).

59. Die Herstellung der Emailfritte oder Schmelze.

Für die Emaillierung im Naßverfahren ist die Erzeugung einer Emailfritte aus den Emailrohstoffen durch den Schmelzvorgang die notwendige Voraussetzung. Während es in USA z. B. üblich ist, in eigenen Emailschmelzwerken die Emailfritte herzustellen und diese an die Emaillierwerke zu verkaufen, werden in Europa beide Verfahrensschritte der Emaillierung häufig im gleichen Betriebe vorgenommen.

Voraussetzung für eine gute und einwandfreie, gleichmäßige Emaillierung ist die einwandfreie Beschaffenheit der Rohstoffe, die genaue Kenntnis ihrer Zusammensetzung, eine gleichmäßige Mahlung und möglichst homogene Mischung der Rohstoffe, ein genaues und richtiges Abwägen der Bestandteile des Versatzes usw.

Das Schmelzen der Emailrohstoffe bezweckt, diese miteinander in Reaktion zu bringen und die für das Email charakteristischen, glasartigen Verbindungen herzustellen. Während beim Erwärmen der Rohstoffe bei niedriger Temperatur (bis etwa 300° C) nur Austreibung der Feuchtigkeit und Kristallwasser, z. B. aus Borax, Zersetzung von Nitraten usw. erfolgt, treten von Temperaturen ab 400° C auch Umsetzungen im festen Zustande ein. Diese haben aber wegen des raschen Erhitzungsvorganges für die Emailbildung keine größere Bedeutung. Bei Temperaturen über

600° C beginnen sich aus den einzelnen Emailbestandteilen die niedrig schmelzenden Eutektika mit 2 oder 3 und noch mehr Komponenten zu bilden, wodurch flüssige oder teigige Stoffe entstehen, bis schließlich bei weiterer Temperatursteigerung eine ziemlich weitgehende Verflüssigung der Ausgangsstoffe stattfindet. Ungelöst bleiben größere Teile der Trübungsmittel. Bei etwa 1200° C sind die Umsetzungen im Glasflusse als ziemlich beendet anzusehen und ist die Schmelze praktisch homogen geworden.

Außer durch die Austreibung der groben Feuchtigkeit und des Kristallwassers treten auch noch andere gasförmige Stoffe beim Emailschmelzen auf, die außer von der Zersetzung der Nitrate, des Braunsteines, der Bleiglätte, von Fluoriden, der Zersetzung von Karbonaten, wie Soda usw., herrühren. Diese Gasverluste bewirken einen etwa 15 bis 25% des Versatzes betragenden Gewichtsverlust, der „Abbrand" genannt wird. Die von diesen Umsetzungen stammenden Gasbläschen verteilen sich teilweise in der Emailschmelze in Form zahlloser Gasbläschen, die, falls sie nicht mehr rechtzeitig vor dem Erstarren entweichen können, eine Art Gastrübung verursachen. Zu den Abbrandverlusten sind auch die Verluste durch Verflüchtigung

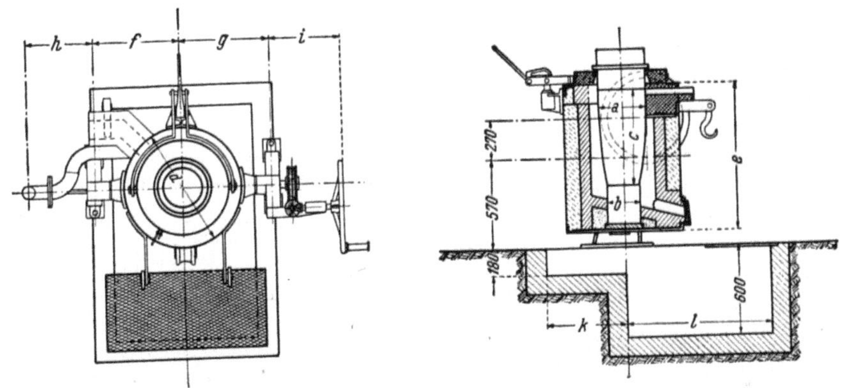

Abb. 105 u. 106. Kippbarer Tiegelofen zum Schmelzen von Email (Industrieofenbau
Fulmina Friedrich Pfeil).

von Alkalien, Borsäure, Bleioxyd zu rechnen, die bei 1200° C für Natriumoxyd bis zu etwa 7%, für Borsäure bis 12% und Bleioxyd bis 15% des Einsatzes betragen können. Die Gesamtverluste durch Verflüchtigung von Alkalien, Borsäure usw. sowie durch Verstaubung usw. werden auf etwa 3 bis 4% des Versatzes geschätzt. Alle diese Verluste müssen bei der Aufstellung des Versatzgewichtes berücksichtigt werden.

Zum Schmelzen des Emails werden heute meist rotierende Schmelzöfen (Jaeschke[1502] und Koritnig[1503]), seltener Tiegelöfen (nur für Schmuckemails oder zum Schmelzen kleinerer Mengen) oder Wannenöfen verwendet. Einen kippbaren Tiegelofen zum Schmelzen von Email, der mit einer Leuchtgas- oder Ölfeuerung ausgestattet ist, zeigen die Abb. 105 und 106 (Industrieofenbau Fulmina Friedrich Pfeil in Edingen-Mannheim). Die rotierenden Schmelzöfen stellen liegende Zylinder dar, die an ihrer Vorderseite mit einer Preßluft- oder einer Gas- oder Ölfeuerung, an der Rückseite mit dem Abzugskanal für die Rauchgase ausgestattet sind. Die Füll- und Ablaßöffnungen liegen in der Mitte des Mantels. Das Ofenfutter besteht entweder aus hochfeuerfesten, gebrannten Schamotte-Spezialsteinen oder einer kieselsäurereichen Stampfmasse (Karmaus[1504]).

Das Aufstellungsschema eines tiegellosen rotierenden Emailschmelzofens mit Gas- oder Ölfeuerung der Eisen-Industrieöfen Fulmina Friedrich Pfeil in Edingen-Mannheim ist in den Abb. 107 bis 110, die Ansicht der Schmelztrommel in der Abb. 111 dargestellt. Das brennerseitige Ende der auf zwei Rollenpaaren drehbar gelagerten Trommel ist als Kegelstumpf ausgebildet, an dessen Achse der Brenner lose, aber

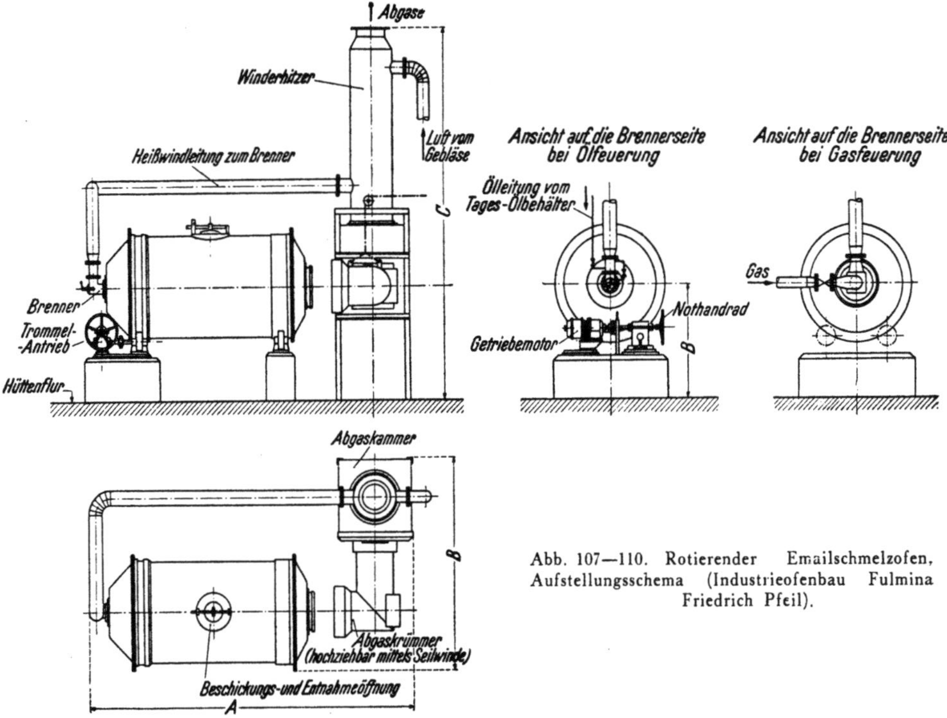

Abb. 107—110. Rotierender Emailschmelzofen, Aufstellungsschema (Industrieofenbau Fulmina Friedrich Pfeil).

praktisch luftdicht eingeführt wird, so daß sich die Trommel um den feststehenden Brenner drehen kann. Am entgegengesetzten Ende befindet sich die Ausblaseöffnung, aus welcher die Abgase durch einen Abgasekrümmer und eine Abgasekammer zu einem senkrecht stehenden Winderhitzer gelangen. Im Trommelofen erhält man ein gleichmäßigeres Produkt als mit den Tiegel- oder Wannenöfen. Die Temperatur und Ofenatmosphäre kann beliebig geregelt werden. Das Schmelzverfahren kann auch in kürzerer Zeit durchgeführt werden.

Die Versätze werden in den auf etwa 1000° C erhitzten Schmelzofen bei abgestelltem Feuer eingebracht, um ein Mitreißen der leichteren Teile des Gemisches durch die Preßluft zu vermeiden. Die vom vorherigen Schmelzen an der Ofenwand befindliche, erstarrte Schmelze schützt das Ofenfutter vor einem stärkeren Angriff durch die Alkalien. Beim Rotieren des Ofens breitet sich die eingefüllte Masse aus

Abb. 111. Schmelztrommel (Industrieofenbau Fulmina Friedrich Pfeil).

und bietet der eingestellten Flamme eine große Oberfläche. Mit beginnendem Schmelzen bildet sich eine zähflüssige Masse, die in Form von Stäben, Stöcken usw.

von den oberen Teilen der Ofenwandung herabhängt und von den heißen Feuer-
gasen durchströmt wird. Mit fortschreitender Schmelzdauer geht die Masse vom
zähflüssigen schließlich in den dünnflüssigen Zustand über. Ein mit einem Eisenstab
herausgezogener Faden ist schließlich glatt und glänzend sowie frei von Knoten.
In diesem Zustande kann die Masse aus dem Ofen abgezogen werden, da die Ver-
glasungsvorgänge nunmehr beendet sind. Ein zu langes Verweilen des Schmelzgutes
im Ofen ist nur schädlich, da nicht nur größere Verluste an Fluoriden entstehen,
sondern auch die Gastrübung durch Entweichen von Gasen oder die Opazität bei eingeschmolzenen festen Trübungsmitteln durch Auflösung derselben zurückgeht. Eine
Schmelze benötigt bei dem Einsatz von etwa 250 kg Rohmischung etwa 60 bis 80 Minuten, bei einem Brennstoffverbrauch von 12 bis 16 kg/100 Email.

Aus dem Ofen wird das geschmolzene Email zur Granulierung in eine Wanne,
einen Trog oder gemauerte Grube, auf deren Boden sich eine Platte aus Monelmetall
befindet, unter gleichzeitigem Zulauf von Wasser in Wasser einfließen gelassen.
Je nach der Wassermenge, der Dicke des Emailstrahles und der Temperatur des
Emails erhält man Granalien verschiedener Größe und Härte, was für die spätere
Zerkleinerung sehr wichtig ist. Durch dauerndes Entfernen der Fritte unter dem Email-
strahl mit einem Rechen oder mit Hilfe eines Rührwerkes ist für ein gleichmäßiges
Abkühlen der Granalien zu sorgen (R. Aldinger[1505]). Nur Schmuckemails oder
Kunstemails werden trocken auf gekühlten Stahlplatten erstarren gelassen. Die Grana-
lien werden für Naßauftrag ohne Trocknung in durchlöcherten Holzsilos, für Puderemails aber nach einer besonderen Trocknung in Trockentrommeln in einem warmen
Luftstrom unter Verwertung der Abhitze des Schmelzofens aufbewahrt. In USA ist
auch die Granulierung der Emailschmelze durch Preßluft gebräuchlich, in Europa
hat sich aber dieses Zerkleinerungsverfahren nicht eingeführt.

a) Das Mahlen der Emailgranalien.

Die Emailgranalien müssen für den Emailauftrag noch zerkleinert werden, welche
Operation durch Mahlen in Mühlen vorgenommen wird. Für Naßemails wird unter
Zusatz von Wasser und Mühlenton, eventuell auch Trübungsmitteln und Farbkörpern, Soda, Borax, Magnesiumoxyd usw., bei Puderemails aber im trockenen Zustand gemahlen. Die Menge der Mühlenzusätze beträgt etwa 38 bis 42% Wasser,
6 bis 8% Ton, für Grundemails ferner 0,5 bis 1% Soda oder Borax sowie Rostschutzmittel, für Deckemails 0,5 bis 1% Magnesiumoxyd und die entsprechende
Menge von Trübungsmitteln und Farbkörpern. Das Mahlen des Emails muß mit
besonderer Sorgfalt erfolgen, damit eine stets gleichbleibende Teilchengröße, gleiches
spezifisches Gewicht und Beweglichkeit, welche Eigenschaften für die Gleichmäßigkeit und Güte der Produkte sehr wesentlich sind, erzielt werden können.

Die Mahlung selbst erfolgt fast ausschließlich in Trommel- oder Kugelmühlen,
die mit Quarzit-, Sillimanit-, Silex- oder Hartporzellansteinen ausgefüttert sind, um
eine Eisenaufnahme des Emails zu verhindern. Auch mit Gummi ausgekleidete
Rahmen und Türen haben sich für kleinere Mühlen (unter 1,20 m Durchmesser)
bewährt. Die Fugen zwischen den Hartporzellan- und Silexsteinen usw. sollen möglichst klein sein, damit nur möglichst wenig Porzellanzement zur Verbindung der
Steine nötig ist, da abgeriebenes Zement eine schädliche Verunreinigung des Emails
darstellt.

Die Kugeln zum Mahlen bestehen am besten aus einwandfreiem weißem Porzellan,
aber auch Flintkugeln sind gebräuchlich. Ihre Größe richtet sich nach der Größe
der Mühle. Beispielsweise soll eine Mühle für 500 kg zur Hälfte mit ganz gleichen Teilen von Kugeln von 75 mm und 50 mm Durchmesser gefüllt werden. Mühlen kleineren
Durchmessers erfordern auch kleinere Kugeln. Die Mühlen werden beim Mahlen

zur Hälfte mit den Kugeln und dann bis zu drei Viertel des Volumens mit der Emailfritte und den anderen Mühlenzusätzen gefüllt. Die Wassermenge ist sehr wesentlich, sie hängt von der Natur des Emails und anderen Mühlenzusätzen ab. Bei zu wenig Wasser ist die Masse zu dick und der Mahleffekt gering, bei zu viel Wasser benötigt man eine längere Mahlzeit. Die Mahldauer richtet sich nach der Größe der Mühle, der Menge der Kugeln in der Mühle, der Größe der Füllung, der gewünschten Teilchengröße und der Umdrehungsgeschwindigkeit der Mühle. Letztere ist wieder vom inneren Durchmesser der Mühle abhängig. Nachstehend sind einige Umdrehungszahlen für verschieden große Mühlendurchmesser zusammengestellt.

Innerer Mühlen-
durchmesser in cm . 216   180   150   120   90   75   60   30   Laborsmühlen

Umdrehungs-
zahlen pro Minute . 17   20   23   25   30   35   35   40   50 bis 60

Die Mahlfeinheit hat auch einen großen Einfluß auf die Haftfestigkeit des Emails. Ein feingemahlenes Email schmilzt wegen der früher beginnenden Reaktion zwischen den Emailkörnern und der aus dem Mühlenwasser stammenden Soda früher zusammen als dasselbe, aber grobgemahlene Email. Das feingemahlene Email enthält daher weniger gelöste Eisenoxyde und hat einen kleineren Ausdehnungskoeffizienten als das grobgemahlene. Stimmt das grobgemahlene Email hinsichtlich der Ausdehnung zum Eisen, so wird das feiner gemahlene gefährliche Druckspannungen bekommen. Dies läßt sich vermeiden, wenn man dem Luftsauerstoff durch längeres Brennen Gelegenheit gibt, durch das geschmolzene Email zu diffundieren, das Eisen weiter zu oxydieren und in dieser Weise die FeO-Konzentration im Email zu steigern (A. D i e t z e l[1506]).

Der Feinheitsgrad des Emails ist für die verschiedenen Emailsorten verschieden. Blechgrundemails werden ziemlich grob, Blechdeckemails aber sehr fein gemahlen. Gußpuderemails mahlt man gleichfalls so fein als möglich. Tab. 43 enthält eine Zusammenstellung der üblichen Feinheitsgrade verschiedener Emailsorten (nach Ferro Enamel Corp.).

Tabelle 43. *Feinheitsgrad verschiedener Emailsorten.*

Emailsorten	Spezifisches Gewicht des Emails	Rückstand in Gramm von 50 ccm Probe auf dem 200-Maschensieb
1	2	3
Blechgrundemail	1,60 bis 1,65	12 bis 14 (grob), 6 bis 8 (fein)
Blechdeckweißemail . . .	1,80 „ 1,90	4 „ 6 (für zweifachen Auftrag)
		6 „ 8 (für einfachen Auftrag)
Blechdeckemail, gefärbt .	1,80 „ 1,90	2 „ 3
Weißes Gußeisenemail, bleihaltig	2,35 „ 2,50	2,5 „ 3,5
Gußeisenemail, bleihaltig, gefärbt	2,35 „ 2,50	1,5 „ 2,5
Gußeisenemail, bleifrei . .	1,80 „ 1,90	3 „ 5

Aus der Mühle wird das gemahlene Email meist durch Preßluft möglichst vollständig ausgeblasen und vorerst durch ein grobes Sieb (20 bis 30 Maschen) zur Beseitigung von zerbrochenen Mahlkugeln, abgeriebenem Mühlenfutter, besonders harten Fritteteilchen usw. gesiebt. Für gewöhnlich genügt bei Handsiebung ein Sieb von 50 bis 60 Maschen für Blechdeckemails und Gußpuderemails, und von 40 bis 50 Maschen für Blechgrundemails.

Werden rotierende Sprühsiebe verwendet, so kann man für Blechgrundemails ein 60-Maschen-Sieb, für Blechdeckemails und Gußpuderemails Siebe von 80 Maschen verwenden. In Abb. 112 ist ein moderner „Rotosprayer" dargestellt, der einen der wirkungsvollsten Siebapparate für Emails darstellt.

Nach dem Sieben werden die Emails durch einen Elektromagnetscheider von Eisenteilchen befreit. Am besten wird diese Trennung bei der Überführung des Emails von der Mühle zu den Lagerbehältern vorgenommen. Da manche Farbpigmente auch magnetisch sind, können sie bei dieser Trennung gleichfalls abgeschieden werden, worauf bei Farbemails Rücksicht genommen werden muß.

Zur Ermittlung der Mahlfeinheit ist folgendes einfache Prüfungsverfahren geeignet: Eine bestimmte Menge des gemahlenen Emails wird vorerst zur Beseitigung von ungemahlenen und gröberen Anteilen naß durch ein 30-Maschen-Sieb gesiebt. Dann läßt man die Trübe durch ein 200-Maschen-Sieb laufen und wäscht mit Wasser, bis das Wasser klar abrinnt. Hierauf wird auf dem Sieb getrocknet, durch Schütteln des trockenen Pulvers neuerlich zu sieben versucht und schließlich der Rückstand gewogen.

Als Ergänzung der Siebanalyse kann ein Wasserschlemmapparat zur Bestimmung der körnigen Verteilung von Emailpulver verwendet werden (L. A. Lange und R. L. Fellow[1507] sowie O. Krüger[1508]). Auch das Hydrometerverfahren (J. C. Reimers[1509]) kann zur Mahlfeinheitsanalyse verwendet werden.

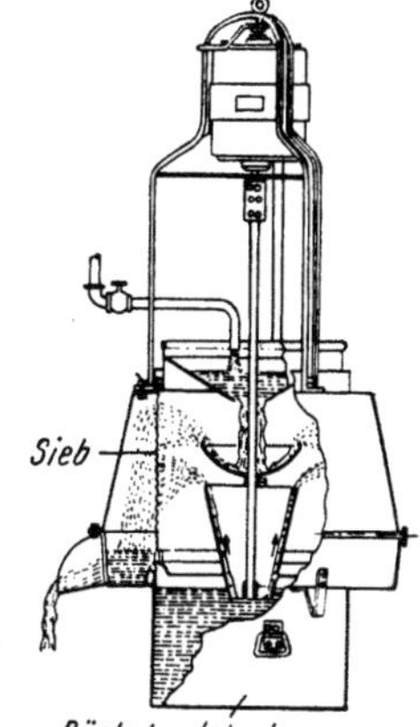

Abb. 112. Rotosprayer.

Das gemahlene Email soll vor der Benützung 24 bis 48 Stunden lang stehen oder „altern" gelassen werden. Bei dieser Alterung geht zum Teil eine weitere Auslaugung der wasserlöslichen Bestandteile, insbesondere von Natriumfluorid, Natriumborat, Natriumsilikat, Natriumsulfat, SiO_2—Al_2O_2—Gel und $Na_2B_4O_7$, zum Teil aber auch eine Einwirkung der gelösten Elektrolyte auf die vorhandenen Kolloide vor sich. Nach den Untersuchungen von Danielson[1510] löst sich stets mehr Na_2O als Borat, und zwar bei Stahlblechdeckemails rund 250 bis 450 mg/100 ccm mit einem Verhältnis von 1,4 bis 2,0 Na_2O : 1 B_2O_3, bei bleihaltigen Gußnaßemails rund 400 bis 450 mg/100 ccm und 100 bis 150 mg/100 ccm bei Spezialemails.

Die Alterung der Emails ist besonders wichtig für Blechgrundemails, die durch Tauchen aufgebracht werden sollen, da gealterte Emailschlicker sich leichter handhaben lassen. Die Alterung ist jedoch für die Verarbeitung von säurebeständigen Emails schädlich.

Die gelegentlich bei Emailarbeitern auftretenden Emaildermatoiden auf der Haut sind nach G. A. Baiburt[1512] durch Alkalizusatz, wie z. B. Pottasche, zum Emailschlicker verursacht. Zur Prophylaxe bzw. Therapie wird die Verwendung von Wachssalben mit 5% Dermatol bzw. Lasserrscher Zinksalbe mit 1% Menthol und 10% Glyzerin vor der Arbeit und waschen mit salzsäurehaltigem Wasser nach der Arbeit empfohlen.

b) Die Mühlenzusätze.

Die Mühlenzusätze bestehen außer der Fritte und Wasser aus dem Ton, den Trübungsmitteln für Weißemail, Farbkörpern für gefärbte Emails und Elektrolyten (Stellmittel, Rostschutzmittel usw.).

Der *Ton* hat im Email mehrere Aufgaben zu erfüllen, und zwar als Suspendierungsmittel zu wirken, um die Emailteilchen in Schwebe zu halten, ferner nach dem Emailauftrag als Bindemittel zwischen der Ware und den Emailteilchen zu dienen, die Schmelztemperatur des Emails herabzusetzen, den Ausdehnungskoeffizienten und die Trübung zu verstärken sowie die Farbe und den Glanz des Emails zu beeinflussen. Der Ton soll vollkommen gleichmäßig sein, weiß brennen und frei von Karbonaten, SO_4-Ionen, S-Ionen und gefärbten Teilchen sein. Wenigstens 80% des Tones sollen eine Teilchengröße unter 7 Mikron, der Rest unter 15 Mikron haben. Ein gutgeeigneter, plastischer Ton ist z. B. der Vallendarton aus der Gegend von Koblenz. Ungeeignete Tonsorten können eine zu starke Stellwirkung haben, zu geringe Vortrübung bewirken oder Fischschuppenbildung verursachen.

Neben Ton wird vielfach auch *Bentonit* verwendet, der etwa das fünffache Suspendierungsvermögen des Vallendartones aufweist und daher besonders bei solchen Emailsorten verwendet wird, die leicht zum Absetzen neigen. Er gibt auch der Email-schicht eine größere Filmstärke. Unreiner Ton kann durch Waschen und Sieben mit dem Rotorsprühsieb (Abb. 112) und magnetisch von Holzfasern, Sand, Eisen, Markasit (Eisensulfid) und anderen Teilchen befreit werden. Auch auf trockenem Wege kann Ton durch Windsichter gereinigt werden. Das Suspendierungsvermögen des Tones leidet nicht, wenn er nur bei Temperaturen unter 60° C mit warmer Luft getrocknet wurde.

Die Trübungsmittel und ihre Eigenschaften sind bereits auf S. 281, die Farb-körper auf S. 293 besprochen worden.

Als negativ geladenes Kolloid besitzt der Ton die Eigenschaft, durch Adsorption von Hydroxylionen noch stärker aufgeladen zu werden und dadurch beständigere Suspensionen zu bilden. Bei einem Gehalt von etwa 0,1 bis 0,2% Alkali ist der Ton sehr flüssig, während bei höherem Alkaligehalt wieder ein Steiferwerden ein-tritt. Durch Zusatz von positiv geladenen Ionen, wie z. B. von H‧, Na‧, K‧, NH₄‧, Ca‧‧, Mg‧‧, Al‧‧‧, werden die negativen Ladungen des Tones neutralisiert und die Koagulation der Tonteilchen eingeleitet. Die gleiche Wirkung wie auf den Ton sollen die vorhandenen Elektrolyte auch auf die feinen Emailteilchen ausüben. Der Ton ist auch befähigt, mit gelösten Salzen, wie z. B. Natriumfluorboraten, Komplex-verbindungen zu bilden (B. W. K i n g jun., H. D. C a r t e r und H. D. D r a k e r[1513]).

Bei den normalen Emails bewirken die beim Mahlen aus der Emailfritte ge-lösten Salze die Fließbarkeit und das „Laufen" des Emails. Bei säurefesten Emails ist dies aber gerade umgekehrt, da sich hier mehr koagulierend als verflüssigend wirkende Salze lösen. Dem muß durch Zusatz neutralisierend wirkender Stoffe ent-gegengearbeitet werden. Die verflüssigende oder versteifende Wirkung der gelösten Emailsalze hängt, wie gefunden wurde, mit dem Verhältnis von Alkali zu Borsäure in der Lösung zusammen. Steigt dieses Verhältnis an, so geht die verflüssigende Wirkung verloren (G. H. M c I n t y r e und R. E. B e v i s[1514]). Während geringere Mengen von wasserlöslichen Bestandteilen des Emailschlickers erwünscht sind, weil sie die Auftragsfähigkeit erleichtern, treten bei Zunahme der wasserlöslichen Teile aber Emailfehler auf, die in der Bildung von Wasserstreifen, schäumigen Rändern sowie im Auswittern des Emails bestehen (R. A l d i n g e r[1515]).

Eine Verflüssigung eines zu steifen Schlickers kann durch einen Zusatz von 7 g/100 kg Fritte Tetranatriumpyrophosphat $Na_4P_2O_7$, oder einfach durch Verdünnen mit Wasser, gemeinsam mit geringen Mengen von Natriumsilikat, eine Versteifung eines zu dünnen Schlickers durch Verwendung der sog. „Stellmittel" erzielt werden.

Das Stellmittel soll für den Naßauftrag den Schwebezustand der Emailteilchen herbeiführen, aber eine Versteifung bewirken, wenn auf der zu emaillierenden Ware eine Schicht gleichmäßiger Dicke erreicht ist. Am meisten wird für Stahl-blechgrundemails für den Naßauftrag als Stellmittel Borax (etwa 0,75%), eventuell in Verbindung mit ¹/₆ bis ¹/₈% Natriumnitrat und Magnesiumkarbonat verwendet. Magnesiumkarbonat wird meist bei mit Diantimontrioxyd getrübten Emails als Stellmittel verwendet. Es kann auch durch Bariumkarbonat ersetzt werden. Kalium-

karbonat wird gewöhnlich bei Zirkonemails als Mühlenzusatz gebraucht. Bei Blechdeckemails gibt man bereits auf der Mühle als Stellmittel $^1/_8$ bis $^1/_4\%$, bei überopaken
Emails bis $^3/_8\%$ Magnesiumkarbonat, wenn diese aufgespritzt werden sollen. Auch
Natriumaluminat ist brauchbar. Beim Tauchverfahren verwendet man größere Mengen von Magnesiumkarbonat und ergänzt dessen Wirkung noch durch einen Zusatz von Bittersalz und Kalziumchlorid zum Tauchbad.

Säurefeste Emails erfordern einen größeren Zusatz von Stellmitteln, als welche
Ammonium- oder Kaliumalaun, Ammonkarbonat, Kalziumoxyd, Natriumnitrit,
Kalziumchlorid, Bariumchlorid, Bittersalz, Natriumaluminat, Magnesiumkarbonat,
Kaliumkarbonat, Titansulfat, Salzsäure oder Schwefelsäure in Anwendung stehen.
Auf 100 kg Fritte verwendet man z. B. 0,36 kg Kaliumkarbonat, 0,60 kg Ammon-
karbonat, 0,24 kg Natriumaluminat und 0,6 kg Natriumnitrit oder 0,12 kg Natrium-
aluminat und 0,12 kg Kalziumchlorid. Die Neigung zur Randabblätterung von säure-
festen Emails kann durch die Art und Menge der zugesetzten Elektrolyte sowie zu
große Steife des Emailschlickers bedingt sein. Sulfate rufen Randabblätterung hervor
(F. A. P e t e r s o n und Cl. H u t c h i s o n[1516]).

Die Stellmittel für Gußeisenemails sind im allgemeinen ähnlich wie für die
Blechemaillierung zusammengesetzt, enthalten aber, da sie ja meist im Spritzverfahren
aufgebracht werden, als Rostschutzmittel $^1/_{16}$ bis $^1/_8\%$ Natriumnitrit. Im allgemeinen
kann durch sorgfältiges Mahlen, durch Siebproben und ständige Kontrolle des Wasser-
gehaltes der von der Mühle kommenden Massen bei laufend verarbeiteten Emails
die Verwendung von Stellmitteln vermieden werden. Stellmittel soll man nur in
Ausnahmefällen verwenden. Sie können nämlich die Eigenschaften des Emails wesentlich beeinflussen. Das in der Emailschmelze unlösliche Bittersalz kann Trübungen,
Borax-Knoten und durchgebrannte Stellen verursachen. Farben können durch sie
entweder feuriger oder stumpfer gemacht werden.

Um das Rosten des Eisens während des Trocknens des aufgetragenen Grundemails zu verhindern, setzt man manchmal dem Schlicker Rostschutzmittel zu. Derartige Stoffe sind Borax, Ammonkarbonat, Natriumnitrit ($^1/_8$ bis $^1/_{16}\%$), Natriumphosphat ($^1/_4\%$), die gleichzeitig auch als Stellmittel (s. oben) wirken. Das wirksamste
Rostschutzmittel hat durch Vorversuche bestimmt zu werden.

Zur Unterscheidung verschiedener Emailsorten färbt man manchmal die Mühlenversätze mit organischen Stoffen an, die später beim Einbrennprozeß zerstört werden.
Quarz und Feldspat (2 bis 5%) werden auf der Mühle entweder zur Vergrößerung
des Brennintervalles bei Blechgrundemails oder in Mengen bis zu 25% bei der Herstellung matter Deckemails zugegeben. Für Küchengeschirre setzt man manchmal
auf der Mühle 1 bis 2% Zinkoxyd zur Erleichterung des Tauchvorganges zu. Gummi-
arabicum und Tragantgummi werden manchmal als Verteilungsmittel für Emails
oder bei säurebeständigen Emailsorten an Stelle von Ton verwendet. Auch bei der
Herstellung von Schriftzeichen oder wenn ein größerer Teil des Emails ausgebürstet
werden soll, sind Gummistoffe gebräuchlich. Das Sauerwerden der Gummi muß durch
einen geringen Zusatz von Phenol oder Formaldehyd verhindert werden.

Das verwendete Wasser soll möglichst weich sein, da durch den Kalziumgehalt
harter Wässer schwarze Flecken oder Blasen entstehen können (D. L. B e n s i n g e r[1517]).

Die Konsistenz von Emailschlickern kann beispielsweise mit dem Irwinschen
Konsistometer[1518] bestimmt werden, wobei die in der Sekunde durch Kapillarröhren
hindurchgeflossene Menge des Schlickers in Kubikzentimetern sowie der beim Austritt aus den Kapillaren auftretende Druck in Dyn gemessen wird (L. I. F r o s t und
I. F. H u n t[1519]).

L i t e r a t u r v e r z e i c h n i s.

[1502] J a e s c h k e, Glashütte 60, 387, 464, 1930. — [1503] K o r i t n i g, Emailwarenind. 15,
303, 1938. — [1504] H. J. K a r m a u s, ebenda 10, 285, 1933. — [1505] R. A l d i n g e r, Glashütte

69, 306—09, 1939. — [1506] A. D i e t z e l, Naturwissenschaften **25**, 440—42, 1937. — [1507] L. A. L a n g e und R. L. F e l l o w s, J. Amer. ceram. Soc. **21**, 297—303, 1938. — [1508] O. K r ü g e r, Emailtechn. Monatsbl. 20—21, 28—29, 1941. — [1509] J. C. R e i m e r s, Bull. Amer. ceram. Soc. **18**, 115—200, 1939; Ceram. Ind. **32**, 105, 30, 1940. — [1510] D a n i e l s o n, J. Amer. ceram. Soc. **12**, 538, 1929. — [1511] C o o k e, ebenda **13**, 658, 1930. — [1512] G. A. B a i b u r t, Nachr. Venerol. Dermatol. (russisch) **8**, 24—27, 1939. — [1513] B. W. K i n g jun., H. D. C a r t e r und H. D. D r a k e r, J. Amer. ceram. Soc. **30**, 22—26, 1947. — [1514] G. H. M c I n t y r e und R. E. B e v i s, ebenda **19**, 249, 1936. — [1515] R. A l d i n g e r, Keram. Rundsch., Kunstkeram. **44**, 595—97, 1936. — [1516] F. A. P e t e r s o n und Cl. H u t c h i s o n, J. Amer. ceram. Soc. **24**, 51—57, 1941. — [1517] D. L. B e n s i n g e r, Enamelist **15**, Nr. 8, 14—17, 56, 1938. — [1518] Chem. Zentralbl. **1938**, I 3819. — [1519] L. I. F r o s t und I. F. H u n t, J. Amer. ceram. Soc. **22**, 359—63, 1939.

60. Die Herstellung von emailliertem Stahlblech.

Das am meisten verwendete Rohmaterial für die Herstellung emaillierter Gegenstände ist tiefziehfähiges Stahlblech. Für die Emaillierung ist jenes Eisen am besten brauchbar, das nur geringere Gehalte an Kohlenstoff, Mangan, Schwefel, Phosphor und Silizium aufweist (s. z. B. F. R. P o r t e r und I. H. N e a d[1520]). Die Verunreinigungen des Eisens können etwa bis 0,1% C, 0,5% Mangan, 0,05% Phosphor, 0,05% Schwefel, 0,02 Silizium betragen. Als Grundwerkstoff für Emaillierzwecke hat sich besonders das technisch reine Eisen, das sog. Armcoeisen bewährt, weil man geringere Blechstärken wählen kann, ohne ein Verziehen befürchten zu müssen. Besonders in USA werden verwickelter geformte Gegenstände für das Emaillieren mit Vorliebe aus Armcoeisen hergestellt (Anonym[1521] und Anonym[1522]). Wegen der Vorteile des reinen Eisens für das Emaillieren wurde von der Kohle- und Eisen-Forschungs-G. m. b. H.[1523] vorgeschlagen, vor dem Aufbringen von Emailüberzügen das Eisen mit einer Außenschicht von Elektrolyteisen zu versehen. Ist das Werfen von Eisengegenständen beim Glühen nicht zu befürchten, so kann auch Stahl mit niedrigem Kohlenstoffgehalt verwendet werden. Ansonsten soll im allgemeinen der Gehalt an Kohlenstoff und anderen Metalloiden möglichst niedrig sein. Von E. L. S t i n e[1524] wird beispielsweise als geeignete Zusammensetzung eines Stahlbleches eine solche mit 0,5 bis 0,8% C, 0,03 bis 0,09% Phosphor, 0,04 bis 0,06% Mangan, < 0,5% Schwefel und < 0,01% Silizium bezeichnet. Ein Zusatz von Titan zum Stahl verbessert die Eigenschaften des Emails (W. R. D e r i n g e r[1525]). Außerdem ist von Stahlblech noch das Fehlen von festen und gasförmigen Einschlüssen, wie Oxyden, Schlacken und Lunkern, eine leichte Schweißbarkeit, gute Tiefziehfähigkeit und möglichst geringe Neigung zum Werfen beim Brennen zu fordern.

Eine Zeilenstruktur, die durch das Walzen hervorgerufen sein kann, ist durch Glühen wieder zu beseitigen. Eine Rekristallisation beim Glühen ist ebenso wie eine Überhitzung zu vermeiden.

Schweißstellen lassen sich fehlerfrei emaillieren, wenn die Ränder stumpf geschweißt sind und wenn die Schweißnaht durch eine geeignete Nachbehandlung, z. B. durch Bearbeiten mit sehr schnell arbeitenden Hämmern von jeder Spannung und von anhaftendem Oxyd befreit ist. Außerdem muß die Naht gut geschliffen werden (J. C. L e w i s[1526]). Über das Durchbiegen von Emaileisenblech s. a. F. R. P o r t e r[1527], das Durchsacken J. E. S a m s, W. M. G o h a n und J. J. C a n f i e l d[1528].

Die Oberfläche des Stahlbleches muß eine leichte Entfettung und Reinigung gestatten und darf beim Brennen keine Blasenbildung oder Gasentwicklung zeigen. Die Bleche sollen rein gelagert und frei von Mineralöl gehalten werden.

Hinsichtlich der äußeren Form der Bleche ist zu bemerken, daß scharfe Kanten, an welchen das Email durchbrennen könnte, vermieden werden sollen, ebenso sind bei Löchern die Kanten abzurunden (Radius etwa 4 bis 5 mm). Beim kontinuierlichen Brennverfahren sollten die Löcher keine kleineren Durchmesser als etwa 0,8 mm aufweisen, damit sie nicht von Email zersetzt werden. Erhabenheiten sollen nur dort zugelassen werden, wo sie für die Erzeugung notwendig sind. Ihr Durchmesser soll groß genug sein, um Haarrisse oder Abspringen des Emails zu vermeiden. Bei Flanschen sollten ebenfalls scharfe Ecken und Kanten vermieden werden. Ausschnitte aus den Flanschen sollen nicht bis zur Grundplatte durchgehen. Bei größeren ebenen und dünnwandigen Stücken kann dem Werfen durch Einpressen von Profilen entgegengearbeitet werden. Das Schneiden und Stanzen soll nur mit scharfen Messern vorgenommen werden. Beim Tiefziehen sollen Mineralöle als Schmiermittel durch Ölseifen ersetzt werden. Spannungen in den Werkstücken können durch Glühen beseitigt werden, wodurch das Werfen und Haarrisse vermieden werden können. Die Verbindung mehrerer Teile vor dem Emaillieren wird fast ausschließlich durch autogenes und elektrisches Schweißen bewerkstelligt. Henkel und Griffe werden fast immer durch Punktschweißen befestigt. Die zu verbindenden Teile sollen die gleiche Wandstärke aufweisen, um Unter- oder Überbrennen sowie ein Werfen zu vermeiden. Es sind aber auch Niet- und Falzverbindungen möglich. Metallbearbeitungsverfahren, wie Schleifen, Polieren, Feilen, Aushämmern von Beulen usw. zwecks Ausbessern von Oberflächenfehlern, Beseitigung von Schweißraupen usw. verletzen die Oberfläche und sollten, wenn möglich, vermieden werden. Nur bei sorgfältigster Erzeugung der Metallgegenstände sind Fehler bei der Emaillierung und Ausschuß zu vermeiden.

a) Die Vorbereitung der Metallgegenstände für die Emaillierung.

Die Vorbereitung der Eisengegenstände für die Emaillierung betrifft die Reinigung von Fetten und Ölen, die Beseitigung von Rost und Zunder sowie gegebenenfalls die Aufbringung einer dünnen Nickelschicht. Eine ausführliche Darstellung aller Vorbehandlungsverfahren brachte W. M a c h u[1529]. Die Entfettung kann sowohl durch organische Fettlösungsmittel, heiße, wäßrige Lösungen von Alkalien oder durch das Entfettungsglühen vorgenommen werden. Die Reinigung mittels der organischen Fettlösungsmittel ist nicht nur teuer, sondern auch mit dem Nachteil verbunden, daß die Lösungsmittel auf der Metalloberfläche manchmal einen dünnen Film hinterlassen, auf welchem das in Wasser suspendierte Email nicht gut haftet. Über die Reinigung mit Hilfe von alkalischen Entfettungsbädern wurde bereits auf S. 161 u. 219 berichtet. Die chemische Entfettungsmethode soll dann ungünstig sein, wenn das aufgetragene Email borarm ist (A. K r a f f t[1530]). Beim *Entfettungsglühen* werden die Eisengegenstände in einem Muffelofen auf eine Temperatur von 650 bis 750° C erhitzt, wobei die Öle und Fette möglichst ohne Hinterlassung von Kohlenstoff verbrannt werden. Gleichzeitig findet aber auch eine Oxydation der Eisenoberfläche statt (H. L a n g[1531]). Die Glühtemperatur soll so hoch sein, daß alle inneren Spannungen des Metalls beseitigt werden, aber so niedrig, daß keine Gefügeänderungen im Eisen eintreten oder der Zunder zum Schmelzen kommt (V i e l h a b e r[1532]). Wird während des Glühens durch Anspritzen der Ware mit einem ausgearbeiteten Salzsäurebeizbad eine Salzsäureatmosphäre im Ofen erzeugt, so entsteht eine besonders leicht mechanisch entfernbare Form des Zunders. Dieses „Säureglühen" ist aber nur dann durchführbar, wenn für diese Operation eine gesonderte Muffel zur Verfügung steht. Das sorgfältige Glühen und Beizen bietet die größte Sicherheit gegen Emailfehler (R. A l d i n g e r[1533]). Reine Bleche soll man aber nur entfetten, da dann das Beizen wegfallen kann.

Auch durch Scheuern oder Sandblasen erhält man eine für die Emaillierung geeignete Oberfläche (H. W h i t a c k e r[1534]). Als Blasematerial soll Sand verwendet werden, da Stahlkörner in der weichen Eisenoberfläche eingebettet werden können und dann zu Fehlern im Grundemail führen. Fette oder stark mit Öl beschmutzte Oberflächen müssen vor dem Sandblasen entfettet werden. Am häufigsten werden die entfetteten Bleche in Beizgestellen aus Monelmetall in ein Beizbad, bestehend aus verdünnter Salzsäure oder Schwefelsäure (s. S. 163) eingebracht, wobei auch Schaukel-

Abb. 113. Beizanlage mit Wandabsaugung (Ferro Enamel Corp.).

einrichtungen zur Beschleunigung des Beizvorganges oder automatisch arbeitende Beizmaschinen verwendet werden können (G. Tuttle[1535], L. Camel[1536] und D. S. O'Dormell[1537]).

In USA wird zum Beizen fast ausschließlich Schwefelsäure, in Europa vorwiegend Salzsäure verwendet (J. H. Gray[1538] und Vielhaber[1539]). Durch die Säuren, unterstützt durch die mechanische Bewegung, werden die Oberflächenoxyde, wie Rost und Zunder, beseitigt und eine metallisch reine Oberfläche geschaffen. In der Abb. 113

Abb. 114. Handbeizen.

ist eine moderne amerikanische Beizanlage mit Absaugeeinrichtungen der Beizdämpfe und -gase an der Wand dargestellt (Ferro Enamel Corp.). Fertiggeformte, hohle Rohware wird vielfach noch von der Hand aus in Salzsäurebeizbädern gebeizt, wie z. B. die Fig. 114 (Austria-Emailwerke Wien) zeigt. Auch die elektrolytische Beizung von Eisenblech mit Wechselstrom vor der Porzellanemaillierung wird praktisch ausgeübt (J. T. Irwin[1540]).

Das Überbeizen vor dem Emaillieren muß vermieden werden, da nicht nur eine größere Wasserstoffmenge von der Eisenoberfläche absorbiert, sondern auch die Metalloberfläche erheblich stärker aufgerauht wird. Dadurch hält die Eisenoberfläche zuviel Emailschlicker zurück und werden die durch Überbeizen hervorgerufenen Emailfehler noch verstärkt. Zur Verhinderung des Überbeizens verwendet man im Beizbetrieb meist Sparbeizen, wodurch sowohl die Metallverluste als auch der Säureverbrauch stark vermindert wird. In USA wird jedoch (s. z. B. Anonym[1541]) im Emaillierbetrieb die Verwendung von Sparbeize nicht immer für empfehlenswert gehalten, da eine schwach aufgerauhte Oberfläche, wie sie beim normalen Beizen erhalten wird, beim nassen Auftrag leichter zu handhaben sein und eine bessere Bindung mit dem Grundemail ergeben soll.

b) Sonderbeizen.

Für gewisse Sonderfälle z. B. bei der Herstellung von Granitemail (s. S. 329) werden Spezialbeizbäder verwendet. Für Granitemail setzt man der verdünnten Schwefelsäure 2,5 bis 9 kg pro Charge Eisensulfid zu. Ebenso kann durch die Schwefelsäure auch Schwefelwasserstoff durchgeleitet werden. Durch diese Behandlung werden, insbesondere in Verbindung mit einer Vernickelung, die Haftfestigkeit von Email verbessert und die Fischschuppenbildung vermindert (A. M. Kirchner[1542]).

c) Nickeltauchbäder.

Auf die Vorteile der Verwendung von Haftoxyden (Kobalt- und Nickelverbindungen) wurde bereits auf S. 280 hingewiesen. Manche Betriebe scheiden auf der gebeizten Eisenoberfläche nach dem Spülen in Warmwasser durch eine Tauchbehandlung in einem Nickelbad eine hauchdünne Nickelschicht ab, durch welche die Haftfestigkeit des Grundemails auf allen Arten von Stahl verbessert wird (G. H. McIntyre[1543]). Für blaue oder schwarze Blechgrundemails ist z. B. folgende Nickellösung geeignet: 12,5 g/l Nickelsulfat, 1,5 g/l Borsäure bei 70 bis 80° C, Tauchdauer etwa 0,5 Minuten, $p_H = 5,6$ bis 6,4.

Für ein weißes Blechgrundemail wird folgendes Nickeltauchbad empfohlen: 25 g/l Nickelsulfat, 1,5 g/l Borsäure, 70 bis 80° C, 5 Minuten Tauchzeit.

d) Neutralisieren.

Nach dem Nickelbad wird mit fließendem, am besten warmem Wasser gespült oder vorerst mit einer 0,1%igen Schwefelsäurelösung eventuell an der Eisenoberfläche gebildetes Eisenhydroxyd beseitigt. Sodann wird, wie auch ansonsten, bei Weglassen des Nickeltauchbades nach dem Beizen und Spülen neutralisiert. Die Körbe oder Gestelle mit der gebeizten und gespülten Ware werden so schnell wie möglich, um die Rostbildung an der noch stets mit Spuren von Säure verunreinigten Eisenoberfläche zu verhindern, in ein 60 bis 70° C warmes Neutralisationsbad eingetaucht, das normalerweise aus einer Lösung von 5 bis 6 g/l eines Gemisches von 90% Natronlauge und 10% Borax besteht, entsprechend einem Gehalt von rund 0,3 bis 0,4% Natriumoxyd.

Werden zwei hintereinander geschaltete Neutralisationsbäder verwendet, so weist das erste, stärkere, einen Gehalt von 0,4 bis 0,5% Natriumoxyd, das zweite von 0,1 bis 0,2% Natriumoxyd auf. Außer Natronlauge und Borax kann auch Trinatriumphosphat, Soda usw. im Neutralisationsbad enthalten sein. Auch Natriumzyanid (4 bis 15 g/l) kann dem Neutralisationsbad zugesetzt werden. Es soll die Bildung von Kupferköpfen verhindern, Eisensalze von der Blechoberfläche lösen, reinere Bleche ergeben und die Aufschmelzbarkeit von Grundemail erleichtern (G. G. Grogan[1544]).

e) Wasser.

Bei hartem Wasser werden die Härtebildner im Neutralisationsbad ausgefällt. Die Temperatur des Bades soll dann nicht so hoch gehalten werden, daß durch die Wärmezirkulation eine Aufwirbelung des Badschlammes erfolgt. Am besten wird das Bad bei größerem Durchsatz von Ware jeden Abend erneuert. Auch ist es vorteilhaft, weiches Regenwasser, Kondenswasser oder destilliertes Wasser zum Ansetzen zu verwenden. Das Neutralisationsbad ist auf jeden Fall verbraucht, wenn es eine braune Farbe annimmt. Vorteilhaft ist auch die kontinuierliche Filtration des Neutralisationsbades, wobei wegen des Fortfallens des Schlammes eine höhere Badtemperatur gewählt werden kann, wodurch auch die Trocknung beschleunigt wird.

f) Trocknen.

Nach der Neutralisation wird die Ware abtropfen gelassen und auf Regalen über den Rauchgaskanälen oder vorteilhafter im Trockenofen mit strömender warmer Luft schnell und ohne Rostbildung getrocknet. Nach richtig durchgeführtem Beizen und Neutralisieren sollen die Bleche eine stroh- bis goldgelbe oder bräunliche Farbe aufweisen. In der Ausbeulerei werden sodann die getrockneten Gegenstände mit einem Holzhammer od. dgl. von Verbiegungen usw. befreit (s. a. S. 338).

Literaturverzeichnis.

[1520] F. R. Porter und I. H. Nead, J. Amer. ceram. Soc. 21, 9—16, 1938. — [1521] Anonym, Emailwarenind. 17, 53—55, 57—58, 1940. — [1522] Anonym, Glashütte 74, 17—18, 1944. — [1523] Kohle- und Eisen-Forschungs-G. m. b. H., DRP. 688 058. — [1524] E. L. Stine, Met. Ind. (NY) 35, 622—23, 1937. — [1525] W. R. Deringer, Steel Processing 33, 26—33, 1947. — [1526] J. C. Lewis, Steel 106, Nr. 25, 68—71, 78, 1940. — [1527] F. R. Porter, J. Amer. ceram. Soc. 22, 176—79, 1939. — [1528] J. E. Sams, W. M. Gohan und J. J. Canfield, ebenda 24, 137—40, 1941. — [1529] W. Machu, Die Oberflächenbehandlung von Eisen und Nichteisenmetallen, Akadem. Verlagsges., Leipzig Cl. — [1530] A. Krafft, Keram. Rundsch., Kunstkeram. 49, 379—81, 1941. — [1531] H. Lang, Glashütte 68, 343—46, 1938. — [1532] Vielhaber, Emailwarenind. 15, Nr. 4, Beizerei 3, 1—2, 1938; 18, Nr. 27—28, Suppl. 15, Nr. 35—36, Suppl. 17, 1941. — [1533] R. Aldinger, Glashütte 68, 313—16, 1938. — [1534] H. Whitacker, Proc. Inst. Brit. Foundrymen 31, 373—90, 1937/38. — [1535] G. Tuttle, Finish 4, Nr. 4, 19—22, 56, 1947. — [1536] L. Camel, ebenda 3, Nr. 12, 19—21, 48, 1944. — [1537] D. S. O'Dormell, Can. Chem. Process Inds. 31, 527—31, 535, 1947. — [1538] J. H. Gray, Foundry Trade J. 60, 290—92, 1939. — [1539] Vielhaber, Emailwarenind. 18, Nr. 47—48, Suppl. 23—24, 1941. — [1540] J. T. Irwin, Met. Chem. Finish 8, 693—96, 1936. — [1541] Anonym, Keram. Rundsch., Kunstkeram. 45, 575—76, 1937. — [1542] A. M. Kirchner, AP. 2 162 846. — [1543] G. H. McIntyre, Steel 121, Nr. 3, 102, 112—120, 1947. — [1544] G. G. Grogan, Ceram. Ind. 36, Nr. 2, 68, 1941.

61. Das Auftragen des Emails.

Das Auftragen des Emailschlickers auf die Ware erfolgt entweder durch Tauchen derselben in den flüssigen Schlicker, wobei der Überschuß abtropfen gelassen wird oder aber durch Aufspritzen des flüssigen Emailschlickers mit Hilfe einer Spritzpistole (Abb. 115, Austria Emailwerke A. G., Wien). Grundemails auf Teilen von Öfen, Kühlmaschinen, elektrischen Lichtreflektoren oder Kochgeschirren werden für gewöhnlich getaucht, wenn nicht die Form der Gegenstände das Abtropfen des Emails frei von Streifen oder Rändern ermöglicht. In solchen Fällen wird immer gespritzt, ebenso bei nur einseitigem Auftrag des Emails (G. R. Lindsay[1545]).

Die Auftragsfähigkeit eines Emails ist bedingt durch die Zusammensetzung der Emailfritte, die Mühlenzusätze, den Wassergehalt und die Mahlfeinheit. Die Auftragsfähigkeit eines Emails kann durch seine Ablaufeigenschaften erkannt und betriebsmäßig kontrolliert werden. Diese können entweder durch die Ausflußgeschwindigkeit von zwei gleichen Volumsmengen und dem Rückstand beim Ablaufen der Probe in Verbindung mit ihrem Raumgewicht (H. Hadwiger[1546] und R. Aldinger[1547]) oder durch Eintauchen einer 300 × 300 mm großen Blechprobe (gebeizt, neutralisiert, getrocknet und gewogen) in den Emailschlicker, Abtropfenlassen, Trocknen und neuerliches Wägen bestimmt werden. Auch die Schmelzzustände sowie die verschiedenen

Trübungsmittel einer Emailfritte haben einen Einfluß auf seine Auftragsfähigkeit (L. S t u c k e r t[1548]), ebenso die Art und Menge der ausgelaugten Salze (C o c k[1549]). Je feiner das Email gemahlen wurde, desto weniger Email wird von der Ware aufgenommen (V i e l h a b e r[1550] und H. H a d w i g e r[1551]). Man kann sogar die Siebanalyse als Maßstab für die Auftragsfähigkeit heranziehen. Im allgemeinen werden von 1 qdm der Warenoberfläche bei Grundemail 7 bis 9 g, für Deckemail 3 bis 8 g trockenes Email beim Tauchen aufgenommen. Durch Ändern der Mahlfeinheit, einen wechselnden Wasserzusatz, Änderung der Auftragstemperatur, Zusatz von Schwebestoffen, Stellmitteln usw. können sämtliche Schwierigkeiten beim Auftragen überwunden werden.

Abb. 115. Auftragen von Emailschlicker durch Spritzen und Rändern von Emailgeschirr (Austria-Emailwerke, Wien).

Nach dem Auftrag des Emails durch Tauchen von Hand aus wird nach dem Ablaufen des überschüssigen Emails und Absetzen desselben die Ware eventuell noch mit der Fabriksmarke und einem andersfärbigen Rand versehen (Abb. 116, Austria-Emailwerke A. G., Wien). Hierauf wird sie vorsichtig auf die Trockengestelle oder beim halbkontinuierlichen Betriebe auf einen Konveyor aufgesetzt, durch welche sie durch einen Trockenofen oder unmittelbar in einen kontinuierlichen Einbrennofen eingebracht werden. Das Transportband muß vollständig glatt sein, um Beschädigungen des Emails zu vermeiden. Neugespritztes Email kann aber verhältnismäßig leicht ohne Gefahr einer Beschädigung befördert werden.

Während des Tauchvorganges muß das Absetzen des Emails in der Auftragsschüssel

Abb. 116. Rändern von Emailgeschirr (Austria-Emailwerke, Wien).

durch öfteres Umrühren verhindert werden (P. A. M a l l o u n[1552]). Mindestens einmal täglich sollte der Emailschlicker aus dem Tauchbehälter entleert, gesiebt und durch einen Magnetscheider von Eisenteilchen befreit werden, worauf er wieder in den Tauchbehälter zurückgeleitet wird.

a) Einfluß der Temperatur.

Ein besonderes Augenmerk ist der Temperatur des Emailschlickers zuzuwenden. Werden erwärmte Eisengegenstände, wie sie aus der Trockenkammer nach dem

Beizen und Neutralisieren kommen, nach nicht vollständiger Abkühlung eingetaucht, so sind sie wärmer als die Raumtemperatur. In diesem Falle wird mehr Email von Eisengegenständen aufgenommen und eine viel schwerere Emailschicht aufgetragen. Die günstigste Raum- und Tauchtemperatur liegt etwa zwischen 17 und 22° C. Sie wird bei modernen Anlagen durch von Wasser durchflossenen Kühlröhren, die am Boden des Tauchbehälters eingebaut sind, aufrechterhalten.

Eine zu hohe Temperatur des Schlickers bedingt auch Fischschuppenbildung, während zu kalter Schlicker zu alkaliarm ist, schlecht steht, sich rasch absetzt, beim Auftragen zu Wolkenbildung führt, beim Einbrennen erhöhte Härte zeigt und eine weniger glatte Oberfläche liefert (H. Lang[1553]). Die Temperatur des Schlickers ist daher für die Erzeugung gleichbleibender Emaileigenschaften ständig zu kontrollieren. Auch Klimaschwankungen sowie trockenes oder feuchtes Wetter beeinflussen die Schlickertemperatur, die Trocknungseigenschaften und -dauer sowie das Tauchgewicht (B. Deutsch[1554]).

b) Auftragung borfreier Emails.

Borfreie Glas- oder Puderemails werden vorteilhaft weniger fein verarbeitet, damit sie bei dem durch den Bormangel verursachten längeren Brennvorgang im ursprünglichen Zustand erhalten bleiben. Bei borfreien Naßemails darf die Menge des Mühlentones zugunsten anderer, weniger kolloider Körper, wie Feldspat oder Quarz, erheblich herabgesetzt werden. Diese Emails dürfen auch nicht so lange gemahlen werden als sonst üblich ist. Das Mühlenwasser setzt man erst nach dem Mahlen der Granalien zu. Die Trocknung borarmer Emails muß mit großer Vorsicht vorgenommen werden, am zweckmäßigsten ist die Oberflächen- oder noch besser die Vakuumtrocknung anzuwenden (Anonym[1555]).

c) Spritzen von Emails.

An Stelle der Handauftragung des Emailschlickers kann dieser auch nach einem halbmechanischen Verfahren durch Spritzen oder auf vollautomatischem Wege erfolgen (R. Aldinger[1556], A. A. Quaß[1557] und L. W. Lammiman[1558]). Hierbei wird der flüssige Emailschlicker nach der Art des Aufspritzens von Lacken und Farben mit Hilfe von Spritzpistolen und Preßluft (3 bis 6 Atm.) fein zerstäubt und auf die Metalloberfläche aufgebracht. Die Emailschlicker sollen frei von gröberen Anteilen und so schwer wie möglich sein, um gerade noch verspritzt werden zu können. Der Wassergehalt muß genau geregelt werden. Die Preßluft soll frei von Schmutz, Staub, Wasser und Öl sein. Für größere Spritzleistungen sind geräumige Preßluftbehälter aus Monelmetall oder nichtrostender Stahl vorzusehen.

Da beim Spritzen ein verhältnismäßig großer Anteil des Emails als Staub verlorengeht (etwa 20%), ist nicht nur der Spritzer aus gesundheitlichen Gründen vor zu großer Staubbildung zu schützen, sondern auch aus wirtschaftlichen Gründen eine Wiedergewinnung des verspritzten Emailstaubes notwendig. Der Staub wird daher durch trockenarbeitende Exhaustoren mit Luftfiltern oder auf nassem Wege zurückgewonnen. Er kann wieder in dem Emailschlicker vereinigt werden und bringt diesen auf die ursprünglich vorhandene Feinheit wieder zurück. Die kontinuierlich arbeitenden mechanischen Emailspritzmaschinen werden nur für vollkommen flache Bleche und ebene Oberflächen verwendet.

Sollen mehrere Deckemailschichten aufgespritzt werden, so sollen alle Schichten gleichmäßig sein und die gleiche Schichtstärke besitzen. Das Schichtgewicht ist öfters durch Wiegen der aufgespritzten Emailmenge zu kontrollieren. Bei einmaligem Auftrag der Deckschicht auf Teile von Öfen, Kühlapparaten usw. wird auf das bereits eingebrannte Grundemail eine starke Deckemailschicht mit gröberen Emailteilchen aufgespritzt. Bei säurebeständigen Emails wird vorerst eine Deckschicht von normalem Email und dann ein schwacher Überzug von säurefestem Email aufgebracht.

Schwarze Ecken und Ränder auf Emailgeschirr kann man durch Entfernung der weißen, aufgespritzten Deckemailschicht an den gewünschten Stellen oder durch Aufspritzen von Schwarzemail auf die Ränder usw. des eingebrannten oder nur getrockneten, ungebrannten Grundemails erhalten. Das Rändern des Emailgeschirres mit blauen oder schwarzen Emails bezweckt auch, die Haftfestigkeit des Emails an Stellen eines kleineren Krümmungsradius zu erhöhen sowie das Verbrennen, das bei Verwendung von Weißemails auftreten könnte, zu vermeiden.

Erwähnt sei auch noch, daß man dünne und gleichmäßige Grundemails durch elektrophoretische Abscheidung aufbringen kann (A. E. B a d g e r und B. W. K i n g[1559]). Die zu emaillierenden Gegenstände dienen als Elektroden. Bei 100 V lassen sich Grundemails von regulierbarer Stärke auftragen.

d) Das Trocknen des aufgetragenen Emails.

Vor dem Einbrennen muß die aufgetragene Emailschicht von Wasser durch einen Trockenvorgang befreit werden. Beim Trocknen muß die in den Poren und an der Oberfläche der Emailschicht vorhandene Feuchtigkeit verdampft und von der Oberfläche des Gegenstandes entfernt werden. Durch mangelhafte Trocknung können eine Reihe von Emailfehlern verursacht werden, weshalb diesem Vorgang bei der Emaillierung gleichfalls eine große Sorgfalt zugewendet werden muß (P. G. P i c k w e l l[1560], J. H. H o l l o w s[1561] und R. R. S h e r r i l l[1562]). Bei der Trocknung ist vor allem darauf zu achten, daß nicht eine zu schnelle Feuchtigkeitsabgabe erfolgt, da dann die bereits trockene Oberfläche das Wasser aus den unteren Schichten und damit die löslichen Salze kapillar ansaugt. Die bei einem großen Gehalt an löslichen Salzen mögliche Verkrustung der Oberfläche kann das weitere Entweichen von Feuchtigkeit verhindern, was später im Brennofen zum Abplatzen, Reißen und Aufrollen der Emailschicht führt. Man muß daher die Lufttemperatur, den Luftwechsel und die Luftfeuchtigkeit sowie den Gehalt an löslichen Salzen bei der Trocknung berücksichtigen (V i e l h a b e r[1563]).

Zu langsam darf andererseits die Trocknung, insbesondere bei Grundemails, aber auch nicht erfolgen, da sonst die Gefahr der Rostfleckenbildung besteht. Das Anrosten kann aber durch einen Zusatz von rostverhindernden Mitteln, wie insbesondere Natriumnitrat (0,04%), Borax, Trinatriumphosphat usw., verhütet werden. Die Trocknung muß unbedingt vollkommen und möglichst rasch erfolgen, um Emailüberzüge möglichst hoher mechanischer Widerstandsfähigkeit zu erhalten.

An die Trockeneinrichtungen sind daher folgende Anforderungen zu stellen: gute Luftzirkulation, trockene Luft von verhältnismäßig hohem Feuchtigkeitsgehalt, Trockentemperatur zwischen 66 und 93° C, indirekte Feuerung bei der Verwendung von Öl oder Gas als Feuerungsmaterial, möglichst kleine Abmessungen des Trockenofens, Anordnung der Heizelemente innerhalb der Wand des Trockners (J. H. H o l l o w s[1564]). Das einfachste Trockenverfahren besteht im Aufstellen der zu trocknenden Gegenstände auf Regalen u. dgl. an offener Luft über den Rauchgaskanälen. Diese Trocknung geht aber verhältnismäßig langsam vor sich und kann daher zur Rostbildung führen. Wesentlich günstiger arbeiten geschlossene Trockenkammern mit kreisender, reiner, warmer und feuchter Luft. Die Zuführung der Wärme kann entweder durch Lichtstrahlung oder Konvektion erfolgen. Bei der Strahlung werden Dampfröhren oder direkte Hitze von Brennern (Gas, Öl) oder einer Muffel, bei der Konvektion erhitzte Luft, die durch Fächer u. dgl. über die Gegenstände bewegt wird, verwendet. Bei Verwendung von Kohle muß der Wärmeaustauscher gas- und aschedicht ausgeführt sein. Wenn im Tunnelbrennofen das

Email eingebrannt wird, ist keine eigene Trockenanlage notwendig, da dann durch die Wärmeabgabe des gebrannten Gutes in der Vorwärmezone des Ofens die Trocknung erfolgt.

Abb. 117 bis 119 zeigen einen Durchlauftrockenofen der Firma Siemens-Schuckert-Werke Ges. m. b. H., Wien, der als Zweibahntunnel ausgebildet ist. Die zu trocknende Ware kommt vom Spritztisch auf Brettern auf die Hordenwagen H, welche mittels einer Schleppkette K, die am Boden angeordnet ist, durch den Ofen gezogen wird.

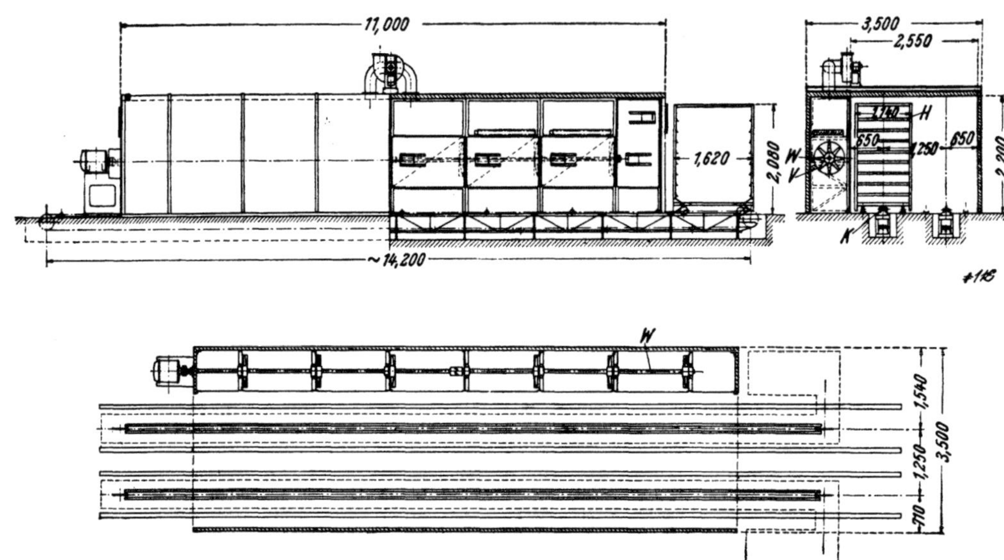

Abb. 117—119. Durchlauftrockenofen (Siemens-Schuckert-Werke Ges. m. b. H., Wien).

Dieser ist zur Erzielung einer raschen und gleichmäßigen Trocknung mit einer Luftumwälzung ausgestattet, wobei die einzelnen Ventilatorflügel V auf einer gemeinsamen Welle W angeordnet sind. Über den Flügeln sind die geschlossenen Heizkörper in Gruppen angeordnet, wobei die zur Trocknung erforderliche Luft erwärmt wird. Die Trockenöfen sind mit einer automatischen Temperaturregulierung ausgestattet. Die Trocknung erfordert etwa 30 bis 60 Minuten.

e) Ausbürsten des getrockneten Emails.

Aus mehreren Gründen ist man vielfach gezwungen, Teile des aufgetrockneten Emails durch Bürsten, Reiben oder Wischen vor dem Brennen wieder zu entfernen, wobei entweder das blanke Eisen oder die vorherige Emaildecke freigelegt werden. Das Wegbürsten erfolgt z. B. bei der Aufbringung von Schriftzeichen, Bildern, Entfernung von Emailklümpchen oder Knoten von Ecken, Kanten oder Flächen, Beseitigung von Fehlern bei weißen Deck- oder gefärbten Emails, wenn das Werkstück nicht stark genug ist, dickere Überzüge zu ertragen, zur Freilegung von Stellen, die geschweißt oder geschnitten werden sollen, an Kerben, Anschnitten, Löchern usw.

Die Entfernung des aufgetrockneten Emails erfolgt bei ebenen Flächen durch gewöhnliche Bürsten, deren Größe und Form der zu entfernenden Fläche, Kante, Bohrung, Loch usw. angepaßt ist. Auch mit dem Finger und Handschuh usw. kann gearbeitet werden. Die Bürsten können mit Metallführungen, Linealen usw. kombiniert werden. Auch rotierende Bürsten werden verwendet. Für das Ausbürsten von besonderen Zeichen bedient man sich geeigneter Schablonen aus Stahl,

Aluminium, Messing oder Zink. Kleinere Ausbürstungen werden auf den Trockengestellen oder Konveyors, größere auf besonderen Bürstentischen vorgenommen. Das abgebürstete Email wird gesammelt und kann, wenn es nicht durch Farbstoffe usw. verunreinigt wurde, wieder verwendet werden. Das Ausbürsten soll auf ein Minimum beschränkt und nur dann vorgenommen werden, wenn es unbedingt notwendig ist, z. B. für dekorative Zwecke.

Zur Erhöhung der Festigkeit des Emailfilmes für das Ausbürsten setzt man manchesmal dem Emailschlicker noch Ton, Bentonit, arabischen Gummi oder Tragantgummi zu. Die Höhe dieser Zusätze ist aber begrenzt, da der Tongehalt nur bis 6 bis 8% und Bentonit zusätzlich zum Ton in der Höhe von etwa $^1/_8$% verwendet werden können. Die Gummiarten sind nur schwierig fehlerfrei zu handhaben.

Das Ausbürsten des getrockneten Emails kann die Ursache einer Reihe von Emailfehlern werden. Abgesehen von den Gefahren einer unvorsichtigen Handhabung und Berührung mit den Händen, Schablonen, Handschuhen, einer unvollständigen Entfernung usw. kann das Email längs der gebürsteten Kante abrinnen oder durch einzeln abstehende Haare der Bürste Streifen bekommen usw.

Literaturverzeichnis.

[1545] G. R. Lindsay, Emaillerie 7, Nr. 4, 20—21; Nr. 5, 11—13; Nr. 6, 11—19; Nr. 7, 13—15; Nr. 8, 8—15; Nr. 9, 7—14, 1939. — [1546] H. Hadwiger, Glashütte 67, 751—53; 68, 22—25, 1938. — [1547] R. Aldinger, Glashütte 69, 71—73, 1939. — [1548] L. Stuckert, Emailwarenind. 20, 39—42, 49—52, 1942. — [1549] Cock, J. Amer. ceram. Soc. 10, 339, 1927. — [1550] Vielhaber, Emailwarenind. 12, 60, 1935. — [1551] H. Hadwiger, Glashütte 67, 751, 1937; 68, 22, 1938. — [1552] P. A. Malloun, Ceram. Ind. 33, Nr. 5, 54, 1939. — [1553] H. Lang, Glashütte 70, 217—18, 1940. — [1554] B. Deutsch, Sheet Met. Ind. 14, Nr. 153, 69—70, 1940. — [1555] Anonym, Glashütte 72, 26—27, 1942. — [1556] R. Aldinger, ebenda 67, 273—76, 1937. — [1557] A. A. Quaß, Gießerei (russisch) 7, 38—41, 1936. — [1558] L. W. Lammiman, Varnish Mag. 22, Nr. 2, 5—6, 46—47, 1948. — [1559] A. E. Badger und B. W. King, Ceram. Ind. 34, Nr. 2, 41, 1940. — [1560] P. G. Pickwell, Foundry Trade J. 55, 436—37, 1936. — [1561] J. H. Hollows, ebenda 56, 199—202, 1937. — [1562] R. R. Sherill, Enamelist 13, Nr. 12, 7—11, 1936. — [1563] Vielhaber, Emailwarenind. 16, 111—12, 1939. — [1564] J. H. Hallows, Foundry Trade J. 56, 199—202, 1937.

62. Das Einbrennen des Emails.

Das Aufschmelzen des Emails auf die Metalloberfläche wird meist als „Einbrennen" bezeichnet. In der ersten Phase des Schmelzens wird zunächst der kolloidale Ton entwässert, wobei durch Verschwinden des Tones Risse in der Emaildecke auftreten. Durch diese Risse können die sauerstoffhaltigen Ofengase zum Email durchdringen und bei Grundemail zur Oxydation des Eisens führen. Bei etwa 600° C schmelzen die vorhandenen Salze, wie Soda, Borax usw., und reagieren mit dem Ton, Feldspat, Quarz usw., wobei unter Entwicklung von Kohlendioxyd, Wasserdämpfen usw. („Blasen") das zwischendurch dunkel gewordene Email wieder lichter wird. Schließlich kommt die ganze Masse zum Schmelzen, das Email erhält eine glänzende Oberfläche, den „Spiegel", ferner entwickelt sich die Trübung. Als Endpunkt des Einbrennprozesses für Deckemails wird ein Zeitpunkt von 1 bis 2 Minuten nach Auftreten des Oberflächenglanzes (Spiegels), bei Grundemails der Übergang der blauen in eine schmutziggrüne Farbe angesehen. Eine zu hohe Brenntemperatur führt bei Grundemails zum Ausbrennen unter Bildung von Kupferköpfen und bei Deckemails zum Aufkochen.

Die Einbrenntemperatur richtet sich nach der Blechstärke und der Art des Emails. Grundemail wird bei Temperaturen von etwa 850 bis 900° C, Weißemail bei 830 bis 850° C, Farbemail bei 820 bis 900° C eingebrannt. Meist werden auf das Grundemail zwei Deckemails, seltener nur eine Deckschicht aufgebracht. Auch der gemeinsame Einbrand von Grund- und Deckemail ist bekannt. Durch genaue Kontrolle des Einbrennprozesses mittels Strahlungspyrometern kann der Emailbetrieb gütemäßig gesteigert und können insbesondere auch Emailfehler leicht vermieden werden (W. A. Barrows[1565]).

Die Ofengase üben einen merklichen Einfluß auf die physikalischen Eigenschaften des Porzellanemails aus (G. H. Spencer-Strong[1566] und G. H. McIntyre[1567]). Spuren von Kohlendioxyd, Wasserdampf und Fluorionen sind in den Ofengasen noch unschädlich. Die Grenzwerte, bei denen bereits schädliche Wirkungen auftreten, liegen jedoch ziemlich niedrig und betragen für Wasserdampf 3 bis 4% und für saure Gase, wie Kohlendioxyd, Schwefeldioxyd usw., etwa 0,4%. Je mehr sich die Ofenatmosphäre dem Zustand der normalen Luft nähert, um so besser fällt das emaillierte Produkt aus. Gußeisenemails werden leichter abträglich beeinflußt als Stahlblechemails. Um diese schädlichen Einflüsse der Ofengase auf die Ware zu vermeiden, verwendet man in den meisten Fällen Muffelöfen oder die elektrische Heizung. Die folgenden Analysenwerte von Ofengasen können als ungefähre Richtlinien für die Arbeitsweise von Emaillierungsöfen dienen (Ferro Enamel Corp.):

	% Wasser	% CO₂	% N₂	% N₂
Gut	1,32	0,10	78,44	20,14
Annehmbar	2,22	0,32	77,48	19,98
Dürftig	3,10	1,65	76,43	18,82

Bleifreie Emails verhalten sich günstiger als bleihaltige. Ein hoher Wasserdampfgehalt scheint sich auf Naßprozeß-Gußemails am schädlichsten auszuwirken (G. H. Spencer-Strong[1568]).

Hohe Gehalte von Feuchtigkeit oder von sauren Gasen deuten auf Undichtigkeiten in den Muffelwänden hin. Der Einfluß verschiedener Gase auf die Eigenschaften fester Stoffe, woraus sich die Notwendigkeit der Überwachung der Gasatmosphäre in Ton- und Schmelzöfen ergibt, wurde besonders von J. A. Hedwall[1569] und Mitarbeitern näher untersucht.

Literaturverzeichnis.

[1565] W. A. Barrows, Ceram. Age 38, 134—35, 143, 1941. — [1566] G. H. Spencer-Strong, Keram., Glas, Email 76, 65—68, 1943. — [1567] G. H. McIntyre, Enamelist 14, Nr. 4, 6—10, 59—60, 1937. — [1568] G. H. Spencer-Strong, J. Amer. ceram. Soc. 22, 255—60, 1939. — [1569] J. A. Hedwall, Chalmers tekn Högskolas Handb. 30, 3—24, 1944.

63. Emaillieröfen.

Zum Einbrennen des Emails stehen verschiedene Ofentypen in Verwendung, wobei je nach der Art der Heizquelle und der Ausbildung des Ofenraumes als Muffel oder Tunnel verschiedene Arten unterschieden werden:

 a) Muffelöfen mit Halbgasfeuerung mit ein- oder angebautem Generator.

 b) Muffelöfen mit Vollgasfeuerung.

 c) Muffelöfen mit Ferngasfeuerung.

 d) Muffelöfen mit Ölfeuerung.

 e) Beheizung durch Strahlung.

 f) Muffelöfen für elektrische Heizung.

 g) Kontinuierlich arbeitende Emaillieröfen für große Leistungen.

Neben der Bauart der Öfen spielen auch die verwendeten Konstruktionsmaterialien eine große Rolle. Die Muffeln werden im allgemeinen aus Siliziumkarbid (Sico) gefertigt, das neben höchster Wärmeleitfähigkeit eine sehr hohe Haltbarkeit besitzt. Die Verbrennungspartien unterhalb der Muffeln werden meist aus Korund ausgeführt (gschmolzene Tonerde). Diese Stoffe sind nicht nur sehr feuerfest, sondern gewährleisten wegen ihrer chemischen Beständigkeit auch eine lange Lebensdauer der Öfen.

a) Emailliermuffelöfen mit Halbgasfeuerung mit ein- oder angebautem Generator.

Dieser Ofentyp ist der übliche Emaillierofen für die Verfeuerung von festen Brennstoffen (Abb. 120 und 121, Vereinigte Großalmeroder Thonwerke A. G.). Die Beheizung erfolgt von der Rückseite des Ofens, wobei die heißen Verbrennungsgase zwecks Erzielung einer guten Bodenhitze zuerst am Boden in den Seiten und der

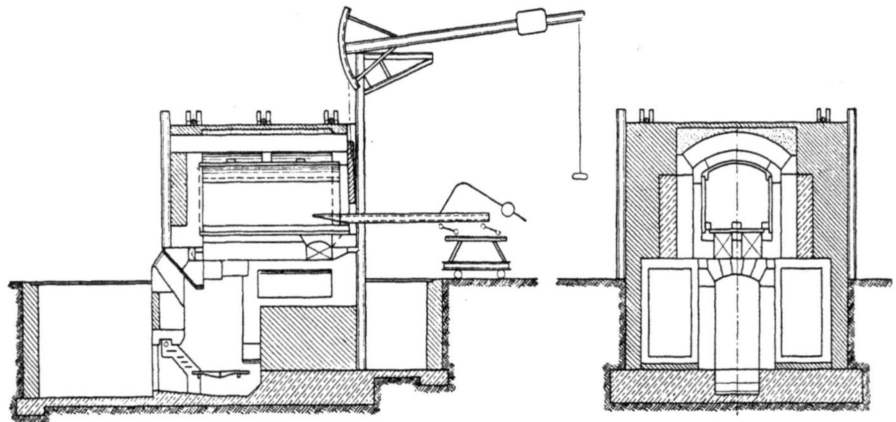

Abb. 120, 121. Emailliermuffelofen mit angebauter Generatorfeuerung (Vereinigte Großalmeroder Thonwerke A. G.).

Muffeldecke hindurchstreichen. Nach Erhitzung der Muffel werden die Abgase in einen unterhalb der Muffel befindlichen Rekuperator gezogen, wo sie zur Vorwärmung der Verbrennungsluft, die im Gegenstrom zu den Abgaskanälen geführt wird, ausgenützt werden. Der Plan- und Treppenrost ist sowohl für die Vergasung von Steinkohle und Braunkohlebriketts als auch für Koks geeignet.

Die Muffelgröße eines Emaillierofens richtet sich nach der Leistung und der Größe der zu brennenden Gegenstände. Bei einem Ofen-normaler Größe betragen die Innenabmessungen der Muffel: Länge 2500 mm, Breite 1000 bis 1200 mm, Höhe 800 mm. Die Höhe der Muffel kann auch für das Brennen von Flachware, wie Schildern und Blechen, niedriger gehalten werden, sie beträgt dann 450 bis 550 mm.

Die Leistungsfähigkeit eines Emaillierofens mit obigen Muffelabmessungen beträgt bei Blechemail, wie z. B. Haushaltungs- und Küchengegenständen 3000 kg/24 Stunden einmal gebrannter mittlerer Ware. Der Brennstoffverbrauch beträgt bei dieser Leistung etwa 700 kg/24 Stunden I a Hüttenkoks oder 700 kg/24 Stunden I a nichtbackende Steinkohle oder 1100 kg/24 Stunden I a Braunkohlenbriketts. Die Bedienung der Feuerung eines solchen Ofens ist sehr einfach und kann von den Brennern nebenbei besorgt werden. Einmal in 24 Stunden wird die Feuerung entschlackt, was etwa 20 Minuten dauert. Die Brennstoffaufgabe erfolgt alle 1½ bis 2 Stunden.

b) Muffelöfen mit Vollgasfeuerung.

Bei den Muffelöfen mit Vollgasfeuerung (Abb. 122 und 123, Vereinigte Großalmeroder Thonwerke A. G.) wird das zur Verbrennung gelangende, gereinigte oder
ungereinigte Generatorgas von einem entfernt liegenden Gaserzeuger dem Ofen zu-
geleitet. Dieses Gas besitzt einen Heizwert von etwa 1000 bis 1200 Kalorien. Zur
Beheizung eines Ofens mit normaler Muffelgröße werden etwa 140 cbm/Stunde be-

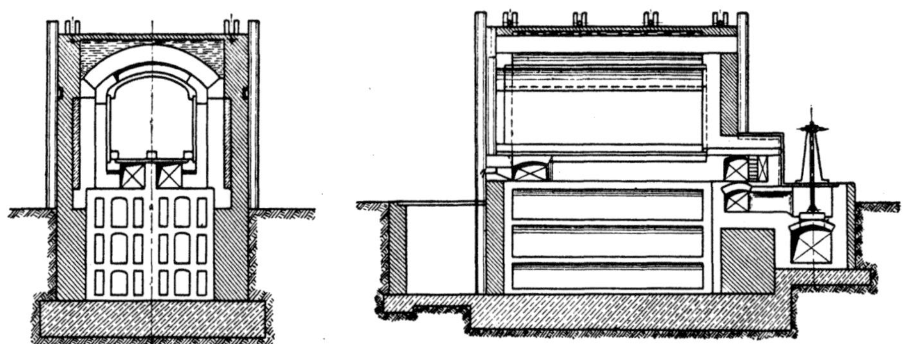

Abb. 122, 123. Emaillier-Muffelofen mit Generatorgasfeuerung (Vereinigte Großalmeroder Thonwerke A. G.).

nötigt. Für Öfen mit Vollgasfeuerung sind Rentabilität und sparsamer Brennstoffverbrauch nur dann gewährleistet, wenn mindestens drei Öfen an einen Gaserzeuger
angeschlossen und gleichzeitig in Betrieb sind. Die Anlagekosten eines Gaserzeugers
sind hoch. Bei dem in der Abb. 122 und 123 dargestellten Muffelofen mit Generatorgasfeuerung befindet sich unter der Muffel ein Rekuperator. Die Abgase müssen
durch einen Schornstein abgeführt werden.

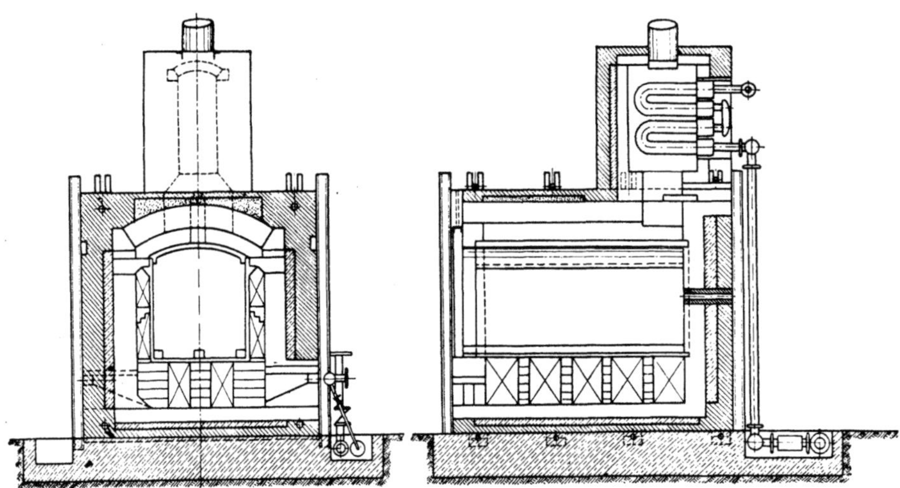

Abb. 124, 125. Emaillier-Muffelofen mit Gasfeuerung (Vereinigte Großalmeroder Thonwerke A. G.).

Steht ein Schornstein nicht zur Verfügung, so wird ein Emaillierofen nach Abb.
124 und 125 (Vereinigte Großalmeroder Thonwerke A. G.) verwendet. Die Öfen
werden mittels Druckluftbrennern, die mit einem Gebläse betrieben werden, zuerst
vom Boden aus beheizt. Der Rekuperator befindet sich oberhalb des Ofens und
auf diesem unmittelbar aufgesetzt ein Blechschornstein, durch den die Abgase über
Dach ins Freie geleitet werden.

c) Muffelöfen mit Ferngasfeuerung.

Steht billiges Ferngas zur Verfügung, so hat sich der Emaillierofen mit Ferngas-beheizung gut bewährt (Abb. 126 und 127, Vereinigte Großalmeroder Thonwerke A. G.). Ferngas besitzt einen Heizwert von 4000 bis 4500 Kalorien. Die Beheizung eines mit Ferngas geheizten Ofens erfolgt, sofern für die Absaugung der Abgase ein Schornstein vorhanden ist, mit einfachen Niederdruckbrennern, die sich die Luft

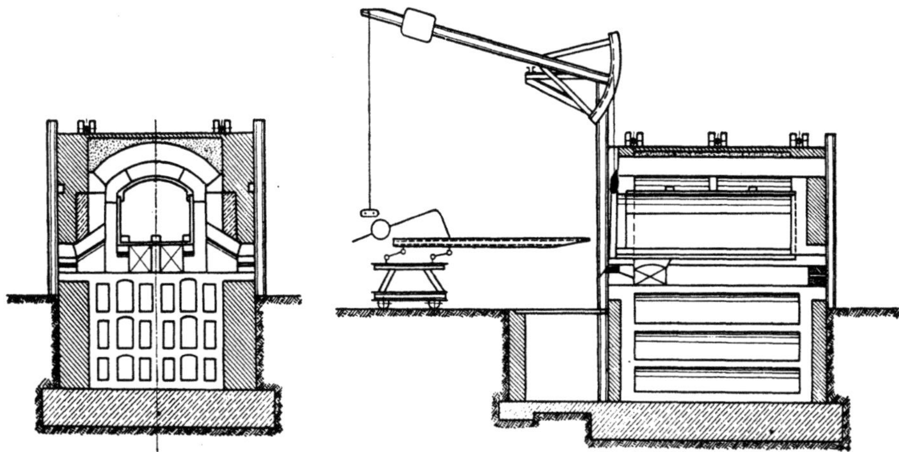

Abb. 126, 127. Emaillierofen mit Ferngasfeuerung (Vereinigte Großalmeroder Thonwerke A. G.).

durch den eigenen Druck, der etwa 100 mm betragen soll, selbst aus den Rekupera-toren ansaugen. Steht aber ein Schornstein nicht zur Verfügung, so erfolgt die Be-feuerung mit Hochdruckbrennern. Die Abgase werden dann (ähnlich wie bei Abb. 124 und 126) durch einen Rekuperator oberhalb der Muffel und einen Blechschornstein abgesaugt. Ferngasbeheizte Emaillieröfen zeichnen sich durch eine leichte Regulier-

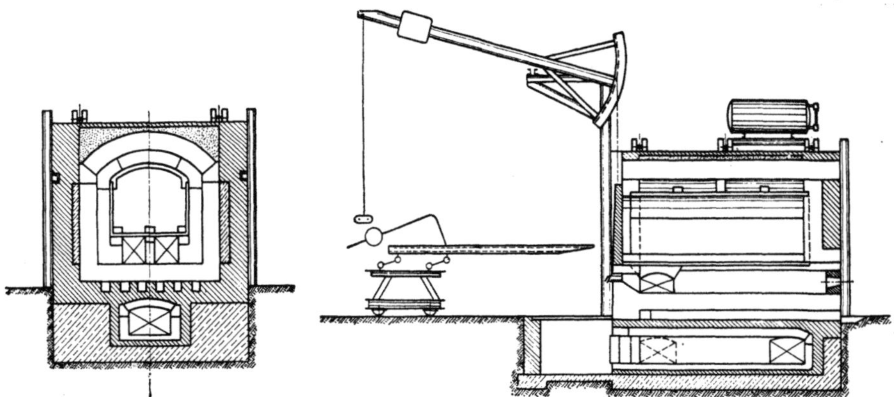

Abb. 128, 129. Emailliermuffelofen mit Ölfeuerung (Vereinigte Großalmeroder Thonwerke A. G.).

barkeit aus. Sie sind ebenso wie die Öfen mit Vollgasfeuerung sauberer im Betrieb und erfordern nur sehr wenig Bedienung. Der Ofen normaler Größe verbraucht etwa 45 cbm/Stunde Ferngas, arbeitet daher sehr ökonomisch.

d) Ölgefeuerte Emailliermuffelöfen.

Emaillieröfen mit Ölfeuerung (Abb. 128 und 129, Vereinigte Großalmeroder Thon-werke A. G.) heizen mit Ölen, deren Heizwert bei 9000 bis 10 000 Kalorien liegt.

Unterhalb der Muffel sind an der Rückwand Brenner angeordnet, in die mittels Ventilator die zur Verbrennung erforderliche Luft eingeblasen wird. Gleichzeitig wird das Öl im Brenner zerstäubt und dann verbrannt. Die Vorwärmung der Luft erfolgt bei dem Ölofen in einem kleinen, oberhalb der Muffel gelegenen Röhrensystem. Auf dem Ofen befindet sich meist auch der Ölbehälter, von dem das Öl

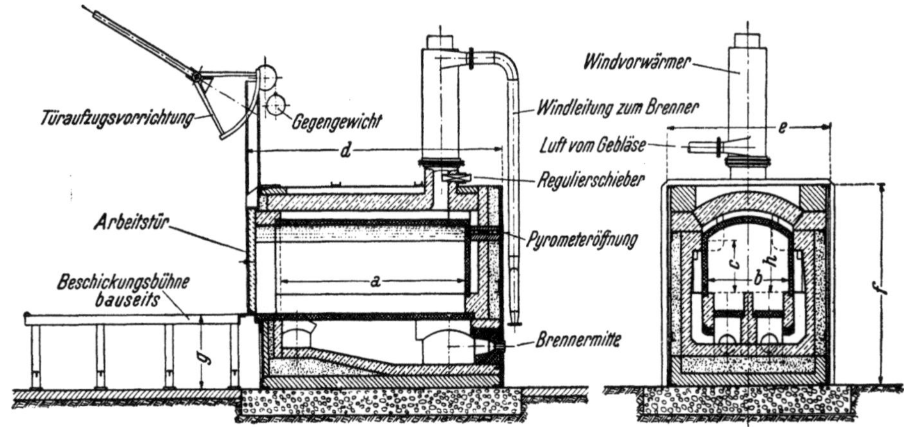

Abb. 130, 131. Emailliermuffelofen für Gas- und Ölfeuerung (Industrieofenbau Fulmina Friedrich Pfeil, Edingen-Mannheim).

durch die Ölleitung und ein in dieses eingebautes Ölfilter zum Brenner gelangt. Durch die Anordnung der Rekuperatoren oberhalb des Ofens ist beim Ölofen kein Tiefbau erforderlich. Der Ölofen ist vor allem dann empfehlenswert, wenn nur in einer Schicht gearbeitet wird, da er sich schneller hochheizen läßt. Der Ölverbrauch für einen Ofen normaler Größe beträgt zirka 18 kg/Stunde.

Ein Emailliermuffelofen, der sowohl für Gas- als auch Ölfeuerung geeignet ist, ist in den Abb. 130 und 131 dargestellt (Industrieofenbau Fulmina Friedrich Pfeil, Edingen bei Mannheim). Die Einzelheiten des Ofens können aus den Zeichnungen entnommen werden.

Abb. 132. Mit Strahlungsröhren beheizter Emailliermuffelofen (Ferro Enamel Corp., Cleveland, O.)

e) Beheizung mit Strahlungsröhren.

In neuerer Zeit findet in USA die Beheizung von Muffelöfen oder kontinuierlichen Emaillieröfen mit Strahlungsröhren eine immer stärker werdende Verbreitung. Diese Beheizungsart erlaubt die Verbrennung von Brennstoffen in Röhren aus hitzebeständigen Legierungen, die am Boden und an den Seiten des Ofens angeordnet sind. Die Röhren sind besonders zur Verbrennung von Gasen oder Ölen geeignet. Mit Diffusionsbrennern, in welchen die Vermischung von Brennstoffen und Luft nicht augenblicklich erfolgt, geht die Verbrennung nur langsam und über einen größeren Gasweg verteilt vor sich. Durch in die Brenner eingebaute Mischvorrichtungen erfolgt aber eine vollständige Verbrennung. Eine Vermischung der Verbrennungsgase mit den Muffelgasen ist bei dieser Ofentype (Abb. 132, Ferro Enamel Corp.) im Gegensatz zu den normalen Muffelöfen nicht möglich.

f) Elektrisch beheizter Kammerofen.

In der Emaillierindustrie hat sich auch der elektrisch beheizte Kammerofen eingeführt (Abb. 133 und 134, Siemens-Schuckert-Werke Ges. m. b. H., Wien). In der Abb. 133 ist auch eine zur Beschickung der Muffel- und Kammeröfen übliche Beschickungsvorrichtung dargestellt. Das zu emaillierende Gut wird auf einem Rost aus hitzebeständigem Material aufgelegt, der entweder als Flach- oder Spitzenrost

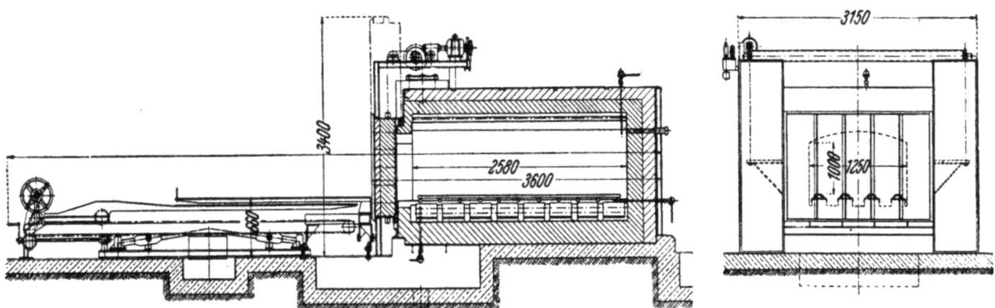

Abb. 133, 134. Elektrisch beheizter Emaillierofen mit Beschickungsvorrichtung (Siemens-Schuckert-Werke Ges. m. b. H., Wien).

ausgeführt ist. Um ein Wechseln der Chargen rasch durchführen zu können und den Ofenbetrieb entsprechend wirtschaftlich zu gestalten, wird eine Beschickungsvorrichtung vorgesehen, die entweder händisch betätigt wird oder mit elektromotorischem Betrieb versehen ist.

Die Beschickungsvorrichtung selbst besteht aus einer mehrzinkigen Gabel, auf der der Emaillierrost und die Ware aufliegt. Beim Beschicken des Ofens wird zunächst die meist auch motorisch angetriebene Ofentür geöffnet (Abb. 135, Siemens-Schuckert-Werke Ges. m. b. H., Wien), die Gabel angehoben und der Rost in den Ofen gefahren. Der Ofenboden selbst ist so ausgebildet, daß die Zinken der Gabel in die Beschickungsschlitze desselben hineinragen. Ist die Gabel eingefahren, wird sie gesenkt, wobei sich der Rost auf die im Ofen vorgesehenen Auflagen absetzt. Danach kann die Gabel wieder ausgefahren werden, die Türe wird geschlossen und der Brand beginnt.

Da beim Öffnen der Türe große Wärmeverluste

Abb. 135. Vorderansicht, Ofentüre und Beschickungsvorrichtung eines elektrisch beheizten Emaillierofens in Ansicht (Siemens-Schuckert-Werke Ges. m. b. H., Wien).

entstehen, ist es zweckmäßig, einerseits die Türe nur so weit zu öffnen, als für ein Beschicken erforderlich ist, und andererseits die Beschickungszeiten so kurz als möglich zu halten. Deshalb hat sich auch in neuerer Zeit die Ausrüstung der Beschickungsmaschine mit einem quer verfahrbaren Wagen eingeführt, wodurch man in die Lage versetzt ist, auf einem zweiten Rost Ware vorzubereiten und durch Querverschieben diesen in den Ofen zu fahren, während gleichzeitig die gebrannte, entnommene Ware auf die andere Ofenseite gefahren wird (s. z. B. Abb. 148).

Um kurze Brennzeiten zu erzielen, ist der Anschlußwert der Öfen in der Regel hochgehalten. Mittlere und größere Öfen werden meist mit drei Heizgruppen ausgestattet, während man bei kleineren und kleinsten Öfen mit ein bis zwei Gruppen das Auslangen findet. In der Türnähe ist die Heizleistung besonders verstärkt, um möglichst rasch jene Wärmeverluste, die durch das Öffnen der Tür bedingt sind, wieder auszugleichen.

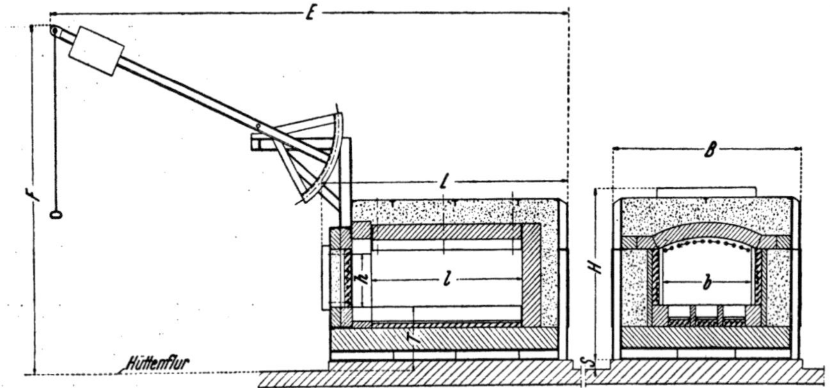

Abb. 136, 137. Elektrisch beheizter Emaillier-Muffelofen (Industrieofenbau Fulmina Friedrich Pfeil, Edingen-Mannheim).

Die Heizwicklung selbst ist bei den Emaillieröfen am Boden, an den Seitenwänden und an der Decke angeordnet (s. Abb. 136 und 137, Industrieofenbau Fulmina Friedrich Pfeil, Edingen-Mannheim). Der beste Wirkungsgrad wird mit freistrahlenden Heizspiralen erzielt. Lediglich an der Decke wird die Heizwirkung abgeschirmt, um zu verhindern, daß abspritzende Teile der Wicklung auf das zu emaillierende Gut fallen. Über elektrisch beheizte Öfen zur Emaillierung

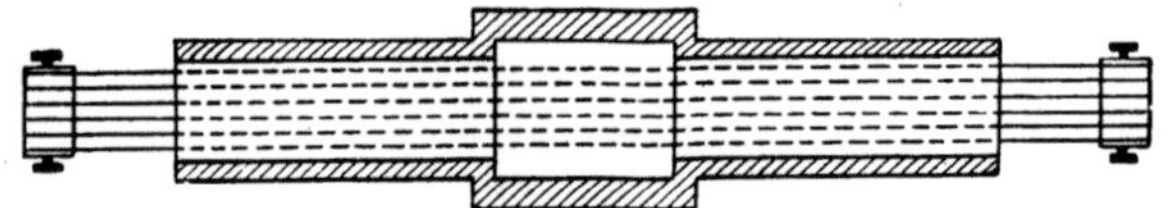

Abb. 138. Herd-Transport-Tunnelofen, schematisch (Ferro Enamel Corp.).

berichtet beispielsweise K. E. Kjolseth[1570]. Der Eimaillierofen ist mit automatischer Temperaturregulierung ausgestattet, wobei jede Gruppe der Heizleistung getrennt geregelt und geschaltet wird. Der Elektroofen ergibt ein Material von besonderer Güte, da er mit oxydierender Atmosphäre brennt (S. Herbst[1571]).

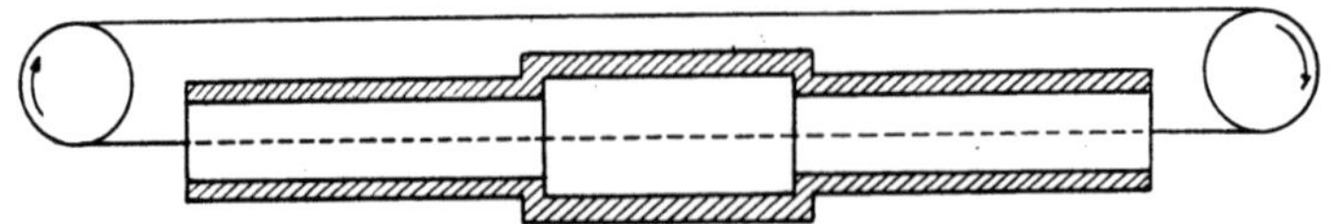

Abb. 139. Gestreckter Tunnelofen mit einzelnem Transportband (Ferro Enamel Corp.).

g) Kontinuierlich arbeitende Emaillieröfen für Großleistungen.

Für Großbetriebe, die täglich 4500 bis 24 000 kg normal gebrannte Ware herstellen, stehen kontinuierlich arbeitende Emaillieröfen in Verwendung. Je nach der Bauart unterscheidet man gestreckte Tunnelöfen und umkehrbare Tunnelöfen. Bei den Herdtransportöfen (Abb. 138, Ferro Enamel Corp.) werden die zu emaillierenden Teile flach auf den sich fortbewegenden Herd aufgestellt und durch die Brennzone geführt. Bei den gestreckten Tunnelöfen mit einem einzigen Transportband (Abb. 139, dieselbe) geht die zu brennende Ware in gerader Linie durch den Ofen, wo sie mehrere Zonen durchläuft. In der Vorwärmzone wird die von der Brennzone ausstrahlende Wärme zur Vorwärmung der Geschirre ausgenützt. Dasjenige Geschirr, das im warmen Zustande gerichtet wird (s. S. 359), wird an einer seitlichen, direkt hinter der Brennzone vorgesehenen Türe herausgenommen. Das andere Geschirr durchläuft die Abkühlzone. Die Beschickung des Ofens erfolgt von der Längsseite. Die Ware befindet sich auf Hängerosten, die aus feuerbeständigem Stahl bestehen (Chrom-Nickelstahl, Monelmetall). Diese Hängeroste werden in zwei bis vier Etagen übereinander beschickt (Abb. 140, Großalmeroder Thonwerke A. G.). Es können die verschiedensten Brenngerüste, wie Dreiecke, Tulpen usw., aufgesetzt werden.

Die Roste sollen möglichst schwach ausgeführt werden, damit ein guter Wirkungsgrad des Ofens erzielt wird. Das Aufhängen der Ware geschieht mittels Hängeeisen an einem über dem Ofen laufenden endlosen Band, dem Transporteur. Die Geschwindigkeit des Transporteurs kann beliebig geregelt werden und richtet sich nach der Brenndauer, die das jeweilige Email erfordert. Da der Transpor-

Abb. 140. Beschickung eines Tunnelofens (Vereinigte Großalmeroder Thonwerke A. G.).

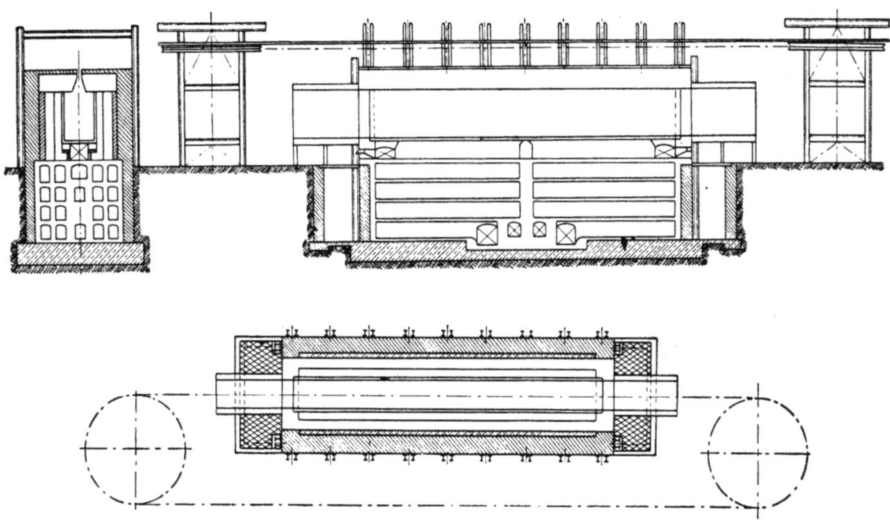

Abb. 141—143. Kontinuierlich arbeitender Tunnelofen, schematisch (Vereinigte Großalmeroder Thonwerke A. G.).

teur über der Ofendecke läuft, so ist in der Decke des Ofens ein Schlitz angebracht, der durch an den Hängerosten angebrachte, schuppenähnlich übereinandergreifende Bleche abgedeckt wird. Hiedurch werden größere Wärmeverluste vermieden. Ein

23*

kontinuierlich arbeitender Emailliertunnelofen ist in den Abb. 141 bis 143 (Vereinigte Großalmeroder Thonwerke A. G.) dargestellt.

Bei den gestreckten, im Gegenstrom arbeitenden kontinuierlichen Tunnelöfen (Abb. 144, Ferro Enamel Corp.) sind zwei voneinander getrennte parallele Brennkanäle vorhanden, die beide eine mittlere Brennzone aufweisen. Durch die Längswände werden zwei getrennte Brennkanäle geschaffen, wodurch es möglich wird,

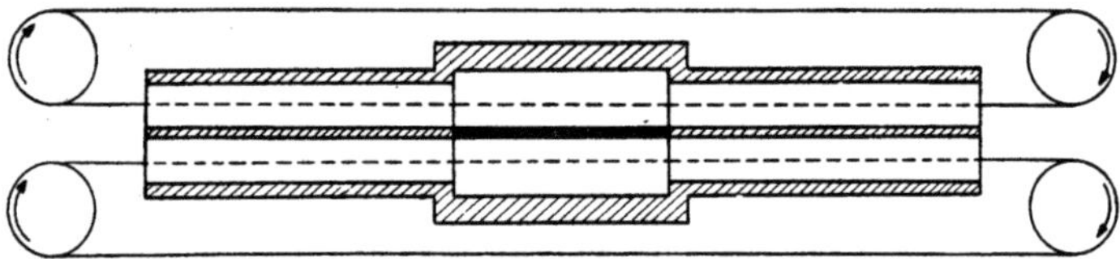

Abb. 144. Gestreckter, kontinuierlich arbeitender Gegenstrom-Tunnelofen (Ferro Enamel Corp.).

bei zwei verschiedenen Brenntemperaturen zu arbeiten. Ebenso sind zwei voneinander unabhängige Transporteure vorgesehen, die sich in entgegengesetzter Richtung bewegen. Die heißen Abgase werden in Kanäle in die Vorwärmzone geleitet, die Verbrennungsluft wird zur Kühlung der gebrannten Ware verwendet, wobei sie sich vorwärmt.

Da bei den gestreckten Durchgangstunnelöfen verhältnismäßig große Wärmeverluste auftreten, ferner Luftströme durch den Ofenkanal ziehen, die Reinigung

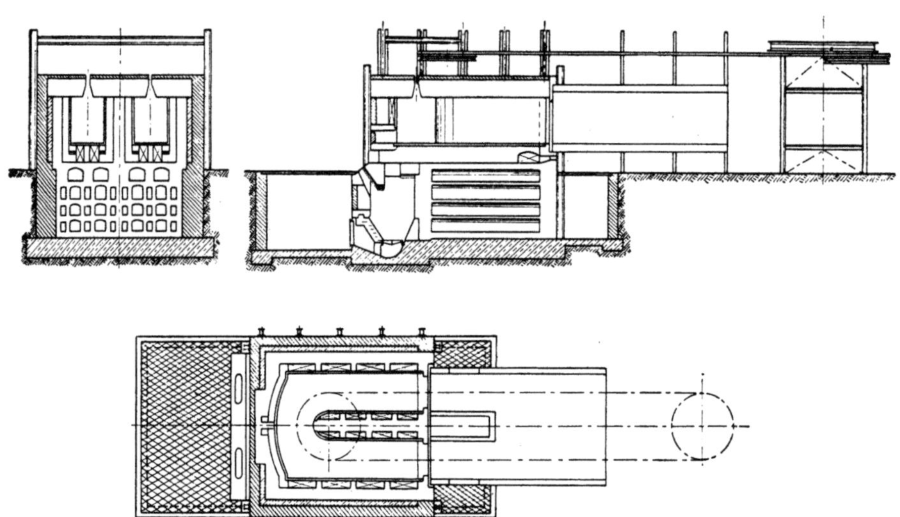

Abb. 145—147. Kontinuierlich arbeitender Umkehr-Tunnel-Emaillierofen (Vereinigte Großalmeroder Thonwerke A. G.).

und Reparatur nicht einfach auszuführen ist und sie auch einen großen Raum einnehmen, wurden U-förmige Umkehröfen gebaut, bei welchen die Ware zuerst durch die eine und dann auf dem Rückweg durch die andere Muffel zur Ausgangsstelle wieder zurückwandert. Dadurch wird die Überwachung des Betriebes erleichtert, da sie nur an einer Stelle vorgenommen werden muß.

Wie die Abb. 145 bis 147 (Vereinigte Großalmeroder Thonwerke A. G.) zeigen, erfolgt bei den Umkehröfen der Wärmeaustausch zwischen der aus- und einfahrenden Ware in einem besonderen Vorbau vor den Muffeln. Die Beschickung wird von der Stirnseite des Ofens aus vorgenommen (Abb. 148, Ferro Enamel Corp.).

Auch bei den Umkehrtunnelöfen erfolgt die Vorwärmung der Verbrennungsluft durch eine unterhalb des Ofens angeordnete Rekuperation (Abb. 145 bis 147).

Abb. 148. Stirnseite eines U-förmigen, kontinuierlich arbeitenden Umkehr-Tunnel-Emaillierofens (Ferro Enamel Corp.).

Die Durchlaufszeit beträgt vom Moment des Aufsetzens des Geschirres bis zum Herausnehmen des fertiggebrannten Gegenstandes bei einem Umkehrtunnelofen 22 bis 24 Minuten. Die Leistungsfähigkeit für einen kontinuierlich arbeitenden

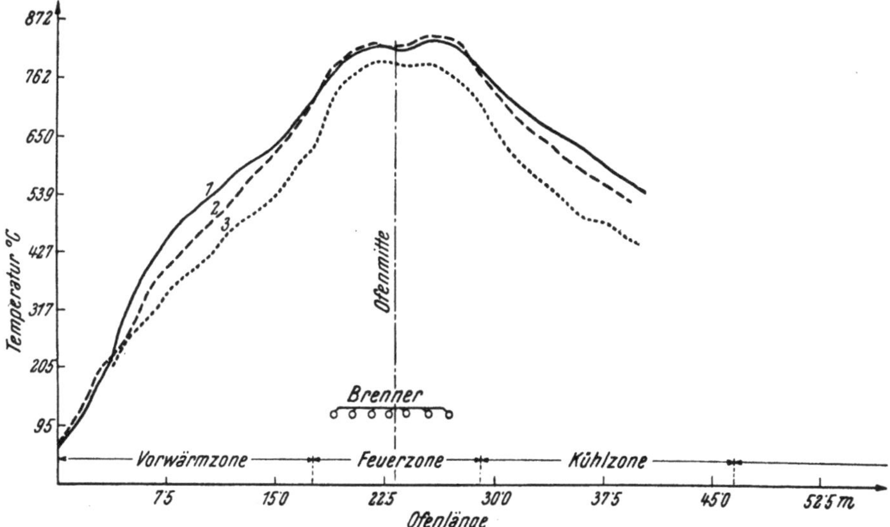

Abb. 149. Temperaturverteilung und Temperaturunterschiede in einem gasgefeuerten, U-förmigen Muffelofen (Ferro Enamel Corp.).

Emaillierofen beträgt zirka 12 000 bis 24 000 kg/Stunde normal gebrannter mittlerer Ware. Für eine Arbeitsschicht von acht Stunden sind etwa vier bis sechs Mann an Bedienungspersonal erforderlich. Der Brennstoffverbrauch beträgt etwa 3500 bis 5000 kg/24 Stunden Ia Steinkohle.

Die Hauptvorzüge kontinuierlich arbeitender Muffelöfen sind: Hohe Leistungsfähigkeit, geringer Platzbedarf gegenüber einzelnen Öfen, leichte Bedienung und
gleichmäßige Beschaffenheit der gebrannten Ware.

Die Abb. 149 (Ferro Enamel Corp.) zeigt die Temperaturverteilung und Temperaturunterschiede in einem gasbefeuerten, kontinuierlichen U-förmigen Tunnelofen am Boden (Kurve 1), in der Mitte (Kurve 2) und an der Decke des Tunnels
(Kurve 3) sowie den Temperaturverlauf in der Vorwärme-, Brenn- und Kühlzone.
Die Kettengeschwindigkeit beträgt 3,5 m/Minute, die Temperatur in der Mitte und
an der Decke der Brennzone 830° C, am Boden 810° C. Größere Temperaturunterschiede zwischen Boden und Decke in der Vorwärmzone des Tunnelofens können

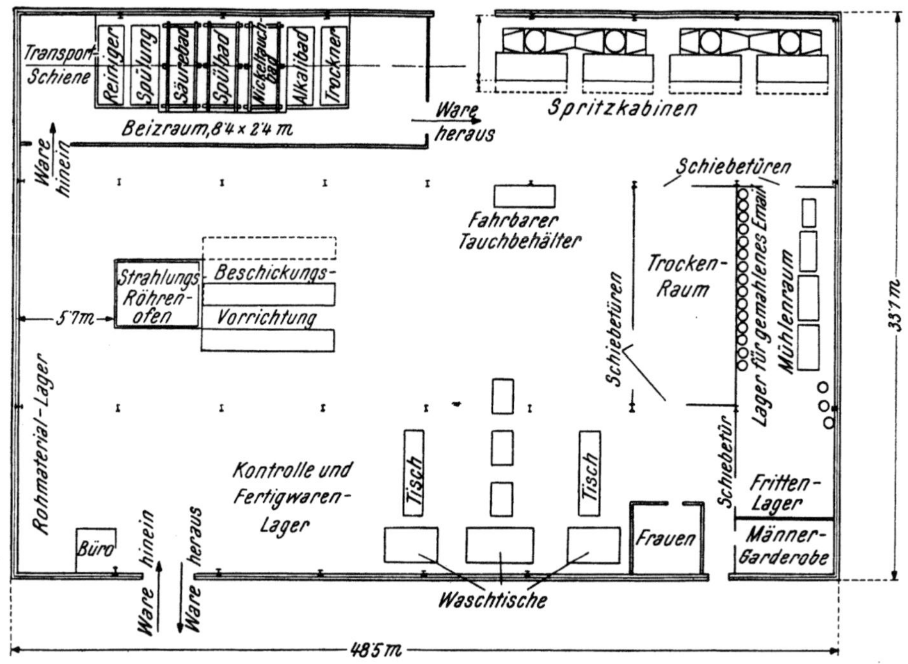

Abb. 150. Grundriß einer Emaillierungsanlage mit Muffelofen (Ferro Enamel Corp.).

nämlich zur Ausbildung von Kupferköpfen führen. Diese entstehen bei längerer
Erhitzung in der Vorwärmzone auf Temperaturen zwischen 200° und der Erweichungs-
temperatur des Grundemails. Durch Ventilation (Beseitigung schädlicher Gase) oder
Änderung der Erwärmungsbedingungen können die Kupferköpfe vermieden werden.

Eine Abart der Emaillierungsöfen mit ebener Bodensohle stellt der sog. Höcker-
ofen dar, bei welchem die Einbrennzone höher gelagert ist als die Ein- und Ausgangs-
öffnung des Ofens. Dadurch werden insbesondere bei elektrischen und Strahlungs-
röhrenöfen die durch Luftströmungen hervorgerufenen Wärmeverluste vermindert.
Bei Durchgangs- und U-förmigen Tunnelöfen stoßen jedoch die Reinigung und der
Transport der Ware auf einige Schwierigkeiten.

h) Gesamtanlage eines Emaillierwerkes.

In der Abb. 150 ist der Grundriß einer Emaillierungsanlage mit einem Strah-
lungsröhrenmuffelofen samt Beiz-, Mühlen-, Spritzraum usw., in der Abb. 151 die
gesamte Anlage einer größeren Emailfabrik mit kontinuierlich arbeitenden U-för-

migen Tunnelöfen nach Angaben der Ferro Enamel Corp., Cleveland, USA, dargestellt. Die zweckmäßigste Anordnung der einzelnen Teile der Anlage kann aus diesen Abbildungen entnommen werden.

Literaturverzeichnis.

[1570] K. E. Kjolseth, Gen. electr. Rev. 39, 479—86, 1936. — [1571] S. Herbst, Elektrowärme 7, 209—17, 1937.

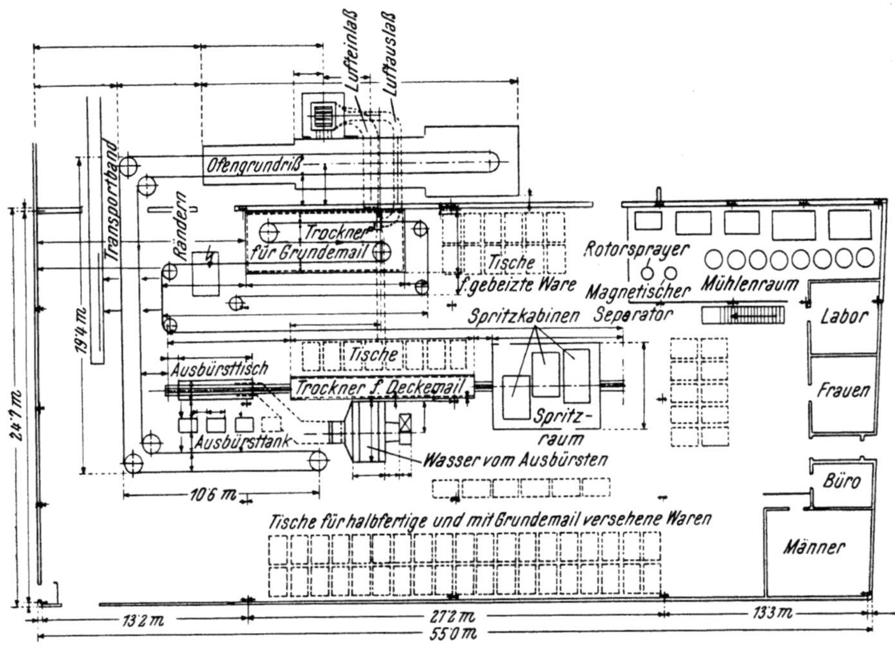

Abb. 151. Gesamtanlage einer Emaillierungsanlage mit einem kontinuierlich arbeitenden U-förmigen Tunnelofen (Ferro Enamel Corp.).

64. Richten. Kühlen. Sortieren und Kontrolle.

Nach dem Brennen kommen häufig, insbesondere dünnwandigere oder ungleich dicke, ferner schwere Gegenstände durch die Einwirkung der Schwerkraft bei der Brenntemperatur in deformiertem Zustande aus dem Ofen heraus. Auch durch die Unterschiede in den Ausdehnungskoeffizienten zwischen Email und Stahl kann, insbesondere bei einseitiger Emaillierung, das Werfen oder Verbiegen der Gegenstände verursacht sein. Ist der emaillierte Gegenstand noch hinreichend warm (etwa 500° C), so kann er auf einem Richttisch, der mit einer glatten Stahlplatte und einer Asbestplatte belegt ist, mittels der Form der Gegenstände angepaßter Richtstempel wieder gerade gerichtet werden. Bei zu niedriger Temperatur besitzt das Email nicht mehr ein hinreichendes Form- und Änderungsvermögen und reißt dann beim Richten.

Eine besondere Kühlung des emaillierten Gutes wird nur bei größeren Gegenständen vorgenommen. Die Kühltemperatur liegt bei etwa 200 bis 300° C. Die Kühlung bezweckt, die zwischen dem Email und dem Eisen bestehenden Spannungen zu beseitigen. Durch eine unzweckmäßige Kühlung können die Spannungen zwischen Email und Grundemail um 50 bis 75% zunehmen (W. N. Harrison[1572]). Ein zweckmäßig geführtes Abkühlen bewirkt eine wesentliche qualitative Verbesserung des Emails (H. Lang[1573]).

Die Kontrolle im Emaillierwerk erstreckt sich sowohl auf die Untersuchung der Rohstoffe, der Fabrikate, wie Granalien, Schlicker, die Entfettung, das Ausglühen, Beizen, Neutralisieren, die Ofenatmosphäre, das Emaillierungsverfahren, die Rentabilität, als auch der Halb- und Fertigfabrikate. In jedem einzelnen Prozeß des Herstellungsverfahrens gibt es zahlreiche Quellen für die Entstehung von Emailfehlern (R. L. F a r a k e r[1574], J. E. H a u s e n[1575] und H. H a d w i g e r[1576]). Die üblichen Kontrollverfahren beschrieb z. B. H. L a n g[1577] näher. Sowohl unvollständig gebeizte, gesandete, noch fettige als auch verbeulte Gegenstände sind auszuscheiden. Erst nach neuerlicher Reinigung bzw. Ausbeulen können sie weiter verarbeitet werden. Nach jeder Behandlung und jedem Brand soll die Ware auf Fehler untersucht werden, um unnötig hohe Ausschußziffern zu vermeiden. Nach dem Einbrennen des Grundemails sind kleinere oder größere Emailkrümelchen zu beseitigen oder Gegenstände mit fehlerhaften Überzügen auszuscheiden. Besonders bei automatischer Arbeitsweise ist eine Kontrolle nach jedem Brand am Platze. Fehlerhafte Ware kann durch Aufbringen einer neuen Emaildecke ausgebessert werden, obwohl damit die Möglichkeit des Abspringens steigt. Nicht mehr ausbesserbare Stücke werden entweder entemailliert, gesandet oder zum Abfall gegeben.

L i t e r a t u r v e r z e i c h n i s.

[1572] W. N. H a r r i s o n, Ceram. ind. **32**, Nr. 5, 42, 1940. — [1573] H. L a n g, Glashütte **71**, 269—71, 1941. — [1574] R. L. F a r a k e r, Better Enamel **8**, Nr. 5, 20—22, 31—32, 1937. — [1575] J. E. H a u s e n, Enamelist **15**, Nr. 7, 16—29, 54—59, 1938. — [1576] H. H a d w i g e r, Glashütte **69**, 191—94, 1939. — [1577] H. L a n g, ebenda **68**, 127—29, 1938.

65. Die Emaillierung von Gußeisen.

Gußeisen wird entweder nach dem für Stahlbleche beschriebenen Naßverfahren oder aber nach dem Trocken- oder Puderverfahren emailliert. Bei letzteren wird bei Glühhitze auf das mit einem Schmelzgrund versehene Gußstück das gepulverte Trockenemail aufgepudert oder aufgesiebt und dann eingebrannt. Auch eine Kombination beider Verfahren, das Naßpuderverfahren, ist bekannt geworden.

An das Gußeisen sind für einwandfreie Emaillierung eine Reihe von Forderungen zu stellen. Gutemaillierfähiges Gußeisen soll eine Mikrostruktur zeigen, in der feinverteilter Graphit in Perlit und Ferrit eingebettet und von einem Netzwerk eines Phosphideutektikums umgeben ist (A. S. H a w t i n[1578]). Aller Schwefel soll als Mangansulfid vorhanden sein. Der Gehalt und die Verteilung des Graphites ist für die Eignung des Gußeisens für Emaillierzwecke von ausschlaggebender Bedeutung. Bei Vorhandensein von grobverteiltem Graphit neigt die Emailschicht zum Abplatzen. Das Eisen muß auch frei von nichtmetallischen Einschlüssen sein. Folgende Zusammensetzungen entsprechen einem gutemaillierfähigen Gußeisen: 1,9 bis 3,5% Silizium, 0,04 bis 0,14% Schwefel, 0,3 bis 1,65% Phosphor, 0,45 bis 1,7% Mangan, 2,7 bis 3,5% Gesamtkohlenstoff, 0,3 bis 0,6% gebundener Kohlenstoff, bis 1,5% Nickel und bis 1% Chrom. Für die Herstellung von Ofenplatten empfehlen M. E. M a n s o n[1579] sowie G. T. J o h n s t o n[1580] und H. C o w a n[1581] ein Gußeisen mit 3,5% Gesamtkohlenstoff, einen möglichst niedrigen Anteil von gebundenem Kohlenstoff, 2,4 bis 2,6% Silizium, 0,45 bis 0,55% Mangan, 0,07 bis 0,12% Schwefel und 0,65 bis 0,75% Phosphor. Bei der Herstellung des Gußeisens soll gutes Roheisen sowie ein großer Anteil von geschmolzenem Roheisen in der Kupolofengattierung verwendet werden, während Eisenschrott vermieden werden soll. Mit zunehmender Wandstärke des Gußstückes soll der Siliziumgehalt sinken (J. R. D o n a l d s o n[1582]).

Die Oberflächenbeschaffenheit des Gußstückes besitzt auf die Emaillierung einen Einfluß. Durch steigenden Graphit- und Perlitgehalt im Gußeisen wird die Haftung des Emails ungünstig beeinflußt. Ebenso wirken leichtzerfallender Perlit sowie hoher Sauerstoff- bzw. Oxydgehalt nachteilig. Da Silizium die Löslichkeit des Kohlenstoffes herabsetzt, ist ein hoher Silizium- neben einem geringen Kohlenstoffgehalt zu empfehlen. Ein gutes Ausglühen des Gußstückes vor der Emaillierung ist wegen der Zersetzung des Fe₃C und der Verbrennung des Graphites günstig (F. K e l l e r[1583]).

Die Oberflächenreinigung der Gußstücke erfolgt meist durch Sandstrahlen oder Abschleifen (A. K e l l y[1584], H. S c h u l z e - R u d n i k[1585] und A. K r a f f t[1586]) sowie durch Ausglühen. Durch eine sorgfältige Sandstrahlbehandlung können Blasen vermieden werden. Die Sandstrahlbehandlung wird entweder mit dem Freistrahlgebläse (s. Abb. 81) auf Drehtischen oder in Trommeln vorgenommen. Das Trommelverfahren stellt die billigste Arbeitsweise dar, ist aber auf die Behandlung kleinerer Werkstücke beschränkt, die auch eine Trommelbehandlung ohne Beschädigung vertragen. Auch der moderne, mit Zentrifugalkraft arbeitende Sandfunker (Abb. 80) wird verwendet. Die Arbeitsweise mit dem Sandfunker soll nicht teurer sein als das Beizen.

Die geeignetsten Blasematerialien sind Sand und harter Flint, der nicht so leicht beim Blasen zerstört wird. Stahlschrott besitzt eine wesentlich längere Betriebsdauer als Sand und staubt auch nicht so stark wie dieser, wird aber für das Emaillieren nicht immer für geeignet gehalten, da er auf manchen Gußstücken verschmierte Oberflächen hervorruft, auf welchen später beim Emaillieren schwarze Flecke oder Aufkochen auftreten können (J. E. H u r s t und W. T o d d[1587]). Ist der Stahlkies aber härter als die Metallunterlage, so werden auch mit metallischen Schleifmaterialien einwandfrei Emaillierungen erhalten (Anonym[1588] und A. B i d d u l p h[1589]). Die Säurebeizung von Gußeisen ist fast vollständig verschwunden, da die Poren des Gußeisens leicht Säurereste zurückhalten können, die dann zu Emailfehlern führen.

Durch das Sandstrahlen erhält man eine matte, rauhe Oberfläche, auf welcher sich das Email gut verankern kann. Durch das Sandstrahlen wird die auf den Gußstücken vorhandene dünne, zementitreiche Oberflächenschicht beseitigt, welche beim Emaillieren stark stört und häufig zur Blasenbildung führt (H a r r i s o n[1590]). Diese von der Gußhaut unterschiedliche, nur im Mikroskop nachweisbare Haut kann aber auch durch Ausglühen beseitigt werden. Dieses wird bei etwa 750 bis 800° C (Dauer einige Minuten) vorgenommen und führt nicht nur zu einer Verbrennung der Fette, sondern auch zu einer Erweichung der Werkstücke. Außerdem machen sich innere Spannungen in den Gußstücken bemerkbar, so daß gerissene Stücke bereits vor dem Brand ausgeschieden werden können.

a) Die Auftragung von Emails auf Gußeisen.

Das Email kann auf Gußeisen entweder mit Hilfe eines Schmelzgrundes oder des sog. Frittegrundes aufgetragen werden, worauf dann ein oder mehrere Deckemails aufgebracht werden. Ungleich seltener werden Gußeisenstücke ohne Grund emailliert. In diesen Fällen wird die erste Emailschicht nur sehr dünn und möglichst gleichmäßig, die zweite aber schwerer wie die erste Schicht aufgesetzt. Das durch Naßauftrag ohne Grund aufgeschmolzene Email soll jedoch sehr schlagfest sein und eine große Haftfestigkeit erreichen (H. L a n g[1591]).

Während sich der im Naßverfahren aufgetragene Schmelzgrund von Stahlblechgrund nicht unterscheidet, besteht der Frittegrund nicht aus den zerkleinerten Teilchen einer geschmolzenen Emailfritte, sondern aus den nur zum Teil vorgefritteten

Rohstoffen. In einer eisernen Pfanne werden die betreffenden Rohstoffe (s. Tab. 35) in einer Schichthöhe von 20 bis 25 cm etwa zwei Stunden auf 900 bis 1000° C bis zur beginnenden Sinterung erhitzt. Nach dem Erkalten und Zerkleinern wird die gesinterte Masse mit etwa 30% Quarz oder Flint sowie 10% Ton naß gemahlen und durch Tauchen oder Spritzen auf die gereinigten gesandeten Gußstücke aufgetragen. Diese sind vorher von Sandresten und Staub durch Waschen oder Abwischen mit einem feuchten Schwamm befreit worden. Der Frittegrund wird auf das Gußeisen nicht aufgeschmolzen, sondern bei etwa 850 bis 880° C (10 bis 15 Minuten lang) eingebrannt, wobei eine nicht verglaste, mit dem Finger noch abkratzbare helle und gleichmäßig starke Grundschicht erhalten wird. Der Frittegrund ist noch sehr stark saugfähig und ist vor der Aufbringung der Naßemaildecke gut zu durchfeuchten, was entweder durch Abwischen mit einem nassen Schwamm, Anspritzen oder Tauchen in Wasser erfolgt. Die Auftragung des Deckemails geht ganz in der gleichen Weise wie bei der Stahlblechemaillierung durch Tauchen oder Spritzen auf nassem Wege vor sich. Die schweren Gußstücke werden sodann im Trockenofen oder -kanal getrocknet und bei 800 bis 850° C eingebrannt.

Das Einbrennen von Gußeisenemails hat bei solchen Temperaturen und Brenndauern zu erfolgen, daß eine glatte und glänzende Oberfläche erhalten wird. Bei zu hoher Brenntemperatur oder zu langer Brenndauer wird das Email leicht überbrannt, wodurch nicht nur der Glanz, sonden auch die mechanische Festigkeit vermindert wird. Selbst bei gutem Glanz kann überbranntes Email zahlreiche dünne Haarrisse, Krater und Nadelstiche aufweisen. Durch Änderung der Mahlfeinheit kann dem Auftreten von Haarrissen entgegengearbeitet werden. Die Blasen im Gußemail hängen mit der Oxydation des Karbidkohlenstoffes zusammen, da in den Blasen vorwiegend CO und CO_2 nachgewiesen wurden (K r y n i t z k y und H a r r i s o n[1592]). Unterbranntes Email wird am verminderten Glanz und fettigem Aussehen oder am Vorhandensein zahlreicher Blasen erkannt. Die erste Emailschicht auf Gußeisenwerkstücken sollte immer ziemlich hart eingebrannt werden.

Die Menge der aufgeweichten oder aufgespritzten Emailschicht beeinflußt den Brennvorgang gleichfalls wesentlich. Wurde zu wenig Email aufgespritzt, so kann die dünne Schicht leicht überbrennen, während umgekehrt bei zu schwerem Emailauftrag Schwierigkeiten beim glatten Brand auftreten können. Auch nicht einwandfrei gesandstrahlte Gußstücke können leicht Brennblasen zeigen, da dann die größeren Graphitnester nicht entfernt wurden. Das als Fritte für Gußeisen aufgetragene Email ist durchdringlich für Luft und sollte daher nicht in Vakuumeinrichtungen verwendet werden (K. F r i c k[1592a]).

b) Das Gußpuderverfahren.

Beim Gußpuder- oder Trockenemaillierverfahren, das insbesondere für größere und schwere Gegenstände, wie Badewannen, aber auch schweres Sanitätsgeschirr oder säurefest zu emaillierende Apparate usw. angewandt wird, werden auf das gereinigte und mit einem Schmelzgrund versehene Gußstück ohne Zwischenkühlung im noch rotglühenden Zustande das sorgfältig getrocknete, staubfein gemahlene Puderemail aufgesiebt. Ohne Trocknungsverfahren können ein oder mehrere Deckemails mit vollkommen glatter Oberfläche aufgebracht werden (H. L a n g[1593]).

Die Versätze sind samt den Trübungsmitteln eingeschmolzen. Nur geringe Mengen der Trübungsmittel (etwa 2%) werden auf der Mühle zugesetzt. Die Emaillierungsöfen müssen der Größe der zu behandelnden Gegenstände, z. B. Badewannen, angepaßt werden (s. Abb. 154, Siemens-Schuckert-Werke Ges. m. b. H.), wobei besonders darauf geachtet werden muß, daß nicht durch herausfallende Teilchen des Ofenfutters die Emaillierung schadhaft wird. Auch die Beschickungsvorrichtungen sind schwerer konstruiert als für die Stahlblechemaillierung.

Das Aufpudern der Emails erfolgt mit Hilfe von Bronzesieben, die durch rasche Schläge mit Drucklufthämmern (bis etwa 12 000 Schläge/Minute) in starke Vibrationen versetzt werden. Das Werkstück wird meist auf einem seitlich vom Ofen stehenden Drehtisch so hin- und herbewegt, daß es von allen Seiten mit Email bepudert werden kann. Ist das zu emaillierende Stück zu stark abgekühlt, wird es im Muffelofen neuerlich auf die Einbrenntemperatur erhitzt. Durch dieses unter Umständen mehrmals vorgenommene Erhitzen, das einem Tempern gleichzusetzen ist, können aber durch Gefügeänderungen des Gußeisens (Zerfall der γ-Mischkristalle und Ausbildung einer ferritischen Struktur) wesentliche Änderungen in den Ausdehnungs- und Schrumpfungsverhältnissen des Eisens eintreten. Die Trübung kann durch Ausscheidung in der Emailmasse unlöslicher Bestandteile erhöht, andererseits aber durch Entglasung das Email matt und runzelig werden.

Bei der Badewannenemaillierung wird die durch Sandstrahlen gereinigte und mit Schleifscheiben entgratete Wanne auf

Abb. 152. Emaillierofen für Badewannen (Siemens-Schuckert-Werke Ges. m. b. H., Wien).

nassem Wege, und zwar entweder mit der Spritzpistole oder durch Angießen mit dem Grundemail versehen, zur Vermeidung einer Rostbildung rasch getrocknet und in der Muffel bei 900 bis 950° C der Grund eingebrannt. Das Aufstreuen des Puders auf die glühende Wanne geschieht mittels Preßluft von 5 bis 6 Atm. erregter Vibrationssiebe. Sobald der Puder nicht mehr festbackt, wird die Wanne zwecks Erwärmung erneut in den Emaillierofen eingefahren. Zur Vermeidung von Spannungen wird die aus dem Ofen kommende Wanne langsam abkühlen gelassen H. K e rs t a n[1594]). Beim Aufpudern ergeben sich etwa 10% Emailverluste, etwa 20% des Emails finden sich in der Puderstaubgrube und können nach dem Sieben und einer Magnetscheidung wieder verwendet werden. Die Badewannen nehmen etwa 10 bis 12% ihres Gewichtes an Email auf. Ein zweifacher Puderauftrag einschließlich der Aufbringung des Grundemails erfordert etwa 25 Minuten Arbeitszeit, bei dreimaligem Aufpudern etwa 30 Minuten. Schwerere Gegenstände werden nach dem Brennen im Kühlofen oder Kühlkanal gekühlt, kleinere und dickwandige an der Luft abkühlen gelassen.

Beim *Tauchpuderverfahren* werden kleinere Gußstücke nach Aufbringung eines Frittegrundes mit möglichst großem Erweichungsintervall im erhitzten Zustande in trockenem Emailpuder hin- und herbewegt. Das Email haftet dem heißen Gegenstande an, der Überschuß wird abgeklopft. Das anhaftende Email schmilzt durch die Eigenwärme des Gußstückes glatt.

Ein kombiniertes Emaillierverfahren stellt das *Naßpuderverfahren* dar (K a r m a u s[1595]). Nach Aufbringung eines Frittegrundes mit großem Einbrennintervall im Naßverfahren wird eine weißgetrübte Deckemailschicht aufgebracht und nach etwa 2 bis 3 Minuten langer Trockendauer ein Emailpulver aufgesiebt. Das Naß- und Puderemail unterscheiden sich nicht oder nur sehr unwesentlich in ihrer Zusammensetzung. Nach dem Trocknen wird in einem Brand glatt gebrannt. Dieses Verfahren wird vielfach zur Aufbringung von säurefesten Emails angewandt, wobei das säurefeste Email in etwas gröberer Korngröße aufgepudert wird.

Literaturverzeichnis.

[1578] A. S. H a w t i n, Steel 106, Nr. 13, 66—67, 1940. — [1579] M. E. M a n s o n, Better Enamel 8, Nr. 3, 18—20, 1937; Ceram. Ind. 29, 39—40, 1937. — [1580] G. T. J o h n s t o n, Foundry 68, 34, 90, 1940. — [1581] H. C o w a n, Foundry Trade J. 58, 126—30, 1938. — [1582] J. R. D o n a l d s o n, ebenda 61, 415—17, 1939. — [1583] F. K e l l e r, Glashütte 69, 153—56, 1939. — [1584] A. K e l l y, Canad. Ceram. Soc. 7, 54—55, 1938. — [1585] H. S c h u l z e - R u d n i k, Glashütte 71, 6, 1941. — [1586] A. K r a f f t, Keram. Rundsch., Kunstkeram. 49, 248—51, 1941. — [1587] J. E. H u r s t und W. T o d d, Foundry Traste J. 59, 408—12, 1938. — [1588] Anonym, Keram. Rundsch., Kunstkeram. 50, 279, 1942. — [1589] A. B i d d u l p h, Foundry Trade J. 64, 300—02, 379—80, 1941. — [1590] H a r r i s o n, J. Amer. ceram. Soc. 11, 595, 1928; 13, 16, 1930; Amer. Bur. Standards Sprechsaal 62, 449, 1929. — [1591] H. L a n g, Glashütte 70, 170—72, 183—84, 1940. — [1592] K r y n i t z k y und H a r r i s o n, J. Amer. ceram. Soc. 13, 16, 1930. — [1592a] K. F r i c k, Metalloberfläche 4 A, 97—101, 1950. — [1593] H. L a n g, Keram. Rundsch., Kunstkeram. 49, 89—91, 98—100, 113—14, 132—34, 186—88, 1941. — [1594] H. K e r s t a n, Glashütte 67, 289—311, 1937. — [1595] K a r m a u s, Sprechsaal 68, 81, 1935.

66. Das Auftragen von Majolikaemails.

Überzieht man Gußeisen mit einem Grundemail, einer Weißdecke und darauf mit einem transparenten Emailfluß (s. S. 325), so erhält man das Majolikaemail. Im allgemeinen stehen nach K a r m a u s[1596] und S i e b e r t[1597] folgende Arbeitsweisen in Verwendung: 1. Frittegrund, Weißemaildecke und Majolikaglasur, 2. Schmelzgrund, Weißemail und Majolikaemail, 3. Weißer Schmelzgrund mit Majolikaemail. Die Ausdehnung und Elastizität der verschiedenartigen Emailschichten sind zwecks Erzielung einer guten Haftung sorgfältig aufeinander abzustimmen. Zur Errichtung einer befriedigenden Wärmefestigkeit sind auch die Schichtdicken einander anzupassen. Die Auftragung der verschiedenen Emailschichten erfolgt nicht mehr wie früher nach dem Puderverfahren, sondern fast ausschließlich nach dem nassen Verfahren durch Aufspritzen. An Stelle des trübend wirkenden Tones setzt man dem Majolikaemail 0,5 bis 1% des stark dispergierend wirkenden Bentonits oder Ultrasils zu.

Da das Majolikaemail meist bleireich ist, weist es einen verhältnismäßig niedrigen Schmelzpunkt auf. Die Einbrenntemperatur ist daher niedrig.

Literaturverzeichnis.

[1596] K a r m a u s, Sprechsaal 68, 81, 1935. — [1597] S i e b e r t, Glashütte 65, 52. 1935.

67. Emaillierung von Nichteisenmetallen.

Wie bereits auf S. 272 ausgeführt wurde, wurden schon im Altertum die ersten Emails überhaupt auf Edelmetalle, wie Kupfer, Bronze, Gold usw., aufgetragen. Auch heute noch werden gelegentlich für künstlerische Zwecke von Goldschmieden die alten Emailtechniken des Gruben- und Zellenschmelzverfahrens angewendet. Aus dem Grubenschmelzverfahren entwickelte sich die Emaillierung von Kupfer, Tombak und Edelmetallen zur Herstellung von Abzeichen und Plaketten (F r i t z[1598]). Die Emails werden in den verschiedensten Farben, teils opak, teils transparent aufgebracht. Auf Edelmetalle und Kupfer können die weißgetrübten oder gefärbten Emails unmittelbar und ohne Grundemail aufgebrannt werden. Derartige Verfahren stehen zur Erzeugung von Kupfergeschirr, von emaillierten Zifferblättern usw. in Anwendung.

Für feine Schmuckemails eignet sich besonders das Gold und seine Legierungen als Grundmetall. Das Gold muß frei von Zinn, Zink und Antimon sein, da sonst fehlerhafte Emailüberzüge entstehen. Für gelbe Emails soll sich eine 16karätige Goldlegierung mit 25% Silber und 8,3% Kupfer, für Blauemails ein 16karätiges Gold mit 30% Silber und 3,3% Kupfer besonders gut eignen. Transparente Emails müssen auf Gold eine ziemliche Schichtstärke aufweisen, da sonst die gelbe Farbe des Goldes durchscheint. Für diese Emails eignet sich besonders gut das farblose Silber, das am besten mit einem Feinheitsgrad von 935 bis 950 verwendet wird. Auf diesen Legierungen sind mit Ausnahme von Rosaemails isolierende Zwischenschichten entbehrlich. Die Zwischenschichten oder „Fondantemails" stellen transparente Bleiflüsse dar. Sie haben die Aufgabe, eine Einwirkung des Emails auf das Grundmetall zu verhindern. Wegen des niedrigeren Schmelzpunktes von Silber-Kupfer-Legierungen (das Eutektikum liegt bei 778° C) können nur mehr niedrig schmelzende Emails aufgebrannt werden. Kupfer gibt an das Transparentemail Kupferoxyd CuO ab und kann dieses grünlich färben, weshalb man häufig Zwischenschichten aufträgt. Messing ist nicht, Tombak und Alpaka hingegen ohne weiteres emaillierbar (V i e l h a b e r[1599]). Über die Emaillierung von Edelmetallen berichtete näher W. E. C h a r l e s[1600].

Wegen des niedrigen Schmelzpunktes des Aluminiums von 660° C lassen sich auf dieses nur solche Emailglasuren auftragen, die weder gegen Säuren noch gegen Wasser beständig sind, also nur einen Dekorationswert besitzen (Ph. E g e r[1601]). Derartige Schmelzglasuren erhält man z. B. aus Sand und Mennige[1602] oder Mennige und Borsäure[1603].

Zur Vorbereitung der Kupfer- und Tombakgegenstände für das Emaillieren werden diese mit der Glanzbrenne (s. S. 170) behandelt. Gegenstände aus Silber- und Goldlegierungen mit hohem Feinheitsgrad werden mechanisch durch Schaben oder Kratzen aufgerauht, niedrigprozentige Edelmetallegierungen chemisch durch Beizen mit verdünnter Schwefelsäure gereinigt (F r i t z, 1. c.).

Zur Herstellung des Emails wird dieses meist im Tiegel geschmolzen, und dann nicht in Wasser, sondern auf Stahlplatten oder -formen gegossen. Nach dem Zerstoßen wird das Email im Mörser unter Zusatz von Wasser und einigen Tropfen Salpetersäure bis zur Puderfeinheit zerrieben. Das trübe Wasser wird immer wieder weggegossen. Das Emailpulver wird durch Zugeben von geringen Mengen Bentonit oder Aluminiumalginat in Schwebe gehalten. Die Auftragung des Emailschlickers erfolgt meist von Hand aus mit Hilfe von Spachteln, nur bei komplizierter geformten Gegenständen durch Spritzen. Eingebrannt wird fast immer in der Muffel bei 700 bis 800° C. Nach dem Brande werden die vorhandenen Unebenheiten mit einer Feile beseitigt. Hierauf wird eine Emailglanzschicht bei höherer Temperatur eingebrannt und eventuell noch mechanisch poliert.

L i t e r a t u r v e r z e i c h n i s.

[1598] F r i t z. Glashütte 68. 858—60, 1938. — [1599] V i e l h a b e r, Emailwarenind. 14, 298—99, 1937. — [1600] W. E. C h a r l e s, Sheet Met. Ind. 14, 539—40, 1940; Foundry Trade J. 62, 421—22, 424, 1940. — [1601] Ph. E g e r, Emailwarenind. 18, 103, 1941. — [1602] Schweiz. P. 79 967. — [1603] Schweiz. P. 85 577.

68. Emailfehler.

Der weitaus größte Teil aller Emailfehler ist auf eine unachtsame Arbeitsweise in irgend einer Phase des Erzeugungsprozesses zurückzuführen. Durch das Grundmaterial können das Werfen, übermäßige Oxydation, Kupferköpfe, Blasen und Aufkochen verursacht werden. Emailfehler können auch durch Werkstoffehler, wie Schlackeneinschlüsse, Walznarben, durch den Kohlenstoffgehalt, örtliche Aufkohlungen der Blechoberfläche, Ausbildung eines Sekundärgefüges hervorgerufen werden (J. K l ä r d i n g[1604]).

Manche Reinigungsmittel hinterlassen auf den Werkstücken beim Entfetten einen dünnen Film von Stoffen, die nur bei sehr langem und gründlichem Spülen vollständig entfernt werden können. Da diese Stoffe den Angriff der Säure im Beizbade hemmen oder verhindern, können durch unvollständiges Entzundern und Entrosten Blasen, schwarze Flecke, Aufkochen oder Kupferköpfe entstehen. R. A l d i n g e r[1605] berichtet über Emailfehler, die durch kalziumhydroxydhaltiges Spülwasser verursacht waren. Dieses bildet mit dem Eisen Salze $Fe(OH)_2$ und Kalziumchlorid, die im zweiten Spülbad aus den schwer zugänglichen Stellen (Bord, Ansatzlappen des Stieles) nicht entfernt werden können. Im Inneren von Hohlkörpern können sowohl beim Entfettungsglühen die Ölkohle nicht vollständig verbrannt als auch Zunderschichten beim Beizen nicht vollkommen entfernt worden sein. Säuredämpfe in der Nähe des Emailauftrages können Rostbildung verursachen. Reste von Neutralisationsbädern mit Natriumcyanid, Trinatriumphosphat oder anderen Salzen können als Stellmittel im Grundemail wirken, wodurch Änderungen beim Auftrag auftreten können. Beim Mahlen können Fehler durch Überhitzung während des Mahlens und damit verbunden Schwierigkeiten beim Tauchen, Spritzen, ferner durch Verunreinigungen schwarze Flecke oder Blasen auftreten.

Salzreste auf der Warenoberfläche, ungeeignete Oberflächenbeschaffenheit, zu dünne oder dicke Konsistenz des Emailschlickers, zu grobes oder zu feines Korn des Emailpulvers, eine unzweckmäßige Temperatur des Schlickers und der Ware können zu ungleichartiger Auftragung des Grundemails führen. Ungleichförmige Auftragung ergibt aber wieder Über- oder Unterbrennen des Grundemails, Kupferköpfe, Haarrisse, Blasen, Fischschuppen, Aufkochen und Abspringen. Das Überbrennen führt selbst bei gleichmäßigem Emailauftrag zum Durchbrennen des Emails, zu Kupferköpfen, Aufkochen und Durchkochen des Grundemails durch das Deckemail (nach Ferro Enamel Corp., Cleveland, Ohio).

Störungen im Deckemail, wie z. B. Risse, Schuppen usw., können durch mangelhafte Kontrolle des spezifischen Gewichtes, der Mahlfeinheit und der Konsistenz des Emailschlickers verursacht werden. Email mit zu niedrigem spezifischem Gewicht ergibt oft schwache opake Überzüge. Orangenschalenstruktur wird durch mangelhaftes Aufspritzen hervorgerufen, Abspringen durch zu dicken Emailauftrag. Fehler im Deckemail können auch durch das Angreifen und den Transport der Ware vor dem Brennen oder zu langen Zwischenpausen zwischen der Aufbringung des Grund- und Deckemails entstehen.

Unterbrennen des Deckemails ergibt matte Oberflächen, Blasen können nicht aufbrechen und ausheilen, „Orangenschalen" gleichen sich nicht aus, obwohl Orangenschalen durch einen starken Brand auch sonst nur schwer beseitigt werden können. Überbrennen kann die Trübung vermindern, schwarze Flecken, ausgebrannte Ecken und Kanten, Nadelstiche, Feuermarken sowie Entglasung mancher Emailfritte ergeben. Auch die Farbe von Farbemails kann durch Überbrennen stark verändert werden.

Die *Blasenbildung* hat ihre Ursache fast immer im Grundmaterial, seltener im Email oder im Brand (K. K a u t z[1606]). Rauhigkeit, Poren, Lunker, Schlackeneinschlüsse, Blechdopplungen (L e o n und S t a t t e n s c h e c k[1607]), Verunreinigungen an der Blechoberfläche, Schweiß- und Falznähte, Bördelungen (L. S t u c k e r t[1608]), ein zu schwerer Emailauftrag, zu geringer Brand, Verwendung von Stahlsand, der feinen Staub enthält, Verunreinigungen des Beizbades mit Asphaltteilchen, freies Harz im Reinigungsbad, Ablagerung von Kaliseifen bei Verwendung zu harten Wassers (G. H. S p e n c e r - S t r o n g und J. J. T h e o d o r e[1609]) usw. können die Entstehung von Blasen hervorrufen. Blasen bilden sich auch beim Vorhandensein kleinerer Kohleteilchen in der Emailmischung oder durch Raucheinwirkung an verfärbten Glasuren (J. F. M e l l o r[1610]).

Häufig entstehen die Blasen durch Kohlenstoff, welcher auf die Oxyde der Emails reduzierend wirkt. Dabei wird vielfach angenommen, daß der Kohlenstoff zu CO umgewandelt wird. Dieser dringt dann durch das Email zur Oberfläche hindurch (F. B l e c h s c h m i d t[1611]). Das Durchdringen des CO findet nicht nur beim ersten, sondern in geschwächter Form auch beim zweiten Brand statt. Der Vorgang hat ein partielles Abspringen unmittelbar in den Blasen des Emails zur Folge.

Die Blasenbildung kann vermieden werden, wenn die Oberfläche der zu emaillierenden Gegenstände durch ein eine halbe Stunde langes Glühen bei 800 bis 850° C im Wasserstoffstrom entkohlt wurde (A. E. B a d g e r und B. W. K i n g[1612]). (Über Wasserstoff als Ursache der Blasenbildung siehe unter „Aufkochen".)

Bei Gußeisen ist die Entstehung von Blasen bei richtiger Emailzusammensetzung auf die Zusammensetzung des Eisens in seiner Oberfläche zurückzuführen. Ist diese leicht entfernbar, so sollte das Eisen nach H. D. M c L a r e n[1613] folgende Zusammensetzung besitzen: Gesamtkohlenstoff 3,25% Kohlenstoff, gebundener Kohlenstoff 0,25%, Silizium 3,00%, Mangan 0,45%, Phosphor 0,90%, Schwefel 0,10% oder weniger; kann die Oberflächenschicht durch Sandstrahlen in ihrer Zusammensetzung nicht verbessert werden, so empfiehlt sich folgende Zusammensetzung: Gesamtkohlenstoff 3,50%, Graphit 2,15%, gebundener Kohlenstoff 0,55%, Silizium 2,25%, Mangan 0,65%, Phosphor 0,60%, Schwefel 0,10% oder weniger. Durch Oxydation des Kohlenstoffes des Metalles gebildetes CO liefert das Gas, um Blasen entstehen zu lassen. Die gebildeten Blasen können platzen oder bei hohen Temperaturen wieder absorbiert werden (D. S. C o n n e l l y und J. O. L o r d[1614]). Nach E. E. H o w e und M. E. M a n s o n[1615] dürften nur solche Eisensorten, bei denen die Beständigkeit der Eisenkarbide eine derartige ist, daß eine allmähliche Dissoziation während des Einbrennens des Emails erfolgt, Blasenbildung verursachen. Nach C. D. C l a w s o n[1616] ist die Blasenbildung in Deckemails in größerer Häufigkeit erst bei der Einführung zäher, säurefester Deckemails aufgetreten. Sie kann durch Verwendung leichtflüssiger, feingemahlener Emails, gut gebrannter Zwischenemails und dünneren Auftrag vermieden werden.

Schwächeres Beizen sowie Mahlen der Fritte in kleineren Mengen bei kürzerer Mahldauer, schnelles und heißes Aufbrennen des Deckemails auf gut und fest eingebrannte Grundemails sowie gut gealterte Grundemailschlicker haben sich als günstig für die Blasenbeseitigung erwiesen (C. D. C l a w s o n[1617]). Auch kleine Zusätze von Natriumnitrit und Natriumthiosulfat sind geeignet, die Blasenbildung zu vermeiden (R. J. W h i t e r e l l[1618] und J. A u e r[1619]).

Das *Aufkochen* ist die Folge einer Gasentwicklung durch das Grundemail hindurch, das von Stahlblech, seltener von Gußeisen ausgeht. Von D. S. C o n n e t h y und J. O. L o r d[1620] wird das Wiederaufkochen auf das Auftreten von CO-Bläschen zurückgeführt, richtiger dürfte aber die Auffassung von C. A. Z a p f f e und C. E. S i m s[1621] sein, wonach die Blasenbildung und das Aufkochen über Karbidflächen im Stahl und Gußeisen auf das Entweichen von Wasserstoff bei höheren Temperaturen zurückgeführt wird. Die Emailstähle enthalten Wasserstoffmengen, die während des Einbrennens entweichen und die angeführten Emailfehler hervorrufen. Entweicht der Wasserstoff bei niedriger Temperatur, so können Fischschuppen, Abplatzen und Sprünge in der Emailschicht entstehen, auch Kupferköpfe und schwarze Flecke stehen mit dem Wasserstoffgehalt des Stahles in Beziehung.

Es wurde festgestellt, daß gewisse Stahleinschlüsse mit Wasserstoff unter Bildung von Verbindungen reagieren, die bei den Emaileinbrenntemperaturen dissoziieren. Altern und Ausglühen des Stahles bei niedrigen Temperaturen trägt dazu bei, den Wasserstoff aus dem Stahl auszutreiben (Dieselben[1622], Anonym[1623] sowie [1624]).

Die Wasserstoffaufnahme des Stahles ist auch von seiner Zusammensetzung abhängig (C. A. Z a p f f e und C. E. S i m s[1625]). Der Wasserstoff kann im Stahl a) in Form einer festen Lösung, b) als molekularer Einschluß in Hohlräumen, c) als Okklusion und d) als chemisch gebundene, molekular verteilte Uneinigkeiten vorhanden sein (Dieselben[1626]). Die Diffusionsbewegungen des eingeschlossenen Wasserstoffes konnten von C. A. Z a p f f e und C. E. S i m s[1627] an einzelnen Phasen der Blasen- und Fischschuppenbildung sichtbar gemacht werden.

Die Hauptursache des Aufkochens besteht in einer Oberflächenverunreinigung des Blechmaterials. Schon bei geringen Mengen von Eisenkarbiden im Blech kann das Aufkochen eintreten. Weiters wird offenbar bei Zimmertemperatur vorhandene Feuchtigkeit von der Grundmetalloberfläche aufgenommen und ein Hydratisierungsvorgang eingeleitet. Beim nachträglichen Erhitzen kocht dann die sog. Quellhaut auf (H. L a n g[1628]). Mit zunehmendem Sauerstoff- und Mangangehalt des Stahlbleches wird das Wiederaufkochen vermindert (J. C. E c k e l[1629]).

Durch Verwendung eines Grundemails, das bei der Einbrenntemperatur der Deckemails hinreichend flüssig ist, um Gasblasen durchtreten zu lassen, kann der schädliche Einfluß der Gasentwicklung auf das Email etwas verringert werden.

Das *Schäumen* des Emails kann durch die Anwesenheit von Sulfaten in den Emailrohstoffen oder in der Ofenatmosphäre, außerdem aber durch das Zusammenwirken mehrerer Umstände, wie Unterfeuerung, besonders hohen Gehalt an Wasserdampf in der Ofenatmosphäre, gröberer Mahlung, sowie gewisser Mühlenzuschläge, wie z. B. Ton oder Trübungsmitteln, hervorgerufen werden (G. H. S p e n c e r - S t r o n g und L. J. M c M a h o n[1630]). Mit zunehmendem Gehalt an löslichen, während der Alterung des Emails gebildeter Salze wird das Schäumen eines Emails vermindert (R. J. W h i t e s e l l[1631]).

Die *Fischschuppen* stellen etwa halbmondförmige Absprengungen und Abhebungen des Emails dar, die meist nach dem Einbrennen des Grundemails oder beim Trocknen des ersten Deckemails auftreten. Fischschuppen treten unter derartig mannigfaltigen Umständen und Bedingungen auf, daß sehr wahrscheinlich nicht eine einzige, sondern wahrscheinlich mehrere Ursachen vorliegen. Diese können z. B. im Emailversatz, in ungeeignetem Schmelzen, Mahlen, der Art des Trocknens, Beizfehler, wie zu starke Wasserstoffaufnahme, Unterbrennen, zu lange Brenndauer, Überbrennen, Art des Eisenbleches, Ofentype, Ofenatmosphäre (zu viel CO und Wasserdampf), zu dicke Grundemailschicht usw., liegen.

Als Ursache der Fischschuppenbildung ist der Wasserstoff anzusprechen, der durch die Reaktion zwischen dem festgehaltenen Hydratwasser des Emails und dem Eisen nach mehrmals wiederholtem und längerem Brennen immer wieder entwickelt werden kann. Für die Entwässerung bzw. Abgabe von flüchtigen Bestandteilen ist die Korngröße des Emailschlickers von Bedeutung (J. K l ä r d i n g[1632]). Emailschlicker enthält selbst nach stundenlangem Trocknen immer noch etwa 1% gebundenes Wasser. Beim Aufschmelzen dieses Schlickers auf Eisenblech wird das Wasser durch das Eisen aufgespalten und der Wasserstoff vom Eisen aufgenommen (H. H o f f und J. K l ä r d i n g[1633]). Mühlenzusätze, wie Quarz und Ton, zum Schlicker begünstigen die Entfernung des Wasserstoffes, indem sie die Schmelze länger offenhalten. Bei der Einbrenntemperatur soll das Email auch eine genügende Brennfestigkeit besitzen, damit die entstehenden Gase, Wasserdämpfe und der Wasserstoff entweichen können

(J. K l ä r d i n g[1634]). Bestimmte Beziehungen zwischen Viskosität des Emails und Fischschuppenbildung wurden auch von W. K e r s t a n[1635] gefunden.

Da die Emailschicht bereits bei 550° C wieder erstarrt ist, ist ein Austritt des Wasserstoffes unterhalb dieser Temperatur nicht mehr möglich. Es entsteht dadurch ein Gasdruck, dem nur unempfindliche Emails vermöge ihres guten Haftvermögens am Eisen genügend Widerstand leisten können, während bei empfindlichen, weniger haftfesten Emails Fischschuppen beim Durchtritt von Wasserstoff ausgesprengt werden. Da kalt gewalztes Eisen in der Hitze eine geringere Wasserstoffaufnahmefähigkeit besitzt, ist bei diesem der Gasdruck geringer bzw. nicht vorhanden, so daß dieses Material für die Emaillierung vorzuziehen ist (H. B o c k h a m m e r[1636]).

Stark vermindert werden kann die Fischschuppenbildung durch Zusatz von Alkaliboraten zur Mühle oder durch Verwendung einer (durch Beizen oder Sandstrahlen) feinst aufgerauhten Blechoberfläche (W. K e r s t a n[1637]). Zur Vermeidung der Fischschuppenbildung trägt auch die Verwendung von vergüteten Eisenblechen bei, die keinen Wasserstoff abspalten können (K. B a u m a n n[1638]). Begünstigt wird die Fischschuppenbildung durch zu starke Wasserstoffaufnahme beim Beizprozeß (A. Z a p f f e und J. L. Y a r n e[1639]), beiderseitige Emaillierung des Stahlbleches (W. W. H i g g i n s und W. A. D e r i n g e r[1640]), zu starke Konzentration an Ferrioxyd an der Eisenoberfläche und klar brennende Tone (W. W. H i g g i n s[1641]) sowie Bormangel im Grundemail (A. K r a f f t[1642]).

Das *Abspringen* des Emails tritt dann auf, wenn die Druckspannungen in der Emailschicht das Email vom Eisen abzudrücken versuchen und das Email keine hinreichend starke Haftfestigkeit am Eisen besitzt. Die Druckkräfte wirken besonders stark an Ecken, Rändern, Bördelungen und stark nach außen gekrümmten Flächen von Gefäßen, so daß dort die Haftfestigkeit besonders groß sein muß, wenn das Grund- und Deckemail nicht abgestoßen werden sollen. Man hilft sich in der Weise, daß man als Randemail ein Email verwendet, dessen berechneter Ausdehnungskoeffizient möglich groß ist, beispielsweise $310—330 \cdot 10^{-7}$ beträgt. Das erkaltete Email steht dann an den Rändern unter möglichst geringer Druckspannung (R. A l d i n g e r[1643]).

Das Absplittern des Emails kann auch eintreten, wenn durch Verdickung im Grundemail größere Druckspannungen im Grundemail entstehen (R. A l d i n g e r[1644]). Zu dickes Email liegt insbesondere bei mehrfachem, z. B. 3- bis 5fachem Emailauftrag vor. Vielfach wird das Abspringen auch durch Schmutz, Staub, Rost und andere Fremdmaterialien, die nach dem Reinigen und Beizen auf der Eisenoberfläche zurückgeblieben sind, verursacht. Bemerkenswert ist, daß bei Gußeisen das Abspringen während der feuchten Jahreszeit häufiger als bei trockenem, warmem Wetter zu beobachten ist. Durch Ausschleifen und neuerliches Emaillieren kann manchmal die abgesprungene Stelle wieder ausgebessert werden.

Bisweilen springt auch nur das Deckemail vom Grundemail ab, wobei ein ungenügendes Erweichungsintervall des Grundes oder ein zu schneller Brand des Deckemails für die unzureichende Haftung und Verbindung zwischen Grund und Decke verantwortlich zu machen sind. Dieses Abspringen tritt vielfach bereits während der ersten Stadien des Brennvorganges der ersten Decke ein. Es scheint mit der Art und Oberflächenbeschaffenheit der Eisenoberfläche zusammenzuhängen.

Schwarze Flecke im Email treten auf, wenn Schmutzteilchen auf die Emailschicht gefallen sind, z. B. Rost, Zunder, Schamotte u. dgl., der Emailschlicker selbst Schmutzteilchen enthält, wenn in der Emailschicht sich Gasblasen bilden und wenn die Emailschicht Poren enthält (R. A l d i n g e r[1644]). Nach J. D. T e t r i c k[1645] können schwarze Flecken auch durch besondere Verhältnisse in der Mühle, beim Spritzen und beim Brennen auftreten. Endlich können sie auch ihre Ursache im Grundemail, wie z. B. Aufkochen, Kupferköpfe usw. haben. Meist bestehen sie aus in der obersten

Emailschicht eingebetteten Teilchen von Eisenoxyd, sind daher mit den Kupferköpfen verwandt. Sie sollen aber auch durch die Anwesenheit kleinerer metallischer Aluminium- oder Zinkteilchen hervorgerufen werden können (E. E. H o w e und L. A. L a n g e[1646]).

Haarrisse treten fast ausschließlich auf Stahlblech, nur sehr selten in Gußeisenemails auf. Sie kommen meist erst beim Abkühlen des Emails, manchmal erst Tage, Wochen oder Monate später zum Vorschein. Sie stellen feine Haarrisse im Email dar, die sich an der Oberfläche, z. B. bei einer Verschmutzung, bemerkbar machen. Beim Naßemail auf Gußeisen treten Haarrisse vielfach erst nach monatelangem Gebrauche auf, meist, wenn die betreffenden Gegenstände extremen Erhitzungs- und Abkühlungsbedingungen unterworfen wurden. Sie sind die Ursache der frühzeitigen Zerstörung des emaillierten Gegenstandes durch Rost usw.

Die Form der Haarrisse ist nicht kennzeichnend für eine bestimmte Glasurart. Wenn Haarrisse in Erscheinung treten, muß vielmehr mit allen Übergängen von dichtesten Netzrissen bis zum Einzelriß gerechnet werden. Die auftretende Form der Risse ist weniger von der Glasurart als von der Stärke der Glasurschicht, von der Wärmebehandlung und Abkühlung abhängig. Diese Beobachtung kann für die Technik der Crackglasuren ausgewertet werden. Haarrisse werden auch durch eine zu niedrige Emailtemperatur beim Richten verursacht. Dem kann man durch Erwärmung der Richtstempel auf 100 bis 200° C entgegenwirken. Bei einzelnen Haarrissen, besonders an den Rändern, ist die Ursache eine zu schnelle Abkühlung des Emails. Auch Zugluft kann zur Haarrißbildung führen. Es ist daher für eine langsame, zugluftfreie und gleichmäßige Abkühlung Sorge zu tragen (R. A l d i n g e r[1647]).

Die Ausbildung der Haarrisse wird durch einen zu dicken Auftrag des Emails, zu weitgehende Feinmahlung, eine unzweckmäßige Trocknung und ein niedriges Verhältnis von $Na_2O : B_2O_3$ in den gelösten Salzen begünstigt. Beim Trocknen der Emailschicht diffundiert das gesamte Wasser an die Oberfläche, wo es verdunstet und die gelösten Salze hinterläßt. Diese Anreicherung trägt wesentlich zur Rißbildung bei (P. G. B a r t l e t t[1648]).

Grundemailrisse entstehen infolge von Zugspannungen erst dann, wenn die Elastizitätsgrenze des Stahles überschritten wird. Naturgemäß nimmt die tatsächliche Spannung, die notwendg ist, um die Elastizitätsgrenze zu überschreiten, mit der Dicke des Stahles zu (G. S i r o v y und E. P. C z o l g o s[1649]).

Eine Beseitigung der Haarrißbildung kann durch Verminderung des Feldspat- und Erhöhung des Quarzzusatzes, Senkung des Kryolythanteiles, Steigerung des Flußspatgehaltes, ein Altern des gemahlenen Emails, vorsichtiges Trocknen an der Luft usw. erzielt werden. Im allgemeinen läßt sich die Bildung von Haarrissen durch einen vorsichtig bemessenen Zusatz von niedrig schmelzenden Salzen, besonders von Natriumnitrit (⅛ bis ½%) und Natriumsulfozyanid zum gemahlenen Email kurz vor dem Auftrag bekämpfen (J. E. R o s e n b e r g und A. E. L a n g e r m a n n[1650]). Ebenso wirkt sich ein Zusatz von Vallendar-Ton oder Bentonit zur Erhöhung der Filmfestigkeit günstig aus (P. G. B a r t l e t t[1651]). Nach L. A. L a n g e[1652] läßt Natriumnitrit aber nur bei säurefestem Email und rostfreiem Stahl einen Erfolg erkennen.

In borfreien Blechemails wird die Haarrißbildung durch ein Überschmelzen des Emails, eine zu feine Mahlung, zu dicken Auftrag und zu scharfes Brennen begünstigt. Als bestes Gegenmittel hat sich Ammonkarbonat oder überhaupt ein Ammonsalzzusatz zur Mühle oder auch schon zum fertig gemahlenen Schlicker in der Auftragsschüssel bewährt (Anonym[1653]).

Zur Verhütung von Haarrissen in borfreien Gußemails empfiehlt sich eine Verminderung des Sodaanteiles, ein Zusatz von Zinkoxyd und Einführung der Kieselsäure in Form von Glasmehl. Auch ist es vorteilhaft, eine Schmelzgrundschicht auf

die zu emaillierenden Gußeisenflächen aufzubringen, die einerseits eine Über-
oxydation verhindert und andererseits zur Erhöhung der Haftfestigkeit beiträgt
(Anonym[1653]). Bei säurefesten Emails lassen sich Haarrisse vermeiden, wenn der
Schmelzpunkt des Grundemails wenigstens 50° C höher liegt als der des Deckemails
(C. A. O t t e r s b a d[1654]).

Zum Unterschiede von Haarrissen bestehen H a a r l i n i e n nicht aus Sprüngen
im Email, sondern aus Linien, die während des Einbrennens und Schmelzens des
Emails entstehen. Sie treten fast nur auf Stahlblechemails auf und werden durch
Fehler bei der Handhabung der Ware, Unterbrennen oder zu dicken Emailauftrag
verursacht. Auch zu kalte Traggestelle, die zur Aufnahme der Ware dienen, können
Haarlinienbildung verursachen. Durch Brennen in einem kontinuierlichen Tunnelofen kann manchmal die Haarlinienbildung vermieden werden, die bei manchem
Email und Blech in einem Muffelofen auftreten. Bei zu leichter Schmelzbarkeit des
Grundemails kann dieses beim Brennen des Deckemails in die Decke eindringen
und dort dunkle Haarlinien bilden. Auch Risse im Grundemail oder in der ersten
oder zweiten Decke können beim Einbrennen der nächsten Decke als Haarlinien
in Erscheinung treten. Die selten anzutreffenden Haarlinien auf Gußstücken werden
durch ungleiche Dicke des Metalles oder dessen Gestalt verursacht. Die sicherste
Abhilfe zu ihrer Beseitigung ist die Änderung der Form der Gußstücke.

In borfreien Emailversätzen kommt Haarlinienbildung am häufigsten dann vor,
wenn als Boraxaustausch größere Mengen Soda verwendet wurden (Anonym[1653]).

Die *Kupferköpfe* stellen rötlichbraune Punkte mit einem Durchmesser, bis zu
einigen Millimetern im Stahlblechgrundemail dar und treten während des Einbrennens auf. Bei einer mikroskopischen Untersuchung zeigt sich, daß die rote Farbe
des Köpfchens von einer Ansammlung von Eisenoxyd Fe_2O_3 herrührt, das durch
weitere Oxydation von Fe_3O_4 entstanden ist. Das Eisenoxyd bildet dann beim
Schmelzen mit Email ein rotbraunes Eisensilikat. Die örtliche Ansammlung der
Eisenoxyde, welche die Entstehung der Kupferköpfe bedingt, ist zum größten Teile
auf die Oberflächenbeschaffenheit der Bleche und zu starke Oxydation des Eisens
beim Einbrennen des Grundemails zurückzuführen. Gutes Entzundern und gründliches Wässern nach dem Beizen trägt wesentlich zu ihrer Verringerung bei (H. H a d-
w i g e r[1655] und H. C. B e a s l y[1656]).

Nach den Untersuchungen von L. K. J o s e y[1657] gibt es auch bestimmte Bedingungen, besonders in bezug auf die räumliche Anordnung der Ware, die ein labiles
Gleichgewicht für die Bildung von Kupferköpfen darstellen. Ganz geringfügige
Änderungen dieser Bedingungen führen zur Bildung von Kupferköpfen. Zur Vermeidung dieses Emailfehlers empfiehlt T. D. H a r t s h o r n[1658] Grundemails solcher
Zusammensetzung zu wählen, die eine hohe Löslichkeit für Fe_2O_3 gewährleisten,
geringe Viskosität besitzen, schnell eine lückenlose Schutzschicht bilden und eine
übermäßige Oxydation des Eisens verhindern. Umstände, welche die Oxydation
des Eisens sowie die Blasenbildung begünstigen, sind zu vermeiden. Nickeltauch-
bäder mit anschließender Neutralisation durch Natriumzyanid erwiesen sich zur
Vermeidung des Fehlers als vorteilhaft. Auch bei dickem Emailauftrag oder starkem
Überbrennen bilden sich leicht Kupferköpfe.

Das Reißen des Emails kann sowohl beim Trocknen als auch Einbrennen auftreten. Es bilden sich dabei Risse in der Emailschicht, unter welchen das Grundmetall
freiliegt. Meist wird das Reißen durch zu feine Mahlung des Emails, unrichtiges
Trocknen oder beide Maßnahmen hervorgerufen. Auch ein zu dicker Auftrag oder
ein zu geringer Zusatz zu Mühlenton kann zum Reißen des Emails führen.

Nadelstiche sind punkt- oder sternförmige Fehler im Deckschichtemail, durch
welche das Grundemail durchschaut. Für ihr Auftreten ist nicht die Bildung von
Gasbläschen von CO, sondern von Wasserstoff verantwortlich, welche das Deckemail

abheben (C. A. Z a p f f e und C. E. S i m s[1659]). Auch bei Gußeisen beruht die Nadel-stichbildung auf dem Freiwerden von Wasserstoff beim Einbrennen des Emails. Die sog. „Schalenschicht" der Gußeisenoberfläche enthält nämlich oft Wasserstoff, der an den Kohlenstoff des Zementites (Eisenkarbid) gebunden ist (Dieselben[1660]). Nadelstiche können auch bei zu hartem Absetzen des Emails auf der Ware oder zu großer Spritzentfernung entstehen.

Abkreidendes Email (nicht wischfestes Email) hat nach L. S t u c k e r t[1661] wahr-scheinlich seine Ursache in der Ausbildung von Kristallnadeln und einem teilweisen Abblättern des Emails. Infolge der Volumsunterschiede zwischen Kristallen und dem Restglas verliert dann das Email seinen Zusammenhalt. Es wird angenommen, daß es sich bei den Kristallen um Kristobalit oder Devitrit handelt.

Sonnenblumen sind kleine vorstehende Stellen auf der Emailoberfläche, die nicht aus dem Rohmaterial stammen, sondern ein geschmolzenes Glas darstellen. Ihre Entstehung hängt meist mit der apparativen Ausrüstung zusammen (R. R. D a n i e l-s o n[1662]).

Die *Orangenschalenstruktur* an gebrannten Emailgegenständen besteht in einem gewissen Rauhigkeitszustand der Emailoberfläche und wird durch ein beim Brennen nicht glatt fließendes, zu viskoses Email oder ein zu grobes Spritzen beim Auftragen des Emails verursacht.

Bei säurefesten Emails, bisweilen auch bei stark opaken Emails tritt manchmal der Fehler der *Uferlinien* auf, wobei sich mehr oder weniger konzentrische, wellen-förmige Linien ausbilden. Der Fehler wird durch die örtliche Konzentrierung und darauffolgende Abscheidung löslicher Salze der Mühlenflüssigkeit im trockenen Deck-email verursacht. Beim Brennen, insbesondere bei hohen Temperaturen, wirken die Salze als Flußmittel und rufen die Linienbildung hervor.

Bei Emailfehlern, die auf *Schweißstellen* auftreten, konnten A. D i e t z e l, L. A r n o l d und E. B a m e s s e l[1663] zeigen, daß fast stets die Fehlerursachen im Eisen in der Schweißnaht liegen. Blasen- und Porenbildung sind auf die Reaktionen zwischen den vorhandenen oxydischen Schlackeneinschlüssen und dem Kohlenstoff des Kesselbleches zurückzuführen. Die beobachteten Risse im Deckemail sind nicht durch Abkühlung entstandene Haarrisse, sondern Risse auf Grund von Zugspan-nungen, die sich beim langsamen Aufheizen des Eisens in den starken Schweißstellen einstellen. Günstig wirkt sich eine gleichmäßige elektrische Zusatzheizung an den Stellen größerer Wandstärken aus.

Werfen. Das Werfen der Eisenblechgegenstände beim Einbrennvorgang ist meist dadurch verursacht, daß die Aufnahmeflächen der Gestelle zu weit voneinander ab-stehen. Der Abstand der Gestellunterlage sollte nicht größer als etwa 20 cm, am besten 10 bis 15 cm betragen. Dünnwandige Gegenstände neigen stärker zum Werfen als dicke. Aber auch die Außenform hat einen Einfluß auf das Werfen. So sind gewisse Arten von Flaschen aus gewalztem Material besonders anfällig für Form-veränderungen beim Brennen.

Als Emailfehler sind auch die *Poren* im Email anzusehen, da von ihnen aus die Korrosion des Emails einsetzt. Nach den Untersuchungen von L. S t u c k e r t[1664] auf elektrischem Wege oder durch Elektrolyse einer mit Phenolphthalein versetzten Natriumsulfatlösung ergeben sich, daß mit einem Grundemailauftrag kein poren-freies Email erzielbar ist, daß aber schon der erste Deckauftrag den größten Teil der Poren verdeckt.

L i t e r a t u r v e r z e i c h n i s.

[1604] J. K l ä r d i n g, Chem. Apparatur **28**, 321—27, 327—42, 1941. — [1605] R. A l d i n g e r, Glashütte **68**, 891—94, 1938. — [1606] K. K a u t z, Enamelist **13**, 106, 10—13, 1936. — [1607] L e o n und S t a t t e n s c h e c k, Sprechsaal **69**, 1936, 31, 47. — [1608] L. S t u c k e r t, Emailwarenind. **16**, 125, 1939. — [1609] G. H. S p e n c e r - S t r o n g und J. J. T h e o d o r e, J. Amer. ceram.

Soc. 19, 328—30, 1936. — [1610] J. F. Mellor, Trans. ceram. Soc. 35, 355—63, 1936. — [1611] F. Blechschmidt, Gießereipraxis 62, 224—26, 1941. — [1612] A. E. Badger und B. W. King jun., Ceram. Inst. 29, 41, 1927. — [1613] H. D. McLaren, Enamelist 12, Nr. 10, 6—7, 46, 60, 1935. — [1614] D. S. Connelly und J. O. Lord. J. Amer. ceram. Soc. 20, 10—16, 1937. — [1615] E. E. Howe und M. E. Manson, Foundry 65, Nr. 11, 35, 95, 1937. — [1616] C. D. Clawson, Enamelist 16, Nr. 6, 26—28, 1939. — [1617] Derselbe, ebenda 16, Nr. 3, 5—8, 1938. — [1618] R. J. Whiterell, Ceram. Ind. 34, Nr. 5, 38—39, 1940. — [1619] J. Auer, J. Amer. ceram. Soc. 24, 241—43, 1941. — [1620] D. S. Connethy und J. O. Lord, ebenda 20, 10—16, 1937. — [1621] C. A. Zapffe und C. E. Sims, ebenda 23, 187—219, 1940. — [1622] Dieselben, Ceram. Ind. 34, Nr. 5, 35—36, 1940. — [1623] Anonym, Sprechsaal Keram., Glas, Email 74, 248—49, 1941. — [1624] Anonym, Glashütte 72, 76—78, 89—91, 1942; 73, 74—76, 1943. — [1625] C. A. Zapffe und C. E. Sims, Foundry Trade J. 63, 225—28, 305—08, 368—70; 64, 11—13, 92—94, 1941. — [1626] Dieselben, Metals und Alloys 13, 444—47, 584—89, 1911. — [1627] C. A. Zapffe und C. E. Sims, Foundry Trade J. 64, 164—68, 1941. — [1628] H. Lang, Keram. Rundsch., Kunstkeram. 45, 395—96, 1937. — [1629] J. C. Eckel, Bull. Amer. ceram. Soc. 18, 358—60, 1939. — [1630] G. H. Spencer-Strong und L. J. McMahon, J. Amer. ceram. Soc. 23, 102—07, 1940. — [1631] R. J. Whitesell, Foundry Trade J. 57, 106—07, 1937; J. Amer. ceram. Soc. 20, 72—75, 1937. — [1632] J. Klärding, Sprechsaal, Keram., Glas, Email 71, 93—95, 106—07, 1938. — [1633] H. Hoff und J. Klärding, Stahl und Eisen 58, 914—16, 1938. — [1634] J. Klärding, ebenda 59, 268—71, 1939. — [1635] W. Kerstan, Sprechsaal, Keram., Glas, Email 74, 263—65, 272—74, 279—80, 1941. — [1636] H. Bockhammer, ebenda 72, 595—98, 1939. — [1637] W. Kerstan, ebenda 71, 335—38, 347—53, 359—63, 371—73, 1938. — [1638] K. Baumann, ebenda 77, 152—53, 1944. — [1639] C. A. Zapffe und J. L. Yarne, Ceram. Ind. 36, Nr. 5, 43—44, 1941. — [1640] W. W. Higgins und W. A. Deringer, ebenda 36, Nr. 5, 42—43, 1941. — [1641] W. W. Higgins, Sheet Met. Ind. 17, 111—14, 1943. — [1642] A. Krafft, Keram. Rundsch., Kunstkeram. 49, 458—59, 1941. — [1643] R. Aldinger, Glashütte 67, 605—07, 1937. — [1644] Derselbe, ebenda 69, 589—92, 1939. — [1645] J. D. Tetrick, Sheet Med. Ind. 11, 923, 1937; Foundry Trade J. 57, 183—84, 1937. — [1646] E. E. Howe und L. A. Lange, Better Enamel 8, Nr. 2, 19—21, 1937. — [1647] R. Aldinger, Glashütte 69, 738—39, 1939. — [1648] P. G. Bartlett, Enamelist 16, Nr. 4, 16—21, 1939. — [1649] G. Sirovy und E. P. Czolgos, Foundry Trade J. 57, 182—83, 1937. — [1650] J. E. Rosenberg und A. E. Langermann, J. Amer. ceram. Soc. 23, 80—86, 1940. — [1651] P. G. Bartlett, Ceram. Ind. 32, Nr. 6, 68, 70, 1939. — [1652] L. A. Lange, Ceram. Ind. 32, Nr. 5, 29—30, 1940; Bull. Amer. ceram. Soc. 18, 360—63, 1939. — [1653] Anonym, Sprechsaal, Keram., Glas, Email 73, 413—15, 1940. — [1654] C. A. Ottersbad, Glashütte 67, 647—49, 1937. — [1655] H. Hadwiger, Emailwarenind. 16, 62—64, 1939. — [1656] H. C. Beasly, Bull. Amer. ceram. Soc. 17, 163—66, 1938. — [1657] L. K. Josey, ebenda 17, 159—63, 1938. — [1658] T. D. Hartshorn, ebenda 17, 166—68, 1938. — [1659] C. A. Zapffe und C. E. Sims, Ceram. Ind. 36, Nr. 5, 45—46, 1941. — [1660] Dieselben, J. Amer. ceram. Soc. 24, 249—53, 1941. — [1661] L. Stuckert, Emailwarenind. 20, 65—66, 1943. — [1662] R. R. Danielson, Ceram. Ind. 33, Nr. 5, 52, 1939. — [1663] A. Dietzel, L. Arnold und F. Bamessel, Sprechsaal, Keram., Glas, Email 77, 1—6, 28—31, 1944. — [1664] L. Stuckert, ebenda 27, 453—54, 1939.

69. Das Entemaillieren.

Fehlerhafte emaillierte Gegenstände können entweder zu billigeren Preisen verkauft werden oder aber sie werden entemailliert, wodurch die eisernen Grundkörper für eine neue Emaillierung wieder verwendbar werden. Die Entemaillierung geschieht bei starkwandigen Gegenständen oder insbesondere Gußstücken am besten durch Sandstrahlen, wobei aber auf die durch die Sandstrahlbehandlung bedingte Aufrauhung und Unebenheiten Rücksicht genommen werden muß (H. Krist[1665], J. Napple[1666], N. L. Evans[1667] und H. Lang[1668]). Weitere mechanische Entemaillierungsarten bestehen im Zerquetschen der Rohware durch Walzen oder durch Anschlagen des Emails mit dem Hammer, wobei aber nur ein verwertbares Eisenschrott entsteht.

Bei Blechemails gelangen auch chemische Entemaillierungsverfahren zur Anwendung, wobei zwischen einer Behandlung mit Säuren und Alkalien zu unterscheiden ist. Im ersten Fall gelangen Flußsäure, 20% Flußsäure und 20% Schwefelsäure (J. G.[1669], 20 bis 30° C; Buntemail 3 bis 4 Stunden, Weißemail 6 Stunden), Kieselfluorwasserstoffsäure, Schwefelsäure und Chromtrioxyd (40%, 10 bis 12 Stunden), oder Salzsäure zur Anwendung (1 : 1 bis 1 : 3, 60° C) (R. A l d i n g e r[1670]). Bleihaltige Emails werden von Schwefelsäure oder Flußsäure weniger angegriffen, so daß nach dem Entemaillieren metallische Bleiflecke zurückbleiben (J. T. I r v i n[1671]).

Bei der Entemaillierung mit Alkalien wird entweder geschmolzenes Ätznatron oder KOH bei 500 bis 650° C oder eine konzentrierte heiße Ätznatronlösung verwendet. Die Behandlung wird in gut verschließbaren Stahlkesseln oder gußeisernen Kesseln durchgeführt. In der Alkalischmelze ist das Email in wenigen Minuten abgelöst. Säurebeständige Emails können nur mit Flußsäure entfernt werden. Die Ätznatronschmelzen werden bereits lange vor ihrer Erschöpfung unwirksam, was aber durch Einleiten von überhitztem Dampf in die Schmelze verhindert werden kann[1672]. Die Ätznatronlösung (30 bis 70% Ätznatron) wird meist bei einer Temperatur nahe dem Kochpunkt (160 bis 165° C) verwendet, wodurch die Gefahr des Überkochens entsteht. Andererseits darf die Lösung auch nie bis zur Kristallisation abkühlen.

Sowohl die mechanischen als auch die chemischen Entemaillierungsverfahren liefern in den meisten Fällen wiederverwendbare Eisengegenstände. Nach Versuchen von O. W a h l e und A. F u n k e[1673] hat sich selbst bei mehrfachem Emaillieren und Entemaillieren von Eisenblechen mit niedrigem Kohlenstoffgehalt keine Verschlechterung, sondern eher eine Verbesserung der mechanischen Eigenschaften des Emails ergeben, wobei aber von der unvermeidlichen Verminderung der Blechstärke abgesehen werden muß. Nur bei komplizierter geformten, teuer anzufertigenden Gegenständen oder größeren Stücken ist aber eine Entemaillierung und Wiederemaillierung wirtschaftlich (G. H. S p e n c e r - S t r o n g[1674]).

Das bei der mechanischen Entemaillierung abfallende Abfallscmail besteht aus Gemischen des Grundemails mit den Deckemails und kann nach dem Umschmelzen für einfachere Farbemails wie für Rotbraun u. dgl. wiederverwendet werden.

L i t e r a t u r v e r z e i c h n i s.

[1665] H. K r i s t, Glashütte 67, 592—94, 1937. — [1666] J. N a p p l e, Verre Silicates ind. 4, 147—51, 1936. — [1667] N. L. E v a n s, Foundry Trade J. 62, 102—03, 188—92, 1940. — [1668] H. L a n g, Glashütte 70, 420—421, 1940. — [1669] I. G., FP. 804 916. — [1670] R. A l d i n g e r, Glashütte 69, 245—48, 1939. — [1671] J. T. I r v i n, Enamelist 15, Nr. 8, 9—13, 62, 1938. — [1672] DRP. 563 864. — [1673] O. W a h l e und A. F u n k e, Glashütte 72, 277—78, 1942. — [1674] G. H. S p e n c e r - S t r o n g, Steel Processing 32, 719—24, 1946.

70. Überzüge aus Glas oder anderen keramischen Werkstoffen (außer Email).

Das Überziehen von Metallen mit Glas hat im Verhältnis zu den Emailüberzügen praktisch so gut wie gar keine Bedeutung. Nur in der Patentliteratur finden sich entsprechende Vorschläge, die sich aber bisher in der Technik nicht einbürgern konnten. So sollen nach einem von der N. V. Philipps Gloeillampenfabrieken[1675] stammenden Verfahren Gläser oder Email durch Vermahlen mit Wasser in Kugelmühlen, Behandeln mit Salzsäure und Elektrophorese in den kolloiden Zustand übergeführt und dann auf Metall eingebrannt werden. Als geeignet wird ein Glas mit 57% Siliziumdioxyd, 22% Tonerde, 5% Dibortrioxyd, 5% Kalziumoxyd, 9% Magnesiumoxyd und 2% Kaliumoxyd bezeichnet. Nach einem weiteren

Vorschlage derselben Firma[1676] soll die Auftragung des feingepulverten und in Azeton suspendierten Glases auf einem Draht als Anode durch Elektrophorese bei 100 V erfolgen, worauf eingebrannt wird. Das Glas ist ein Bleiglas mit 40% Siliziumdioxyd, 50% Bleioxyd, Rest Alkali und Tonerde. Die Auftragung des Glases kann auch durch Aufspritzen (Champion Spark Plug Co.[1677] und Ch. F. L u m b[1678]) erfolgen.

Vorteilhaft für das Überziehen von Metall mit Glas oder keramischen Stoffen soll sich nach einem Vorschlage der Westinghouse Electric und Manufacturing Co.[1679] das Überziehen des Eisens auf galvanischem Wege mit einem Chromüberzug und Erhitzen in einem elektrischen Ofen in Gegenwart von Wasserstoff auf 800 bis 1300° C auswirken, wobei sich das Chrom mit dem Eisen legiert. Bemerkenswert ist auch das von H. B a n g e r t[1680] empfohlene Verfahren zur Herstellung von korrosionsbeständigen Rohren aus Metall mit einer Glasauskleidung. Ein Glasrohr wird in ein weiteres Metallrohr hineingesteckt, worauf das Metallrohr durch eine Öffnung kalt gezogen und so auf das Glasrohr aufgequetscht wird.

Auf metallischen Gegenständen, die hohen Temperaturen ausgesetzt werden, wie z. B. Teile von Turbinen, haben sich nach den Untersuchungen von Wm. N. H a r r i s o n, D. G. M o o r e und J. C. R i c h m o n d[1681] Überzüge aus hochschmelzenden Fritten von hoher thermischer Expansionsfähigkeit, gemischt mit Tonerde, Dichromtrioxyd und Dikobalttrioxyd bewährt. Die Überzüge verzögerten die Oxydation und Korrosion der den hohen Temperaturen ausgesetzten Legierungen. Die Dicke der Überzüge betrug 0,025 bis 0,1 mm. Sie wurden durch Aufspritzen, Auftragen und Einbrennen hergestellt. Porenbildung ist für eine gute Schutzbildung sehr schädlich und muß daher so weitgehend wie möglich vermieden werden.

Auch weicher Stahl läßt sich nach einer Aufbringung derartiger keramischer, hohen Temperaturen widerstehender Überzüge lange Zeit verwenden (D. G. B e n n. e t[1682] sowie H. T h u r n a u e r und J. W. D e a d e r i c k[1683]). Von den untersuchten Zusätzen zu den üblichen Grundfritten, wie Zirkondioxyd, Titandioxyd, Ferrioxyd, Tonerde, Dichromtrioxyd, Siliziumdioxyd, Siliziumkarbid, Feldspat, Mullit und Chromerz, erwies sich zum Schutze von weichem Eisen bei hohen Temperaturen die Tonerde am wirksamsten (Wm. N. H a r r i s o n, D. G. M o o r e und J. C. R i c h m o n d[1684]). Auch für Gußeisenröhren wurde die Aufbringung einer inneren Korrosionsschutzschicht aus gemagerter Steinzeug-, Tonerdegut- oder Porzellanmasse, die noch mit einer Glasur versehen werden kann, vorgeschlagen (Deutsche Eisenwerke A. G.[1685]).

L i t e r a t u r v e r z e i c h n i s.

[1675] N. V. Philipps Gloeillampenfabrieken, FP. 827 094, EP. 484 777. — [1676] Dieselben, Austral. P. 103 884. — [1677] Champion Spark Plug Co., AP. 2 062 907. — [1678] Ch. F. L u m b, EP. 468 753. — [1679] Westinghouse Electric und Manufacturing Co., FP. 809 753. — [1680] H. B a n g e r t, AP. 2 198 149. — [1681] Wm. N. H a r r i s o n, D. G. M o o r e und J. C. R i c h m o n d, Natl. Avisory Comm. Aeronautics, Techn. Note Nr. 1186, 17 S., 1947. — [1682] D. G. B e n n e t, Finish 3, Nr. 12, 13—17, 50, 1946. — [1683] H. T h u r n a u e r und J. W. D e a d e r i c k, Contrib. Chemist to Insulation Research 1945/46, 76—86. — [1684] Wm. N. H a r r i s o n, D. G. M o o r e und J. C. R i c h m o n d, Steel 120, Nr. 6, 92—93, 120—22, 1947. — [1685] Deutsche Eisenwerke A. G., DRP. 686 441.

71. Zement- und wasserglashältige Überzüge.

Anorganische, Silikate enthaltende Überzüge auf Metall zum Zwecke des Korrosionsschutzes lassen sich auch auf kaltem Wege durch Aufbringung flüssiger Mischungen mit Zement oder Wasserglas als Bindemittel aufbringen. Zement als hydraulisches Bindemittel ist gegen Wasser praktisch vollkommen beständig und hat

sich nach Angaben von H. S. J o n e s[1686] bereits seit mehr als 100 Jahren zur Auf-
fütterung von schmiedeeisernen Wasserrohren bewährt. Ebenso können natürlich
auch gußeiserne Rohre beliebigen Durchmessers sowohl außen als auch innen zur
Verhinderung einer Rohrschwächung durch Korrosion mit einem Zement- oder
Betonfutter in der Stärke bis zu 12 mm versehen werden (W. R. L a D u e[1687],
G. N. S c h o o n m a k e r[1688] und C. A. E b e r l i n g[1689]). Nach dem sog. Tateverfahren
können sogar nicht begehbare Rohrleitungen mit einer lichten Weite von 75 bis
500 mm an Ort mit einer Betonausfütterung versehen werden. Durch die Anbringung
des Futters wird auch die nach einer mechanischen Reinigung um so rascher ein-
setzende Inkrustierung der Wasserrohre verhindert (B. H a r k n e s s[1690]).

Portlandzementauskleidungen haben sich als Überzüge für Trinkwasserbehälter
auf Seeschiffen bewährt. Bei den mit einer dünnen Paste von Portlandzement bestrichenen eisernen Tanks tritt jedoch manchmal unter gleichzeitiger Verschlechterung des Trinkwassers ein brauner, eisenhältiger Schlamm auf, dessen Entstehung
B. H y l k e m a[1691] als Folge eines Kohlendioxydmangels während der Trocknung
des Zementes aufgeklärt hat. Die Schlammbildung läßt sich daher durch Einblasen
von Kohlendioxyd (z. B. 10 kg in zwei bis drei Stunden) während der Trocknung
des Zementes beheben, wodurch eine wesentliche Verbesserung der Haltbarkeit des
im Behälter aufbewahrten Trinkwassers erzielt werden kann.

In russischen Schwefelsäurefabriken wurde zur Einsparung von Blei und als
Korrosionsschutz der Eisenteile gegen den Angriff von Schwefelsäure mit mehr oder
weniger gutem Erfolg Diabas-, Andesit-Zement und KJ-Zement der Zementfabrik
Brjansk angewendet (R. S. I t z k o w i t s c h, M. N. W t o r o w und I. M. B o g u s-
s l a w s k i[1692] und G. S. G r i g o r j e w[1693]). Überzüge aus Zement oder Zementasbest-
mischungen haben sich als Korrosionsschutz gegen stark saures Wasser in Bergwerken
bewährt (R. D. L e i t s c h[1694]).

R o ß m a n n[1695] berichtet über gute Erfahrungen an begehbaren eisernen Rohrleitungen, an Innenwänden eiserner Wasserbehälter und allen unter Wasser befindlichen Eisenteilen mit einem zweimaligen Anstrich aus Tonerdeschmelzzement. Dieser
wird mit der gleichen Menge Sand und wenig Wasser zu einem streichbaren Brei
angemacht und mit dem Pinsel aufgetragen. Der Tonerdeschmelzzement benötigt
zum Abbinden ziemlich viel Wasser. Es ist daher erforderlich, die Eisenwandungen
reichlich zu befeuchten, wenn sie trocken sind. Der Anstrich haftet bei nassem Eisen
unbedingt. Er ist so widerstandsfähig, daß er auch bei oftmaligem Begehen der Rohrleitungen nicht beschädigt wird und gegen chemische Einflüsse unempfindlich ist.
Der Tonerdezementanstrich bewährte sich besser als ein Brei aus Portlandzement
und Sand, da dieser auf nassen Eisenwänden eine ungenügende Haftfestigkeit aufwies. Nach dem ersten Anstrich treten auf Gußeisen manchmal dunkle Flecke auf,
die von ausgeschiedenem Graphit herrühren. Wurde dieser sorgfältig vor dem Aufbringen des Anstriches ausgekratzt, so war der Anstrich auch mehrere Jahre beständig. Auch Dr. N a c h t i g a l l[1696] berichtete über gute Ergebnisse und die Vorteile
eines Anstriches von Eisenrohren usw. mit Tonerdezementanstrichen.

Gewisse Heiz- und Treiböle können entgegen den Erwartungen auch wasserdichten
Beton durchdringen und zerstören, so daß mit erheblichen Ölverlusten in solchen
Behältern gerechnet werden muß. Derartige große Behälter können aus emailliertem
Eisen kaum hergestellt werden. Auch ein einfaches Verputzen von eisernen Behältern
an der Innenseite mit Beton oder Putz ist nicht möglich, da junger, trockener Kies-
beton bei Sonnenbestrahlung eine erheblich größere Wärmedehnungszahl besitzt als
das Eisen. Die Folge davon ist das Auftreten von Spannungen zwischen der eisernen
Wand und dem Beton, die allmählich zur Loslösung und Rissebildung führen. Eine
haltbare Auskleidung eiserner Behälter läßt sich aber auch mit Putz oder Beton
ausführen, wenn die Auskleidung in noch feuchtem, frischem Zustande mit einer

wasserdichtenden Schicht hoher Festigkeit versehen wird (Anonym[1697]). Diese hat die Austrocknung der Auskleidung zu verhindern, so daß der Beton feucht bleibt, der in seiner Wärmeausdehnungszahl dem Eisen bedeutend näher steht als trockener. Wird auch statt Kies als Zuschlagsstoff zum Beton gemahlene Hochofenschlacke oder Siliziumkarbid verwendet, so gelangt man zu Auskleidungen, die sich beim Erwärmen und Abkühlen in der gleichen Weise dehnen wie der Eisenbehälter. Als Überzüge haben sich Anstrichmittel unter Verwendung anorganischer Bindemittel, ein Zusatz von gemahlenem Kalkstein oder Dolomit, dem zusätzlich Metallpulver oder Betonhartstoffpulver als Pigment zugesetzt wurde, als besonders geeignet erwiesen. Diese Maßnahmen gewähren eine gute Öldichtigkeit und Schwindrißsicherheit sowie große Beständigkeit gegen Wärmespannungen und mechanischen Abrieb.

Ein sehr ähnliches Verfahren wurde von der I. G. Farbenindustrie A. G.[1698] zum Schutze der Innenfläche von Eisenvorratsbehältern und Rohrleitungen für flüssige Brennstoffe, wie Benzin, Benzol, Methylalkohol u. dgl., vorgeschlagen, wobei auf die Innenfläche ein dünner Zementanstrich in mindestens zwei getrennten Arbeitsgängen aufgebracht wird. Dieser wird bei normaler Temperatur in mit Wasserdampf gesättigter Atmosphäre erhärten gelassen und nach genügender Verfestigung einer Fluatierung unterworfen.

Beim Bleichen von Baumwolle, Leinen usw. mit Wasserstoffperoxyd können eiserne Kufen nur dann verwendet werden, wenn das Eisen emailliert oder noch besser mit einem Zementüberzug versehen wurde. Das Aufbringen des Zementes kann durch Aufspritzen oder Anstreichen erfolgen, wobei man dem Zement auch Wasserglas oder Zeresin zusetzen kann[1699]. Auch mit Zement-Kalk- oder ZementMagnesiumoxyd-Mischungen ausgekleidete eiserne Gefäße können verwendet werden, wobei diese vor Gebrauch noch mit einer Lösung von Wasserglas ausgekocht werden[1700]. In der Praxis wird die Aufbringung des Zementes und das Auskochen mit der Wasserglaslösung dreimal wiederholt, so daß die Zementschicht schließlich etwa 1 mm stark ist.

Eisen kann mit Hilfe von Zementmörtel auch auf kaltem Wege glasiert werden, wobei auf eine Zwischenschicht aus Zementmörtel die Aufbringung der Glasur in der Kälte erfolgt[1701]; Ph. E y e r[1702]. Ein Anstrichmittel, bestehend aus einem hydraulischen Bindemittel, wie weißem Zement, Mikroasbest, und geringen Mengen Chloriden, Nitraten oder Rhodaniden des Kalziums und Aluminiums wird von der Chemischen Fabrik Grünau, Landshoff und Meyer A. G.[1703] empfohlen. Ein weiterer Vorschlag betrifft die Herstellung von Schutzüberzügen aus einem in einer Borsäurelösung (5,75 Teile) suspendierten kolloidalen Aluminiumsilikat, wie Bentonit (17,5 Teile) und Magnesiumoxyd (0,43 Teile) (Westinghouse Electric und Manufacturing Co.[1704]).

Asbestzement hat sich sowohl als wirksamstes Korrosionsschutzmittel für im Erdboden verlegte Stahlrohre als auch wegen seiner guten isolierenden Eigenschaften zur Verhinderung der Korrosion durch vagabundierende elektrische Ströme als sehr gut geeignet erwiesen (A. Ja. J a k u b o w i t s c h und A. J. S e t k o w i t s c h[1705]). Hiebei wird häufig noch eine isolierende Zwischenschicht aus Papier, das mit bituminösen Massen getränkt ist, angeordnet. Das Verfahren ist auch zum Schutze von Wasserleitungsrohren gut geeignet (O. S c a r p i a[1706] und A. R o c c a[1707]). Die mit einem Bindemittel vermischten und durch Aufspritzen aufgebrachten Asbestfasern ergeben auch für andere Apparate der Erdölindustrie einen leicht aufbringbaren Wärmeschutz (H. W. B a r n e s[1708]).

Gegen saure Flüssigkeiten, Öle und Fette schützt auch ein mit Wasserglas als Bindemittel aufgebrachter Anstrich recht gut. Nach N. N a w o l i n[1709] und Maslobojno Schirowoje D j e l o[1710] kann zum Auskleiden von Bottichen aus Kupfer oder Blei gegen Korrosion in der Öl- und Fettindustrie die Innenseite des Bottichs mit einer

Masse bestrichen werden, die aus 3 Teilen Asbest, 3 Teilen Sand und 1 Teil Barium-sulfat besteht und mit Wasserglas von 40 bis 50° Bé zu einem konsistenten Teig angerührt wurden. Vor dem Aufbringen muß aber die Metalloberfläche entfettet und aufgerauht werden. Nach dem Auftragen wird die Masse mit Salzsäure oder Schwefel-säure von 20° Bé bestrichen, wodurch das Alkalisilikat zersetzt und freie, unlösliche Kieselsäure ausgeschieden wird. Mit Hilfe einer Lötlampe wird sodann getrocknet, was ungefähr fünf Minuten in Anspruch nimmt. Die Säure- und Hitzebehandlung wird zweckmäßig wiederholt.

Auch gegen die korrodierende Wirkung von Kohlenwasserstoffen aus Erdöl und Steinkohle können Anstrichmittel aus Wasserglas und indifferenten festen Stoffen, wie Zinkoxyd, Siliziumoxyd, Kreide, Ferrioxyd, Kieselgur, Braunstein, Ton, Talkum, Titandioxyd, Kryolith, Schwefelmehl, Asbest, Schamotte[1711], Kohlenstoff[1712] usw. ver-wendet werden.

Aus der Alkalisilikatlösung kann auch an der Metalloberfläche durch Fällung mit einer Ammonchlorid-, Ammoniak-, Soda-, Natriumsulfat- oder Natriumchlorid-lösung ein Film von kolloidaler Kieselsäure erzeugt werden, der dann durch eine Hitzebehandlung bei 150 bis 300° C festhaftend gemacht werden kann. Die so er-zeugten Überzüge sind gegen saure und schwach alkalische Lösungen widerstands-fähig (Aluminium Ltd.[1713]). Um die Schichtdicke gleichmäßig zu gestalten, werden die mit der Wasserglaslösung behandelten Gegenstände in einer Zentrifuge ab-geschleudert, eventuell auch Seifen oder andere Netzmittel, wie Nekal, zugesetzt (E. L e i t z G. m. b. H.[1714]).

Die Innenauskleidung von dünnen eisernen Wasserrohren kann nach einem Vor-schlage der Deutschen Röhrenwerke A. G. (FP. 831 795) mit Eisenoxyd (Mischungen von 100 Teilen Eisenstaub, 2 Ammonchlorid, 10 Bariumsulfat, 5 Flußspat, gemischt mit 20 Teilen Wasserglas von 50° Bé) unter Rotation der Rohre erfolgen.

Bemerkenswert ist die Schutzfilmbildung aus Kieselsäure auf Eisen aus dem Dampf von silikorganischen Verbindungen (I. D. J u d i n und C. R. D e k l a d y[1715]). Die Dämpfe von $Si(OR)_4$, wobei R ein Alkoholradikal bedeutet, werden in Gegenwart der Metalle auf Temperaturen bis zu 500° C erhitzt. Die beste Beständigkeit, selbst gegen Joddämpfe, zeigte der Schutzfilm aus den Dämpfen des Äthylesters der Kiesel-säure. Silicon-Überzüge haben einen höheren Hitzewiderstand als irgend ein anderer Typ eines Lösemittelüberzuges. Ihre Beständigkeit im Freien ist größer als jene von anderen organischen Überzügen. Ihre Eigenschaften können mit weißen Emailüber-zügen verglichen werden, ausgenommen dort, wo Härte und Widerstand gegen Abrasion verlangt werden (M. A. G l a s e r[1715a]).

L i t e r a t u r v e r z e i c h n i s.

[1686] H. S. J o n e s, J. Amer. Water Works Assoc. 33, 1695—99, 1941. — [1687] W. R. L a D u e, ebenda 33, 1671—81, 1941. — [1688] G. N. S c h o o n m a k e r, ebenda 33, 1682—92, 1941. — [1689] C. A. E b e r l i n g, ebenda 33, 1693—94, 1941. — [1690] B. H a r k n e s s, ebenda 33, 1700—04, 1941. — [1691] B. H y l k e m a, Ingenieur ('s Gravenhage) 54, Nr. 52, G 71—75, 1939. — [1692] R. S. I t z k o w i t s c h, M. N. W t o r o w und I. M. B o g u s s l a w s k i, J. chem. Ind. (russisch) 17, Nr. 8, 49—51, 1940. — [1693] G. S. G r i g o r j e w, ebenda 16, Nr. 9, 44—46, 1939. — [1694] R. D. L e i t s c h, Min. J. 204, 281, 1939. — [1695] R o ß m a n n, Gas- und Wasserfach 83, 393, 1940. — [1696] Dr. N a c h t i g a l l, Jahrb. „Vom Wasser", XII, 1937, S. 1. — [1697] Anonym, Techn. Blätter, Wschr. deutsch. Bergwerks-Ztg. 27, 693—94, 1937. — [1698] I. G. Farben-industrie A. G., DRP. 692 321. — [1699] FP. 656 816. — [1700] DRP. 527 032. — [1701] Schw. P. 92 698. — [1702] Ph. E y e r, Emailwarenind. 19, 63—64, 1942. — [1703] Chemische Fabrik Grünau, Land-shoff und Meyer A. G., Tschech. P. 56 997. — [1704] Westinghouse Electric und Manufacturing Co., FP. 824 888. — [1705] A. Ja. J a k u b o w i t s c h und A. J. S e t k o w i t s c h, Petrol. Ind. (russisch) 1937, Nr. 8, 48—52. — [1706] O. S c a r p i a, Chim. et Ind. 41, Sonder-Nr. 4 bis, 70—77, 1938. — [1707] A. R o c c a, ebenda 431—32, 1938. — [1708] H. W. B a r n e s, Petrol. Times

(N. S.) 39, 667—68, 1938. — [1709] N. N a w o l i n, Chem. Ztg. 61, 337—38, 1937. — [1710] Maslobojno Schirowoje D j e l o, Bd. 18, 55, 1936. — [1711] FP. 857 267, 851 006; AP. 2 216 251,
2 424 054, 2 045 153, 2 076 183; DRP. 641 725, Aust. P. 107 597. — [1712] EP. 576 974. —
[1715] I. D. J u d i n und C. R. D e k l a d y, Acad. Sci. U. R. SS. 25, (NS 7), 614—17, 1939. —
[1715a] M. A. G l a s e r, Products Engineering 21, No. 2, 109—11, 1950.

72. Graphit- oder Karbidüberzüge.

Kolloidaler Graphit kann von Eisen adsorbiert werden und dann eine gewisse
korrosionsschützende Wirkung ausüben. Ein derartiger korrosionsverhindernder Einfluß von Graphitfilmen wurde z. B. von A. H. S t u a r t[1716] bei einer Suspension von
kolloidalem Achesongraphit bei poliertem Stahl festgestellt. Diese Adsorption von
kolloidalem Graphit an Eisen wurde von F. P a v e l k a[1717] eindeutig nachgewiesen.
Die Wirksamkeit des Graphites als Korrosionsschutzmittel in verdünnter Salzsäure
oder Schwefelsäure steigt bei Anlegung einer kleinen Spannung. Beispielsweise steigt
sie auf etwa das Doppelte, wenn das untersuchte Eisen ein Element gegen Kupfer
bildet. Ein besonderer Effekt des Graphites ist die Verhinderung des Herauslösens
der Gefügebestandteile bei der Korrosion.

Nach einem Vorschlage der Solvay Process Co.[1718] erhält man eine harte, ver-
schleiß-, erosions- und korrosionsfeste Oberfläche bei Eisen- und Stahllegierungen,
wenn auf der Oberfläche des Metalles eine Schicht aus feinverteiltem Siliziumkarbid
aufgestreut und dann in dieser Schicht ein elektrischer Lichtbogen erzeugt wird.
Der Eisengrundkörper dient dabei als die eine Elektrode und ein Kohlenstab als die
andere. Die Eisenoberfläche enthält nach der Behandlung etwa 0,6 bis 2% Kohlenstoff und 1 bis 4% Silizium.

Eine Korrosionsschutzschicht auf Metallen kann man nach einem Verfahren der
J. D. R i e d e l-E. de H a ë n A. G.[1719] erhalten, wenn auf die zu schützende Oberfläche ein Graphitorganosol, wäßrige Graphitsole und Emulsionen oder Suspensionen
von Stoffen aufgetragen werden, die sich beim Erhitzen unter Abscheidung von
Kohlenstoff zersetzen, wie Mineralöle, fette Öle oder Harze. Eine derartige Mischung
ist z. B. „das Kollag", das aus 10% Graphit und 90% Mineralöl besteht. Sodann wird
solange auf eine Temperatur erhitzt (200 bis 300° C), bei der sich die organischen
Anteile des Organosols zersetzen und sich keine Dämpfe mehr entwickeln.

C. T r e n z e n[1720] erzeugt auf der Metallunterlage aus dem Wolfram-Karbonyl
$W(CO)_6$ durch Erhitzen auf etwa 300° C eine Wolframschicht, die dann durch weiteres
Erhitzen in einer kohlenstoffhältigen reduzierenden Atmosphäre aus CO und Benzol
bei Temperaturen über 970° C in Wolframkarbid übergeführt wird.

L i t e r a t u r v e r z e i c h n i s.

[1716] A. H. S t u a r t, Paint Colour Oil Varnisch Ink Lacquer Manufacturing 7, 179—82,
1937. — [1717] F. P a v e l k a, Koll. Z. 82, 215—26, 1938. — [1718] Solvay Process Co., AP. 2 110 050.
— [1719] J. D. R i e d e l-E. d e H a ë n A.G., FP. 890 409, Belg. P. 448 793. — [1720] C. T r e n-
z e n, Schweiz. P. 186 611.

73. Oberflächenschutz von Zink und Zinklegierungen.

a) Chemische Tauchverfahren.

Trotz seines stark negativen Potentials von —0,76 V besitzt das Zink eine sehr
gute Korrosionsbeständigkeit. Beispielsweise kann es ohne jeden Oberflächenschutz
jahrzehntelang für Dachrinnen verwendet werden. Das Metall überzieht sich beim
Gebrauche mit einer grauen Schicht von Karbonaten und Sulfaten, wodurch aller-

dings das metallische Aussehen des Zinks verlorengeht. Für viele Verwendungsgebiete
ist aber die Korrosionsbeständigkeit des Zinks nicht ausreichend, weshalb es einem
Oberflächenbehandlungsverfahren unterworfen werden muß. In Betracht kommen
vor allem das Phosphatieren (s. Kap. XXXVII, S. 236) und Chromatisieren, welche
Verfahren besonders als Grundlage für das Lackieren und Anstreichen von Bedeutung sind.

Die dekorativen Zwecken dienenden Färbungen bilden keinen Schutz gegen
Korrosion, da die hiebei erzielten Schichten nur sehr dünn und stark porös sind.
Wenn die gefärbten Schichten noch edlere Metalle als Zink enthalten, besteht die
Möglichkeit, daß durch Lokalelementwirkung sogar eine Verstärkung der Korrosion
eintritt, z. B. bei der Schwarz- oder Tauchvernicklung von Zink. Ist in der Oberfläche
Arsen oder Kupfer enthalten, so heilen Verletzungen in der Schicht selbst wieder
aus (E. Raub und M. Wittum[1721]).

Als Tauchverfahren für Zink und Zinklegierungen hatten sich besonders das
sog. „Cromakverfahren" bewährt, das namentlich in Amerika sehr verbreitet ist.
Nach diesem Verfahren werden die Zinkgegenstände nach der Entfettung in 40%iger
Natronlauge oder nach elektrolytischer Behandlung in heißer Trinatriumphosphat-
lösung einige Sekunden bei 20° C in eine saure Bichromatlösung getaucht. Das
Bad enthält z. B. 200 g/l Natriumbichromat und 5 bis 6 ccm/l konz. Schwefelsäure.
Bei längeren Tauchzeiten (über eine Minute) erhält man nur stark aufgelockerte
Überzüge. Bis zu einer Badtemperatur von 45° C ändert sich die Haftfestigkeit und
das Aussehen der Schichten nicht (H. Fischer und N. Budiloff[1722]).

Bei Spritzgußlegierungen des Zinks ist aber eine längere Tauchzeit sowie eine
mäßige Erwärmung des Bades vorteilhaft. Nach dem Tauchen wird mit Wasser gut
gespült und getrocknet.

Nach einem Vorschlage der General Motors Corp.[1723] werden Zinkspritzgußteile
etwa fünf Minuten lang bei Raumtemperaturen in eine Lösung von 100 g/l Natriumbichromat mit 5 bis 10 ccm/l konz. Schwefelsäure eingetaucht. Die Teile können dann
noch mit galvanisch erzeugten Metallüberzügen versehen werden.

Erheblich weitere Grenzen des Chromatgehaltes gibt die New Jersey Zinc Comp.[1724]
an, die auf 1 l Wasser mindestens soviel sechswertiges Chrom verwendet, wie 25 g
freier Chromsäure entsprechen. Außerdem sollen Mineralsäuren, wie Schwefelsäure,
Salpetersäure oder Salzsäure, vorhanden sein. Beispielsweise kann der Chromatgehalt zwischen 25 bis 300 g/l Natriumbichromat oder Kaliumbichromat und 1,7 bis
87 g/l Schwefelsäure, ansteigend mit der Chromsäuremenge, schwanken. Wird eine
Lösung von 200 g/l Chromsäure zur Erzeugung des Schutzüberzuges verwendet, so
wird dieser Lösung für die Behandlung von Zink und Kadmium 8 bis 50 ccm Schwefelsäure (D = 1,84), von Blei 10 bis 100 ccm, von Eisen 140 bis 190 ccm und von Zinn
250 bis 310 ccm Schwefelsäure zugesetzt (New Jersey Zinc Co.[1725]). Die Ford Motor
Co. Ltd.[1726] schlug zur Tauchbehandlung von Zink und Kadmium Chromsäurebäder,
die geringe Mengen von Schwefelsäure oder Salpetersäure enthalten, vor.

Das Behandlungsbad der Kheems Research Products Inc.[1727] für Zink, Kadmium
oder Kupfer besteht aus einer wäßrigen Lösung von 60 bis 100 g/l Chromsäure oder
ihren Salzen sowie 5 bis 15 g/l Zinkchlorid (30 bis 240 Sek. Tauchdauer für Zink
oder 1 bis 60 Sek. für verzinkte Gegenstände, 17 bis 112° C). Durch Verändern der
Badbestandteile, Temperatur und Tauchdauer kann die Farbe der Überzüge von
Gelb bis Schwarz geändert werden (Dieselbe[1728]). An Stelle der Schwefelsäure verwendet die Kheems Research Products Inc.[1729] Ameisensäure oder Formiate, die
den wäßrigen Lösungen von Chromsäure oder Chromaten zur Behandlung von Zink
oder Kadmium zugesetzt werden. Die Überzüge können durch Nachbehandlung mit
einem wasserlöslichen, organischen Farbstoff gefärbt werden (Dieselbe[1730]). Neben
der Ameisensäure und ihren Salzen können auch Salpetersäure und Schwefelsäure

oder deren Salze (Dieselbe[1731]) oder auch Eisensalze (Dieselbe[1732]) anwesend sein. Beispielsweise besteht das Bad aus 30 bis 70 g/l Natriumbichromat, 30 bis 60 ccm/l Ameisensäure, 10 bis 20 g/l Zinknitrat, 4 bis 10 ccm/l Schwefelsäure (0—100° C) (Dieselbe[1733]). Ein schwarzer Überzug auf Zink oder Kadmium wird beispielsweise mit folgenden Lösungen erhalten: 100 g/l Chromtrioxyd oder die äquivalente Menge eines Chromates oder Bichromates, 60 ccm/l Ameisensäure und 20 g/l Ferrichlorid (Raumtemperatur bis Kochen, 15 bis 90 Sek.) (Dieselbe[1734]). Nach dem Spülen wird in eine Lösung von Gallus- oder Tanninsäure getaucht, in heißem Wasser gespült und getrocknet.

Die auf Zink, Eisen oder Kadmium durch Behandlung in Lösungen von Chromtrioxyd oder Chromtrioxyd und Salpetersäure erzeugten Schichten können nach einem Vorschlage der Patents Corp.[1735] durch eine Nachbehandlung mit Lösungen von Chromtrioxyd, Phosphorsäure, Oxalsäure, Chrom-, Eisen- oder Aluminiumsalzen, deren Säuregrad geringer als jener der ersten Lösung ist, verbessert werden. Beispielsweise besteht das erste Bad aus einer Lösung von 35 g Chromtrioxyd und 65 g Natriumchlorid in 5 l Wasser, während das Nachbehandlungsbad aus einer Lösung von 4 g Chromtrioxyd in 5 l Wasser (1 Min., 80° C) besteht. Hierauf wird 5 Min. lang bei 400° C getrocknet.

Metalloberflächen aus Eisen, rostfreiem Stahl, Blei, Zinn, Kadmium, Nickel, Kupfer, Magnesium, Aluminium können zur Erhöhung ihrer Korrosionsbeständigkeit mit Dämpfen von Chromtrioxyd bei 450 bis 1000° C behandelt werden. Es entsteht ein Überzug hauptsächlich aus Chromoxyden, wie Cr_2O_3 (Pyrene Co. Ltd.[1736]).

Der durch das Chromatisieren der Zinkoberfläche verliehene Korrosionsschutz ist insbesondere bei kurzzeitiger Beanspruchung ausgezeichnet (H. Bärmann[1737]). Bei einer Dauerbeanspruchung ist der Korrosionsschutz dann sehr gut, wenn ein allmähliches Auswaschen des Überzuges vermieden wird. Im fließenden Wasser verwischt sich der Unterschied zwischen chromatisierten und nicht chromatisierten Teilen, weil der Chromatfilm nach und nach ausgewaschen wird. Am besten wird die Schicht nachträglich noch lackiert oder wenigstens mit Öl imprägniert, um sowohl die Wasserlöslichkeit zu beseitigen als auch die Abriebfestigkeit zu erhöhen.

Verzinkungen mit anschließender Behandlung der Zinkschicht in einer Natriumbichromat-Schwefelsäure-Lösung haben sich auch zum Korrosionsschutze von Flugzeugteilen gut bewährt (G. E. Stoll[1738] und A. G. Gray[1739]). Die Passivierung und Chromatisierung von Zinkoberflächen hat eine bemerkenswerte Stabilität erreicht und wäre würdig, eine stärkere Verbreitung zu finden (E. E. Halls[1740]).

Die Grünfärbung der Chromatschicht deutet darauf hin, daß in ihr auch dreiwertiges Chrom enthalten ist. Auf unlegiertem Zink erhält man einen messinggelben Farbton der Schicht, während Zinklegierungen je nach dem Kupfergehalt eine dunkelgelbe bis grüne Färbung annehmen. Die Verschleißfestigkeit des Überzuges ist nur gering, da die Schicht nur sehr dünn ist (K. Bayer[1741]).

Da man nach dem Chromatverfahren nur gefärbte Schutzschichten auf Zink erhält, welche das metallische Aussehen des Metalles ändern, versuchten H. D. Graf von Schweinitz und G. Wassermann[1742] mit verschiedenen anderen Behandlungsbädern farblose Schichten auf Zink zu erzeugen. So erhielt man in dem zur chemischen Oxydation des Aluminiums gebräuchlichen MBV-Bad[1743] (5% Soda, 1,5 bis 5% Natriumbichromat; 90 bis 95° C; 10 Minuten) praktisch unsichtbare Schichten, welche eine erhebliche Verzögerung des Korrosionsangriffes auf Zink in Meerluft, gegen Wasserdampf und Meerwasser ergeben. Die Metalloberfläche wird nur etwas matter, verliert aber nicht ihren metallischen Charakter (Metallgesellschaft A. G.[1744]).

Sulfidschichten auf Zink ergeben selbst bei größerer Dicke keinen nennenswerten Korrosionsschutz. Besonders gut bewährten sich hingegen Schutzschichten, die durch eine Wasserglasbehandlung erzeugt worden waren, ohne daß dadurch das blanke Aussehen des Zinks eine Einbuße erlitten hätte. Die besten Ergebnisse wurden mit stark verdünnten Lösungen von etwa 5 Raumteilen handelsüblicher Wasserglaslösung (40° Bé) auf 95 Raumteile Wasser erhalten. Die entfetteten Gegenstände werden bei 90 bis 95° C 10 Minuten lang in der Wasserglaslösung behandelt, einige Minuten abtropfen gelassen und 10 Minuten bei 100 bis 120° C in einem Trockenofen behandelt. Dann wird kurz mit kaltem Wasser abgespült und mit einem weichen Lappen trockengerieben. Die aufgebrachte Silikatschicht ist nicht unsichtbar, da die behandelten Teile ein durch Interferenzfarben verursachtes, irisierendes Aussehen aufweisen, das aber nur auf größeren, hochglanzpolierten Oberflächen auffällt. Das Auftreten der Färbung kann aber vermieden werden, wenn die Teile nicht gekühlt, sondern angewärmt in die Wasserglaslösung eingetaucht werden.

Die durch Wasserglas aufgebrachte Schicht ergibt eine deutliche Verbesserung des Korrosionsverhaltens gegen Wasserdampf, Meerwasser, See- und Industrieluft, nicht aber gegen Mineralsäuren und Alkalien. Gegen organische Säuren, wie Milchsäure oder Buttersäure, verhalten sich behandelte Zinklegierungen deutlich besser als unbehandelte Gegenstände, hingegen ist diese Verbesserung bei Handelszink nicht festzustellen. S c h w e i n i t z und W a s s e r m a n n (l. c.) bezeichnen die Wasserglasbehandlung als dem Phosphatieren und Chromatisieren gleichwertig. Ein Vorteil der Wasserglasschichten ist aber der, daß die Behandlung das metallischblanke Aussehen nicht verändert, ein Nachteil die ungenügende Haftfestigkeit von Lacken und Anstrichen auf Wasserglasschichten. Die Überzüge platzen beim Biegen nicht ab, sind aber nicht elastisch, so daß sie beim Biegen undicht werden.

Von der Mannesmann-Stahlblechbau A. G.[1745] wurde eine Behandlungsflüssigkeit für Zink und Zinklegierungen vorgeschlagen, die aus einer Lösung von 1% Kaliumferrozyanid, 0,5% Essigsäure und 2% Natriumsulfit besteht. Es bildet sich auf der Zinkoberfläche ein Zink-Eisen-Kaliumzyanid-Doppelsalz, welches unlöslich ist und zu einer Verbesserung der Korrosionsbeständigkeit führt.

Gemäß einem Vorschlage der C. F. Burgeß Laboratories Inc.[1746] wird das auf etwa 280 bis 330° C erhitzte Zink in einer aus Ammonfluorid und Luft bestehenden Atmosphäre 1 bis 15 Minuten lang behandelt. An Stelle von Ammonfluorid kann auch das komplexe Salz $TiF_4 . 2 NH_3 . NH_4F$[1747] verwendet werden. Es bildet sich eine harte Schicht, die bei größerer Dicke emailähnlich ist.

Als Haftschicht für Färbeschichten können auch Schichten dienen, die unter Verwendung von Dikarbonsäuren und Oxydikarbonsäuren der aliphatischen Reihe oder Karbonsäuren mit einer Karbonylgruppe und einem Eisensalz hergestellt wurden (Parker Rust Proof Co.[1748]). Die Behandlungsflüssigkeit besteht z. B. aus 4,5 l Wasser, 360 g Oxalsäure, 120 g Natriumnitrat, 60 g Ferrosulfat und 1800 g Fullererde.

Auf Zink, Aluminium, Magnesium und Blei können durch Tauchen in eine Lösung von 4 bis 5% Ferrioxalat, die mit 0,5 bis 1% Oxalsäure zur Vermeidung der Hydrolyse versetzt ist, bei 50 bis 99° C schützende Schichten aus Ferrooxalat und dem Oxalat des zu schützenden Metalles erzeugt werden. Die Schichten können als Unterlage für Anstriche dienen (Curtin-Howe Corp.[1749]).

b) Oberflächenschutz von Zink und Zinklegierungen durch anodische Oxydation.

In der einschlägigen Fachliteratur finden sich eine ganze Reihe von Vorschlägen zur elektrolytischen Oxydation des Zinks, die aber in der Mehrzahl, wie die eingehenden Untersuchungen von E. R a u b und M. W i t t u m[1750] sowie H. F i s c h e r und N. B u d i l o f f[1751] ergeben haben, an die Schutzfähigkeit der durch Tauchen erzeugten Chromatschichten nicht heranreichen. Eine Ausnahme machen nur die chromathältigen Bäder, deren erstes von I. S c h u l e i n[1752] vorgeschlagen wurde. Der Elektrolyt bestand aus Chromsäure und Schwefelsäure, angewendet wurde Wechselstrom.

Bei der anodischen Behandlung von Zink mit Gleichstrom in solchen Lösungen, die mit dem Zink unter Bildung unlöslicher Deckschichten und basischer Zinkverbindungen zu reagieren vermögen, wie einer 5%igen Lösung von Natriumstannat bei einem p_H von 6 bis 13, einer 5%igen Lösung von NH_4-Oxalat, 2%igen Lösung von Kaliumpermanganat, 5%igen Lösung von Kaliumferrozyanid oder 60%iger Lösung von Kaliumchromat (New Jersey Zinc Co.[1753]), erhält man nach den vergleichenden Korrosionsprüfungen von H. F i s c h e r und N. B u d i l o f f[1754] nur in den Kaliumpermanganatbädern Schichten mit einem merklich erhöhten Korrosionswiderstand. Sie sind jedoch den nach dem Tauchverfahren in Chromatlösungen erhaltenen Überzügen deutlich unterlegen. Hingegen erbrachten die auf anodischem Wege mit Gleichstrom aufgebrachten Chromdeckschichten der New Jersey Zinc Co., gegenüber dem mit Wechselstrom arbeitenden Schuleinverfahren einen merklichen Fortschritt (K. V o s s[1755]).

Nach einem weiteren Verfahren der New Jersey Zinc Co.[1756] erhält man bei der anodischen Oxydation von Zink und Zinklegierungen in verdünnten Alkalien unter einer Konzentration von 1 n graue bis schwarze Überzüge. Sehr verdünnte Laugen (0,02 n) ergeben graue, stärkere hingegen dunklere Überzüge. Die dunklen Überzüge sind nach F i s c h e r und B u d i l o f f (l. c.) auch wesentlich dichter, härter und haftfester, versagen aber ebenso wie die lichten Überzüge bei der Beanspruchung durch Korrosion vollkommen. Die Schichtdicke beträgt 3 bis 4 Mikron, der Oberflächenwiderstand rund 10 Ohm. Chemisch wurde nachgewiesen, daß die Überzüge neben Zinkoxyd auch noch Zinkperoxyd enthalten, worauf die geringe Korrosionsbeständigkeit der Deckschichten zurückzuführen sein dürfte. Die Schwarzfärbung scheint auf demselben optischen Effekt zu beruhen, der auch bei der anodischen Oxydation von Aluminiumlegierungen (s. S. 20, 64) auftritt. Da die schwarzen Oxydschichten aber gegen die Innenatmosphäre als vollkommen beständig angesehen werden können, können sie wegen ihres schönen Aussehens für dekorative Zwecke in Innenräumen verwendet werden. Die tiefste Schwärzung wird auf reinstem Zink erhalten. Zinklegierungen sind nur mehr oder weniger dunkelgrau gefärbt.

Nach einem Verfahren der Siemens-Halske A. G.[1757] werden Zink sowie auch andere Metalle anodisch in Lösungen von Aluminaten anodisch behandelt, wodurch eine Deckschicht aus Tonerde im Gemisch mit dem Oxyd des Grundmetalles entsteht. Die erzeugten Schichten sind verhältnismäßig hart und auch saugfähig, so daß sie mit korrosionshemmenden Mitteln, wie z. B. Alkalichromatlösungen, nachbehandelt werden können (K. V o s s, l. c.).

Wie eingehende Untersuchungen von F i s c h e r und B u d i l o f f (l. c.) ergeben haben, arbeitet das mit Gleichstrom oxydierende Chromatbad sehr ungleichmäßig und ergibt ohne ersichtliche Ursache manchmal schwammige Überzüge. Auch die Lebensdauer des Bades ist bei wiederholter Verwendung nur beschränkt. Von der Siemens-Halske A. G.[1758] wurde das Chromatbad in der Weise verbessert, daß die anodische Behandlung mehrere Minuten lang in einer wäßrigen Lösung von 40 bis 50% Alkalichromat und etwa 2 bis 6% Alkalinitrit durchgeführt wird. Die Nitrite tragen dazu bei, das sechswertige Chrom auf dem höchsten Oxydationswerte zu halten. Die Anfangsstromdichte beträgt etwa 0,4 bis 0,8 Amp/qdm, die Behandlungstemperatur 20° C. Mit diesem Bad werden gleichmäßige und dauerhafte Schichten erhalten. Die Spannung steigt bei der Stromdichte von 0,5 Amp/qdm von selbst auf

16 V an. Nach 20 Minuten erhält man eine etwa 10 Mikron dicke, nach 60 Minuten von rund 30 Mikron dicke Schicht. In diesem zeitlichen Bereich schreitet das Schichtdickenwachstum scheinbar proportional mit der Expositionszeit fort. Die nach 60 Minuten erhaltenen Schichten sind wesentlich grobkörniger als die dickeren Überzüge. Praktisch reicht jedoch eine Behandlungszeit von 20 Minuten vollständig aus. Bei Temperaturen über 40° C entstehen schwammige Schichten und tritt Lochfraß auf.

Die Zusammensetzung der Zinklegierung ändert das Aussehen der Schicht nur wenig. Mit Ausnahme von Zink-Aluminium-Legierungen mit mehr als 15% Aluminium lassen sich alle Zinklegierungen oxydieren. Die Härte der Überzüge ist, verglichen mit Eloxalschichten, nur gering. Sie kommt qualitativ den weichsten Oxydschichten auf Aluminium in Wechselstrombädern nahe. Die Schichten sind vollkommen haftfest und griffest. Die chemische Untersuchung ergab folgende Zusammensetzung: 33% Dichromtrioxyd, 6% Chromtrioxyd, 60% Zinkoxyd.

Die Überzüge sind ebenso wie die Eloxalschichten sehr porös und saugfähig, nehmen daher begierig Fette, Öle, Wachse und andere Nachbehandlungsmittel auf. Ebenso lassen sich die Schichten mit wasserlöslichen organischen Farbstoffen anfärben. Man erhält dabei gedeckte Mischfarben mit dem grünlichen Grundton der Schicht, die einen etwas linoleumartigen Charakter aufweisen. Wegen gewisser Oxydationswirkungen verträgt sich die Chromatschicht aber nur mit bestimmten Lacksorten, wie z. B. Öl-, Nitrozellulose-, Bitumen- und Kunstharzlacken. Bei Gußteilen darf aber die Temperatur bei Einbrennlacken nicht über 180° C gehen, bei Walzmaterial eine Temperatur von 140° C nicht überschreiten, da sonst eine Abnahme der Festigkeit und auch Verformungen zu befürchten sind (H. Krause[1750]). Hinsichtlich der Lackierungen sind die anodisch erzeugten Lacküberzüge den nach dem Tauchverfahren erhaltenen Chromatschichten unterlegen, welche die Erscheinung der Blasenbildung mit vielen Lacken und Anstrichen nicht zeigen.

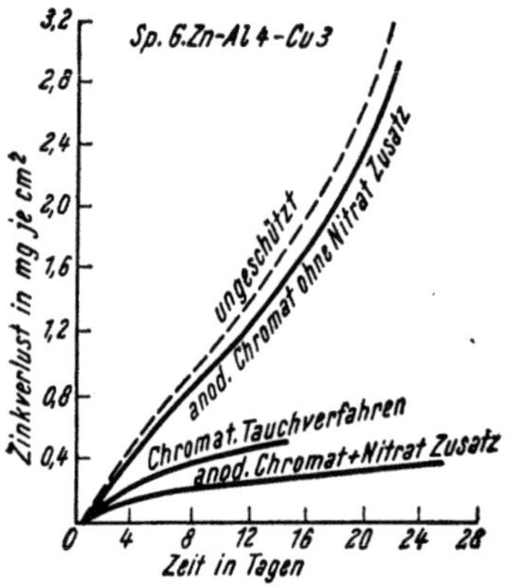

Abb. 153. Korrosion von chromatisierten Zinkoberflächen in 3%iger Natriumchloridlösung (H. Fischer und N. Budiloff).

Die nach dem Siemens-Halske-Verfahren erhaltenen Schichten sind wesentlich dichter als die in den Bädern der New Jersey Zinc Co. erhaltenen Überzüge, was sich bereits im stärkeren Anstieg der Spannung auf 16 V gegenüber nur 6 V im zusatzfreien Kaliumchromatbad anzeigt. Die mit einem Zusatz von Alkalinitrit erhaltenen Chromatfilme sperren also wesentlich stärker. Der Oberflächenwiderstand beträgt statt nur 10 Ohm hier 105 Ohm. Es tritt auch im Gegensatz zu den reinen Chromatbädern bei Druckbelastung kein Kurzschluß unter der Einwirkung des elektrischen Stromes auf.

Wie die Abb. 153 nach den Untersuchungen von H. Fischer und N. Budiloff (l. c.) erkennen läßt, ist die Korrosionsbeständigkeit der Spritzgußlegierungen Zink-Aluminium 4-Cu 3 nach einer anodischen Chromatisierung ohne einen Zusatz von Alkalinitrit nur um weniges besser als bei der unbehandelten Legierung. Die Tauchbehandlung im Chromatbad ergibt hingegen wesentlich beständigere Überzüge. Noch besser verhält sich aber das durch eine anodische Behandlung im Alkalinitrit enthaltenden Chromatbad geschützte Zink, woraus gefolgert werden muß, daß die nach diesem Verfahren erhaltenen Schichten viel weniger porös sind. Eine Nachbehandlung der Chromatschichten mit organischen Nachverdichtungsmitteln verbessert zwar den Korrosionsschutz noch etwas, jedoch sind die Unterschiede nicht sehr erheblich. Hingegen ergibt eine Nachbehandlung mit Wasserdampf bei normalem Druck, die solange fortgesetzt wird, bis die Überzüge einen dunklen bis schwarzen Farbton angenommen, eine Verbesserung des Schutzwertes (Siemens-Halske A. G.[1760]). Auch Anstriche mit ölartigen Kunstharzlacken haben sich bewährt (A. W. B ö h n i s c h[1761]).

Nach einem Vorschlage der Waffenwerke Brünn A. G.[1762] werden Zink und seine Legierungen anodisch mit Gleichstrom in einer nur 1%igen Chromsäurelösung bei 20° C, 7,5 V; 0,5 bis 5 Amp/qdm etwa 10 Minuten lang behandelt.

Eine anodische Behandlung von Schwermetallen, insbesondere Zink, stellt auch das Verfahren von R. H. L e u t z[1763] dar, bei welchem z. B. Zink in einem Bad aus Alkalisilikaten, dessen p_H-Wert durch Zusatz von Metaphosphaten oder Pyrophosphaten auf 3 bis 6 eingestellt wurde, als Anode mit einer schützenden Silikatschicht überzogen wird.

L i t e r a t u r v e r z e i c h n i s.

[1721] E. R a u b und M. W i t t u m, Ztschr. Metallkunde 31, 269–78, 1938. — [1722] H. F i s c h e r und N. B u d i l o f f, Korrosion und Metallschutz 14, 353–55, 1938 — [1723] General Motors Corp., AP. 2 128 550. — [1724] New Jersey Zinc Co., DRP. 614 567. — [1725] Dieselbe, AP. 2 106 904. — [1726] Ford Motor Co. Ltd., EP. 563 025. — [1727] Kheems Research Products Inc., AP. 2 393 943. — [1728] Dieselbe, Can. P. 437 348. — [1729] Dieselbe, Can. P. 437 347. — [1730] Dieselbe, Can. P. 437 349. — [7131] Dieselbe, Can. P. 437 351. — [1732] Dieselbe, Can. P. 437 350. — [1733] Dieselbe, AP. 2 393 664. — [1734] Dieselbe, AP. 2 393 665. — [1735] Patents Corp., EP. 483 551. — [1736] Pyrene Co. Ltd., EP. 504 620. — [1737] H. B ä r m a n n, Metallwirtschaft 18, 743–46, 1939. — [1738] G. E. S t o l l, Metal Progress 38, 431, 1940. — [1739] A. G. G r a y, Products Finishing 10, Nr. 3, 76–78, 80, 82, 84, 86, 88, 1945. — [1740] E. E. H a l l s, Metallurgia 32, 99–104, 1945. — [1741] K. B a y e r, Maschinenbau, der Betrieb 19, 113–14, 1940; Werkstatt und Betrieb 73, 168–70, 1940. — [1742] H. D. Graf von S c h w e i n i t z und G. W a s s e r m a n n, Metallwirtschaft 21, 750–54, 1942. — [1743] DRP. 718 601. — [1744] Metallgesellschaft A. G., DRP. 740 785. — [1745] DRP. 711 947. — [1746] AP. 212 141. — [1747] AP. 2 042 432. — [1748] Parker Rust Proof Co., AP. 2 086 712. — [1749] Curtin-Howe Corp., AP. 2 060 365. — [1750] E. R a u b und M. W i t t u m, Ztschr. Metallkunde 31, 269–78, 1938. — [1751] H. F i s c h e r und N. B u d i l o f f, Korrosion und Metallschutz 14, 353–55, 1938. — [1752] I. S c h u l e i n, Trans. electrochem. Soc. 66, 223, 1934. — [1753] New Jersey Zinc Co., DRP. 623 563, 640 089. — [1754] H. F i s c h e r und N. B u d i l o f f, Ztschr. Metallkunde 32, 100–105, 1940. — [1755] K. V o s s, Metallwirtschaft 31, 754–56, 1942. — [1756] New Jersey Zinc Co., DRP. 626 512. — [1757] Siemens-Halske A. G., DRP. 676 959. — [1758] Dieselbe, DRP. 722 921. — [1759] H. K r a u s e, Schleif-, Polier- und Oberflächentechnik 20, 161–64, 1943. — [1760] Siemens-Halske A. G., DRP. 744 861. — [1761] A. W. B ö h n i s c h, Metallwarenind., Galvanotechn. 41 (24), 368–70, 1943. — [1762] Waffenwerke Brünn A. G., DRP. 742 546. — [1763] R. H. L e u t z, DRP. 741 670.

74. Schutzschichten auf Zinn.

Durch die Einwirkung von schwefelhaltigen Proteinen aus Nahrungsmitteln, z. B. Fleischbrühen, kann auf Weißblech, das das wichtigste Material zur Konservenherstellung darstellt, eine Braun- bis Schwarzfärbung hervorgerufen werden. Ebenso ist an feuchter Luft bei Weißblech gelegentlich eine Rostbildung zu beobachten. Zur Vermeidung dieser Nachteile kann man auf dem Zinnüberzug entweder auf chemischem oder elektrochemischem Wege eine Schutzschicht erzeugen. Nach den Untersuchungen von R. K e r r[1764] sowie R. K e r r und D. J. M a c N a u g h t a n[1765] liefert eine 10%ige Chromsäurelösung bei 90° C nach einer Einwirkungsdauer von 15 Minuten derartige Schutzschichten auf Zinnoberflächen. Die Entfettung erfolgt entweder kathodisch in einer 1%igen Sodalösung, durch Tauchen in eine siedend heiße, 1%ige Natriumsilikatlösung oder in 1%iger Trinatriumphosphatlösung mit einem geringen Zusatz von Natriumsulfit bei 80° C. Gute Schutzfilme ergeben auch die folgenden alkalischen Lösungen: 1. Eine Lösung von 100 g/l kristallisiertem Trinatriumphosphat und 20 g Kaliumchromat bei 90° C, 15 Minuten; 2. eine Lösung von 40 g $Na_3PO_4 \cdot 12 H_2O$, 20 g $Na_2P_2O_6$, (Natriummetaphosphat), 12,5 g Natriumbichromat, 14 g Natronlauge, 15 ccm Perminal KB 5 (Benetzungsmittel) und so viel Wasser, daß 1 l Flüssigkeit entsteht. Diese Filme waren wohl gegen Fleischbrühen, nicht aber gegen Fruchtsäure beständig.

Ein weiteres Behandlungsbad für Zinn besteht nach R. Kerr[1766] aus einer Lösung von 8 g Natriumbichromat, 20 g kristallisiertem Trinatriumphosphat, 20 g Natronlauge und 3 g eines Netzmittels (Dispersol L oder Tecpol) pro 1 l. Nach einer Behandlungsdauer von 10 bis 60 Sekunden bei 70 bis 80° C und Spülung in Wasser entsteht ein unsichtbarer Film, der das Schwarzwerden in schwefelhaltigen Nahrungsmitteln verhindert und das Rosten an der Luft verzögert. Auf dem behandelten Zinnblech haften lufttrocknende Lacke besser. Durch die Behandlung wird keine Dickenänderung des Weißbleches verursacht.

Sehr ähnlich ist das von H. R. Clauser[1767] empfohlene Bad zur Erzeugung eines Schutzfilmes auf Zinnüberzügen. Die „Protectatin" genannte Lösung besteht aus 24 g/l Trinatriumphosphat, 9,6 g/l Natriumbichromat, 26,4 g/l Natronlauge und 3,5 g/l Netzmittel. Sie verleiht dem Zinn einen zusätzlichen Schutz gegen das Rosten.

Zinn und Blei können auch durch Behandlung mit einer anorganischen Ätzsäure, die außerdem noch ein Oxydationsmittel enthält, mit einer oxydischen Schicht versehen werden, auf der Farbanstriche gut haften. Für verzinnte Bleche ist beispielsweise die folgende Lösung geeignet: 1 l Wasser, 5 g Aluminiumsulfat $Al_2(SO_4)_3$, 70 g Natriumnitrat, 8 g Bleikarbonat, 8 ccm 50%ige Salpetersäure (Metal Finishing Research Corp.[1768]).

Schutzüberzüge auf Zinn können auch durch anodische Oxydation erzeugt werden (R. Kerr und D. J. MacNaughtan[1769]). Der Elektrolyt besteht aus 100 g/l kristallisiertem Dinatriumphosphat und 25 ccm Phosphorsäure (D = 1,75), ($p_H = 3$, T = 90° C), jedoch sind erhebliche Abweichungen von dieser Zusammensetzung zulässig. Bei Stromdichten von mehr als 1,1 Amp/qdm wird innerhalb weniger Minuten ein zusammenhängender blauschwarzer Film erhalten, der sehr wahrscheinlich aus Zinndioxyd besteht. Eine Erhöhung der Stromdichte über 3 Amp/qdm führt zu einer starken Steigerung der Stromausbeute. Oberhalb dieses Wertes ändert sich aber diese nicht mehr. Der Film leitet den elektrischen Strom verhältnismäßig gut. Die Kathoden bestehen aus Kupfer. Sie müssen aus dem Bad entfernt werden, wenn dieses nicht in Betrieb ist. Die Dickenzunahme des Filmes ist eine lineare Funktion der Behandlungsdauer. Der anodisch erzeugte Überzug ist viel härter und widerstandsfähiger als das Zinn. Bei einer Schichtdicke von 1,75 Mikron treten am Film bereits Interferenzfarben auf. Nach 6 Minuten Expositionszeit hat er eine Dicke von 2,5 Mikron erreicht. Soll daher Schwarzblech anodisch schwarz gefärbt und mit einem Schutzüberzug versehen werden, so soll die Zinnauflage 5 Mikron betragen.

An Stelle der Phosphate können Zitrate oder Chromate bei 80 bis 90° C (Stromdichte 3 bis 4 Amp/qdm, $p_H = 3$) verwendet werden, wobei gleichfalls bei der anodischen Oxydation des Zinns schwarze Oxydschichten entstehen (J. Campbell, D. J. MacNaughtan und R. Kerr[1770]).

Die Fleckenbildung bei Einwirkung von Sulfiden u. dgl. auf verzinnte Gegenstände kann auch nach einem Verfahren der Crosse und Blackwell Ltd. sowie C. G. Summer[1771] nach einer kurzen anodischen Reinigung durch eine kathodische Behandlung in einer verdünnten Ammoniaklösung (drei Teile Ammoniak von der Dichte 0,88 und 97 Teile Wasser), einer Lösung von Ammonkarbonat, Dinatriumphosphat oder Mononatriumphosphat durch Schutzschichten verhindert werden. Der Elektrolyt ist sowohl für die anodische als auch für die kathodische Behandlung brauchbar. Die erste anodische Behandlung wird mit 4 bis 6 Amp/qdm und 2 Sekunden lang, die kathodische Behandlung mit 4 bis 6 Amp/qdm und gleichfalls 2 Sekunden, und schließlich eine 2. anodische Behandlung mit 4 Amp/qdm während 2 bis 6 Sekunden durchgeführt. Die Schutzschichten können noch mit Lacken überzogen werden. Das Verfahren ist besonders für die Behandlung verzinnter Lebensmittelbehälter geeignet. In einem Elektrolyten, bestehend aus 10 g löslicher Stärke, 1,8 g Natriumaluminat und 20 ccm einer 3%igen Natriumsilikatlösung in 200 ccm Wasser soll man bei einer Anfangsstromdichte von 2,4 Amp/qdm bei anodischer Behandlung bei 12 V nach etwa 15 Sekunden Schutzüberzüge auf Zinn erhalten (R. B a r l o w und W. C l a y t o n[1772]).

L i t e r a t u r v e r z e i c h n i s.

[1764] R. K e r r, J. Soc. chem. Ind. **59**, 259—65, 1940. — [1765] R. K e r r und D. J. M a c N a u g h t a n, EP. 524 476. — [1766] R. K e r r, J. Soc. chem. Ind. **65**, 101—04, 1946. — [1767] H. R. C l a u s e r, Materials and Methods **26**, Nr. 2, 97—100, 1947. — [1768] Metal Finishing Research Corp., Can. P. 363 355. — [1769] R. K e r r und D. J. M a c N a u g h t a n, International Tin Res. Devel. Council Techn. Publ. Ser. A. Nr. 48, 7 S., 1937; J. Electroplaters' techn. Soc. **12**, 19—25, 1936/37. — [1770] J. C a m p b e l l, D. J. M a c N a u g h t a n und R. K e r r, EP. 486 752. — [1771] C r o s s e und B l a c k w e l l Ltd. sowie C. G. S u m m e r, It. P. 352 155, EP. 479 746, 479 681. — [1772] R. B a r l o w und W. C l a y t o n, EP. 518 554.

75. Schutzüberzüge auf Kupfer und Kupferlegierungen.

Zahlreiche der im Kapitel 21 besprochenen Färbeverfahren für Kupfer und seine Legierungen üben auch eine gewisse verbessernde Wirkung auf die Korrosionsbeständigkeit aus. Im folgenden sollen noch einige weitere, die chemische Beständigkeit erhöhende Verfahren besprochen werden. Nach G. W. A k i n o w und A. I. G o l u b o w[1773] wird die Widerstandsfähigkeit von Kupfer, Messing (59% Kupfer) und Aluminiumbronze (10% Aluminium, 3% Eisen, Rest Kupfer) gegen SO_2-haltige Atmosphäre mit 0,06% SO_2, gegen 3%ige Kochsalzlösung mit Gehalten von 0,01 n Salzsäure bzw. 0,01 n Natronlauge sowie gegen 0,1 n Salpetersäure durch Passivieren in oxydierenden Mitteln erhöht. Die beste passivierende Wirkung wird bei einstündiger Behandlung in einer Lösung von 0,5 n Kaliumbichromat und 0,125 n Chromsäure bzw. 1 n Kaliumbichromat und 0,01 n Chromsäure erzielt.

Gegenüber kupferhaltigen Lösungen können Kupfer und seine Legierungen nach einem Vorschlage der Schering A. G.[1774] beständig gemacht werden, wenn diese Metalle mit Chromsäurelösung behandelt werden oder den kupfersalzhaltigen Lösungen Chromtrioxyd zugesetzt wird. Zur Behandlung des Kupfers ist eine 0,1%ige Chromtrioxydlösung bereits ausreichend. Auf diese Weise wird z. B. der Angriff von Kupfer-II-Chlorid-Lösungen, die zur Unkrautvertilgung Verwendung finden, weitgehend herabgesetzt. Auch Lösungen von Wolframsalzen und Permangansäure können diese Wirkung hervorrufen, wobei diese Salze entweder den kupferhaltigen Lösungen zugesetzt oder das Kupfer mit derartigen Lösungen vorbehandelt wird (Schering A. G.[1775]).

Kupfer und Silber können gegen Oxydation geschützt werden, indem man auf ihnen einen Film von sehr geringer elektrischer Leitfähigkeit erzeugt. Wird z. B. Kupfer mit einem Gehalt von 5% Aluminium einer auswählenden Oxydation unterworfen, so tritt eine wesentliche Verbesserung des Korrosionswiderstandes ein (G. J. T h o m a s und L. E. P r i c e[1776]). Wurden die Kupferproben mit 5% Aluminium vier Stunden an der Luft auf 800° C erhitzt, so wurden sie schwarz und ergaben eine Gewichtszunahme von 50 mg/qdm. Wurden sie jedoch vorher in einer Wasserstoffatmosphäre, welche Wasserdampf mit einem Partialdruck von 0,1 mm enthält, erhitzt und hierauf in Luft, wie oben, weiter erhitzt, so tritt eine Schwärzung ein und die Gewichtszunahme betrug 4 mg/qdm. Der Grund hiezu liegt in der Bildung eines kupferfreien Tonerdefilmes auf dem Kupfer. Auf der Silberoberfläche konnte ein silberfreier Tonerdefilm durch Erhitzen in einer feuchten Wasserstoffatmosphäre auf 400° C erzeugt werden.

In Lösungen von sekundären Alkaliphosphaten, die noch ein Alkalichromat, ein Chlorid oder Nitrat sowie ein Ammonsalz enthalten, soll bei der Behandlung mit Gleich- oder Wechselstrom eine elektrisch isolierend wirkende Schicht auf Kupfer erzeugt werden können (Maschinenfabrik Oerlikon[1777]).

Aus einem Bad von 80 g/l Kupferlaktat, 200 ccm 50%igem Natriumlaktat, 30 g/l Natronlauge mit einem Zusatz von 2 g feuchtem Kuprooxyd Cu_2O erhält man nach den Angaben Kansas City Testing Laboratories[1778] einen Niederschlag von Cu_2O.

Auf Kupfer und Eisen können anodisch schwarze, glatte und zusammenhängende Bleioxydniederschläge aus alkalischen Bleimonoxydlösungen erhalten werden (Anonym[1779]). Die Überzüge stellen einen guten Schutz gegen die Atmosphäre, Wasser und Salzwasser dar.

Ein brauchbares Bad weist beispielsweise folgende Zusammensetzung auf: 120 g/l Natronlauge, gesättigt mit gelbem Bleimonoxyd (etwa 40 g bei 40° C), 0,3 Amp/qdm, 1 bis 1,5 Stunden. Der Niederschlag eignet sich für Radioteile, elektrische Armaturen, Nähmaschinenteile, Werkzeuge u. dgl.

Literaturverzeichnis.

[1773] G. W. A k i n o w und A. I. G o l u b o w, J. Chim. appl. (russisch) 12, 1620—29, 1939. — [1774] Schering A. G., DRP. 721 202. — [1775] Dieselbe, DRP. 721 203. — [1776] G. J. T h o m a s und L. E. P r i c e, Nature (London) 141, 830—31, 1938. — [1777] Maschinenfabrik Oerlikon, Schweiz. P. 188 131. — [1778] Kansas City Testing Laboratorics, FP. 848 194. — [1779] Anonym. Metallwarenind. u. Galvanotechnik 35, 156—57, 1937.

76. Oberflächenschutz von Silber.

Eine bei der Verwendung des Silbers in der Praxis sich sehr störend bemerkbar machende Eigenschaft ist eine Schwärzung an der Atmosphäre durch den in dieser enthaltenen Schwefelwasserstoff. Dieses „Anlaufen" des Silbers kann sehr wirksam durch galvanische Aufbringung eines hauchdünnen Rhodiumüberzuges verhindert werden (s. diesbezüglich W. M a c h u[1780]). Auch das Zaponieren stellt ein gutes Oberflächenschutzverfahren für Silberwaren dar (V. R e u s s[1781]). Es wurde aber auch versucht, durch anorganische Schutzschichten dieses störende Anlaufen des Silbers zu verhindern. Wie L. E. P r i c e und G. J. T h o m a s[1782] gefunden haben, ist ein ausreichender Schutz des Silbers durch elektrolytische Abscheidung von Berylliumoxyd BeO möglich. Als Elektrolyt dienen insbesondere Lösungen von Berylliumsulfat, deren p_H-Werte zwischen dem der Bildung von Berylliumsulfat und Berylliumhydroxyd $Be(OH)_2$ und jenem der vollständigen Fällung von Berylliumhydroxyd liegen müssen. Die Bildung des Filmes von Berylliumhydroxydhydrat läßt sich durch Messung des Kathodenpotentials verfolgen. Ähnliche Schutzfilme werden durch eine *kathodische* Behandlung in Lösungen von Berylliumnitrat, -chlorid, Aluminiumchlorid und Aluminiumsulfat erhalten.

Wie weitere Untersuchungen von P r i c e und T h o m a s ergeben haben[1783], konnte eine Verhinderung des Anlaufens des Silbers aber nur erzielt werden, wenn Filme aus Tonerde oder Berylliumoxyd gebildet wurden, die frei von Silberoxyd waren. Derartige Filme können beispielsweise durch selektive Oxydation von Aluminium oder Beryllium in Silberlegierungen durch Erhitzen in Wasserstoff, der Wasserdampf enthält (Partialdruck 0,1 mm), erhalten werden (s. S. 141). Auch durch kathodisches Niederschlagen jener Oxyde auf Silber, z. B. aus einer Lösung von 4 g/l Berylliumnitrat und 2 g/l Ammonnitrat, der soviel Ammoniak zugesetzt wurde, daß ein leichter Niederschlag von Berylliumoxyd entsteht, kann die Beständigkeit des Silbers erhöht werden. Die Abscheidung wird bei einer Stromdichte von $6 \cdot 10^{-4}$ Amp/qdm 24 Stunden lang vorgenommen. Nach dem Waschen wird getrocknet.

Durch kataphoretische Abscheidung von Berylliumhydroxyd auf Silber wird aber eine Schutzwirkung gegen das Anlaufen nur dann erreicht, wenn die Schichten nicht zu dünn sind (E. R a u b und M. E n g e l[1784]). Derartige Schichten irisieren aber deutlich und beeinflussen den Glanz sowie die Farbe des Silbers. Dünnere Schichten die ohne Einfluß auf Glanz und Farbe sind, erhöhen aber den Korrosionswiderstand des Silbers nicht. Eine Passivierung des Silbers ließ sich nach R a u b und E n g e l durch eine Tauchbehandlung und kathodische Behandlung in Lösungen, die CrO_4-Ionen enthalten, erreichen. Allerdings weisen diese Schichten nur eine geringe mechanische Widerstandsfähigkeit auf.

L i t e r a t u r v e r z e i c h n i s .

[1780] W. M a c h u, Metallische Überzüge, 3. Aufl., Leipzig: Akadem. Verlagsges., 1948, S. 604. — [1781] V. R e u s s, Metallwirtschaft **20**, 1128—30, 1941. — [1782] L. E. P r i c e und G. J. T h o m a s, J. Inst. Metals **65**, Advance Copy Paper Nr. 844, 8 S., 1939; Engineering **148**, 675—76, 1939. — [1783] Dieselben, J. Inst. Metals Paper Nr. **812**, 28 S., 1938. — [1784] E. R a u b und M. E n g e l, Mitt. Forschungsinst. Probieramt Edelmetalle, Staatl. Höhere Fachschule Schwäbisch-Gmünd, Nr. 3, 1—9.

77. Schwefel- und Selenüberzüge.

Schwarze, rostsichere Oberflächen können auf Stahlteilen durch eine Mischung von 1 Teil Schwefel und 10 Teilen Terpentin hergestellt werden. Die Teile werden mit der Mischung angestrichen und dann in einer Spiritusflamme erhitzt, bis die schwarze Oberfläche erscheint. Hierauf läßt man die Teile abkühlen (s. S. 148, Färbung, ferner C. R o a d e[1785]).

Aluminium oder Aluminiumlegierungen können durch eine Behandlung mit Dämpfen von Schwefel oder Phosphor bei 500 bis 550° C in einem geschlossenen Raum, beispielsweise in einer Muffel oder in einem Umwälzofen, während längerer Zeit in ihrer Korrosionsbeständigkeit verbessert werden (G. A l l w e i l e r[1786]).

Auf spanlos zu verformenden Werkstücken aus legierten Stählen oder Edelstählen können durch eine Behandlung in einem Oxalsäurebade, das lösliche Sulfide, wie Natriumsulfid, enthält, Oberflächenschichten erzeugt werden (I. G. Farbenindustrie A. G.[1787]), welche die Kaltverformung erleichtern. Nickel kann durch Erzeugung einer Nickelsulfidschicht gegen Chlorgas widerstandsfähig gemacht werden (Intermetal Corp.[1788]). Man setzt dem Chlorgas Schwefeldichlorid zu, aus welchem auf der Nickeloberfläche eine schwarze Schicht entsteht, die auch bei Temperaturen bis 575° C den Angriff des Chlors auf Nickel verhindert. Die Bildung des Zusatzstoffes Schwefelchlorid kann aus freiem Schwefel oder Sulfiden, Eisensulfiden und Chlor erfolgen.

Selenüberzüge werden entweder auf schmelzflüssigem oder galvanischem Wege auf Metall aufgetragen. Die General Electric Co.[1789] überzieht nickelplatiertes Eisenblech bei 250° C mit flüssigem Selen. Auf Glas kann eine Selenschicht durch Sublimation aufgebracht werden. Zur Erzeugung glatter Schichten von Selen werden die beiden mit Selen versehenen Platten aufeinandergelegt, unter Druck gesetzt und 10 bis 40 Stunden auf 90 bis 140° C erhitzt. Hiebei beginnt das Selen in den metallischen Zustand überzugehen. Dieser Vorgang wird nach Beseitigung des Druckes und Abkühlung durch nochmaliges Erhitzen auf 170° C zu Ende geführt. Vor dieser Erhitzung wird auch die Glasplatte entfernt.

Ein Tauchbad zur Abscheidung von Selenüberzügen kann durch Lösen von Ferroselen in Schwefelsäure, Alkalischmachen durch Zusatz von Ammoniak und schwaches Ansäuren mit Salpetersäure bereitet werden (Chapman Valve Manf. Co.[1790]). Diese Lösung kann auch zur Herstellung von galvanischen Selenüberzügen verwendet werden.

A. von H i p p e l[1791] taucht das Metall zuerst in ein Bad einer Selenverbindung, um an der Oberfläche des Metalles einen Film einer Selenverbindung des Metalles zu bilden. Diese Oberfläche wird dann galvanisch mit Selen überzogen. Die so behandelten Metalle widerstehen roher Behandlung, Abrasion usw.

Selengleichrichter können, wie W. F. B o n n e r[1792] gefunden hat, als kathodisch wirksamer Korrosionsschutz verwendet werden.

L i t e r a t u r v e r z e i c h n i s.

[1785] C. R o a d e, Machinist 83, 569 E, 1939. — [1786] G. A l l w e i l e r, Pumpenfabrik A. G., DRP. 720 132. — [1787] I. G. Farbenindustrie A. G., DRP. 731 045, Schweiz. P. 219 664. — [1788] Intermetal Corp., AP. 2 226 471, 2 226 472. — [1789] General Electric Co., EP. 465 760. — [1790] Chapman Valve Manf. Co., AP. 2 202 532. — [1791] A. von H i p p e l, EP. 569 473. — [1792] W. F. B o n n e r, Corrosion 2, 249—60, 1946.

78. Erhöhung der Korrosionsbeständigkeit durch Nitrieren.

Durch die Aufnahme von Stickstoff in die Oberflächenschichten von legierten oder insbesondere mit Chrom und Aluminium legierten Stählen wird nicht nur die Härte der behandelten Stähle, sondern auch ihr Korrosionswiderstand gegen mild angreifende Medien, wie z. B. Luft, Wasser, Dampf usw., verbessert. Die Verstickung wird dabei am besten bei Temperaturen von etwa 500° C mit stickstoffabgebenden Stoffen an für das Versticken besonders geeigneten Stählen vorgenommen. Der Stickstoff bildet an der Stahloberfläche eine dünne Nitrierschicht, die sowohl die Härte und Verschleißfestigkeit als auch die Korrosionsbeständigkeit erhöht.

So stellte z. B. O. H e n g s t e n b e r g[1793] fest, daß verstickte Stähle auch eine gute Rostbeständigkeit aufweisen. Hingegen verhielten sich nitrierte Gegenstände gegen verdünnte Säuren oft nicht nur ähnlich wie unbehandelte, sondern sie werden sogar in manchen Fällen stärker angegriffen als diese.

Nach G. H i e b e r[1794] gibt es heute bereits neue Verwendungsgebiete für nitrierte Stähle, auf denen diese nur auf Grund ihrer besseren Korrosionsbeständigkeit eingesetzt werden. So hat sich gezeigt, daß nitrierte Wellen von Wasserpumpen und Kraftwagen eine wesentlich höhere Lebensdauer als einsatzgehärtete und verchromte, legierte Stähle aufwiesen.

Sehr günstig wird durch die Nitrierung die Wechsel- und Korrosionsdauerfestigkeit beeinflußt (R. M a i l ä n d e r[1795]). Nach Versuchen von A. J ü n g e r[1796] wird auch die Seewasserkorrosionswechselfestigkeit durch eine Verstickung auf das Vielfache erhöht. Mit Vorteil können auch Dichtringe von Ventilen und Schiebern in Heißdampfapparaten aus verstickten Stählen hergestellt werden, da diese höher belastet werden können als hochlegierte, nicht rostende Stähle oder Bronzen (M. K n ö r l e i n[1797]). Nitrierte Stähle sind gegen die stark angreifenden Benzine mit einem Zusatz von Antiklopfmitteln vollkommen beständig.

Außer den gewöhnlichen, nitrierfähigen, niedrig legierten Stählen sind aber auch unlegierte Stähle nach einer Verstickung wesentlich korrosionsbeständiger (A. J. S z a m o c h o t z k i und M. S. M a t w e j e w a[1798]). Bereits sehr dünne Nitrierschichten von weniger als 0,1 mm Dicke können bei gewöhnlichen Kohlenstoffstählen mit z. B. 0,8% Kohlenstoff eine erhebliche Steigerung der Korrosionsbeständigkeit herbeiführen (W. I. P r o s s w i r i n[1799]). Dieses Verfahren hat sich z. B. bei chirurgischen Nähnadeln oder Kugellagern bewährt (W. I. P r o s s w i r i n und A. P. B e l o w a[1800]).

Duktiles Tantal läßt sich an sich ausgezeichnet zu Spinndüsen für Kunstseide oder Zellwolle ausziehen und vor allen Dingen auch sehr gut bohren. Da an die feinen Bohrungen von gewöhnlich nur einzelnen Hundertstel mm Durchmesser sehr hohe Anforderungen bezüglich der Präzision gestellt werden, die chemische Beständigkeit des Tantals gegen die stark alkalische Spinnlösung sowie das stark saure Fällbad recht gut sind, ist das Tantal als Material für Spinndüsen sehr gut geeignet.

Indessen waren Tantaldüsen ursprünglich doch nicht recht befriedigend, da sie infolge der Weichheit des Werkstoffes sehr empfindlich gegen Kratzer und Schrammen wie auch gegen Erosion durch die festen Bestandteile der Spinnlösung, beispielsweise Titandioxyd, waren. Werden aber die Tantaldüsen unter bestimmten atmosphärischen Bedingungen einer sorgfältig abgestimmten Temperaturbehandlung unterzogen, so wird oberflächlich ein sehr dünner, aber äußerst harter Film erzeugt, der wahrscheinlich aus Tantalmetall besteht, das Tantaloxyd und Tantalnitrid in ein Mischkristallgitter aufgenommen hat. Neben der hohen Verschleißfestigkeit wird durch diesen Film auch eine weitere Erhöhung der chemischen Beständigkeit erreicht, die sich besonders beim Reinigen der Düsen in heißer Chromschwefelsäure sehr vorteilhaft bemerkbar macht (Privatmitteilung der Deutschen Gold- und Silberscheideanstalt).

Literaturverzeichnis.

[1793] O. H e n g s t e n b e r g, Krupp Mitt. 9, 93—96, 1928. — [1794] G. H i e b e r, Stahl und Eisen 62, 489—90, 1942. — [1795] R. M a i l ä n d e r, Techn. Mitt. Krupp 1, 53—58, 1933. — [1796] A. J ü n g e r, Mitt. Forsch. Anst. Gutehoffn. 5, 1—12, 1937. — [1797] M. K n ö r l e i n Arch. Wärmewirtschaft 20, 241—45, 1939. — [1798] A. J. S s a m o c h o t z k i und M. S. M a t w e j e w a, Awiapromyschlemost 1940, Nr. 7, 38/40; C 1941 I 1223. — [1799] W. I. P r o s s w i r i n, Metallurg. 13, Nr. 2, 91—94, 1938. — [1800] W. I. P r o s s w i r i n und A. P. B e l o w a, Westn. Metalloprom. 19, Nr. 6, 57—64, 1939; Heat Treat. Forg. 26, 619, 1940.

Namenverzeichnis.

Sachverzeichnis.

MIX
Papier aus verantwortungsvollen Quellen
Paper from responsible sources
FSC® C105338

If you have any concerns about our products,
you can contact us on
ProductSafety@springernature.com

In case Publisher is established outside the EU,
the EU authorized representative is:
Springer Nature Customer Service Center GmbH
Europaplatz 3, 69115 Heidelberg, Germany

Printed by Libri Plureos GmbH
in Hamburg, Germany